Quality Building

品质建筑

天津滨海新区优秀建筑设计精选集（2006—2016年）

Tianjin Binhai New Area Excellent Architectural Design Collection（2006—2016）

《天津滨海新区规划设计丛书》编委会　编
霍　兵　主编

江苏凤凰科学技术出版社

《天津滨海新区规划设计丛书》编委会

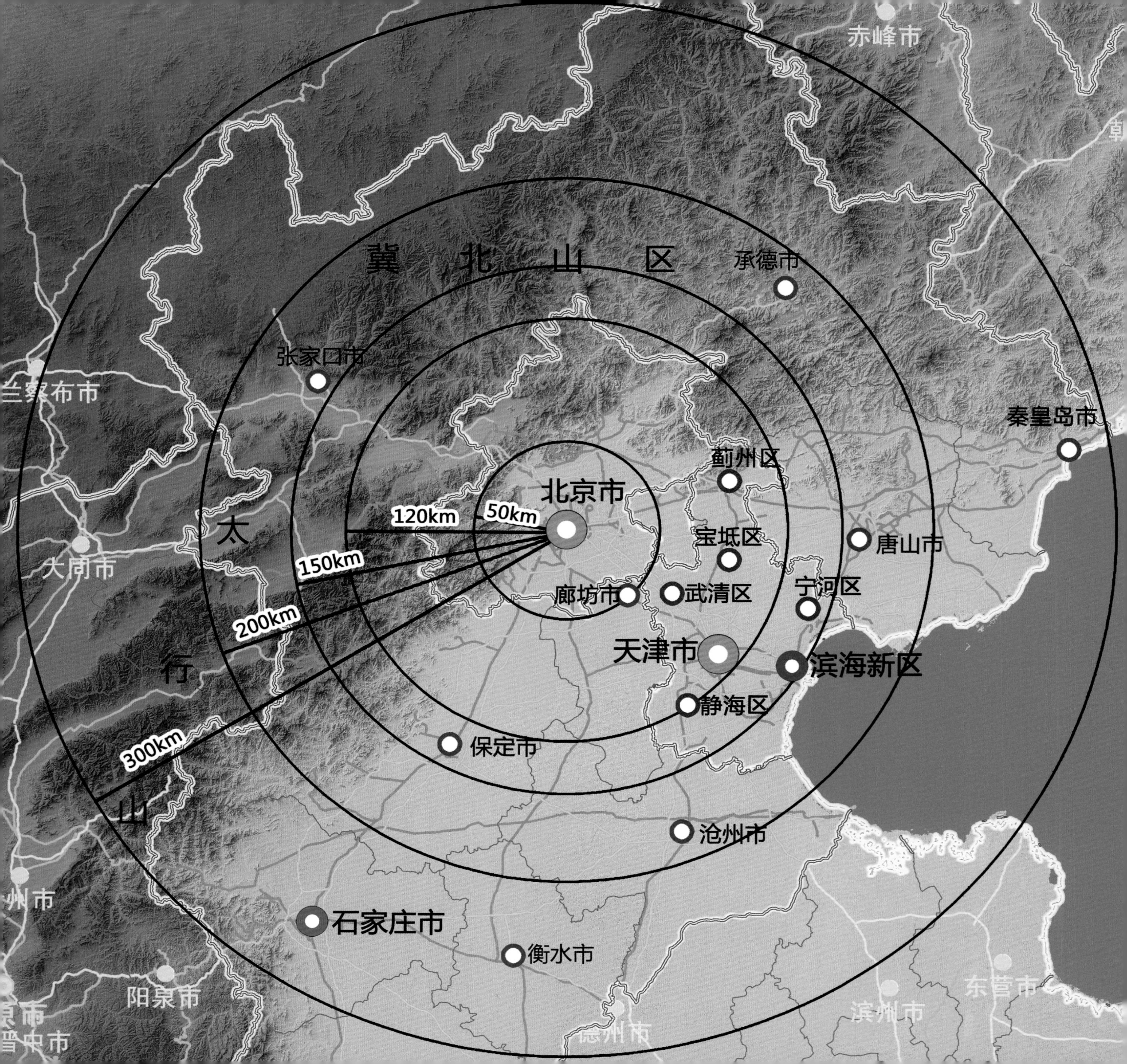

赤峰市
冀 北 山 区
承德市
张家口市
兰察布市
秦皇岛市
蓟州区
北京市
120km
50km
太
宝坻区
唐山市
大同市
150km
廊坊市
武清区
宁河区
200km
天津市
滨海新区
行
静海区
300km
保定市
山
沧州市
州市
石家庄市
衡水市
阳泉市
东营市
泉市
滨州市
晋中市
德州市

序
Preface

2006年5月，国务院下发《关于推进天津滨海新区开发开放有关问题的意见》（国发〔2006〕20号），滨海新区正式被纳入国家发展战略，成为综合配套改革试验区。按照党中央、国务院的部署，在国家各部委的大力支持下，天津市委市政府举全市之力建设滨海新区。经过艰苦的奋斗和不懈的努力，滨海新区的开发开放取得了令人瞩目的成绩。今天的滨海新区与十年前相比有了天翻地覆的变化，经济总量和八大支柱产业规模不断壮大，改革创新不断取得新进展，城市功能和生态环境质量不断改善，社会事业不断进步，居民生活水平不断提高，科学发展的滨海新区正在形成。

回顾和总结十年来的成功经验，其中最重要的就是坚持高水平规划引领。我们深刻地体会到，规划是指南针，是城市发展建设的龙头。要高度重视规划工作，树立国际一流的标准，运用先进的规划理念和方法，与实际情况相结合，探索具有中国特色的城镇化道路，使滨海新区社会经济发展和城乡规划建设达到高水平。为了纪念滨海新区被纳入国家发展战略十周年，滨海新区规划和国土资源管理局组织编写了这套《天津滨海新区规划设计丛书》，内容包括滨海新区总体规划、规划设计国际征集、城市设计探索、控制性详细规划全覆盖、于家堡金融区规划设计、滨海新区文化中心规划设计、城市社区规划设计、保障房规划设计、城市道路交通基础设施和建设成就等，共十册。这是一种非常有意义的纪念方式，目的是总结新区十年来在城市规划设计方面的成功经验，寻找差距和不足，树立新的目标，实现更好的发展。

未来五到十年，是滨海新区实现国家定位的关键时期。在新的历史时期，在"一带一路"、京津冀协同发展国家战略及自贸区的背景下，在我国经济发展进入新常态的情形下，滨海新区作为国家级新区和综合配套改革试验区，要在深化改革开放方面进行先行先试探索，期待用高水平的规划引导经济社会发展和城市规划建设，实现转型升级，为其他国家级新区和我国新型城镇化提供可推广、可复制的经验，为全面建成小康社会、实现中华民族的伟大复兴做出应有的贡献。

天津市委常委

滨海新区区委书记

2016年2月

滨海新区用地规划图

资料来源：天津市城市规划设计研究院

前　言
Foreword

天津市委市政府历来高度重视滨海新区城市规划工作。2007 年，天津市第九次党代会提出：全面提升城市规划水平，使新区的规划设计达到国际一流水平。2008 年，天津市政府设立重点规划指挥部，开展 119 项规划编制工作，其中新区 38 项，内容包括滨海新区空间发展战略和城市总体规划、中新天津生态城等功能区规划、于家堡金融区等重点地区规划，占全市任务的三分之一。在天津市空间发展战略的指导下，滨海新区空间发展战略规划和城市总体规划明确了新区发展的空间格局，满足了新区快速建设的迫切需求，为建立完善的新区规划体系奠定了基础。

天津市规划局多年来一直将滨海新区规划工作作为重点。1986 年，天津城市总体规划提出“工业东移”的发展战略，大力发展滨海地区。1994 年，开始组织编制滨海新区总体规划。1996 年，成立滨海新区规划分局，配合滨海新区领导小组办公室和管委会做好新区规划工作，为新区的规划打下良好的基础，并培养锻炼一支务实的规划管理人员队伍。2009 年滨海新区政府成立后，按照市委市政府的要求，天津市规划局率先将除城市总体规划和分区规划之外的规划审批权和行政许可权依法下放给滨海新区政府；同时，与滨海新区政府共同组织新区各委局、各功能区管委会，再次设立新区规划提升指挥部，统筹编制 50 余项规划，进一步完善规划体系，提高规划设计水平。市委市政府和新区区委区政府主要领导对新区规划工作不断提出要求，通过设立规划指挥部和开展专题会等方式对新区重大规划给予审查。市规划局各位局领导和各部门积极支持新区工作，市有关部门也对新区规划工作给予指导支持，以保证新区各项规划建设的高水平。

滨海新区区委区政府十分重视规划工作。滨海新区行政体制改革后，以原市规划局滨海分局和市国土房屋管理局滨海分局为班底组建了新区规划和国土资源管理局。五年来，在新区区委区政府的正确领导下，新区规划和国土资源管理局认真贯彻落实中央和市委市政府、区委区政府的工作部署，以规划为龙头，不断提高规划设计和管理水平；通过实施全区控规全覆盖，实现新区各功能区统一的规划管理；通过推广城市设计和城市设计规范化法定化改革，不断提高规划管理水平，较好地完成本职工作。在滨海新区被纳入国家发展战略十周年之际，新区规划和国土资源管理局组织编写这套《天津滨海新区规划设计丛书》，对过去的工作进行总结，非常有意义；希望以此为契机，再接再厉，进一步提高规划设计和管理水平，为新区在新的历史时期再次腾飞做出更大的贡献。

天津市规划局局长

天津市滨海新区区长

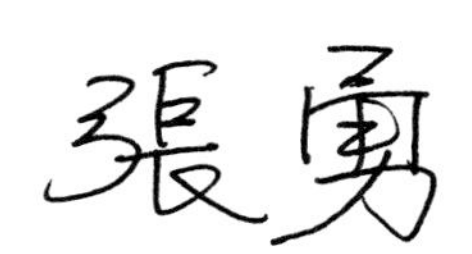

2016 年 3 月

滨海新区城市规划的十年历程
Ten Years Development Course of Binhai Urban Planning

白驹过隙，在持续的艰苦奋斗和改革创新中，滨海新区迎来了被纳入国家发展战略后的第一个十年。作为中国经济增长的第三极，在快速城市化的进程中，滨海新区的城市规划建设以改革创新为引领，尝试在一些关键环节先行先试，成绩斐然。组织编写这套《天津滨海新区规划设计丛书》，对过去十年的工作进行回顾总结，是纪念新区十周年一种很有意义的方式，希望为国内外城市提供经验借鉴，也为新区未来发展和规划的进一步提升夯实基础。这里，我们把滨海新区的历史沿革、开发开放的基本情况以及在城市规划编制、管理方面的主要思路和做法介绍给大家，作为丛书的背景资料，方便读者更好地阅读。

一、滨海新区十年来的发展变化

1. 滨海新区重要的战略地位

滨海新区位于天津东部、渤海之滨，是北京的出海口，战略位置十分重要。历史上，在明万历年间，塘沽已成为沿海军事重镇。到清末，随着京杭大运河淤积，南北漕运改为海运，塘沽逐步成为河、海联运的中转站和货物集散地。大沽炮台是我国近代史上重要的海防屏障。

1860 年第二次鸦片战争，八国联军从北塘登陆，中国的大门向西方打开。天津被迫开埠，海河两岸修建起八国租界。塘沽成为当时军工和民族工业发展的一个重要基地。光绪十一年（1885 年），清政府在大沽创建“北洋水师大沽船坞”。光绪十四年（1888 年），开滦矿务局唐（山）胥（各庄）铁路延长至塘沽。1914 年，实业家范旭东在塘沽创办久大精盐厂和中国第一个纯碱厂——永利碱厂，使这里成为中国民族化工业的发源地。抗战爆发后，日本侵略者出于掠夺的目的于 1939 年在海河口开建人工海港。

中华人民共和国成立后，天津市获得新生。1951 年，天津港正式开港。凭借良好的工业传统，在第一个“五年计划”期间，我国许多自主生产的工业产品，如第一台电视机、第一辆自行车、第一辆汽车等，都在天津诞生，天津逐步从商贸城市转型为生产型城市。1978 年改革开放，天津迎来了新的机遇。1986 年城市总体规划确定了“一条扁担挑两头”的城市布局，在塘沽城区东北部盐场选址规划建设天津经济技术开发区（Tianjin Economic-Technological Development Area—TEDA）——泰达，一批外向型工业兴起，开发区成为天津走向世界的一个窗口。1986 年，被称为“中国改革开放总设计师”的邓小平高瞻远瞩地指出：“你们在港口和市区之间有这么多荒地，这是个很大的优势，我看你们潜力很大”，并欣然题词：“开发区大有希望”。

1992 年小平同志南行后，中国的改革开放进入新的历史时期。1994 年，天津市委市政府加大实施“工业东移”战略，提出：用十年的时间基本建成滨海新区，把饱受发展限制的天津老城区的工业转移至地域广阔的滨海新区，转型升级。1999 年，时任中央总书记的江泽民充分肯定了滨海新区的发展：“滨海新区的战略布局思路正确，肯定大有希望。”经过十多年的努力奋斗，进入 21 世纪以来，天津滨海新区已经具备了一定的发展基础，取得了一定的成绩，为被纳入国家发展战略奠定了坚实的基础。

2. 中国经济增长的第三极

2005 年 10 月，党的十六届五中全会在《中共中央关于制定国民经济和社会发展第十一个五年规划的建议》中提出：继续发挥经济特区、上海浦东新区的作用，推进天津滨海新区等条件较好地区的开发开放，带动区域经济发展。2006 年，滨海新区被纳入国家“十一五”规划。2006 年 6 月，国务院下发《关于推进天津滨海新区开发开放有关问题的意见》（国发〔2006〕20 号），滨海新区被正式纳入国家发展战略，成为综合配套改革试验区。

20 世纪 80 年代深圳经济特区设立的目的是在改革开放的初期，打开一扇看世界的窗。20 世纪 90 年代上海浦东新区的设立正处于我国改革开放取得重大成绩的历史时期，其目的是扩大开放、深化改革。21 世纪天津滨海新区设立的目的是在我国初步建成小康社会的条件下，按照科学发展观的要求，做进一步深化改革的试验区、先行区。国务院对滨海新区的定位是：依托京津冀、服务环渤海、辐射“三北”、面向东北亚，努力建设成为我国北方对外开放的门户、高水平的现代制造业和研发转化基地、北方国际航运中心和国际物流中心，逐步成为经济繁荣、社会和谐、环境优美的宜居生态型新城区。

滨海新区距北京只有1小时车程，有北方最大的港口天津港。有国外记者预测，“未来 20 年，滨海新区将成为中国经济增长的第三极——中国经济增长的新引擎”。这片有着深厚历史积淀和基础、充满活力和激情的盐田滩涂将成为新一代领导人政治理论和政策举措的示范窗口和试验田，要通过“科学发展”建设一个“和谐社会”，以带动北方经济的振兴。与此同时，滨海新区也处于金融改革、技术创新、环境保护和城市规划建设等政策试验的最前沿。

3. 滨海新区十年来取得的成绩

按照党中央、国务院的部署，天津市委市政府举全市之力建设滨海新区。经过不懈的努力，滨海新区开发开放取得了令人瞩目的成绩，以行政体制改革引领的综合配套改革不断推进，经济高速增长，产业转型升级，今天的滨海新区与十年前相比有了沧海桑田般的变化。

2015 年，滨海新区国内生产总值达到 9300 万亿左右，是 2006 年的 5 倍，占天津全市比重 56%。航空航天等八大支柱产业初步形成，空中客车 A-320 客机组装厂、新一代运载火箭、天河一号超级计算机等国际一流的产业生产研发基地建成运营。1000 万吨炼油和 120 万吨乙烯厂建成投产。丰田、长城汽车年产量提高至 100 万辆，三星等手机生产商生产手机 1 亿部。天津港吞吐量达到 5.4 亿吨，集装箱 1400 万标箱，邮轮母港的客流量超过 40 万人次，天津滨海国际机场年吞吐量突破 1400 万人次。京津塘城际高速铁路延伸线、津秦客运专线投入运营。滨海新区作为高水平的现代制造业和研发转化基地、北方国际航运中心和国际物流中心的功能正在逐步形成。

十年来，滨海新区的城市规划建设也取得了令人瞩目的成绩，城市建成区面积扩大了 130 平方千米，人口增加了 130 万。完善的城市道路交通、市政基础设施骨架和生态廊道初步建立，产业布局得以优化，特别是各具特色的功能区竞相发展，一个既符合新区地域特点又适应国际城市发展趋势、富有竞争优势、多组团网络化的城市区域格局正在形成。中心商务区于家堡金融区海河两岸、开发区现代产业服务区（MSD）、中新天津生态城以及空港商务区、高新区渤龙湖地区、东疆港、北塘等区域的规划建设都体现了国际水准，滨海新区现代化港口城市的轮廓和面貌初露端倪。

二、滨海新区十年城市规划编制的经验总结

回顾十年来滨海新区取得的成绩，城市规划发挥了重要的引领作用，许多领导、国内外专家学者和外省市的同行到新区考察时都对新区的城市规划予以肯定。作为中国经济增长的第三极，新区以深圳特区和浦东新区为榜样，力争城市规划建设达到更高水平。要实现这一目标，规划设计必须具有超前性，且树立国际一流的标准。在快速发展的情形下，做到规划先行，切实提高规划设计水平，不是一件容易的事情。归纳起来，我们主要有以下几方面的做法。

1. 高度重视城市规划工作，花大力气开展规划编制，持之以恒，建立完善的规划体系

城市规划要发挥引导作用，首先必须有完整的规划体系。天津市委市政府历来高度重视城市规划工作。2006 年，滨海新区被纳入国家发展战略，市政府立即组织开展了城市总体规划、功能区分区规划、重点地区城市设计等规划编制工作。但是，要在短时间内建立完善的规划体系，提高规划设计水平，特别是像滨海新区这样的新区，在“等规划如等米下锅”的情形下，必须采取非常规的措施。

2007 年，天津市第九次党代会提出了全面提升规划水平的要求。2008 年，天津全市成立了重点规划指挥部，开展了 119 项规划编制工作，其中新区 38 项，占全市任务的 1/3。重点规划指挥部采用市主要领导亲自抓、规划局和政府相关部门集中办公的形式，新区和各区县成立重点规划编制分指挥部。为解决当地规划设计力量不足的问题，我们进一步开放规划设计市场，吸引国内外高水平的规划设计单位参与天津的规划编制。规划编制内容充分考虑城市长远发展，完善规划体系，同时以近五年建设项目策划为重点。新区 38 项规划内容包括滨海新区空间发展战略规划和城市总体规划、中新天津生态城、南港工业区等分区规划，于家堡金融区、响螺湾商务区和开发区现代产业服务区（MSD）等重点地区，涵盖总体规划、分区规划、城市设计、控制性详细规划等层面。改变过去习惯的先编制上位规划、再顺次编制下位规划的做法，改串联为并联，压缩规划编制审批的时间，促进上下层规划的互动。起初，大家对重点规划指挥部这种形式有怀疑和议论。实际上，规划编制有时需要特殊的组织形式，如编制城市总体规划一般的做法都需要采取成立领导小组、集中规划编制组等形式。重点规划指挥部这种集中突击式的规划编制是规划编制各种组织形式中的一种。实践证明，它对于一个城市在短时期内规划体系完善和水平的提高十分有效。

经过大干 150 天的努力和“五加二、白加黑”的奋战，38 项规划成果编制完成。在天津市空间发展战略的指导下，滨海新区空间发展战略规划和城市总体规划明确了新区发展大的空间格局。在总体规划、分区规划和城市设计指导下，近期重点建设区的控制性详细规划先行批复，满足了新区实施国家战略伊始加速建设的迫切要求。可以说，重点规划指挥部 38 项规划的编制完成保证了当前的建设，更重要的是夯实了新区城市规划体系的根基。

除城市总体规划外，控制性详细规划不可或缺。控制性详细规划作为对城市总体规划、分区规划和专项规划的深化和落实，是规划管理的法规性文件和土地出让的依据，在规划体系中起着承上启下的关键作用。2007 年以前，滨海新区控制性详细规划仅完成了建成区的 30%。控规覆盖率低必然造成规划的被动。因此，我们将新区控规全覆盖作为一项重点工作。经过

近一年的扎实准备，2008 年初，滨海新区和市规划局统一组织开展了滨海新区控规全覆盖工作，规划依照统一的技术标准、统一的成果形式和统一的审查程序进行。按照全覆盖和无缝拼接的原则，将滨海新区 2270 平方千米的土地划分为 38 个分区 250 个规划单元，同时编制。要实现控规全覆盖，工作量巨大，按照国家指导标准，仅规划编制经费就需巨额投入，因此有人对这项工作持怀疑态度。新区管委会高度重视，利用国家开发银行的技术援助贷款，解决了规划编制经费问题。新区规划分局统筹全区控规编制，各功能区管委会和塘沽、汉沽、大港政府认真组织实施。除天津规划院、渤海规划院之外，国内十多家规划设计单位也参与了控规编制。这项工作也被列入 2008 年重点规划指挥部的任务并延续下来。到 2009 年底，历时两年多的奋斗，新区控规全覆盖基本编制完成，经过专家审议、征求部门意见以及向社会公示等程序后，2010 年 3 月，新区政府第七次常务会审议通过并下发执行。滨海新区历史上第一次实现了控规全覆盖，实现了每一寸土地上都有规划，使规划成为经济发展和城市建设的先行官，从此再没有出现招商和项目建设等无规划的情况。控规全覆盖奠定了滨海新区完整规划体系的牢固底盘。

当然，完善的城市规划体系不是一次设立重点规划指挥部、一次控规全覆盖就可以全方位建立的。所以，2010 年 4 月，在滨海新区政府成立后，按照市委市政府要求，滨海新区人民政府和市规划局组织新区规划和国土资源管理局与新区各委局、各功能区管委会，再次设立新区规划提升指挥部，统筹编制新区总体规划提升在内的 50 余项各层次规划，进一步完善规划体系，提高规划设计水平。另外，除了设立重点规划指挥部和控规全覆盖这种特殊的组织形式外，新区政府在每年年度预算中都设立了规划业务经费，确定一定数量的指令性任务，有计划地长期开展规划编制和研究工作，持之以恒，这一点也很重要。

十年后的今天，经过两次设立重点规划指挥部、控规全覆盖和多年持续的努力，滨海新区建立了包括总体规划和详细规划两大阶段，涉及空间发展战略、总体规划、分区规划、专项规划、控制性详细规划、城市设计和城市设计导则等七个层面的完善的规划体系。这个规划体系是一个庞大的体系，由数百项规划组成，各层次、各片区规划具有各自的作用，不可或缺。空间发展战略和总体规划明确了新区的空间布局和总体发展方向；分区规划明确了各功能区主导产业和空间布局特色；专项规划明确了各项道路交通、市政和社会事业发展布局。控制性详细规划做到全覆盖，确保每一寸土地都有规划，实现全区一张图管理。城市设计细化了城市功能和空间形象特色，重点地区城市设计及导则保证了城市环境品质的提升。我们深刻地体会到，一个完善的规划体系，不仅是资金投入的累积，更是各级领导干部、专家学者、技术人员和广大群众的时间、精力、心血和智慧的结晶。建立一套完善的规划体系不容易，保证规划体系的高品质更加重要，要在维护规划稳定和延续的基础上，紧跟时代的步伐，使规划具有先进性，这是城市规划的历史使命。

2. 坚持继承发展和改革创新，保证规划的延续性和时代感

城市空间战略和总体规划是对未来发展的预测和布局，关系城市未来几十年、上百年发展的方向和品质，必须符合城市发展的客观规律，具有科学性和稳定性。同时，21 世纪科学技术日新月异，不断进步，所以，城市规划也要有一定弹性，以适应发展的变化，并正确认识城市规划不变与变的辩证关系。多年来，继承发展和改革创新并重是天津及滨海新区城市规划的主要特征和成功经验。

早在 1986 年经国务院批准的第一个天津市城市总体规划中，天津市提出了“工业战略东移”的总体思路，确定了“一条扁担挑两头”的城市总体格局。这个规划符合港口城市由内河港向海口港转移和大工业沿海布置发展的客观规律和天津城

市的实际情况。30年来，天津几版城市总体规划修编一直坚持城市大的格局不变，城市总体规划一直突出天津港口和滨海新区的重要性，保持规划的延续性，这是天津城市规划非常重要的传统。正是因为多年来坚持了这样一个符合城市发展规律和城市实际情况的总体规划，没有“翻烧饼”，才为多年后天津的再次腾飞和滨海新区的开发开放奠定了坚实的基础。

当今世界日新月异，在保持规划传统和延续性的同时，我们也更加注重城市规划的改革创新和时代性。2008年，考虑到滨海新区开发开放和落实国家对天津城市定位等实际情况，市委市政府组织编制天津市空间发展战略，在2006年国务院批准的新一版城市总体规划布局的基础上，以问题为导向，确定了“双城双港、相向拓展、一轴两带、南北生态”的格局，突出了滨海新区和港口的重要作用，同时着力解决港城矛盾，这是对天津历版城市总体规划布局的继承和发展。在天津市空间发展战略的指导下，结合新区的实际情况和历史沿革，在上版新区总体规划以塘沽、汉沽、大港老城区为主的“一轴一带三区”布局结构的基础上，考虑众多新兴产业功能区作为新区发展主体的实际，滨海新区确定了“一城双港、九区支撑、龙头带动”的空间发展战略。在空间战略的指导下，新区的城市总体规划充分考虑历史演变和生态本底，依托天津港和天津国际机场核心资源，强调功能区与城区协调发展和生态环境保护，规划形成“一城双港三片区”的空间格局，确定了“东港口、西高新、南重化、北旅游、中服务”的产业发展布局，改变了过去开发区、保税区、塘沽区、汉沽区、大港区各自为政、小而全的做法，强调统筹协调和相互配合。规划明确了各功能区的功能和产业特色，以产业族群和产业链延伸发展，避免重复建设和恶性竞争。规划明确提出：原塘沽区、汉沽区、大港区与城区临近的石化产业，包括新上石化项目，统一向南港工业区集中，真正改变了多少年来财政分灶吃饭体制所造成的一直难以克服的城市环境保护和城市安全的难题，使滨海新区走上健康发展的轨道。

改革开放30年来，城市规划改革创新的重点仍然是转换传统计划经济的思维，真正适应社会主义市场经济和政府职能转变要求，改变规划计划式的编制方式和内容。目前城市空间发展战略虽然还不是法定规划，但与城市总体规划相比，更加注重以问题为导向，明确城市总体长远发展的结构和布局，统筹功能更强。天津市人大在国内率先将天津空间发展战略升级为地方性法规，具有重要的示范作用。在空间发展战略的指导下，城市总体规划的编制也要改变传统上以10～20年规划期经济规模、人口规模和人均建设用地指标为终点式的规划和每5～10年修编一次的做法，避免“规划修编一次、城市摊大一次”，造成“城市摊大饼发展”的局面。滨海新区空间发展战略重点研究区域统筹发展、港城协调发展、海空两港及重大交通体系、产业布局、生态保护、海岸线使用、填海造陆和盐田资源利用等重大问题，统一思想认识，提出发展策略。新区城市总体规划按照城市空间发展战略，以50年远景规划为出发点，确定整体空间骨架，预测不同阶段的城市规模和形态，通过滚动编制近期建设规划，引导和控制近期发展，适应发展的不确定性，真正做到“一张蓝图干到底”。

改革开放30年以来，我国的城市建设取得了巨大的成绩，但如何克服“城市千城一面”的问题，避免城市病，提高规划设计和管理水平一直是一个重要课题。我们把城市设计作为提升规划设计水平和管理水平的主要抓手。在城市总体规划编制过程中，邀请清华大学开展了新区总体城市设计研究，探讨新区的总体空间形态和城市特色。在功能区规划中，首先通过城市设计方案确定功能区的总体布局和形态，然后再编制分区规划和控制性详细规划。自2006年以来，我们共开展了100余项城市设计。其中，新区核心区实现了城市设计全覆盖，于家堡金融区、响螺湾商务区、开发区现代产业服务区（MSD）、空港经济区核心区、滨海高新区渤龙湖总部区、北塘特色旅游区、东疆港配套服务区等20余个城市重点地区，以及海河两岸和历史街区都编制了高水平的城市设计，各具特色。鉴于目前城市设计在我国还不是法定规划，作为国家综合配套改革试验区，我们开展了城市设计规范化和法定化专题研究和改革试点，在城市设计的基础上，编制城市设计导则，作为区域规划管理和建筑设计审批的依据。城市设计导则不仅规定开发地块的开发强度、建筑高度和密度等，而且确定建筑的体量位置、贴线率、建筑风格、色彩等要求，包括地下空间设计的指引，直至街道景观家具的设置等内容。于家堡金融区、北塘、渤龙湖、空港核心区等新区重点区域均完成了城市设计导则的编制，并已付诸实施，效果明显。实践证明，与控制性详细规划相比，城市设计导则在规划管理上可更准确地指导建筑设计，保证规划、建筑设计和景观设计的统一，塑造高水准的城市形象和建成环境。

规划的改革创新是个持续的过程。控规最早是借鉴美国区划和中国香港法定图则，结合我国实际情况在深圳、上海等地先行先试的。我们在实践中一直在对控规进行完善。针对大城市地区城乡统筹发展的趋势，滨海新区控规从传统的城市规划范围拓展到整个新区 2270 平方千米的范围，实现了控制性详细规划城乡全覆盖。250 个规划单元分为城区和生态区两类，按照不同的标准分别编制。生态区以农村地区的生产和生态环境保护为主，同时认真规划和严格控制“六线”，包括道路红线、轨道黑线、绿化绿线、市政黄线、河流蓝线以及文物保护紫线，一方面保证城市交通基础设施建设的控制预留，另一方面避免对土地不合理地随意切割，达到合理利用土地和保护生态资源的目的。同时，可以避免深圳由于当年只对围网内特区城市规划区进行控制，造成外围村庄无序发展，形成今天难以解决的城中村问题。另外，规划近、远期结合，考虑到新区处于快速发展期，有一定的不确定性，因此，将控规成果按照编制深度分成两个层面，即控制性详细规划和土地细分导则，重点地区还将同步编制城市设计导则，按照“一控规、两导则”来实施规划管理，规划具有一定弹性，重点对保障城市公共利益、涉及国计民生的公共设施进行预留控制，包括教育、文化、体育、医疗卫生、社会福利、社区服务、菜市场等，保证规划布局均衡便捷、建设标准与配套水平适度超前。

3. 树立正确的指导思想，采纳先进的理念，开放规划设计市场，加强自身队伍建设，确保规划编制的高起点、高水平

如果建筑设计的最高境界是技术与艺术的完美结合，那么城市规划则被赋予更多的责任和期许。城市规划不仅仅是制度体系，其本身的内容和水平更加重要。规划不仅仅要指引城市发展建设，营造优美的人居环境，还试图要解决城市许多的经济、社会和环境问题，避免交通拥堵、环境污染、住房短缺等城市病。现代城市规划 100 多年的发展历程，涵盖了世界各国、众多城市为理想愿景奋斗的历史、成功的经验、失败的教训，为我们提供了丰富的案例。经过 100 多年从理论到实践的循环往复和螺旋上升，城市规划发展成为经济、社会、环境多学科融合的学科，涌现出多种多样的理论和方法。但是，面对中国改革开放和快速城市化，目前仍然没有成熟的理论方法和模式可以套用。因此，要使规划编制达到高水平，必须加强理论研究和理论的指引，树立正确的指导思想，总结国内外案例的经验教训，应用先进的规划理念和方法，探索适合自身特点的城市发展道路，避免规划灾难。在新区的规划编制过程中，我们始终努力开拓国际视野，加强理论研究，坚持高起步、高标准，以滨海新区的规划设计达到国际一流水平为努力的方向和目标。

新区总体规划编制伊始，我们邀请中国城市规划设计研究院、清华大学开展了深圳特区和浦东新区规划借鉴、京津冀产业协同和新区总体城市设计等专题研究，向周干峙院士、建设部唐凯总规划师等知名专家咨询，以期站在巨人的肩膀上，登高望远，看清自身发展的道路和方向，少走弯路。21 世纪，

在经济全球化和信息化高度发达的情形下，当代世界城市发展已经呈现出多中心网络化的趋势。滨海新区城市总体规划，借鉴荷兰兰斯塔特（Randstad）、美国旧金山硅谷湾区（Bay Area）、深圳市域等国内外同类城市区域的成功经验，在继承城市历史沿革的同时，结合新区多个特色功能区快速发展的实际情况，应用国际上城市区域（City Region）等最新理论，形成滨海新区多中心组团式的城市区域总体规划结构，改变了传统的城镇体系规划和以中心城市为主的等级结构，适应了产业创新发展的要求，呼应了城市生态保护的形势，顺应了未来城市发展的方向，符合滨海新区的实际。规划产业、功能和空间各具特色的功能区作为城市组团，由生态廊道分隔，以快速轨道交通串联，形成城市网络，实现区域功能共享，避免各自独立发展所带来的重复建设问题。多组团城市区域布局改变了单中心聚集、“摊大饼”式蔓延发展模式，也可避免出现深圳当年对全区域缺失规划控制的问题。深圳最初的规划以关内 300 平方千米为主，“带状组团式布局”的城市总体规划是一个高水平的规划，但由于忽略了关外 1600 平方千米的土地，造成了外围“城中村”蔓延发展，后期改造难度很大。

生态城市和绿色发展理念是新区城市总体规划的一个突出特征。通过对城市未来 50 年甚至更长远发展的考虑，确定了城市增长边界，与此同时，划定了城市永久的生态保护控制范围，新区的生态用地规模确保在总用地的 50% 以上。根据新区河湖水系丰富和土地盐碱的特征，规划开挖部分河道水面、连通水系，存蓄雨洪水，实现湿地恢复，并通过水流起到排碱和改良土壤、改善植被的作用。在绿色交通方面，除以大运量快速轨道交通串联各功能区组团外，各组团内规划电车与快速轨道交通换乘，如开发区和中新天津生态城，提高公交覆盖率，增加绿色出行比重，形成公交都市。同时，组团内产业和生活均衡布局，减少不必要的出行。在资源利用方面，开发再生水和海水利用，实现非常规水源约占比 50% 以上。结合海水淡化，大力发展热电联产，实现淡水、盐、热、电的综合产出。鼓励开发利用地热、风能及太阳能等清洁能源。自 2008 年以来，中新天津生态城的规划建设已经提供了在盐碱地上建设生态城市可推广、可复制的成功经验。

有历史学家说，城市是人类历史上最伟大的发明，是人类文明集中的诞生地。在 21 世纪信息化高度发达的今天，城市的聚集功能依然非常重要，特别是高度密集的城市中心。陆家嘴金融区、罗湖和福田中心区，对上海浦东新区和深圳特区的快速发展起到了至关重要的作用。被纳入国家发展战略伊始，滨海新区就开始研究如何选址和规划建设新区的核心——中心商务区。这是一个急迫需要确定的课题，而困难在于滨海新区并不是一张白纸，实际上是一个经过 100 多年发展的老区。经过深入的前期研究和多方案比选，最终确定在海河下游沿岸规划建设新区的中心。这片区域由码头、仓库、油库、工厂、村庄、荒地和一部分质量不高的多层住宅组成，包括于家堡、响螺湾、天津碱厂等区域，毗邻开发区现代产业服务区（MSD）。在如此衰败的区域中规划高水平的中心商务区，在真正建成前会一直有怀疑和议论，就像十多年前我们规划把海河建设成为世界名河所受到的非议一样，是很正常的事情。规划需要远见卓识，更需要深入的工作。滨海新区中心商务区规划明确了在区域中的功能定位，明确了与天津老城区城市中心的关系。通过对国内外有关城市中心商务区的经验比较，确定了新区中心商务区的规划范围和建设规模。大家发现，于家堡金融区半岛与伦敦泰晤士河畔的道克兰金融区形态上很相似，这冥冥之中揭示了滨河城市发展的共同规律。为提升新区中心商务区海河两岸和于家堡金融区规划设计水平，我们邀请国内顶级专家吴良镛、齐康、彭一刚、邹德慈四位院士以及国际城市设计名家、美国宾夕法尼亚大学乔纳森·巴奈特（Jonathan Barnett）教授等专家作为顾问，为规划出谋划策。邀请美国 SOM 设计公司、易道公司（EDAW Inc.）、清华大学和英国沃特曼国际工程公司（Waterman Inc.）开展了两次工作营，召开了四次重大课题的咨询论证会，确定了高铁车站位置、海河防洪和基地高度、起步区选址等重大问题，并会同国际建协进行了于家堡城市设计方案国际竞赛。于家堡地区的规划设计，汲取纽约曼哈顿、芝加哥一英里、上海浦东陆家嘴等的成功经验，通过众多规划设计单位的共同参与和群策群力，多方案比选，最终采用了窄街廓、密路网和立体化的规划布局，将京津城际铁路车站延伸到金融区地下，与地铁共同构成了交通枢纽。规划以人为主，形成了完善的地下和地面人行步道系统。规划建设了中央大道隧道和地下车行路，以及市政共同沟。规划沿海河布置绿带，形成了美丽的滨河景观和城市天际线。于家堡的规划设计充分体现了功能、人文、生态和技术相结合，达到了较高水平，具有时代性，为充满活力的金融创新中心的发展打下了坚实的空间基础，营造了美好的场所，成为带动新区发展的“滨海芯”。

人类经济社会发展的最终目的是为了人，为人提供良好的生活、工作、游憩环境，提高生活质量。住房和城市社区是构成城市最基本的细胞，是城市的本底。城市规划突出和谐社会构建、强调以人为本就是要更加注重住房和社区规划设计。目前，虽然我国住房制度改革取得一定成绩，房地产市场规模巨大，但我国在保障性住房政策、居住区规划设计和住宅建筑设计和规划管理上一直存在比较多的问题，大众对居住质量和环境并不十分满意。居住区规划设计存在的问题也是造成城市病的主要根源之一。近几年来，结合滨海新区十大改革之一的保障房制度改革，我们在进行新型住房制度探索的同时，一直在进行住房和社区规划设计体系的创新研究，委托美国著名的公共住房专家丹尼尔·所罗门（Daniel Solomon），并与华汇公司和天津规划院合作，进行新区和谐新城社区的规划设计。邀请国内著名的住宅专家，举办研讨会，在保障房政策、社区规划、住宅单体设计到停车、物业管理、社区邻里中心设计、网络时代社区商业运营和生态社区建设等方面不断深化研究。规划尝试建立均衡普惠的社区、邻里、街坊三级公益性公共设施网络与和谐、宜人、高品质、多样化的住宅，满足人们不断提高的对生活质量的追求，从根本上提高我国城市的品质，解决城市病。

要编制高水平的规划，最重要的还是要邀请国内外高水平、具有国际视野和成功经验的专家和规划设计公司。在新区规划编制过程中，我们一直邀请国内外知名专家给予指导，坚持重大项目采用规划设计方案咨询和国际征集等形式，全方位开放规划设计市场，邀请国内外一流规划设计单位参与规划编制。自 2006 年以来，新区共组织了 10 余次、20 余项城市设计、建筑设计和景观设计方案国际征集活动，几十家来自美国、英国、德国、新加坡、澳大利亚、法国、荷兰、加拿大等国家和中国香港地区的国际知名规划设计单位报名参与，将国际先进的规划设计理念和技术与滨海新区具体情况相结合，努力打造最好的规划设计作品。总体来看，新区各项重要规划均由著名的规划设计公司完成，如于家堡金融区城市设计为国际著名的美国 SOM 设计公司领衔，海河两岸景观概念规划是著名景观设计公司易道公司完成的，彩带岛景观设计由设计伦敦奥运会景观的美国哈格里夫斯事务所（Hargreaves Associates.）主笔，文化中心由世界著名建筑师伯纳德·屈米（Bernard Tschumi）等国际设计大师领衔。针对规划设计项目任务不同的特点，在规划编制组织形式上灵活地采用不同的方式。在国际合作上，既采用以征集规划思路和方案为目的的方案征集方式，也采用旨在研究并解决重大问题的工作营和咨询方式。

城市规划是一项长期持续和不断积累的工作，包括使国际视野转化为地方行动，需要本地规划设计队伍的支撑和保证。滨海新区有两支甲级规划队伍长期在新区工作，包括 2005 年天津市城市规划设计研究院成立的滨海分院以及渤海城市规划设计研究院。2008 年，渤海城市规划设计研究院升格为甲级。这两个甲级规划设计院，100 多名规划师，不间断地在新区从事规划编制和研究工作。另外，还有滨海新区规划国土局所属的信息中心、城建档案馆等单位，伴随新区成长，为新区规划达到高水平奠定了坚实的基础。我们组织的重点规划设计，如滨海新区中心商务区海河两岸、于家堡金融区规划设计方案国际征集等，事先都由天津市城市规划设计研究院和渤海城市规划设计研究院进行前期研究和试做，发挥他们对现实情况、存在问题和国内技术规范比较清楚的优势，对诸如海河防洪、通航、道路交通等方面存在的关键问题进行深入研究，提出不同的解决方案。通过试做可以保证规划设计征集出对题目，有的放矢，保证国际设计大师集中精力于规划设计的创作和主要问题的解决，这样既可提高效率和资金使用的效益，又可保证后期规划设计顺利落地，且可操作性强，避免“方案国际征集经常落得花了很多钱但最后仅仅是得到一张画得十分绚丽的效果图”的结局。同时，利用这些机会，天津市城市规划设计研究院和渤海城市规划设计研究院经常与国外的规划设计公司合作，在此过程中学习，进而提升自己。在规划实施过程中，在可能的情况下，也尽力为国内优秀建筑师提供舞台。于家堡金融区起步区“9+3”地块建筑设计，邀请了崔愷院士、周恺设计大师等九名国内著名青年建筑师操刀，与城市设计导则编制负责人、美国 SOM 设计公司合伙人菲尔·恩奎斯特（Philip Enquist）联手，组成联合规划和建筑设计团队共同工作，既保证了建筑单体方案建筑设计的高水平，又保证了城市街道、广场的整体形象和绿地、公园等公共空间的品质。

4. 加强公众参与，实现规划科学民主管理

城市规划要体现全体居民的共同意志和愿景。我们在整个规划编制和管理过程中，一贯坚持以“政府组织、专家领衔、部门合作、公众参与、科学决策”的原则指导具体规划工作，将达成“学术共识、社会共识、领导共识”三个共识作为工作的基本要求，保证规划科学和民主真正得到落实。将公众参与作为法定程序，按照“审批前公示、审批后公告”的原则，新区各项规划在编制过程均利用报刊、网站、规划展览馆等方式，对公众进行公示，听取公众意见。2009 年，在天津市空间发展战略向市民征求意见中，我们将滨海新区空间发展战略、城市总体规划以及于家堡金融区、响螺湾商务区和中新天津生态城规划在《天津日报》上进行了公示。2010 年，在控规全覆盖编制中，每个控规单元的规划都严格按照审查程序经控规技术组审核、部门审核、专家审议等程序，以报纸、网络、公示牌等形式，向社会公示，公开征询市民意见，由设计单位对市民意见进行整理，并反馈采纳情况。一些重要的道路交通市政基础设施规划和实施方案按有关要求同样进行公示。2011 年我们在《滨海时报》及相关网站上，就新区轨道网规划进行公开征求意见，针对收到的 200 余条意见，进行认真整理，根据意见对规划方案进行深化完善，并再次公告。2015 年，在国家批准新区地铁近期建设规划后，我们将近期实施地铁线的更准确的定线规划再次在政务网公示，广泛征求市民的意见，让大家了解和参与到城市规划和建设中，传承“人民城市人民建”的优良传统。

三、滨海新区十年城市规划管理体制改革的经验总结

城市规划不仅是一套规范的技术体系，也是一套严密的管理体系。城市规划建设要达到高水平，规划管理体制上也必须相适应。与国内许多新区一样，滨海新区设立之初不是完整的行政区，是由塘沽、汉沽、大港三个行政区和东丽、津南部分区域构成，面积达 2270 平方千米，在这个范围内，还有由天津港务局演变来的天津港集团公司、大港油田管理局演变而来的中国石油大港油田公司、中海油渤海公司等正局级大型国有企业，以及新设立的天津经济技术开发区、天津港保税区等。国务院《关于推进天津滨海新区开发开放有关问题的意见》提出：滨海新区要进行行政体制改革，建立“统一、协调、精简、高效、廉洁”的管理体制，这是非常重要的改革内容，对国内众多新

区具有示范意义。十年来，结合行政管理体制的改革，新区的规划管理体制也一直在调整优化中。

1. 结合新区不断进行的行政管理体制改革，完善新区的规划管理体制

1994 年，天津市委市政府提出“用十年时间基本建成滨海新区”的战略，成立了滨海新区领导小组。1995 年设立领导小组专职办公室，协调新区的规划和基础设施建设。2000 年，在领导小组办公室的基础上成立了滨海新区工委和管委会，作为市委市政府的派出机构，主要职能是加强领导、统筹规划、组织推动、综合协调、增强合力、加快发展。2006 年滨海新区被纳入国家发展战略后，一直在探讨行政管理体制的改革。十年来，滨海新区的行政管理体制经历了 2009 年和 2013 年两次大的改革，从新区工委管委会加 3 个行政区政府和 3 大功能区管委会，到滨海新区政府加 3 个城区管委会和 9 大功能区管委会，再到完整的滨海新区政府加 7 大功能区管委 19 街镇政府。在这一演变过程中，规划管理体制经历 2009 年的改革整合，目前相对比较稳定，但面临的改革任务仍然很艰巨。

天津市规划局（天津市土地局）早在 1996 年即成立滨海新区分局，长期从事新区的规划工作，为新区统一规划打下了良好的基础，也培养锻炼了一支务实的规划管理队伍，成为新区规划管理力量的班底。在新区领导小组办公室和管委会期间，规划分局与管委会下设的 3 局 2 室配合密切。随着天津市机构改革，2007 年，市编办下达市规划局滨海新区规划分局三定方案，为滨海新区管委会和市规划局双重领导，以市局为主。2009 年底滨海新区行政体制改革后，以原市规划局滨海分局和市国土房屋管理局滨海分局为班底组建了新区规划国土资源局。按照市委批准的三定方案，新区规划国土资源局受新区政府和市局双重领导，以新区为主，市规划局领导兼任新区规划国土局局长。这次改革，撤销了原塘沽、汉沽、大港三个行政区的规划局和市国土房管局直属的塘沽、汉沽、大港土地分局，整合为新区规划国土资源局三个直属分局。同时，考虑到功能区在新区加快发展中的重要作用和天津市人大颁布的《开发区条例》等法规，新区各功能区的规划仍然由功能区管理。

滨海新区政府成立后，天津市规划局率先将除城市总体规划和分区规划之外的规划审批权和行政许可权下放给滨海新区政府。市委市政府主要领导不断对新区规划工作提出要求，分管副市长通过规划指挥部和专题会等形式对新区重大规划给予审查指导。市规划局各部门和各位局领导积极支持新区工作，市有关部门也都对新区规划工作给予指导和支持。按照新区政府的统一部署，新区规划国土局向功能区放权，具体项目审批都由各功能区办理。当然，放权不等于放任不管。除业务上积极给予指导外，新区规划国土局对功能区招商引资中遇到的规划问题给予尽可能的支持。同时，对功能区进行监管，包括控制性详细规划实施、建筑设计项目的审批等，如果存在问题，则严格要求予以纠正。

目前，现行的规划管理体制适应了新区当前行政管理的特点，但与国家提出的规划应向开发区放权的要求还存在着差距，而有些功能区扩展比较快，还存在规划管理人员不足、管理区域分散的问题。随着新区社会经济的发展和行政管理体制的进一步改革，最终还是应该建立新区规划国土房管局、功能区规划国土房管局和街镇规划国土房管所三级全覆盖、衔接完整的规划行政管理体制。

2. 以规划编制和审批为抓手，实现全区统一规划管理

滨海新区作为一个面积达 2270 平方千米的新区，市委市政府要求新区做到规划、土地、财政、人事、产业、社会管理等方面的“六统一”，统一的规划是非常重要的环节。如何对功能区简政放权、扁平化管理的同时实现全区的统一和统筹管理，一直是新区政府面对的一个主要课题。我们通过实施全区统一的规划编制和审批，实现了新区统一规划管理的目标。同时，保留功能区对具体项目

的规划审批和行政许可，提高行政效率。

滨海新区被纳入国家发展战略后，市委市政府组织新区管委会、各功能区管委会共同统一编制新区空间发展战略和城市总体规划是第一要务，起到了统一思想、统一重大项目和产业布局、统一重大交通和基础设施布局以及统一保护生态格局的重要作用。作为国家级新区，各个产业功能区是新区发展的主力军，经济总量大，水平高，规划的引导作用更重要。因此，市政府要求，在新区总体规划指导下，各功能区都要编制分区规划。分区规划经新区政府同意后，报市政府常务会议批准。目前，新区的每个功能区都有经过市政府批准的分区规划，而且各具产业特色和空间特色，如中心商务区以商务和金融创新功能为主，中新天津生态城以生态、创意和旅游产业为主，东疆保税港区以融资租赁等涉外开放创新为主，开发区以电子信息和汽车产业为主，保税区以航空航天产业为主，高新区以新技术产业为主，临港工业区以重型装备制造为主，南港工业区以石化产业为主。分区规划的编制一方面使总体规划提出的功能定位、产业布局得到落实，另一方面切实指导各功能区开发建设，避免招商引资过程中的恶性竞争和产业雷同等问题，推动了功能区的快速发展，为滨海新区实现功能定位和经济快速发展奠定了坚实的基础。

虽然有了城市总体规划和功能区分区规划，但规划实施管理的具体依据是控制性详细规划。在 2007 年以前，滨海新区的塘沽、汉沽、大港 3 个行政区和开发、保税、高新 3 大功能区各自组织编制自身区域的控制性详细规划，各自审批，缺乏协调和衔接，经常造成矛盾，突出表现在规划布局和道路交通、市政设施等方面。2008 年，我们组织开展了新区控规全覆盖工作，目的是解决控规覆盖率低的问题，适应发展的要求，更重要的是解决各功能区及原塘沽、汉沽、大港 3 个行政区规划各自为政这一关键问题。通过控规全覆盖的统一编制和审批，实现新区统一的规划管理。虽然控规全覆盖任务浩大，但经过 3 年的艰苦奋斗，2010 年初滨海新区政府成立后，编制完成并按程序批复，恰如其时，实现了新区控规的统一管理。事实证明，在控规统一编制、审批及日后管理的前提下，可以把具体项目的规划审批权放给各个功能区，既提高了行政许可效率，也保证了全区规划的完整统一。

3. 深化改革，强化服务，提高规划管理的效率

在实现规划统一管理、提高城市规划管理水平的同时，不断提高工作效率和行政许可审批效率一直是我国城市规划管理普遍面临的突出问题，也是一个长期的课题。这不仅涉及政府各个部门，还涵盖整个社会服务能力和水平的提高。作为政府机关，城市规划管理部门要强化服务意识和宗旨，简化程序，提高效率。同样，深化改革是有效的措施。

2010 年，随着控规下发执行，新区政府同时下发了《滨海新区控制性规划调整管理暂行办法》，明确规定控规调整的主体、调整程序和审批程序，保证规划的严肃性和权威性。在管理办法实施过程中发现，由于新区范围大，发展速度快，在招商引资过程中会出现许多新情况。如果所有控规调整不论大小都报原审批单位、新区政府审批，那么会产生大量的程序问题，效率比较低。因此，根据各功能区的意见，2011 年 11 月新区政府转发了新区规国局拟定的《滨海新区控制性详细规划调整管理办法》，将控规调整细分为局部调整、一般调整和重大调整 3 类。局部调整主要包括工业用地、仓储用地、公益性用地规划指标微调等，由各功能区管委会审批，报新区规国局备案。一般调整主要指在控规单元内不改变主导属性、开发总量、绿地总量等情况下的调整，由新区规国局审批。重大调整是指改变控规主导属性、开发总量、重大基础设施调整以及居住用地容积率提高等，报区政府审批。事实证明，新的做法是比较成功的，既保证了控规的严肃性和统一性，也提高了规划调整审批的效率。

2014年5月，新区深化行政审批制度改革，成立审批局，政府18个审批部门的审批职能集合成一个局，“一颗印章管审批”，降低门槛，提高效率，方便企业，激发了社会活力。新区规国局组成50余人的审批处入驻审批局，改变过去多年来“前店后厂”式的审批方式，真正做到现场审批。一年多来的实践证明，集中审批确实大大提高了审批效率，审批处的干部和办公人员付出了辛勤的劳动，规划工作的长期积累为其提供了保障。运行中虽然还存在一定的问题和困难，这恰恰说明行政审批制度改革对规划工作提出了更高的要求，并指明了下一步规划编制、管理和许可改革的方向。

四、滨海新区城市规划的未来展望

回顾过去十年滨海新区城市规划的历程，一幕幕难忘的经历浮现脑海，“五加二、白加黑”的热情和挑灯夜战的场景历历在目。这套城市规划丛书，由滨海新区城市规划亲历者们组织编写，真实地记载了滨海新区十年来城市规划故事的全貌。丛书内容包括滨海新区城市总体规划、规划设计国际征集、城市设计探索、控制性详细规划全覆盖、于家堡金融区规划设计、滨海新区文化中心规划设计、城市社区规划设计、保障房规划设计、城市道路交通基础设施和建设成就等，共十册，比较全面地涵盖了滨海新区规划的主要方面和改革创新的重点内容，希望为全国其他新区提供借鉴，也欢迎大家批评指正。

总体来看，经过十年的努力奋斗，滨海新区城市规划建设取得了显著的成绩。但是，与国内外先进城市相比，滨海新区目前仍然处在发展的初期，未来的任务还很艰巨，还有许多课题需要解决，如人口增长相比经济增速缓慢，城市功能还不够完善，港城矛盾问题依然十分突出，化工产业布局调整还没有到位，轨道交通建设刚刚起步，绿化和生态环境建设任务依然艰巨，城乡规划管理水平亟待提高。“十三五”期间，在我国经济新常态情形下，要实现由速度向质量的转变，滨海新区正处在关键时期。未来5年，新区核心区、海河两岸环境景观要得到根本转变，城市功能进一步提升，公共交通体系初步建成，居住和建筑质量不断提高，环境质量和水平显著改善，新区实现从工地向宜居城区的转变。要达成这样的目标，任务艰巨，唯有改革创新。滨海新区的最大优势就是改革创新，作为国家综合配套改革试验区，城市规划改革创新的使命要时刻牢记，城市规划设计师和管理者必须有这样的胸襟、情怀和理想，要不断深化改革，不停探索，勇于先行先试，积累成功经验，为全面建成小康社会、实现中华民族的伟大复兴做出贡献。

自2014年底，在京津冀协同发展和“一带一路”国家战略及自贸区的背景下，天津市委市政府进一步强化规划编制工作，突出规划的引领作用，再次成立重点规划指挥部。这是在新的历史时期，我国经济发展进入新常态的情形下的一次重点规划编制，期待用高水平的规划引导经济社会转型升级，包括城市规划建设。我们将继续发挥规划引领、改革创新的优良传统，立足当前、着眼长远，全面提升规划设计水平，使滨海新区整体规划设计真正达到国内领先和国际一流水平，为促进滨海新区产业发展、提升载体功能、建设宜居生态城区、实现国家定位提供坚实的规划保障。

天津市规划局副局长、滨海新区规划和国土资源管理局局长

2016年2月

目　录

Contents

品质建筑
——天津滨海新区优秀建筑设计精选（2006—2016 年）

Quality Building
—Tianjin Binhai New Area Excellent Architectural Design Collection (2006-2016)

霍兵　郭富良　马强

人们说，城市是石头书写的历史，建筑则是书写历史的词汇；人们说，城市是凝固的音乐，建筑则是构成音乐的音符。无论多么优美的辞藻和音符，必须构成文章和音乐才有意义。因此，就建筑是城市的建筑之说，建筑设计必须与城市规划设计相结合。同时，城市规划的美好愿景要变成现实，最终还是要靠建筑来塑造。首先，建筑设计对于实现城市总体规划的意图十分关键。一个好的建筑首先要满足城市规划设计的总体要求，与城市周围环境相协调，为城市建设添砖加瓦，为城市形象增加亮丽的色彩。其次，建筑作为百年大计，质量为先。这里所说的质量不只是建筑的施工质量，更重要的是建筑的品质。可以说，建筑的品质决定了城市的品质和格调，直至城市文化的高下。丘吉尔说，人建造了建筑环境，建筑环境改变了人。

公元前1世纪古罗马御用建筑师维特鲁威编写了《建筑十书》，这是世界上留存至今的第一部完整的建筑学著作。维特鲁威首先提出了建筑“实用、坚固、美观”的三要素，揭示了建筑的本质。建筑设计是技术和艺术的结合，建筑既要满足使用功能要求，坚固耐用，为人民提供高品质的生活空间环境，又要展现出建筑之美。建筑美的内涵十分丰富，不论是从历史的优秀建筑中，还是从现代的优秀建筑中，我们都能够看到、体验到各种建筑的美，有些感受甚至无法用语言来形容。建筑是一种艺术形式，它表现出不同时代的特点，而且与语言一样，建筑是一个城市、地区的集体记忆，是文化基因。著名建筑历史理论家诺伯格·舒尔茨在《西方建筑的意义》一书中，从现象学哲学的高度分析了建筑的内涵，以及建筑之于城市和文化的重要意义。而实际经验表明，一个城市要建设好，达到国际一流水平，一定要有自己的建筑文化特色，有叫得响的品质建筑。

我国有悠久的建筑传统，形成了完善的、博大精深的建筑体系和文化，这是中华文明的重要组成部分。历史上，我国各地区缘于地域的不同，演化出各具特色的、丰富的地方建筑风格和体系。进入近现代以来，西方的新材料新技术被引入我国，现代建筑成为主流。在当时中学为体、西学为用的环境下，中国最早的建筑师开始探讨现代建筑中国化的问题。梁思成在营造学社解读《营造法式》，实地调研古建筑，梳理出完善的中国建筑体系。中华人民共和国成立后，我国的建筑事业进入新的历史时期，结合当时百废待兴的形势，国家提出了“实用、经济、在可能条件下注意美观”的建筑方针。在中华人民共和国成立十周年之际，建成了以人民大会堂为代表的十大建筑，达到了很高的水平。随后，我国建筑事业进入停滞甚至倒退阶段。改革开放以来，我国城市化快速推进，我国成为全球最大的一个工地。国外设计师和先进的技术涌入，深圳首先成为现代建筑的窗口，上海浦东的新建筑天际线成为震动世界的惊鸿一瞥，北京的奥运会建筑引起全球的瞩目，标志着我国建筑设计水平整体快速提升。在取得举世瞩目的成绩的同时，也暴露出一些问题，如一些重要的公共建筑创造缺乏整体考虑，引发争议；大部分建筑质量有待提高；建筑地方特色缺少，造成千城一面等。

十年来，滨海新区规划和国土资源管理局一直把提高滨海新区的建筑设计水平作为实施城市总体规划的重要内容，把建筑设计审查审批和行政许可作为城市规划管理的一项重要工作，务求保证建筑的高品质和城市环境的整体水准。要做到这一点，必须有正确的观点认识和具体有效的方法。通过学习国内外先进经验和做法，通过摸索实践，我们树立了一些理念来指导建筑设计和审批工作。首先，要开放设计市场，邀请国内外优秀的建筑师到新区来进行设计，将国际上最新的建筑设计理念、方法、材料、技术引入新区，这是最重要的基础。其次，要求建筑设计必须满足城市规划的要求，强调整体协调。许多设计大师说过，有约束才会有好建筑，所以建筑设计应该而且必须满足约束要求，如经济的、技术的，包括城市规划管理的要求。第三，背景建筑更重要。在城市中，要取得良好的城市景观，建筑首先要和谐，除少量标志性建筑外，绝大部分都是背景建筑，这些建筑品质达到高水平，城市整体的建成环境一定能够达到高水平。第四，建筑的品质比说法更重要。特别是在资金或时间有限的情况下，我们首先强调的是使用功能和建筑的品质，而不是建筑师的设想。最后，建筑创作要体现城市和地区的特色，特别是一些标志性的建筑，要体现一个城市的文化特色，引领文化的潮流。

为纪念滨海新区被纳入国家发展战略十周年，滨海新区规划和国土资源管理局组织编撰了天津滨海新区规划设计丛书，共十册，包括城市总体规划、城市设计、控制性详细规划以及重点地区规划和重要的建筑设计，其中反映滨海新区近十年来建筑设计成绩的集成是必不可少的一册，压轴上演。我们组织各功能区规划管理部门，对新区已经建成或基本建成的、品质比较好的各类建筑进行收集整理，编写出《品质建筑——天津滨海新区优秀建筑设计精选集（2006—2016年）》一书。书中收录了对外交通、商业、文化艺术、教育、医疗卫生、办公等公共建筑、居住建筑、工业研发建筑三大类，共80余个项目，对项目的区位和背景情况、基本情况、项目建筑设计的基本情况以及设计图纸进行展示。这样做，一方面，可以展现滨海新区高品质、类型多样的建筑成果；另一方面，通过总结，可以为滨海新区建筑设计水平的进一步提高提供基础，为天津乃至全国的建筑设计规划管理深化改革提供参考借鉴。

一、海纳百川，众志成城——滨海新区十年来建筑设计和创作取得的成绩

1.滨海新区建筑设计历史演变的简要回顾

滨海新区现存最老的建筑是什么？是潮音寺还是塘沽南站？大家可能回答不上来，但要问目前滨海新区最新的公共建筑、最

周大福中心

响锣湾商务区迎宾大道方向

金融街

会展中心

天津国际邮轮母港

滨海国际机场2号航站楼

于家堡高铁站

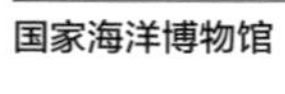

国家海洋博物馆

滨海文化中心

于家堡起步区

潮音寺老山门照片

永利碱厂

张廉·百年大沽船坞

塘沽南站

黄海学社

大沽炮台遗址

高的摩天大楼在哪里，大家都很清楚。最近，新区一个网络公众号提出评选新区“十大建筑”的题目，引起热烈的讨论。

滨海新区汉沽、大港地区有人类活动的历史长达2000多年，虽然塘沽退海成陆比较晚，但也有700多年的时间，历史依然悠久，但目前留存的历史古迹并不多。潮音寺建于明永乐二年（1404年），与天津建城设卫年代一致，有600多年的历史，可以说是新区现在可考据的最早的历史建筑，但已经几经重建。大沽海神庙据记载始建于清康熙三十六年（1697年），康熙皇帝御题“敕建大沽口海神庙”匾和海神庙碑记，但1922年毁于大火，建筑早已不复存在。滨海地区近代的大发展始于1860年，第二次鸦片战争后，清政府签订了丧权辱国的条约，天津成为通商口岸，塘沽滨海地区作为海河下游的港口发展起来。滨海地区现存最早的近现代建筑始建于19世纪末，最先兴建的是军事和交通建筑。1880年李鸿章为了修理北洋水师舰船，在塘沽大沽海神庙设立大沽修造船厂，现存甲、乙、丙、丁、戊等船坞和轮机厂房。1888年李鸿章建设唐胥铁路延伸线，将通往唐山的铁路修建到塘沽海河岸边，方便煤炭出海。塘沽南站是我国现完整保存的最早的火车站房建筑。随着港口铁路的兴建，码头仓储开始大规模建设，民族工业也开始发展。从现存的建于1905年的英国塘沽亚细亚公司旧址建筑，我们能够想象当时的景象。1914年，范旭东在塘沽建设了久大精盐厂，于1917年建设了永利碱厂，其成为我国化学工业的摇篮。在1919年开工建设的永利工业公司大楼是两座高达9～10层的混凝土厂房，称南北楼，是当时东亚第一高楼，属于工业厂房建筑，由建筑师关颂声主持设计，以当时的技术水平，这样高的厂房建筑可称为创举。1921年，厂房、白灰车间、锅炉房、制碱车间全部完成，1924年投入生产。1922年，为打破西方技术的垄断，范旭东又建设了黄海学社，是一座两层的建筑，作为中国第一个私立的化工研究机构——黄海学社的办公地点。在随后的日本侵略时期，建设了一些港口和工业建筑。总体看，滨海地区近代建筑以工业、交通建筑等为主，虽然围绕“永久黄”工厂区形成了聚集，但据有关资料，到1949年初，塘沽共有住宅面积29万平方米，除了外国人、资本家居住的1万平方米较好的住宅和3万平方米的公产住宅外，其余均为土坯房和窝棚等，一直是杂乱无章的乡村式形态，没有形成集中的城市区。而当时的天津市区，伴随着八国租界的建设，建起了一大批金融商贸和居住建筑，成为“万国建筑博览会”。这时，天津也出现了一大批建筑设计师和事务所，如奥地利建筑师盖苓、沈理源的华信工程司、关颂声主持的基泰工程司等，其中基泰工程司是天津近代成立最早的中资建筑设计公司之一。天津的建筑和建筑设计水平当时在国内是领风气之先的。与市区比起来，滨海地区目前留存的近代建筑并不多，与当时编制的所谓大规划相去甚远，说明那些规划只是空谈，实施的程度非常低。

中华人民共和国成立后，滨海地区的建设经历了曲折发展的过程。1950年到1965年，是城市建设的恢复、发展和调整期。在这一时期，虽然天津港港口设施得到发展，但由于帝国主义的封锁，滨海地区对外口岸的功能被弱化。城市建设发展以恢复生产生活为主，市政、公用事业有较大发展，建设了当时最大的新华商场、塘沽展览馆、新港国际海员俱乐部等建筑，还建设了工人新村住宅，多为简易平房，先生产后生活的方针使得城市建设滞后。1964年开始了大港油田的建设，职工宿舍由干打垒建成。这一时期的建筑中给人印象比较深的是1958年建设的海河防潮闸，可以说是这一时期比较有代表性的建筑、构造物。1966年到1977年是城市建设的混乱失控期。总体看，城市非生产性投资少，住宅建设停滞，城市人口增长快，住房短缺问题突出，私搭乱盖现象严重。这一时期建设了塘沽图书馆、新港客运大楼，扩建了新港国际海员俱乐部等一些公共建筑。1970年以来，中海油对外合作开发，建设了为我国专家服务的宾馆、研究院、医院等建筑，水平比较高，这是个案。1976年唐山大地震，天津包括滨海地区受到很大影响，震后重建任务繁重。1978年到1993年是滨海地区启动发展期。

塘沽百货商场

海洋高新区

河北路世纪广场

海河防潮闸

天津港客运站

外滩东方公主号

2011年塘沽洋货市场

塘沽火车站

塘沽老城区

政通大厦

天津港航运中心

塘沽大剧院

天津开发区泰达会馆

泰达体育场

泰达图书馆档案馆

泰达心血管医院

开发区管委会

泰达图书馆

金融街

管委会

金融街

会展中心

开发区航拍图

1978年中国改革开放后，天津及其滨海地区迎来前所未有的发展机遇。1980年国家批准《关于天津市地震后住宅和配套设施恢复重建问题的报告》，开始灾后重建。天津的建设规模进入一个新阶段，建筑设计水平有了进一步提升。在滨海地区，虽然与市区相比仍然有较大差距，但滨海地区的灾后重建工作也快速推进，扩建了塘沽医院，新建了新港宾馆、塘沽体育馆、天津港文体中心、宋庆龄渤海儿童世界等。1981年建成启用的塘沽火车站新站房候车厅建筑由天津大学设计，是一个具有一定水平的现代交通建筑，是中国自行设计和修建的第一座圆体型上弦起拱钢网架结构车站。1984年天津经济技术开发区设立，开始了盐滩上的艰苦创业，成为推进改革开放的引擎。初期建设的是一些过渡性的配套及工业厂房建筑。经过不断加大开放力度和招商引资，以1992年摩托罗拉落户和现代化厂房建设为标志，开发区的工业水平和工业建筑设计水平向国际领先水平靠近。1994年到2005年是滨海新区积蓄准备期。1994年，天津市委市政府决定加快滨海新区建设，用十年时间基本建成滨海新区，各方面加快了建设的步伐。首先，滨海新区管委会组织加大了基础设施的建设力度，建设了津滨高速公路、滨海立交桥，津滨轻轨于2001年启动建设，2003年年底建成通车。同时，进入21世纪初，在招商引资、产业快速发展的同时，城市功能不断完善。这个时期，各城区建设了大量的公共建筑。如塘沽区2000年启动解放路商业街改造，2002年建设新洋货市场，2003年改造建设外滩公园，2003年、2004年分别建成塘沽大剧院和塘沽博物馆等。办公建筑有1998年建成的天津港综合业务大楼、2003建成的塘沽政通大厦、2005年建成的天津港国际贸易与航运中心等。随着招商引资步伐的加快，企业不断聚集，在经济产业快速发展的同时，对天津经济技术开发区的生活配套功能提出了急迫的要求。按照规划，开发区在生活区启动了所谓“八大建筑”的建设：1998年建设开发区投资服务中心，2000年建设南开大学泰达学院，2001年泰达会馆竣工投入使用，2003年泰达图书馆、泰达心血管医院建成投入使用，2004年泰达时尚广场部分建成（包括滨海国际会展中心和泰达足球场），2005年泰达医院新址扩建启动，滨江万丽国际酒店、泰达金融街、市民广场部分开业，同时还建成了一批居住区和学校等配套建筑。除开发区外，保税区和高新区也加快了公共设施建设。2002年天津港保税区国际商务交流中心、汽车城等建成，2005年空港企业服务中心投入使用。这一时期，随着滨海新区加快发展，以开发区为代表，许多国外高水平设计队伍进入，滨海新区的建筑设计进入一个新的历史阶段，建筑水平的提高为新区整体水平的提高提供了保障，为滨海新区被纳入国家发展战略奠定了坚实的基础。

2006年，继深圳特区、上海浦东新区之后，滨海新区开发开放被正式纳入国家发展战略，这是世纪之初中央从实施全国区域协调发展总体战略出发做出的重大决策部署，是国家着力打造、引领区域经济发展的新的增长极。国家赋予滨海新区很高的功能定位，要求滨海新区在带动天津发展、推进京津冀和环渤海区域经济振兴、促进东中西互动和全国经济协调发展中发挥更大作用。市委市政府对滨海新区规划建设提出了“达到国际一流水平”的要求。为抓住这一难得的历史机遇，滨海人不畏艰苦、一往无前，为滨海新区城市发展建设开拓创新。滨海新区城市规划建设者和管理者，心往一处想、劲往一处使，努力追求规划设计和建筑设计的高水准，为实现滨海新区的功能定位，打造国际化、生态型宜居新城区而奋斗。

过去十年新建筑的建设规模、建设速度、建设水平在滨海新区的历史上是史无前例的，国内外许多在城市规划和建筑设计领域一流的建筑设计大师和设计团队都参与到了滨海新区开发开放的建设高潮中，他们的创造和付出由一张张图纸变成了现实，一栋栋高品质的建筑为滨海新区高水平的发展奠定了坚实的基础。今天，一个充满生机和活力的、现代化的滨海新区展现在世人面前。

2.十年滨海，百花齐放——滨海新区近十年建筑设计的成果集萃

过去十年，整个滨海新区，包括滨海新区规划和国土资源管理局及各功能区规划部门，每年审批的建设工程许可证的建筑规模都在1000万平方米以上，分为居住建筑、公建建筑、工业仓储研发建筑三大类，平均居住建筑面积占总量的20%～50%，公建建筑面积占9%～30%，工业仓储研发建筑面积占30%～65%。考虑到滨海新区作为港口城市的特点，我们把公共建筑中的对外交通建筑单独作为一个大类，其他文化艺术、商务办公、商业、教育、医疗卫生等公共建筑都纳入公共建筑类。居住建筑量比较大，有部分设计水平比较高，还有一些创新，包括社区建筑。工业研发建筑是滨海新区的特色，其中有一些大项目，高标准的厂房和研发楼的设计很有水平。我们对新区十年来各区域新建的建筑做了初步的梳理，统计出建筑设计质量比较好的、有一定特点的建筑项目共150余项。由于篇幅的限制，我们反复比选，难以取舍，最后忍痛割爱，选择了其中的80个项目纳入本书，分为公共建筑、居住建筑和工业研发建筑三类，逐一做重点介

天津国际邮轮母港

于家堡高铁站及交通枢纽

滨海国际机场2号航站楼及交通枢纽

滨海高铁站及交通枢纽

绍。在此，对各类建筑进行概述。

（1）公共建筑

天津滨海新区是港口城市，按照国家定位要求，要建设为北方国际航运中心和物流中心。近年来，天津市和滨海新区加大对外交通设施建设，港口码头、邮轮母港、高速铁路和车站、航空港和交通枢纽，不仅满足了城市功能需求，而且这些各具特色的建筑成为城市的门户和窗口。天津港东疆港邮轮母港，是我国北方最大的邮轮站房，由设计了2008年北京奥运会水立方游泳馆的悉地国际设计公司设计，其海上丝路的造型构思很好地反映出了建筑的特性，通过BIM设计解决了非线性设计，预制的不规则面板安装拼接后建筑外檐取得了流畅的效果，成为迎接海上客人抵达滨海的第一美好印象。由美国SOM完成概念设计、铁三院和阿勒普公司完成深化和施工图设计的京津城际延伸线于家堡高铁站及交通枢纽是我国第一个位于城市中心商务区、全地下的高铁车站，它与城市轨道交通形成城市中心的交通枢纽，总建筑面积27万平方米，与周围的商务办公和商业建筑通过地下步行街无缝衔接。位于地面公园之中长143米、宽80米的双曲拱单层穹顶结构是全球首例单层大跨度网壳穹顶钢结构工程，ETEF膜气枕形成的轻盈的穹顶将光线引入车站，候车厅成为滨海新区、于家堡金融区迎接首都客人的城市客厅。滨海高铁站、滨海国际机场2号航站楼这两个建筑的特点都是与城市交通枢纽密切衔接，同步设计同步实施。两个建筑的造型均采取了简洁大方的处理，与建筑的功能和性格、与城市的风格相吻合。这些对外建筑的不足之处是与城市结合得不够紧密，当时我们希望，滨海高铁站学习日本等发达国家的经验，将高铁站房建设成一个城市综合体，方便旅客，成为城市的一个热点。但当时铁路建设速度飞快，还没有认识到车站综合体对于高铁运营和旅客体验的重要意义，也没相关有机制来运作。希望日后在建筑设计上有机会弥补。

除对外交通建筑特色突出外，滨海新区公共建筑中的其他各类公共建筑也是百花齐放、精彩纷呈，同时具有相当的厚重感，反映了场所和城市的精神。首先是文化建筑，其中国家海洋博物馆、滨海新区文化中心一期是典型代表。国家海洋博物馆是我国第一个海洋博物馆，也是天津第一个国家级的博物馆，经过两轮国际征集，国家海洋博物馆建筑设计方案最终确定，以马国馨院士为首，由来自建筑、规划、结构、策展、建设单位、主管部门等人士组成的专家组全票投给由澳大利亚著名建筑师考克斯设计的中选方案。国家海洋博物馆建筑设计将8万平方米的体量按照功能和站厅划分为不同的板块，将海湾和海洋公园组合在一起，形成独特的造型，在似与不似之间，创造出鱼跃龙门的意境，既反映出中国文化的传承，也与周围环境很好地结合，具有鲜明的地方性。在施工图设计阶段，中外双方设计单位紧密结合，采用BIM设计软件，保证非线性结构设计的精确。后期室内设计、策展方案与建筑设计紧密结合，建筑空间和形象也是展览的一部分，实现建筑内外的统一。

滨海新区文化中心一期工程由“五馆一廊”组成，五馆即滨海新区城市和工业探索馆、滨海美术馆、滨海图书馆、东方演艺中心以及市民活动中心，一廊即串联五个文化场馆的文化长廊。一期总建筑面积33万平方米，其中地上总建筑面积21万平方米。德国GMP设计公司和天津市建筑设计院负责总平面统筹和长廊的设计，建筑大师伯纳德·屈米、GMP事务所、荷兰MVRDV事务所、加拿大BingTom公司和天津华汇设计公司分别负责城市和工业探索馆、滨海美术馆、滨海图书馆、东方演艺中心以及市民活动中心的建筑设计，天津市规划院建筑分院、天津市建筑设计院分别予以配合。滨海新区文化中心一期最突出的特点是文化长廊，以及由文化长廊串联各场馆形成的统一中有变化的整体协调性。文化长廊概念的形成经历了漫长的过程。在文化中心选址之初，我们组织了包括扎哈·哈迪德、伯纳德·屈米和何镜堂院士等国内外大师参与的建筑概念设计方案国际征集，不仅要求提交单体的建筑设计方案，而且要求提出总平面设计构思。在随后数年几十稿的城市设计中，结合SOM公司和渤海规划院进行的天碱地区城市设计、滨海新区核

国家海洋博物馆

滨海图书馆

现代美术馆

文化长廊

滨海市民活动中心

滨海现代城市工业探索馆

大沽口炮台

塘沽博物馆

天津港博览馆

心区总体城市设计、中央轴线景观设计，不断深化文化中心布局，最终形成富有功能优势和特色的文化长廊的构思，获得各方一致认可。随后，按照文化长廊布局组织建筑设计工作，开展方案征集和多轮设计工作营、视频会议，就文化长廊伞的造型和尺度、与周围建筑的关系进行多方案比选和设计协调统筹。从初步建成的效果看，滨海新区文化中心（一期）项目以文化长廊为统领，突出了文化中心综合体的特征，形成“文化航母”的整体形象，同时又彰显各文化场馆的个性特征，塑造出具有滨海新区城市特色的城市公共空间和标志性形象。由于文化中心一期长廊有470米长、24米宽、30米通高，所以十分气派，但与形成宜人的空间的要求有出入，而且长廊和大厅均为30米通高，也造成幕墙尺寸巨大，在这点上建筑设计与城市设计的初衷和要求存在差距。另外，以文化长廊串联文化场馆，不应是简单地拼接在一起，应该发生所谓的化学反应，即文化场馆的设计应该有质的变化，比如文化长廊一侧的外檐应该与另一侧的外檐在设计上完全不同，目前看还没有做到。下一步进入实际运营后，能否保持文化长廊的人气是要面对的严峻考验。如果希望了解更多滨海文化中心的规划设计情况，可以阅读天津滨海新区规划设计丛书中的《文化长廊——天津滨海新区文化中心规划和建筑设计》一书，其中有更详尽的介绍。

除了国家海洋博物馆、新区文化中心这种大型、综合性的文化建筑外，新区的功能区为了完善区内的文化功能，建设了各自的文化场馆，如空港经济区文化中心，它是包括图书馆、文化馆等在内的综合文化建筑。除了一般性的文化场馆外，新区还建设了专业性的文化场馆，如天津港博物馆、大沽炮台遗址博物馆、塘沽博物馆等。

随着现代服务业的发展，商务办公建筑在新区近十年的建设中占有相当大的比例，具有几个突出的特点：一是统一规划，成片开发；二是建筑造型简洁大方，追求功能和品质，避免奇形怪状；三是有一批各具特色的中小型总部建筑。滨海新区成片开发的高层商务办公建筑集中在城市核心区，主要包括中心商务区于家堡金融区起步区、中心商务区响螺湾商务区和开发区现代产业服务区（MSD）。

于家堡金融区位于滨海新区核心的城市中心区域——于家堡半岛，占地面积3.46平方千米，规划总建筑面积950万平方米。规划以高效、人文、生态为理念，采用窄路密网布局、公交优先和地下空间统一规划等手法，规划目标是将于家堡建设为全国领先、国际一流、功能完善、服务健全的金融改革创新基地。于家堡金融区的起步区位于于家堡西侧，与响螺湾隔海河相望，规划用地面积1.1平方千米，划分为32个地块，规划建筑面积300万平方米。2008年启动建设，包括9＋3地块、高铁综合交通枢纽、宝龙综合体，以及配套道路交通、地下空间、绿化景观和市政基础设施。

起步区9个写字楼地块楼宇的建筑设计汇集了9位国内知名的实力派中青年建筑师——崔愷、周恺、胡越、齐欣、张颀、崔彤、王辉、张雷和姚仁喜，旨在为中国优秀建筑师提供创作的舞台。为了加快进度和便于地下空间的统一开发，9栋建筑在初期均有新金融公司运作，每个地块由一个项目公司负责，以便后期项目转让，包括宝策大厦（03-14地块）、宝团大厦（03-15地块）、宝风大厦（03-18地块）、宝俊大厦（03-26地块）等，升龙金融中心（03-22地块）、天津农商银行（03-25地块）、厦门建发大厦即为后期转让地块。结合地铁车站和地下步行商业街的建设，6个地块基坑和2个地铁基坑统一开挖，面积达到10万平方米，深度14米，局部地铁B3线车站最深达23米。统一的地下空间实施，不仅节约了投资、节省了工期，关键是实现了商务区地下空间的统一开发建设，是成功的创新实践。

于家堡起步区

中心商务区于家堡金融区

于家堡金融区起步区城市设计导则非常严格，除了像一般导则那样对地块街墙贴线率、出入口方位，包括地下空间利用等进行控制外，还对建筑塔楼和裙房形体做出严格控制，就是国外所谓的“信封控制（Envelop Control）”或“包络控制”，即建筑设计方案必须放入“信封”内。开始一些国内建筑师不理解，不考虑导则要求，做出了许多很有想法、个性很强的建筑方案，以自己为中心，对金融建筑的功能、建筑群整体效果和城市环境考虑不足。在设计过程中，于家堡城市设计和城市设计导则编制负责人、SOM事务所合伙人菲利普·恩奎斯特（Philip Enquist）与建筑设计团队协同工作，经过与设计师沟通，最后达成一致意见。既保证了建筑单体方案建筑设计的高水平，又保证了城市街道、广场的整体形象以及绿地、公园等公共空间的品质，建筑真正成为城市的建筑。

于家堡起步区9个写字楼地块加上后来的国际金融会议中心和力勤广场（03-05地块）、300米高的英蓝国际大厦（03-06地块）这两个地块建筑，形成了起步区9＋3建筑群，总占地面积20

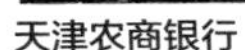
天津农商银行

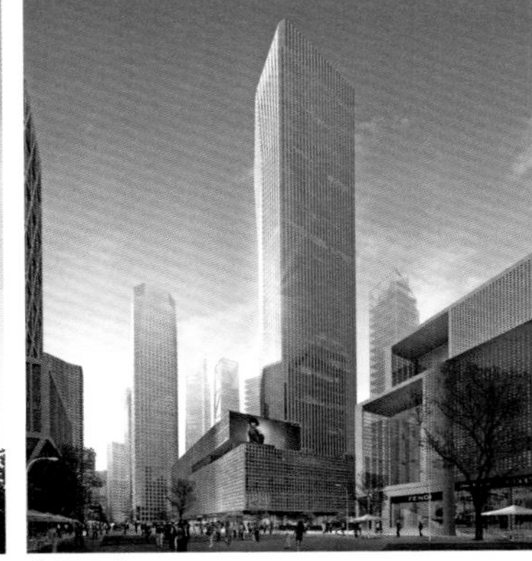
华夏人寿

宝风大厦

宝晨大厦

双创大厦

升龙金融中心

宝团大厦

宝俊大厦

天津智融广场

响螺湾效果图

响螺湾实景图

MSD区域鸟瞰图

MSD全景

MSD-A区、B区

MSD-I区

《不夜城》

滨海新区政府

万平方米，总建筑面积180万平方米，共11栋120～300米的塔楼和一个水平体量的地标建筑。在城市设计导则的统一控制下，整个建筑群体从高度、体量、材料、地下空间、交通组织、色彩等多方面进行了统一设计。各位建筑师按照城市设计导则精心设计，既体现了各自的建筑风格，也保证了建筑群整体的协调统一，最后的效果非常有说服力。于家堡起步区建筑群的建筑风格统一又多样，与金融中心协调一致，可以与柏林波茨坦广场那样的建筑群相媲美。作为金融建筑，建筑风格强调现代、注重经典、庄重规整、不猎奇，整体建筑体量适度、高低得宜、疏密有致。建筑材料材质相对规整，建筑色彩冷暖适度，稳妥且富有新意，形成了自身鲜明的建筑特色。于家堡金融区起步区的建筑设计代表了当前国内建筑群设计的最高水平和方向。目前9栋建筑已基本完工，部分已经投入使用。

除去9＋3地块外，在起步区北端、于家堡高铁站西侧是20万平方米的宝龙中心商业办公综合体，由一栋5层商业建筑和3栋140～200米的办公、公寓塔楼组成。如果读者希望了解更多于家堡金融中心的规划设计情况，可以阅读天津滨海新区规划设计丛书中的《愿景成真——天津滨海新区于家堡金融区规划建设》一书，其中有更详尽的介绍。

开发区管委会

空港经济区管委会

滨海高新区行政中心

中新生态城管委会

滨海新区中心商务区管委会

与于家堡隔海河相望的是中心商务区响螺湾商务区，占地1平方千米，于2007年启动，是滨海新区最早启动建设的区域，作为外省市驻天津和滨海新区办事处聚集区。响螺湾的规划也采用了窄路密网的格局，共划分为大约40个地块，沿海河保留了大面积的绿化，形成彩带公园，滨临绿化带规划了3个城市公园—城市中庭，共设置了中钢大厦、富力大厦、中海广场这3个制高点，形成丰富的城市轮廓线。作为标志性建筑，中钢大厦、富力大厦的建筑设计达到高水平，特别是由马岩松设计的中钢国际广场，以六边形“中国窗”作为主题元素，蜂巢似的建筑外形造型新颖独特，令人印象深刻。其他大部分项目的建筑设计，如浙商大厦、五矿旷世国际、国泰大厦、天津滨海华贸中心、中船重工大厦等做到了简洁大方，着力于功能和品质，体现了办公建筑的特点。澳大利亚LAB事务所采用折面设计的中惠熙元广场、崔愷工作室设计的折面体量的奈伦国贸富有新意，丰富了响螺湾地区的高层办公建筑造型。响螺湾的不足之处是缺乏统一的开发，地下空间没有统一规划和建设，少量项目建筑设计水平参差不齐，虽然做了很多调整工作，但一些建筑的建成效果还是有遗憾。

滨海新区另一个高水平集中开发建设的商务办公区是开发区现代产业服务区MSD（Modern Service District）。开发区MSD位于开发区生活区投资服务中心南侧一个T字形的地块，面积约100万平方米。2006年，滨海新区正式被纳入国家发展战略之后，根据发展的形势和开发区的实际情况，开发区管委会研究决定启动开发区MSD的建设。按照规划确定的路网结构，组织了建筑设计和城市设计方案国际征集，确定了整体的空间形态，包括统一的地下车行道系统，明确南北轴线的地块为MSD

天津诺德英兰国际金融中心

中钢大厦

周大福中心

富力广东大厦　南塔

于家堡罗斯洛克

SM购物广场

天津开发区永旺购物中心

滨海万达商业中心

空港奥特莱斯

开发区泰达时尚购物中心（一）

于家堡金融区地下商业街（环球购）

开发区泰达时尚购物中心（二）

于家堡金融中心03-04地块效果图

中新生态城世贸酒店

滨海一号酒店

天津假日皇冠酒店

开发区希尔顿酒店

东疆安佳酒店

滨海直属（欣嘉园）中学（实验中学滨海学校）

中新天津生态城滨海小外二部

天津大学滨海工业研究院

第一幼儿园

中新天津生态城滨海小外中学部

保税区健身中心

天津医科大学生态城医院

妇女儿童保健中心

第三托养康复中心

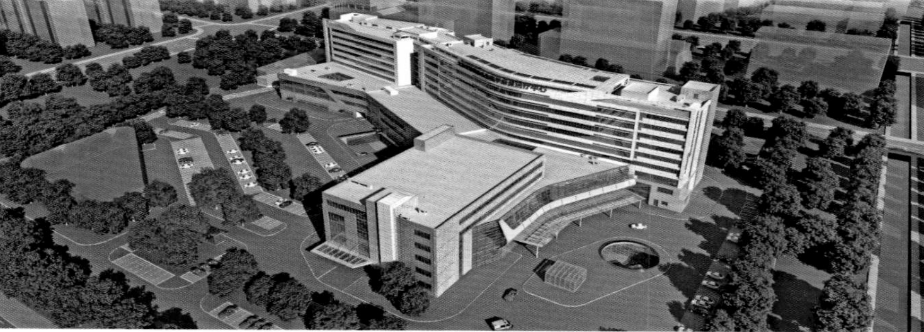
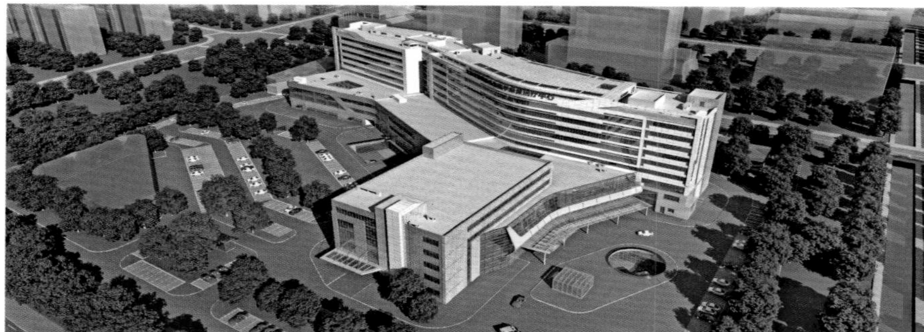

空港经济区太山肿瘤医院

滨海新区中医医院

天津医科大学空港国际医院

滨海新区第二福利院（汉沽）

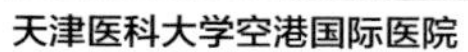

的A区、B区和C区、D区，东西向绿轴南侧地块依次为MSD的 F区、G区、H区、I区，总建筑面积约130万平方米。MSD的A区、B区和C区、D区由日本建筑师设计，总体布局围绕中心绿地展开，100米高的7栋塔楼沿边缘布置，造型简洁，竖向百叶成为外檐特色。建筑裙房平面外廓采用曲线，包括波浪起伏的绿色屋顶，与中央公园环境非常融合。MSD的F区、G区、H区、I区由英国阿特金斯事务所设计，采用统一的设计手法，强调城市街墙的连续性，内部形成内街和小广场，20层左右、80米高的塔楼错落布置，均采用绿色外檐，但统一中有变化。开发区MSD由泰达控股集团统一进行建设。随着开发区MSD的启动建设，增强了投资者的信心，香港周大福公司决定投资建设规划预留的标志性超高层建筑——周大福中心，并决定将建筑高度从原规划的300米增加到530米。经过组织空域论证，获得行业管理部门的认可，周大福中心成为滨海新区目前最高、规划第二高的标志性建筑。

除了于家堡、响螺湾和开发区MSD3个集中的高层办公建筑聚集区外，滨海新区规划其他区域不再建设高层办公建筑聚集区，各功能区可以结合自己的定位建设以低层、多层为主的中小企业总部办公建筑，这形成了新区办公建筑的一个特色。如保税区空港经济区，受机场空域的限制，区内大部分建筑高度不能高于42米，这个严格的限制反而成为空港经济区保持整体空间形态完整统一的优势。经过城市设计的优化和编制城市设计导则，空港经济区的规划加密了路网，强调城市街墙和公共空间的塑造。按照规划实施的保税区天保商务园A区，十余栋多层办公建筑呈圆形围绕具有海绵城市功能的中心生态湖布置，形成高品质的办公环境，建筑造型新颖；保税区天保商务园B

锦庐

中国塘

东疆瞰海轩

万科柏翠园

开发区贝肯山（一）

开发区贝肯山（二）

鲲玉园实体图

高新区生态居住区

区，十余栋小高层办公建筑成组布置，中部形成下沉广场，地下布置食堂等配套服务功能。北塘是另外一个规划的以中小企业总部为主的总部经济区，按照城市设计导则，分别由泰达集团、海泰集团和天保集团实施的3个总部项目，均采用2～3层为主的小型办公建筑，围合成组团，部分建筑4～5层，最高的两栋建筑为9层，形成了清晰的街道、公园广场和城市形象，非常适宜中小企业入驻办公。另外，新区的一些功能区根据自身需要，也建设了一些办公建筑，如东疆保税港区的天津港东疆金融贸易服务中心、临港经济区综合商务区的海湾财富中心等。

政府的行政和服务办公建筑有滨海新区文化商务中心和几大功能区的投资服务中心建筑，其中一些是临时建筑，如天津建筑设计院设计的生态城投资服务中心，就是一个短时间内建成的综合办公展示建筑，而且达到了绿色建筑标准，以一层为主、局部为二层，外檐使用了亮丽的橘红色金属板材，与周围绿化环境相得益彰。由周恺建筑大师设计的中心商务区投资服务中心，也是一个四层高的临时建筑，方形的建筑内部形成不同层高的内庭院，外檐采用双层幕墙，幕墙之间为环绕贯通的外廊，可以360° 观察中心商务区的建设情况。这两栋建筑，在中新天津生态城和中心商务区起步过程中发挥了十分重要的作用。虽然是临时建筑，但经过近十年的使用，目前质量依然良好。上海民用院设计的高新区渤龙湖投资服务中心，将办公塔楼、3个孵化器建筑和办事大厅、会议厅等功能组合在一起，形成体量丰富的造型，入口大厅的绿色屋面成为高新区滨海园的一个标志。周恺大师设计的保税区投资服务中心，面向湖的方向退后形成入口广场，以钢架和膜结构围合广场空间，室内形成景观内庭和流动的办公环境。其他的如东疆港保税区投资服务中心、临港商务大厦等建筑设计相对比较适用，造型朴实。

300米以上超高层建筑是新区建筑设计不得不提的一笔。

保税区空客A320工厂

一汽丰田实景照片

渤龙湖总部基地二区

国家动漫园

大众变速器工厂

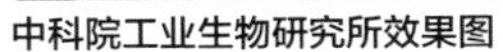
中科院工业生物研究所效果图

渤龙湖总部基地三区

自19世纪末、20世纪初高层建筑出现以来，摩天楼成为引领建筑发展的强大引擎，也成为经济发展的风向标。世界各国对高层建筑高度的定义不同，我国《民用建筑设计通则》（GB50352—2005）规定，建筑高度超过100米时，不论住宅还是公共建筑均为超高层建筑。按照这样的标准，当今世界和中国，高层建筑的数量多到难以统计。因此，有的组织如世界超高层建筑学会，其新标准规定，300米以上才能列为超高层建筑。滨海新区目前在建的300米以上的超高层建筑有4栋，分别是于家堡金融区300米高的英蓝国际大厦、开发区MSD530米高的周大福中心、响螺湾商务区358米高的中钢国际广场和400米高的富力大厦，英蓝国际大厦、周大福中心均为主体封顶，正在外檐施工中。中钢国际广场、富力大厦基本完成了地下工程建设。随着建筑高度跨越一定的门槛，摩天楼的建筑设计、结构设计等都发生了根本的改变，需要专业的建筑设计和反复的优化。马岩松设计的中钢国际广场，以六边形“中国窗”作为主题元素，蜂巢似的建筑外形造型新颖独特，但在结构设计上就如何使不规则的外檐成为结构的外筒体，颇费脑筋。华汇公司设计的300米高的英蓝国际大厦，采用简单的立方体，通过四角的收分解决了平面功能和造型问题，比较恰当。周大福中心的设计是一个不断完善的过程，最初是阿特金斯公司的竞赛方案，300米高，为以不同角度的立方体叠合而成的绿色建筑；后来是KPF公司设计的530米高的不对称的、具有雕塑感的造型方案；最后才是SOM公司设计的变截面的流线型方案。于家堡金融区规划的制高点为600米高的摩天楼，比邻于家堡高铁站交通枢纽，已经进行了多轮设计工作，目前最接近设计初衷的是由BIG建筑事务所以中国古代布币为母题的设计方案，项目还没有进入实施阶段。

商业、娱乐、酒店、会议展览及商业综合体建筑是我国近年来结合各种新型商业业态的变化建设量较大的建筑类型。保税区SM购物中心、中心商务区万达购物中心、开发区永旺购物中心、汉沽一商友谊广场、大港易品商业广场、塘沽海洋高新

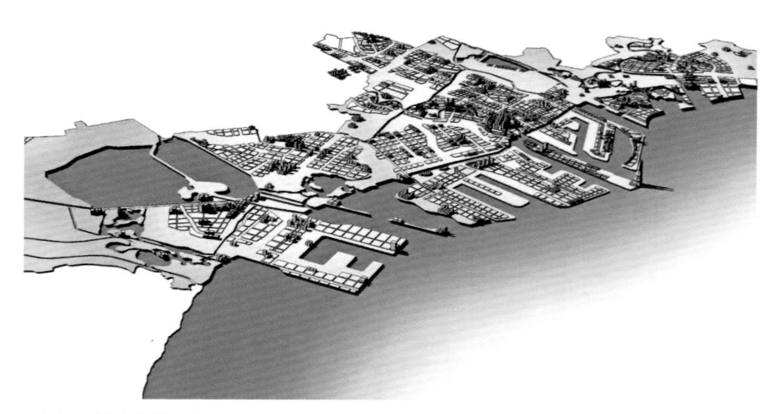
滨海新区城市总体设计鸟瞰图

滨海新区核心区城市总体设计效果图

区红星美凯龙、东疆商业中心是大型综合或专业购物中心。位于空港经济区的SM购物中心建筑设计结合地形和业态分布，由三个椭圆体组合而成，商业建筑面积达到40万平方米，加上停车库，总面积53万平方米，是天津目前单体规模最大的商业建筑。位于中心商务区天碱商业文化区的万达购物中心是万达新一代购物中心，建筑面积10万平方米，包括主力店、影城、餐饮等内容。除了商业综合体外，保税区燕莎奥特莱斯和塘沽海洋高新区奥特莱斯是典型的直销专卖店形式。开发区时尚广场、开发区时尚天街、高新区海泰渤龙天地商业街、东疆松江文化商业综合体等是多种功能的综合性商业街。大连海昌在响螺湾建设的极地海洋世界，除极地动物表演展示外，也有配套的商业街区。近年来，滨海新区又新建了一批酒店，包括开发区喜来登酒店、保税区假日皇冠酒店、中心商务区碧桂园酒店、东疆安佳酒店、高新区海泰渤龙山庄以及滨海建投建设的滨海一号、二号和三号酒店等，其中东疆安佳酒店位于海边，建筑设计采用非线性设计，使酒店客房具有凭栏观海的景观和独特的造型。商业与办公区融合也是目前新区商务区规划建设的趋势，为商务办公提供更完善的配套，包括中心商务区于家堡金融区地下商业街（环球购）、开发区MSD裙房中的伊势丹、绿游天地和1942步行街、保税区融合广场地下商业街等。于家堡金融区国际金融会议中心（03-04地块）、开发区泰达会议中心是较大型的会议展览建筑，还有生态城公屋展示中心、滨海新区保障性住房研发展示中心等中小型展览建筑。

公益类的教育、医疗等公共建筑是一个地区整体建筑水平的体现。从2012年开始，为提高滨海新区的城市功能、留住人才，区委区政府决定启动“十大民生工程”建设。教育建筑有一大批，其中大学建筑有天津大学滨海工业研究院；中学建筑有天津市南开中学滨海生态城学校、天津中新生态城滨海小外中学部、欣嘉园滨海直属中学（实验中学滨海学校）、中心商务区滨海耀华中学、中心商务区天津师范大学滨海附属学校、高新区渤龙湖九年一贯制学校、高新区华苑海泰义务教育学校、散货物流生活区九年一贯制学校；小学建筑有中新天津生态城滨海小外一部、天津生态城滨海小外二部、中心商务区东沽小学、北塘昆明路小学；幼儿园建筑有中新生态城艾毅幼儿园、塘沽远洋城D地块国际幼儿园（塘沽一幼分园）、北塘幼儿园等。总体看，滨海新区的教育建筑在设计上有两种类型：一类是有历史的传承和符号记忆，如南开中学生态城学校，复制了原校的部分历史建筑和符号，许多学校建筑使用了红砖和欧式建筑形式，呼应天津近代城市建筑的传统；另一类以创新功能和形式为出发点，如中心商务区滨海耀华中学努力探索教学街的合理布置，生态城滨海小外中学部建筑采用了拓扑般的现代造型。

医疗建筑的建筑设计以功能合理使用为前提，有天津医科大学空港国际医院、天津医科大学生态城医院、天津医科大学滨海（汉沽）医院、滨海新区中医医院、空港经济区太山肿瘤医院、滨海新区妇儿保健中心（人口家庭公共服务中心）以及新北街社区卫生服务中心、滨海新区疾控中心、急救中心和欣嘉园社区卫生服务中心等多种层次、多种类型的医疗建筑。

另外，民政养老建筑有政府主导的滨海新区第一养老院、滨海新区第二养老院、滨海新区第三养老院和滨海新区第三康复中心，以及社会化的保税区泰康人寿的养老建筑。养老建筑符合老年人的特征，环境优美。体育建筑有开发区泰达时尚体育休闲公园、保税区健身中心，以及经营性的中心渔港成功游艇湾会所。

在滨海新区的一些公共建筑中，建筑布局和造型采取了中国传统建筑的形式，对新区传承历史和文化起到画龙点睛的作用。一类是功能决定的，如中心商务区潮音寺改建、生态城妈祖文化园等；其次是区域的整体风格所决定的，如北塘古镇商业街、中心渔港滨海鲤鱼门和中心渔港滨海三号酒店；还有是采用了中国院落式布局，如滨海一号酒店、生态城世茂酒店等。在历史建筑复建中，还有一些特殊的建筑形式，如北塘炮台是按照原北塘炮台的式样改建的，北塘古镇的会所是一个院落建筑，除中式外，其中有近代西洋风格的建筑。

（2）居住建筑

城市规划的重点是人居环境的创造，而人居环境的基础是由大量的住宅建筑组成的。住宅建筑是城市中量最大、面最广的建筑类型。提高住宅社区的规划设计水平和居住建筑的品质，不仅是解决城市问题的关键所在，而且是提高我国城市整体建筑水平和城市品质的关键所在。住宅建筑设计应成为塑造高品质城市空间环境和面貌的最重要的手段，目前我们重视得还不够。

新区的住宅建设量每年大约600万平方米，有一些典型的项目，在某些方面进行了新的尝试，如开发区生活区的贝肯山项目，以窄路密网的小街廓开发为主；开发区生活区的万科柏翠园、中心商务区观山苑（中国塘）项目，探索了城市中心区高档商品住宅项目如何提高城市和内部环境景观的水平；中新天津生态城的世贸鲲贝园/鲲玉园、万科项目、生态城洋房项目均为绿色建筑，在半地下停车、垃圾集中管道收集等方面进行了探索；中心商务区响锣湾碧水庄园三期、亚泰津澜，以及海洋高新区景湖轩（桃源居）、高新区中海一号、融科・贻锦台、香逸园等在布局和建筑造型上进行了探索；高新区渤龙湖边的第一和第二生态居住区两个项目分别由著名建筑师齐欣和王辉设计，探索了住宅户型、立面设计方面新形式、新材料的应用；北塘地区天保集团和海泰集团的住宅项目，与总部项目配套，是街区式的低层洋房式住宅；东疆港贻海观澜新苑和东疆瞰海轩是位于海边的建筑，在布局和造型上突出滨海建筑的特点；保障性住房有中建幸福城、欣嘉园和中部新城佳宁苑等项目。

值得一提的是新区的居住社区中心建筑，是对居住区社会管理用房的创新，如生态城第一社区中心、生态城第三社区中心等，学习借鉴新加坡的经验，政府集中建设社区中心，由政府平台公司建设，增加商业功能和面积，经营用房出租的租金收入可以用来补贴社区经费。开发区几个社区中心建筑将居住

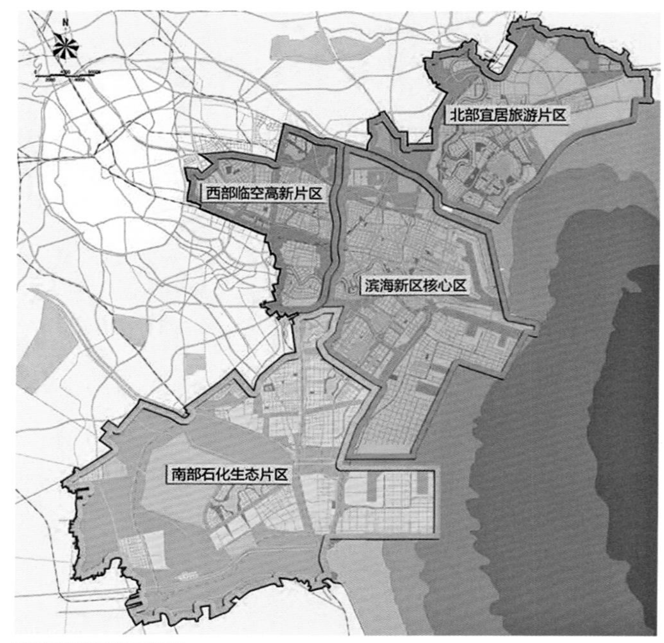

滨海新区行政区划图
图片来源：天津市城市规划设计研究院

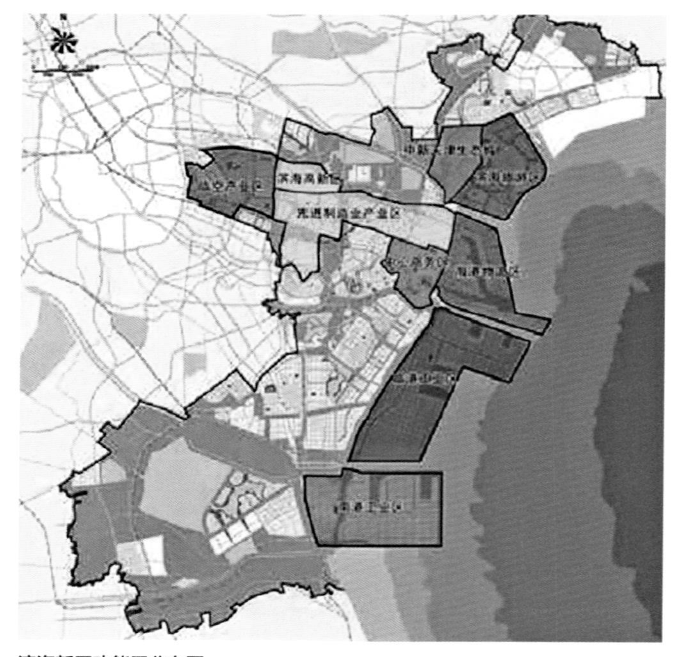

滨海新区功能区分布图
图片来源：天津市城市规划设计研究院

吴良镛

齐康

彭一刚

邹德慈

乔纳森·巴奈特

李道增

何镜堂

马国馨

崔愷

崔愷

周恺

胡越

齐欣

张颀

崔彤

王辉

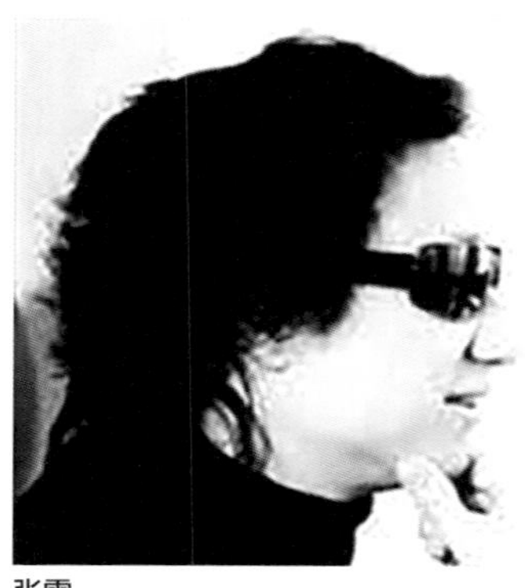
张雷

姚仁喜

区配套用房集中建设，也发挥了很好的作用。

（3）工业研发建筑

滨海新区定位中主要的功能是现代制造业研发转化基地功能，近十年来，新区以招商引资和大项目为抓手，产业和研发功能有了快速的发展，形成了航空航天、电子信息、机械制造、石油化工等八大支柱产业集群，世界500强企业、央企等龙头企业和项目成为新区的亮点，工业和研发建筑也是精彩纷呈。

工业建筑中比较突出的有保税区空客A320厂房、保税区阿里斯通厂房、高新区西门子电动传送厂房等特种大跨度厂房，以及开发区大众发动机厂房、开发区SEW天津第四工厂、保税区GE医疗设备厂房、开发区三星新工厂、开发区联合利华厂房等，这些项目大部分是世界500强企业，有完善的标准和先进的管理。新建的厂房无论是设计、外檐材料构造，还是内部的设备和装修、运营管理都是高水平的，参观这些厂房总是使我们获益匪浅。在新区也有大量的国内企业建设的厂房，如高新区力神电池股份有限公司电池性能测试车间、天津键凯科技有限公司年产2吨医用药用聚乙二醇衍生物项目、合纵科技（天津）生产基地项目、新能源设备检测与相关电气产品产业化项目等，不胜枚举。总体看，要实现中国制造向中国创造的转变，提高厂房建筑的水平是一个前提条件，也可以说是一个标志。

工业研发建筑是新区的一个特色，分成几种类型，如以开发区一汽丰田技术开发有限公司研发基地为代表的大型企业研发建筑组群；有保税区中科院工业生物研究所这类比较专业的研发建筑；还有以设计研究为主的研发机构用房，如高新区中海油基地、保税区天津铁三院集团公司、高新区信息安全产业园等。除以上企业自行开发建设的项目外，也有功能区管委会和平台公司统一开发建设的研发建筑，如开发区外包服务基地，入驻了银河超算中心、渤海银行后台基地等大的机构，还有高新区国家软件及服务外包基地核心区、高新区海泰精工、高新区智慧山（允公科技园）、高新区渤龙湖总部基地二期、高新区渤龙湖总部基地三区等，以及生态城国家动漫园，有大批的动漫和文化企业入驻。

3.滨海新区建筑设计的特征和创新——城市建筑和品质建筑

滨海新区在被纳入国家发展战略后的十年间，建筑设计呈现出量大面广、建设速度快的特点。为了满足快速发展的要求，保证建筑设计的高品质，一方面我们在加强规划管理的同时，更多地加强规划引导，达成共识；一方面突出强调新区整体的城市特色，鼓励各组团功能区域突出各自的城市和建筑特色，鼓励优秀建筑师和设计团队参与新区建设，鼓励各级政府、甲方业主采取国际征集等方式优中选优，努力建设更高水平的建筑。通过各方面的努力，近十年来，新区的建筑设计普遍达到了比较高的水平，呈现出以下几个特点，一些方面在国内具有创新性。

（1）把握滨海新区建筑总体特征——城市建筑，品质为先

从上面篇幅对新区十年来新建建筑的分类描述中，我们可以看到众多的单体项目建筑设计的亮点和丰富的内容。从城市总体的角度看，滨海新区的建筑整体上有两个最突出的特征：一是建筑是城市的建筑，即建筑与城市环境相协调，单体建筑为城市特色的塑造添砖加瓦；二是建筑的品质相对较高，建筑设计的重点更多地放到建筑功能、材料构造和实施质量上。

目前，在滨海新区范围内没有非常突兀的建筑，不管是建筑体量、建筑造型、建筑风格上，还是建筑的色彩上，都与周围环境相协调。在城市核心区成片开发的区域很好地体现了整体性，如于家堡起步区，12栋建筑完全按照城市设计导则进行设计，同时，单体建筑设计在形体的细致变化上、在外檐的设计处理和材料选择上、在建筑色彩上都各具特色。开发区MSD、空港经济区呈现了现代浅灰色基调，北塘则突出了砖红色主色调。齐康院士长期从事城市建筑学的研究，他认为建筑是城市的建筑，建筑不是孤立的，建筑设计要注重城市空间的塑造和环境的整体性，避免相互冲突。要做到这一点，除了建

设计大师　Design Masters

扎哈 · 哈迪德

（Zaha Hadid）

建筑界的“解构主义大师”，2004 年获得普利兹克建筑奖

伯纳德 · 屈米

（Bernard Tschumi）

美国建筑师协会会员，英国皇家建筑师学会会员

韦尼 · 马斯

（Winy Maas）

荷兰 MVRDV 事务所三个合伙人之一，创新型设计师

何镜堂

中国工程院院士，华南理工大学建筑设计研究院院长

菲利普 · 考克斯

（Philip Cox）

世界建筑大师，1962 年创建了澳大利亚考克斯（Cox）建筑事务所——世界百强设计公司。设计并已建成两座世界上著名的海洋博物馆（澳大利亚国家海洋博物馆、西澳大利亚海事博物馆）

何镜堂

中国工程院院士，华南理工大学建筑学院院长兼设计院院长，中国建筑学会副理事长，国家首届梁思成建筑奖获得者

贝娜蒂塔 · 塔格里亚布

（Benedetta Tagliabue）

西班牙最具传奇色彩的女建筑师之一，2010 年获得英国皇家建筑师学会国际奖，主持设计了上海世博会西班牙馆

筑师要具有城市建筑的意识外，主要是靠在城市总体规划阶段对城市建筑和城市特色的重视强调，以及在城市设计阶段对城市建筑风格的认真考虑。

滨海新区被纳入国家发展战略伊始，在编制城市空间发展战略和城市总体规划阶段，我们就一直强调城市空间格局和城市特色的塑造，强调构成特色城市的建筑的特征。多年的经验告诉我们，一个城市要形成完整的城市形象和特色，需要从城市总体层面进行城市设计，需要对城市建筑的总体风格予以明

西蒙·哈登

（Simon Harden）

英国沃特曼国际工程公司最高董事会常务总裁

斯特凡·胥茨

（Stiphan Schutz）

德国GMP国际建筑设计有限公司合伙人之一，在天津有较多的项目建设经验，包括天津文化中心大剧院建筑设计、国家会展中心建筑设计等

普雷斯顿·斯科特·科恩

（Preston Scott Cohen）

哈佛大学建筑学院教授。其作品多以折面和三维渐变为特色，具有强烈的视觉冲击力

评审专家　Jury Members

李道增

中国工程院院士，清华大学建筑学院教授

马国馨

中国工程院院士，北京市建筑设计研究院顾问、总建筑师

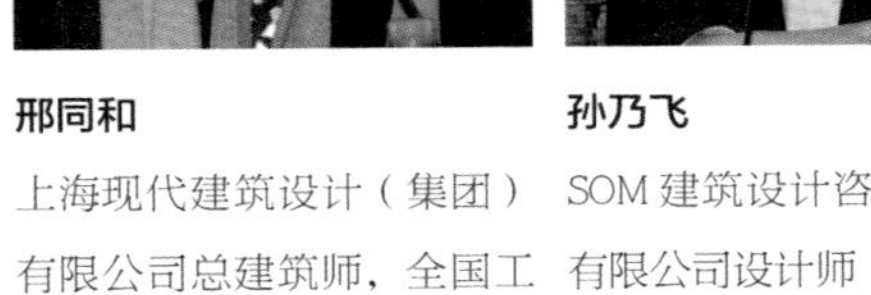

邢同和

上海现代建筑设计（集团）有限公司总建筑师，全国工程勘察设计大师

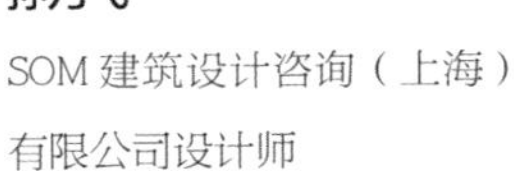

孙乃飞

SOM建筑设计咨询（上海）有限公司设计师

朱雪梅

天津市城市规划设计研究院副总规划师，城市设计所所长

确。2007年，在新区总体规划编制伊始，我们委托清华大学建筑学院开展了新区总体城市设计专题研究，尝试在总体规划阶段开展总体城市设计的探索。研究对新区历史和自然环境特征进行了广泛的收集分析，包括历史上古代和近代的建筑遗存，以及当代建筑的特色，初步确定了滨海新区“海、河、港、城”的城市总体形象和城市特色，明确了城市的骨架、主要节点和各区域的特征，包括对建筑风格的考虑。

当然，在城市总体规划阶段对城市建筑风格的考虑不可能做到非常具体，而且一个城市中不同的区域建筑也应该有各自的特色，因此，在下一个层次的规划，即功能区的分区规划中，我们通过城市设计确定新区各功能区域的城市特色和建筑特色。2006年滨海新区被列入国家发展战略后，我们规划设计上的第一个动作是举办滨海高新区、东疆保税港区、空港保税区、滨海旅游区、中心商务区等五个功能区重点地区规划和城市设计方案国际征集，涵盖功能区总体概念性城市设计和核心区城市设计方案。希望通过城市设计引领、提升各功能区的规划水平，特别是在城市空间环境塑造和建筑特色方面。在随后的控规编制中，结合天津市提出的“一控规、两导则，即土地细分导则和城市设计导则”的编制方法，将空间布局、建筑风格、建筑色彩等城市设计内容作为指导性指标纳入控规的指标体系，将城市设计导则作为重点地区建筑设计审批的依据，保证建筑的整体性。

于家堡高铁站车站室内图

滨海新区近年来新建建筑整体上的第二个特点是品质比较高，虽然还是有一些建筑设计和建造水平较差的建筑，但是其为少数，品质较好的建筑占主流。建筑三要素实用、坚固、美观是建筑设计的根本信条，建筑作为百年大计，质量为先，虽然说建筑是文化、是艺术，但建筑创造首先是建立在品质的基础上，没有好的质量，建筑创作就无从谈起。此外，一个建筑师的成长，除去极少数天才，都需要学习和不断积累，一个城市的建筑同样也需要学习积累的过程，如同一个人的成长过程，在一个婴儿还不会走的时候就要奔跑，是不现实的。对于中国目前的状况，少量的建筑经过努力可以达到世界一流水平，但整体上还有差距。对于滨海新区来说，目前从各方面看，还不具备高水平建筑创造的能力。因此，我们提出不要所谓的“怪建筑”，也是基于对现实情况的分析。建筑是技术和艺术的结合，建筑设计是一种创造，但真正的创造是脚踏实地，而不是空洞的想法，而且大量的背景建筑比地标建筑更重要。我们体会到，城市规划在对建筑设计的管理工作中，其实保证建筑的品质是最重要的工作。因此，我们一有机会就展开宣传，鼓励投资商、开发商、甲方业主注重建筑的品质，而不要与所谓的建筑高度、体量第一较劲，要逐步认识和理解建筑的本质。

（2）不同区域具有各自的建筑特色——组团荟萃，各领风骚

滨海新区是由原塘沽区、汉沽区、大港区全区，以及东丽、津南部分区域构成，其中包括开发区、保税区、高新区等功能区和天津港、中海油、中石油等大型企业管理的区域。按照城市总体规划，新区要发展为多组团网络化的海滨城市区域，各个组团相对独立，职住基本平衡，具有鲜明的产业特色和城市特色。在加快城市道路交通和市政基础设施建设、招商引资、大力发展实体经济的同时，滨海新区各功能区不断丰富城市公共事业建设和生态环境建设，完善城市功能，打造以人为本、生态环保的宜居生态型新城区。按照城市总体规划确定的“西高新、北生态、东港口、南重工、中服务”的产业格局，各个区域组团建筑以当地自然条件、历史沿革、产业特征和老城区现有建筑风貌为基础，探讨和明确各自的城市和建筑特色，新建项目与已有城市空间形态相协调，形成具有生长特征的丰富的城市建筑形象。

位于滨海新区核心区的中心商务区和天津经济技术开发区，是滨海新区的城市中心，要建设为环渤海地区金融中心、国际贸易中心、信息服务中心、国际性文化娱乐中心以及高品质的国际化生态宜居城区。该区域建筑主要以公共建筑和高档居住区为主，公共建筑类型多、规模大、水准高，业态更具复合性，建筑形体整体性好，依照规划实施，形成了丰富的城市天际线。建筑造型规整、简洁，以高端的品质体现了国际水准的现代大都市建筑群形象，是滨海新区现代城市风貌的展示窗口。

滨海新区北部区域，包括生态城、中心渔港、汉沽等区域，全力构筑生态绿色产业体系，重点发展动漫等文化创意产业、都市农业和旅游休闲及养老产业，大力发展旅游项目，构筑主题公园游、黄金海岸休闲游、海上观光游、游艇度假游、生态湿地游、高尔夫休闲运动等主要游线，与周边七里海湿地、北塘古镇、汉沽休闲农业等主要景区形成一体化的旅游线路，共同打造京津冀及中国北方的度假目的地。该区域建筑结合产业及功能定位，形成与绿化环境密切融合的建筑特色，以及具有主题特色的旅游、娱乐建筑群体，凸显生态城市的建筑主题特征和旅游娱乐建筑的游览观赏价值。生态城以绿色环保为目标，构筑低碳绿色建筑体系，公建和住宅项目全部达到绿色建筑标准。建筑尺度适宜，造型丰富、活跃，建筑色彩以暖色调为主，与丰富的绿化景观和谐共生，形成宜居的生态花园城市形象。

滨海新区西部区域由空港经济区、高新区渤龙湖科技园和开发区西区等组成，重点发展临空产业、高新技术产业和装备制造业，主要包括航空航天、高端信息制造、机械制造、绿色

能源、生物医药、现代服务业等支柱产业，努力建设为以航空枢纽为依托的现代化生态型产业区、总部经济聚集区，自主创新的领航区、国际一流的高新技术研发转化基地、高新技术产业和高端人才聚集中心、绿色宜居宜业的临空科技城，形成服务和带动环渤海地区产业升级的现代制造业和研发转化基地。该区域以简洁大气、富有时代感的建筑为主。空港经济区整齐划一的建筑尺度和高度，大量白色和银灰色系的现代建筑，配以大红的现代雕塑，与以绿色、蓝色为主的高标准的绿化和湖面水系相融合，组成了一幅高技术城市的形象。渤龙湖科技园围绕渤龙湖建筑由低到高逐步升起，形成宜人的空间尺度，虽然建筑考虑到宜居的要求，采用砖红色作为主色调，但由于鼓励采用创新的建筑设计手法，带来了许多新意。开发区西区以大型现代化工业厂房为主，建筑掩隐在绿化中，体现出现代工业区的特点。

滨海新区东部区域包括天津港、天津港保税区和东疆保税港区，是天津和滨海新区建设北方国际航运中心和国际物流中心的重要载体，重点发展海洋运输、国际贸易、现代物流、保税仓储、分拨配送及与之配套的中介服务业，形成货物能源储运、商品进出口保税加工的综合性国际物流基地。该区域以体现海滨建筑风貌为主，大型的港口建筑物和构筑物沿海布置，无数集装箱和船只构成沿线动态的港口风貌。该区域住宅和公共建筑尽显区域功能特色，以简洁大气、富有时代感、白色系的海滨建筑为主，塑造丰富的滨水建筑特色。

滨海新区南部区域规划以重型装备制造和石化工业为主，

建设与实施（天津经济开发区建设与交通局提供）

包括南港工业区、临港工业区以及大港城区。南港工业区形成世界级的重化工业基地，临港工业区重点发展石油化工成套设备、造修船和海洋工程、交通运输设备和港口机械、风力发电及输变电设备等重型装备制造业。该区域建筑形象凸显工业项目特征，建筑基本以体量较大、形体简洁的厂房和仓库为主，集中体现滨海新区实业发展的蓬勃势头。大港老城区的建筑延续白墙红色坡屋顶古典建筑的传统，港东新城等新建区以现代建筑风格为主。

当然，滨海新区范围比较大，上文从五个分区描绘建筑的特色还不够全面，比如，位于核心区北部的北塘，规划延续了其历史文脉，在建筑设计上，北塘古镇采用了灰色系的中国传统建筑形式，北塘新的商务办公和住宅区借鉴中心城区五大道历史街区的肌理，建筑采用了红色系面砖的做法。又比如，位于南部区域南端的皇家果园，即有600年历史的冬枣园，建筑采用了传统建筑的形式。因此，总体看，滨海新区的建筑是多样的，虽然目前还没有统一的建筑形式，但反映了统一的建筑观念和精神，即尊重历史文脉，注重建筑的品质。

（3）鼓励选择优秀的建筑设计师——匠心设计，构设蓝图

要建设好的建筑，首先必须有好的设计，好的设计必须有好的设计师和设计团队。过去十年，我们普遍采取建筑设计方案国际征集等方式，来选择优秀的建筑设计师和团队，不断提高建筑设计的水平。众多国内外一流设计团队参与到滨海新区城市规划和建筑设计工作，在城市规划实践过程中，先进的城市和建筑设计理念、技术材料方法得到充分的运用，确保了滨海新区城市建设和建筑的先进性和高品质。

选择优秀的建筑师和规划设计师是滨海新区建筑达到高品质的基本保障，同时，在规划阶段，特别是城市设计阶段十分重视建筑设计的问题，请建筑师参与规划阶段的工作，这是滨海新区规划和建筑设计的一个主要特点和成功经验。许多地区的城市设计和建筑设计都是结合进行的，比如于家堡金融区的规划及建筑设计咨询与征集工作。建筑设计要满足城市规划设计总体的要求，同时，城市规划设计为建筑创造提供舞台。

于家堡金融区是滨海新区规划的核心标志区，规划设计包括建筑设计一定要达到高水平。为此，于家堡的规划设计进行了长期的准备。2005年美国WRT公司、英国波特曼公司和日本日建公司参与了滨海新区城市设计方案国际征集工作，初步形成了以开发区和于家堡商务区为核心的商务区雏形，城市形态初步确定以“窄街密网”的方格状城市路网为主。2006年，中国城市规划设计研究院、天津市城市规划设计研究院和英国保柏规划咨询（上海）公司等单位参与了于家堡行动规划的方案征集。2007年，为提升新区中心商务区海河两岸和于家堡金融区规划设计水平，我们组织了滨海新区中心商务区海河两岸规划国际咨询活动，聘请国内顶级专家吴良镛、齐康、彭一刚、邹德慈四位院士和国际城市设计名家、美国宾州大学乔纳森·巴奈特（Jonathan Barnett）教授等专家为顾问，邀请美国SOM建筑设计事务所、易道公司（EDAW Inc.）、清华大学和英国沃特曼公司（Waterman Inc.）开展了两次工作营，召开了四次重大课题的咨询论证会，汲取纽约曼哈顿、芝加哥一英里、上海浦东陆家嘴等的成功经验，确定了高铁车站位置、海河防洪和基地高度、起步区选址等重大问题，为高水平编制于家堡城市设计奠定了非常坚实的基础。在这些专家中，许多人都是著名的建筑大师或有建筑背景，包括吴良镛教授、齐康教授、彭一刚教授，以及美国马萨诸塞州政府工程总署总建筑师方光屿先生和天津华汇规划设计有限公司负责人黄文亮先生，他们不仅为规划出谋划策，也在城市设计阶段为建筑设计把握方向。

2008年，国际建筑师协会组织了于家堡地区城市设计国际竞赛，面向全球发出竞赛要求，从全球参与报名的69家设计机构中遴选了八家国际一流的规划设计公司进行竞赛。天津华汇工程建筑设计有限公司获得第一名，西班牙i3consultores,s.a建筑设计事务所获得第二名，丹麦henning larsen建筑设计事务所获得第三名。虽然是城市设计竞赛，但不论是组织者还是参与者，大多有建筑设计背景，提出的方案都从建筑的角度，对于

家堡后续的城市规划和设计工作起到了很好的作用。

从2008年开始，美国SOM建筑设计事务所在前期工作的基础上，编制了于家堡高水平的城市设计，形成规整的“窄街道、密路网”的城市布局，将高铁站安排在于家堡半岛最北端，形成合理的中央绿化带，增强中央大道两侧的连续性，明确了地块划分和建筑高度轮廓线。城市设计获得各方认可，结合实施，SOM建筑设计事务所开始编制起步区城市设计导则。在城市设计导则的编制过程中，SOM建筑设计事务所与于家堡金融区起步区建筑设计单位密切结合，起步区9个地块的建筑设计汇集了9位国内知名的实力派中青年建筑师，包括崔愷、周恺、胡越、齐欣、张頎、崔彤、王辉、张雷和姚仁喜。通过规划师与建筑师的沟通协调，于家堡金融区起步区的建筑设计满足了城市设计导则的要求，同时各自具有自身的特色，代表了当前国内建筑群设计的最高水平和方向，确保了滨海新区中心商务区建筑设计和建设的高水平、高品质。

一些概念性建筑设计工作是做好城市规划和设计的前提和基础。为了提前做好于家堡标志性建筑的设计前期工作，与规划设计更好地配合，2010年，我们组织日本株式会社日建设计、美国Sba公司、法国Arep公司、华东建筑设计研究院有限公司参与了于家堡城际车站周边地区标志性建筑设计方案国际征集工作。中国科学院院士、天津大学建筑学院名誉院长、教授彭一刚，中国工程院院士、华南理工大学建筑设计研究院院长何镜堂，中国城市规划学会副理事长、原北京市城市规划设计研究院院长朱嘉广，北京城市建筑设计研究院有限公司董事长朱小地，中国建筑设计研究院副总建筑师韩玉斌参与了评审。本次征集工作，形成了多个高品质建筑设计方案，对深入理解600米标志性建筑的功能及实现对城市的要求非常有益，同时为完善于家堡城际车站建筑设计提供了参考依据。

在一些重要的区域也邀请著名建筑师参与规划编制和管理，如响螺湾商务区规划及建筑设计工作。英特曼、北京土人设计公司先后进行了响螺湾商务区城市设计的编制工作，初步确立了响螺湾商务区城市构架、形态和城市街区空间形式，并对沿海河景观带进行了详细的研究探讨。此后，天津大学城市规划和建筑设计总院对响螺湾商务区规划设计成果进行汇总和提升，形成用于管理的城市设计和导则成果。塘沽区邀请以崔愷为首的20位建筑师和规划师组成专家组，负责响螺湾商务区建筑设计的审查工作。澳大利亚LAB设计事务所、中国建筑设计院崔愷、都市实践合伙人王辉、天津华汇设计公司周凯、MAD设计事务所马岩松、齐欣设计事务所齐欣等国内外一流设计团队及主要设计师参与到响螺湾建筑设计工作当中。

在城市中的一些区域，一些公共建筑本身就具有比较重要的作用，如城市的文化中心、体育中心等，这些区域的规划从一开始我们就邀请建筑师参与其中。2009年滨海新区文化中心选址确定，并由规划院参考国内外经验做出了初步的规划布局方案。如何在建筑设计前做出一个高水平的规划，能够为建筑创作提供好的条件是我们在制定规划时必须回答的问题。2010年，我们邀请到全球著名的英国扎哈・哈迪德建筑事务所、美国伯纳德・屈米建筑事务所、荷兰MVRDV建筑事务所、华南理工大学建筑设计研究院何镜堂院士工作室参与了滨海新区文化中心建筑群概念设计国际咨询。中国工程院院士、清华大学建筑学教授李道增，中国工程院院士、北京市建筑设计研究院顾问、总建筑师马国馨，上海现代建筑设计集团有限公司总建筑师、全国工程勘察设计大师邢同和，美国SOM建筑设计事务所设计师孙乃飞，天津市城市规划设计研究院副总规划师、城市设计所所长朱雪梅参与评审。我们不仅要求各位大师根据各自特长完成一个场馆的建筑设计方案，而且要求他们提出各自的新区文化中心的总体设计方案。不负所望，各位大师提出了令人惊艳、特色鲜明的场馆设计方案，而且提出的总图方案大相径庭，这让我们进一步认识到一个好的总体规划设计的重要性。在随后的两年多时间里，综合各位大师的方案，结合天碱地区城市设计深化，规划院进行了文化中心规划设计方案的比稿工作。经过不断地探讨，最终形成了具有自身特色、体现时代特点的以文化长廊统领文化建筑的布局方案，获得各方认可。2013年，根据文化中心实施进度，我们再次组织了滨海新区文化中心（一期）建筑群方案设计国际咨询工作。根据新的布局特点，我们邀请了参加过第一次征集工作的美国伯纳德·屈米建筑事务所和荷兰MVRDV建筑事务所，新邀请了美国墨菲·扬建筑师事务所、德国GMP国际建筑设计有限公司、天津华汇工程建筑设计有限公司和加拿大Bing Thom建筑师事务所参与。各位设计大师都十分赞成文化长廊的布局，并在严格的规划条件下，提出了各具特色的场馆设计方案。中国工程院院士、北京市建筑设计研究院顾问、总建筑师马国馨，全国工程勘察设计大师、中国建筑设计研究院总工程师任庆英，中国城市规划学会顾问、同济大学建筑与城市规划学院教授陈秉钊，清华大学教授、博导、清华建筑设计院绿色建筑工程设计所设计总监栗德祥，香港许李严建筑师有限公司董事、香港知名建筑师谭伟霖等参与了评审工作。专家组提出了包括图书馆位置和文化活动中心位置互调等很好的建议。经过本次征集工作，形成了文化中心初步的建筑形态。随后，规划院进一步深化了文化中心及周边地区城市设计，完成了文化中心90公顷的修建性详细规划。此后经过德国GMP设计公司与天津市建筑设计研究院牵头的方案深化工作，各家设计单位对设计方案不断进行深化和协同，最终形成了高水平的设计成果，保证了项目高水平的实施。

对于一些重要的公共建筑，滨海新区及各功能区已经形成惯例，除了邀请国内外一流的建筑师和设计公司外，还进行设计方案国际征集，好中选优，确保建筑设计的高水平。国家海洋博物馆是我国第一个海洋博物馆，也是天津第一个国家级的博物馆。2012年，国家确定海洋博物馆落户新区后，我们邀请了澳大利亚考克斯建筑设计事务所、华南理工大学建筑设计研究院何镜堂院士工作室、西班牙米勒莱斯·塔格里亚布EMBT建筑事务所、美国斯蒂文·霍尔建筑设计事务所、美国普雷斯顿·斯科特·科恩设计公司、德国GMP国际建筑设计有限公司、英国沃特曼国际工程公司等参与国家海洋博物馆建筑方案及园区概念方案征集。经过紧张的工作，各参赛单位提出了丰富多样的征集方案。同时我们邀请著名的建筑师、规划师、国家海洋局领导、策展专家及业主组成专家组，包括中国工程院院士、中国建筑设计研究院副院长、总建筑师崔愷，中国城市规划学会顾问、同济大学建筑与城市规划学院教授陈秉钊，上海现代建筑设计集团有限公司总建筑师邢同和，香港许李严建筑师有限公司执行董事严迅奇，全国工程勘察设计大师、天津华汇工程建筑设计有限公司总建筑师周恺等。经以崔愷院士为组长的专家组认真评审，评出了前三名入围方案，但专家组同时提出，入围的方案中还没有十分理想的方案。因此，经过进一步工作，由入围的三家公司开展了第二轮方案征集。以马国馨院士为首，由来自建筑、规划、结构、策展、建设单位、主管部门等人士组成的专家组，全票投给澳大利亚著名建筑师考克斯设计的中选方案。经过两轮国际征集，国家海洋博物馆建筑设计方案最终确定，达到了较高的水平。

（4）开发建设单位坚持追求卓越——勇者践行，品质唯尚

一个建筑要达到高水平，好的设计师和设计方案是必要条件，但不是充分条件，一个好的业主是一个好建筑的保证，有人说一个好的甲方是建成一个好建筑80%的保证。滨海新区在过去十年中建设了一批高品质的建筑，其中一个必不可少的条件是有一批好的开发建设单位。众多高水平建设单位以极高的热情投入到滨海新区开发建设浪潮当中，努力追求建筑的高水平，在为滨海新区的开发发展奠定了坚实基础的同时，也为提高滨海新区建筑的整体品质提供了保障。

滨海新区中心商务区于家堡的规划建设注重城市发展理念的前瞻性和创新性，以科学性、合理性为出发点，采用“窄街道、密路网”的城市格局，创造性地将高速铁路引入商务区地下，并与轨道交通形成城市中心的交通枢纽，同时采用地下空间统一开发建设的先进理念，包括地下步行街、共同沟、地下

车行路等。先进的规划设计增加了开发建设的难度，对开发建设单位提出了很高的要求。参与于家堡建设的津滨城际铁路有限责任公司、滨海建投集团公司、新金融公司和中心商务区投资集团公司等，都以极大的热情、追求卓越的精神投身到打造世纪精品的努力中。

于家堡高铁车站是一项非常复杂困难的工程，在满足高铁和交通枢纽工程功能需要的基础上，从城市功能便利和景观美学角度进行探索，将车站和交通枢纽功能性设施布置在地下，地面只形成简洁的建筑造型和完整的公园环境，从而提升建设项目的品质。津滨城际铁路有限责任公司、滨海建投集团公司和中心商务区投资集团公司分别实施京滨城际延伸线于家堡站及站房、于家堡市政交通枢纽，以及地面景观工程。经过三个公司不懈的努力和精心组织，与各方密切配合，最终取得了理想的效果。于家堡车站建筑设计方案采用“贝壳”理念，灵感来源于鹦鹉螺和向日葵的螺旋线，从圆形双向螺旋网格拉伸出初始平面形态，通过数值“悬挂”形成初始形体，再反转得到贝壳形壳体，最后经与建筑结合，对平面尺寸、高度进行调整，最终形成通透、开敞、明亮、新颖的建筑空间。于家堡网壳结构体系的创新主要包括网壳网格形式的创新和国内外罕见的跨度。津滨城际铁路有限责任公司与铁三院密切合作，攻坚克难，终于完成了这个建筑工程上的杰作。不仅在结构设计施工上，而且在建筑外檐材料的比选和实施上、在室内装修上都按照与建筑造型相协调的高标准来设计实施，达到了结构与建筑、室内与室外的完美统一。滨海建投集团公司负责的工程包括三铁地铁车站和线路、地下出租车场、公共停车场和地面的公交首末站。这是一个难度极大的地下工程，地铁Z1线车站位于地下三层，达－27米深，维护结构桩达－60米，而且与中央大道隧道工程有交叉。经过精心组织，长时间的精心施工，最终高水平完成建设任务，交通枢纽与高铁站无缝衔接。中心商务区投资公司负责地面景观工程，所以确定工程和设计比较晚，但公司与各方面密切配合，高水平地完成了景观工程。三家公司在工程实施过程中，认真服从规划和设计方的要求，出现问题及时修改。如津滨城际公司按照规划要求对地下通道进行修改，滨海建投集团公司对地面公交首末站站房造型和外檐进行修改，不厌其烦、精益求精，使工程达到高水平。于家堡车站建在公园中，各类交通、市政、停车等配套集中在地下布置，为地面留出了广阔的空间，这个车站穹顶成为公园中的一处景观。于家堡高铁站是于家堡金融区最重要的功能建筑，也成为于家堡的标志性建筑。

新金融公司负责于家堡起步区“9+3”地块商务商业楼宇和地下综合开发项目的建设。于家堡金融区规划城市肌理为“窄街密路”，规划道路密度大，开发地块基本为100米×100米。为了加快开发进度，更是为了实现地下空间的统一开发建设，新金融公司首先进行统一的开发建设。为了便于后期招商引资和项目转让，新金融公司成立了多个项目公司，进行土地招拍挂。为了节省投资和工期，其中6个地块作为一个基坑统一开挖，面积达到10万平方米。新金融公司开发的地下十字步行街工程是地下空间综合开发利用项目，工程包含地下商业街，轨道交通B1、B3线换乘站等。地下商业街与地铁进行无缝换乘，使商业与客流达到良好的衔接，促进了商业的可持续发展。地下商业街和于家堡金融区办公塔楼地下空间融为一体，为区域办公人员提供优质的商业服务。地下商业街、地下人行通道形成立体化的城市步行系统，为区域人流提供全天候、不受气候影响的服务。地下商业街建设水平不仅体现在工程质量、装修和招商运营的水平上，也体现在地面景观建设的水平上。现在，该商业街已经打造成“环球购”为主题的特色商区，为集环球艺术文化、尚品欧洲、亚洲美食、活力美洲、阳光澳洲、保税展示、环球生活、平行进口汽车展销为一体的高品质商业形态，与地面上的电影院、商业一起为于家堡金融区提供完善和高水准的配套服务。

随着项目建设的开展，于家堡起步区“9+3”地块分别转让给了天津农商行、华夏人寿、诺德英兰公司、联发公司、升龙公司、力勤公司等单位，各单位都能够按照城市规划和城市设计导则的要求深化设计和施工，注重功能和建筑品质，包括结构、设备和外檐材料，最后各方联袂开发建设了一组高水平的商务商业高层、超高层楼宇，这不仅体现在功能、质量上，也体现在建筑群的整体水平上。于家堡金融区的“窄街密路”城市肌理，缩小建筑退线距离，强调建筑贴线率及步行空间建筑界面的统一设计，营造连续感较强的城市街墙效果，以人的尺度为出发点，合理确定裙房建筑的高度，形成尺度宜人的街道和公园广场空间。于家堡建筑注重整体性，注重建筑相互关系，在城市天际线以及景观均好性等方面达到最优化，在整体中有变化；建筑风格注重“经典、现代、出新而不出奇”，并彰显金融建筑属性；建筑形体归于简单，塔楼的标准层尽量采用矩形平面，方便使用；关注建造与使用功能，在方案构思伊始即将高层甚至超高层建筑设计中应予以关注的结构体系、机电设备系统配置、外檐材料、空间舒适性等问题纳入综合设计范畴；从整体能源方案到单体建筑设计细节，全面、全程关注可持续发展。感知大厦以超高层金融办公建筑的自身特点为契机，追求设计创新与结构合理性的有机结合，立面设计立足于体现筒中筒混合结构外筒钢桁架自身的结构美，竖向每五层作为一个单元，利用外圈交叉连接且同时兼具装饰作用的斜支撑、梁、柱，形成刚度很大的竖向桁架，使钢结构自身所代表的现代感也得到充分展示。宝策大厦矩形办公主楼设于西侧并沿南北长向布置，充分利用西面的水景与滨水绿地的景观优势，展示大方利落、出新而不出奇、经典又现代的建筑气度。天津国际金融会议酒店建筑造型独特、建筑功能复杂，各功能分区各自具有独立的功能，既可快捷独立使用，也可协同联系成为一个整体。酒店客房和公寓沿环向设置在外侧，会议室、汇报厅、宴会厅设置在中央，形成大跨度空间。建筑顶部用大跨度屋盖将两个塔楼连为一个整体，并将屋盖进行大悬挑，形成独特的建筑造型。

参与响螺湾商务区开发建设的有中海集团公司、五矿集团公司、中钢集团公司、中船重工等央企以及深福保集团公司、碧桂园公司、海昌集团公司、浙商等较有实力的开发单位，集中了较多名家设计作品。经过各个公司的不懈努力，现在响螺湾已经建成包括星级宾馆、娱乐商业建筑和以商务办公建筑为主的建筑群。响螺湾商务区的规划注重整体性，对建筑高度及建筑体型进行了严格的控制，形成以富力恒富大厦388米高塔、中钢国际广场（350米）、中海国际广场（270米）为标志性建筑的城市天际线。作为响锣湾商务区的制高点，富力恒富大厦建筑以简洁的体型，运用旋转退台等手段，使其发生变化，通过与外檐虚实对比的水平线条处理，形成视觉冲击力强烈的建筑形象。作为滨水建筑和响锣湾第二制高点，中钢国际广场设计理念来源于中国传统的六棱窗，大小不等的六棱形窗成为一个新国际化办公空间的视觉元素，使整个大厦看起来像是由无数生生不息、不断生长的细胞所组成。经过各方努力，六棱形窗的外檐也同时作为这个超高层建筑的主要结构系统。中钢国际广场具有创造性的设计体现出地域文化和世界性，它将赋予整个地区一种让人振奋的精神和力量。除去这些超高层标志建筑外，响锣湾的许多其他建筑中也具有较高的设计和建造水平，如由澳大利亚LAB事务所设计的中惠熙元广场，设计理念来自于波浪，每三层向外挑出的折线形体量，在建筑的表面此起彼伏，形成连续的折面，环绕着整个建筑，在不同时间和不同的天气条件下，外观给人不同的感受，颇具国际范儿。

由泰达控股集团旗下的天津泰达发展有限公司开发建设的天津经济技术开发区MSD项目是由以高档办公楼为主、以配套商业为辅的高品质办公建筑群，也是城市商务综合体，是富有现代化气息和生态环保理念的现代服务产业聚集区。泰达发展以追求国际一流的建筑为目标，邀请国外一流的设计公司进行规划设计，项目实施上也力求高标准。MSD的规划和建筑设计体现整体性和共享性，充分融入人与自然和谐共生的理念，以现代、时尚、生态、高科技为概念特征，积极营造出一个现代化、国际化、智能化、集群化的高档综合商务区。MSD－A、B

区和C、D区总体布局围绕着中心绿地，100米高的7栋塔楼沿边缘布置，建筑裙房平面外廓采用曲线，屋顶是波浪起伏的绿色屋顶，与中央公园环境非常融合。办公功能合理，品质一流，包括建筑外檐也选用高档材料，造型简洁，竖向百叶成为外檐特色。MSD的F区、G区、H区、I区为泰达MSD的拓展区项目，沿着二大街延伸，规划设计力图增强区域的整体性，统一中有变化，做到内向型、外向型空间兼有，并有机组合。项目规划提出了“折板城市”和“品”字布局的设计理念，提供了建筑群从二维平面到三维空间的最大灵活性，并为产业园区提供了外形统一的识别性标识。项目建筑设计大气、简洁，并充分考虑环保、节能、绿色等设计理念，通过了美国绿色建筑LEED认证，是新区绿色办公建筑的典范。

对外交通建筑是滨海新区的一种建筑类型，具有难度大、水平高的特点。作为城市对外的门户建筑，各建设单位都努力打造精品。除了于家堡高铁站外，天津国际邮轮母港有限公司开发建设了天津港国际邮轮码头，建筑设计源自于一组在海边起舞的丝绸，舞动、旋转、向上，充满了力量，展现出港区蓬勃激昂的生命力，寓意海上丝绸之路成为连接世界的纽带。该项目为旅客提供了舒适、高效的通关服务，同时为邮轮主体的休闲活动提供高品质的空间。通过开发建设公司、设计单位及材料厂家的不断试验，终于解决了非线性设计建筑外檐的制造加工问题，预制的不规则面板安装拼接后建筑外檐取得了流畅的效果，成为海上客人抵达滨海的第一美好印象。天津泰达滨海站建设开发公司开发建设了津秦客专滨海站配套的交通枢纽工程。滨海站8万平方米的站房平面呈“工”字形，以站房为中心半径（约350米）的圆环形范围内，包括除高铁车站外的3个地铁车站及换乘构成的地下空间，以及配套的道路、公共停车、出租车和公交车场等7大市政配套工程已基本完成。在高铁与地铁、公交、出租车的接驳上，津秦高铁滨海站采取了“上进下出”的方式，换乘候车大厅位于地下一层，市民从这里出站，可实现零换乘。

滨海新区大型公益性设施建设在注重建筑的功能和质量的前提下，特别注重建筑形式美的创造，注重建筑造型与功能的充分结合。国家海洋博物馆筹建办公室组织建设的国家海洋博物馆是我国首家以海洋为主题的国家级、综合性、公益性博物馆，该博物馆建成后将展示海洋自然历史和人文历史，成为集保护收藏、展示教育、科学研究、交流传播、旅游观光等功能于一体的海洋科技交流平台和标志性文化建筑。海洋博物馆建筑面积8万平方米，独具特色的设计也使得项目的实施具有很大的难度，如在海湾上挑出的巨大悬臂结构。经过国家海洋博物馆筹建办公室和设计单位、施工单位的共同努力，克服各种困难，项目目前已经基本建成。滨海文投公司承担建设的滨海文化中心工程承载了滨海新区人民对文化追求的梦想，文化中心一期工程为“一廊五馆”，建筑面积32万平方米。470米的文化长廊串联起城市规划和工业探索馆、美术馆、图书馆、文化馆和市民活动中心等五个文化建筑，即突出“博、美、图、文”的基础功能，满足国家对城市文化设施的达标要求，形成文化事业与文化产业融合发展的文化综合体。文投公司在工程实施组织过程中付出了巨大的努力，在项目规划设计方案的深化、项目组织等方面经历了复杂的过程，其坚韧不拔的企业性格必将打造出优秀的建设成果。

为了完善新区的教育、医疗卫生、民政等设施，滨海新区启动了“十大民生工程”的建设，规划建设了一批教育医疗文化等设施。滨海建投集团公司勇挑重担，成立了公共设施投资开发建设公司，负责滨海新区大部分“十大民生工程”项目的建设。近年来建设了滨海新区实验中学、第一中学、第一养老院、第二养老院、福利院、妇儿保健中心、汉沽医院等，为滨海新区公共事业发展和民计民生工作做出了重大贡献，为滨海新区的和谐发展奠定了坚实的基础。肿瘤医院、中医院、耀华中学等建设项目也已经完成前期工作，准备动工。这些公益性公共建筑的设计和建造追求建筑的美观和实用性的平衡，在建筑设计上力求简洁大方，同时与项目具体位置和周边环境进行协调，注重项目既有现代感，又有传承。建投集团公司在方案设计等前期工作中投入了大量精力，不断要求提升设计水平和建筑品质，在建设中精益求精，将与群众关系最为紧密的公共建筑建设成百年大计的精品。

滨海新区为提高城市服务功能，优化商业结构，提升新区的商业氛围，加快了各种商业业态和设施的建设，与之相适应的多样的商业建筑形式也得以迅速发展。一批高水平的商业项目建设团队、运营团队参与其中，比较突出的有SM广场、万达商业广场等项目。SM广场（天津）有限公司建设的SM天津购物中心项目面积达到50万平方米，是天津最大的商业综合体，3个椭圆形的环状建筑大气地融为一体，俯瞰如3朵含苞待放的“巨型花朵”，通透明亮的中庭空间设计使光线透过玻璃天顶照射进来，实现自然采光。该工程包括娱乐中心、百货公司、旗舰店、大型超市、电影院、保龄中心、餐饮、美食广场等功能，旨在打造一个地标性的购物新据点，不只吸引了当地的居民，还吸引了各地游客及北京和周边各市的通勤者，以及各省各区与国际的旅客及商家。万达公司开发的万海华府项目中10万平方米的商业MALL，是万达商业广场的最新升级产品，设计理念来源于“百川入海”的景象，一条条银白色铝板的有机曲线造型汇聚成面，模仿河流入海的场景，具有积极向上的含义。万达公司具有强大的商业号召能力，拥有超过2400家国内外知名商家为备选商户，将形成滨海新区新的商业增长点。

近年来，滨海新区居住建筑项目呈现迅猛发展的势头，建筑品质不断提高，在居住区规划设计上不断进行探索。在城

滨海新区文化中心大厅效果图

市核心区的高档住宅项目，包括万科公司开发建设的位于开发区生活区核心的柏翠园项目、中投公司开发建设的位于中心商务区天碱商业文化区的中国塘项目、泰达建设开发建设的位于开发区生活区的格调临泉项目，为滨海新区高档居住区规划设计和住宅建筑单体设计树立了新的标杆。这些项目注重居住区规划布局与社区氛围的设计，对住宅房型设计不断优化，对建筑细部进行了较为深入的刻画，更加注重景观设计，引入了中式庭院风格、日式庭院风格、新英格兰风格、欧式风格等景观理念，营造了项目整体错落有致的空间层次，形成了高水平的建筑环境和建筑效果，塑造了良好的居住环境。招商地产和泰达建设合作开发建设的位于开发区生活区核心西侧的贝肯山项目，按照原定的窄路密网规划布局，形成了围合式街坊式住宅建筑，形成了新颖的宜居社区。位于城市部分功能区的住宅项目也十分注重建筑品质的创造，如位于生态城由万科公司开发建设的锦庐项目，按照生态城的规划要求，全部为绿色建筑，并采用了部分装配式，拥有较高的建筑质量。位于高新区渤龙湖边的第一和第二生态居住区两个项目，由海泰集团公司旗下的地产公司开发建设，由著名建筑师齐欣和王辉设计，探索住宅户型、立面设计上新形式、新材料的应用。位于滨海新区核心区南部和谐新城起步区内的普通商品房和保障房项目也对居住区规划和住宅建筑设计进行了创新探索。该区域规划引入了“窄马路、密路网”和开放社区的设计理念，优化健全公共交通和公共服务设施，营造绿色宜居的城市环境。区域内各街坊地块的住宅建筑设计按照城市规划确定的肌理，形成围合式街坊布局和独具特色的建筑院落空间，以及尺度更加宜人的城市街道和开放空间，塑造了新型的居住社区和城市居住体验。万科集团公司、泰城公司、市政滨新公司、区住房投资有限公司开发建设的金域国际、沁芳苑、莹波苑、佳宁苑等项目都践行了该设计理念，对独具特色的街坊式住宅建筑组合形式进行了有益的探索。

二、精心描绘，管理先行——滨海新区建筑设计规划管理的创新

滨海新区十年发展取得了瞩目的成果，一座生态、宜居、可持续发展的现代化都市、一座高水平工业新城，正在这片广阔的土地上稳步成长起来。参与滨海新区规划建设的建设者、规划师、建筑师和规划管理者，乘着时代的巨帆，在城市规划建设工作当中不断寻求突破，追求建筑设计建造的卓越，不断优化管理机制，为滨海新区开发高水平的建设创造了良好的基础条件。滨海新区的建筑整体上能够达到较高的水准并形成自己的特色，除去以上谈到的把握城市建筑整体特征、突出组团特色、选择高水平的建筑师和设计团队，以及业主单位的共同努力外，还有一条成功的经验就是城市规划管理工作中强化对建筑设计的管理和引导，注重建筑与周围城市环境的协调，强调建筑的高品质。滨海新区对建筑设计规划管理实践的成功经验可以总结为以下三个方面：一是建筑设计必须符合城市总体规划的要求，二是建筑设计要符合不同区域城市设计导则的要求，三是严格的建筑设计方案审查和行政许可制度。

1. 建筑设计符合城市总体规划要求和时代、地方特征

城市总体规划是城市发展建设的龙头，不仅体现在宏观的城市定位、发展目标和规模、空间布局、产业发展、社会事业、生态环境、交通和市政等方面，也体现在城市的空间形态、建筑风格和城市特色上。通过总体城市设计等工作，并在日常实际的规划管理工作中不断探索，明确了新区总体的建筑风格以及一些理念，为滨海新区整体建筑水平的提升奠定了基础。

（1）城市总体规划对建筑风格的总体要求

2008年天津制定了《天津城市空间发展战略》，其中对城市建筑总体风格进行了明确，即“中西合璧、古今交融、大气洋气、清新靓丽”。考虑到滨海新区的实际情况，在新区的城市总体规划中对建筑设计提出了以现代建筑风格为主的总体要求。建筑作为城市的建筑，必须要延续城市的历史文脉，同时建筑更是功能性的，要适应当今生产方式和生活方式的使用要求；建筑同

时也是艺术创作，要顺应时代脉搏，体现文化的先进性。在实际规划管理工作中，除了一些建筑根据其功能要求和周围环境要求，采用中国传统式或欧式建筑形式外，鼓励大部分建筑采用现代建筑形式。对于现代建筑形式，结合国内城市在建筑设计中出现的一些问题，也进行了认真的思考，在实际工作中不断摸索，提出了要共同遵守的现代建筑设计的原则。

（2）遵循建筑发展规律，把握建筑设计方向

改革开放以来，伴随着西方现代建筑思潮和实践的扑面而来，我国的建筑设计有了极大的发展。在快速发展的过程中，除了规划上的问题外，在建筑设计上也出现了一些比较普遍的典型问题。一是初出茅庐的建筑师不关心怎么把建筑的基本功能、材料、构造设计解决好，不论是什么样的任务，都热衷于所谓的建筑创造。二是片面认识和理解现代建筑简约的处理手法，把简约理解成简单，批评国家确定的建筑方针，似乎不妥。把建筑降低成了最简单的工业产品，毫无质量和艺术性可言。三是西方的建筑师不考虑中国的国情，在一些不合时宜的位置和项目上采取了太超前的设计，引起诟病。而有意思的是这些大体量的试验性建筑出现在总体建筑水平还不够高的中国。造成这些状况的原因与当时的历史条件、教育和大的环境有关系，有客观的因素，但更多的是浮躁的心态和对建筑的无知。今天，在中国经济社会转型升级的过程中，我们也需要更加理性客观地看待建筑，寻找正确的方向和道路。通过进一步回顾世界近现代建筑百余年的历史，反思我国过去30年的发展历程，我们能够更加清晰地看到世界近现代建筑的发展规律和我国目前所处的阶段以及急需解决的问题。

世界近现代建筑，在工业革命的大背景下，伴随着钢铁、玻璃、电梯等新材料、新技术的出现，在19世纪末20世纪初诞生。最初的近现代建筑虽然采用了新的材料、结构和技术，但不管是建筑的平面设计还是立面装饰，还有许多古典建筑的痕迹，这时的建筑称为新工艺建筑。到了20世纪30年代，包豪斯学派的出现，彻底改变了建筑设计的观念和方法。形式跟随功能，建筑设计不再拘泥于古典建筑的包裹里，建筑体量更加丰富，建筑空间开始流动，建筑立面变得通透。密斯对钢和玻璃材料特点和性能的充分利用，以及他对建筑细部的精致处理，体现了“少就是多”的理念。现代主义建筑在全世界盛行，成为国际式建筑，达到登峰造极的程度。历史地看，为了与传统的古典建筑决裂，为了挖掘现代建筑的精髓，现代主义建筑有些矫枉过正，包括柯布西耶《光明城市》对建筑和城市的设想，以及卢斯“装饰是罪恶”的诅咒都是这样。二战后，伴随着私人小汽车的快速发展和大规模的城市建设，现代主义建筑在取得巨大发展的同时，也造成一些问题，包括对城市空间的破坏，缺少历史和地方性的考虑等。实际上，现代主义在取得胜利后，随即开始考虑建筑的文化和地域性课题，如柯布西耶的朗尚教堂、赖特的流水别墅、阿尔瓦·阿尔托的具有明显北欧风格和地域特点的现代建筑。这样的转变非常正常，多样性和地域性应该是20世纪现代主义建筑的主流。到了20世纪60年代，随着后现代主义思潮的涌现，后现代主义建筑破土而生。文丘里《建筑的复杂性与矛盾性》、舒尔兹《西方建筑的意义》等理论书籍打开了人们的视野，认识到建筑更深层的文化和精神作用，人们更注重建筑的意义、历史文脉和城市的关系。可以说，这时的现代主义建筑已经彻底回归到正确的道路上。但是，同现代主义建筑最早的形式一样，后现代主义早期的建筑出于引人注意的目的，也是采取了夸张和矫枉过正的形式，它怪诞的形式反而容易将自身的内涵掩藏起来。到了21 世纪，随着思想的多元和后工业时代的到来，建筑设计和建造已到登峰造极的地步，摩天楼的高度超过了800米。同时，随着计算机和信息技术的发展，非线性设计成为一个时髦的潮流，以盖里设计的毕尔巴鄂古根海姆博物馆为代表，计算机软件辅助的非标准设计和制造加工安装等能力使这些成为可能。当然，这样的建筑创造需要很多相应的资金、技术、材料以及人才的支撑，只能是少数特殊的建筑和建筑师可以尝试。

从我国近现代建筑历史看，虽然近现代主义建筑在20世纪初

进入我国并不算很晚，但发展历程却十分曲折，虽然也经历了百年的演变，特别是近30年的快速发展，但至今没有形成完善的建筑理论和方法，与西方当今成熟的建筑设计行业的水平相比，总体上还有较大差距，所以形成当前的局面有客观合理性。最初，少量中国留学生回国开展建筑设计工作，开始在西方人开设的事务所里，后来自己独立开业，进行了许多近现代建筑设计的实践，开启了中国近现代建筑的门扉，在“西学为用，中学为统”的大环境下，也开始探讨具有中国传统的近现代建筑，吕元直设计的孙中山纪念堂等建筑是其中的代表。这时，梁思成先生开始对《营造则例》进行研究，探究中国传统建筑体系。但日本对华侵略战争的爆发和随后连绵的战乱使刚起步的中国建筑止步不前，理论研究几乎停滞。直到中华人民共和国成立后，建筑迎来了新的春天。最初全盘学习苏联，依据“民族主义形式，社会主义内容”的原则，中国建筑师也创作出许多好的建筑。可随后20年的各种运动，使原本刚开始恢复的中国建筑再遭重创，使我国的现代建筑理论和设计出现断层。此外，在当时经济比较困难的情况下，确立了“经济、适用、在可能条件下注意美观”的建筑方针，使建筑降低到满足基本功能需求的水平，难以谈到建筑创作。在建筑对外交流方面也基本上与世界隔绝，所以当改革开放初期国门打开的时候，西方现代主义、后现代主义等各种理论、方法和大量作品一起涌入我们的眼帘，难以选择和消化。在我们对现代建筑的认识比较肤浅、实践经验缺乏、人才还比较少的情况下，中国开始了世界历史上规模最大的快速城市化，短时间内的大规模建设，造成了上面提到的一些问题。在高速发展的过程中，也没有时间去研究和思考。

今天，我们虽然身处全球化的21世纪，但我们的主流建筑思想，即使是专业的建筑师，仍然停留在20世纪50年代。虽然与后现代建筑和后现代主义同处一个时代，知道各种主义、流派的名称、噱头，但可惜的是，我们并没有真正理解其建筑的深层含义及其内涵。中国作为世界上最大的工地，除一些城市的中心区域集中了一批好的建筑和少量吸引全球眼光的非典型设计的建筑外，大部分城市中大量建筑的质量比较低，设计简陋。西方国家曾经出现的建筑问题我们几乎都有，包括建筑对城市的漠视、造成城市空间的丢失等。在整体水平不高的建筑环境中，许多城市都会出现几个所谓后现代主义或非线性设计的建筑，其实只是猎奇式地简单模仿一些后现代主义的建筑和手法，好像很时髦，但总是造成不合时宜的奇怪景象。

通过以上对当代建筑发展演变的历史分析，我们能够进一步认识建筑的本质，正确了解我国当前建筑发展所处的阶段，客观地对待建筑设计工作。这需要转变过去片面偏颇的想法，厘清几个思路：一是建筑的发展演变有规律性，要脚踏实地地提高我国的建筑设计水平，不能超越发展阶段；二是目前我国建筑创作应该以提升建筑的品质为重点，包括建筑质量、实用性，以及建筑的文化内涵，这比漫无目的的想法更重要；三是对于一个城市来说，大量的背景建筑的设计质量比地标建筑更重要，建筑要符合城市规划总体的要求。

客观地讲，从发展规律的角度看，目前我国的建筑设计水平应该还处在现代主义建筑晚期，正走向成熟期。首先，我国建筑工业化仍然在进行中，目前还有许多钢筋混凝土现浇建筑，钢结构比较少，预制现场安装的钢结构更少。建筑的标准

《滨海新区规划建筑设计导则》

化进展慢，缺少公用的建筑部品供建筑师选择。第二，建筑的品质还不够高，平面功能设计还不够好，地域性特点不突出，建筑的细部构造设计施工还有差距，外檐建筑材料总体质量还不够好，少量高品质的产品价格高，只能用于少量的建筑。第三，还没有出现真正的后现代建筑，即有文化内涵、打动人心的建筑作品。因此，根据现实的情况，按照建筑发展的规律，目前我国的建筑设计应该以提升建筑的品质为重点。要强调建筑的实用性，包括文化和精神方面的作用，建筑设计功能和形式相吻合，建筑造型要简洁大方，建筑的品质比奇异的造型更重要。建筑创作要恰如其分，可以有少量的建筑作为创新和突破，以提高技术水平，但不是所有建筑都应该做的。此外，不应该用奇异的造型等来吸引眼球，这些怪建筑不是当前中国建筑的主流和方向。

另外，建筑是城市的建筑，要遵循城市规划要求，与周围环境相协调。城市主要是由建筑组成的，由建筑来界定道路、广场、公园等开放空间，由建筑组成城市的实体形象和天际轮廓。依据形态特征，城市建筑可划分为标志性建筑和背景建筑。公共建筑通常在城市中非常亮眼，是标志性建筑；而大量的住宅就是背景建筑。每座城市都有一个或几个特征不同的城市中心，城市中心和其他的公共中心构成了城市景观和形象特色的视觉焦点。实际上，地标建筑是少量的，即使在城市中心的公共建筑中，也有一些只能充当背景建筑。SOM建筑设计事务所在滨海新区于家堡城市设计中，提出城市中大部分建筑（包括许多公共建筑）都是背景建筑，即使在市中心的高层聚集区，也只有少量的超高层和特殊形体的多层建筑是标志性建筑。目前看，中国建筑文化的发展、城市文化的繁荣，并不完全在于少量的标志性建筑，关键是看大量背景建筑的品质，包括大量住宅建筑的形态和品质，建筑要与城市整体环境相协调，而这正是我们目前最欠缺的地方。

经过多年的学习积累，我们明确了滨海新区建筑的着力重点和方向，为提升新区建筑的整体水平奠定了思想基础并达成共识。

（3）滨海新区规划建筑设计导则

为了将城市总体规划对建筑的要求落到实处，使其具有可操作性，我们在新区整体层面上提出对建筑设计的通用指引即导则，作为建筑设计和管理的依据。按照天津市规划局编制的中心城区规划设计导则的做法，滨海新区规划和国土资源管理局组织天津市规划设计研究院滨海分院编制了《滨海新区规划建筑设计导则》，该导则将滨海新区建筑控制划分为五个特色片区，分别对这五个特色片区从规划、建筑、开放空间三个专篇进行了研究和归纳总结，提出了建设项目规划设计要求、规划管理控制要素。建筑的指引按照对办公、商业、居住、工业和研发建筑分类提出，图文并茂。

办公建筑要以满足现代办公需求为前提，建筑形象应与滨海新区整体现代的建筑风格和地域特征相统一。不论是超高层、高层、小高层，还是多层，绝大部分办公建筑形体宜使用简洁规整的形态，提倡直角形状平面的运用以及与街道网格相呼应。建筑立面要简洁大方，鼓励细部的设计变化，建立经得起时间考验的城市经典办公建筑形象。建筑顶部可以有完整平顶、退台式平顶、尖顶等形式，统一将设备用房和附属设施纳入建筑整体造型当中。建筑立面要避免采用全玻璃幕墙，立面表皮形式应为石材、金属板材模距式或涂料及复合幕墙式，鼓励在相似的模距中变化细部设计。依据建筑高度由高到低，建筑色彩以亮灰、暖黄色和砖红色为主导，体现现代和清新亮丽的格调。对于一些标志性的办公建筑，形体可以有一定变化，但仍以简洁为主，鼓励在规则形体上的规则变化。在商务区中，办公建筑基座、裙房要清楚地定义街道，要有清晰的出入口，建筑宜提供连通人行道的地块内步行街，应该提供活跃的入口广场和配套的零售服务等空间。

商业商贸建筑整体形象应能渲染和烘托商业氛围，建筑形体应与周边同类建筑相协调。除少数大型商业建筑外，在商业街区和沿主要生活道路的临街商业建筑，要形成统一和连续的街墙。建筑立面鼓励丰富多样，但一般底层宜采用玻璃和橱窗设计，以提高街道的活跃度和吸引力，往上可以逐渐过渡到实体的墙面。建筑底层一般要采用统一的檐口高度，并预先考虑广告、店招牌匾及灯光设备的位置。建筑外檐可以选择多种材料，色彩以暖黄色和砖红色为主，可以有多种的变化，体现现代感，塑造各具鲜明特色的商业建筑。

居住建筑以形成良好的宜居环境、高配置的建筑和丰富的城市景观为出发点进行引导，按照高层和多层两类来控制。高层住宅建筑形体要符合高宽比要求，不容许两个单元以上拼接形成大板楼，以免对城市日照和形象造成不好的影响。高层建筑顶部可以采用上下统一、收分或坡屋顶的处理手法，要避免过于琐碎和无功能的空构架。高层住宅立面设计宜简洁大方，避免过多的造型变化。通过细部和色彩处理，形成丰富温馨的视觉感受。为了安全和便于维护，高层住宅建筑避免使用面砖。一组高层住宅设计时，建筑高度要有变化，应塑造丰富的城市天际线，避免大量同高度的建筑群出现。多层住宅建筑，宜采用坡屋顶的形式，建筑立面一般按照三段式处理，建筑基座应采用稳定的形态、厚重的颜色和材质处理，加强建筑的稳定感。外檐可以采用涂料、面砖和石材等多种形式。建筑色彩以暖黄和砖红色为主，创造和谐宜人的温馨感受。

工业建筑以功能为主，形式跟随功能，平面和形体按照生产要求设计，满足生产工艺流程要求。大件生产企业厂房平面和空间尺度巨大，在建筑造型设计上结合大跨度结构设计，表现建筑尺度的气势逼人为主。建筑立面要简洁，采用比较好的外檐材料，着重细部刻画，使建筑具有较强的现代工业感，并突出产业特色。其他单层和多层厂房等工业建筑也宜采用简单的空间形态，立面设计简洁，鼓励采用比较好的外檐材料，注意细部设计。工业厂房以灰色系为主，建筑颜色不宜过多，建筑屋顶不宜大面积采用大红、天蓝等纯度高的颜色。鼓励工业建筑进行绿建设计，采用节能环保工艺和材料。与工业建筑一样，工业研发类建筑宜采用现代主义风格，与工业区的整体形象相统一。建筑颜色以浅灰色为主导，清新而沉稳。立面处理力求简洁大气，可以采用虚实对比、韵律等手法，使建筑在具有整体性的同时，又丰富生动。

《滨海新区规划建筑设计导则》是对滨海新区全区建筑设计的指引，除去对四类建筑提出指引外，又分别对五个特色片区建筑提出导引，但滨海新区范围大，各个区域的建筑还有自己的特点。为确保滨海新区建筑设计的高水平，滨海新区规划和国土资源管理局和各功能区管委会针对各功能区的重点发展区域组织设计单位编制了城市设计及导则，用以指导各区域的建筑设计。导则从整体上描绘了该地区的发展蓝图意向，包括城市空间和轮廓线、建筑体量和形式、建筑风格和色彩等内容，并协调业态布局、市政道路、景观环境等要素的关系，形成整体特色风格。

2. 建筑设计符合城市设计导则要求

（1）城市设计、城市设计导则及其作用

城市设计，从字面上的意义就是对城市的设计。在古代，城市设计与城市规划密不可分，几乎等同。直到工业革命后，产生了现代城市规划，两者的区别才日益明显。现代城市规划学科的产生与发展，让城市设计逐渐承担起了城市规划中空间形体规划的内容，以弥补现代城市规划越来越注重城市本质，而相对较少关注城市空间与景观的不足。1893年起源于美国的城市美化运动（City Beautiful Movement）被认为是最早的近现代城市设计实践。二战后的五六十年代，西方城市的社会经济逐渐进入稳定的发展时期，追求人文和传统的回归使现代城市设计开始产生，并呈现出理论和方法多元化的格局。哈佛大学率先开设了城市设计的研究生课程。1965年美国建筑师协会正式使用“城市设计”（Urban Design）这个词汇。城市设计成为一个行业和专业，形成相对固定的模式。

城市设计是一种城市规划，是人类能动地改造生存环境的手段之一。一般认为，城市设计是人们为某种特定的目标而对城市空间形体环境所做的组织和设计，从而使城市的外部空间环境适应和满足人们行为活动、生理及心理等方面的综合需求。因此，城市设计不仅是空间实体和景观环境的设计，而要以城市功能、人的活动和感受为主，综合考虑自然环境、社会经济、人文因素和居民生产、生活的需要，对城市体型和空间环境所做的整体构思和安排，是城市空间场所的塑造和完善过程。从城市设计发展历程以及国内外优秀城市设计实践案例来看，城市设计对于提高一个城市的规划建设水平、彰显城市特色具有非常重要的作用。同时，城市设计作为沟通建筑设计和城市总体规划的桥梁，是指导建筑设计、提高城市规划设计管理水平的重要手段。

天津有重视城市设计的好传统，改革开放之初就非常重视城市的环境质量。因此，城市设计工作在20世纪80年代就已经开始，90年代进入高潮，以海河两岸、中心商务区和历史街区等研究探索型城市设计为代表。2002年海河实施综合开发改造，实施型的城市设计工作普遍开展起来。2007年，天津市第九次党代会提出了全面提升规划水平的要求。2008年，全市重点规划编制指挥部成立，共确定119项重点项目，开展了系统的城市设计，从总体城市设计、各区城市设计到重点地区城市设计，从研究探索型到实施型城市设计，从新城区城市设计到历史街区保护等，有数十项之多，取得了丰硕的成果。今天，天津中心城区许多城市设计已经实施，如海河两岸综合开发改造、五大道等历史街区保护提升、文化中心地区建设等重点工程，城市初步形成“大气洋气、清新亮丽”的城市形象。天津在城市设计方面已经形成了自己的做法，特别是将城市设计深化成城市设计导则，用于规划管理，取得了成功的经验。

滨海新区自2006年被正式纳入国家发展战略后，我们将城市设计作为非常重要的工作来抓，尝试通过城市设计提高城市规划水平，完善城市功能，提升城市空间品质，形成城市特色。滨海新区说是一个新区，但实际上是由几个老的城区组成的。2006年以前，滨海新区的规划设计都是由各行政区和各功能区自行组织编制的，建设项目自行审批。因此，各区都从各自发展需求出发，很难从滨海新区的高度来把握规划的全局性，出现了许多功能趋同、城市形象相似的问题。当然，其中也有比较成功的经验。2002年，天津经济技术开发区委托美国SOM建筑设计事务所编制了生活区城市设计，规划形成小街廓、密路网、中心绿地的布局形式，住区以低层住宅与塔楼相结合，重视创造邻里交流空间、公共活动空间和宜居的城市环境。开发区生活区城市设计是对传统规划模式的一次成功突破，也让我们看到城市设计对于新区发展的重要作用，以及引入国外先进规划设计理念的重要性。2006年滨海新区被纳入国家战略，成为继深圳特区、浦东新区之后的经济增长第三极，因此，对于城市规划及建设的要求也随之提高。在当时的情况下，城市设计对于改变现状、提升城市规划水平是一个较好的选择。因此，我们在规划设计上的第一个动作就是组织功能区重点地区规划和城市设计方案国际征集。2008年重点规划指挥部借助独特的优势，在滨海新区同时开展了38项重点规划设计，其中12个项目为城市设计，主要包括重点地区城市设计，如于家堡金融区、响螺湾商务区、开发区MSD、生态城、北塘、津秦高铁周边地区等，以及塘沽、汉沽、大港城区总体城市设计。这期间重点地区的城市设计都是要马上实施的实践型城市设计，满足了滨海新区大规模快速发展的要求，对提高城市设计的深度和水平也起到了很好的促进作用。其后，在新区日常的规划编制和管理工作中，我们充分认识到城市设计的重要性，特别重视城市设计工作，在不断提升城市设计水平的同时，更注重把城市设计转变为规划管理的手段，因此，学习借鉴国内外成功经验，开展了城市设计导则的编制和实施，努力发挥其在规划管理中的重要作用。

城市设计导则（Urban Design Guidelines）是伴随着城市设计的兴起而产生的将城市设计具体化的规划手法，是在城市设计方案的基础上，结合土地细分，对每宗土地建筑布局和建筑体量、整体风格意向、开放空间、街道和其他要素提出控制要求，并将这些控制要求形成文件规定和示意图，即城市设计导则，用于指导具体建设项目的规划审批。城市设计导则是规范化和法定化文件，可以说，城市设计导则是区划等规划控制方法的升级。

现代城市设计于20世纪50年代在美国产生的主要原因就是因为区划过于简单的管理方式造成城市品质的下降。在城市设计兴起的同时，美国各地的区划也相应地进行改革。1961年，纽约对区划法进行全面的修改，增加了城市设计导引原则和设计标准等全新的内容，增加了设计评审过程，使区划成为实施城市建设与规划设计管理的更有效的工具。一方面，考虑到历史街区保护等情况的特殊性，出现了历史街区、特别区和特殊地段的特别区划（Special Zoning）和景观分区/美观区划（Aesthetic Zoning）等，针对各区的特殊性，区划会提出特定的规划要求。另外，为克服早期区划技术控制缺乏弹性和适应性的弱点，出现了单元区划（Planned Unit Planning）、奖励区划（Incentive Zoning）、开发权转移（Transferred Development Rights，TDR）等控制引导措施。另一方面，城市设计导则成为区划的有力补充，使规划控制成为立体和全方位的控制。一般情况下，城市设计导则比特别区划还要细致，包括建筑类型、建筑体量、街墙贴线率、地下空间利用，甚至包括广告、灯光的控制等要求。还有一个突出特点就是三维的控制，包括地下空间等，图文并茂。

美国城市设计和区划相互影响演变的历史表明了城市设计与规划控制密不可分的关系。在我国，城市设计导则是对控制性详细规划的深化。控制性详细规划是在学习借鉴美国区划、中国香港法定图则等经验的基础上创造出来的规划方法，作为城市建设项目管理、行政许可和土地出让的依据，在我国快速城市化的过程中发挥了巨大的作用。但是，由于控制性详细规划只是对用地性质、容积率等指标和建筑退线、出入口位置等平面的控制，缺乏对建筑形体、造型及建筑风格等方面的控制，经常造成一个区域内建筑群体关系混乱、建筑风格杂乱的局面。改革开放30年来我国城市建设取得了巨大的成绩，但存在的问题也不少，如何克服城市千城一面问题、避免城市病、提高规划设计和管理水平一直是一个重要课题。为了改变这一局面，我们开展城市设计，在解决城市功能问题的同时，重点解决城市的建成环境，即建筑的管理问题。我们把城市设计作为提升规划设计水平和管理水平的主要抓手，在城市设计的基础上，编制城市设计导则，作为区域规划管理和建筑设计审批的依据。城市设计导则不仅规定开发地块的开发强度、建筑高度和密度等，而且确定建筑的体量位置、贴线率、建筑风格、色彩等要求，包括地下空间设计的指引，直至街道景观家具的设置等内容。因此，城市设计，特别是城市设计导则，是对控制性详细规划的深化和完善，是建设项目规划管理的直接依据。实践证明，与控制性详细规划相比，城市设计导则在规划管理上可更准确地指导建筑设计，保证规划、建筑设计和景观设计的统一，塑造高水准的城市形象和建成环境。

（2）城市设计导则规范化和法定化改革

国外城市设计经历了半个多世纪的发展，已经形成了明确的城市设计理论和方法，以及相对固定的模式。但是，国内规划界本身对此的认识还不清晰，许多人认为城市设计只是一种方法。因此，城市设计迟迟没有成为法定规划，影响了城市设计工作的开展和其发挥应有的作用。

2000年以来，天津、深圳、广州等城市吸取国外经验，结合现行规划体系与管理程序，积极探索以城市设计为手段，改善传统粗放式的管理，加强特色化、精细化管理，取得了许多成功经验，但如何将城市设计规范化、法定化，仍是面临的一个主要课题。因此，当2006年滨海新区成为国家综合配套改革试验区后，我们将规划领域改革的重点毫不犹豫地放在了城市设计的规范化、法定化上。以滨海新区城市设计编制为起点，循序渐进地做好城市总体和重点区域的城市设计的同时，以重点地区城市设计导则编制和管理为突破点，通过改革试点，推动城市设计导则编制的规范化、管理的法定化，以期总结经验，形成技术规定及管理办法，为将城市设计纳入法定规划进行积极探索，为全国城市设计的普及积累经验。

2008年《滨海新区综合配套改革试验总体方案》获国务院批准，随后天津市制定颁布了《滨海新区综合配套改革试验总体方案三年实施计划》，在城市规划改革一节中明确要进行“探索城市设计规范化、法定化编制和审批模式，做好重点区域和项目的城市设计”的改革试验。依据总体方案，我们制定了改革专项方案，按照确定的工作目标和路径，全面推进各项工作。这项改革任务为我们在滨海新区推广城市设计、规范城市设计编制和按照城市设计导则进行建设项目管理提供了依据。

几年来，滨海新区在城市设计规范化、法定化综合配套方面成绩显著，主要包括以下几方面：

一是开展城市设计规范化、法定化改革试点工作。遵循新区总体发展战略与分期建设时序，结合滨海新区规划管理体制的现实情况，在划定重点区域的基础上，最初有目的地选择具有代表性的12个不同类型的地区作为城市设计规范化、法定化试点，分别为：于家堡金融商务区起步区及车站地区、开发区现代服务产业区（MS）拓展区、空港加工区核心区、滨海高新区渤龙湖地区、东疆港邮轮母港地区、天津机场大道两侧地区、海滨旅游区起步区、中新天津生态城起步区、汉沽东部新城、大港港东新城、津南葛沽历史名镇、东丽湖风景旅游度假区。后由于滨海新区行政体制调整，东丽湖风景旅游度假区、天津机场大道两侧地区、津南葛沽历史名镇的城市设计导则编制和实施工作移交至东丽区规划局、津南区规划局继续推进完成。汉沽东部新城、大港港东新城、海滨旅游区起步区和东疆港邮轮母港地区试点工作没有继续推进。

二是开展了相关管理办法的制定和相关技术标准的课题研究。天津市城市设计起步早，有较好的基础。2008年修订后的《天津市城乡规划条例》第三十七条已经明确：市人民政府确定的重点地区、重点项目，由市城乡规划主管部门按照城乡规划和相关规定组织编制城市设计，制定城市设计导则。前款规定以外其他地区，由区、县城乡规划主管部门组织编制城市设计，制定城市设计导则。为推动滨海新区综合配套改革中城市设计规范化、法定化工作，规范滨海新区城市设计导则编制，保障城市设计有效实施，提高滨海新区城市建设和规划管理水平，根据《天津市城乡规划条例》《天津市城市规划管理技术规定》，结合滨海新区实际，制定了《天津市滨海新区重点地区城市设计导则管理暂行办法》，市规划局2010年4月颁布执行。完成了《滨海新区城市设计规范化、法定化和审批模式研究》和《天津市城市设计编制与管理办法研究》课题，编制了《滨海新区城市设计导则编制标准》。

三是编制城市设计导则并依城市设计导则开展规划审批和行政许可。几年来，经过努力，完成了于家堡金融商务区起步区、开发区现代服务产业区MSD、空港加工区核心区、滨海高新区渤龙湖地区、中新天津生态城起步区和北塘总部区等6个重点地区城市设计导则的编制和审查工作。事实证明，城市设计和城市设计导则是提高城市规划和管理水平的有力手段。

（3）城市设计导则指导和规范建筑设计

城市设计在滨海新区的应用和实施，即城市设计指导建设项目管理，主要有以下两种方式。第一种是根据城市设计编制相应层次的法定规划，通过法定规划来实施城市设计对建筑设计的指导和管理。战略层面的总体城市设计和分区城市设计，主要是指导城市总体规划和分区规划编制中整体空间形态和建筑风格特色的把握，并对控制性详细规划编制提出相应的要求。一般城市设计用于指导控制性详细规划的编制，或与控制性详细规划同步编制，可以提高控规编制的深度和水平，将一些对建筑设计的要求纳入控规，使控制性详细规划对建设项目的管理更具有操作性。第二种是按照城市设计编制城市设计导则，将城市设计导则直接应用于项目管理和审批中，将城市设计导则中对街道设计、开放空间设计，特别是对建筑设计的要求，明确到地块规划条件中，并在后续建筑设计方案审查中，按照城市设计导则的要求加以把关。城市主要是由建筑组成的，由建筑来界定道路、广场、公园等开放空间，由建筑组成城市的实体形象和天际轮廓。与控制性详细规划相比，城市设计导则能够更好地通过对建筑的控制来实施对城市空间形态的控制。所以，第二种方法是城市设计更直接的实施做法，特别是一些重点地区，城市设计比较复杂，单纯依据控规等无法反映全部控制内容，最好采用第二种方法。

滨海新区既是一个新区，也是一个老区，各类城市中心和重点地区城市设计占一定的比例，如于家堡金融区、开发区MSD、天碱商业区、空港经济区核心区、高新区渤龙湖地区、中新天津生态城等。在这些区域中，有南站、大沽船坞等历史街区。同时，由于临河面海，滨水的城市设计比较多。另外，地下空间综合开发，与高铁、地铁等结合，也是以上城市设计中较为突出的特点。除了将这些地区的城市设计纳入控规加以整合外，为了更能反映一些详细的控制要求，几年来，我们组织各功能区编制完成了以上重点地区的城市设计导则。各导则在控制内容和格式上也不完全相同，各具特色，作为指导各区域建筑设计和建设项目审批管理的直接依据。

《天津市滨海新区重点地区城市设计导则管理暂行办法》第十三条规定，设计单位必须按照规划要求、城市设计导则和有关规定进行设计。规划行政许可和审批，应当符合经批准的城市设计导则要求。这一规定是对《天津市城乡规划条例》第三十七条内容的落实，为城市设计导则指导和规范建筑设计、规划依据城市设计导则进行管理提供了依据。按照以上规定，于家堡金融商务区起步区、开发区现代服务产业区MSD、空港加工区核心区、滨海高新区渤龙湖地区、中新天津生态城起步区和北塘总部区等6个区域的规划管理部门都做到了依据城市设计导则进行具体区域规划审批管理，按照城市设计导则进行具体项目的审批，设计单位也能够按照城市设计导则规定进行设计，因此取得了很好的效果，保证了城市区域的功能和景观的整体性，建筑设计也体现了区域的特点，达到较高水平，区域已初见高水准的特色形象。

于家堡金融区起步区是新区以城市设计导则为依据指导建筑设计和进行建设项目规划管理的标杆。于家堡金融区城市设计代表着新区这一时期城市设计的最高水平。在以往国际咨询和设计竞赛的基础上，在城市设计上非常有造诣的美国SOM建筑设计事务所芝加哥公司主持于家堡金融区的城市设计，同时多家国内外设计咨询公司共同配合。由于前期对海河通航、竖向和防洪、高铁车站位置、起步区位置等重大问题已经做了大量的研究，因此，SOM建筑设计事务所依据经验，对前期的综合方案和一些复杂的问题进行简化，很快形成了设计方案。各方面和各级领导对发展定位、建设规模和构成、用地布局、建筑高度分布和城市天际轮廓线、公共交通出行比例、高铁站和起步区位置等关键内容很快予以认可，只是就中央大道的宽度、地铁线网密度有一些小的争论，但很快达成一致。通过报纸公示、指挥部领导审查等形式，城市设计得到确认。随后，渤海规划院依据城市设计编制完成控规并报批，SOM建筑设计事务所完成起步区城市设计导则。

于家堡金融区城市设计导则内容十分详细，规定非常严格，除一般导则对地块街墙贴线率、出入口方位、地下空间利用等进行控制外，还对建筑塔楼和裙房形体做出严格控制，即国外所谓的“信封控制（Envelop Control）”或“包络控制”，建筑设计方案必须放入“信封”内。同时，对整个区域的地下空间开发及其与相邻地块的关系、绿色建筑等方面进行明确。于家堡起步区9个写字楼地块加上后来的金融会议中心和其他两个地块建筑，形成了起步区9+3建筑群，总占地面积20万平方米，总建筑面积180万平方米，共12栋120～300米的塔楼和一个水平体量的地标建筑。开发单位邀请了国内最好的中青年建筑师崔愷、周恺等组成团队共同进行这些建筑的设计。在设计开始之初，国内建筑师不十分理解城市设计导则对建筑设计的刚性控制要求，部分突破了导则对建筑形体等方面的严格要求，做出了许多很有想法、个性很强的建筑，如金字塔形的塔楼等，包括SOM建筑设计事务所主创建筑师开始设计国际金融会议中心方案时，最早的方案也有比较怪的。将各个设计方案拼在一起，就发现这些建筑设计都是以自己为主，对建筑群整体效果和城市环境考虑不足。在设计过程中，于家堡城市设计和城市设计导则编制负责人、SOM建筑设计事务所合伙人菲利普·恩奎斯特（Philip Enquist）和建筑设计团队共同工作，经过沟通、说服和讨论，最后达成一致。建筑师认识到，虽然9栋金融建筑都是超过100米的超高层建筑，但在于家堡的整体城市设计中，它们都是所谓的背景建筑，因此要服从整体的规划设计，把设计的重点和注意力放到建筑功能、细部质量和建筑品质上。

最后，各位建筑师严格按照城市设计导则，精心设计，保证了起步区整体建筑群建筑方案设计的高水平，最后的效果非常有说服力。于家堡起步区建筑群的建筑体量、高度、建筑风格统一又多样，符合金融建筑的特征。整体建筑体量适度、高低有致、疏密得当，保证了建筑群的整体形象以及城市街道、广场和绿地、公园等公共空间的品质，建筑真正成为城市的建筑。单体建筑既保证了建筑群整体的协调统一，又体现了各自的建筑风格。作为金融建筑，建筑风格强调现代感，注重经典，庄重规整，不猎奇；建筑材料材质相对简洁，具有较高品质，建筑色彩冷暖适度，稳妥且富有新意，形成了自身鲜明的建筑特色。于家堡金融区起步区的建筑设计代表了当前国内高层建筑群设计的最高水平和方向。

除于家堡金融区起步区之外，滨海新区的其他由城市设计导则指导和管理建筑设计的重点区域，如空港经济区核心区、滨海高新区渤龙湖地区和北塘等，也都经历过类似的建筑师对城市设计导则认识和认同的过程。在渤龙湖地区和北塘地区，建筑师积极参与城市设计导则的制定，与城市设计师一起对城市设计导则加以完善。建筑师最后认识到，有约束才能产生好的建筑设计。国际上许多建筑大师，许多优秀的建筑，包括贝聿铭设计的著名的美国国家美术馆东馆，都是在严苛的条件下实现的。因此，要建立城市规划特别是城市设计导则对建筑设计进行指导和规范的严格的管理制度。

3. 严格的建筑设计方案审查和行政许可制度

除了城市总体规划对建筑设计的总体把握、各区制定城市设计导则进行分区管理之外，要提高一个城市的建筑设计的整体水平，关键还在于严格的城市规划管理。滨海新区在建设项目规划管理上，严格按照天津市规划局建设项目管理规程进行，在严格履行法定的程序、注重审批效率的同时，严格进行建筑设计质量的把关，要求建筑设计在满足天津市和国家相关法律法规和标准的前提下，符合城市总体规划要求、区域城市设计导则要求，并尽可能达到更高水平。

新区规划和国土资源管理局本身也负责新区中心商务区等重点区域的建设项目规划行政许可工作。在规划设计条件核提阶段，在规划设计条件中增加相关城市设计和城市设计导则要求的相关内容，使建设方在取得土地使用权之前即了解规划设计对建筑设计的详细要求。当建设单位通过招拍挂获得土地使用权后，规划主管部门即及时与建设单位和建筑设计单位进行沟通，提供该区域的城市设计导则，使建筑设计一开始就知道规划的要求，避免反复造成的浪费和时间的消耗。在这个过程中，主管部门不厌其烦地向建设单位和设计单位讲解滨海新区对建筑设计的总体要求，以及相关区域规划对建筑设计的要求和城市设计导则的相关内容。在建筑方案审查初期，除了注意对规划指标、满足规范要求等必要的基本内容的审查外，首先注重建筑布局、形体与城市空间关系等内容，是否满足城市设计导则要求。比如，于家堡高铁车站概念性建筑设计提出贝壳造型的地上候车厅方案，获得各方面认可，但最初的尺度过大，长300余米，宽100余米。巨大的体量会使整个车站公园产生压抑的感觉，而且功能上也不需要这么大的空间。规划管理人员与SOM建筑设计事务所主创人员进行了深入的沟通，最后达成一致，穹顶的尺寸降到160米长、86米宽，既满足功能需要，也与城市环境相协调，节约了投资，达到比较好的效果。在建筑方案审查后期，增加建筑外檐构造、材料的审查内容，要求建设单位提供外檐材料实体样板，做多种材料对比。在确定材料后，建设单位要向规划部门按照固定的样式做审定外檐建筑材料板留档备查。重要项目在进行到外檐设施之前，还会要求建设单位在现场做足尺的外檐材料样板墙，一般情况下，会做出几种不同色彩的组合样板，规划管理部门到现场进行检查，与业主、设计单位、材料供应商、施工单位一起最终确定外檐材料和做法。最后，项目竣工时要比对建筑方案审批时留档的外檐样板进行规划验收。

为了提高新区整体建筑项目规划管理水平，新区规划和国土资源管理局建立了由各功能区规划建设部门参加的新区重点地区建设项目审查例会制度，对城市核心区、主要道路沿线、河流沿岸的重要建筑，以及建设规模超过4万平方米的居住建筑进行集体审查和讨论交流。通过这样的活动，使得新区各功能区规划管理部门能够进一步了解新区的整体情况，相互交流学习借鉴好的做法，达成共识。在目前阶段，新区的建筑设计首先要服从城市的整体，重点在于提高建筑设计和建造的品质。

建筑的品质体现在方方面面，涉及材料、构造、设备等许多细节。“魔鬼在细节”，出自20世纪世界著名建筑师密斯·凡·德·罗，这是他对塑造成功建筑经验的高度提炼。密斯认为，不管你的建筑设计方案如何恢宏大气，如果对细节把握不到位，就不能称之为一件好作品。“魔鬼在细节”就是对品质的精益求精、追求极致，这也是滨海新区在建筑规划管理上努力的方向。在实际的管理过程中，规划部门要定期深入工地现场，现场了解和发现问题，解决问题。新区规划部门通过现场巡视，针对一些问题要求建设单位、设计单位和施工单位进行反复修改，精益求精，以达到较好的效果。于家堡高铁车站综合交通枢纽项目的修改就是一个很好的例子。由于工期紧张，因此在确定总体方案和基础部位施工图后，项目开始基础施工。在整体施工图深化设计过程中，我们发现连同南侧于家堡标志性超高层建筑的地下通道宽度显得狭窄，与起步区地下步行街的衔接线性不十分顺畅，为此要求津滨城际公司和铁三院按照规划要求对地下通道进行及时修改完善。在于家堡车站公园的方案设计中，发现由于地下建筑体量大，地面需要大量、各种各样的出入口、通风口，虽然设计单位进行了集中归类，但还是比较分散，会对城市地面景观造成影响，因此，我们要求地下的建筑设计结合地面景观设计进行修改，进一步归集整体出入口等附属设施。于家堡车站的公交首末站由滨海建投集团公司负责建设，公交首末站站房最终的施工图没有完全按照审定的建筑方案进行。虽然建筑只有一层，体量也不大，但其造型和外檐与于家堡高铁车站和公园景观设计不协调，因此，规划部门要求建设单位按照规划设计方案进行修改。正是通过这种不厌其烦、精益求精的态度和做法，使建设工程达到高水平。

滨海新区综合配套改革中对于城市设计规范化、法定化编制和审批模式的改革探索有了较多的研究和实践，最终要落实，还是要体现在建设项目的规划管理上，建设项目审批也要进行相应的改革创新。随着城市设计的深化，城市设计和城市设计导则必然会与国家和天津市现行的一些规范、技术标准相冲突。我们的初衷是城市设计导则要尽可能符合现行法律法规和控规，所以，在《天津市滨海新区重点地区城市设计导则管理暂行办法》第三条中明确：本办法所称城市设计导则，是指以依法批准的控制性详细规划或者审查通过的城市设计为依据，与土地细分导则相适应，为保证城市空间环境形态品质，对规划地块提出的强制性和指导性控制要求。第六条也明确提出：编制城市设计导则应当符合有关法律、法规、规章和技术标准及有关规定。但在实际工作中，发现改变这些过时的、不适应现实需求的规范标准是城市设计规范化、法定化改革最关键的改革内容。比如，《天津市城市规划管理技术规定》中城市“六线”管理规定、建筑退线规定等，《天津城市绿化条例》中对绿地率的规定，以及国标《城市道路设计规范》中对道路转弯半径的规定等，这些都是“一刀切”的标准，没有考虑城市不同区域的具体情况。在城市设计导则中，出于对城市界面、人行的安全便捷、建筑街景形象等方面基本的要求，大多会结合实际情况对退线及道路转弯半径进行调整，这就会与现行技术标准相冲突。建设项目管理随着城市设计导则规范化、法定化的改革的施行，也需要相应的改革创新，才能适应发展的要求，使更多高水平的建筑出现。

天津市规划局2010年下发了文件《天津市滨海新区重点地区城市设计导则管理暂行办法》，2011年天津市规划局又颁发了《天津市城市设计导则管理办法》，为建设项目依据城市设计导则进行管理提供一定的依据。考虑到目前的规划法规体系仍然以控制性详细规划为核心，城市设计导则严格说还是非法定规划的现实状况，我们将突破有关技术规范的城市设计及导则内容纳入控规，经审批后其成为规划管理的依据。这样的做法类似城市的历史街区和老城区，一些规划技术标准可以不在这个范围内执行或减少数量。但当建筑设计包括道路设计、景观设计时，还会与国家、地方的法规、标准有冲突，需要通过协调努力解决。另外，将城市设计导则作为单独的项目审核依据，与现行法定规划和管理程序的关系不够紧密，执行起来的法理基础不存在，但我们坚持下来，效果很好。这说明一定要通过整个规划体系的深化改革创新，才能使我国的规划设计和建筑设计达到一个更高的水平。

三、展卷滨海，联结世界——滨海新区建筑设计和规划管理的未来展望

经过近十年的努力奋斗，滨海新区的建筑水平有了很大的提升。目前，在京津冀协同发展等形势下，滨海新区再次为国内外所瞩目，将会有更多的企业、更多的建筑师携理想之梦在这里奋力拼搏，发扬我国规划设计的优良传统，发扬工匠精神，建设更多更高水平的新建筑。滨海新区这座充满生机的活力之城、绿色宜居的和谐之城、优美亮丽的绿色之城、充满机遇的创新之城、厚积薄发的未来之城将会成为所有寻梦者的理想之地。让我们携手，在这2270平方千米的土地上一起参与和见证一座现代化国际一流的滨海之城的崛起，见证具有国际水平、中国特色、滨海特色的高品质的建筑的诞生。

1. 进一步追求建筑的品质

总结滨海新区近十年来在城市规划和建筑设计上取得成绩的成功经验，其中很重要的一条就是结合新区目前所处的发展阶段，将注重建筑的品质作为重点，没有把有限的资金、时间、精力放在追求所谓怪建筑上。在建设项目管理中，所有建设项目的建筑设计要符合新区城市总体规划的要求，要满足城市设计导则的要求，在此前提下，尽可能地提高建筑设计建造的水平。实际上，要做到这一点，已经很有难度，需要大量资金和精力的投入。

古罗马建筑师维特鲁威指出了建筑的三要素，即实用、坚固、美观，三者并重。古人有云，土木不可擅动，意即高水平建设要下大功夫、花大价钱。建筑就应强调“百年大计、质量第一”，包括建筑的功能、质量和艺术性，要保证精力和资金的投入。当然，在一些特殊的困难时期，为了提供基本的需求，建筑的质量会有所降低，我们从西方国家资本主义的发展过程中也能够清楚地看到这一点，但这些都只能是发展过程中的片段。我国20世纪50年代提出的“适用、经济、在可能的情况下注意美观”的建筑原则，就是在物质极为匮乏的特殊情况下的临时手段，在当时的条件下发挥了应有的作用。回顾改革开放30多年来我国建筑事业的发展，成绩巨大，问题也比较明显。我们的建设速度是空前的，也可以说是绝后的，但除少数高水平的建筑外，总体建筑水平不高。这也是造成城市品质不高、千城一面、缺少文化内涵等问题的原因。目前，我国经济社会进入转型发展期，从速度型向质量型转变，这同样适用于建筑行业。要做到这一点，关键是要提高认识，转变观念和习惯做法，明确我国新时期的建筑方针。两年前，建筑界对20世纪50年代提出的“适用、经济、在可能的情况下注意美观”的建筑方针有过讨论，有人提出修改意见，将其最终再次确认为“适用、经济、绿色、在可能的情况下注意美观”的方针。一家之言，在公开出版物上出现，且有批评国家方针之意，似有

不妥。

回顾中国和世界建筑发展的数千年的历史，我们能够看到建筑之于人类文明的巨大作用和贡献。学习最新的建筑理论，我们能够真正理解建筑的意义和作用。建筑之于人，绝不只是像动物的巢穴一样的遮风挡雨的庇护所，而是像语言符号一样，有更多的精神、文化功能和意义，这一点从来没有更改过。现代主义建筑思潮中的“少就是多”，其实是密斯对钢和玻璃等新材料结构等性能的探求，他的构造极致，非常丰富，绝不是我们片面理解的建筑设计要简单和简陋。我们看到的一些典型的后现代主义建筑作品，是一些建筑大师为了唤醒大家的意识，采取的矫枉过正的做法，其真实的含义是要大家重视建筑的精神和文化作用。所以，当一个社会进入发达阶段时，不管建筑如何发展，建筑的基本方针应该还是“实用、坚固、美观”，三者并重，而且美观有更多的地域性、民族性、现代性的含义。

滨海新区在过去十年将提高建筑品质作为重点工作，取得了一点成效，但与高标准相比，滨海新区建筑的整体品质还不够高。因此，滨海新区未来建设项目规划管理的工作重点首先依然是进一步提升建筑的品质。首先，在我国经济社会发展进入新常态的情形下，对建筑本身的品质提出更高的要求，包括使用功能、空间的设计、材料、构造、设备选用等，还包括建筑的造型和外檐。其次，进一步强化建筑是城市的建筑的观念，好的建筑一定要与周围环境相协调，要为城市景观环境增添光彩。建筑设计要严格遵守城市总体规划和城市设计导则的要求，提升建筑外檐的品质，特别是人的尺度空间的建筑品质，通过建筑外檐的品质提高来提升城市公共空间的水平，包括城市的轮廓线和总体景观的品质。城市大部分背景建筑的品质高了，则城市总体的品质才会高；基础水平提高了，才能产生最优秀的建筑。要做到这一点，也需要进一步提高城市规划和城市设计、城市设计导则的水平。城市核心区、海河两岸、中央大道两侧等这些地区城市设计还要进一步强化、深化和细化。中心商务区于家堡、响螺湾、天碱商业区应该结合已经实施的情况和新形势，进行总结分析，在总体框架不变的情况下，对城市设计进行调整提升，增加城市活力和吸引力。要重视历史文化延续，深化历史街区的城市设计，进一步突出滨海的历史脉络和特色。另外，城市临海地区应作为下一步城市设计的一个重点，结合天津港转型，以及人工造陆岸线的生态设计，创造更多的亲水岸线，展现滨海新区港口城市的特色，为建筑设计和创作提供更多的舞台和空间。

2. 提高住宅建筑的品质

住宅在城市中占有极大的比例，对城市形态的基本构成和城市特征起着决定性的作用，是提高城市人居环境水平的关键。目前，我国住宅建筑设计的整体水平比较低，滨海新区也是如此。住宅建筑设计是塑造高品质城市环境和面貌的最重要手段，提升住宅建筑设计的水平是提高我国整体建筑水平和城市品质、解决城市问题的关键所在。

住宅问题一直是现代城市规划的核心问题。工业革命以来，公众住房一直是现代城市规划研究的主要内容，许多思想家、政治家、建筑大师都做了深入的研究和实践，包括空想社会主义者欧文、重建巴黎的拿破仑三世，还有提出“明日田园城市”的霍华德、“光明城市”的柯布西耶、“广亩城”的赖特和邻里单元的佩里等，他们关于住宅和城市的设想对现代城市规划产生了重大的影响。从百年来西方发达国家在住宅政策和住宅建筑设计走过的道路看，都经过了曲折发展的过程，但时至今日，高品质的住宅建筑已成为反映发达国家城市品质和建筑设计水平的一个标志。

中华人民共和国成立后到改革开放前，我国实施的是计划经济的福利分配住房制度，规划设计也是学习苏联的居住区规划和住宅标准图设计。在20世纪50年代建设的一些工人新村和居住小区，即便今天看总体还是不错的，住宅建筑朴实大方，还有些装饰，规划采用部分围合式布局，也考虑了与城市的空间关系。但是在后来的日子里，在各种运动和先生产后生活等思想的影响下，考虑分房的平均主义和日照间距等因素，居住区的规划设计走向极端，住宅建设量严重不足，住宅短缺现象普遍存在。虽然高校和设计院所一直进行居住区规划设计和住宅设计理论技术的研究教学，居住区规划设计规范和住宅设计规范相对也比较完善，但都没有改变规划设计上的这一趋势。住宅小区规划布局以行列式为主；生活服务按照居住区配套千人指标设置；住宅建筑设计满足基本的功能需求，平面设计采用标准图，细抠每一平方米面积；建筑外形简单，缺少装饰，千篇一律。

改革开放以来，伴随着土地使用、住房制度改革和房地产快速发展，住宅建设量巨大，我国城市居民的住房条件发生了明显的变化，人民生活水平、生活质量快速提高。目前，我国城镇人均住房建筑面积达到32平方米，居于世界较高水平，但住宅社区的规划设计和住宅的功能质量与发达国家相比还有较大差距。除住房价格高、建筑质量差、小汽车停车难、物业管理矛盾突出等问题外，还产生了非常严重、影响深远的城市空间问题，如城市空间封闭、场所丢失、邻里疏远、人际交往贫乏、街道活力不足、交通拥堵、千城一面、特色丧失等。造成这样后果的原因是多方面的，但居住小区、千人配套指标、日照间距等僵化、墨守成规的规划管理规定是起决定性作用的，结果是形成了一种全国普遍流行的大院围合、高层住宅点状布置的“玉米地”式的居住小区模式。实际上，这种传统的居住模式已经不能适应新的生活方式、新型社会社区管理、社区商业、文化配套和城市空间环境的需要了。可以说，我国目前城市病的状况一定程度上也是由我们现行居住区设计规范、住宅建筑设计规范、日照间距、千人配套指标等规划管理模式造成的。要实现根本性改变，需要在住宅规划设计方法、住宅建筑类型选择等方面进行彻底的转变，改变对住宅功能的认识，住宅不只具有居住的功能，更是人和家庭生活的载体、精神生活的载体。住宅建筑不应是简陋的建筑。

我国目前建筑水平总体上比较低，特别是作为城市背景、量大面广的居住建筑，建筑设计水平整体上不高，设计指导思想上存在一些迷糊的地方，表现在住宅功能第一、将经济节约放在过于重要的位置、认为美是可以省略掉的。加上对现代主义建筑思潮“少就是多”的片面理解，住宅建筑设计除少量所谓的豪宅外，普遍过于简陋、缺少美感，对整个城市的形象和品质造成负面的影响。我国每年商品住宅建设量约30亿平方米，竣工量和销售量达十几亿平方米。有人打趣说，中国人把全世界的房子都盖完了。在如此巨大的建设量后面，我们诧异地发现，在我国为数众多的从事建筑设计的院士中，没有一个院士是做住宅设计研究的。改革开放30年来，住宅规划和设计鲜有根本上的改革创新。

住房和城市社区是构成城市基本的细胞，是城市的本底，是城市中量最大的建筑类型。我国在居住区规划设计、住宅建筑设计和规划管理上一直存在比较多的问题，即使在房地产快速发展的情况下，我们依旧延续使用居住区、小区这种计划经济很强的规划设计体系。这种计划经济烙印很深的规划设计体系最大的问题就是住宅产品的简单、单一，缺少对城市周围的考虑，缺少城市设计，造成居住社区空间孤立于城市，更是造成城市空间环境差、交通拥挤等问题的根本原因。这几年来，新区在社区规划设计上进行改进，如开发区生活区的贝肯山小区、北塘总部区的配套居住区，都运用了窄路密网、围合式的布局形式，形成较好的居住社区。鉴于深刻认识到住宅建筑规划设计对我国城市规划的重要性，近几年我们委托美国著名的公共住房专家丹尼尔·所罗门，与华汇公司和天津市规划院合作，一直进行天津滨海新区和谐新城住区城市设计和建筑概念性设计研究，试图探讨在中心城市地区适宜的窄路密网、围合式居住社区的住宅建筑规划和设计模式，破解目前我国在住宅规划设计上存在的严重问题。这涉及许多方面的改革，要突破现行的居住区和建筑管理技术规定，突破一些墨守成规的习惯做法。我们邀请国内著名的住宅专家举办研讨会，在保障房政策、社区规划、住宅单体设计、停车、物业管理、社区邻里中心设计、网络时代社区商业运营和生态社区建设等方面不断深化研究，尝试建立和谐、宜人、高品质、多样化的住宅社区，满足人们不断提高的对生活质量的追求，从根本上全面提高我国城市设计的水平。此项研究取得了初步成果，得到国内住宅规划设计专家们的普遍好评。

下一步我们将继续开展住宅和城市社区城市设计和建筑设计的改革试验，提高城市社区城市设计和住宅建筑设计的整体水平，从根本上改变传统居住区规划设计的方法，应用城市设计的方法，提升城市居住社区品质，解决交通拥挤、环境污染、生活不便等城市问题，适应居民居住水平提高和房地产转型升级的形势。事实说明，提高住宅建筑规划设计水平的前提是加大改革创新力度，需要大力修改或废止《城市居住区规划设计规范》《住宅建筑设计规范》及其相应的涉及许多行业、方方面面的法律法规和技术标准，相当于我国城市规划和建筑设计领域的一场革命。

我国传统住宅建筑有许多类型，有许多建筑元素和相应的符号、装饰，与多种艺术形式结合堪称完美，成为我国传统文化的重要组成部分。我们今天的住宅建筑，在妥善解决使用功能的基础上，也要把美观、品质和文化作为主要的设计内容，建立成熟的模式，大幅度提高住宅建筑的品质，形成丰富多样的住宅建筑类型和地方特色。

3. 适度地鼓励建筑创作，追求建筑的文化和精神作用

我们目前强调的建筑品质，从严格意义上讲是基本的、片面的，主要是指建筑的功能和外檐材料、构造的质量。实际上，真正高品质的建筑，更重要的是建筑所反映的意义、其精神和文化作用，即建筑的艺术创作。当然，这不是无病呻吟或夸大其词的所谓建筑创作，而是脚踏实地的朴实的建筑创作。

建筑设计和建造的最高境界是建筑创作，当然，通过几十年的学习和实践，我们认识到，建筑创作不是容易的，不是所有建筑师都可以做的。就好像运动员，只有达到什么水平，才能参与什么水平的竞争。要脚踏实地，一步一步成长之后，才有能力进行建筑创作。在学习阶段，可以鼓励创作，但真正在实际工作中，却必须慎重，因为每个建筑都投资巨大，没有试验的机会。所以，在建设过程中，也应适度地鼓励建筑创作。首先要保证建筑基本的质量，才谈得上建筑创作。如同婴儿学步，必须会走，然后才能开始跑步，建筑设计师的成长更是一个十分困难的过程，而且鼓励建筑设计创新和创作要与环境和条件相匹配。

在过去的十年中，遇到合适的机会，我们也鼓励建筑师进行建筑创作，包括滨海新区东疆邮轮母港候船大厅、国家海洋博物馆、滨海新区文化中心建筑群等项目。在创作上，一般采用方案征集的方式，优中选优。要求建筑师的创作满足功能要求，反映地方特色和历史脉络。要求建筑创作以新区当前的建设水平为基础，而且要按预算设计，避免造价过高和浪费。而对于其他大部分的建筑，我们与业主和建筑师沟通，作为城市的背景建筑，关键是提高建筑的品质，好钢用在刀刃上，在有限的投资、时间内，把主要精力用于完善建筑功能，把主要的资金用于选用好的材料、设备，这是建筑的基本。建筑的外观要大方，符合自身的气质。对于一些多余的构架等，按照天津和滨海新区规划设计导则要求，予以取消。从实际的效果看，大部分达到了预期的目标。

当然，要提高一个地区的建筑设计水平，最后还是体现在建筑创作上。下一步，结合新区新型社区规划设计研究，鼓励住宅建筑的创作和社区中心建筑的创作，以及教育、体育、医疗和养老建筑的创作，与教育、医疗、养老的改革结合起来，要把建筑设计作为提升社区场所精神和文化的重要抓手。为鼓励优秀的建筑创作，可以举办优秀建筑评选活动。为了提高建筑创作的理论水平，可以学习借鉴国内外先进城市的经验，举办建筑双年展等活动，形成建筑创作的良好氛围。

4. 进一步开放设计市场，培养本地的优秀建筑师

为提高建筑设计水平，滨海新区要继续引进国际先进理念和吸引国内外优秀设计单位。十年来，滨海新区共组织了近

10次重大的国际方案征集，共计20余项，其中大部分是城市设计，包括少量的建筑设计方案征集，邀请了国内外高水平的建筑师参与，对提高新区的建筑设计水平发挥了重要作用。当然，国外设计大师的创作都是在国内设计单位的配合下完成的，在这个过程中，我们也学习到了许多新的方法和技术。目前看，新区的建筑设计市场还不够活跃，国外著名的设计公司和国内大的设计单位没有在新区设立常设机构，大部分总部在北京、上海，天津的设计单位的总部大部分也在中心城区。因此，新区要吸引国内外高水平的设计团队落户新区。虽然国内设计院的作用十分重要，但由于缺乏竞争和实践经验等原因，整体水平亟须提升。所以，还应进一步开放市场，通过吸引国外大师和优秀的设计单位，拓展国际视野，引入国际上最先进的规划设计理念、技术，与滨海新区具体情况相结合，创作出既反映当代世界最新潮流、符合城市发展趋势，又具有滨海新区特色的、现实可行的高水平的建筑设计方案。

建筑师需要实践的积累。一般情况下，好的重要的建筑都会给建筑大师、大的事务所设计，因此，对建筑新人和小的事务所来说，机会很少。滨海新区中心商务区于家堡金融区的起步区9个写字楼地块楼宇的建筑设计汇集9位国内知名的实力派中青年建筑师——崔愷、周恺、胡越、齐欣、张颀、崔彤、王辉、张雷和姚仁喜，为中国优秀建筑师提供创作的舞台，是一个善举，这种好的做法要继续发扬。

目前中国进入了真正的转型期，需要包括建筑师在内的从业者们沉下心来，脚踏实地、深入钻研，既要掌握精深的专业技能，又要扩展视野、延伸触角，对相关领域的知识融会贯通，认真研究深层次的问题。经过二三十年丰富的实战历练，中国的规划师、建筑师有条件结合自身经验，深入研究一些深层次的、需要进行改革的问题，再读读历史，看看理论，比较研究发达国家的经验，著书立说，这是一件既升华自己又惠及社会的好事。建筑师除了对标志性建筑感兴趣之外，也要关心城市空间，关心住宅；规划师除了关注城市结构和用地布局之外，也要关心建筑，关心环境；建筑师和规划师要相互学习，城市设计则要在规划和建筑设计之间建立牢固的联系纽带。

5. 深化规划管理改革，为我国的建筑设计创作做出贡献

作为城市规划管理部门，在建设项目管理上的主要职责就是保证城市的公共利益，提高城市建筑的品质。从更高的标准出发，还要为城市建筑文化的繁荣做出贡献。按照这样一个高标准，我们要认真总结滨海新区过去十年的经验，进一步深化改革，完善管理机制，在保证城市整体风格特色和空间品质的同时，为建筑设计创作提供空间。

一是完善城市设计导则，提升城市设计导则的水平。实践证明，城市设计导则是进行建设项目管理的有效手段和依据，其质量高低对于建设结果有着至关重要的影响。除了于家堡起步区等少数几个城市设计导则外，滨海新区部分城市设计和城市设计导则存在着覆盖率低、研究深度浅、引导针对性弱等问题。具体表现主要有以下几个方面。首先是一些导则可操作性偏弱，没有能够将城市设计转化为具有针对性的管制内容。这与规划师经验不丰富，缺乏自信有关，也与普遍不正确的认识有关，认为应该给建筑师留有充分的创作空间，但实际上我国目前的状况是建筑设计缺少对城市空间的考虑。其次是面面俱到，将从建筑高度、立面划分到绿化植被等几乎所有与建筑设计相关的内容纳入其中。而导则作为城市设计项目实施的主要操作工具，其管制的内容不在于全面性，而在于针对性和有效性限定，其他非重点元素则可由建筑师自行把握。再次是一些导则体型化及量化指标偏少，抽象的原则性等不可度量性标准较多，如“舒适”“美观”“宜人”“一致”“协调”等，与管理语言的转换存在一定困难，过多使用往往会造成管理人员在核查建筑设计是否达到导则要求时无所适从，造成自由裁量权比较大。因此，要完善城市设计导则编制标准，优化和深化导则控制内容。树立“好的建筑一定与城市环境相协调”和“好建筑一定有约束”的理念，明确城市规划对建筑的要求，为具体的建筑创作明确具体清晰的规划要求。

同时，滨海新区城市设计导则试点区基本上都是城市和分区的核心区，即使是类型相同的区域，各地方城市设计导则也各具特色，为建筑设计突出区域特点提供了基础。城市设计导则的多样性反映出城市的多样性，应该保持这种多样性。

另外，学习借鉴国外奖励区划等做法的成功经验，城市设计导则一些控制指标内容可以具有弹性，为建筑设计提供灵活的空间。在城市中心区，在满足城市设计导则总体引导作用的前提下，允许根据实际情况的变化进行适当调整，或通过奖惩办法吸引和引导社会各界，特别是业主和开发商来主动考虑和关心城市环境问题，从而使城市设计的目标成为开发活动的愿望，促进城市风貌的形成。对于城市居住社区和外围地区，城市设计导则可以简化。对于城市外围居住社区，控规和城市设计导则要有较大改变，要结合土地使用制度深化改革，学习美国单元区划和土地细分（Subdivision）等做法，放松控制，为住房供给侧改革，包括定制模式住宅等多样性住宅的开发建设，提供规划支持。规划指标可以只控制住房户数或套数，取消容积率、建筑密度、高度等指标，除明确公共设施、道路交通等用地外，可以适当增加社会和谐等方面的控制，如不同收入阶层、不同种族的融合等。强调社区中心的建筑设计的创作，形成社区文化。

二是修订相关的规划管理法规、规定和技术标准。通过十年来的实践，我们体会到，要进一步深化规划管理改革，才能适应提升建筑设计整体水平的要求。要改变过去死抠指标、间距，不注重实际效果，只见树木、不见森林的做法。要深化改革，需要修改完善部分建筑设计管理的法律法规和标准。首先，在未来几年内，将城市设计及城市设计导则管理法规体系更加系统化。在现有基础上，要进一步明确城市设计及城市设计导则的法定地位和作用，进一步明确管理的程序，将相关内容纳入准备修订的《天津市城乡规划条例》。同时，形成配套的法规、技术规定和管理流程等文件。对2008年以来改革创新进行总结，以《天津市城市设计导则管理暂行办法》和《天津市滨海新区重点地区城市设计导则管理暂行办法》为基础，制定新的《天津市城市设计导则管理办法》和《天津市滨海新区重点地区城市设计导则管理办法》，并将其作为中心城区和滨海新区政府规章。要深化控规改革，城市设计导则和控规的编制管理方法需要相互配合，对提高我国整体城市规划建设管理水平意义重大。其次，修改完善国家标准《城市道路交通设计规范》《城市道路交叉口设计规范》等标准以及《天津市城市规划管理技术规定》，改变过去一刀切的做法，将城市划分为历史街区、中心商务商业区、副中心区、居住社区、外围居住社区等不同区域，分别制定不同的技术标准，包括道路红线、转角半径、城市绿线、建筑退线等，使规划管理精细化，适应建筑多样化的发展趋势，营造优美的城市空间环境。

城市规划对建设项目的规划管理非常重要，应该是建筑设计与城市规划、城市设计的衔接点。如果站在更高的平台上，回顾我国改革开放30多年来建筑设计和城市规划建设项目管理的历程，我们在看到巨大成就的同时，也可以发现明显的问题。实际上，一直以来，我国的城市规划、城市设计、建筑设计还是分离的，城市规划、城市设计与建筑设计形同路人，并没有形成一个有机互动的整体。一方面，我国城市建设行业受现代主义思潮影响很深，建筑设计与城市规划、城市设计相互分离，建筑与城市的关系变得孤立而分散，新的建筑不再与古老的造城智慧所形成的整体秩序相协调，对空间形态、整合功能、城市面貌鲜少考虑。另一方面，由于规划师缺乏建筑实践训练，建筑普遍缺少历史积淀和延续、缺少成熟的住宅类型，所以大部分所谓的“城市设计”并未掌握其精髓，随意性较大，缺乏设计感和真正的美感，没有文化和精神上的立意和考虑。住宅区规划和住宅建筑设计独立行走，与城市没有什么关系，要么呆板单调，要么随心所欲。而城市规划对建设项目的管理不着要点。按照罗西的观点，严格地说这些建筑都不是真正意义上的建筑。上述这些现象的普遍存在是造成我国空间规划失效、城市建设混乱、城市病突出和城市空间特色不鲜明的主要原因之一。

吴良镛先生的《广义建筑学》和《人居环境科学导论》均强调城市规划、建筑设计、景观设计的“三位一体”，这是空间规划的核心。在西方发达国家，由于现代建筑和城市规划、城市设计经过长期发展磨合，已经形成比较好的关系，一些大尺度的空间规划，如纽约三州的区域规划，也都反映出大尺度的规划与城市、建筑模式的一致性和协调性。我国要完善空间规划体系，建设优美的人居环境，不论是作为制度体系，还是规划设计的内容和方法，空间规划、城市设计和建筑设计必须三位一体，密不可分。即使是全国的空间规划，或跨省市的大尺度规划，也必须明确绝大多数中国人的住房模式、城市的空间形态，包括街道、广场和公园，特别是城市的形象特色、美好的天际轮廓以及乡村的自然风光。而城市规划对建设项目的规划管理一定要以满足城市功能、创造优美的城市空间形象为根本目的。只有这样，我们中华民族伟大复兴的中国梦才能越来越有形、越来越清晰、越来越触手可及。

中国梦由方方面面组成，高品质的建筑是塑造我国城市文化和高水平人居环境的前提条件之一。提高建筑设计的品质，不仅关系到建筑的质量，关系到城市的功能形象，更关系到我国社会经济的可持续发展，关系到文明的进步，是全面建成小康社会、实现中华民族伟大复兴中国梦的重大课题。

建筑是滨海新区的作品，也是滨海新区又好又快发展的见证。建筑对滨海新区高水平的全面发展发挥着重要作用。回顾滨海新区规划建设的历程，一幕幕难忘的经历浮现脑海，我们目睹了每一栋建筑从概念设计、建筑设计、扩初设计、施工图设计到基础施工、主体施工、外檐施工、设备安装、装修建设的全过程，我们看到滨海新区建筑设计和规划管理进步的曲折过程，以及各级领导、甲方、设计方、施工方付出的艰辛和汗水。总体来看，经过十年的努力奋斗，滨海新区城市规划建设取得了显著的成绩，在建筑设计和建设项目管理上也取得了一些成功的经验。但是，与国内外先进城市相比，滨海新区目前仍然处在发展的初期，建筑整体的品质还不够高，未来的任务还很艰巨。“十三五”期间，在我国经济新常态情形下，要转变经济增长方式，实现由速度向质量的转变，滨海新区正处在关键时期。在建设领域，提高建筑设计水平更加迫切，它不仅关系到建筑水平和质量的提高，关系到整个建筑产业水平的提高，关系到城市化的质量和水平，关系到我国社会经济的健康和可持续发展，更关系到城市功能、城市特色和文化水平的提升，时不我待。作为国家新区和综合配套改革试验区，滨海新区的最大优势就是改革创新，城市规划改革创新的使命要时刻牢记，城市规划设计师、建筑师和规划管理者必须有这样的胸襟、情怀和理想，要不断深化改革，不停探索，勇于先行先试，积累成功经验。

2016年是“十三五”规划实施的开局之年，是实现第一个百年奋斗目标的攻坚之年。滨海新区要在国家新型城镇化和京津冀协同发展国家战略的背景下，在我国经济发展进入新常态的历史时期，用高品质的建筑引导经济社会转型升级。我们将继续立足当前、着眼长远，全面提升建筑设计水平，使滨海新区整体规划设计和建筑设计真正达到国内领先和国际一流水平，为全面建成小康社会、实现中华民族的伟大复兴做出贡献。

公共建筑
PUBLIC BUILDING

PUBLIC BUILDING

一、对外交通建筑

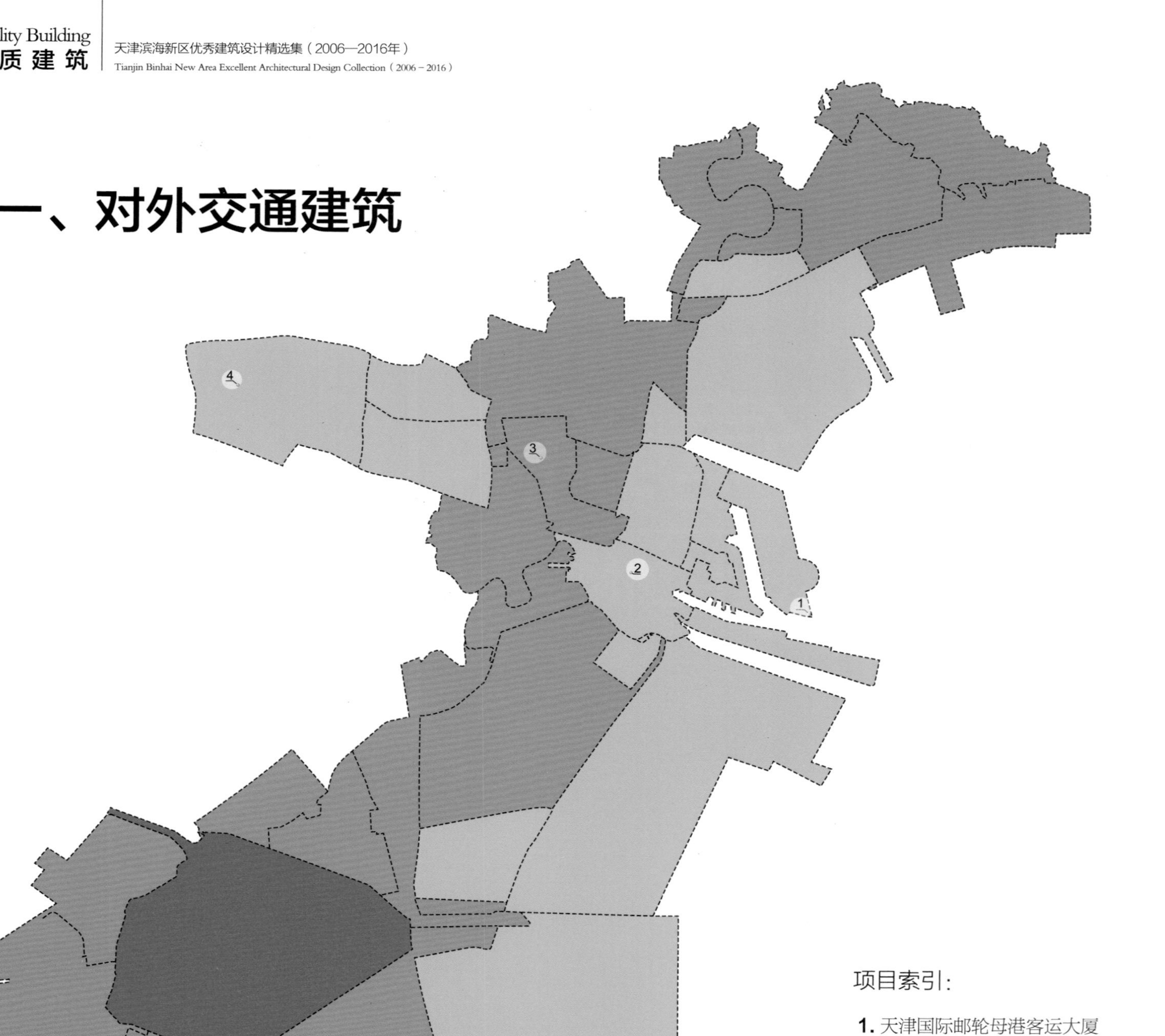

项目索引：

1. 天津国际邮轮母港客运大厦
2. 于家堡高铁站及交通枢纽
3. 滨海高铁站及交通枢纽
4. 滨海国际机场2号航站楼及交通枢纽

1. 天津国际邮轮母港客运大厦

项目地点： 天津自贸试验区（东疆保税港区）观海道1001号

用地面积： 158 817.90平方米

建筑面积： 57 807.24平方米，其中地上55 751.1平方米，容积率0.50；建筑高度33.65米，建筑层数地上局部5层，地下1层

设计单位： 悉地（北京）国际建筑设计顾问有限公司

开发单位： 天津国际邮轮母港有限公司

项目简介： 基于天津国际邮轮母港客运大厦地理位置的特殊性，通过对本区域城市规划要求和本项目城市“角色”定位的要求，本项目建筑设计突出了以下特点：建筑造型源自于一组在海边起舞的丝绸，舞动、旋转、向上，充满了力量，展现出港区蓬勃激昂的生命力。建筑寓意为海上丝绸之路，连接世界的纽带。天津市正加快东疆港区的建设，全力构筑一条新的连接世界的海上丝绸之路，国际邮轮母港客运大厦将成为这条海上丝绸之路的起点。本项目为建设世界顶级水准的邮轮母港设施，建筑功能以旅客舒适、高效通关为设计重点，同时为邮轮主题的休闲活动提供高品质的空间。

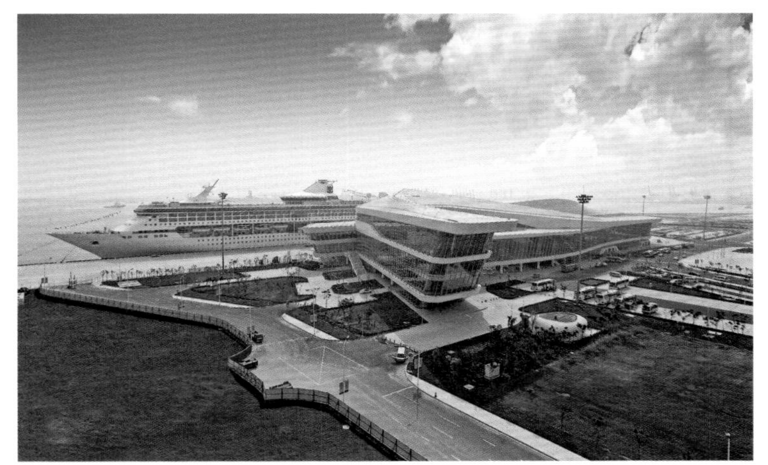

鸟瞰图

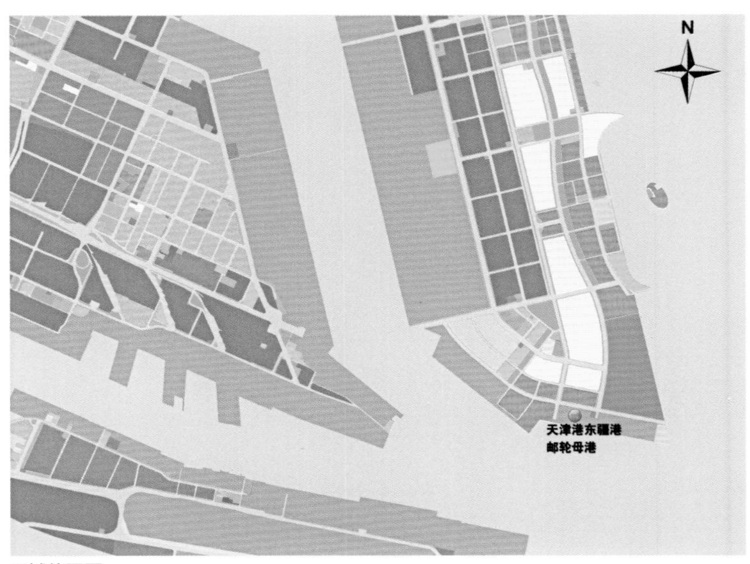

区域位置图

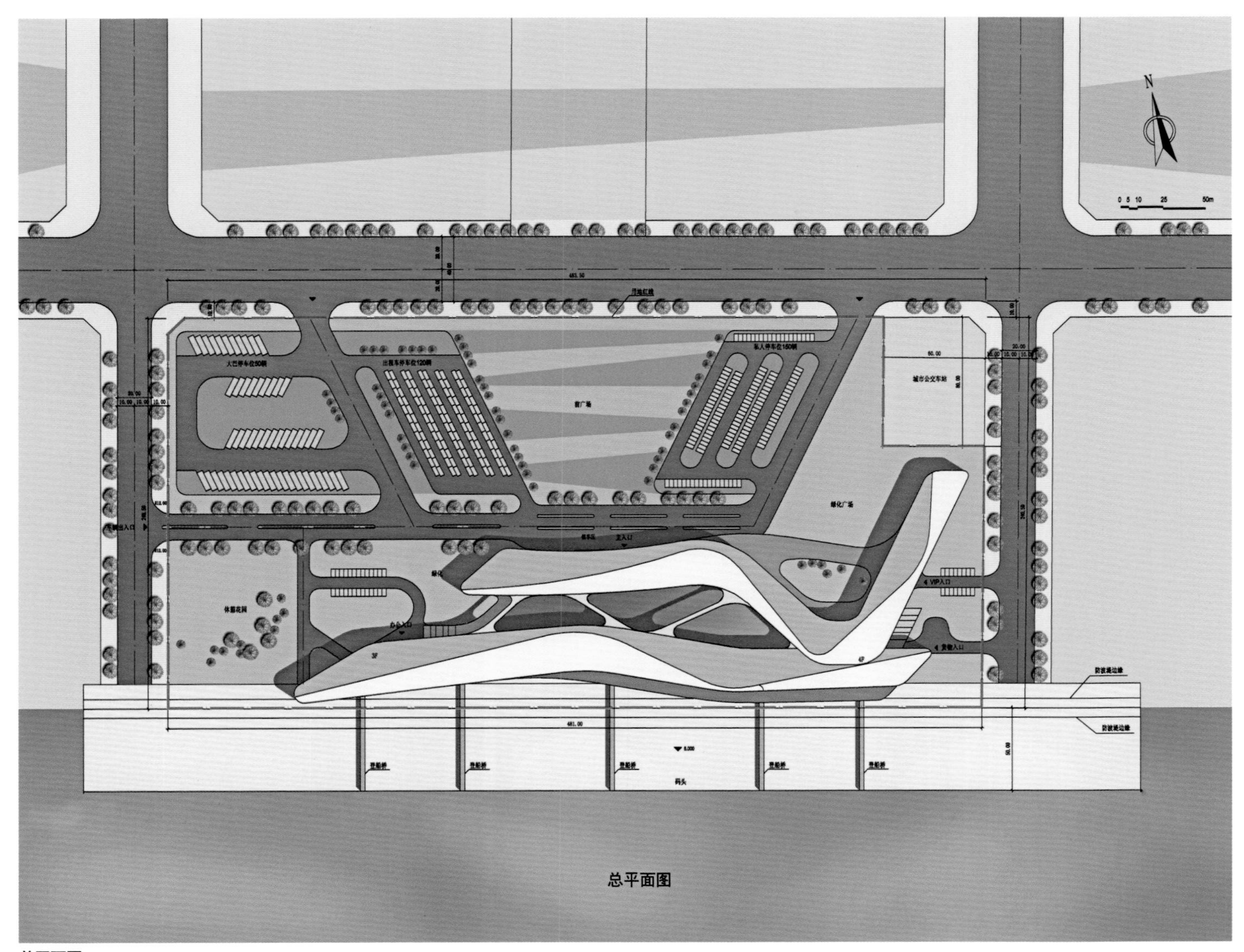

总平面图

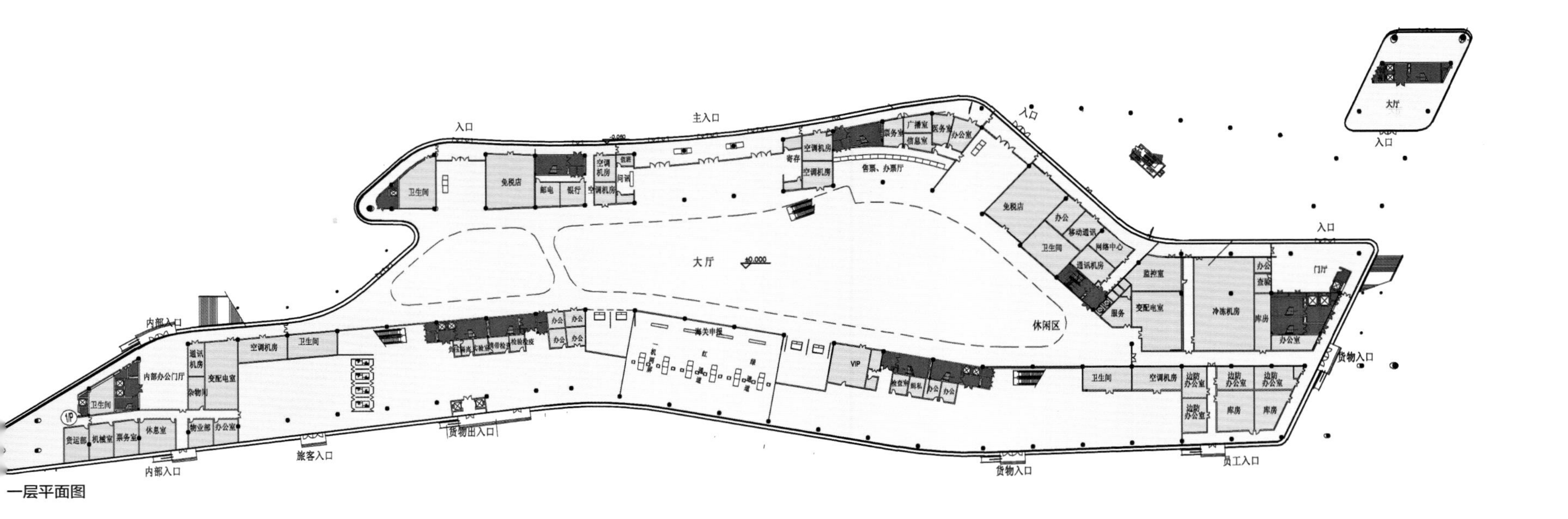
主入口
入口
入口
入口
卫生间
免税店
邮电
银行
空调机房
寄存
空调机房
售票、办票厅
广播室
票务室
信息室
医务室
办公室
大厅
±0.000
免税店
办公
移动通讯
卫生间
网络中心
通讯机房
监控室
变配电室
服务
冷冻机房
库房
门厅
办公室
休闲区
海关申报
VIP
空调机房
卫生间
内部办公门厅
通讯机房
变配电室
杂物间
卫生间
货运部
机械室
票务室
休息室
物业部
办公室
内部入口
内部入口
旅客入口
货物出入口
货物入口
员工入口
货物入口
卫生间
空调机房
边防办公室
库房
一层平面图

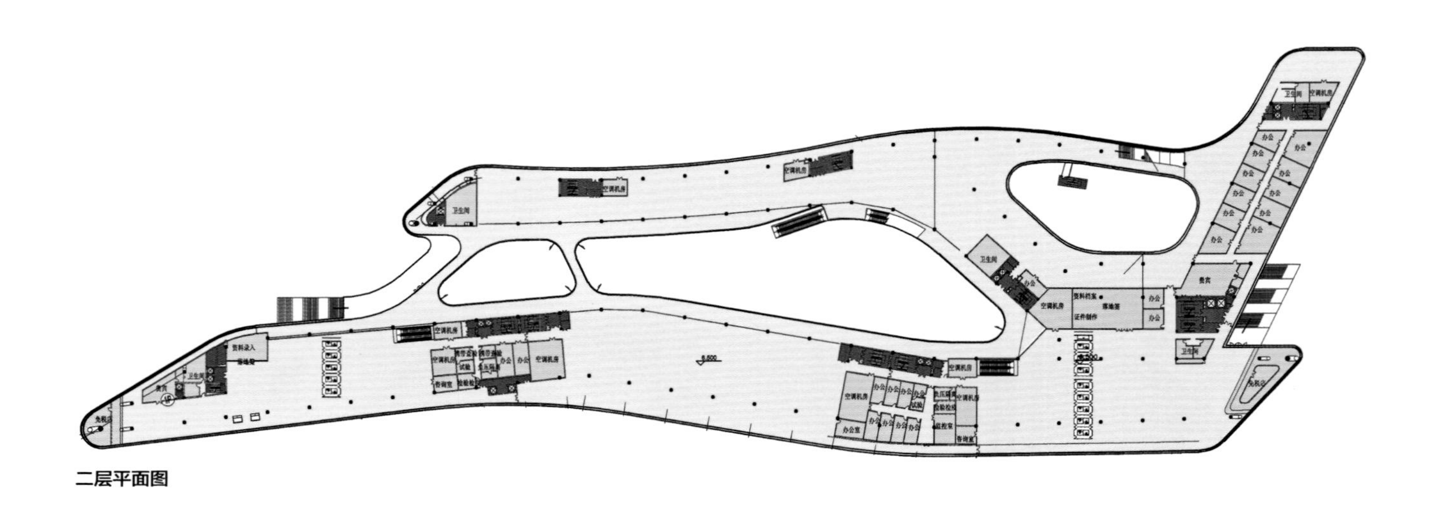

二层平面图

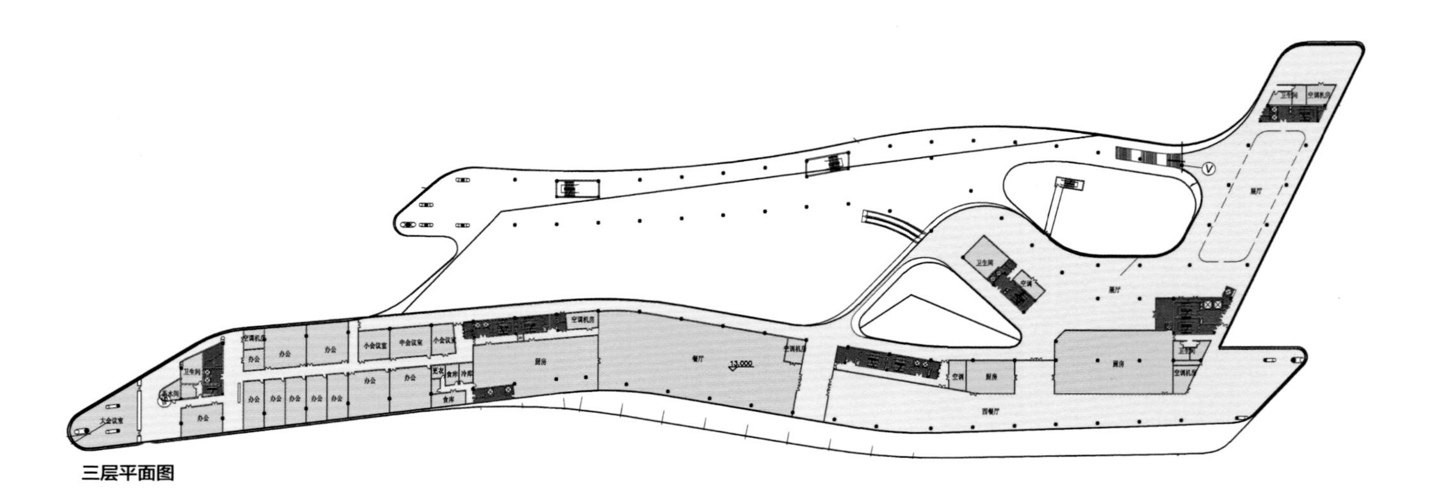

三层平面图

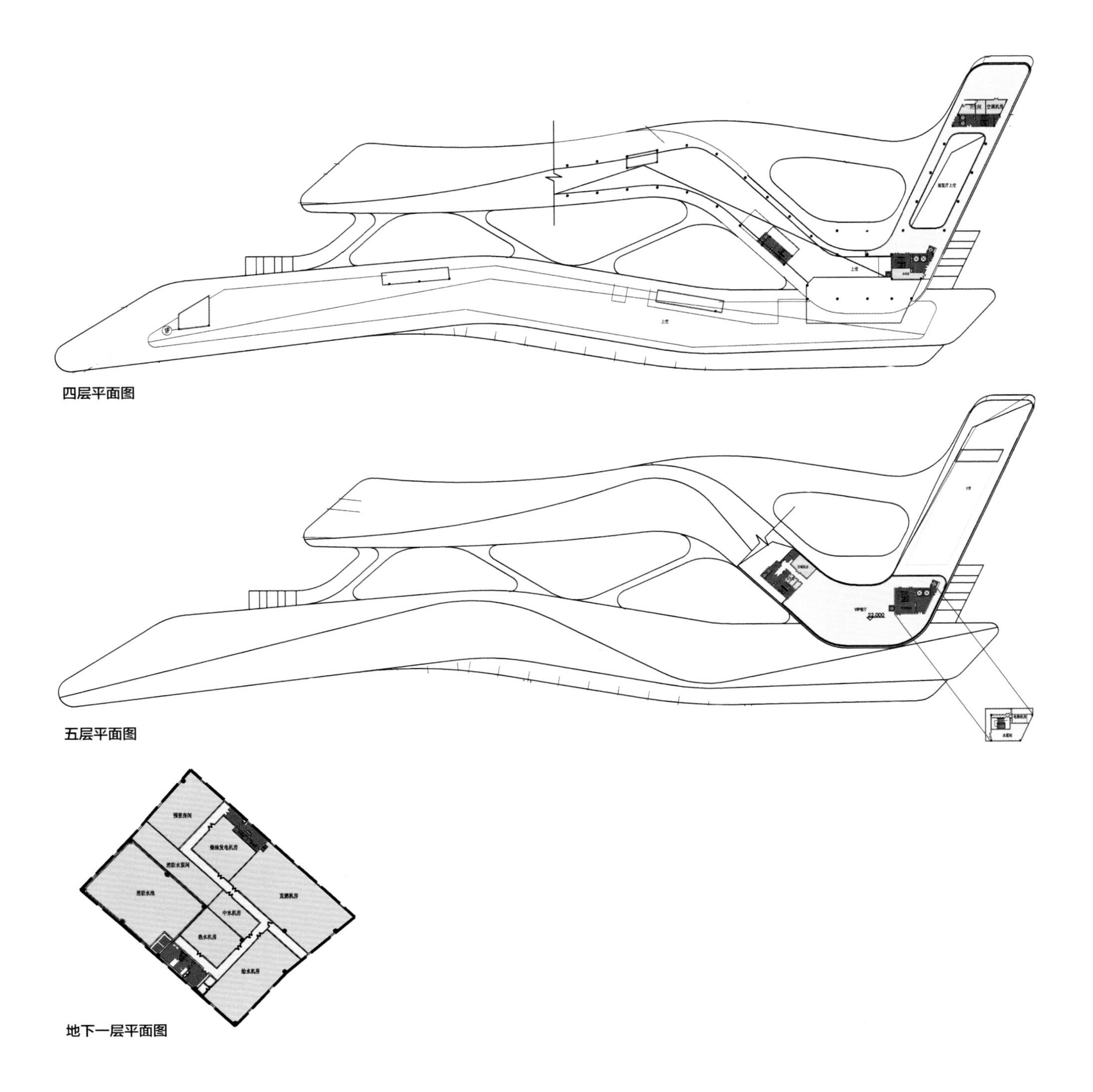

四层平面图

五层平面图

地下一层平面图

立面图

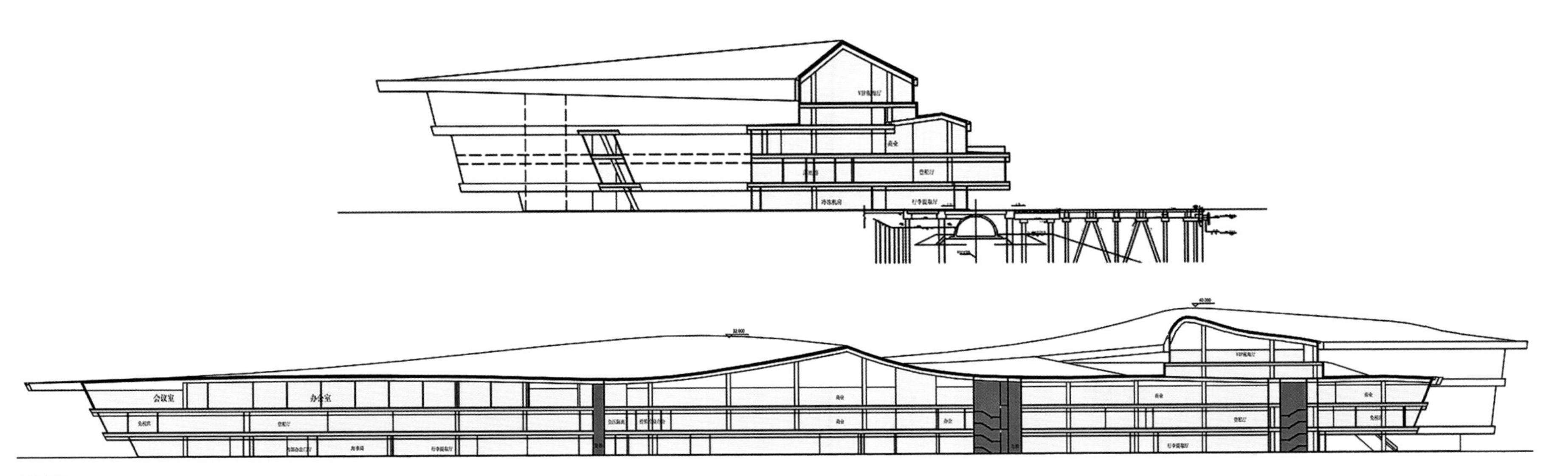

剖面图

鸟瞰图

效果图

实体图

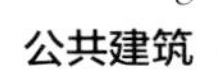

现状航拍图

2. 于家堡高铁站及交通枢纽

项目地点： 滨海新区于家堡中心商务区北端

用地面积： 9.3万平方米

建筑面积： 259 651.1平方米，其中地上站房10 593.1平方米，地下249 058平方米

其他指标： 建筑高度24米，地上一层，地下三层负31米

设计单位： 铁道第三勘察设计院集团有限公司
SOM建筑设计事务所
APUPA工程咨询有限公司

开发单位： 津滨城际铁路有限责任公司
天津滨海新区建设投资集团有限公司

项目简介： 于家堡站位于滨海新区中心商务区于家堡金融区北侧，是我国最大的全地下车站，与城市轨道交通及公共交通有机衔接，是集运输生产、旅客服务、市政配套等多功能为一体的综合交通枢纽站，乘客可实现地铁、公交和铁路等交通工具的换乘。

车站总规模3台6线，全地下，与市域轨道Z1、Z4和新区轨道B1线有机衔接。地下通道直通金融区步行商业区和罗斯洛克大厦等建筑。地下一层站厅层为城际铁路售票、候车、出站厅及地铁B1、Z1、Z4线站厅层，出租车停车场；地下二层轨道层为城际铁路站台层及地铁B1、Z4线站台，社会停车场；地下三层轨道层为地铁Z1线站台。地面是城际铁路地面站房及配套市政工程，旅客、车流进出的出入口和公交首末换乘车站。地面站房造型为“贝壳”形态，长轴148米，负主轴80米，是全球首例单层大跨度网壳穹顶钢结构工程，从圆形双向螺旋网格拉伸出初始平面形态，通过数值“悬挂”形成初始形体，再反转得到贝壳形壳体，后经与建筑结合，对平面尺寸、高度进行调整，

鸟瞰图

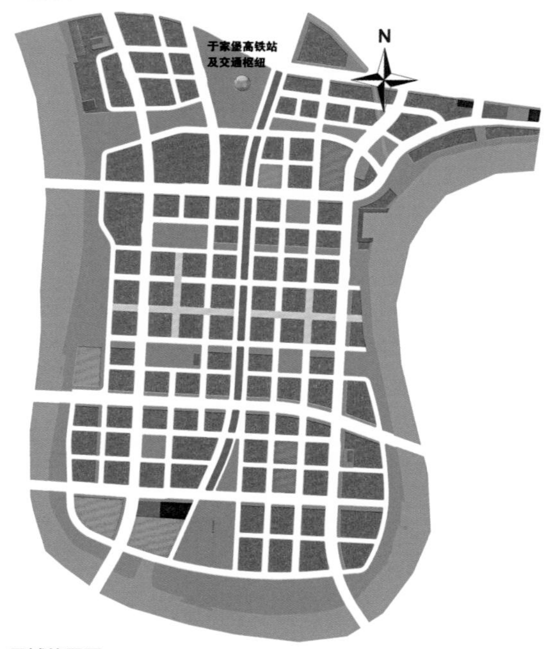

区域位置图

最终形成通透、开敞、明亮、新颖的建筑空间，达到了结构与建筑的完美统一。

京津城际延伸线及于家堡车站于2015年底竣工并投入使用。

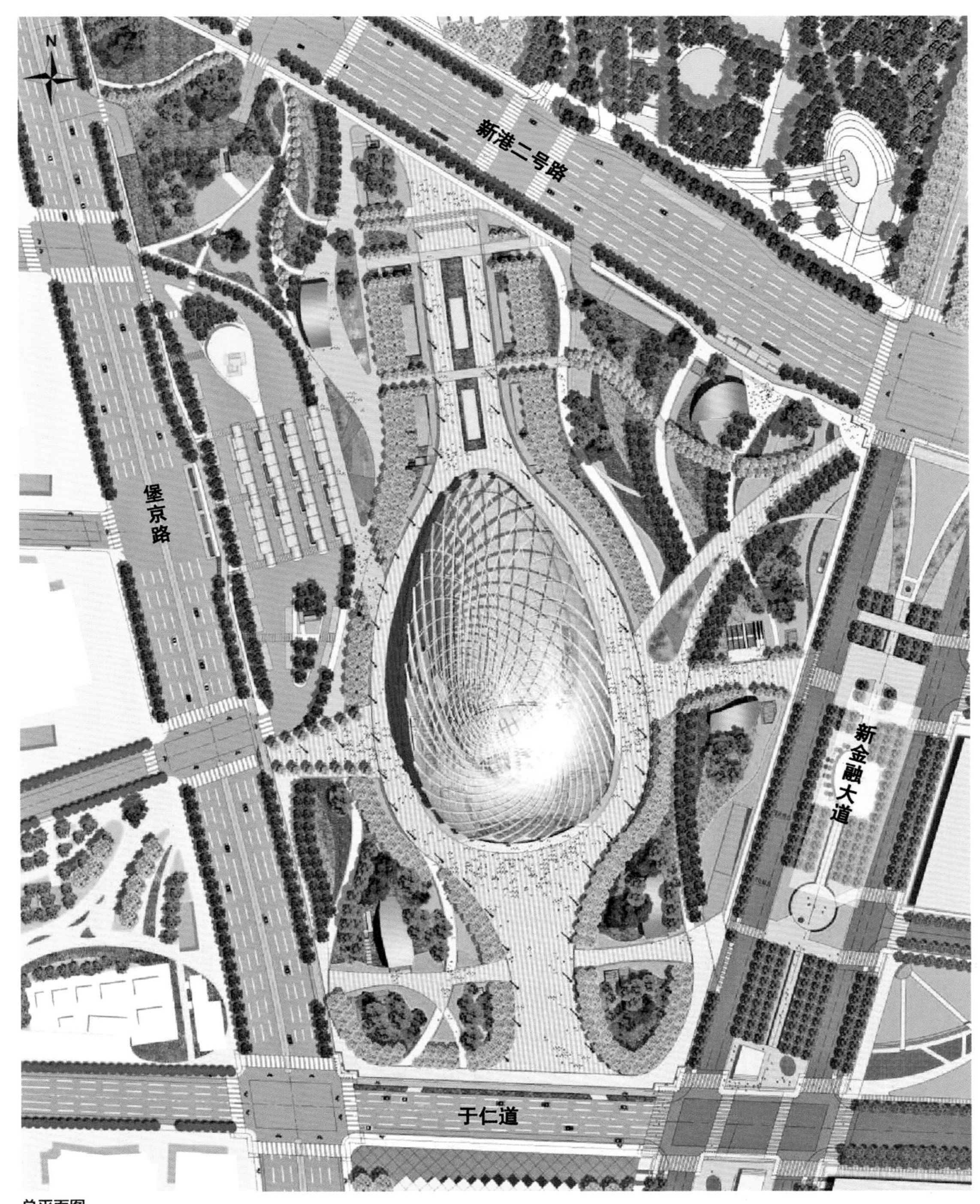

总平面图

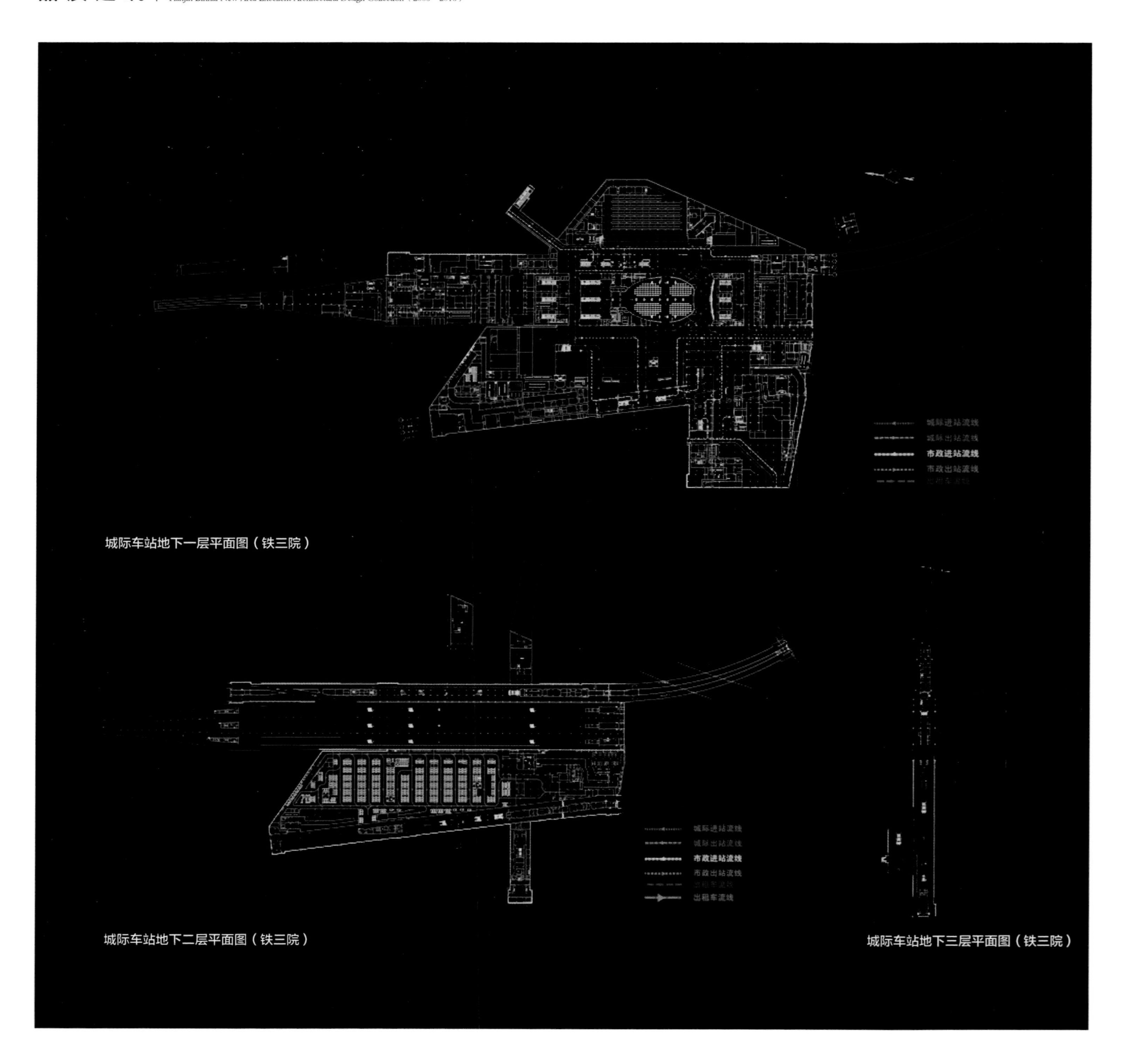

城际车站地下一层平面图（铁三院）

城际车站地下二层平面图（铁三院）

城际车站地下三层平面图（铁三院）

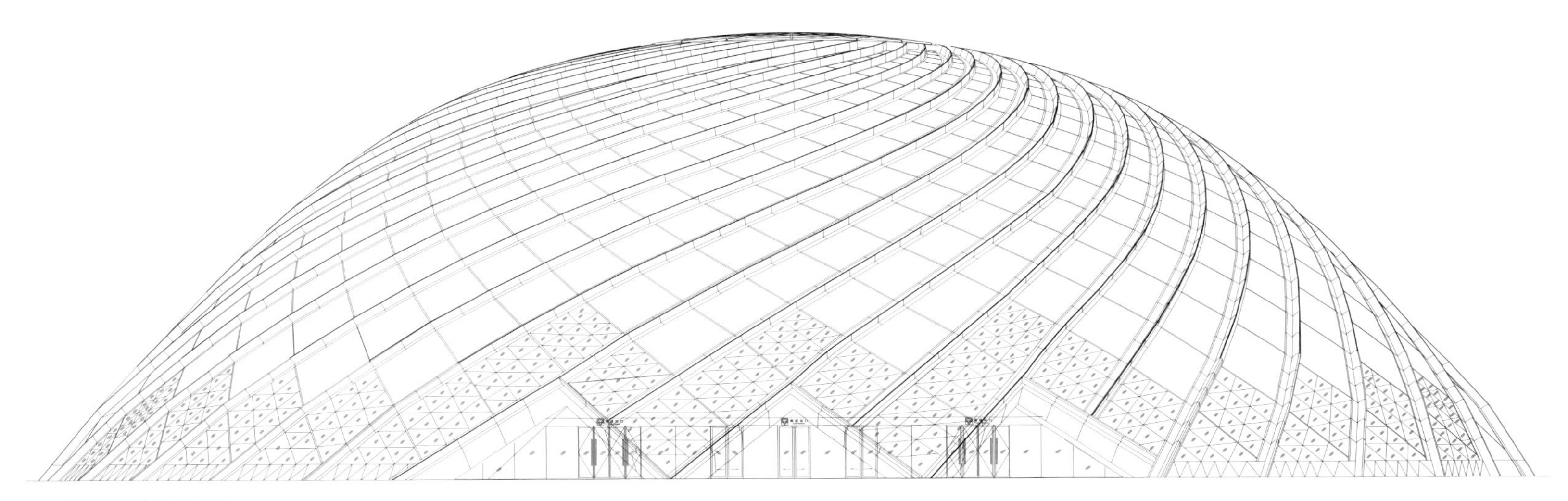

城际车站南侧立面图

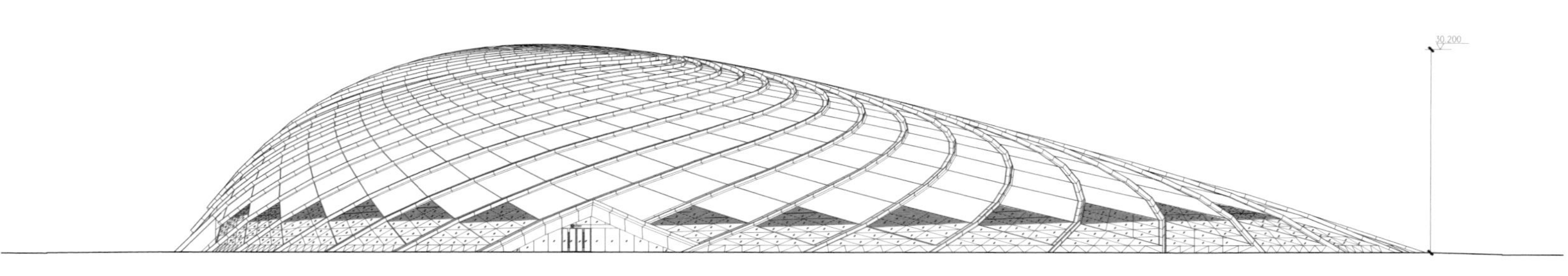

城际车站东侧立面图

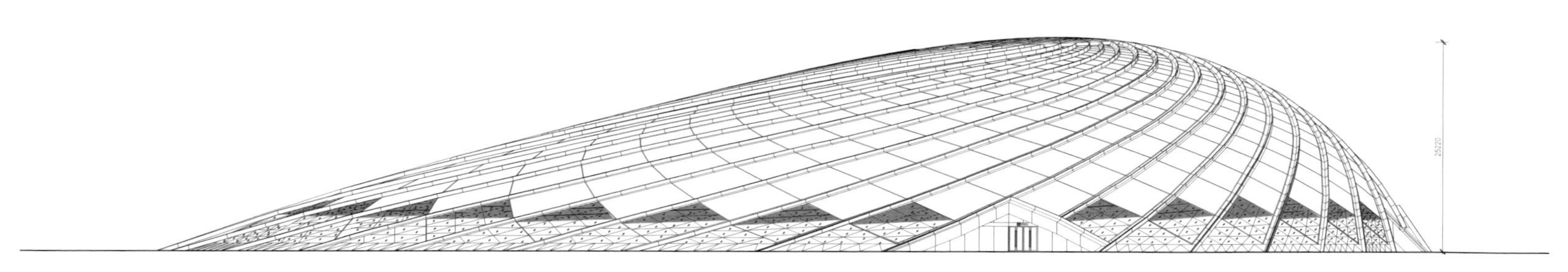

城际车站西侧立面图

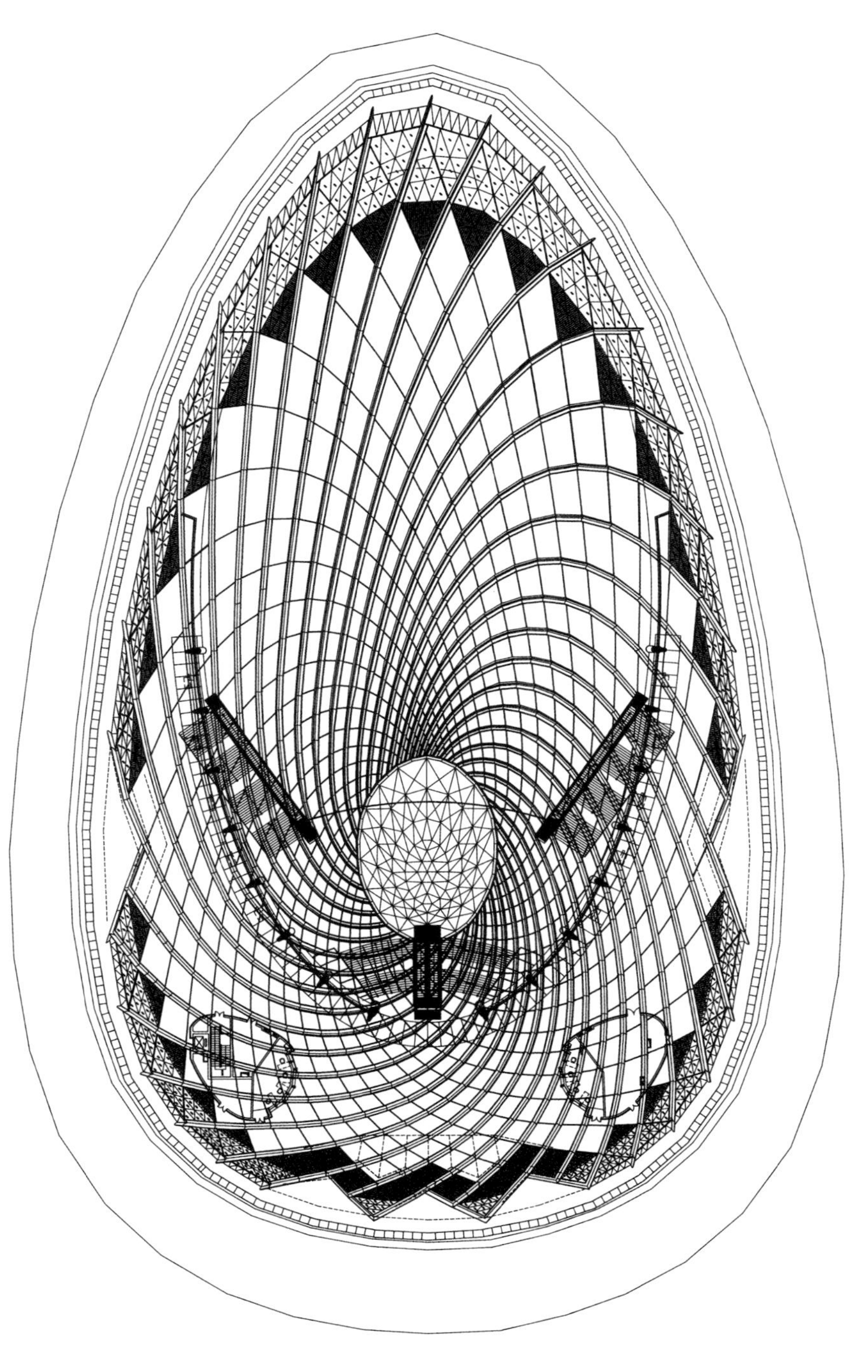

于家堡站房施建A-26屋顶平面图

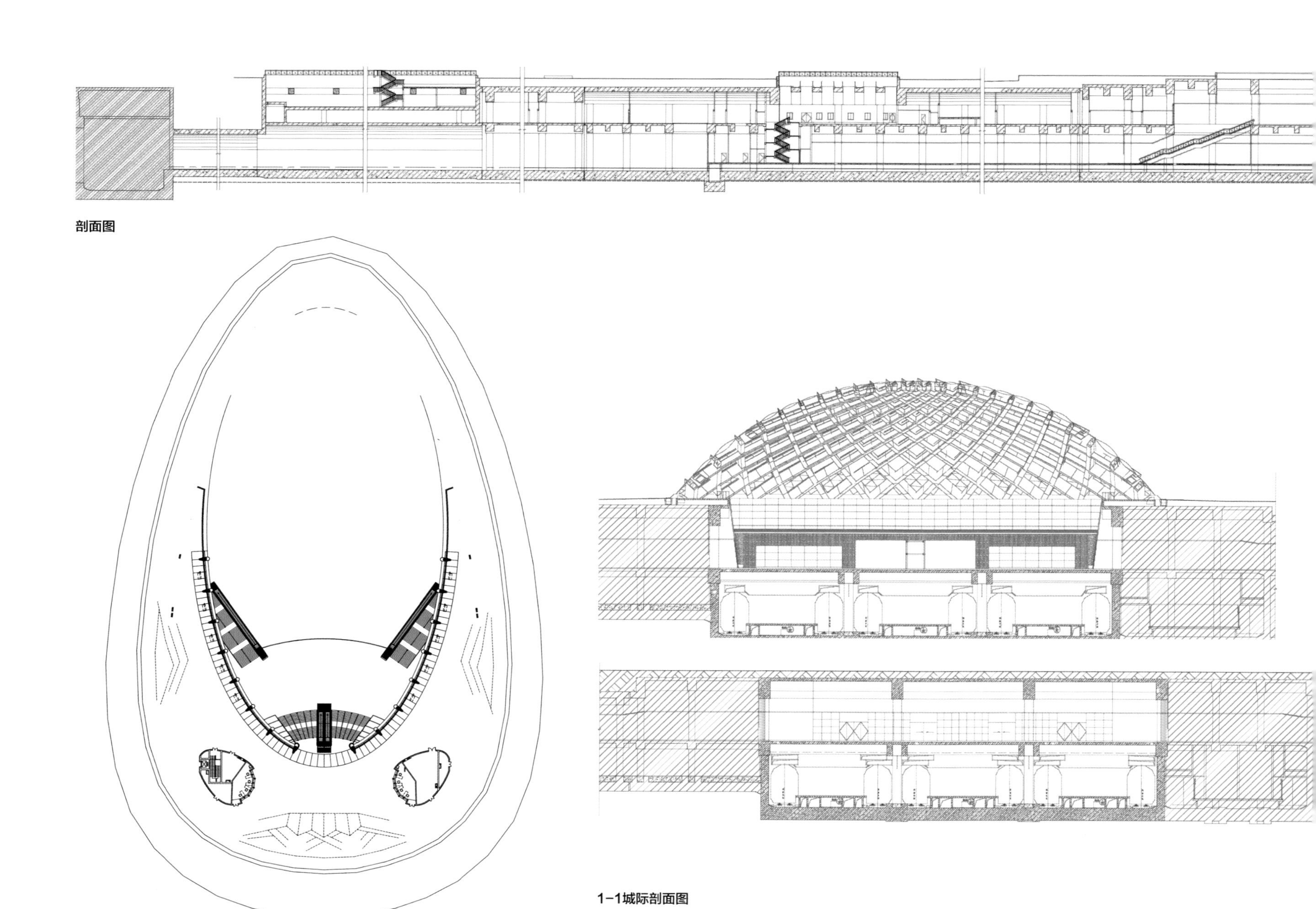

剖面图

于家堡站房一层平面图

1-1城际剖面图

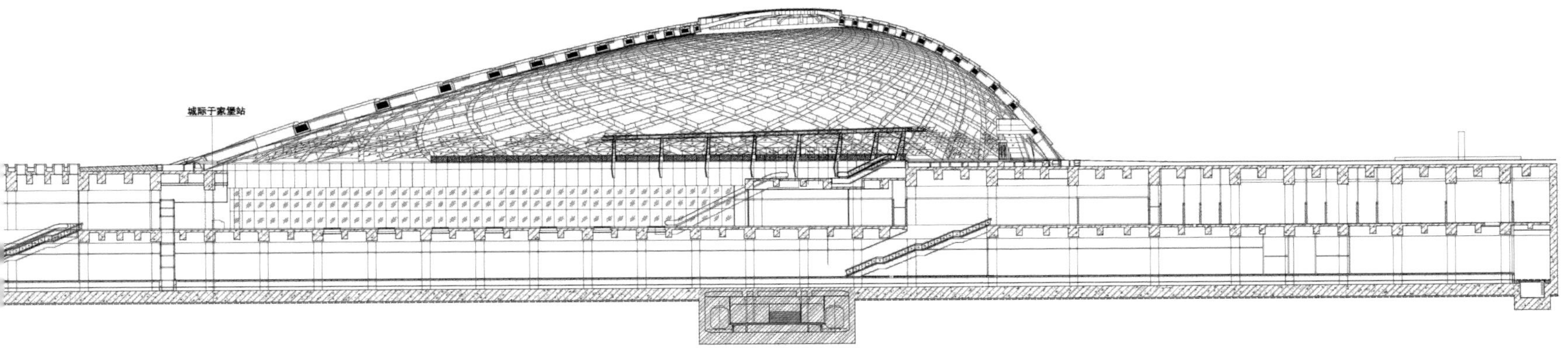

城际于家堡站

效果图

现状航拍图

实体图

航拍图

3. 滨海高铁站及交通枢纽

项目地点： 滨海新区海洋高新区金海湖畔

用地面积： 43 293平方米

建筑面积： 268 460.97平方米，交通枢纽及配套21万平方米

设计单位： 铁道第三勘察设计院集团有限公司

开发单位： 天津泰达滨海站建设开发有限公司

项目简介： 滨海站位于滨海新区核心区西北，距于家堡金融区11千米，是天津市四大铁路枢纽和滨海新区最大的铁路枢纽，形成以铁路客运为中心，集城市轨道、市区公交、出租车、私家车、其他社会车辆等多种交通方式为一体的综合交通枢纽。

津秦客专滨海站8台18线，包括津秦客运专线和预留的环渤海城际铁路线路，采用上进下出的传统模式，南北均可进出站。站房设计功能流程清晰，空间规整，造型简洁明快。市域轨道Z2线，滨海新区轨道B1、B3线与车站垂直相交。地铁车站与铁路的共同设计、共同施工，形成了新区最大的地上综合交通枢纽。地铁站位于客运车站南广场地下，出站通道紧接换乘大厅，方便旅客集散，又便于换乘运营管理。本工程于2013年12月1日投入使用。

鸟瞰图

区域位置图

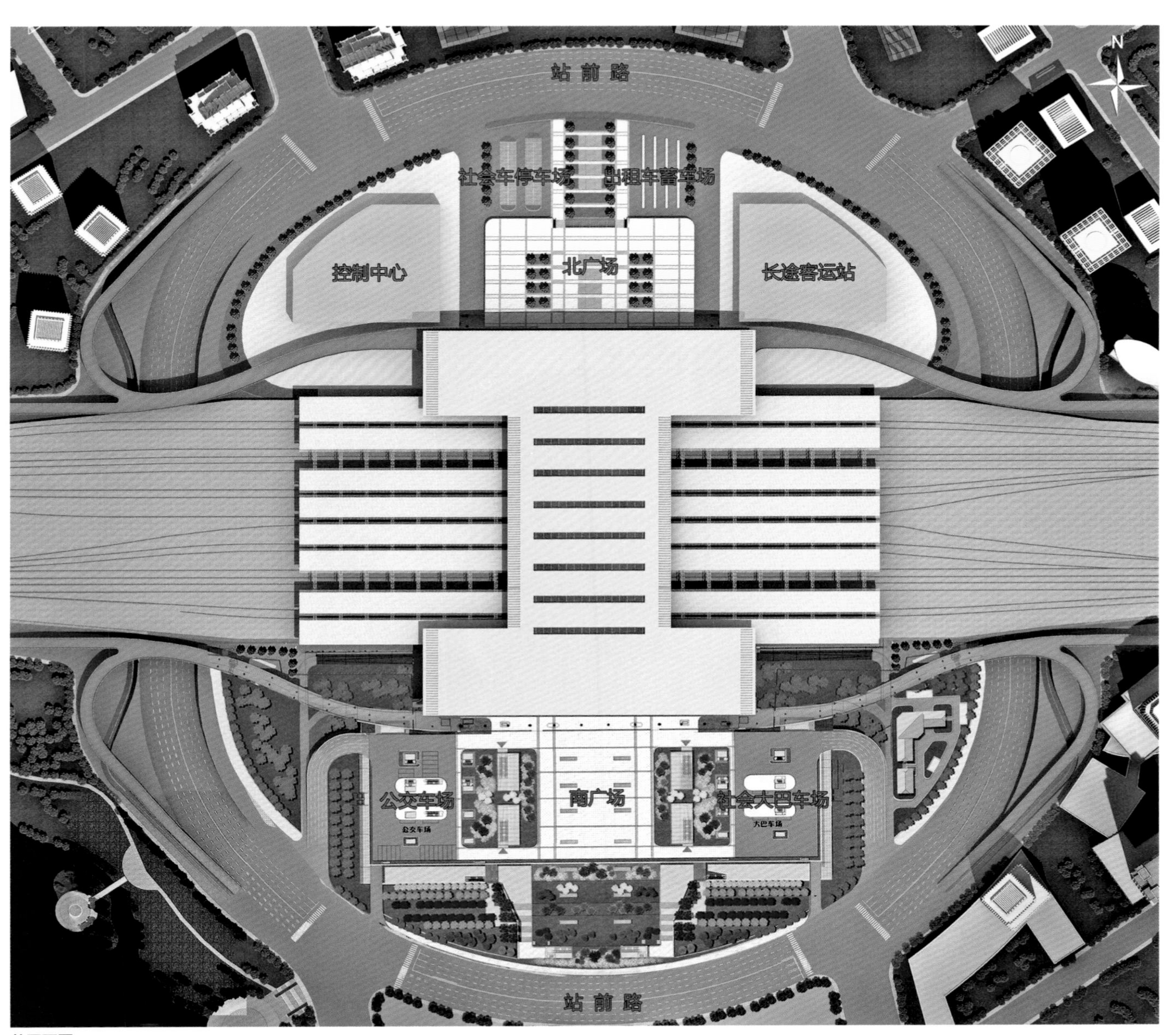
站前路
社会车停车场
出租车蓄车场
控制中心
北广场
长途客运站
公交车场
南广场
社会大巴车场
站前路

总平面图

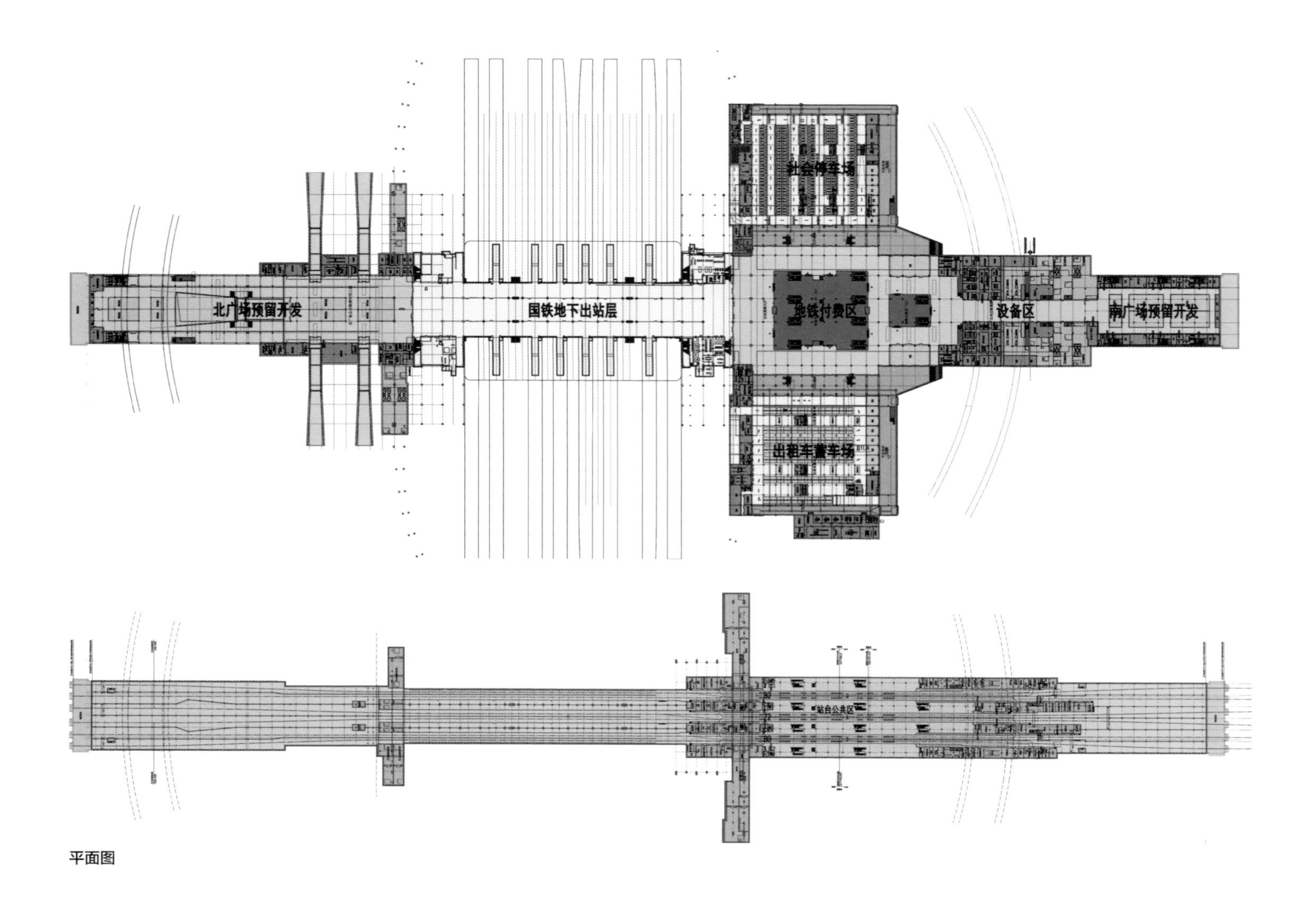
社会停车场
北广场预留开发
国铁地下出站层
地铁付费区
设备区
南广场预留开发
出租车蓄车场
站台公共区

平面图

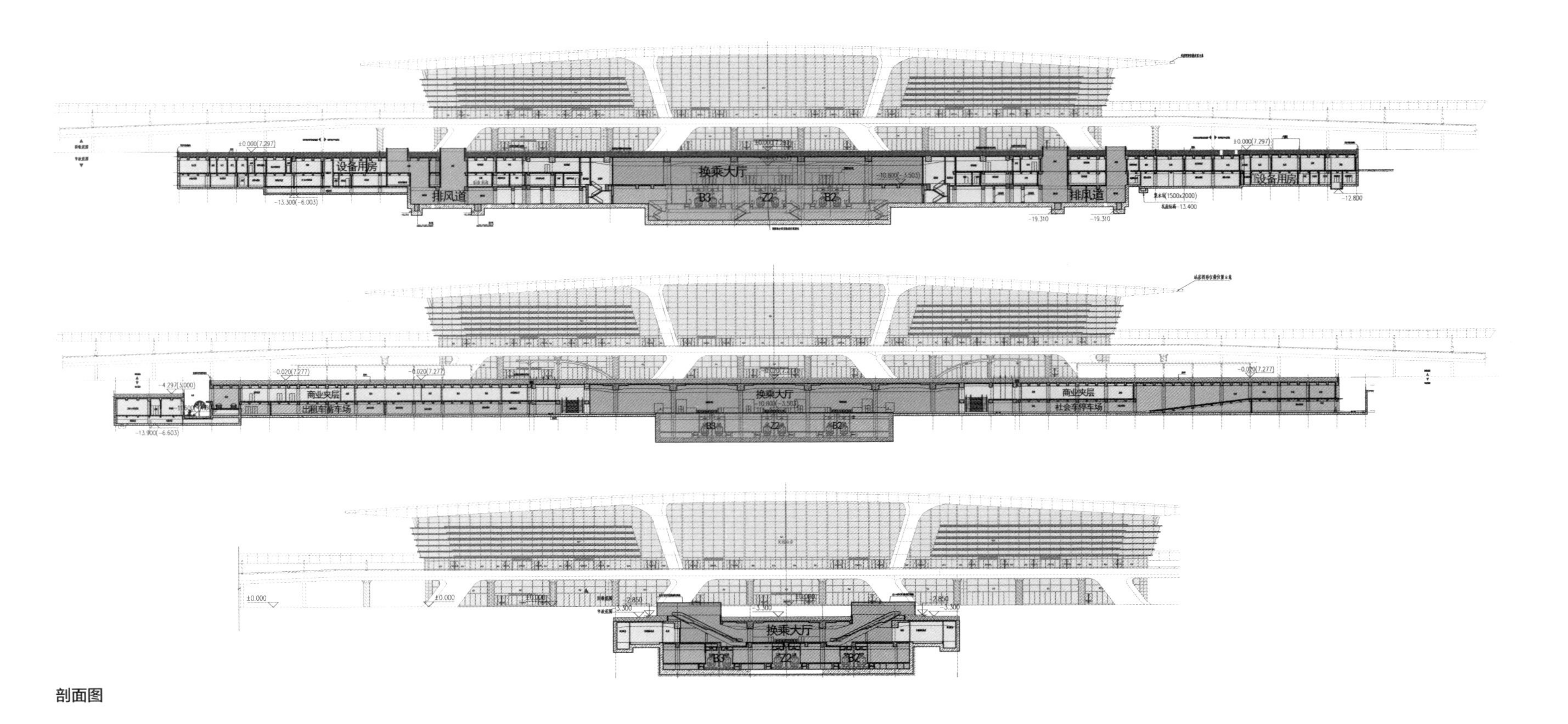
设备用房
排风道
换乘大厅
B3
Z2
B2
排风道
设备用房
商业夹层
出租车蓄车场
换乘大厅
商业夹层
社会车停车场
换乘大厅
B3
Z2
B2

剖面图

鸟瞰图

效果图

实体图

鸟瞰图

4. 滨海国际机场2号航站楼及交通枢纽

项目地点： 天津东丽区东区机场大道

建筑面积： 24.8万平方米

开发单位： 天津滨海国际机场二期扩建工程指挥部

项目简介： 天津滨海国际机场是中国主要的航空货运中心之一，是北京首都国际机场的固定备降机场和分流机场，是国内干线机场、国际定期航班机场、国家一类航空口岸。2010年后进行二期扩建工程，2014年6月底，二期航站楼竣工并投入使用。建成后的天津机场可满足2020年2500万人次旅客吞吐量的需求，京津城际高铁和3条地铁将引进机场。

机场现有航站楼2.5万平方米，货库2.95万平方米，跑道长3600米，飞行区等级4E级，可满足各类大型飞机全载起降。具有管制二次雷达、卫星通信终端、机场数据传输网络等先进的导航通信设备及完善的地面保障设施。基地航空公司有天津航空、中国国际航空股份有限公司天津分公司、中国新华航空集团有限公司、奥凯航空有限公司、东方通用航空有限责任公司。

效果图

区域位置图

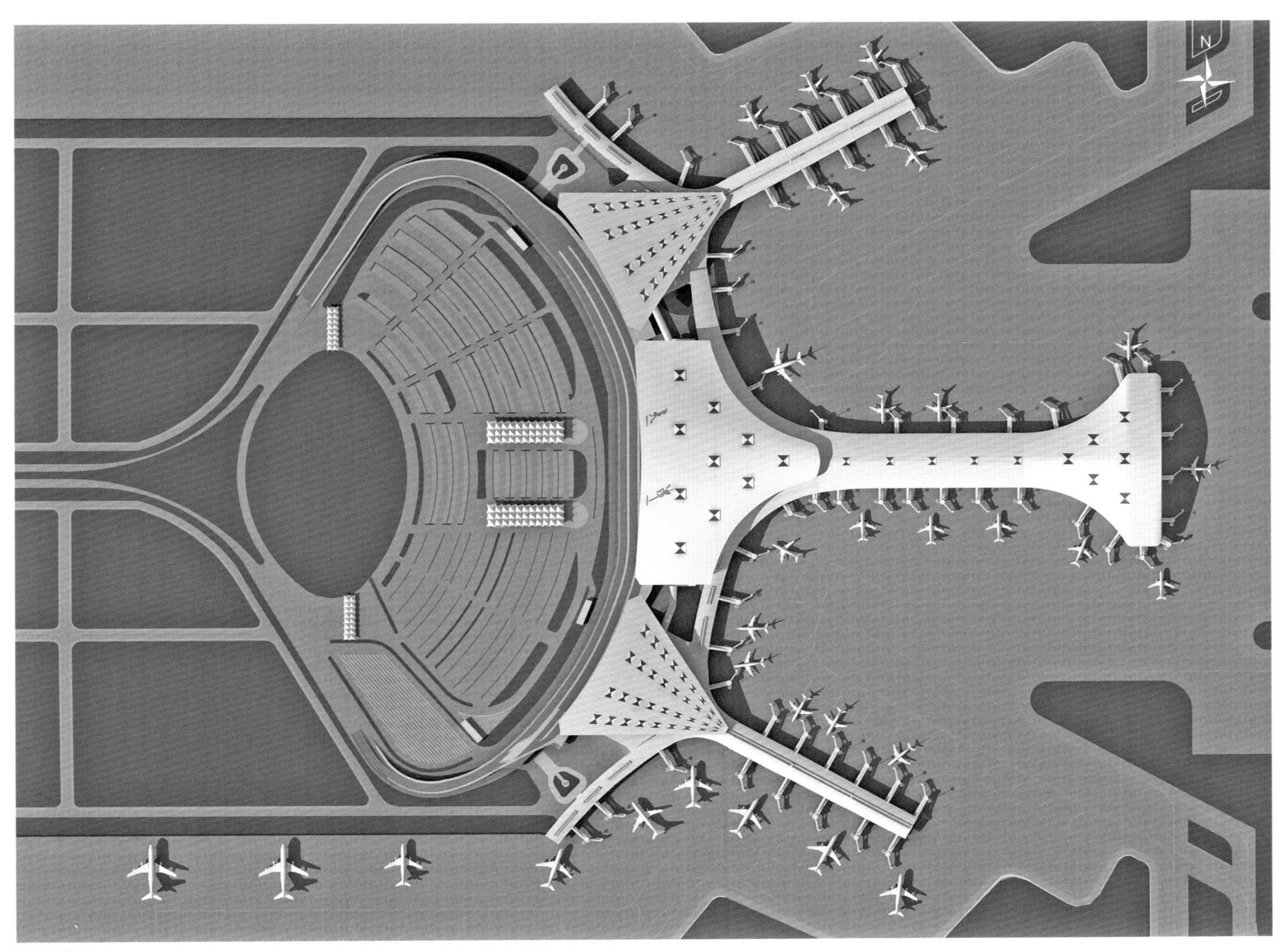

总平面图

鸟瞰图

效果图

实体图

二、文化娱乐建筑

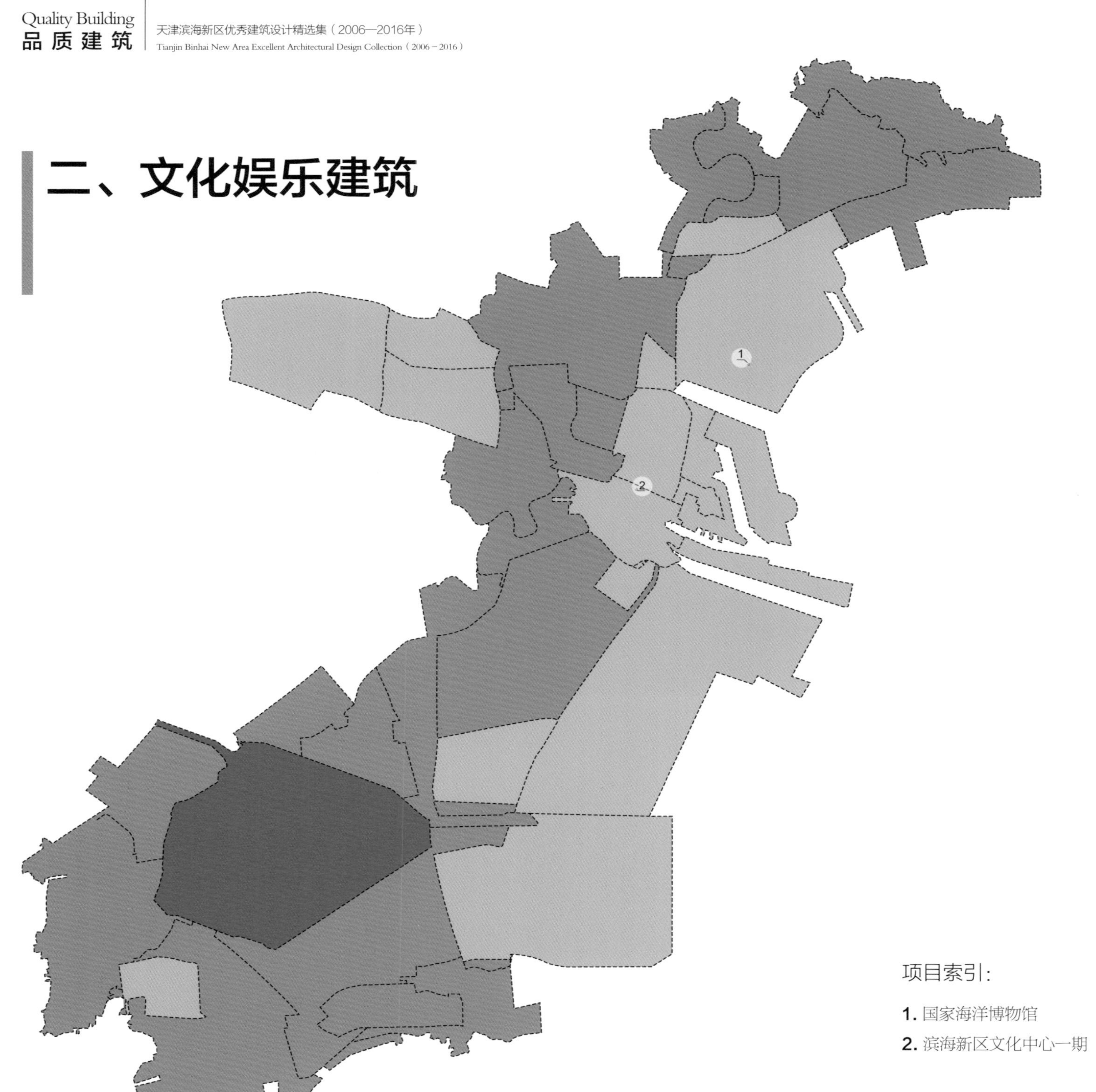

项目索引：

1. 国家海洋博物馆
2. 滨海新区文化中心一期

1. 国家海洋博物馆

项目地点： 天津市滨海新区中新生态城旅游区南湾

用地面积： 31 000平方米

建筑面积： 其中地上建筑面积80 000平方米，地上4层，建筑高度33.8米

设计单位： 澳大利亚COX建筑设计公司
天津市建筑设计院

开发单位： 国家海洋博物馆筹建办公室

项目简介： 国家海洋博物馆是我国首座国家级、综合性、公益性的海洋博物馆，建成后将展示海洋自然历史和人文历史，成为集收藏保护、展示教育、科学研究、交流传播的海洋科技交流平台和标志性文化设施。本项目建筑造型运用隐喻的手法，外形似跃向水面的鱼群、停泊岸边的船坞、张开的手掌、海洋的生物……优美但不具象，通过柔美的曲线语言令参观者产生对海洋元素无限的遐想。博物馆被设计成大小不同的陈列空间，不同主题的展览平行布置，参观流线清晰，各部分独立成系统又可分可合。展品等后勤流线独立而且便捷，船舶等大型展品可以直接由水上到达展览区域。规划设计中充分考虑了馆园结合，整体设计是建筑与景观、场所的整体营造。

鸟瞰图

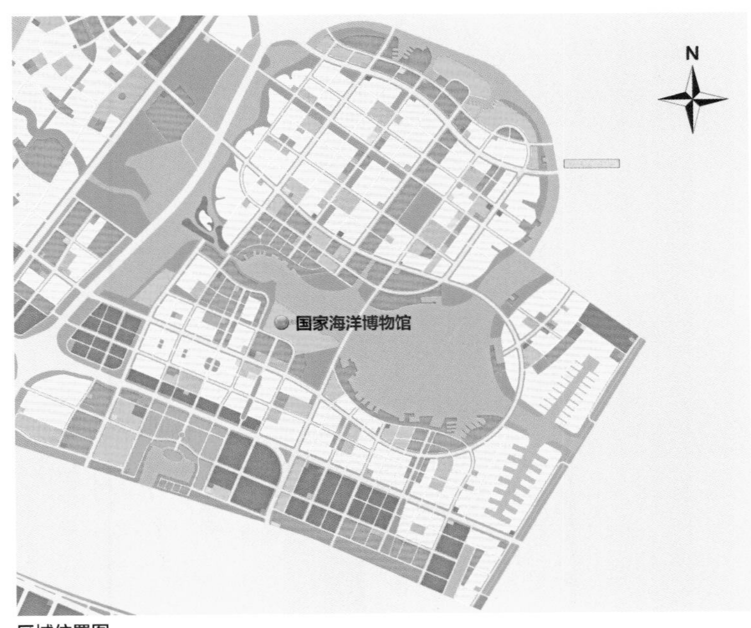

区域位置图

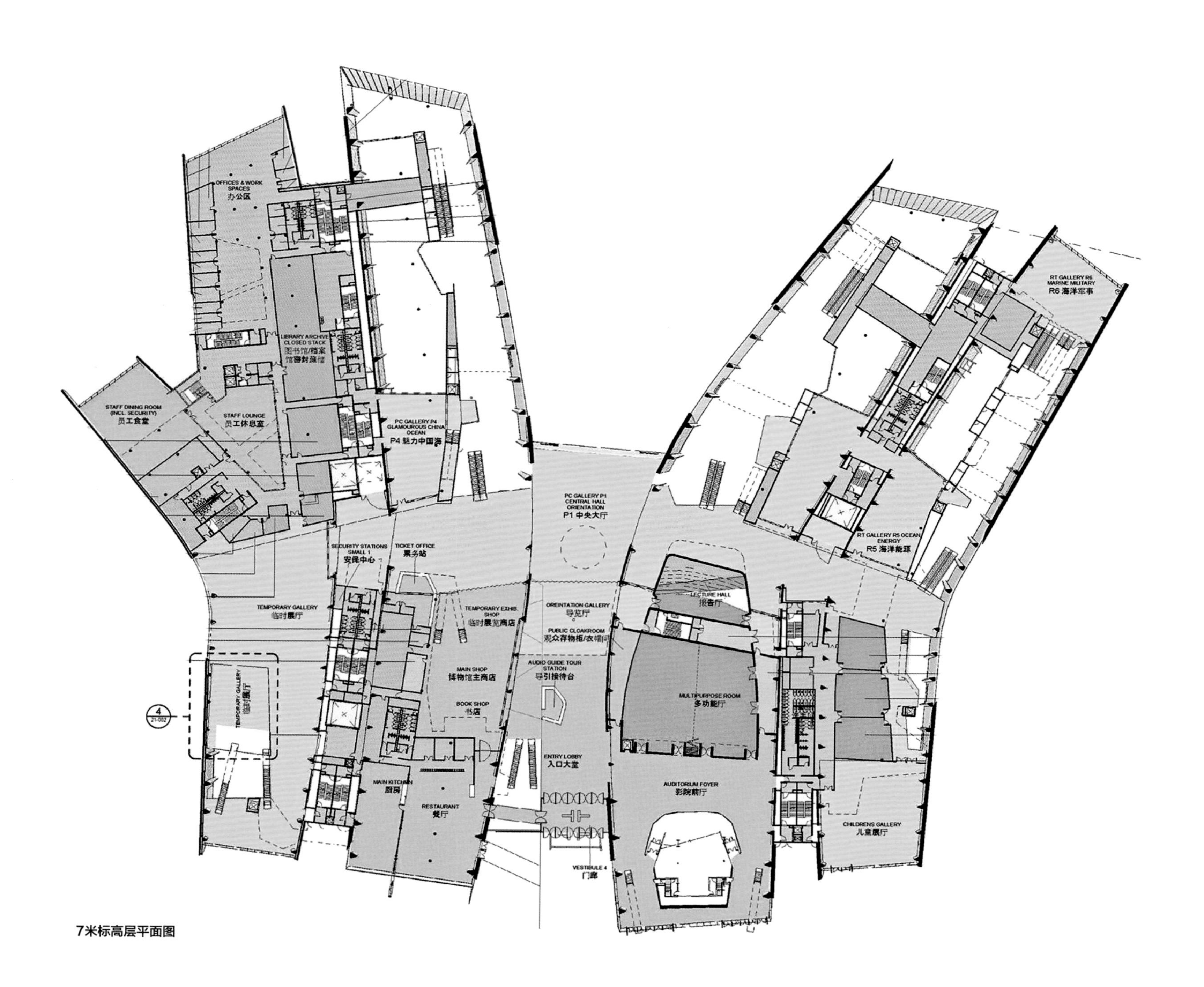
OFFICES & WORK SPACES
办公区
LIBRARY ARCHIVE CLOSED STACK
图书馆/档案
STAFF DINING ROOM (INCL. SECURITY)
员工食堂
STAFF LOUNGE
员工休息室
PC GALLERY P4 GLAMOUROUS CHINA OCEAN
P4 魅力中国海
RT GALLERY R6 MARINE MILITARY
R6 海洋军事
RT GALLERY R5 OCEAN ENERGY
R5 海洋能源
PC GALLERY P1 CENTRAL HALL ORIENTATION
P1 中央大厅
SECURITY STATIONS SMALL 1
安保中心
TICKET OFFICE
票务站
TEMPORARY GALLERY
临时展厅
TEMPORARY EXHIB. SHOP
临时展览商店
OREINTATION GALLERY
导览厅
PUBLIC CLOAKROOM
观众存物柜/衣帽间
LECTURE HALL
报告厅
AUDIO GUIDE TOUR STATION
导引接待台
MAIN SHOP
博物馆主商店
BOOK SHOP
书店
MULTIPURPOSE ROOM
多功能厅
TEMPORARY GALLERY
临时展厅
4
21-002
ENTRY LOBBY
入口大堂
MAIN KITCHEN
厨房
RESTAURANT
餐厅
AUDITORIUM FOYER
影院前厅
CHILDRENS GALLERY
儿童展厅
VESTIBULE 4
门廊

7米标高层平面图

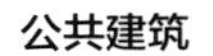

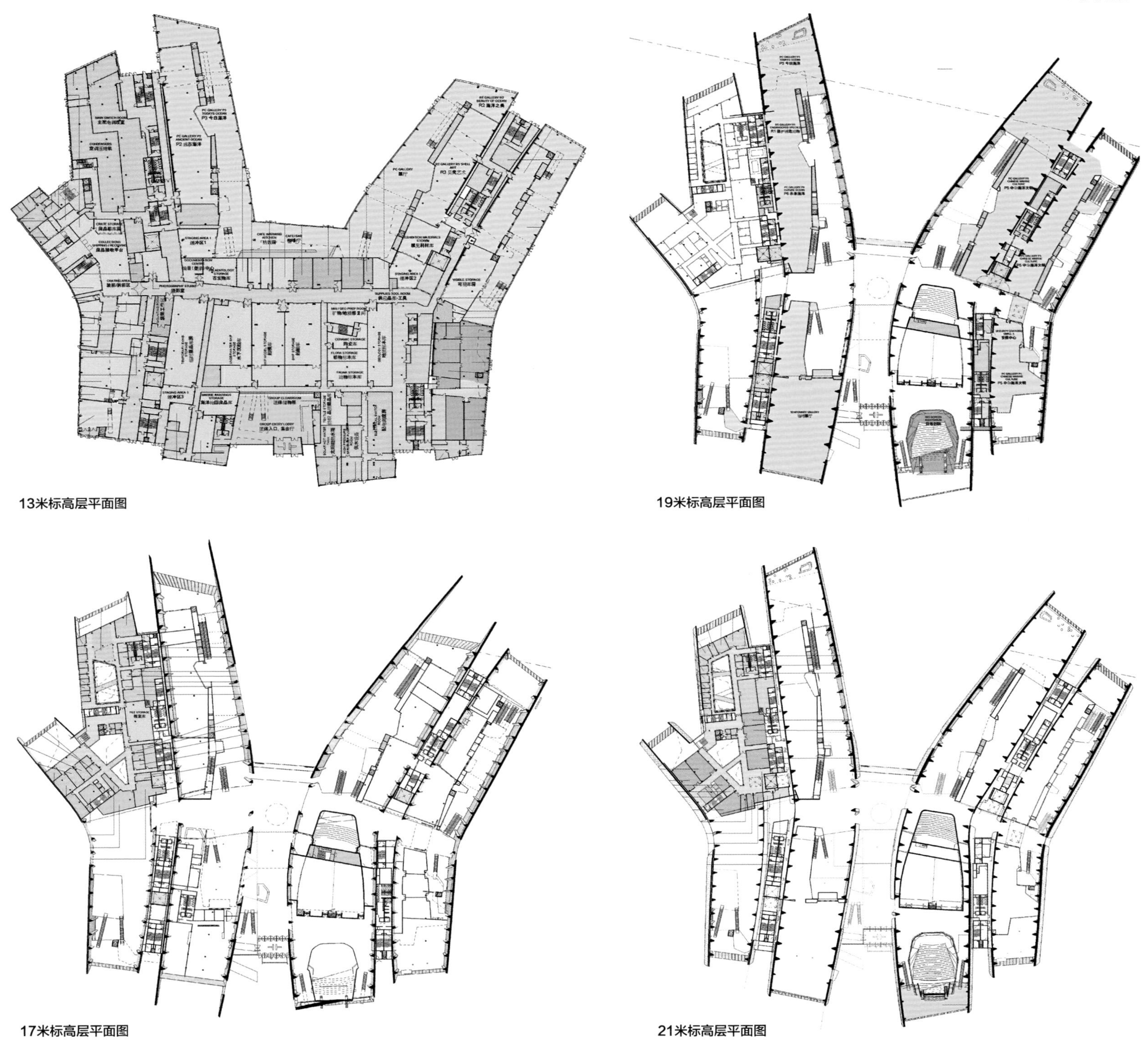

13米标高层平面图

19米标高层平面图

17米标高层平面图

21米标高层平面图

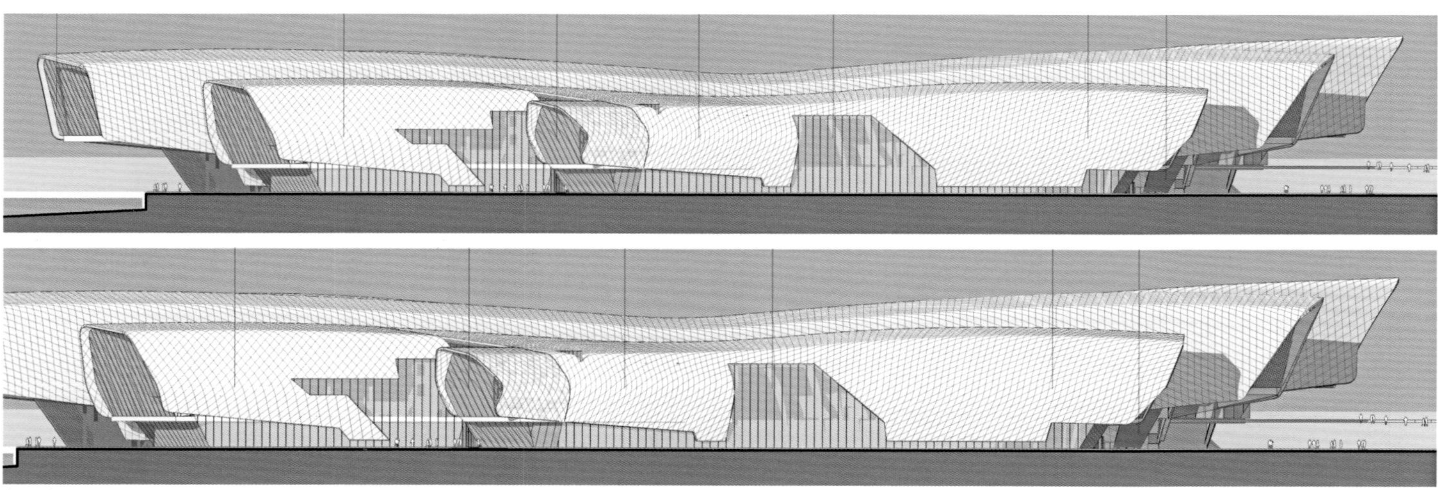

东西立面图

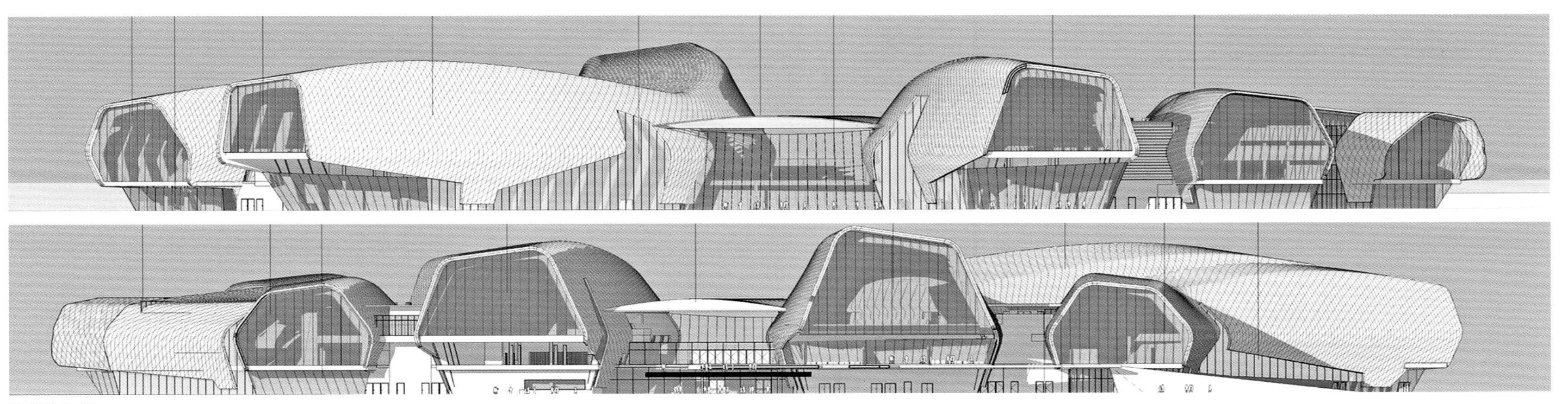

南北立面图

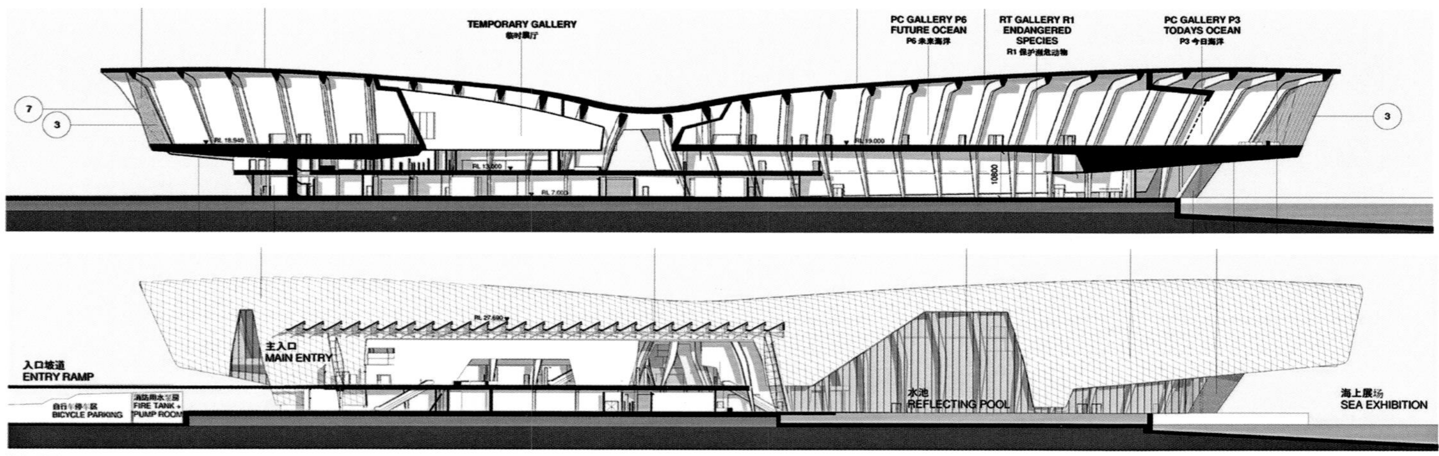
TEMPORARY GALLERY
临时展厅
PC GALLERY P6
FUTURE OCEAN
P6 未来海洋
RT GALLERY R1
ENDANGERED
SPECIES
PC GALLERY P3
TODAYS OCEAN
P3 今日海洋
入口坡道
ENTRY RAMP
主入口
MAIN ENTRY
BICYCLE PARKING
FIRE TANK +
PUMP ROOM
水池
REFLECTING POOL
海上展场
SEA EXHIBITION

剖面图

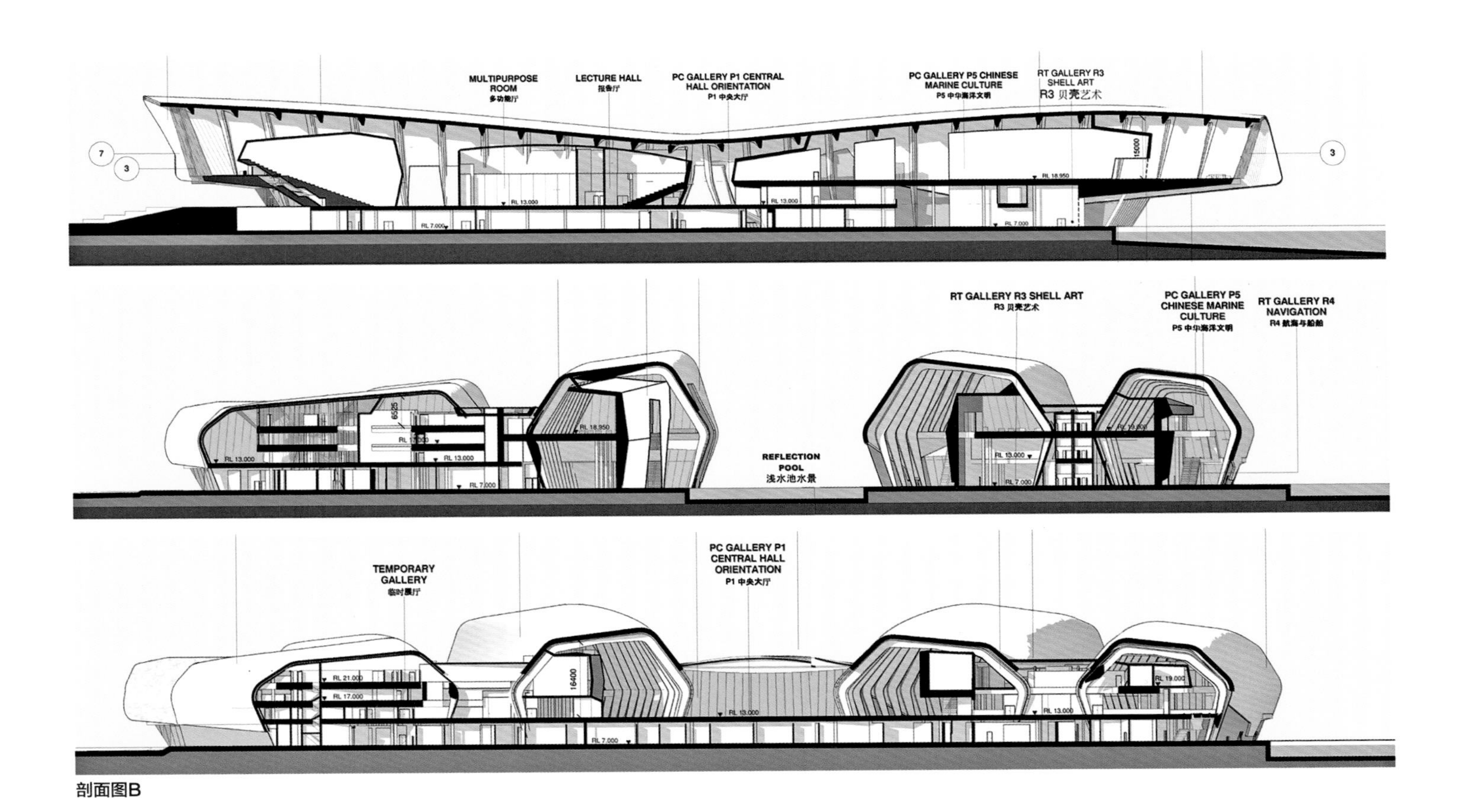
MULTIPURPOSE ROOM
多功能厅
LECTURE HALL
报告厅
PC GALLERY P1 CENTRAL HALL ORIENTATION
P1 中央大厅
PC GALLERY P5 CHINESE MARINE CULTURE
P5 中华海洋文明
RT GALLERY R3 SHELL ART
R3 贝壳艺术
RL 18.950
RL 13.000
RL 7.000
RT GALLERY R3 SHELL ART
R3 贝壳艺术
PC GALLERY P5 CHINESE MARINE CULTURE
P5 中华海洋文明
RT GALLERY R4 NAVIGATION
R4 航海与船舶
REFLECTION POOL
浅水池水景
TEMPORARY GALLERY
临时展厅
PC GALLERY P1 CENTRAL HALL ORIENTATION
P1 中央大厅
RL 21.000
RL 17.000
RL 19.000
16400

剖面图B

鸟瞰图

效果图

国家海洋博物馆室内效果图

2. 滨海新区文化中心一期

项目地点：滨海新区大连道

用地面积：1 1960 000平方米

建筑面积：326 000平方米（地上204 800平方米，地下121 200平方米）

设计单位：**总体设计** 天津市建筑设计院

文化长廊 天津市建筑设计院
德国GMP建筑师事务所

美术馆 天津市建筑设计院
德国GMP建筑师事务所

探索馆 天津市城市规划设计研究院
美国伯纳德·屈米建筑师事务所

图书馆 天津市城市规划设计研究院
荷兰MVRDV建筑师事务所

演艺中心 天津华汇工程建筑设计有限公司
加拿大Bing Thom建筑师事务所

市民活动中心 天津华汇工程建筑设计有限公司

开发单位：天津市滨海新区文化中心投资管理有限公司

项目简介：滨海新区文化中心（一期）位于滨海新区中心商务区天碱地区，是由文化长廊连接“四大场馆、一个中心”，即滨海现代城市与工业探索馆、滨海现代美术馆、滨海图书馆、滨海东方演艺中心和滨海市民活动中心，组成文化艺术综合体。

效果图

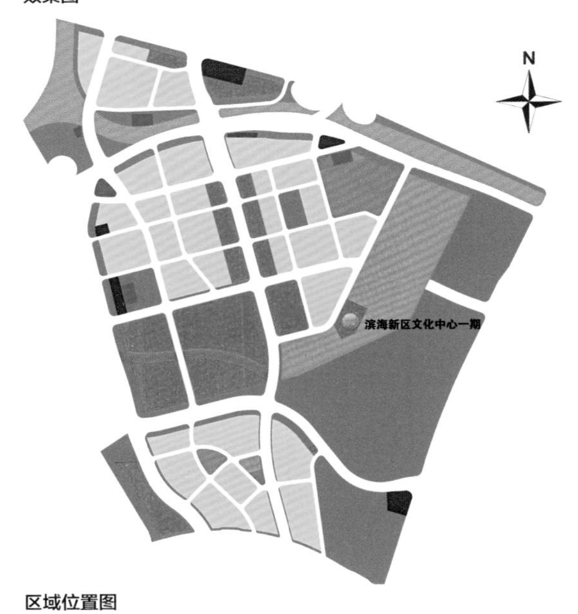

区域位置图

滨海新区文化中心（一期）建筑设计意图塑造具有滨海新区城市特色的标志性城市形象，能够充分展示滨海新区的新世纪现代化气息，突出文化中心（一期）建筑群的整体特征，形成“文化航母”的整体形象，同时彰显各文化场馆的个性气质。

建筑主体高度控制在35.70米，滨海现代城市与工业探索馆局部突出至45.70米，整体天际线统一中有变化。外檐材料以石材、金属幕墙及玻璃幕墙为主，简洁明快，通过对材质的选择与处理，使其在整体色彩上协调统一，又不失多样性，城市尺度恢宏大气，近人尺度亲切宜人。

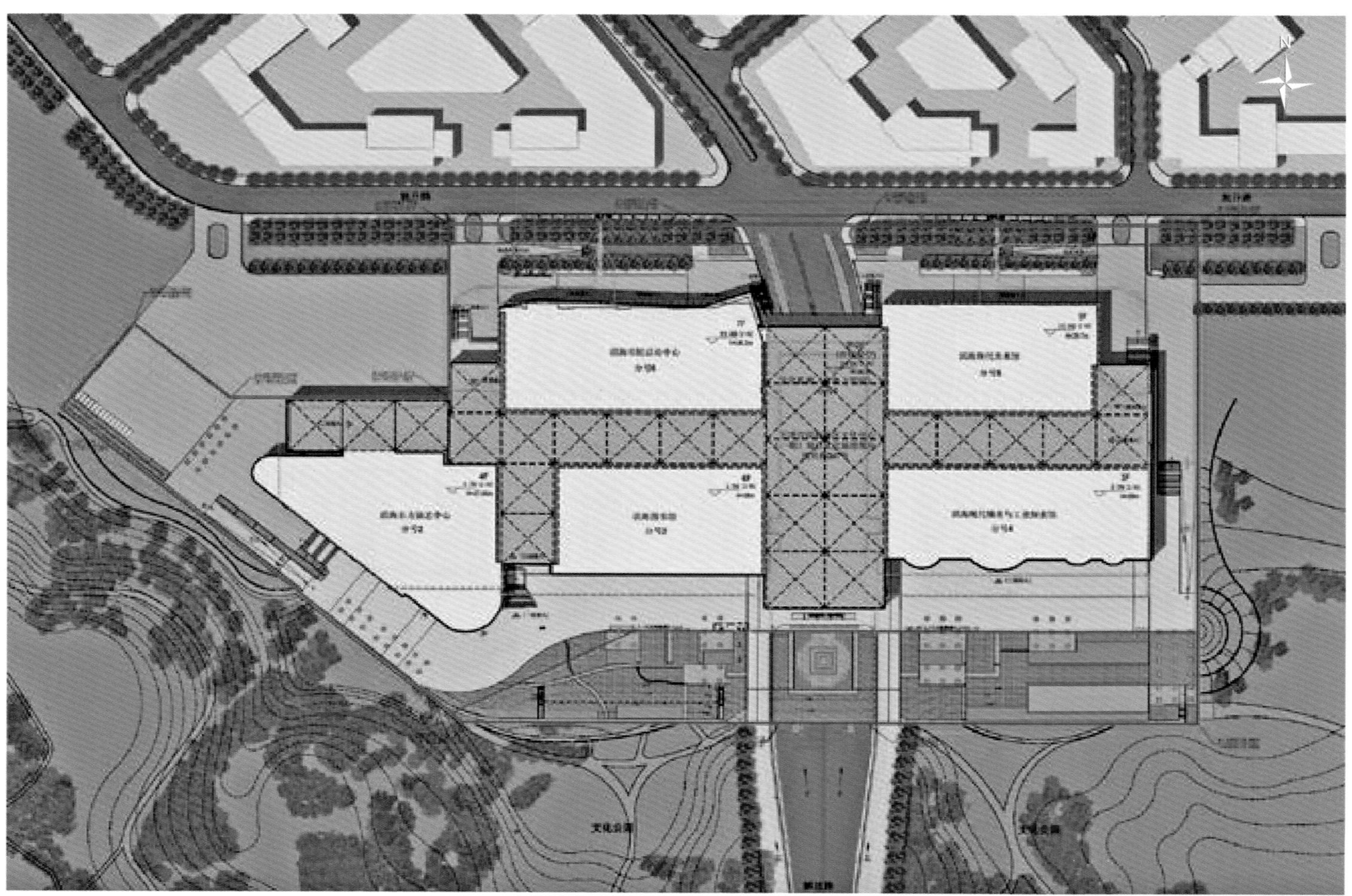

总平面图

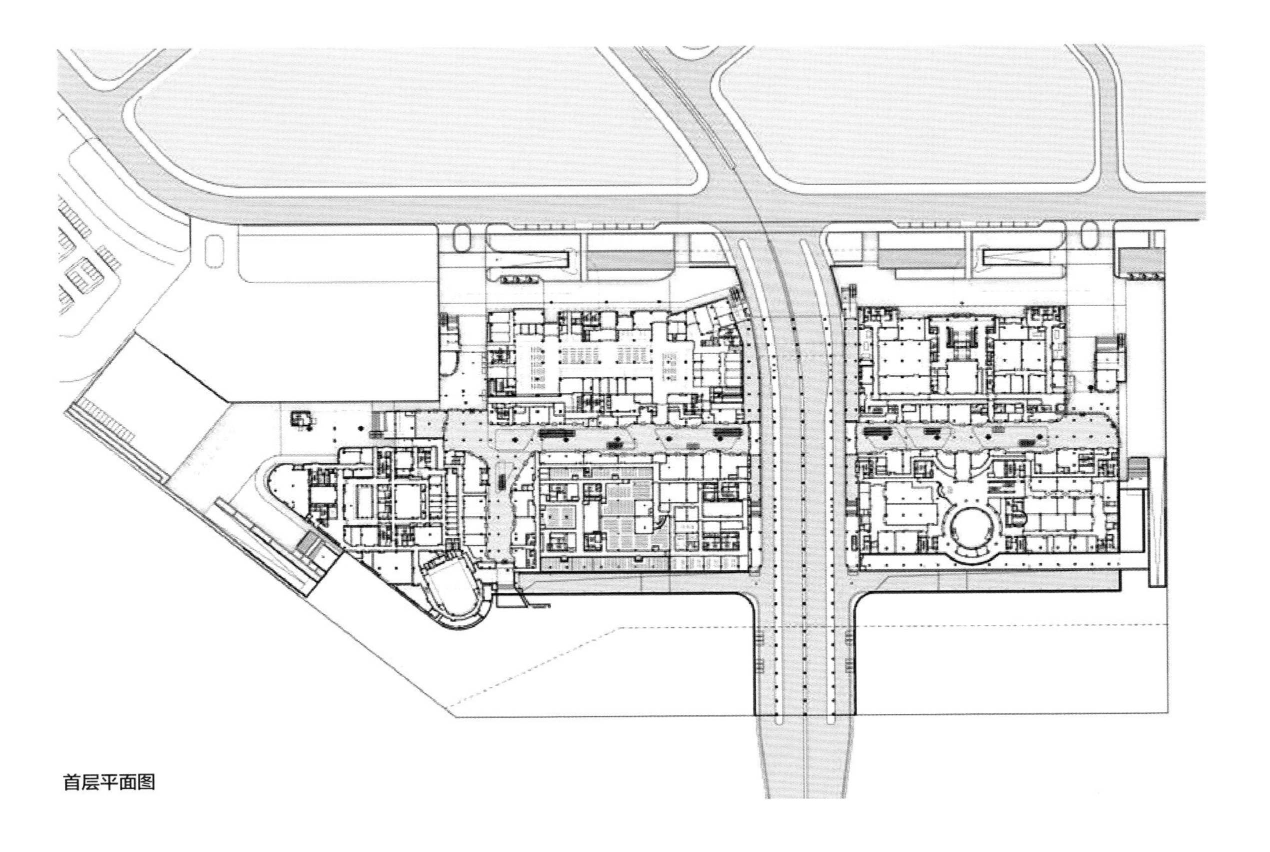

首层平面图

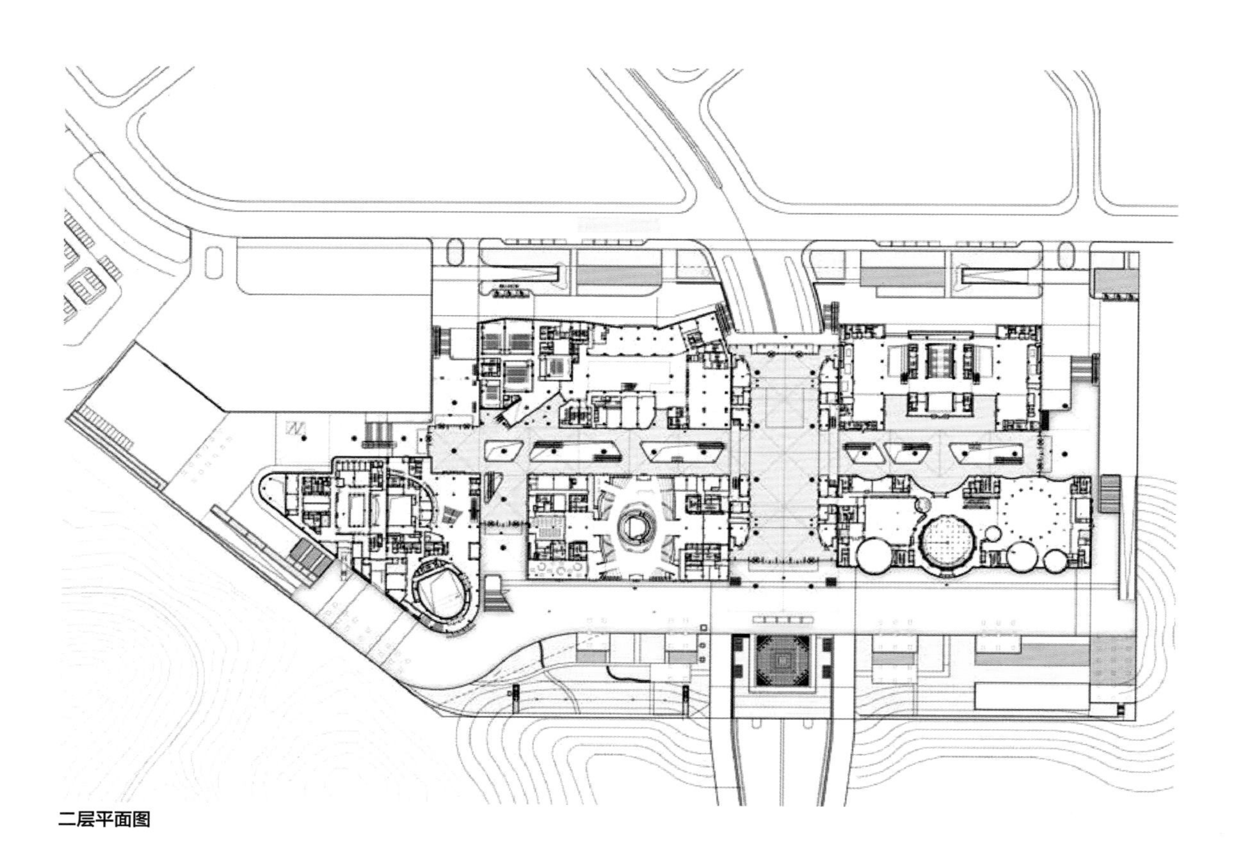

二层平面图

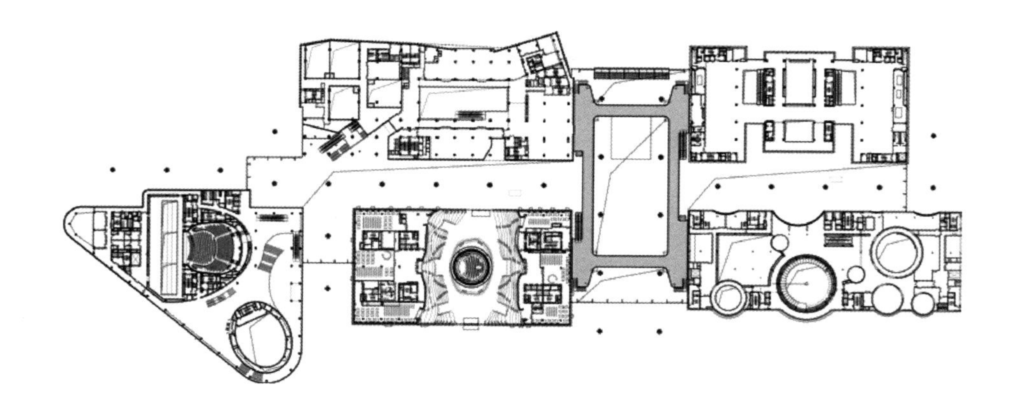

三层平面图

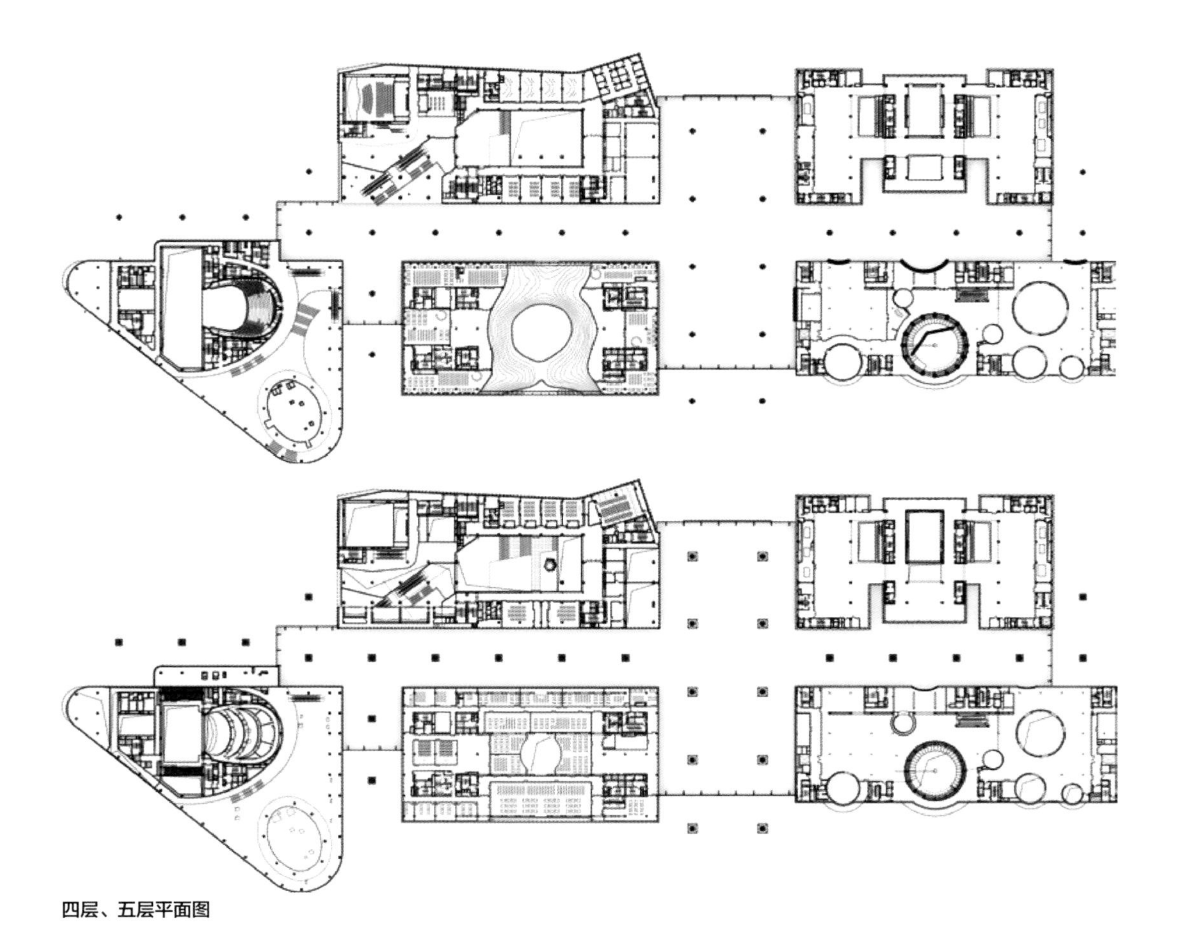

四层、五层平面图

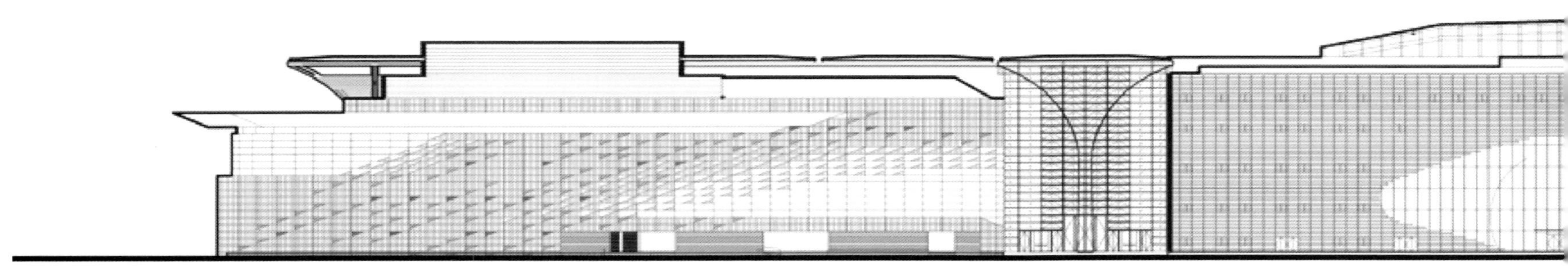

组合西立面图

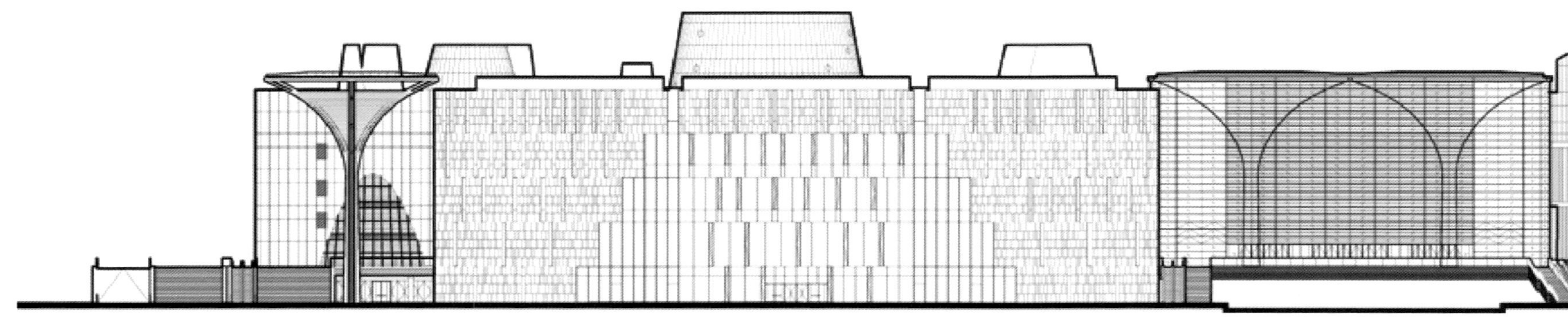

组合东立面图

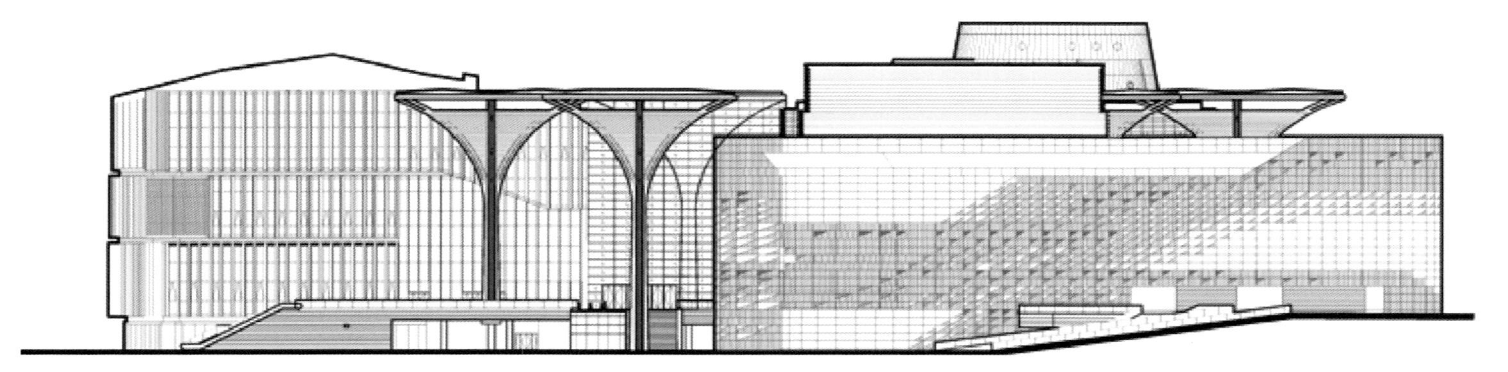

南立面图

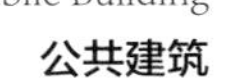

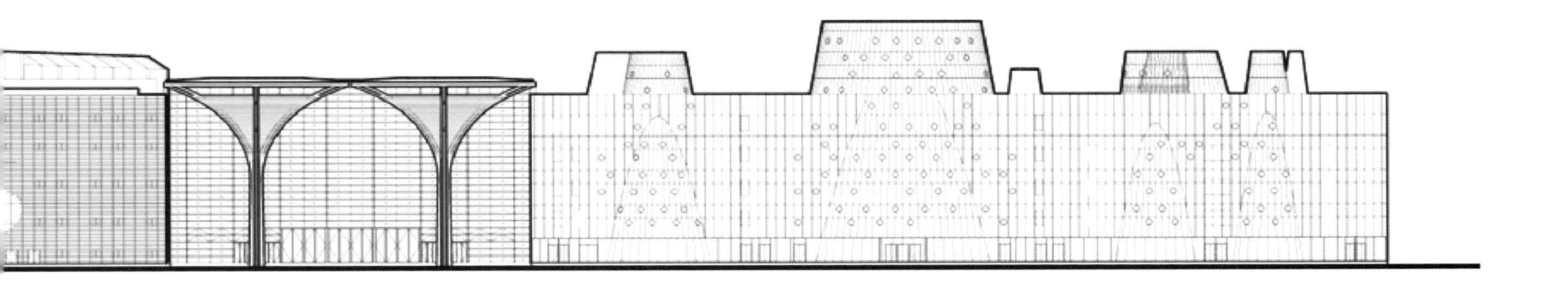

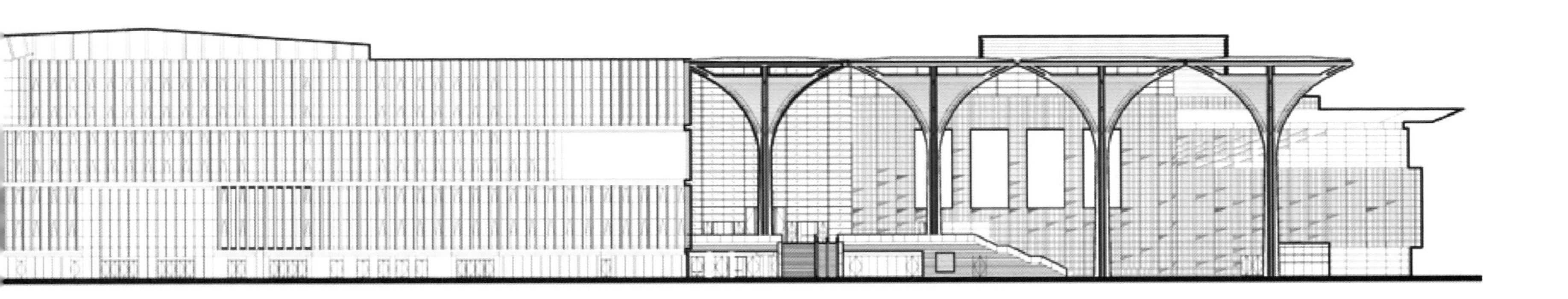

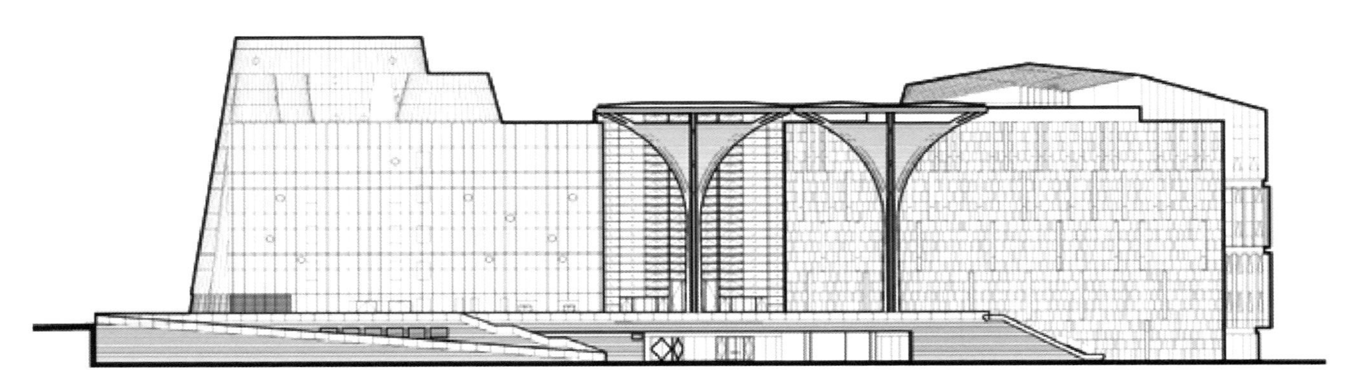

北立面图

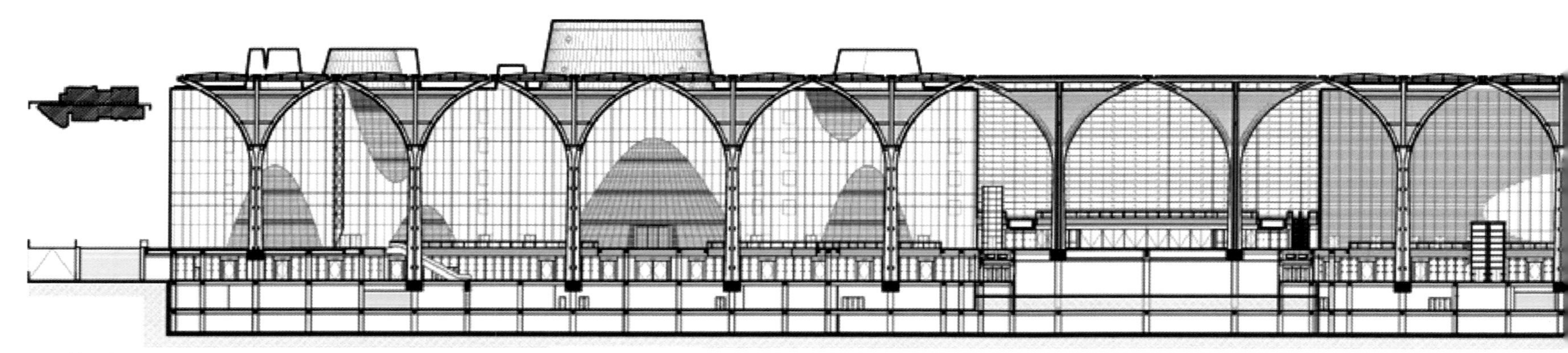

1-1剖面图

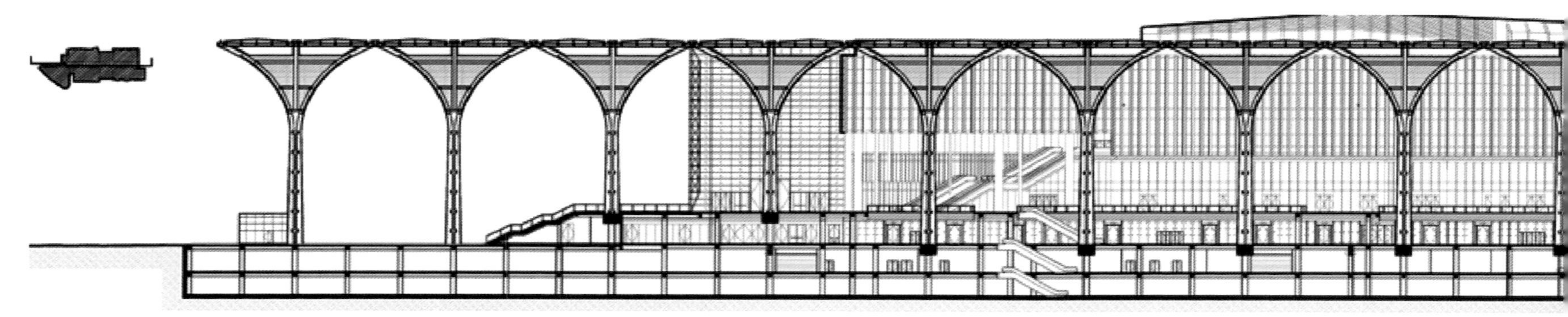

2-2剖面图

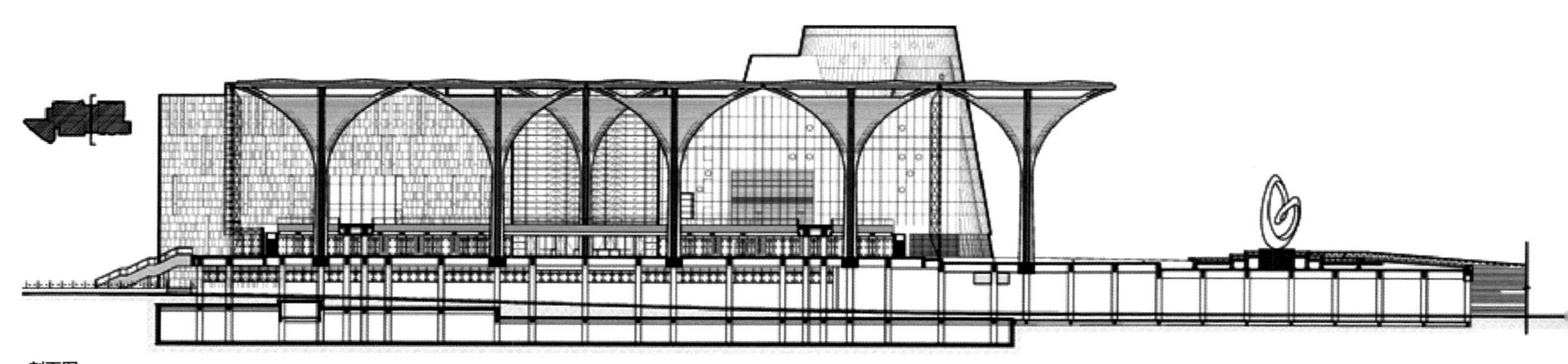

剖面图

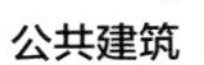

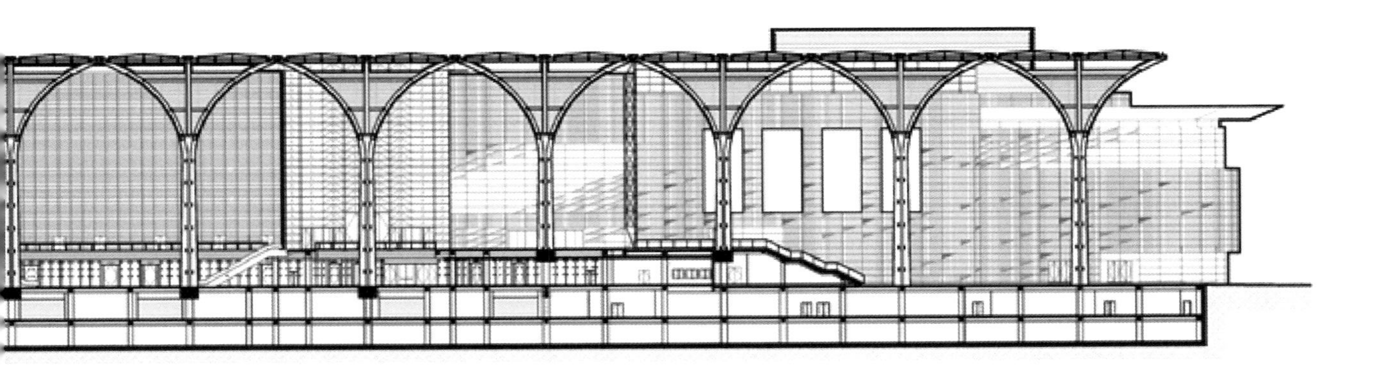

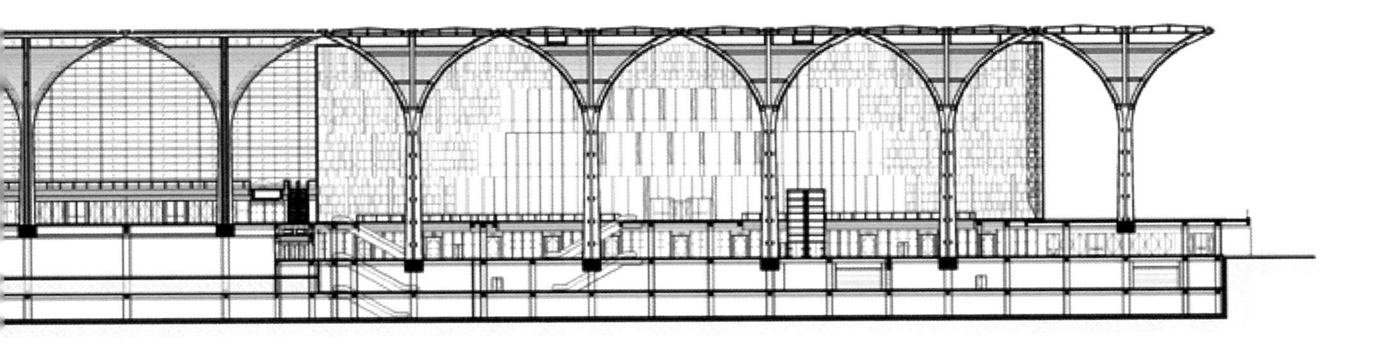

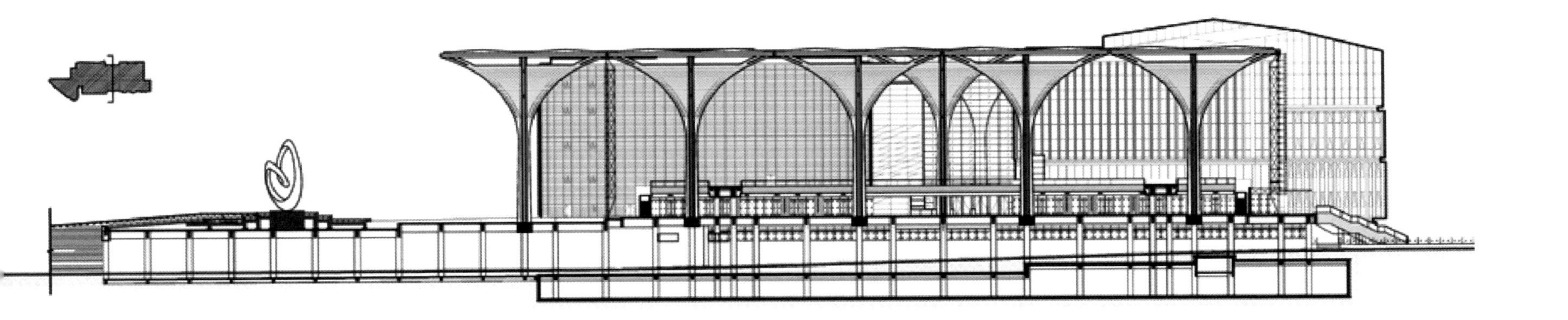

文化中心鸟瞰图

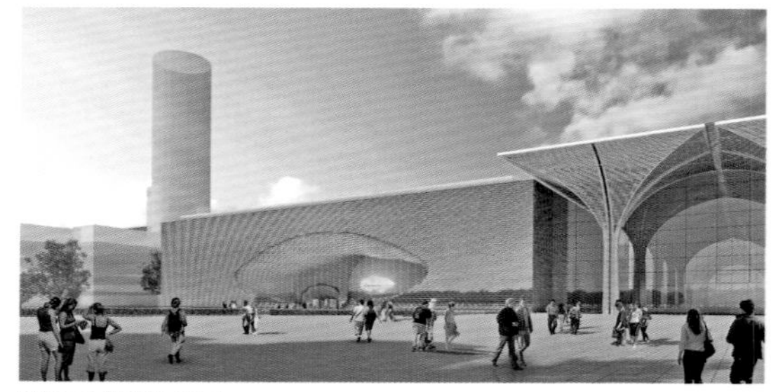

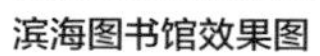

滨海图书馆效果图

滨海现代城市与工业探索馆效果图

滨海现代美术馆效果图

效果图

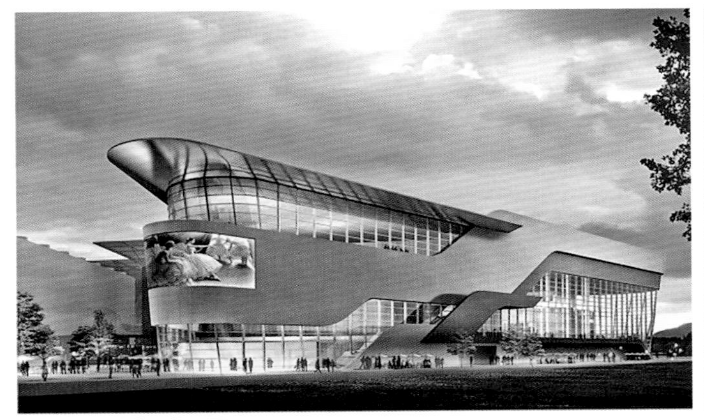
滨海东方演艺中心效果图

滨海市民活动中心效果图

滨海文化中心外檐

滨海文化中心文化长廊

滨海东方演艺中心实拍

滨海东方演艺中心歌剧厅

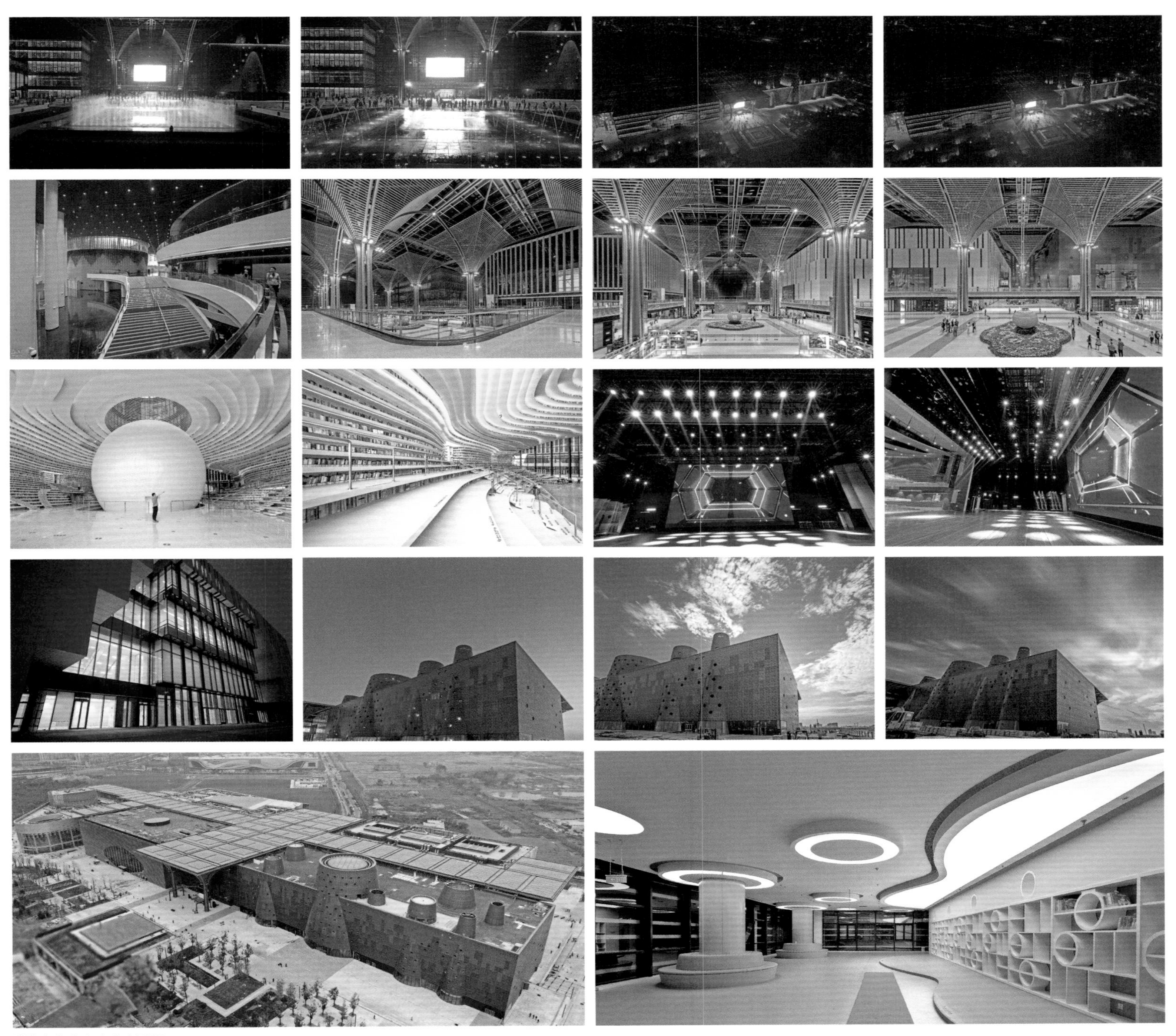

滨海文化中心室内实景图

滨海文化中心夜景

三、商务办公建筑

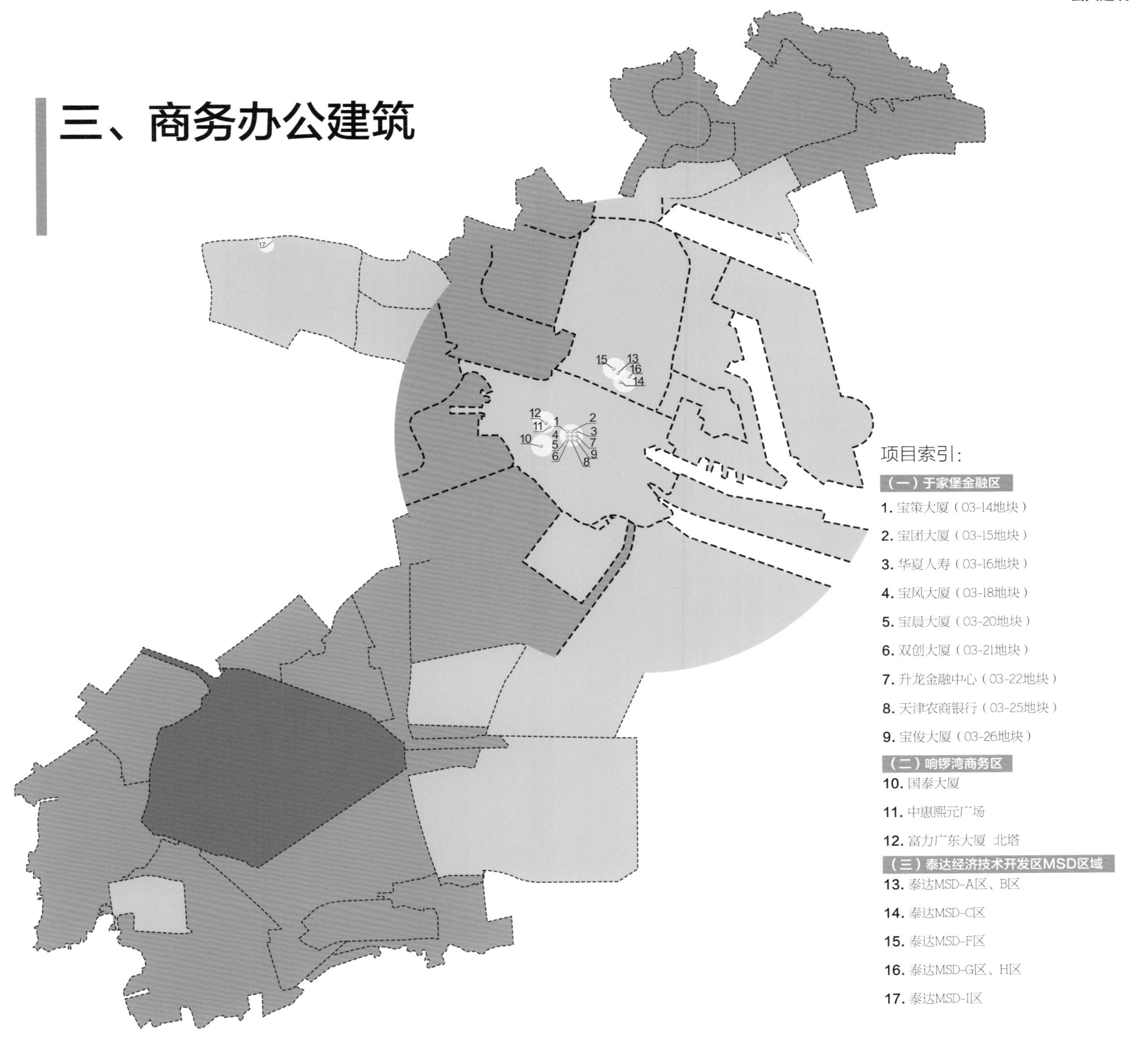

项目索引：

（一）于家堡金融区

1. 宝策大厦（03-14地块）
2. 宝团大厦（03-15地块）
3. 华夏人寿（03-16地块）
4. 宝风大厦（03-18地块）
5. 宝晟大厦（03-20地块）
6. 双创大厦（03-21地块）
7. 升龙金融中心（03-22地块）
8. 天津农商银行（03-25地块）
9. 宝俊大厦（03-26地块）

（二）响锣湾商务区

10. 国泰大厦
11. 中惠熙元广场
12. 富力广东大厦 北塔

（三）泰达经济技术开发区MSD区域

13. 泰达MSD-A区、B区
14. 泰达MSD-C区
15. 泰达MSD-F区
16. 泰达MSD-G区、H区
17. 泰达MSD-I区

（一）于家堡金融区

于家堡金融区位于滨海新区海河北岸，东西南三面临海河，北到新港路，规划用地面积3.44平方千米，是滨海新区中心商务商业区的核心地区，其主要具备金融创新基地、城市商务、高端商业、都市旅游、生活居住等功能，聚集国内外金融、保险、证券、跨国公司总部或区域总部，以及法律、会计、广告、咨询、信息服务等现代服务业。

根据规划，于家堡金融区将入驻金融机构60～80家，分为金融核心机构和金融服务机构两类。核心机构包括人民银行、中资或外资商业银行、保险代理公司、保险评估公司、期货经纪公司、证券经纪公司等；服务机构包括资产管理公司、基金管理公司、风险投资公司、信托投资公司、资金结算中心、会计审计事务所、企业集采财务公司、律师事务所、咨询顾问公司、广告公司、政府服务机构等。

鸟瞰图

效果图

起步区9地块最终方案效果图

于家堡金融区起步区总体情况

于家堡金融区的起步区，与响螺湾隔海河对应，规划用地面积1平方千米，划分为18个地块，规划建筑面积304万平方米，近期启动建设建筑面积180万平方米，包括9+3地块、高铁综合交通枢纽、宝龙综合体，以及配套道路交通、地下空间、绿化景观和市政基础实施。开发建设成为全国领先、国际一流、功能完善、服务健全的金融改革创新基地。

效果图

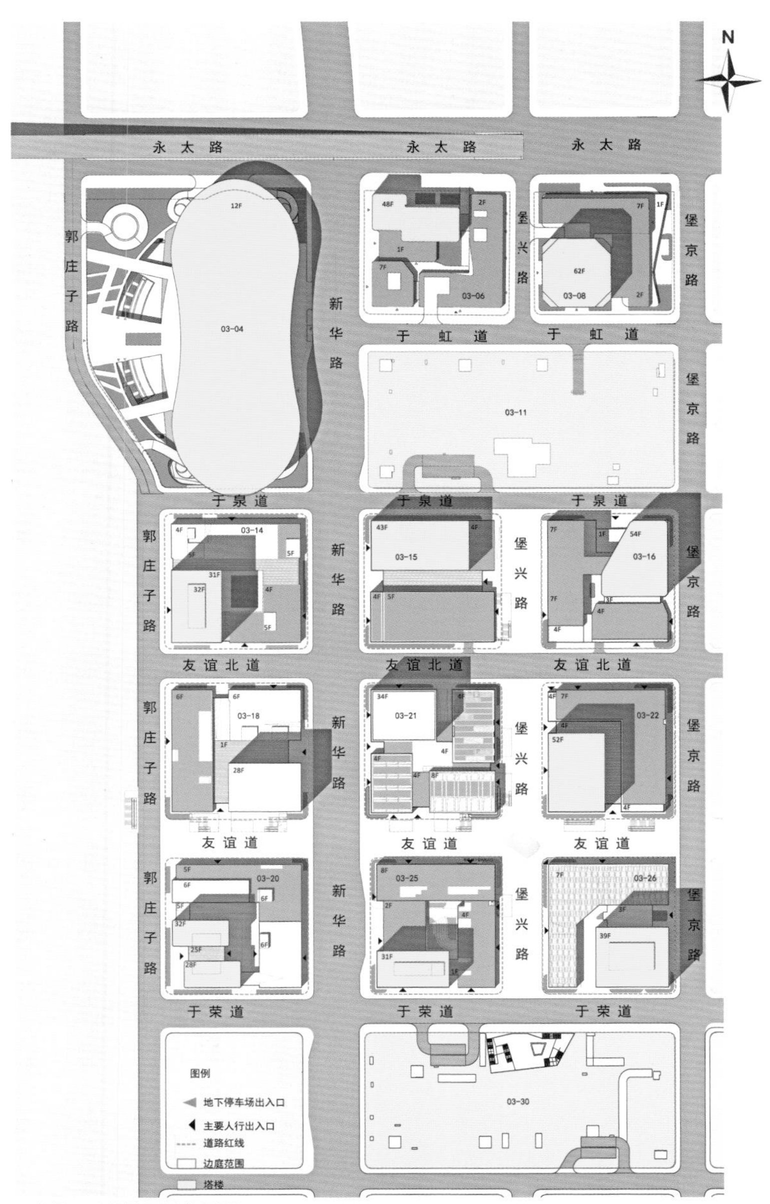

于家堡9+3地块区域位置图

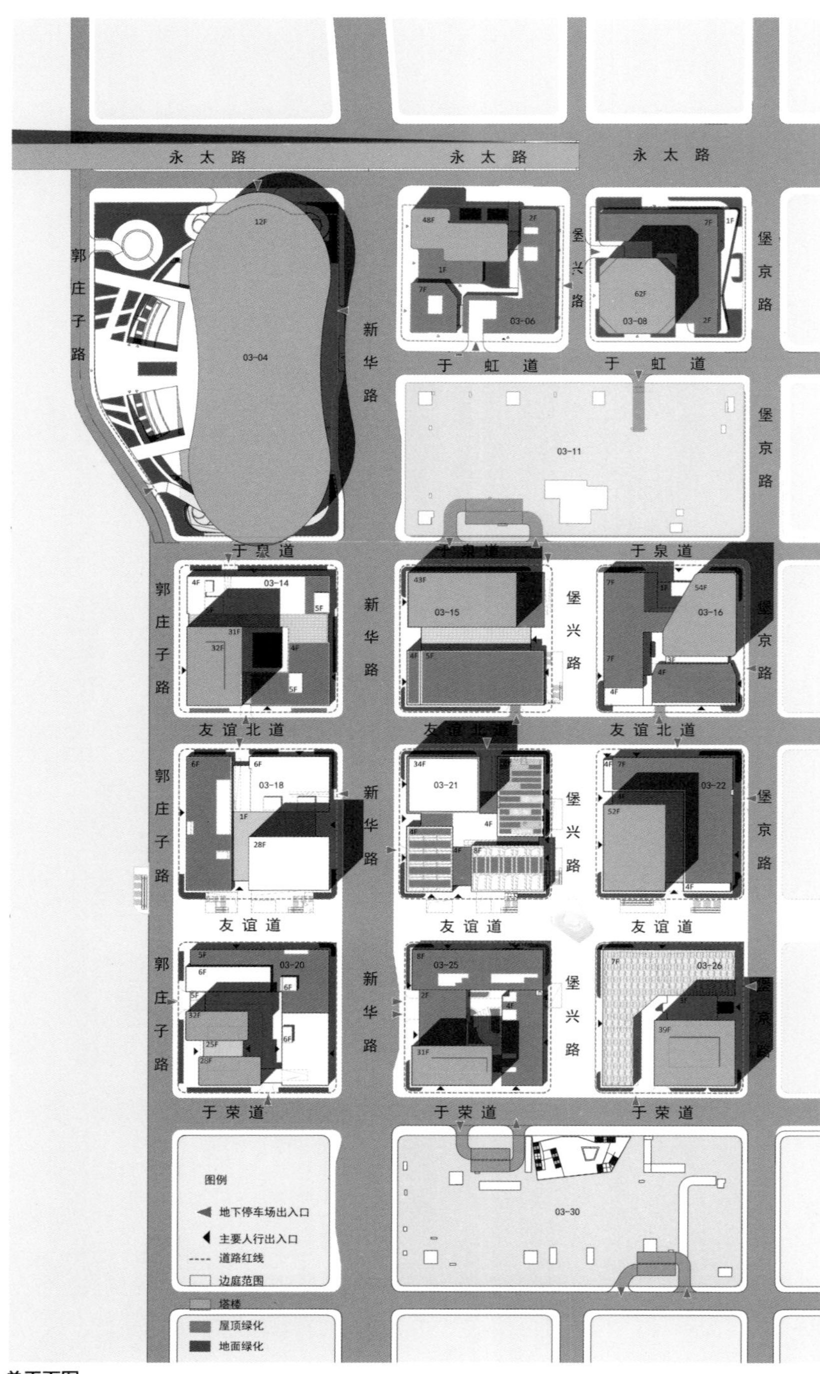

总平面图

项目索引:

1. 宝策大厦（03-14地块）
2. 宝团大厦（03-15地块）
3. 华夏人寿（03-16地块）
4. 宝风大厦（03-18地块）
5. 宝晨大厦（03-20地块）
6. 双创大厦（03-21地块）
7. 升龙金融中心（03-22地块）
8. 天津农商银行（03-25地块）
9. 宝俊大厦（03-26地块）

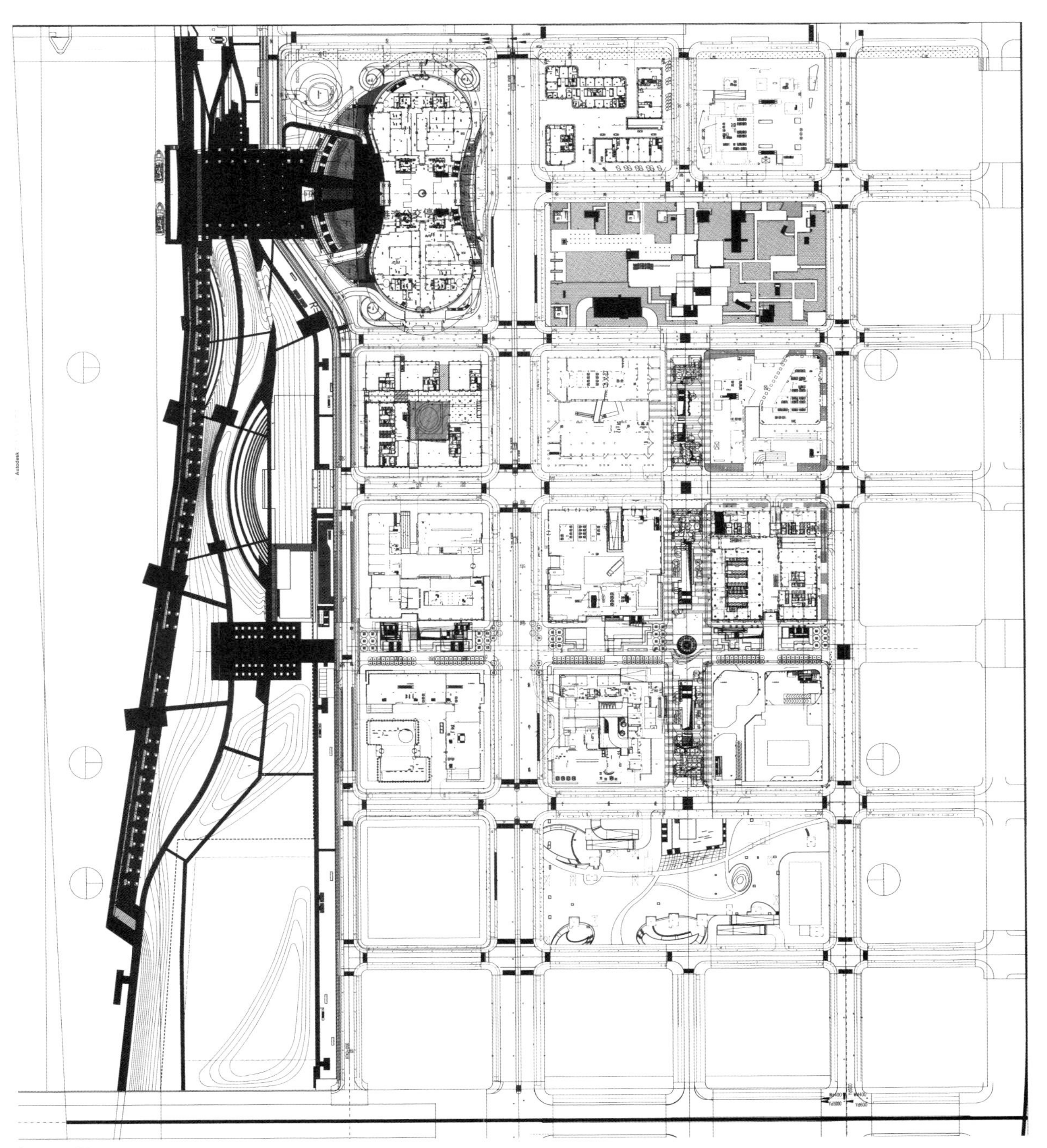

各层平面图

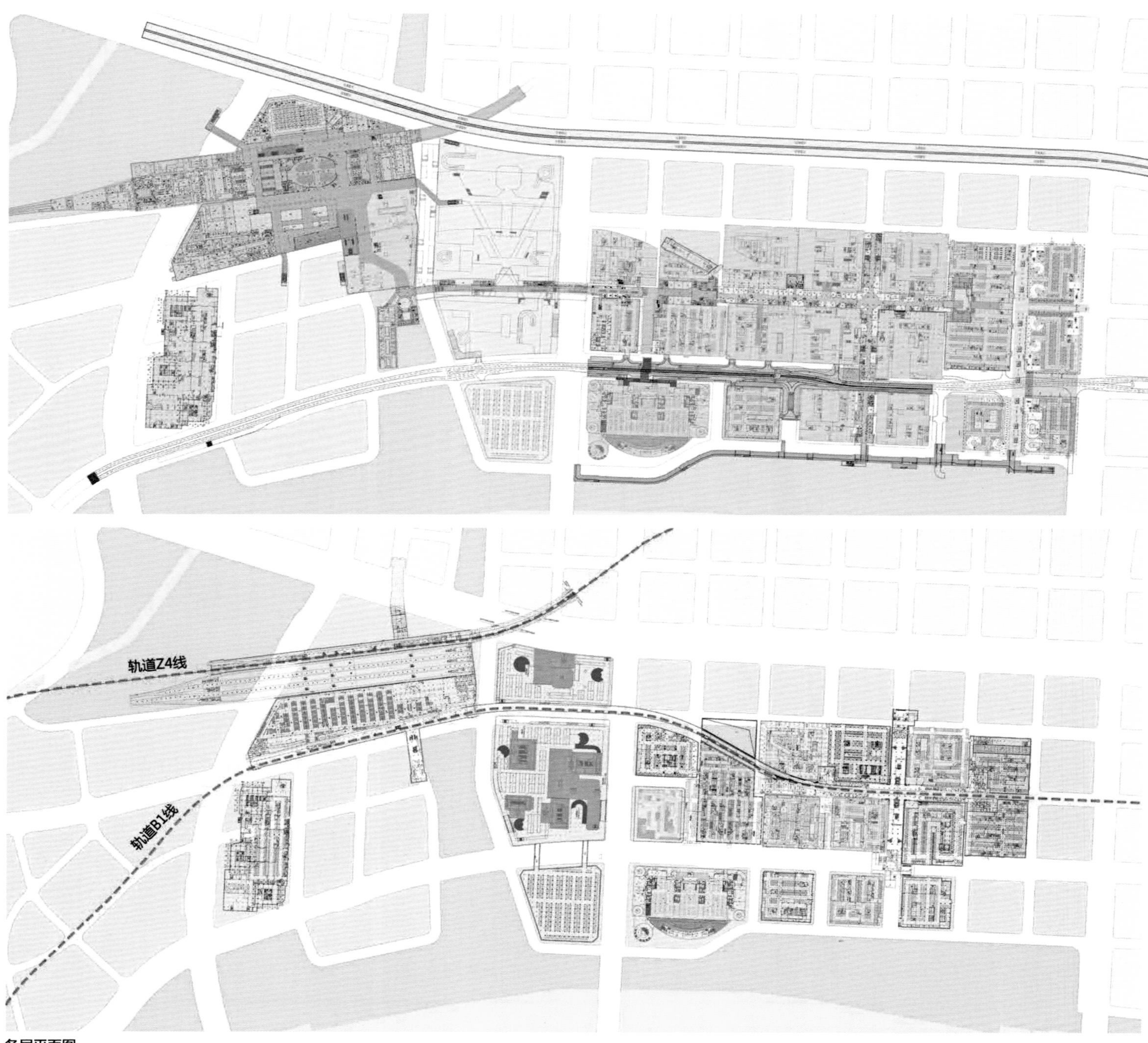

各层平面图

于家堡实景图

于家堡现状航拍图

实体图

1. 宝策大厦（03-14地块）

项目地点： 于家堡金融区郭庄子路东侧、于泉道南侧

于家堡金融区03-14地块

用地面积： 11 002.6 平方米

建筑面积： 110 481.37平方米，建筑限高145米，建筑地上31层；

地下3层，容积率7

设计单位： 台湾大元建筑及设计事务所

天津市建筑设计院

开发单位： 天津新金融投资有限责任公司

项目简介： 本项目由一栋高142.45米的塔楼及五层裙房组成，地下为设备和停车设施。裙楼依循规划导则之沿街立面要求及高度限制设计为简洁的“回”字形体量，形塑完整而连续的都市沿街立面。在东面设置行政审批中心的主入口，在西面设置与滨水工业对望的办公楼入口。办公主楼矩形体量设于西侧并沿南北长向布置，充分利用西面的水景与滨水绿地的景观优势，展示大方利落、出落而不出奇、经典又现代的建筑气度。

建筑立面造型强调垂直构成的肃静利落，传达新金融建筑现代而典雅、新颖而稳重的大度意象。考虑节能环保的因素，建筑体的墙玻比控制在约1：14，自裙房延续主楼立面风格，产生整体感，表现现代金融建筑的造型感。

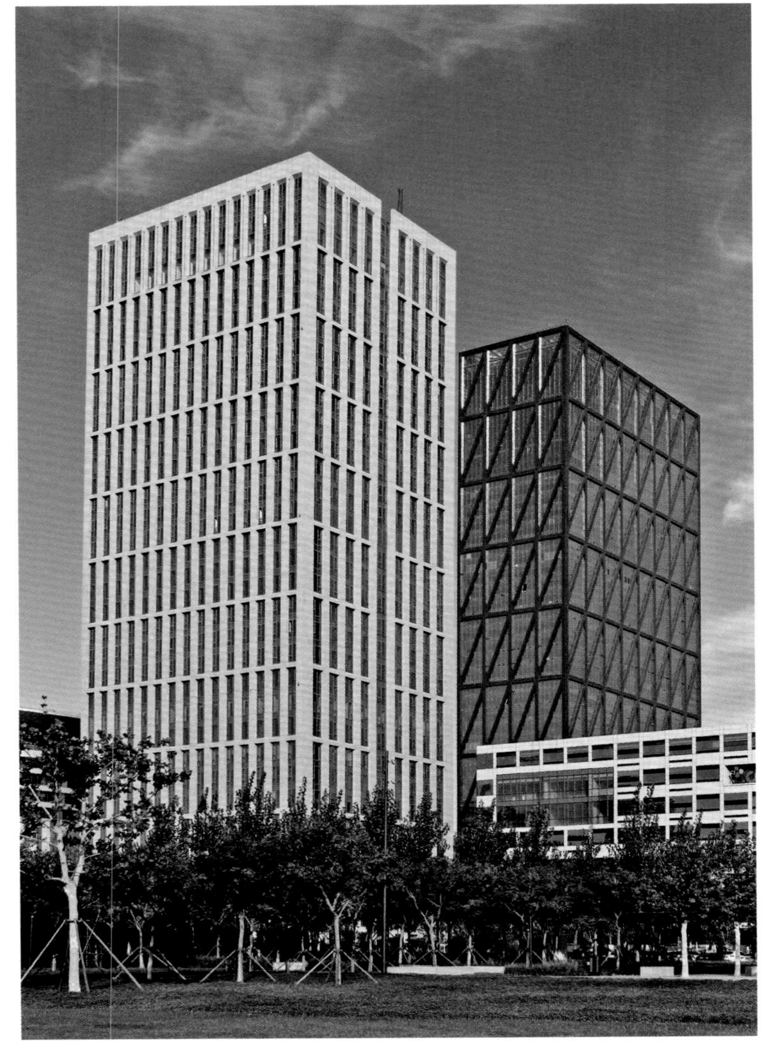

实体图

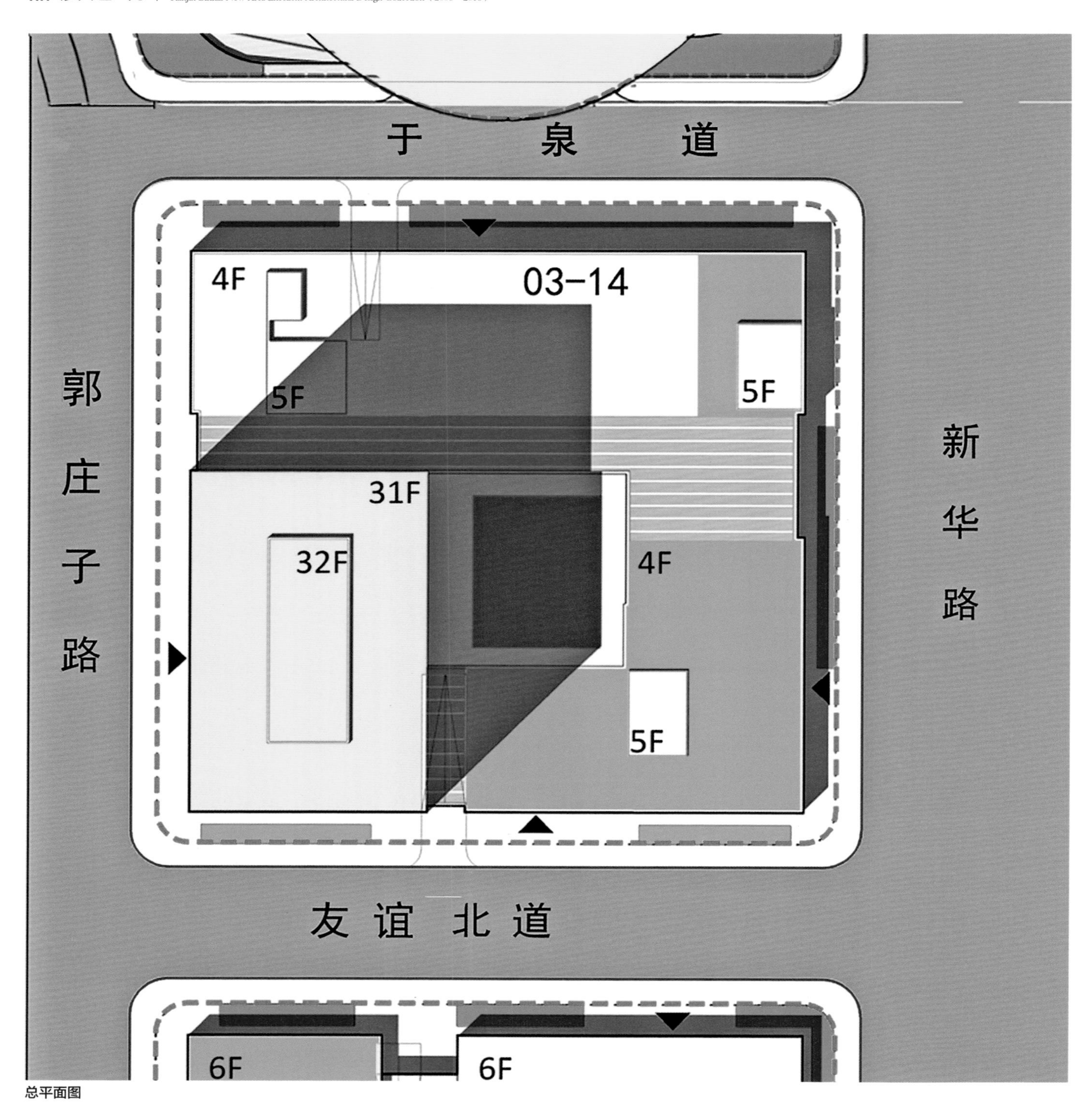

总平面图

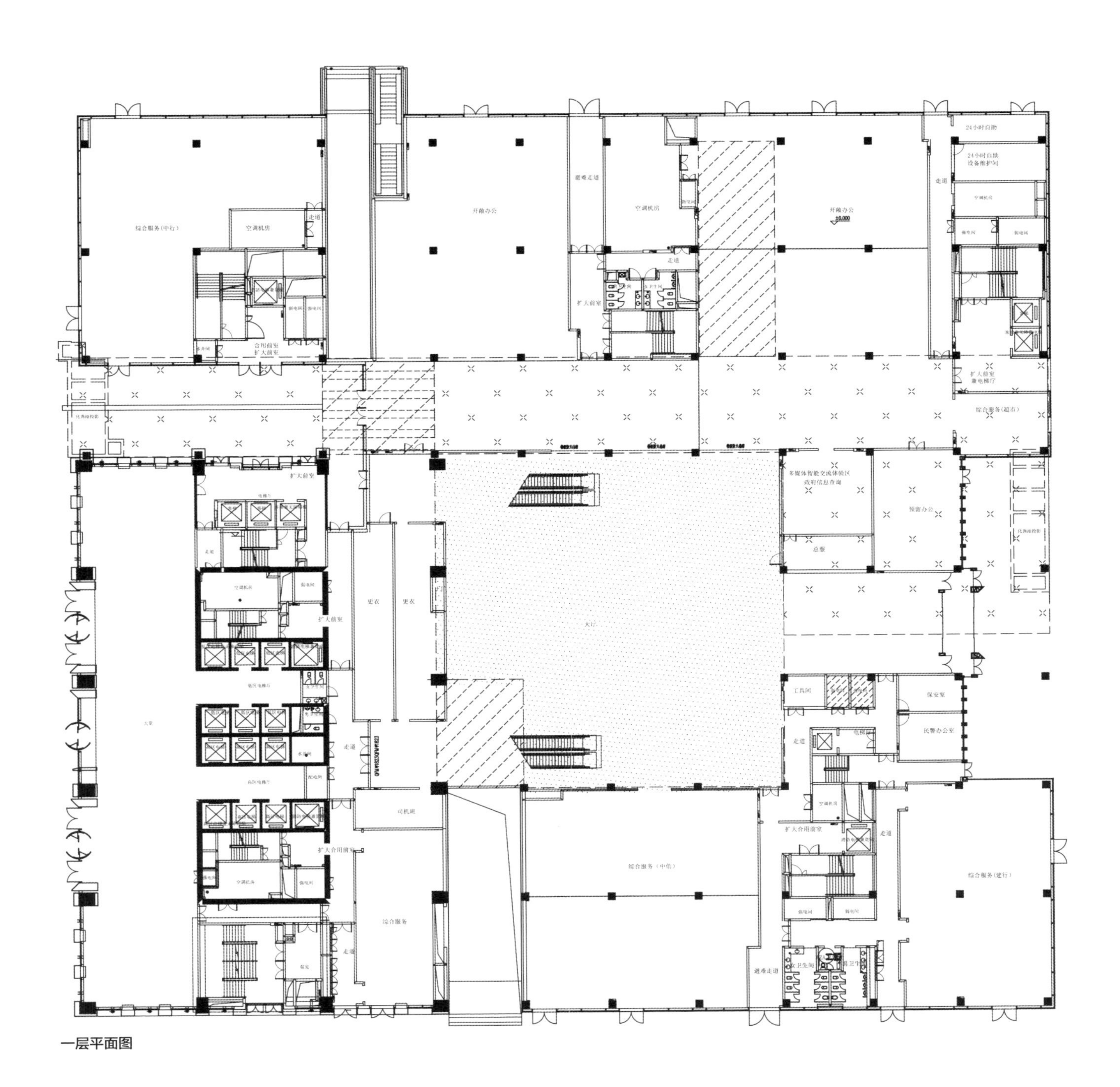

一层平面图

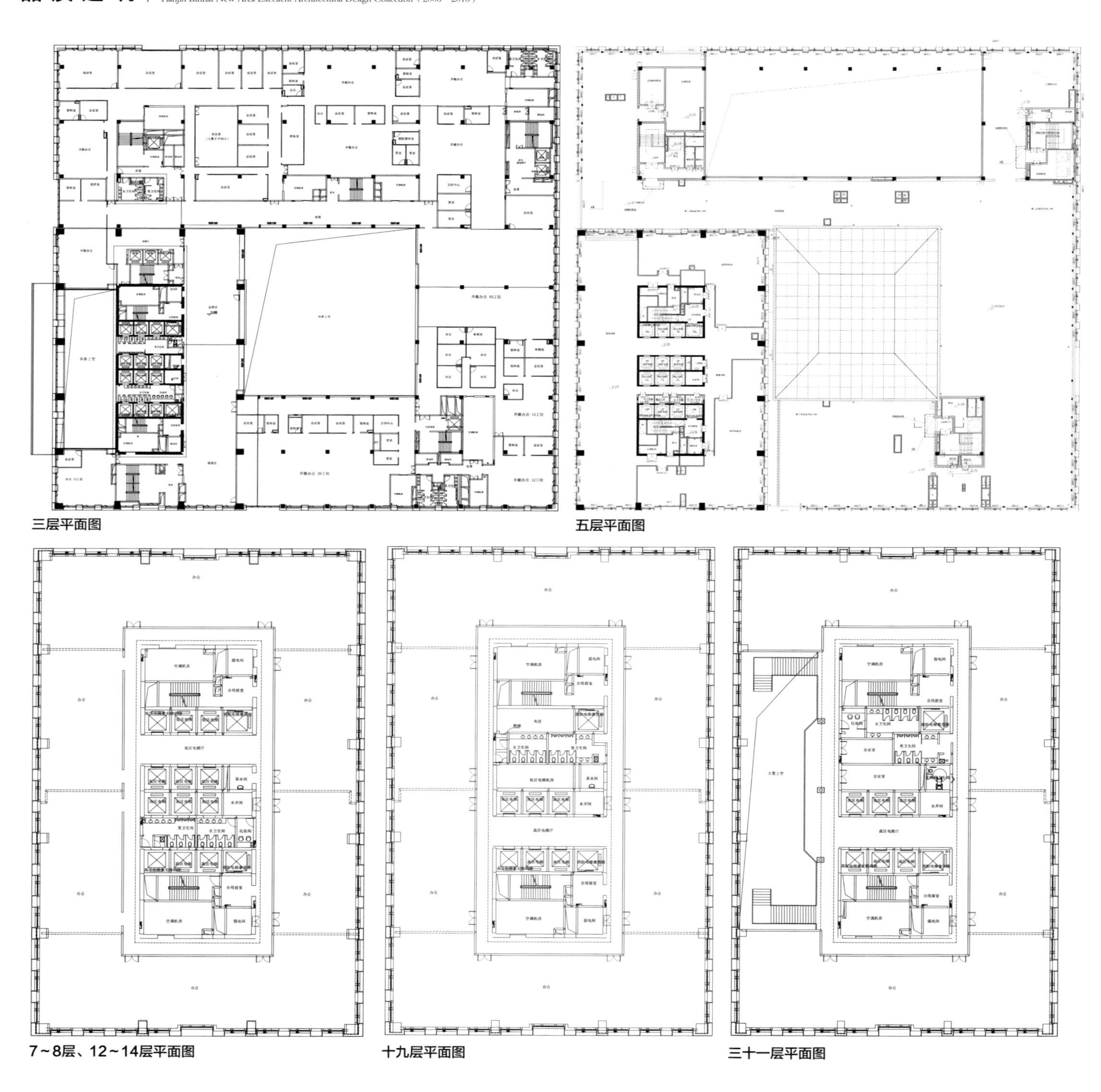

三层平面图

五层平面图

7～8层、12～14层平面图

十九层平面图

三十一层平面图

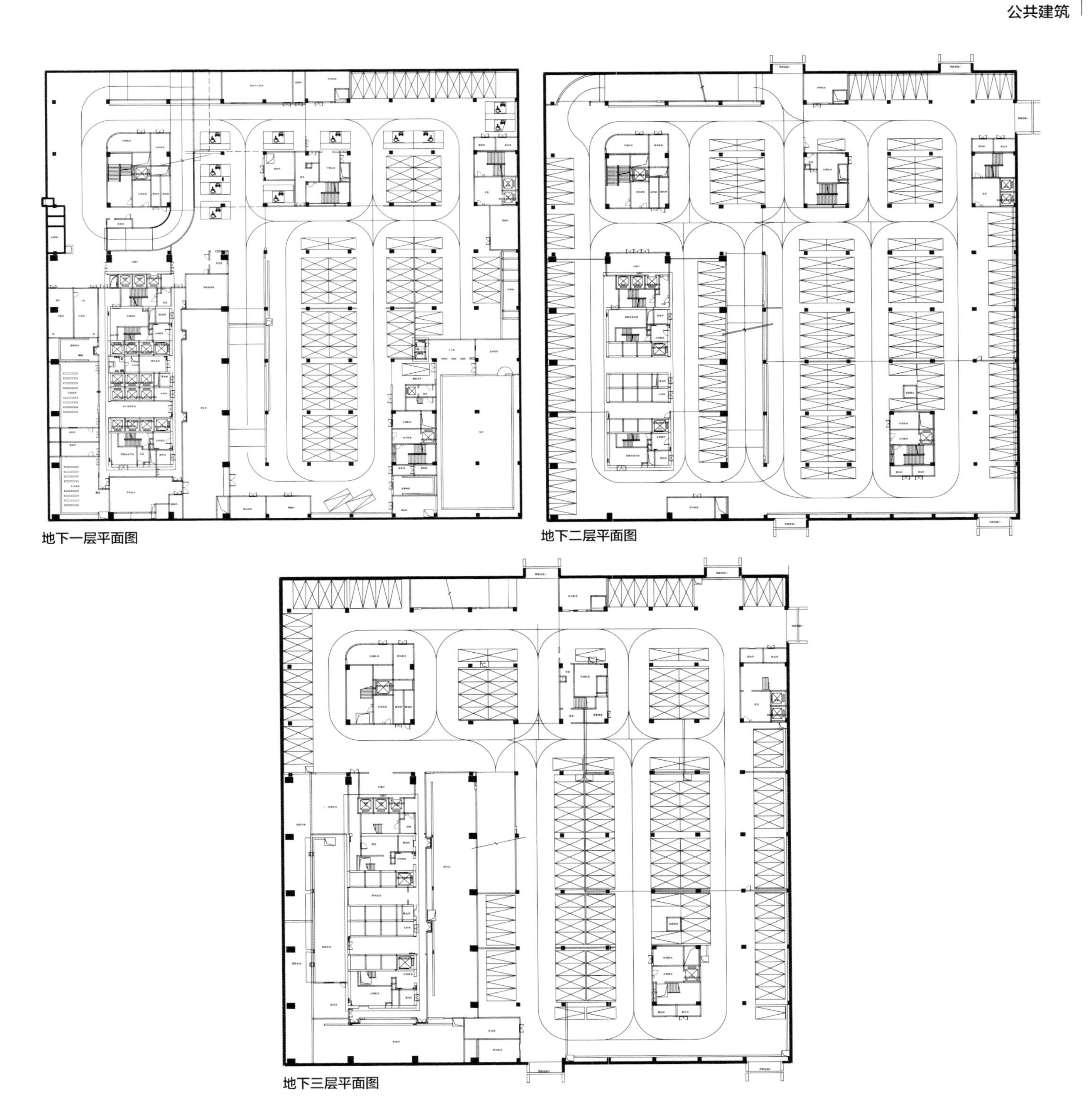

地下一层平面图

地下二层平面图

地下三层平面图

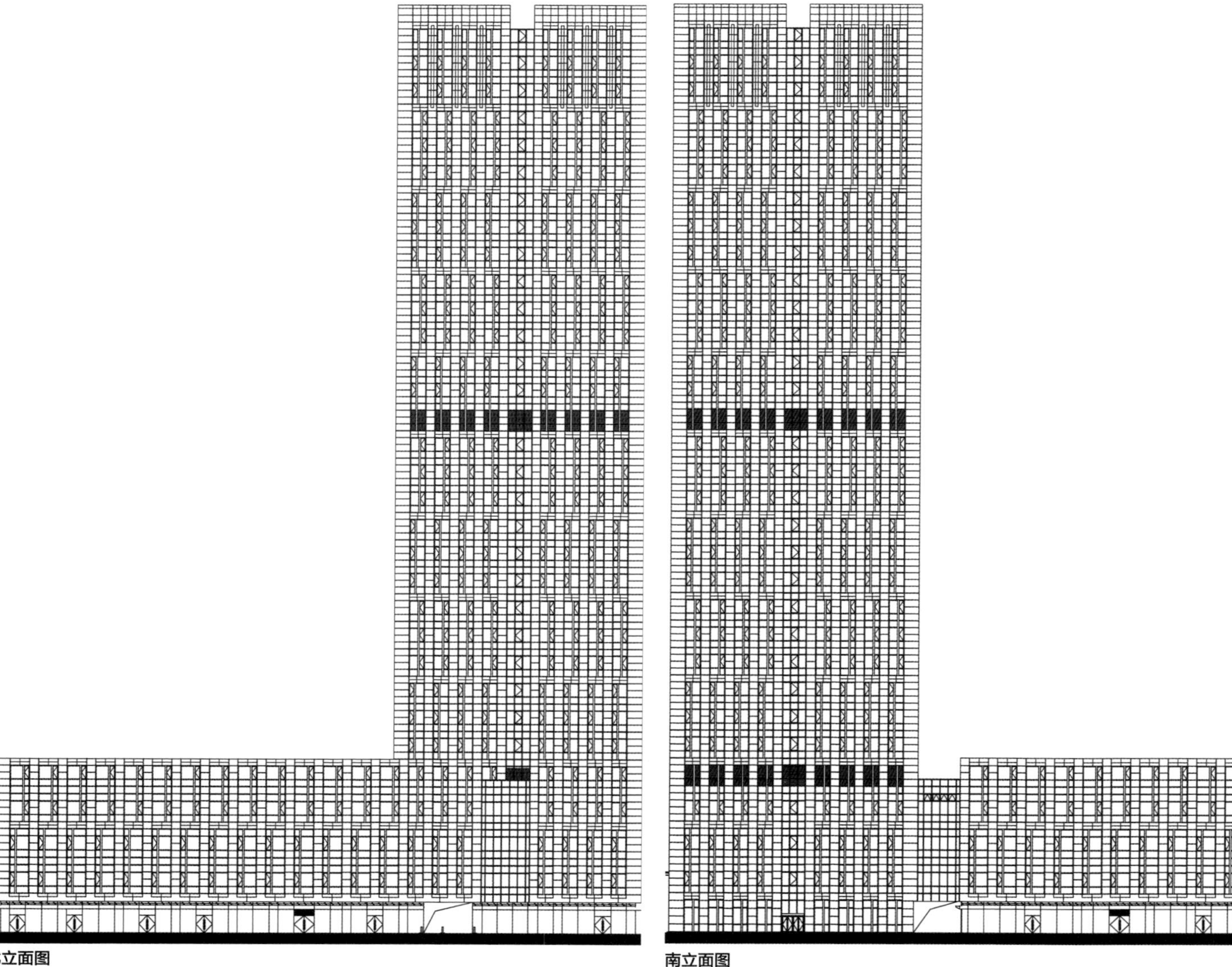

北立面图

南立面图

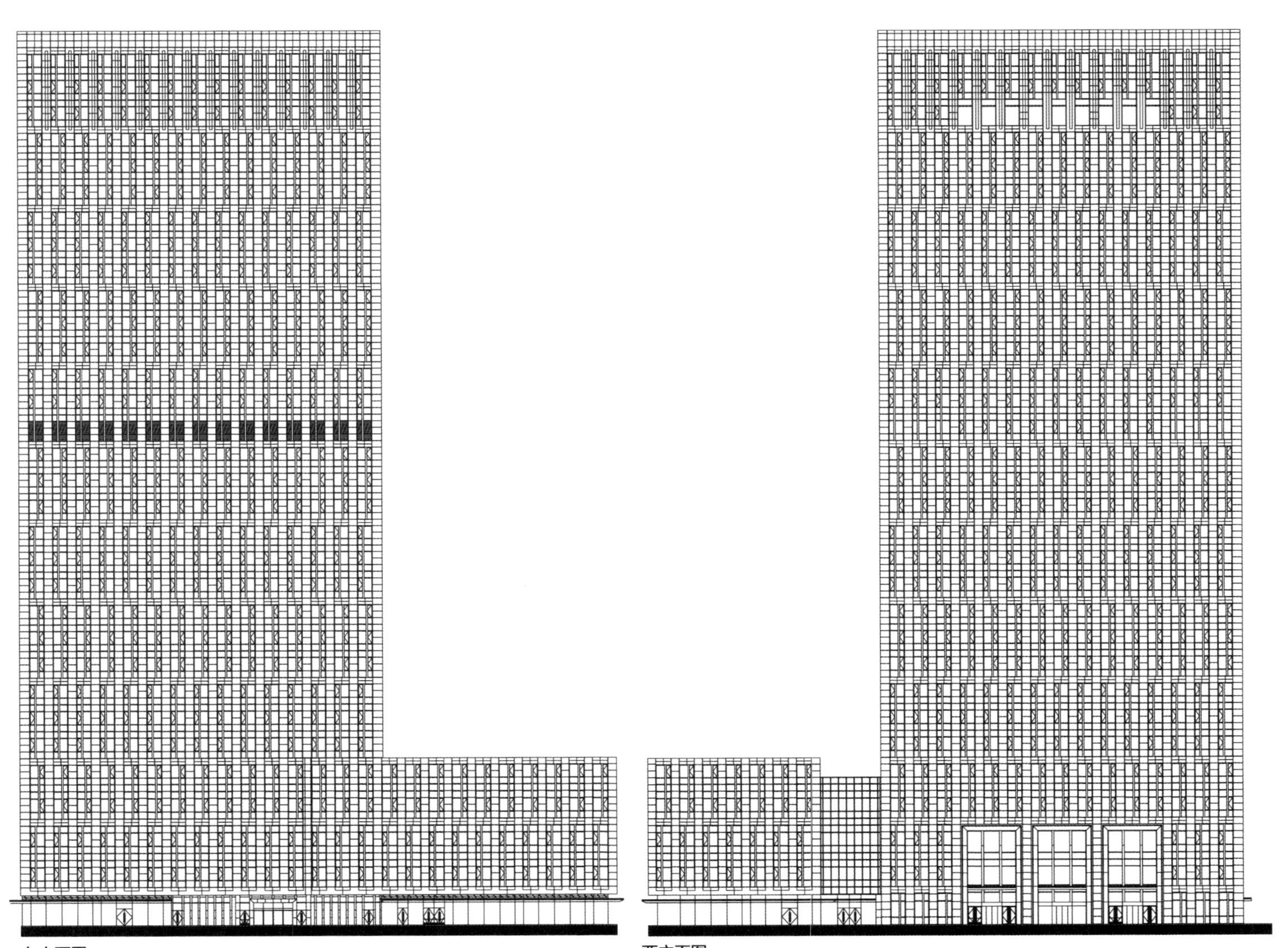

东立面图　　西立面图

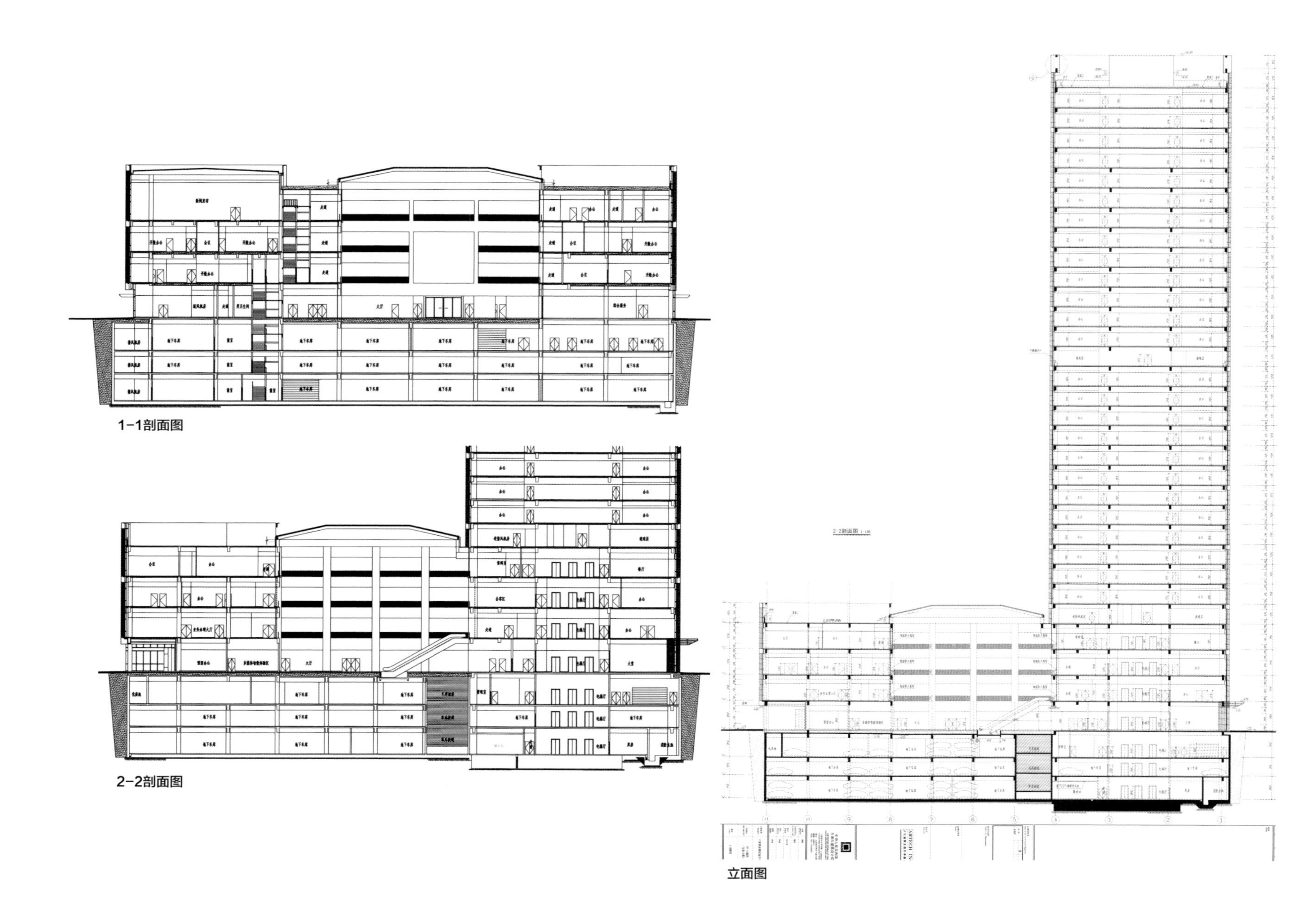

1-1剖面图

2-2剖面图

立面图

鸟瞰图

效果图

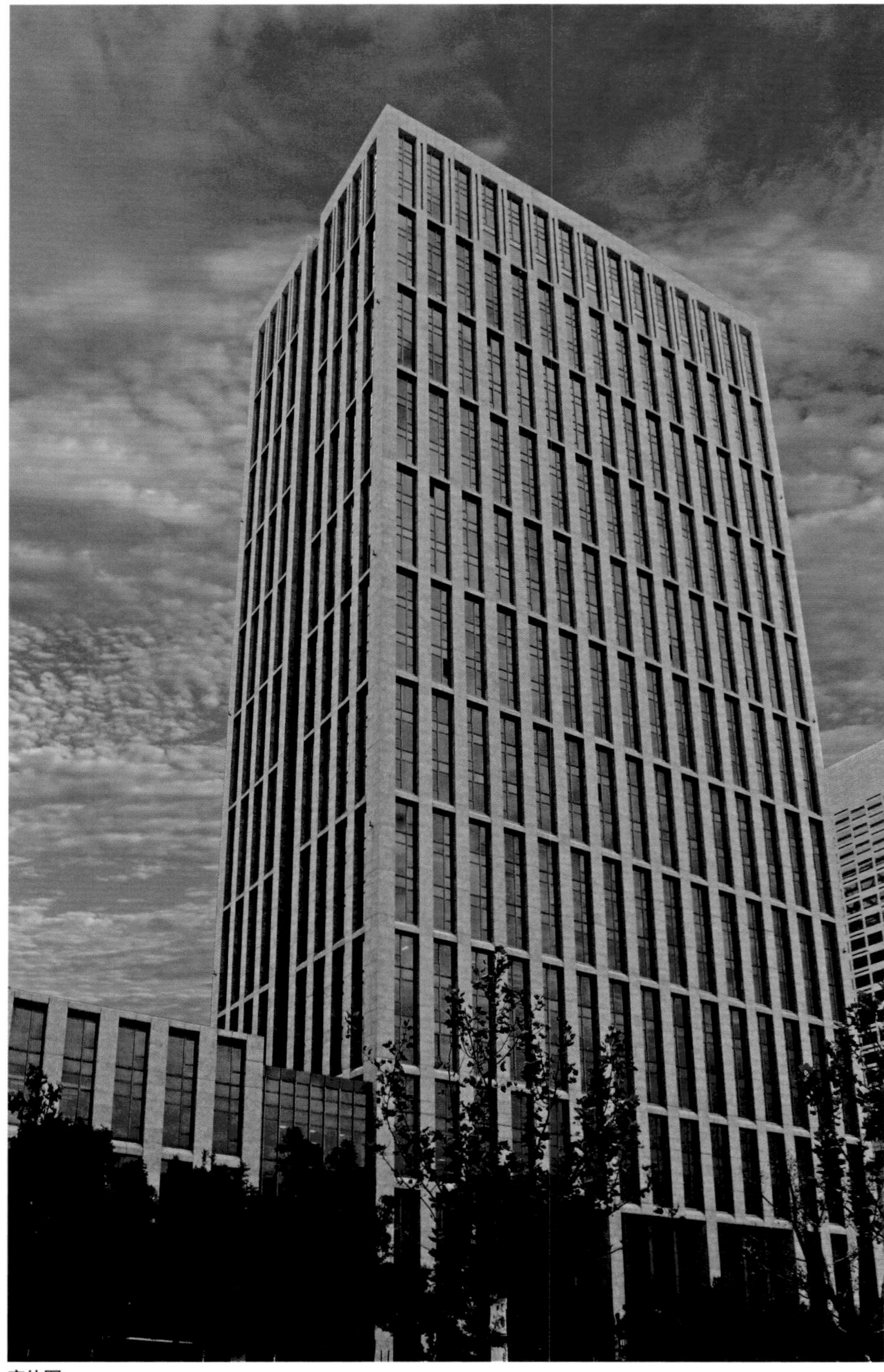

实体图

2. 宝团大厦（03-15地块）

项目地点：于家堡堡兴路西侧、于泉道南侧
于家堡金融区03-15地块

用地面积：10 586.6平方米

建筑面积：158 902.8平方米，建筑限高190米，建筑地上43层，地下3层；容积率12.12

设计单位：中国建筑设计院有限公司

开发单位：天津新金融投资有限责任公司

项目简介：本项目由一座43层的金融办公塔楼和一座配套的5层（局部7层）综合楼组成，塔楼和综合楼之间设一座四层通高的大堂。塔楼为超高层金融办公楼，综合楼设交易大厅、多功能厅、商业等。

高层塔楼采用钢结构，整个建筑体现了钢结构的结构特点和力学之美，厚重有力，逻辑清晰，同时带来了最佳的室内采光效果，是一座具有地标性的超高层现代化金融办公楼宇。通透的大堂、一层的外廊、裙房的大楼梯以开放的姿态应对城市生活，有机地融合金融办公环境。

实体图

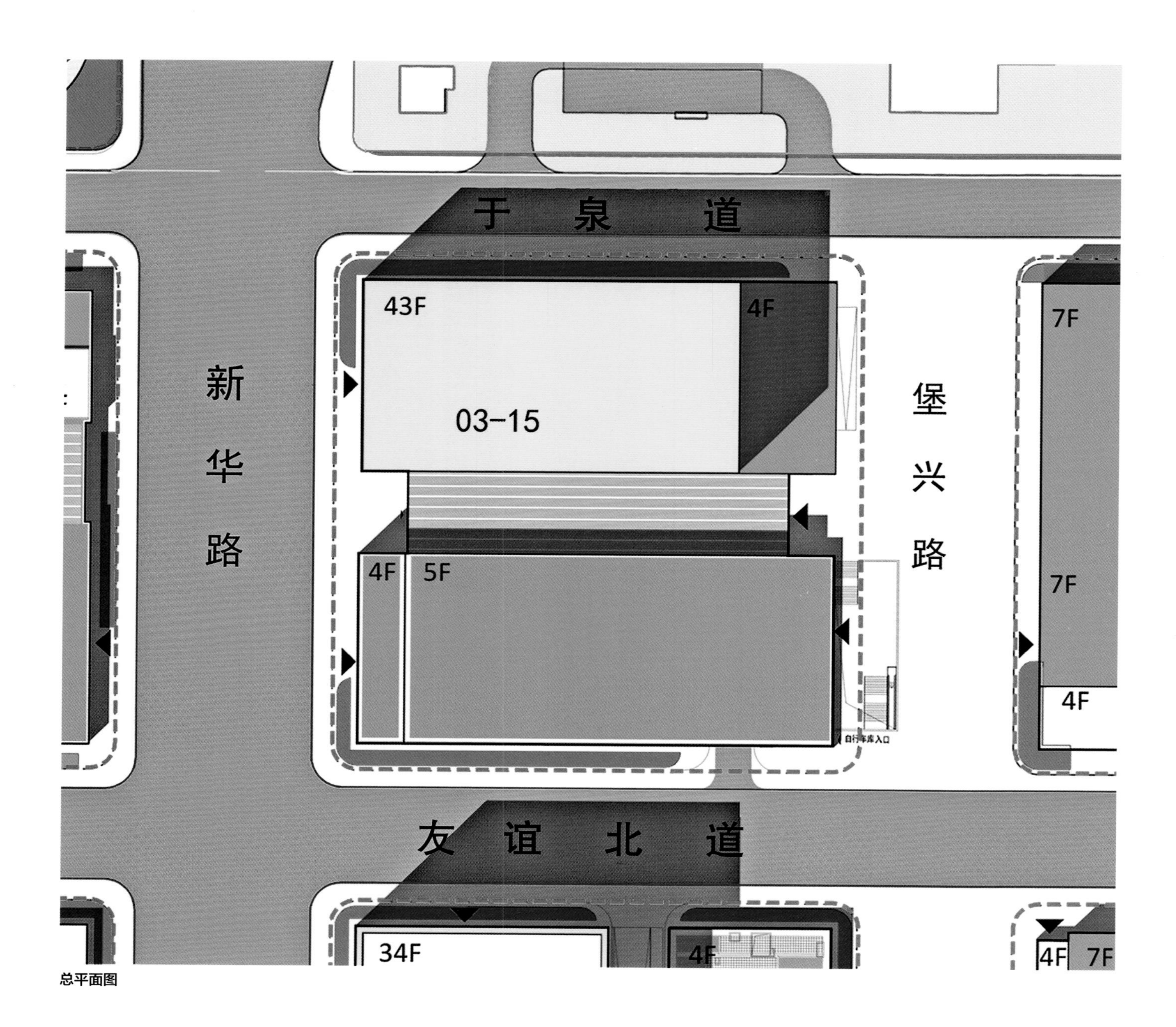

总平面图

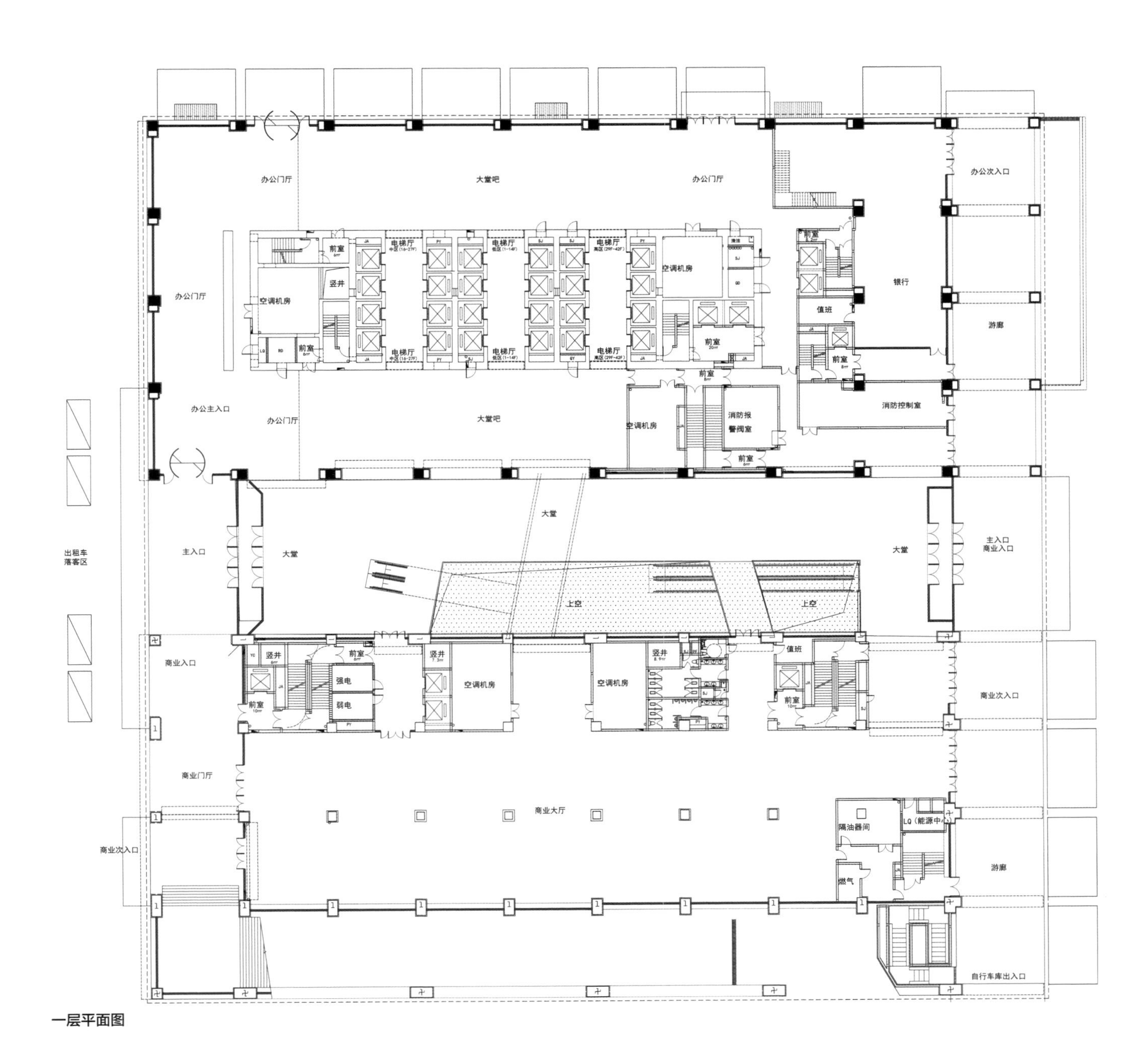
办公门厅
大堂吧
办公门厅
办公次入口
办公门厅
前室
竖井
空调机房
电梯厅
空调机房
银行
值班
游廊
前室
办公主入口
办公门厅
大堂吧
空调机房
消防报警阀室
消防控制室
大堂
出租车落客区
主入口
大堂
上空
上空
大堂
主入口
商业入口
商业入口
竖井
前室
强电
弱电
竖井
空调机房
空调机房
竖井
值班
前室
商业次入口
商业门厅
商业大厅
隔油器间
LQ（能源中心）
商业次入口
燃气
游廊
自行车库出入口

一层平面图

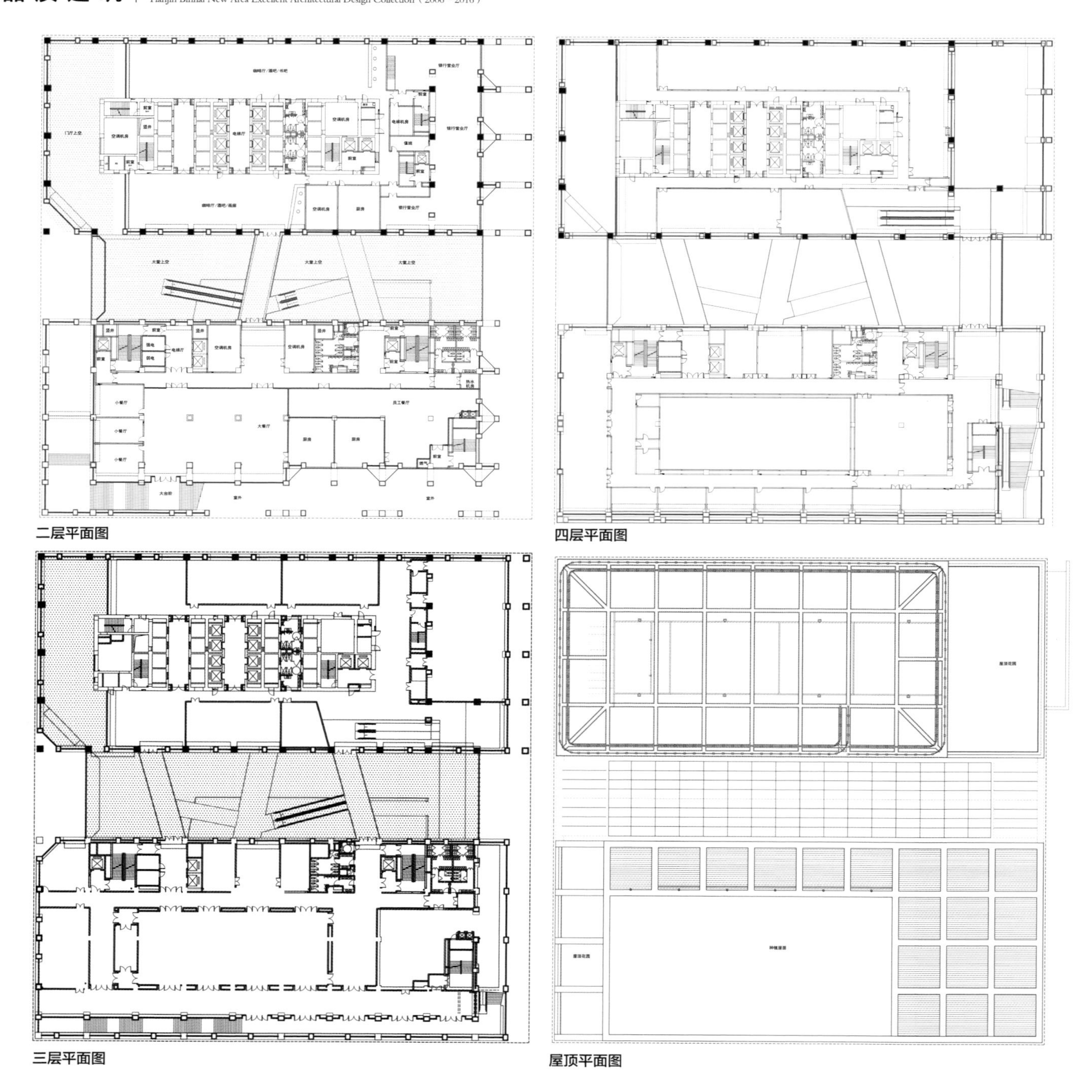

二层平面图

四层平面图

三层平面图

屋顶平面图

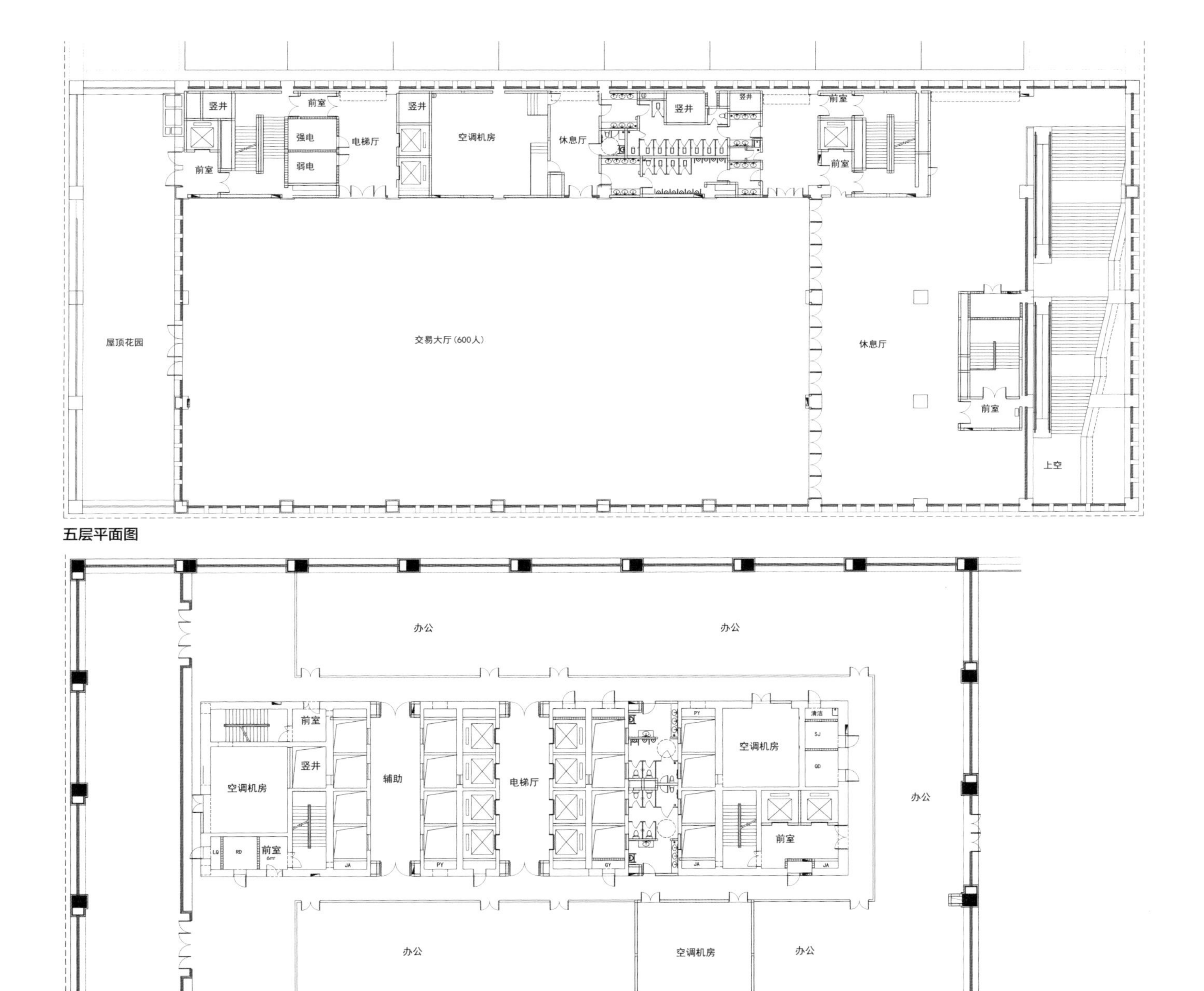

五层平面图

塔楼标准层平面图

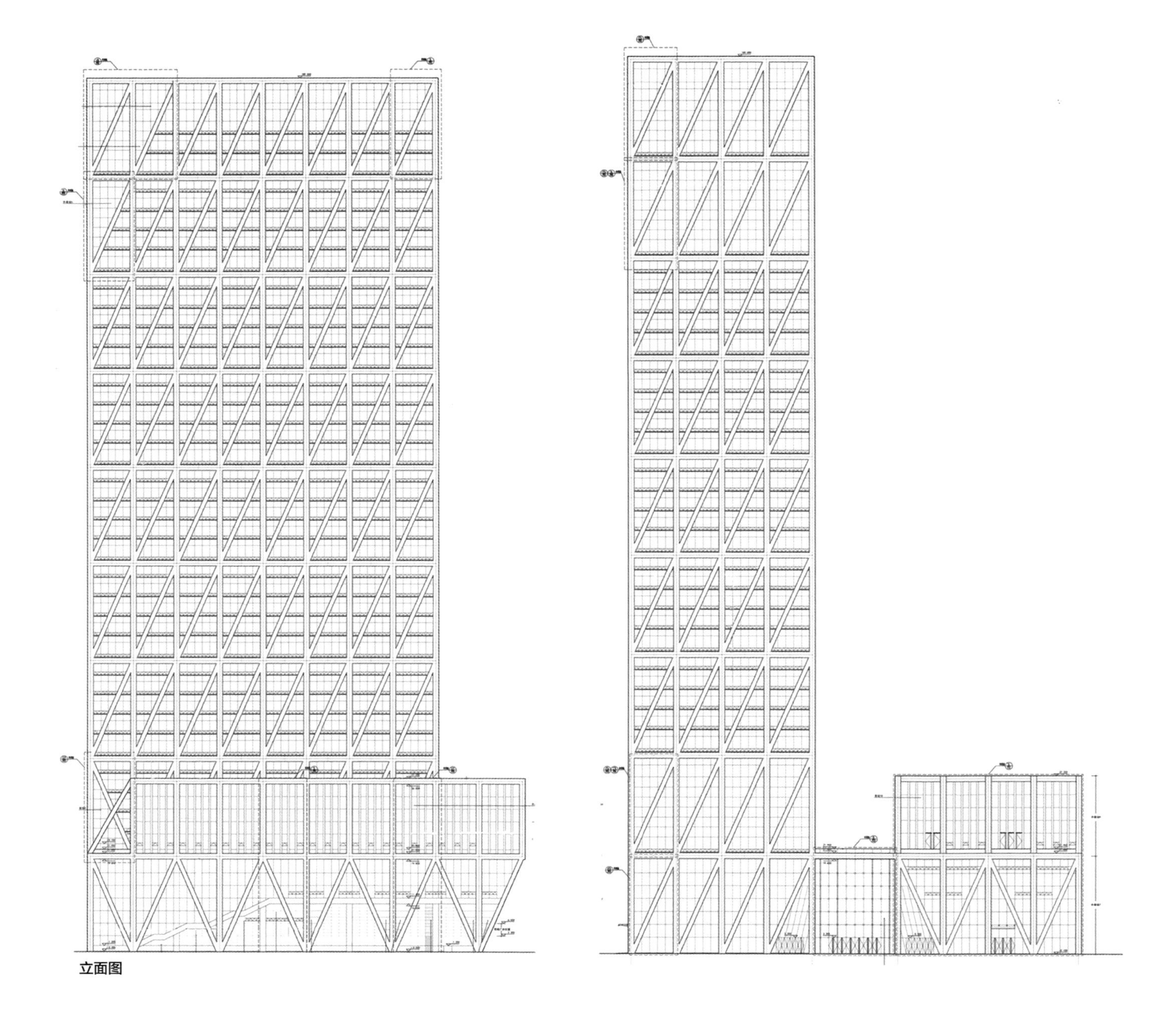

立面图

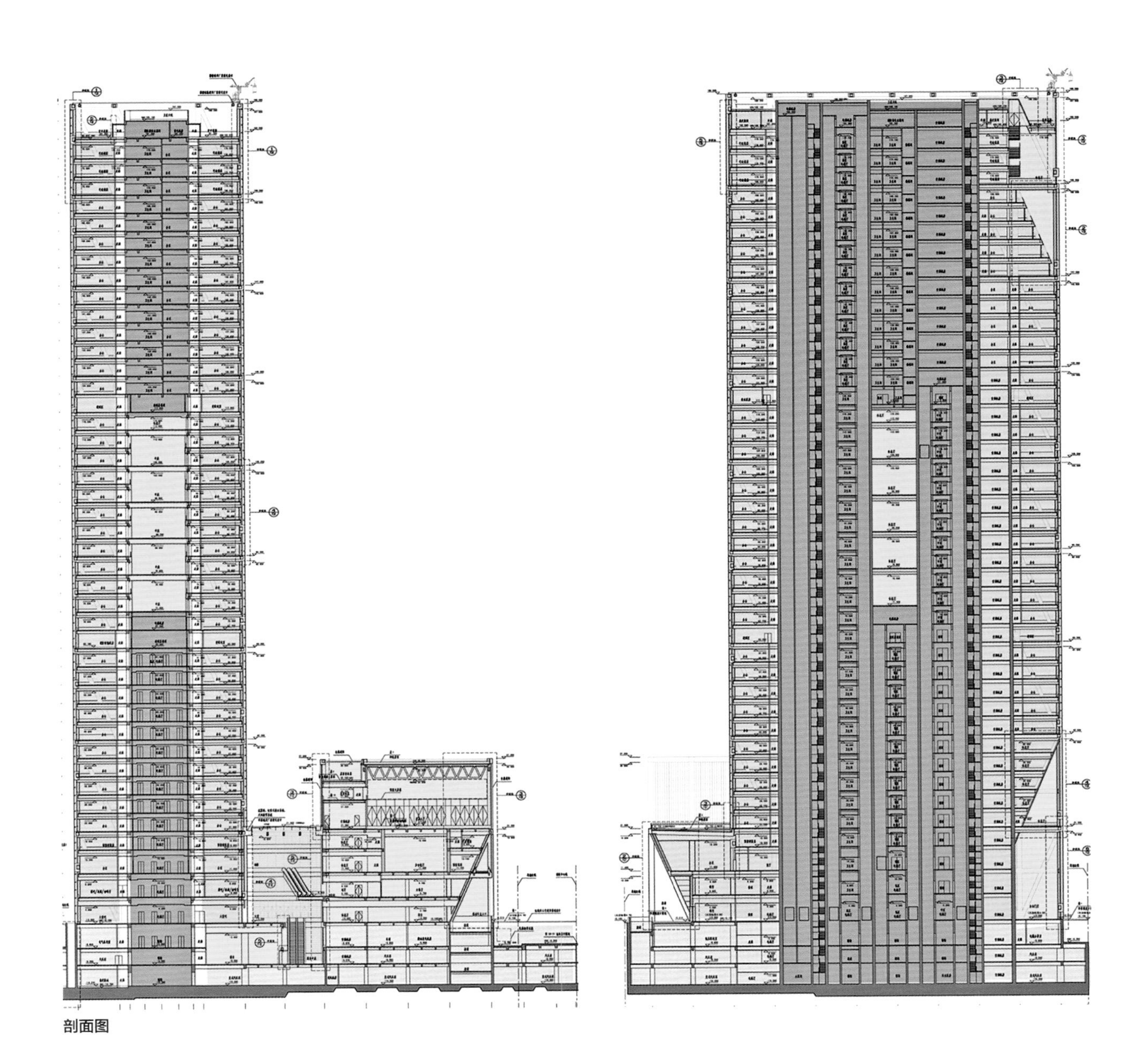

剖面图

效果图（一）

效果图（二）

实体图

3. 华夏人寿（03-16地块）

建设地点： 于家堡金融区03-16地块，于家堡于泉道南侧、堡京路西侧、堡兴路东侧、友谊北道北侧

用地面积： 10 274.5平方米

建筑面积： 193 722平方米，其中地上158 678.47平方米，容积率15.03，建筑高度248.7米，地上54层，地下3层

设计单位： 天津华汇工程建筑设计有限公司

开发单位： 天津金吉房地产开发有限责任公司

项目简介： 本项目由54层高的办公塔楼和5～7层的裙房组成，地下三层。由于地下三层有地铁B1线从西北角通过，塔楼设计成规则的五边形。塔楼顶层局部向海河倾斜，展现出观景的姿态。裙房部分依据导则，沿城市街道布置，雕塑出城市中心的公共空间。塔楼主体结构与L形裙房之内围合成大堂空间和L形中庭，形成丰富的内部空间。

建筑首层主要设有混合入口大堂作为办公和商业的入口，沿街部分设有商业，满足堡兴路步行街商业部分的规划要求，二至四层主要设有商业、垂直交通、设备用房等空间；五六层裙房部分主要设有商业，塔楼部分主要设有办公用房；七层裙房和塔楼主要设有办公和会议用房；八至五十四层主要设有办公用房。立面建筑材料为低辐射中空安全玻璃幕墙、铝板饰面板、干挂石材幕墙。

实体图

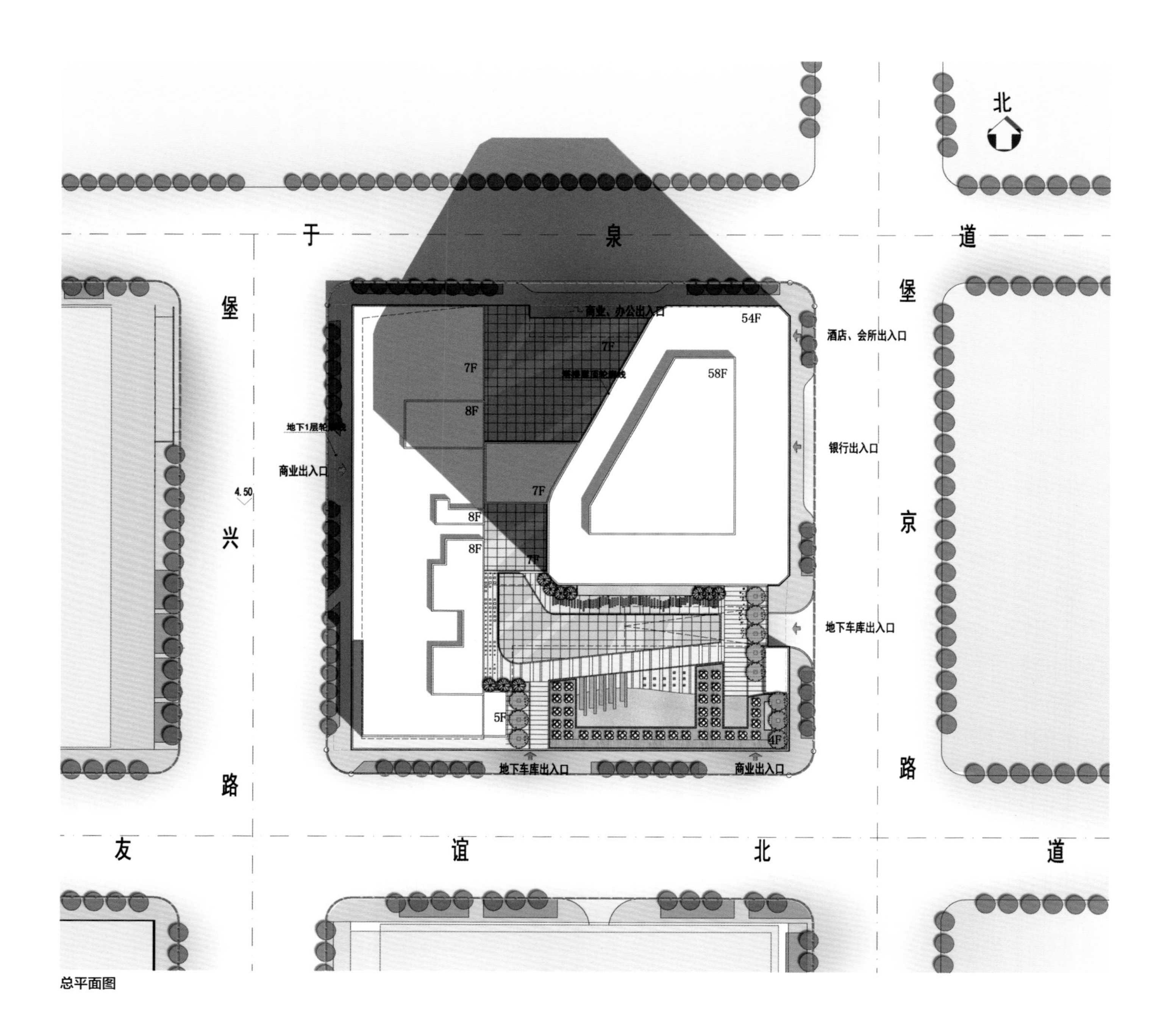
北
于
泉
道
堡
兴
路
堡
京
路
友
谊
北
道
商业、办公出入口
54F
7F
58F
酒店、会所出入口
7F
8F
商业出入口
4.50
银行出入口
7F
8F
8F
7F
地下车库出入口
5F
4F
地下车库出入口
商业出入口
总平面图

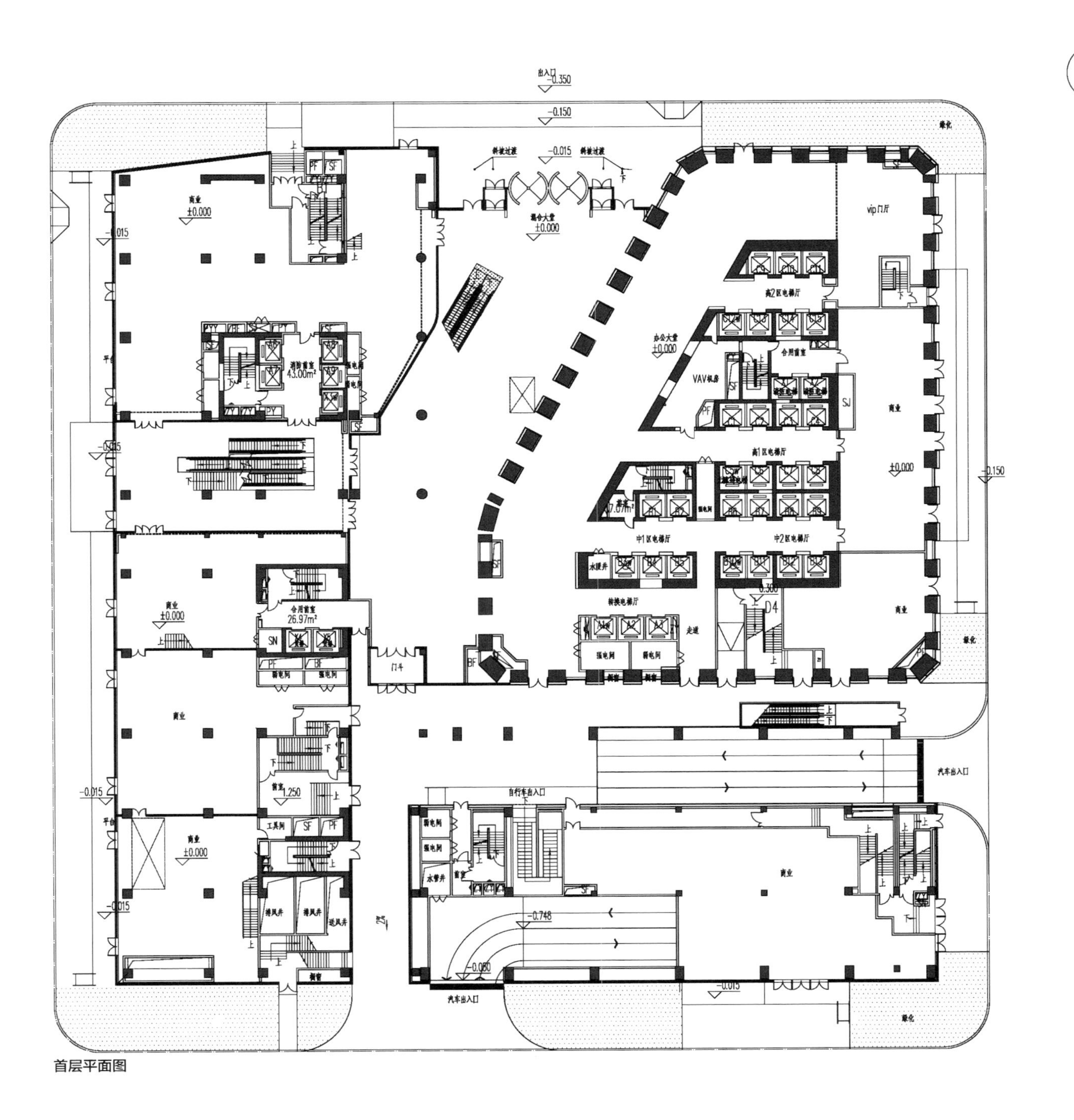

首层平面图

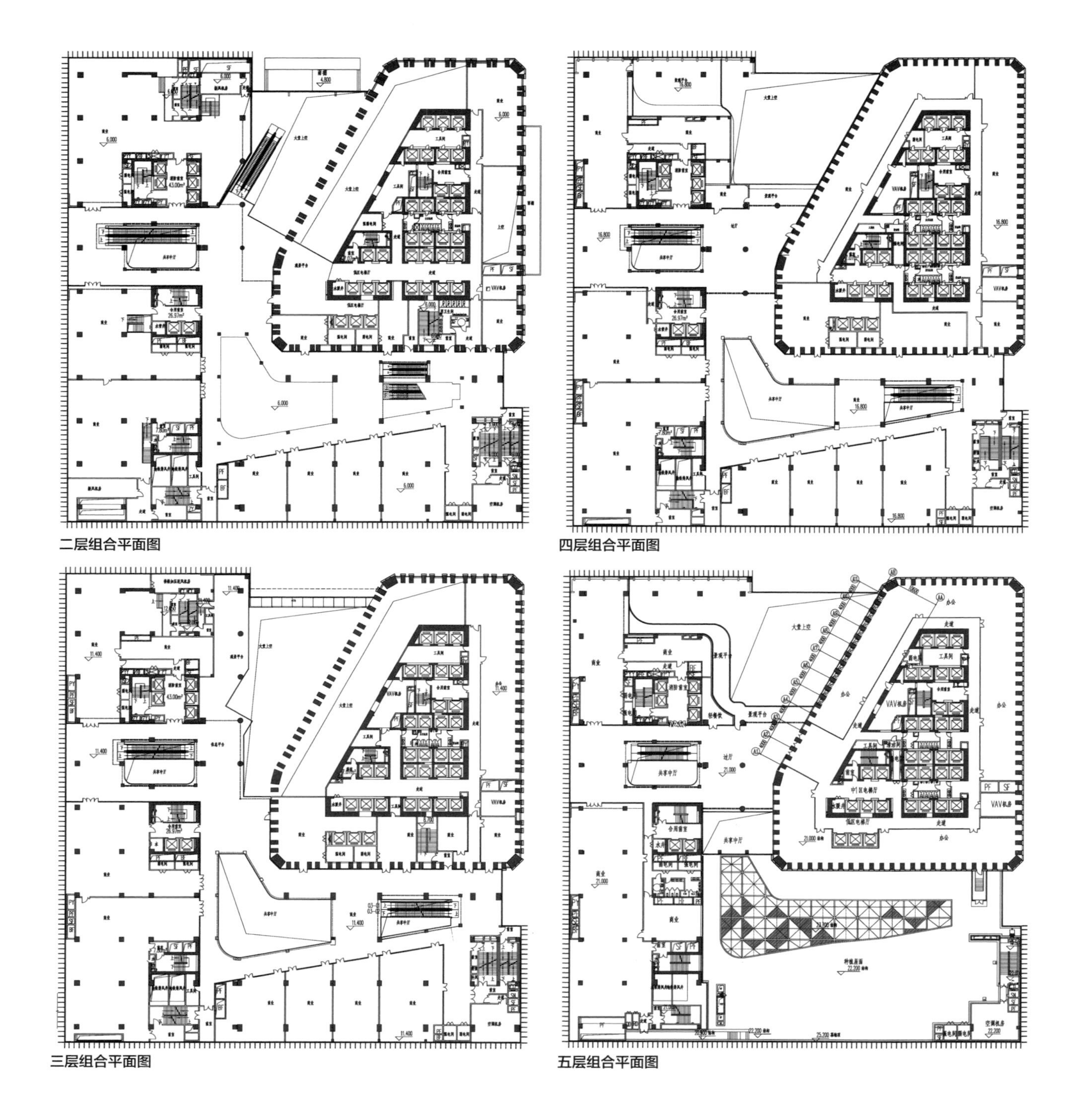

二层组合平面图

四层组合平面图

三层组合平面图

五层组合平面图

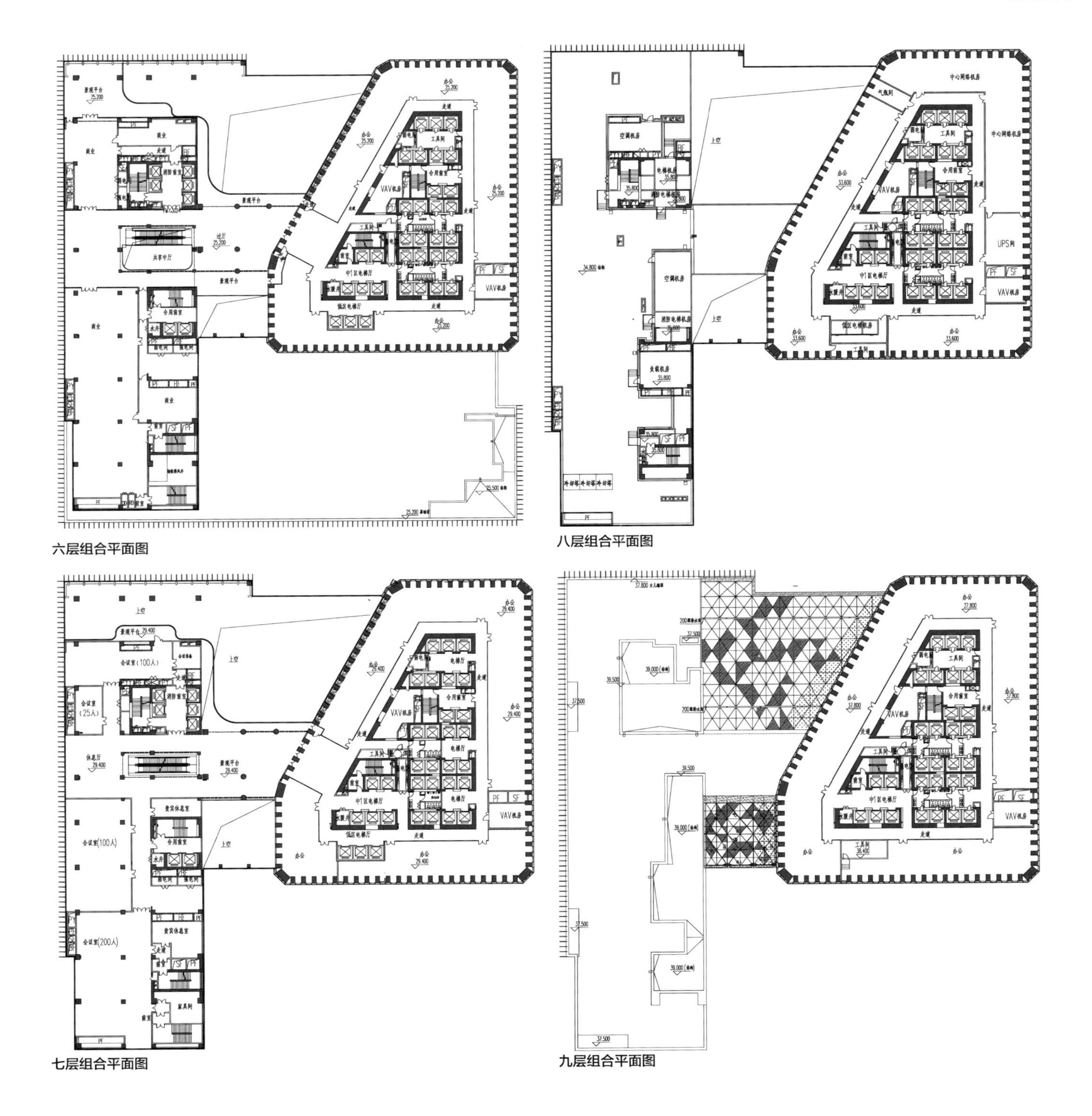

六层组合平面图

八层组合平面图

七层组合平面图

九层组合平面图

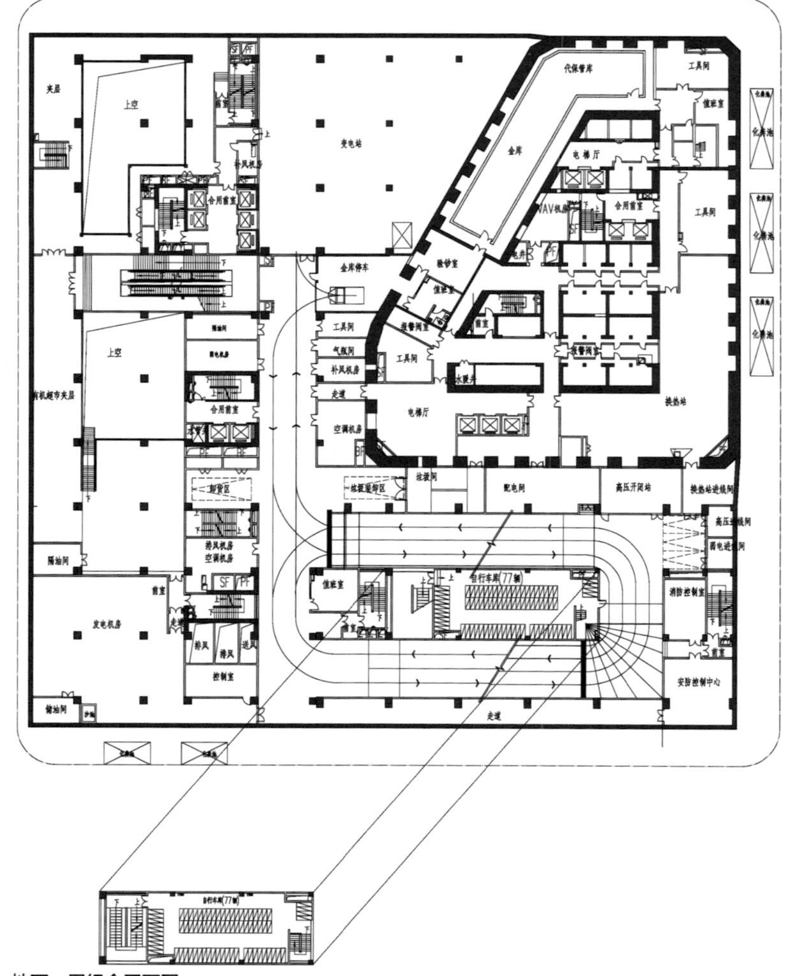

地下一层组合平面图

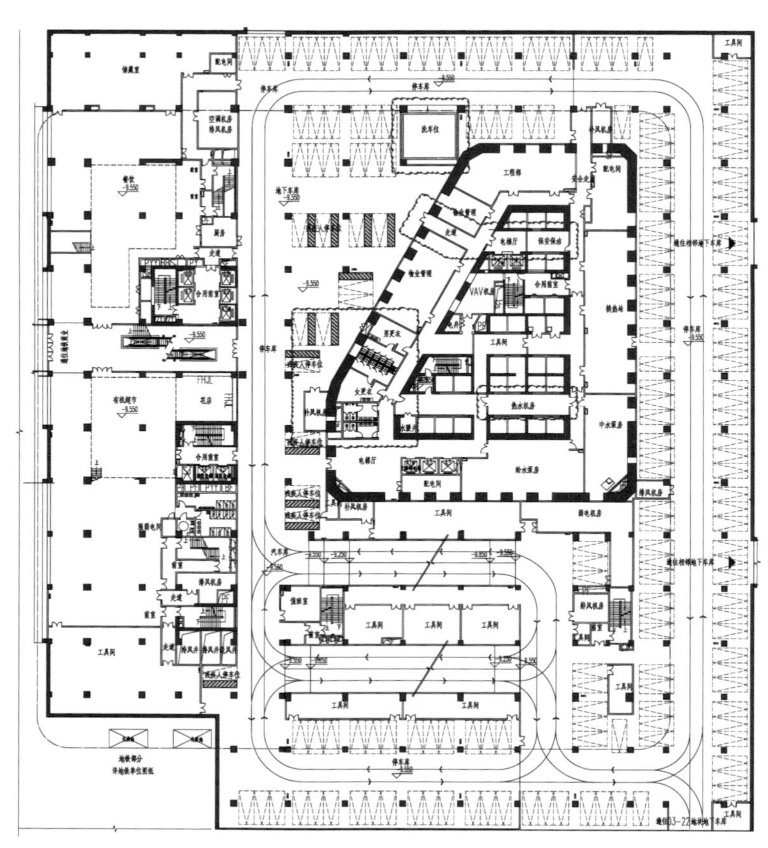

地下二层组合平面图

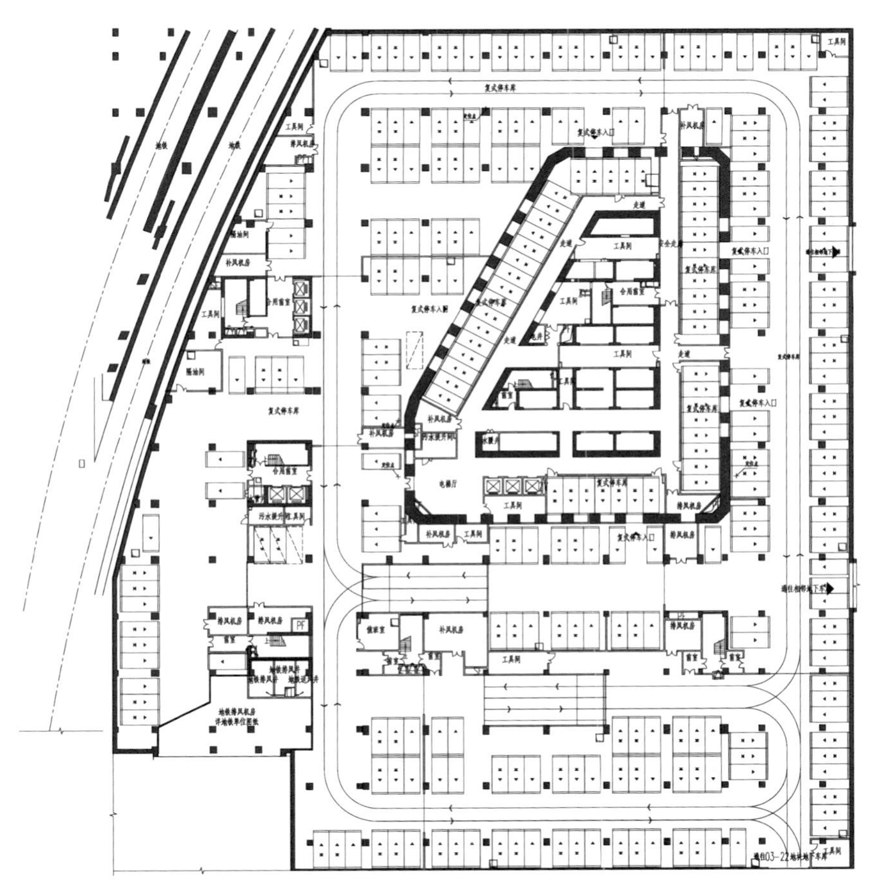

地下三层组合平面图

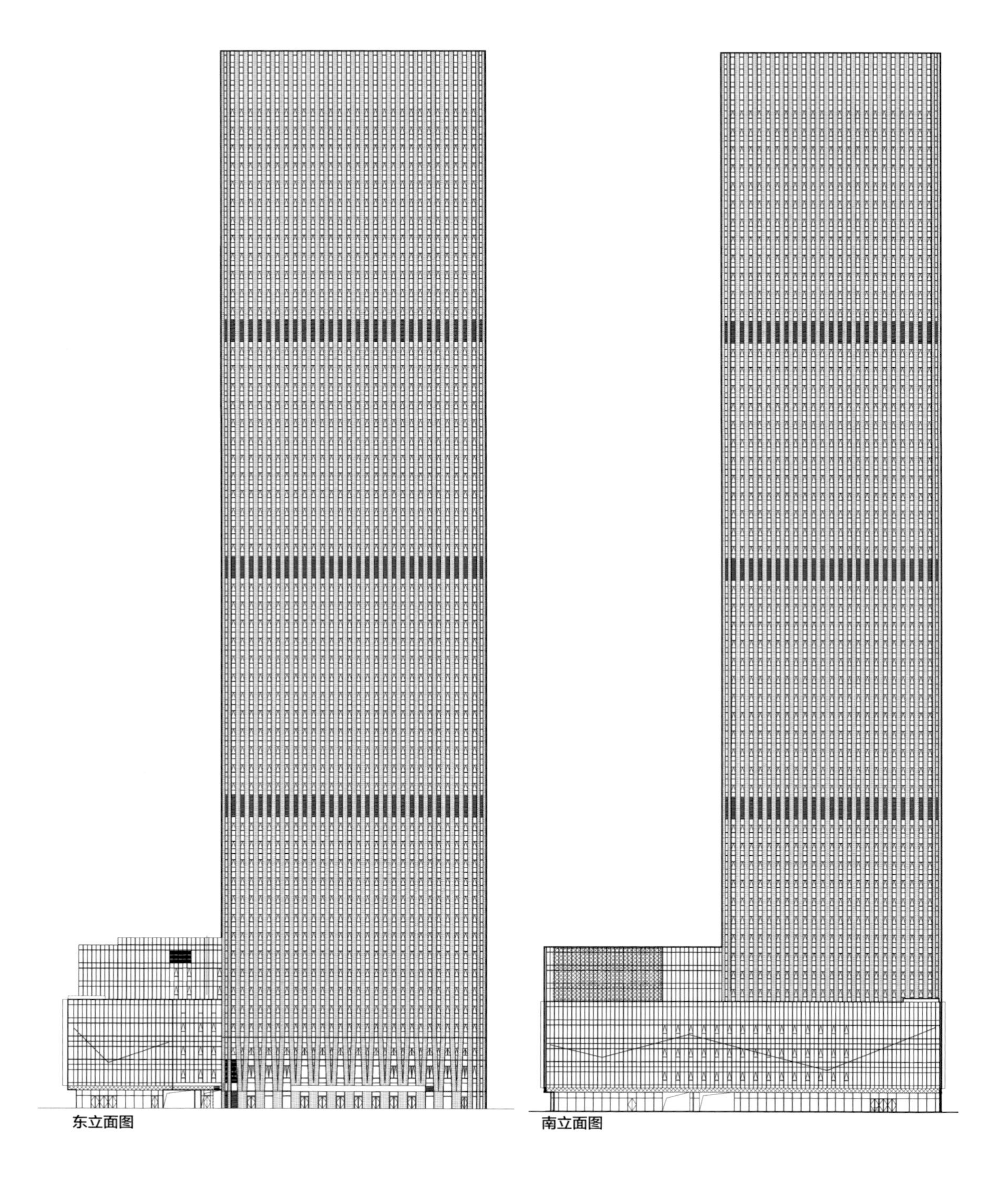

东立面图

南立面图

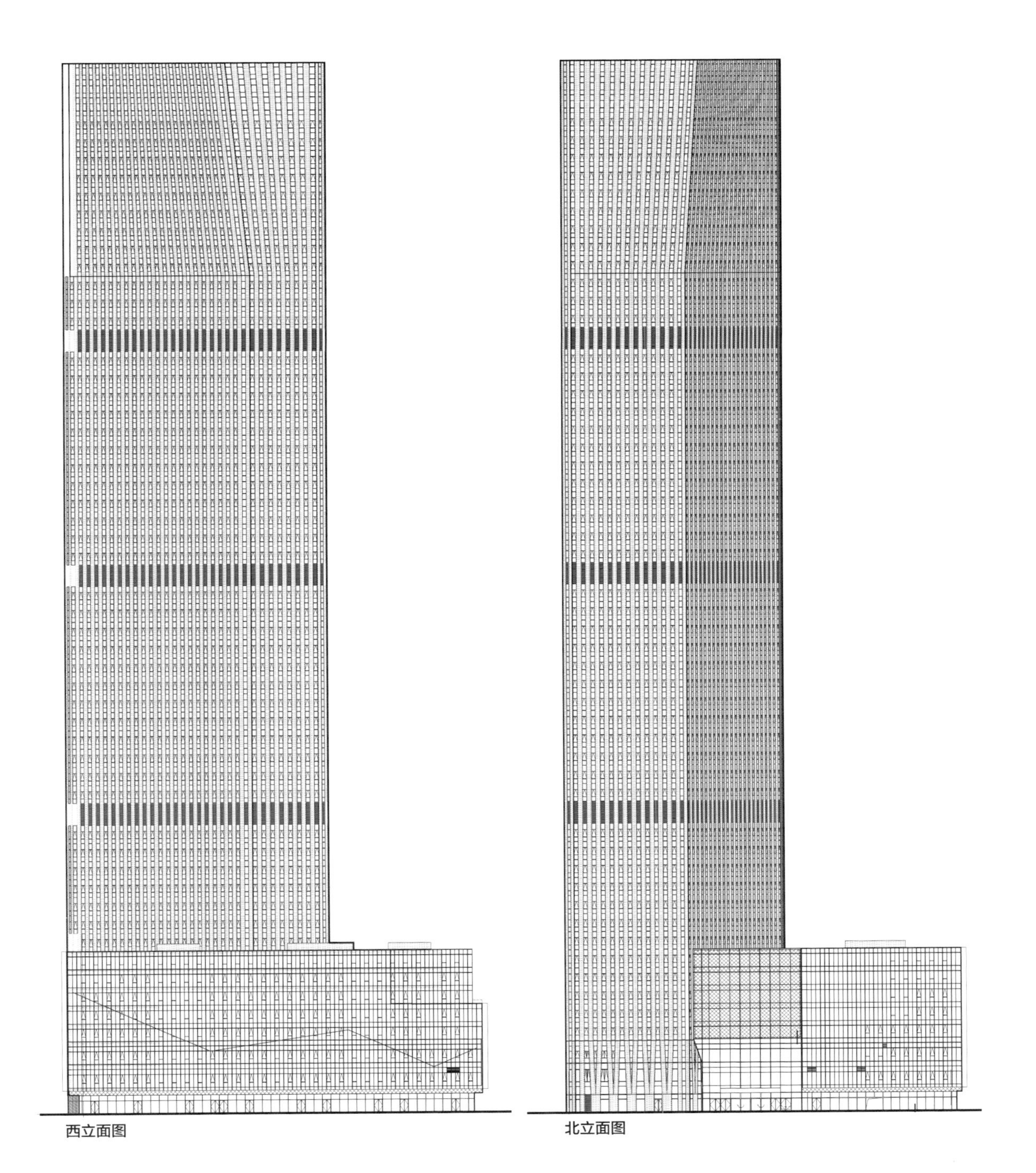

西立面图

北立面图

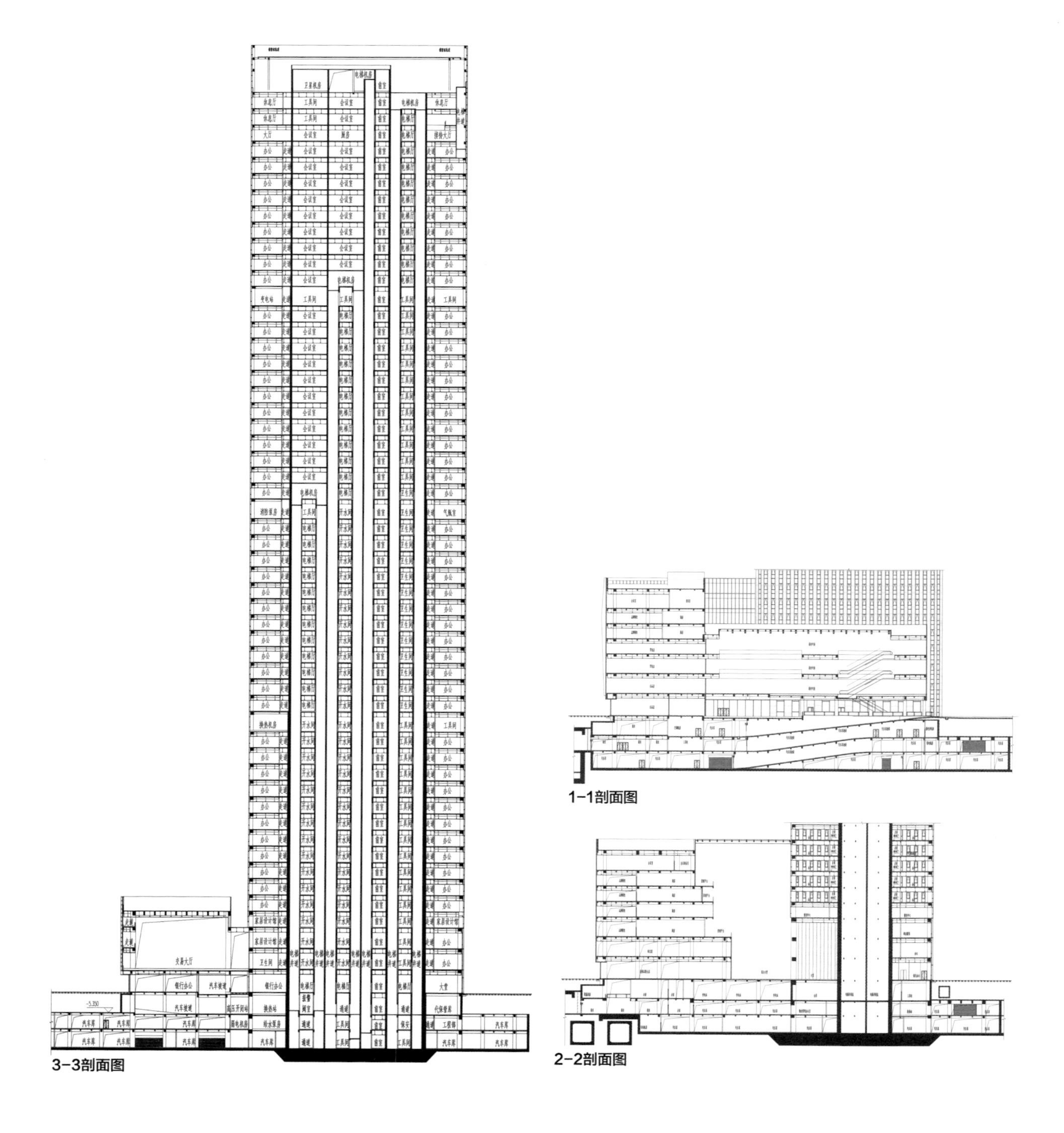

3-3剖面图

1-1剖面图

2-2剖面图

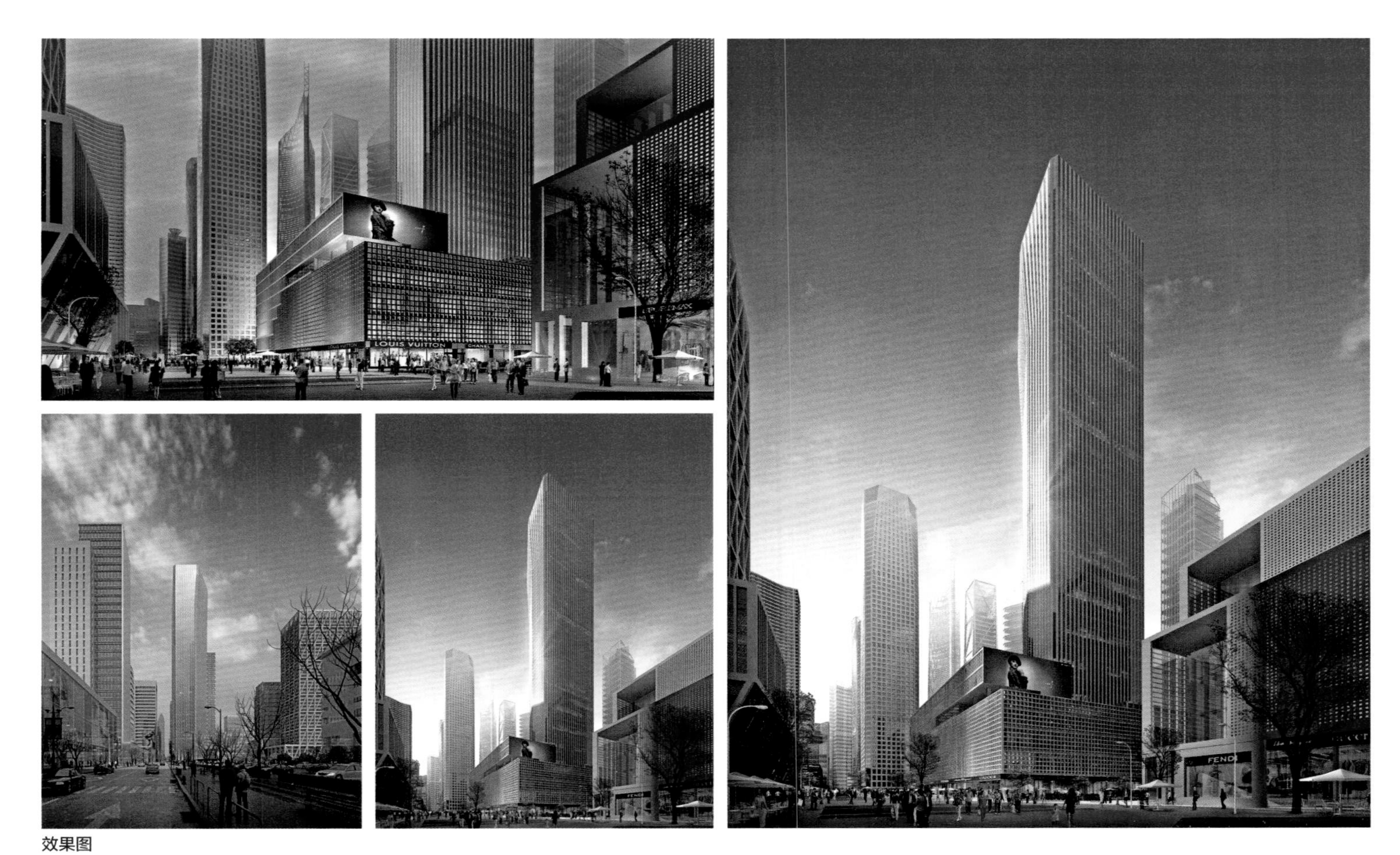

效果图

实体图

4. 宝风大厦（03-18地块）

项目地点： 于家堡金融区郭庄子路东侧、友谊北道南侧
于家堡金融区03-18地块

用地面积： 11 002.6平方米

建筑面积： 111 197平方米，建筑限高125米，建筑地上28层，地下3层；容积率7

设计单位： 天津大学建筑设计研究院

开发单位： 天津新金融投资有限责任公司

项目简介： 本项目位于于家堡金融区起步区一期工程沿海和三个地块的中间位置，是一座以金融办公写字楼为主，附带商业、餐饮、金融服务的高层建筑。建筑设计充分考虑到作为海河沿岸景观建筑以及步行街旗舰建筑的重要性，采用了细腻端庄、稳重大方且不乏创意亮点的设计风格。高层主体为金融办公楼，附楼西侧一至六层为商铺、中西餐厅，东北部为电影院，设有6个放映厅（包括1个IMAX放映厅）。在主楼和附楼之间设置了一座6层通高的大堂，形成共享的阳光中庭，结合室内绿化、景观灯打造高品位的内街空间，作为重要的内部交通枢纽，自地块东侧中庭入口进入的人群可以通过内街到达办公大堂或商业空间，也可以穿越内街抵达地块西侧，直面海河景观。

主楼采用石材和不同透射率玻璃的交错布置形成横线条的表面肌理，在满足室内采光、视线的同时，活化了立面图案，形成富有韵律且略显神秘的独特气质。同时，由于塔楼体量的规整方正，建筑整体仍不失稳重大方，规整中富于变化，变化又源于规整。附楼采用与主楼一致的表面肌理，强调建筑的整体感和体量的几何关系，作为沿海河底景，呈现出流畅细腻、端庄典雅的建筑风格。

实体图

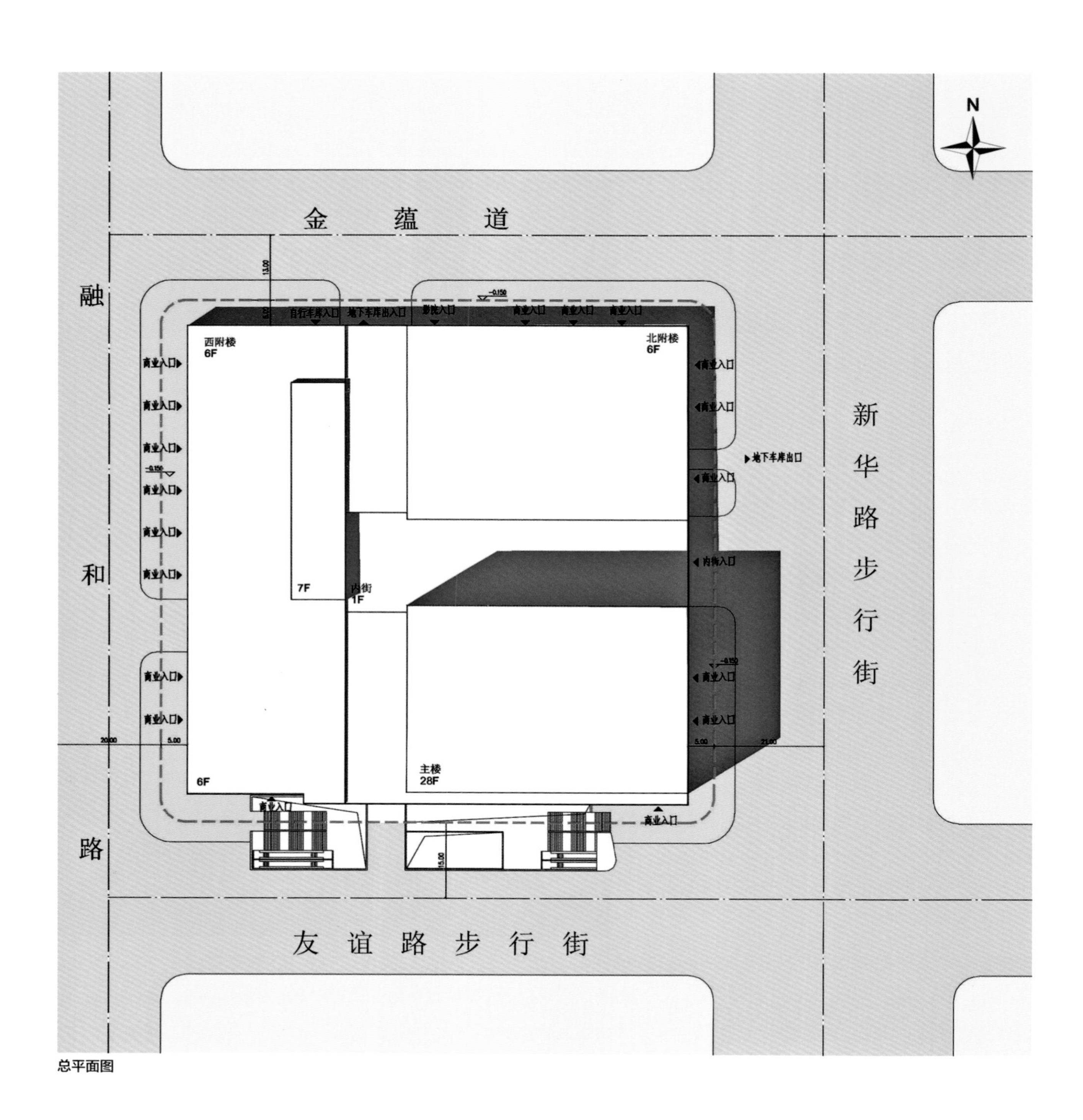
N
金蕴道
融和路
新华路步行街
友谊路步行街
自行车库入口
地下车库出入口
影院入口
商业入口
西附楼
6F
北附楼
6F
地下车库出口
内街入口
7F
内街
1F
主楼
28F
6F
-0.150
13.00
5.00
20.00
21.00
15.00
总平面图

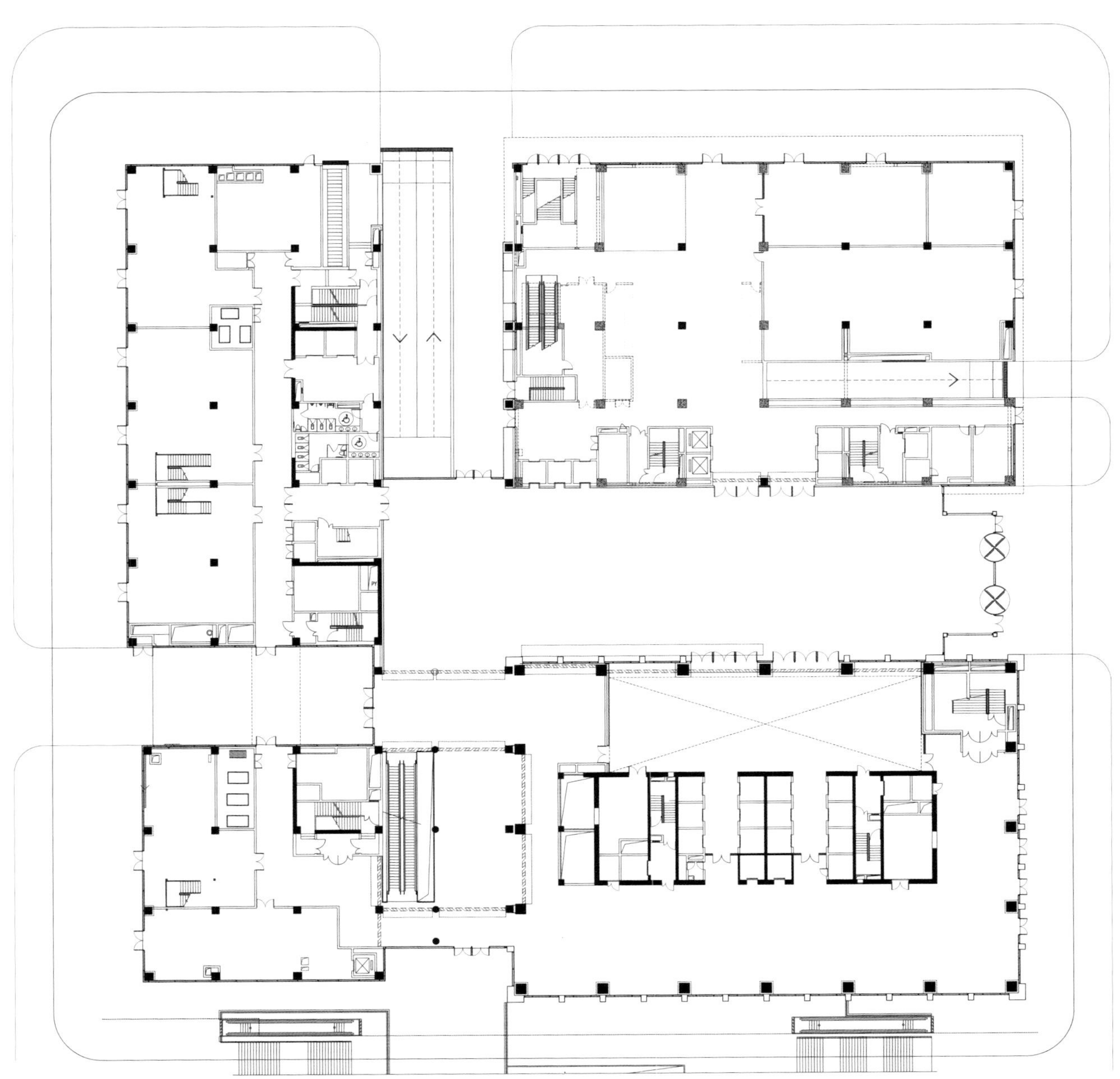

首层平面图

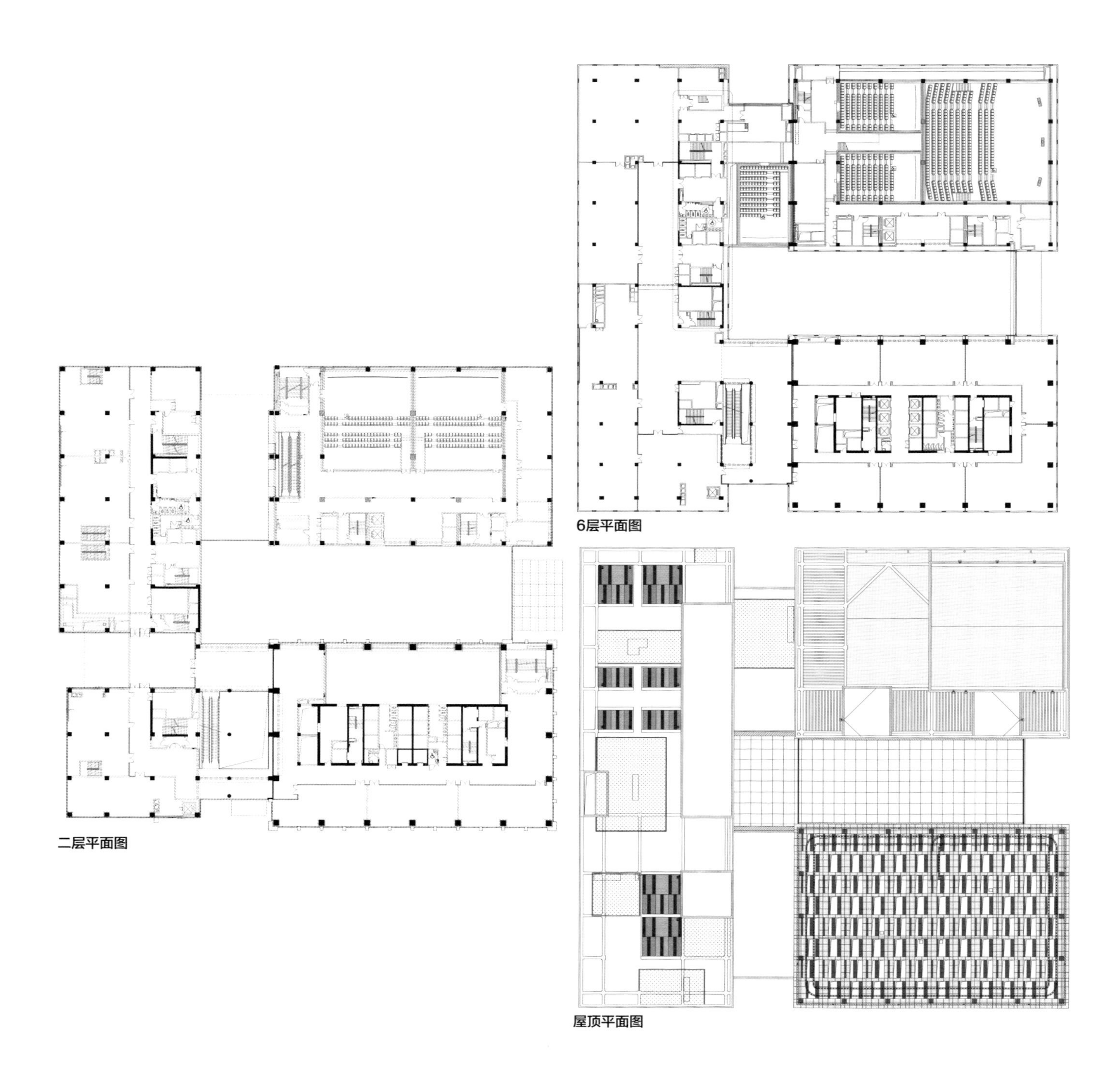

6层平面图

二层平面图

屋顶平面图

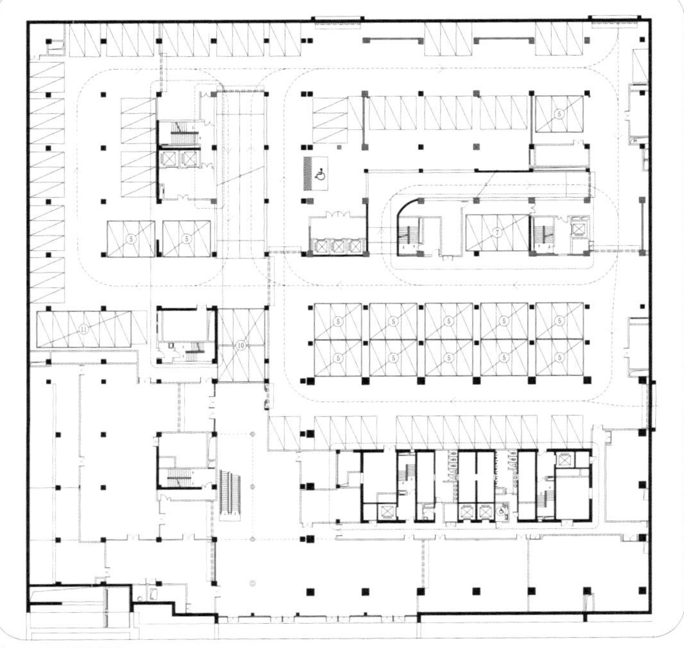

地下二层平面图

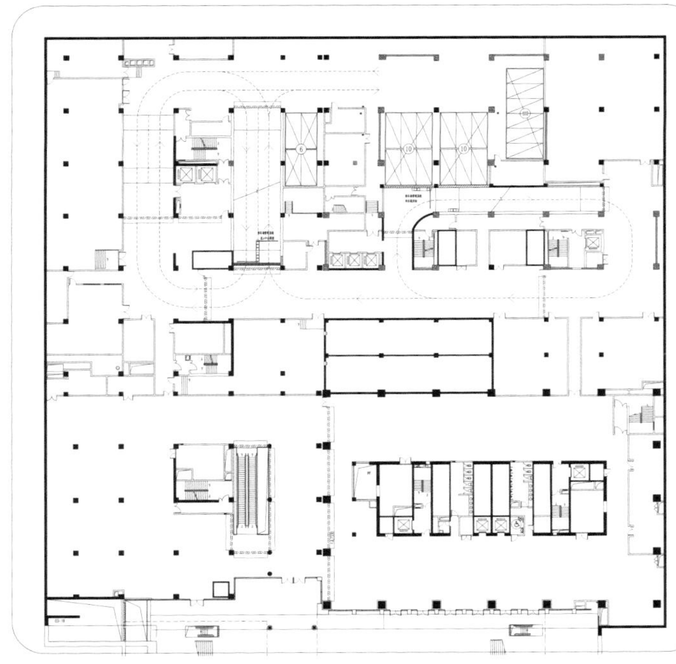

地下一层平面图

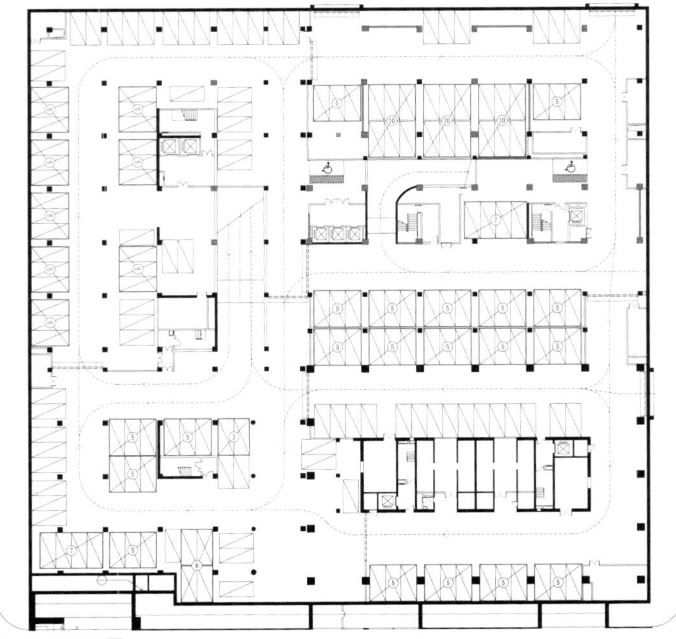

地下三层平面图

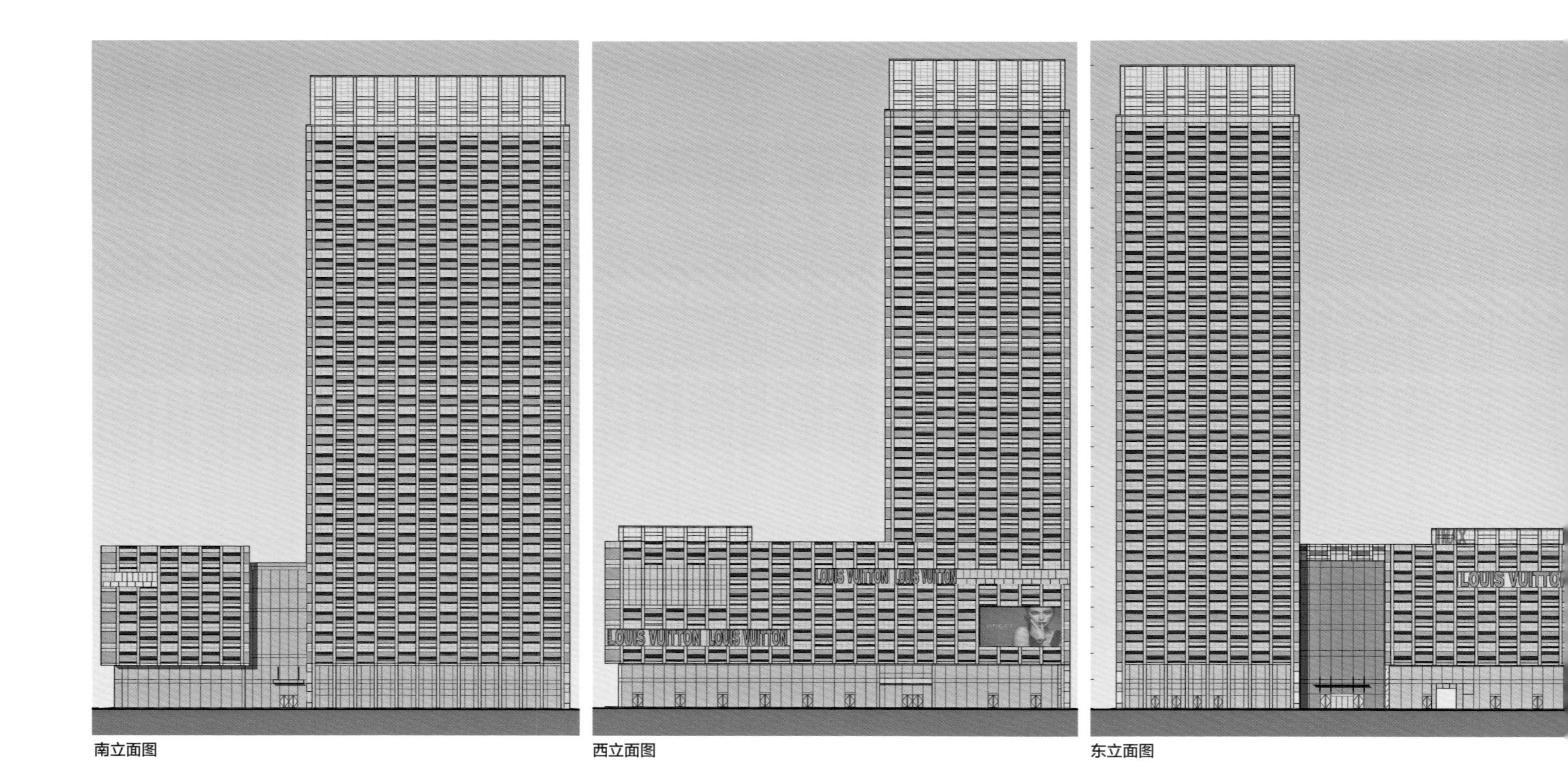

南立面图　　西立面图　　东立面图

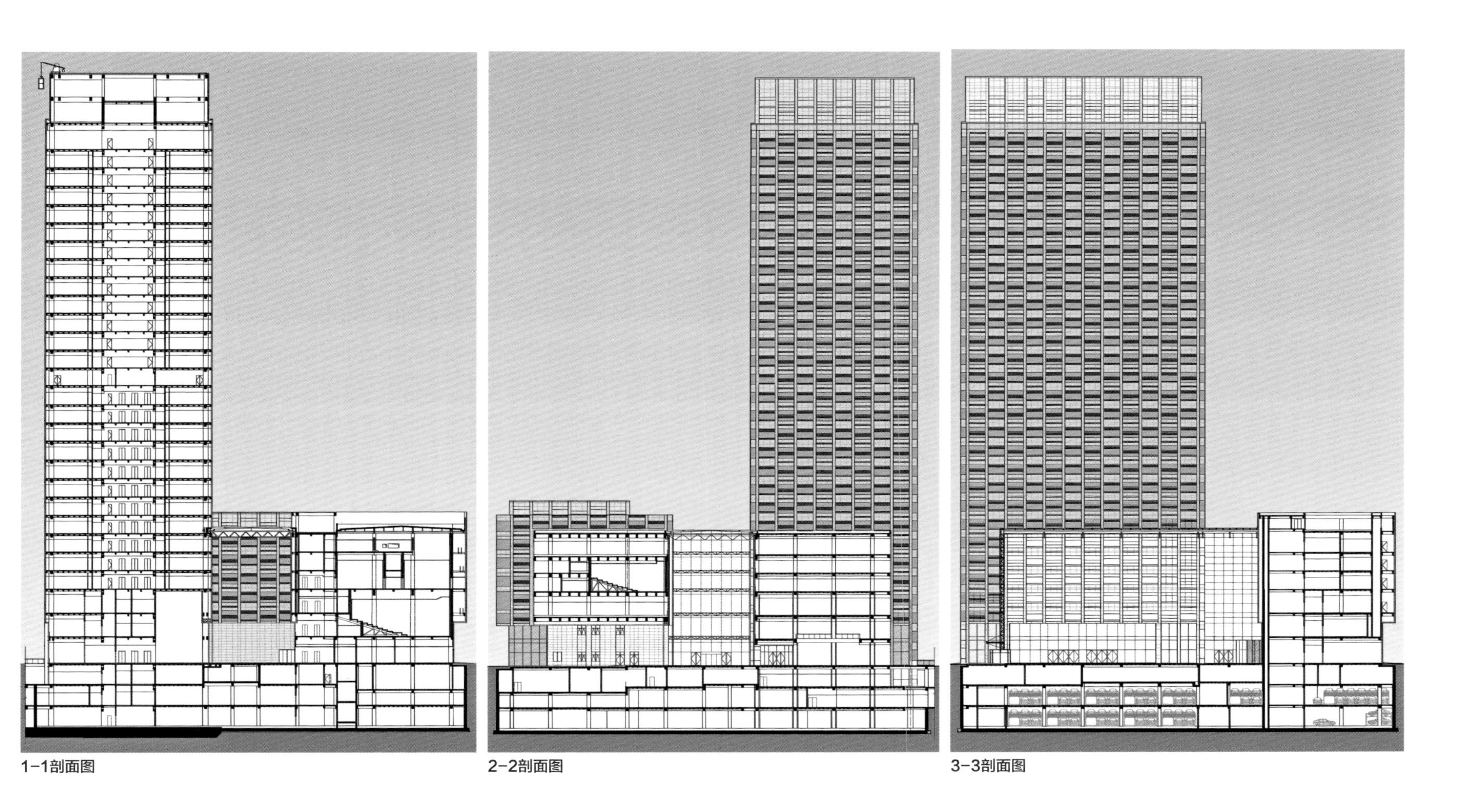

1-1剖面图　　2-2剖面图　　3-3剖面图

YUJIAPU
LOUIS VUITTON LOUIS VUITTON
LOUIS VUITTON LOUIS VUITTON

YUJIAPU
LOUIS VUITTON LOUIS VUITTON
LOUIS VUITTON LOUIS VUITTON

效果图

实体图

5. 宝晨大厦（03-20地块）

项目地点：滨海新区郭庄子路以东、友谊道以南
于家堡金融区03-20地块

用地面积：11 002.5平方米

建筑面积：104 052.44平方米，建筑限高143米，建筑地上31层，
地下3层；容积率7，绿地率5%

设计单位：中科院建筑设计研究院有限公司

开发单位：天津金晨房地产开发有限责任公司

项目简介：宝晨大厦建筑主体由高26层、高度121.45米的南侧主楼，高31层、高度143.70米的北侧主楼及高5层（局部6层）、高度34.85米的附楼组成，是一个高品质、适应性强的高端金融办公写字楼。

功能以新金融办公为主，并兼顾了传统与新金融的共性，可同时容纳多个办公机构入驻；具体功能包括：金融办公、商业、零售商业、地下车库、建筑设备等。其中地下部分地下三层主要功能为停车库和供本建筑使用的设备用房。地上部分主楼为新金融办公区，附楼部分北侧1～2层为零售商业，3～4层为办公，5层为会议，局部6层为俱乐部；东侧1-2层为金融商业，3层为办公，4～5层为金融交易大厅。建筑内部形成L形内院。主楼由两个38.45米×20.35米办公区和26.85米×10.50米中央共享大厅及办公区组成。

本建筑靠近海河，希望以自然的景观作为建筑的有机部分，以水的意向作为建筑的命题，使建筑的界面像海绵一样吸附景观的“营养”，由环境特质制造出场所感。追求厚重，给人以周正、持稳的新金融形象。在与整体集群协调统一的基础上，以简洁有力的竖向线条为建筑语汇，通过疏密长短的变化反映出水域建筑的特质，完成对海河景观的回应。

实体图

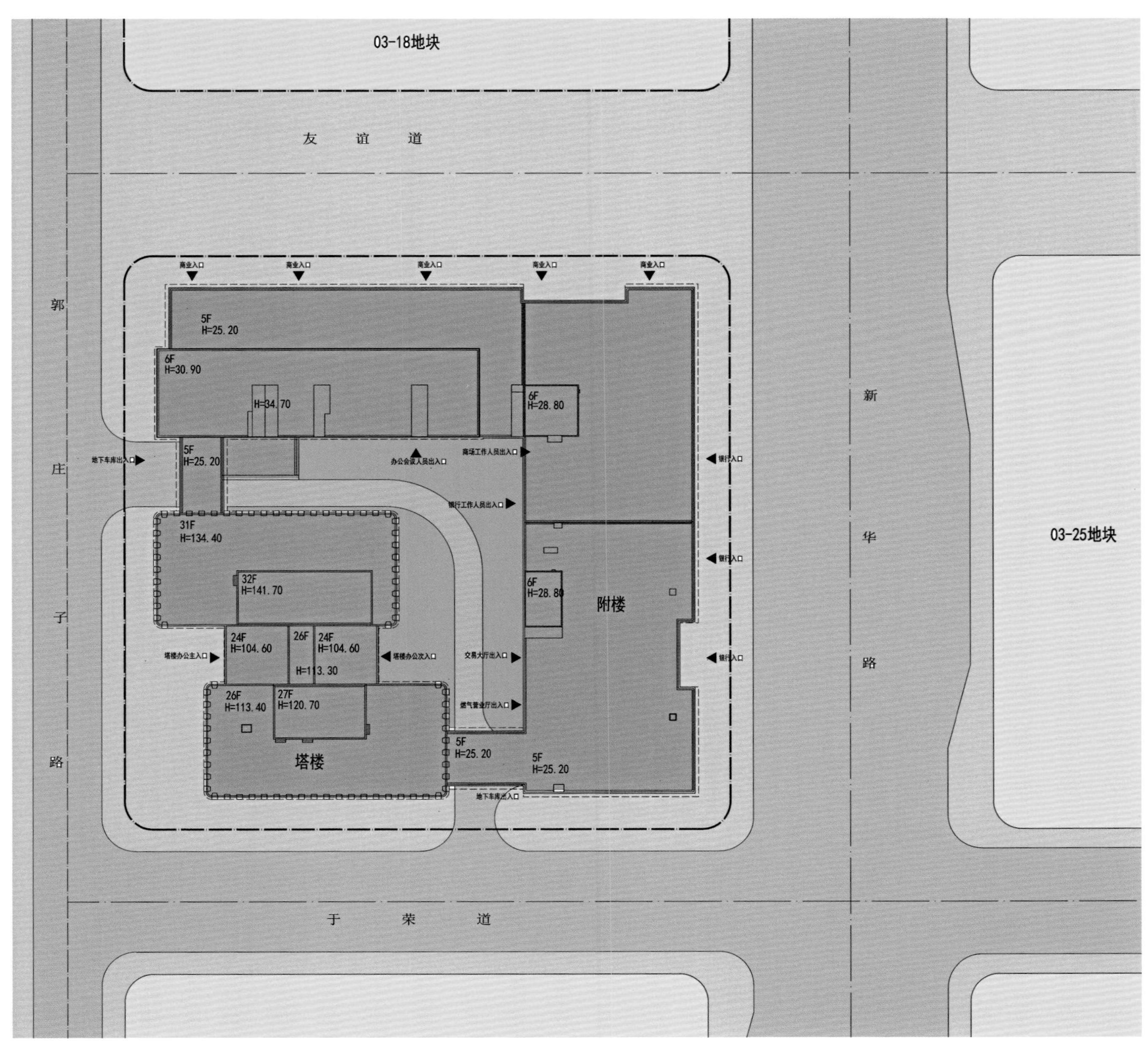
03-18地块
友 谊 道
郭 庄 子 路
新 华 路
03-25地块
于 荣 道
商业入口
商业入口
商业入口
商业入口
商业入口
5F
H=25.20
6F
H=30.90
H=34.70
6F
H=28.80
地下车库出入口
5F
H=25.20
办公会议人员出入口
商场工作人员出入口
银行工作人员出入口
银行入口
银行入口
银行入口
31F
H=134.40
32F
H=141.70
6F
H=28.80
附楼
24F
H=104.60
26F
24F
H=104.60
H=113.30
塔楼办公主入口
塔楼办公次入口
交易大厅出入口
燃气营业厅出入口
26F
H=113.40
27F
H=120.70
塔楼
5F
H=25.20
5F
H=25.20
地下车库出入口

总平面图

首层平面图

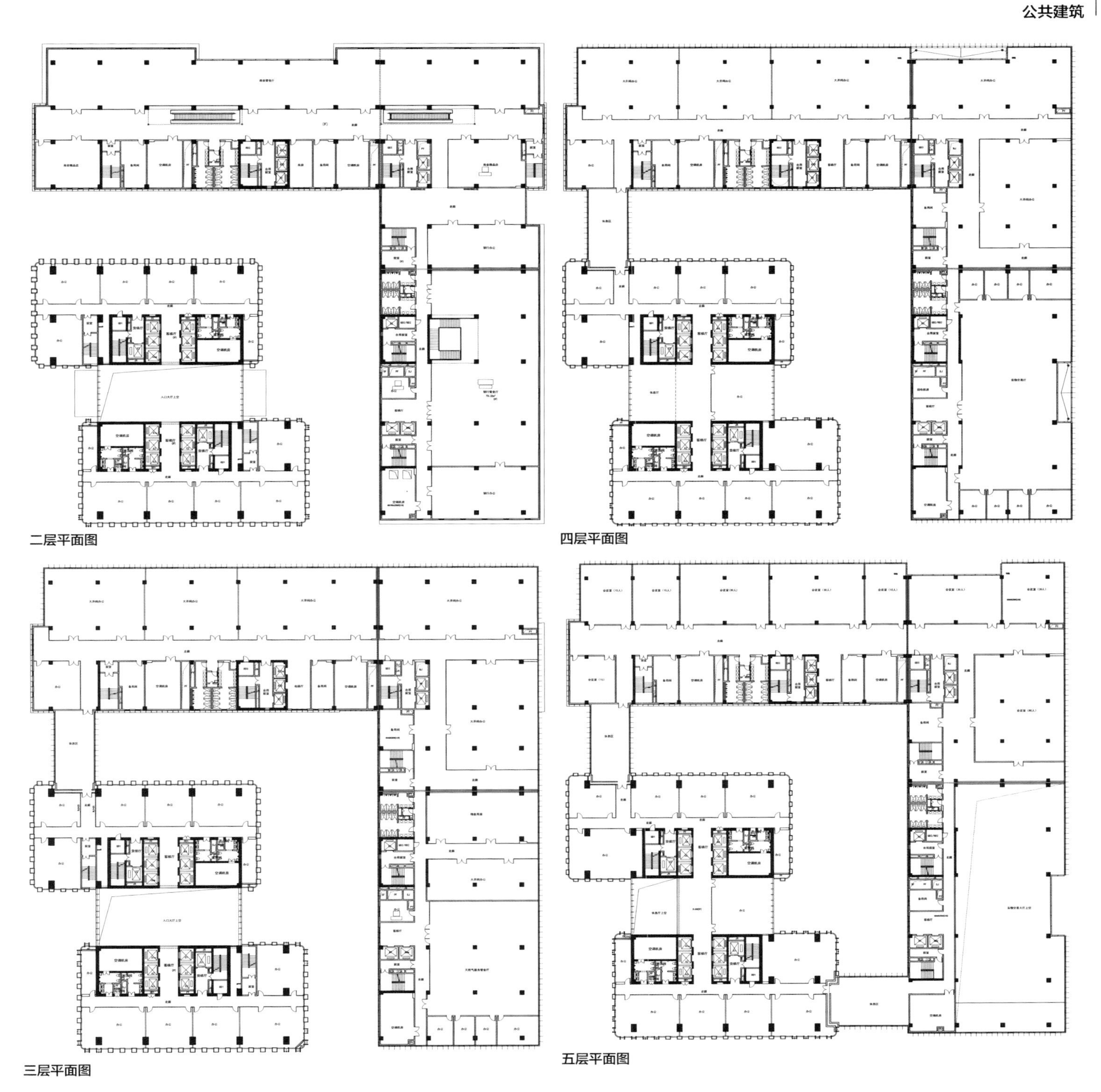

二层平面图

四层平面图

三层平面图

五层平面图

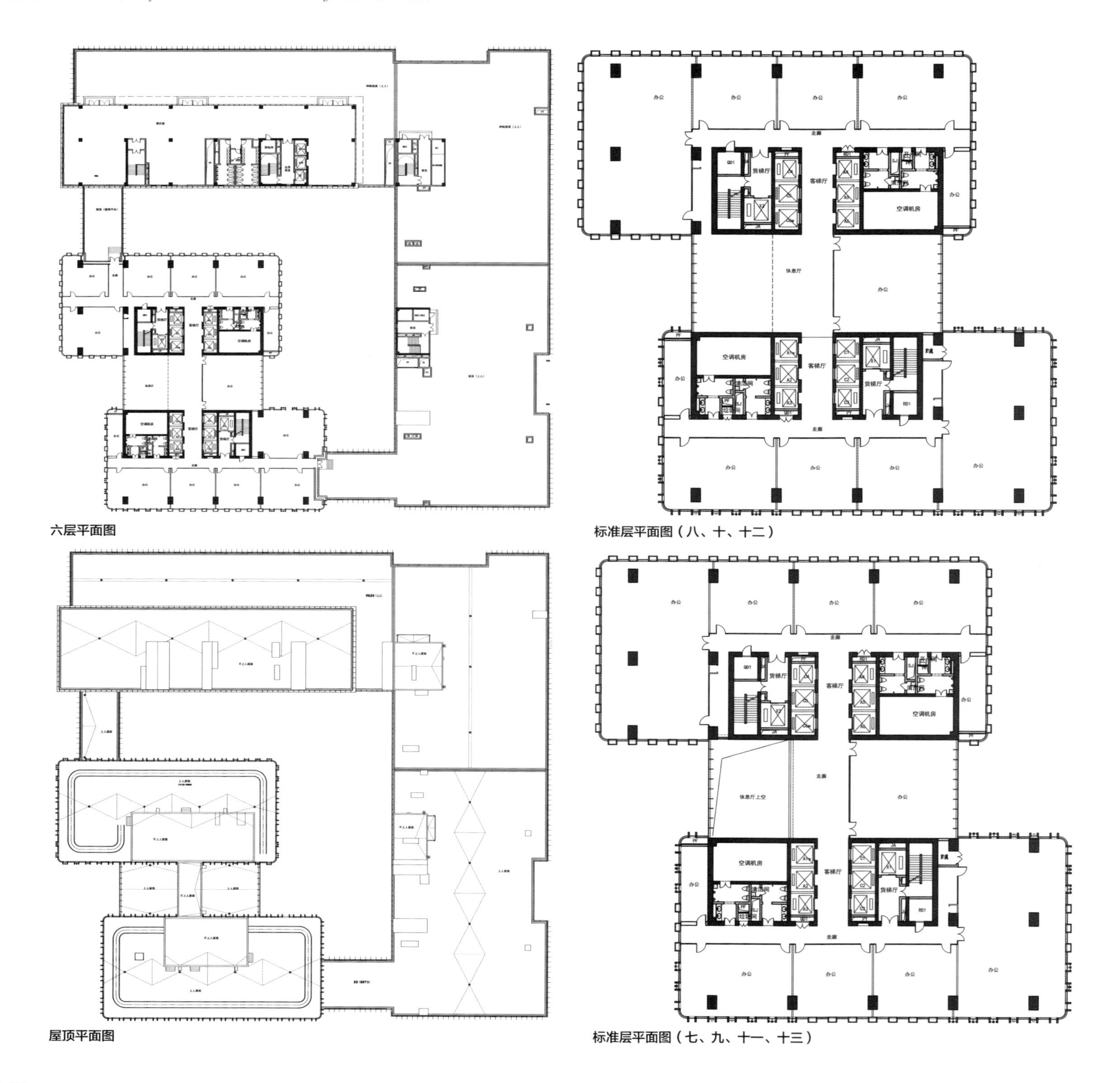

六层平面图

标准层平面图（八、十、十二）

屋顶平面图

标准层平面图（七、九、十一、十三）

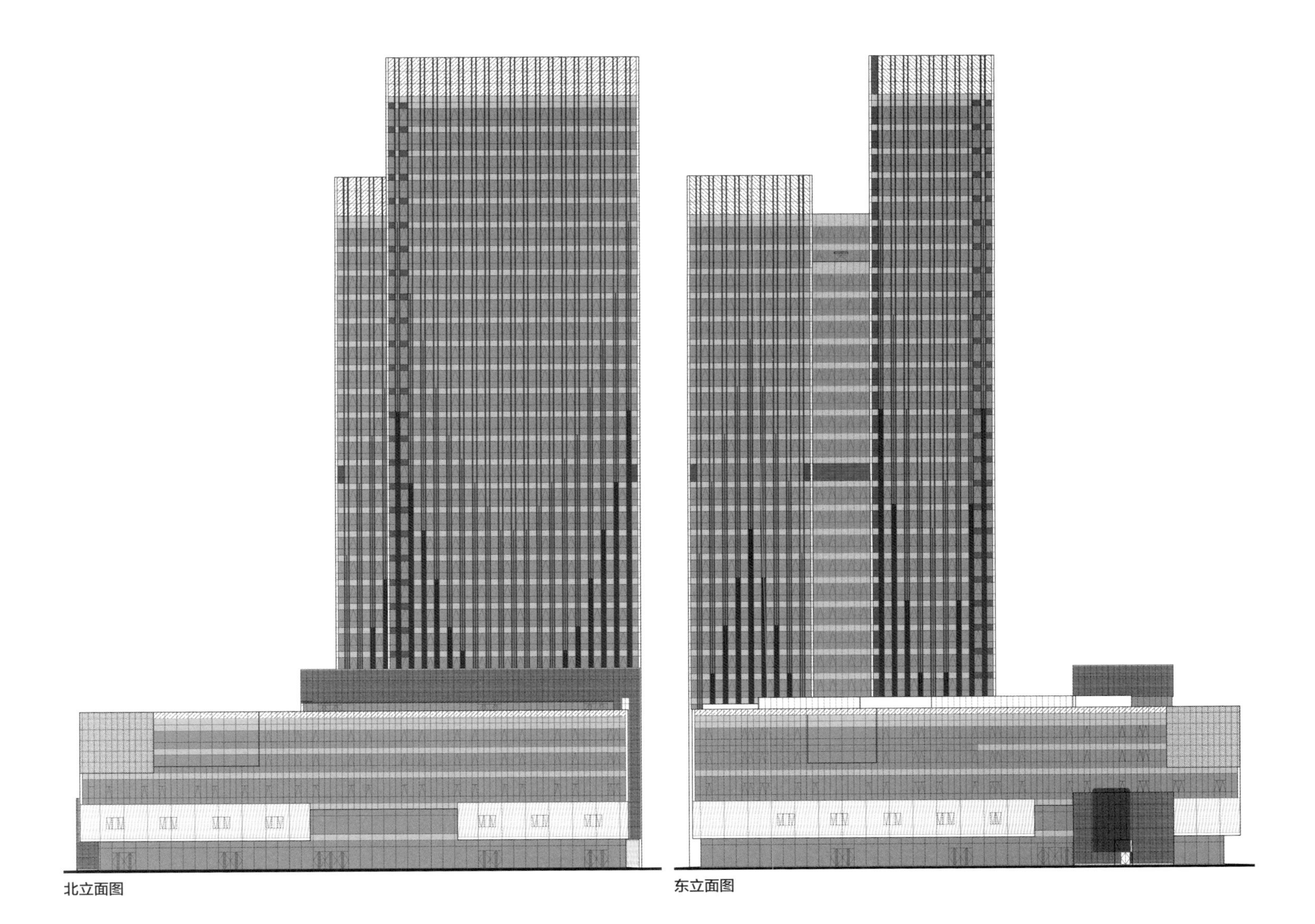

北立面图

东立面图

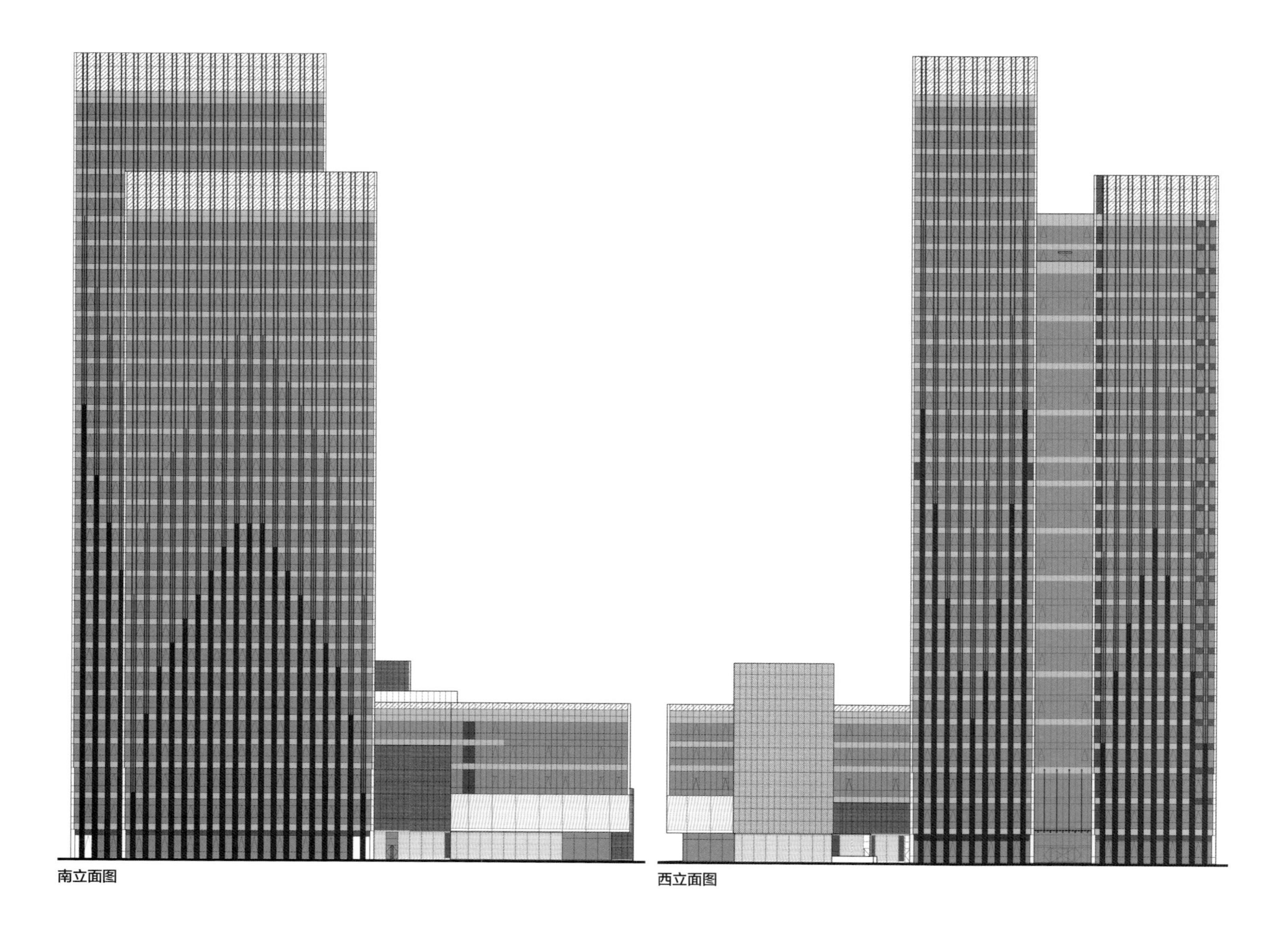

南立面图

西立面图

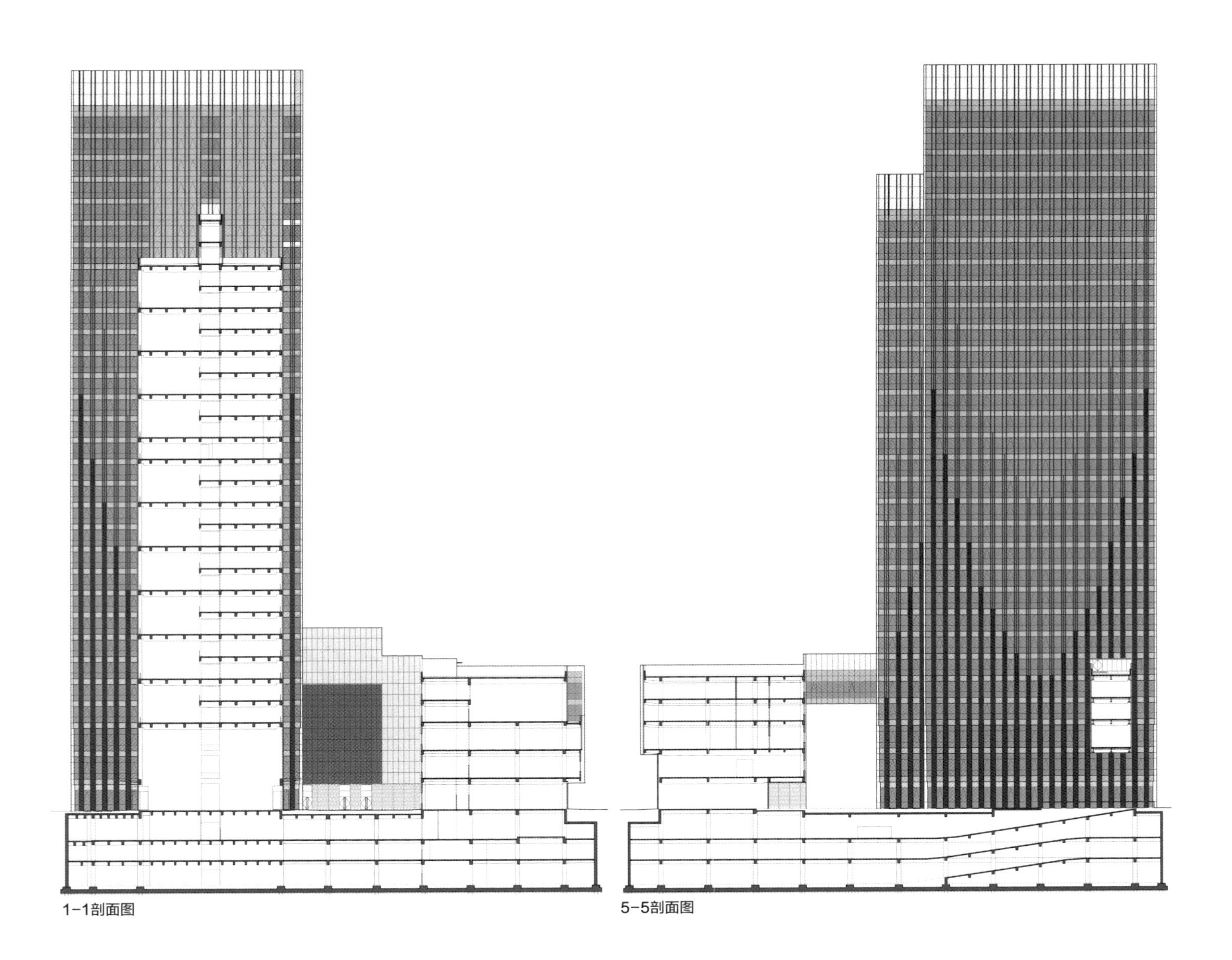

1-1剖面图　　5-5剖面图

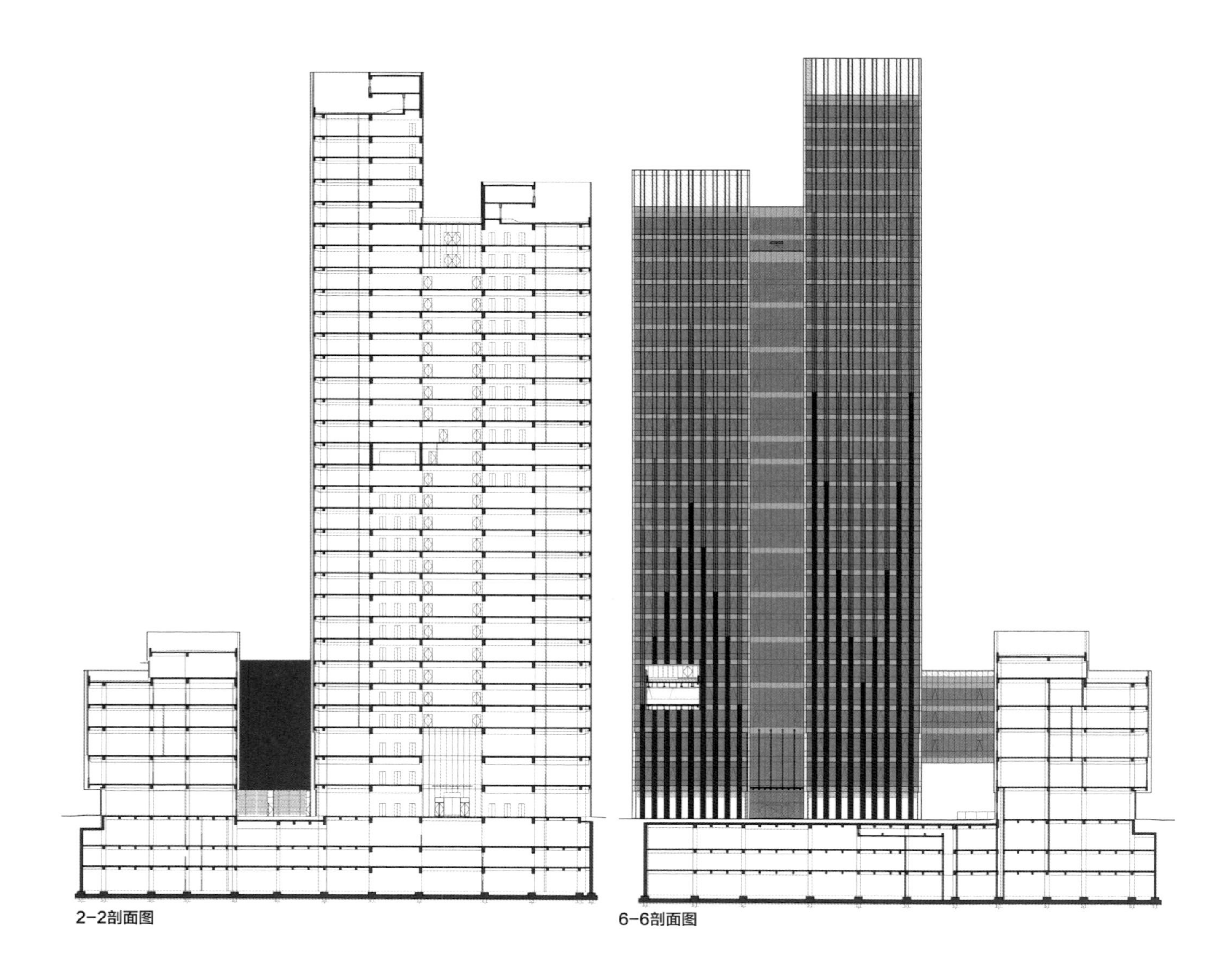

2-2剖面图

6-6剖面图

效果图

6. 双创大厦（03-21地块）

项目地点： 天津市滨海新区中心商务区于家堡商务区水线路于家堡金融区03-21地块

用地面积： 11 002.5平方米

建筑面积： 119 700平方米，地上95 279.40平方米，建筑限高140米，建筑地上34层，地下3层；容积率9，绿地率5%

设计单位： 中冶京诚工程技术有限公司

开发单位： 天津金元房地产开发有限责任公司

项目简介： 本项目整体以较大方的架构和简洁的体量，通过淡雅不失高贵的虚实颜色对比和清晰明朗的线条构成立面视觉的主题元素，彰显金融建筑恢宏的气度、典雅的风格和稳健的内涵，以求和谐统一的整体观感与气质。

本项目在形体上切成四个方体，一高三矮，并呈风车状布局，化解体量拥堵之感，使中心地块成为一盘活棋。风车布局又将四个分散的体块有机结合在一起，形散神不散。为了与150多米的主体保持平衡，在和主体对角位置布置了高于另外两块的42米高的体块，同时也和街对面的地块在裙房高度上保持协调，使街道尺度统一。建筑外表用简单的网格构成来统一四个体块，而每一个体块又根据位置和功能有不同的立面标线。主体外形干净利落，网格立面直接落地，显现高层建筑拔地而起的气魄。夜晚外立面内的照明系统，勾勒出裹在主体之外的网格体系，使之更加清晰。裙房外营造商业街和步行街的活跃气氛，在统一的网格体系里，运用不同的处理手法、不同材料，结合橱窗广告，创造灵活多变、丰富亲切的立面形式。主体和裙房采用虚实对比的形式，四个体块两实两虚，对角布置，削减了人在百米街区内的类似立面带来的乏味感和超常尺度感。

实体图

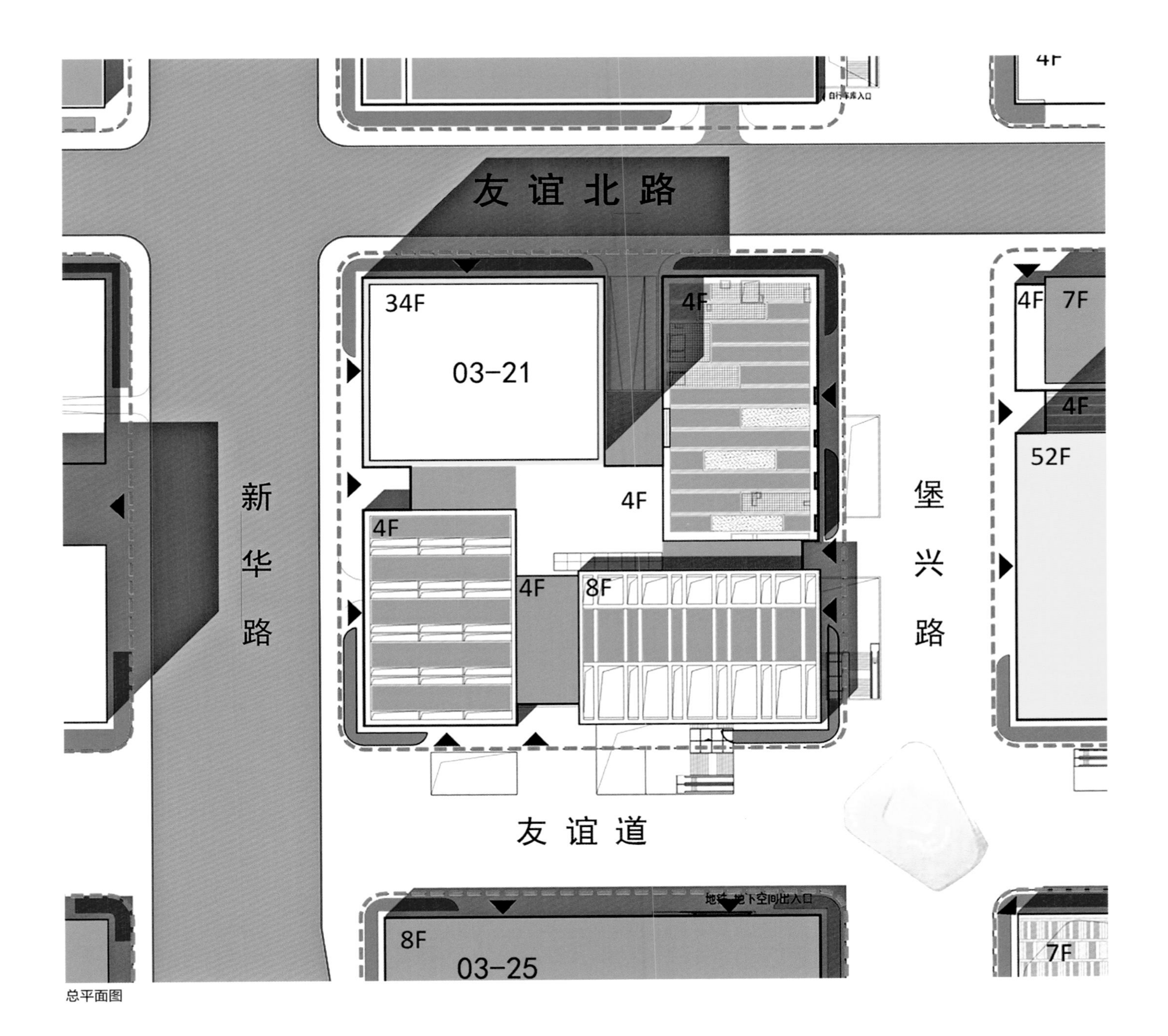
4F
自行车库入口
友谊北路
34F
03-21
4F
4F
7F
4F
52F
新
华
路
4F
4F
4F
8F
堡
兴
路
友谊道
8F
03-25
7F

总平面图

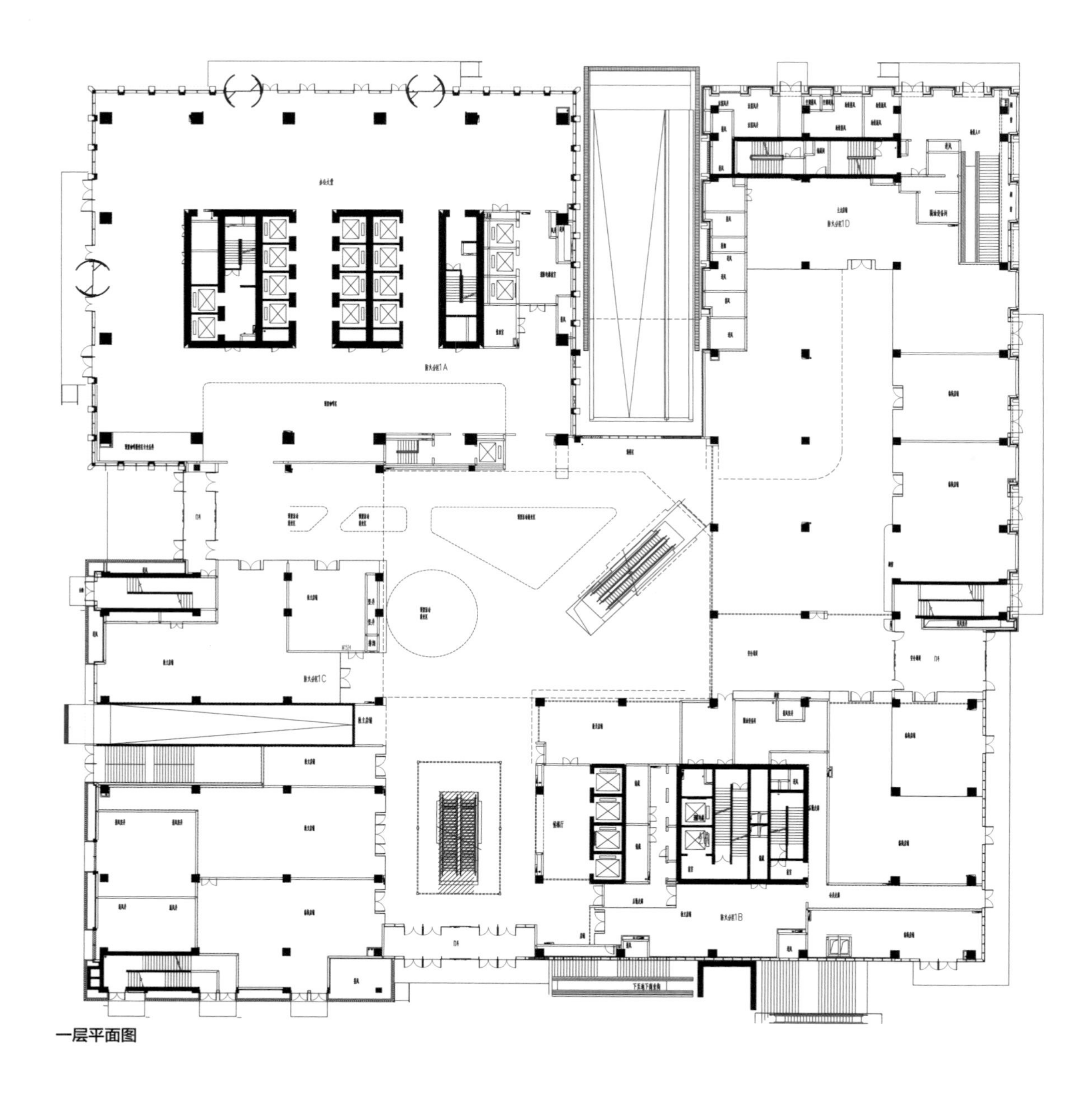

一层平面图

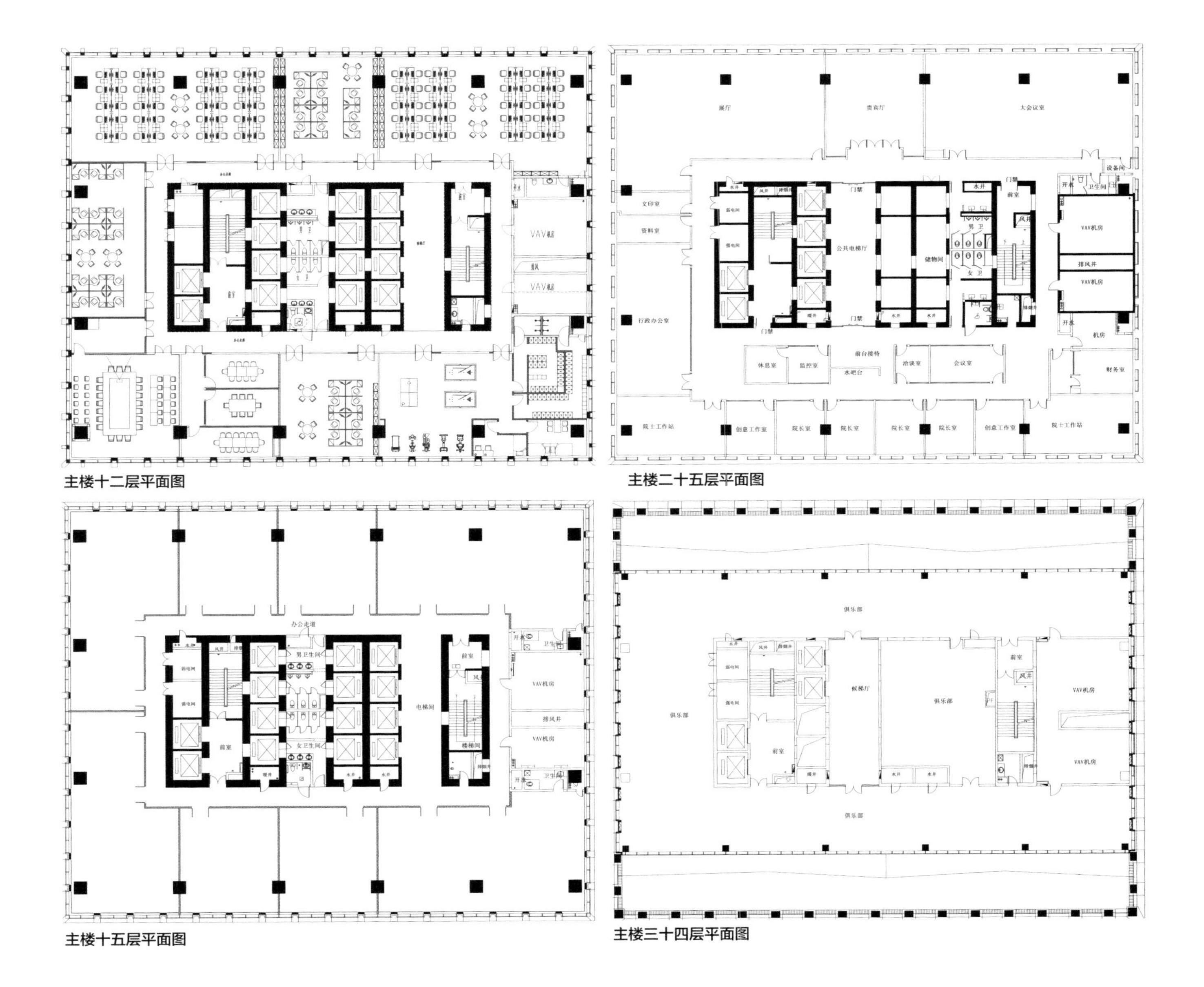

主楼十二层平面图

主楼二十五层平面图

主楼十五层平面图

主楼三十四层平面图

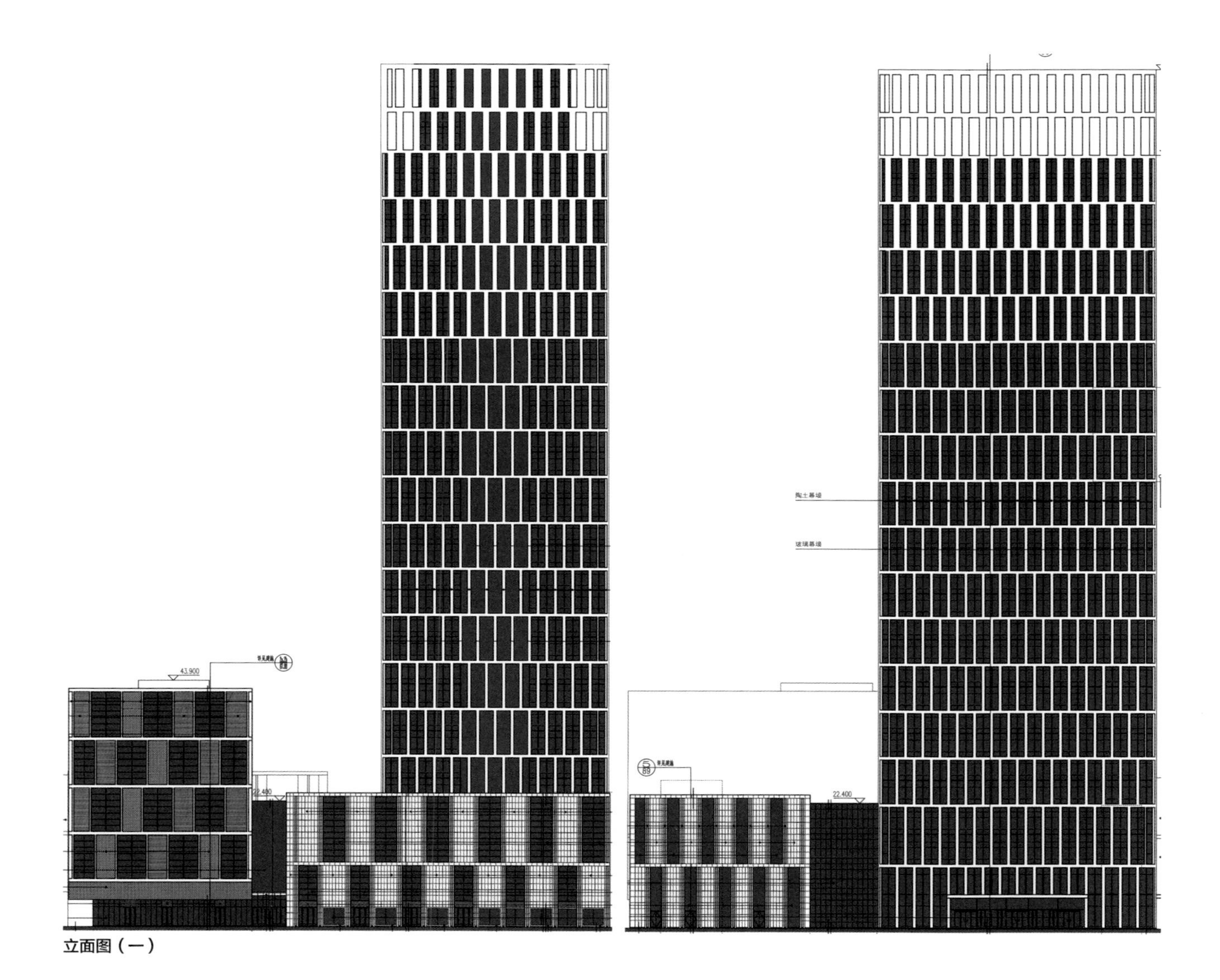

立面图（一）

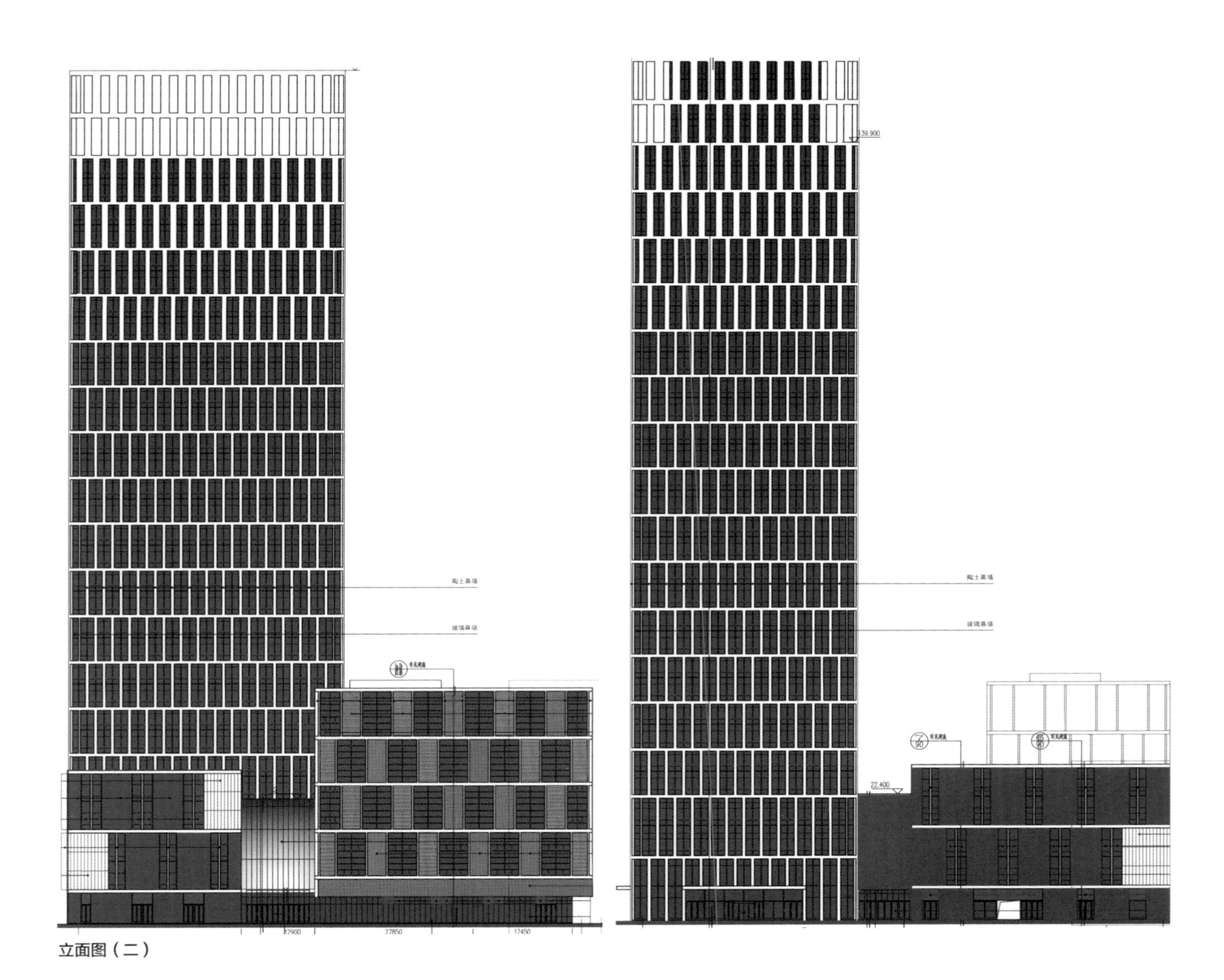

立面图（二）

效果图

实体图（一）

实体图（二）

7. 升龙金融中心（03-22地块）

项目地点： 天津市滨海新区于家堡自贸区友谊道与堡兴路交口
于家堡金融区03-22地块

用地面积： 10 274平方米

建筑面积： 189 827平方米，建筑限高230米，建筑地上52层，
地下3层；容积率15.29，绿地率5%

设计单位： 北京市建筑设计研究院有限公司

开发单位： 天津金明房地产开发有限责任公司

项目简介： 本项目地块位于于家堡金融区一期9+3起步区核心位置，建筑主体由一栋230米高的52层主楼和L形35米高的7层裙房构成。裙楼屋顶采用凹进式屋顶花园，营造出第五立面更加轻松、舒适的景观设计。项目主楼1～2层为商业，3～52层为办公，裙楼1～3层及7层北向为商业，4～6层及7层东向为办公，首层层高6米，二、三层层高5.4米，标准层层高4.2米，标准层面积约2600平方米。项目整体配备43部高速电梯，立面建筑材料为低辐射中空玻璃，空调系统为VAV中央空调，公共区域精装修，室内采用穿孔铝板吊顶，地面为网络地板。

效果图

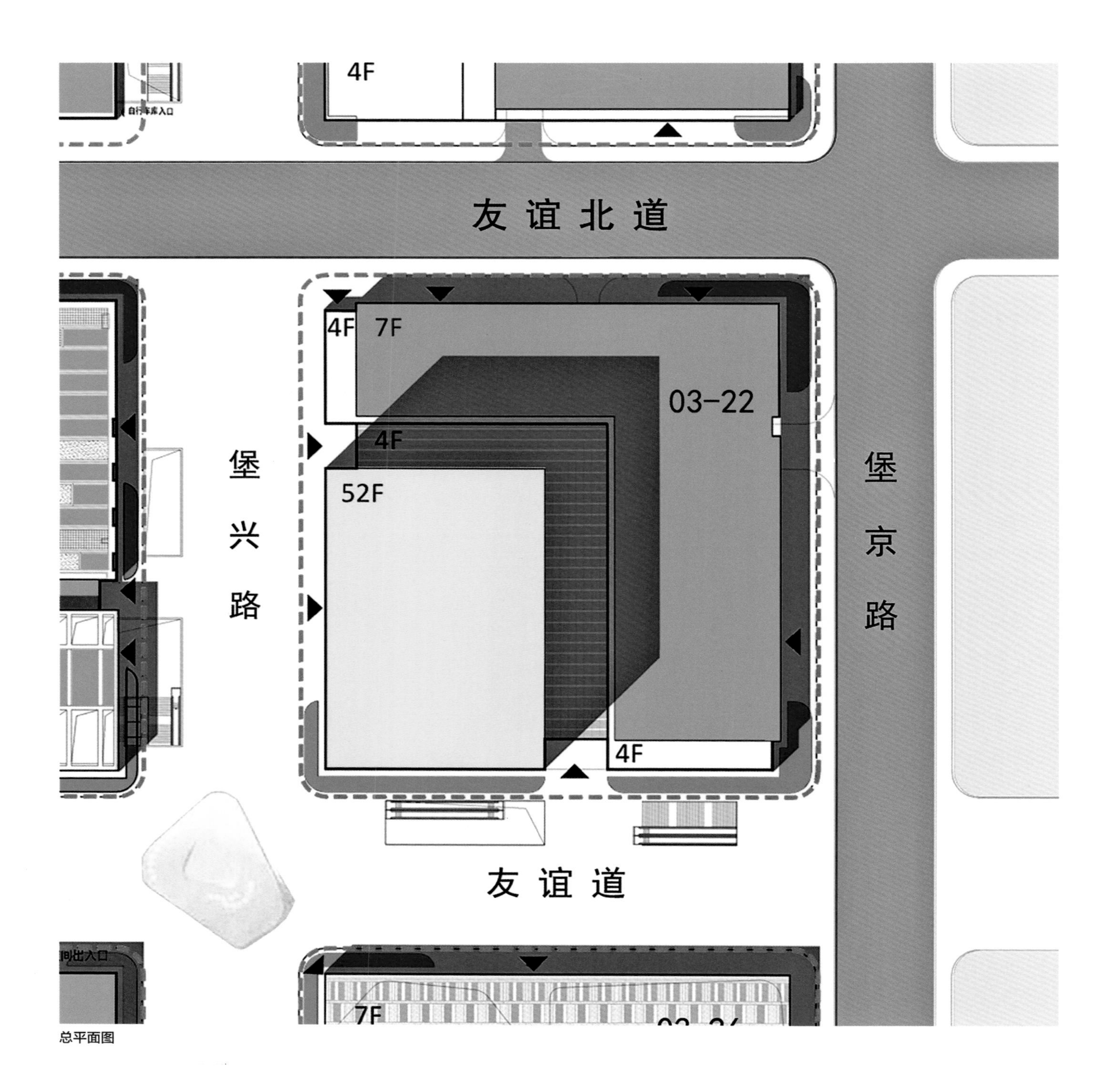

总平面图

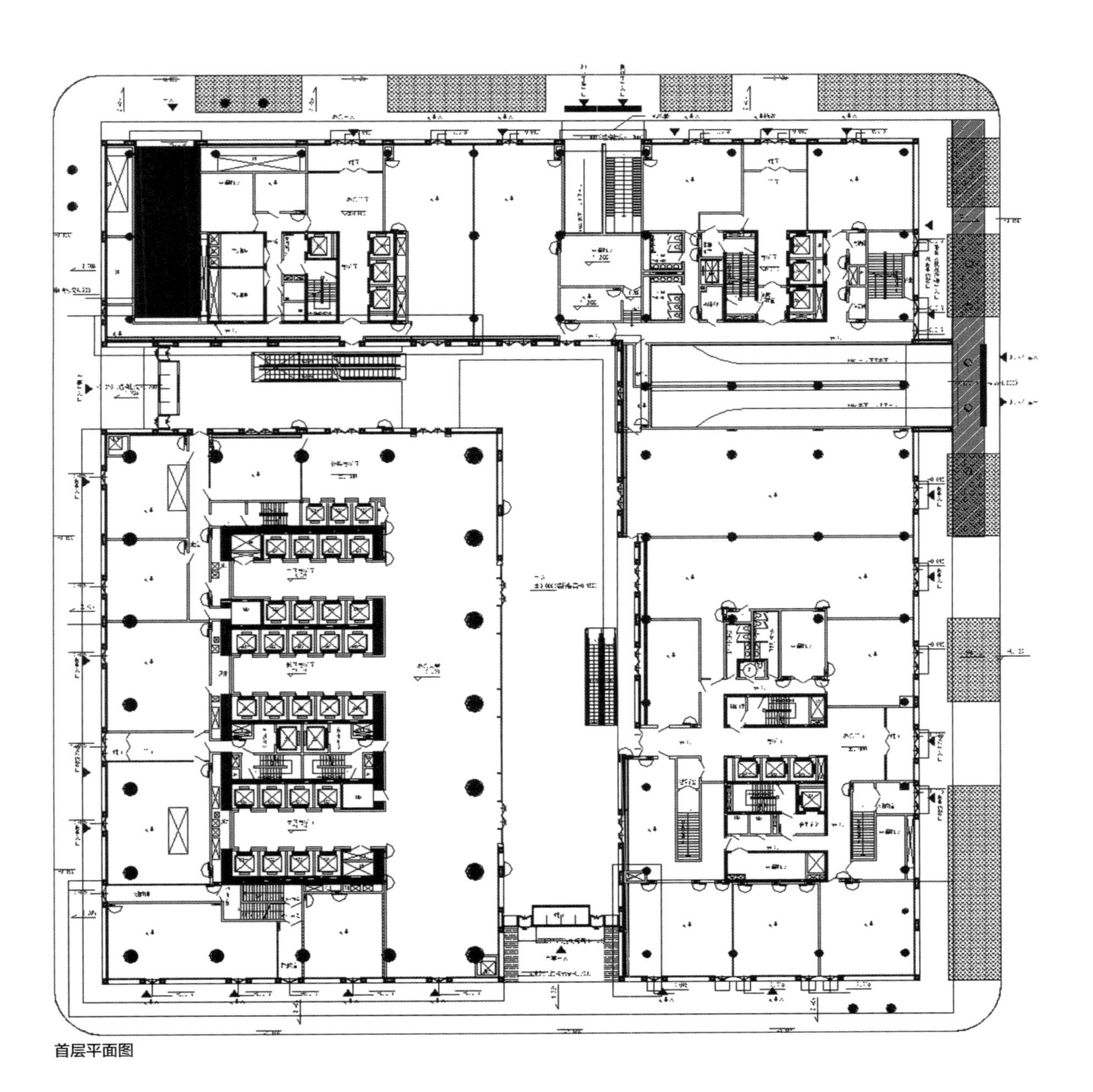

首层平面图

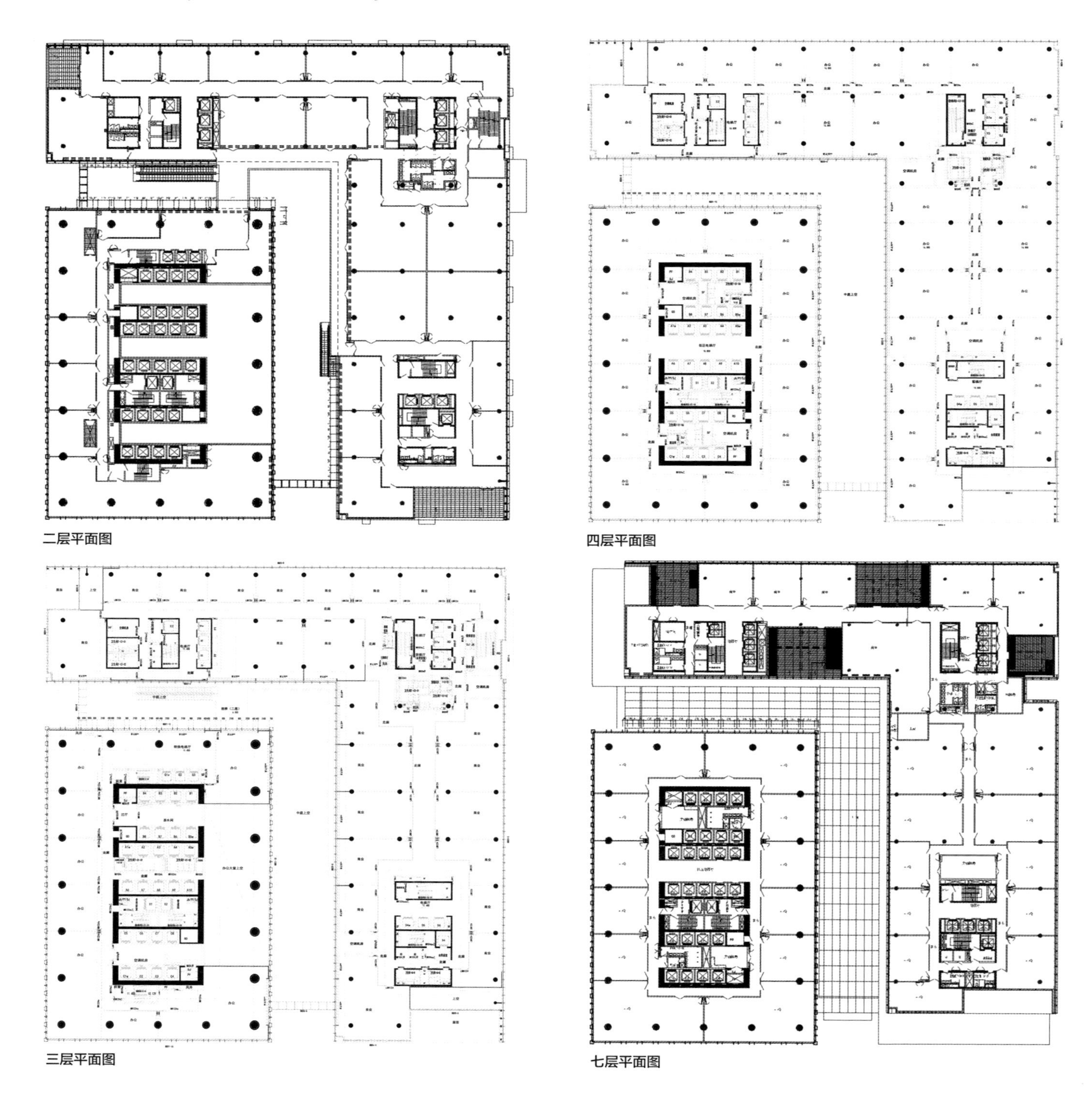

二层平面图

四层平面图

三层平面图

七层平面图

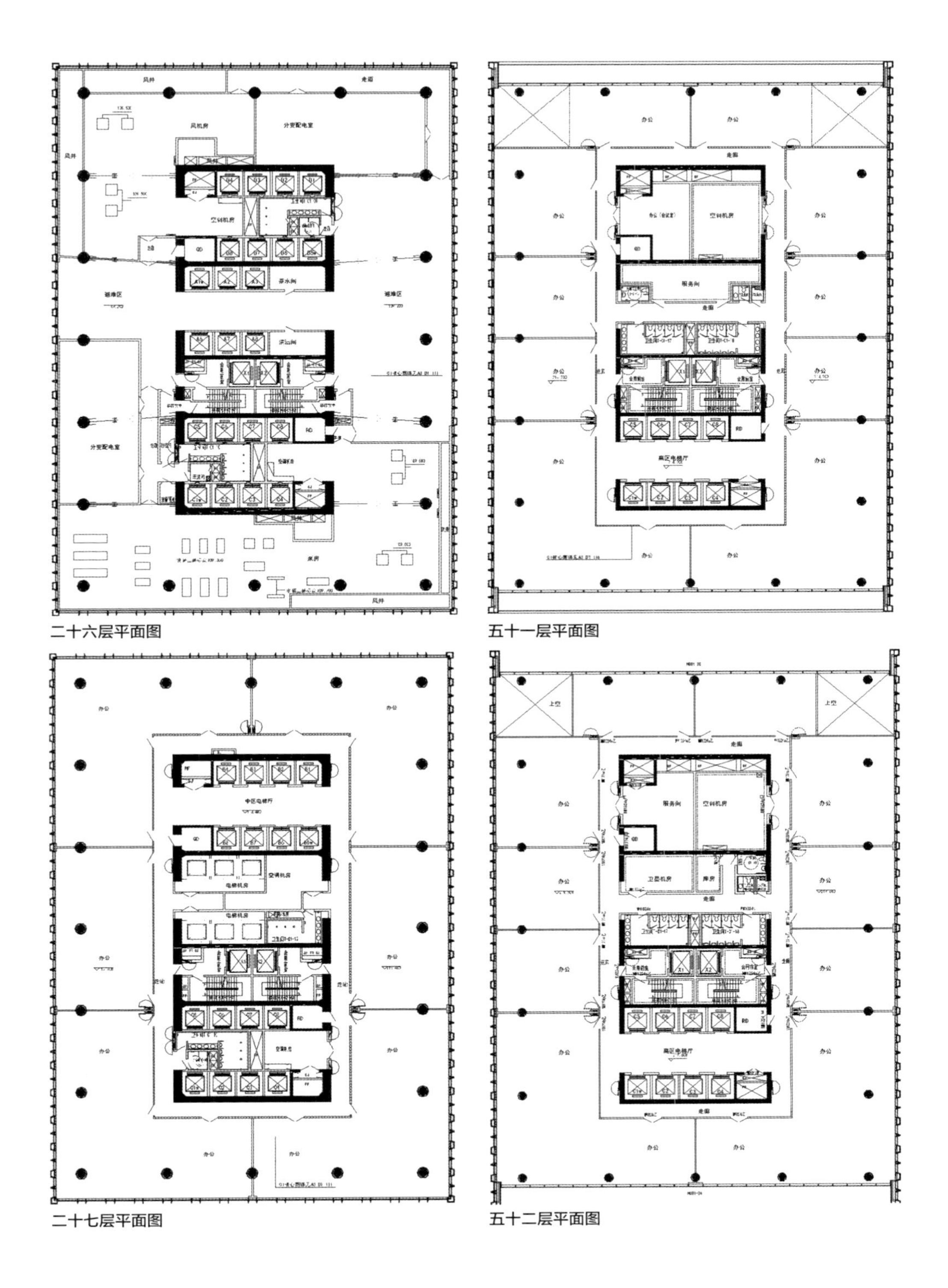

二十六层平面图

五十一层平面图

二十七层平面图

五十二层平面图

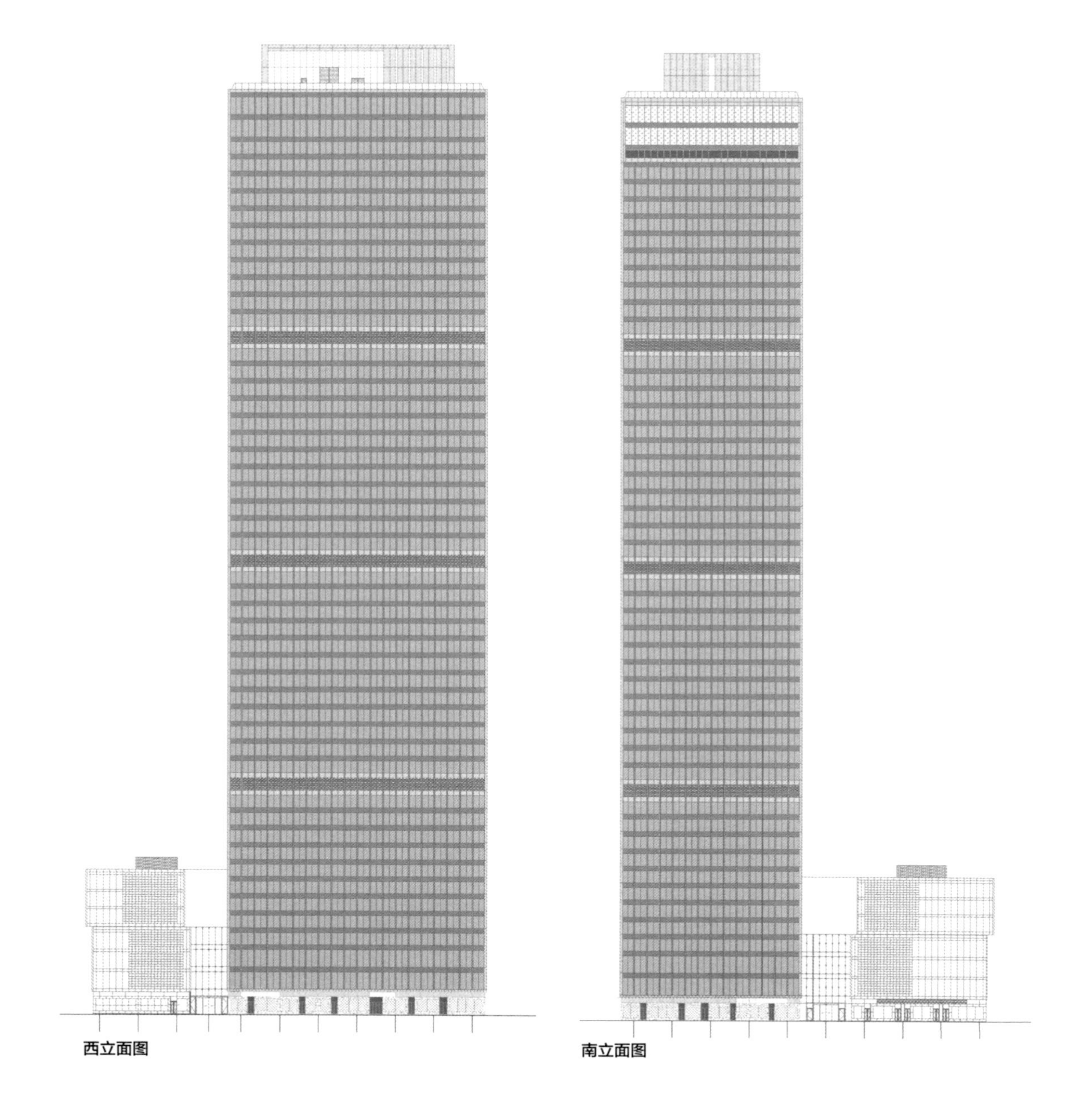
西立面图
南立面图

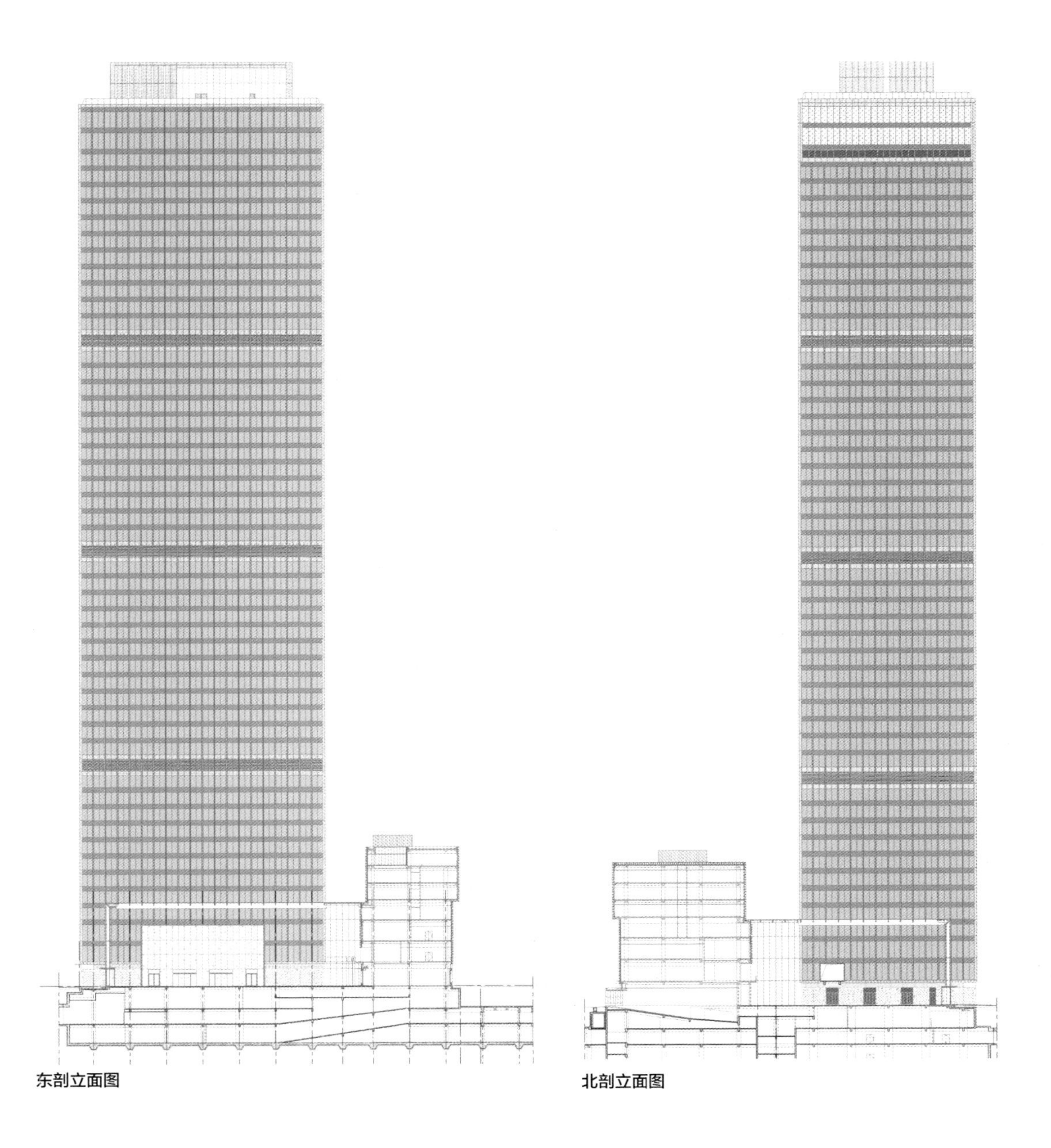

东剖立面图

北剖立面图

鸟瞰图

效果图

8. 天津农商银行（03-25地块）

项目地点：于家堡金融区郭庄子路东侧、友谊北道南侧
于家堡金融区03-25地块

用地面积：10 170.6平方米，其他地上84 063平方米，容积率8.7

建筑面积：113 192平方米，建筑高度145米，地上31层，地下3层

设计单位：华东建筑设计研究院有限公司

开发单位：天津农村商业银行股份有限公司

项目简介：天津农商银行是高端金融办公写字楼，满足金融机构的办公、交易、营业、服务等功能，沿地块北侧和东侧商业街满足部分城市商业功能。塔楼布置在基地的西南侧，沿南侧金滨道设置塔楼的主门厅。塔楼三层与报告厅相连通，四层以上为标准的金融写字楼，其中16层为避难层，31层为无柱大空间办公。东侧沿融忠路为四层裙房，下面1 ~ 2层为商业用房，3 ~ 4层为餐饮和会所。北侧沿友谊路商业街裙房高度为8层，1 ~ 2层为商业用房，3层以上为办公。建筑西侧沿新华路，底层为办公门厅，挑空二层，三层报告厅1200平方米，报告厅可通过新华路办公主门厅和北侧次门厅进入，满足了多功能使用的要求。

项目地下三层为机动车停车库及设备用房，西北角为地铁出口。地下二层沿北侧为商业用房，与地铁相连通，并设有两台通向地下一层的自动扶梯，东侧近北端安装通向地下一层和地下三层的自动扶梯各两台，供地铁上下之用。地下一层设置金库，东北角设置下沉式广场，安装4台通向一层的自动扶梯。塔楼造型简洁方正，主体建筑外立面采用了横向线条处理，底部采用石材基座，双层中空低辐射玻璃及灰色铝板，以精确的比例，创造了具有现代金融建筑特征又能与周边建筑相协调的建筑形式，统一中又有特质。

实体图

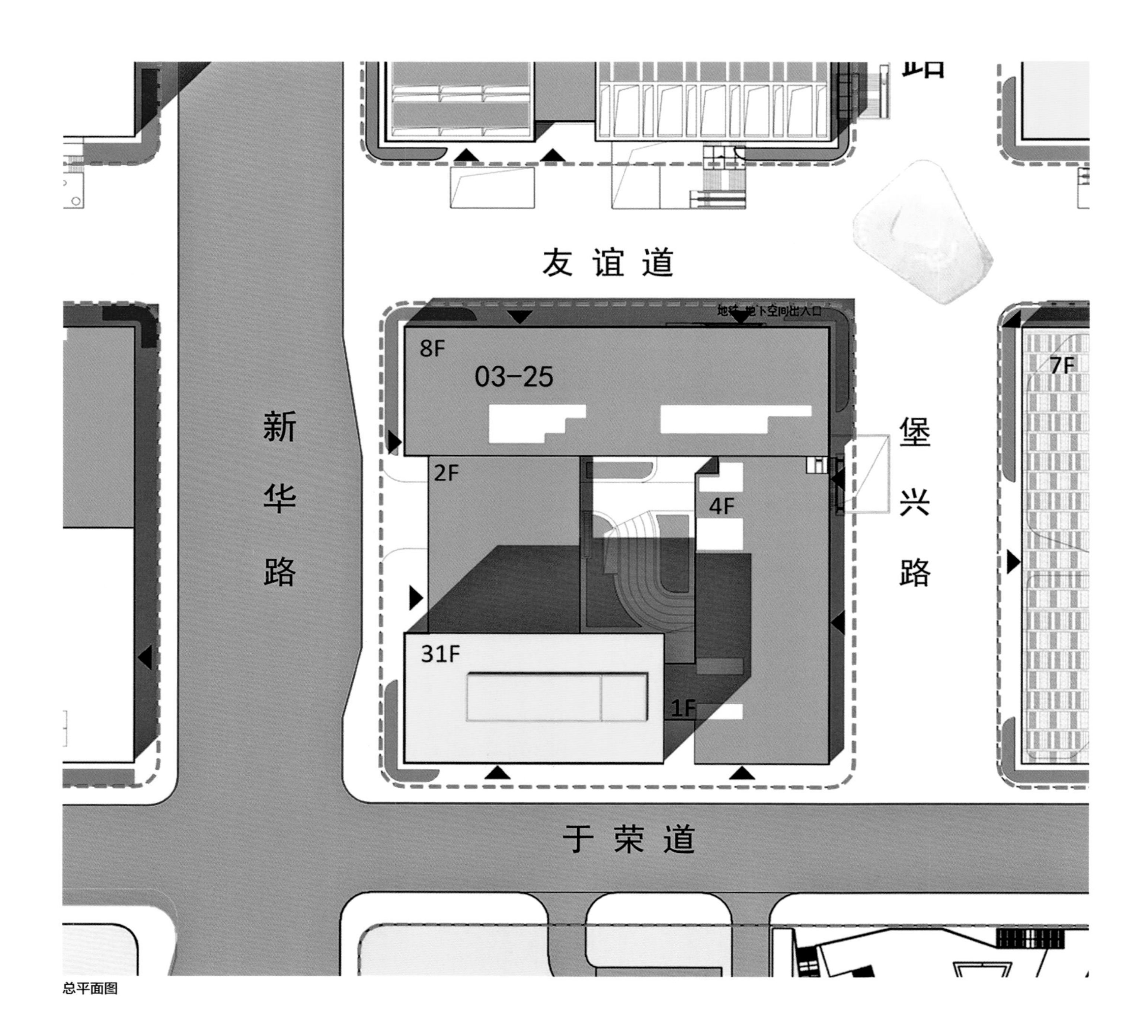

总平面图

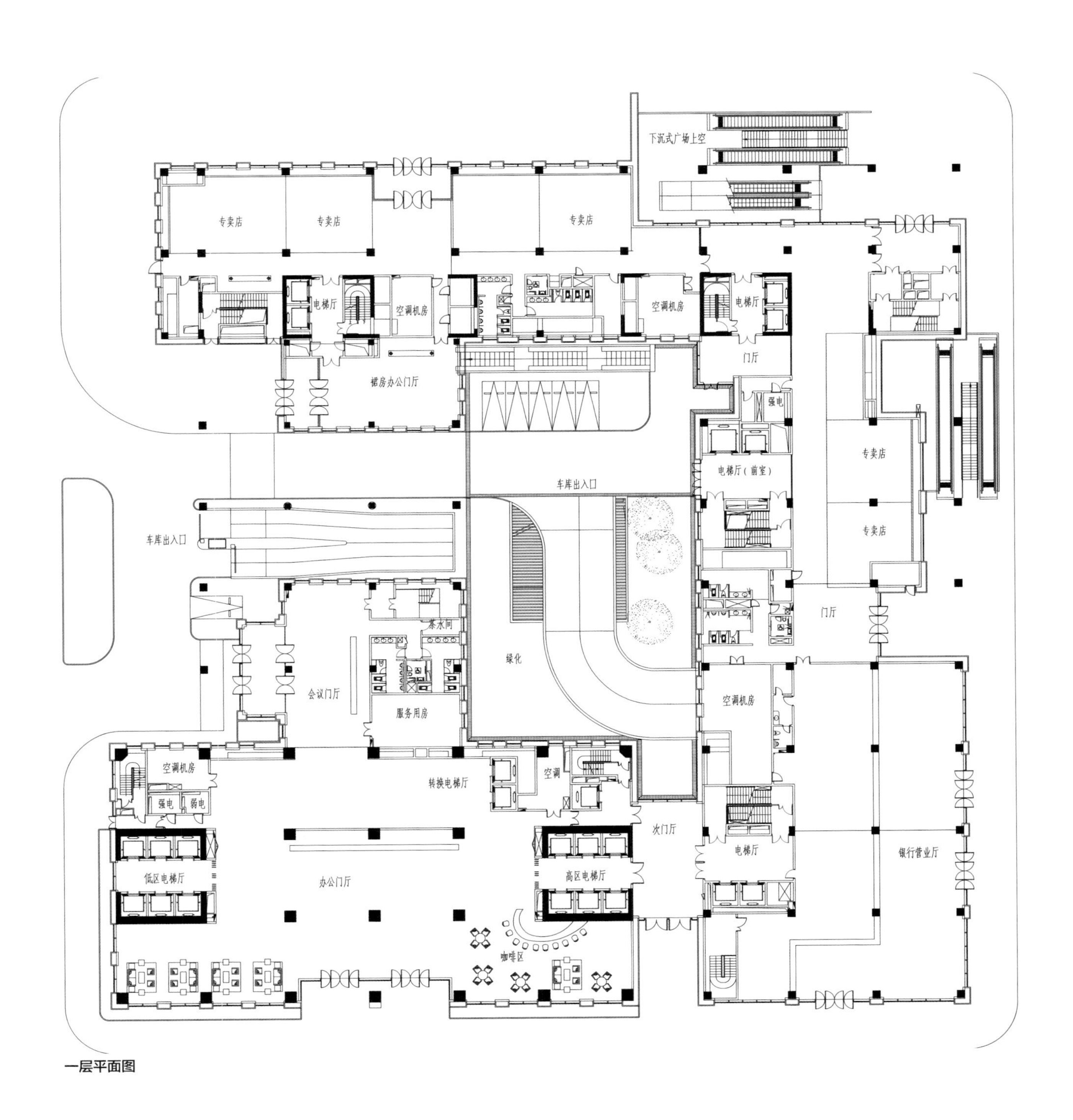
下沉式广场上空
专卖店
专卖店
专卖店
电梯厅
空调机房
空调机房
电梯厅
门厅
裙房办公门厅
强电
电梯厅（前室）
车库出入口
专卖店
车库出入口
专卖店
门厅
茶水间
绿化
会议门厅
服务用房
空调机房
空调机房
转换电梯厅
空调
强电
弱电
次门厅
电梯厅
银行营业厅
低区电梯厅
办公门厅
高区电梯厅
咖啡区

一层平面图

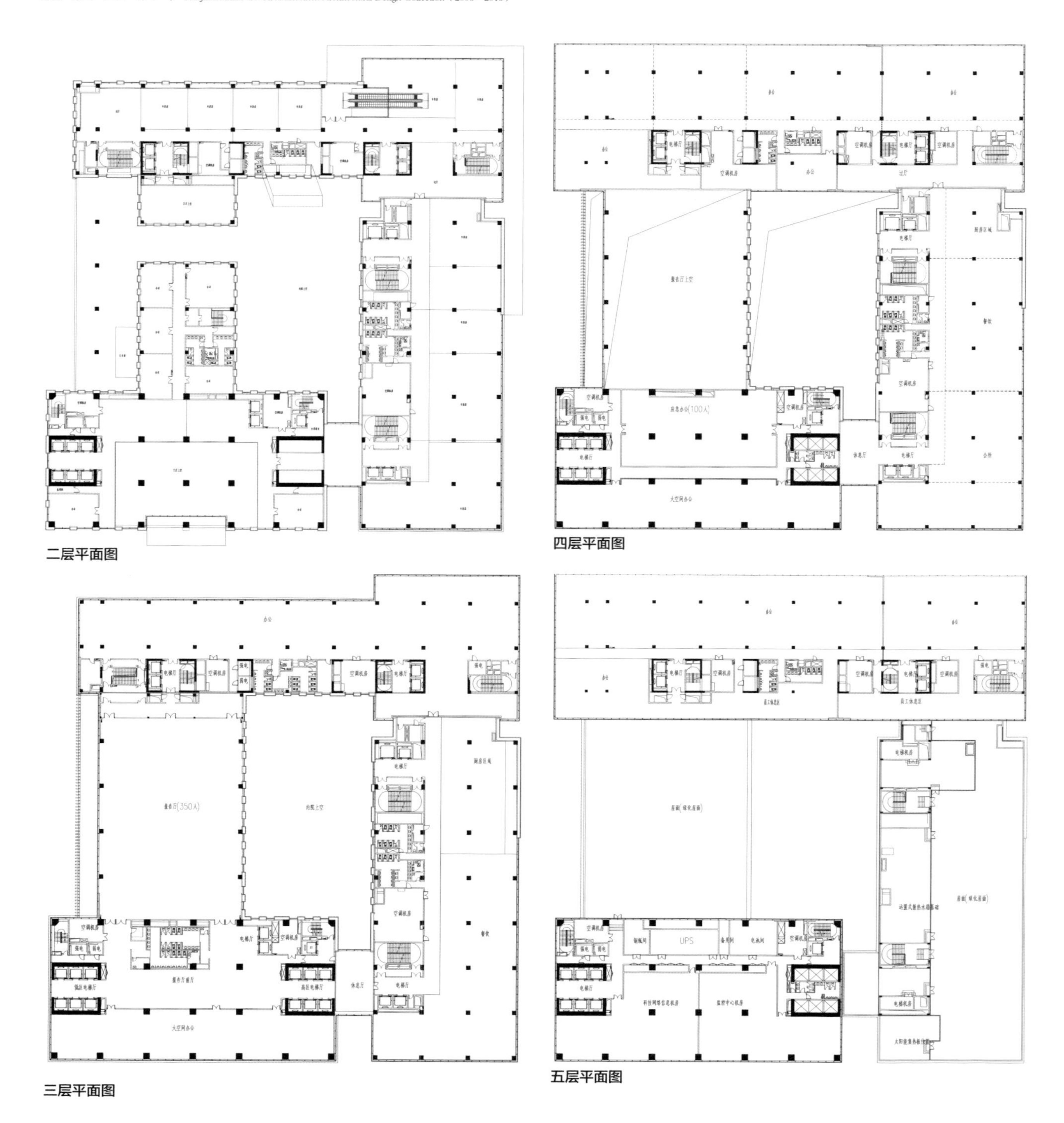

二层平面图

四层平面图

三层平面图

五层平面图

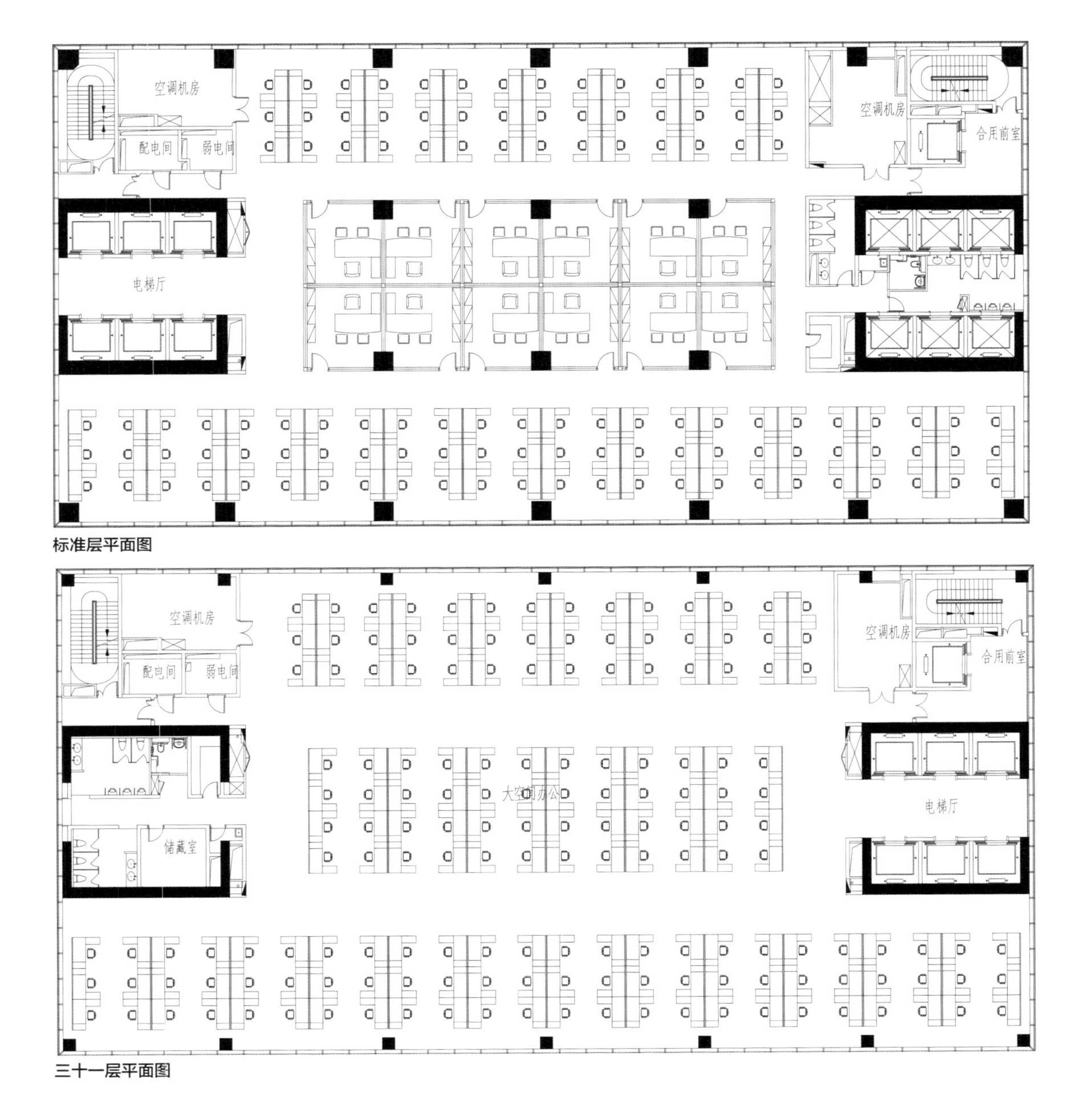

标准层平面图

三十一层平面图

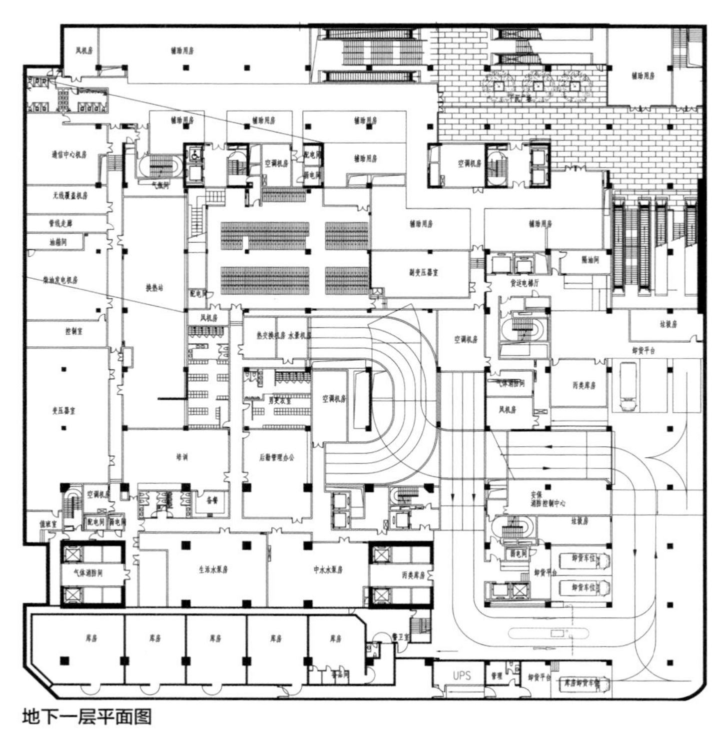
地下一层平面图

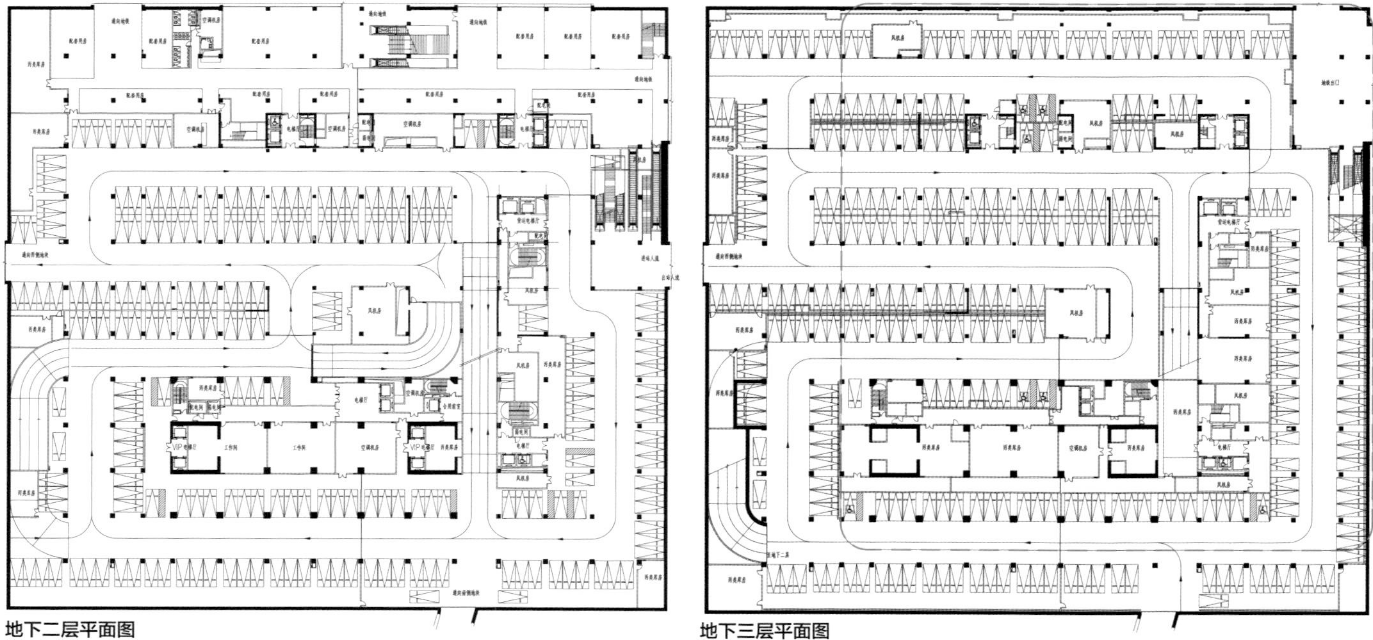
地下二层平面图

地下三层平面图

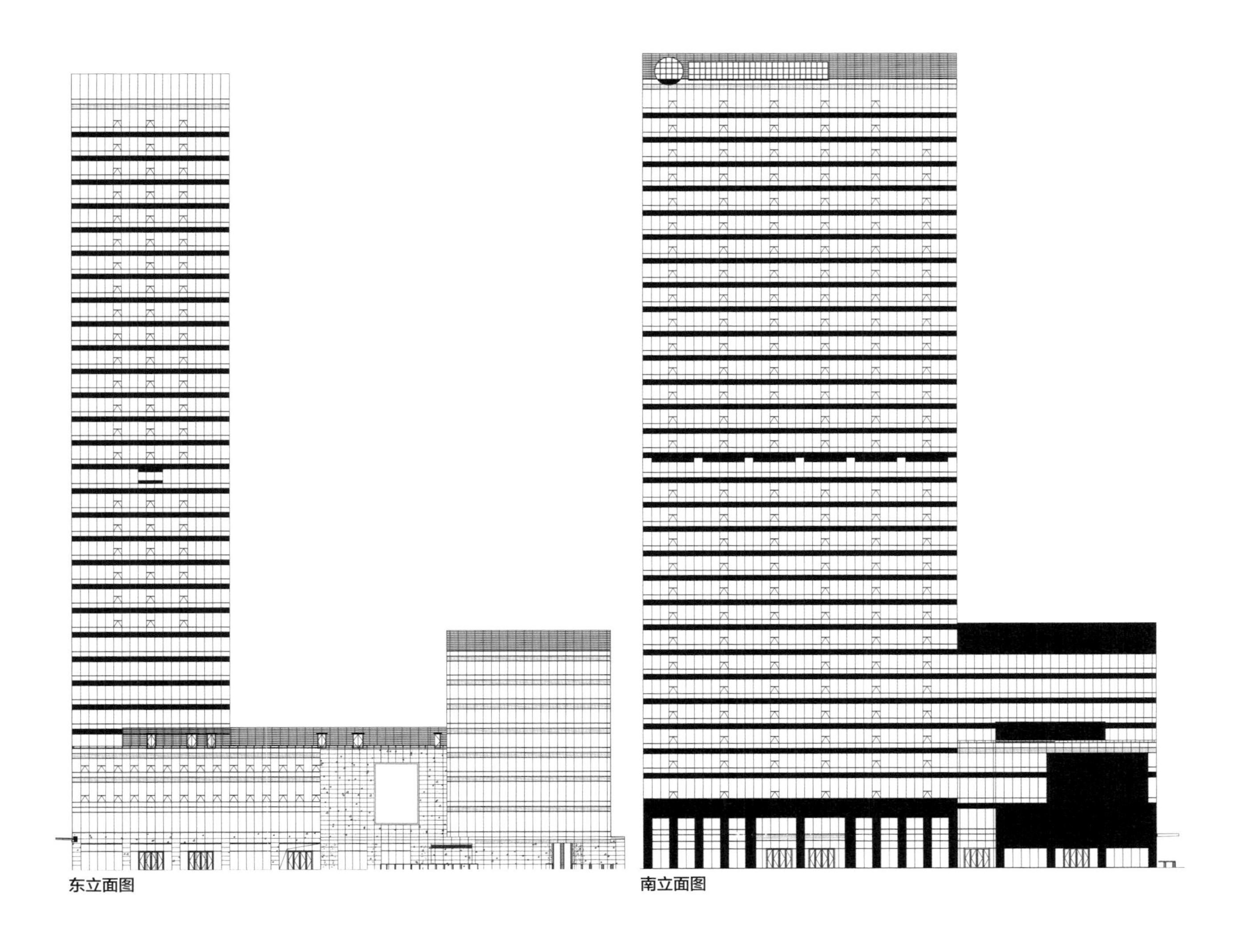

东立面图

南立面图

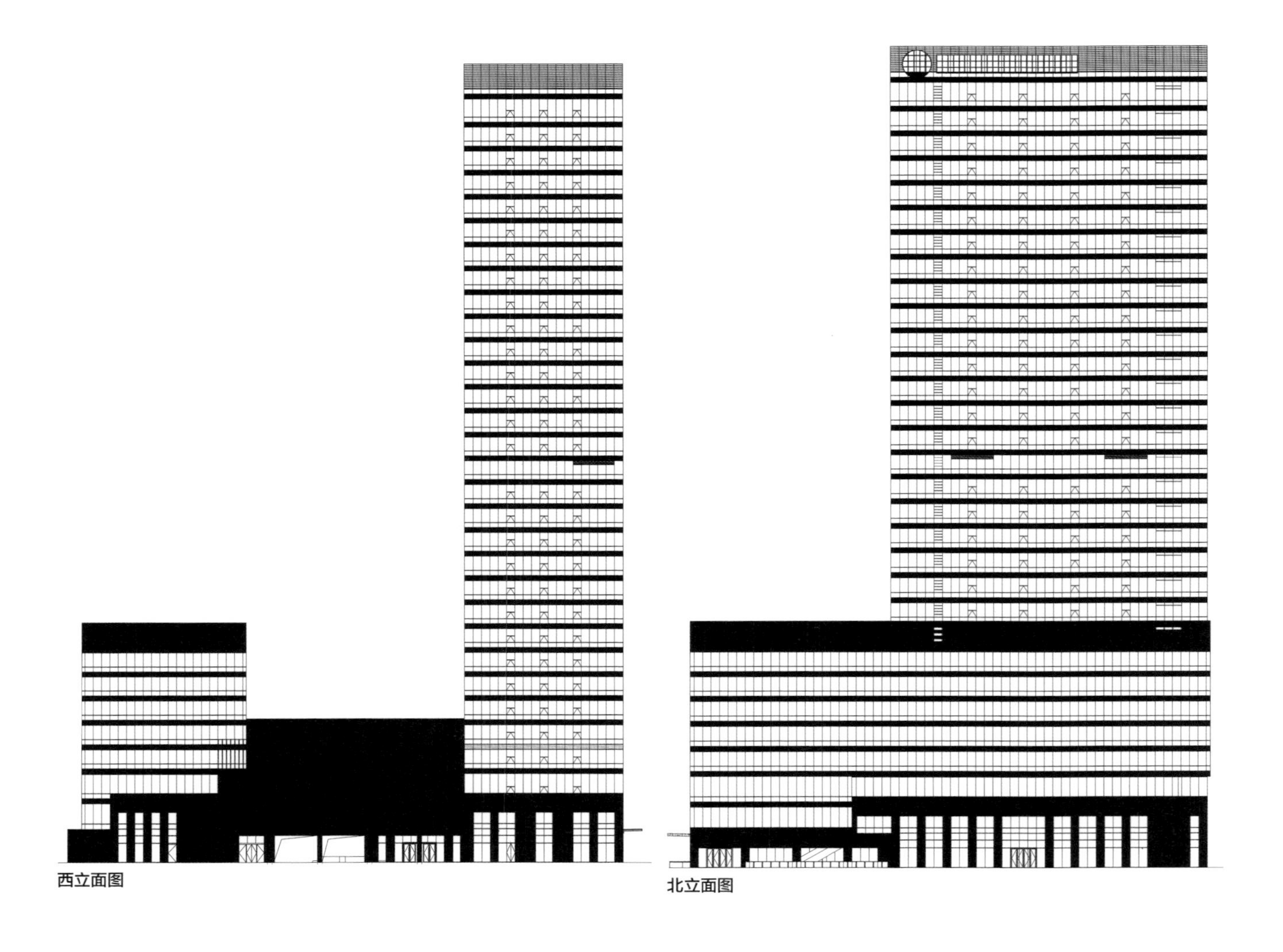

西立面图

北立面图

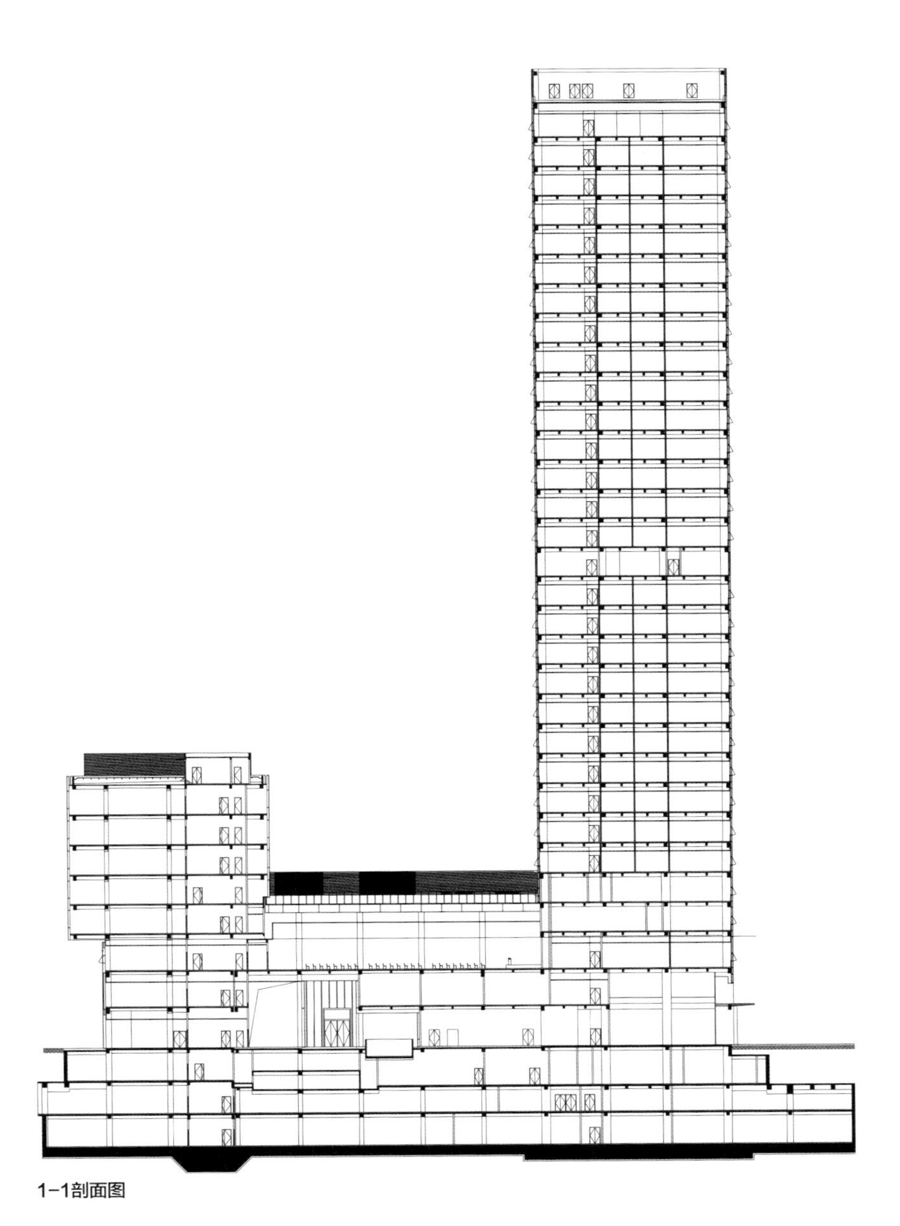

1-1剖面图

效果图

实体图（一）

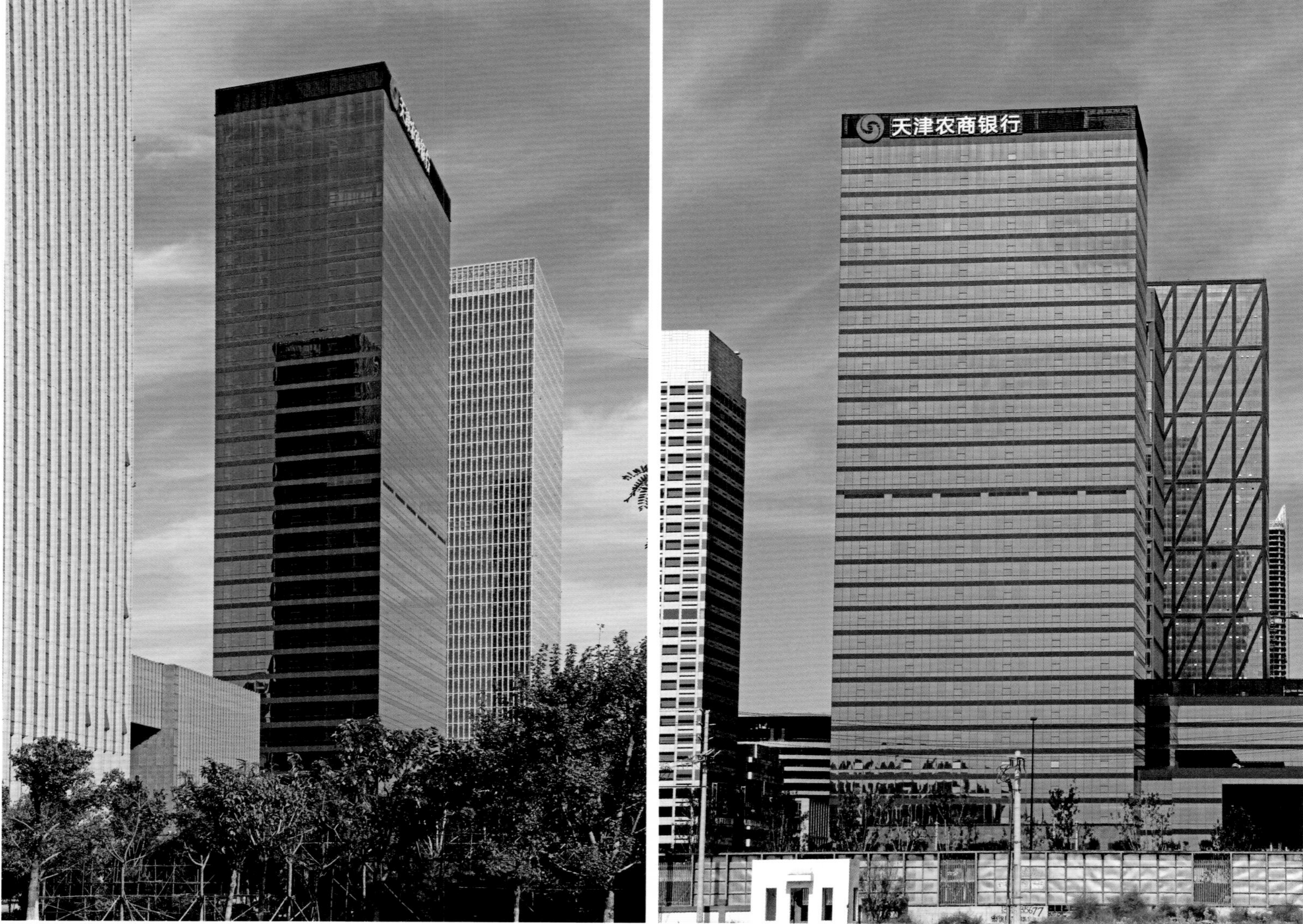

实体图（二）

9. 宝俊大厦（03-26地块）

项目地点： 东邻堡京路，南邻于荣道，西邻堡兴路（规划为步行街），北侧邻友谊道步行街，于家堡金融区03-26地块

用地面积： 10 274.6平方米

建筑面积： 159 819.9平方米，其中地上125 747.4平方米，容积率12.2，建筑高度176.55米，地上39层，地下3层

设计单位： 天津市建筑设计院

开发单位： 天津新金融投资有限责任公司

项目简介： 本项目西邻堡兴路步行街，北邻友谊道步行街，步行街设有地铁出入口，交通便利，南侧紧邻起步区集中绿地，视野开阔，景观条件优越。

建筑布局严格按照于家堡金融区起步区城市设计导则要求，项目由主楼、附楼两部分组成，主楼平面形状呈矩形，主楼与附楼之间引入内街巷概念，行人可以方便地进入任何一个商业空间。主楼具有良好的区域位置和景观视野，层数为39层，檐口高度176.40米；主楼西北侧为附楼部分，层数为6层，附楼檐口高度为40.0米；主楼和附楼北侧间距16.00米，西侧间距3.00米；在主楼3~6层与附楼之间设计一个空中连廊，将两侧的商业和餐饮功能密切联系在一起。在主楼和附楼设三层地下室，附楼首层北侧和西侧各设一个地铁出口，将地铁人流引入本地块，有效提高了项目的商业价值。

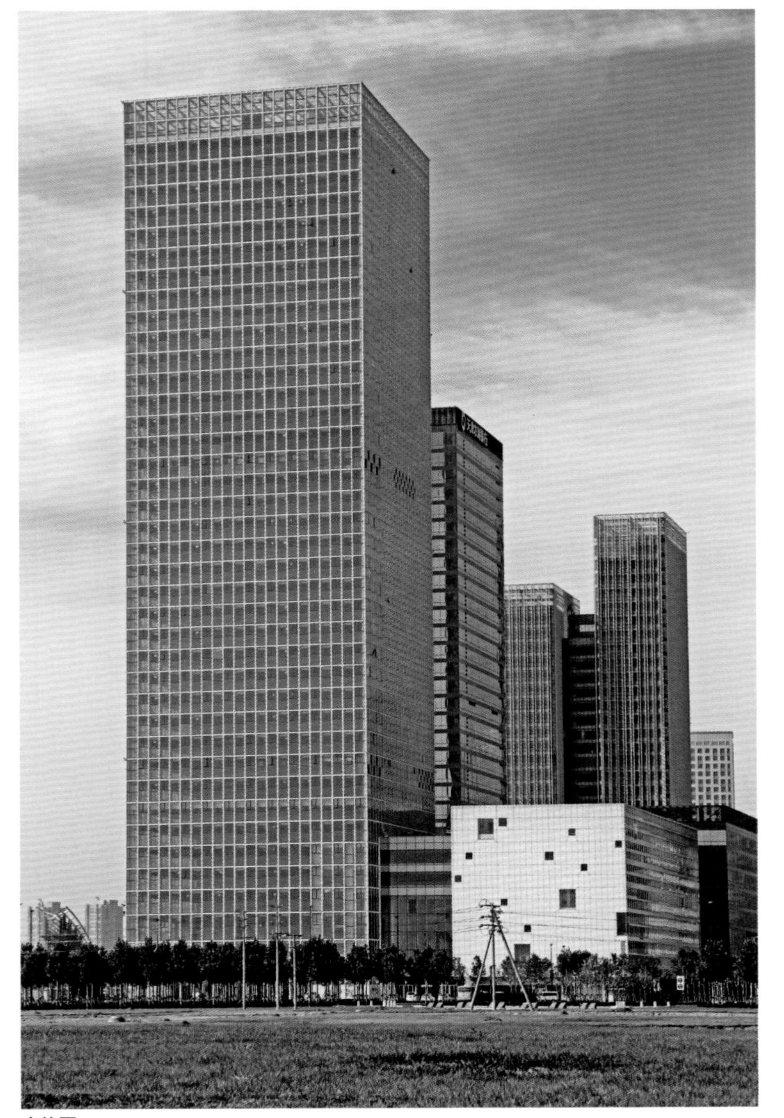

实体图

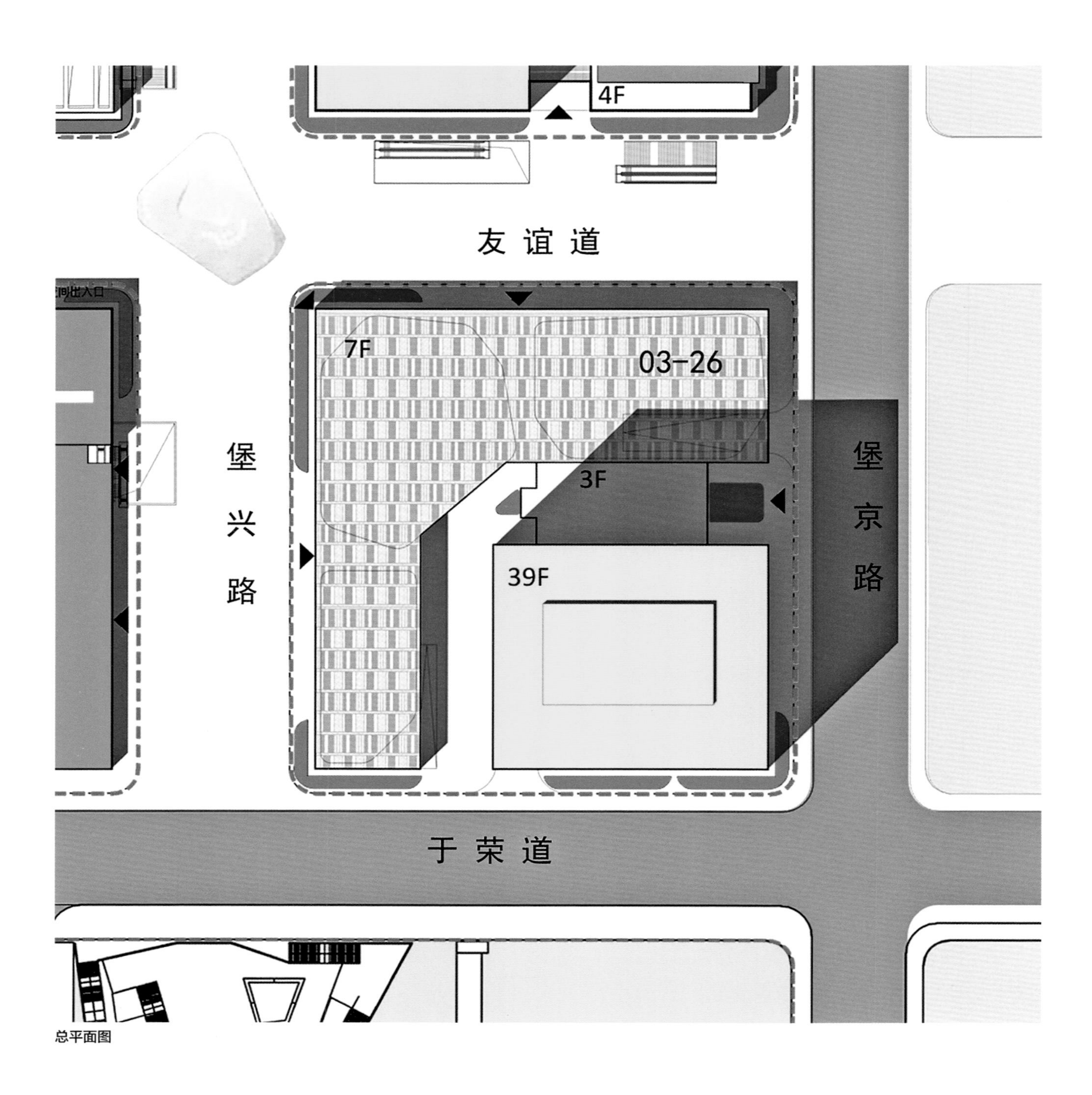
4F
友谊道
7F
03-26
堡
兴
路
3F
39F
堡
京
路
于荣道

总平面图

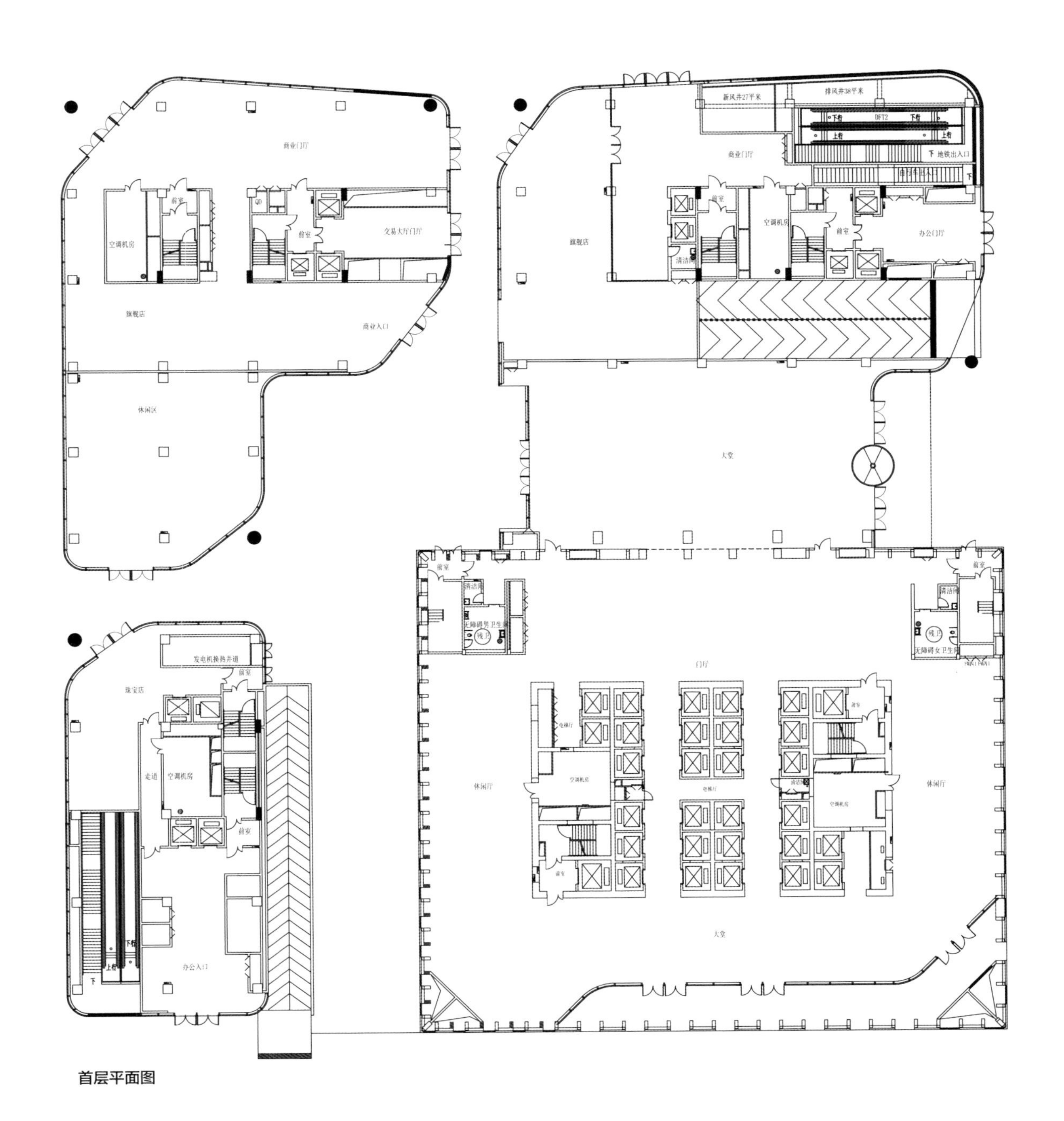
商业门厅
前室
空调机房
QD
前室
交易大厅门厅
旗舰店
商业入口
休闲区
新风井27平米
排风井38平米
下行
DFT2
下行
上行
上行
下 地铁出入口
商业门厅
旗舰店
前室
空调机房
前室
办公门厅
清洁间
大堂
发电机换热井道
前室
珠宝店
走道
空调机房
前室
下行
上行
下
办公入口
前室
清洁间
无障碍男卫生间
残卫
前室
清洁间
残卫
无障碍女卫生间
门厅
休闲厅
空调机房
电梯厅
空调机房
休闲厅
大堂

首层平面图

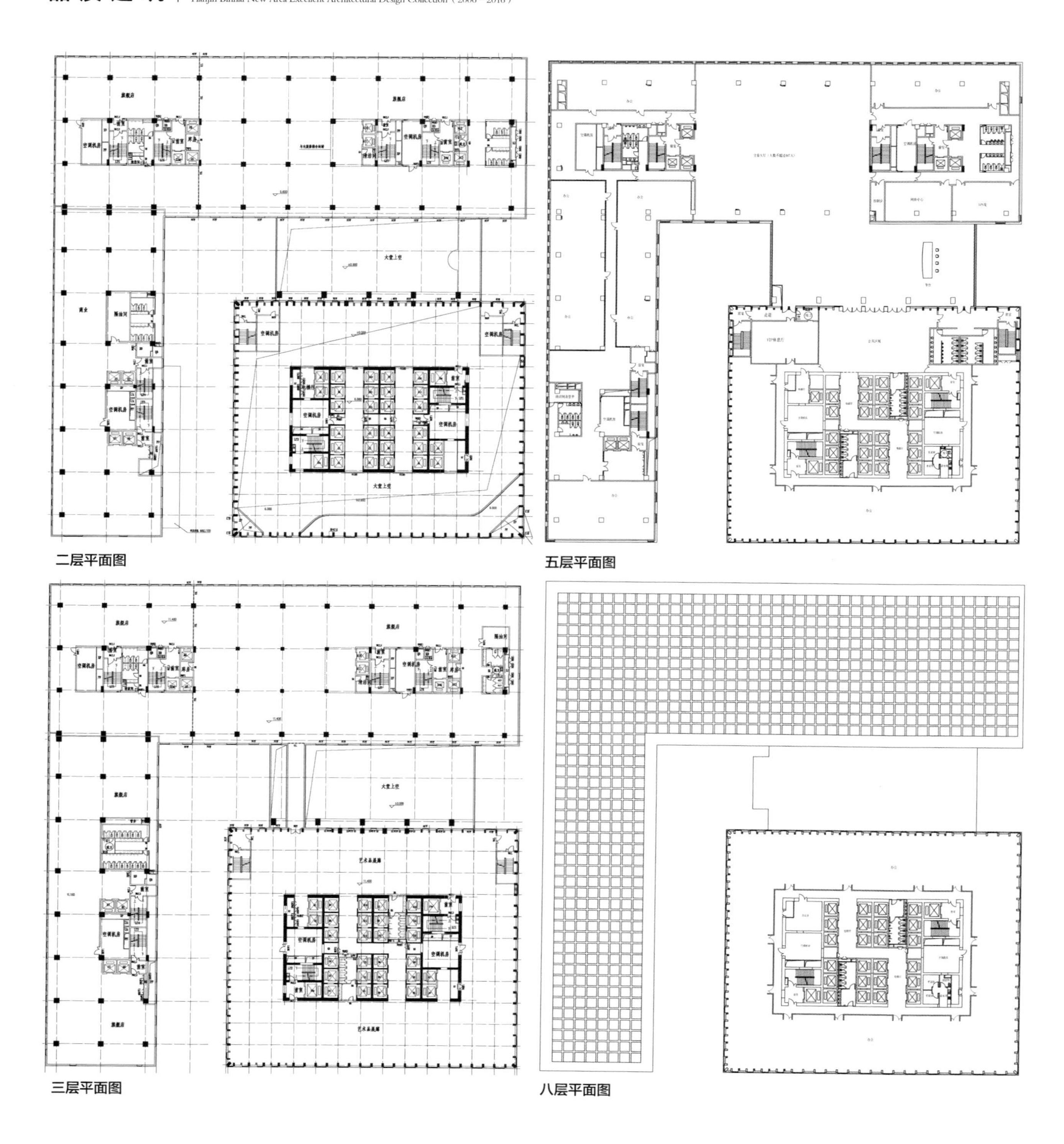

二层平面图

五层平面图

三层平面图

八层平面图

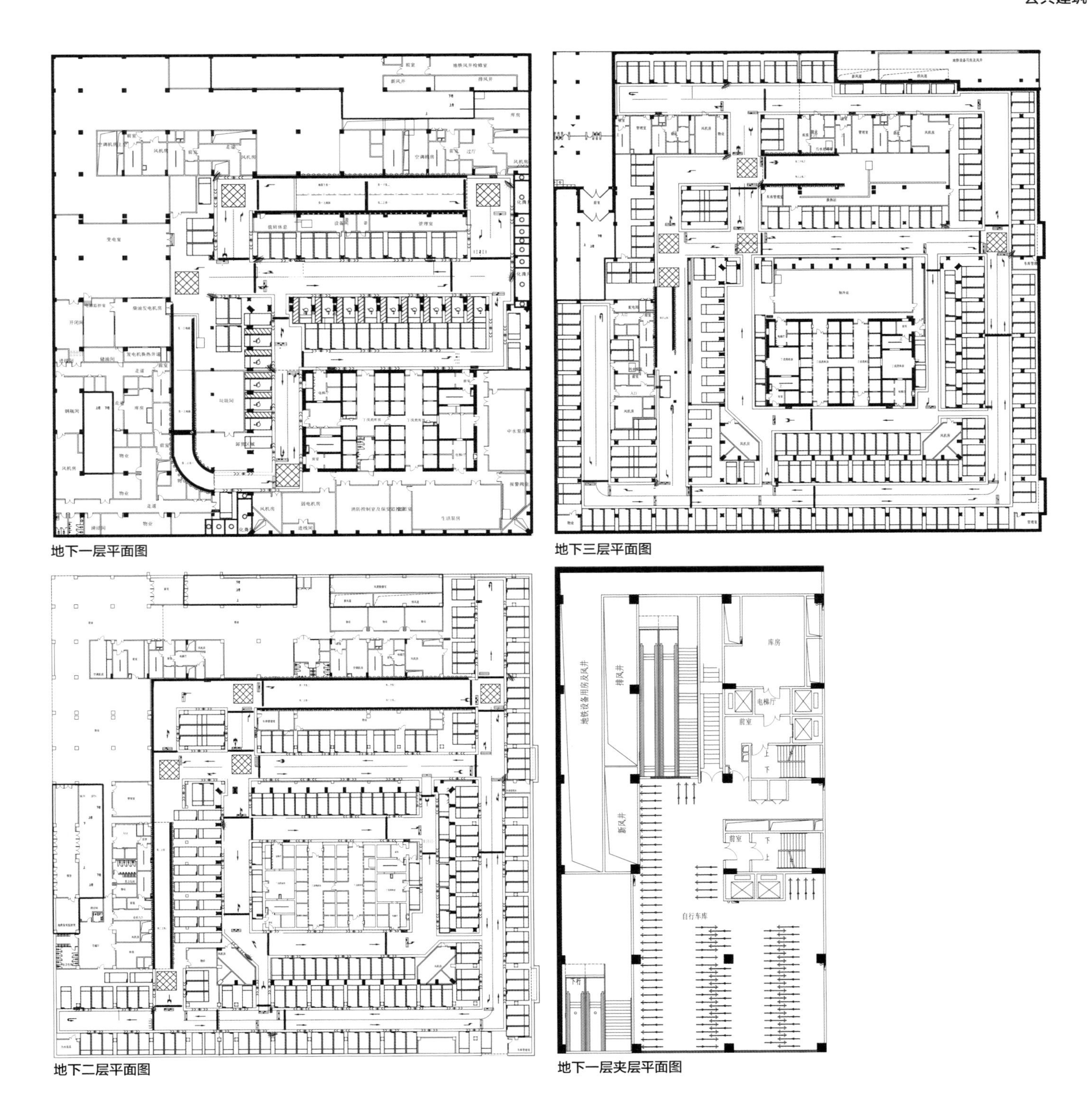

地下一层平面图

地下三层平面图

地下二层平面图

地下一层夹层平面图

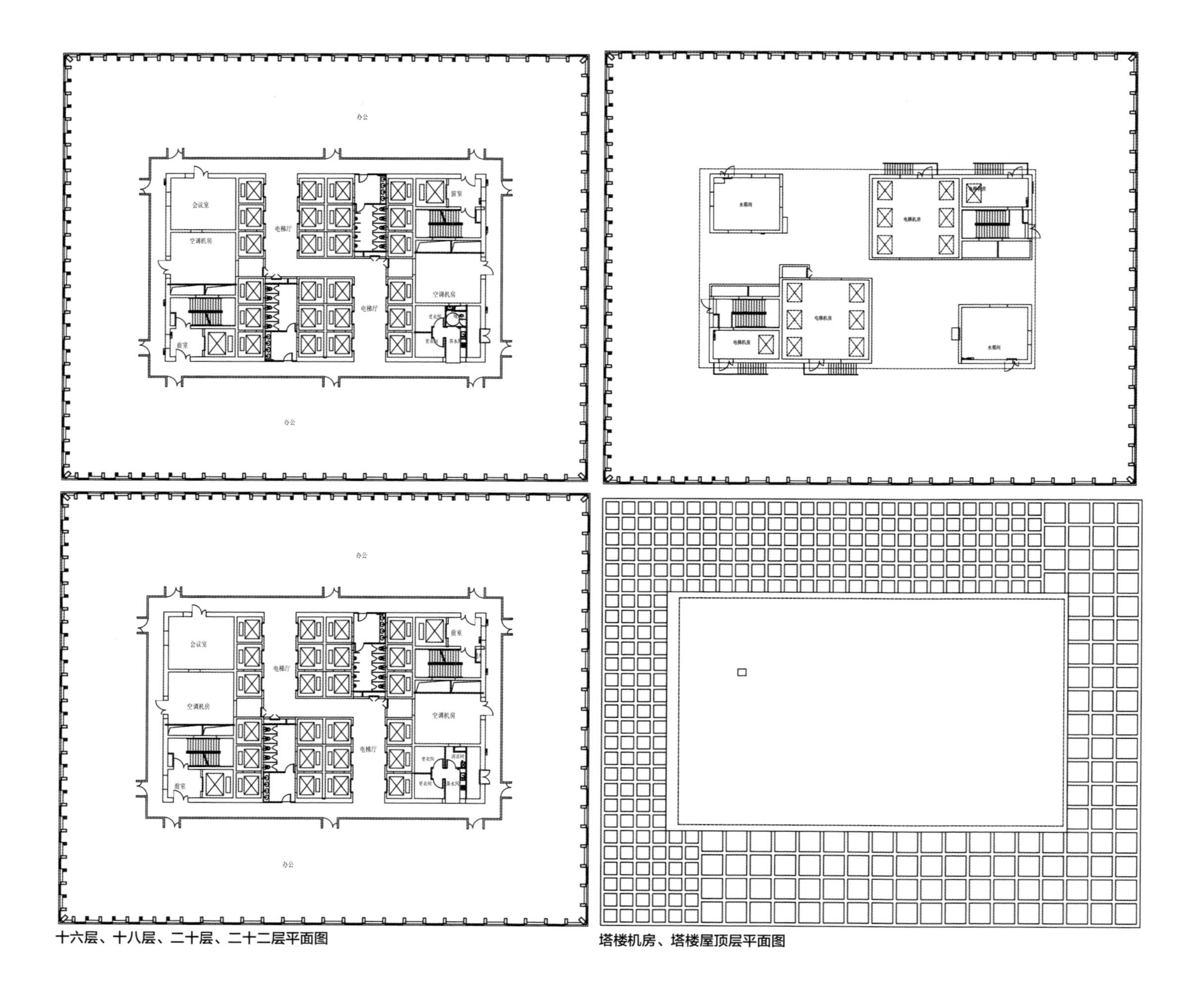

十六层、十八层、二十层、二十二层平面图

塔楼机房、塔楼屋顶层平面图

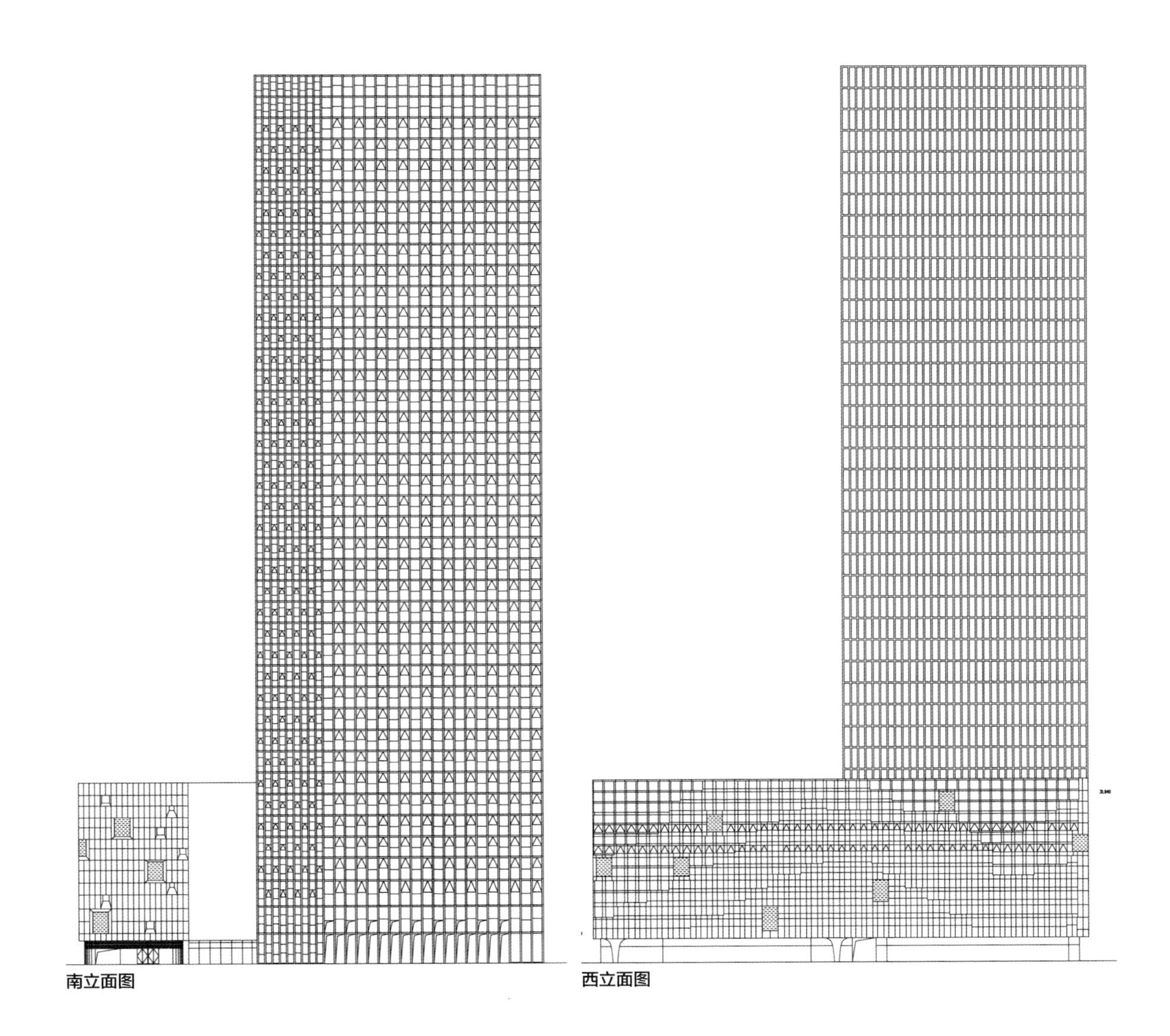

南立面图　　西立面图

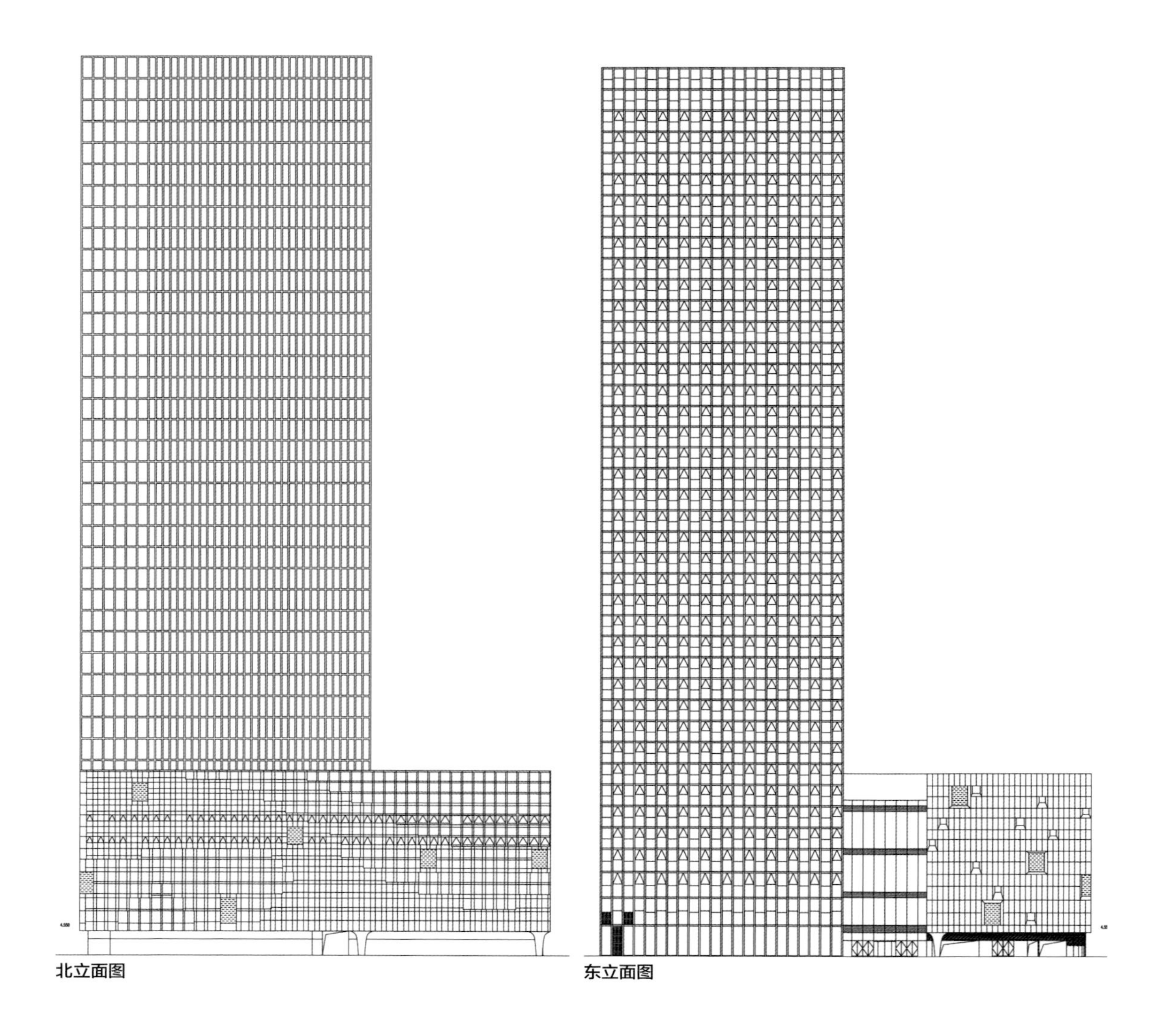

北立面图　东立面图

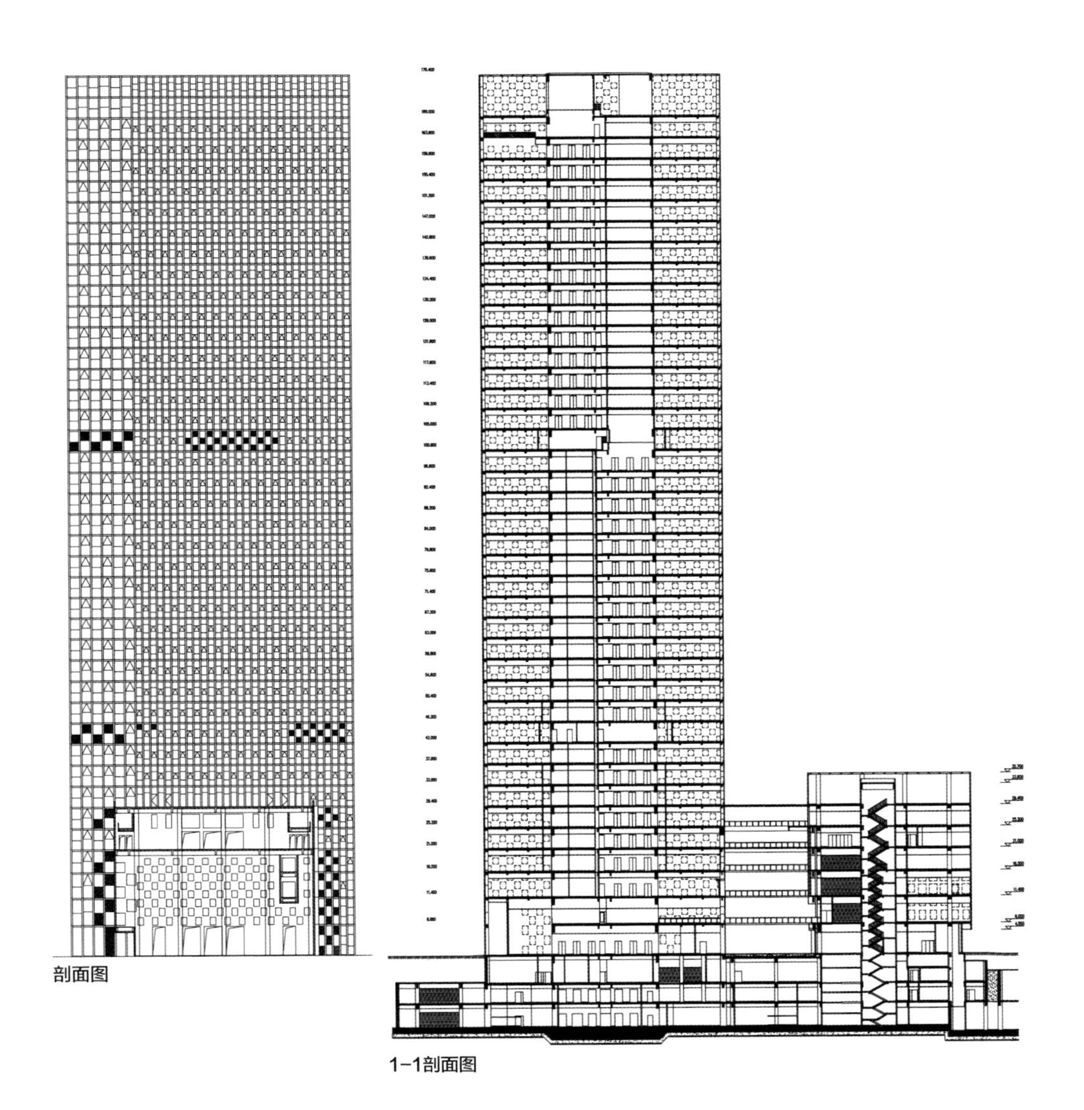

剖面图

1-1剖面图

效果图（一）

效果图（二）

实体图

（二）响螺湾商务区

响螺湾商务区作为滨海新区中心商务区的组成部分，是外省市及中央企业驻滨海新区办事机构、集团总部和研发中心的承载区，规划占地面积159平方千米，总建筑面积608万平方米。采用窄路密网的方格式布局。沿海河绿化带已建成彩带岛工业，绿地面积约27万平方米，成为靓丽的滨水景观。

响螺湾商务区集商务办公、酒店会展、商业文娱、城市观光等诸多功能为一体，构建多元复合、配套服务完善的商务区。

响螺湾商务区于2007年开工建设，已开工建设63栋楼宇，累计竣工26栋楼宇。这片昔日被称为“坨地”的地方已旧貌换新颜，成为滨海的城市亮点。

响螺湾立面图

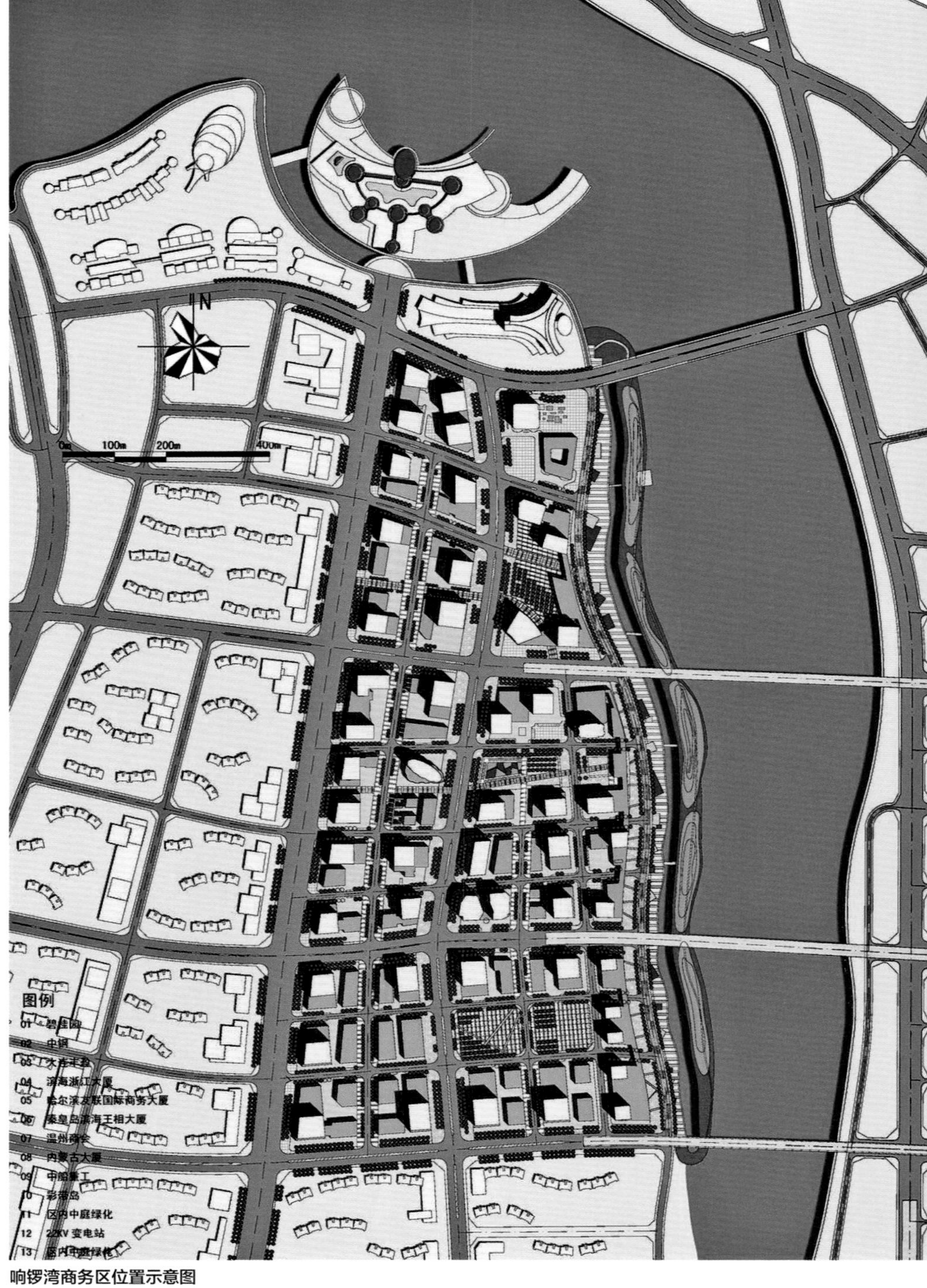

响锣湾商务区位置示意图

实体图

10. 国泰大厦

项目地点： 响螺湾迎宾大道东侧

用地面积： 18 282.6平方米

建筑面积： 160 183.63平方米，其中地上126 149.90平方米，容积率7.01，建筑高度187.77米，地上38层，地下2层；绿地率30%

设计单位： 天津市房屋鉴定勘察设计院

开发单位： 天津滨海国泰投资有限公司

项目简介： 本项目秉承现代、理性、时尚的简约风格，在灵活实用的功能之下，尊重城市规划导则，建筑体量简洁大方，形体富有感染力，立面元素统一延续，力求让建筑成为城市匀质空间的一员。按照规划导则的要求，项目由主体高度为187.8米的塔楼和42.6米的裙楼组成，塔楼位于街角，作为区域内L形高层连续的转折点，减小对城市空间的影响。同时，内部设置南面和西面相贯通的弧形商业步行系统，并自然转折到东西向商业，形成顺应人流方向的步行商业街，用步行街连接城市人流交汇点，注入城市活力，提升项目的商业价值。

实体图

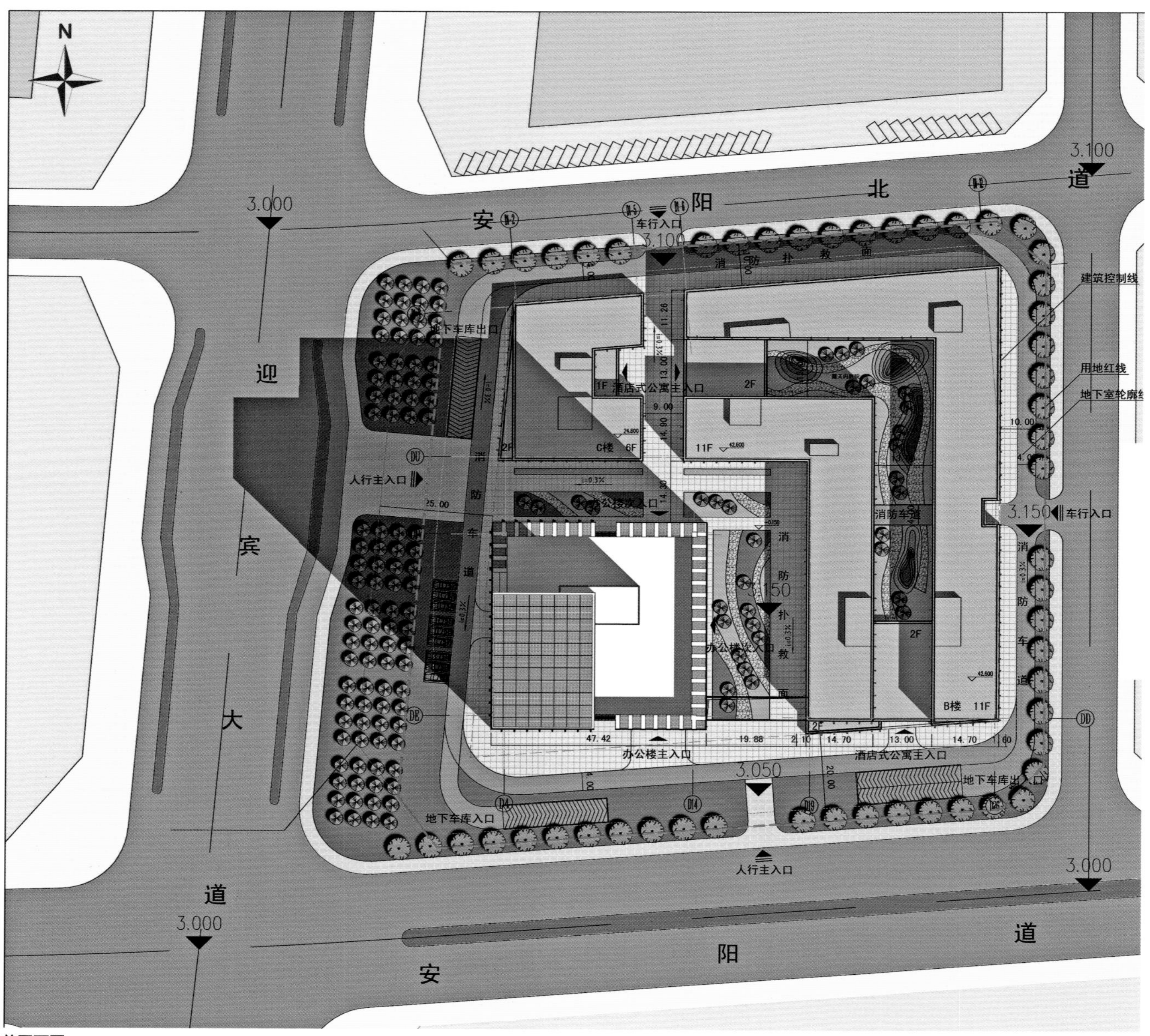
N
安阳北道
迎宾大道
安阳道
3.000
3.100
3.150
3.050
车行入口
消防扑救面
建筑控制线
用地红线
地下车库出口
1F 酒店式公寓主入口
2F
11F
C楼 6F
人行主入口
消防车道
消防扑救面
B楼 11F
办公楼主入口
酒店式公寓主入口
地下车库入口
地下车库出口
人行主入口
总平面图

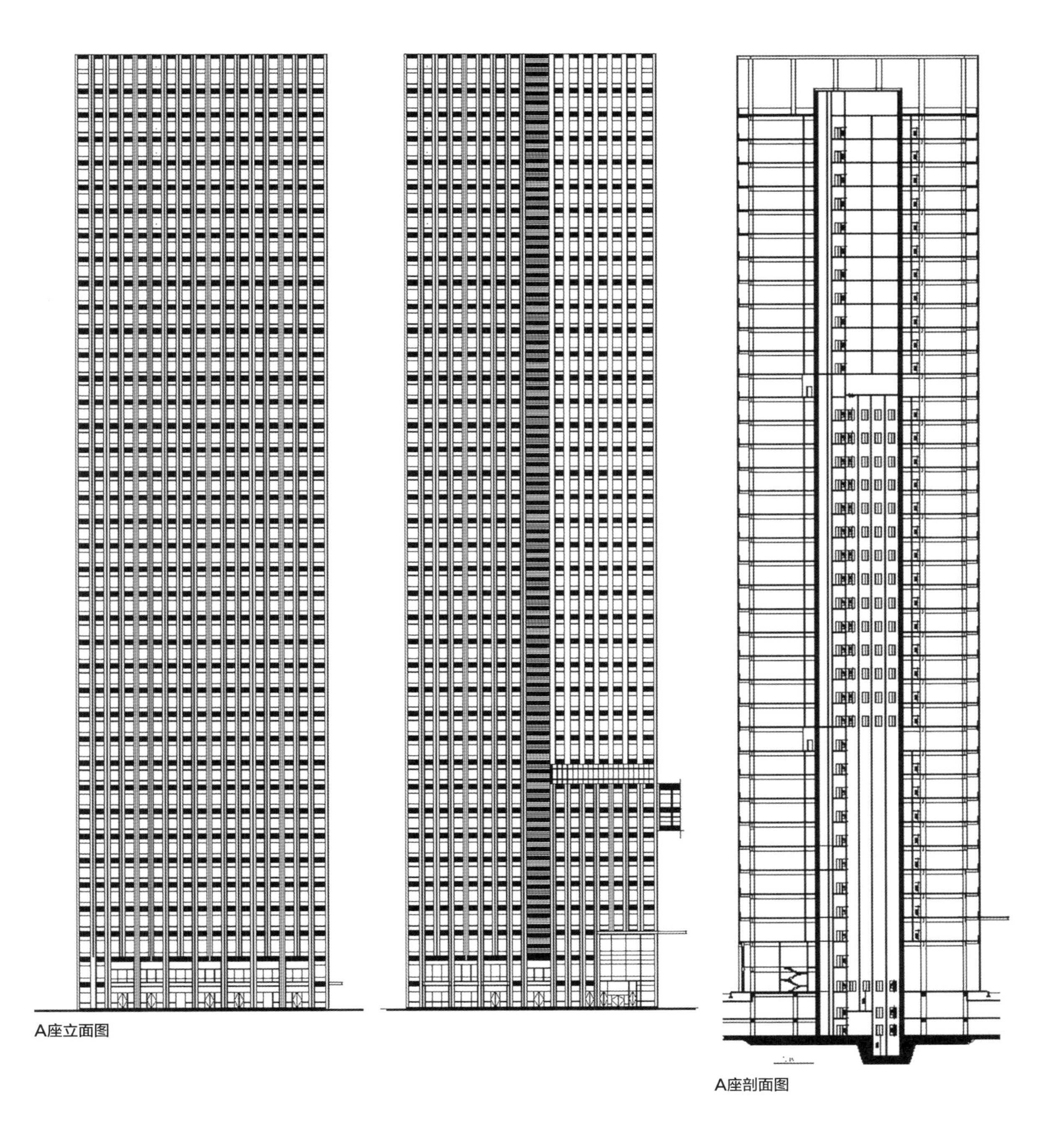

A座立面图

A座剖面图

鸟瞰图

效果图

实体图

11. 中惠熙元广场

项目地点：天津市塘沽区响螺湾

用地面积：27 076平方米

建筑面积：243 628平方米，建筑高度220米，地上52层，地下2层；绿地率30%，容积率7.3

设计单位（方案设计）：澳大利亚LAB建筑事务所

施工设计：天津市建筑设计院

开发单位：天津塘沽和利丰投资有限公司

项目简介：本项目为大型综合性建筑群，考虑基地的自身特点和地块规划的条件，将三栋塔楼分散布置于基地南部及东部边缘，其中B区超高层写字楼不设裙房，向市民提供更多的开放空间；酒店式公寓及D区写字楼两栋塔楼由高 42.1 米的裙房连接，界定了沿河休闲道的东面边界，形成“街墙”的效果。塔楼的阶梯式表现肌理与裙楼的表面构成遥相呼应，形成波浪、阶梯等富于联想效果的独特的表面肌理，使建筑成为从海河河道到地块以西区域的标志性建筑。每三层向外挑出的折线形体量，在建筑的表面此起彼伏，形成连续的折面环绕着整个建筑，在不同的天气条件下，外观给人不同的感受，体现产品的独特魅力。建筑的每个起伏都经过精心的布置，从侧面看凸起的构成呈阶梯状向上延伸，使立面构成形成连续的图案组合，形成自身的空间次序。

实体图

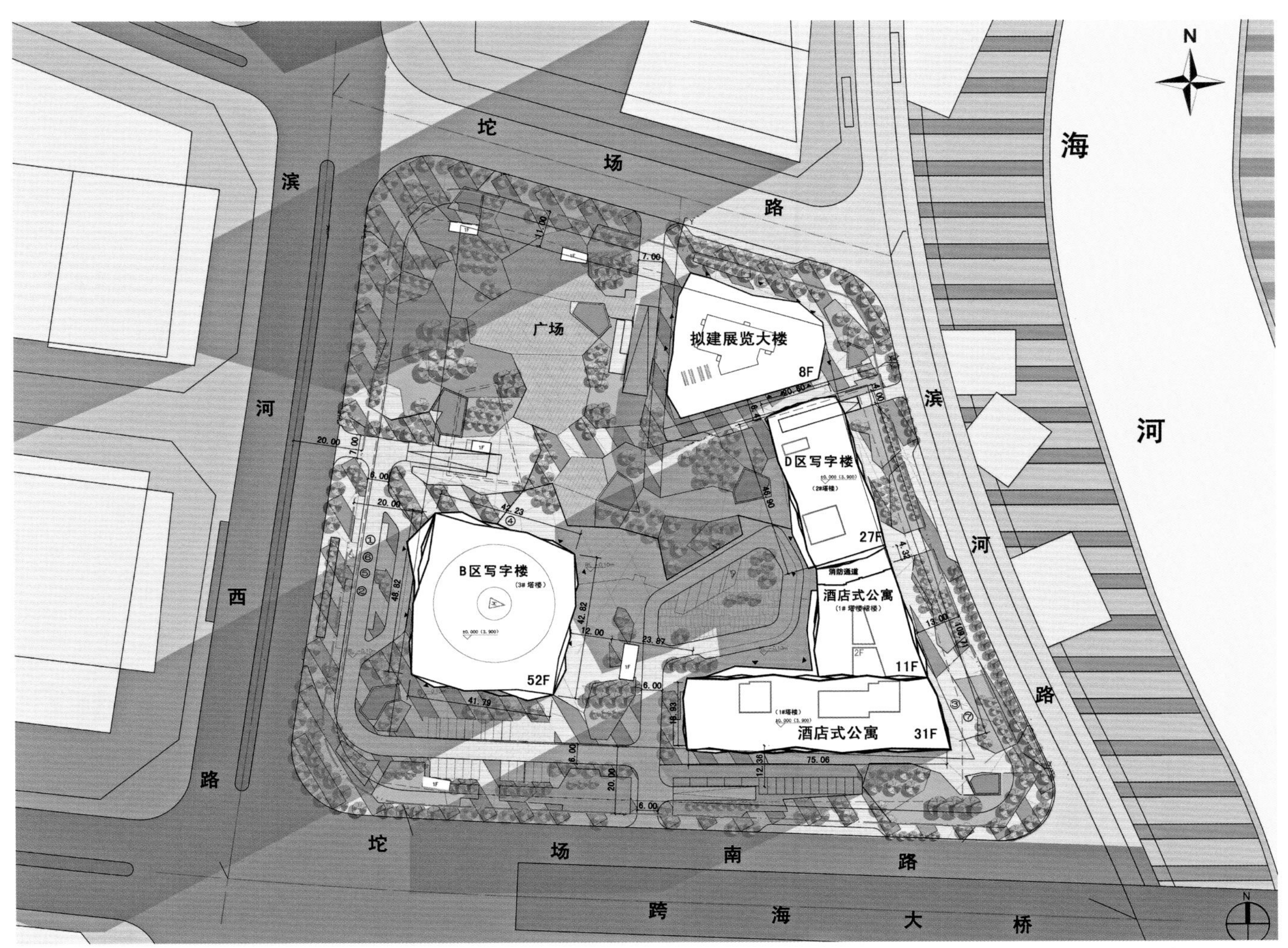
N
坨
场
路
滨
河
西
路
海
河
滨
河
路
广场
拟建展览大楼
8F
D区写字楼
27F
B区写字楼
52F
酒店式公寓
11F
酒店式公寓
31F
坨
场
南
路
跨
海
大
桥
总平面图

六层组合平面图

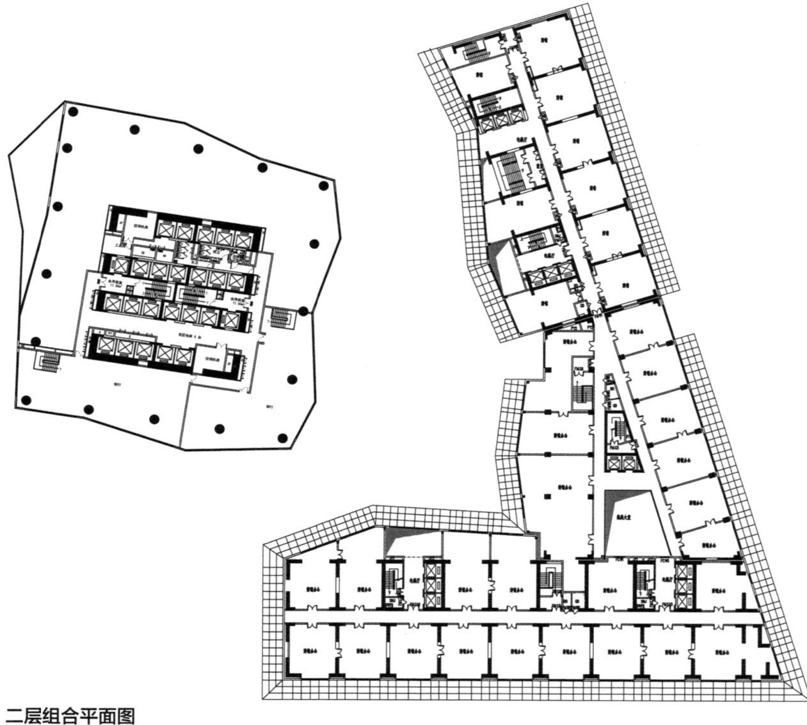

二层组合平面图

十二层组合平面图

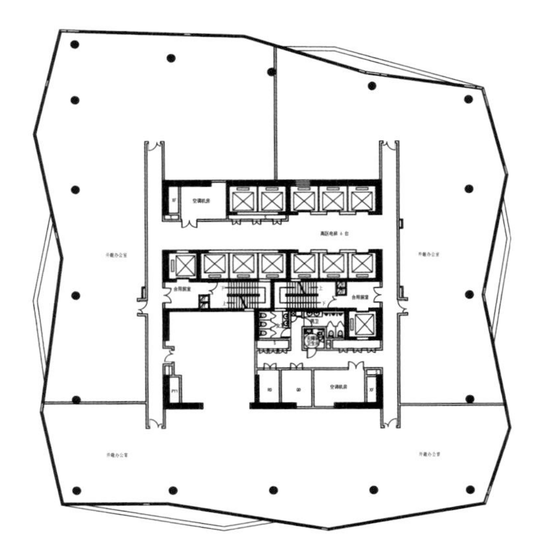

B区三十七层至四十一层平面图

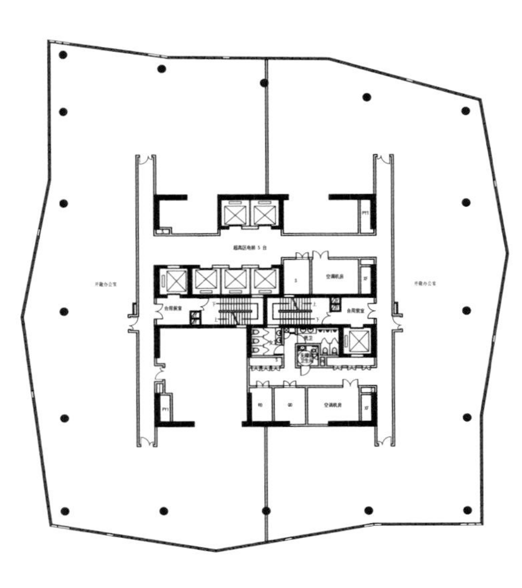

B区四十五层平面图

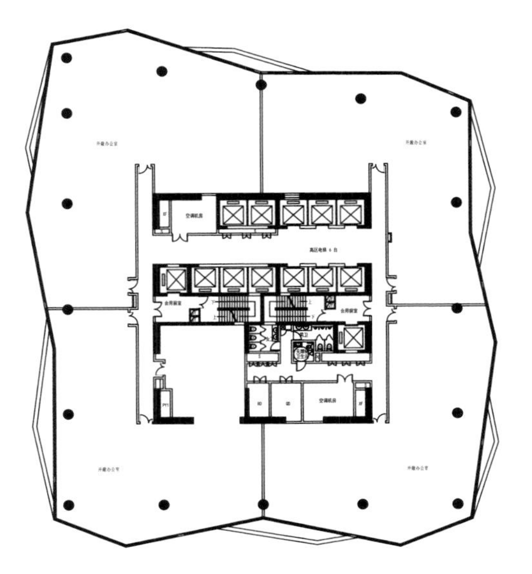

B区三十一层至三十六层平面图

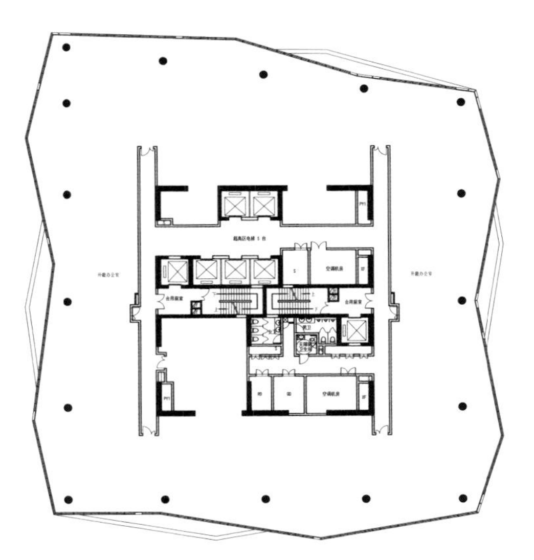

B区四十六层至五十二层平面图

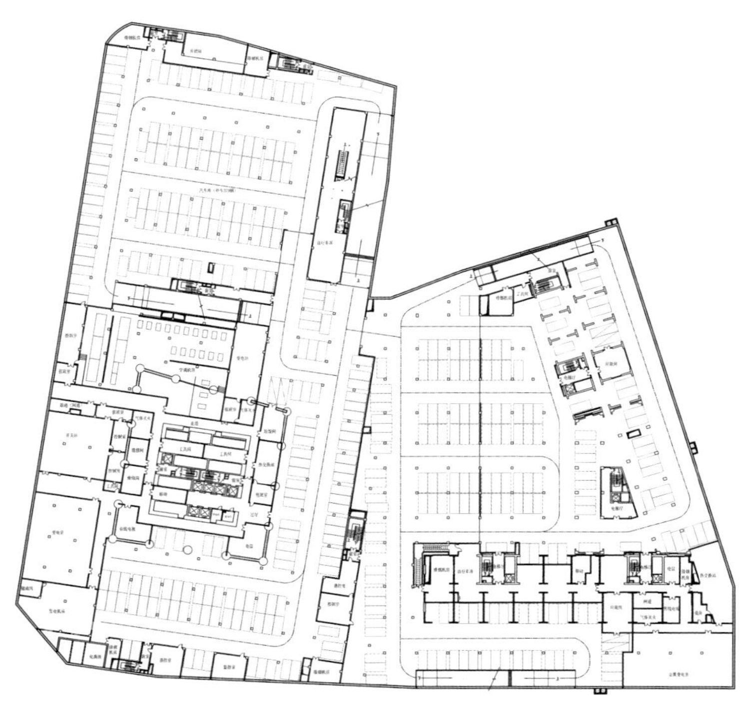

地下一层平面图

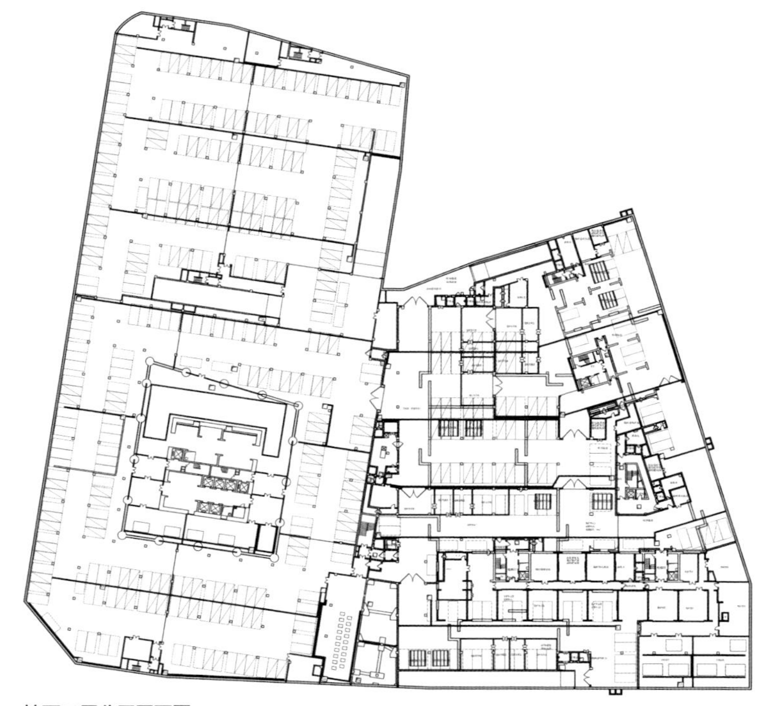

地下二层分区平面图

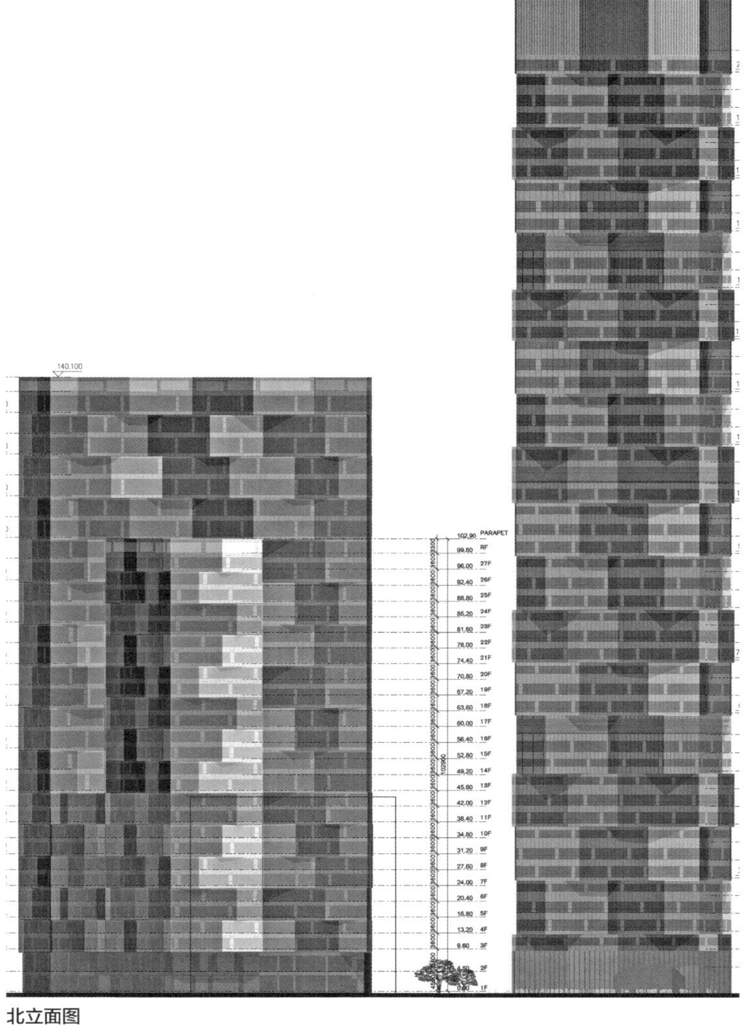
228.35
140.100

北立面图

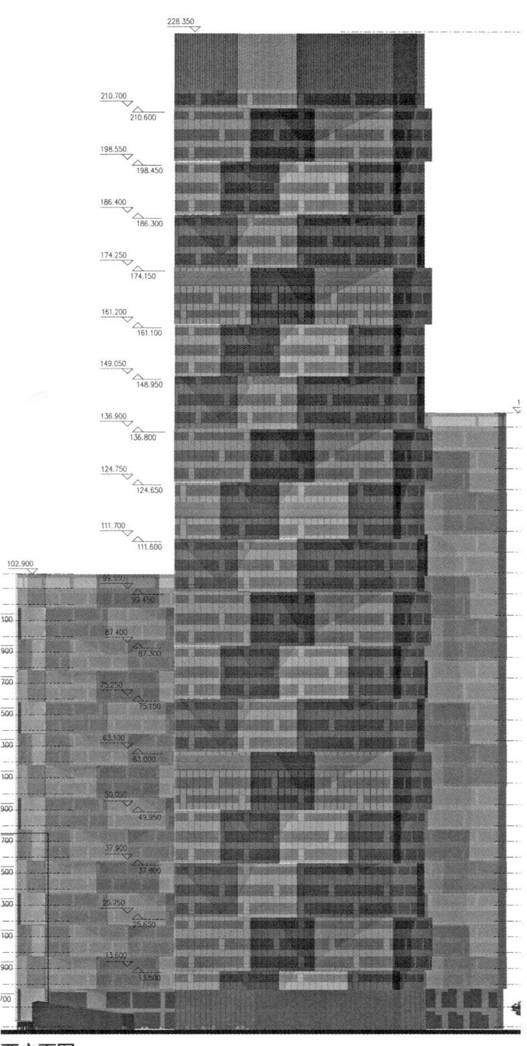
228.350
210.700
210.600
198.550
198.450
186.400
186.300
174.250
174.150
161.200
161.100
149.050
148.950
136.900
136.800
124.750
124.650
111.700
111.600
102.900

西立面图

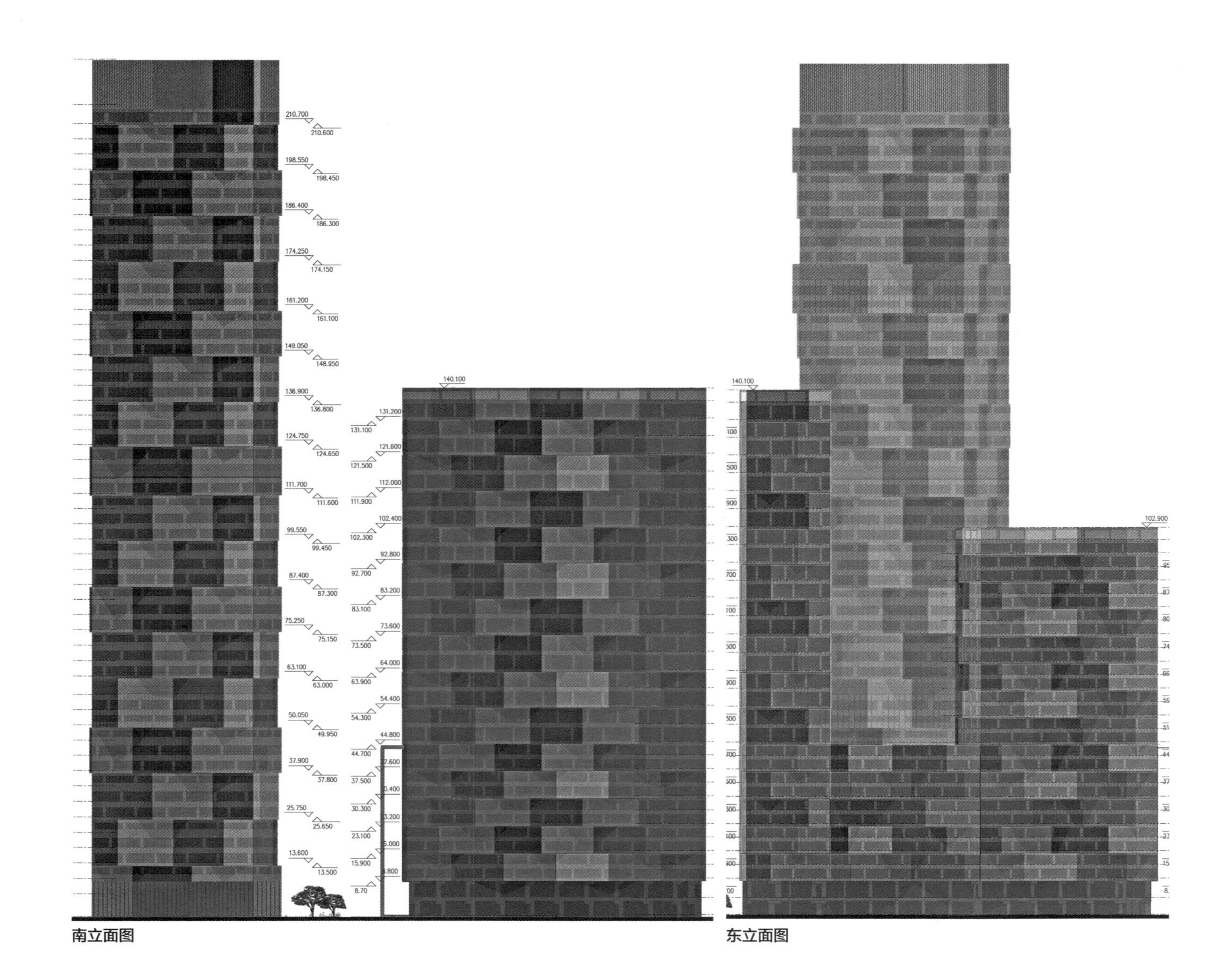
210.700
210.600
198.550
198.450
186.400
186.300
174.250
174.150
161.200
161.100
149.050
148.950
136.900
136.800
124.750
124.650
111.700
111.600
99.550
99.450
87.400
87.300
75.250
75.150
63.100
63.000
50.050
49.950
37.900
37.800
25.750
25.650
13.600
13.500
140.100
131.200
131.100
121.600
121.500
112.000
111.900
102.400
102.300
92.800
92.700
83.200
83.100
73.600
73.500
64.000
63.900
54.400
54.300
44.800
44.700
37.500
30.300
23.100
15.900
8.70
140.100
102.900

南立面图

东立面图

鸟瞰图

效果图

实体图

12. 富力广东大厦 北塔

项目地点： 天津市滨海新区中央商务区，坨场道南侧，滨河西路和众智路之间

用地面积： 10 959.8平方米

建筑面积： 106 783平方米，其中地上90 308平方米，容积率8.24
建筑高度199米，地上48层。

设计单位： 北塔方案设计　美国GP建筑设计事务所
施工图设计单位　广州市住宅建筑设计院有限公司

开发单位： 天津富力滨海投资有限公司

项目简介： 富力广东大厦采用基座加塔楼布局，基座为6层的商业裙房，上部为典型与南侧的380米高的综合大楼共同围合退让城市空间。塔楼主入口设置在地块北侧，可由大堂直接进入电梯厅，电梯分为三组，中、低区电梯组负责7~30层，高区电梯组负责32 ~ 46层。核心筒位于塔楼的中央，核心筒布置紧凑，塔楼部分中、低区公寓层高3.5米，高区大户型公寓层高3.7米。商业裙楼主入口面向用地北广场，次入口面向南侧商业步行街，以完整商业为主，1 ~ 6层是商业（商铺及餐饮），其中6层主楼部分为高档会所。南塔地块上的388米混合塔楼设计概念来源于自然伸展的线条。独特的延续性形态使其外观及比例更为窈窕，以突显塔楼的高度及动态，顶部的“皇冠”是透明且光滑的，在夜晚会闪耀于天津的夜空。建筑体量处理以简洁的横向线条为基础，运用旋转等手法使其产生变化。虚实对比适当，线条感明晰，形成强烈视觉冲击力的建筑形象。立面建筑材料为低辐射中空玻璃幕墙与铝板幕墙、干挂石材幕墙。

实体图

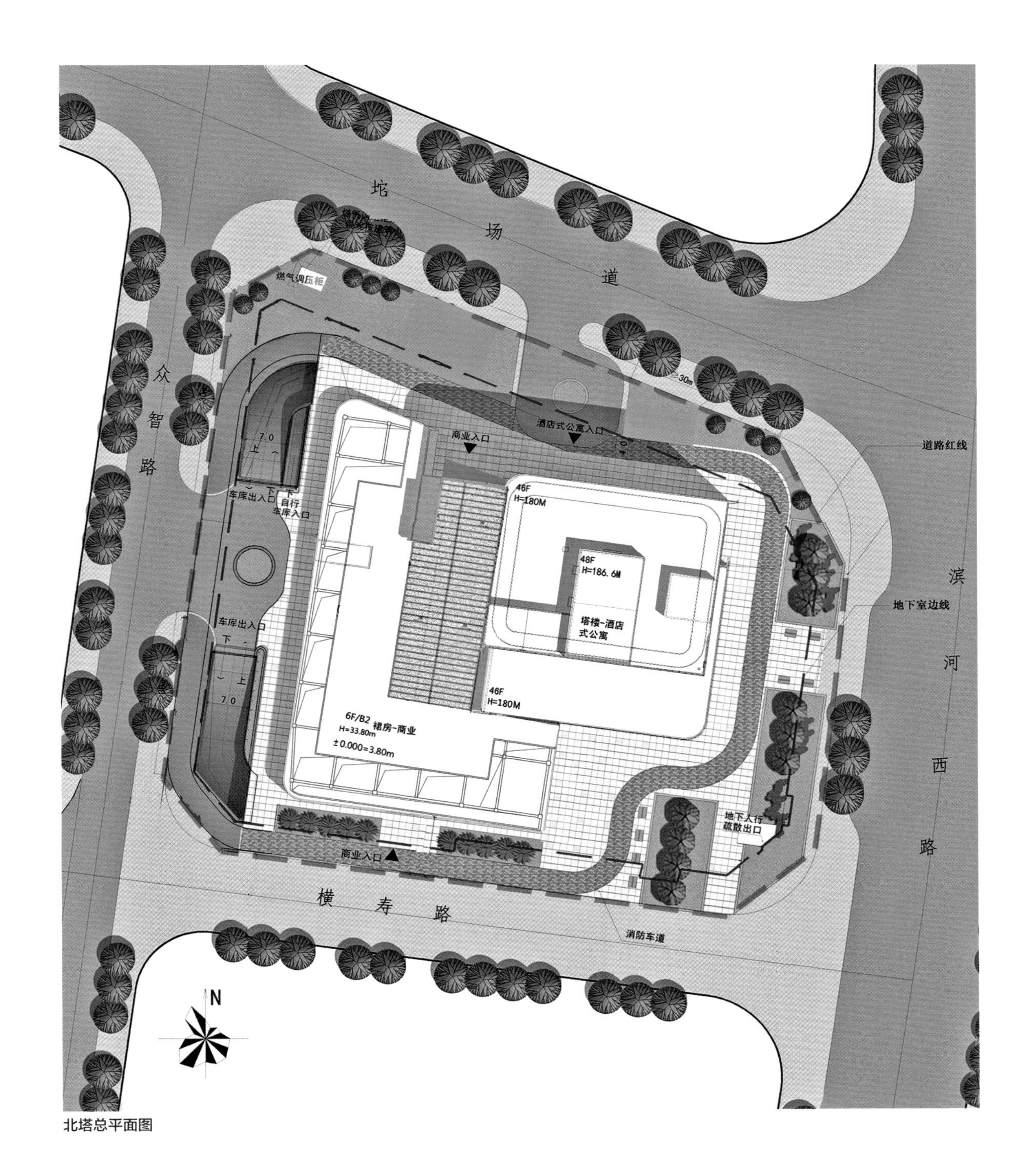
坨
场
道
燃气调压柜
众
智
路
车库出入口
自行
车库入口
商业入口
酒店式公寓入口
道路红线
46F
H=180M
48F
H=186.6M
塔楼-酒店
式公寓
滨
河
西
路
地下室边线
46F
H=180M
6F/B2 裙房-商业
H=33.80m
±0.000=3.80m
车库出入口
地下人行
疏散出口
商业入口
横
寿
路
消防车道
N

北塔总平面图

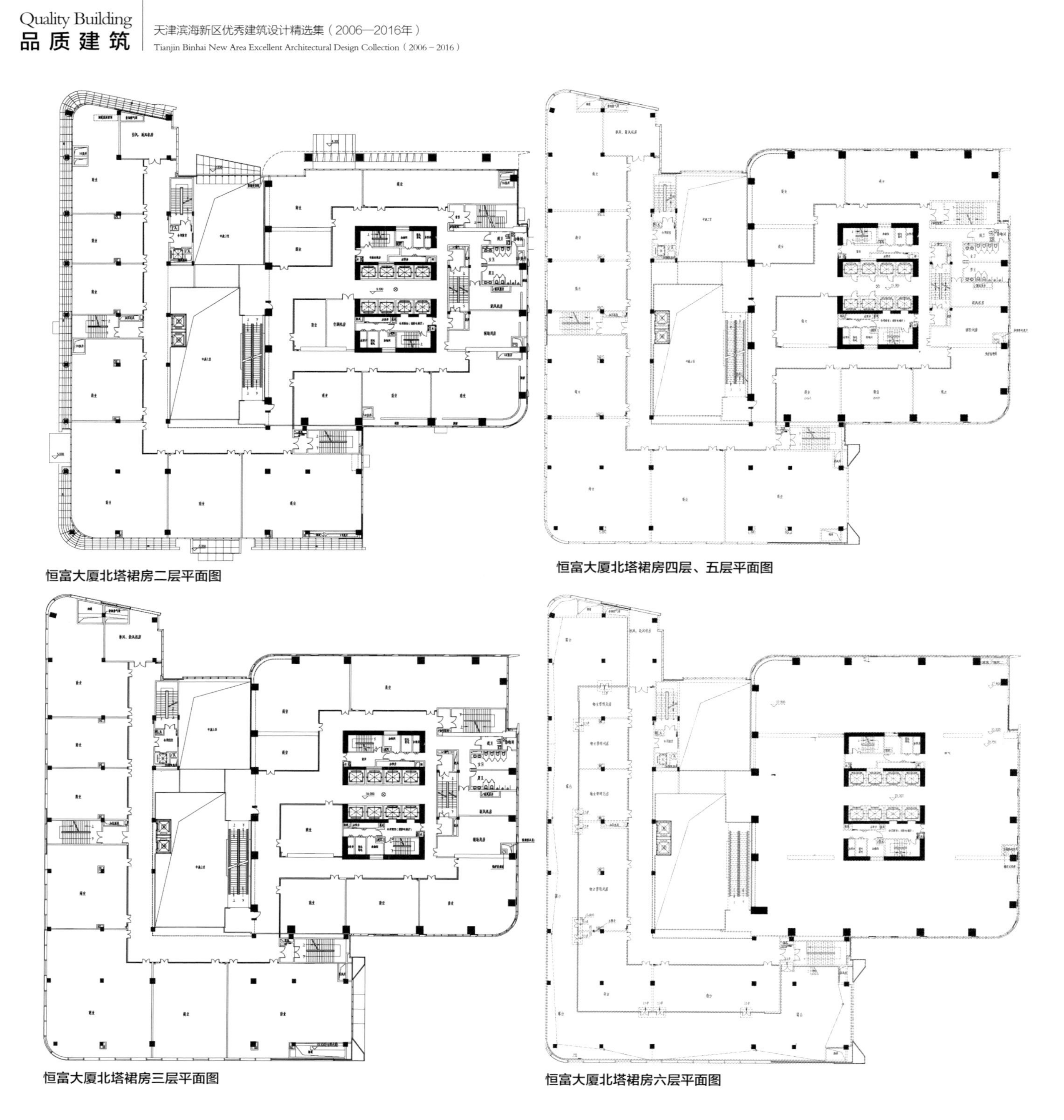

恒富大厦北塔裙房二层平面图

恒富大厦北塔裙房四层、五层平面图

恒富大厦北塔裙房三层平面图

恒富大厦北塔裙房六层平面图

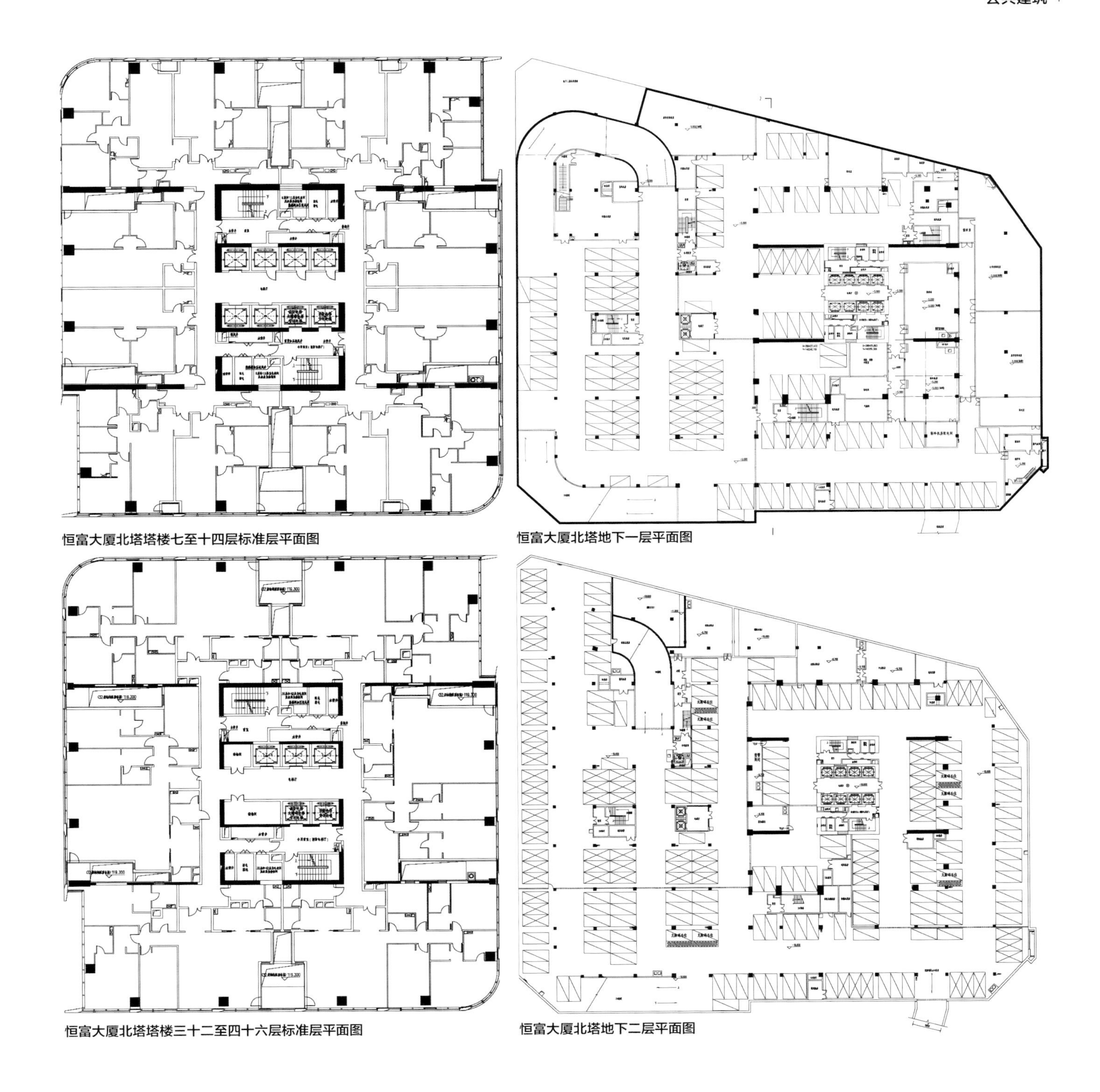

恒富大厦北塔塔楼七至十四层标准层平面图

恒富大厦北塔地下一层平面图

恒富大厦北塔塔楼三十二至四十六层标准层平面图

恒富大厦北塔地下二层平面图

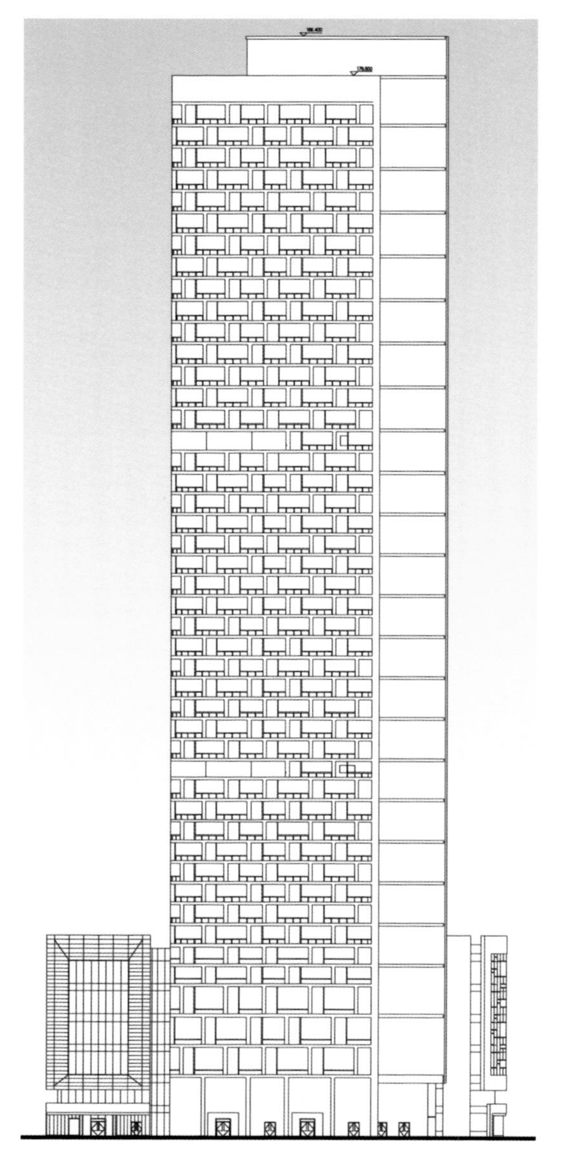

东立面图

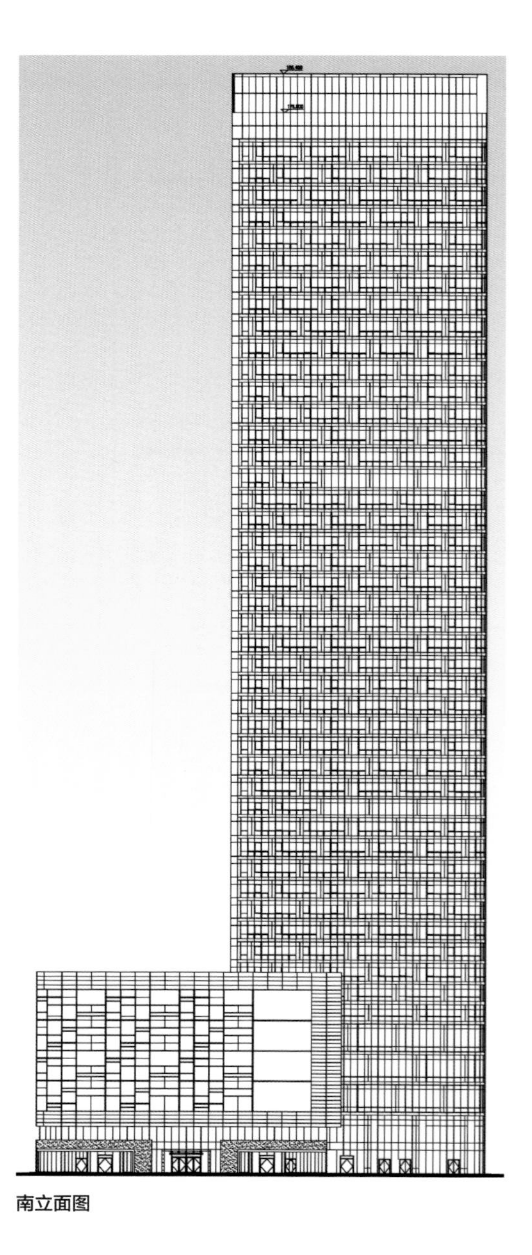

南立面图

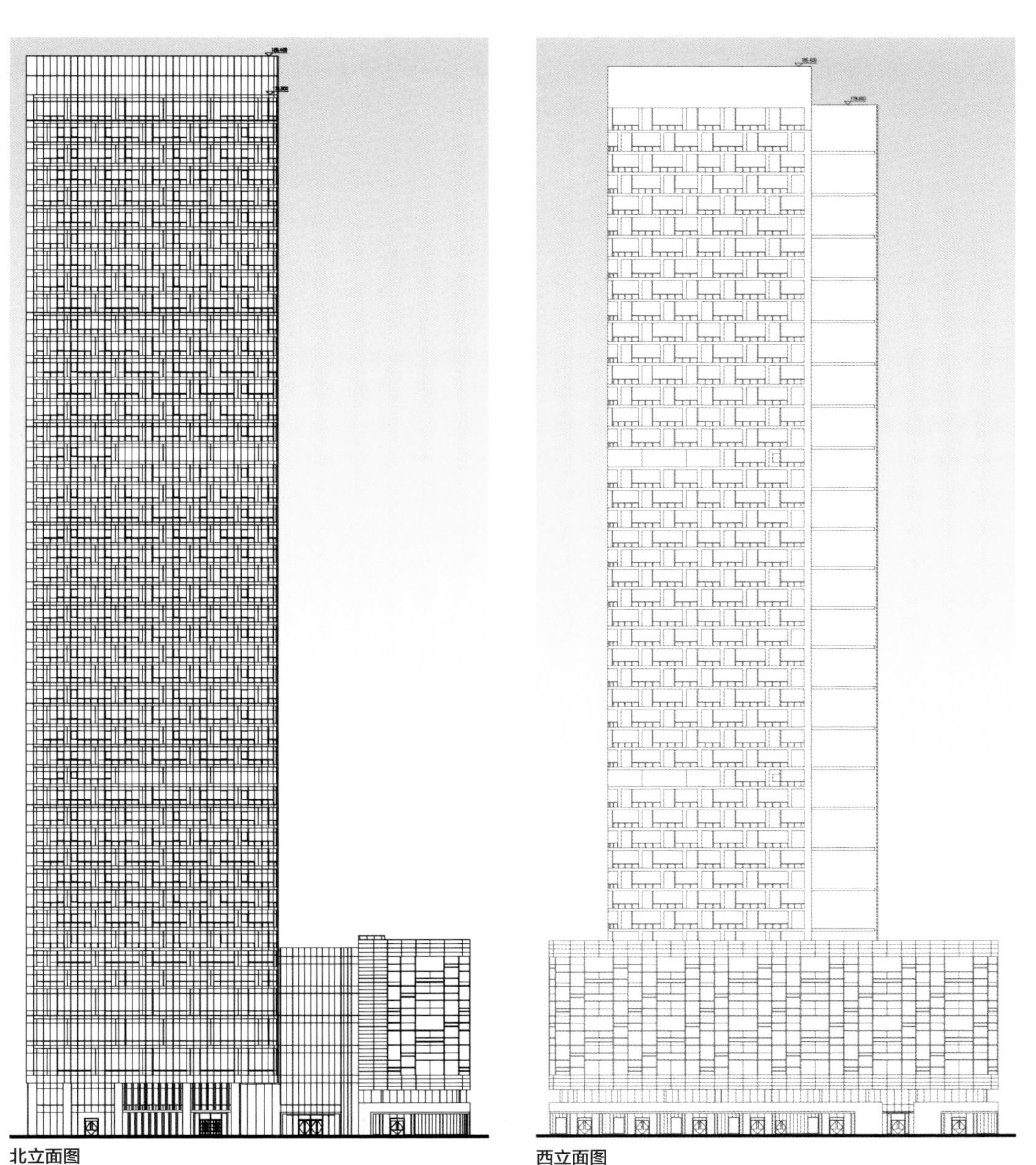

北立面图

西立面图

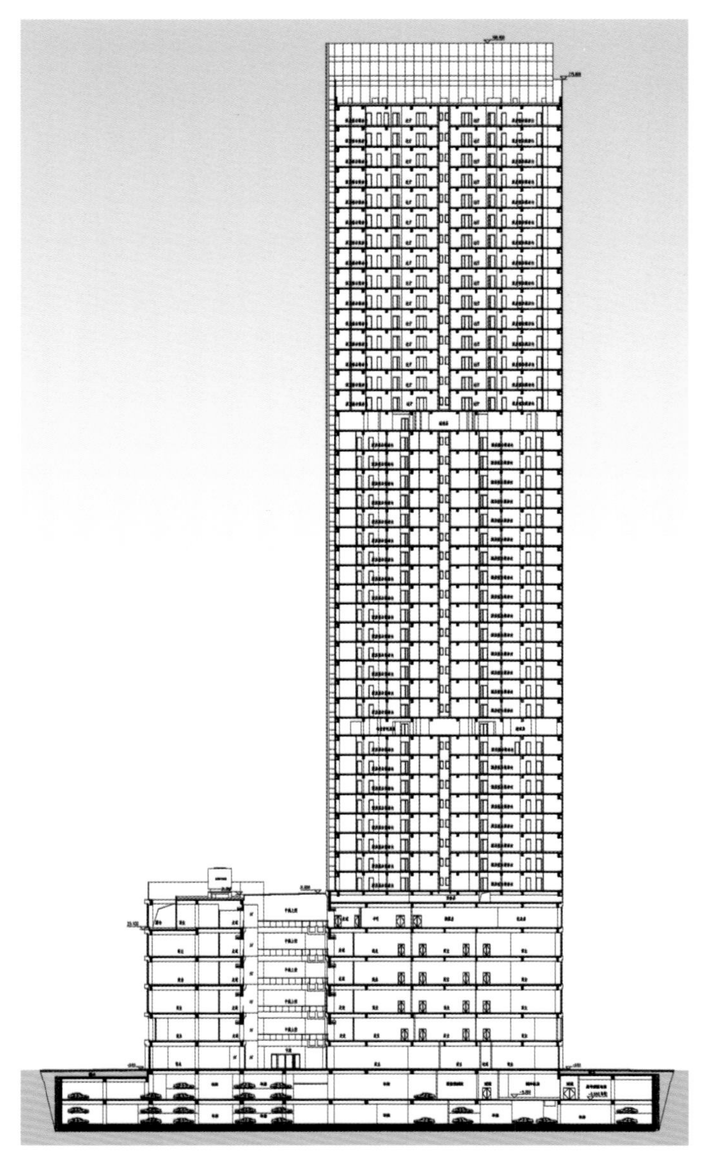

1-1剖面图

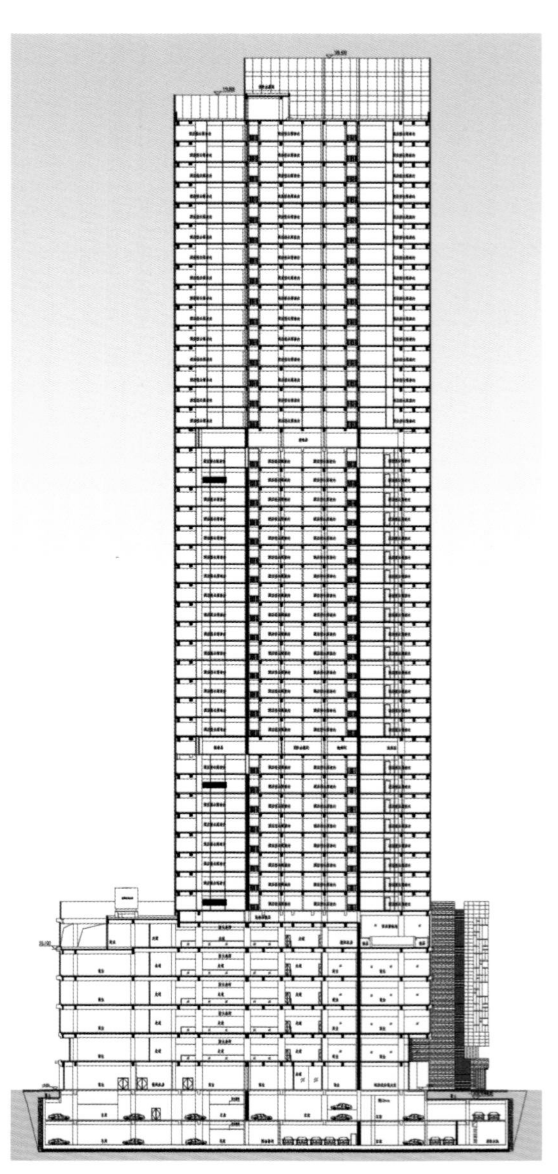

2-2剖面图

鸟瞰图

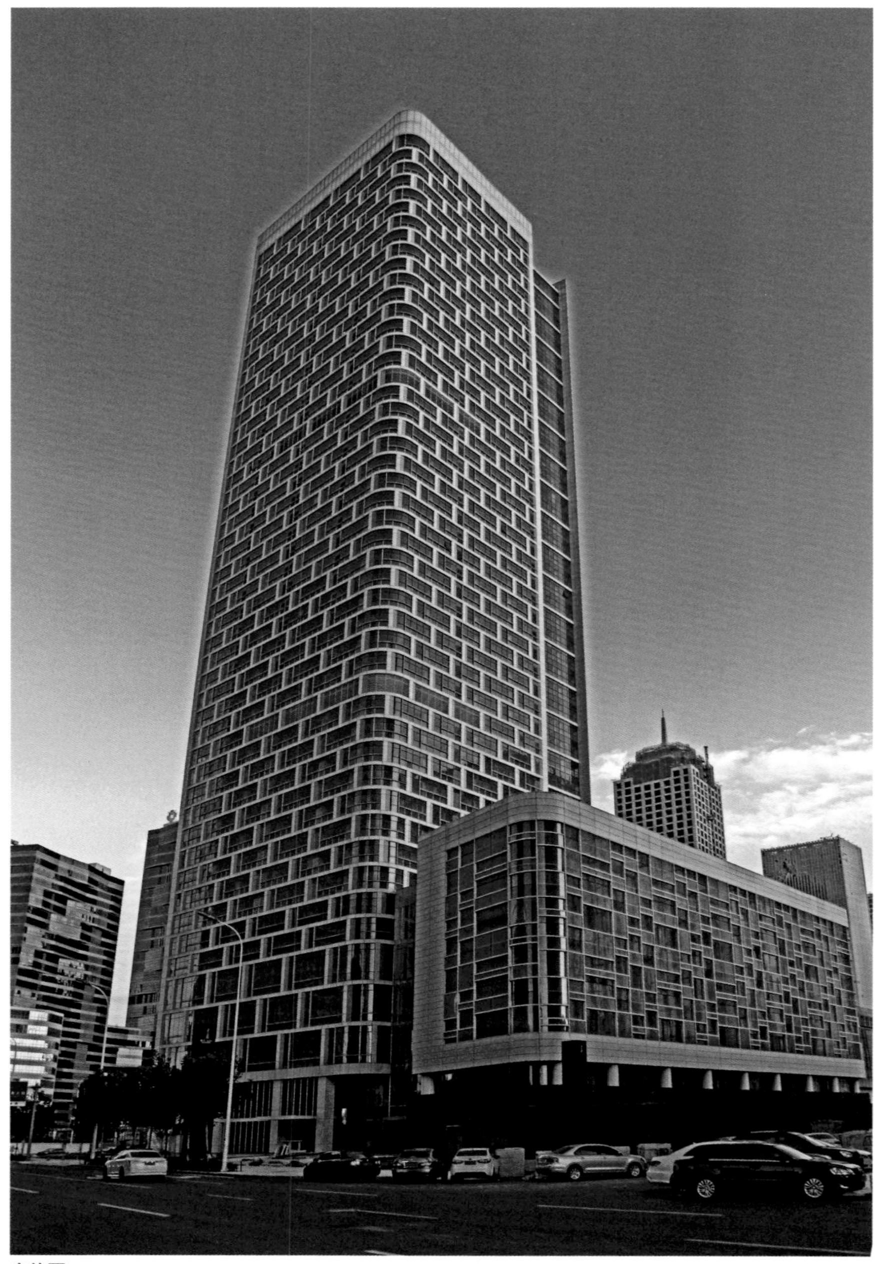

实体图

（三）泰达经济技术开发区MSD区域

泰达经济技术开发区MSD区域位于滨海新区泰达第二大街南北两侧，由核心区和拓展区两部分组成。核心区总占地面积25万平方米，包括现代服务业综合楼、商务办公楼及拟建的剧院和博物馆、中心广场及地下车库、地下交通体系等项目，总建筑面积约65万平方米。拓展区位于第二大街南北两侧，“百米绿带”以南、北海路以西，用地面积约10.6万平方米，规划总建筑面积约52万平方米。

泰达经济技术开发区MSD区域由九大区域20余栋商务商业楼宇组成，周大福滨海中心是以甲级写字楼为主，集五星级酒店、豪华公寓设施、高级商业购物中心等多功能于一身的地标性建筑。

泰达广场20余栋国际甲级写字楼全面符合LEED国际绿色认证标准，A区、B区写字楼更是以LEED金奖认证标准设计建设，大量使用地源热泵系统、空调冰储冷系统等国际领先的环保节能技术，确保入驻客户的无污染办公。

中央景观广场则以开放的格局呈现自然概念，绵延起伏的“绿色地毯”与建筑上的垂直绿化带、覆盖商业裙房顶部的绿色植物融为一体，成就建筑与绿地的绝美融合，营造出悦目的绿色全景。广场似漂浮的绿色地毯，草场绵延起伏，水景动线优美，各个角度都能呈现出不同姿态；步行空间行道树乔木、灌木排布参差有序，创造出喧嚣都市的静谧绿色商务环境。

E区～I区富有时代特色的折板城市设计理念，经由绿色连廊连接十余栋写字楼，为建筑整体增加了层次感，大幅度加大了绿色屋面的运用，最大限度地与自然融合，创造出地面绿化、绿化连廊、垂直绿化相结合的城市立面，实现了建筑的灵活性，创造出生动的公共空间，为商务人士提供倍感轻松的舒适环境。

泰达经济技术开发区MSD区域规划建设突出以人为本，提供完善的商务配套设施，创造绿色节能、交通便捷的城市空间，倡导人与建筑的有机融合，构建功能复合的城市载体。

鸟瞰图

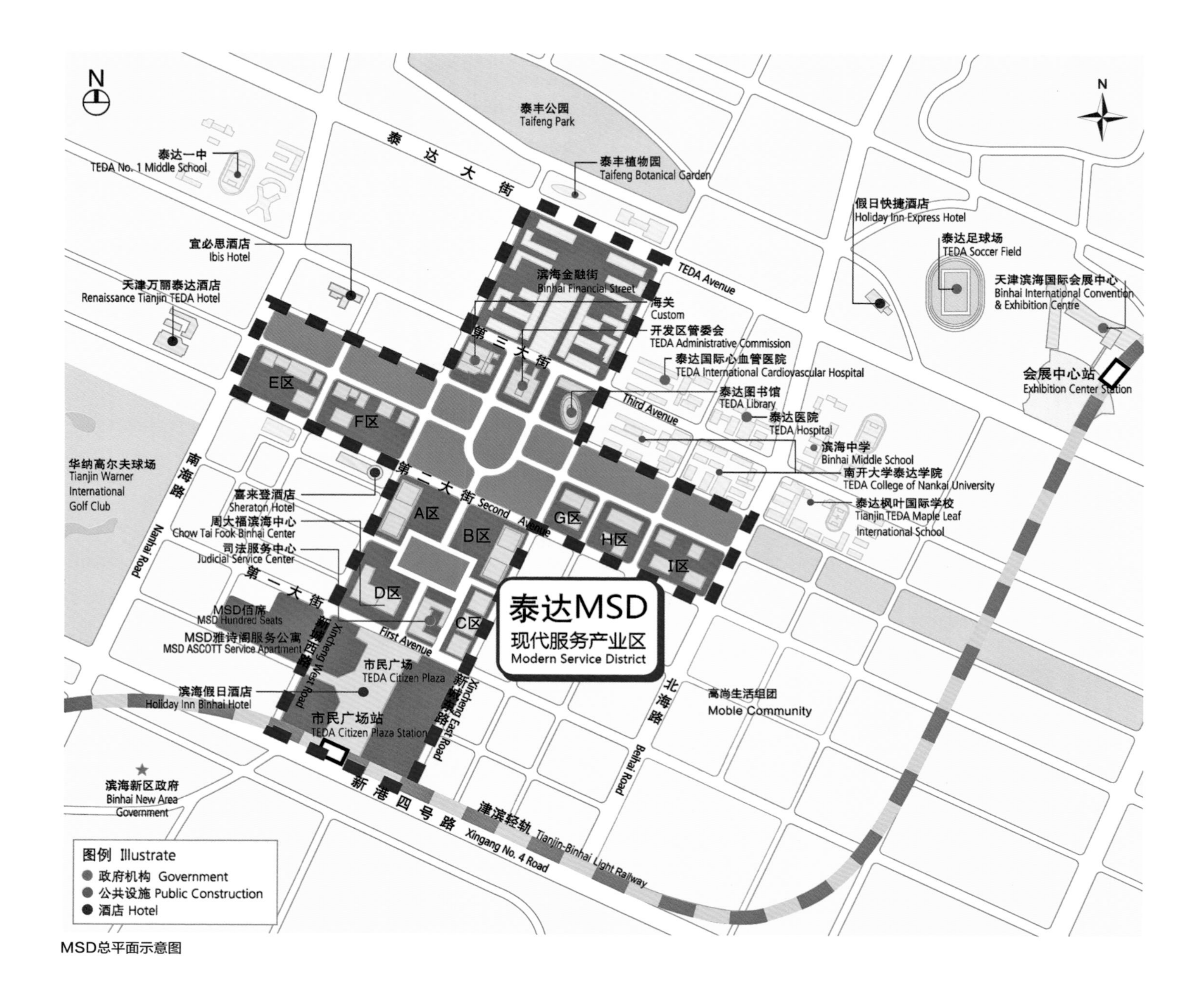
泰丰公园
Taifeng Park
泰达大街
TEDA Avenue
泰达一中
TEDA No. 1 Middle School
泰丰植物园
Taifeng Botanical Garden
宜必思酒店
Ibis Hotel
天津万丽泰达酒店
Renaissance Tianjin TEDA Hotel
滨海金融街
Binhai Financial Street
海关
Custom
开发区管委会
TEDA Administrative Commission
泰达国际心血管医院
TEDA International Cardiovascular Hospital
泰达图书馆
TEDA Library
泰达医院
TEDA Hospital
滨海中学
Binhai Middle School
南开大学泰达学院
TEDA College of Nankai University
泰达枫叶国际学校
Tianjin TEDA Maple Leaf International School
假日快捷酒店
Holiday Inn Express Hotel
泰达足球场
TEDA Soccer Field
天津滨海国际会展中心
Binhai International Convention & Exhibition Centre
会展中心站
Exhibition Center Station
第三大街
Third Avenue
第二大街
Second Avenue
第一大街
First Avenue
E区
F区
A区
B区
C区
D区
G区
H区
I区
华纳高尔夫球场
Tianjin Warner International Golf Club
南海路
Nanhai Road
喜来登酒店
Sheraton Hotel
周大福滨海中心
Chow Tai Fook Binhai Center
司法服务中心
Judicial Service Center
MSD佰席
MSD Hundred Seats
MSD雅诗阁服务公寓
MSD ASCOTT Service Apartment
新城西路
Xincheng West Road
新城东路
Xincheng East Road
市民广场
TEDA Citizen Plaza
滨海假日酒店
Holiday Inn Binhai Hotel
市民广场站
TEDA Citizen Plaza Station
泰达MSD
现代服务产业区
Modern Service District
北海路
Beihai Road
高尚生活组团
Moble Community
滨海新区政府
Binhai New Area Government
新港四号路
Xingang No. 4 Road
津滨轻轨 Tianjin-Binhai Light Railway
图例 Illustrate
政府机构 Government
公共设施 Public Construction
酒店 Hotel

MSD总平面示意图

MSD全景效果图

MSD区域鸟瞰图

实体图

13. 泰达MSD-A区、B区

实体图

项目地点：开发区第二大街与新城东路交口

用地面积：93 731平方米

建筑面积：492 464平方米，其中地上335 459平方米，建筑层数28层，容积率3.58

设计单位：日本设计株式会社，天津市建筑设计院

开发单位：天津泰达发展有限公司

项目简介：本项目位于开发区MSD核心区中心位置，建筑用途为高档办公楼、配套商业、地下停车库及其附属设施，由4栋30层100米高甲级写字楼和2栋4层裙房组成。建筑群依照城市设计导则，面向中央花园采用围合式布局。4栋塔楼与商业裙房毗邻设计，既可使办公人群方便享受商业配套，又避免建筑主功能和结构上相互干扰。采用人车分流布局，机动车全部在地下，地面为步行区；通过连廊连接，便于交往；通过下沉广场，不影响地下商业采光通风。两个裙房曲面屋顶为绿化屋顶，与中央公园形成一个整体。

本项目力争建设成为功能完善、富有文化底蕴及现代气息、生态环保的现代金融服务产业示范区域，体现整体性和共享性，体现超前意识和国际性，体现城市发展的和谐性。充分融入人与自然和谐共生的理念，以现代、时尚、生态、高科技为概念特征，积极营造出一个现代化、国际化、智能化、集群化的高档综合商务区。

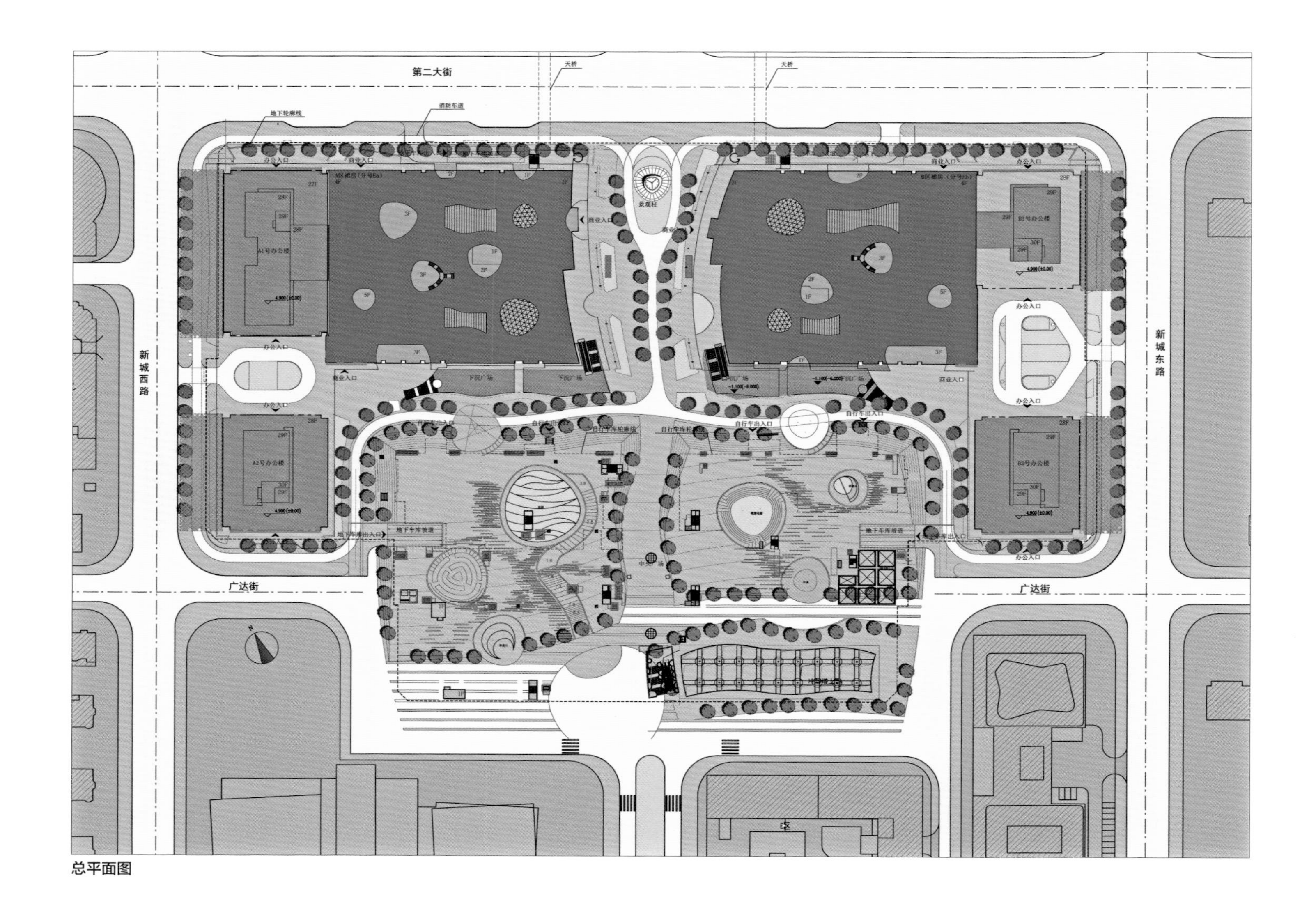

总平面图

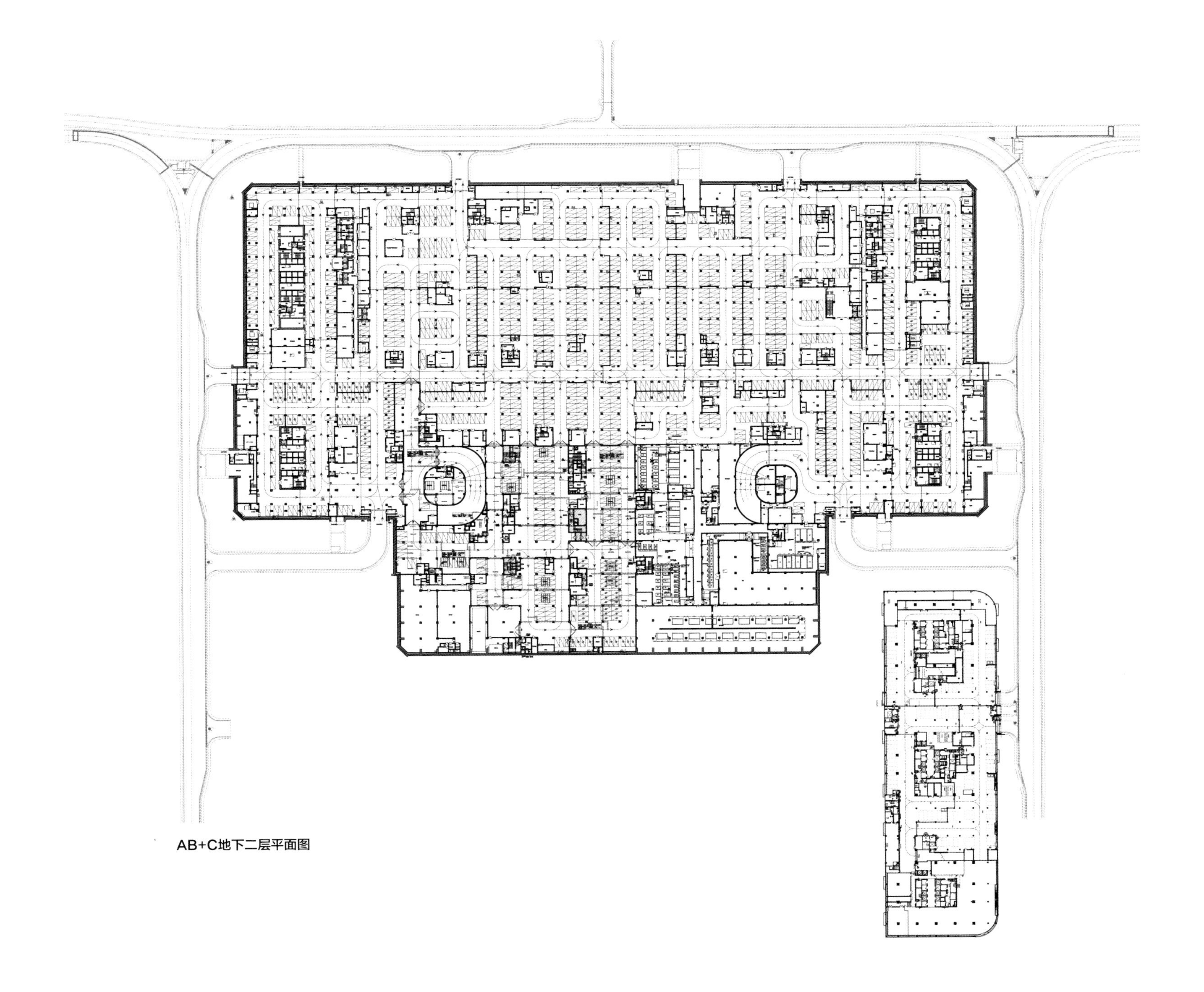

AB+C地下二层平面图

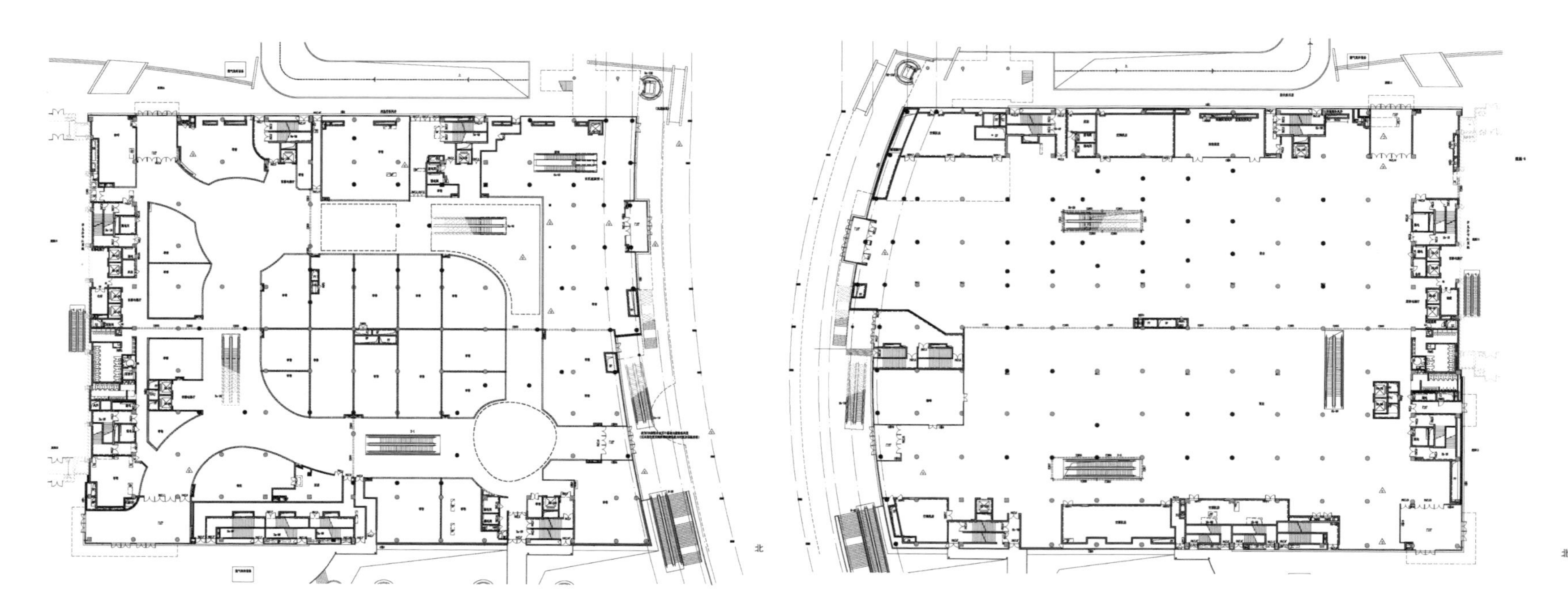

裙楼一层平面图

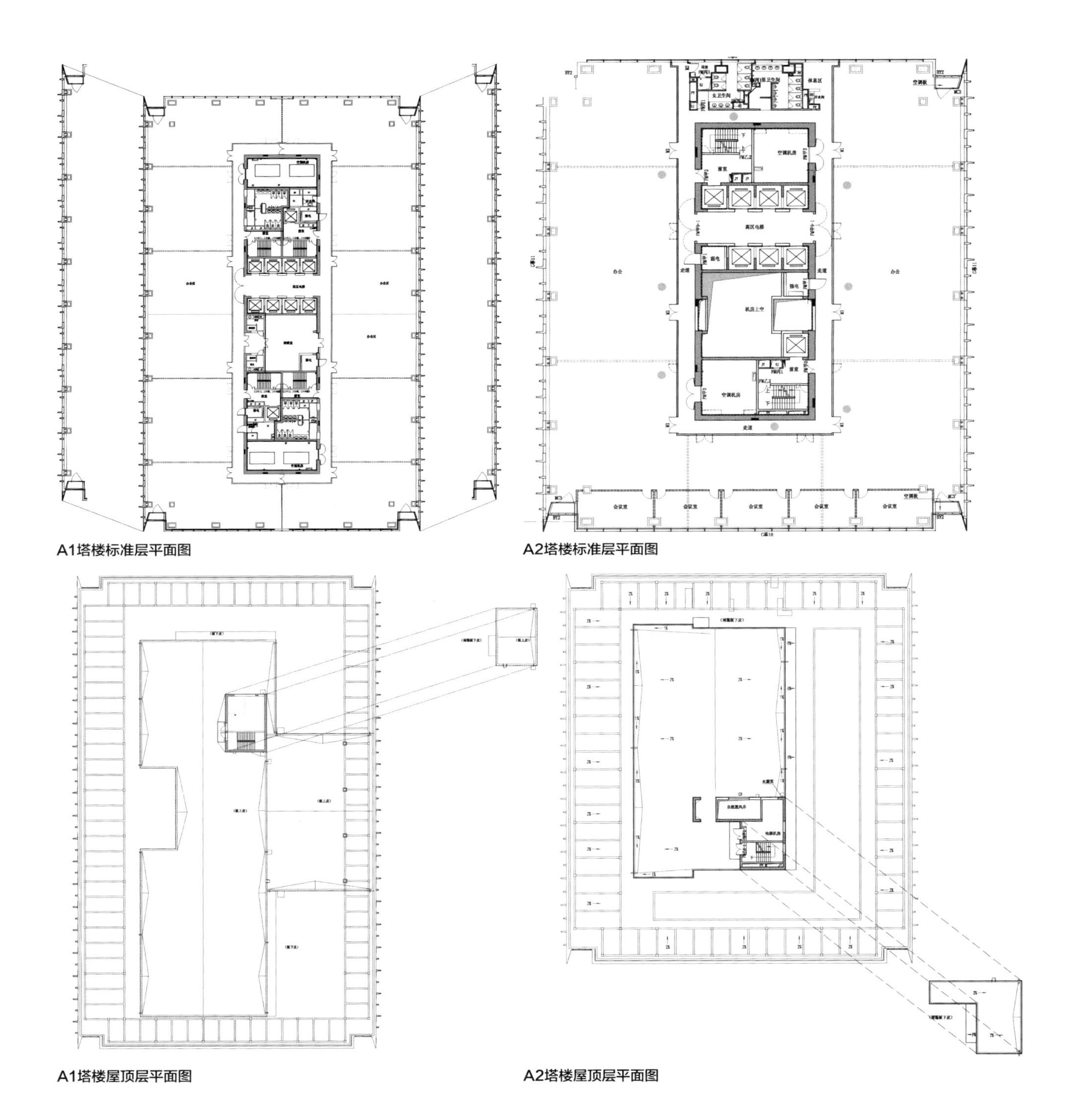

A1塔楼标准层平面图

A2塔楼标准层平面图

A1塔楼屋顶层平面图

A2塔楼屋顶层平面图

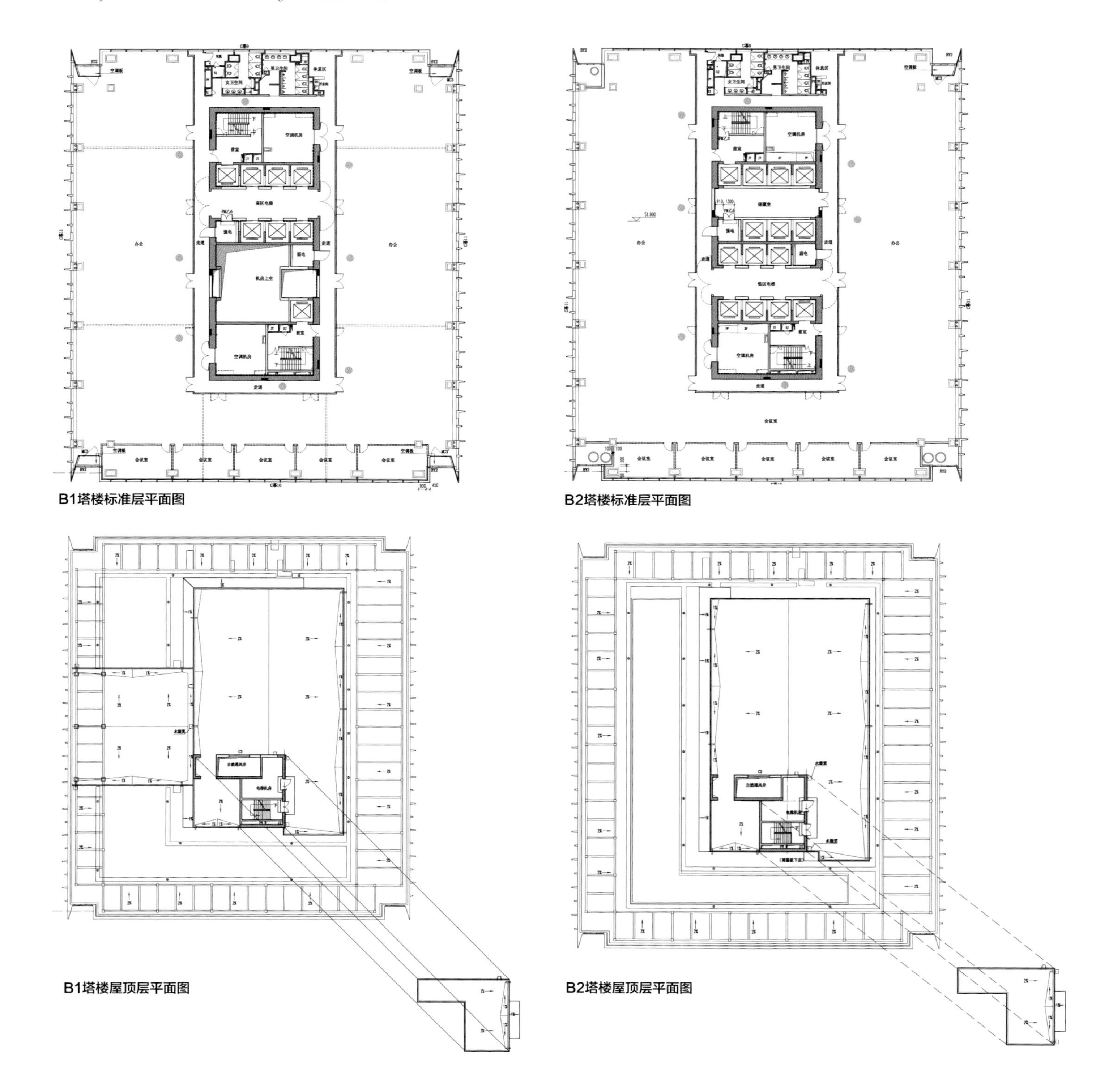

B1塔楼标准层平面图

B2塔楼标准层平面图

B1塔楼屋顶层平面图

B2塔楼屋顶层平面图

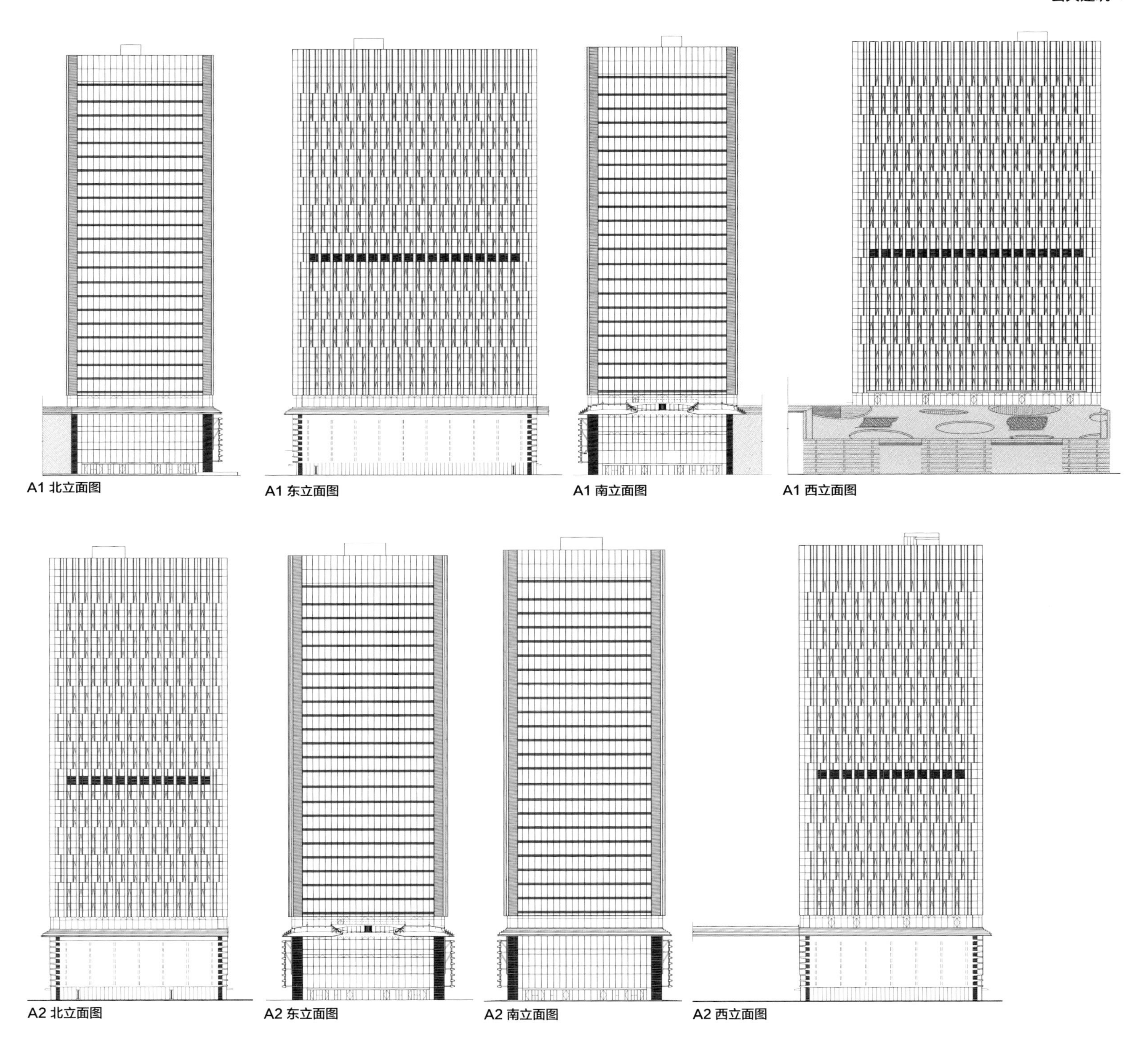

A1 北立面图

A1 东立面图

A1 南立面图

A1 西立面图

A2 北立面图

A2 东立面图

A2 南立面图

A2 西立面图

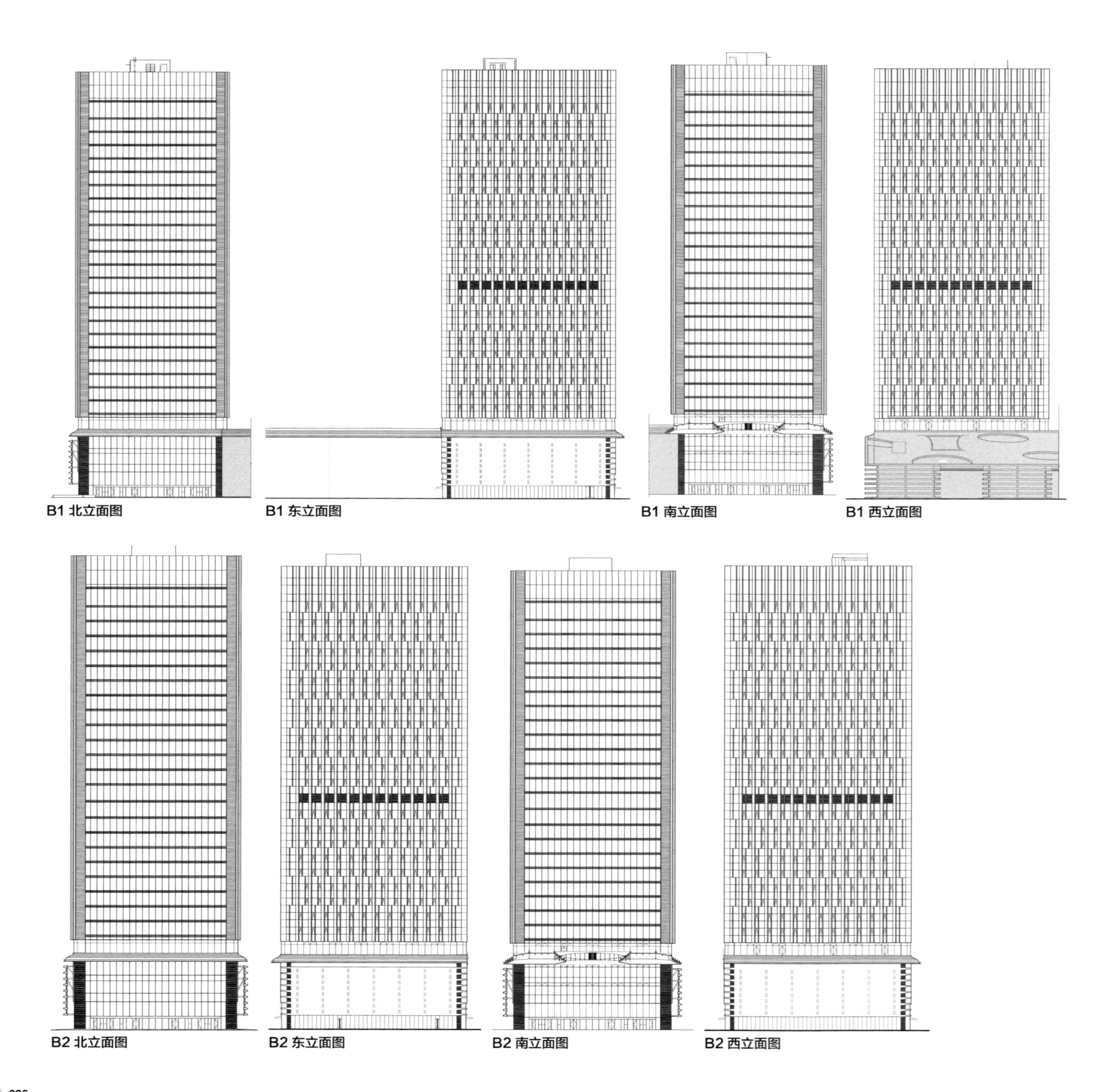

B1 北立面图 B1 东立面图 B1 南立面图 B1 西立面图

B2 北立面图 B2 东立面图 B2 南立面图 B2 西立面图

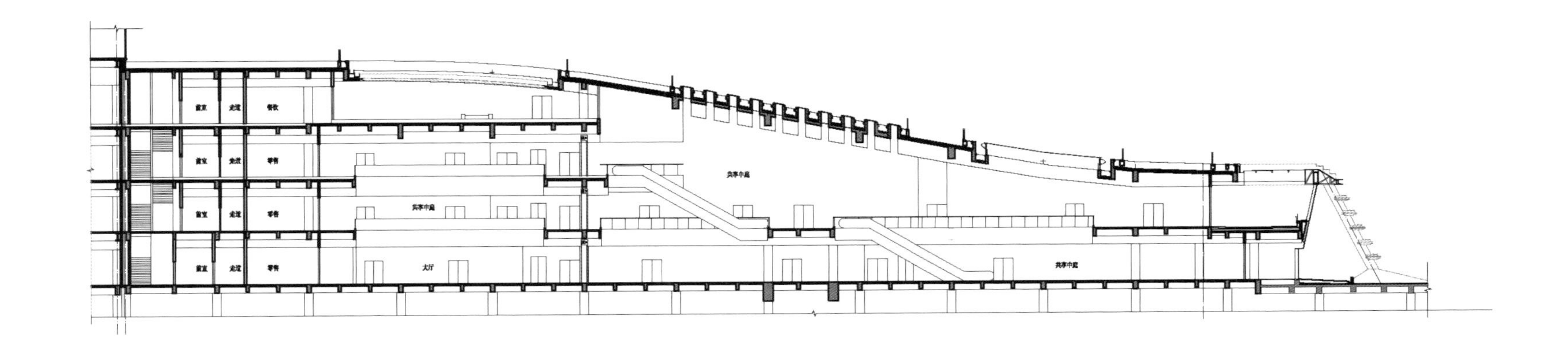

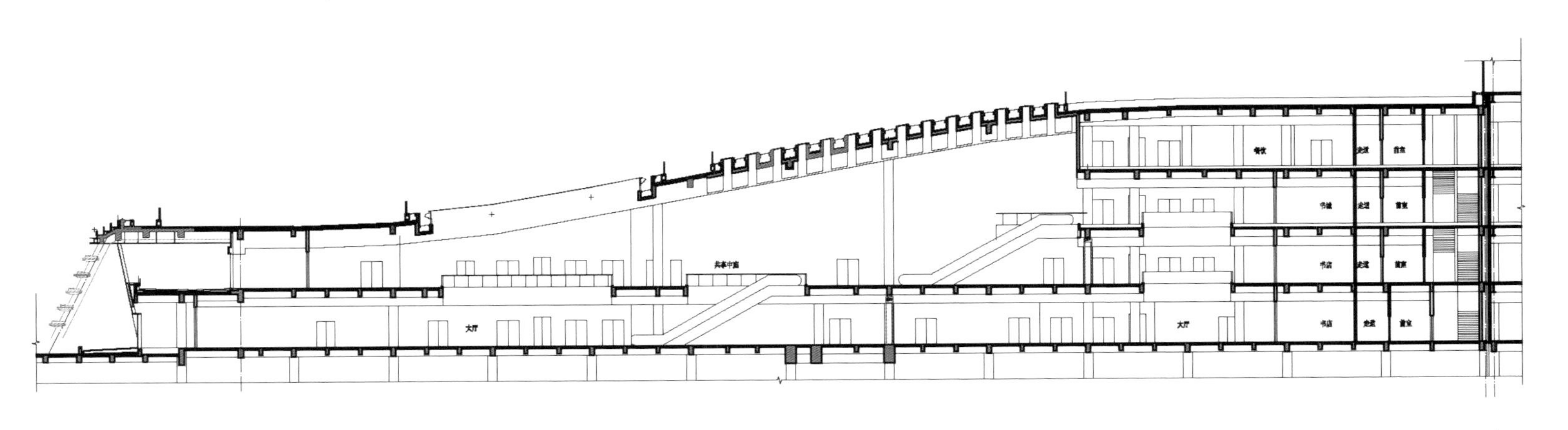

裙房剖面图

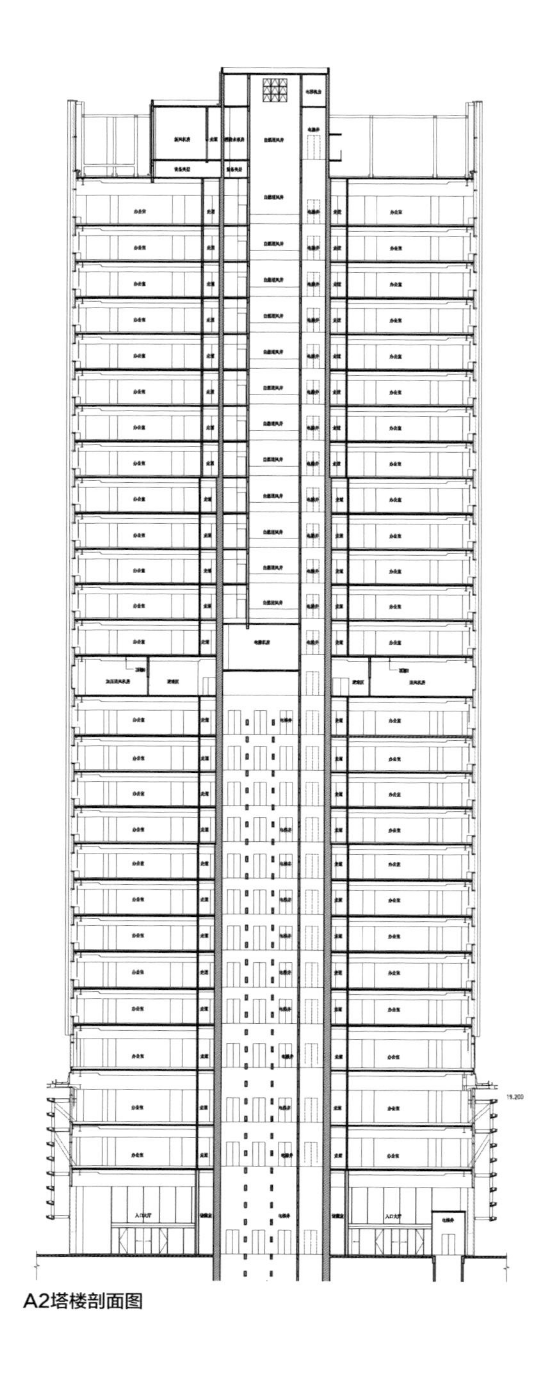

A2塔楼剖面图

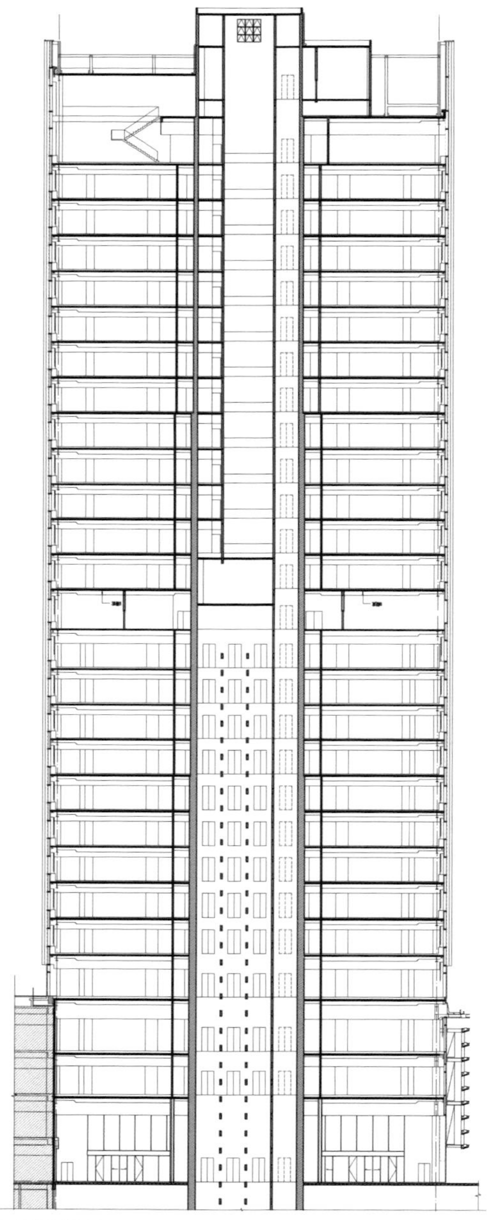

B1塔楼剖面图

效果图

实体图

14. 泰达MSD-C区

项目地点：天津开发区第一大街以北，新城东路以西

用地面积：12 754平方米

建筑面积：162 996平方米，其中地上142 288平方米，建筑高度129.9米，地上31层，地下2层，容积率11.5

设计单位：天津市建筑设计院，德国SBA建筑事务所

项目说明：本项目位于开发区MSD核心区东南角，由3栋31层129.9米高的塔楼和4层高裙房组成，是滨海新区首座国际甲级写字楼，集办公、商务、商业于一体。项目布局紧凑，功能合理，建筑设计大气、简洁，并充分考虑环保、节能、绿色等设计理念，通过了美国绿色建筑LEED认证，是一座绿色办公建筑的典范。

实体图

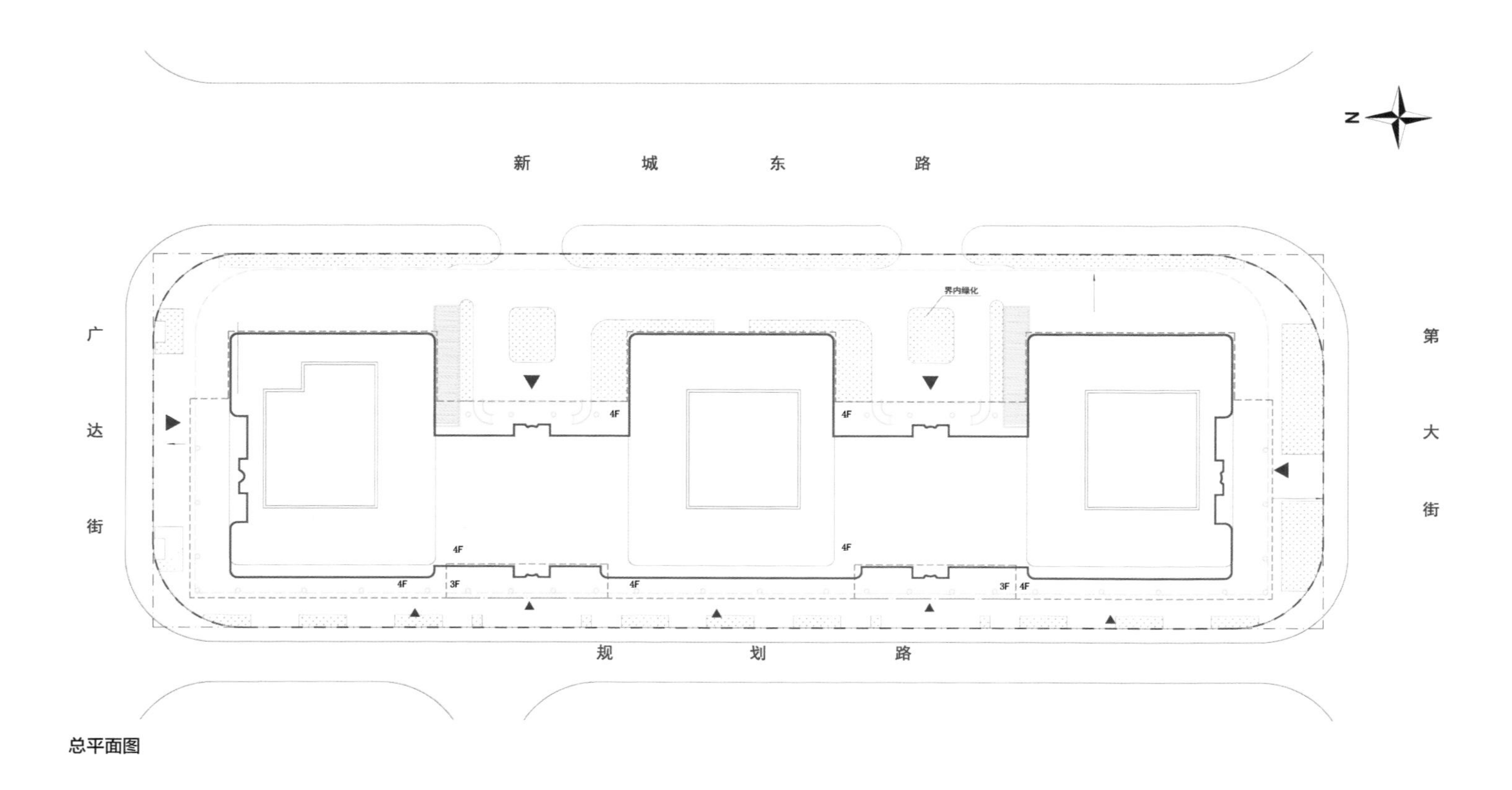

总平面图

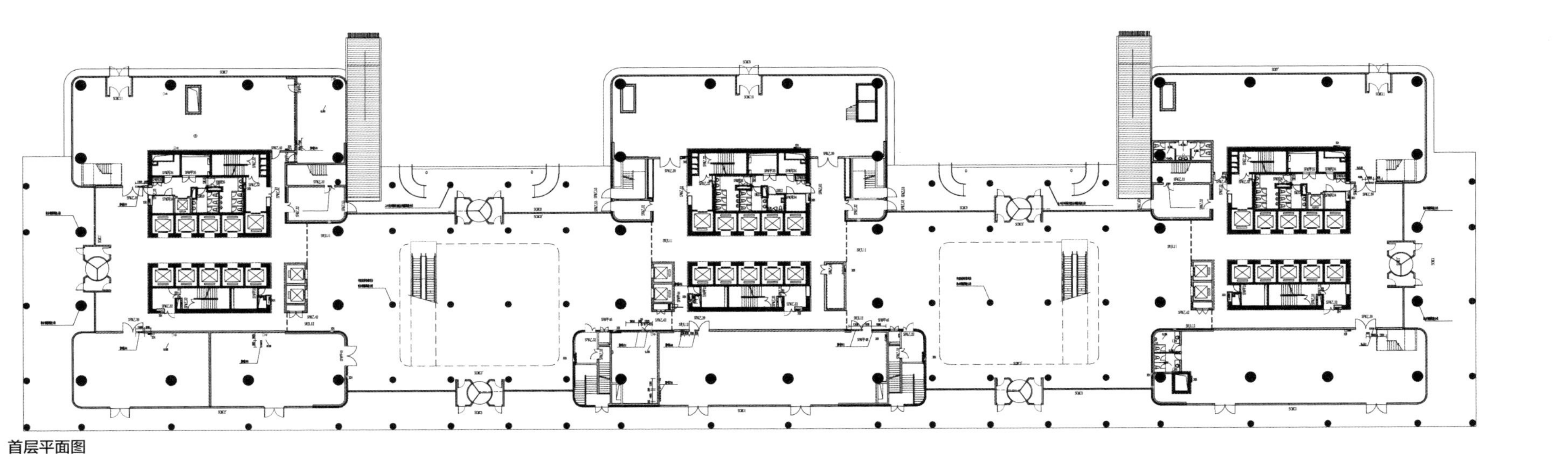

首层平面图

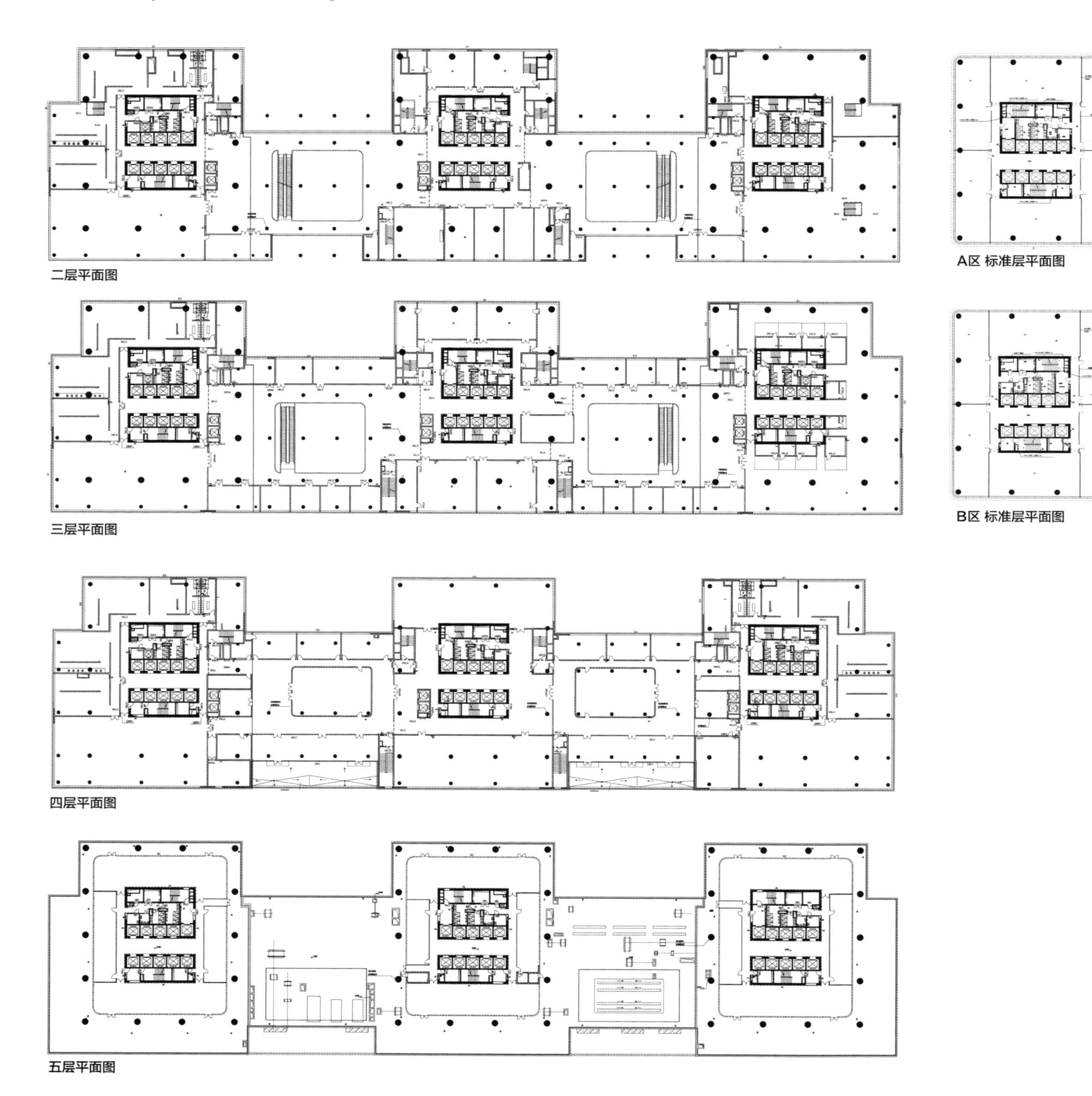

二层平面图

A区 标准层平面图

三层平面图

B区 标准层平面图

四层平面图

五层平面图

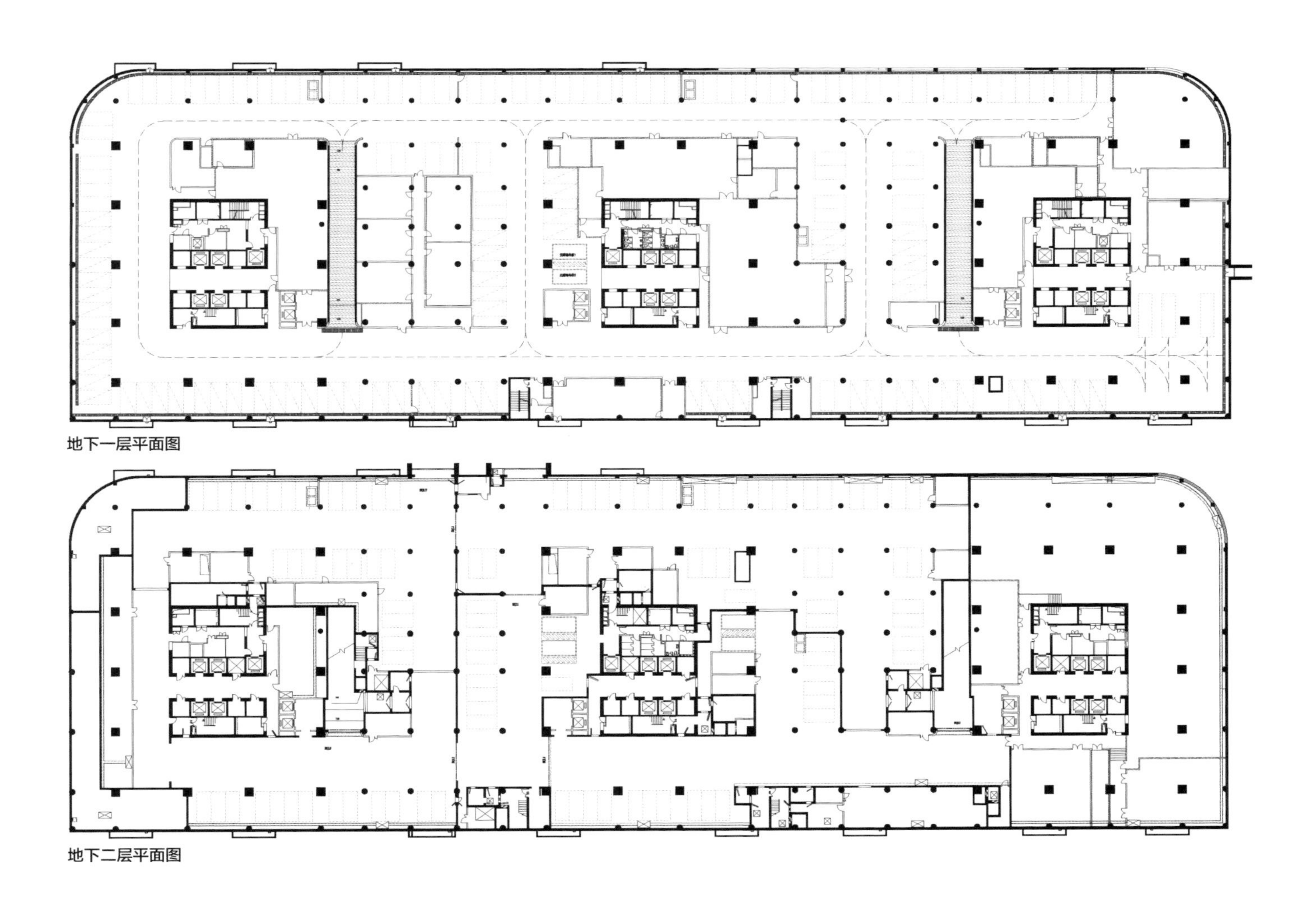

地下一层平面图

地下二层平面图

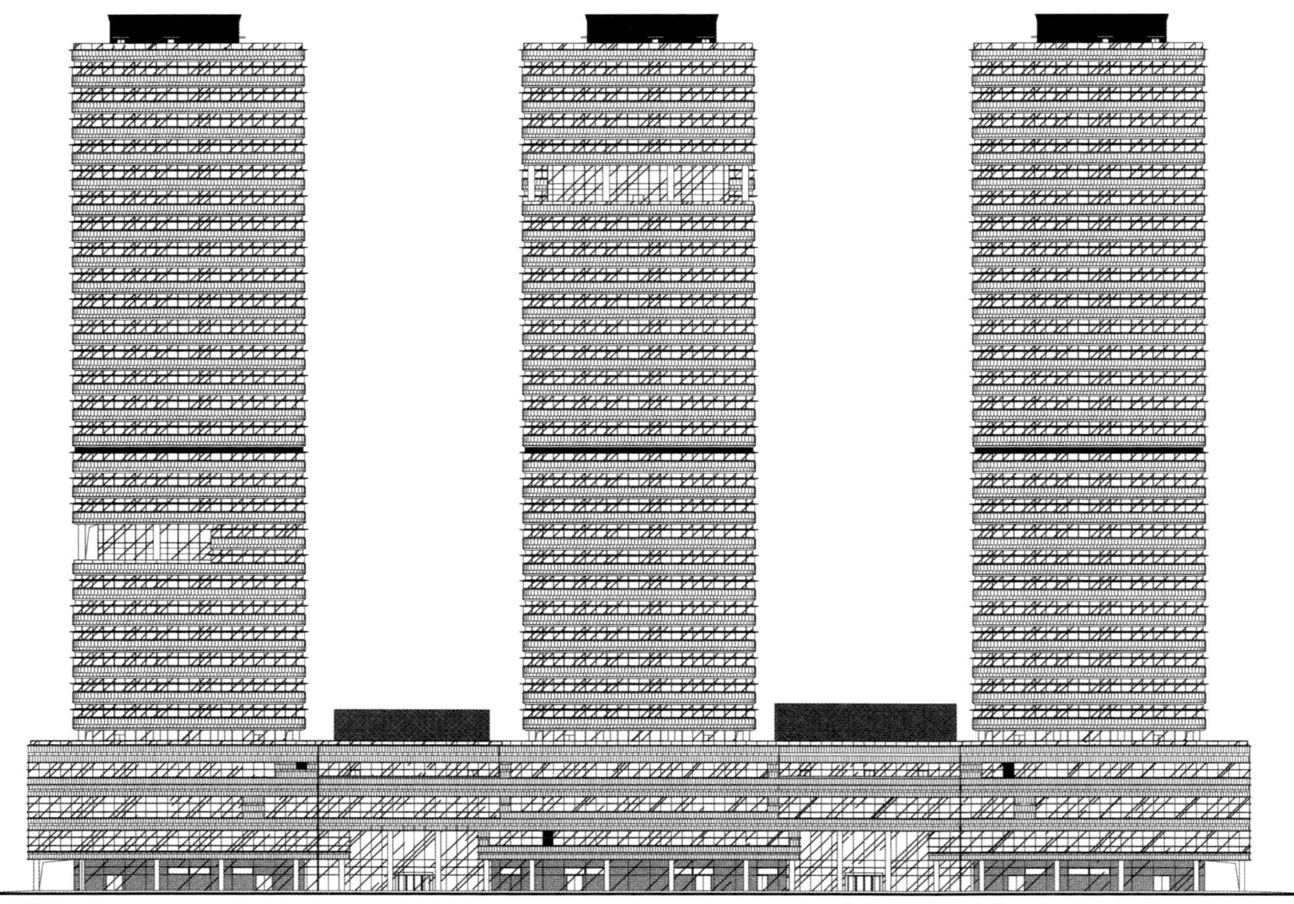

东立面图

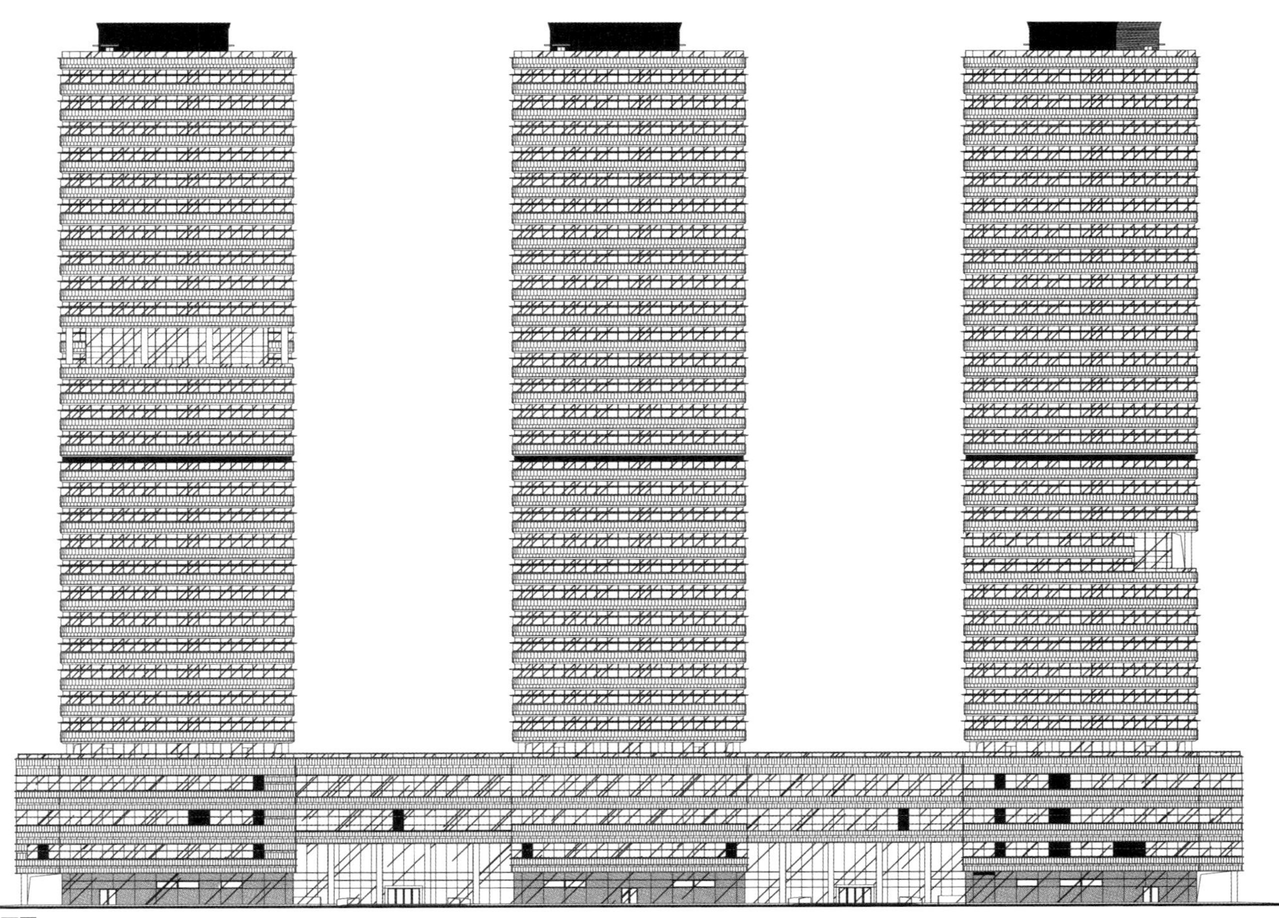

南立面图

MSD-C区实体图

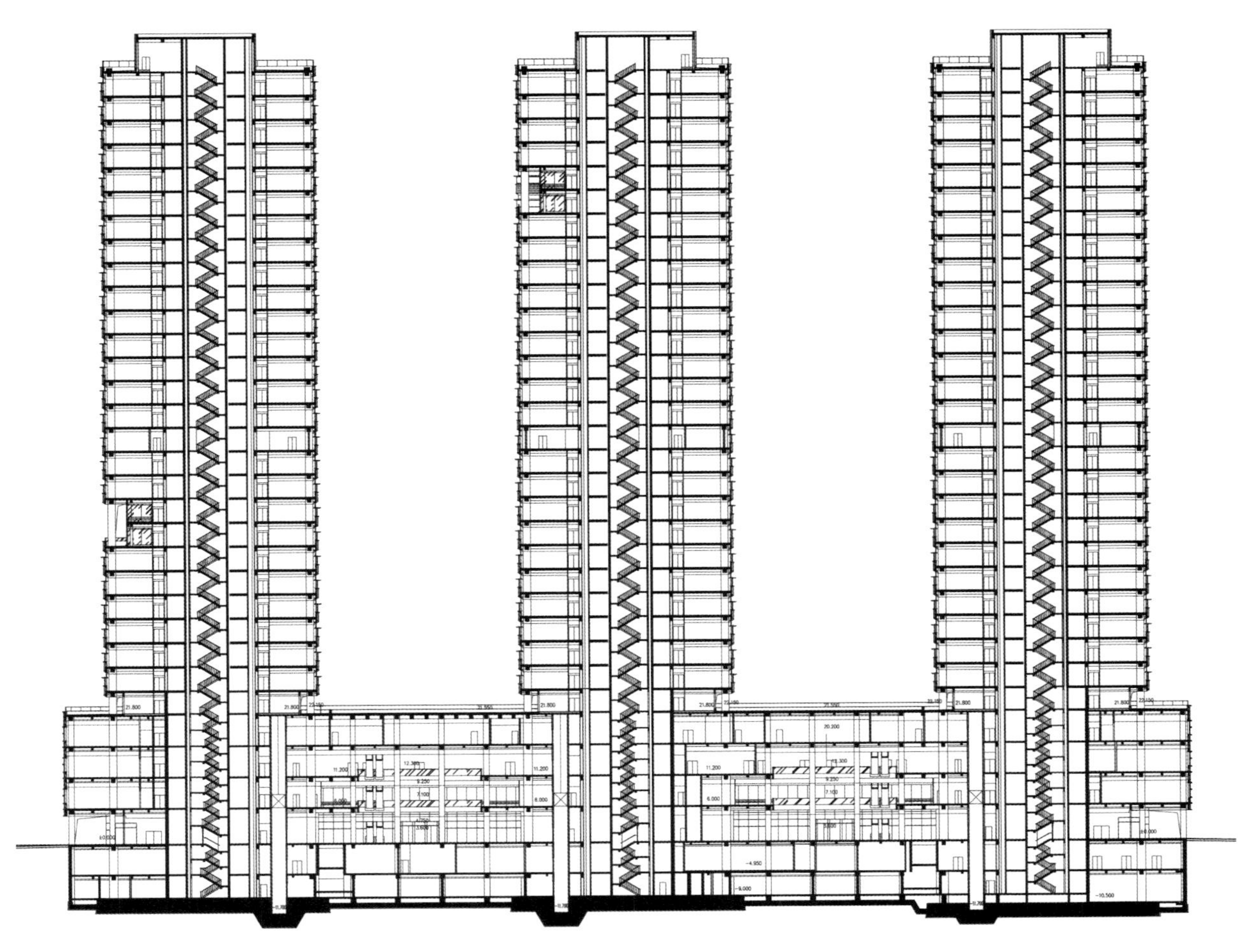

剖面图

效果图

15. 泰达MSD-F区

项目地点： 天津开发区内，北临发达街，南依第二大街，西至巢湖路，东靠新城西路

用地面积： 22 121平方米

建筑面积： 161 923平方米，其中地上118 848平方米，地上20层，容积率5.32

设计单位： 英国阿特金斯顾问有限公司，天津市建筑设计院

项目说明： F区为泰达MSD的拓展区项目，它沿着第二大街延伸，规划设计力图增强区域的整体性，做到内向型、外向型空间兼有，并有机组合。提出了“折板城市”和“品”字布局的概念。“折板城市”的设计理念提供了城市从二维平面到三维空间的最大灵活性，并为产业园区提供了外形统一的识别性标识。通过折板方式，二维平面自然生成立体城市，为裙房提供了三维的丰富空间，合理组合室内、室外和半室外空间，极大提升了土地利用价值和办公区品质。“折板”概念将绿色建筑的理念与办公楼设计结合，巧妙地将“绿色”融进建筑单体的设计。建筑设计将绿化引入建筑表皮设计，使用“绿墙”和“屋顶花园”的先进技术，在和城市空间相同的绿色背景下强调工作的舒适性。也体现出建筑的可持续发展性。

本项目由4栋20层左右建筑及裙房和连廊组成。

实体图

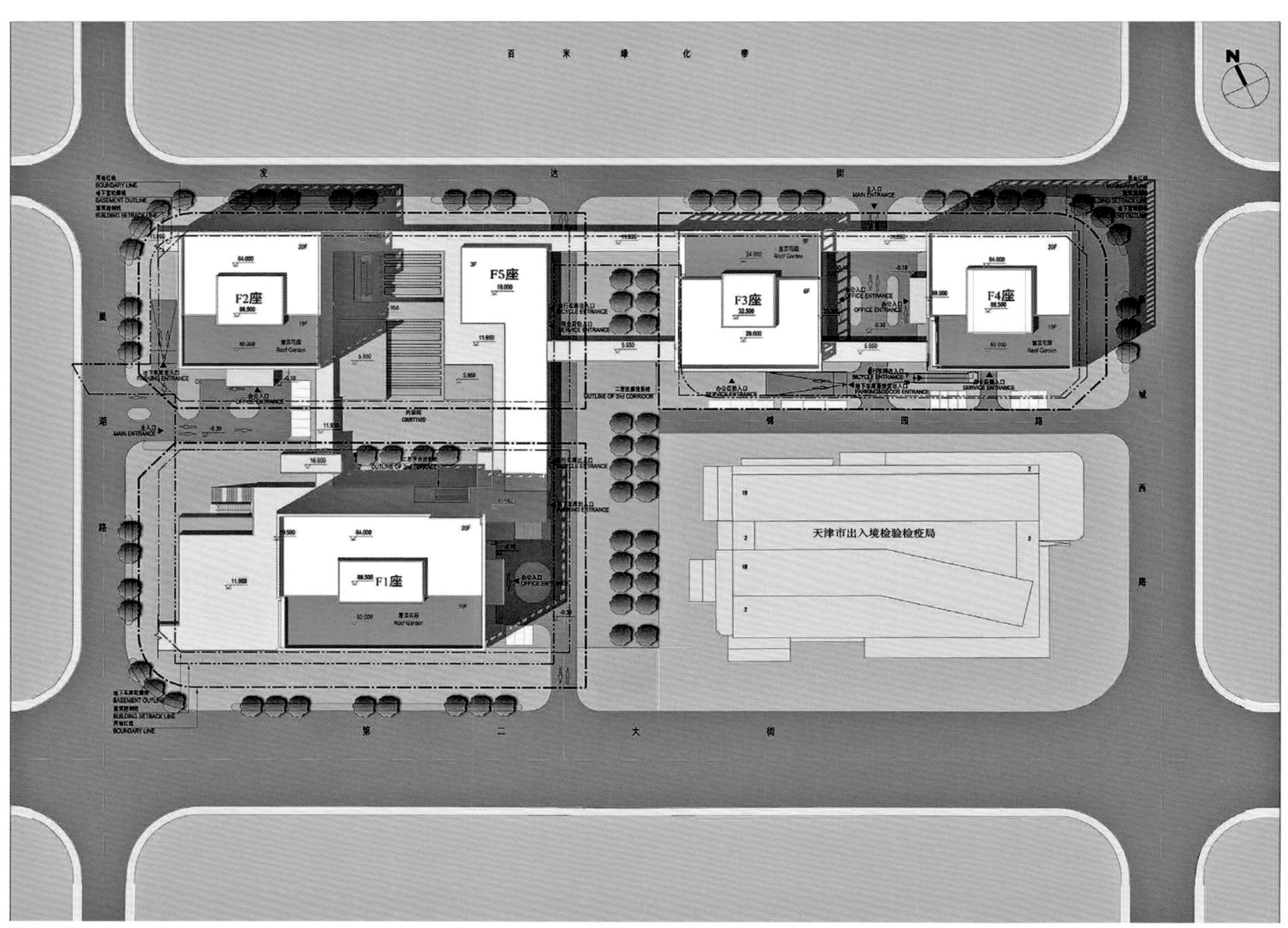
N
百 米 绿 化 带
发 达 街
MAIN ENTRANCE
F2座
F5座
F3座
F4座
F1座
COURTYARD
OFFICE ENTRANCE
BICYCLE ENTRANCE
SERVICE ENTRANCE
锦 园 路
天津市出入境检验检疫局
第 二 大 街
BOUNDARY LINE
BASEMENT OUTLINE
BUILDING SETBACK LINE

总平面图

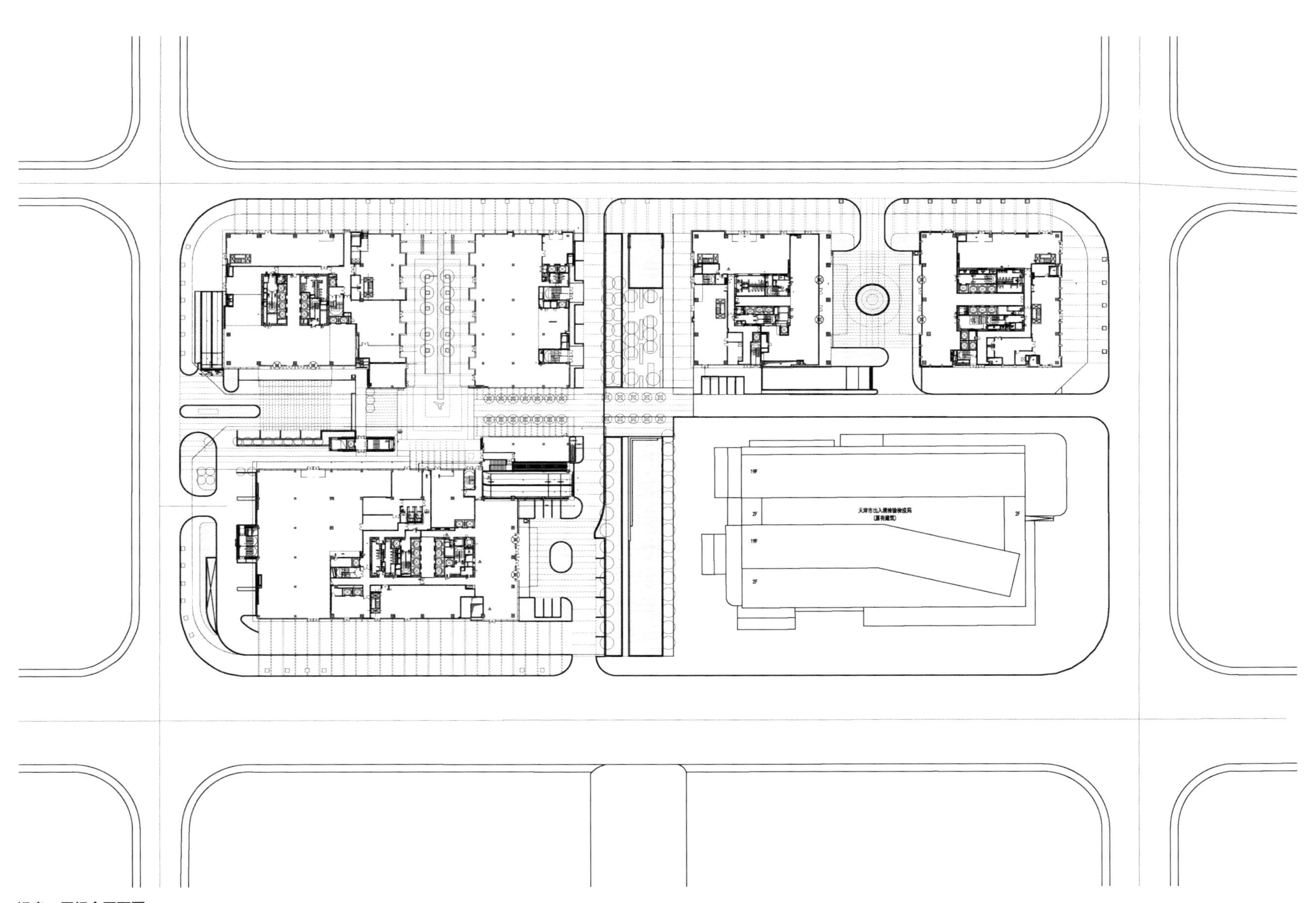

裙房一层组合平面图

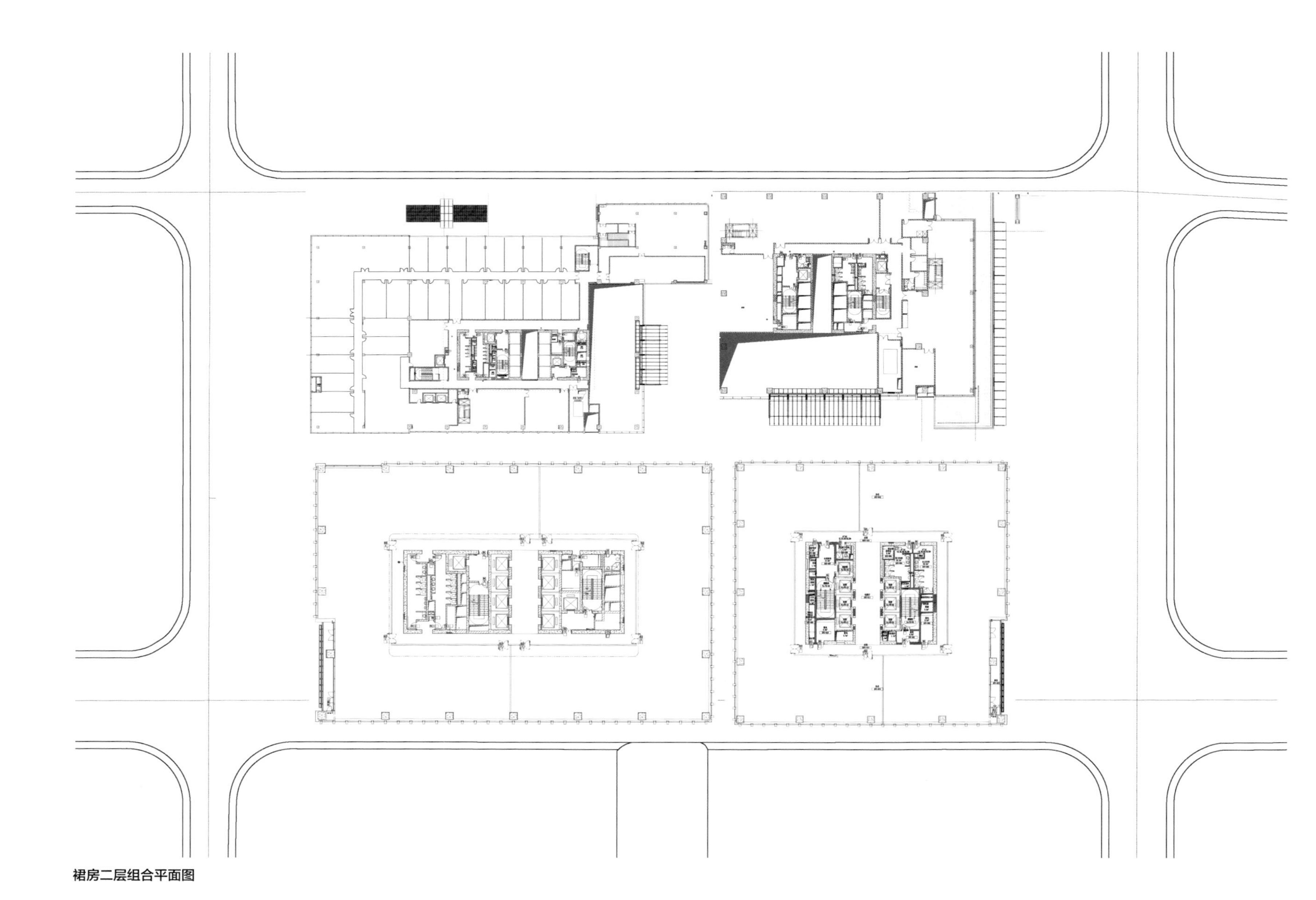

裙房二层组合平面图

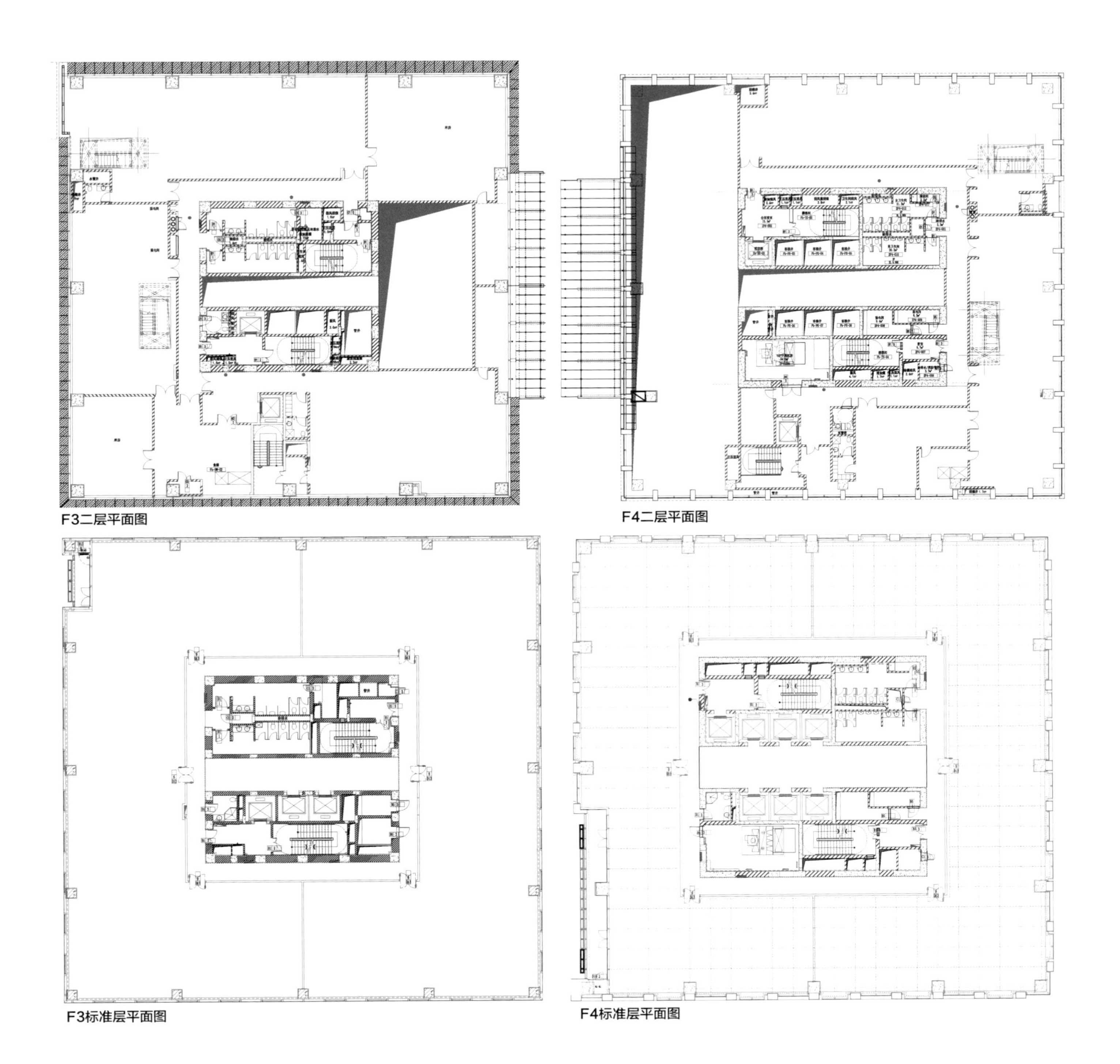

F3二层平面图

F4二层平面图

F3标准层平面图

F4标准层平面图

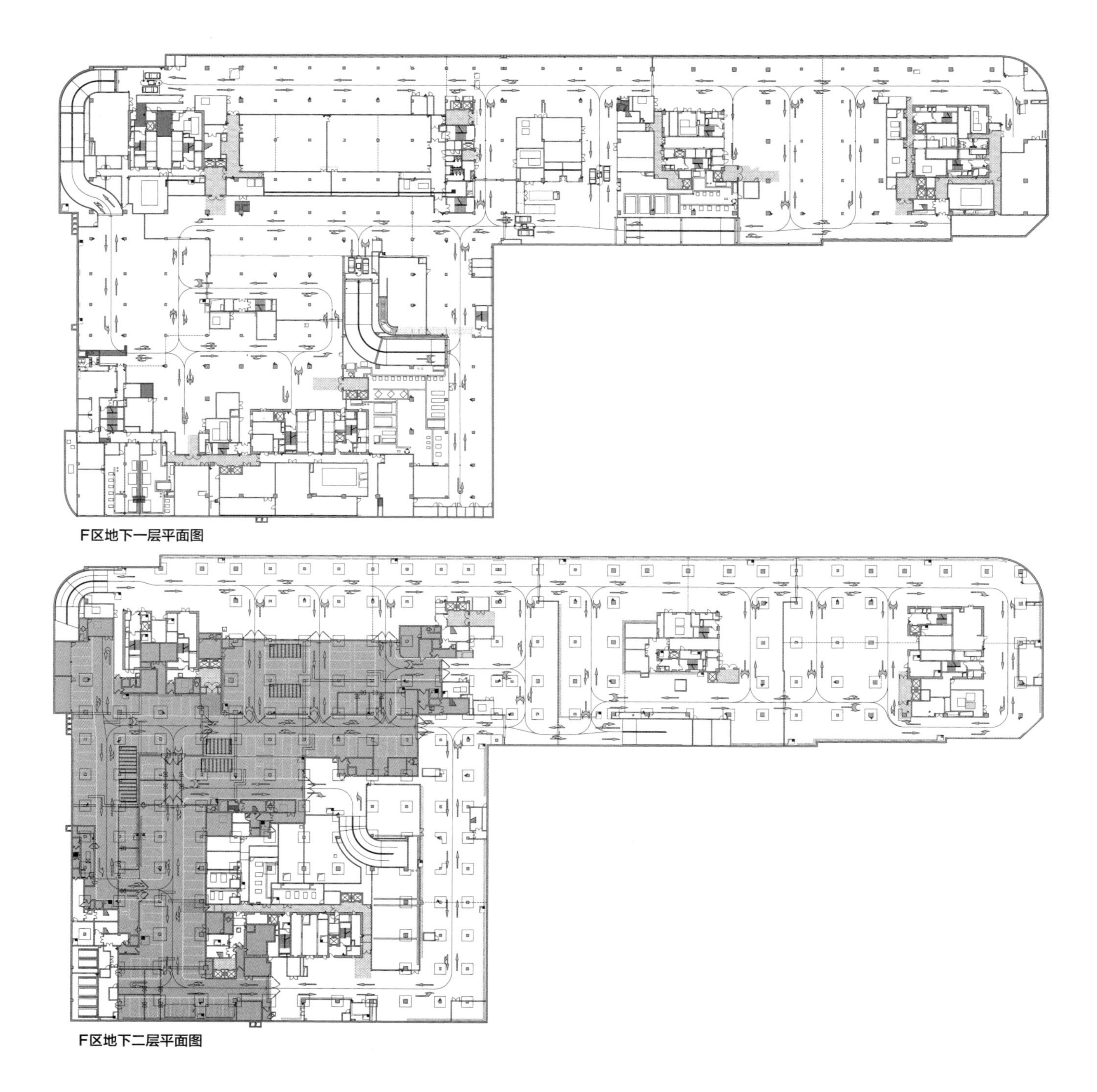

F区地下一层平面图

F区地下二层平面图

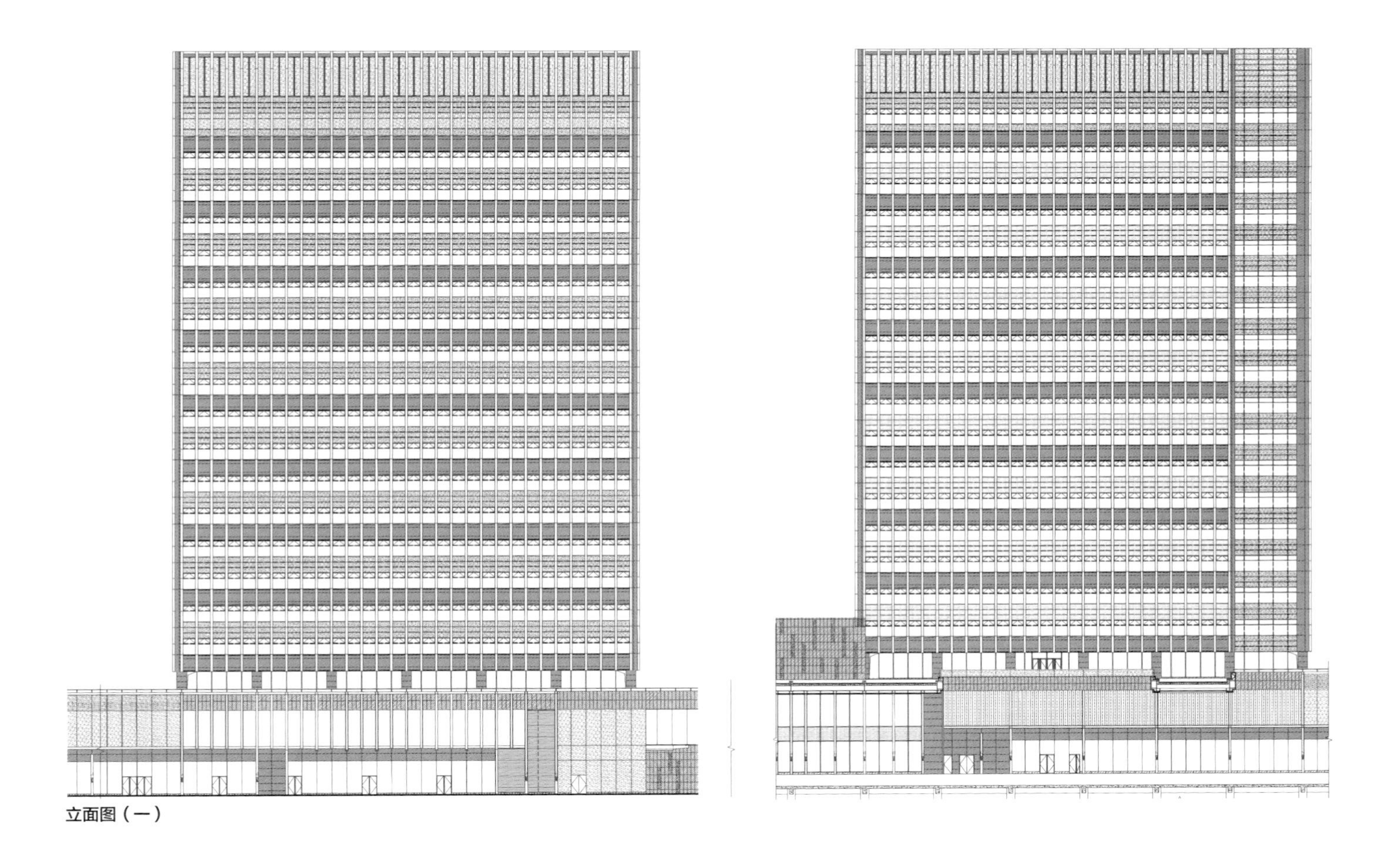

立面图（一）

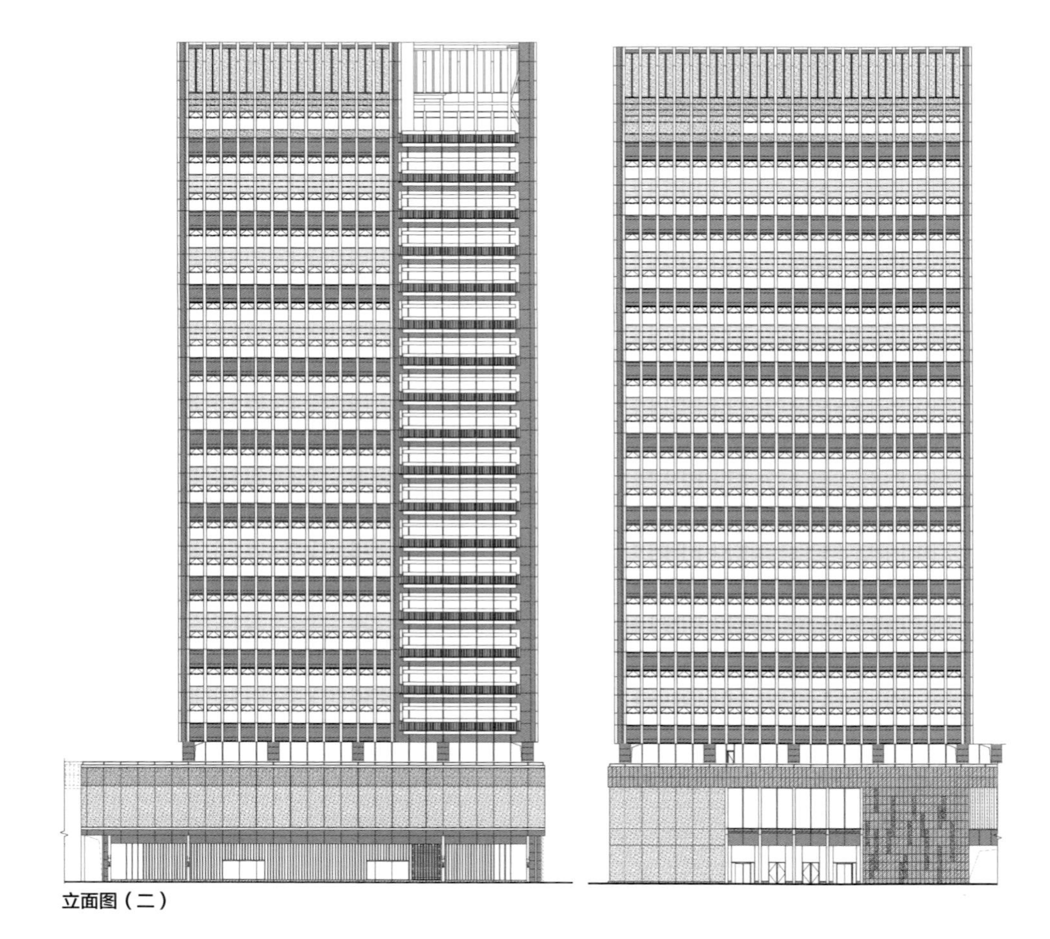

立面图（二）

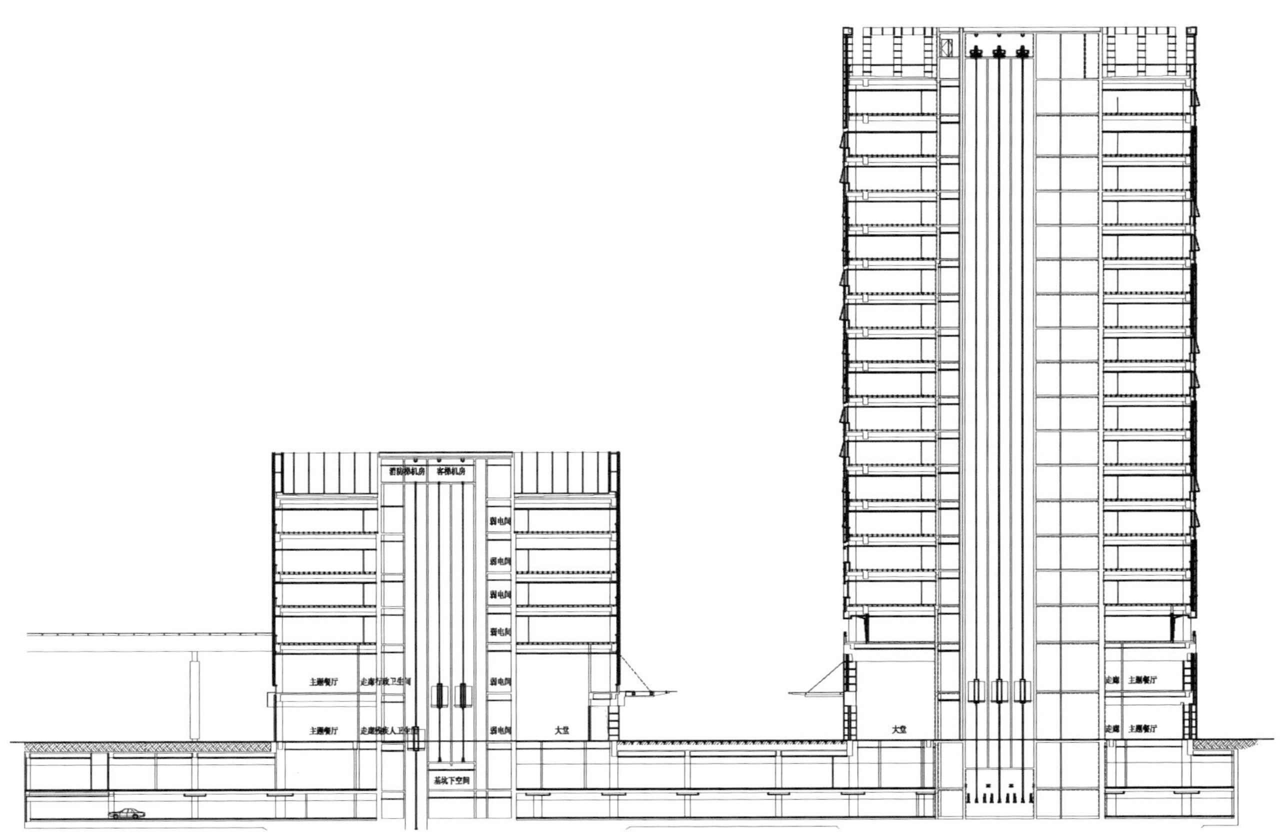
消防梯机房
客梯机房
弱电间
弱电间
弱电间
弱电间
主题餐厅
走廊行政卫生间
弱电间
主题餐厅
弱电间
大堂
基坑下空间
大堂
走廊
主题餐厅
走廊
主题餐厅

1-1剖面图

效果图

16. 泰达MSD-G区、H区

项目地点： 天津开发区内，北临发达街，南依第二大街，
西至新城东路，东靠北海西路

用地面积： 33 600平方米

建筑面积： 240 974平方米，其中地上175 265平方米，建筑层数19层，
容积率5.22

设计单位： 英国阿特金斯顾问有限公司
天津市建筑设计院

项目简介： G区、H区位于泰达MSD的拓展区，提出了“折板城市”和“品”字布局的概念。沿着第二大街延伸，规划设计力图增强区域的整体性，做到内向型、外向型空间兼有，并有机组合。通过折板方式，二维平面自然生成立体城市，为裙房提供了三维的丰富空间，合理组合室内、室外和半室外空间。极大提升了土地利用价值和办公区品质。 建筑设计将绿化引入建筑表皮设计，使用“绿墙”和“屋顶花园”的先进技术，在和城市空间相同的绿色背景下强调工作的舒适性，也体现出建筑的可持续发展性。

本项目由4栋19层高塔楼及部分裙房和连廊组成。

实体图

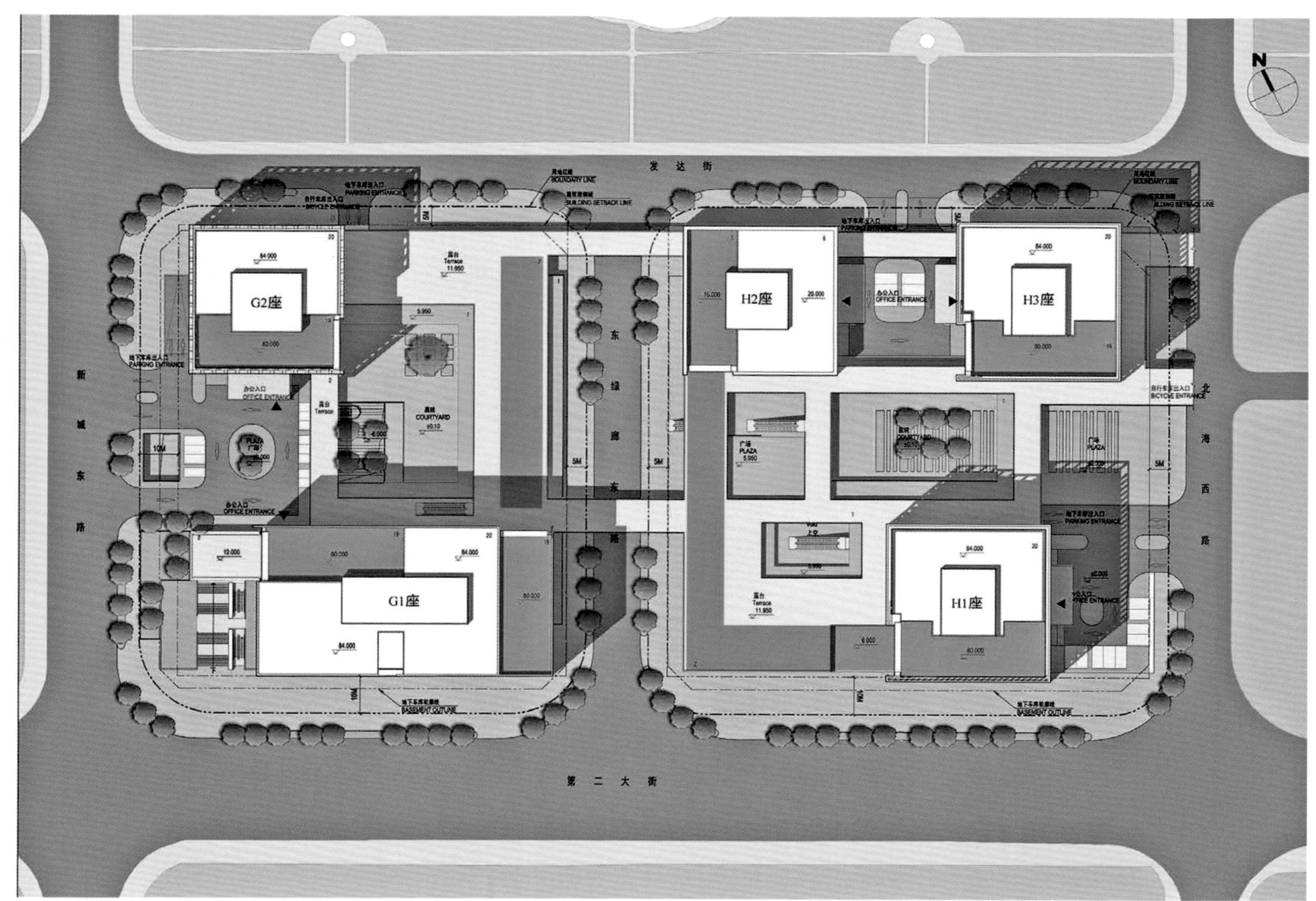
N
发达街
第二大街
新城东路
东绿廊东路
北海西路
G2座
G1座
H1座
H2座
H3座
BOUNDARY LINE
BUILDING SETBACK LINE
PARKING ENTRANCE
BICYCLE ENTRANCE
办公入口
OFFICE ENTRANCE
露台
Terrace
11.950
COURTYARD
±0.10
广场
PLAZA
5.950
10M
5M
84.000
80.000
12.000
20.000
16.000
BASEMENT OUTLINE
总平面图

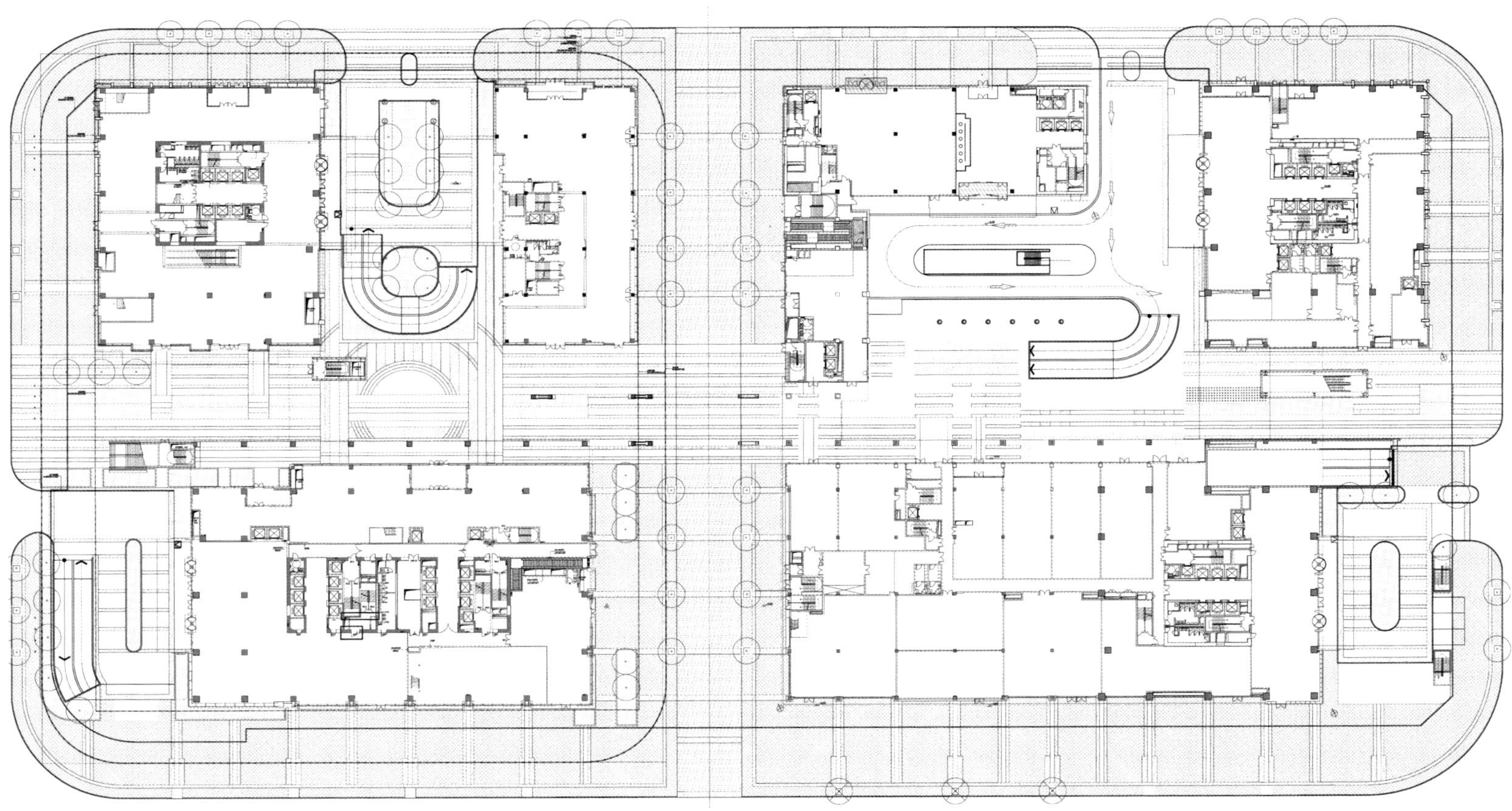

一层组合平面图

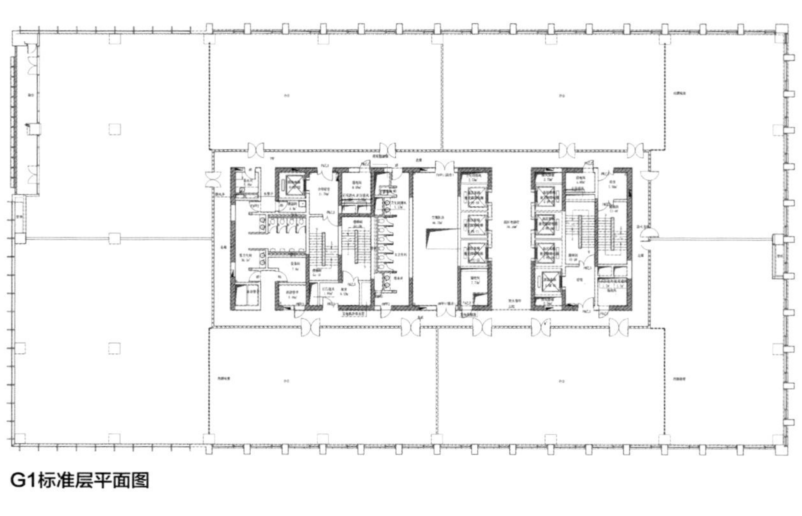

G1标准层平面图

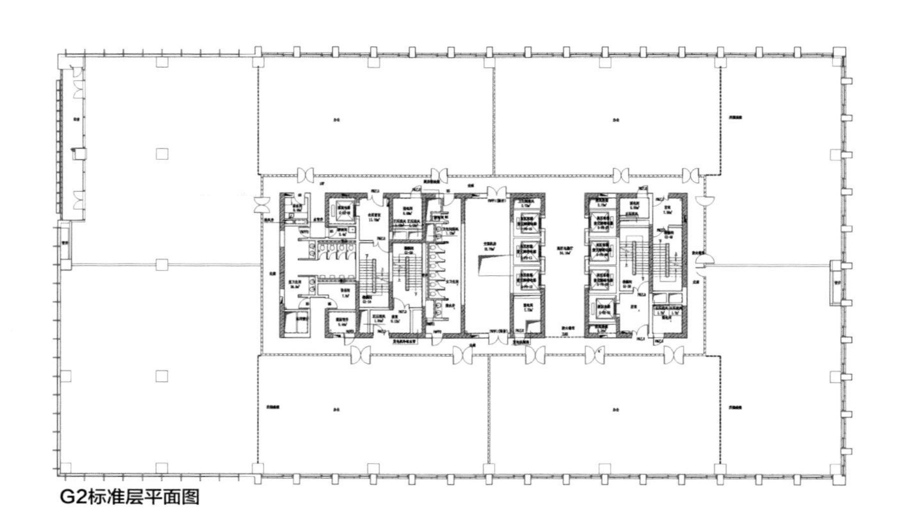

G2标准层平面图

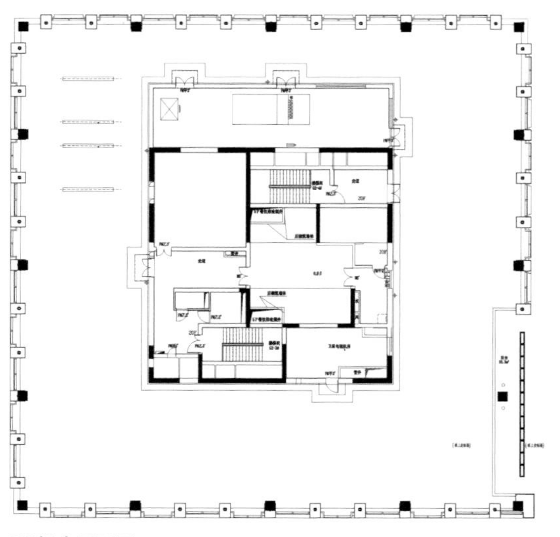

G2机房平面图

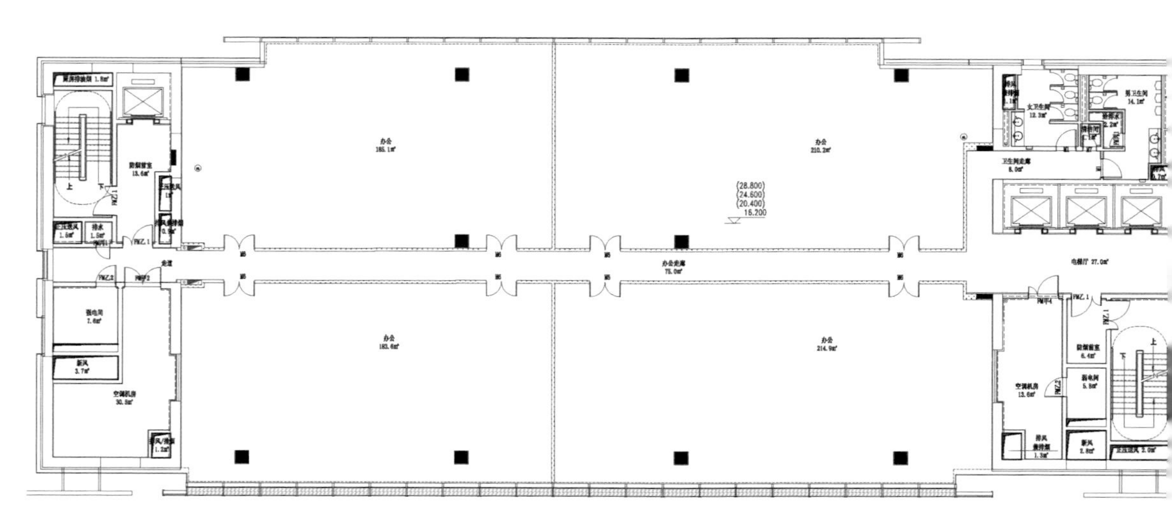

H2标准层平面图

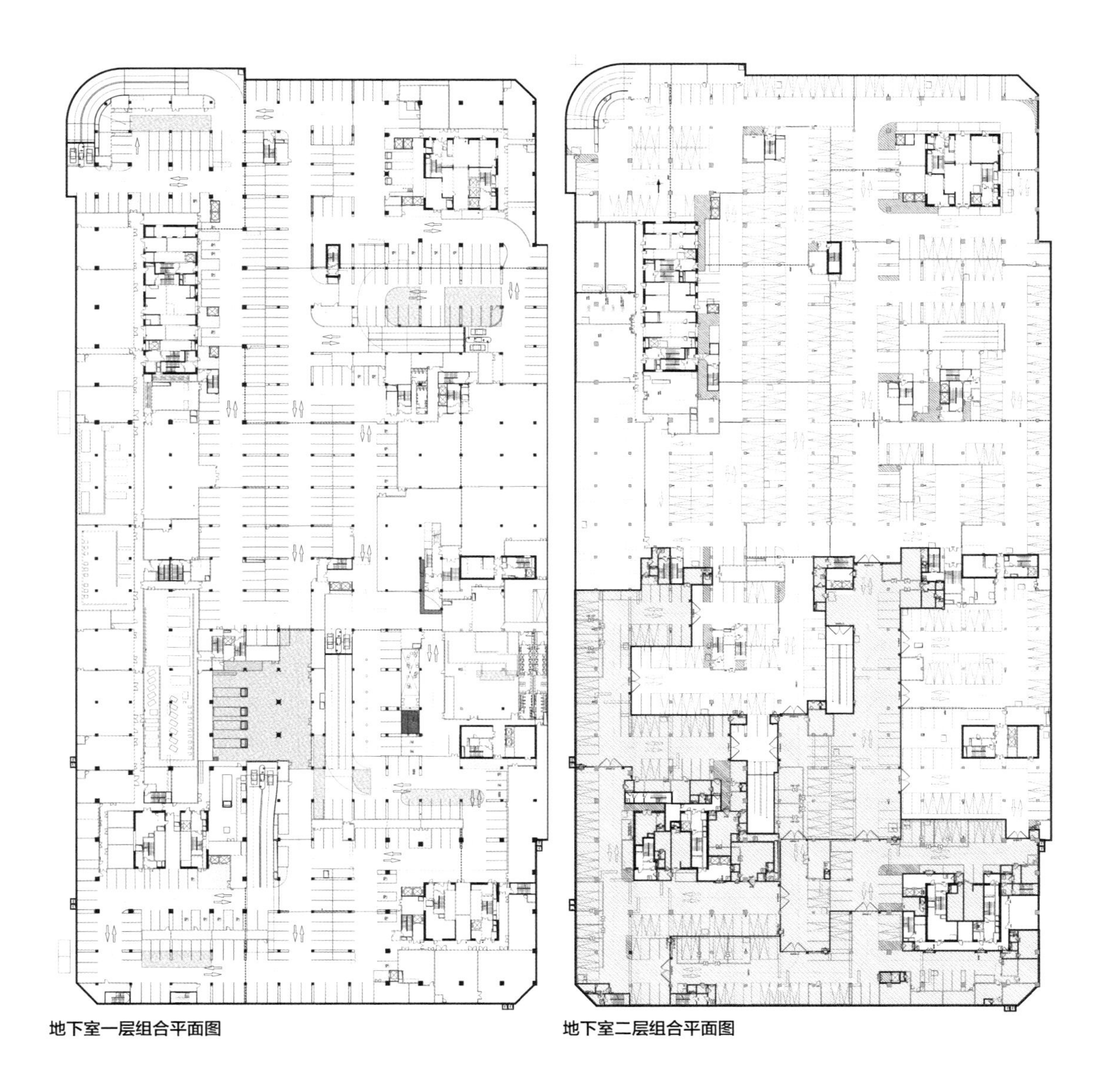

地下室一层组合平面图　　地下室二层组合平面图

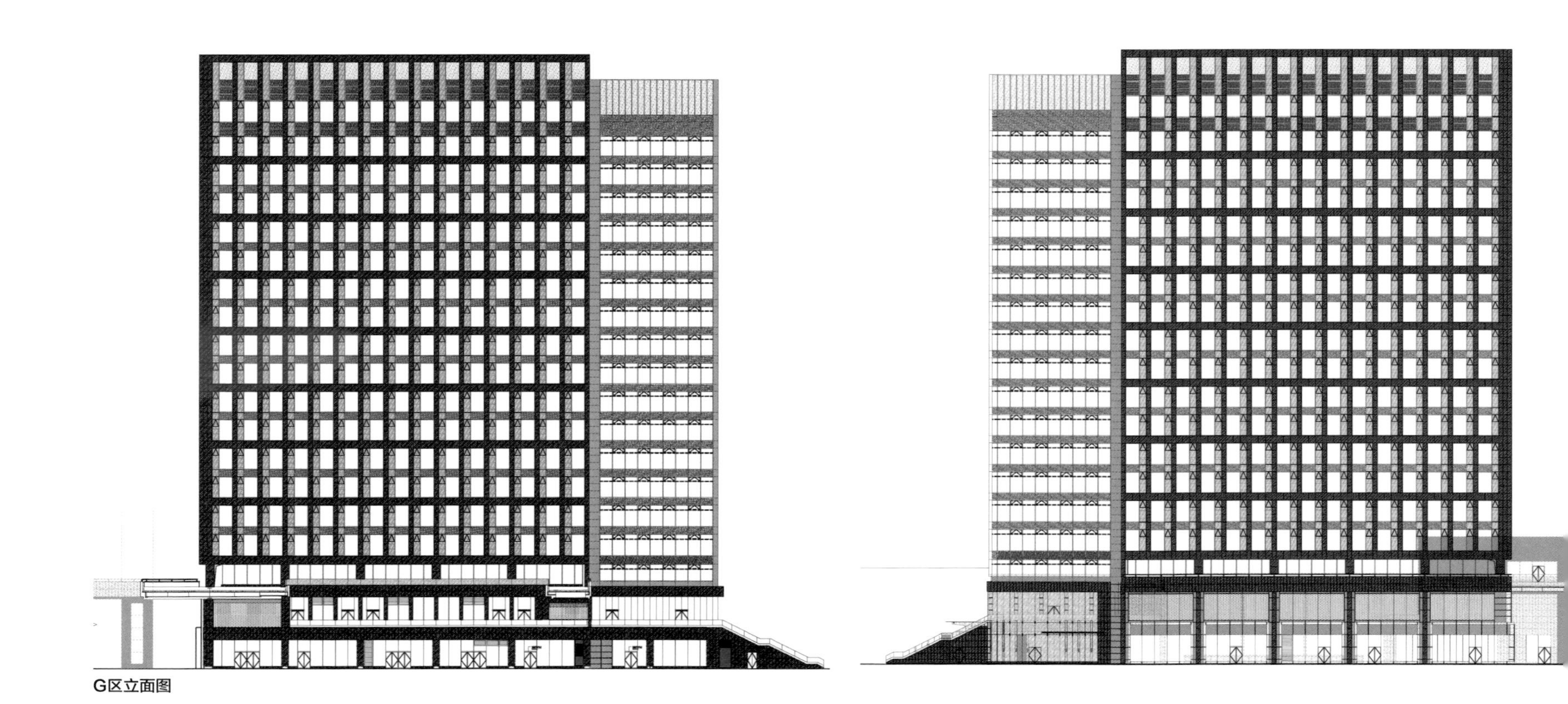

G区立面图

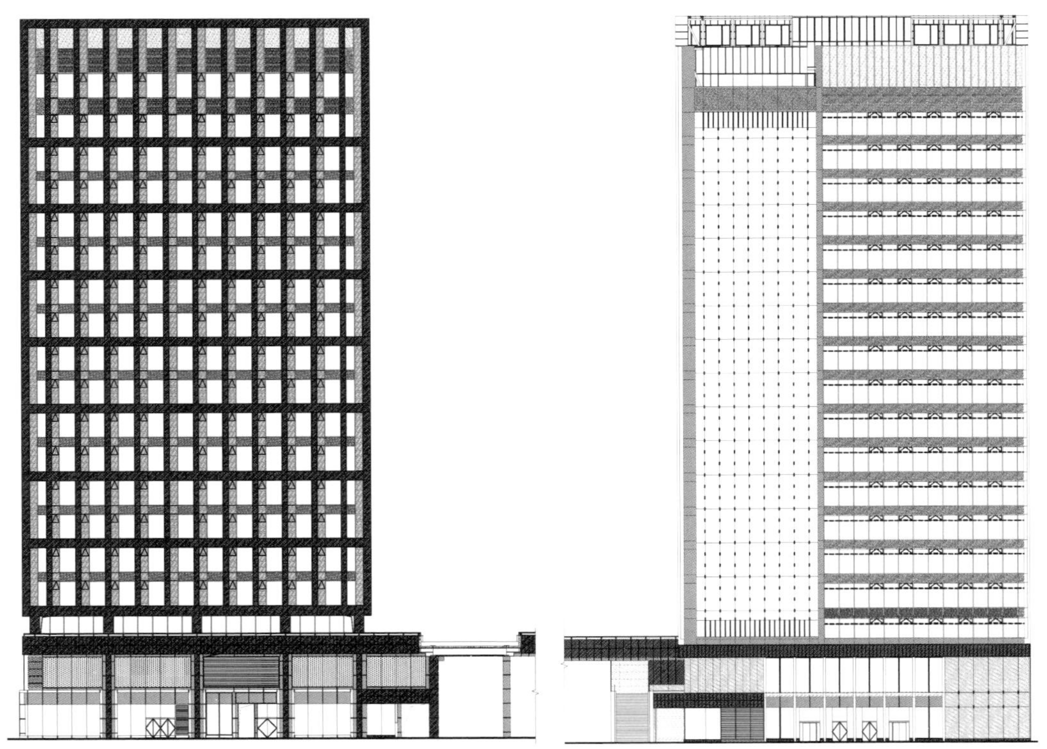

G区剖面图

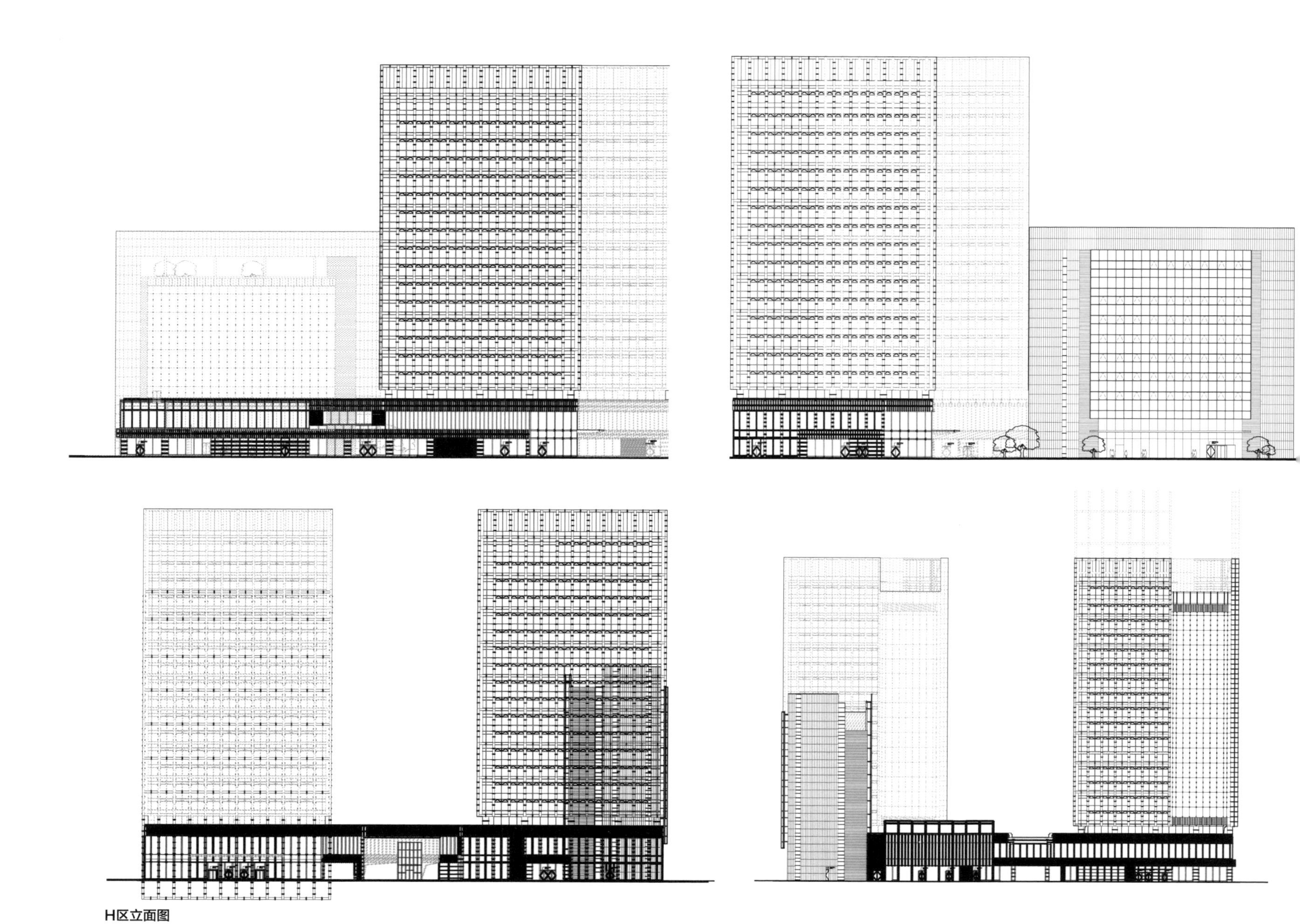

H区立面图

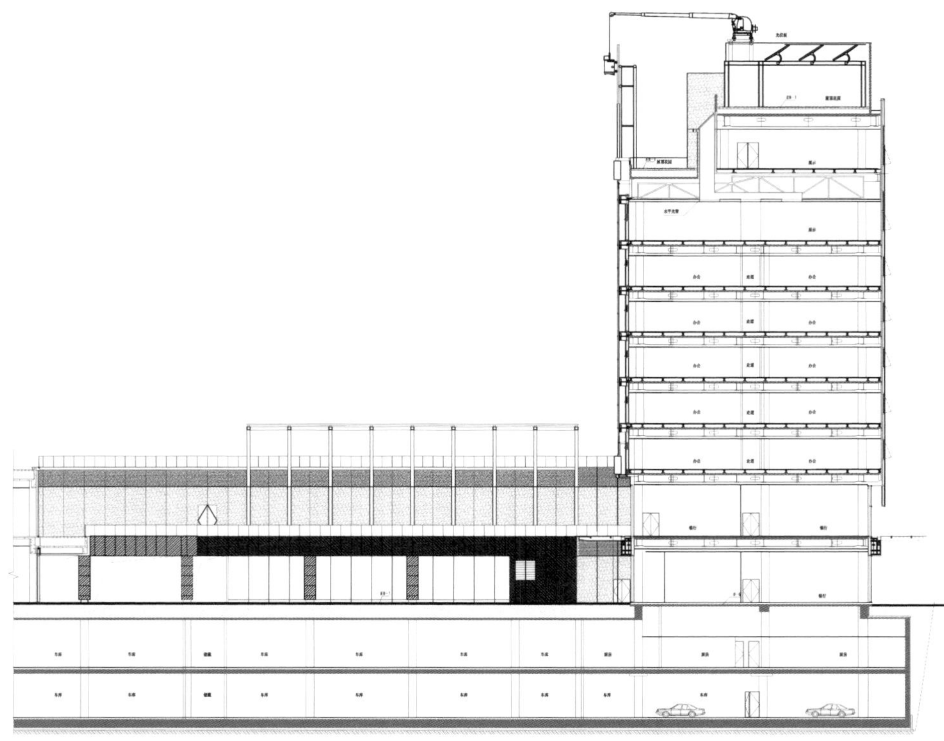

H区剖面图

鸟瞰图

效果图

17. 泰达MSD-I区

效果图

项目地点： 天津开发区内，北临发达街，南依第二大街，西至北海西路，东靠北海路

用地面积： 27 565.93平方米

建筑面积： 191 865.55平方米，其中地上136 449.55平方米，地下55 416平方米，建筑层数20层，容积率10

设计单位： 英国阿特金斯顾问有限公司

天津市建筑设计院

项目说明： I区位于泰达MSD的拓展区，提出了“折板城市”和“品”字布局的概念。沿着第二大街延伸，规划设计力图增强区域的整体性，做到内向型、外向型空间兼有，并有机组合。通过折板方式，二维平面自然生成立体城市，为裙房提供了三维的丰富空间，合理组合室内、室外和半室外空间，极大提升了土地利用价值和办公区品质。 建筑设计将绿化引入建筑表皮设计，使用“绿墙”和“屋顶花园”的先进技术，在和城市空间相同的绿色背景下强调工作的舒适性，也体现出建筑的可持续发展性。

本项目由3栋20层办公塔楼和部分裙房及连廊组成。

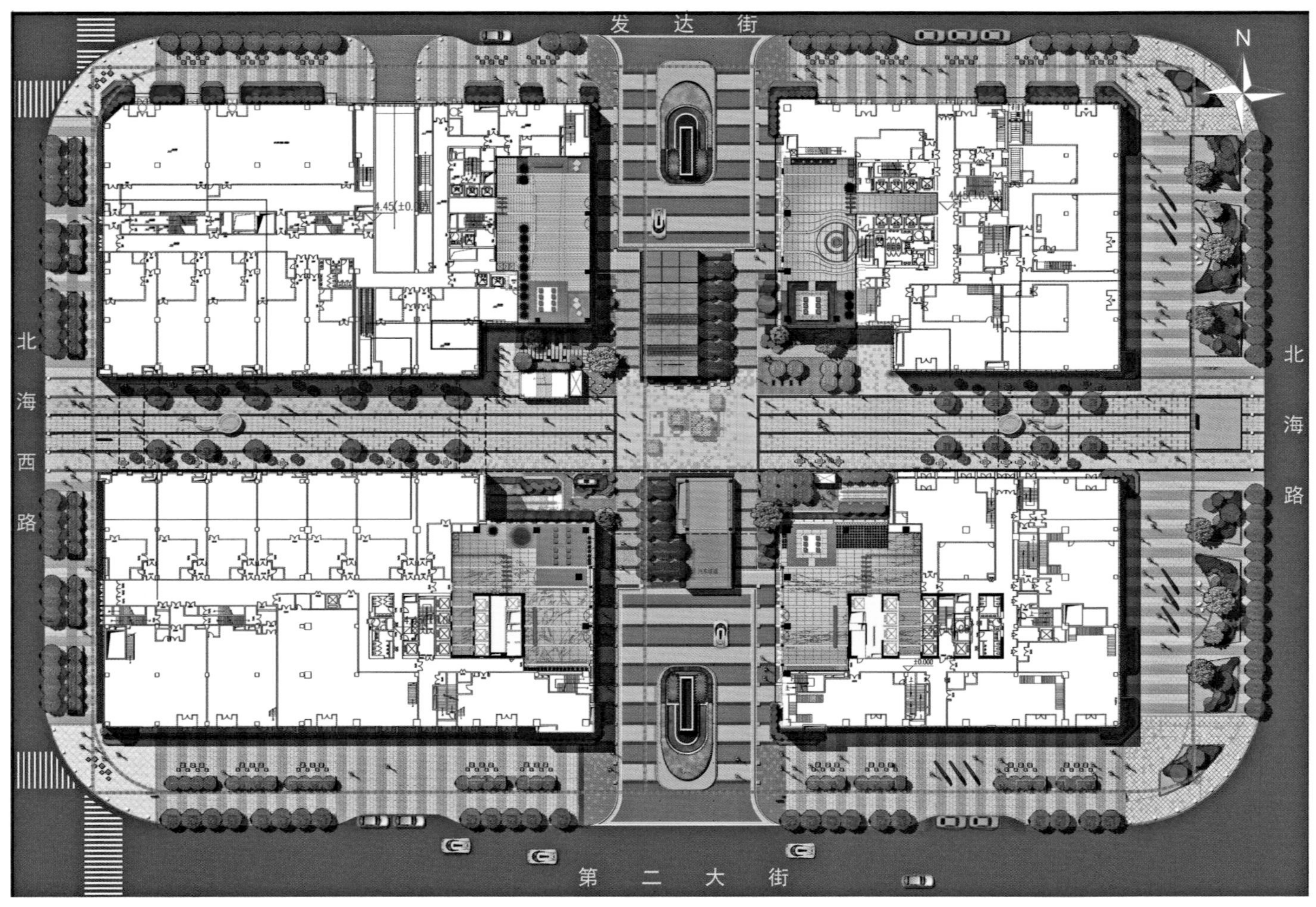

总平面图

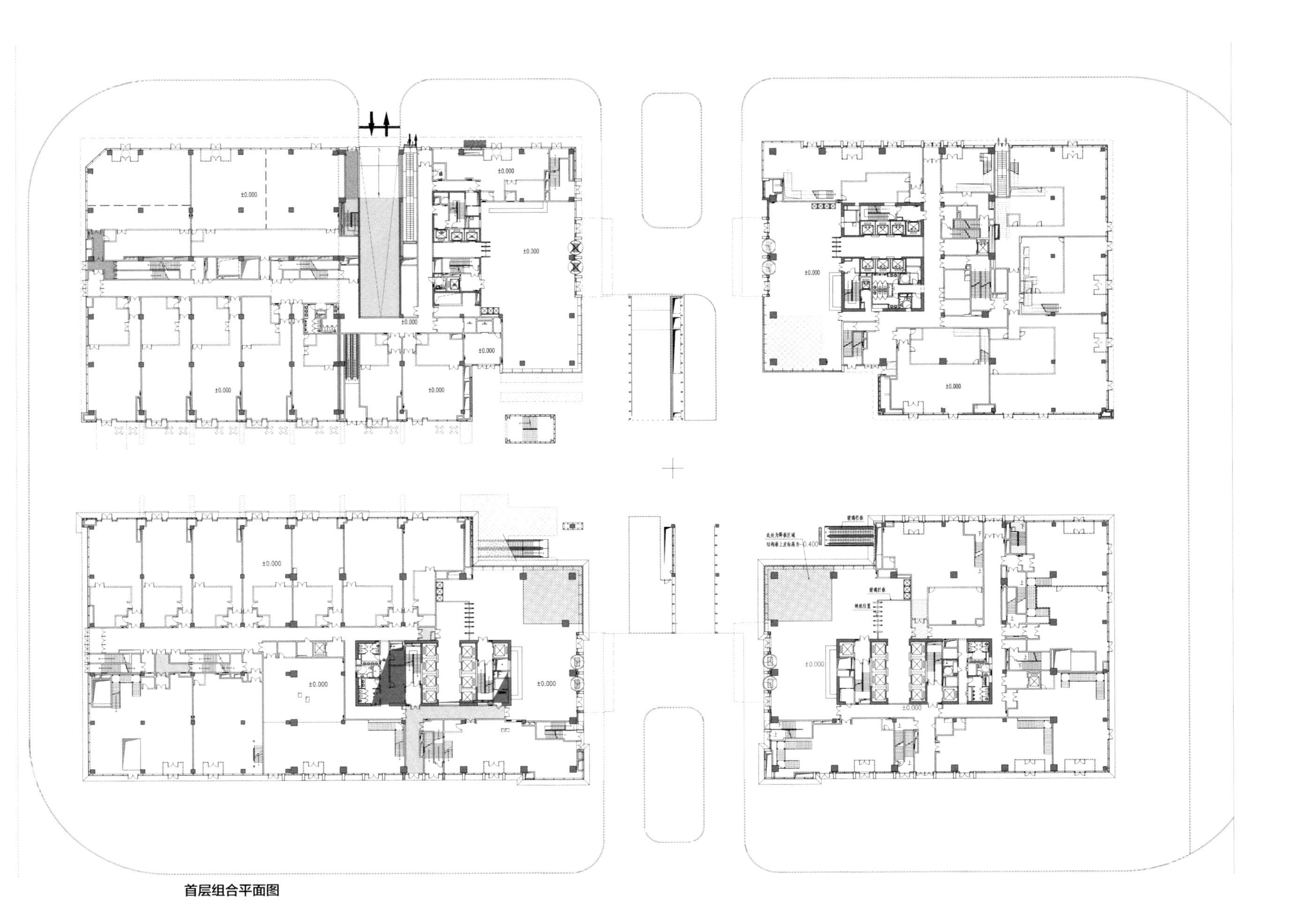

首层组合平面图

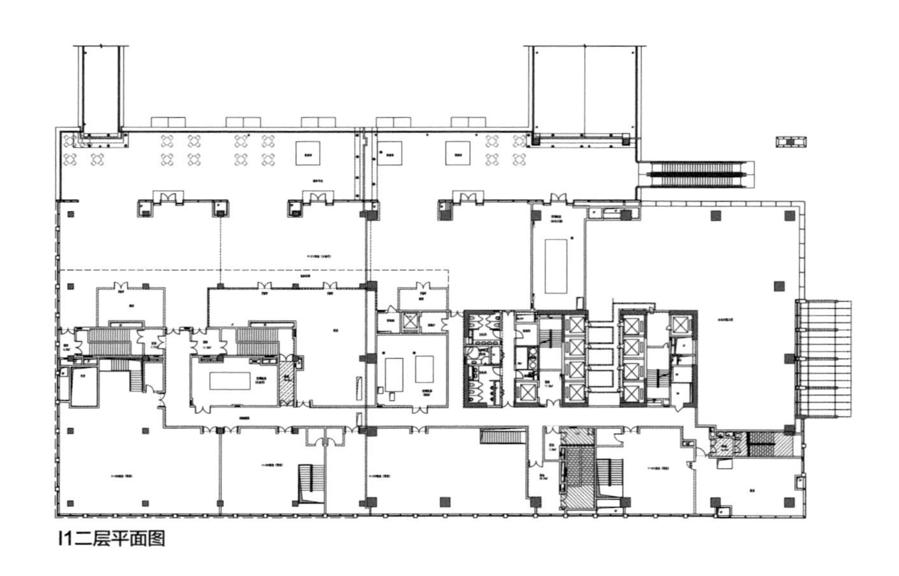

I1二层平面图

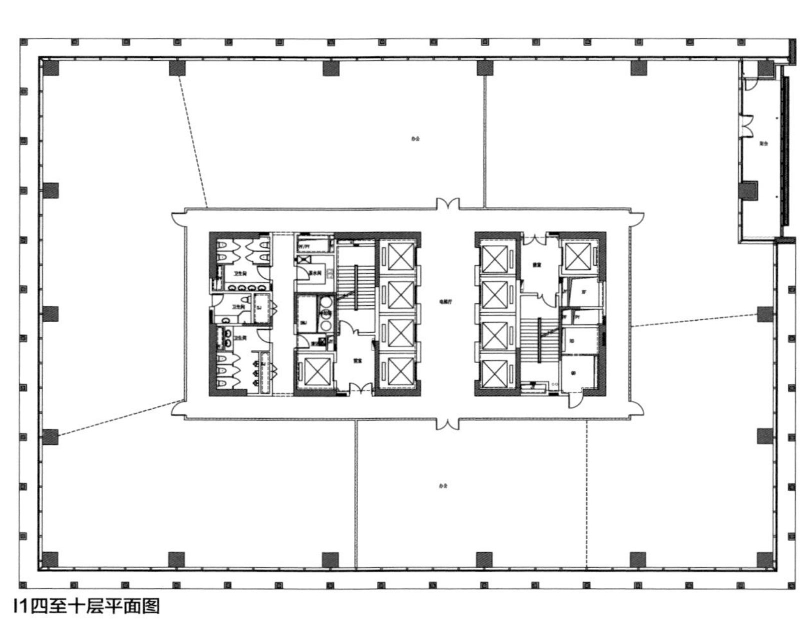

I1四至十层平面图

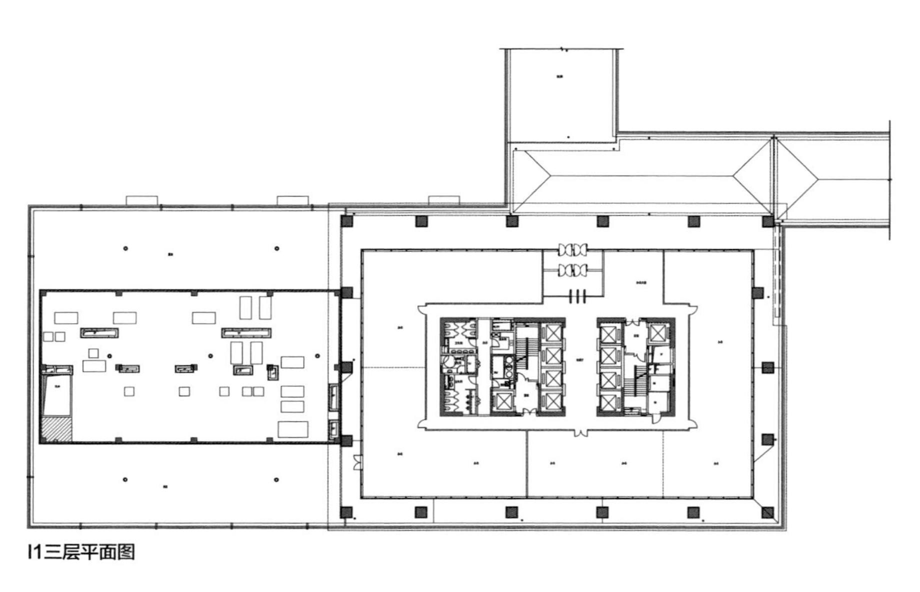

I1三层平面图

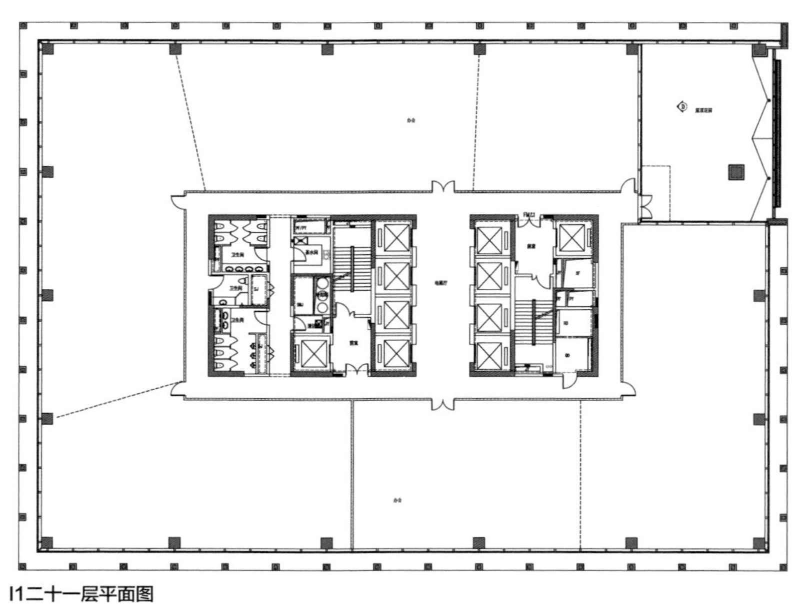

I1二十一层平面图

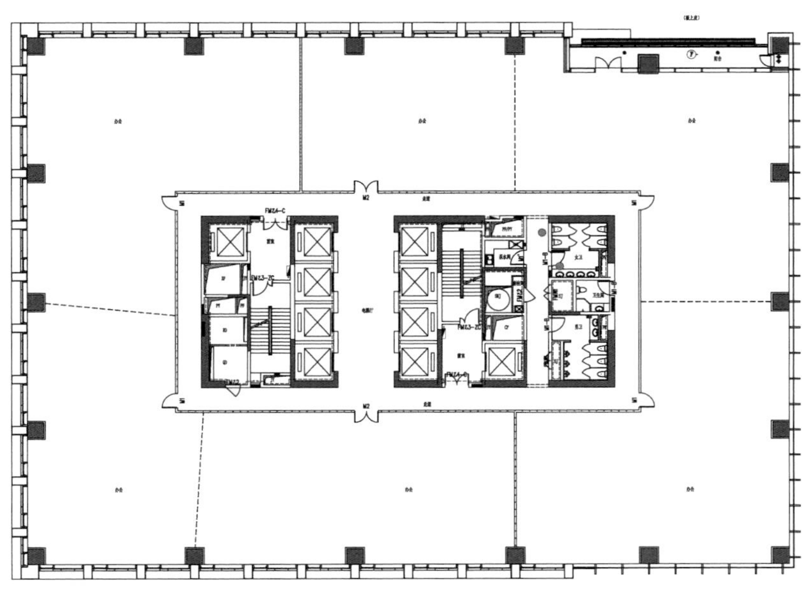

I2标准层平面图

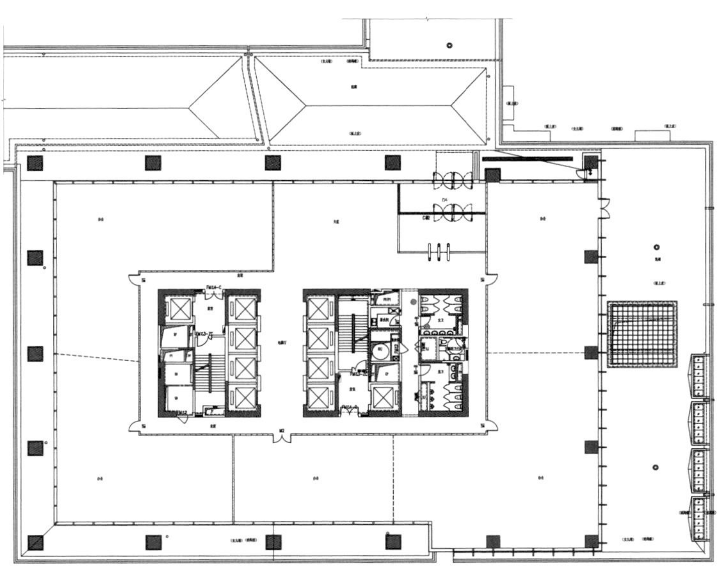

I2三层平面图

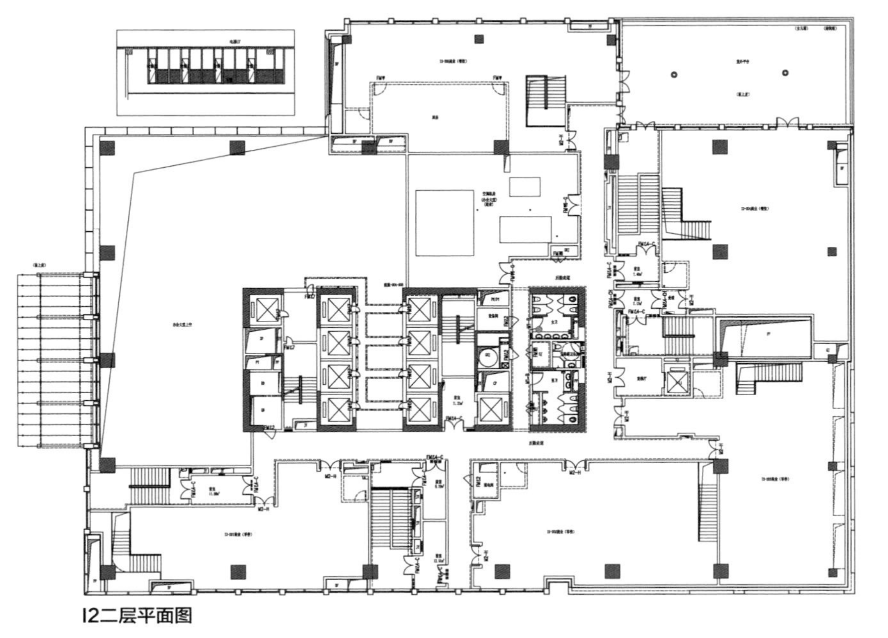

I2二层平面图

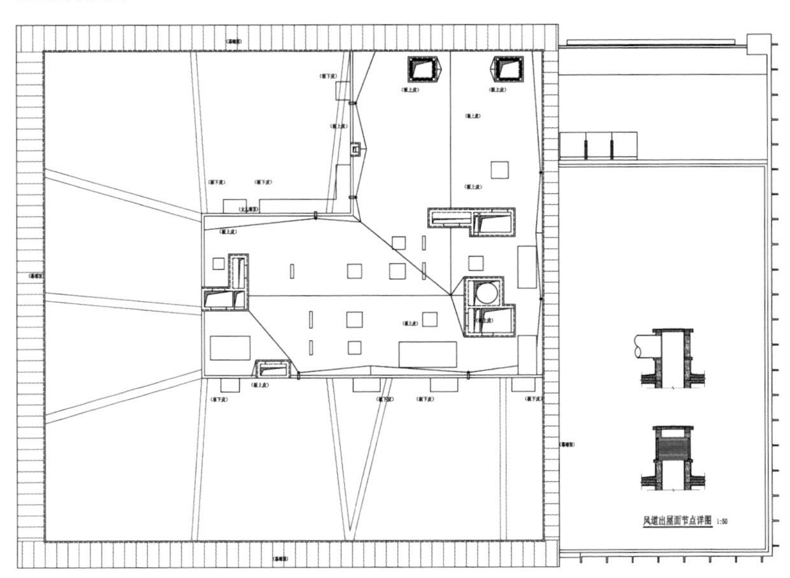

I2屋顶平面图

I3二层平面图

I3标准层平面图

I3三层平面图

I3至四层平面图

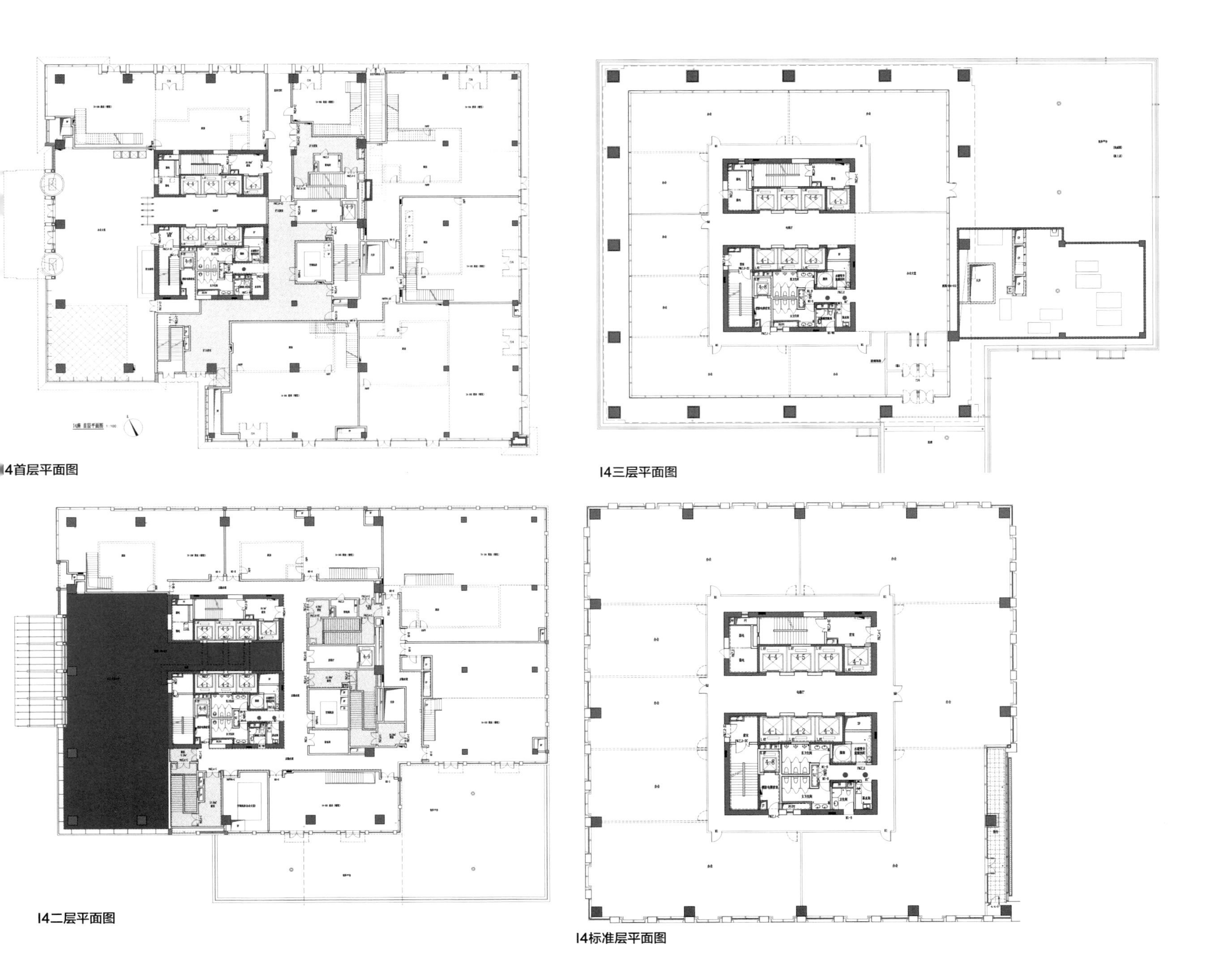

I4首层平面图

I4三层平面图

I4二层平面图

I4标准层平面图

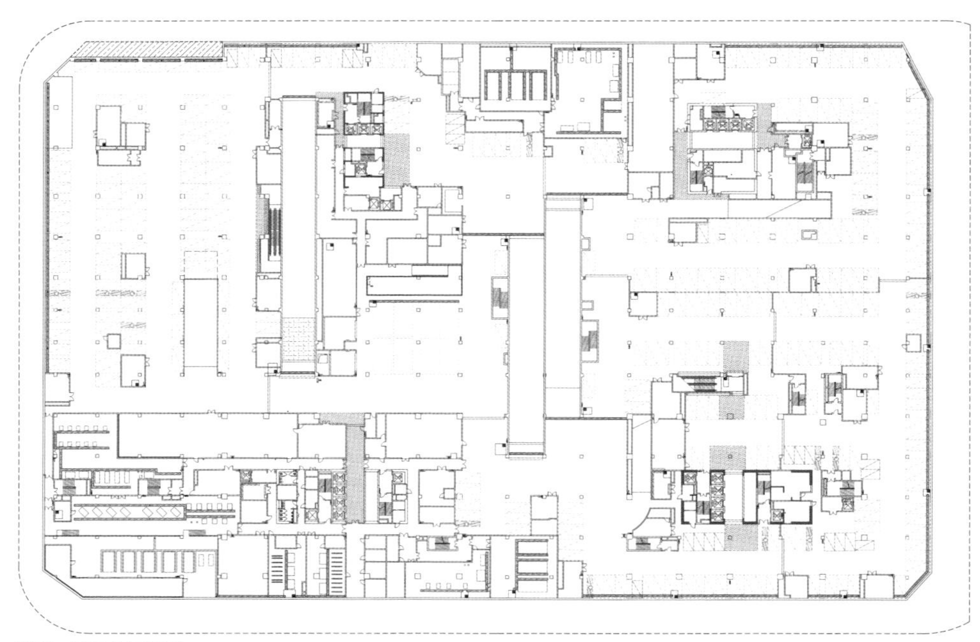

地下一层组合平面图

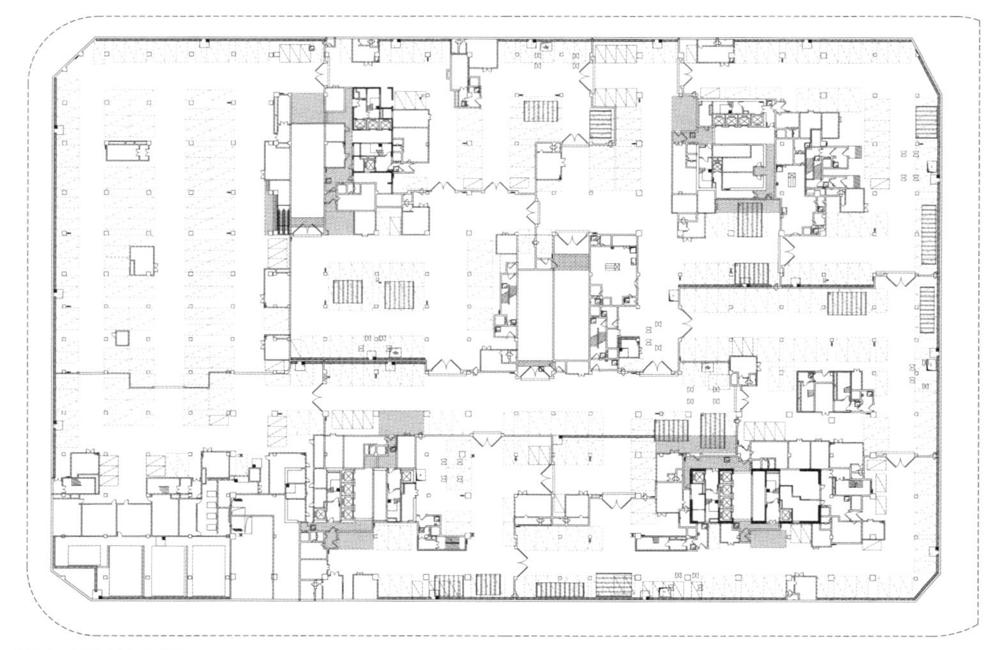

地下二层组合平面图

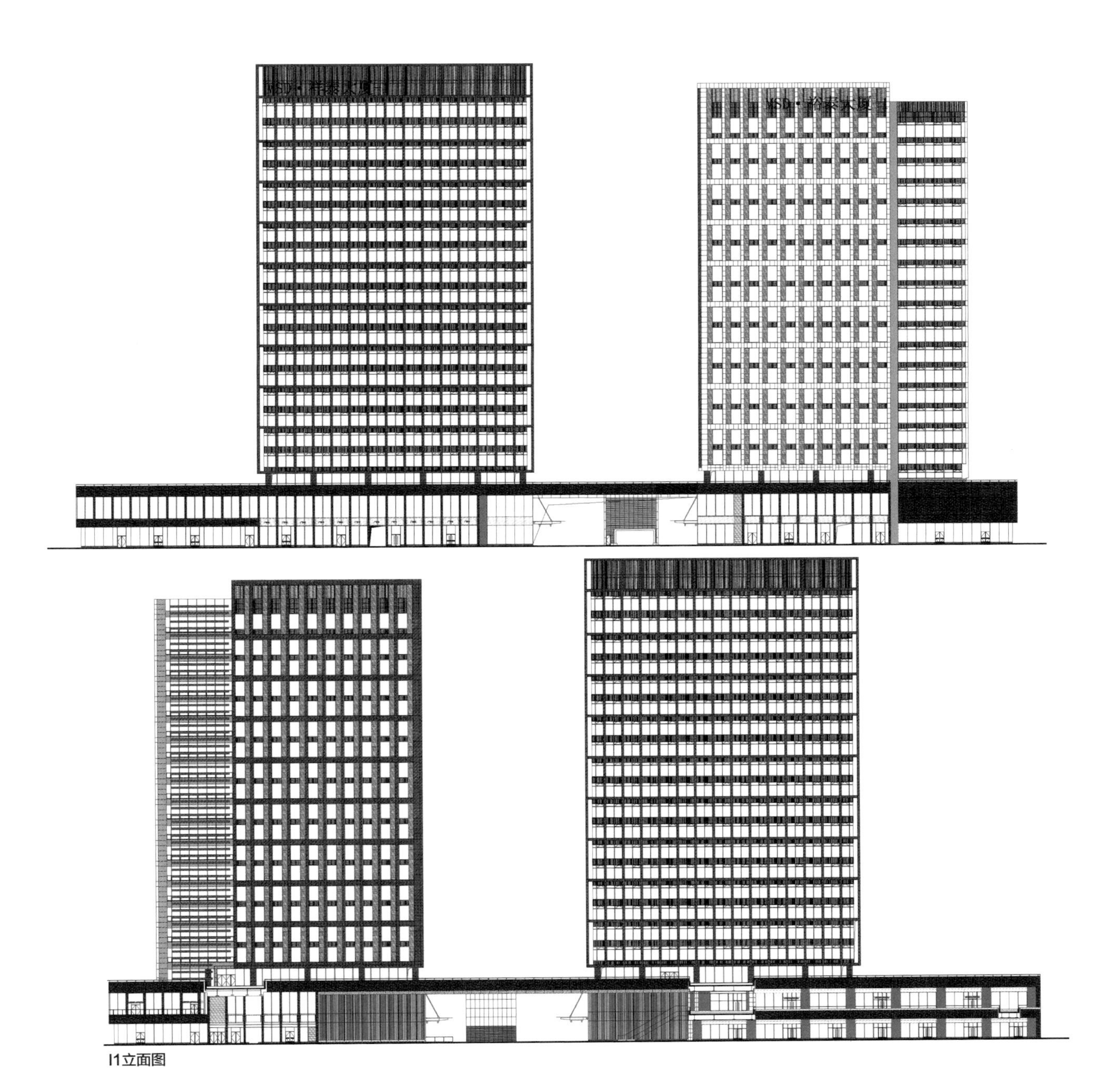

I1立面图

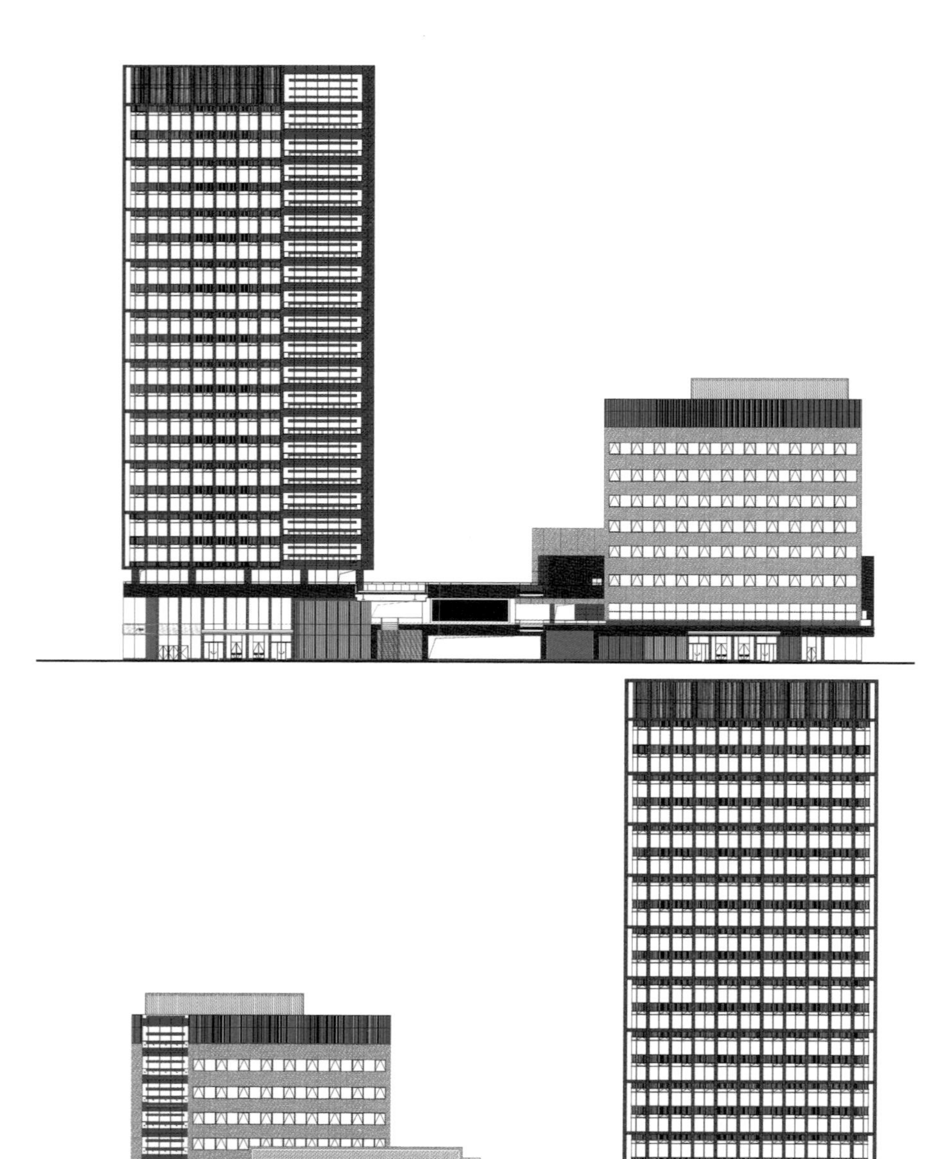

I1立面图

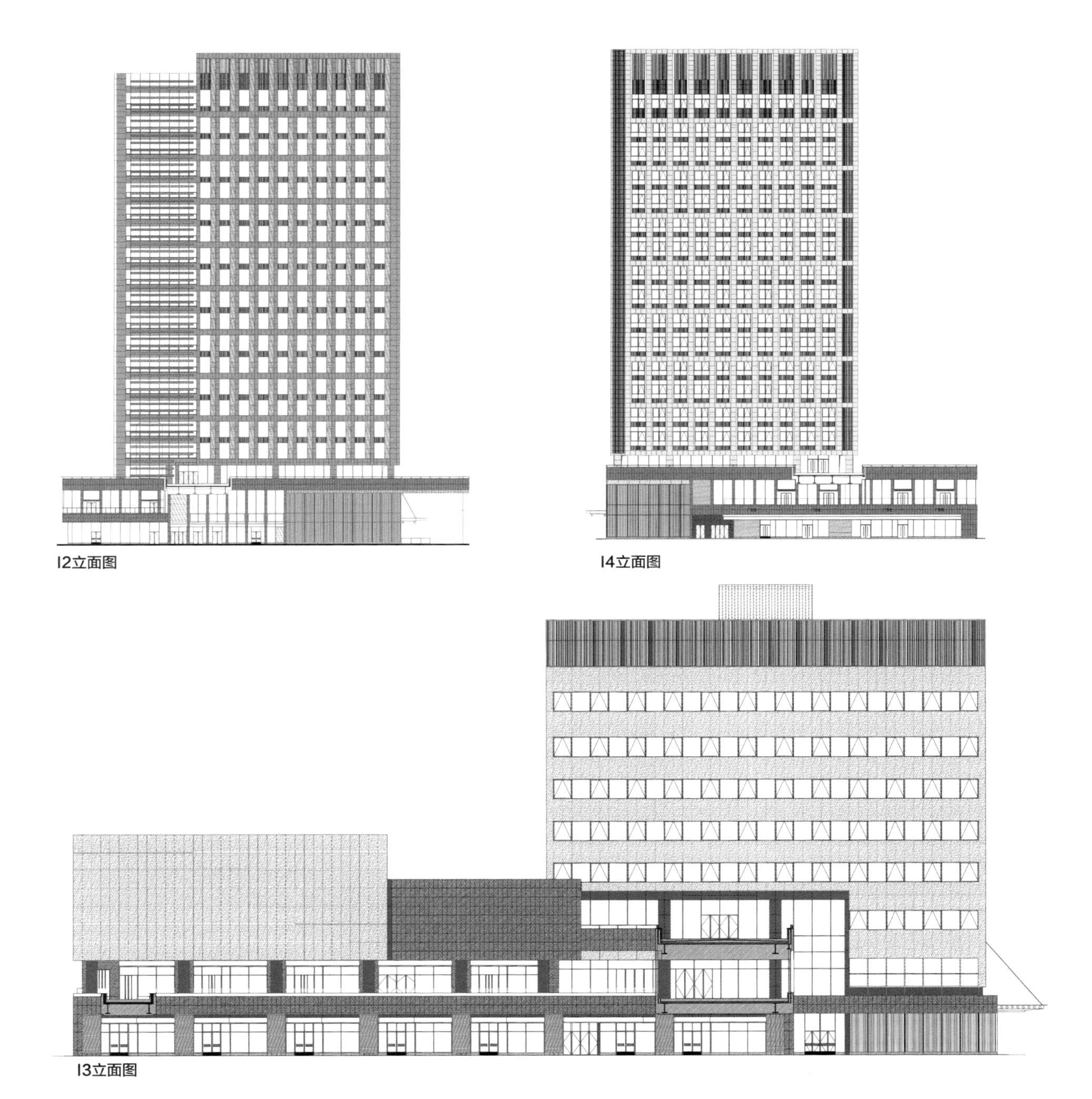

I2立面图

I4立面图

I3立面图

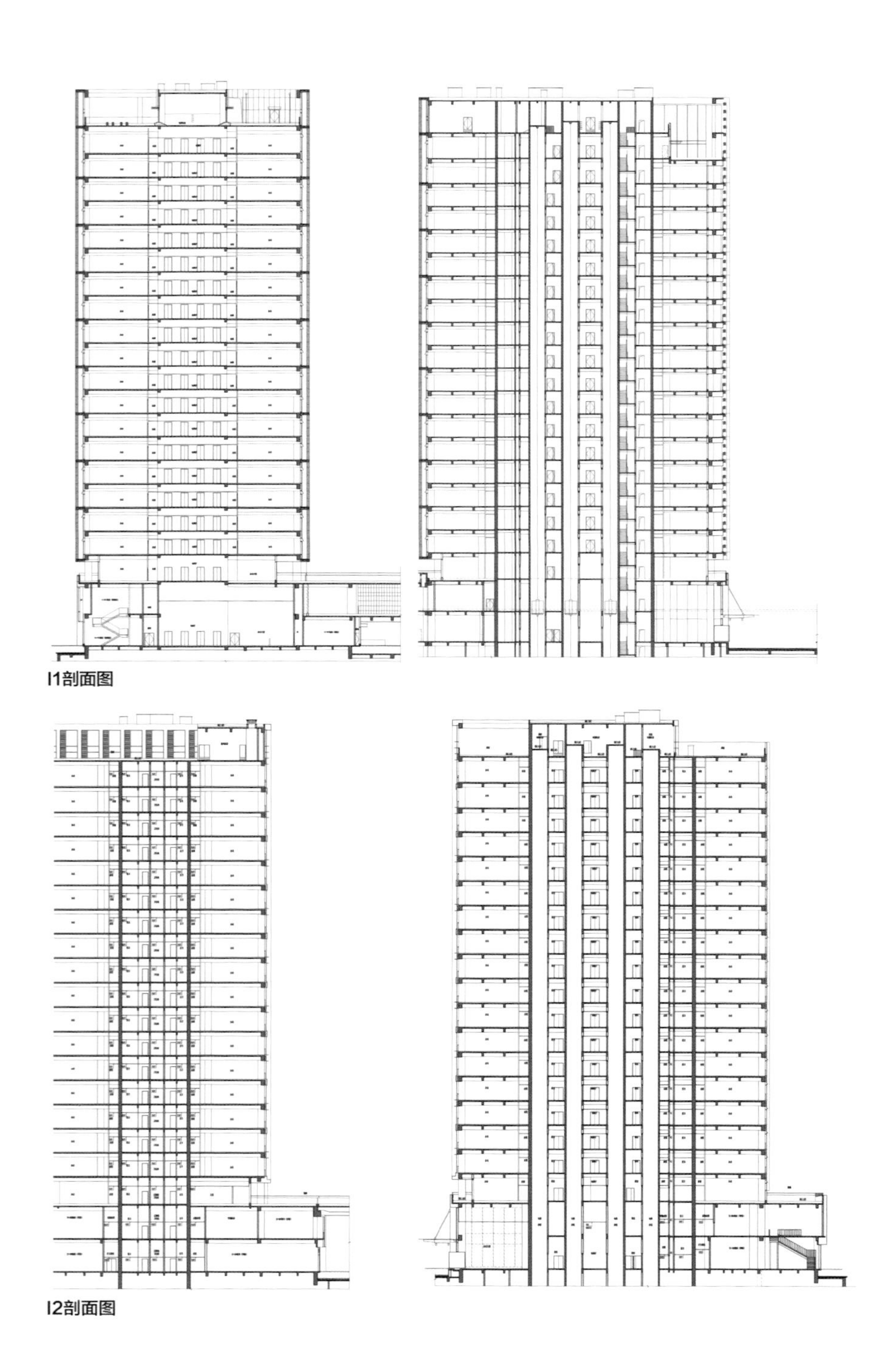

I1剖面图

I2剖面图

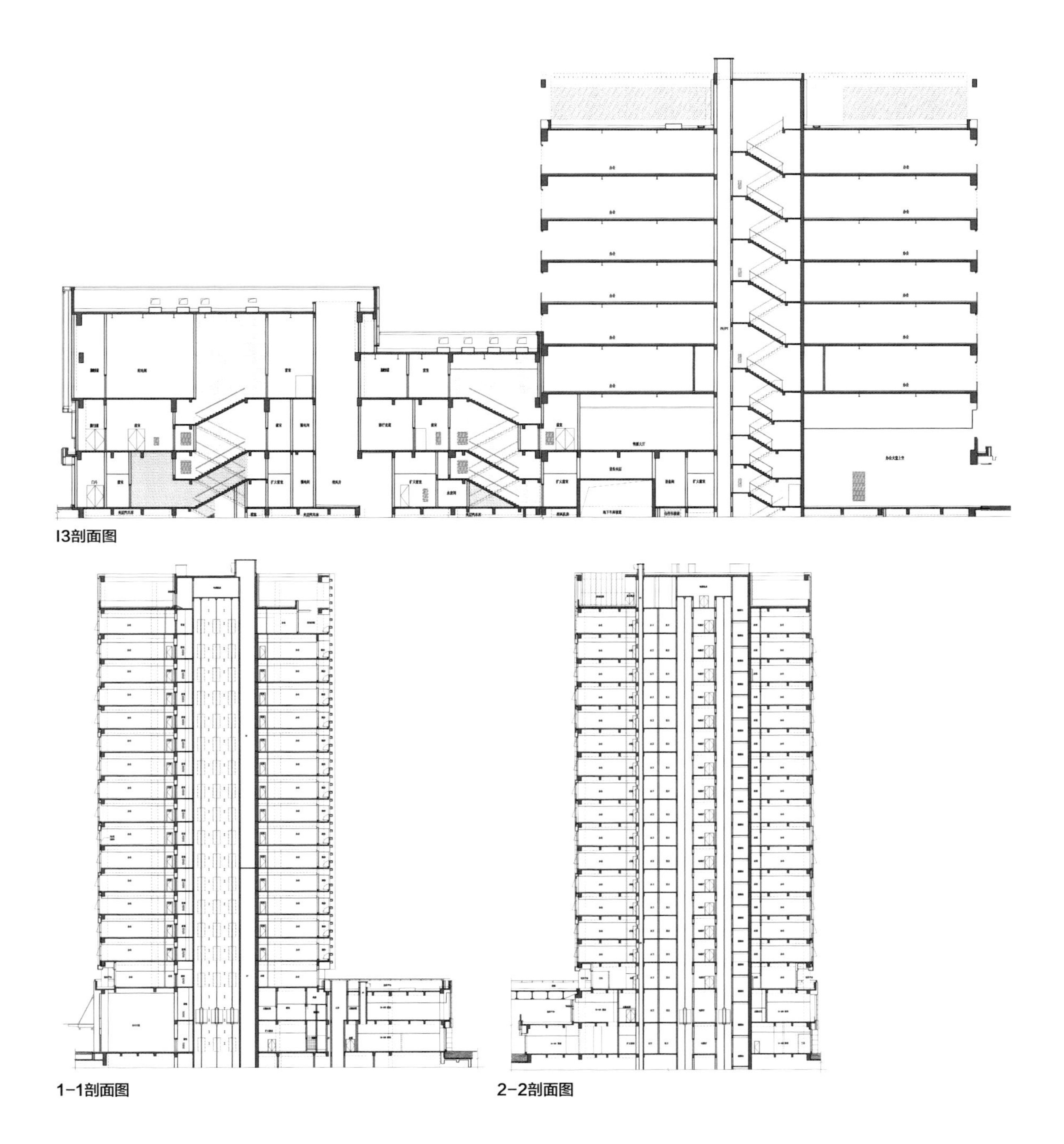

I3剖面图

1-1剖面图

2-2剖面图

鸟瞰图

效果图

四、300米以上超高层建筑

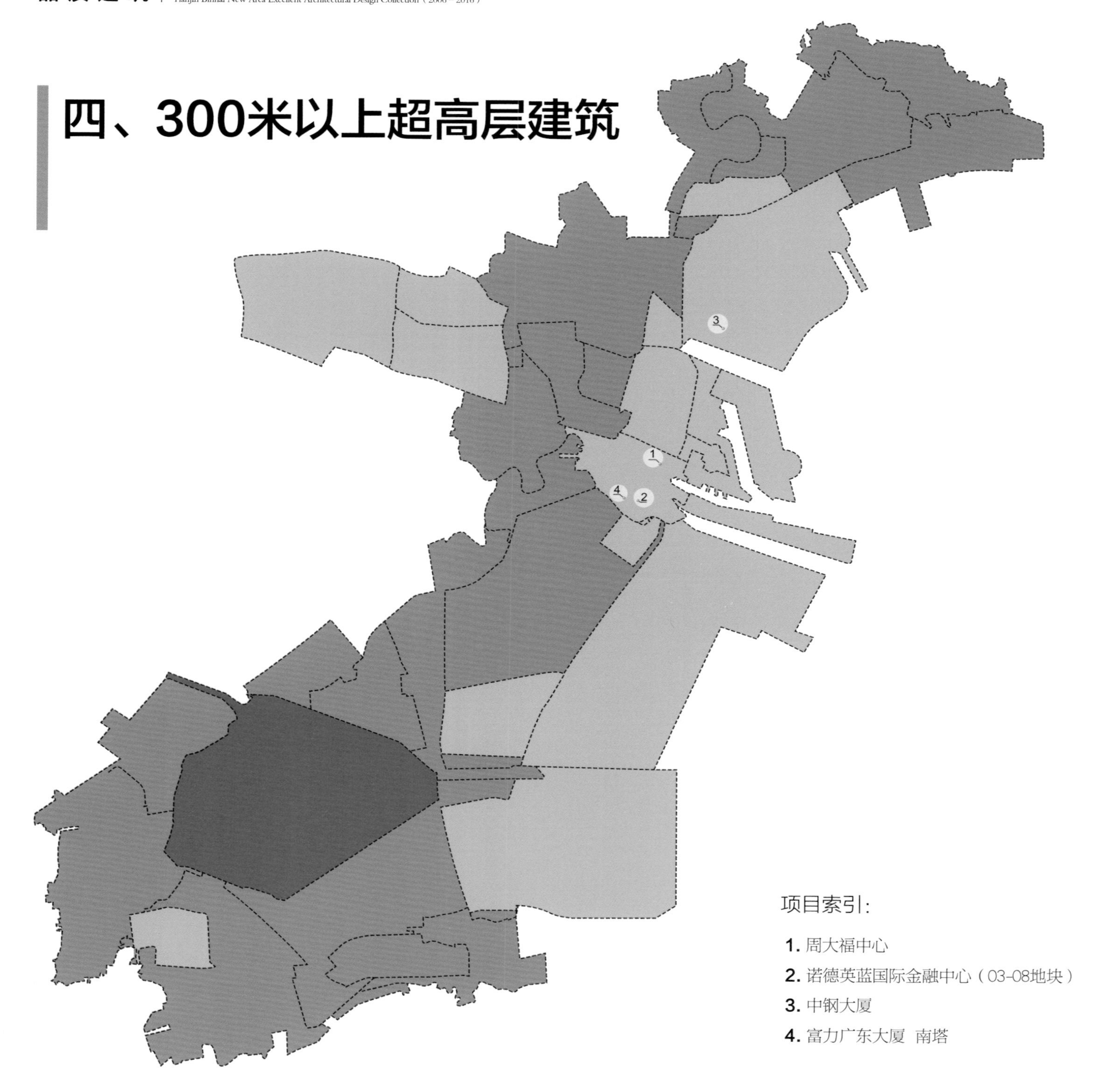

项目索引：

1. 周大福中心
2. 诺德英蓝国际金融中心（03-08地块）
3. 中钢大厦
4. 富力广东大厦 南塔

1. 周大福中心

项目地点：天津经济开发区第一大街与新城西路交口

用地面积：27 772.35 平方米

建筑面积：389 980平方米，其中地上291 610平方米，地下98 370平方米，建筑高度530米，容积率10.5

设计单位：SOM设计公司
华东建筑设计研究院有限公司

开发单位：天津新世界环渤海房地产开发有限公司

项目说明：本项目为功能复合型超高层建筑，塔楼部分高530米，共97层，集办公、酒店式公寓和酒店于一体；裙楼高32.3米，共5层，包括零售商店、餐厅、俱乐部和宴会厅。地下室共4层，其中地下4层设有人防区，另外还设有机械停车库及设备机房、后勤用房、卸货区、超市等。

建筑立面表现形式和设计灵感来源于艺术和自然中的流体几何造型，与雕塑形式有异曲同工之妙，呈自然起伏形态的建筑外墙体系有利于将办公、酒店式公寓和酒店等各项功能有机合理地分布在一个具有流畅曲线的整体建筑造型内。

实体图

效果图（一）

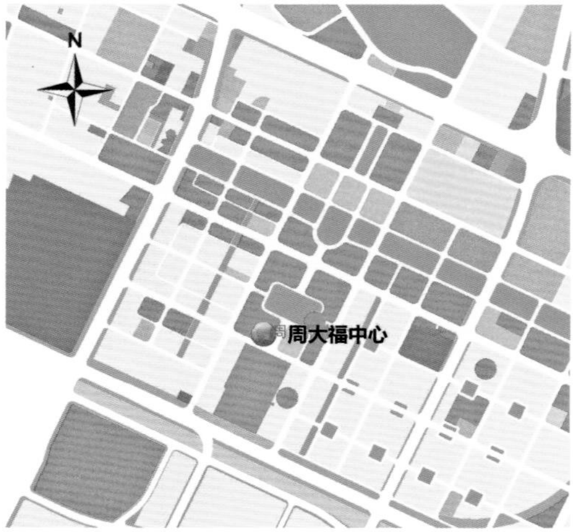

区域位置图

效果图（二）

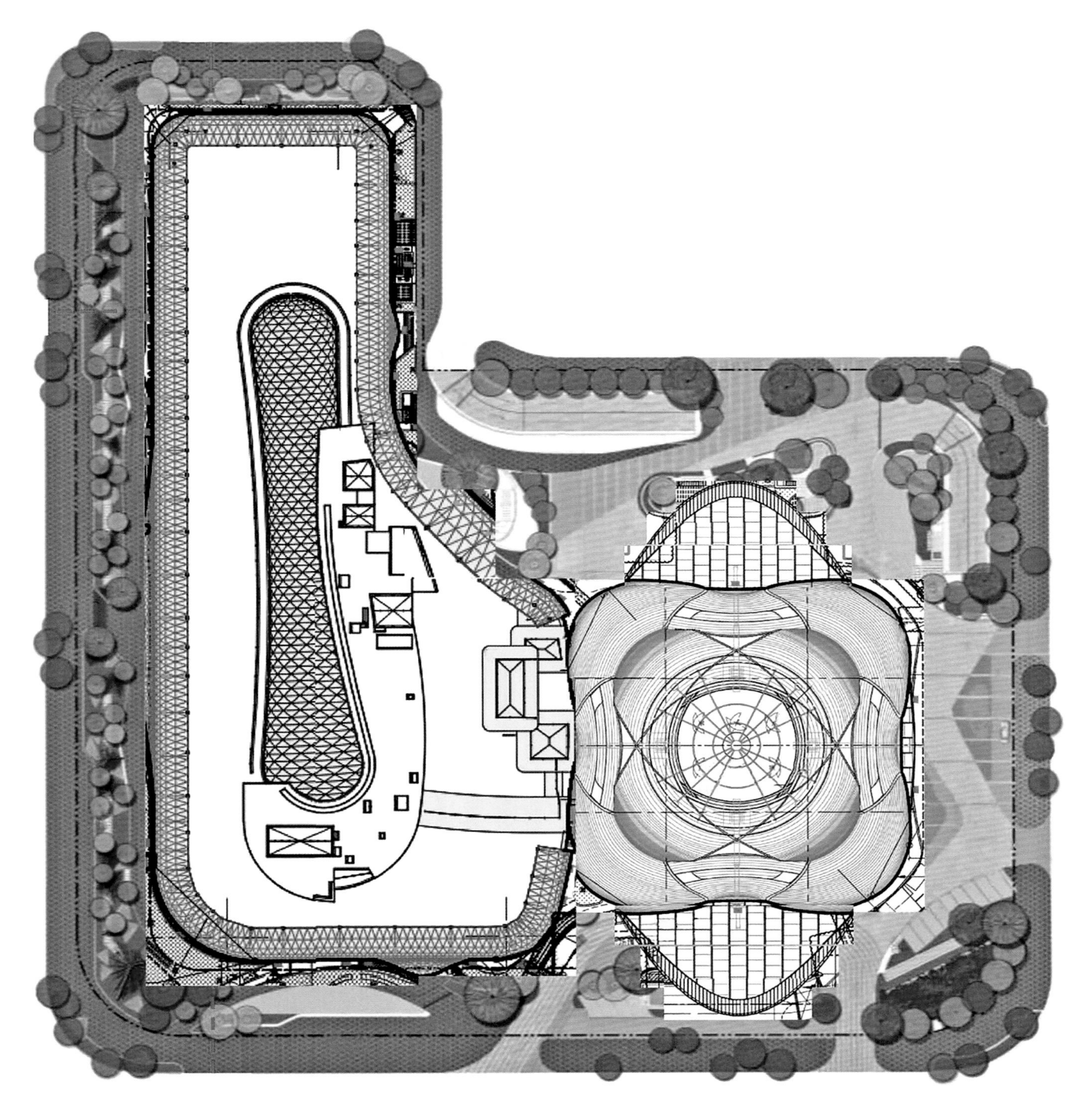

总平面图

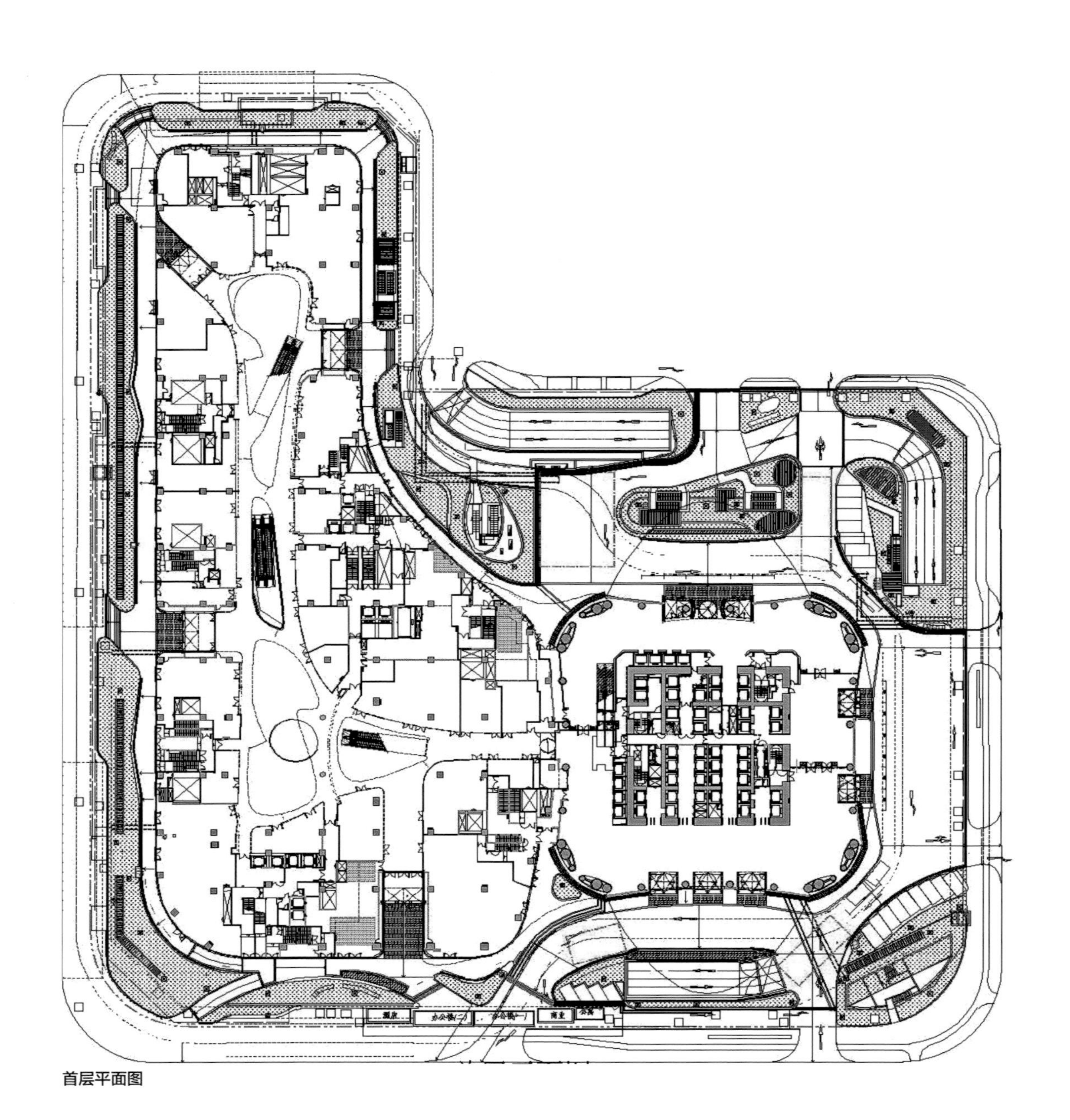

首层平面图

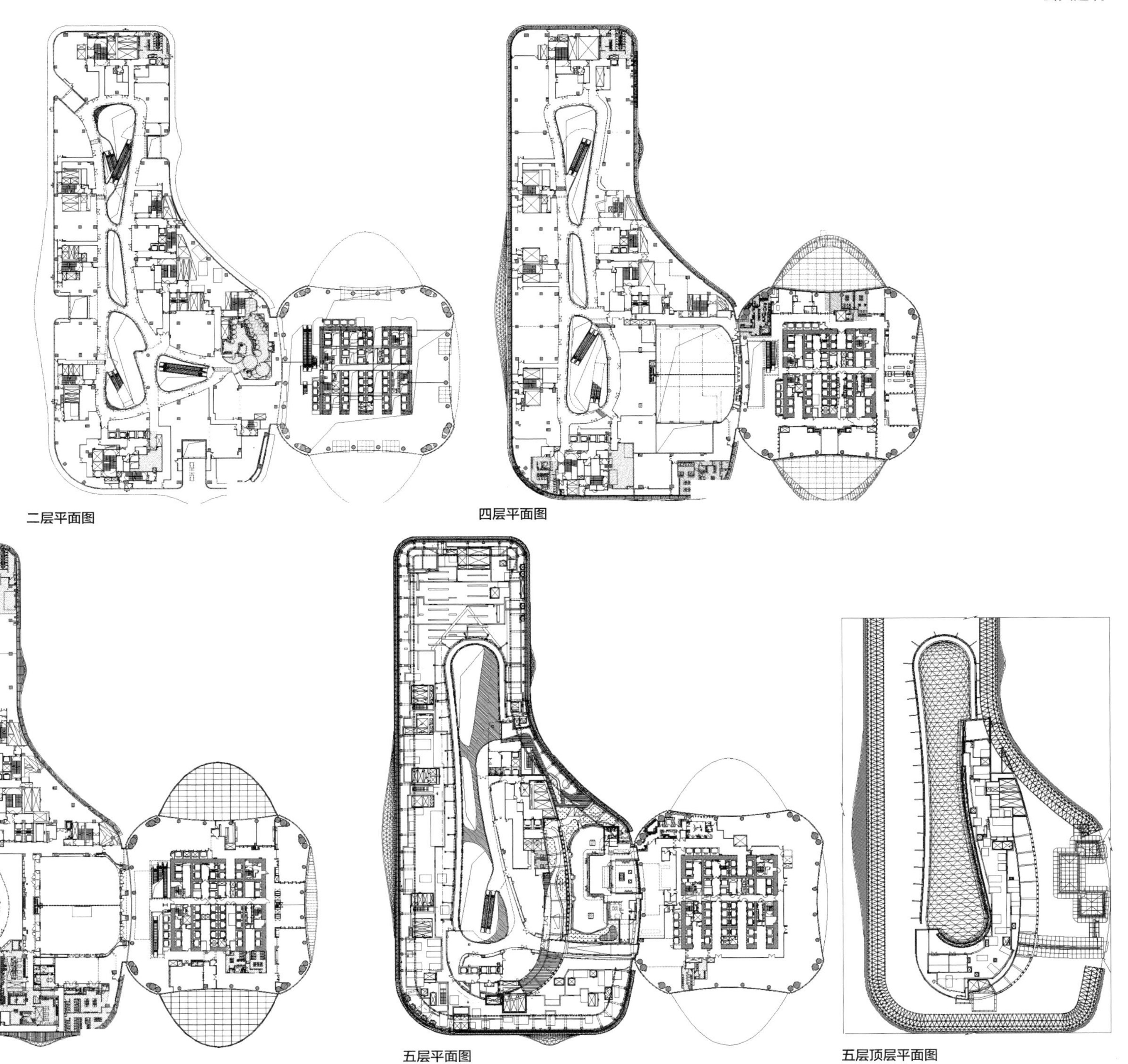

二层平面图

四层平面图

三层平面图

五层平面图

五层顶层平面图

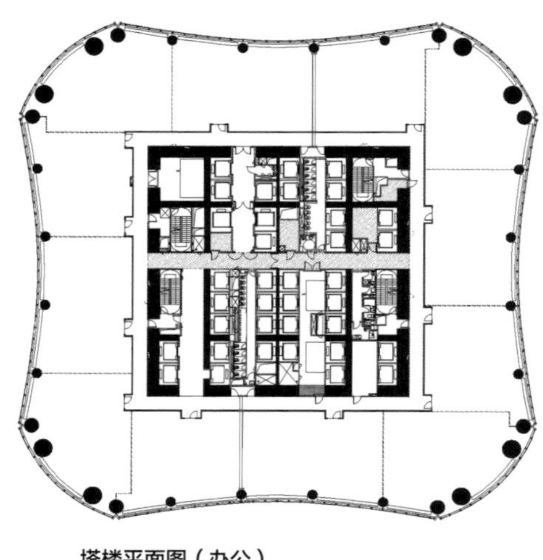

塔楼平面图（办公）

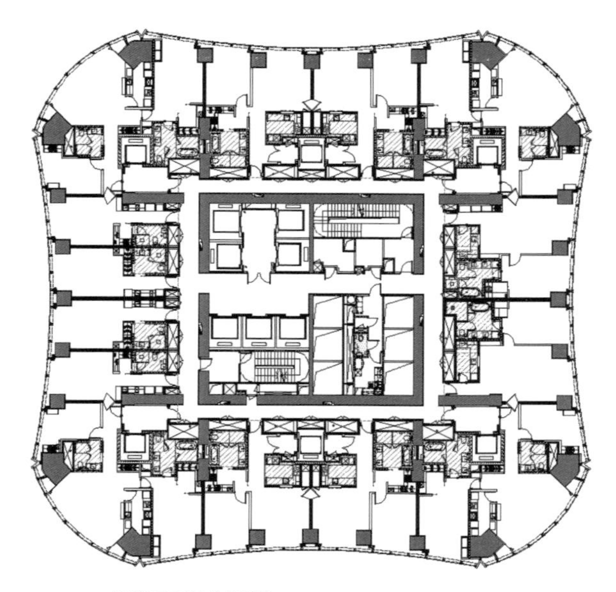

塔楼平面图（公寓）

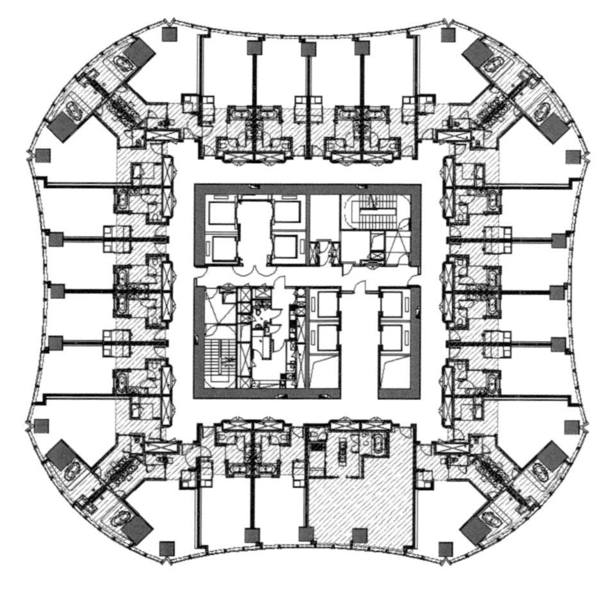

塔楼平面图（酒店）

塔楼顶层平面图

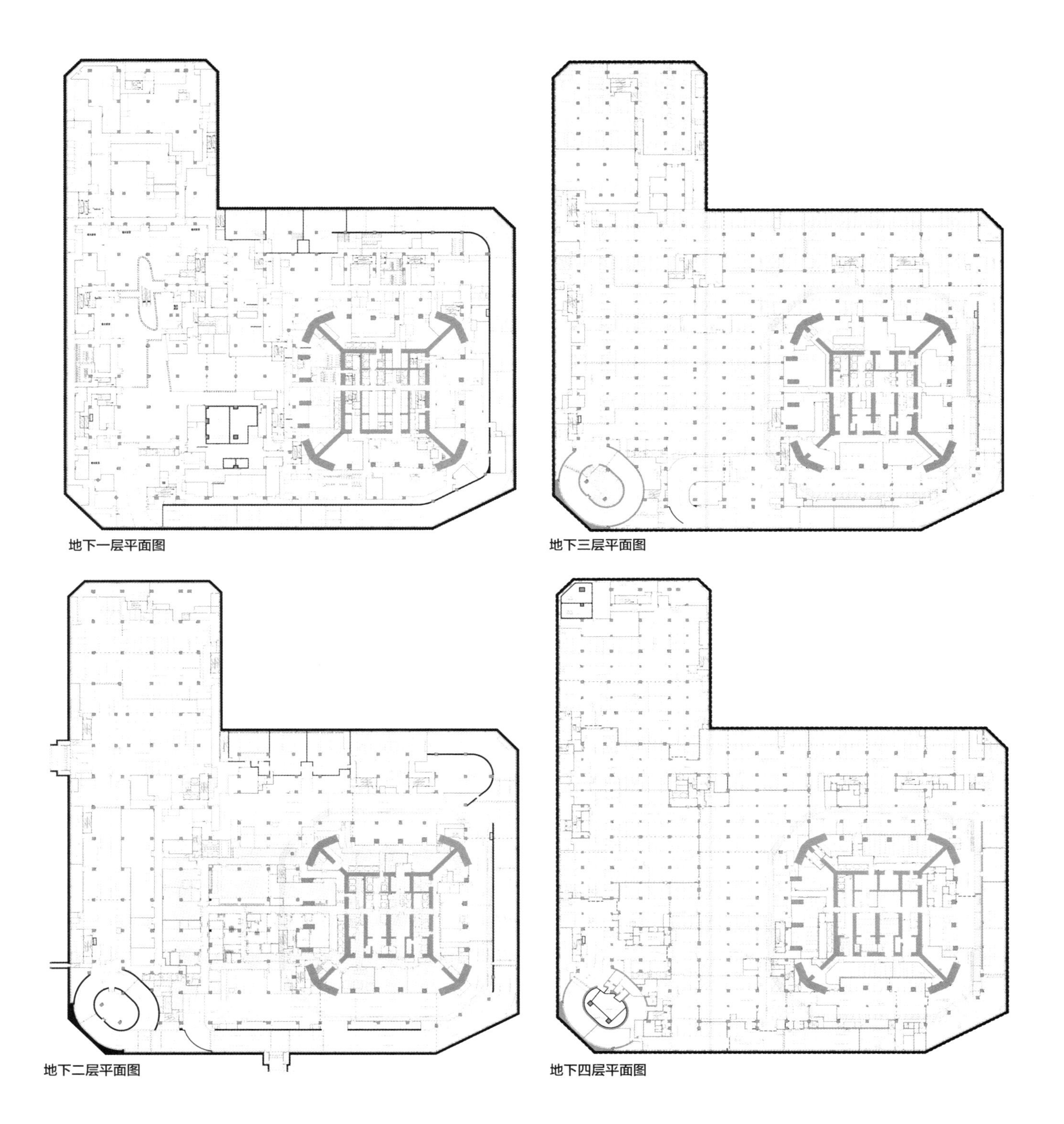

地下一层平面图

地下三层平面图

地下二层平面图

地下四层平面图

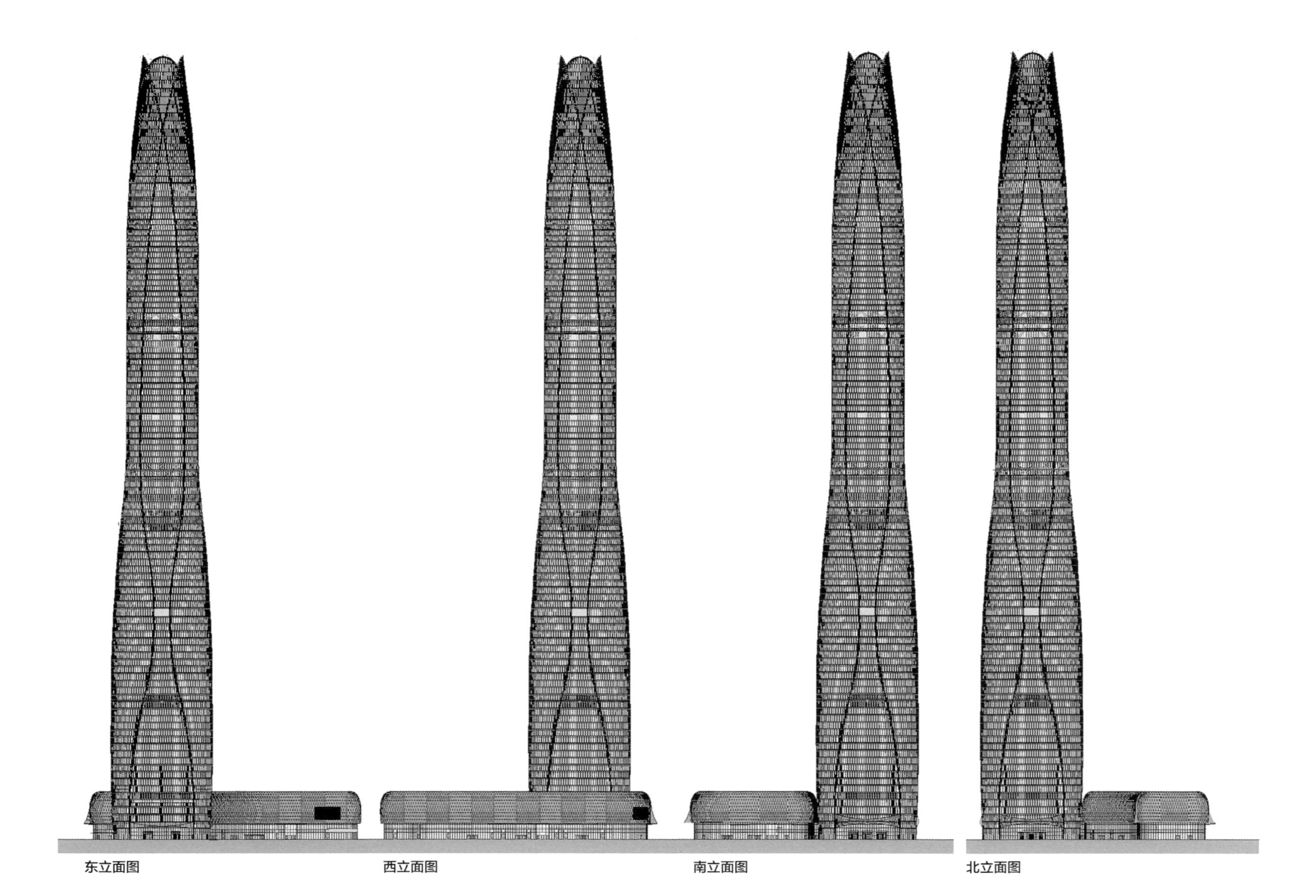

东立面图　西立面图　南立面图　北立面图

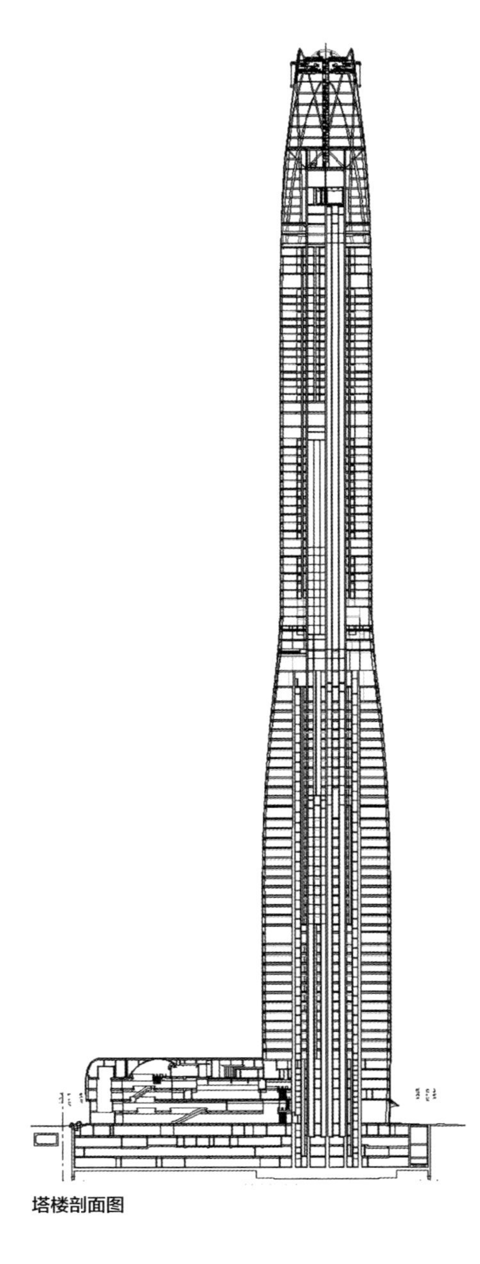

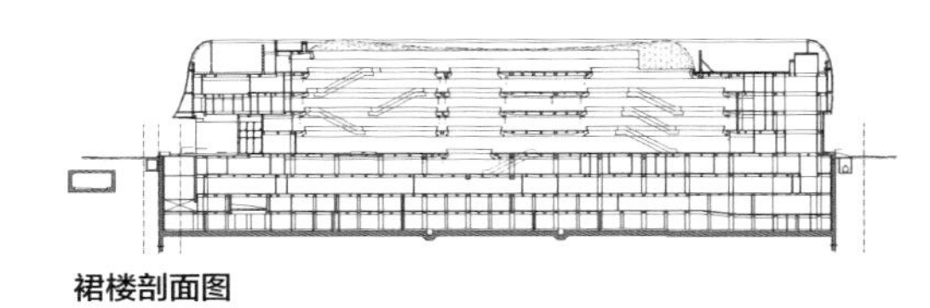

裙楼剖面图

塔楼剖面图

鸟瞰图

效果图

2. 诺德英蓝国际金融中心（03－08地块）

建设地点： 于家堡金融区03-08地块，天津滨海新区永太路以南，堡京路以西，于虹道以北，堡兴路以东

用地面积： 9795.5平方米

建筑面积： 212 882平方米，其中地上174 446平方米，地上63层，地下4层，建筑高度299.3米，容积率≤17.8，绿地率≥5%

设计单位： 天津华汇工程建筑设计有限公司

开发单位： 天津金吉房地产开发有限责任公司

项目简介： 本项目定位为滨海新区于家堡金融区以高档金融办公为主的超高层写字楼，力求创造出高标准、高性能、智能化、绿色环保的新型办公空间，形成亲善和高效的人性化办公氛围，通过运用简明清晰的设计手法，在营造经典、现代、稳重、大方的建筑形象的同时，追求该项目应有的独特性格。

项目裙房及塔楼1~6层主要为塔楼配套服务功能。东侧裙房1层主要为主楼的入口大堂，2层的开敞空间可举办小型音乐会。北侧裙房主要为金融机构的配套设施，1~2层主要为咖啡厅和银行分理处；3~4层由于与东侧裙房相连接，主要为会议的辅助空间；5层为商务中心；6~7层为餐饮。塔楼9~36层为高档办公，37~38层设置空中大堂，39~60层为顶级办公，61~62层为空中高端会所。

实体图

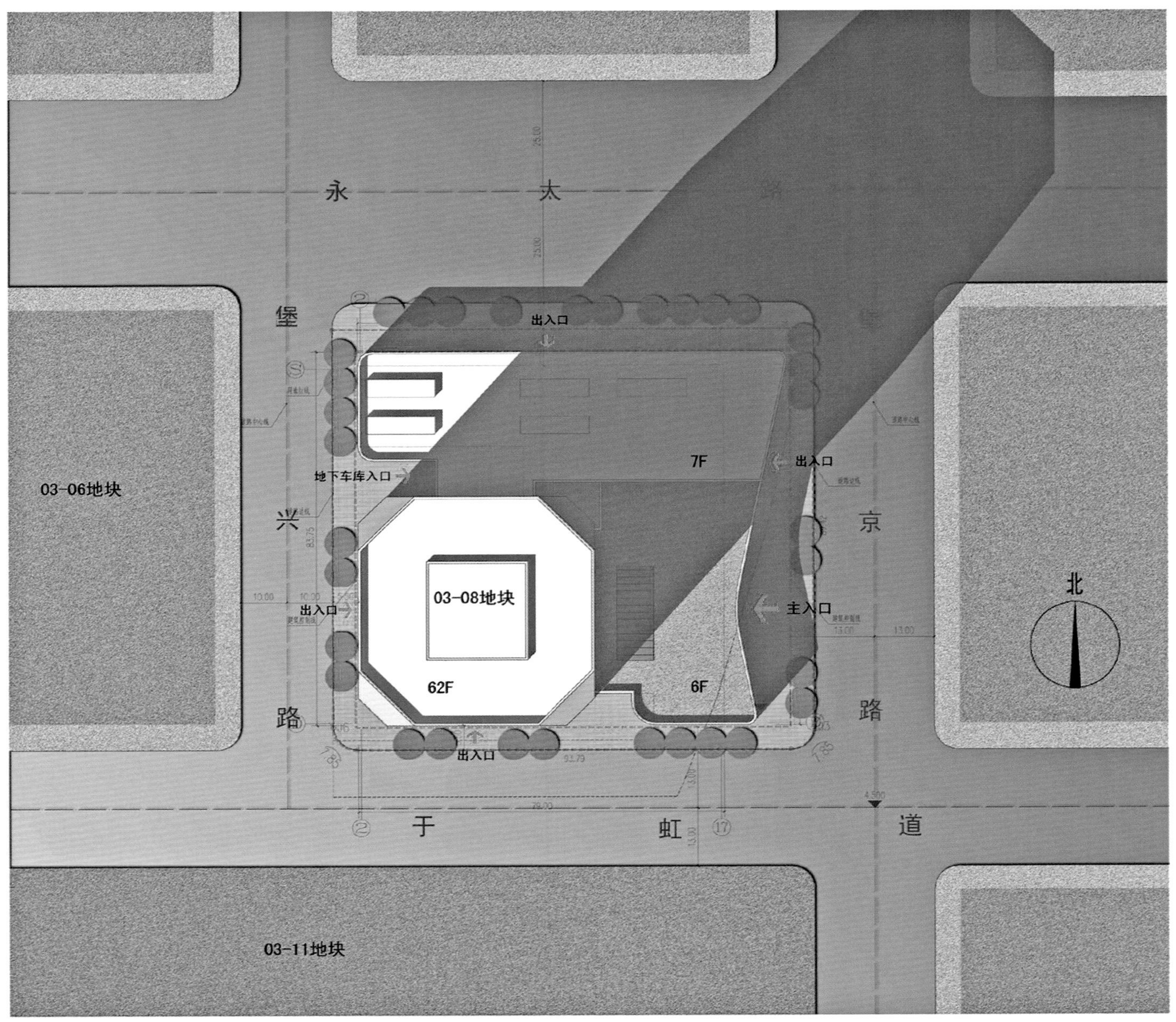
永
太
堡
兴
路
京
路
于
虹
道
出入口
地下车库入口
03-06地块
03-08地块
7F
出入口
主入口
出入口
62F
6F
出入口
北
03-11地块

总平面图

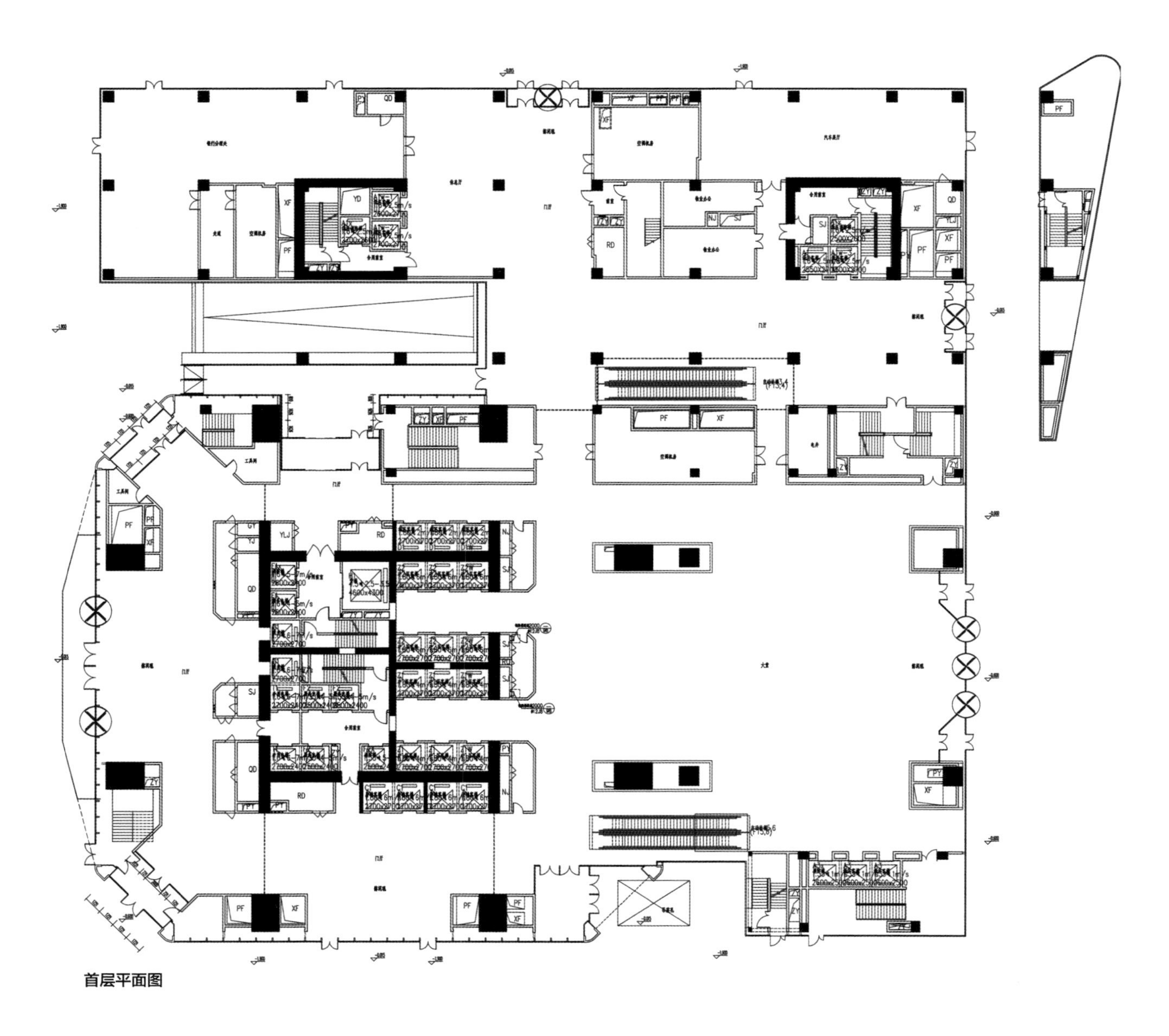

首层平面图

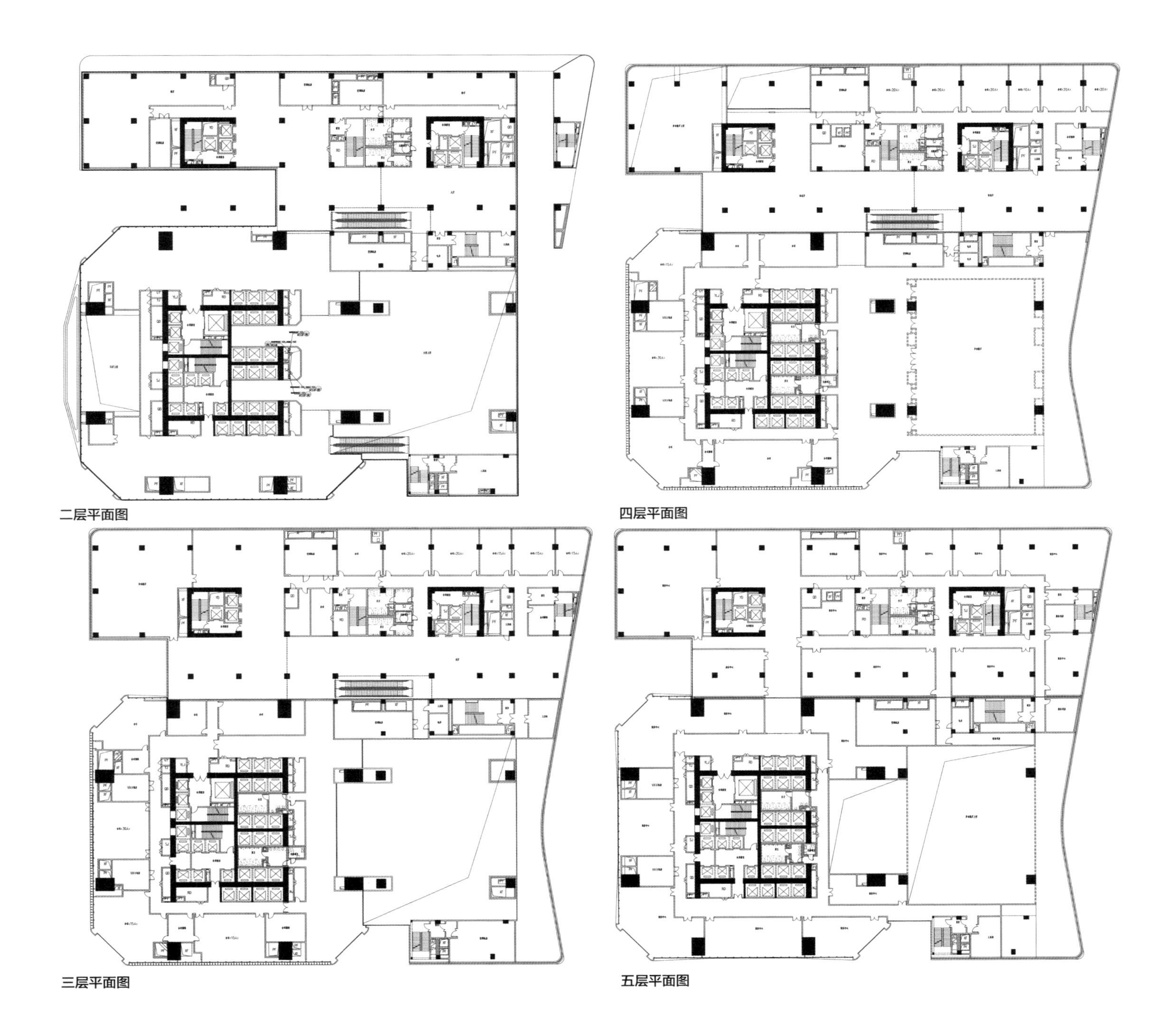

二层平面图

四层平面图

三层平面图

五层平面图

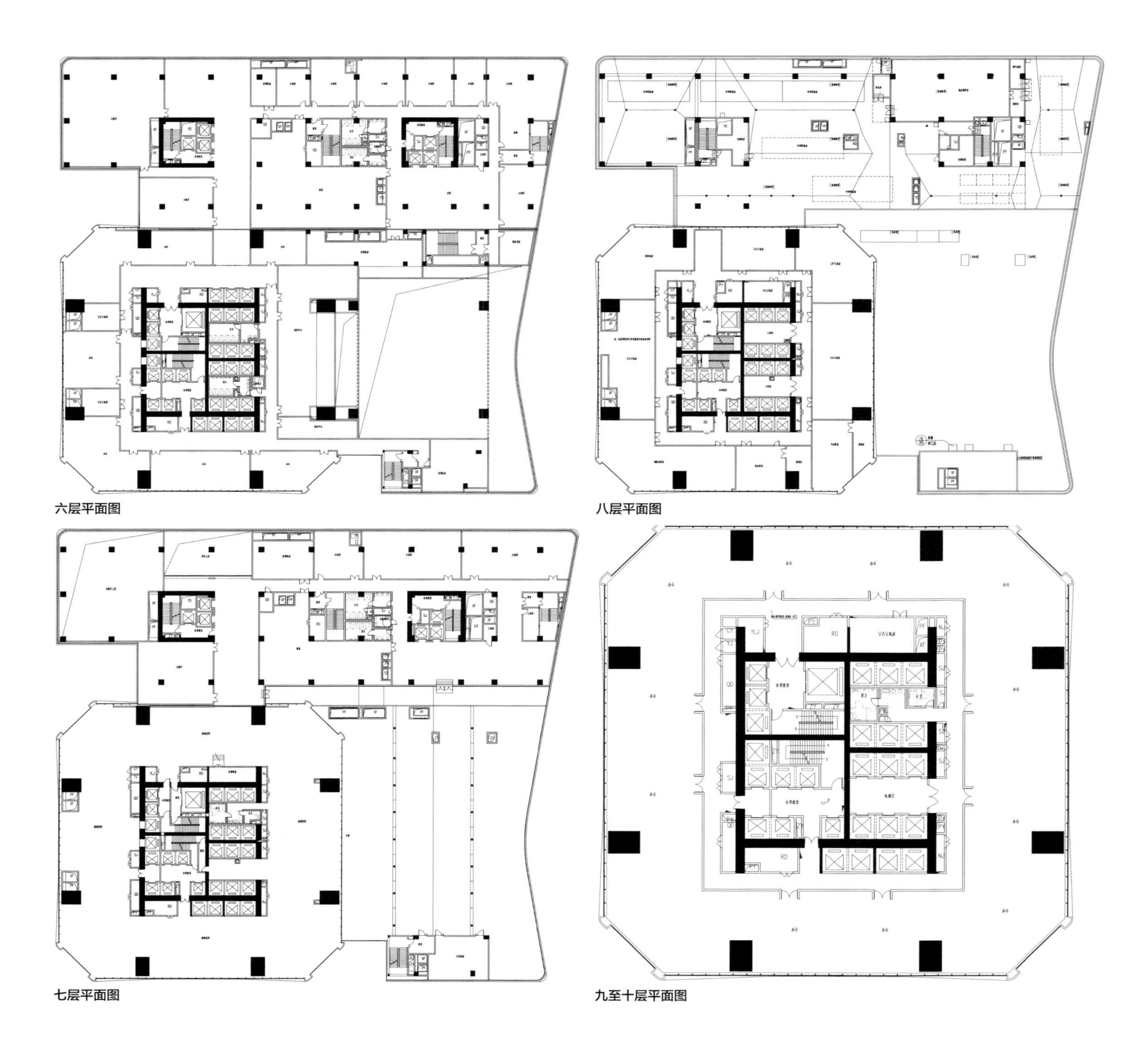

六层平面图

八层平面图

七层平面图

九至十层平面图

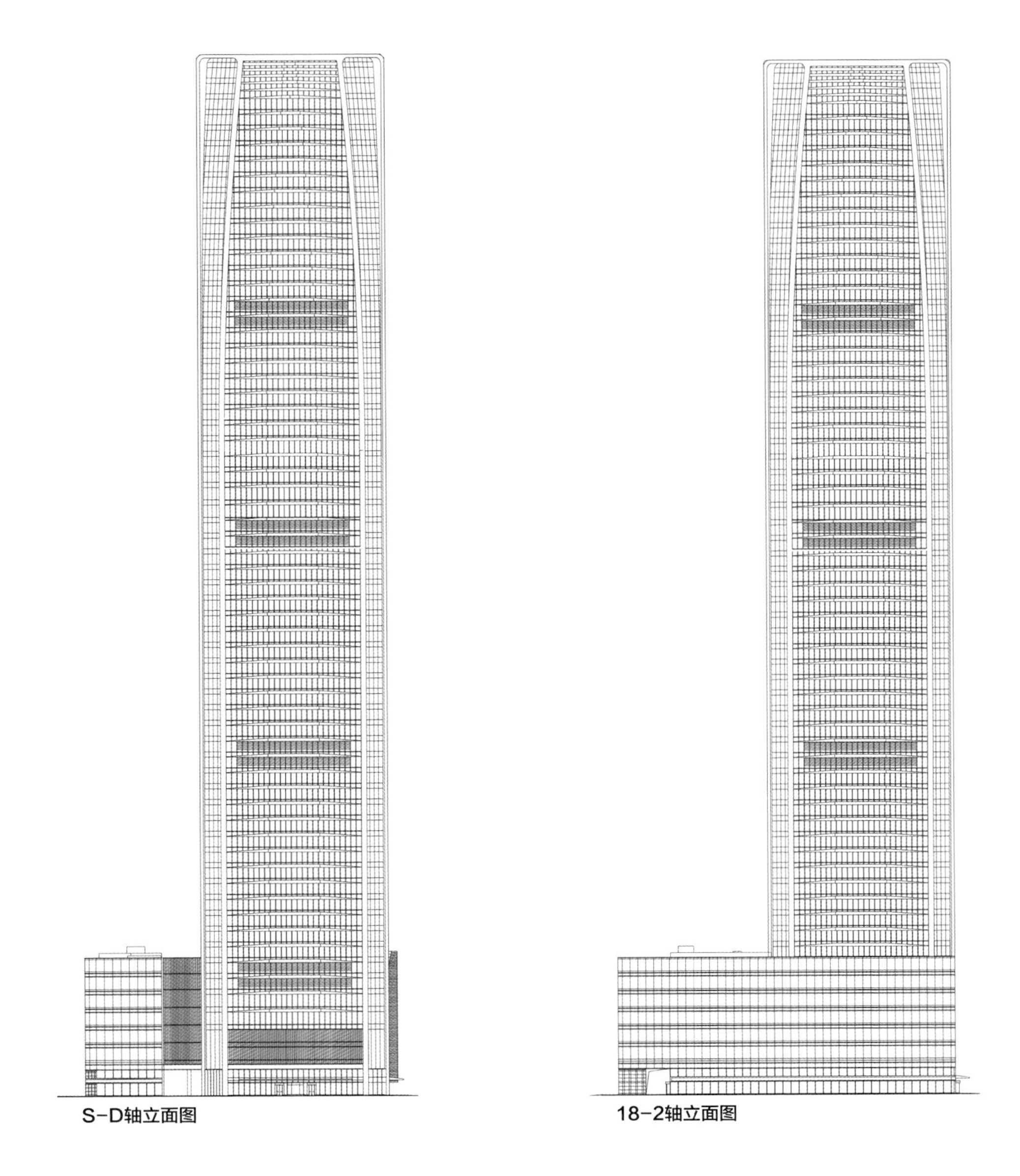

S-D轴立面图

18-2轴立面图

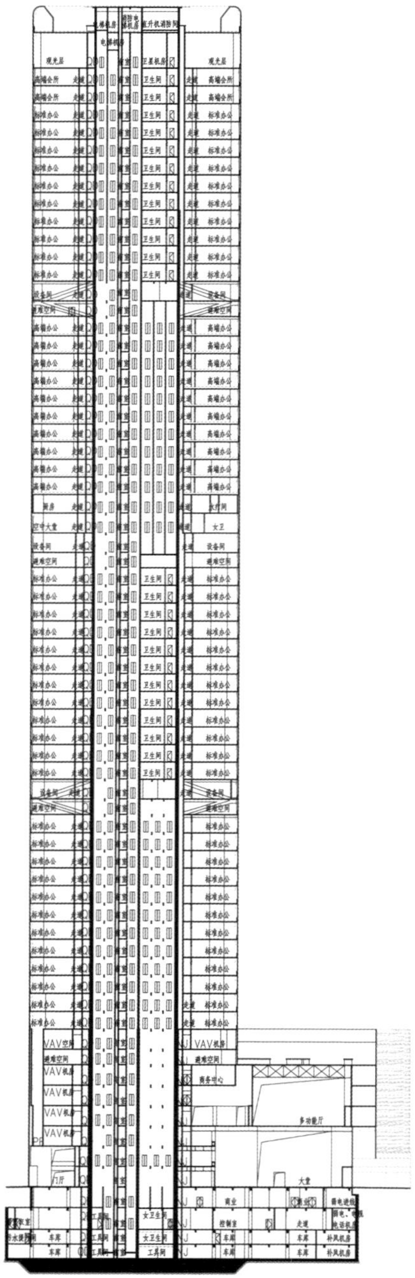

电梯机房
消防电梯机房
直升机消防间
观光层
卫星机房
高端会所
走道
前室
卫生间
标准办公
设备间
避难空间
高端办公
厨房
空中大堂
女卫
VAV空间
VAV机房
商务中心
多功能厅
门厅
大堂
商业
弱电进线
控制室
弱电、电视电话机房
女卫生间
工具间
车库
补风机房
污水提升间

1-1剖面图

工具间
观光层
卫星机房
电梯机房
高端会所
标准办公
走道
设备间
避难空间
高端办公
水疗间
厨房
空中大堂
女卫
VAV空间
VAV机房
办公
商务中心
会议
多功能厅
门厅
大堂
商业
男淋浴
女淋浴
男更衣
换冷机房
弱电、电视、电话机房
车库
工具间污水提升间

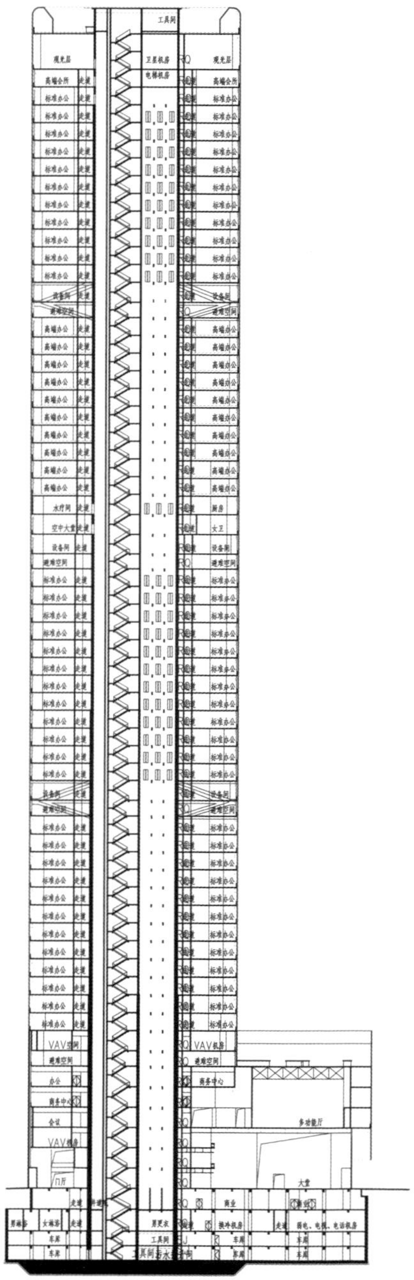

2-2剖面图

鸟瞰图

效果图

实体图

3. 中钢大厦

项目地点： 滨海新区中心商务区

用地面积： 26 666.7平方米

建筑面积： 358 886平方米，其中地上395 181平方米，建筑地上83层，地下4层

设计单位： MAD建筑师事务所
上海江欢成建筑设计有限公司

开发单位： 中钢国际置业有限公司

项目简介： 本项目是中钢集团在滨海新区的窗口，也是中钢集团在华北地区的地区总部，将成为中钢集团辐射华北、西北和东北三个地区的营运中心、物流配送中心和科技研发中心。

六棱窗源自中国传统的建筑和园林，它不但成为一个定义新国际化办公空间的独特的视觉因素，也担任了这个超高层建筑的主要结构系统，使整个大厦看起来像是由无数生生不息、不断生长的细胞所组成。外立面的开窗不再采用传统的玻璃幕墙，而是结合美国LEED环保节能建筑标准，针对天津各个季节的风向和日照，调整大楼各个部位的开窗大小，以创造最合理的窗地面积比例，最大限度地减少热损失，实现节能和绿色大楼的概念。

效果图

鸟瞰图

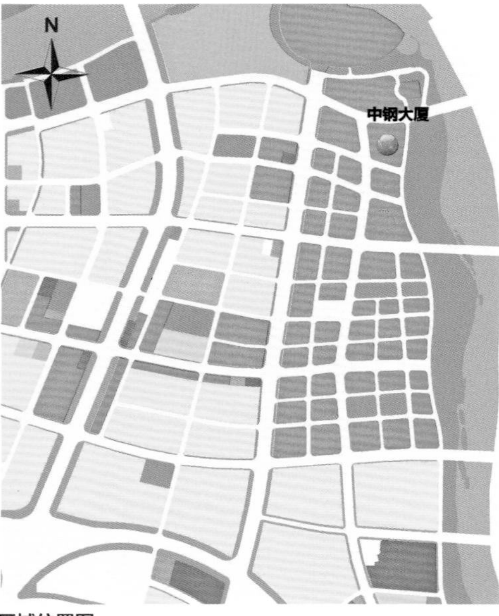

区域位置图

效果图

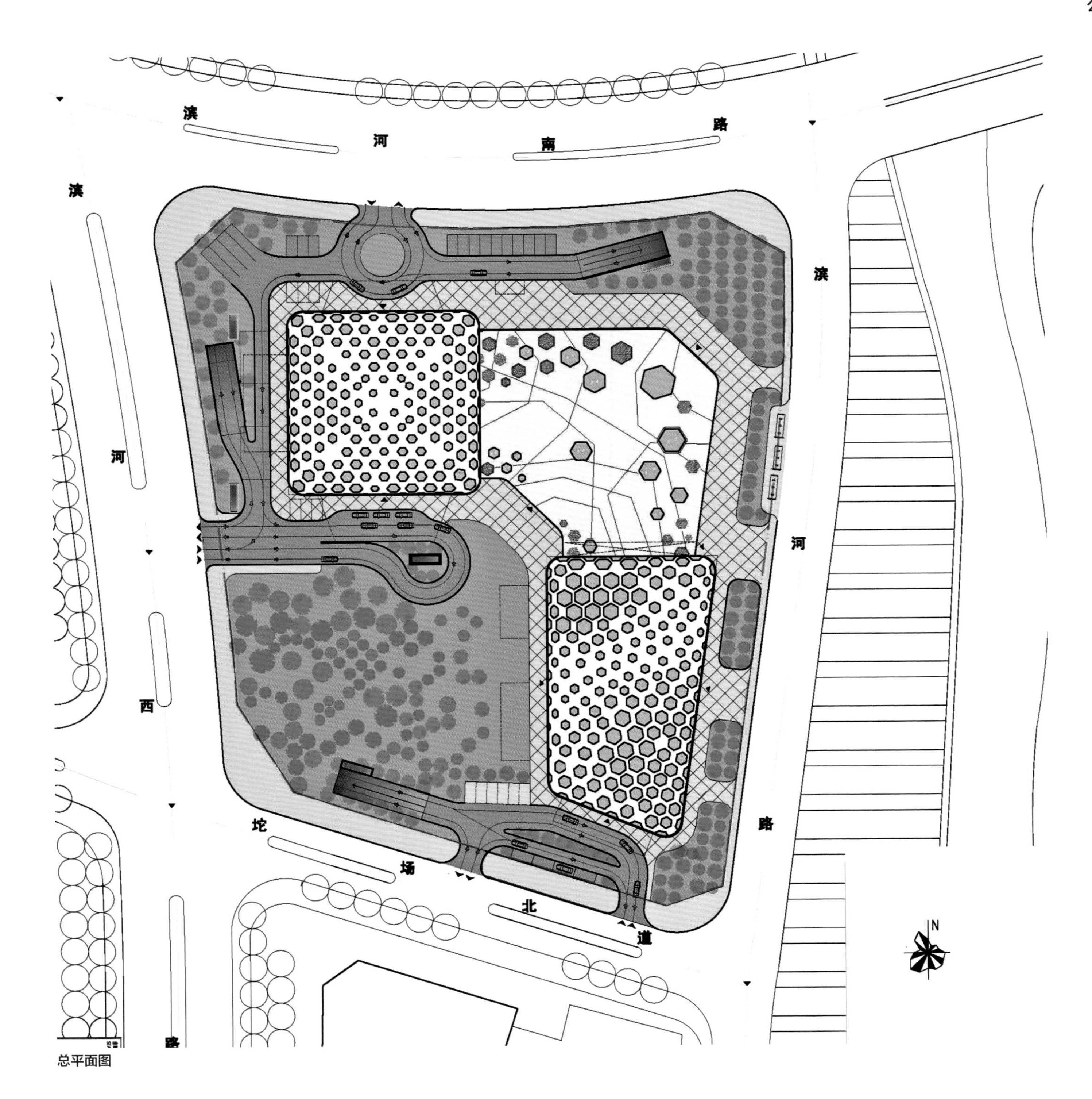

总平面图

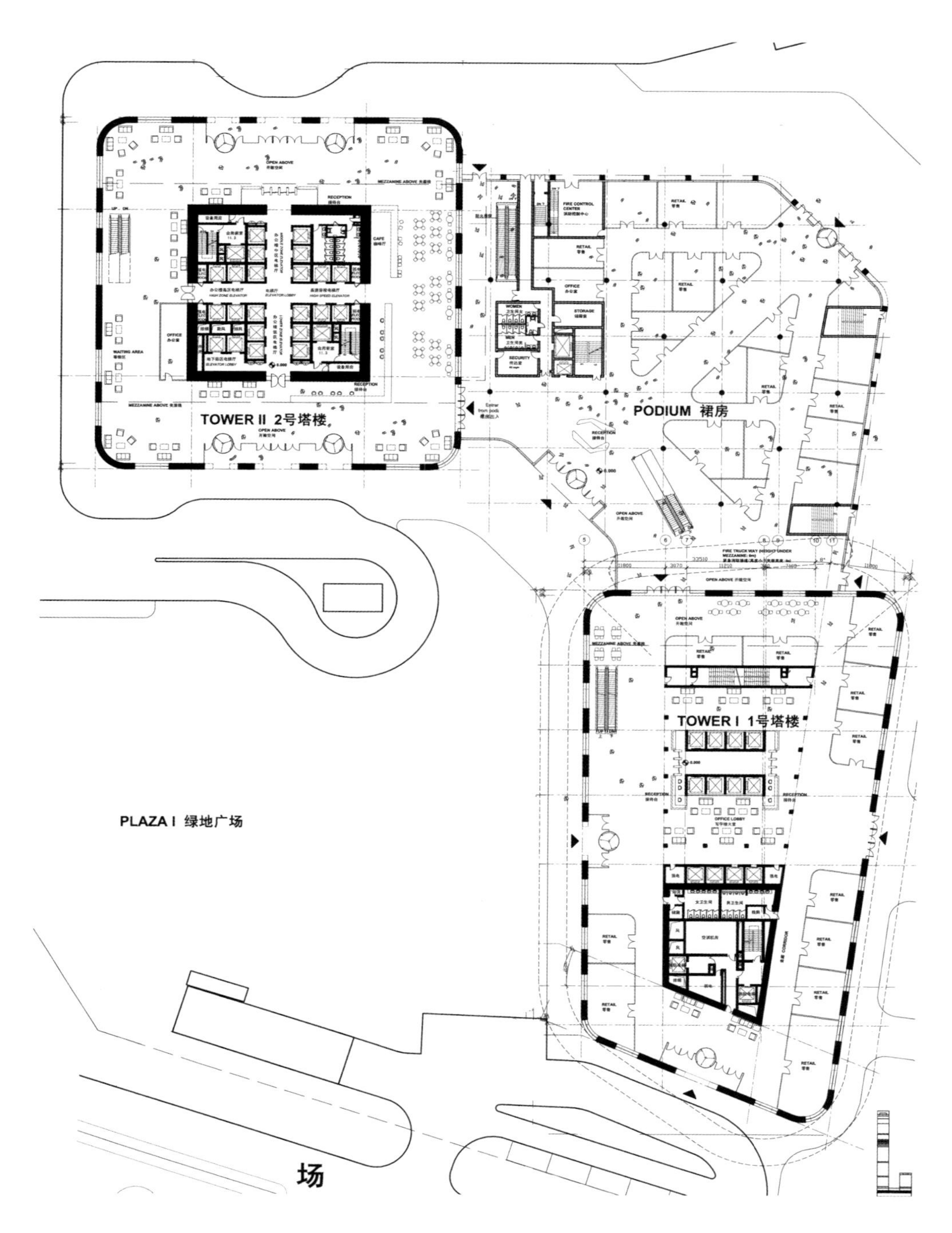

裙房-1号、2号塔楼-一层平面图

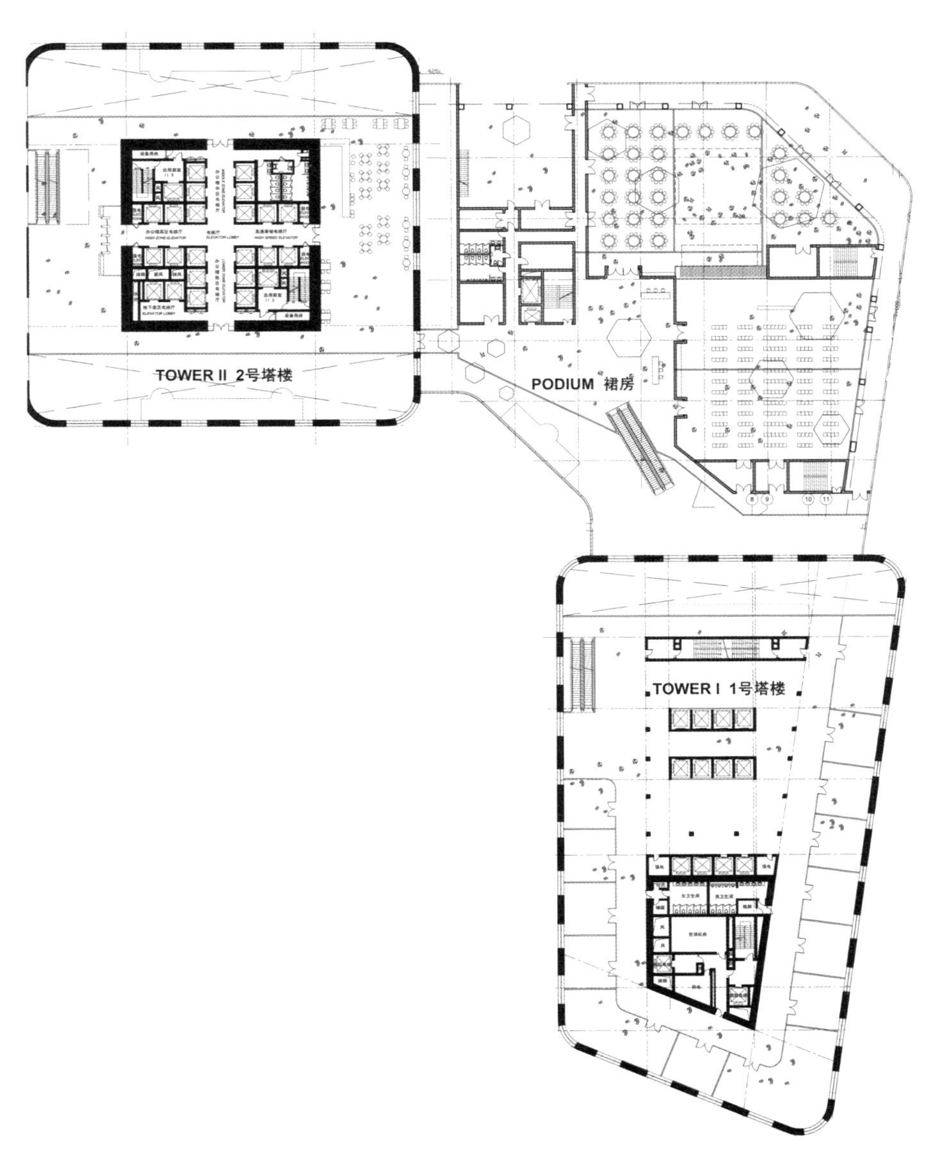

裙房-1号、2号塔楼-二层平面图

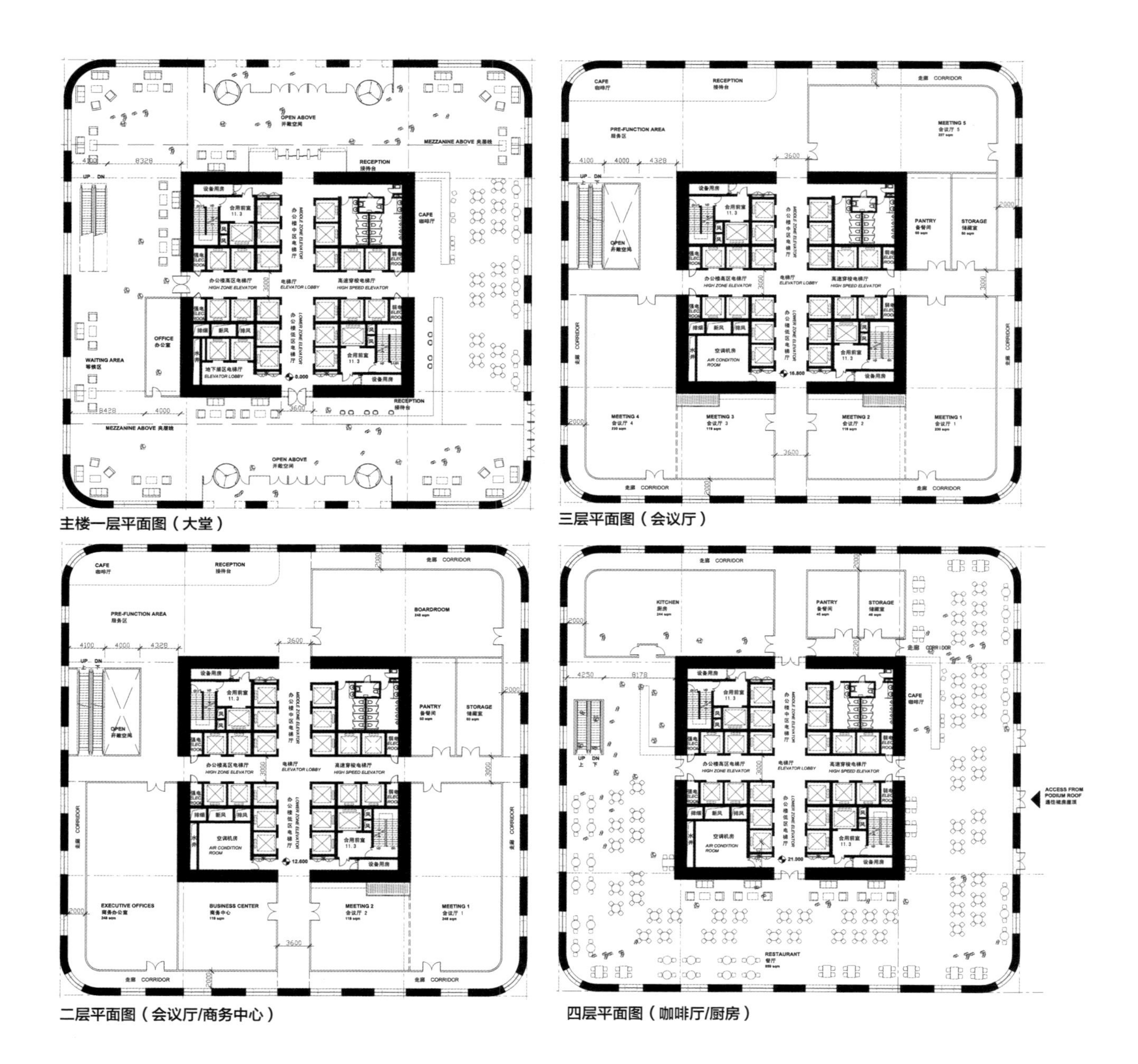

主楼一层平面图（大堂）

三层平面图（会议厅）

二层平面图（会议厅/商务中心）

四层平面图（咖啡厅/厨房）

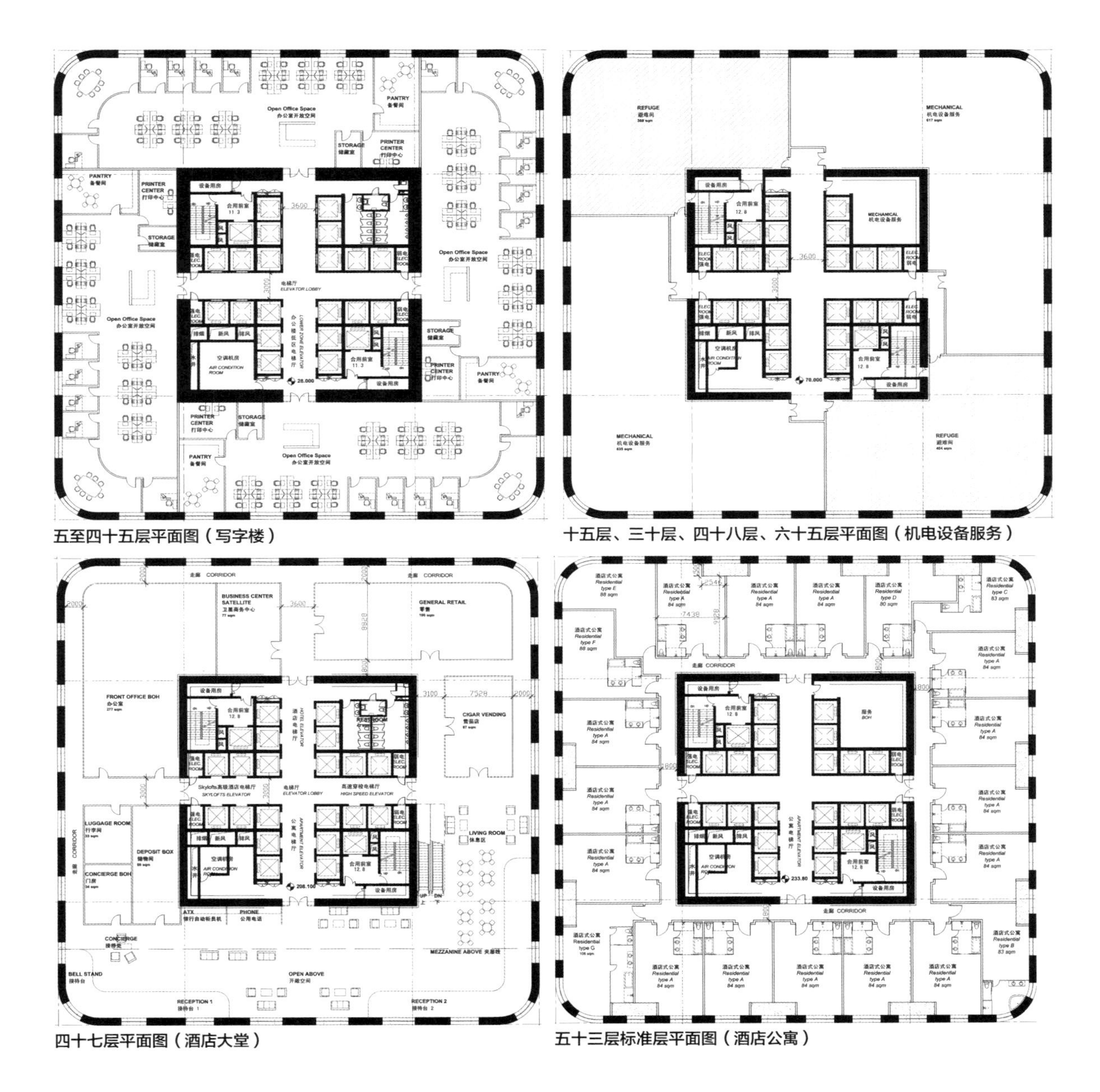

五至四十五层平面图（写字楼）

十五层、三十层、四十八层、六十五层平面图（机电设备服务）

四十七层平面图（酒店大堂）

五十三层标准层平面图（酒店公寓）

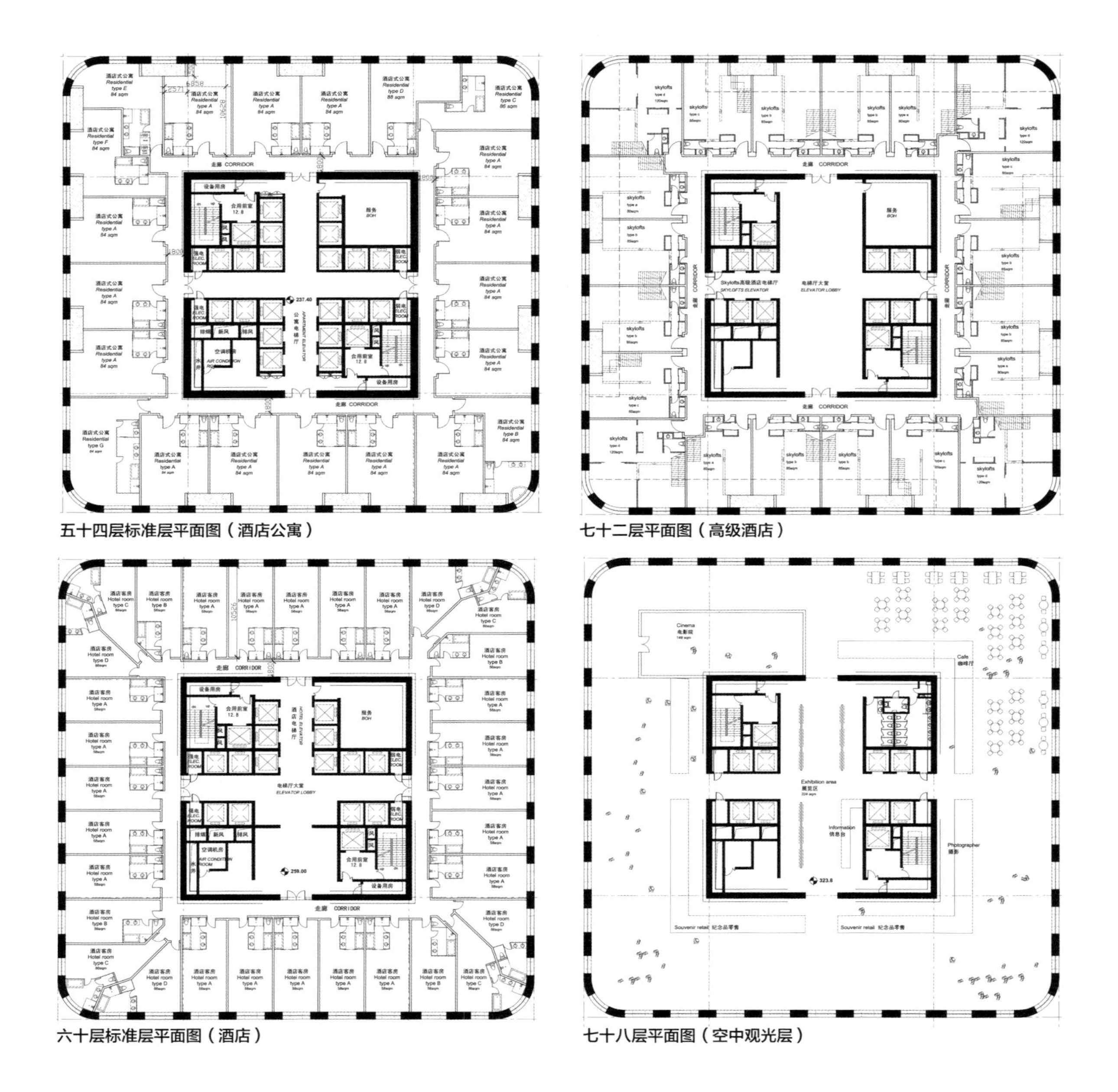

五十四层标准层平面图（酒店公寓）

七十二层平面图（高级酒店）

六十层标准层平面图（酒店）

七十八层平面图（空中观光层）

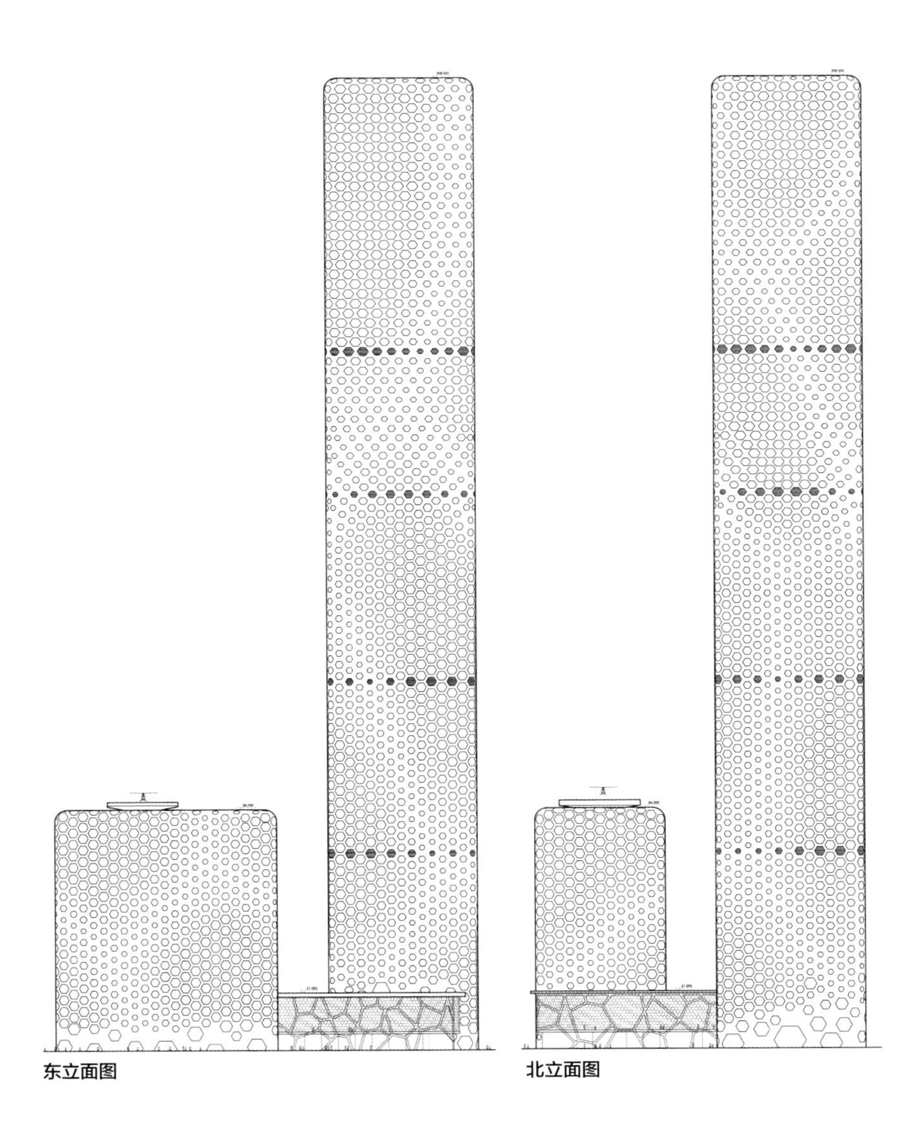

东立面图　　北立面图

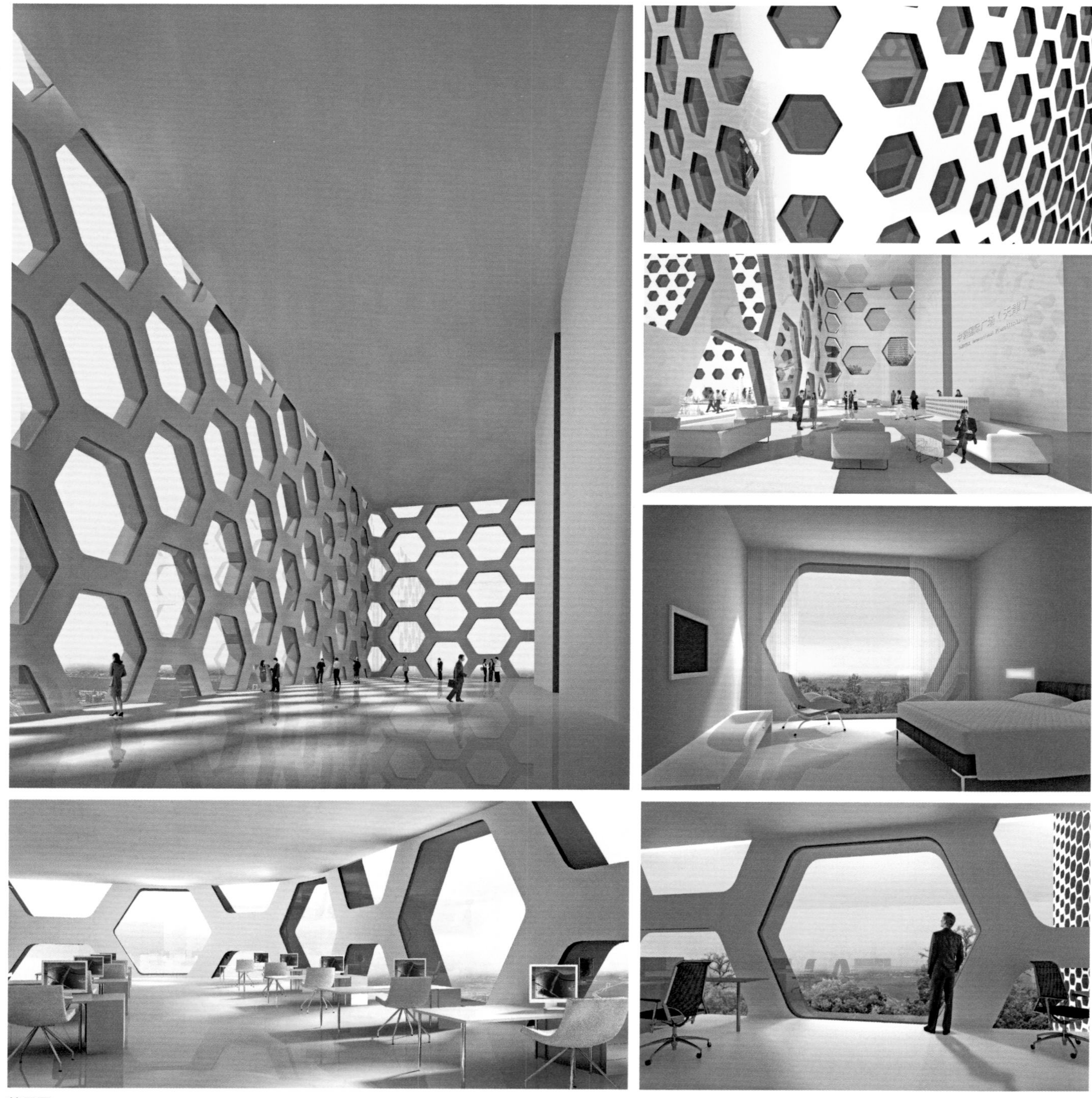

效果图

4. 富力广东大厦 南塔

项目地点： 天津市滨海新区中央商务区，坨场道南侧，滨河西路和众智路之间

用地面积： 12 110平方米

建筑面积： 291 366平方米，其中地上254 158平方，建筑高度388米，建筑层数地上91层，容积率20.75

设计单位： **南塔方案设计** 美国GP建筑设计事务所

施工图设计单位 华东建筑设计研究院有限公司

结构顾问公司 奥雅纳工程咨询（上海）有限公司

开发单位： 天津富力滨海投资有限公司

项目简介： 富力广东大厦采用基座加塔楼布局，由380米高的主楼与6层商业裙房组合形成的建筑主体，其塔楼设计概念来源于自然伸展的线条，独特的延续性形态使其外观及比例更加窈窕，以突显塔楼的高度及动态，顶部的“皇冠”是透明且光滑的，在夜晚会闪耀于滨海的夜空。

建筑体量处理以简洁的横向线条为基础，运用旋转退台等手法使简单体量产生变化。建筑外檐虚实对比相当，线条感明晰，建筑形象形成强烈视觉冲击力。立面建筑材料为低辐射中空玻璃幕墙与铝板幕墙、干挂石材幕墙。

效果图

鸟瞰图

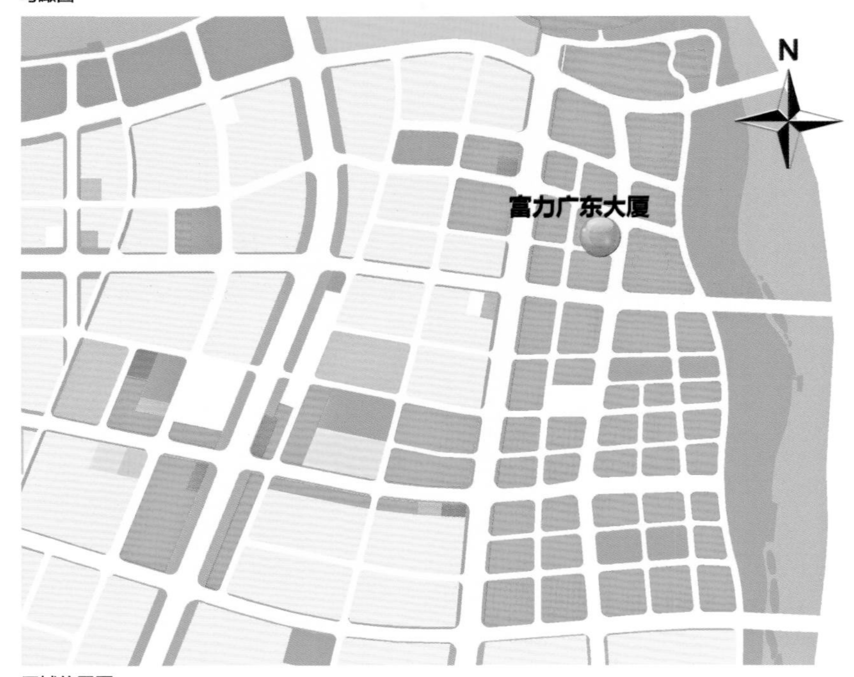

区域位置图

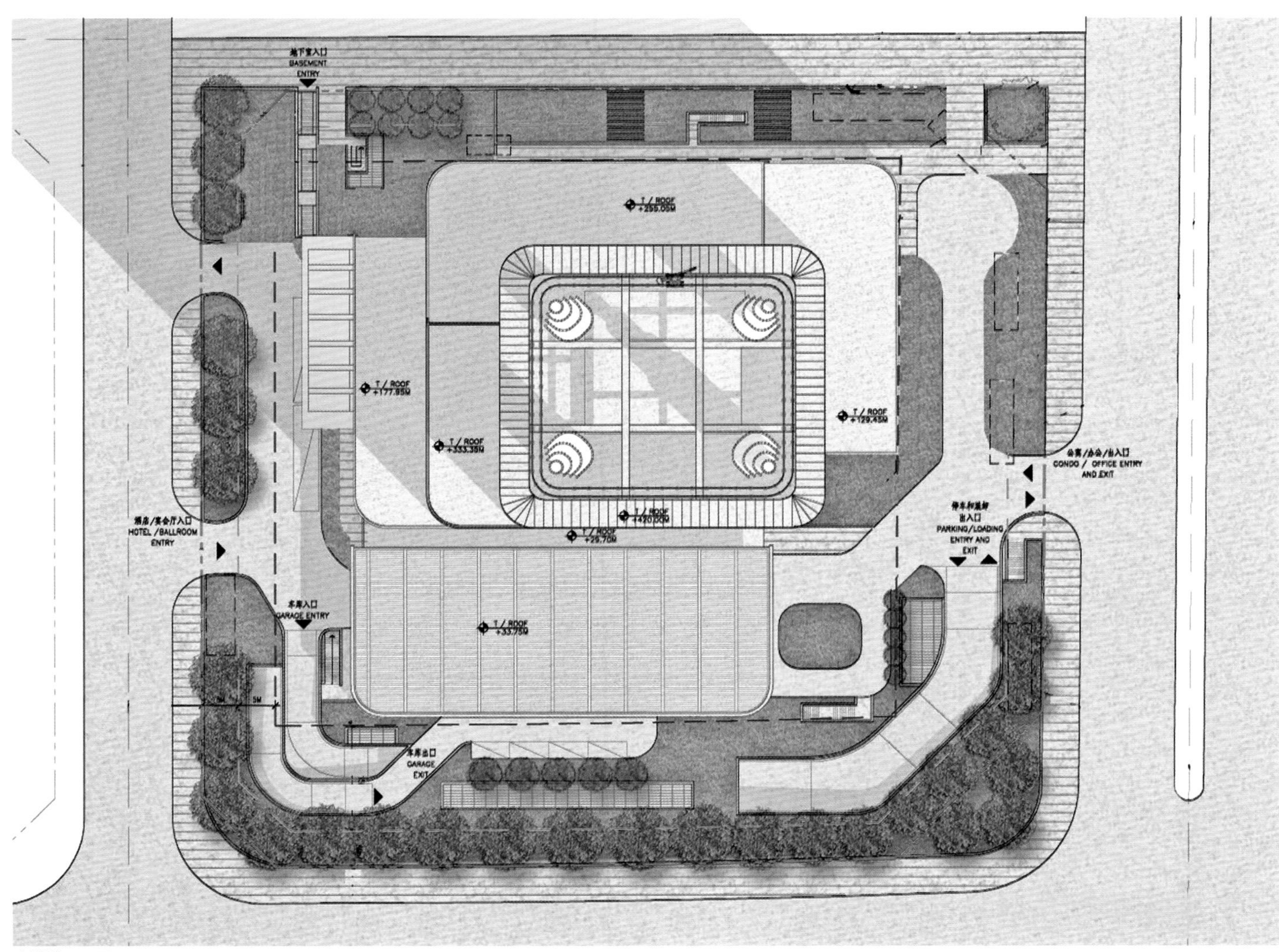
地下室入口
BASEMENT
ENTRY
T / ROOF
+259.05M
T / ROOF
+177.85M
T / ROOF
+333.35M
T / ROOF
+129.45M
T / ROOF
+420.00M
T / ROOF
+29.70M
酒店/宴会厅入口
HOTEL /BALLROOM
ENTRY
公寓/办公/出入口
CONDO / OFFICE ENTRY
AND EXIT
停车和装卸
出入口
PARKING/LOADING
ENTRY AND
EXIT
车库入口
GARAGE ENTRY
T / ROOF
+33.75M
5M
车库出口
GARAGE
EXIT

南塔总平面图

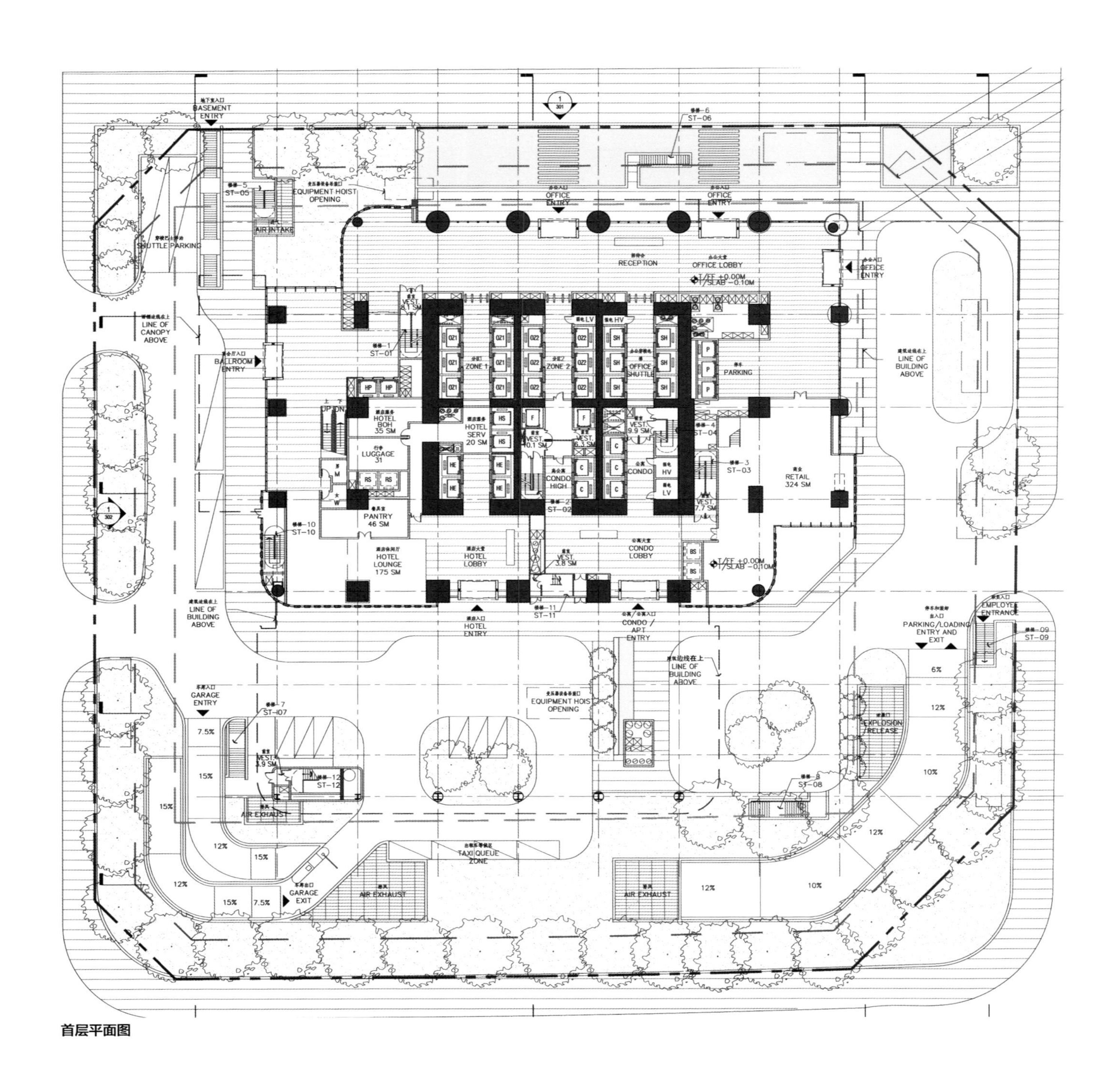
BASEMENT ENTRY
ST-05
EQUIPMENT HOIST OPENING
AIR INTAKE
SHUTTLE PARKING
OFFICE ENTRY
OFFICE ENTRY
ST-06
RECEPTION
OFFICE LOBBY
OFFICE ENTRY
LINE OF CANOPY ABOVE
BALLROOM ENTRY
ST-01
ZONE 1
ZONE 2
OFFICE SHUTTLE
PARKING
LINE OF BUILDING ABOVE
HOTEL BOH 35 SM
LUGGAGE 31
HOTEL SERV 20 SM
CONDO HIGH
CONDO
ST-04
ST-03
RETAIL 324 SM
PANTRY 46 SM
ST-10
ST-02
HOTEL LOUNGE 175 SM
HOTEL LOBBY
CONDO LOBBY
VEST 3.8 SM
ST-11
LINE OF BUILDING ABOVE
HOTEL ENTRY
CONDO / APT ENTRY
EMPLOYEE ENTRANCE
PARKING/LOADING ENTRY AND EXIT
ST-09
LINE OF BUILDING ABOVE
GARAGE ENTRY
ST-07
EQUIPMENT HOIST OPENING
EXPLOSION /RELEASE
ST-12
ST-08
AIR EXHAUST
TAXI QUEUE ZONE
GARAGE EXIT
AIR EXHAUST
AIR EXHAUST
7.5%
15%
15%
12%
15%
12%
15%
7.5%
6%
12%
10%
12%
12%
10%

首层平面图

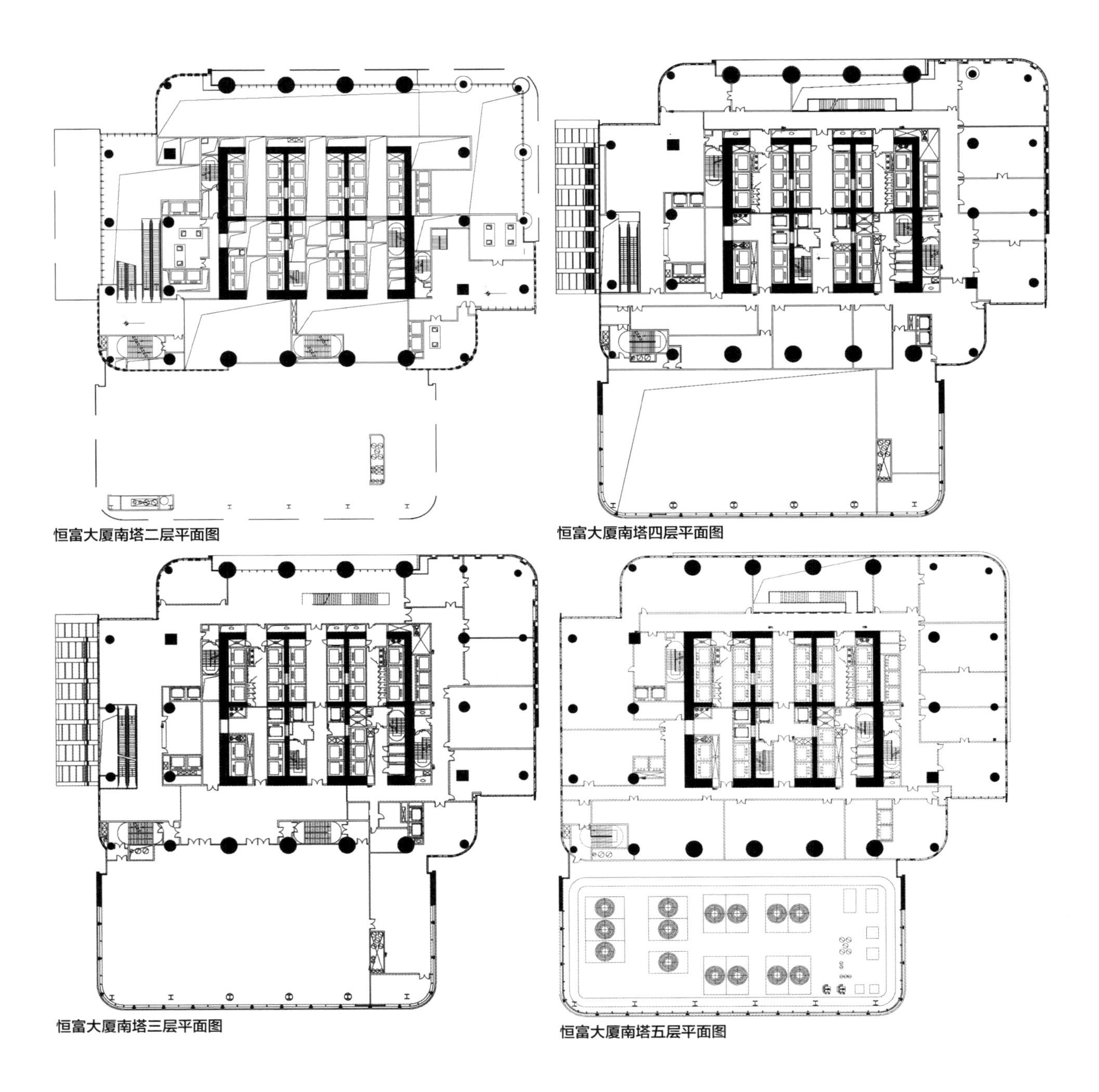

恒富大厦南塔二层平面图

恒富大厦南塔四层平面图

恒富大厦南塔三层平面图

恒富大厦南塔五层平面图

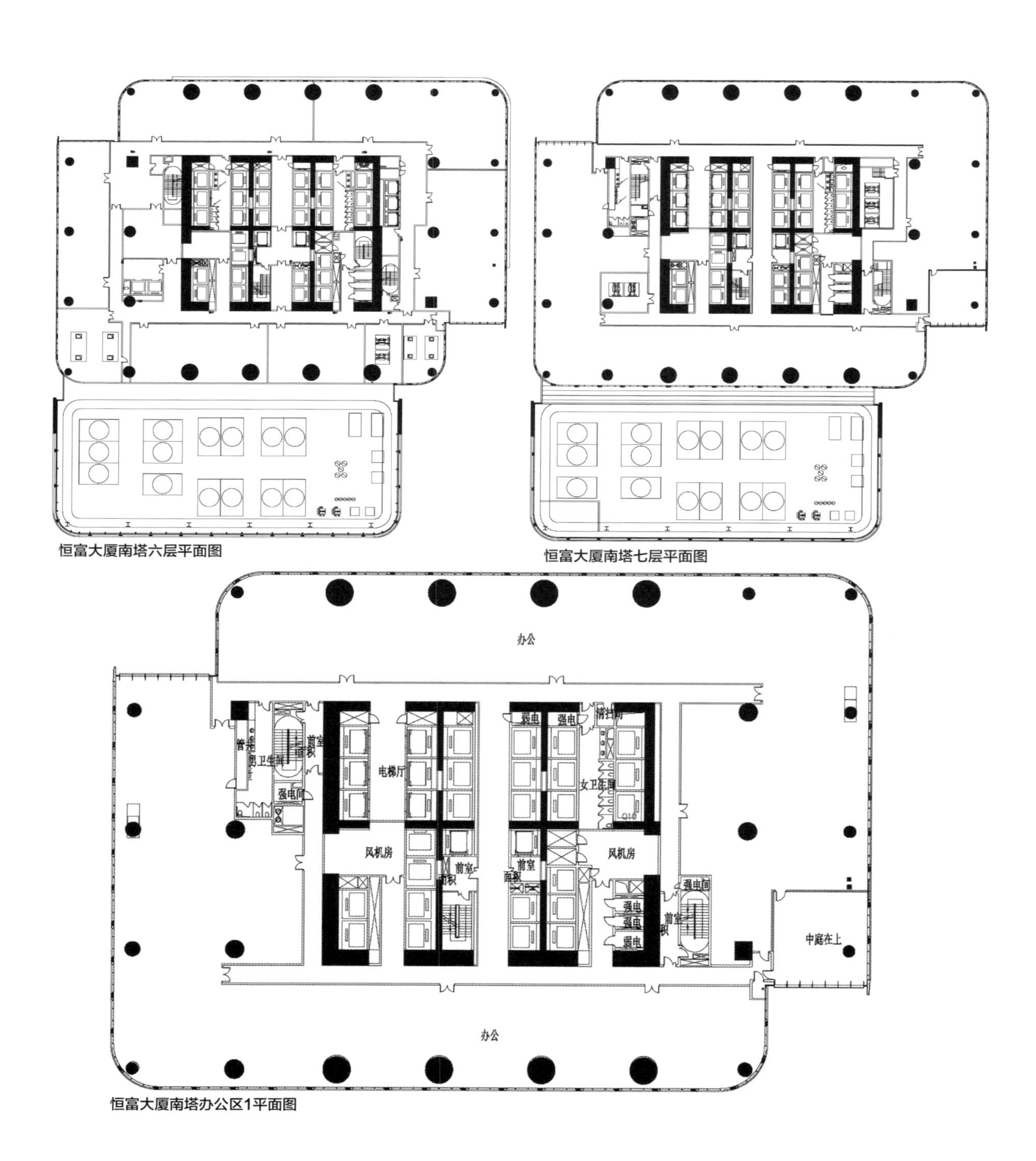

恒富大厦南塔六层平面图

恒富大厦南塔七层平面图

恒富大厦南塔办公区1平面图

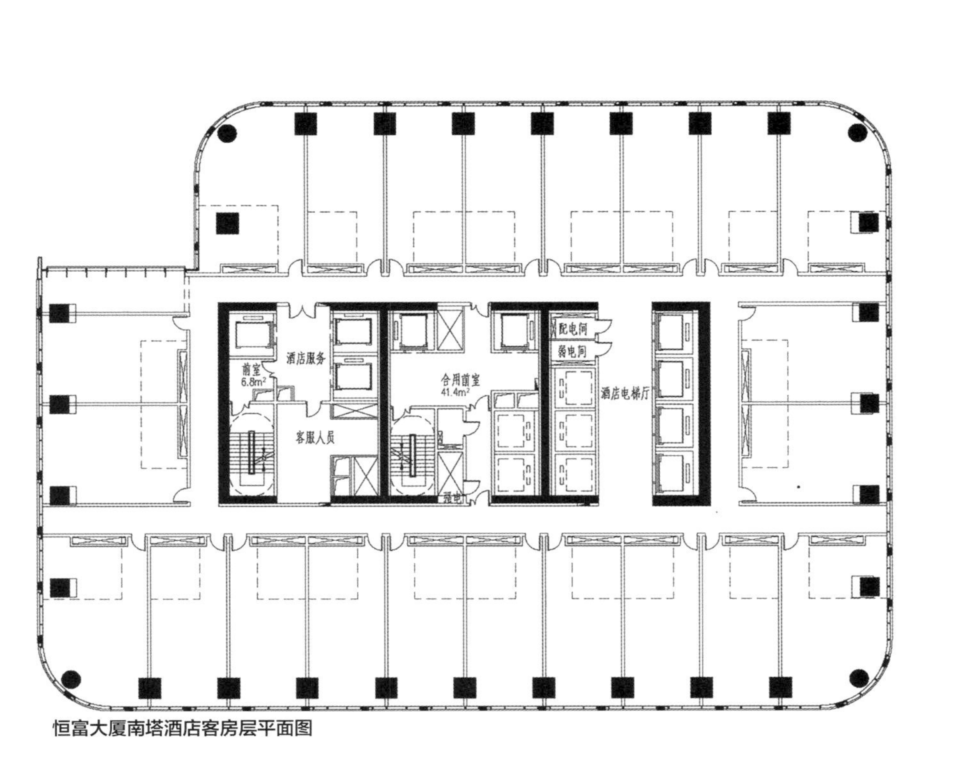

恒富大厦南塔酒店客房层平面图

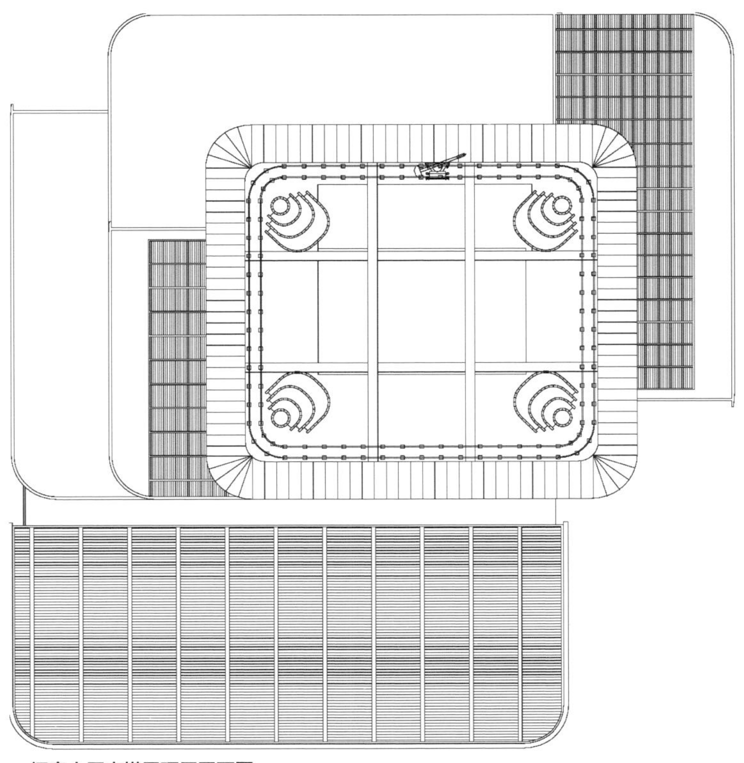

恒富大厦南塔屋顶层平面图

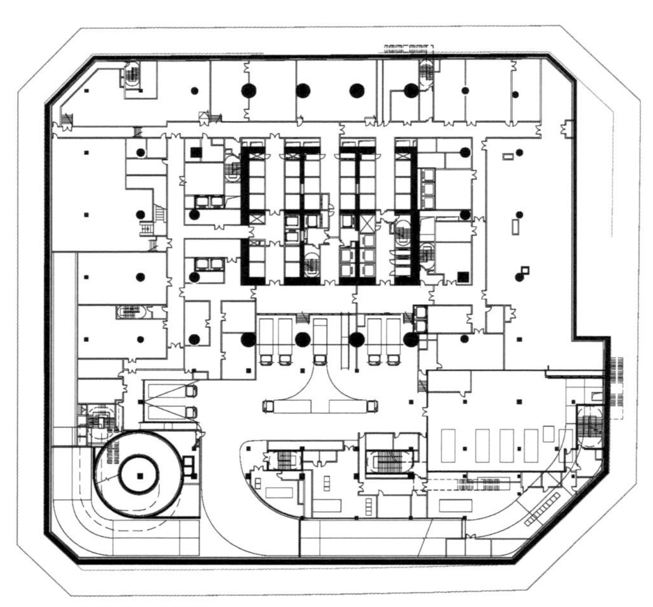
恒富大厦南塔地下一层平面图

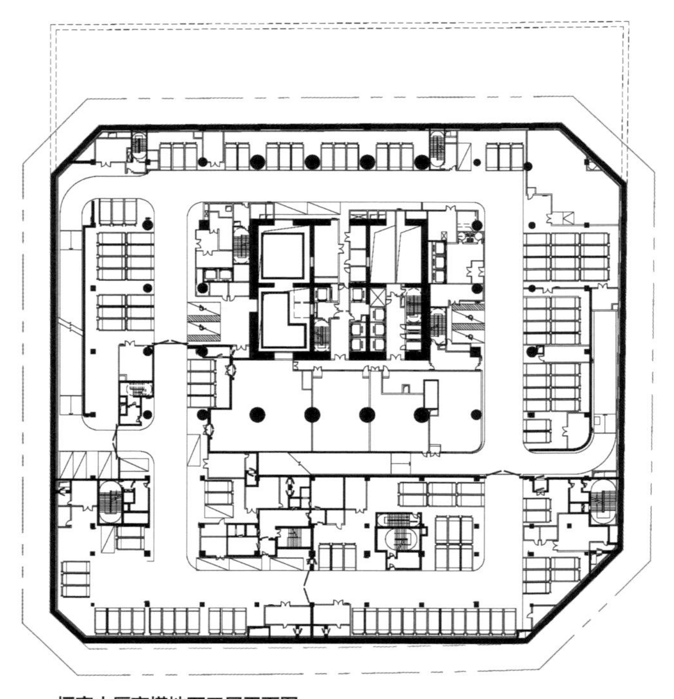
恒富大厦南塔地下三层平面图

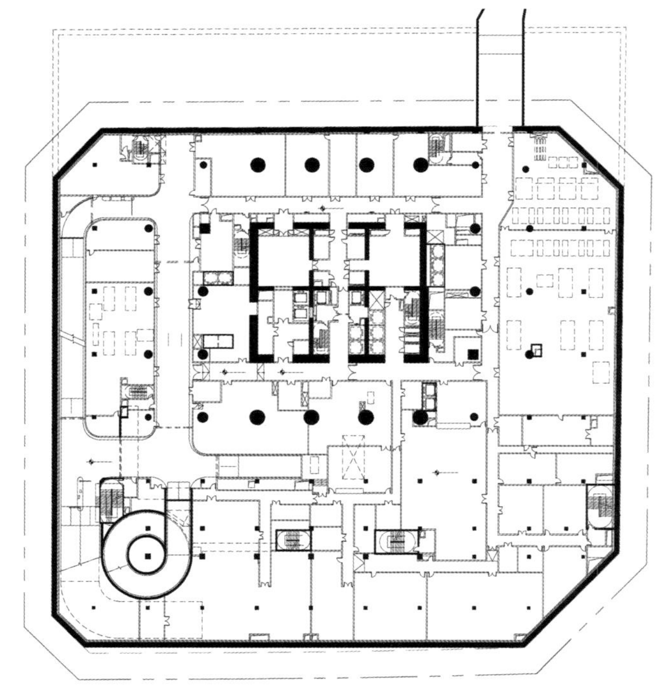
恒富大厦南塔地下二层平面图

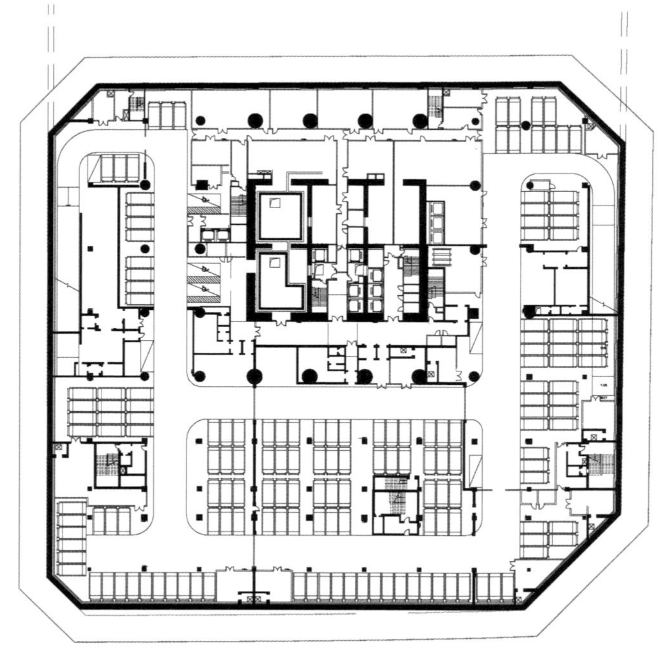
恒富大厦南塔地下四层平面图

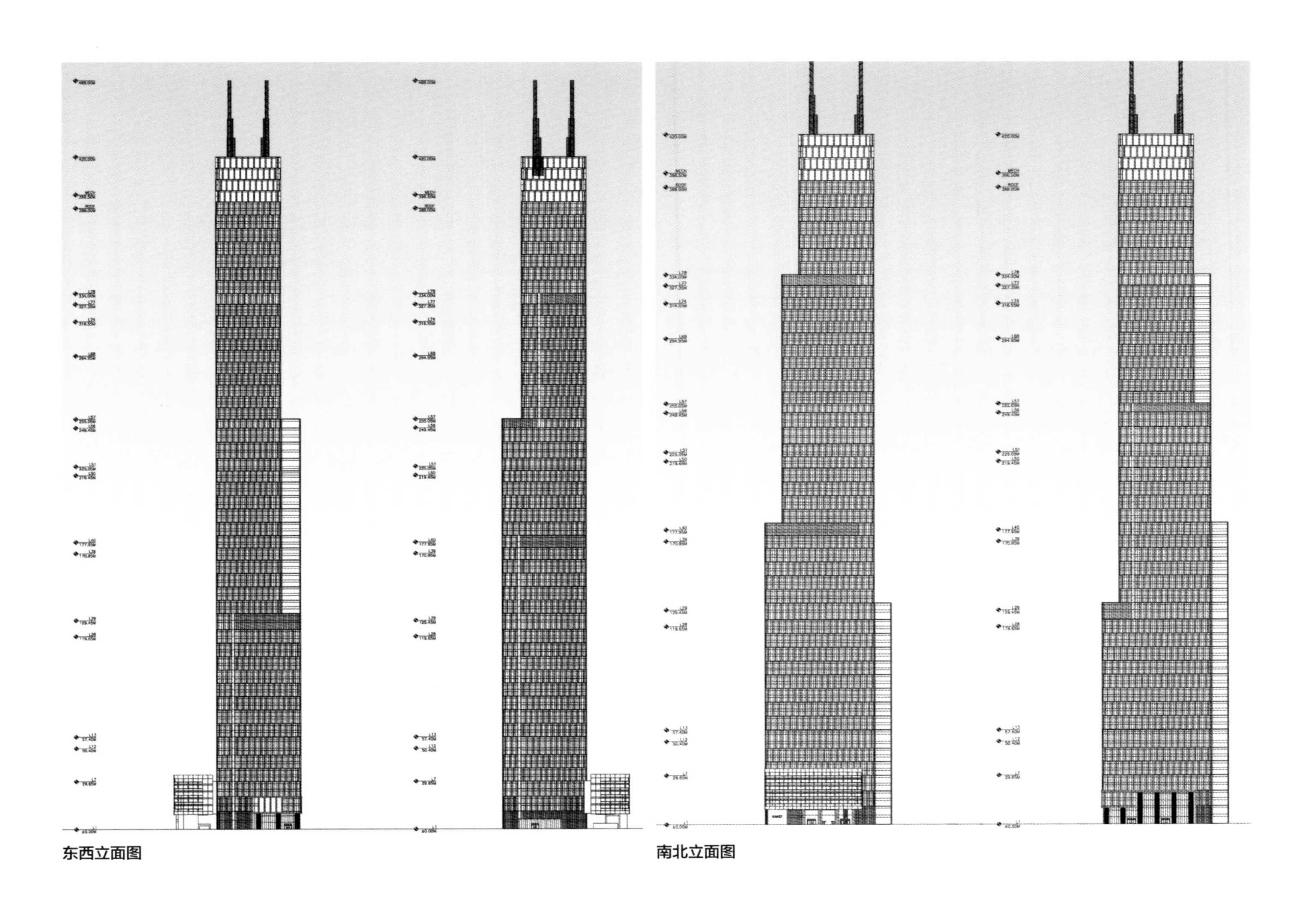

东西立面图

南北立面图

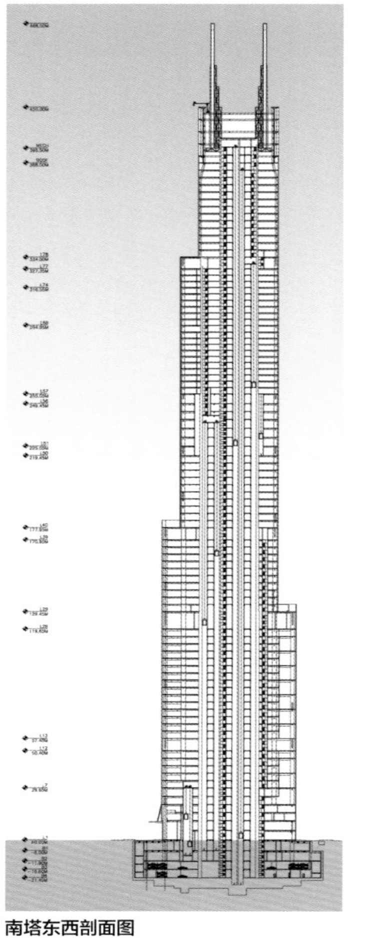
南塔东西剖面图

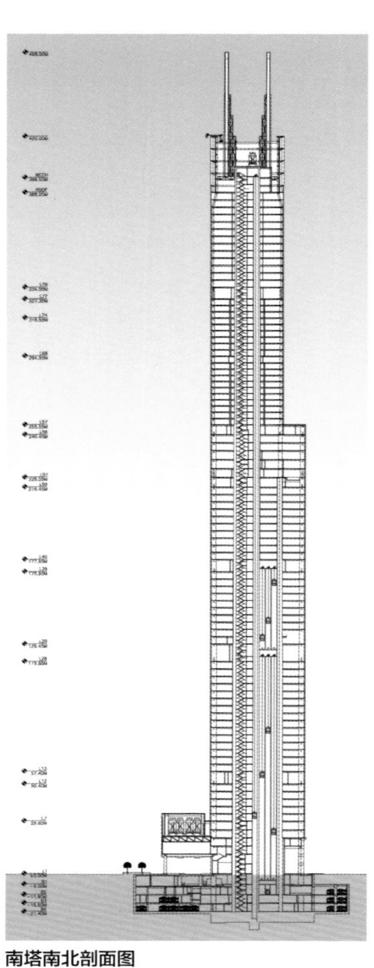
南塔南北剖面图

效果图

效果图

五、商业酒店会议综合体建筑

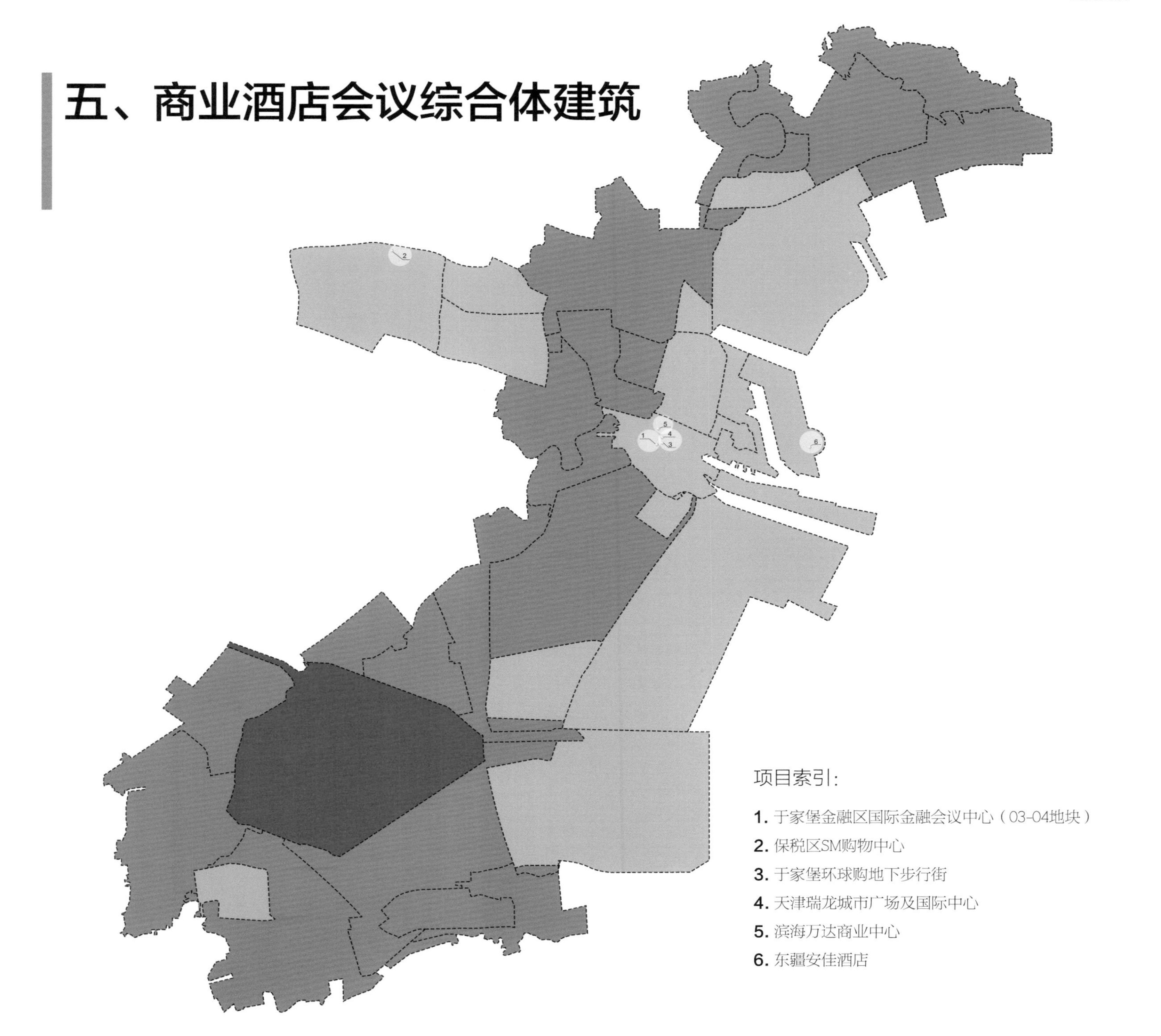

项目索引:

1. 于家堡金融区国际金融会议中心（03-04地块）
2. 保税区SM购物中心
3. 于家堡环球购地下步行街
4. 天津瑞龙城市广场及国际中心
5. 滨海万达商业中心
6. 东疆安佳酒店

1. 于家堡金融区国际金融会议中心（03-04地块）

项目地点： 于家堡金融区03-04地块，北临永泰路，东临新华路，西临郭庄子路，南临于泉道

用地面积： 33 847平方米

建筑面积： 193 000平方米，地上127 901平方米，容积率3.78，建筑高度75米，建筑地上12层，地下2层；绿地率10%

设计单位： 美国SOM设计公司

中国建筑设计研究院

开发单位： 天津金鸿房地产开发有限责任公司

项目简介： 本建筑造型独特，建筑功能齐全，主要包括五星级酒店、服务式公寓、宴会厅、会议厅、金融交易厅、停车场等设计内容。各功能分区各自独立，既可快捷独立使用，也可协同联系成为一个整体。酒店客房和公寓沿环向设置在外侧，会议室、汇报厅、宴会厅设置在中央，形成大跨度空间。建筑顶部用大跨度屋盖将两个塔楼连为一个整体，并将屋盖进行大悬挑，形成独特的建筑造型。由于在不同标高均需要大空间，在多处形成跃层结构。围绕四季厅的超大面积玻璃幕墙，形成东西通透的建筑效果。

实体图

区域位置图

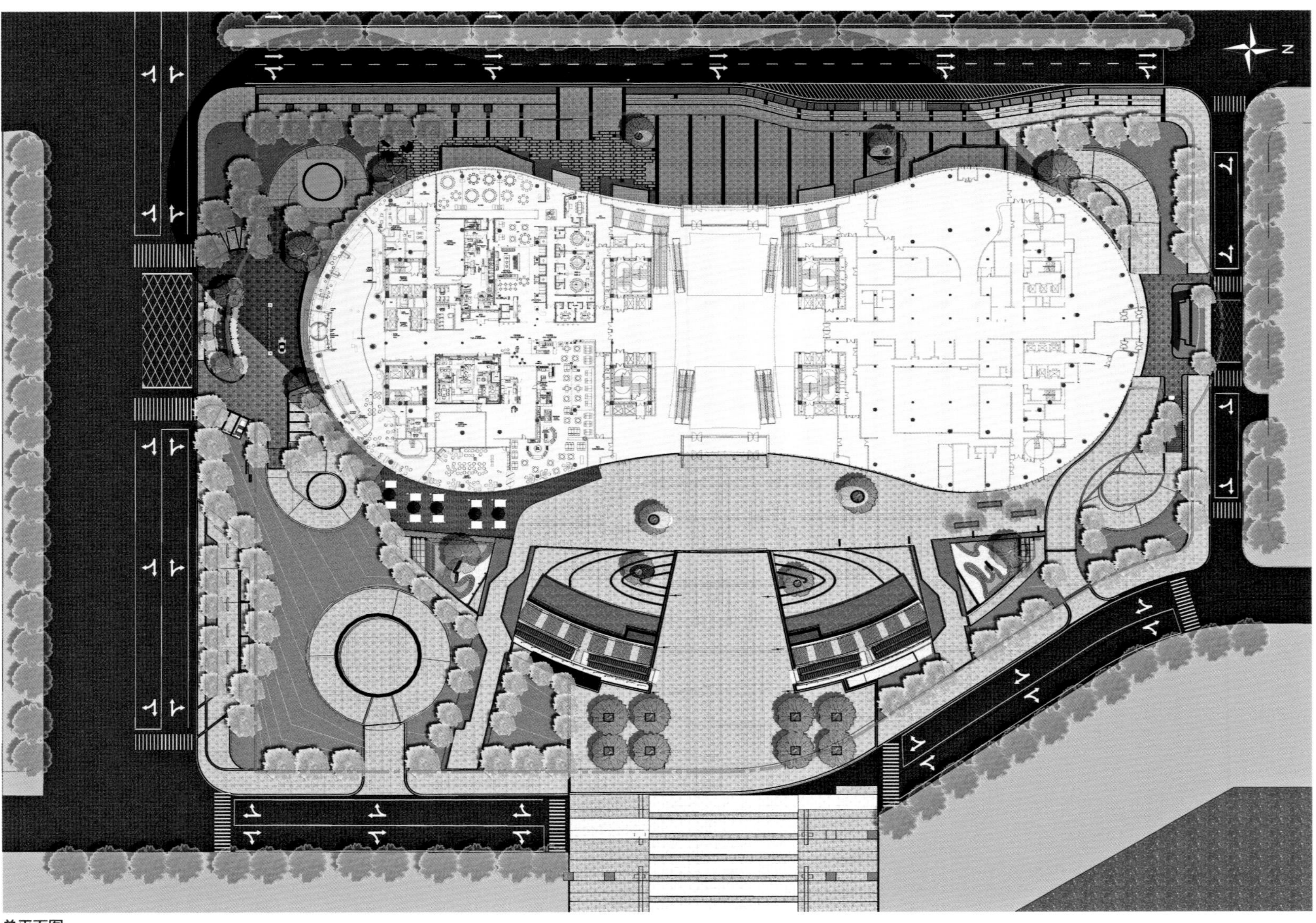

总平面图

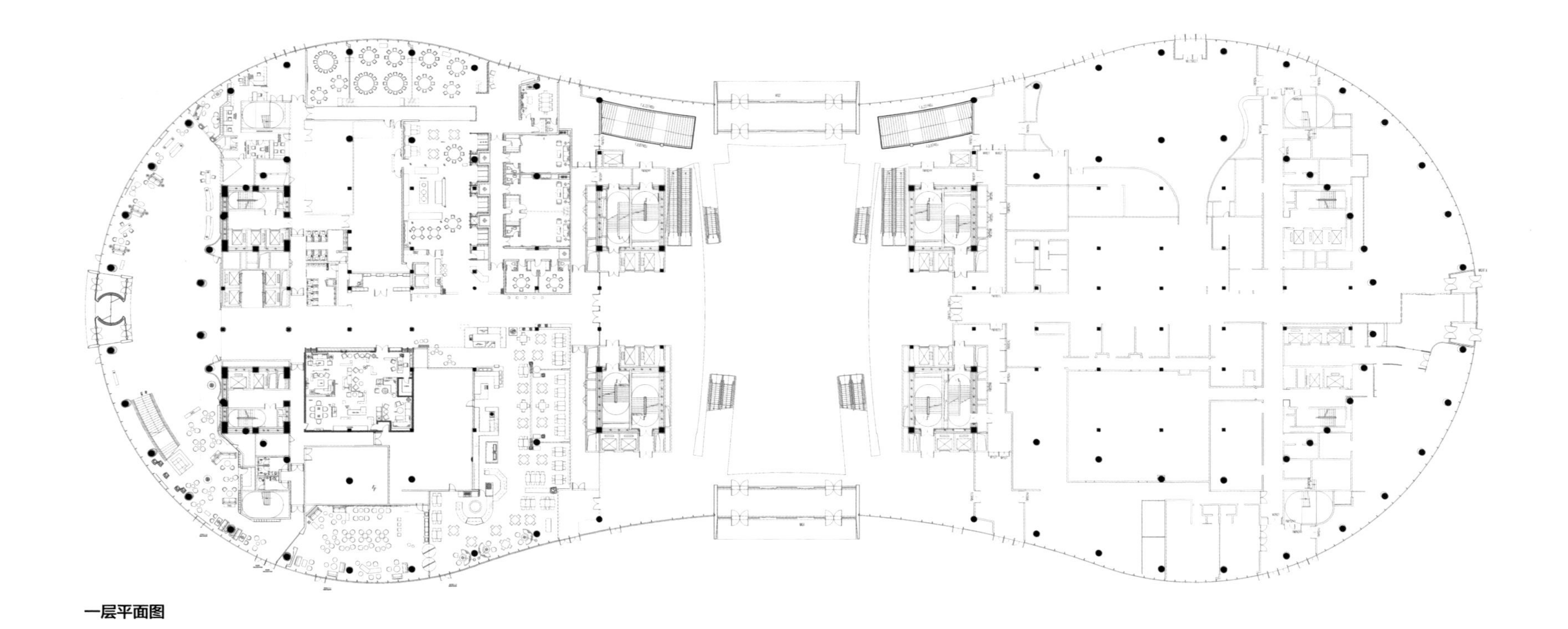

一层平面图

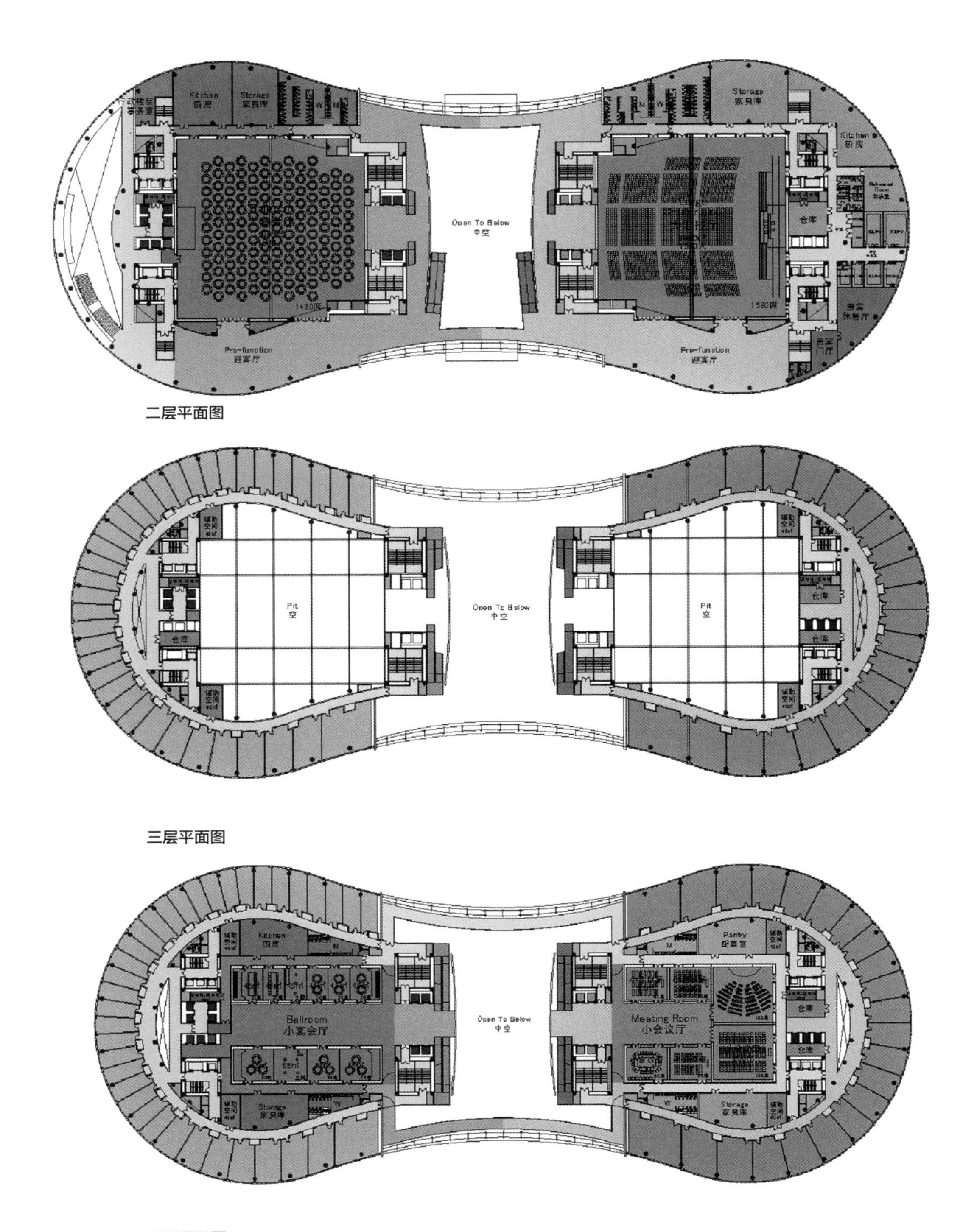

二层平面图

三层平面图

四层平面图

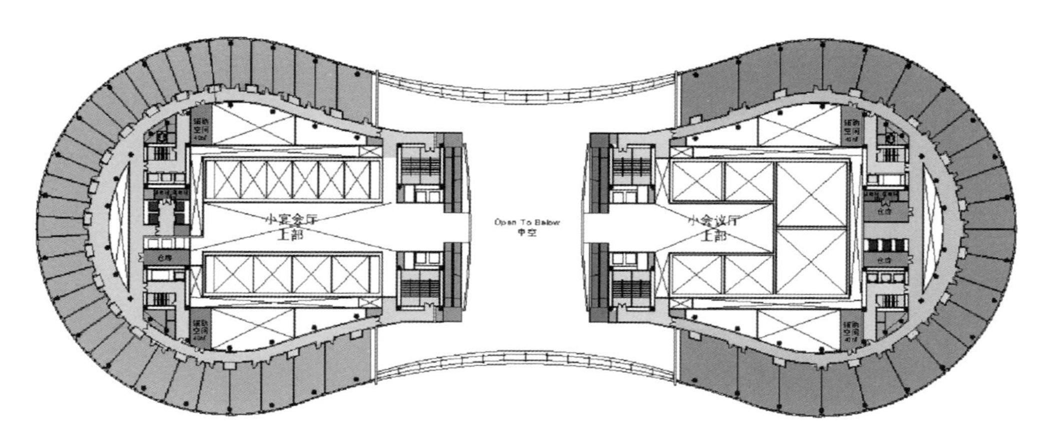

五层平面图

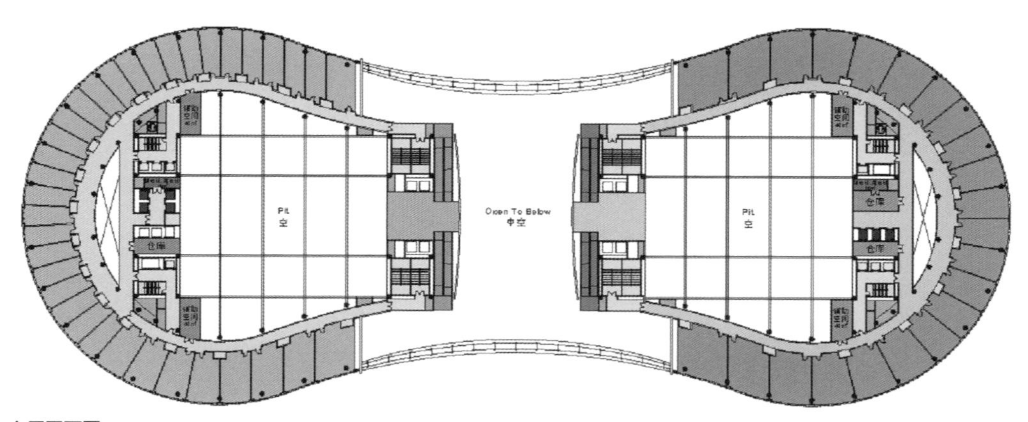

六层平面图

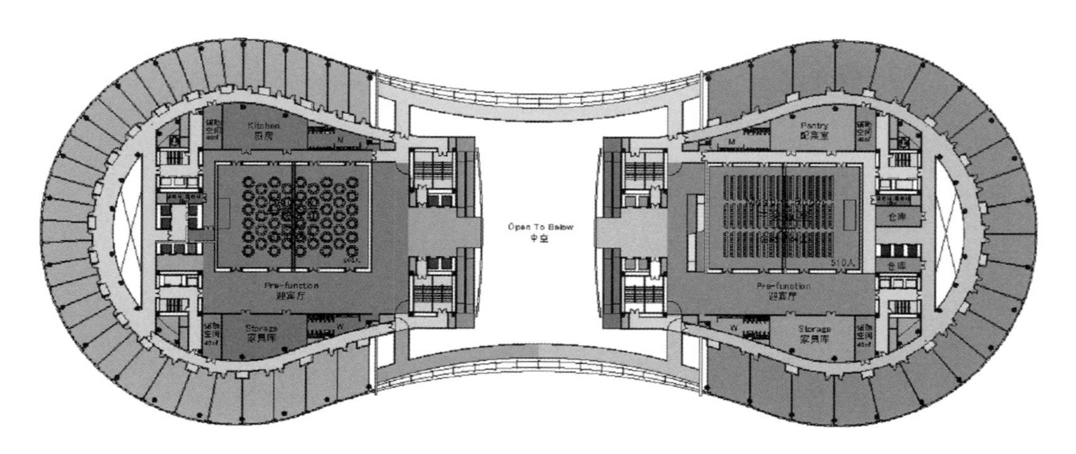

七层平面图

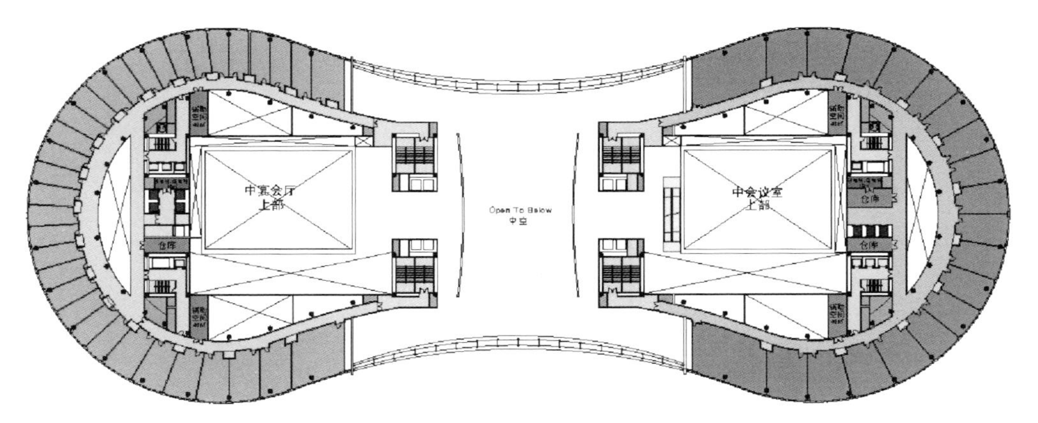

八层平面图

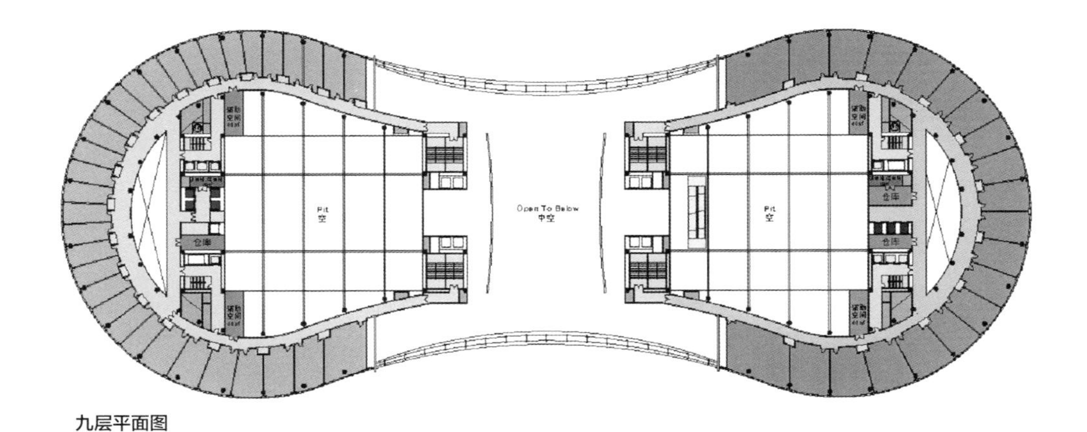

九层平面图

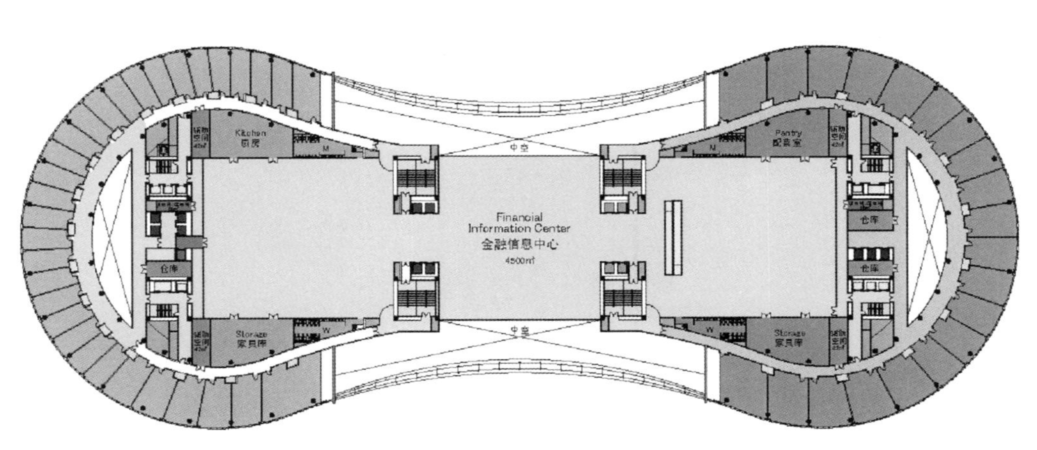

十层平面图

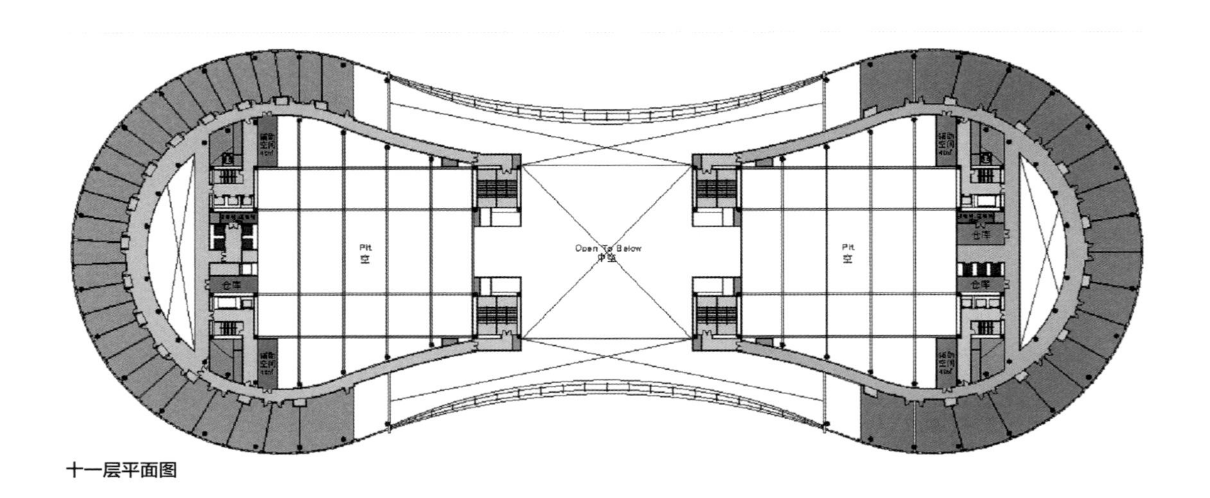

十一层平面图

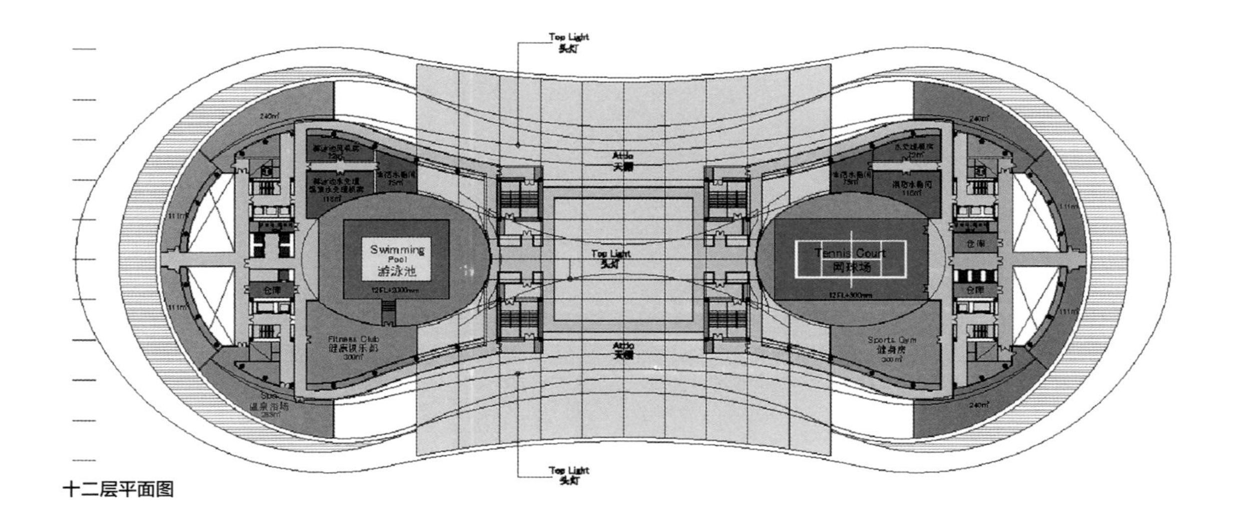

十二层平面图

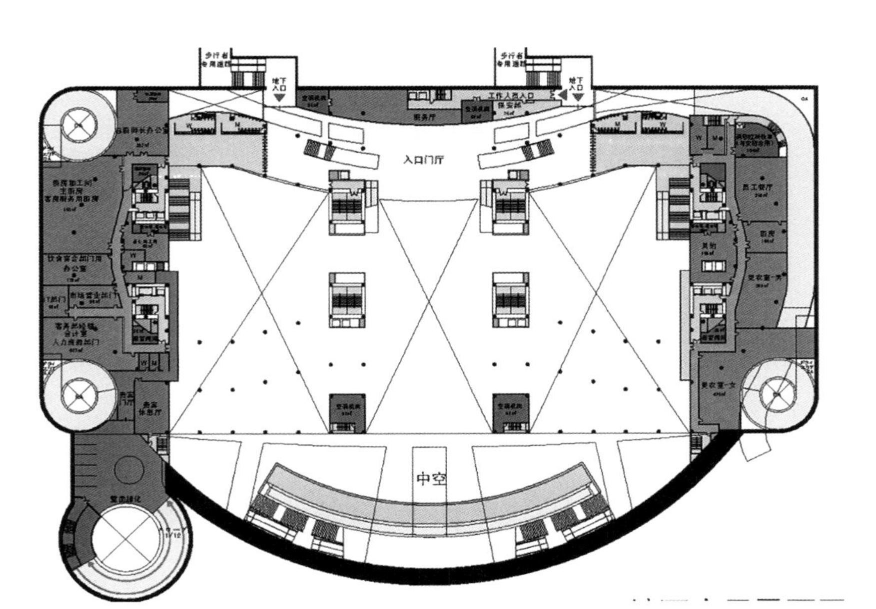

地下一层夹层平面图

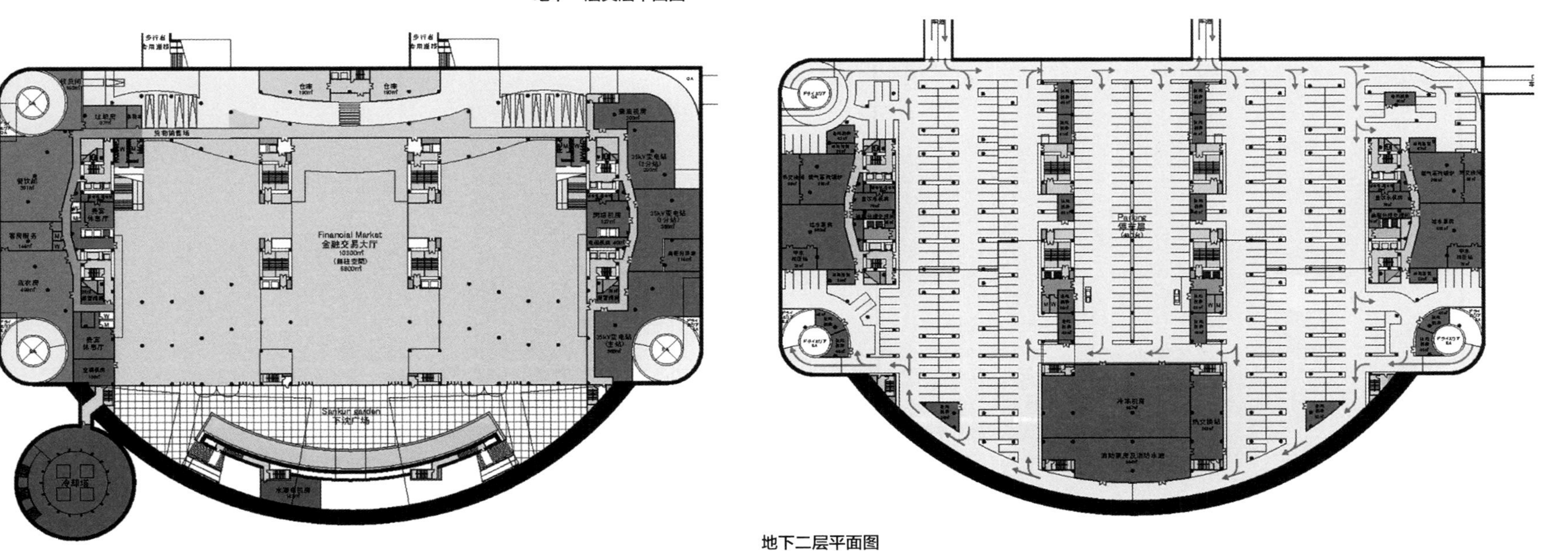

地下一层平面图

地下二层平面图

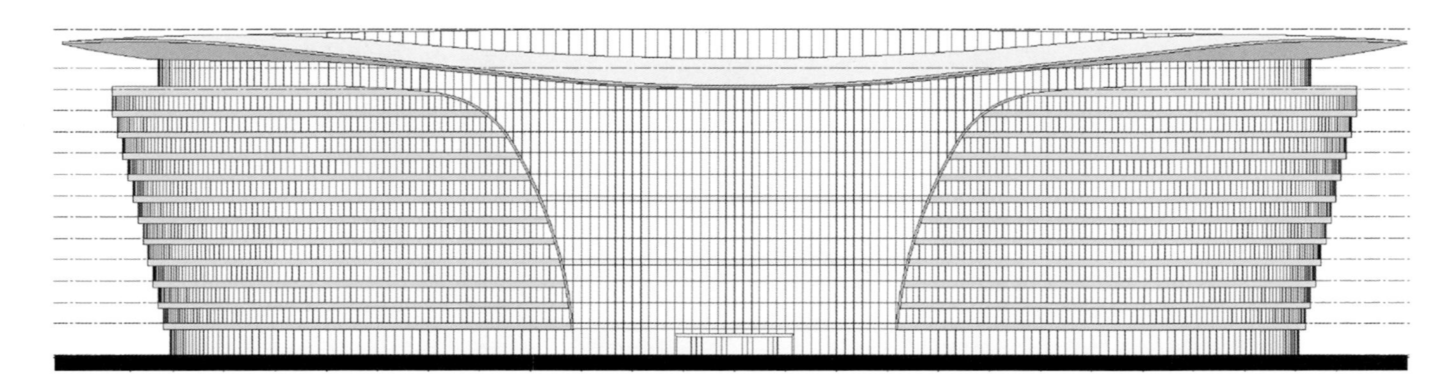

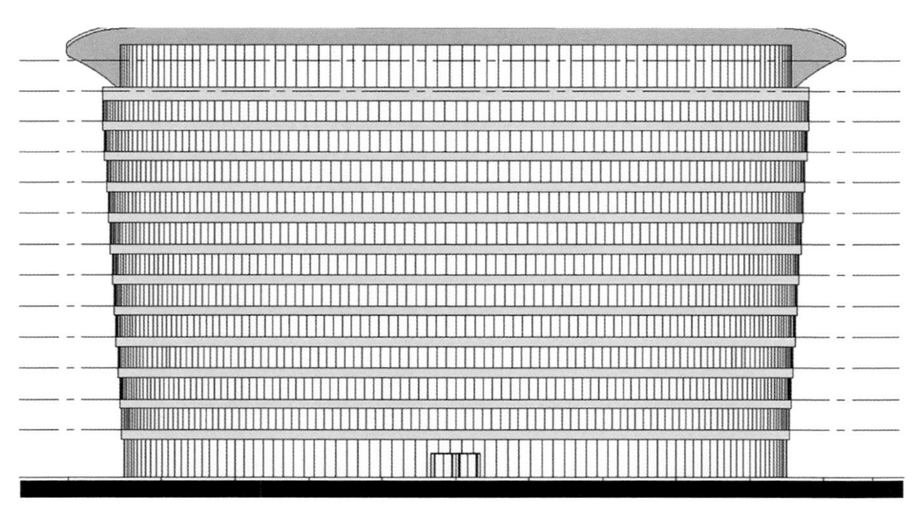

立面图

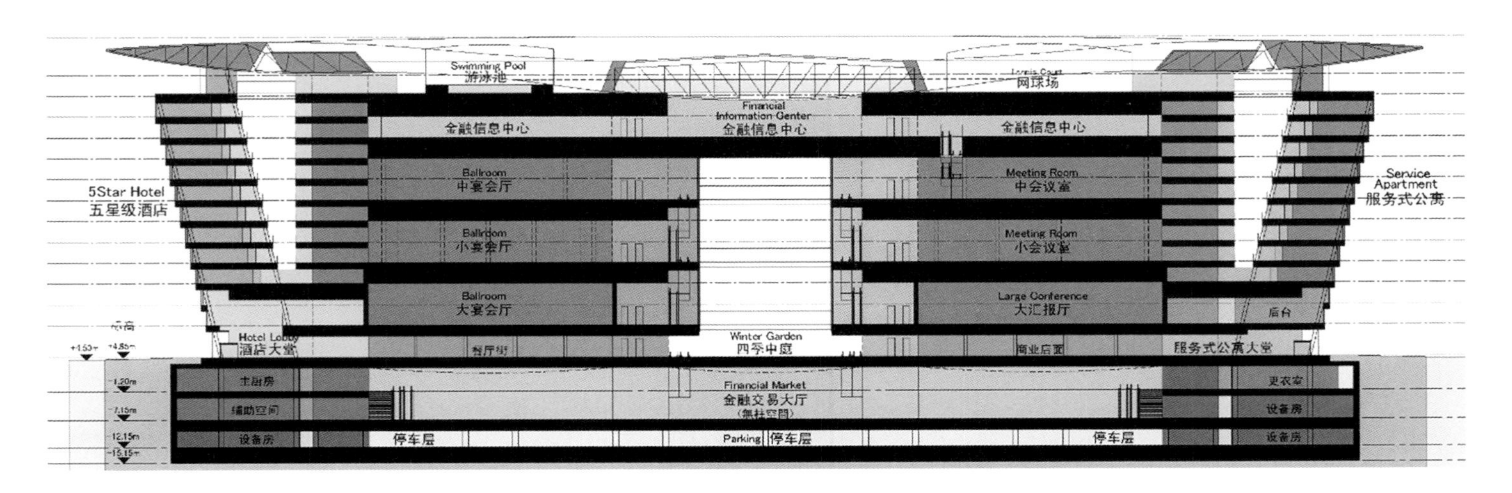
Swimming Pool
游泳池
网球场
Financial
Information Center
金融信息中心
金融信息中心
金融信息中心
5Star Hotel
五星级酒店
Ballroom
中宴会厅
Meeting Room
中会议室
Service
Apartment
服务式公寓
Ballroom
小宴会厅
Meeting Room
小会议室
Ballroom
大宴会厅
Large Conference
大汇报厅
后台
Hotel Lobby
酒店大堂
Winter Garden
四季中庭
服务式公寓大堂
主厨房
辅助空间
设备房
Financial Market
金融交易大厅
停车层
Parking 停车层
停车层
更衣室
设备房
设备房

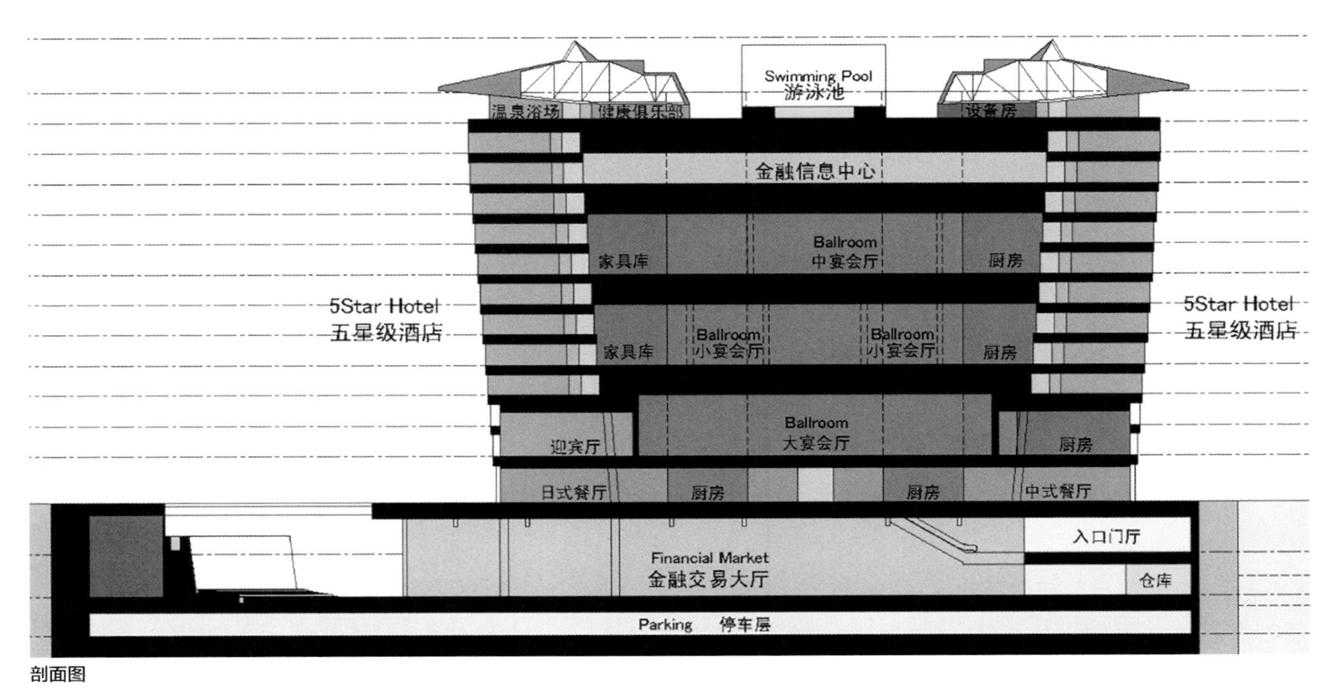
Swimming Pool
游泳池
温泉浴场
健康俱乐部
设备房
金融信息中心
Ballroom
中宴会厅
家具库
厨房
5Star Hotel
五星级酒店
5Star Hotel
五星级酒店
家具库
Ballroom
小宴会厅
Ballroom
小宴会厅
厨房
Ballroom
大宴会厅
迎宾厅
厨房
日式餐厅
厨房
厨房
中式餐厅
入口门厅
Financial Market
金融交易大厅
仓库
Parking 停车层

剖面图

鸟瞰图

效果图

实体图

2. 保税区SM购物中心

项目地点：滨海新区空港经济区

用地面积：435 466平方米

建筑面积：529 466平方米，容积率1.28

设计单位：美国arquitectonica建筑设计事务所
天津市建筑设计院

建设单位：SM广场（天津）有限公司

项目简介：SM购物中心基地位于滨海新区空港经济区生活区，距天津滨海国际机场约13千米，中心地区作为超大规模、一站式商业综合体，该项目意在打造一个地标性的购物新据点，不只吸引当地生活的全部居民，还吸引北京游客。项目包括地上4层，地下1层，其中地上设有娱乐中心、百货公司、旗舰店、大型超市、电影院、保龄中心、餐饮、美食广场等功能。地面设有大型停车场。

实景图

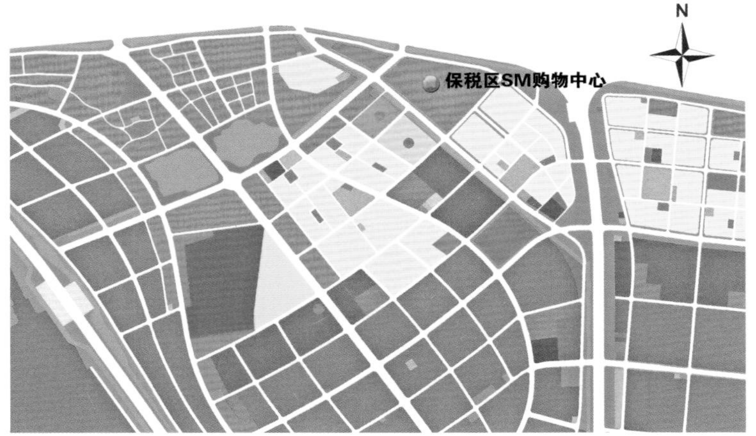

区域位置图

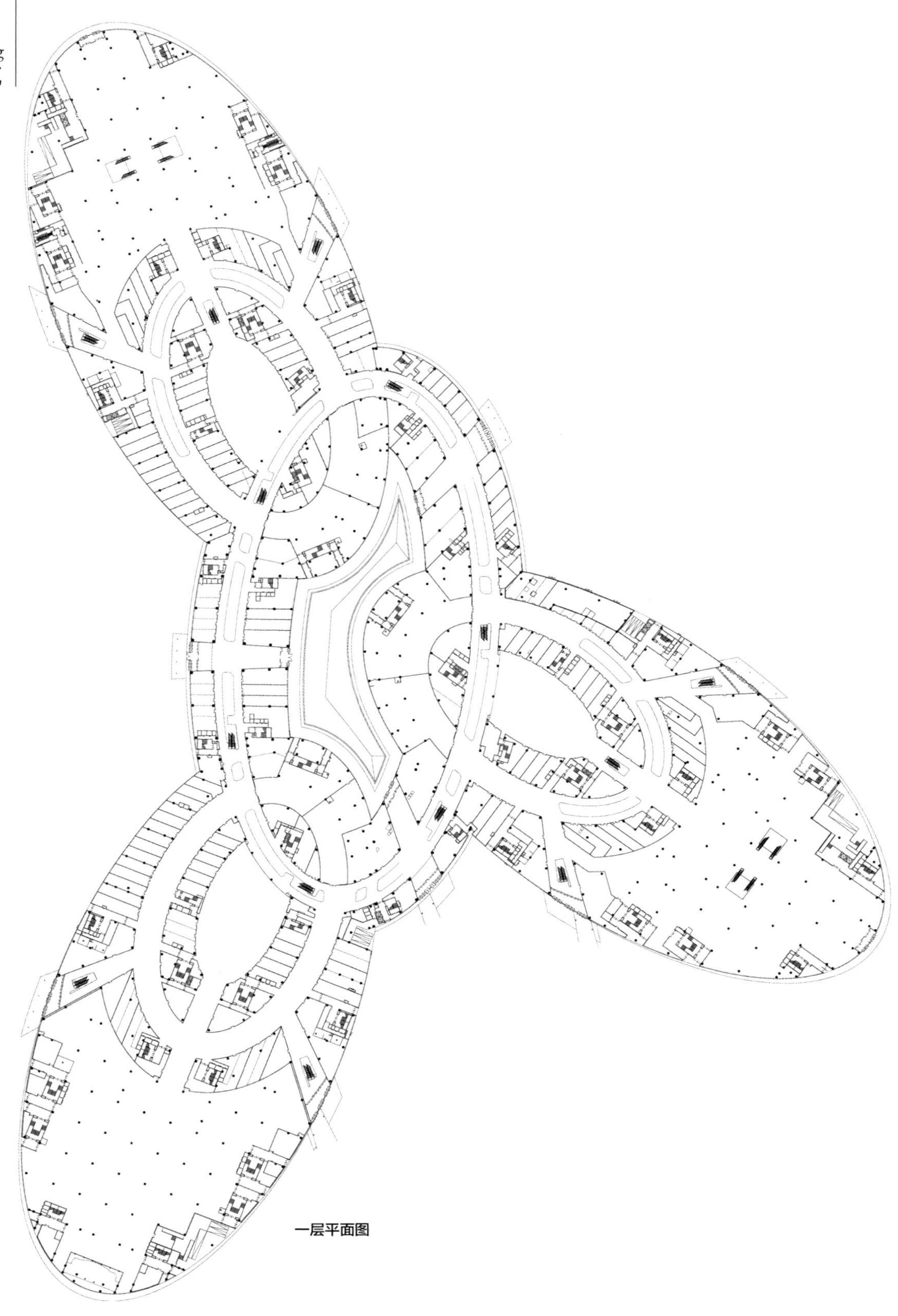

一层平面图

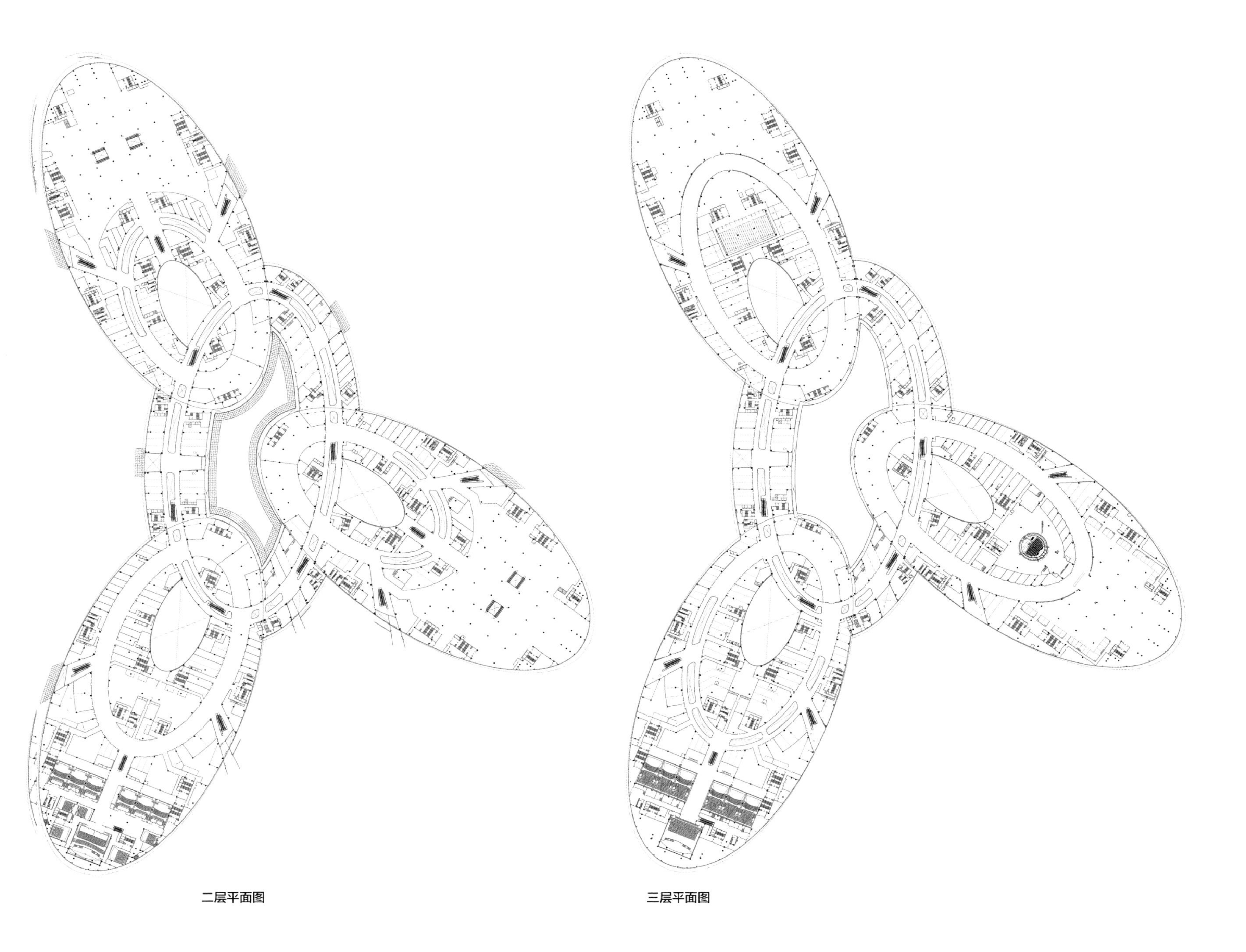

二层平面图

三层平面图

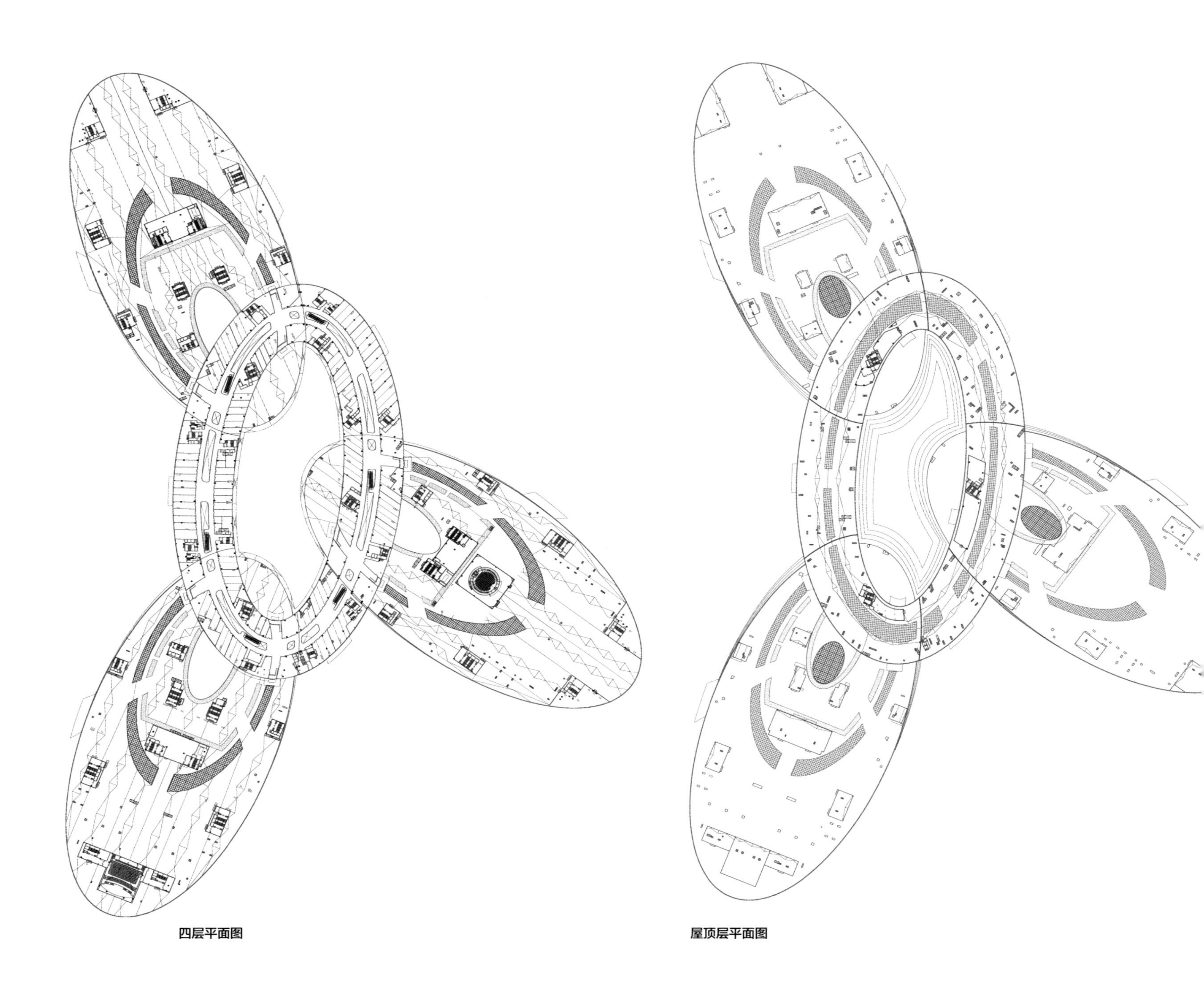

四层平面图

屋顶层平面图

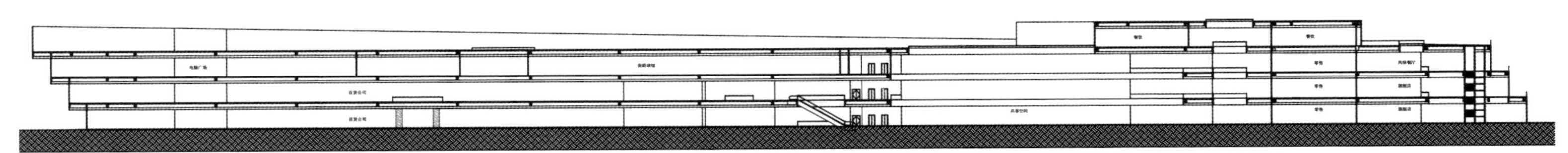

1–1剖面图

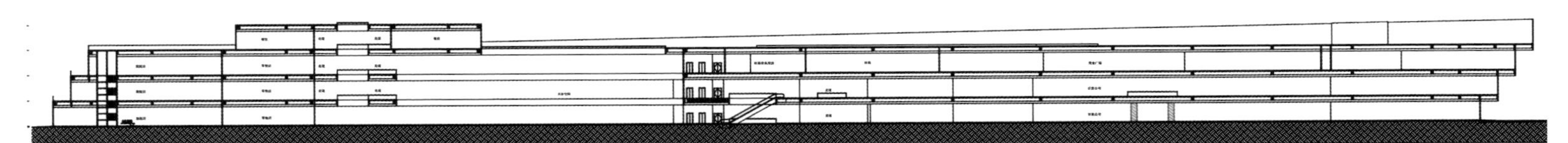

3–3剖面图

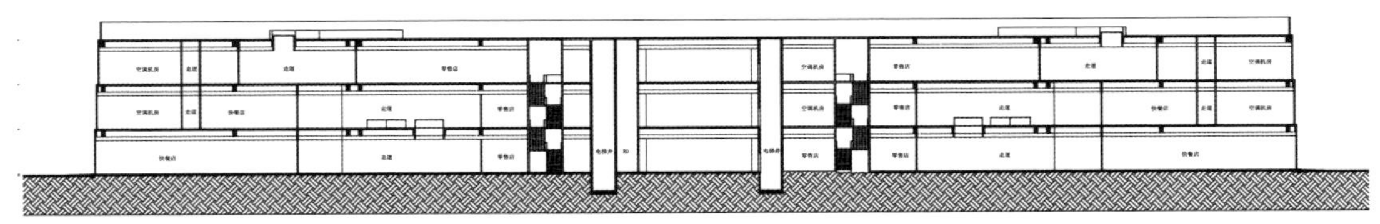

4–4剖面图

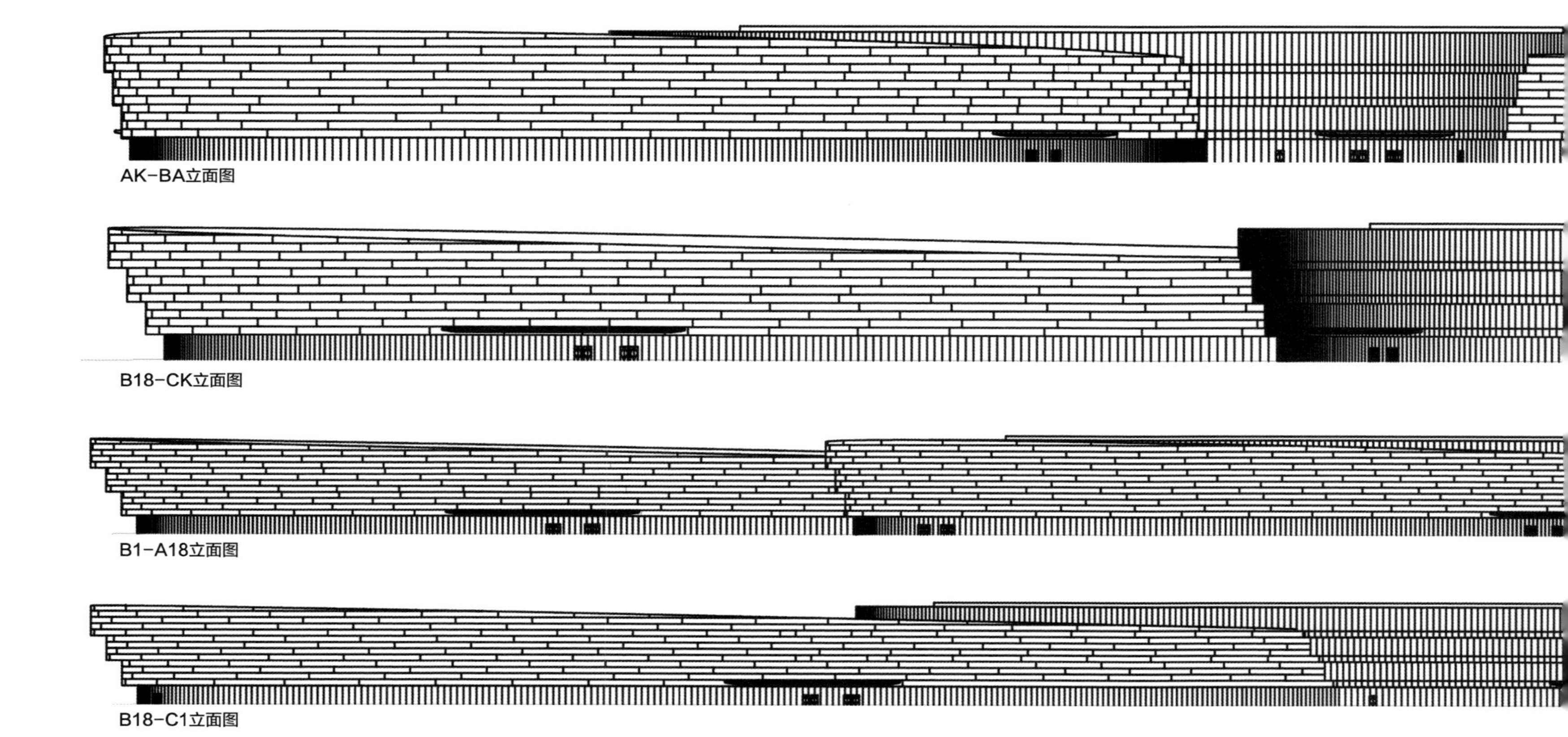
AK-BA立面图

B18-CK立面图

B1-A18立面图

B18-C1立面图

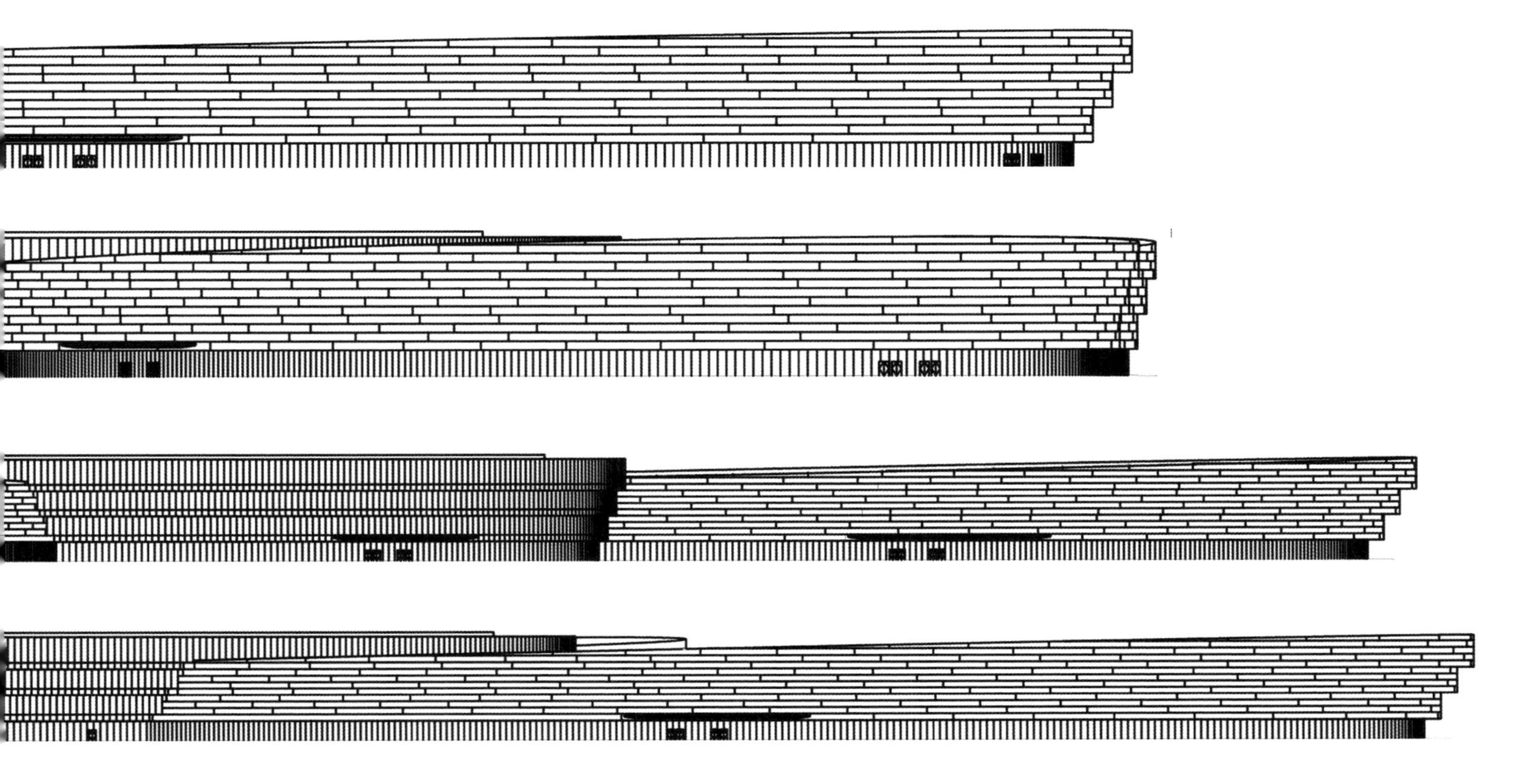

鸟瞰图

效果图

3. 于家堡环球购地下步行街

项目地点： 起步区地下空间位于于家堡半岛腰部核心区域的西侧、友谊道、融忠路十字步行街下方，与规划轨道交通B2、B3线换乘枢纽平面同位

用地面积： 22 710平方米（地铁部分不计）

建筑面积： 32 393平方米（地铁部分不计）

设计单位： 上海市城市建设设计研究总院（集团）有限公司

开发单位： 天津新金融投资有限责任公司

项目简介： 本工程包含地下十字形商业街、轨道交通B1、B3线换乘站等。地下商业街与地铁原则上分层设置，南北向地下一层为地下商业街，连接南北工业绿地下的地下空间；地下二层为B1线侧式站台。东西向地下一层为地下商业街，西侧连接滨海绿地，东侧连接中央大道绿地；地下二层为B3线站厅层以及设备层；地下三层为B3线岛式站台层。起步区地下空间所对应的地面友谊道、堡兴路皆为地面步行街，与地下商业街、地下人行通道形成立体化的城市步行系统，为区域人流提供全天候、不受气候影响的服务。

地下步行街南北长728米，东西长472米，为避免金融区建成后轨道交通建设对环境的二次影响，轨道交通土建部分结合于家堡金融区起步区地下工程的建设同步完成。与周边地块设计单位协调，地下空间、地铁出入口部分与建筑地下室连通，实现地下空间的无缝连接。

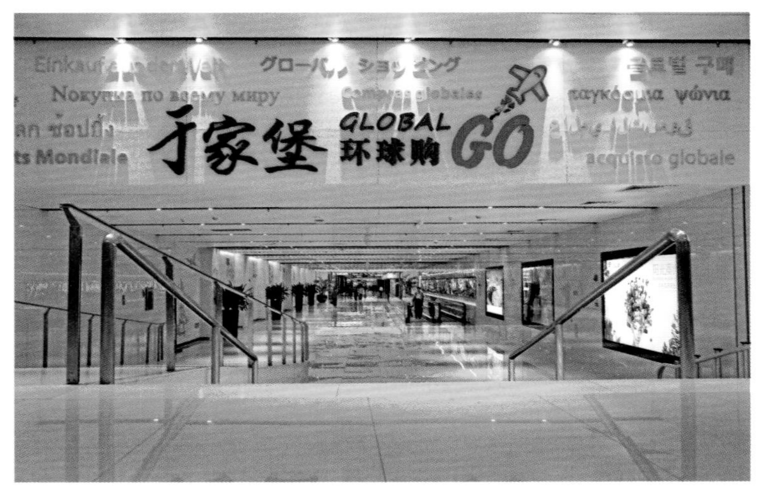

实体图

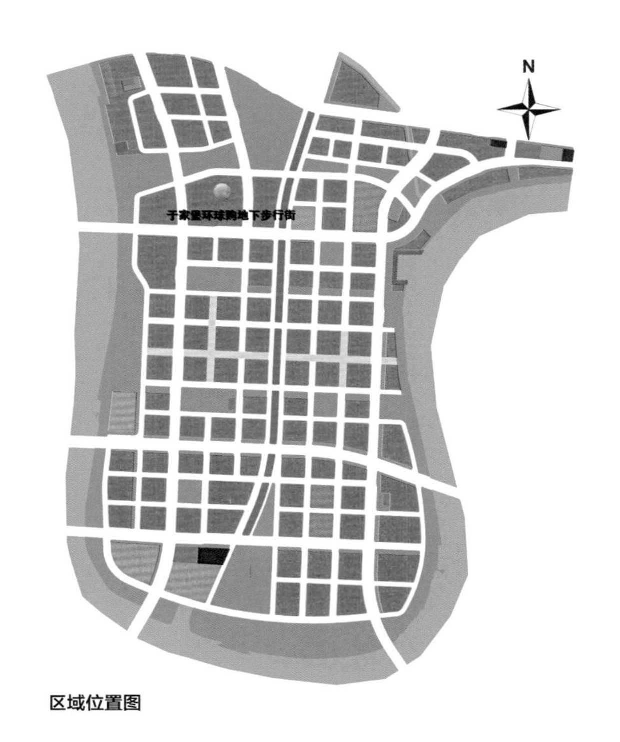

区域位置图

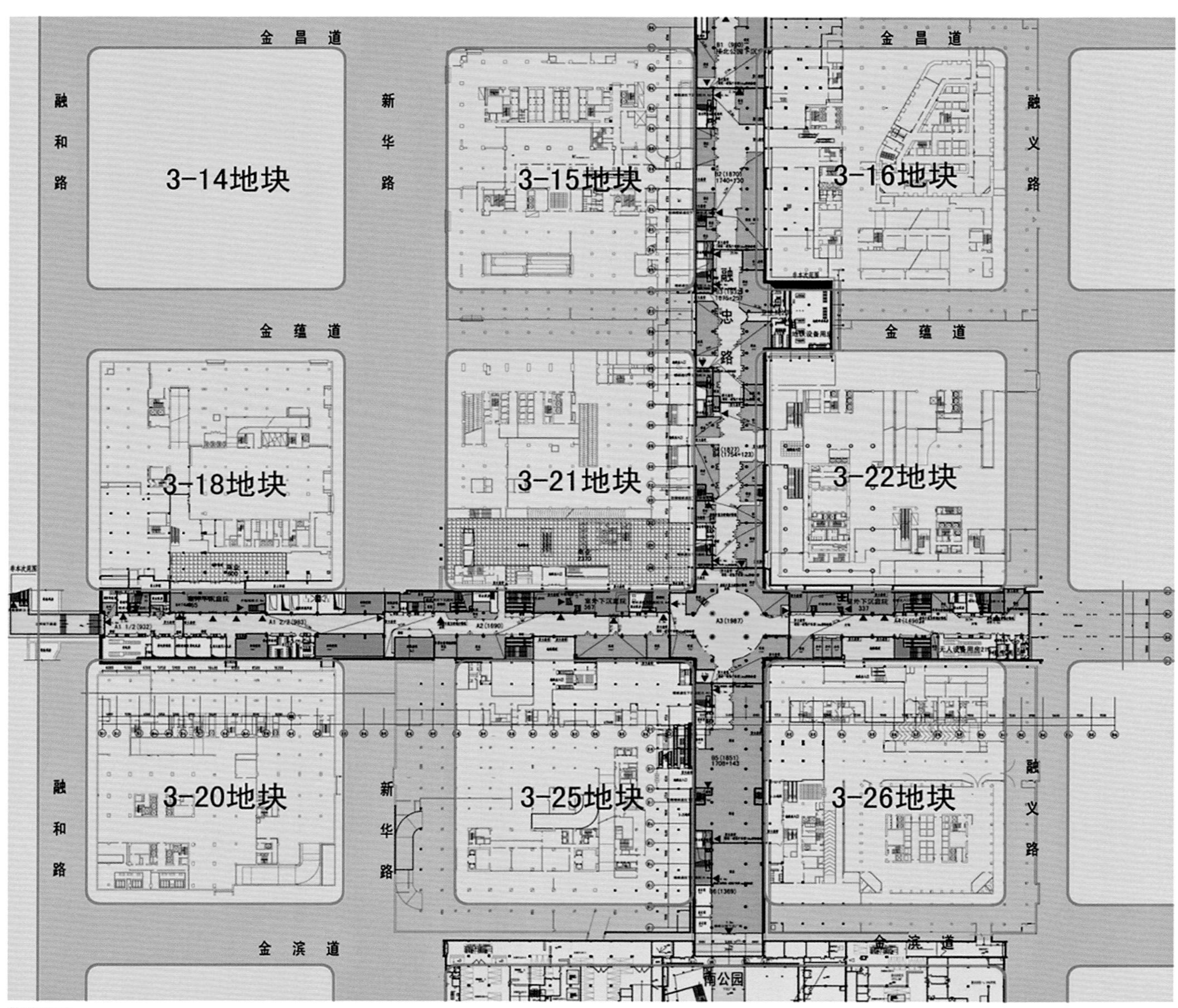
金昌道
金昌道
融和路
新华路
融义路
3-14地块
3-15地块
3-16地块
融忠路
金蕴道
金蕴道
3-18地块
3-21地块
3-22地块
融和路
新华路
融义路
3-20地块
3-25地块
3-26地块
金滨道
金滨道
南公园

总平面图

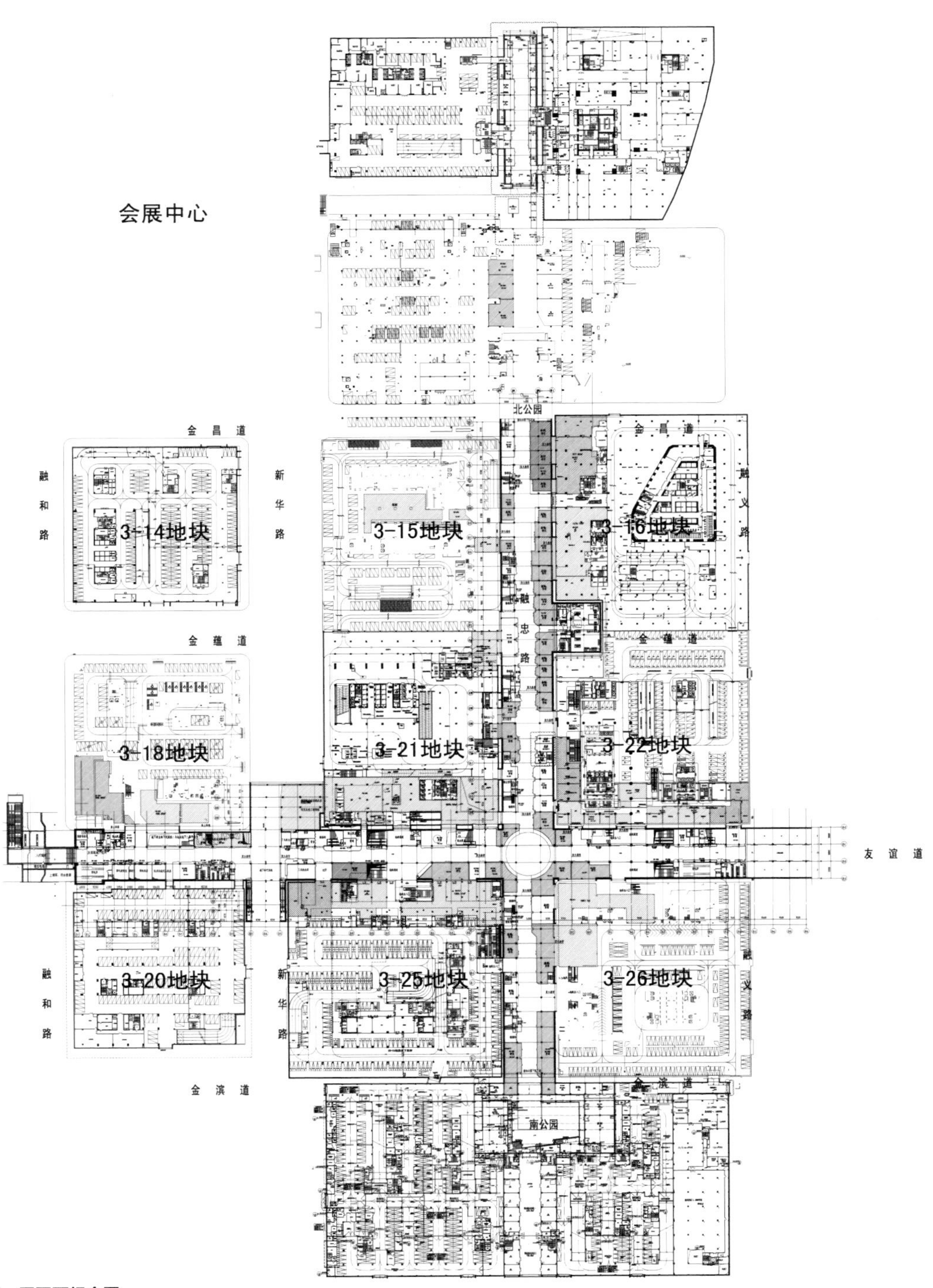
会展中心
北公园
金昌道
融和路
新华路
3-14地块
3-15地块
3-16地块
融义路
融忠路
金蕴道
3-18地块
3-21地块
3-22地块
友谊道
3-20地块
3-25地块
3-26地块
金滨道
南公园

地下一层平面组合图

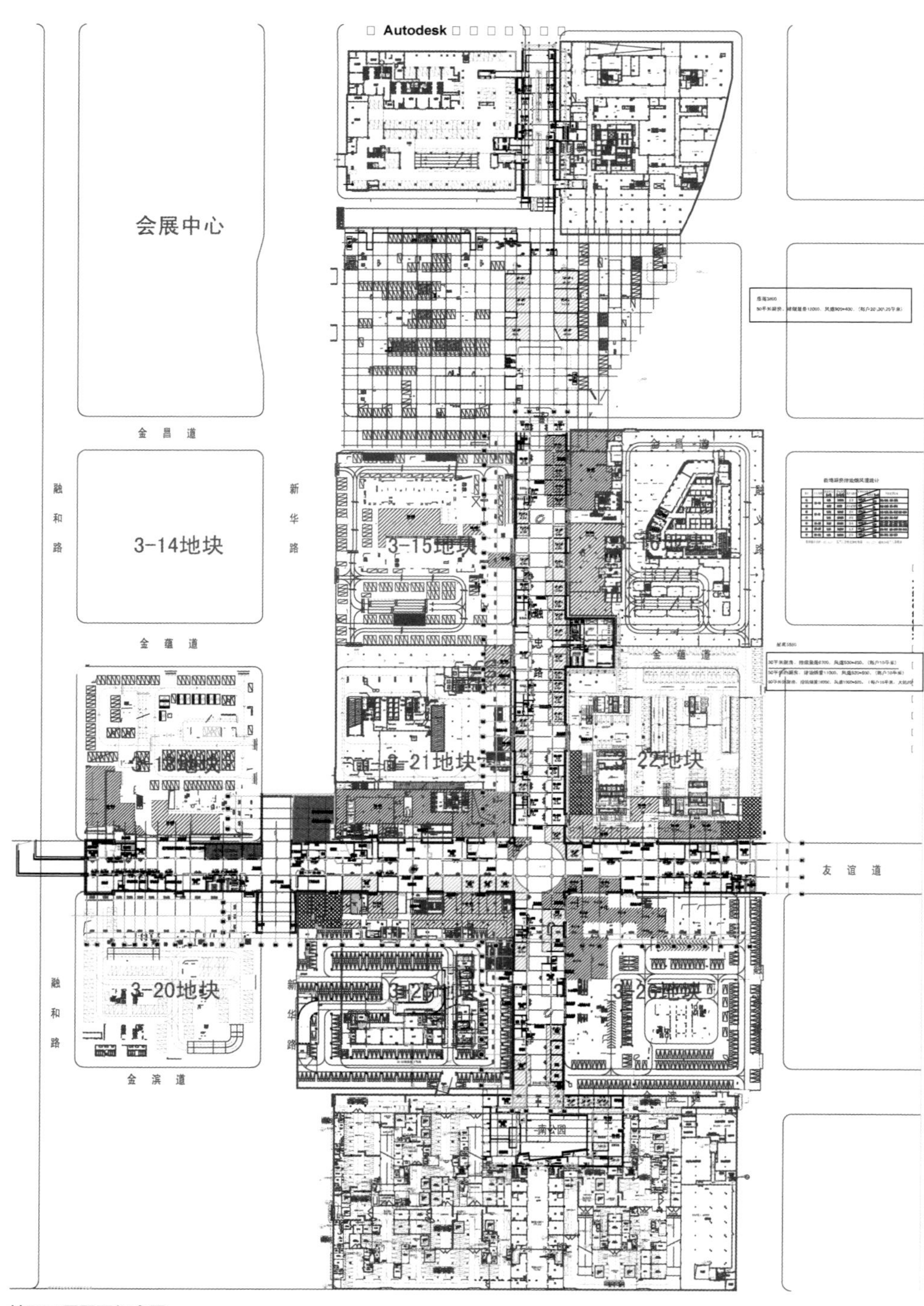

地下二层平面组合图

实体图（一）

实体图（二）

4. 天津瑞龙城市广场及国际中心

项目地点： 于家堡金融区起步区01-20、01-22地块，东至融义路，西至新华路，南至汇明街，北至新港二号路

用地面积： 30 141平方米

建筑面积： 370 000平方米，容积率2.97；1号楼43层，183.3米；2号楼31层，138.9米；3号楼59层，277.9米

设计单位： gensler建筑设计公司
上海联创建筑设计有限公司

开发单位： 天津宝龙金骏房产开发有限责任公司

项目简介： 天津瑞龙城市广场及国际中心，由3栋超高层塔楼及4层商业裙房、3层地下室组成，包含商业、办公、公寓、广电中心等多种功能，属于大型综合体项目。其中3号塔楼结构高度为250米，是滨海新区的标志性建筑。

建筑造型由多层次的有机形状构成，裙房多层次退台，3号塔楼由两片弧形玻璃幕墙包裹。立面建筑材料为低辐射中空安全玻璃幕墙、铝板幕墙、干挂花岗岩石材幕墙等高档材料组成。其中，石材幕墙由不同切角的板块组成肌理，形成丰富的表面层次。

实体图

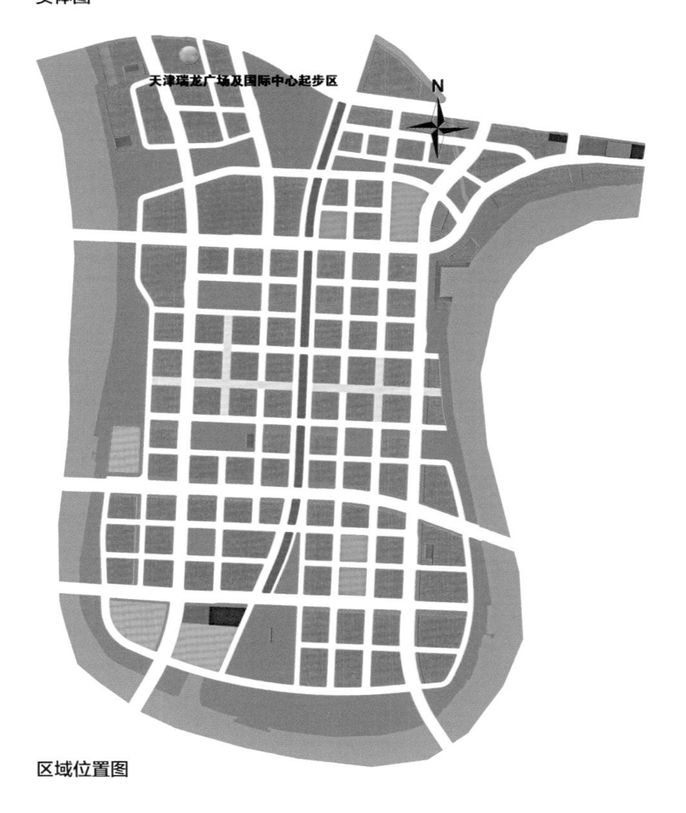

区域位置图

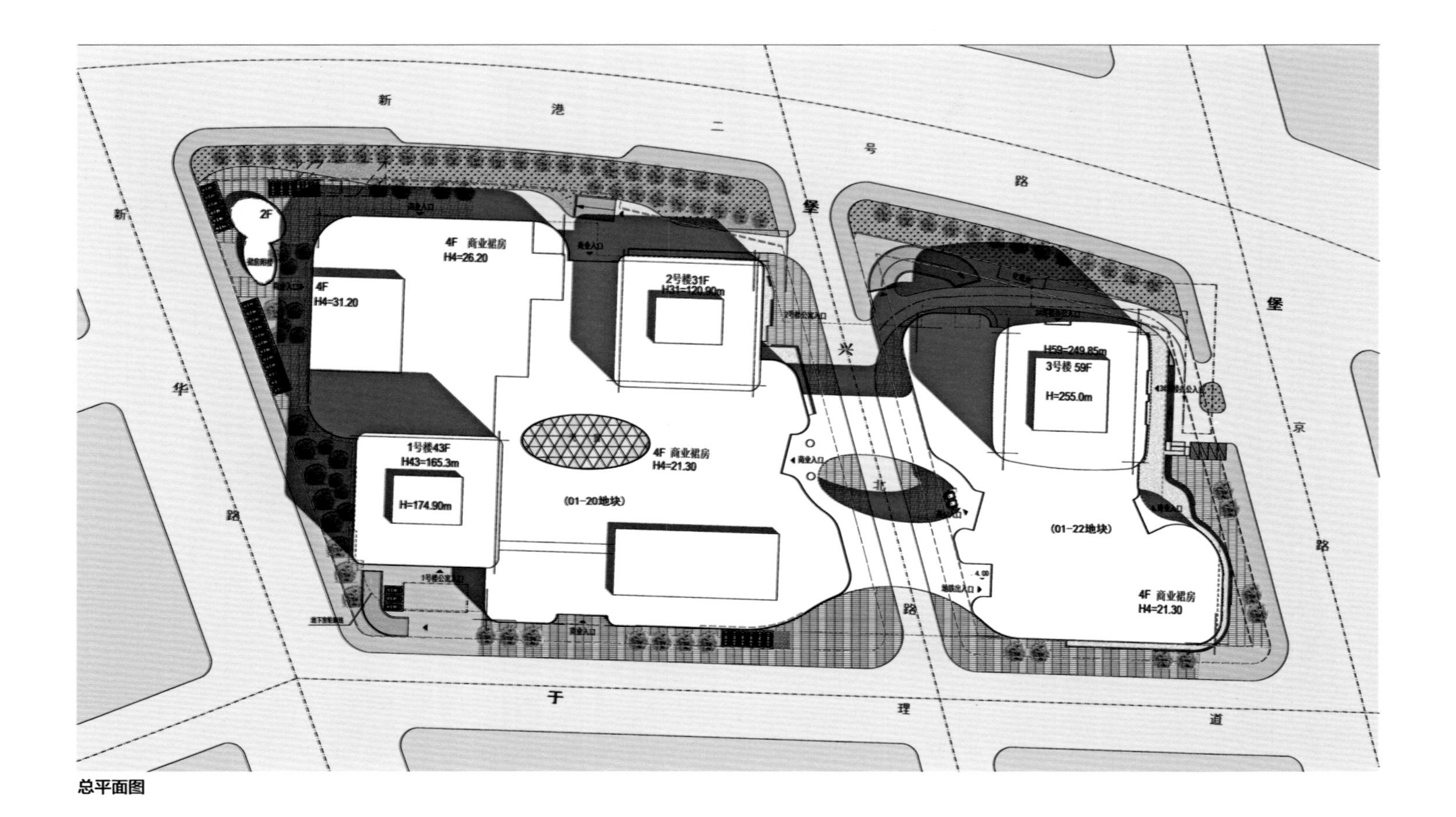
新
港
二
号
路
新
华
路
于
理
道
堡
京
路
塘
兴
北
路
2F
4F 商业裙房
H4=26.20
4F
H4=31.20
2号楼31F
H31=120.90m
1号楼43F
H43=165.3m
H=174.90m
4F 商业裙房
H4=21.30
(01-20地块)
H59=249.85m
3号楼 59F
H=255.0m
(01-22地块)
4F 商业裙房
H4=21.30

总平面图

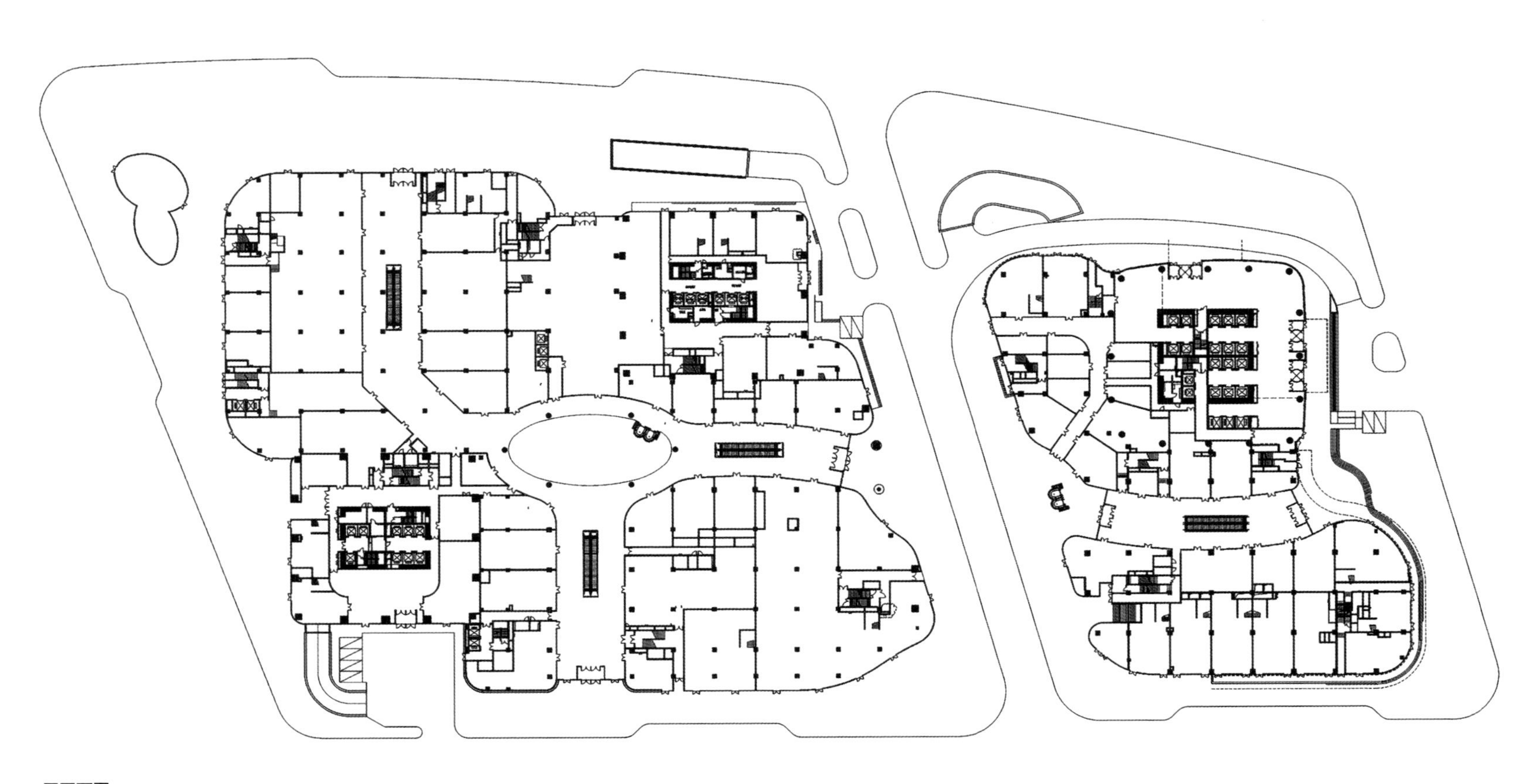

一层平面图

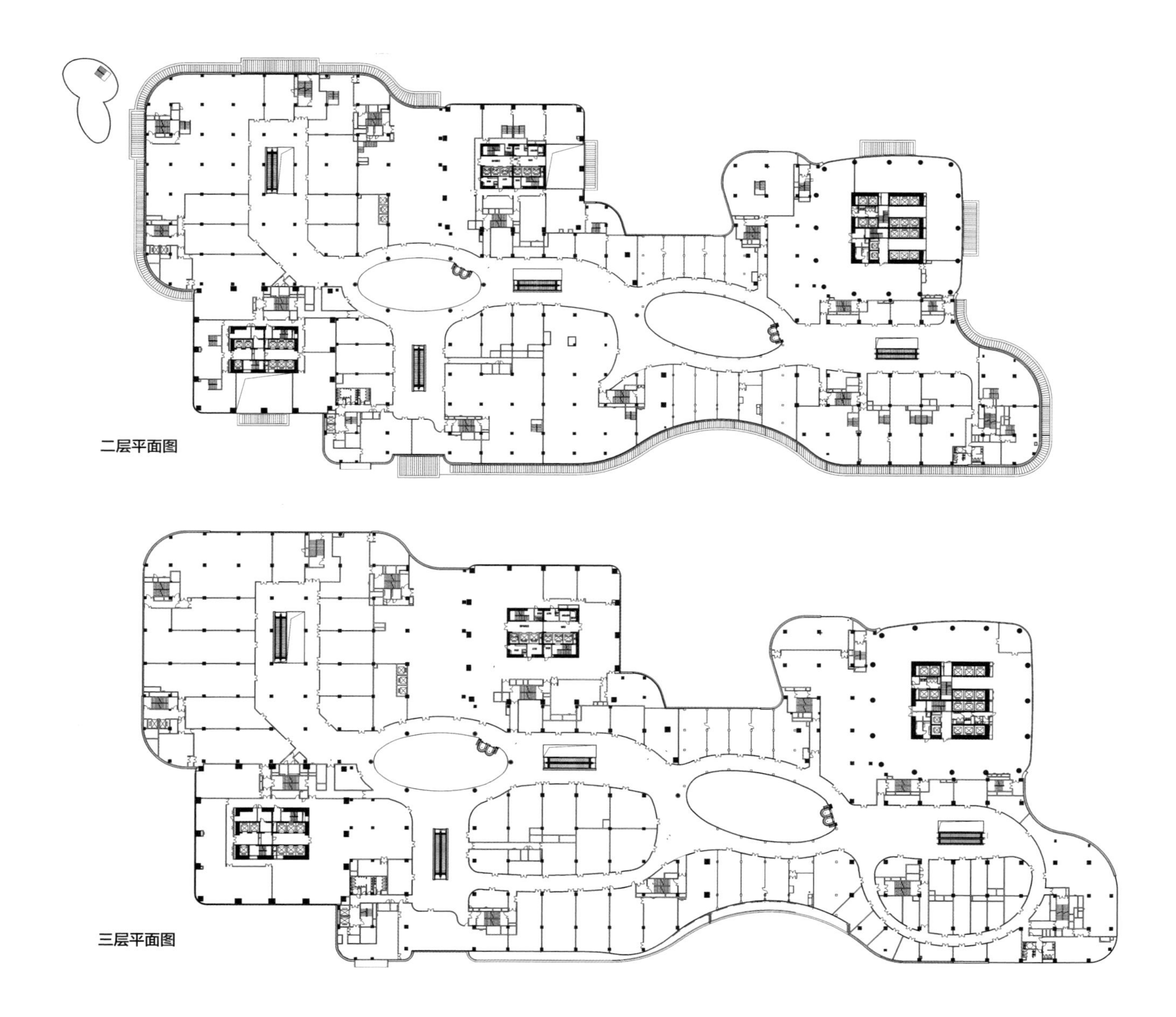

二层平面图

三层平面图

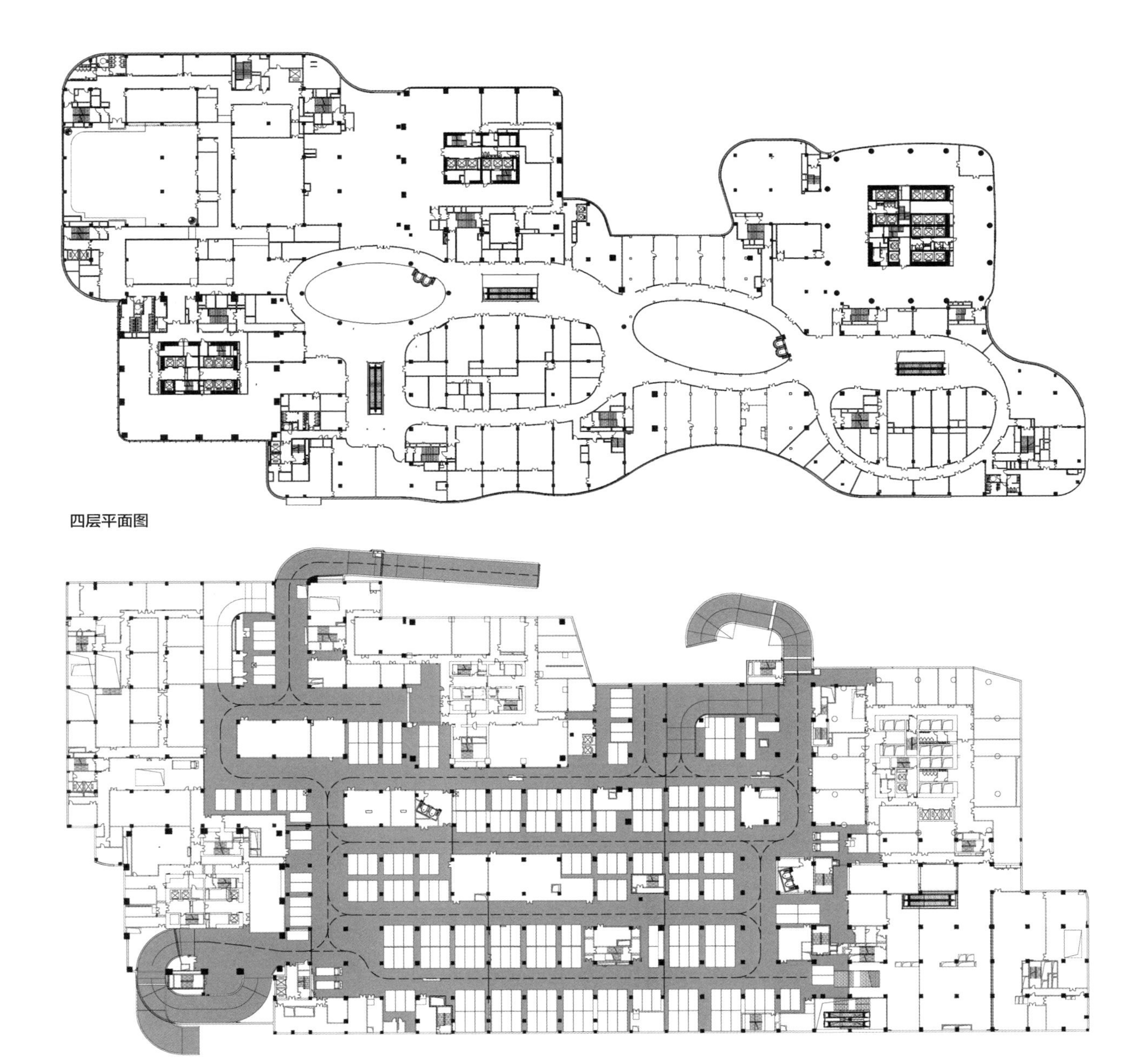

四层平面图

地下一层平面图

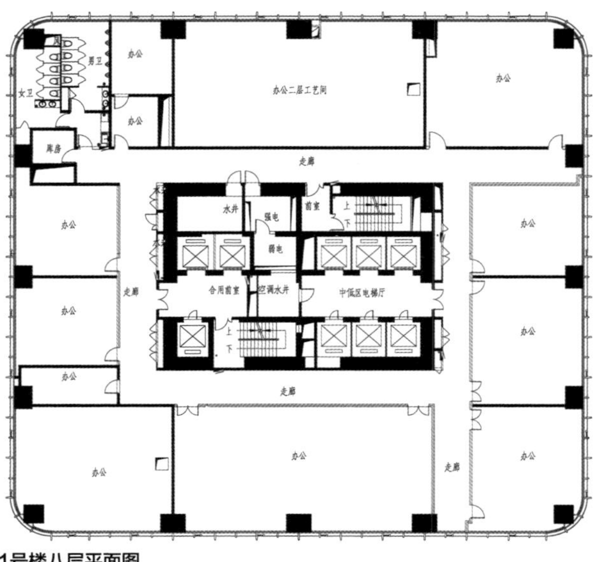

1号楼八层平面图

2号楼十三至十四层平面图

3号楼六至十一层平面图

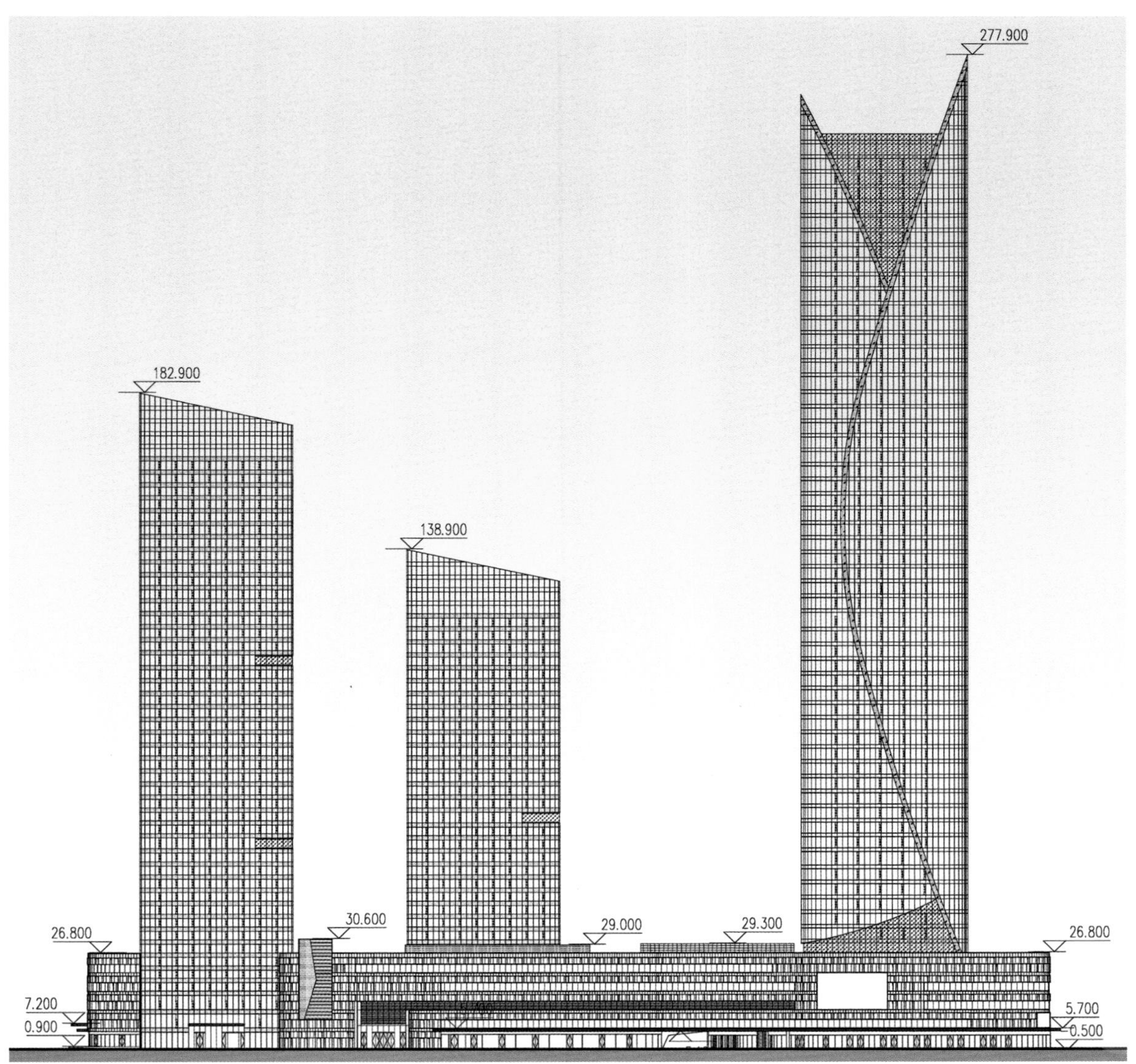
277.900
182.900
138.900
30.600
29.000
29.300
26.800
26.800
7.200
0.900
5.700
0.500

立面图

277.900
182.900
138.900
26.800
28.300
30.600
26.800
7.200
0.700
−0.100

立面图（一）

277.900
182.900
138.900
182.900
138.900
26.800
29.300
27.250
26.800
26.800
30.600
5.700
-0.150
5.700
0.200
7.200
0.200
7.200
0.100

立面图（二）

效果图（一）

效果图（二）

实体图

5. 滨海万达商业中心

项目地点： 天津市滨海新区中心商务区

用地面积： 109 996.5平方米

建筑面积： 466 213平方米，其中地上329 984.9平方米，大商业100 096.6平方米

设计单位： 悉地国际设计顾问（深圳）有限公司

开发单位： 天津自贸区万达置业有限公司

项目简介： 万达商业中心位于滨海新区中心商务区建成地区中心地区，邻近新区文化中心，后接解放路步行街，毗邻地铁Z4线出站口，交通便捷。项目整体上是商业与居住的组合，其中万达商业中心为10万平方米，商业组合体包括国际购物中心、沿街商铺及步行街等内容。

商业中心方案概念来源于“百川入海”的景象，一条条银白色铝板的有机的曲线造型汇聚成面，抽象提炼仿佛河流入海的感觉，既符合滨海的地理位置特性，又具有积极向上的含义。

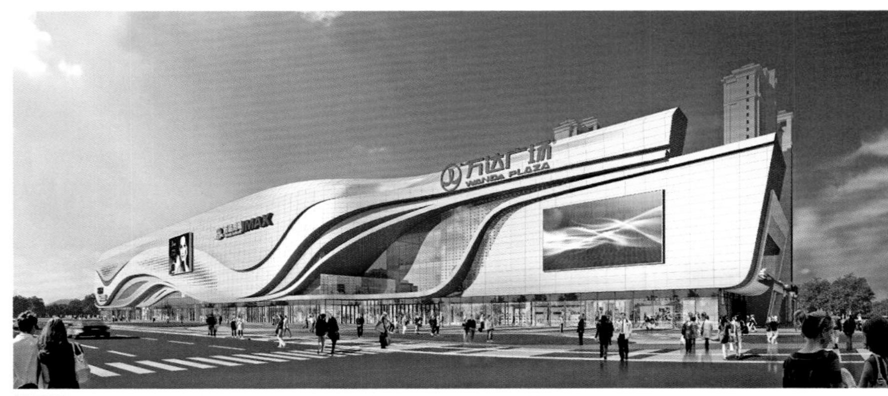

效果图

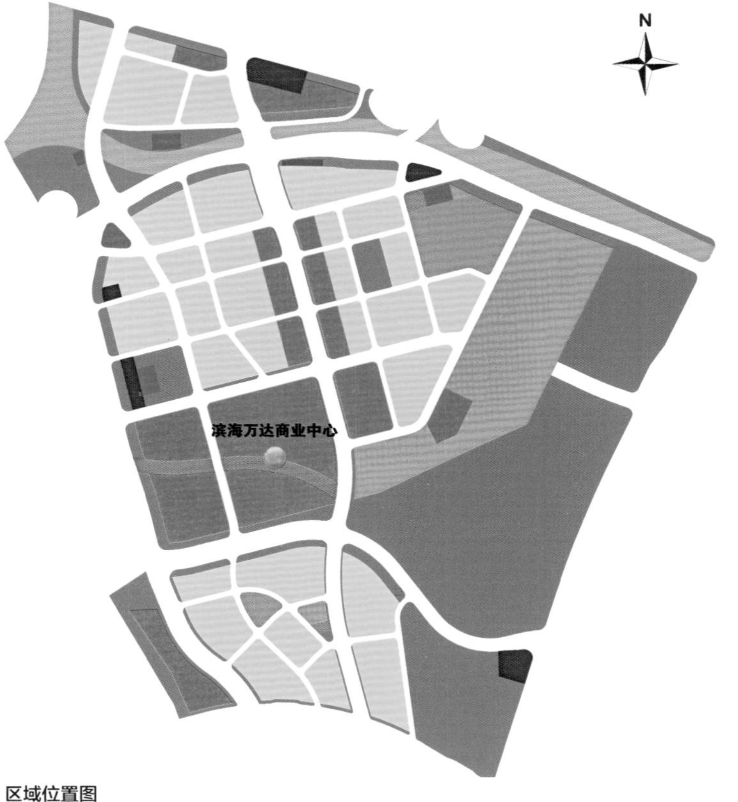

区域位置图

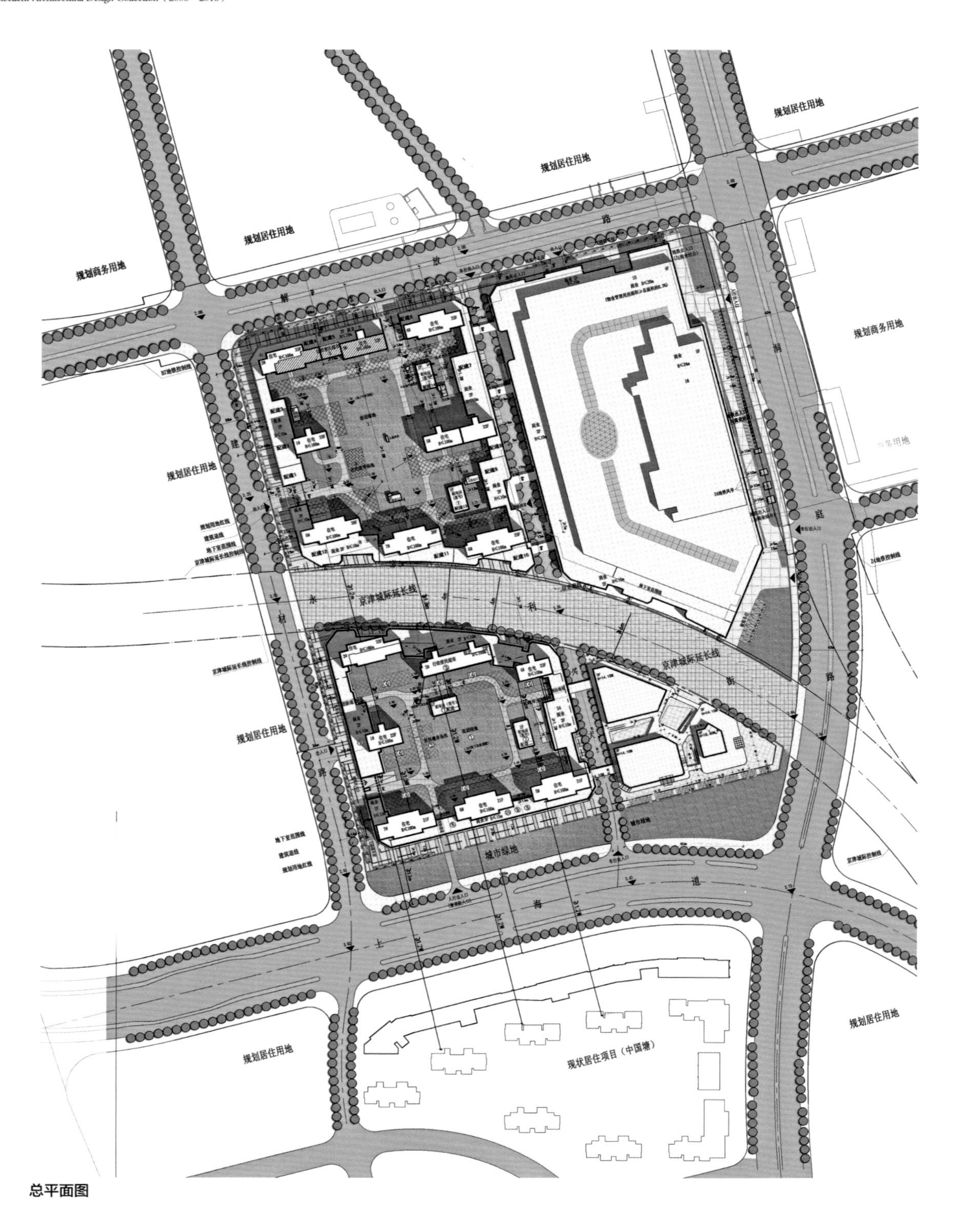
规划居住用地
规划居住用地
规划商务用地
规划居住用地
规划商务用地
规划居住用地
京津城际延长线
京津城际延长线
规划居住用地
城市绿地
规划居住用地
现状居住项目（中国塘）
规划居住用地

总平面图

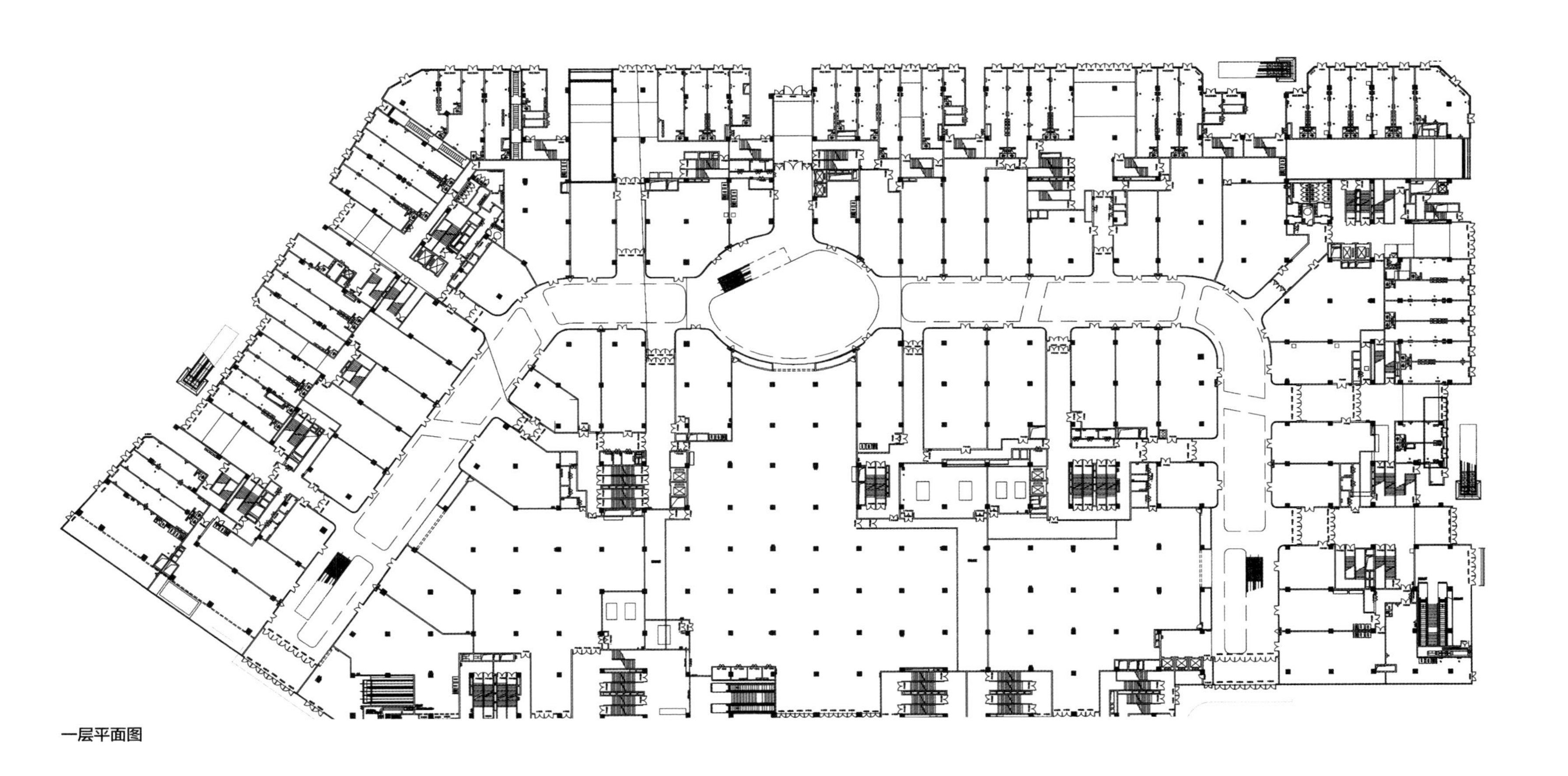

一层平面图

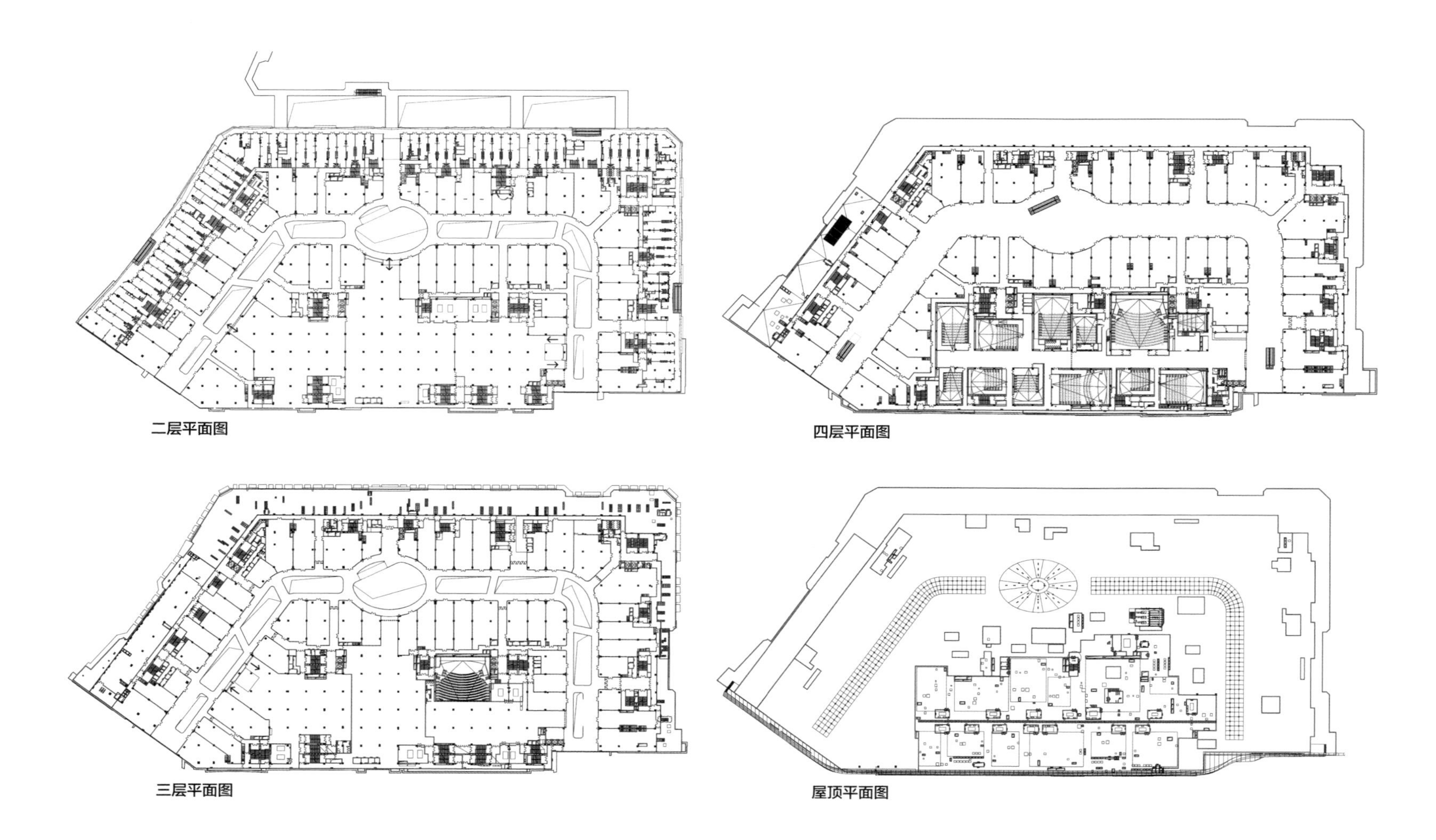

二层平面图

四层平面图

三层平面图

屋顶平面图

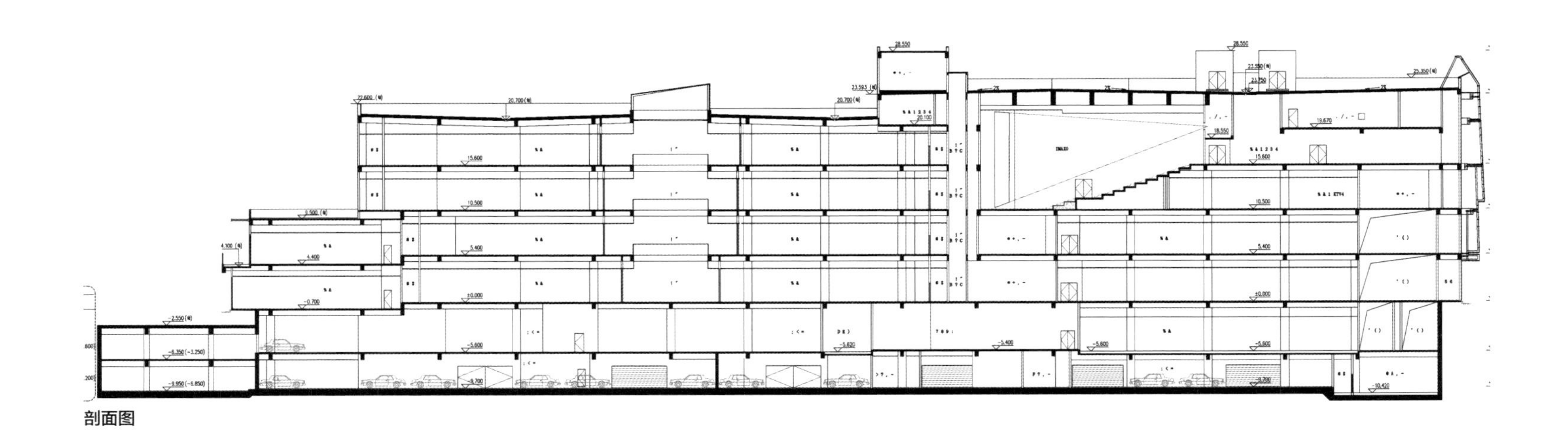

剖面图

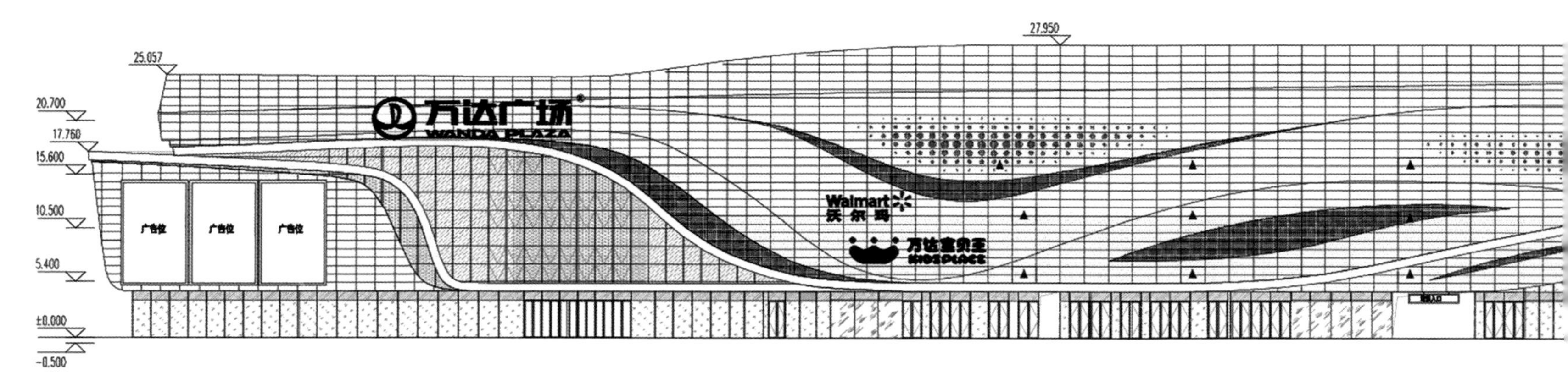

1－32立面图

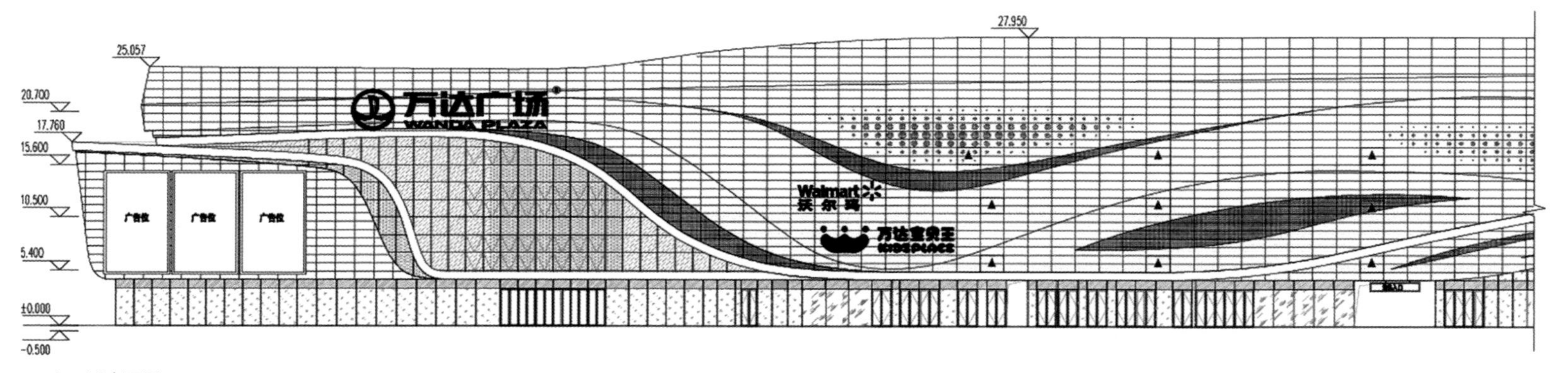

1－14立面图

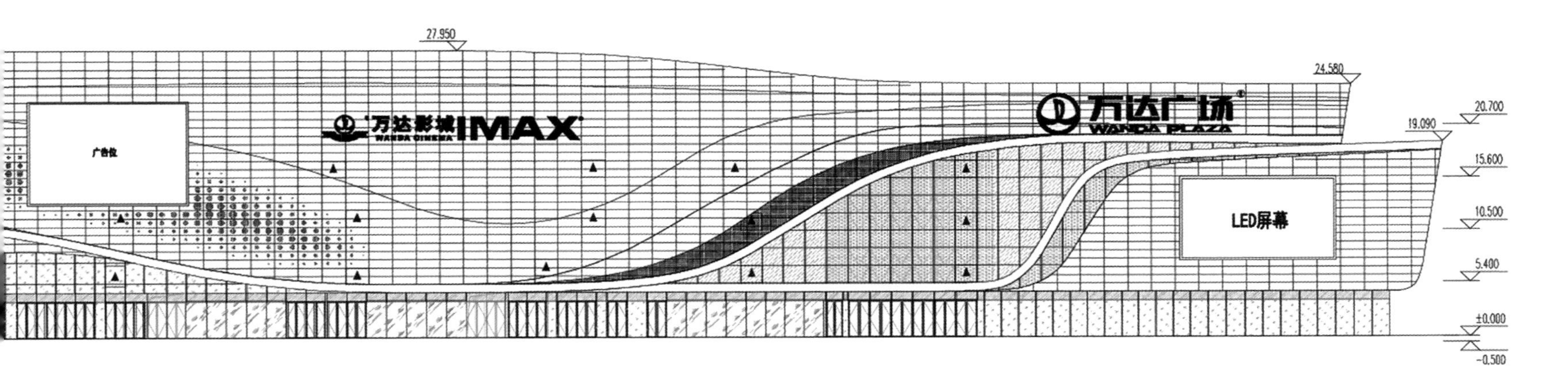
27.950
24.580
20.700
19.090
15.600
10.500
5.400
±0.000
-0.500
广告位
万达影城
WANDA CINEMA
IMAX
万达广场
WANDA PLAZA
LED屏幕

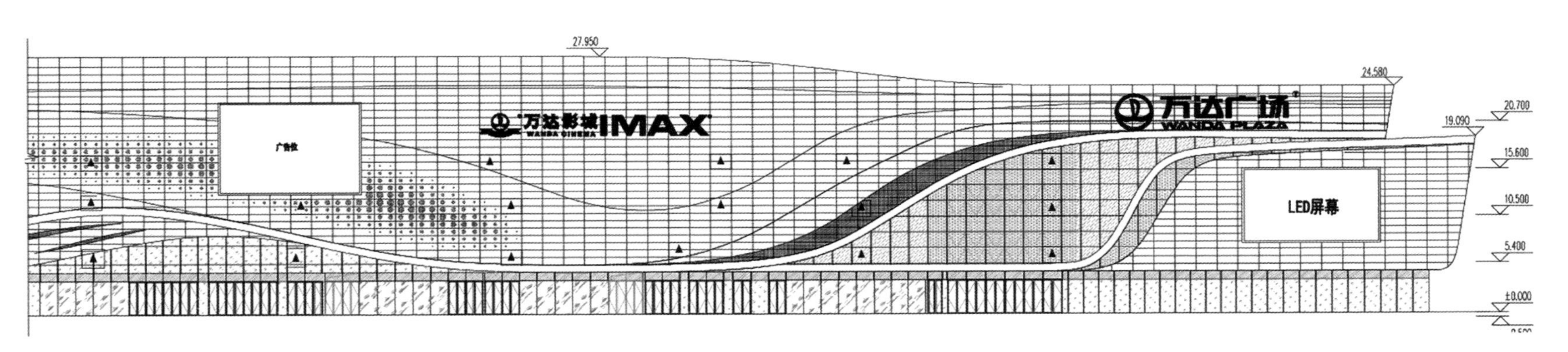
27.950
24.580
20.700
19.090
15.600
10.500
5.400
±0.000
广告位
万达影城
WANDA CINEMA
IMAX
万达广场
WANDA PLAZA
LED屏幕

15－32立面图

鸟瞰图

6. 东疆安佳酒店

项目地点： 东疆保税港区观澜路和玉门道交口东北侧

用地面积： 56 601.27平方米

建筑面积： 94 524.12平方米，其中地上70 991.51平方米，容积率1.67；建筑高度46.35米，地上9层，地下2层

设计单位： 伍兹贝格亚洲有限公司
天津华汇工程建筑设计有限公司

开发单位： 天津港地产发展有限公司
安佳（天津）酒店管理有限公司

项目简介： 安佳酒店将凭借其临海的重要地理位置成为东疆保税港区及天津滨海新区的标志性建筑。

酒店设计的主要目的是使所有客人的房间都有海湾的景色。设计的结果是在面向道路的主入口方向有如迎接客人而张开双臂形成的酒店建筑，在面向海洋的另一边向海洋展开。在展开的两个翼楼之间是一个巨大的有玻璃立面的中庭，也是一个巨大的客厅，在这里人们可以欣赏花园的景色和酒店的体形。在西南面，四个高档别墅布置在一个比公共空间更高的平面上，这样可以提供给客人一个私密的环境，同时也使他们有更加靠近海洋的感觉。在别墅的下面，有连接酒店和海岸咖啡厅及将来规划中的零售超市通道，一个开敞的柱廊面向着海岸咖啡厅前面的公共空间，在有遮蔽的条件下把人流引向酒店的客厅。

实体图

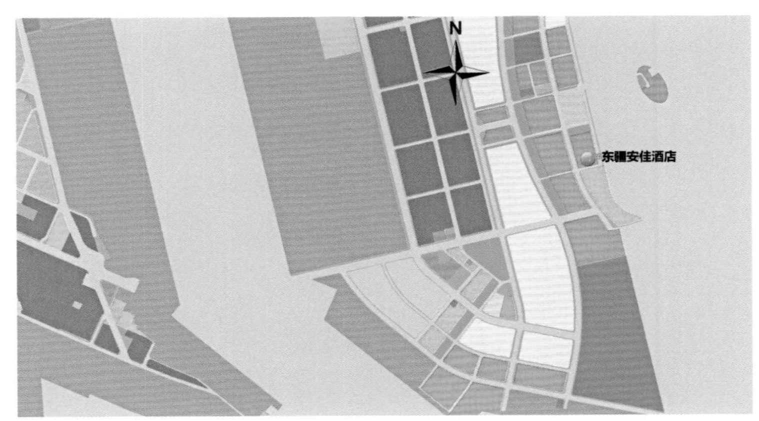

区域位置图

总平面图

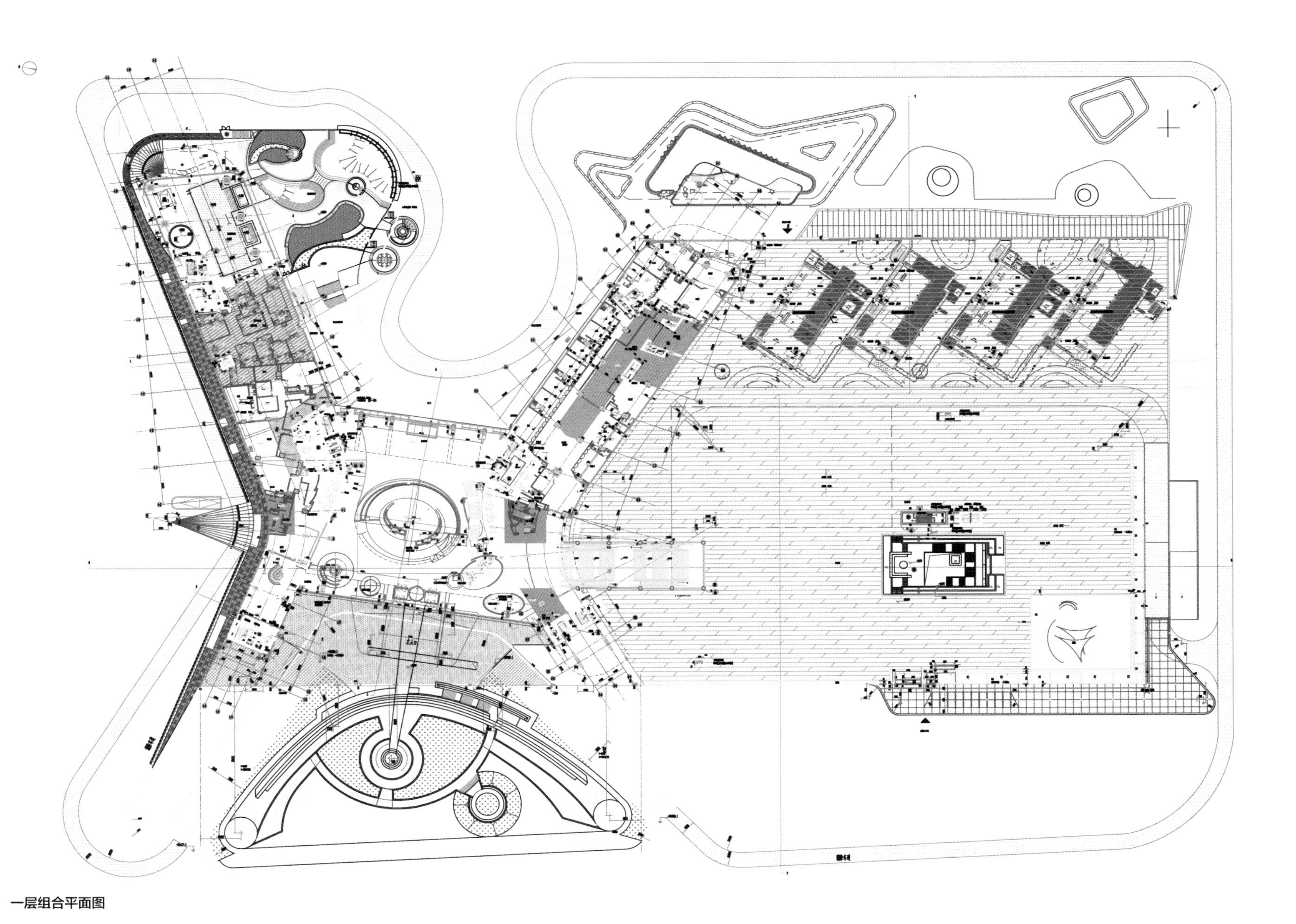

一层组合平面图

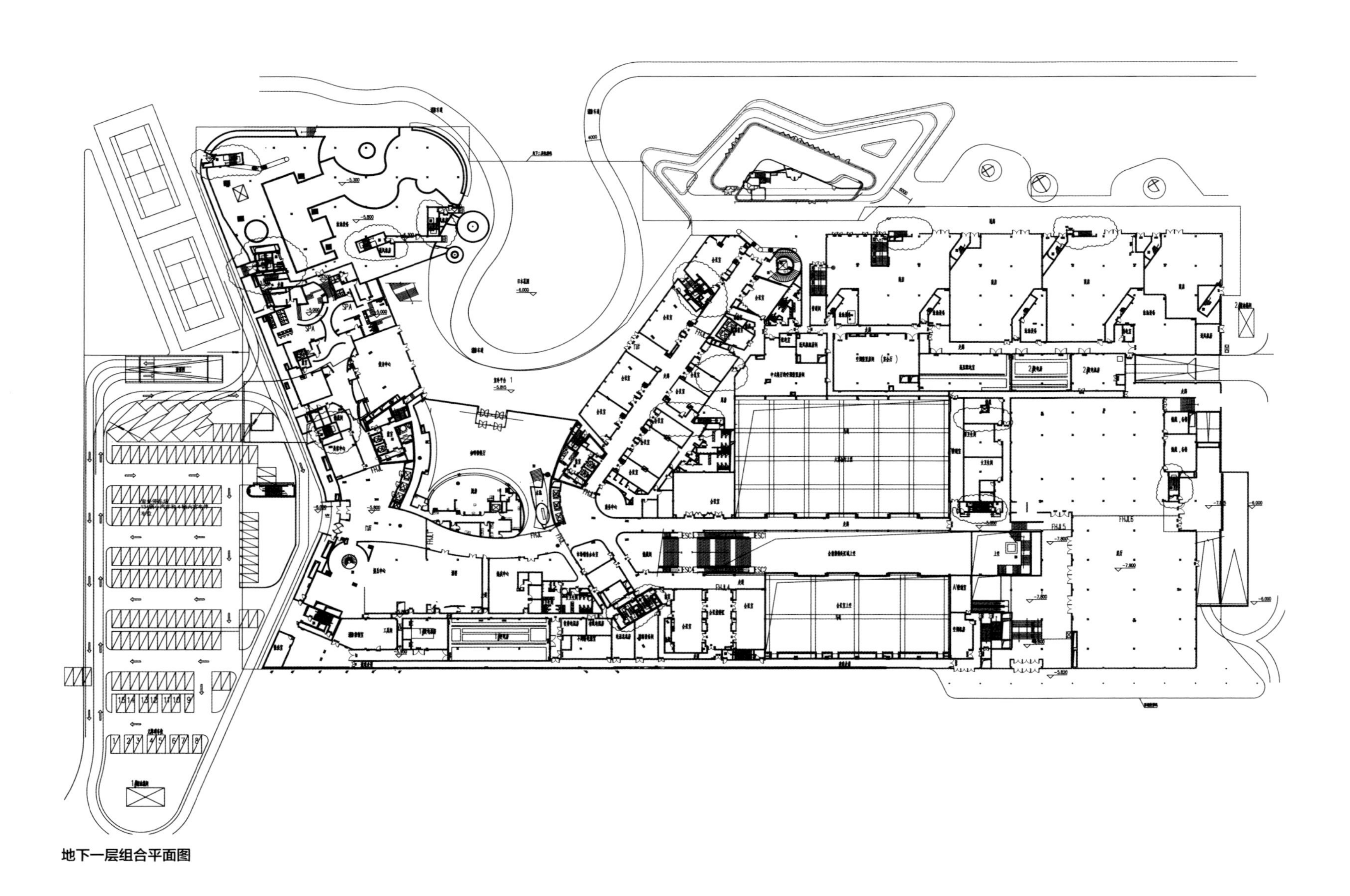

地下一层组合平面图

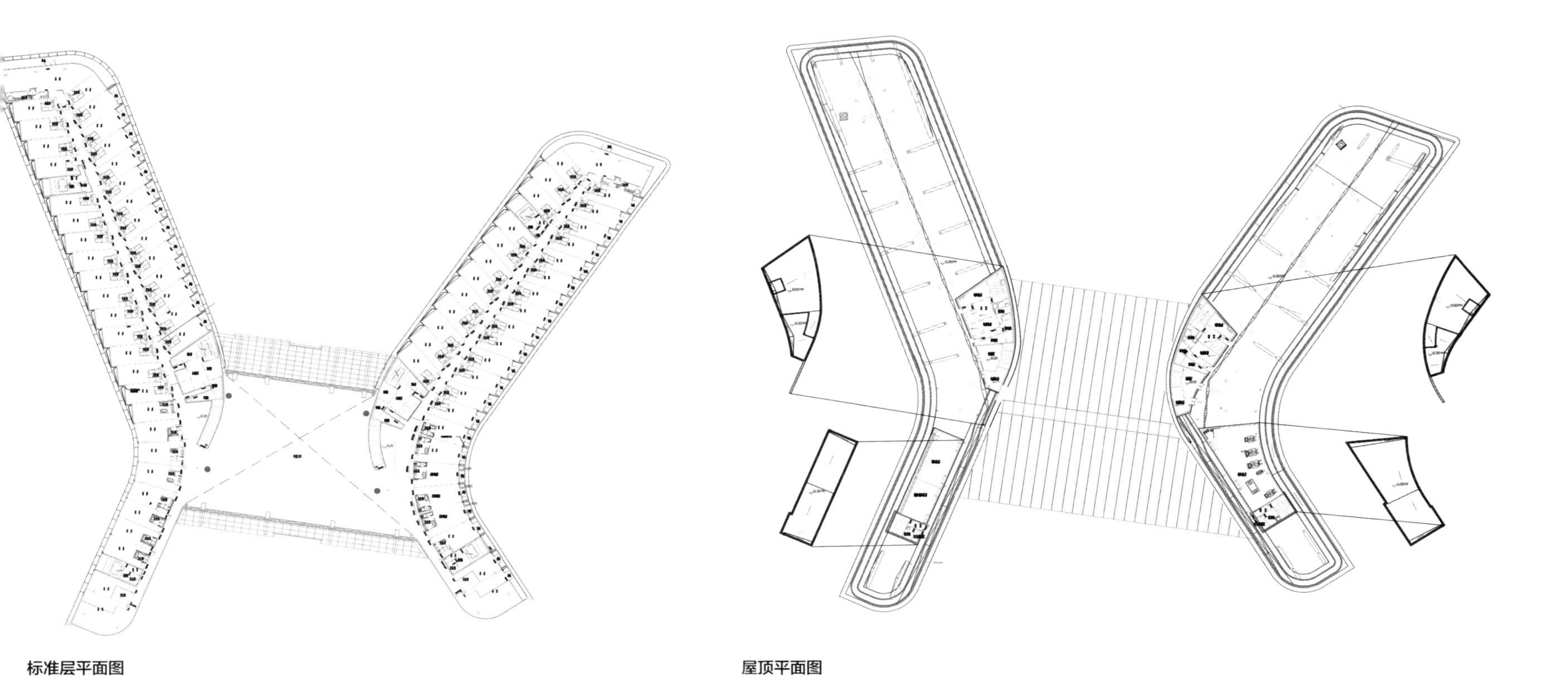

标准层平面图

屋顶平面图

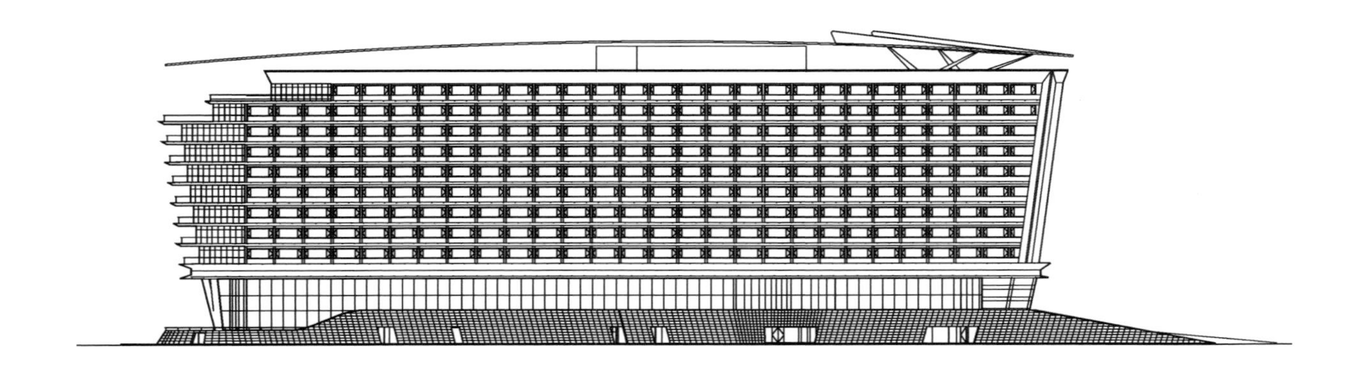

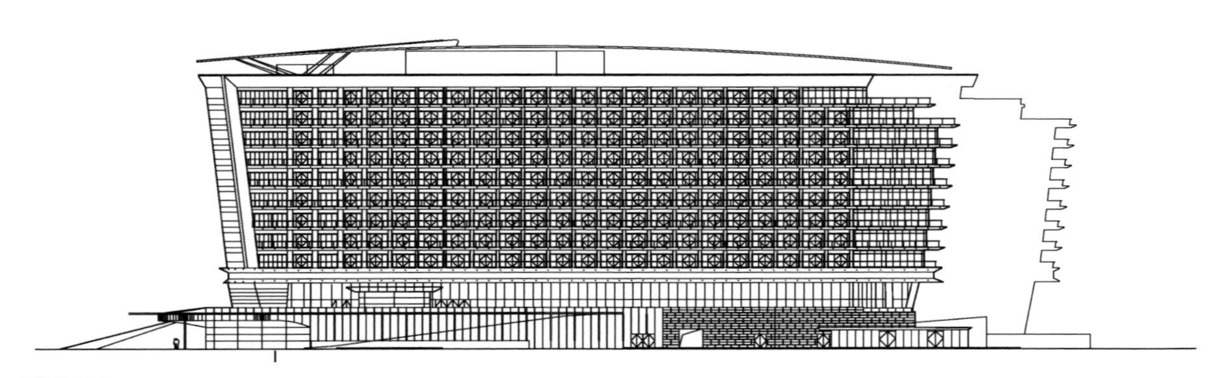

南北立面图

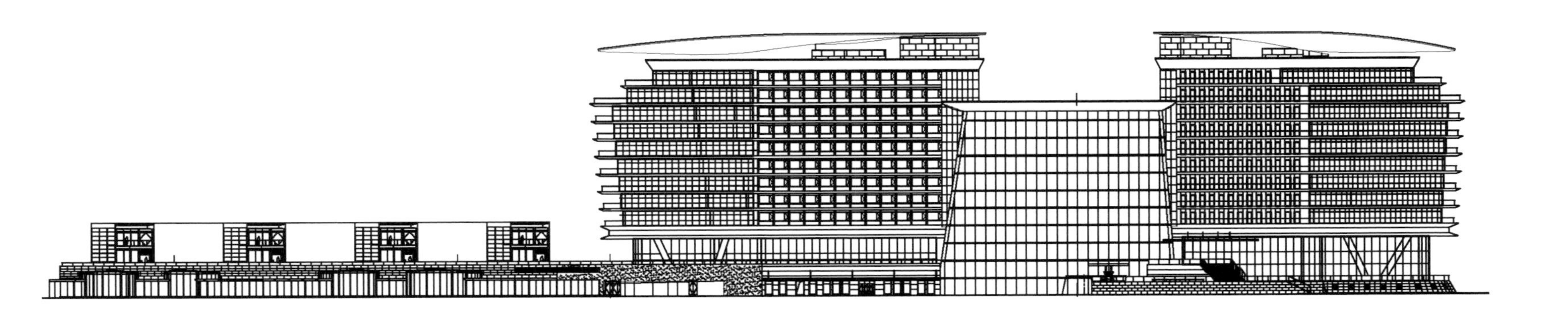

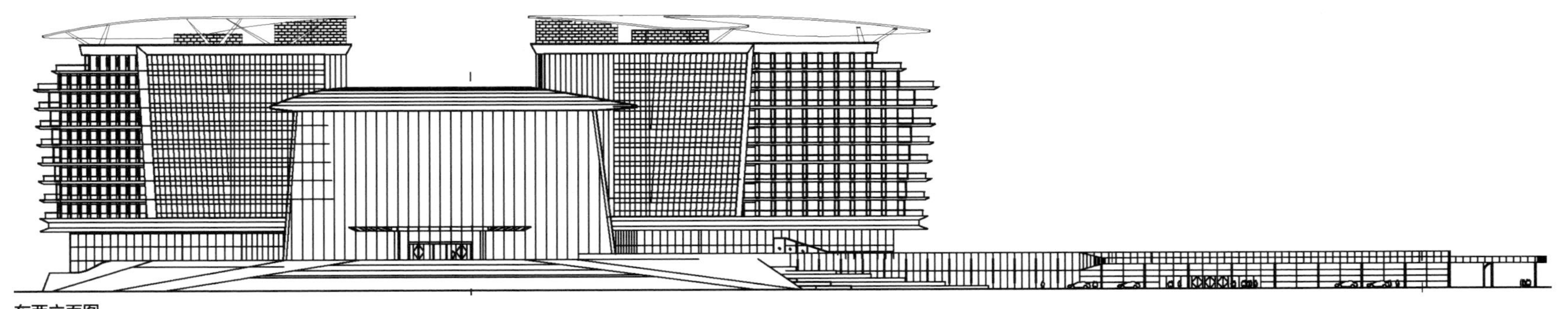

东西立面图

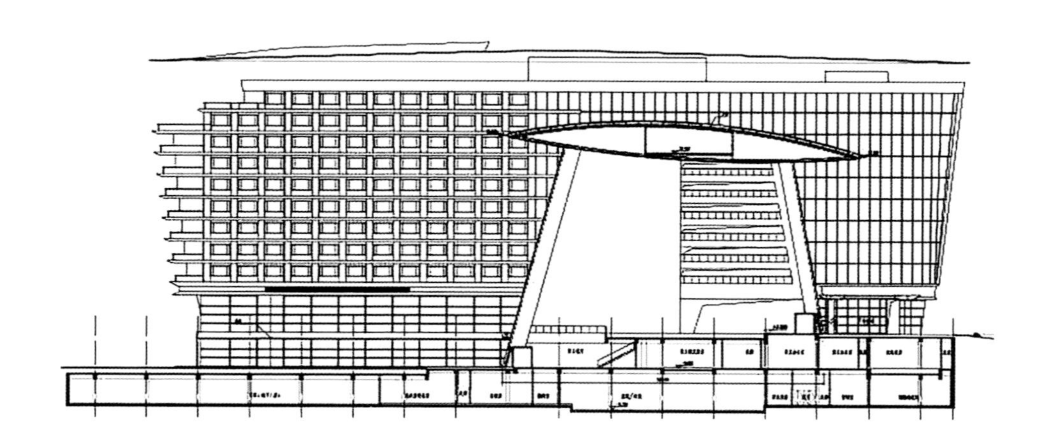

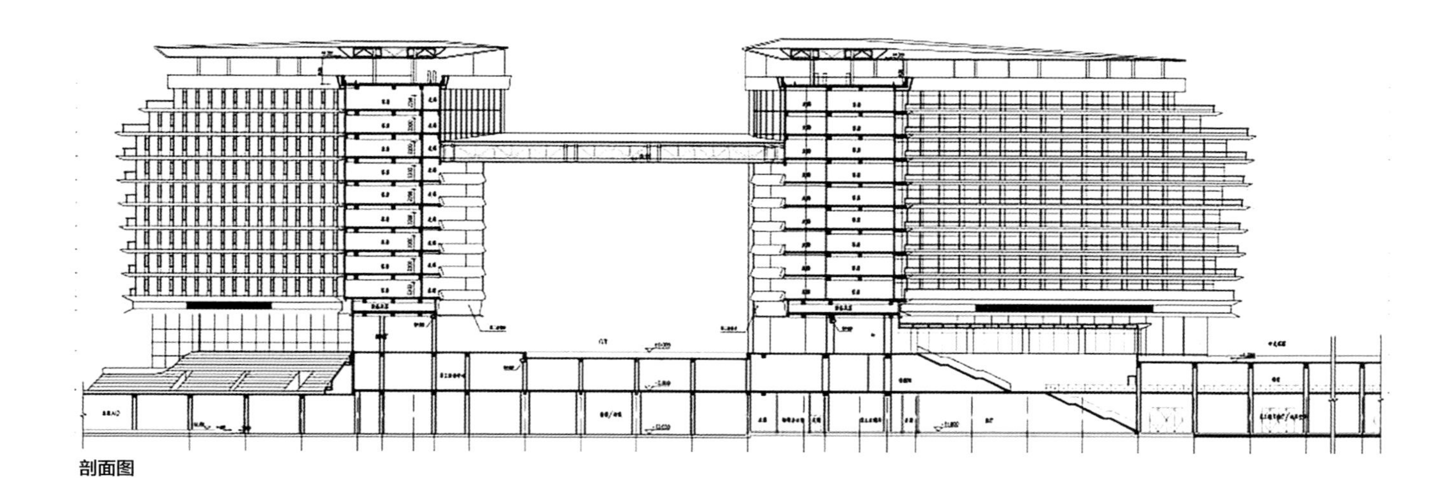

剖面图

鸟瞰图

效果图

实体图

六、医疗健康体育建筑

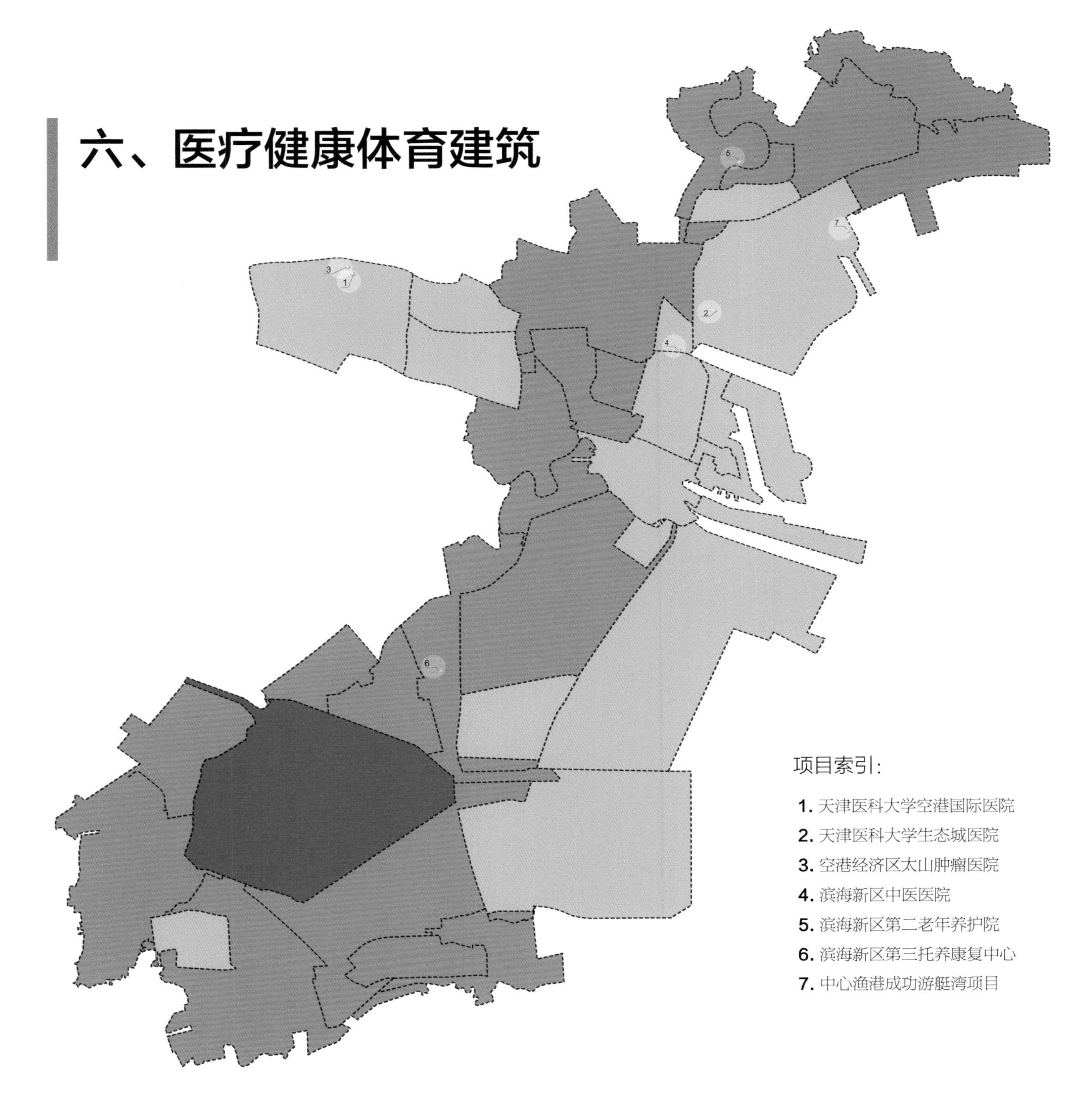

项目索引:

1. 天津医科大学空港国际医院
2. 天津医科大学生态城医院
3. 空港经济区太山肿瘤医院
4. 滨海新区中医医院
5. 滨海新区第二老年养护院
6. 滨海新区第三托养康复中心
7. 中心渔港成功游艇湾项目

1. 天津医科大学空港国际医院

项目地点： 滨海国际机场旁

用地面积： 134 049平方米

建筑面积： 161 396平方米，容积率1.2；建筑高度49米，地上11层，地下1层

设计单位： 德国SBA建筑设计公司

开发单位： 天津保税区投资有限公司

项目简介： 天津医科大学空港国际医院是由天津滨海新区空港经济区管委会与天津医科大学合作，以医疗、健康管理、国际诊疗为中心，并与教学、科研相结合的非营利性三级甲等综合性大学医院。

医院坚持大学医院标准和国际JCI认证要求，以管理体制机制创新和学科建设为重点，以神经科、肿瘤科、内分泌科、老年病、创伤急救、职业病防治、康复医学、健康管理为特色，以信息化建设、优质护理服务、绿色节能环保为示范，努力建成服务滨海新区并辐射全国和东北亚的诊疗中心、集预防康复于一体的健康管理中心、国际标准化的医学教学中心，并最终成为与国际接轨的集约化医学基地，为促进全民健康发挥保证作用。

本建筑通过对建设用地和周边环境的深入分析及项目要点的研究，为周边居民的生活和健康提供服务，在设计中突显了城市公共花园和紧凑功能的特点。同时，充分利用地形和景观条件，沿基地北侧展开住院病房，既满足最佳的景观朝向，又利于提高土地集约利用率，以医技部、手术部等功能联系要求较高的部分为中心向东、向北布置了急诊急救中心、门诊部和传染病部等，形成了一个高效便捷、顺畅的医疗流线，同时提供了丰富的内部公共空间体系。

效果图

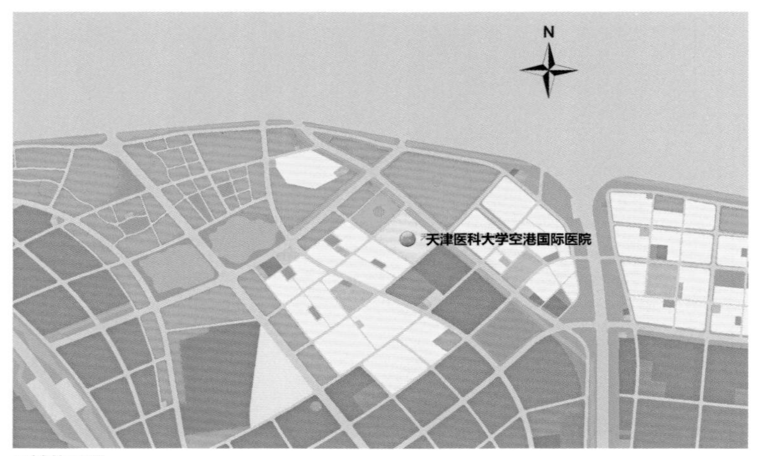

区域位置图

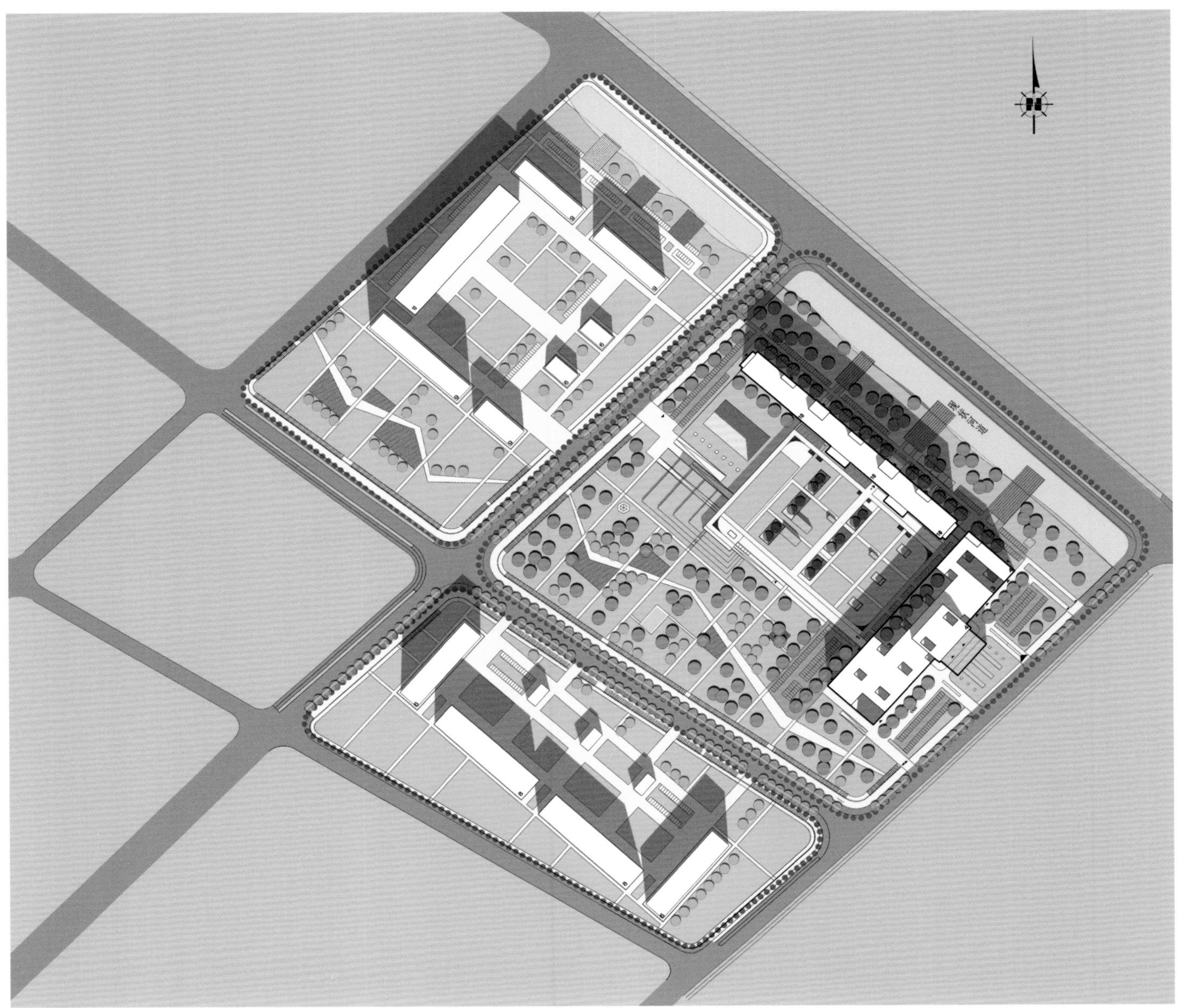

总平面图

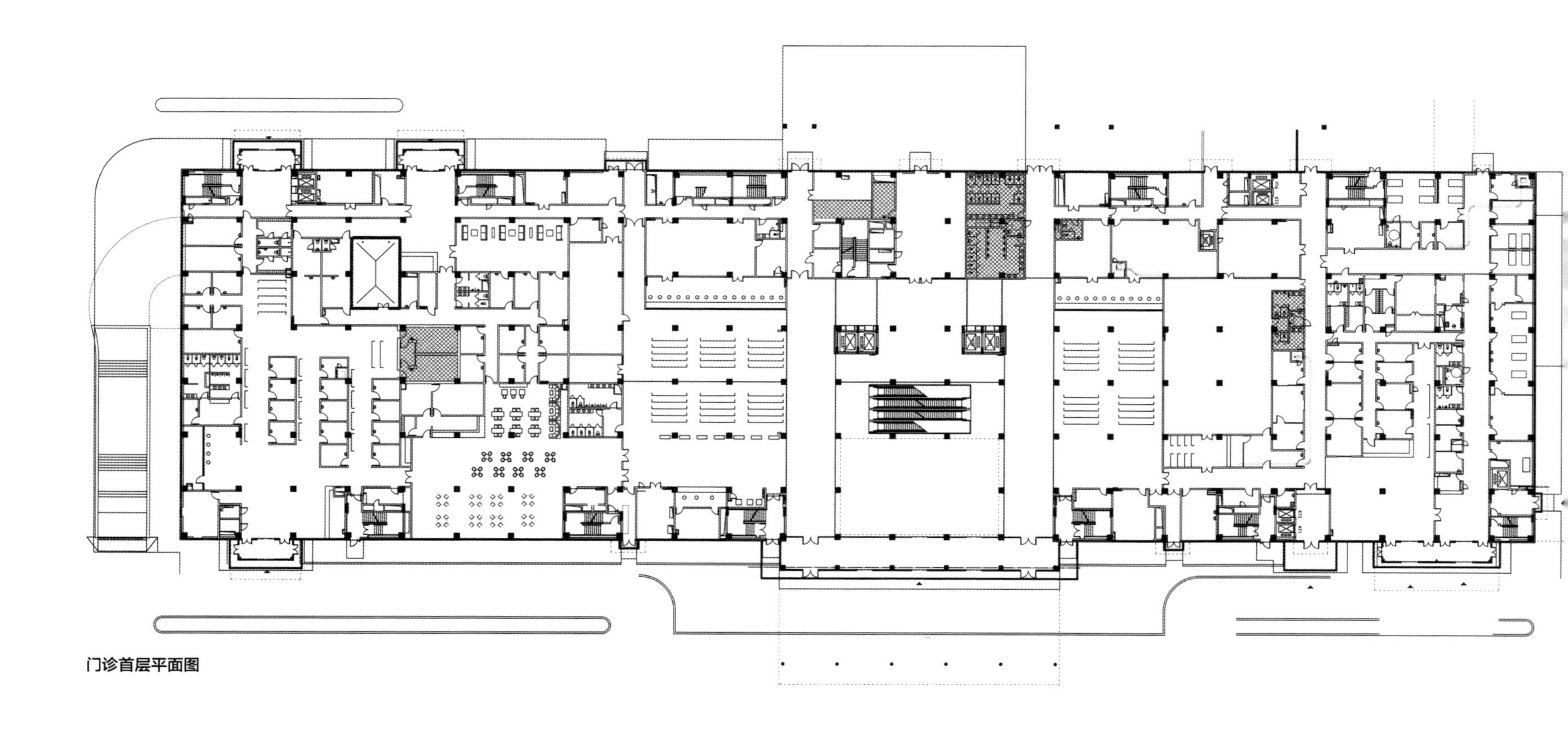

门诊首层平面图

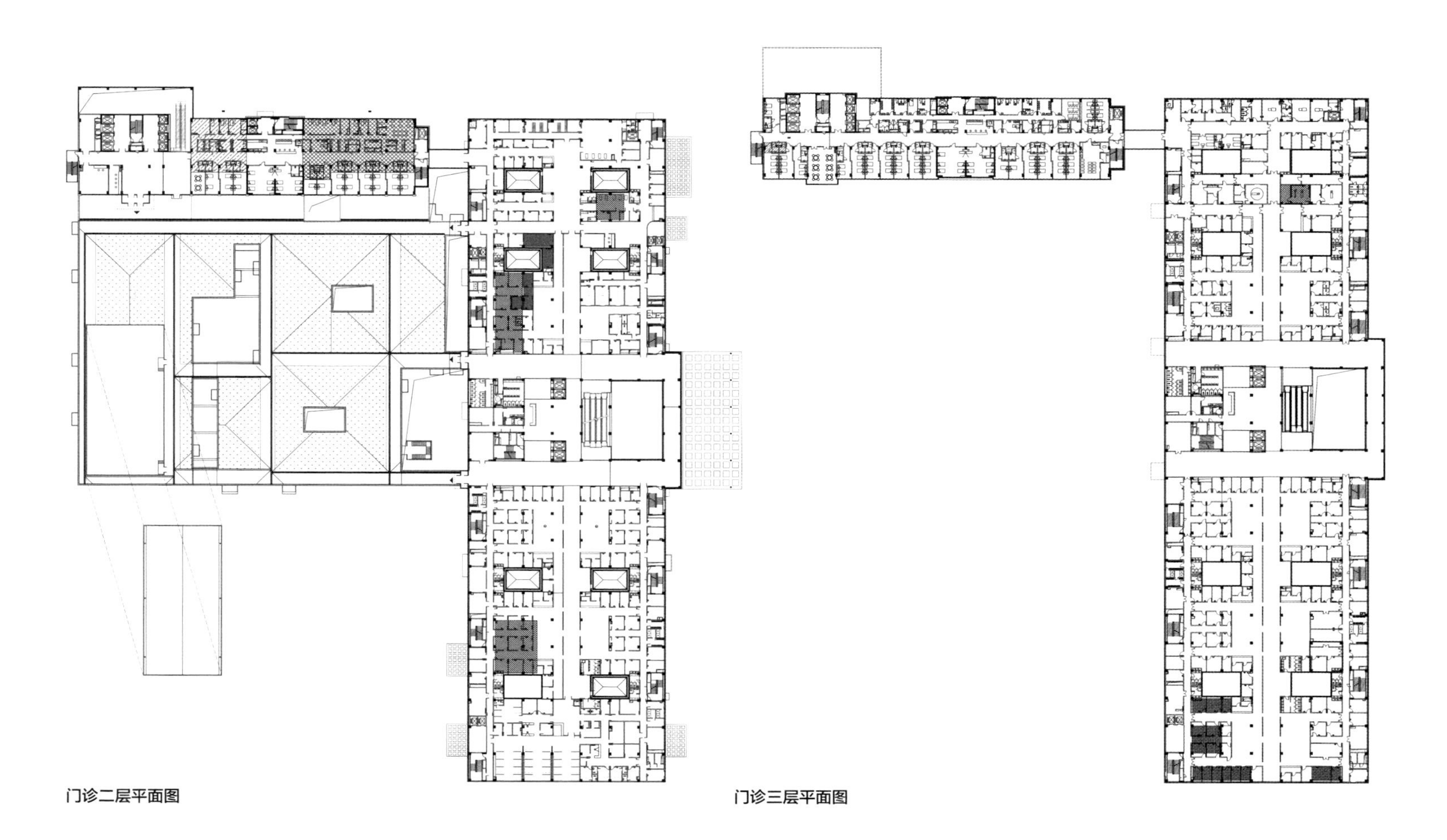

门诊二层平面图

门诊三层平面图

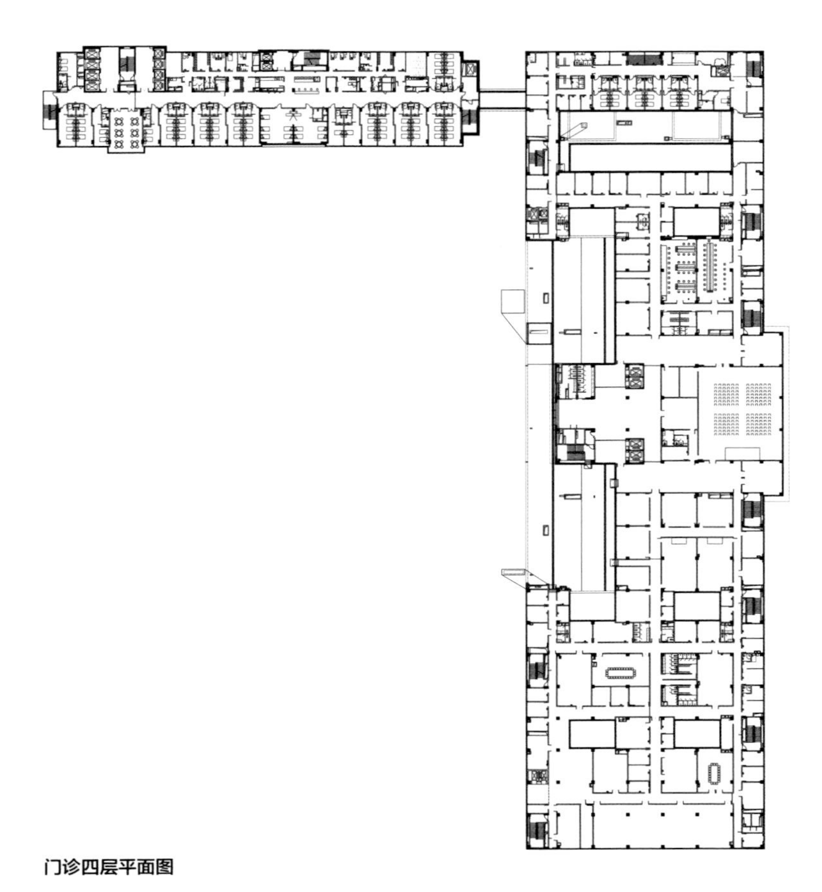

门诊四层平面图

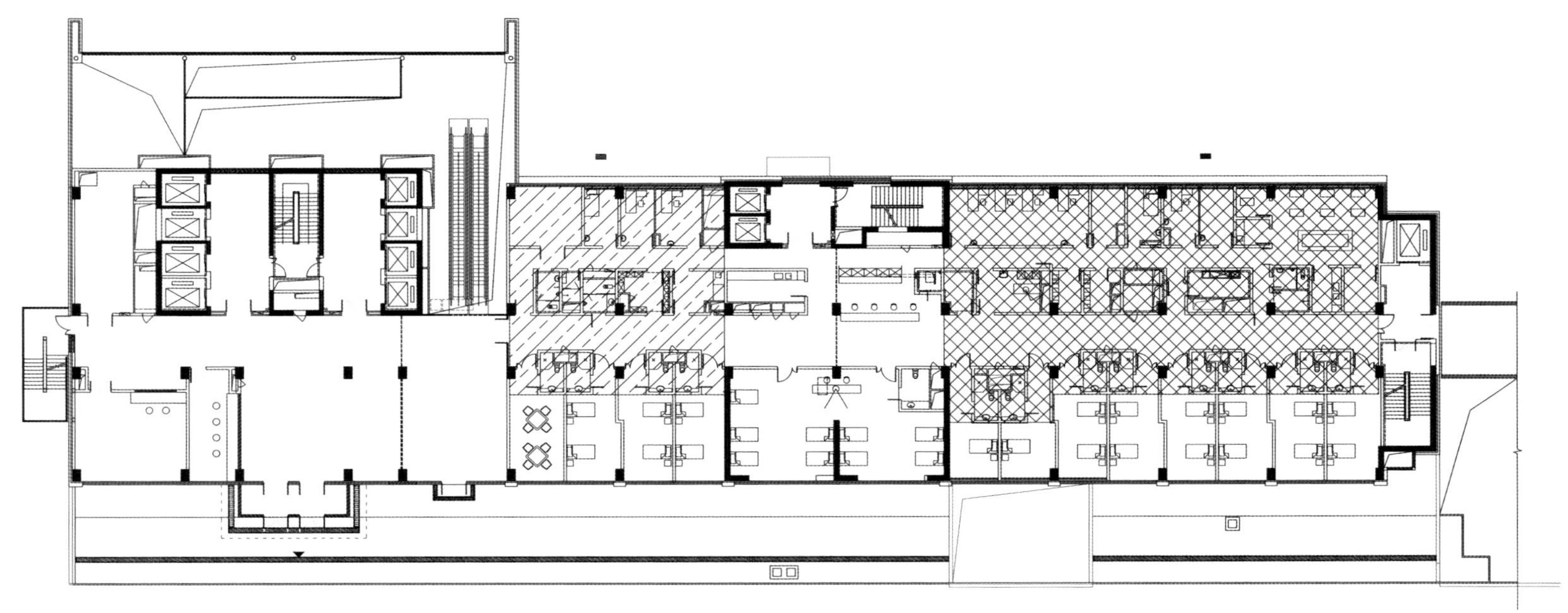

住院部二层平面图

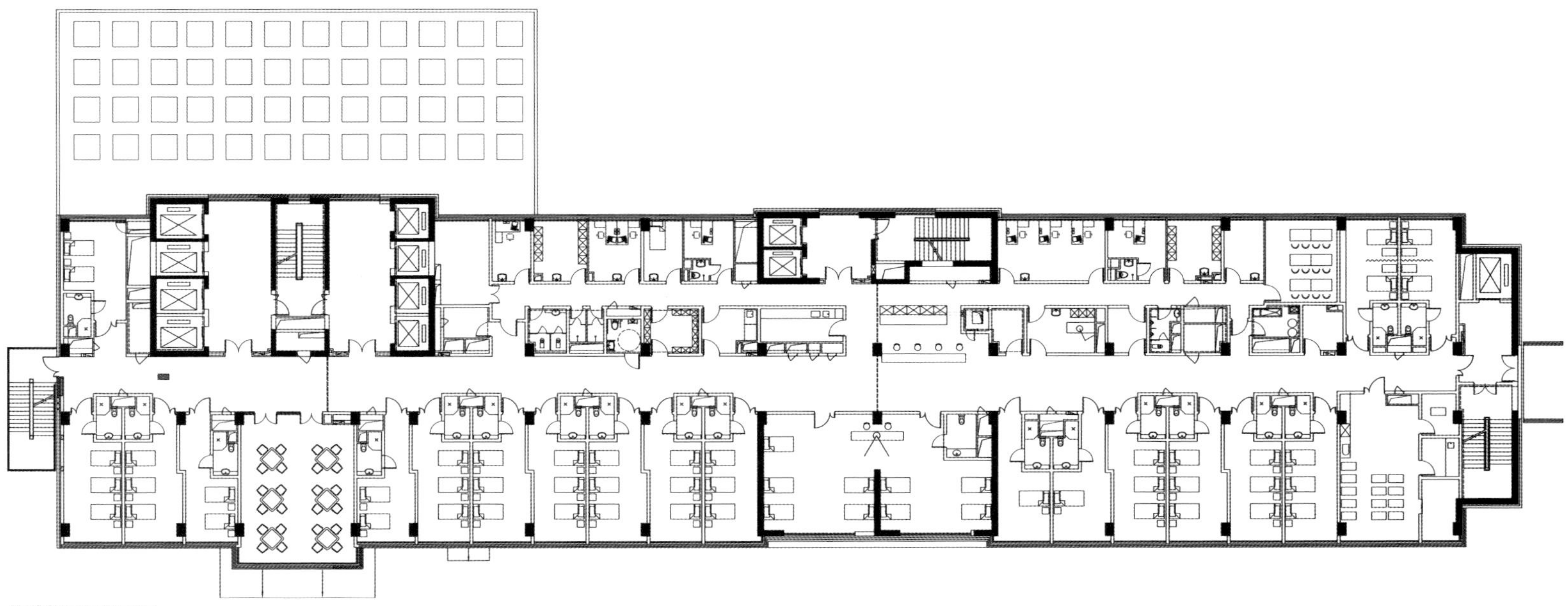

住院部三层平面图

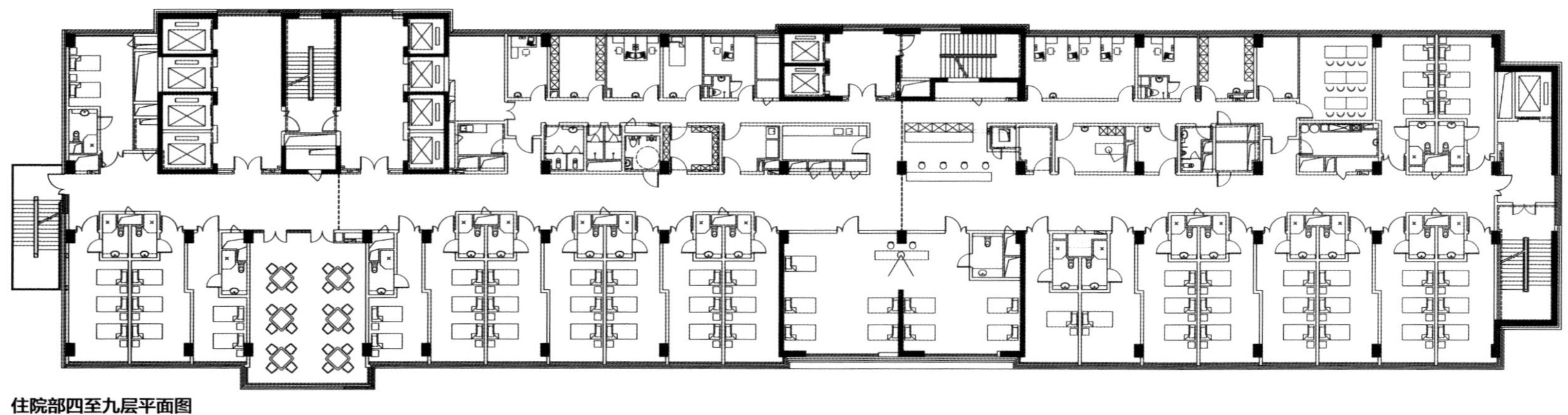

住院部四至九层平面图

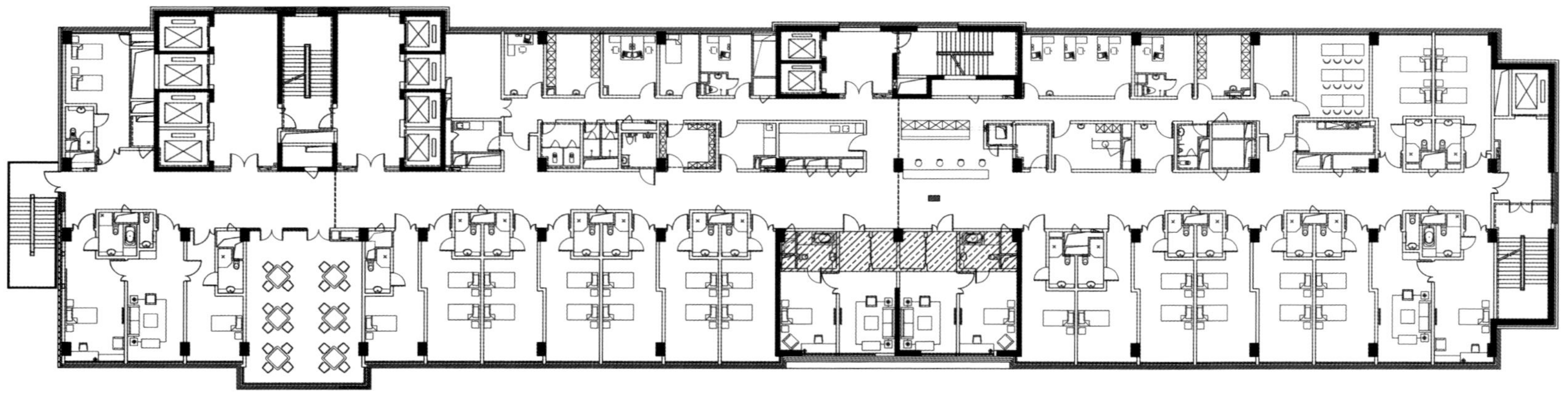

住院部十层平面图

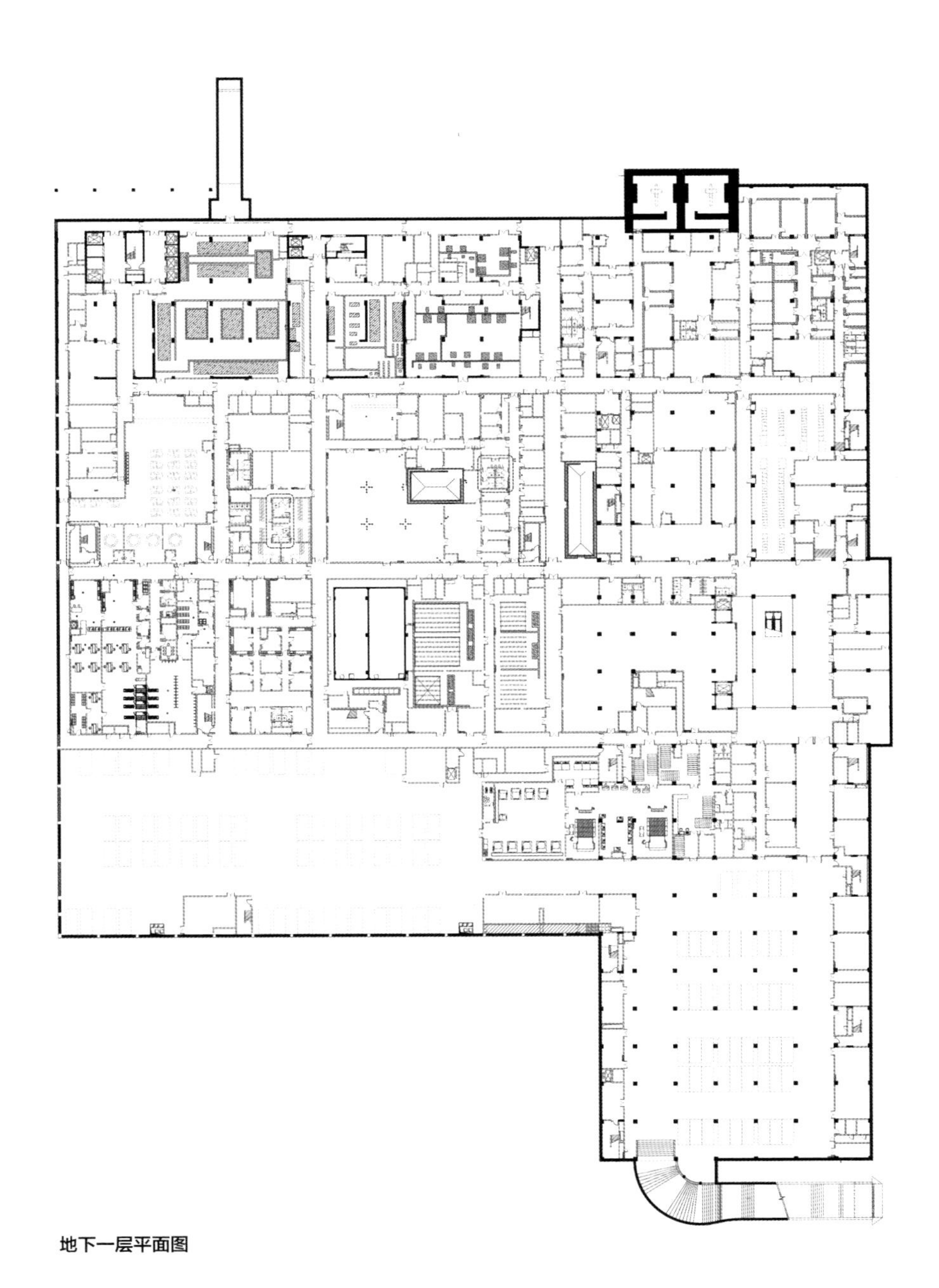

地下一层平面图

鸟瞰图

效果图

2. 天津医科大学生态城医院

项目地点： 中新天津生态城起步区

用地面积： 25 000平方米

建筑面积： 68 997平方米，其中地上47 400平方米，容积率1.86；建筑高度49.9米，建筑层数地上10层，地下2层

设计单位： 中国中元国际工程有限公司

开发单位： 中新天津生态城房地产登记发证交易中心

项目简介： 中新天津生态城是由中国和新加坡两国政府合作建设的现代化生态新城，紧邻渤海湾。天津医科大学生态城医院是一所集医、教、研于一体的综合性、非营利性公立医疗机构。

医院坚持大学医院标准和国际JCI认证要求，以管理体制机制创新和学科建设为重点，以神经科、肿瘤科、内分泌科、老年病、创伤急救、职业病防治、康复医学、健康管理为特色，以信息化建设、优质护理服务、绿色节能环保为示范，努力建成服务滨海新区并辐射全国和东北亚的诊疗中心、集预防康复于一体的健康管理中心、国际标准化的医学教学中心，并最终成为与国际接轨的集约化医学基地。

实体图

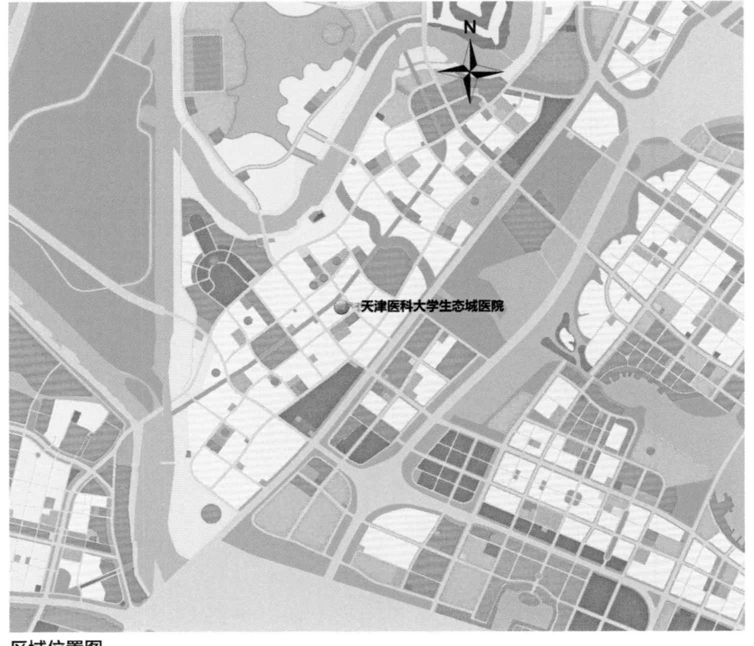

区域位置图

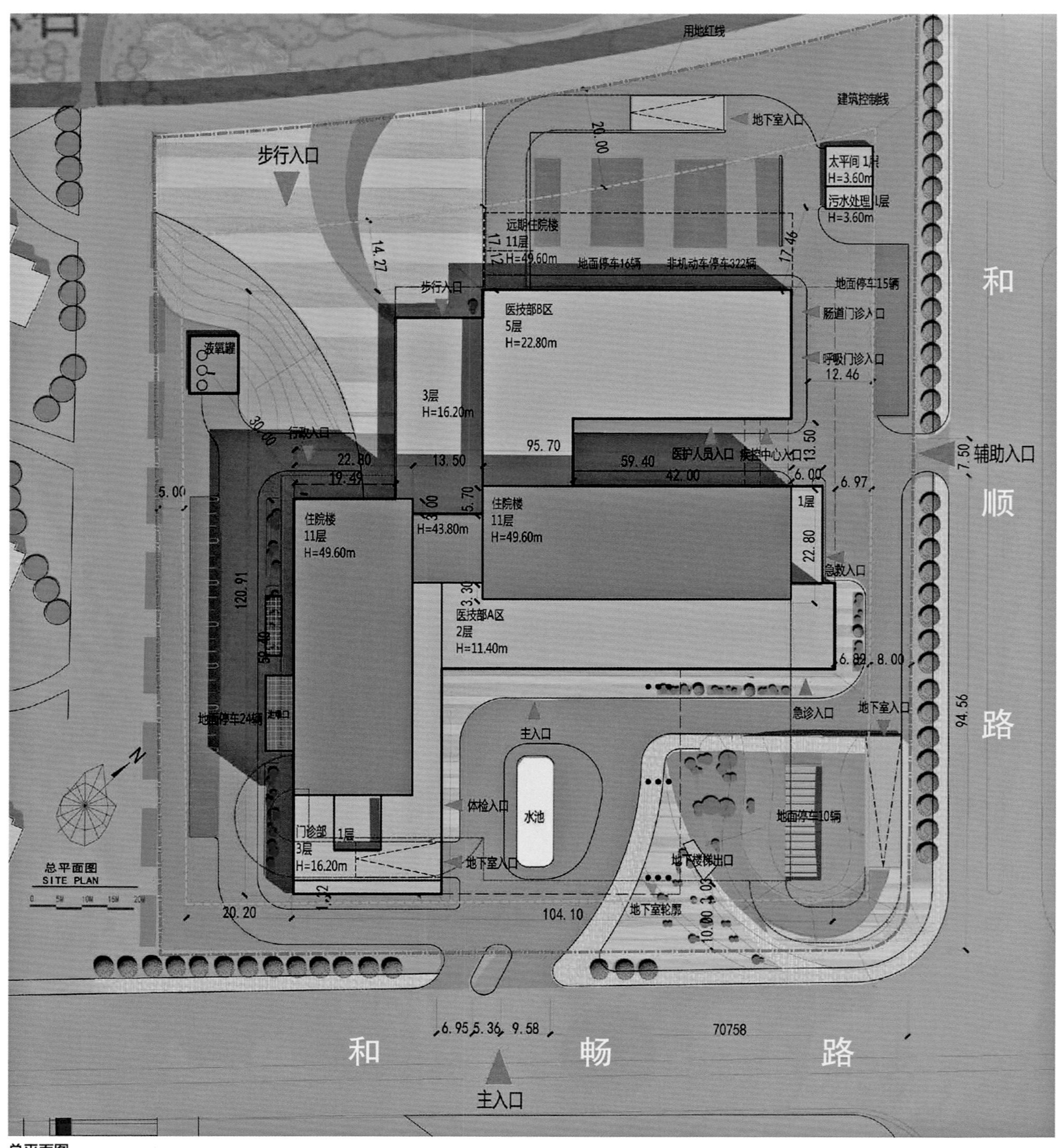
用地红线
建筑控制线
地下室入口
步行入口
太平间 1层
H=3.60m
污水处理 1层
H=3.60m
远期住院楼
11层
H=49.60m
地面停车16辆
非机动车停车322辆
地面停车15辆
步行入口
医技部B区
5层
H=22.80m
肠道门诊入口
呼吸门诊入口
液氧罐
3层
H=16.20m
行政入口
医护人员入口
疾控中心入口
辅助入口
住院楼
11层
H=49.60m
H=43.80m
住院楼
11层
H=49.60m
1层
急救入口
医技部A区
2层
H=11.40m
地面停车24辆
急诊入口
地下室入口
主入口
体检入口
水池
地面停车10辆
门诊部
3层
H=16.20m
1层
地下室入口
地下楼梯出口
地下室轮廓
总平面图
SITE PLAN
和顺路
和畅路
主入口
总平面图

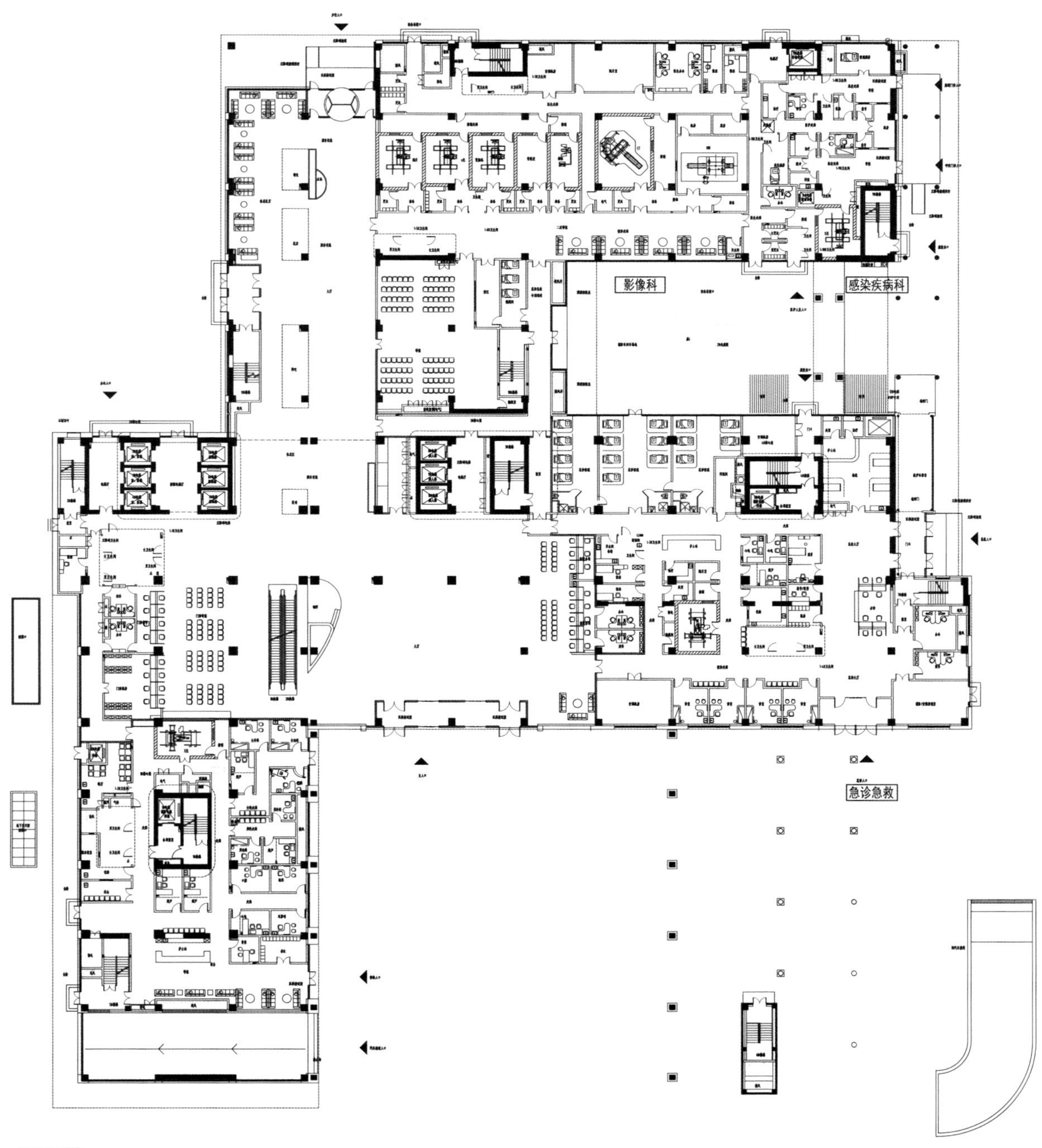

一层平面图

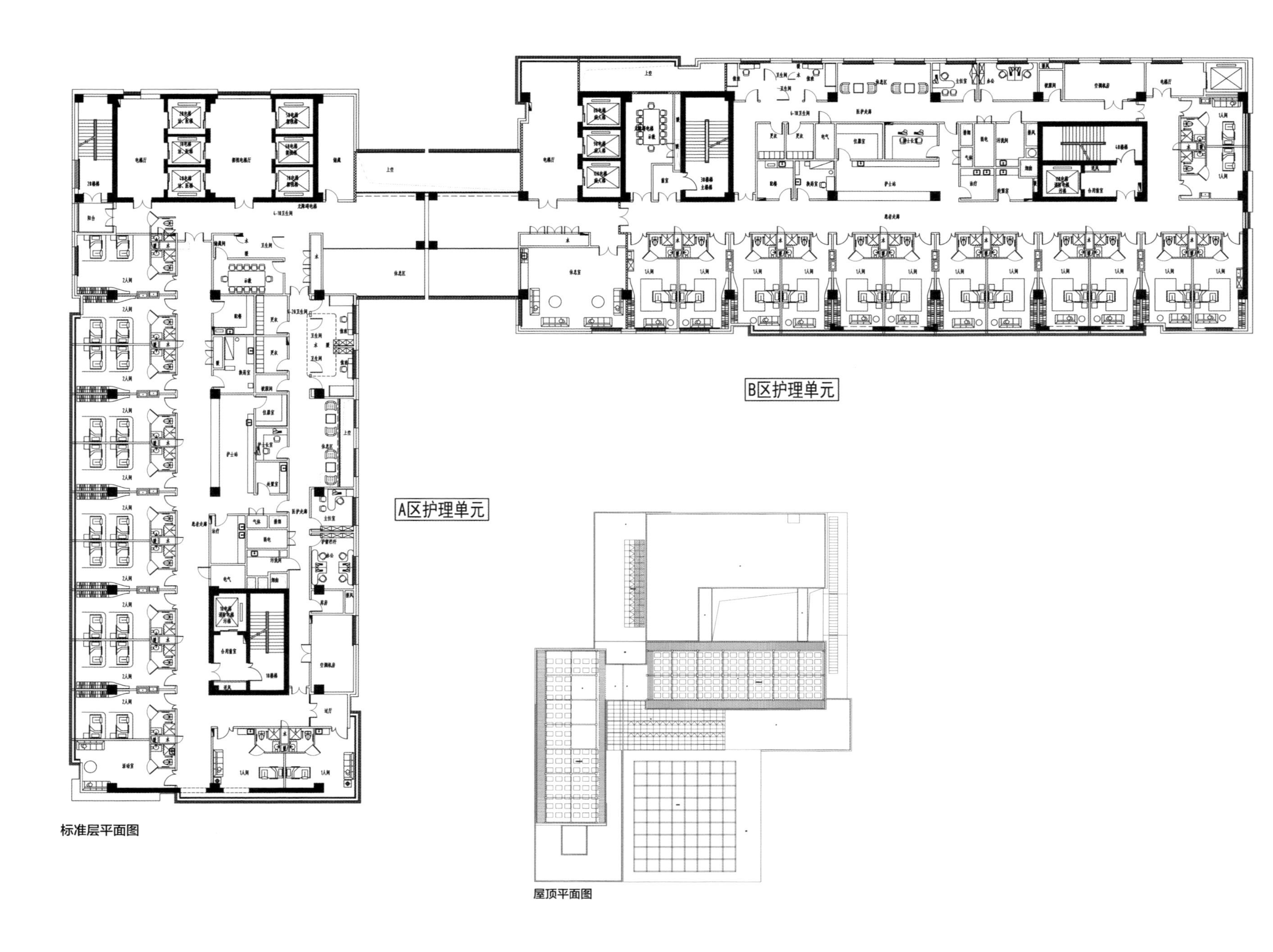

标准层平面图

屋顶平面图

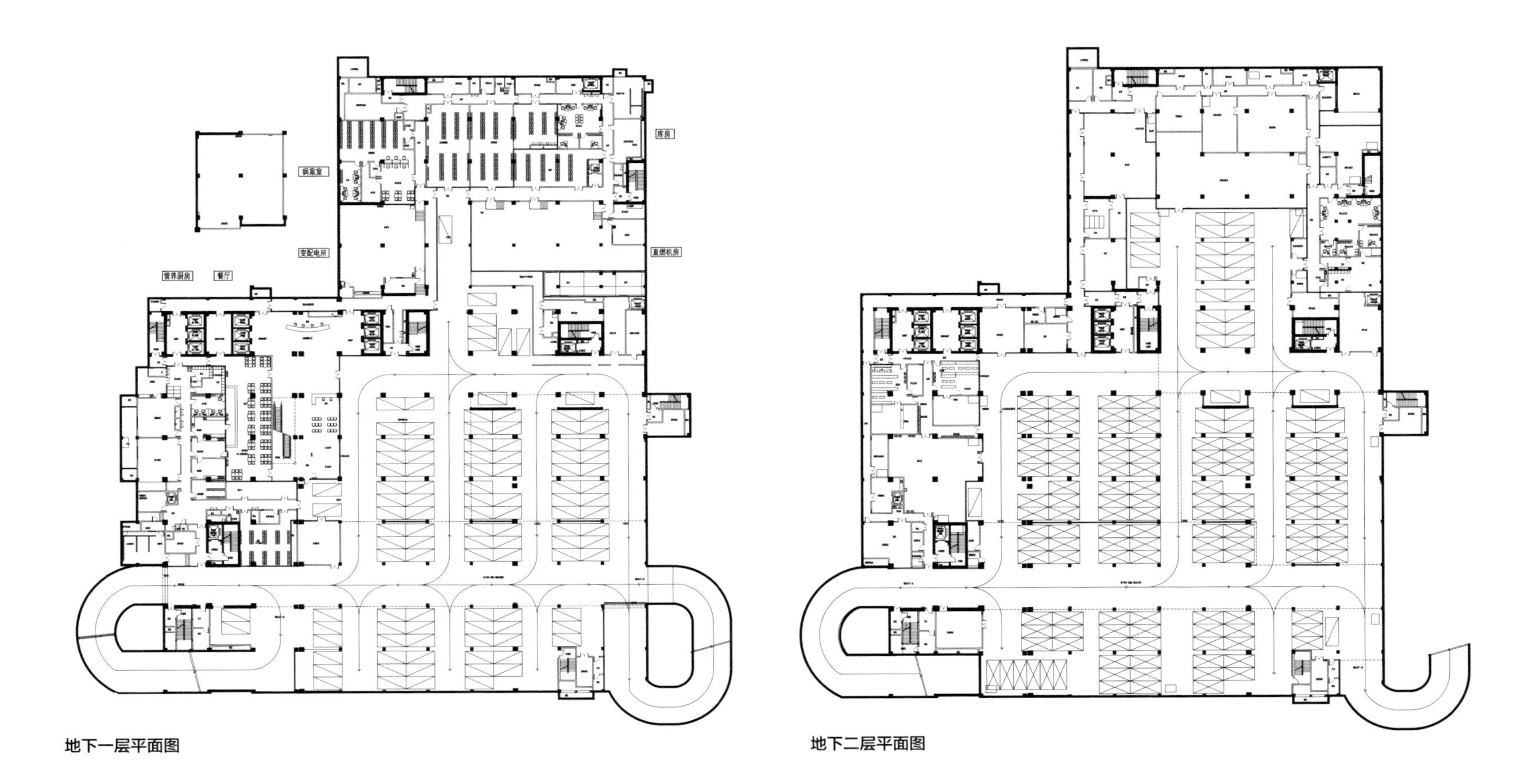

地下一层平面图

地下二层平面图

南立面图

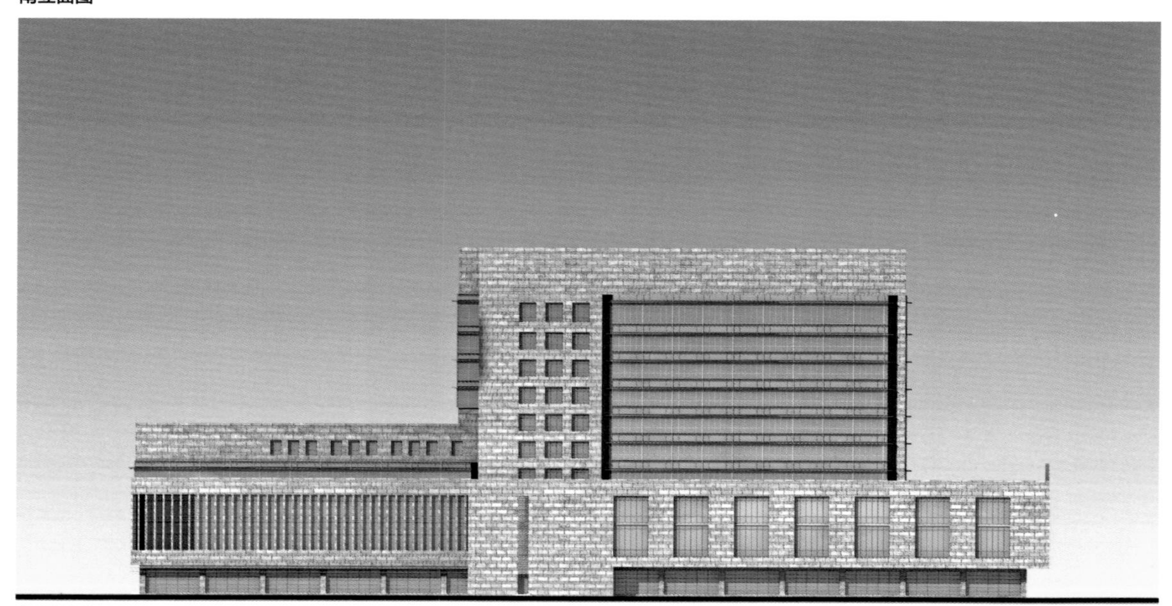

东立面图

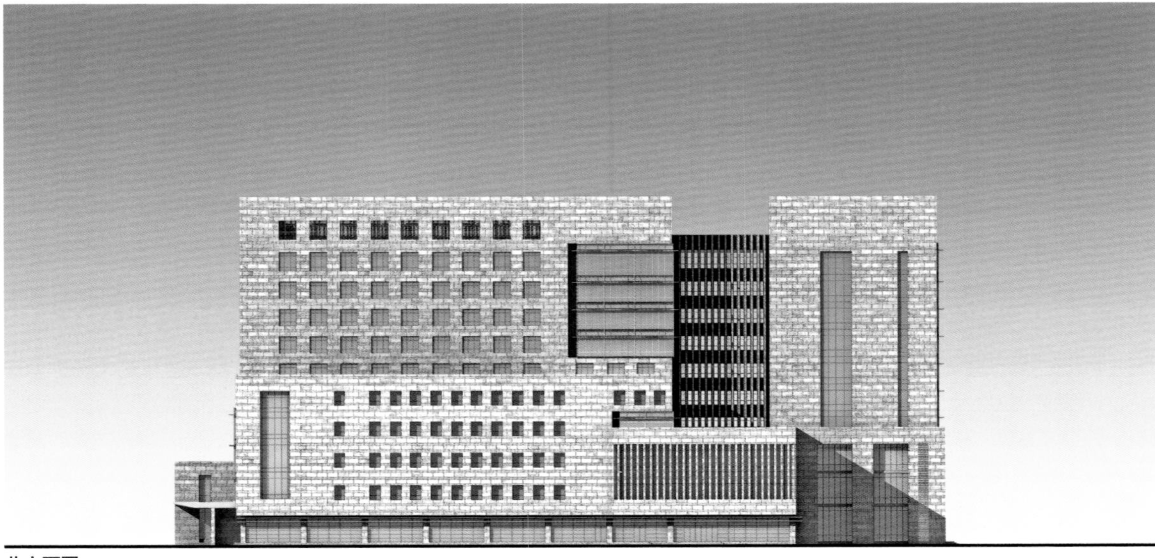

北立面图

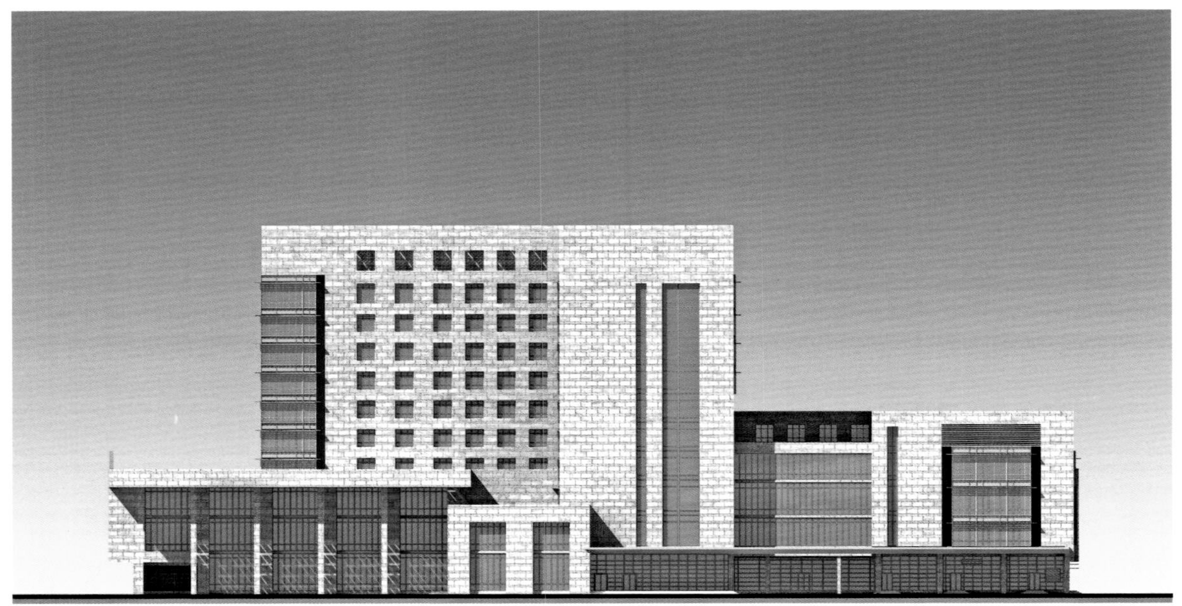

西立面图

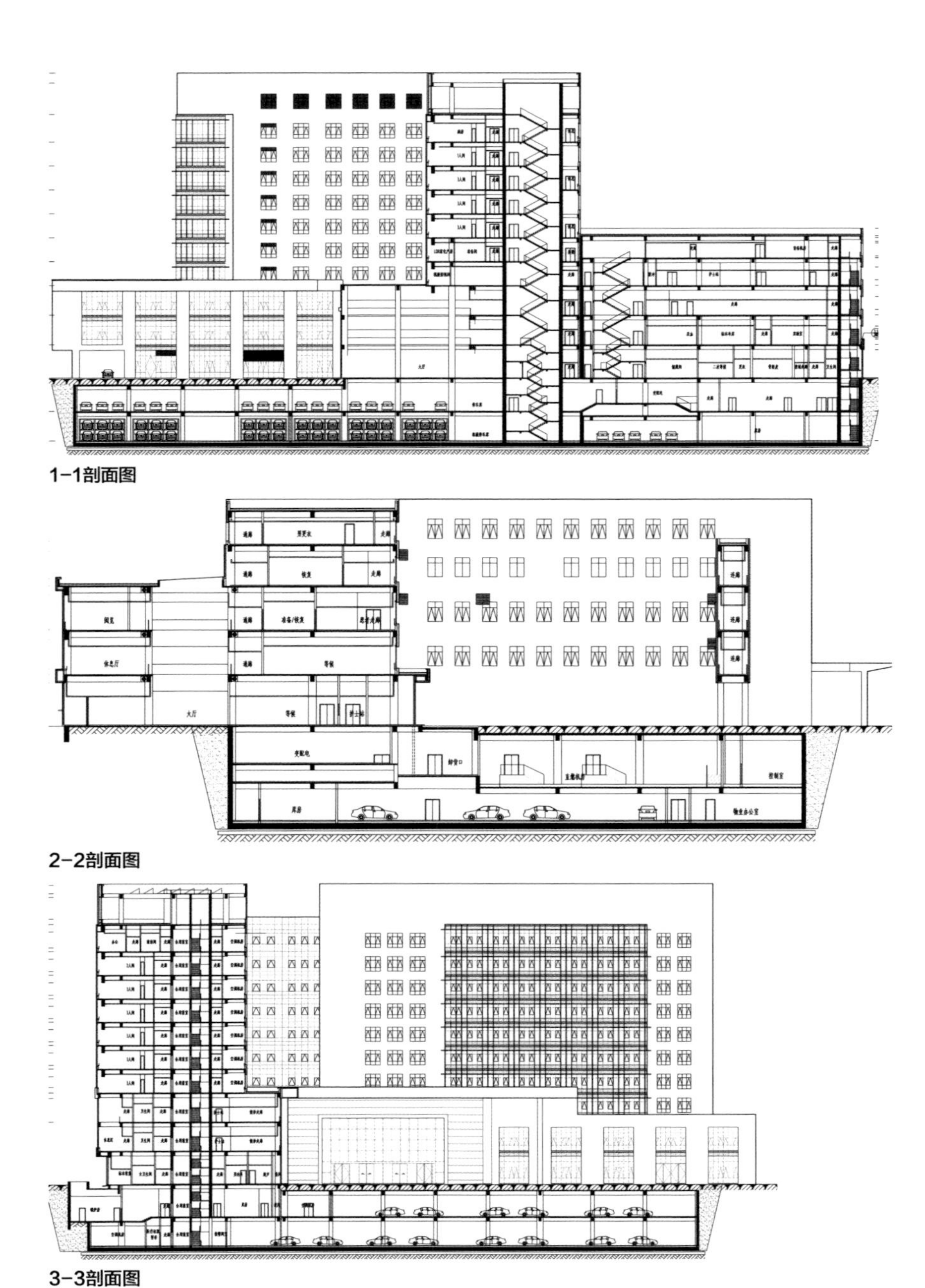

1-1剖面图

2-2剖面图

3-3剖面图

鸟瞰图

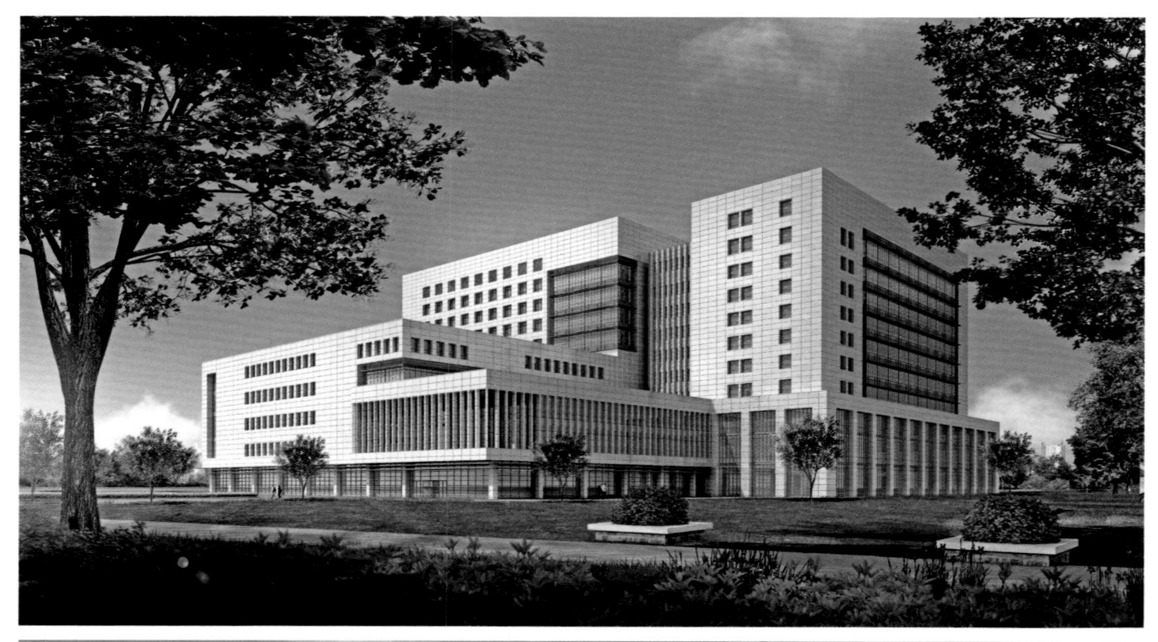

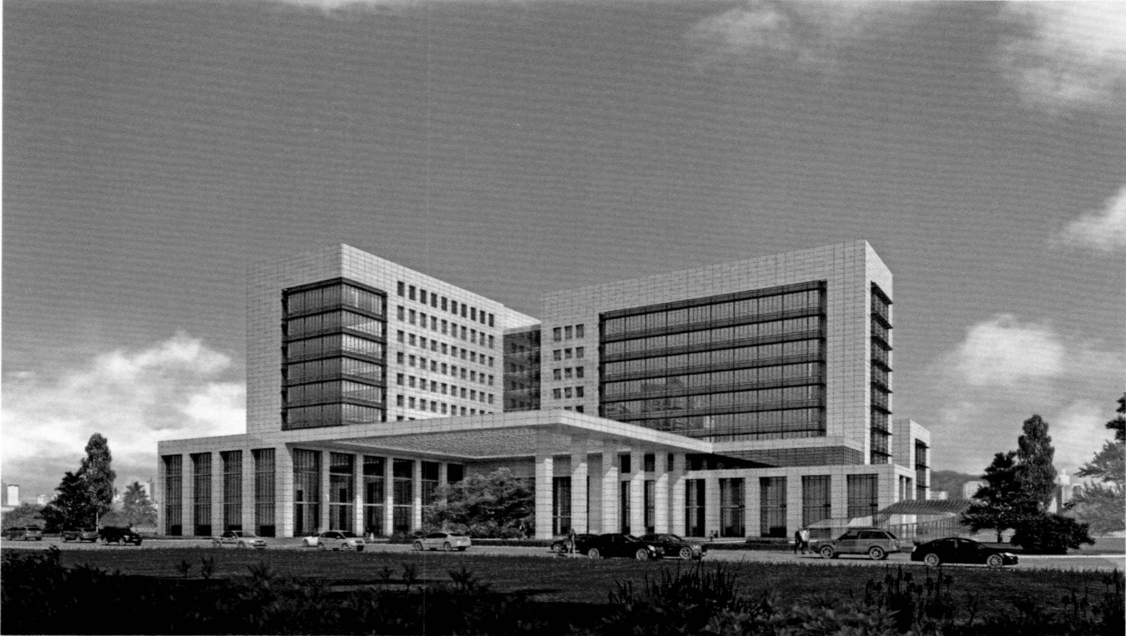

效果图

3. 空港经济区太山肿瘤医院

项目地点：滨海国际机场旁

用地面积：64 723.1平方米

建筑面积：113 719平方米

设计单位：美国GSP建筑设计有限公司

开发单位：天津太山肿瘤生物治疗研究技术有限公司

项目简介：天津太山肿瘤医院（IPCC）是以国际标准建立的中国首家个体化肿瘤治疗中心，集卓越的区位优势、新型的管理体制、扎实的人才基础及先进的诊疗技术于一身，致力于癌症病人的精准治疗。

医院服务于广大肿瘤患者，并兼顾高端医疗；以个体化的医学理念及最精确的治疗手段提高癌症的治愈率，改善患者生存质量，打造天津肿瘤学科新亮点，提升中国肿瘤诊疗水平。

天津太山肿瘤医院以个体化医学及服务理念为特色，重点发展二代基因测序、生物免疫治疗、骨髓移植及新一代放疗四项世界一流的诊疗技术。

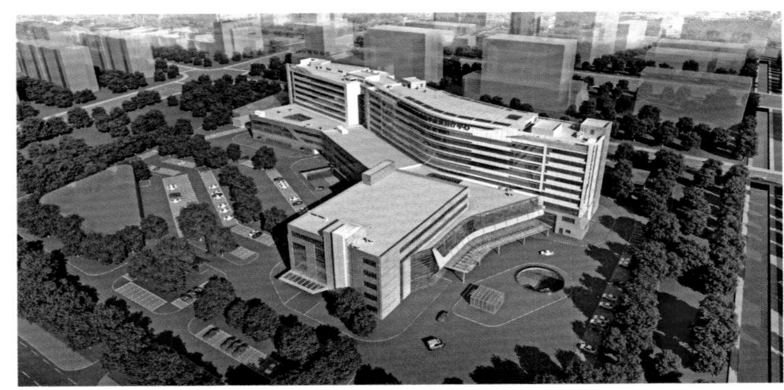

效果图

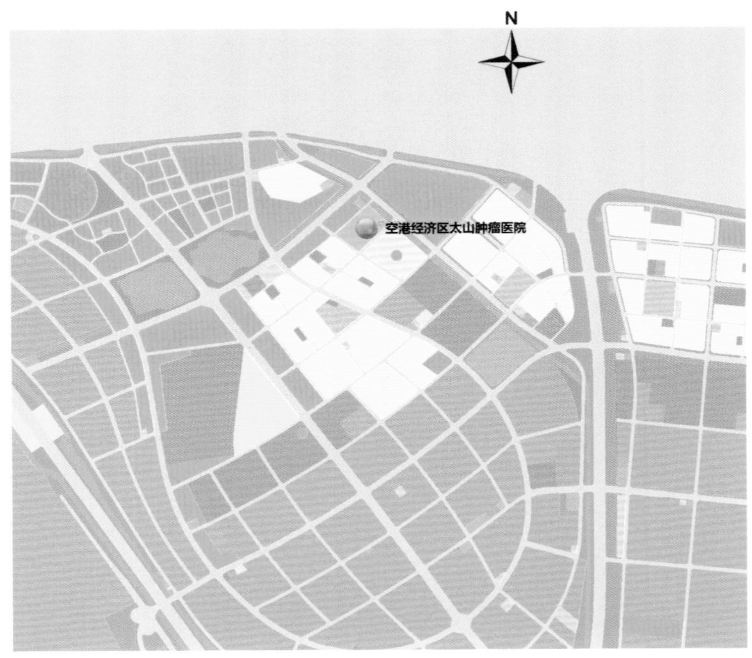

区域位置图

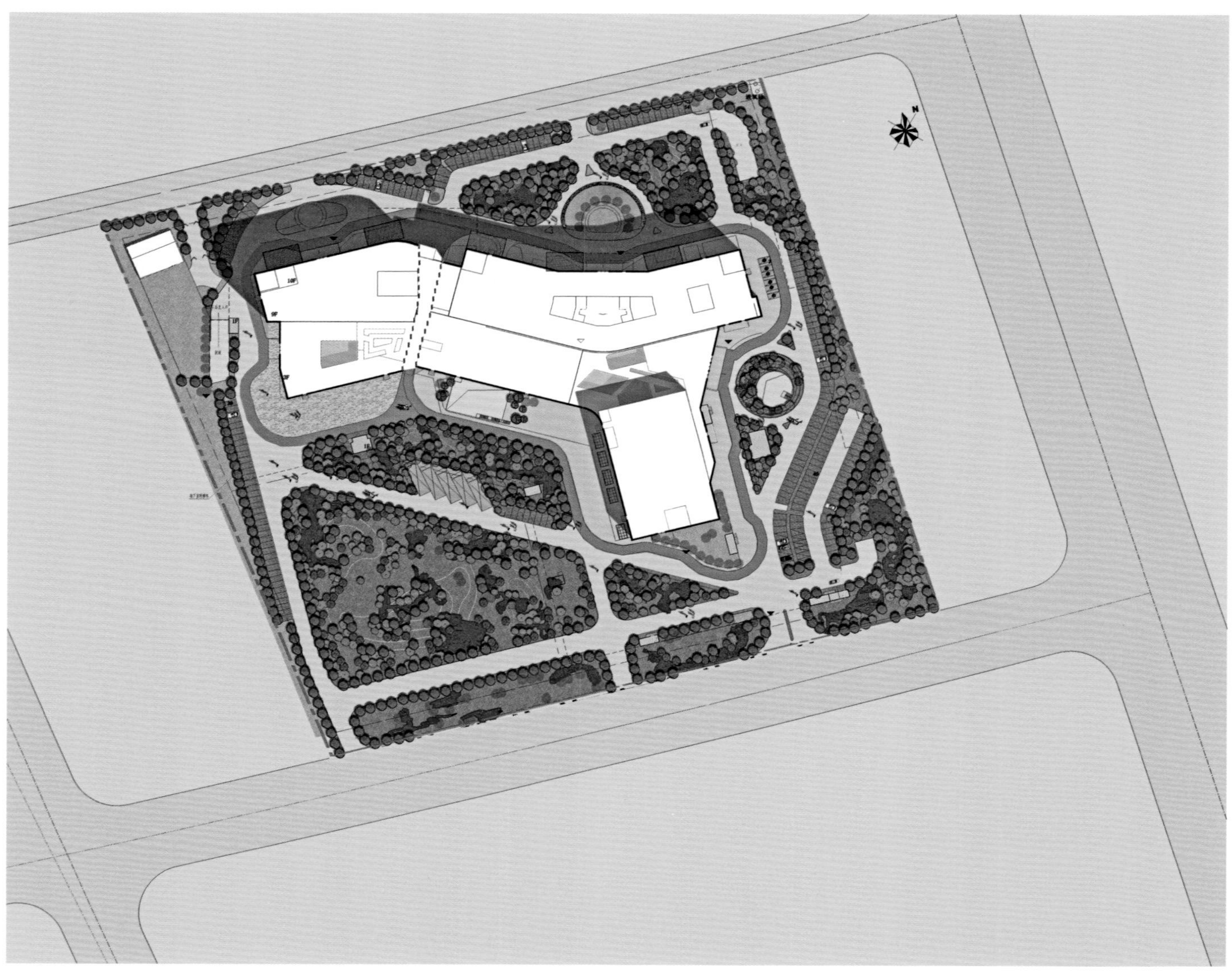

总平面图

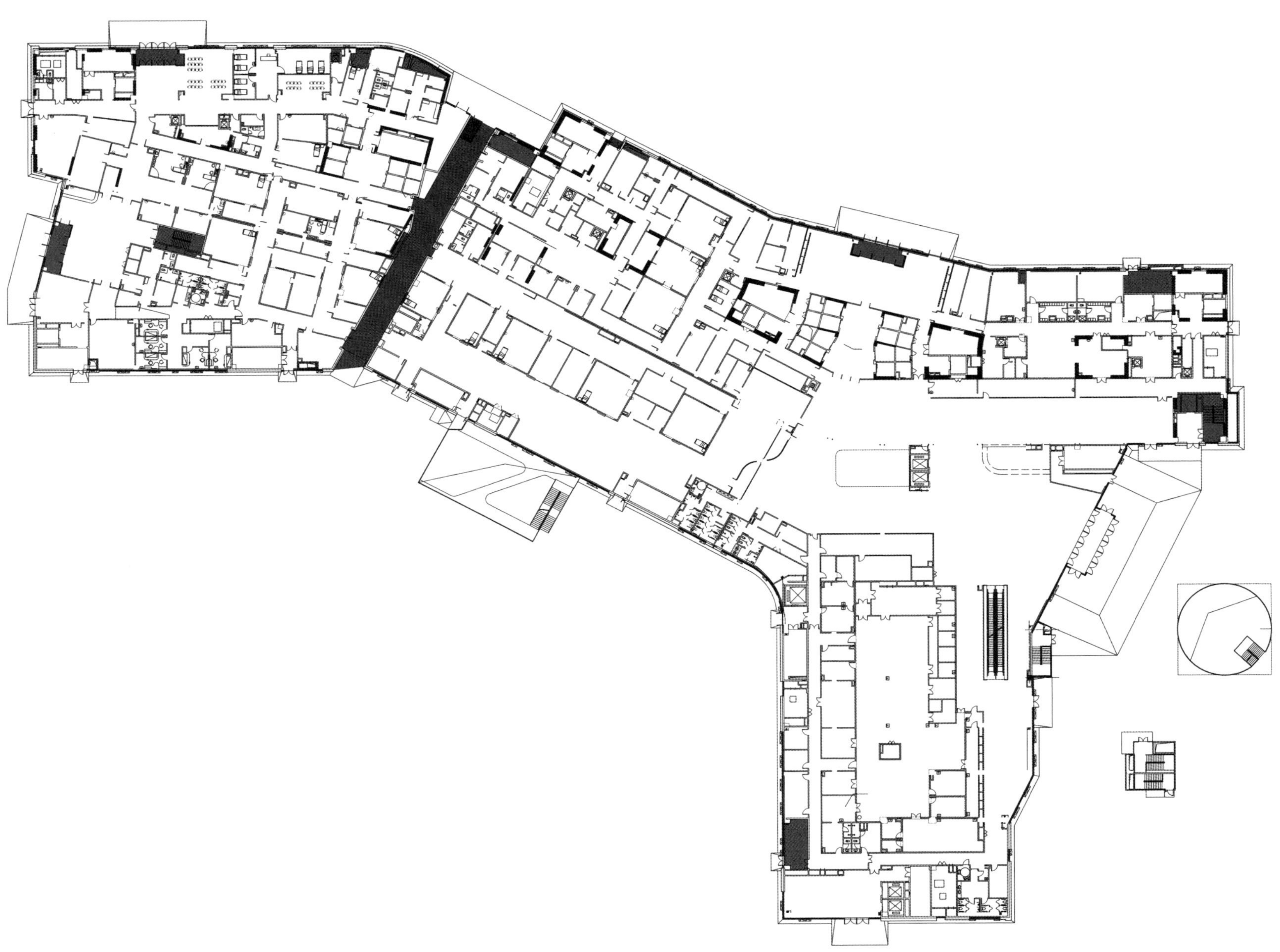

首层平面图

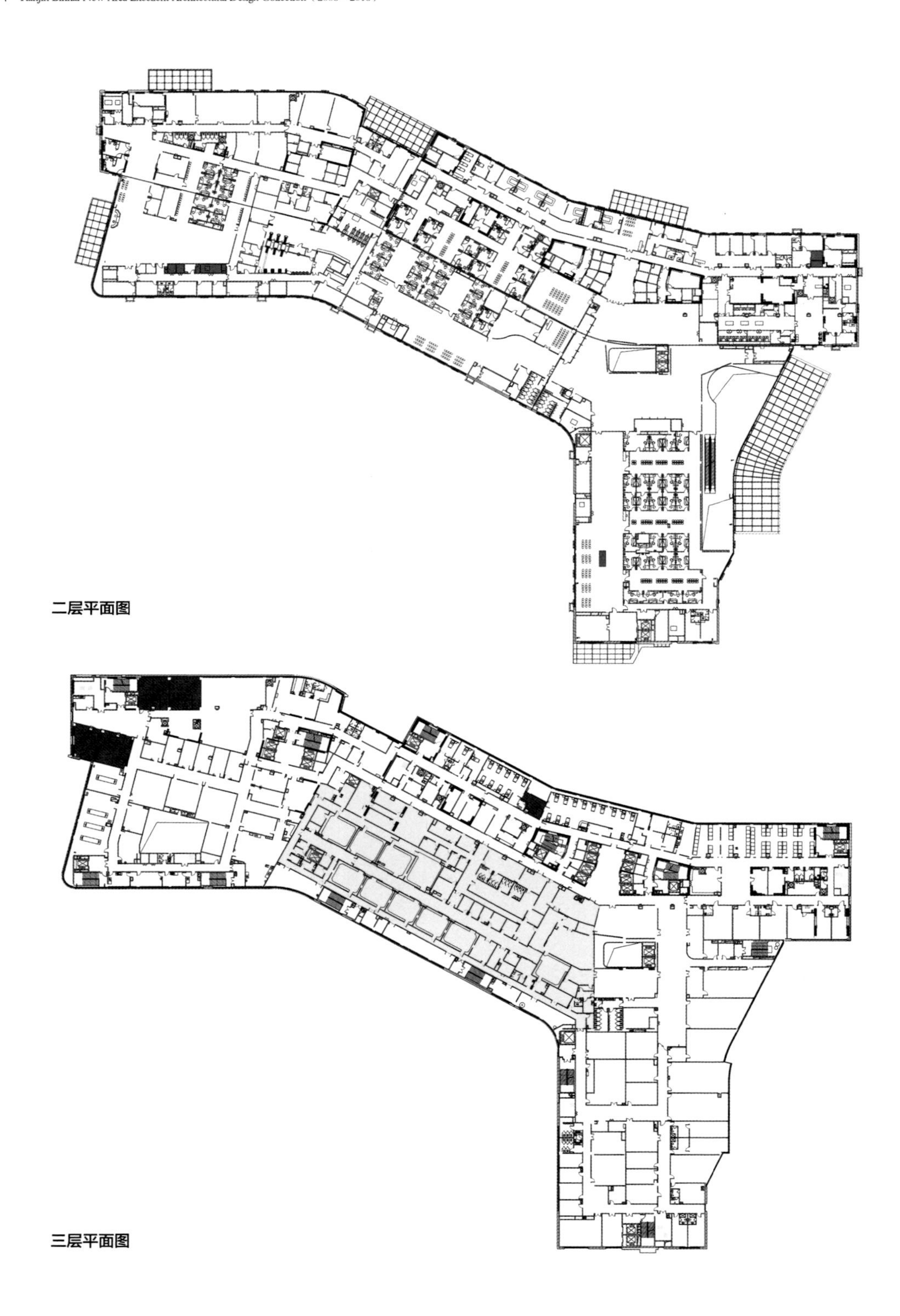

二层平面图

三层平面图

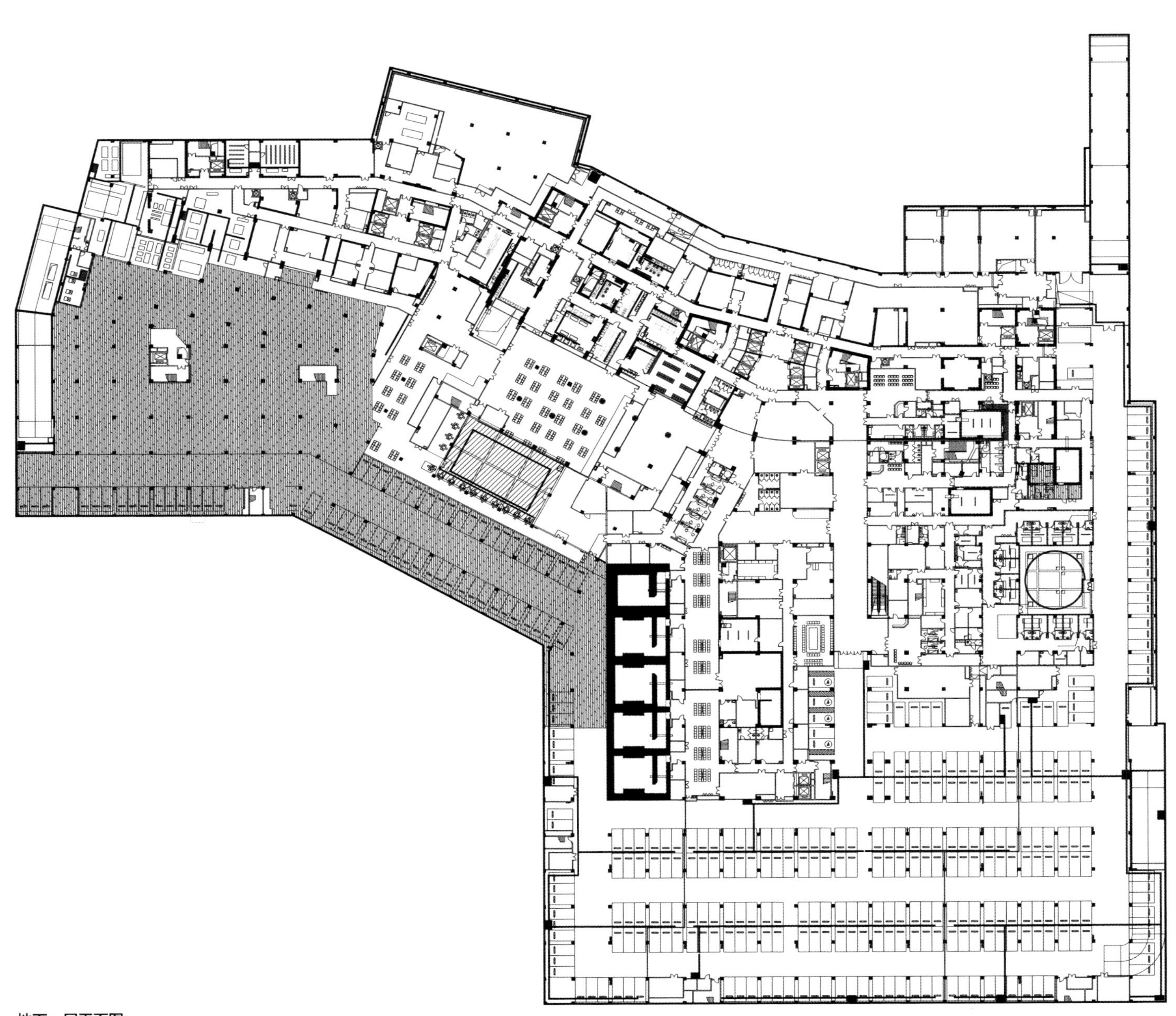

地下一层平面图

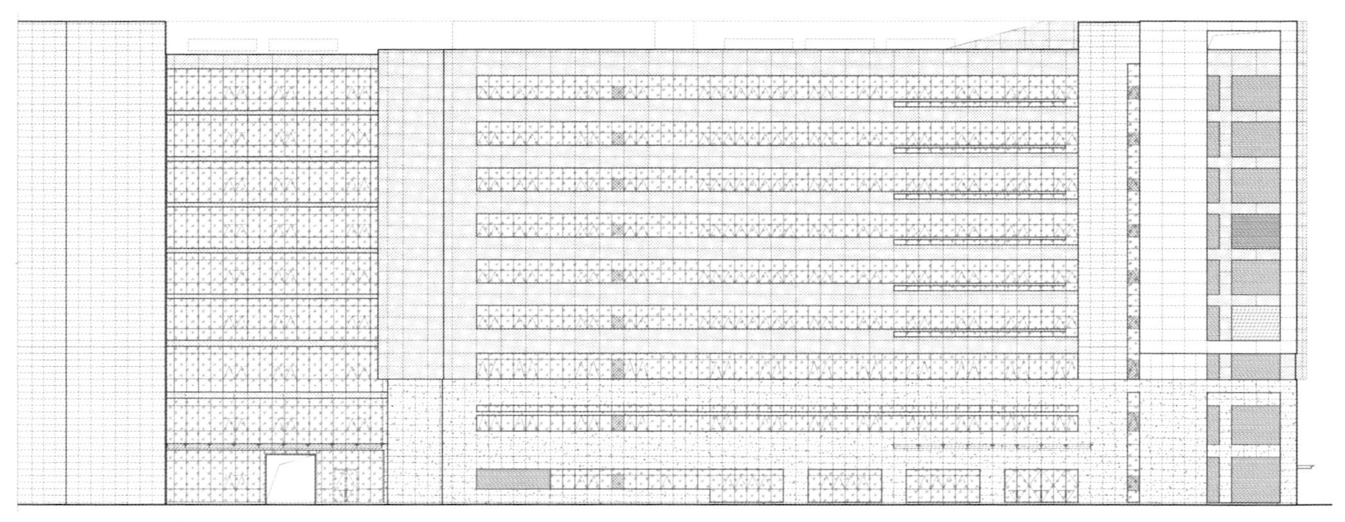

主楼北立面展开图（14-1轴）

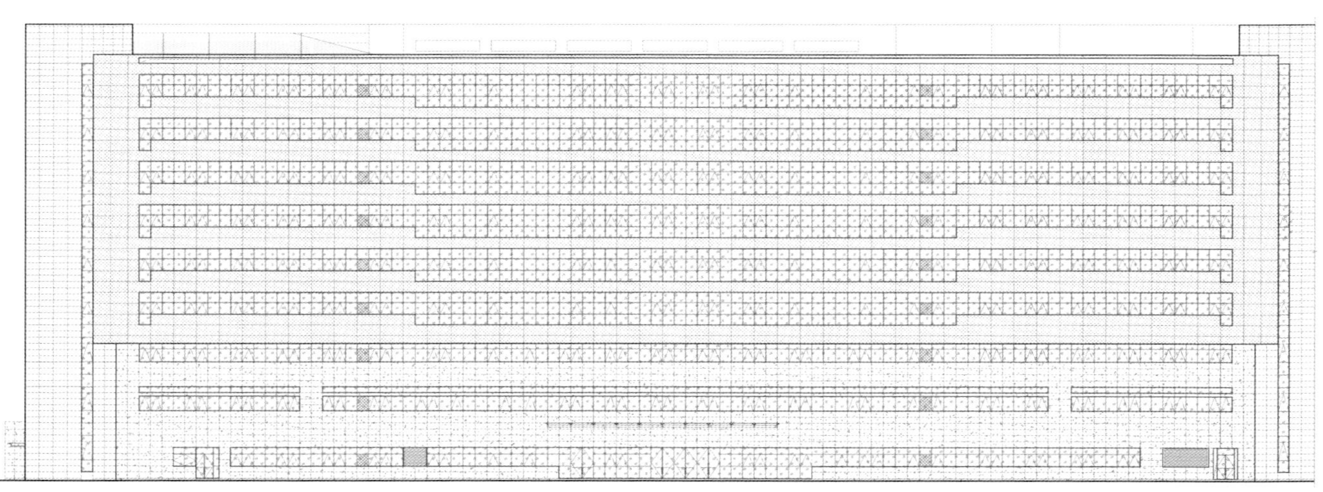

主楼北立面展开图（32-15轴）

主楼北立面展开图（32-15轴）

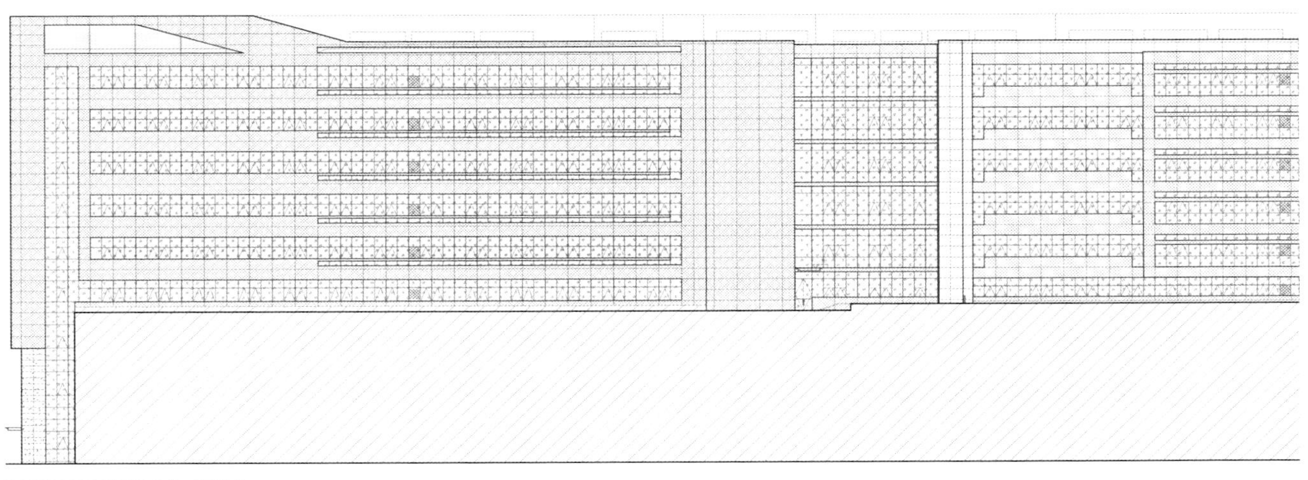

主楼南立面展开图（1-17轴）

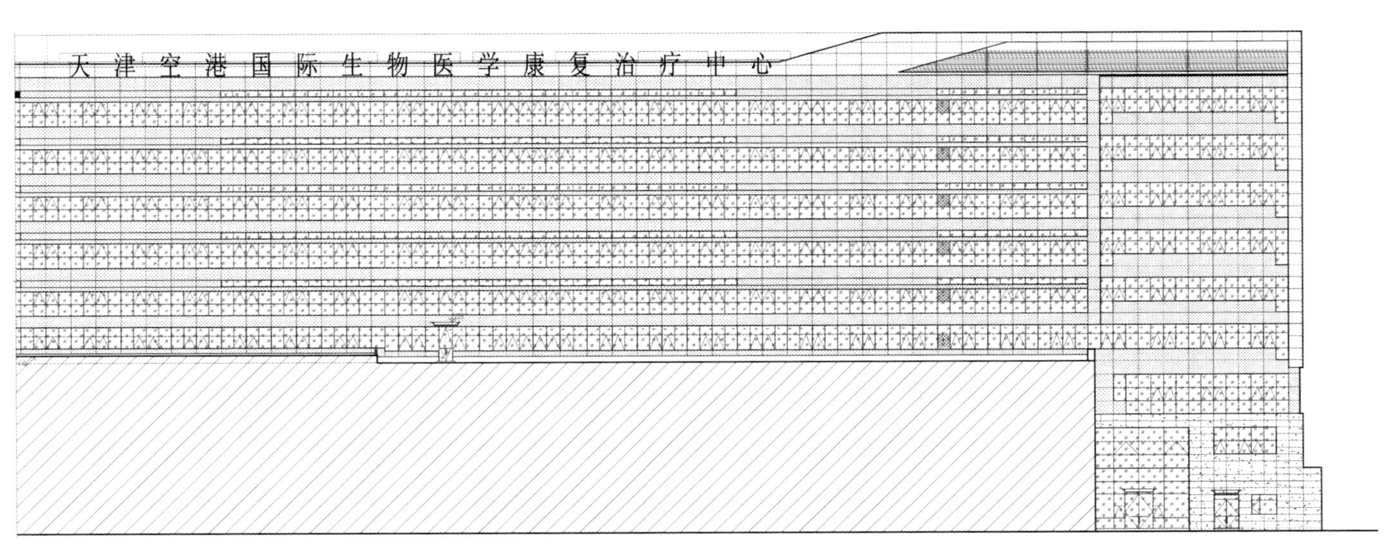

主楼南立面展开图（18-32轴）

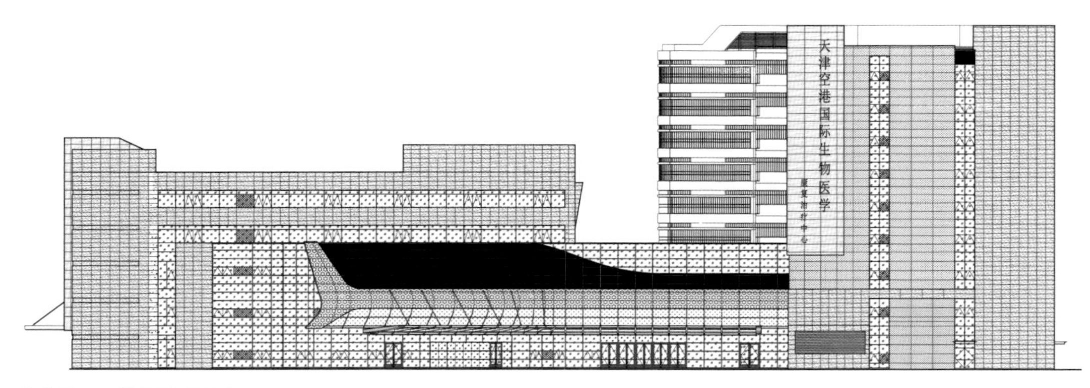

东立面A-a轴立面展开图

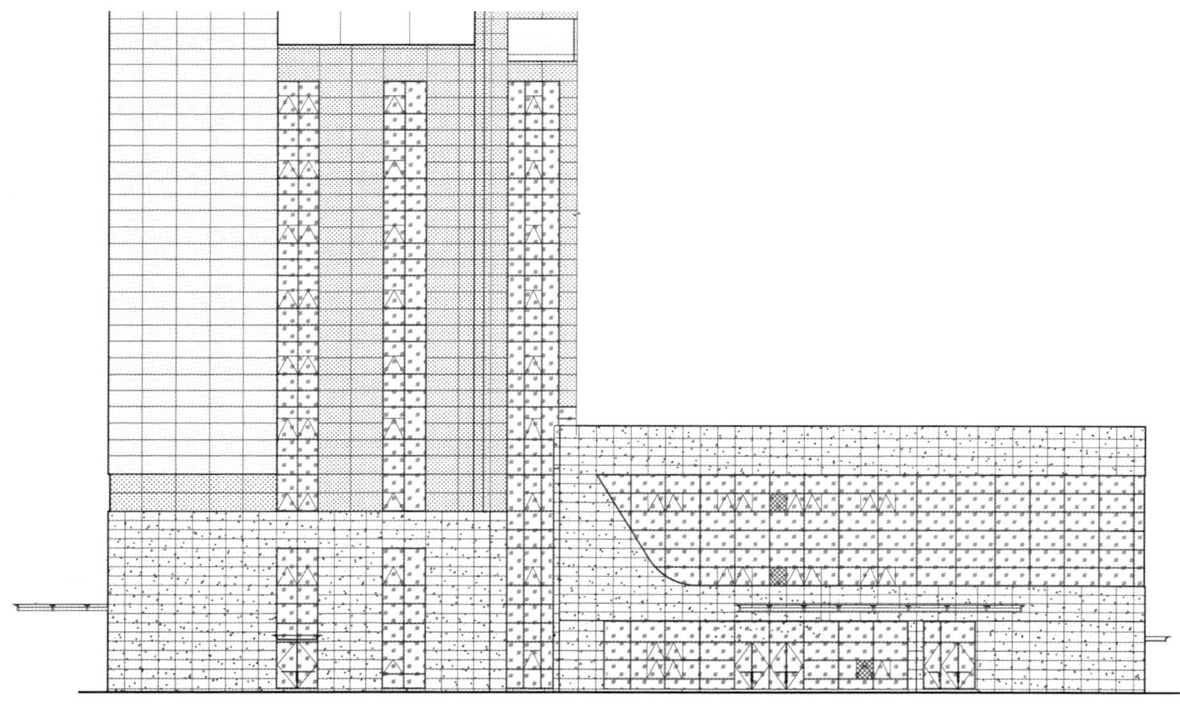

西立面Y-H轴立面展开图

鸟瞰图

效果图

4. 滨海新区中医医院

项目地点：滨海新区北塘地区

用地面积：66 641平方米

建筑面积：152 000平方米，其中地上108 000平方米，容积率1.62；建筑层高地上8层，地下2层

设计单位：上海华东发展城建设计（集团）有限公司

开发单位：天津滨海新区公共产业建设投资有限公司

项目简介：项目位于滨海新区核心区北塘地区，毗邻地铁Z4线，交通便捷。建筑设计采用南北轴线、东西堆成的布局方式，通过医疗主街将门诊部与医技部、病房紧密连接，以保证各功能区之间联系路径最短、最便捷，并尽量减少垂直交通，使病人通过简短的路径便可达到手术部及医技部进行检查治疗，形成一个高效便捷、顺畅的医疗流线，营造出层次丰富的内部公共空间体系。同时，针对不同人群、不同状态、不同病况采取不同出入口进出的措施，提高公共卫生防疫安全。

效果图

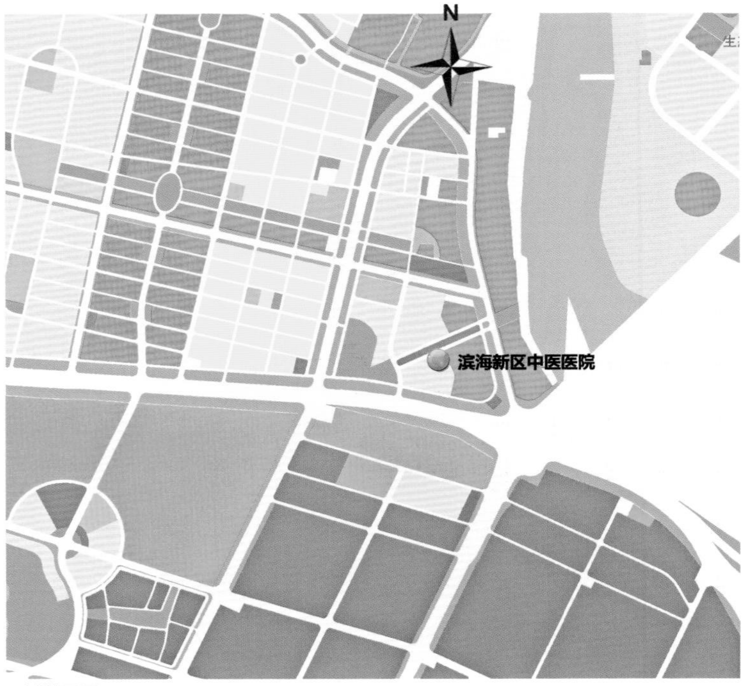

区域位置图

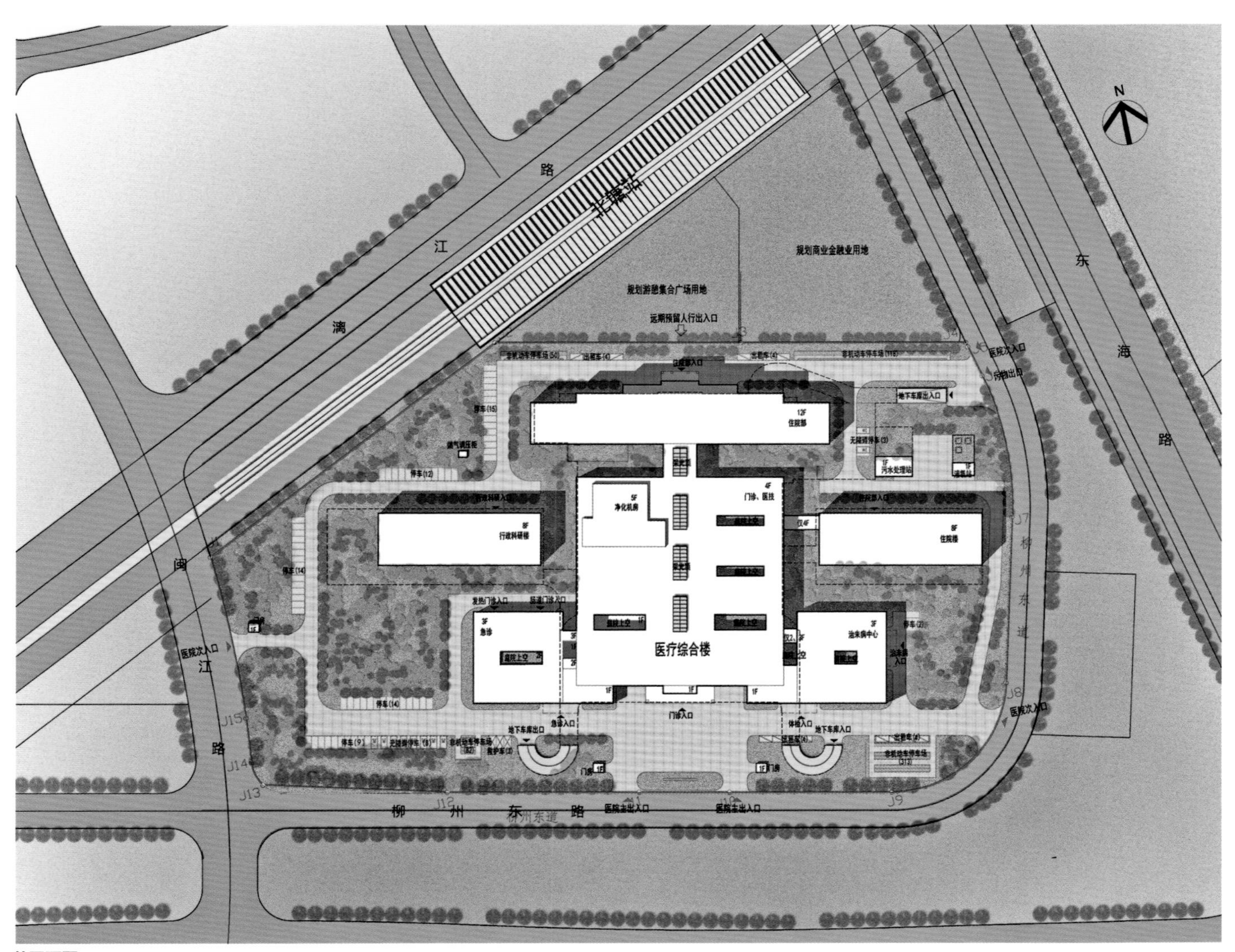
N
江
滴
路
东
海
路
闽
江
路
柳
州
东
路
柳州东道
规划商业金融业用地
规划游憩集合广场用地
远期预留人行出入口
出租车(4)
出租车(4)
住院部入口
医院次入口
污物出口
地下车库出入口
停车(15)
12F
住院部
燃气调压柜
无障碍停车(3)
1F
污水处理站
停车(12)
5F
净化机房
4F
门诊、医技
8F
行政科研楼
仅4F
8F
住院楼
停车(14)
发热门诊入口
肠道门诊入口
3F
急诊
医院次入口
医疗综合楼
3F
治未病中心
停车(2)
停车(14)
门诊入口
急诊入口
体检入口
地下车库出口
地下车库入口
停车(9)
救护车(3)
门房
1F
1F
门房
非机动车停车场
(313)
J8
J9
J12
J13
J14
J15
医院主出入口
医院主出入口

总平面图

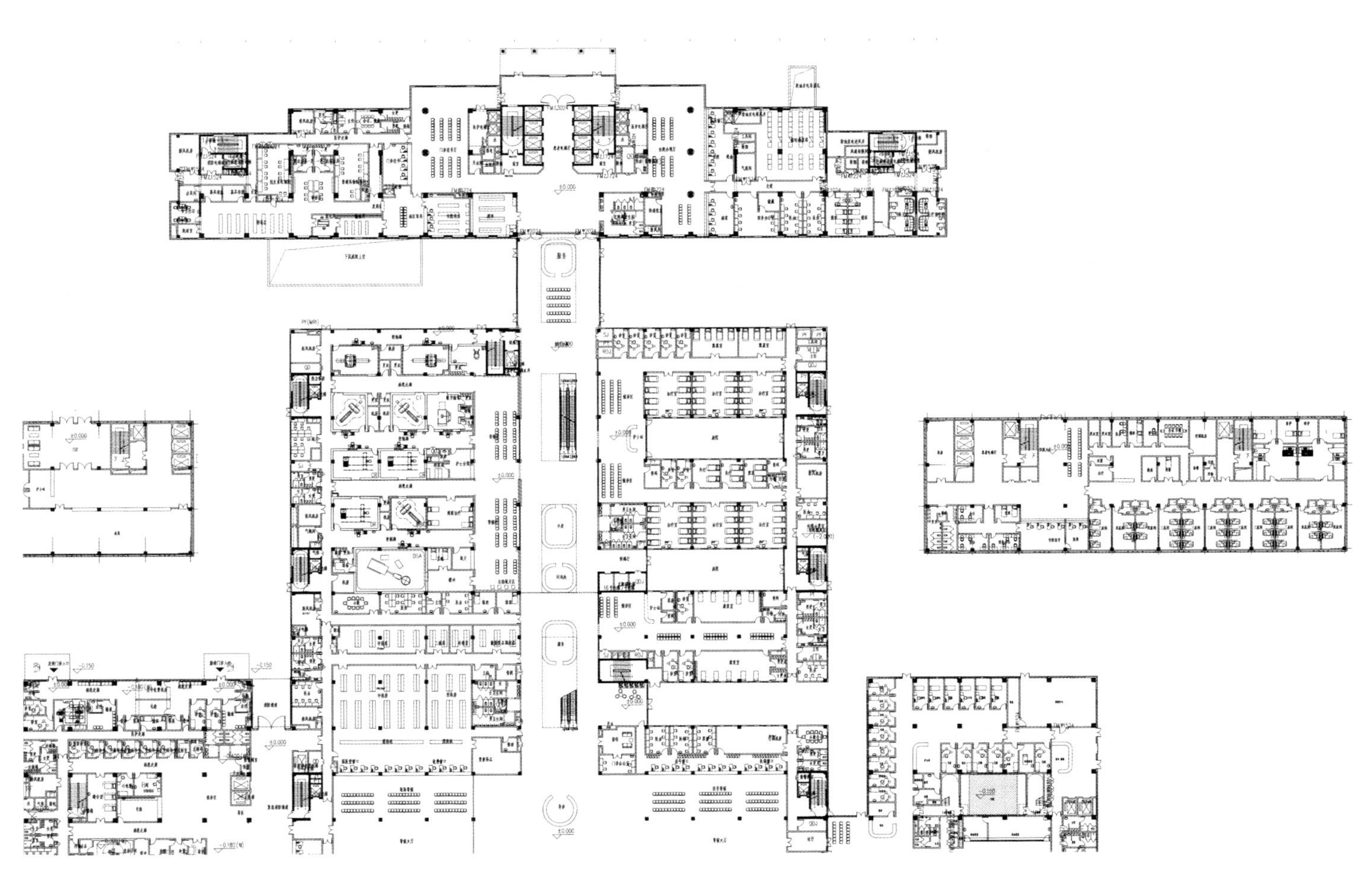

首层平面图

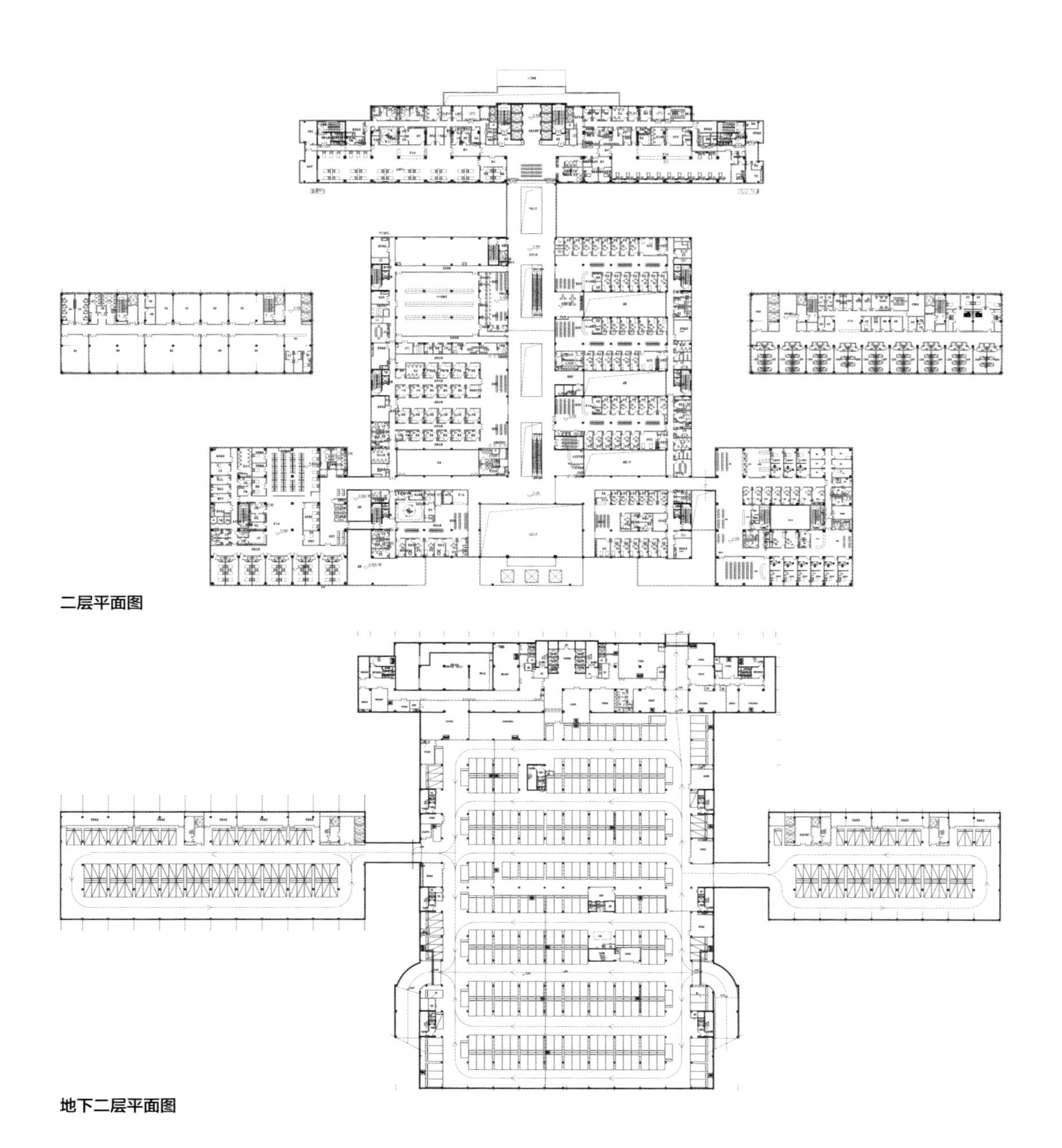

二层平面图

地下二层平面图

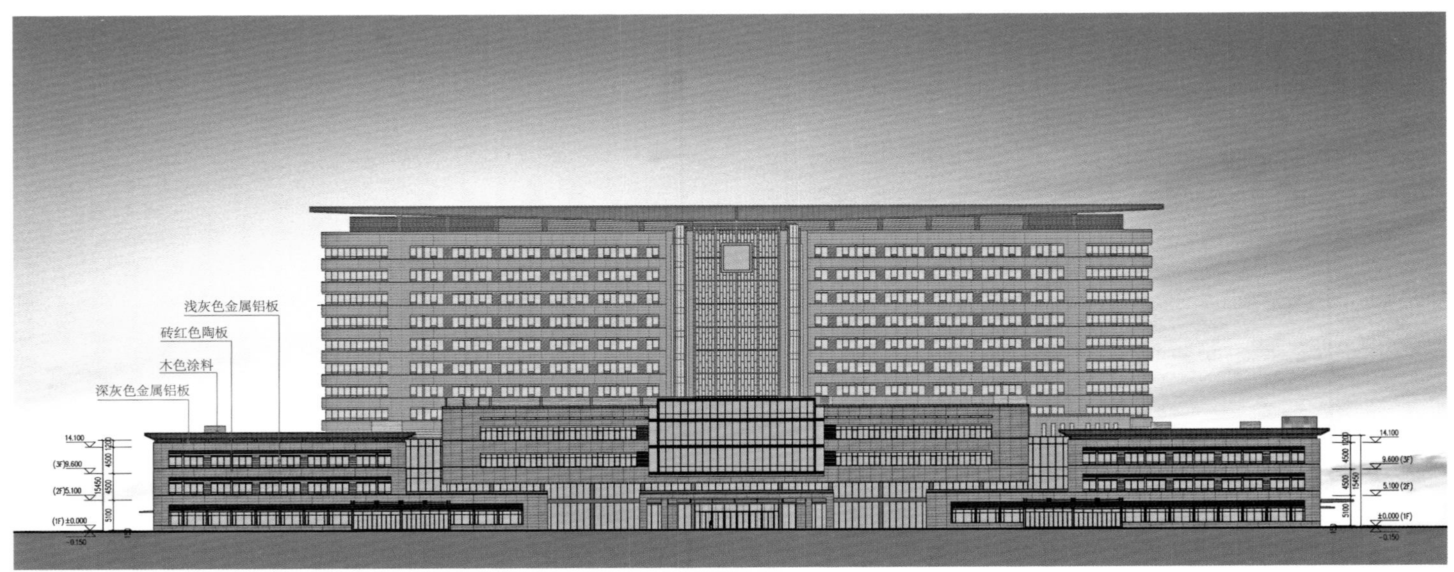
浅灰色金属铝板
砖红色陶板
木色涂料
深灰色金属铝板

南立面图

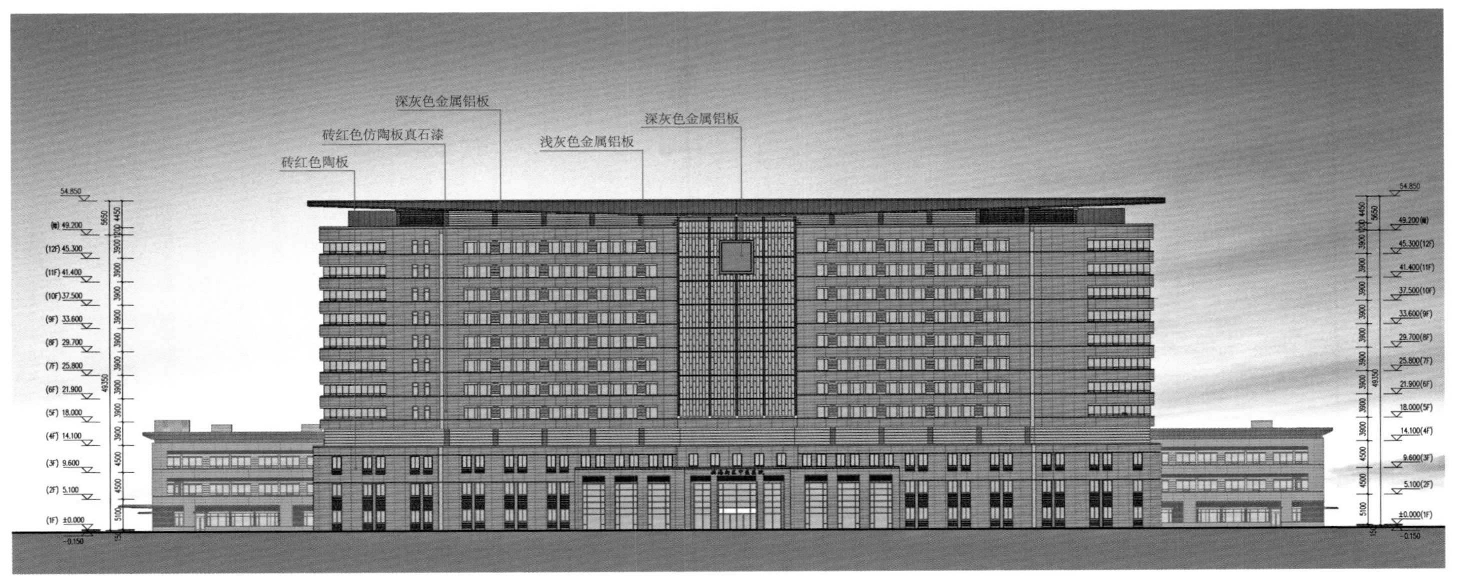
深灰色金属铝板
砖红色仿陶板真石漆
浅灰色金属铝板
深灰色金属铝板
砖红色陶板

北立面图

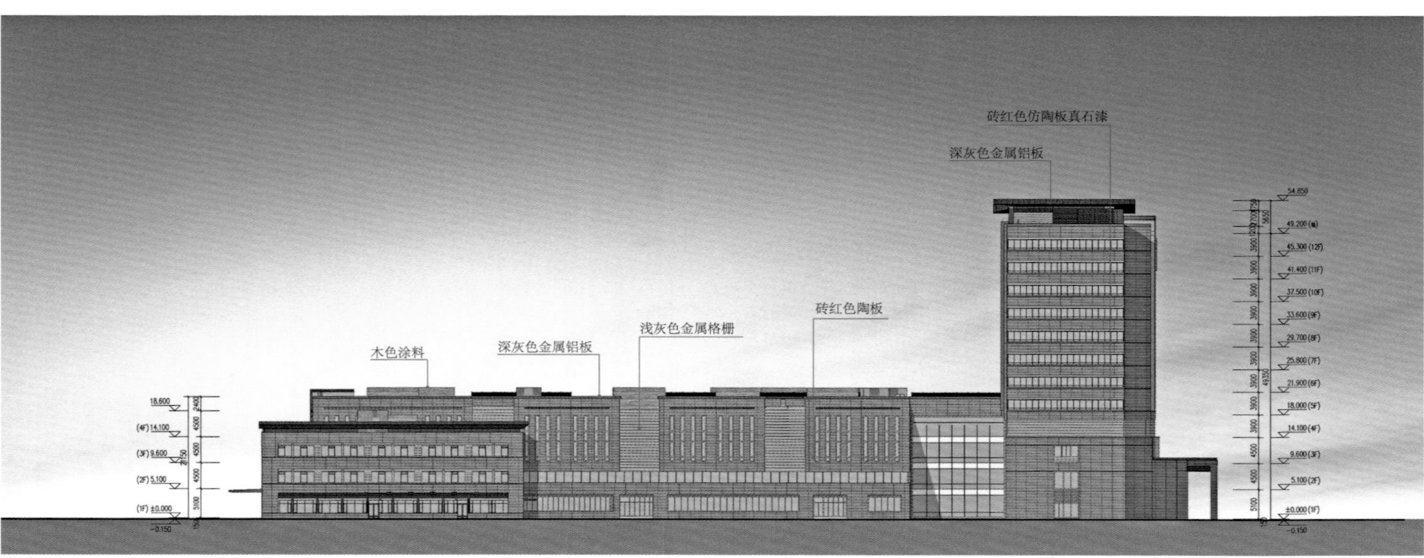
砖红色仿陶板真石漆
深灰色金属铝板
砖红色陶板
浅灰色金属格栅
深灰色金属铝板
木色涂料
东立面图

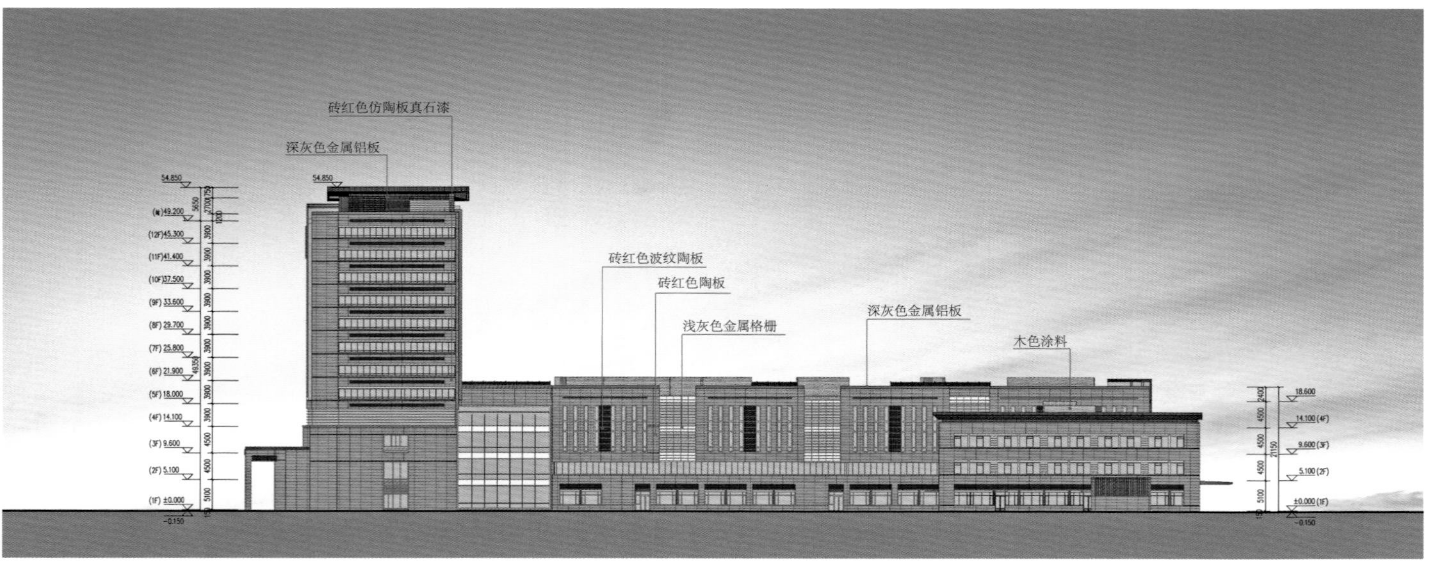
砖红色仿陶板真石漆
深灰色金属铝板
砖红色波纹陶板
砖红色陶板
浅灰色金属格栅
深灰色金属铝板
木色涂料
西立面图

鸟瞰图

效果图

5. 滨海新区第二老年养护院

项目地点：滨海新区汉沽五经路及规划支路交口东南侧

用地面积：20 000.70平方米

建筑面积：22 309.50平方米，地上21 730平方米

设计单位：南京市建筑设计研究院有限责任公司

开发单位：天津滨海新区公共产业建设投资有限公司

项目简介：滨海新区第二老年养护院位于滨海新区汉沽河西区域、蓟运河北岸，主要为新区北域区域提供养老服务，分为综合养老业务服务区、辅助功能区和老年人居住区，设养老床位480张，其特色是位于3楼中央400多平方米的玻璃采光顶，为建筑内休闲养生的老人提供充足的阳光。

实体图

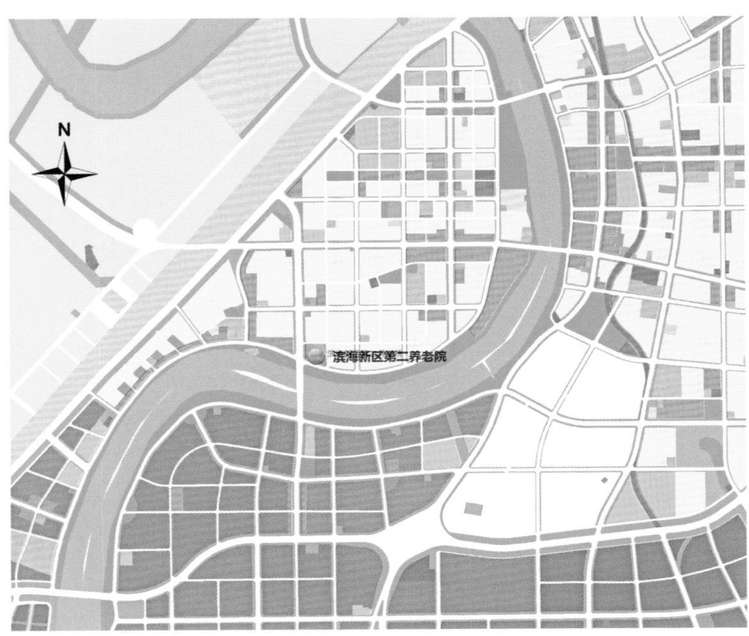

区域位置图

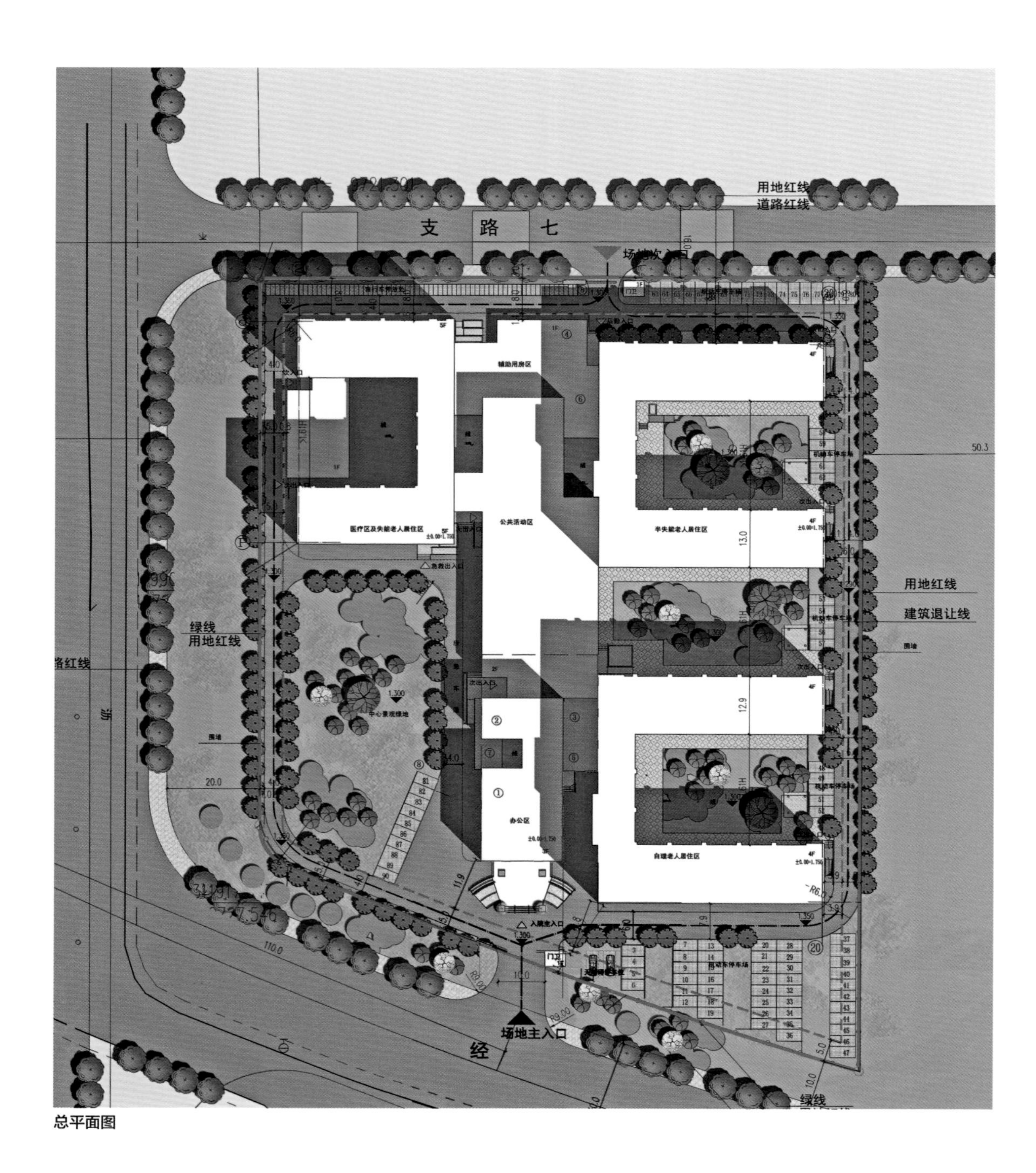
用地红线
道路红线
支 路 七
场地次入口
辅助用房区
医疗区及失能老人居住区
公共活动区
半失能老人居住区
用地红线
建筑退让线
绿线
用地红线
办公区
自理老人居住区
入建主入口
场地主入口
经
绿线
50.3
13.0
12.9
20.0
110.0
总平面图

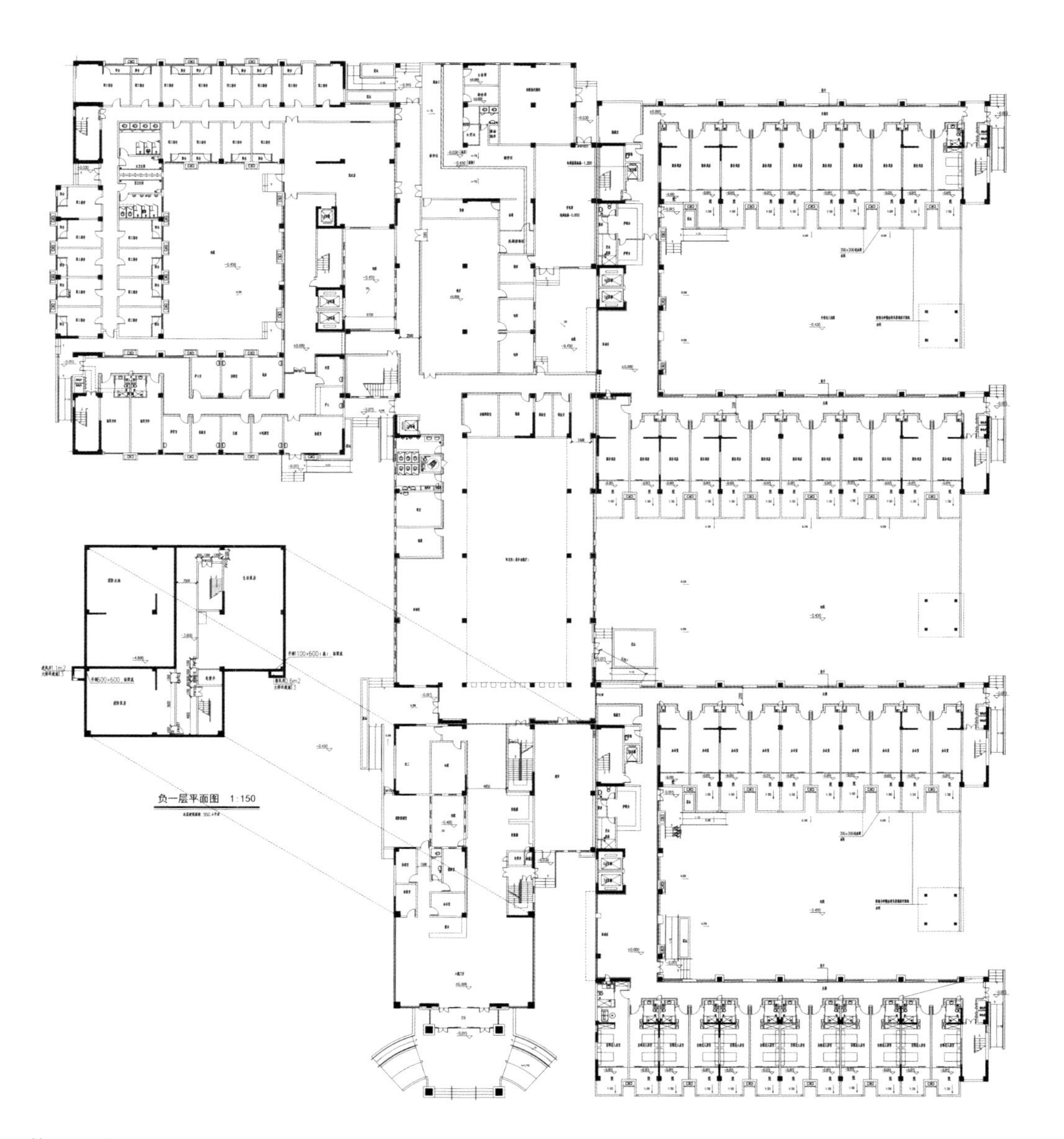

首层平面图

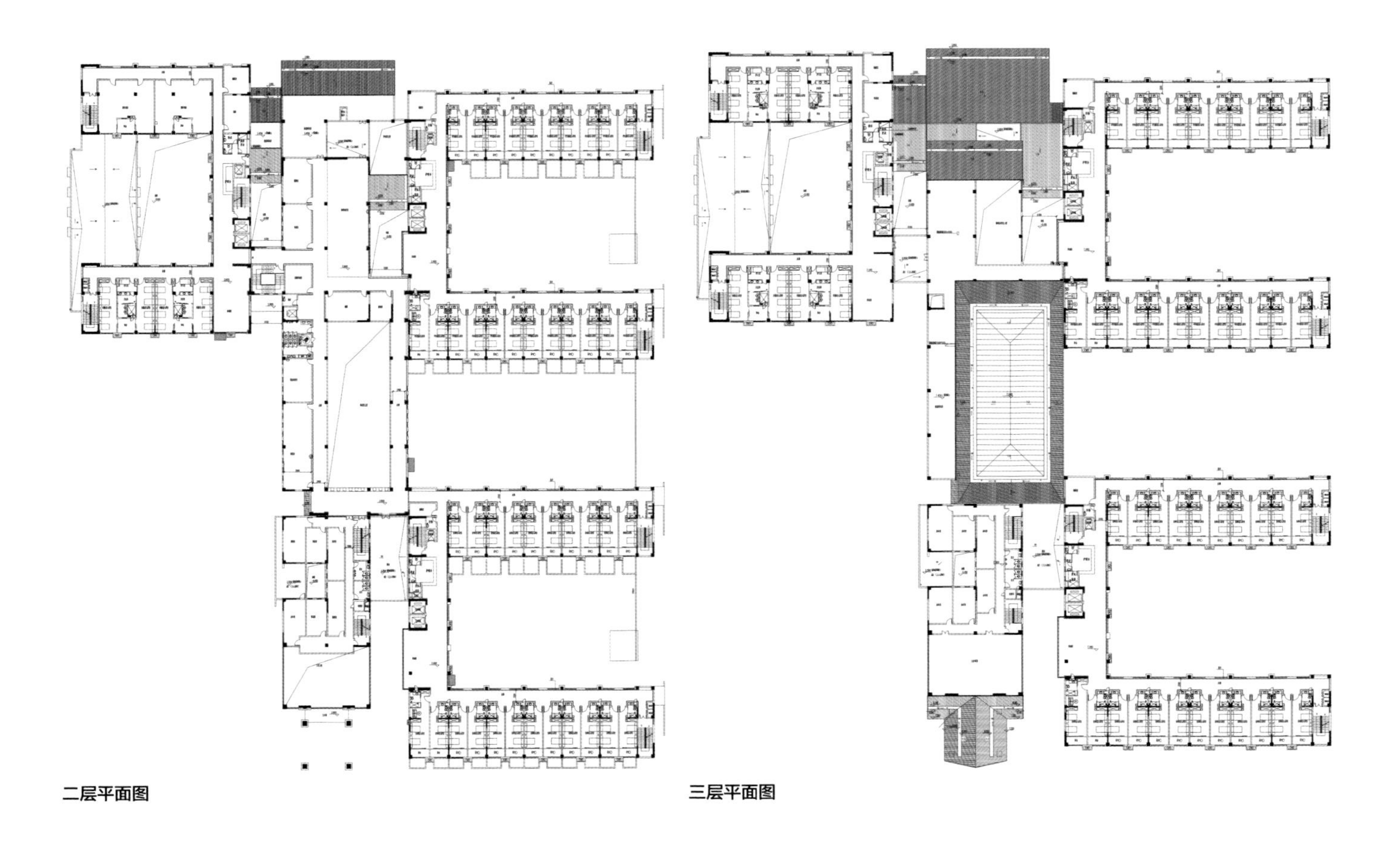

二层平面图

三层平面图

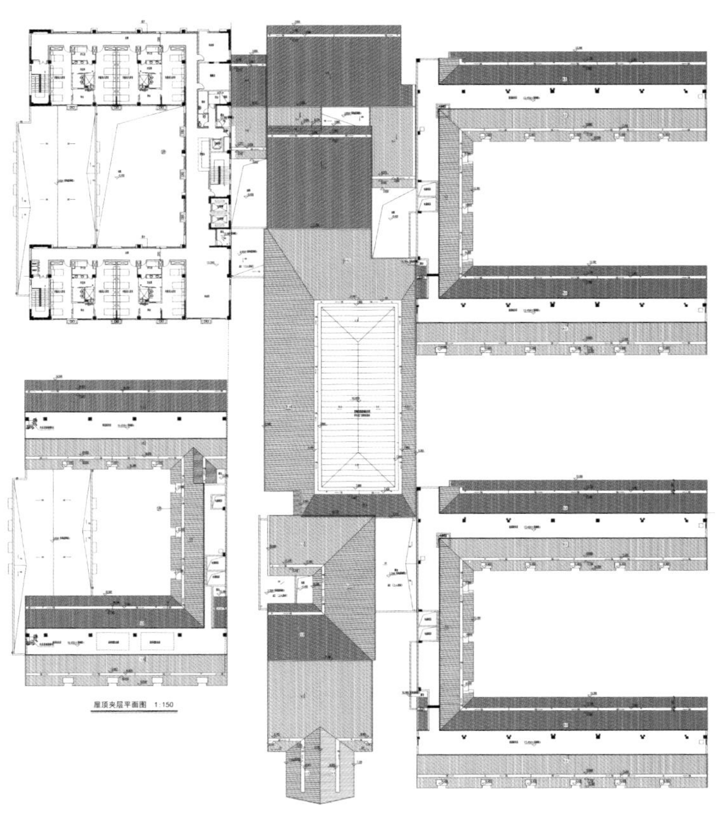

五层平面图

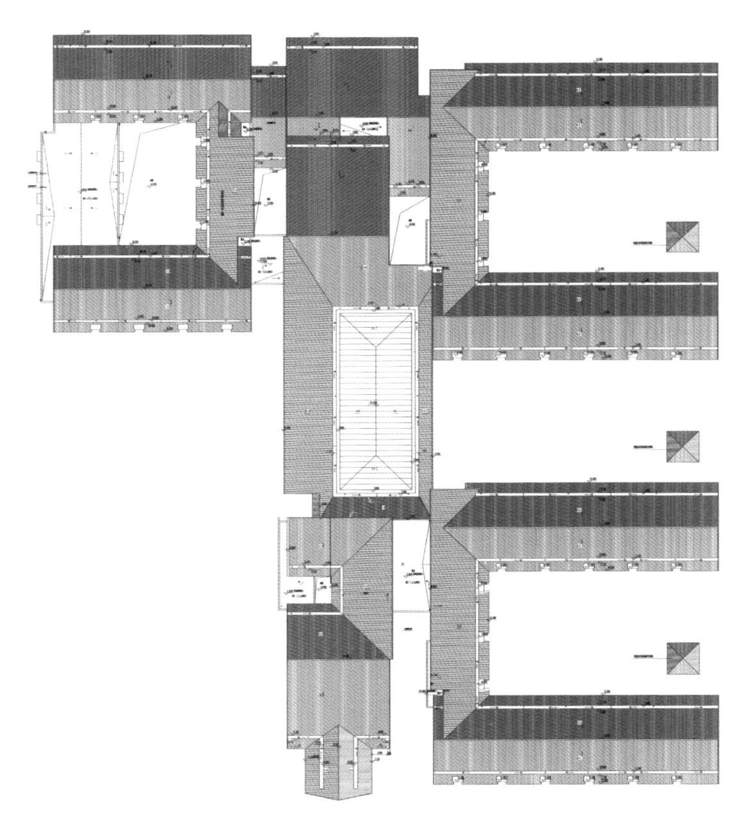

六层平面图

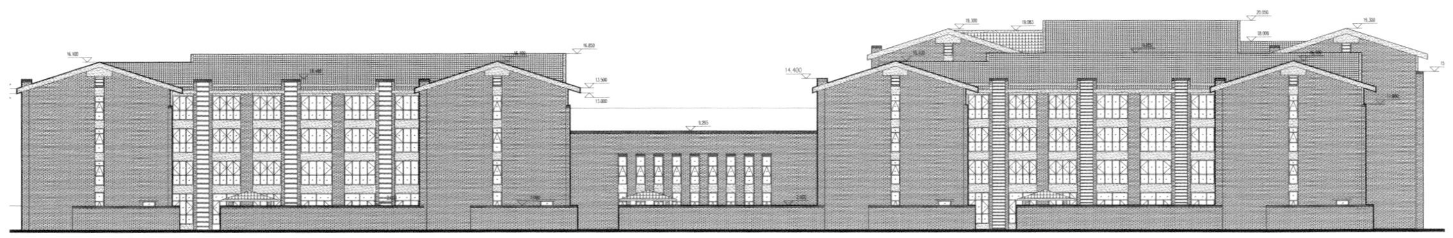
东立面图

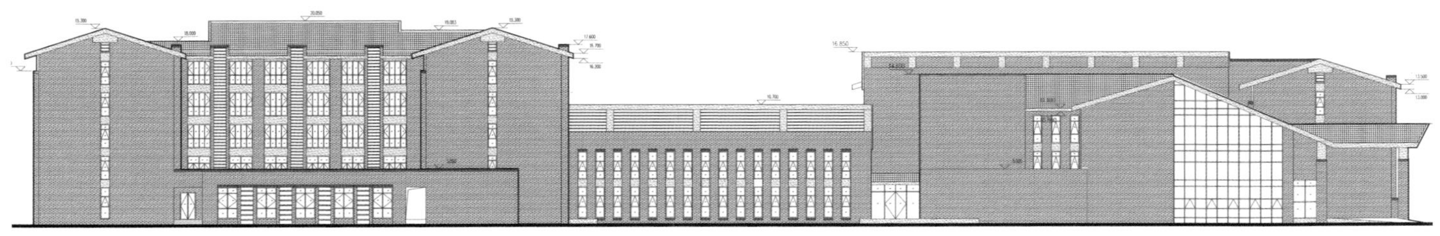
西立面图

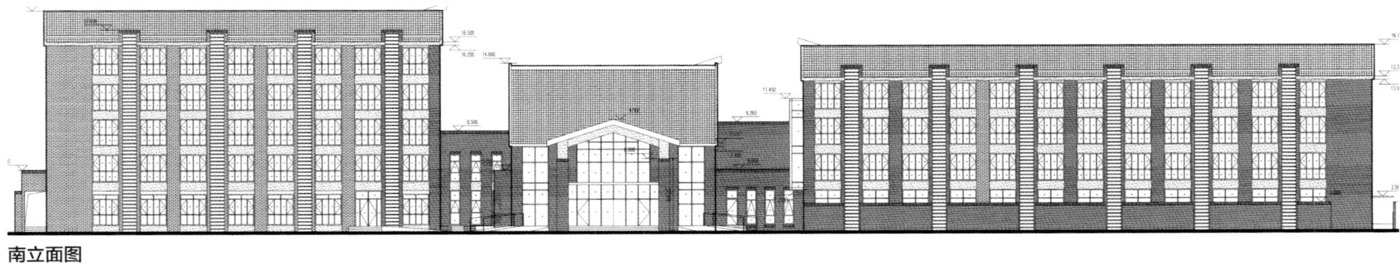

南立面图

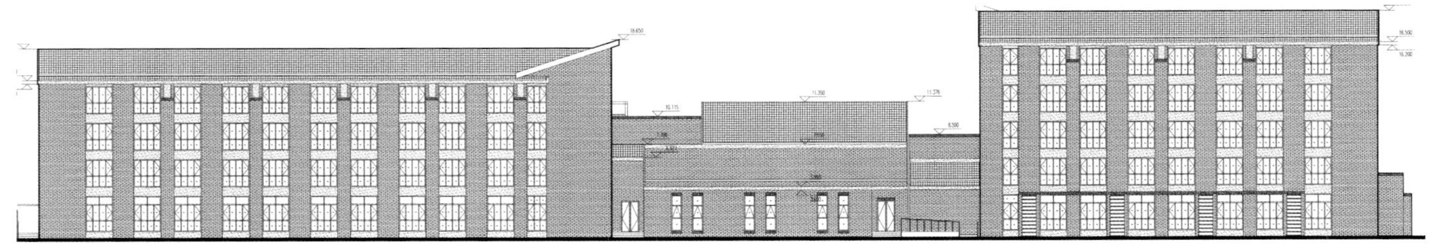

北立面图

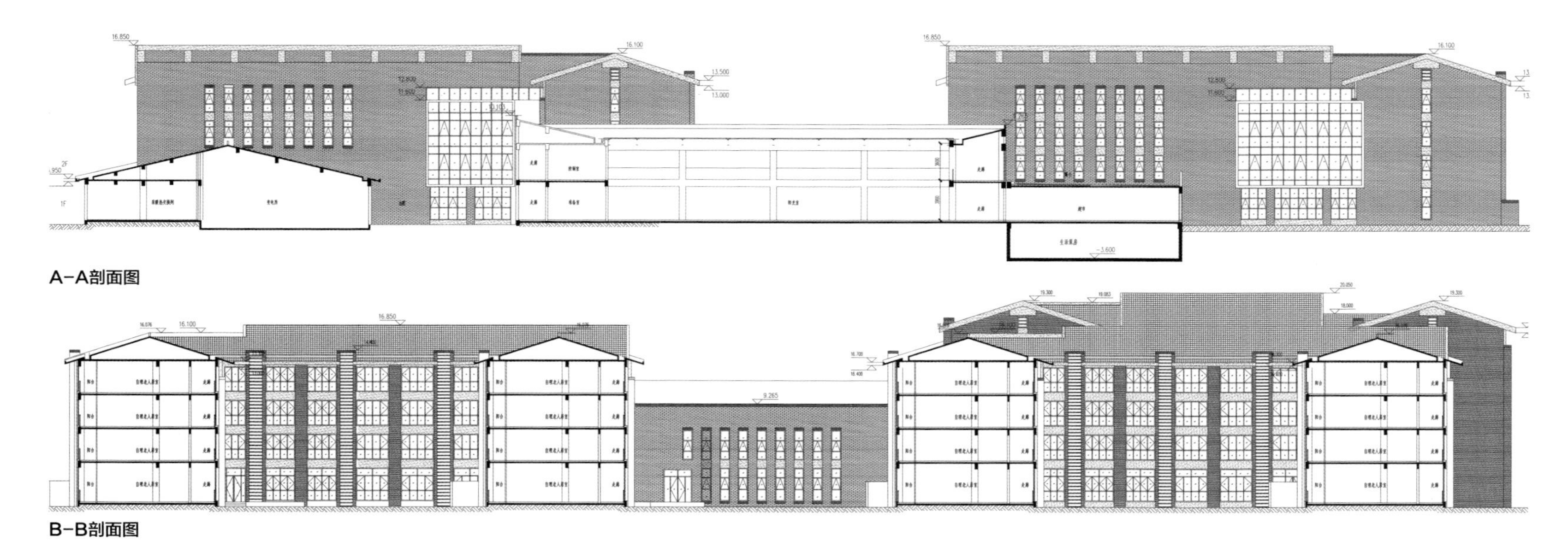
A–A剖面图

B–B剖面图

鸟瞰图

效果图

实体图

6. 滨海新区第三托养康复中心

项目地点： 滨海新区大港港东新城海景七路东侧、港东九道北侧、规划十纬路南侧、大港法院西侧

用地面积： 6 022.5平方米

建筑面积： 16 400平方米，其中地上15 100平方米，容积率2.51；建筑高度43.35米，地上10层，地下1层

设计单位： 天津市建筑设计院

开发单位： 天津滨海新区公共产业建设投资有限公司

项目简介： 阳光家园第三托养康复服务中心项目为综合性残疾人托养康复服务中心，设置122张床位。建设内容主要包括：托养康复用房，康复治疗室（含作业疗法室、运动疗法室、智力康复室、技能培训室和心理咨询室），辅助性就业车间，医务室，多功能报告厅，文体活动用房（含棋牌室、健身房、台球室、启智游戏室、图书阅览室和综合活动室），办公服务用房（含首层服务大厅）和生活辅助用房。项目建成后能够进一步推动滨海新区残疾人社会保障体系和服务体系建设，改善残疾人状况，促进残疾人平等参与社会生活，共享改革发展成果。

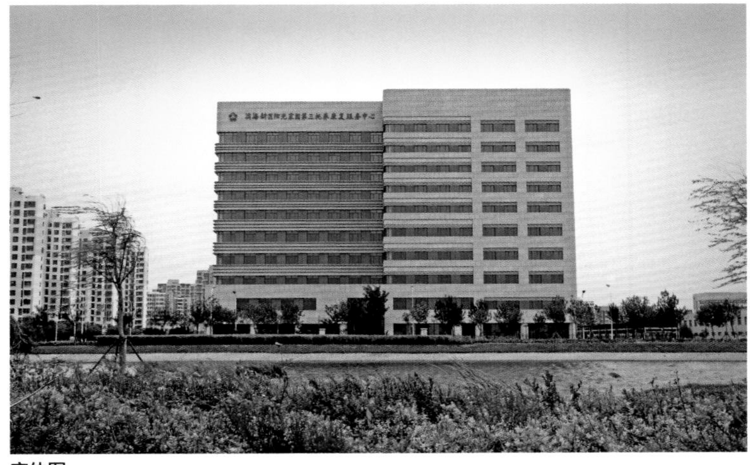

实体图

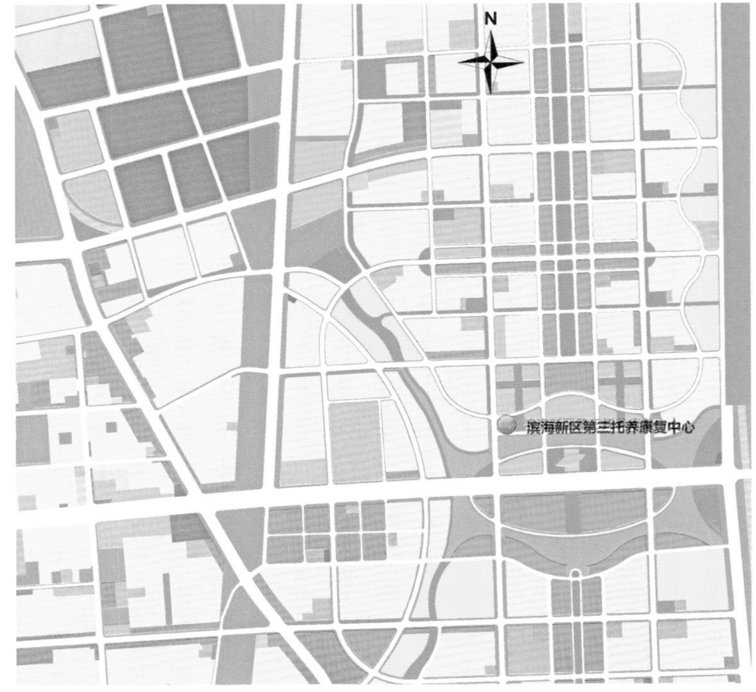

区域位置图

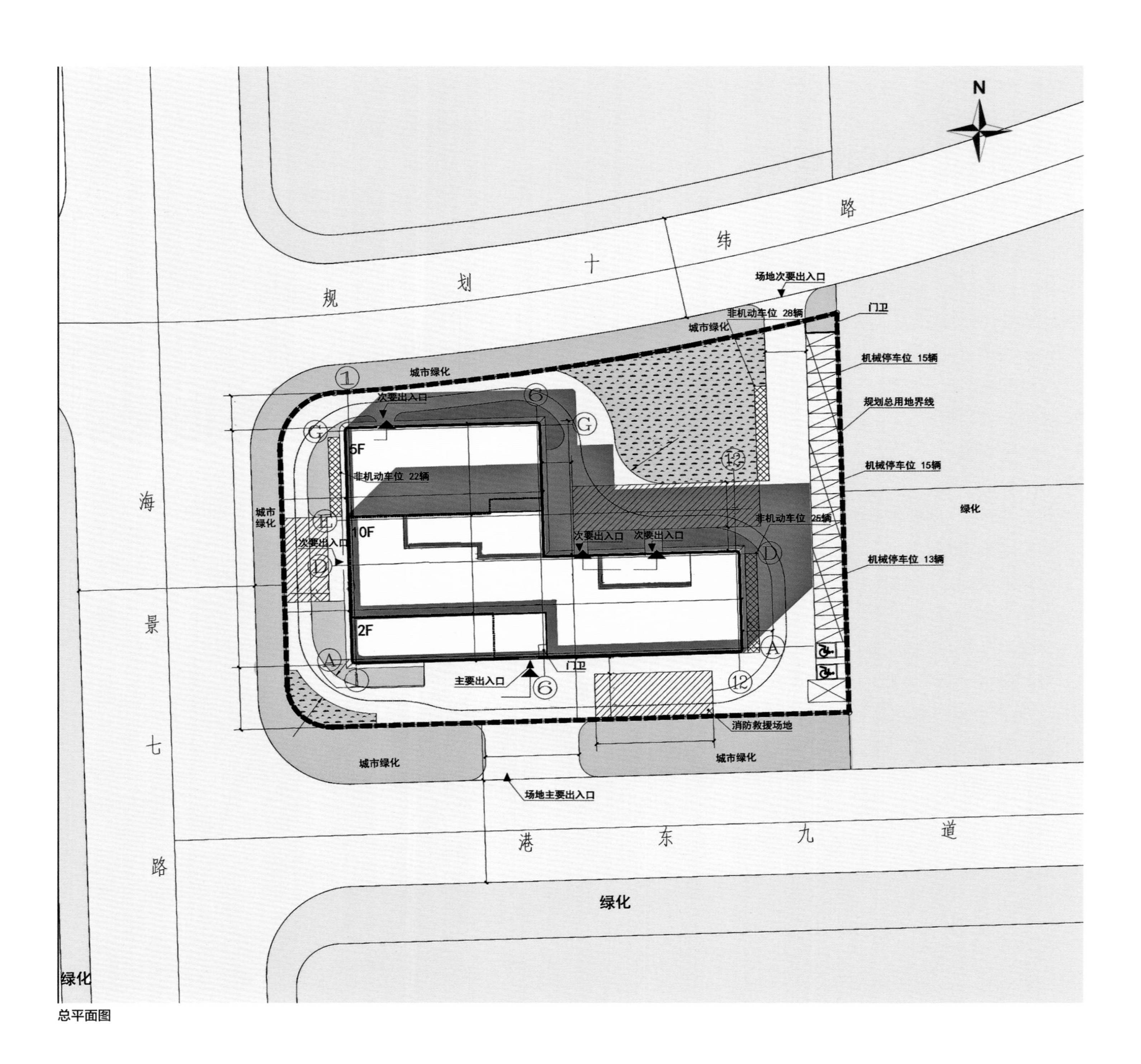
N
规
划
十
纬
路
场地次要出入口
非机动车位 28辆
门卫
城市绿化
机械停车位 15辆
城市绿化
次要出入口
规划总用地界线
5F
非机动车位 22辆
机械停车位 15辆
海
城市绿化
绿化
10F
次要出入口
次要出入口
次要出入口
非机动车位 25辆
机械停车位 13辆
景
2F
门卫
主要出入口
消防救援场地
七
城市绿化
城市绿化
场地主要出入口
港
东
九
道
路
绿化
绿化
总平面图

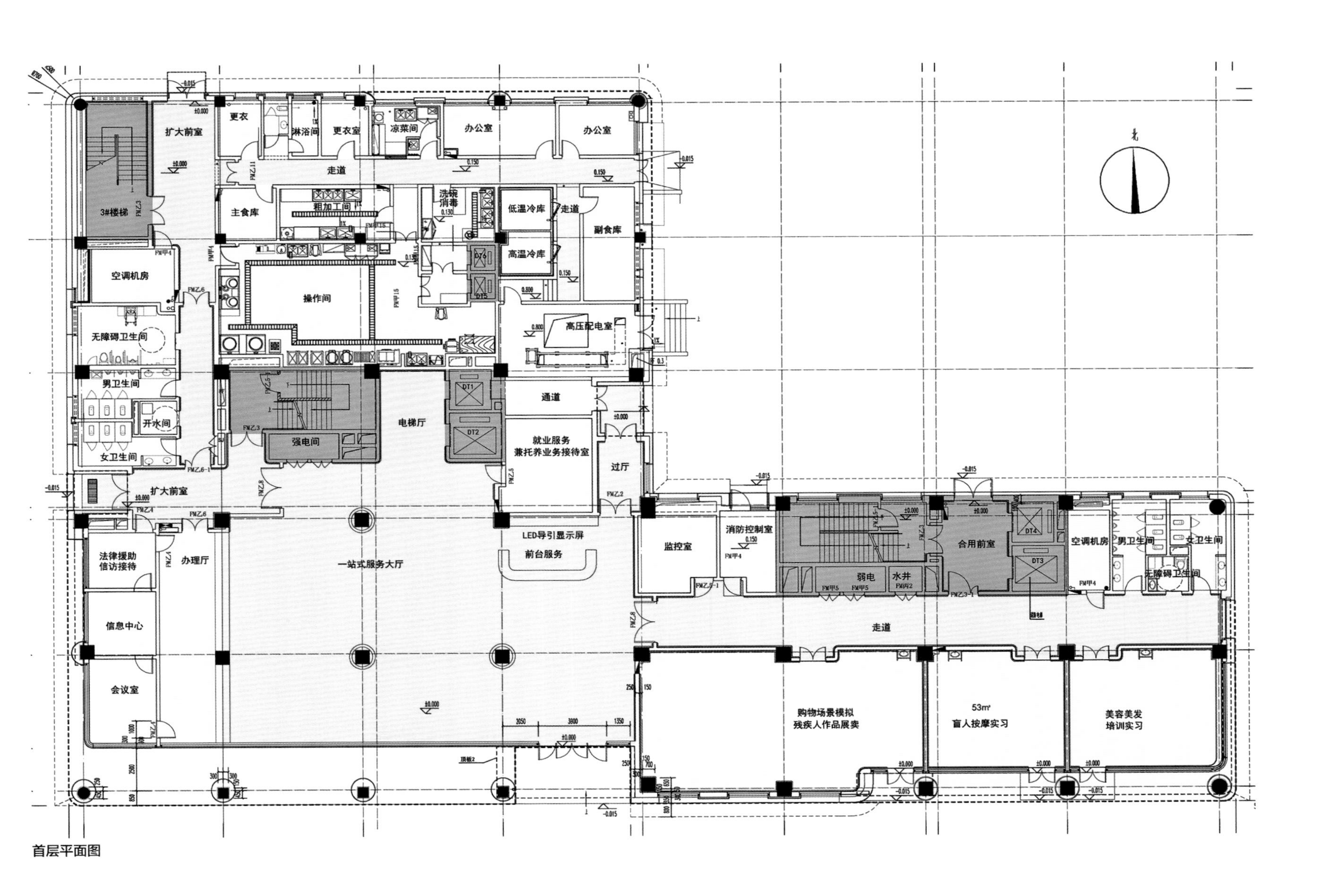
扩大前室
更衣
淋浴间
更衣室
凉菜间
办公室
办公室
走道
3#楼梯
主食库
粗加工间
洗碗消毒
低温冷库
走道
副食库
高温冷库
空调机房
操作间
高压配电室
无障碍卫生间
男卫生间
开水间
女卫生间
强电间
电梯厅
通道
就业服务
兼托养业务接待室
过厅
扩大前室
LED导引显示屏
前台服务
法律援助
信访接待
办理厅
一站式服务大厅
信息中心
会议室
监控室
消防控制室
弱电
水井
合用前室
空调机房
男卫生间
女卫生间
无障碍卫生间
走道
购物场景模拟
残疾人作品展卖
53㎡
盲人按摩实习
美容美发
培训实习
首层平面图

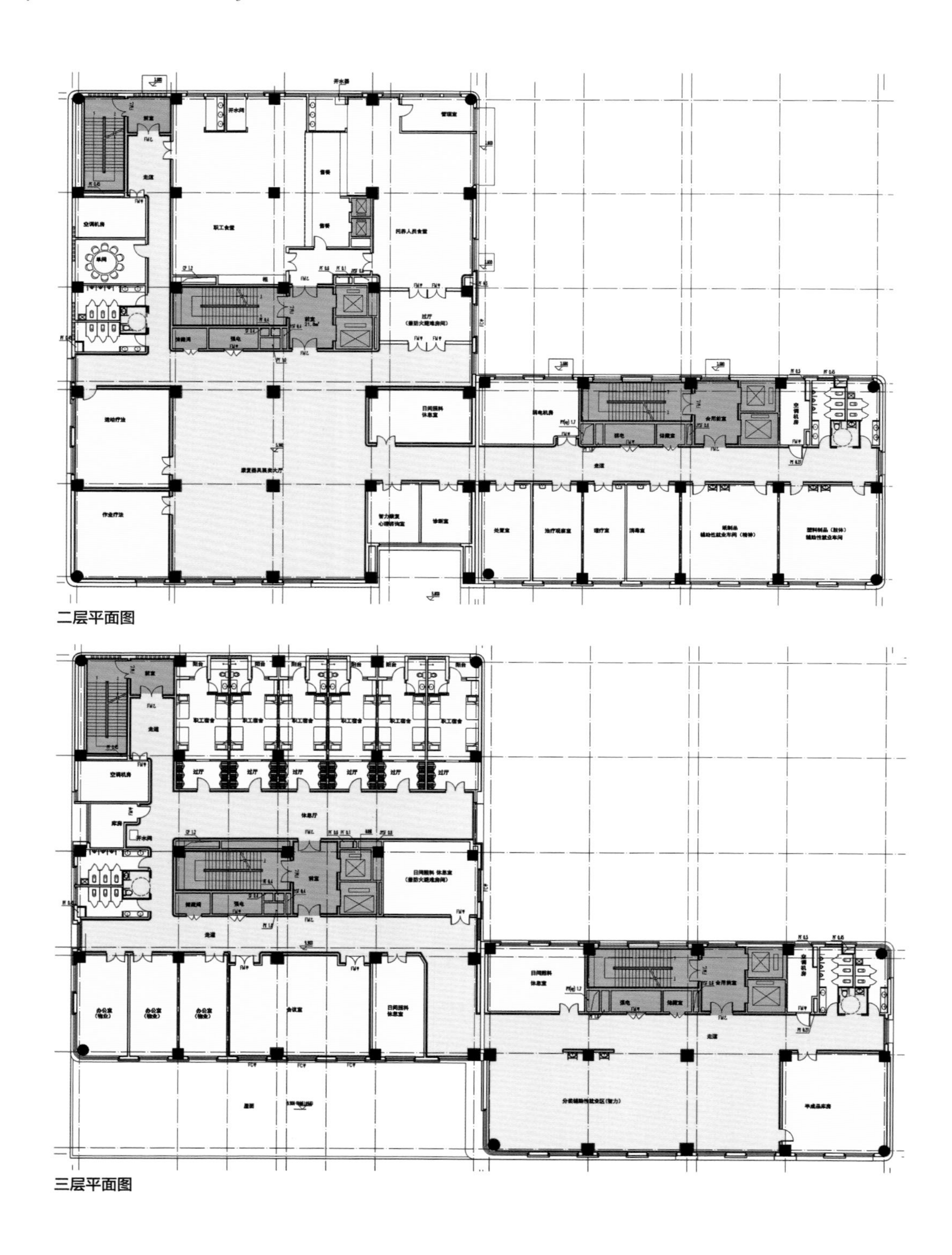

二层平面图

三层平面图

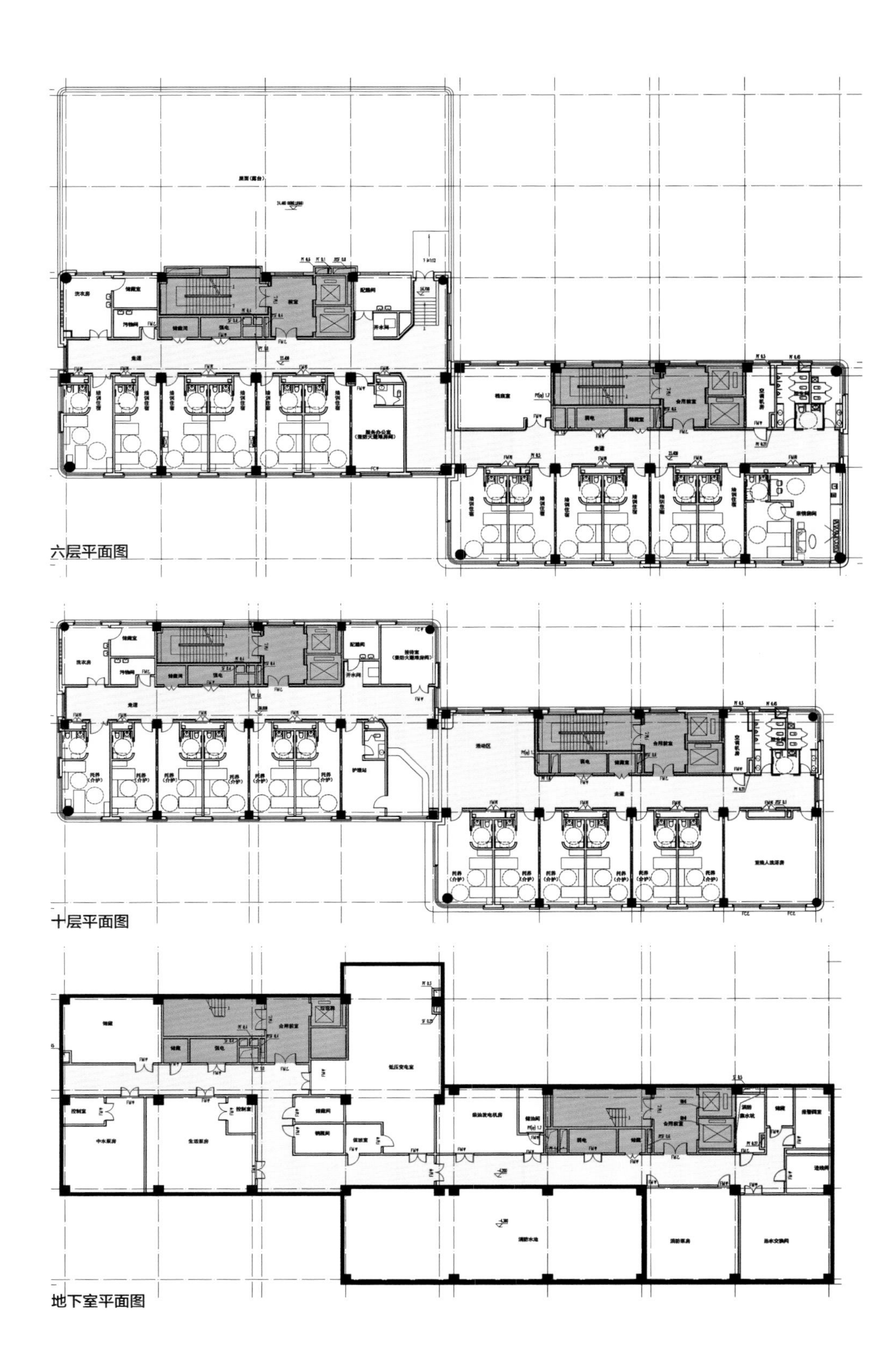

六层平面图

十层平面图

地下室平面图

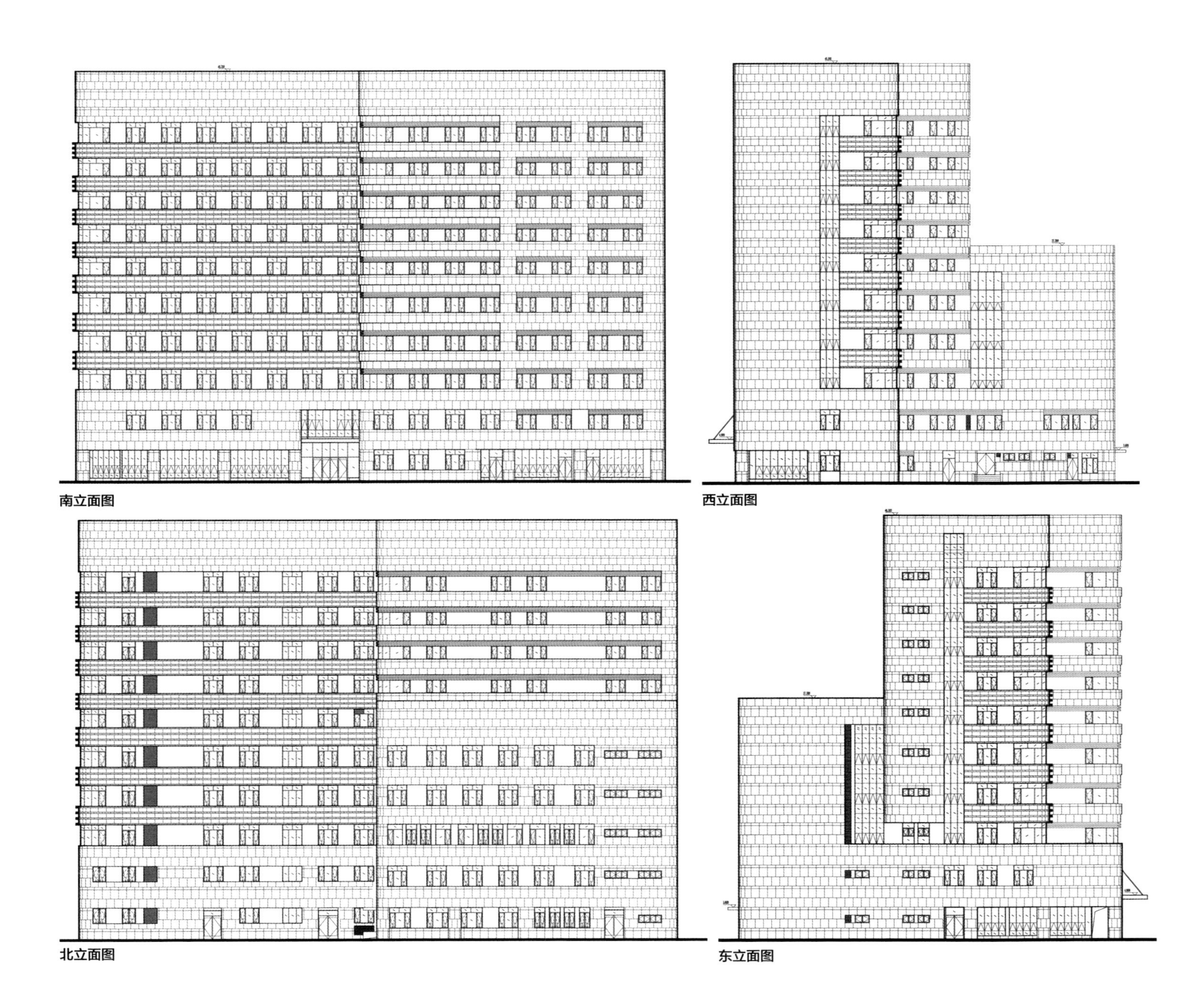

南立面图

西立面图

北立面图

东立面图

鸟瞰图

效果图

实体图

7. 中心渔港成功游艇湾项目

项目地点： 滨海新区生态城中心渔港
用地面积： 18 906平方米
建筑面积： 20 142.86平方米，其中地上20 000平方米，容积率0.49
设计单位： 天津市建筑设计院
开发单位： 天津滨北投资发展有限公司
项目简介： 本项目将着力建设北方游艇制造、展示、销售、维修和培训中心，旨在打造中国北方最具特色的游艇休闲旅游示范区，建成以国际级游艇码头为核心，集旅游休闲、生活居住为一体的现代服务业项目集群。同时，中心渔港经济区将依托中澳皇家游艇城，规划形成游艇制造、游艇会展、游艇俱乐部三大产业并举发展的游艇产业集群，打造成为我国北方游艇产业中心。

成功游艇湾采用框架结构体系，作为整个中澳游艇城的主要公共设施，为游艇爱好者和高端客户提供全方位的服务，包括中西餐厅、咖啡厅、健身房以及游艇的展示和销售。并结合周围的自然环境，为人们提供积极的开放空间和生态环境，如滨海步道、观景平台、绿地、水景。

效果图

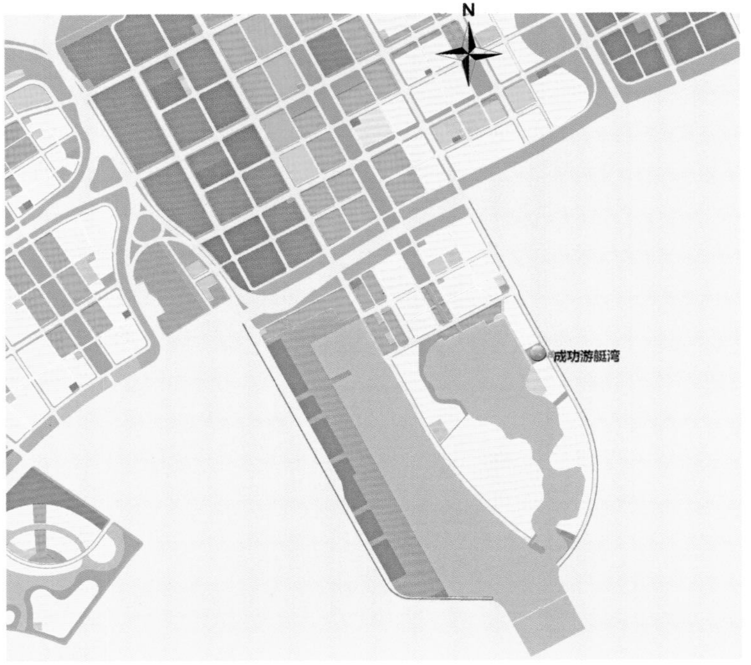

区域位置图

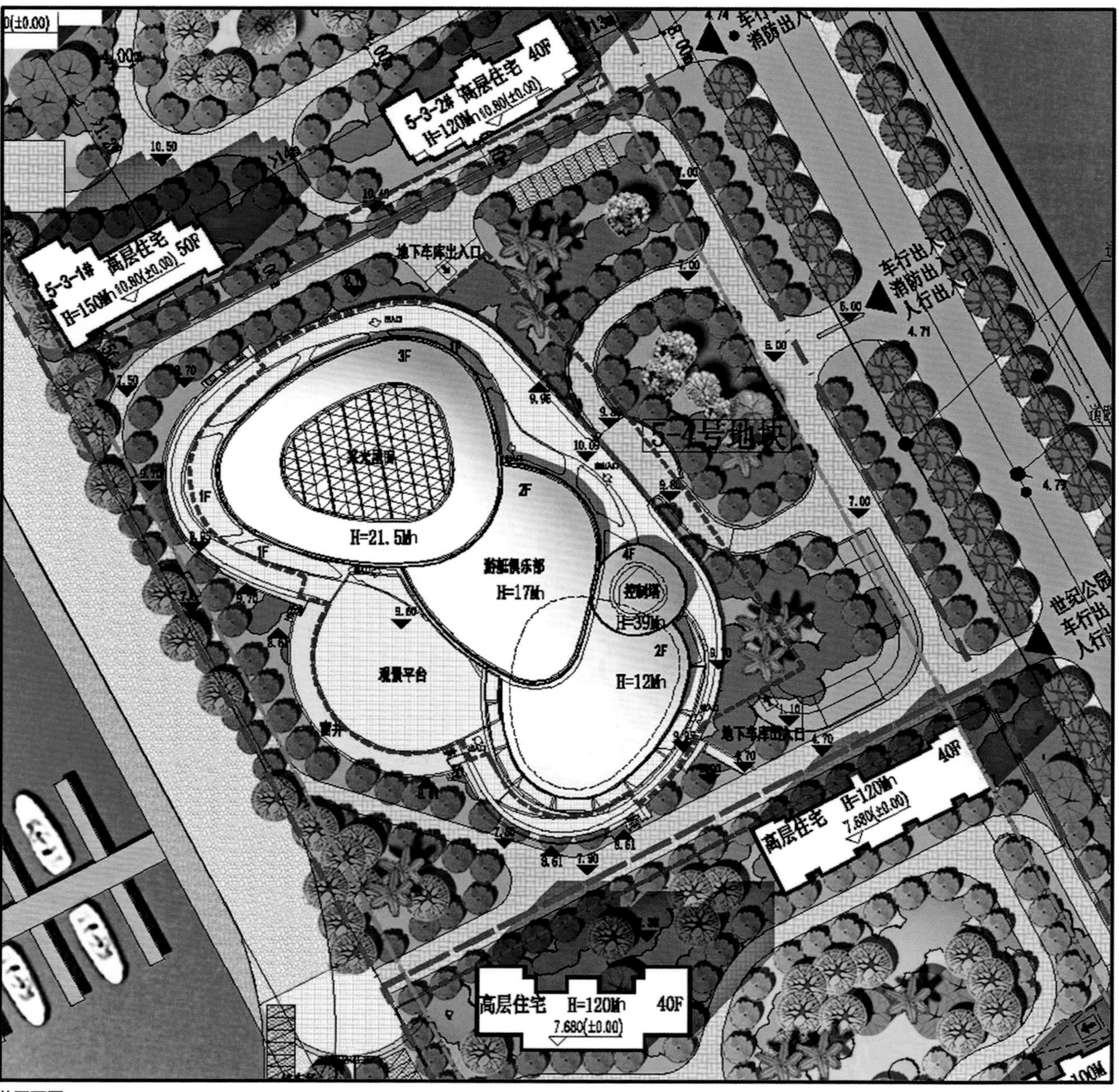
5-3-2# 高层住宅 40F
H=120Mh 10.80(±0.00)
5-3-1# 高层住宅 50F
H=150Mh 10.80(±0.00)
地下车库出入口
消防出入口
车行出入口
消防出入口
人行出入口
5-4号地块
3F
1F
2F
H=21.5Mh
游艇俱乐部
H=17Mh
4F
控制塔
H=39Mh
2F
H=12Mh
观景平台
地下车库出入口
高层住宅 H=120Mh 40F
7.680(±0.00)
高层住宅 H=120Mh 40F
7.680(±0.00)
10.50
7.00
6.00
4.71
7.00
总平面图

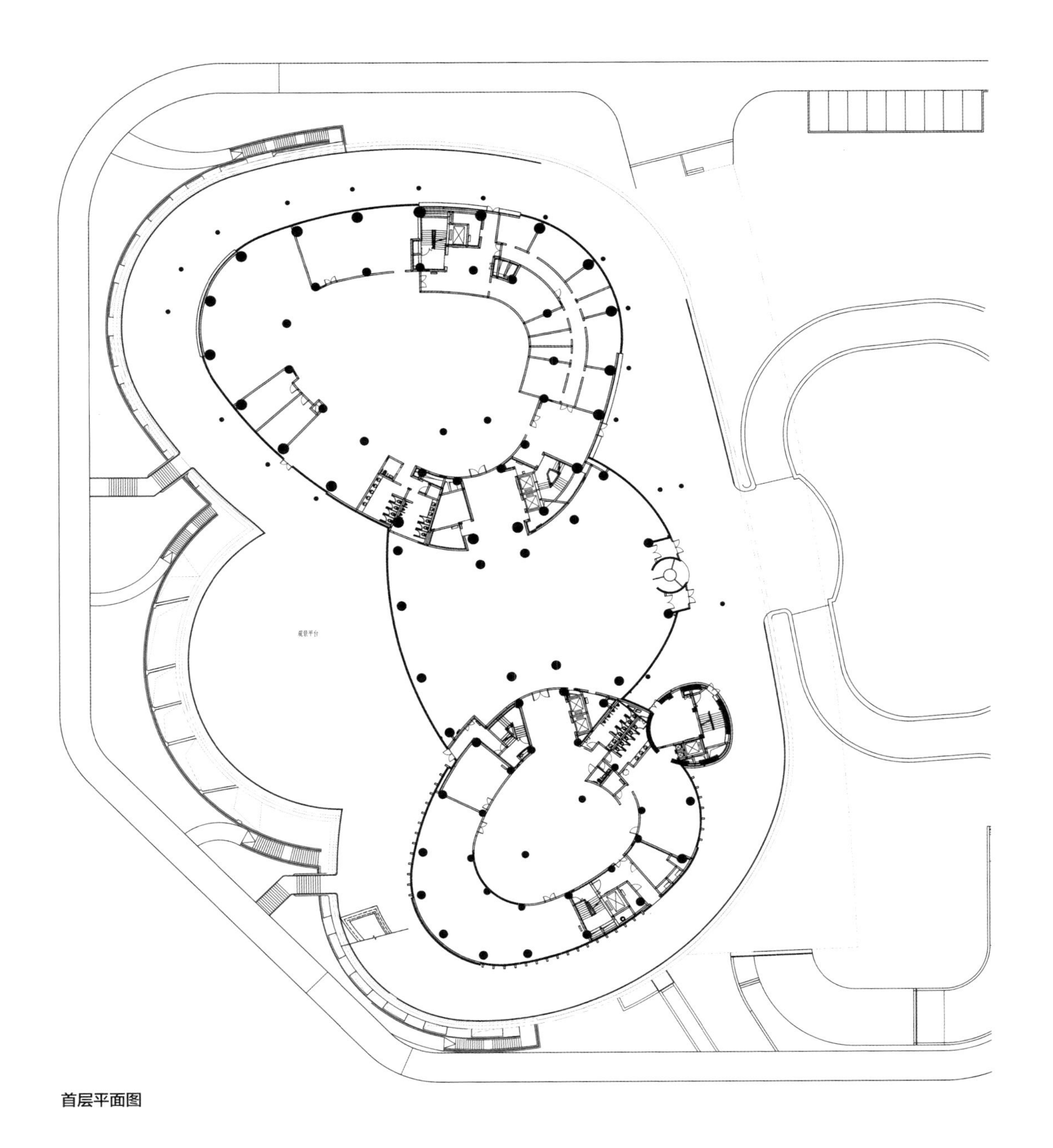

首层平面图

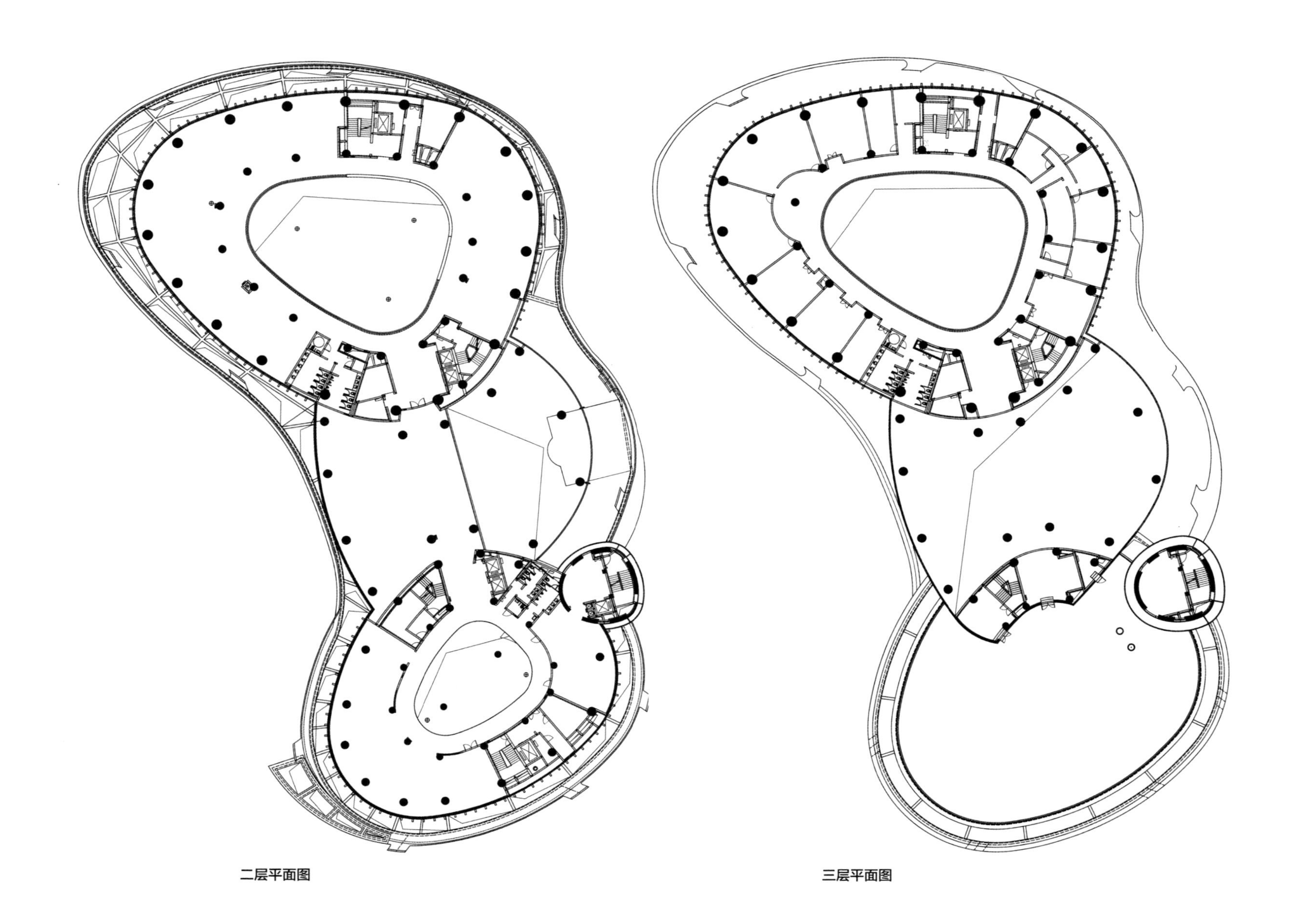

二层平面图

三层平面图

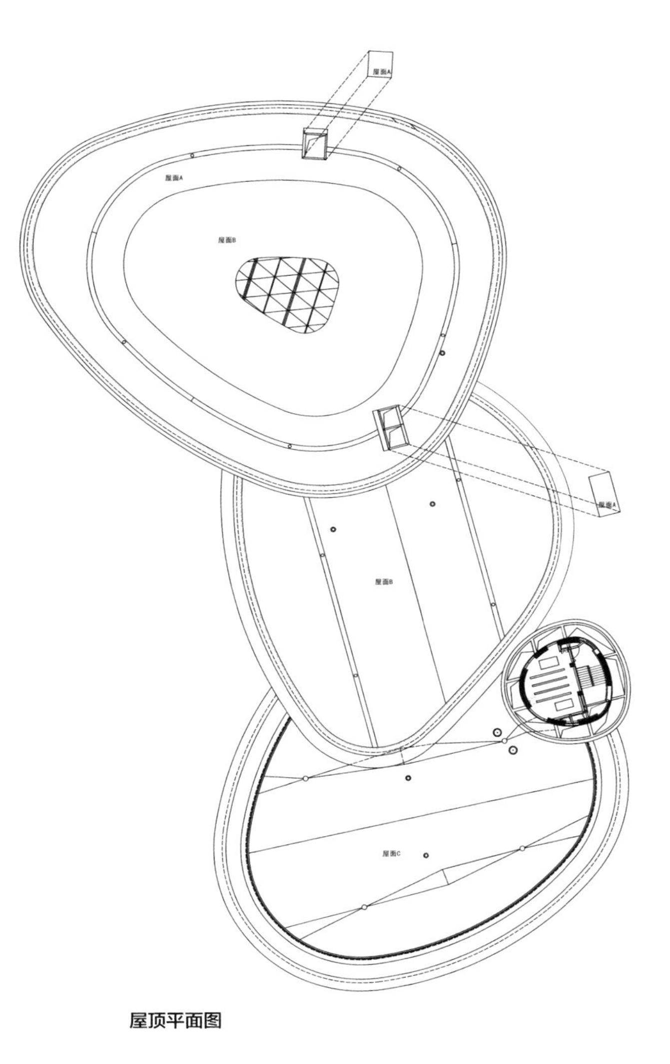

屋顶平面图

地下一层平面图

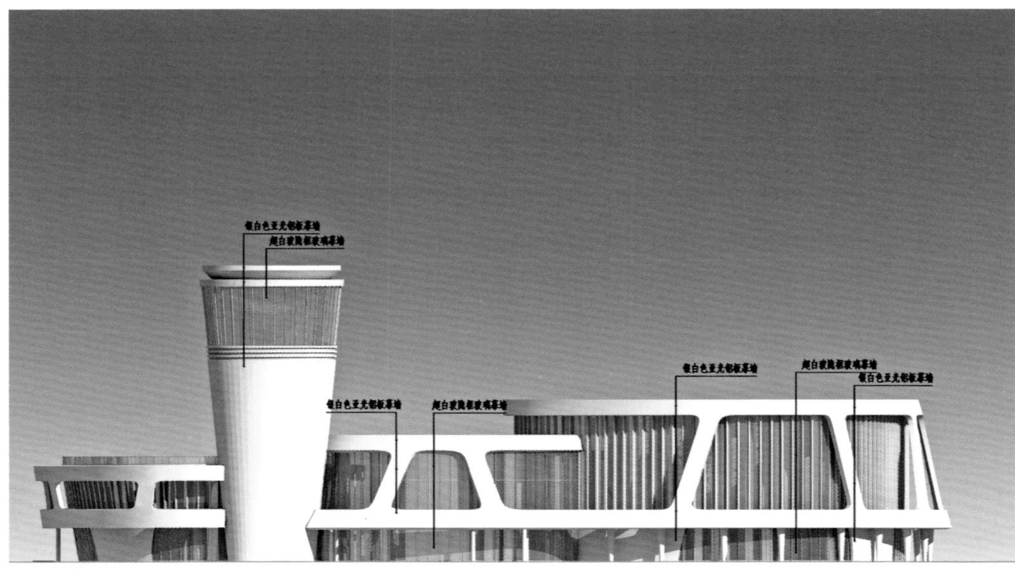
银白色亚光铝板幕墙
超白玻隐框玻璃幕墙
银白色亚光铝板幕墙
超白玻隐框玻璃幕墙
银白色亚光铝板幕墙
超白玻隐框玻璃幕墙
银白色亚光铝板幕墙
东立面图

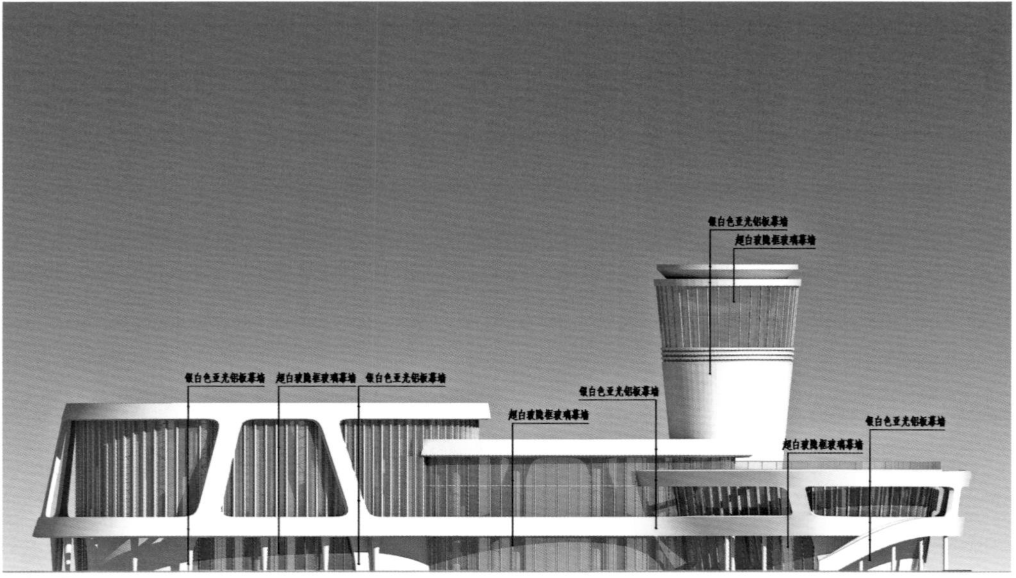
银白色亚光铝板幕墙
超白玻隐框玻璃幕墙
银白色亚光铝板幕墙
超白玻隐框玻璃幕墙
银白色亚光铝板幕墙
银白色亚光铝板幕墙
超白玻隐框玻璃幕墙
超白玻隐框玻璃幕墙
银白色亚光铝板幕墙
西立面图

银白色亚光铝板幕墙
超白玻隐框玻璃幕墙
超白玻隐框玻璃幕墙
银白色亚光铝板幕墙

南立面图

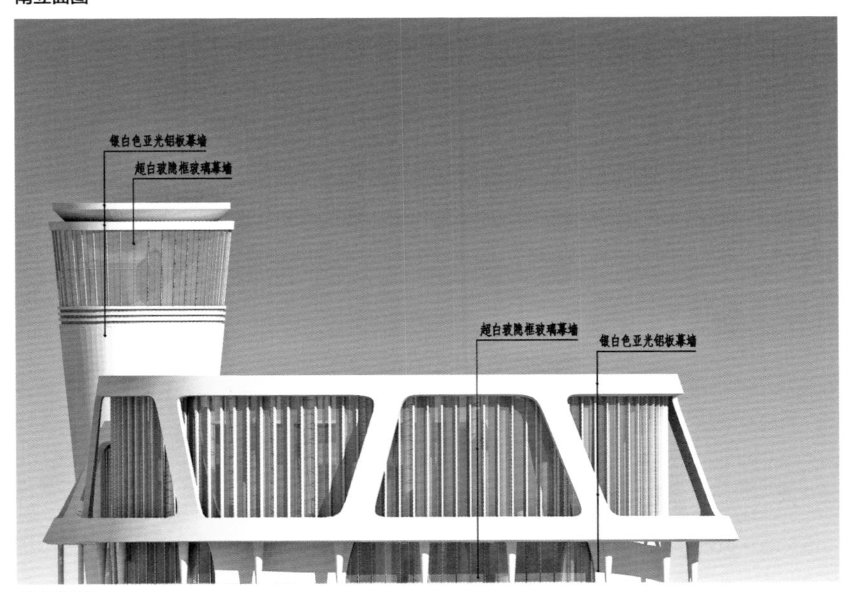
银白色亚光铝板幕墙
超白玻隐框玻璃幕墙
超白玻隐框玻璃幕墙
银白色亚光铝板幕墙

北立面图

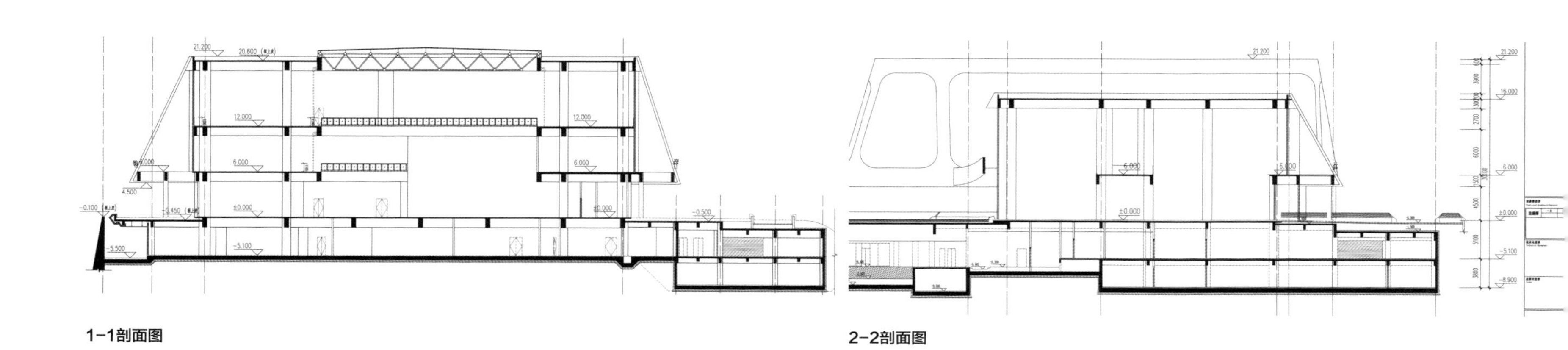

1-1剖面图

2-2剖面图

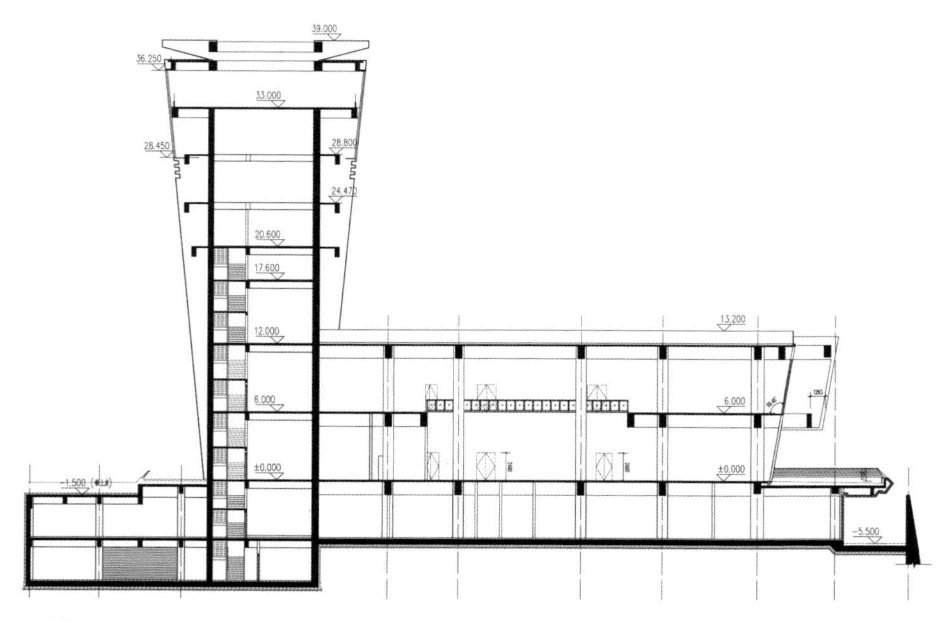

3-3剖面图

鸟瞰图

效果图

七、教育建筑

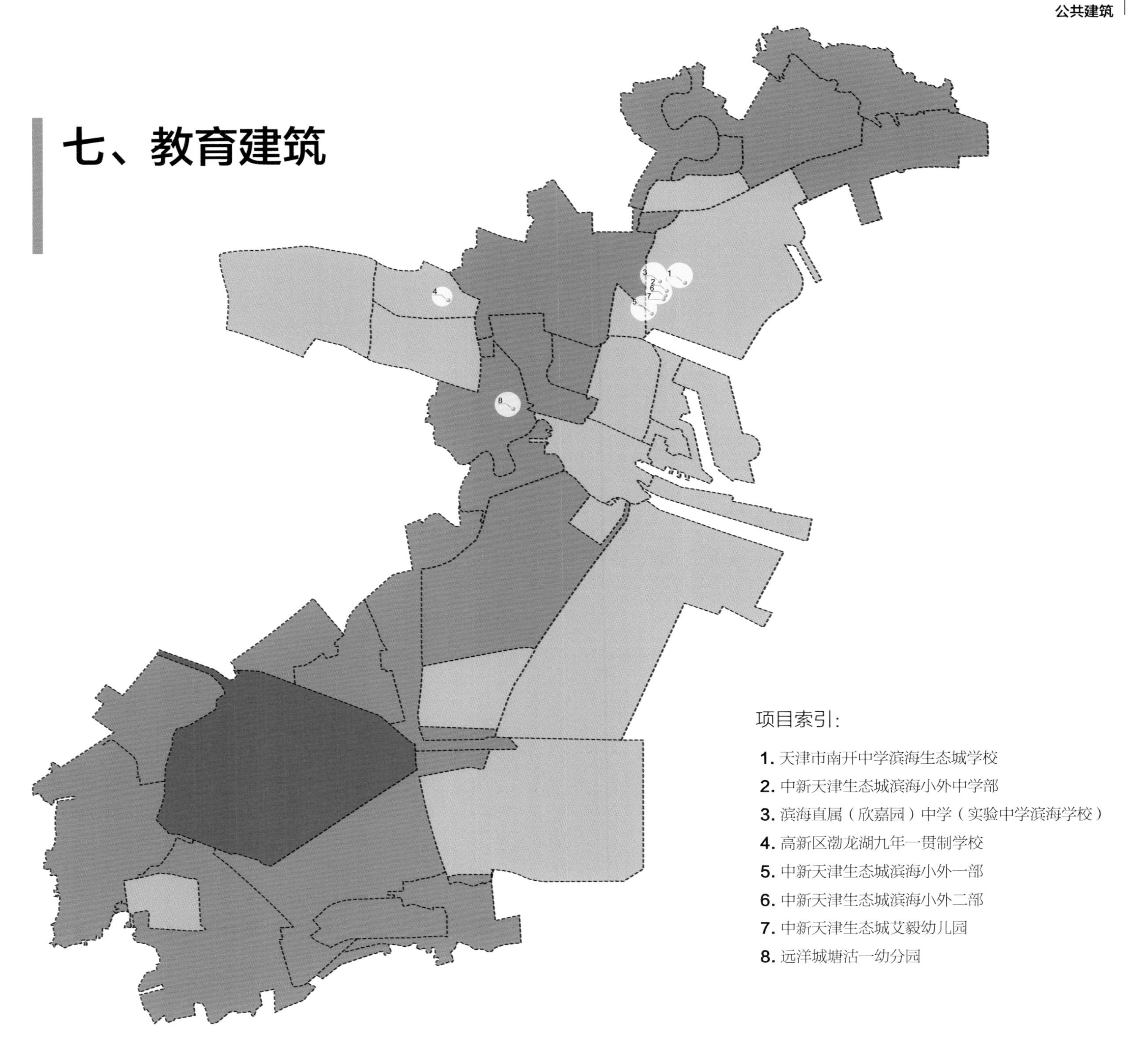

项目索引:

1. 天津市南开中学滨海生态城学校
2. 中新天津生态城滨海小外中学部
3. 滨海直属（欣嘉园）中学（实验中学滨海学校）
4. 高新区渤龙湖九年一贯制学校
5. 中新天津生态城滨海小外一部
6. 中新天津生态城滨海小外二部
7. 中新天津生态城艾毅幼儿园
8. 远洋城塘沽一幼分园

1. 天津市南开中学滨海生态城学校

项目地点： 天津生态城中部片区，中天大道与中泰大道交口南侧

用地面积： 20.4万平方米

建筑面积： 187 500平方米，其中地上163 200平方米，容积率0.8；建筑高度35米，建筑层数为4层，局部5层

设计单位： 天津市建筑设计院

开发单位： 天津市南开中学

项目简介： 学校校园功能分区明确，教学区、公共区、活动区、生活区各自集中，互相独立，但同时各区通过走廊、院落有机组织起来，形成南开气质的一脉相承。目前地上涉及单体建筑9座，分别是：校史馆、礼堂、科技艺术楼、图书馆、实验楼、行政楼、教学楼、办公楼、体育馆、网球馆、学生食堂、服务中心、学生宿舍、教师宿舍及地下车库。

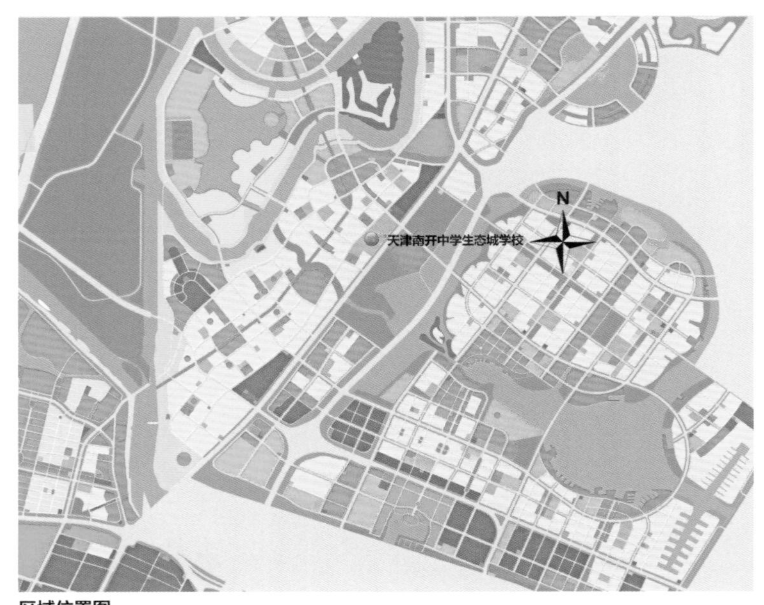

区域位置图

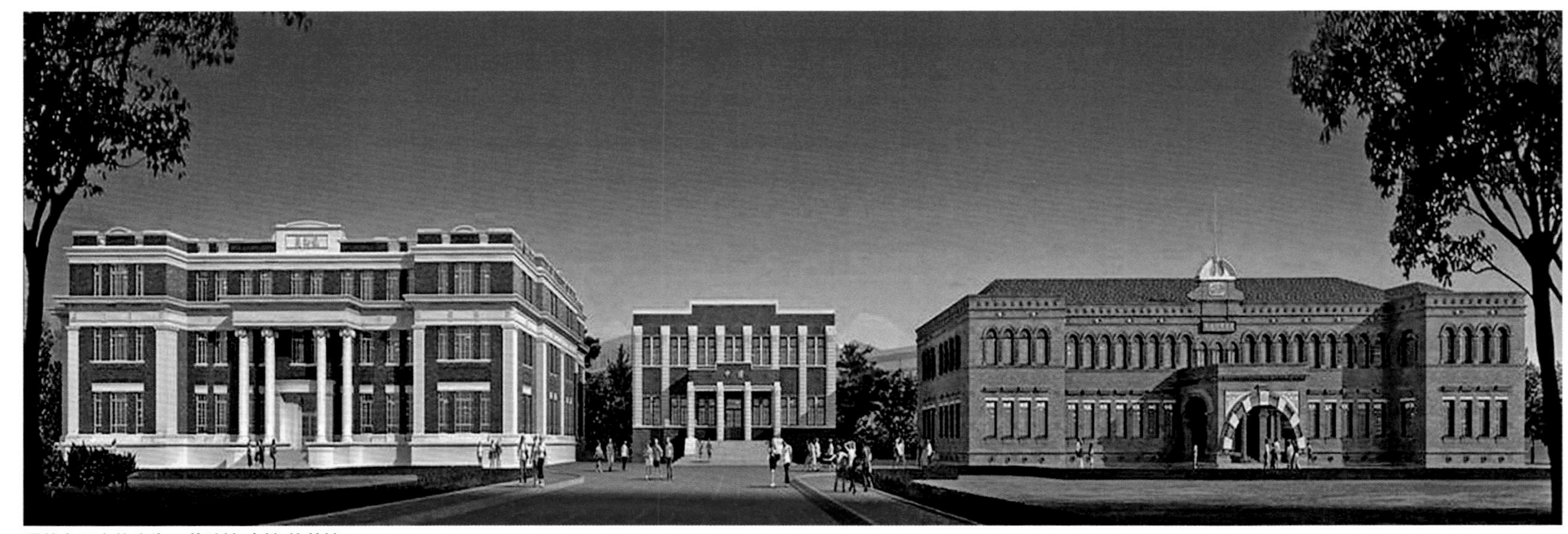
图从左至右依次为：范孙楼 中楼 伯苓楼

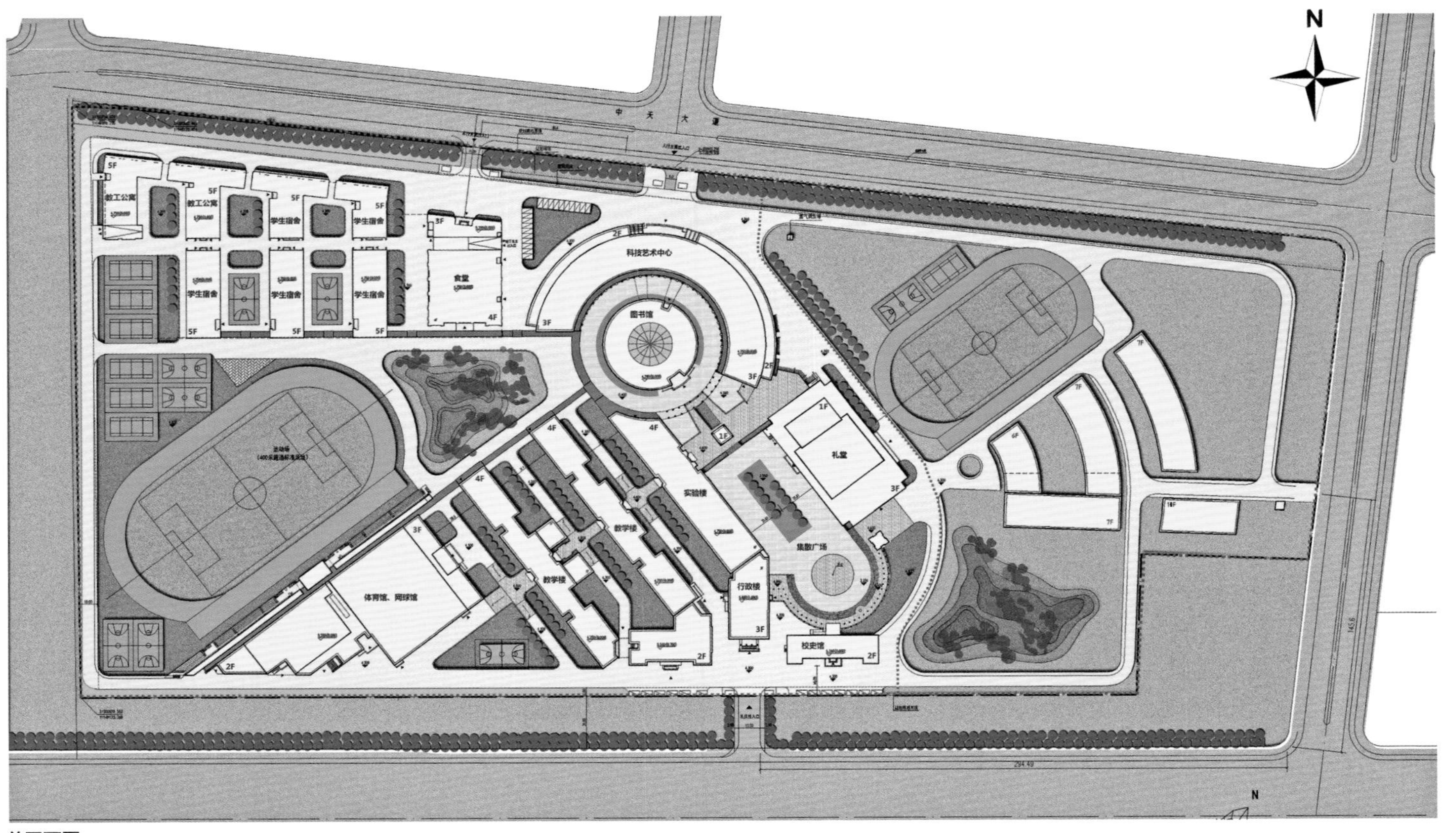
N
中天大道
教工公寓
学生宿舍
食堂
科技艺术中心
图书馆
礼堂
实验楼
教学楼
行政楼
集散广场
校史馆
体育馆、网球馆
294.49

总平面图

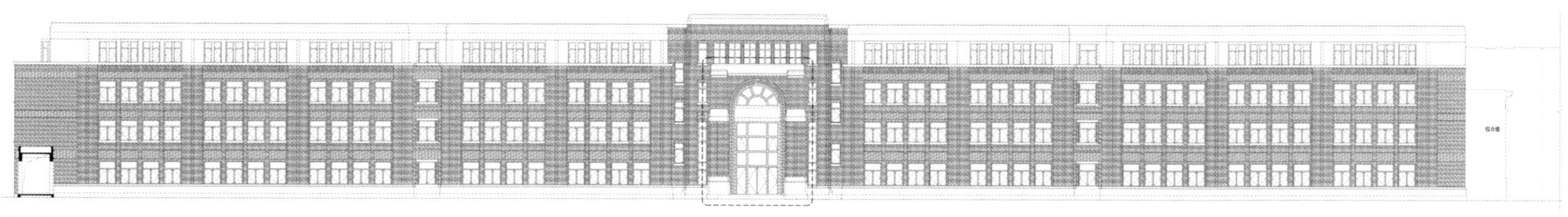

教学楼A1-A23立面图

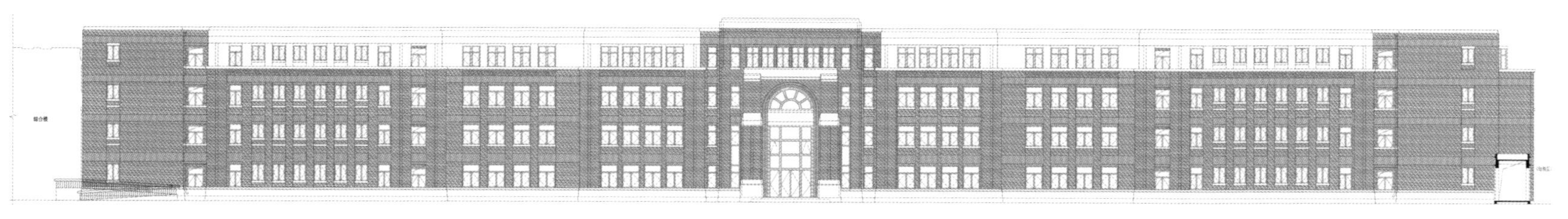

教学楼A23-A1立面图

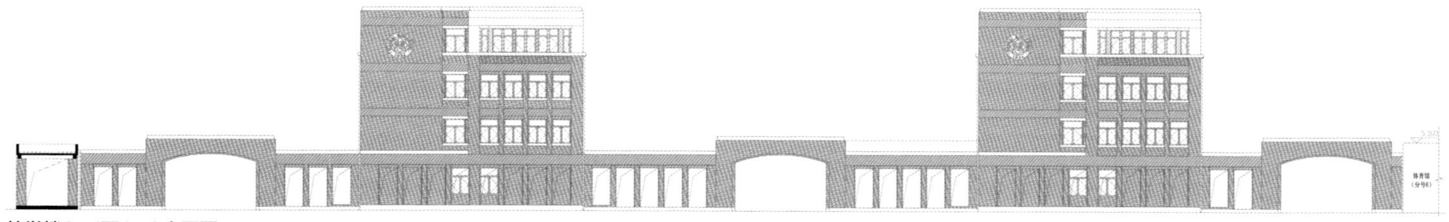

教学楼A-J至A-A立面图

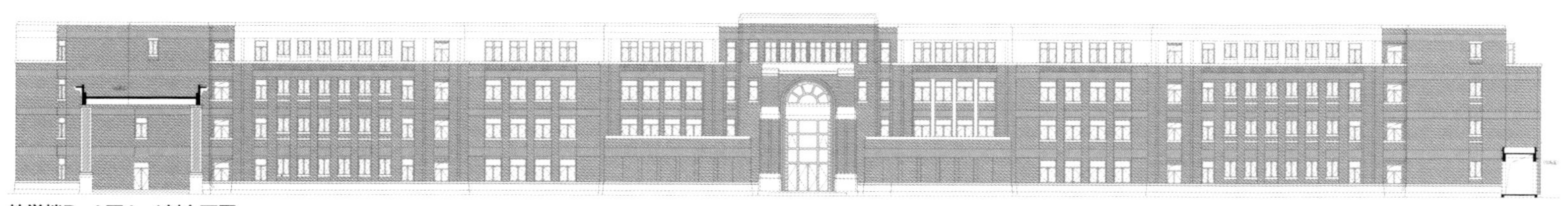

教学楼B-A至A-1剖立面图

鸟瞰图

宿舍楼

食堂、学生服务中心

科技艺术中心效果图

教学楼效果图

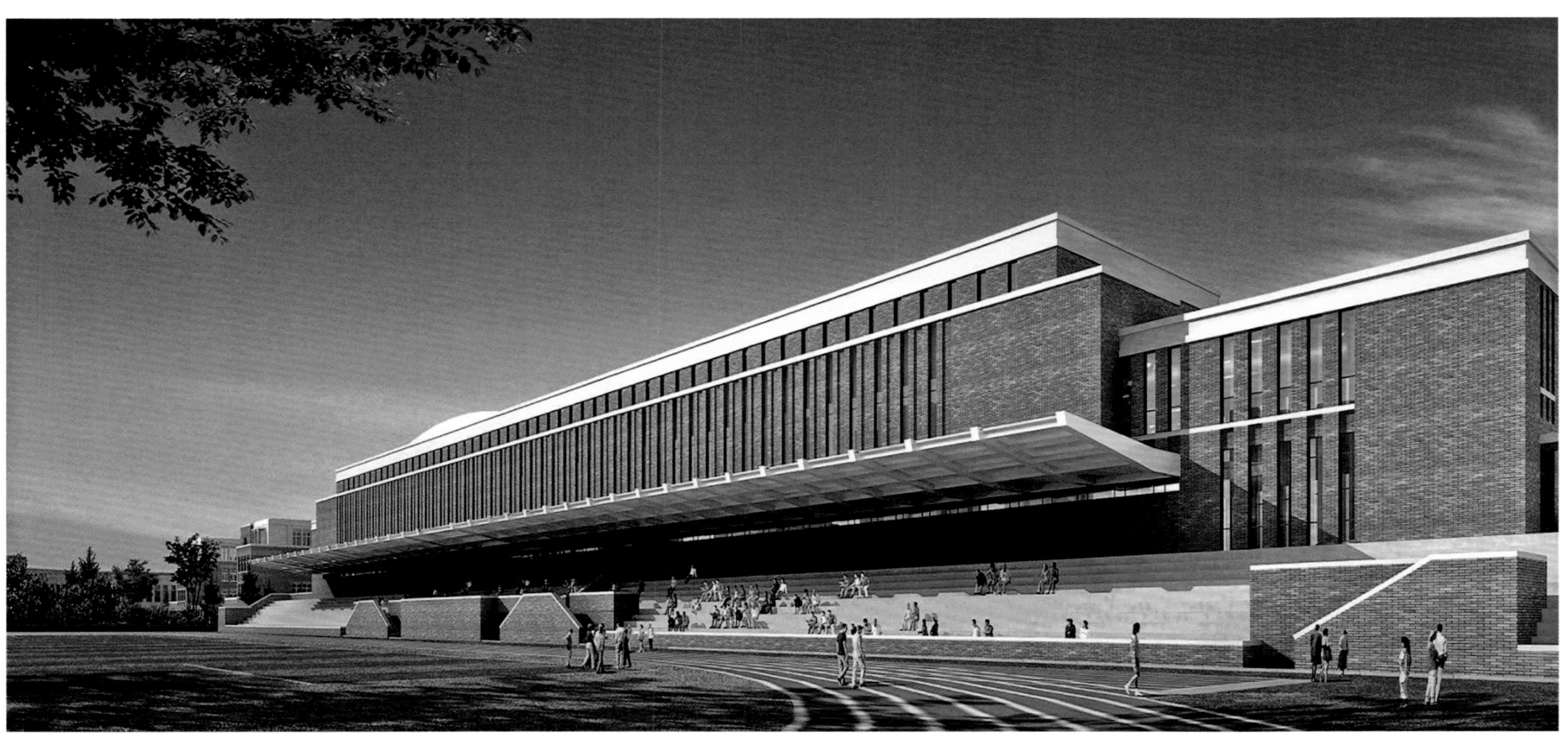

体育馆、网球馆效果图

瑞廷礼堂效果图

2. 中新天津生态城滨海小外中学部

项目地点： 天津中新生态城

用地面积： 44 024.6平方米

建筑面积： 53 000平方米，其中地上31 999平方米，容积率0.73；建筑层数为四层，局部五层

设计单位： 华汇设计（北京），天津华汇工程建筑设计有限公司

开发单位： 天津中新生态城

项目简介： 本项目提供的教育服务包括初中12个班、高中24个班，计划容纳大约1620名学生。本项目建设的主要目标是：

① 从建筑布局、形体、空间入手，为实现建筑低能耗提供最好的基础。合理利用各类可再生能源及各类新技术，实现建筑的节能减排。

② 运用现代的设计手法，创造合理的功能布局，丰富有趣的空间，并使学校本身成为绿色、环保理念的课堂，为学生创造健康、绿色的生活和学习环境。

③ 通过绿色建筑设计和校园规划，呼应生态城的可持续发展理念，使学校本身成为绿色设计的一个展示物。

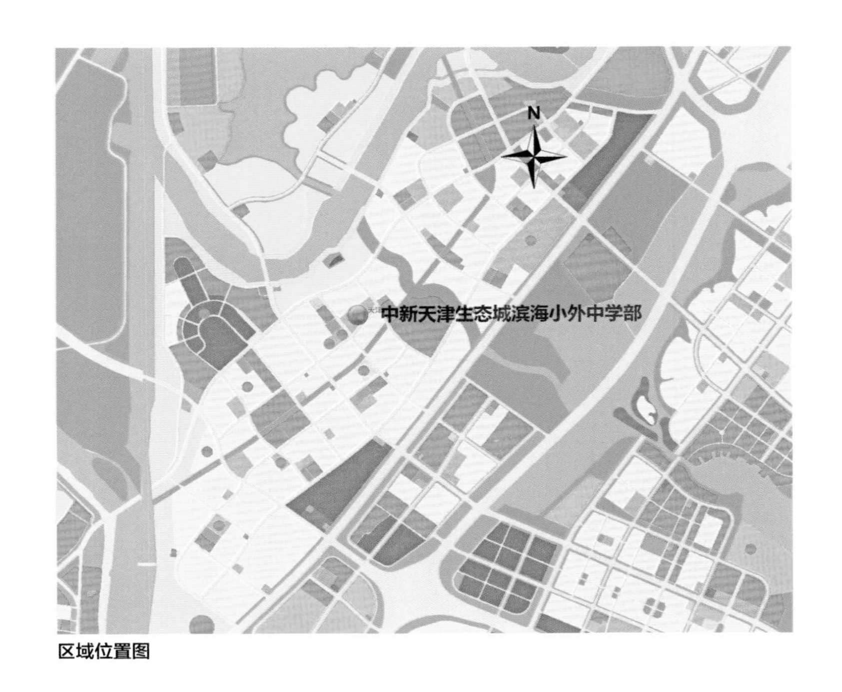

区域位置图

实体图

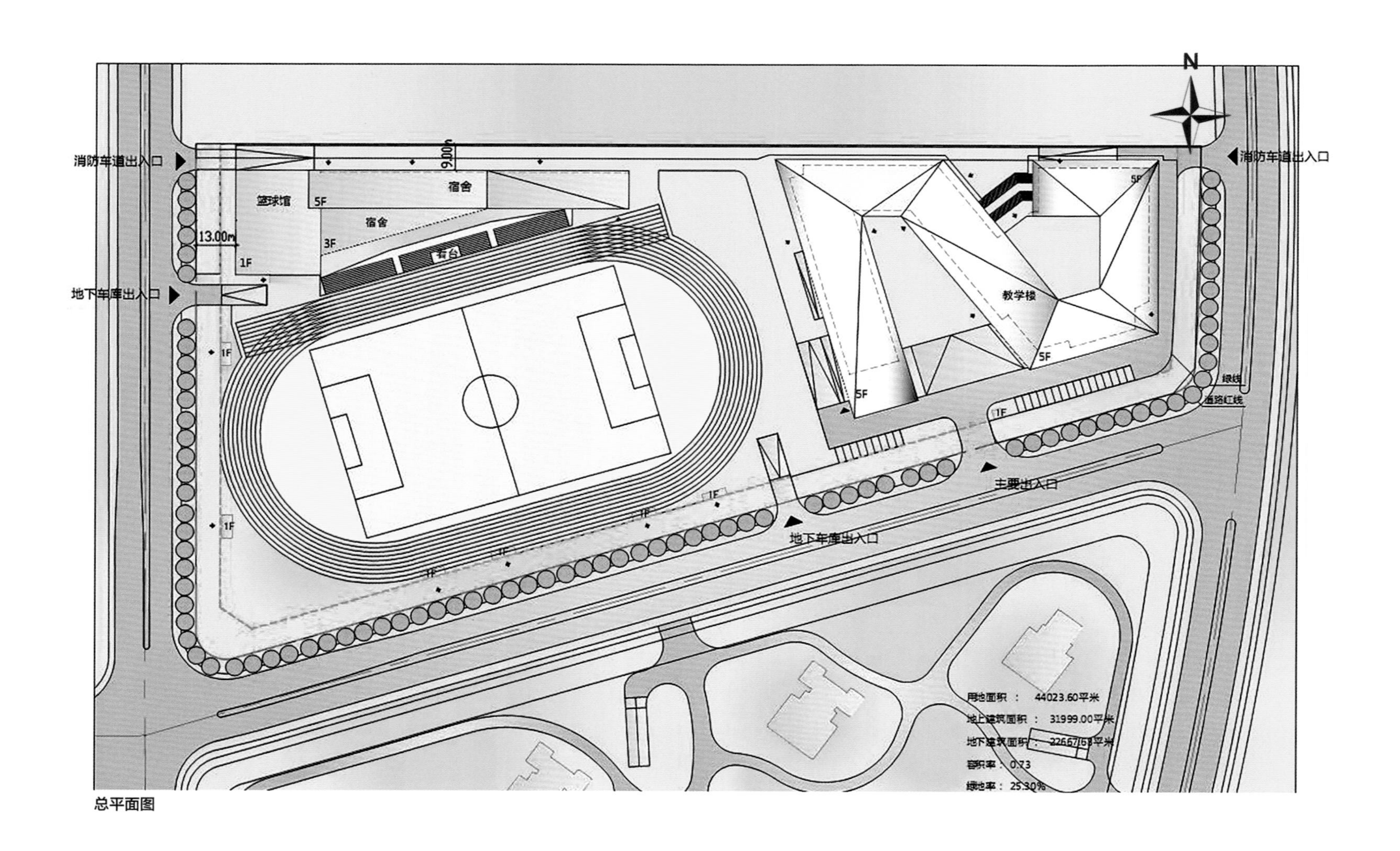
N
消防车道出入口
消防车道出入口
9.00m
篮球馆
5F
宿舍
宿舍
3F
13.00m
1F
看台
地下车库出入口
1F
1F
1F
1F
1F
1F
教学楼
5F
5F
5F
1F
绿线
道路红线
主要出入口
地下车库出入口
用地面积 ： 44023.60平米
地上建筑面积 ： 31999.00平米
容积率 ： 0.73
绿地率 ： 25.30%
总平面图

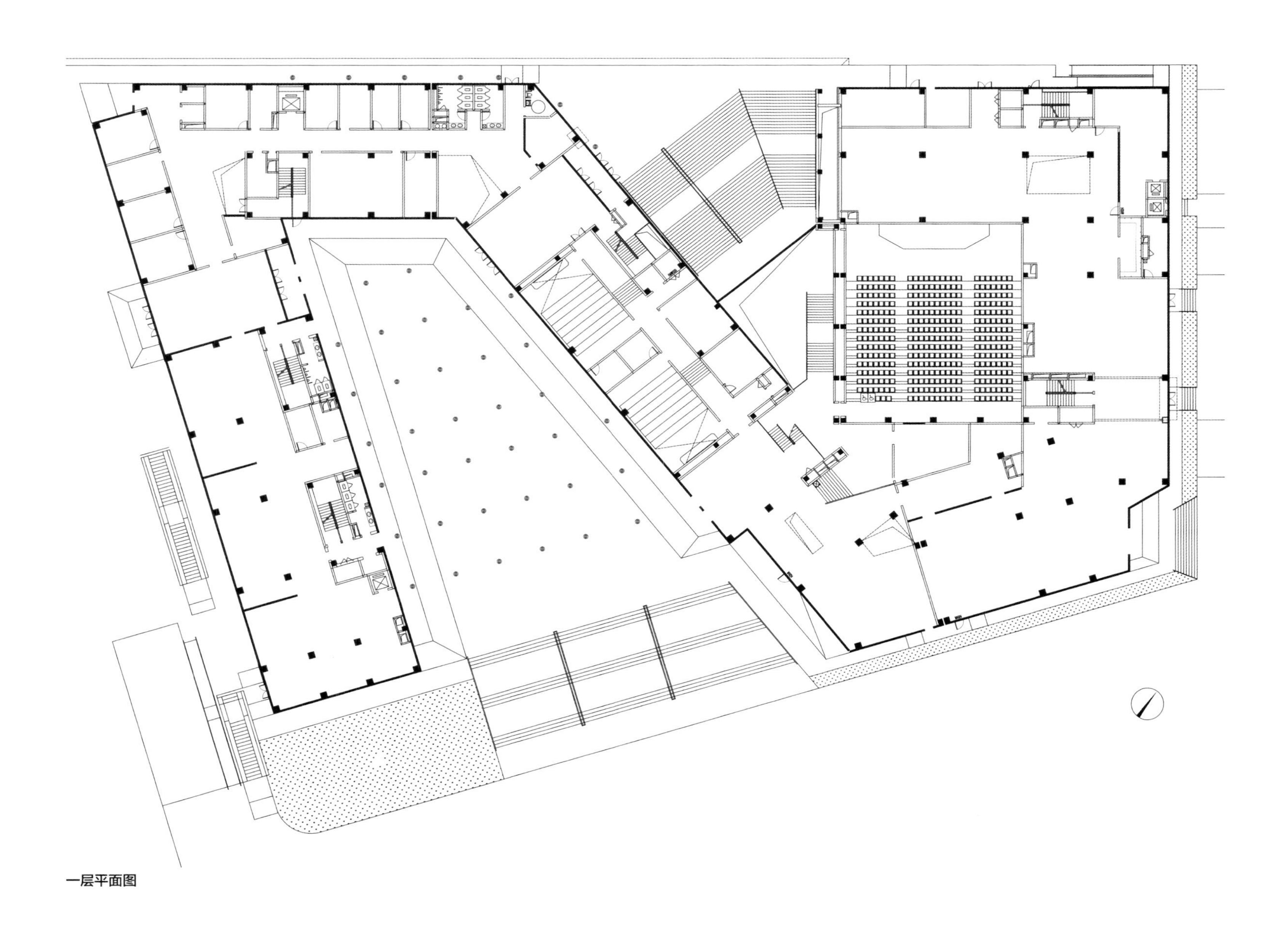

一层平面图

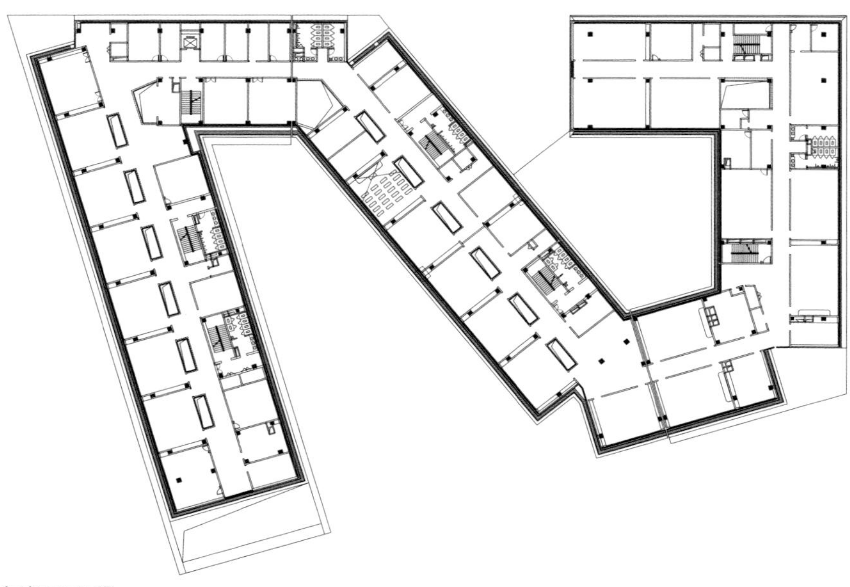

标准层平面图

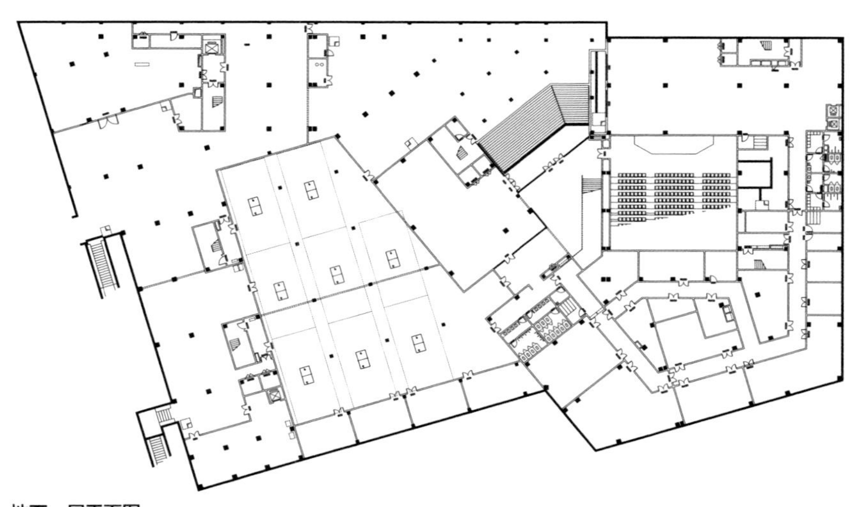

地下一层平面图

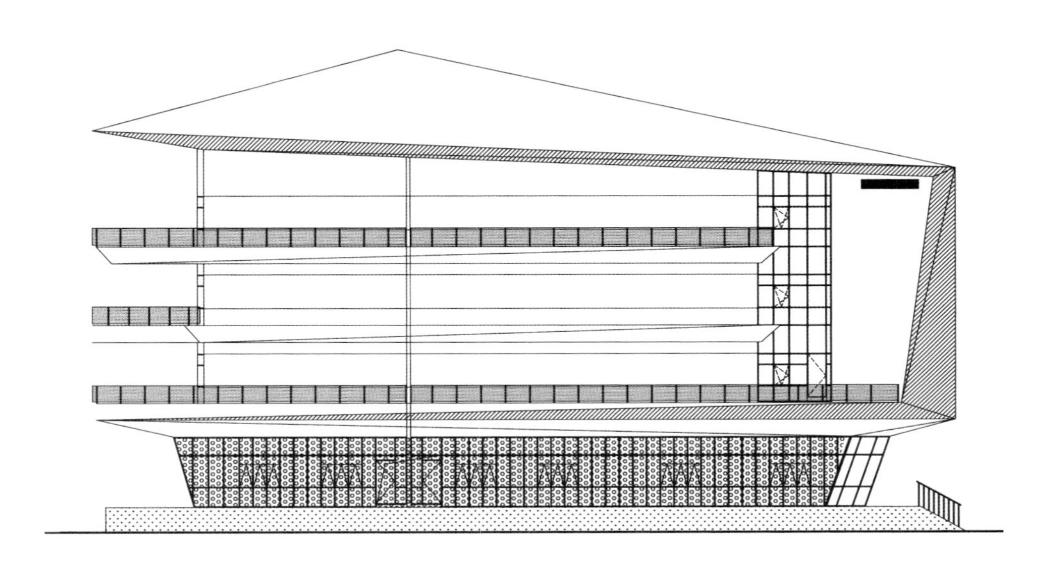

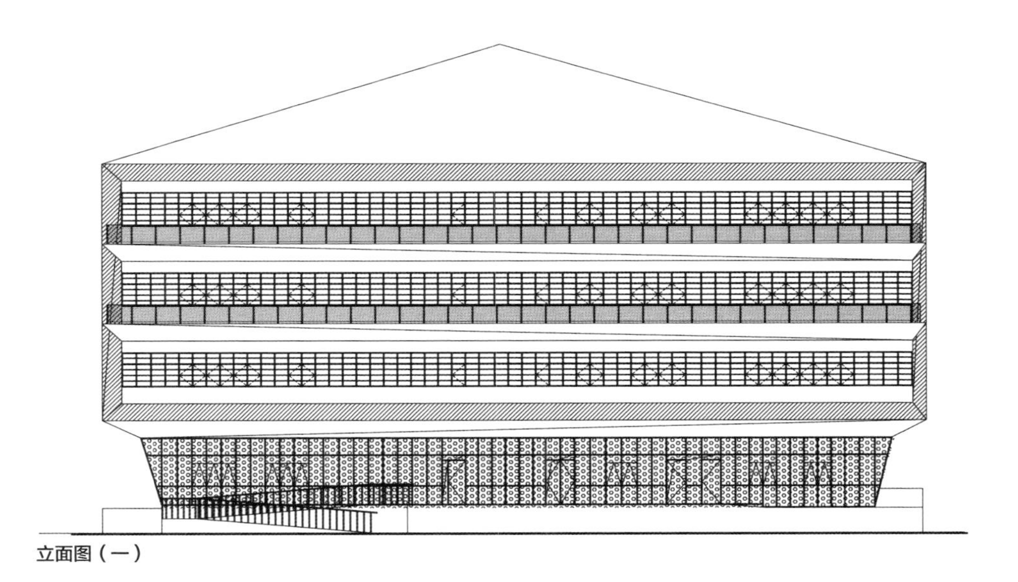

立面图（一）

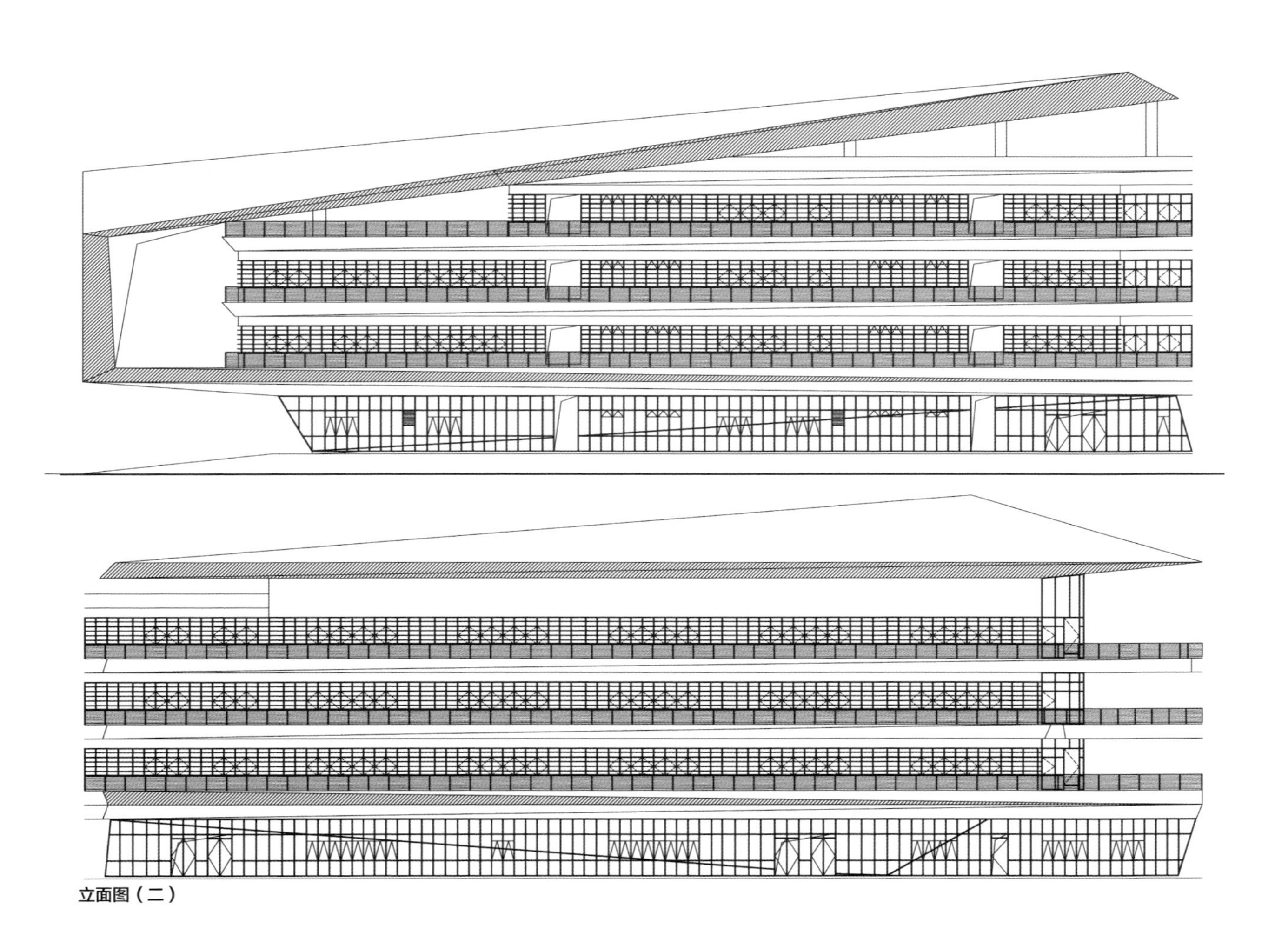

立面图（二）

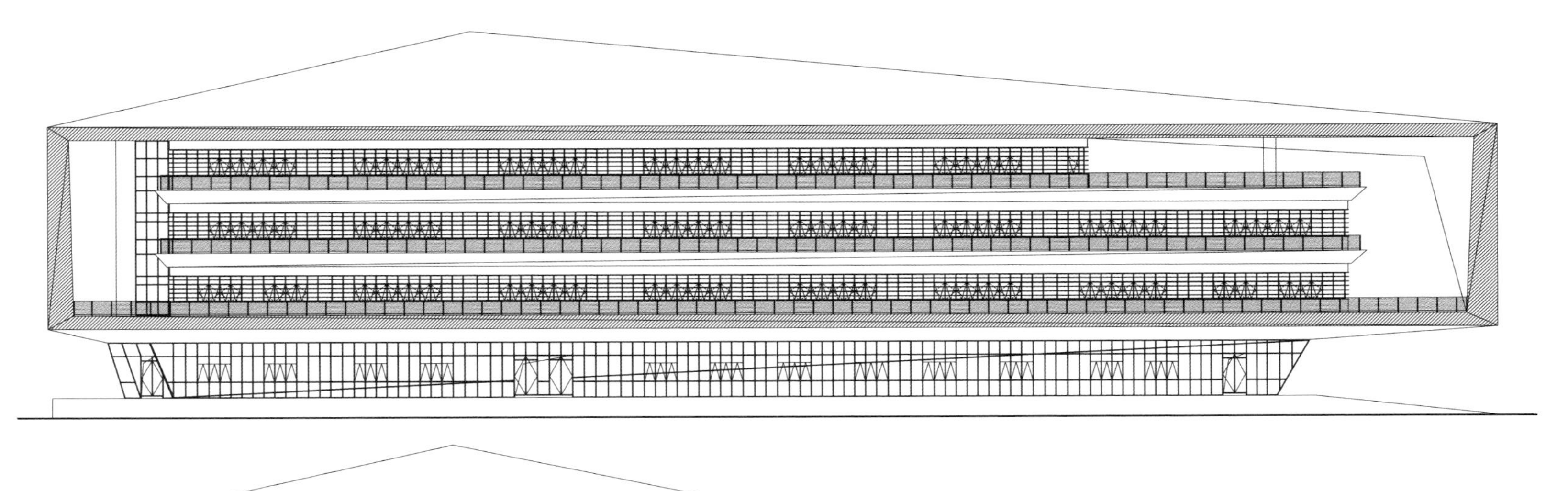

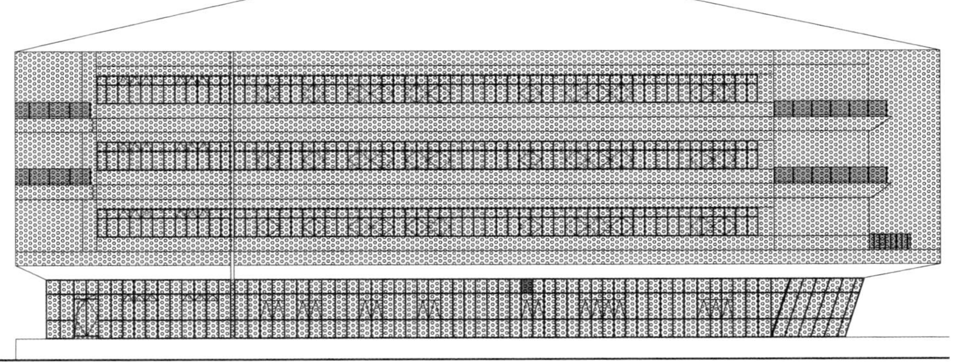

立面图（三）

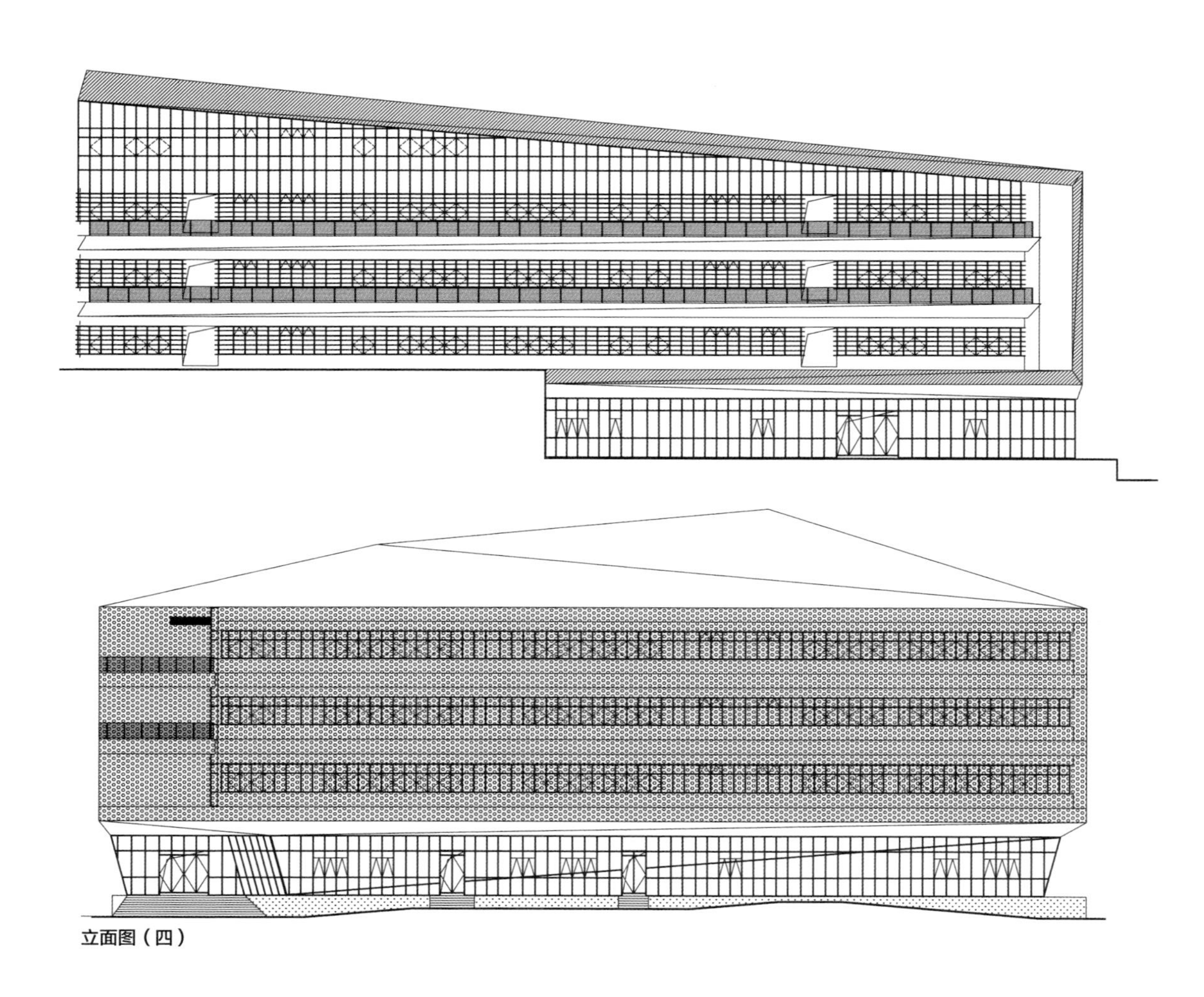

立面图（四）

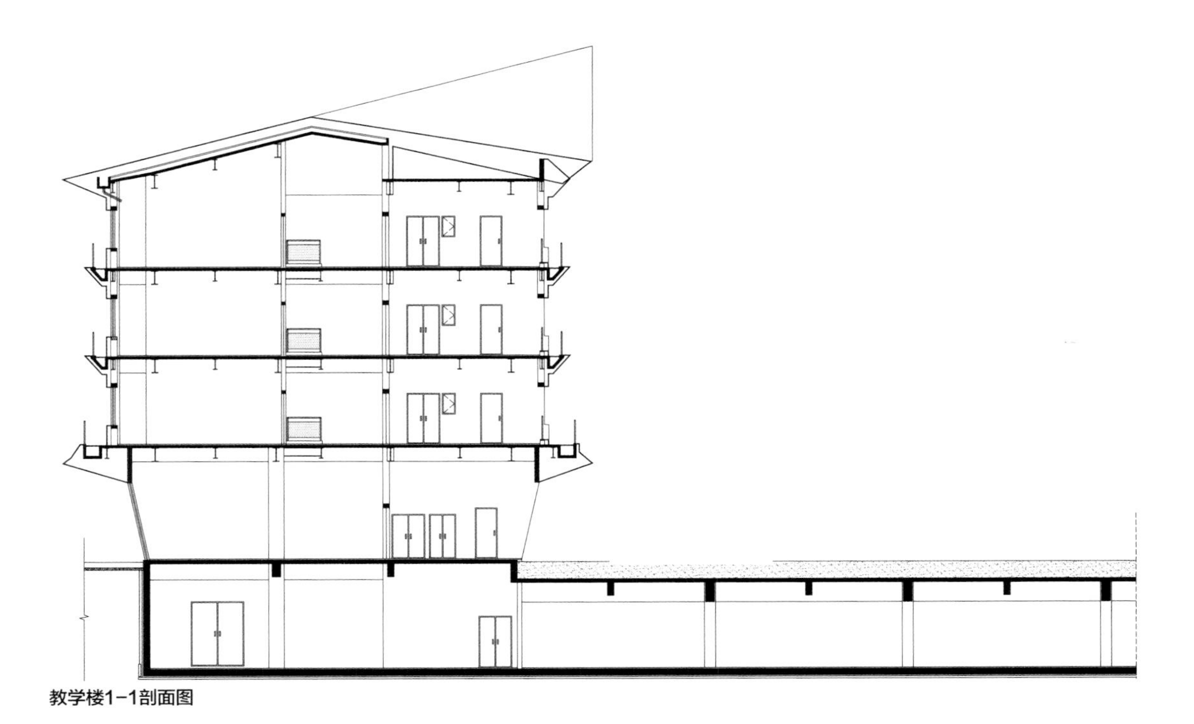

教学楼1-1剖面图

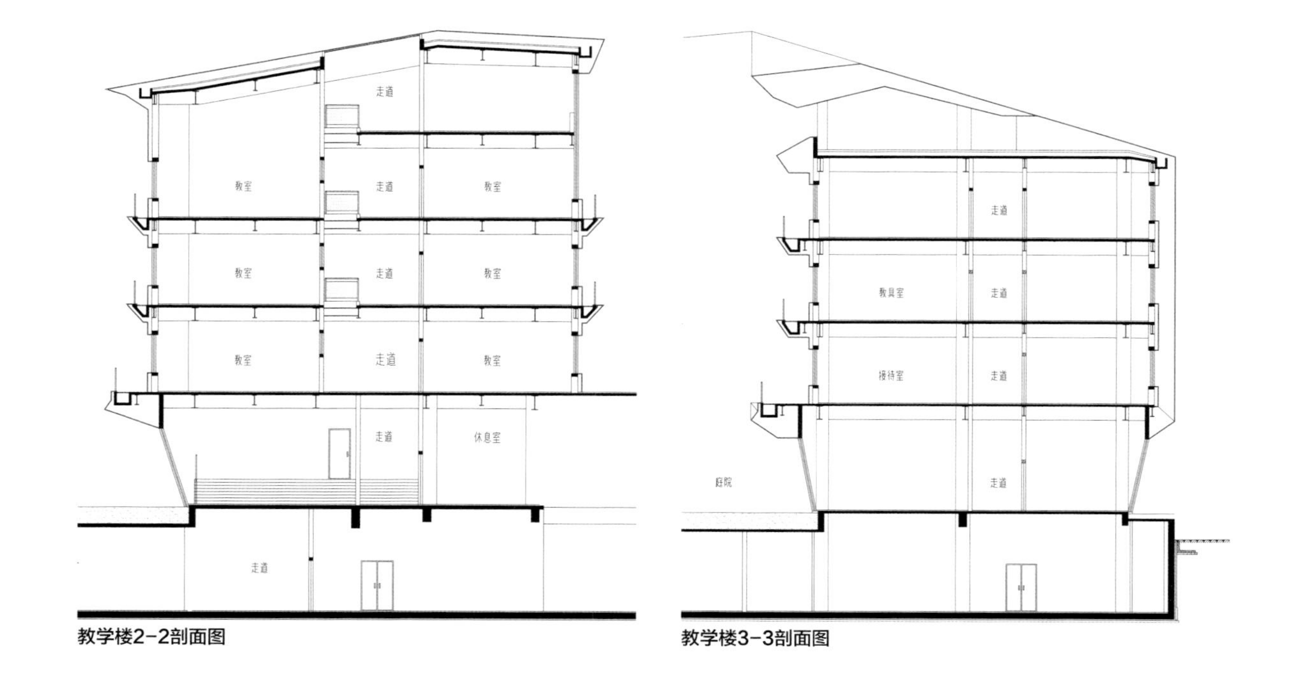

教学楼2-2剖面图

教学楼3-3剖面图

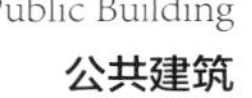

效果图

实体图

3. 滨海直属（欣嘉园）中学（实验中学滨海学校）

项目地点：滨海新区欣嘉园

用地面积：109 409.4平方米

建筑面积：55 000平方米，其中地上54 200平方米，容积率0.5；建筑主体层高6层，地下1层

设计单位：天津市建筑设计院

开发单位：天津滨海新区公共产业建设投资有限公司

项目简介：整个用地按照周边的实际情况及学校自身的使用特点，将学校分为三个功能区块：教学区、生活区、运动区。学校按照动静分为动区、静区和静谧区。动区位于地块的西侧，包含足球场、篮球场、排球场、网球场以及拥有室内篮球馆的体育馆。静区主要为教学组团，沿主入口进入礼仪广场，左侧为艺术楼，右侧为实验楼，位于中心轴线的为综合教学楼，左右分别为教学楼，最北端为食堂，分学生和教师食堂。静区主要功能为住宿，位于整个地块的中央，可为约1000名学生提供住宿。整体建筑为简欧风格，经过细致的排布组合，营造出典雅的院落。三个区块相对独立又紧密联系，便于学校整体功能的联系。

效果图

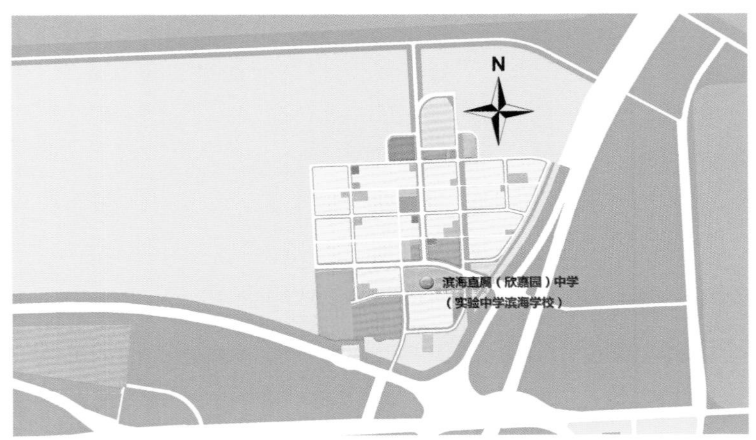

区域位置图

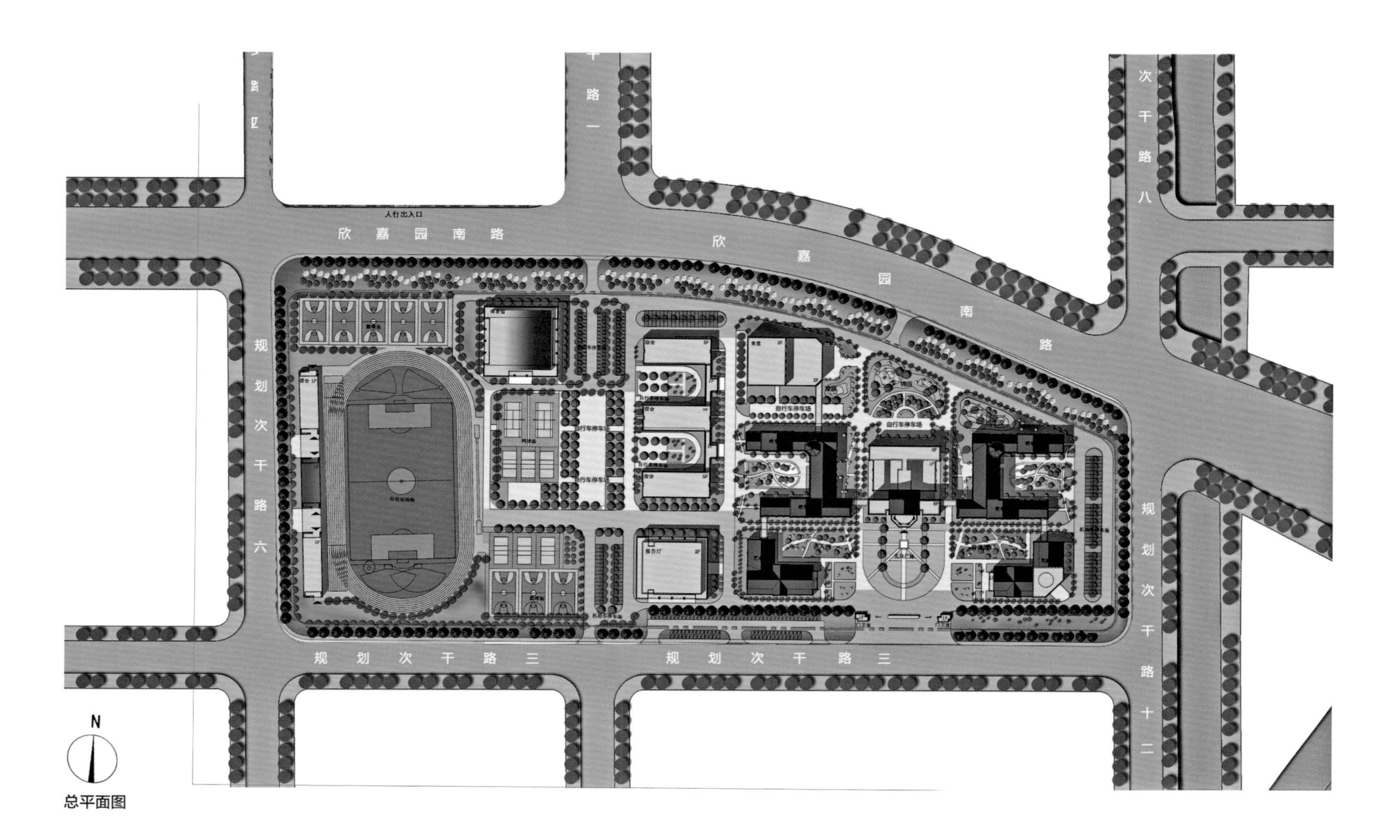

总平面图

效果图（一）

效果图（二）

4. 高新区渤龙湖九年一贯制学校

项目地点： 未来科技城南区，创新大道与渤展路交口西北侧

用地面积： 58 024平方米

建筑面积： 44 584.91平方米

设计单位： 天津市天友建筑设计股份有限公司

开发单位： 天津滨海高新技术产业开发区建设交易服务中心

项目简介： 渤龙湖中小学项目建设小学和中学各一所，其中小学设置24个教学班，学生规模720人；中学设置30个教学班，学生规模1350人。

中学总建筑面积24 880.23平方米，包含初中教学楼、高中教学楼、文体楼、实验楼和风雨操场等；小学总建筑面积13 457.86平方米，包含教学楼、多功能厅、图书馆和风雨操场；另外中学和小学各设置400米和200米操场、篮球场等户外活动场地等。

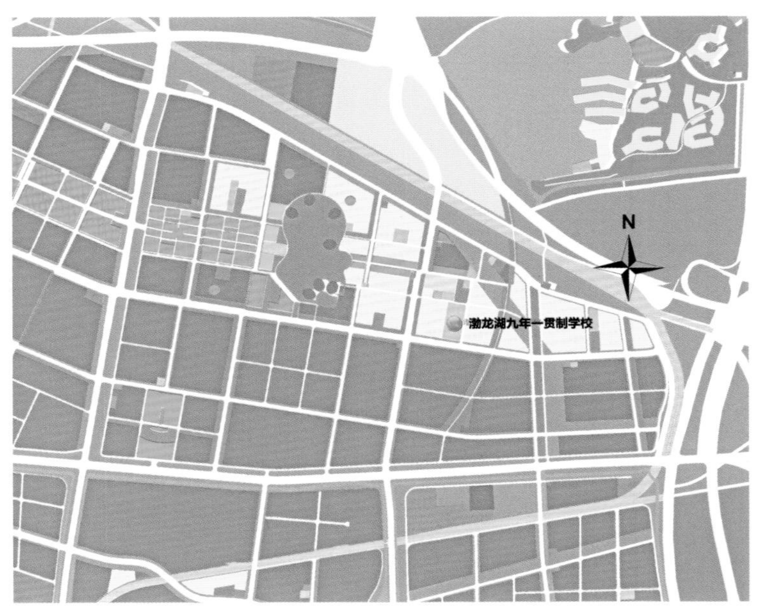

区域位置图

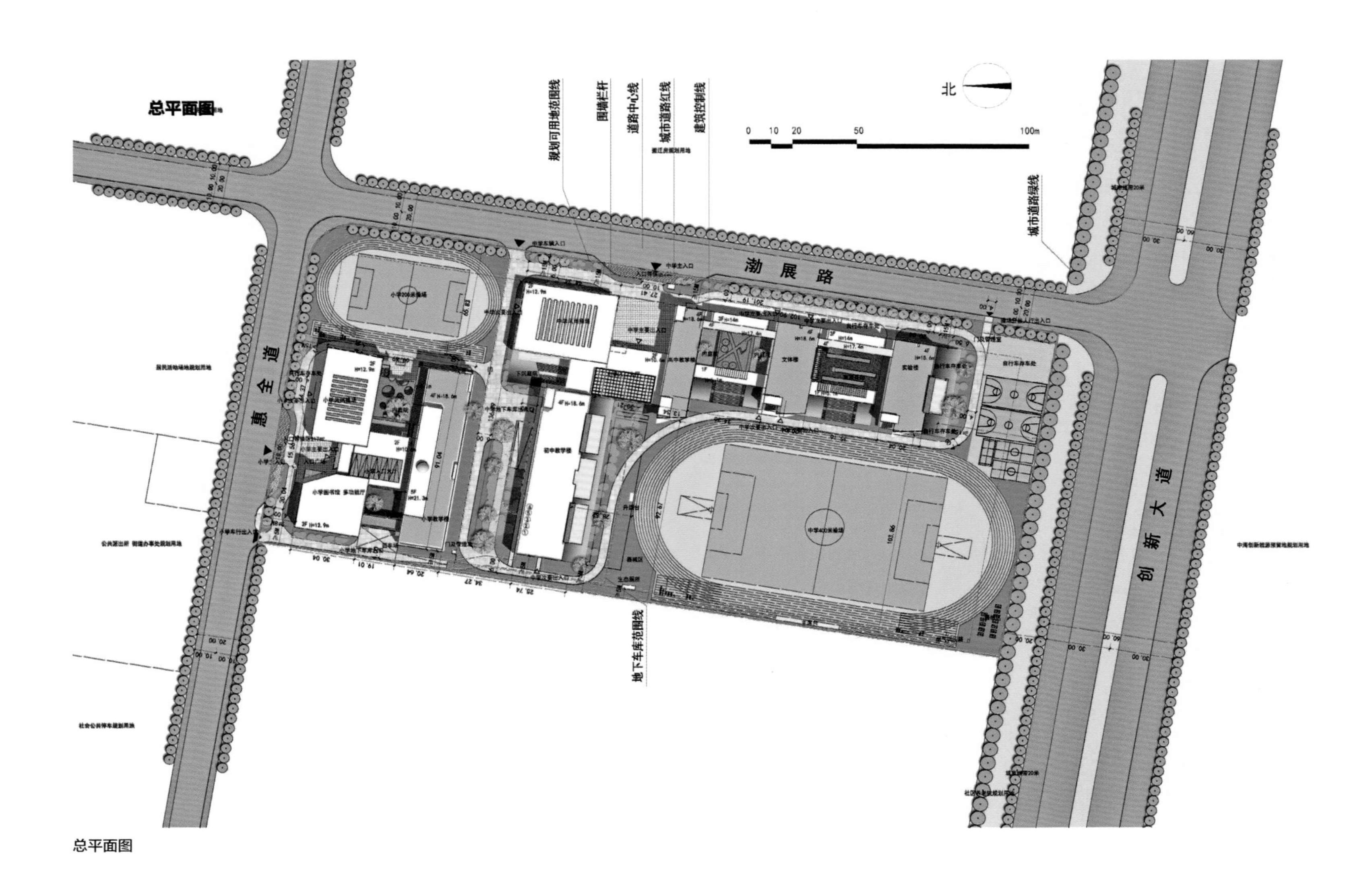
总平面图
规划可用地范围线
围墙栏杆
道路中心线
城市道路红线
建筑控制线
北
0
10
20
50
100m
城市道路绿线
渤 展 路
惠 全 道
创 新 大 道
地下车库范围线

总平面图

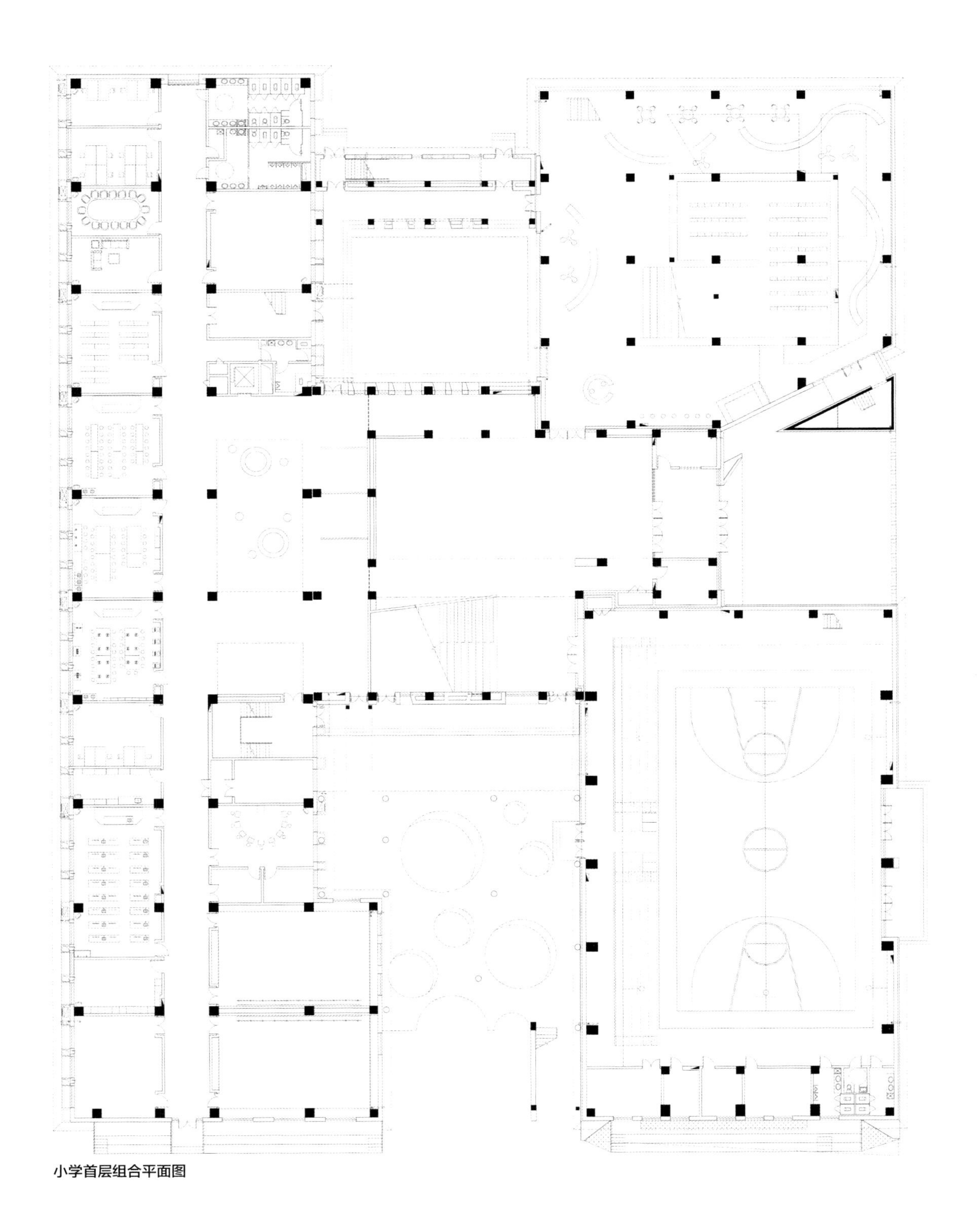

小学首层组合平面图

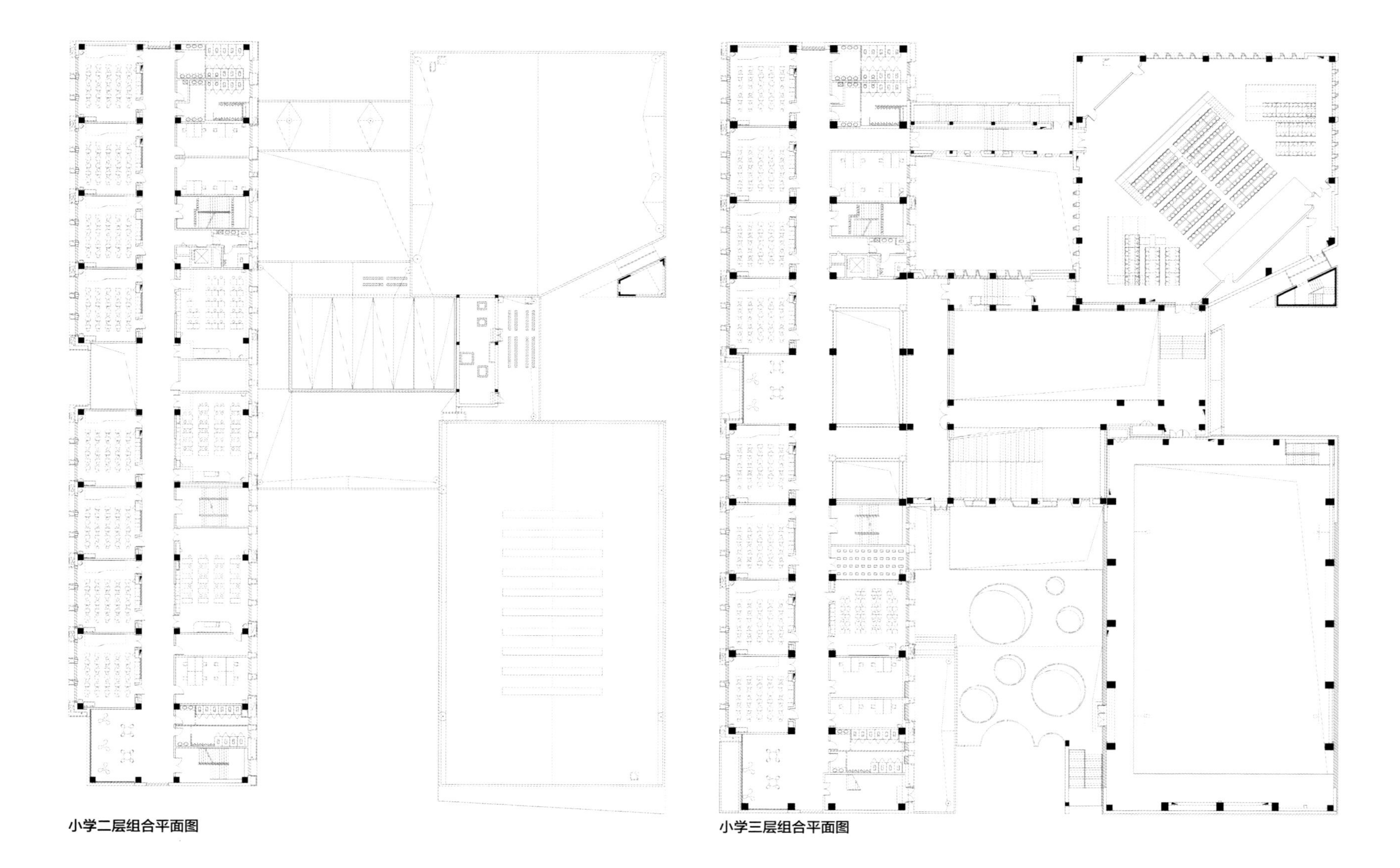

小学二层组合平面图

小学三层组合平面图

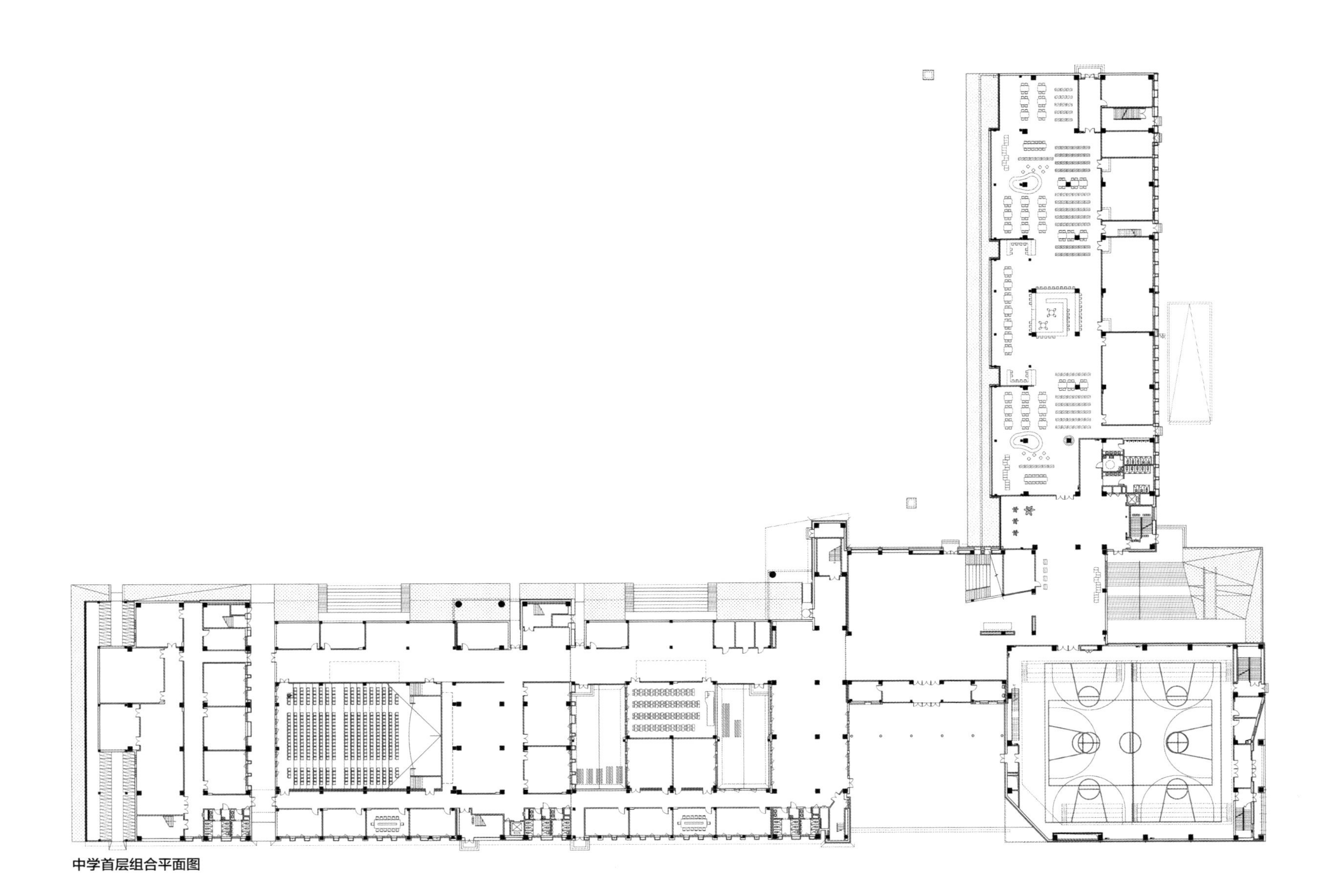

中学首层组合平面图

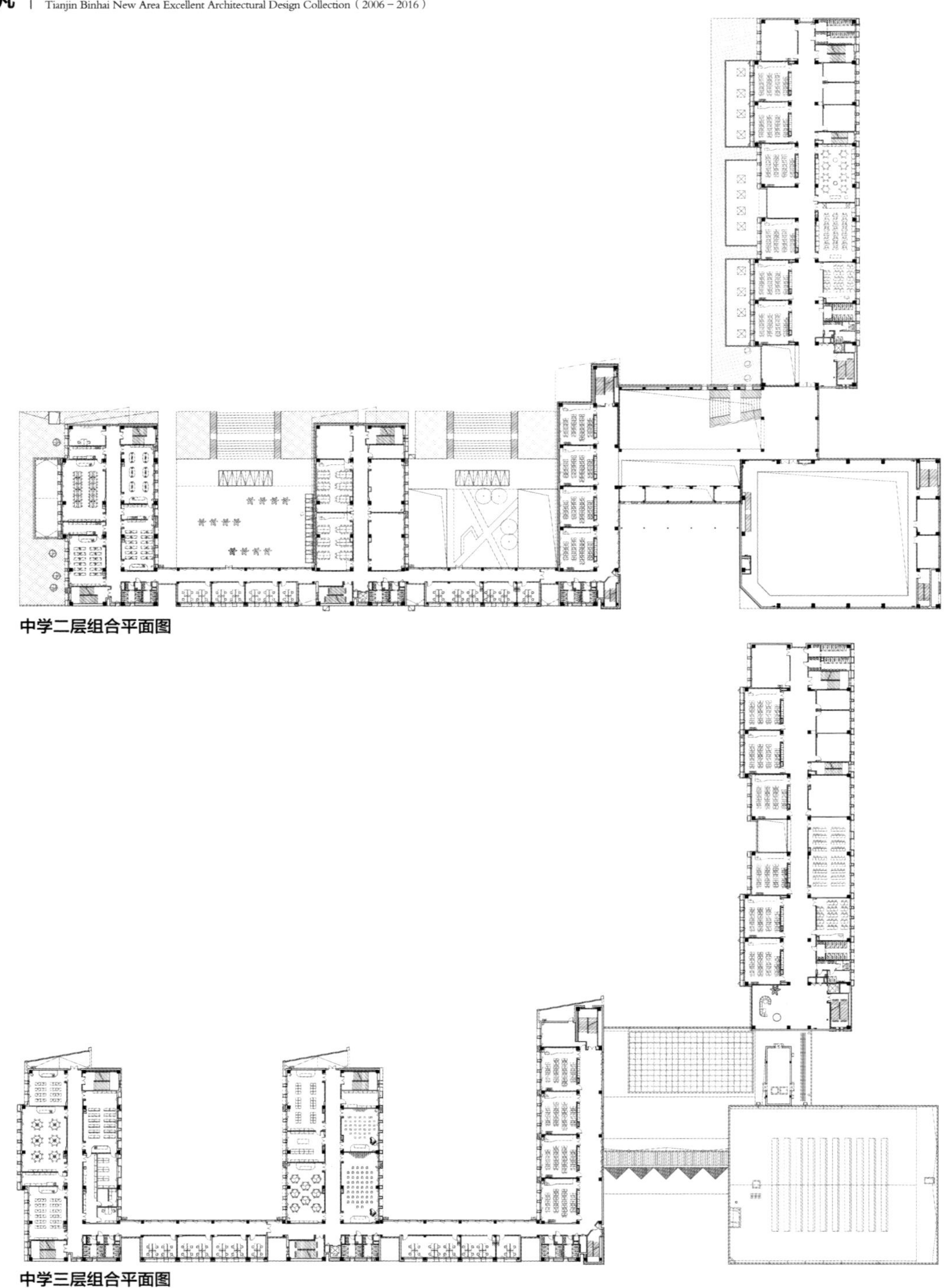

中学二层组合平面图

中学三层组合平面图

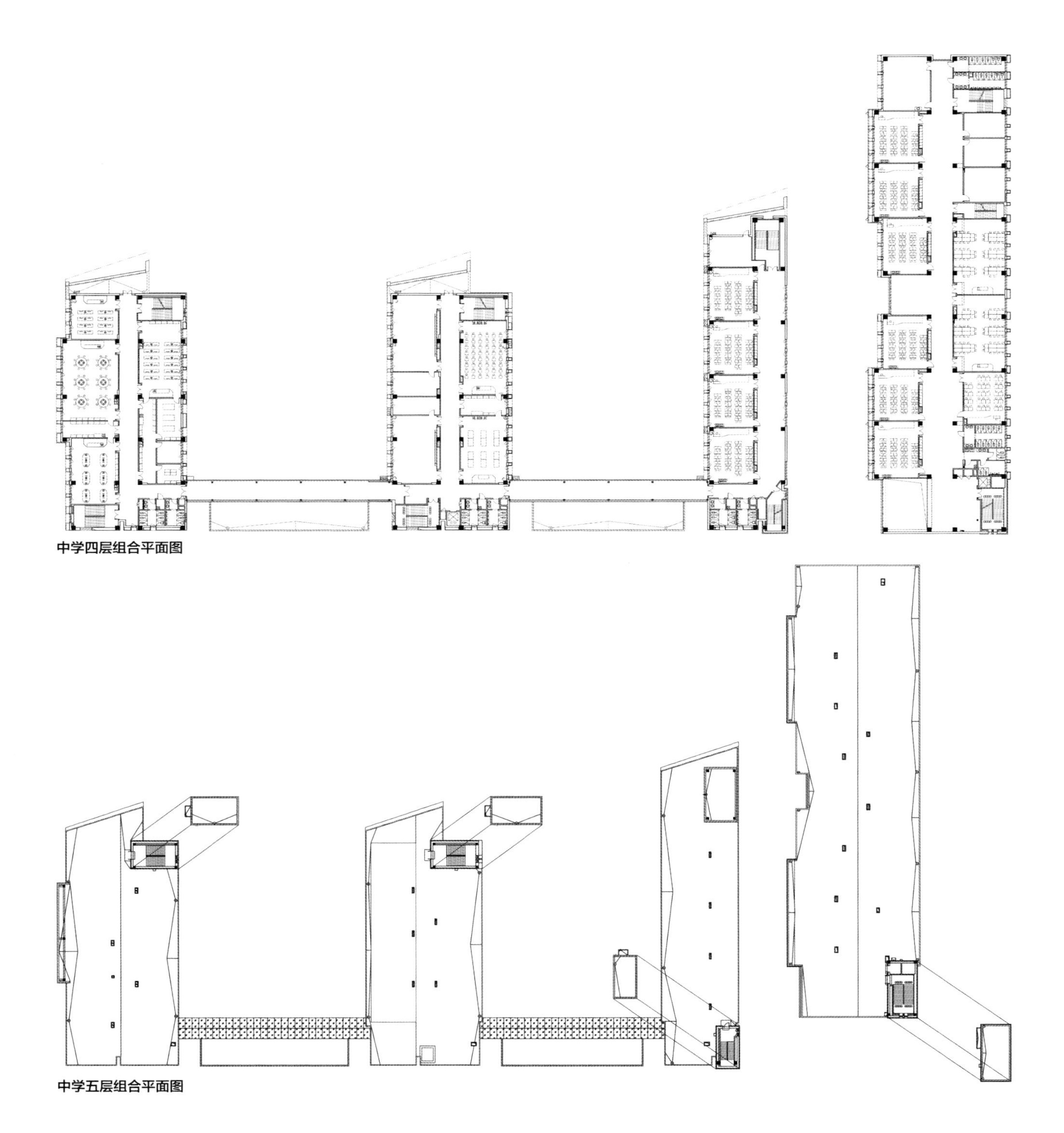

中学四层组合平面图

中学五层组合平面图

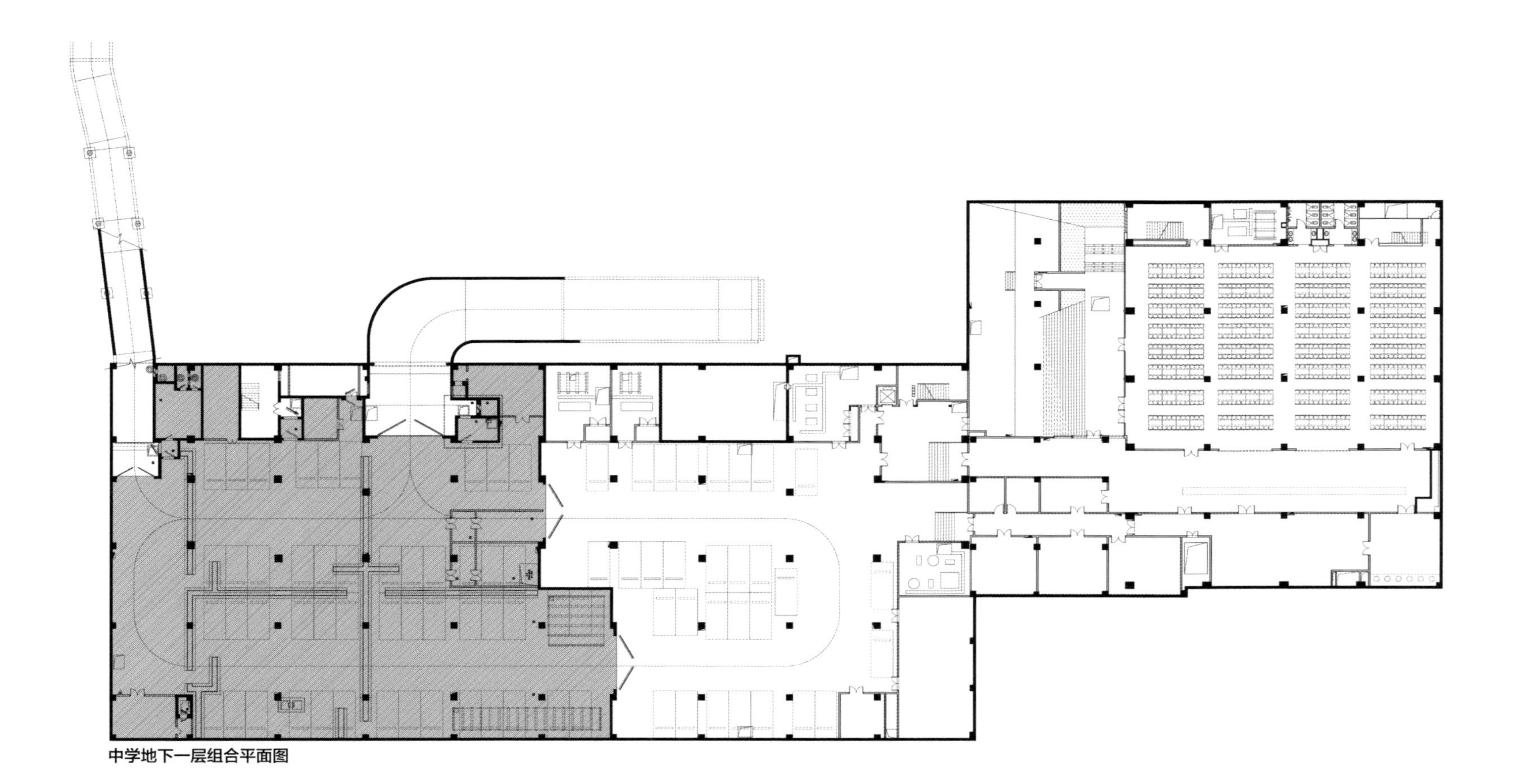

中学地下一层组合平面图

鸟瞰图

效果图

5. 中新天津生态城滨海小外一部

项目地点： 中新天津生态城和畅路与和惠路交口

用地面积： 19 026平方米

建筑面积： 22 165.59平方米，其中地上16 300平方米，容积率0.86；建筑高度17.7米，地上4层，地下1层

设计单位： 天津市天友建筑设计股份有限公司

开发单位： 天津生态城建设投资有限公司

项目简介： 中新天津生态城滨海小外1部是天津外国语大学附属外国语学校与中新天津生态城合作开办的义务教育学校，位于生态城起步区。考虑延续天津外国语大学校园古典建筑特征，本项目建筑设计采用了古典红砖风格，主体结构为钢筋混凝土框架结构，屋顶为钢结构。

本项目是绿色建筑，采暖方式是以地源热泵为能源的中央空调系统，门厅部位采用地板辐射方式供热，热水系统利用太阳能集中供热，电辅助加热系统。地下室为地下停车场、管理室、风机房、工具间、消防泵房、变电室、弱电机房、太阳能设备间、中水泵房、生活水泵房、制冷机房、地下篮球场。教学区包括活动室、教室、舞蹈教室、音乐教师、陶艺教室、书法教室、网络机房、阅览室、会议室、办公室、厨房、餐厅等。

实体图

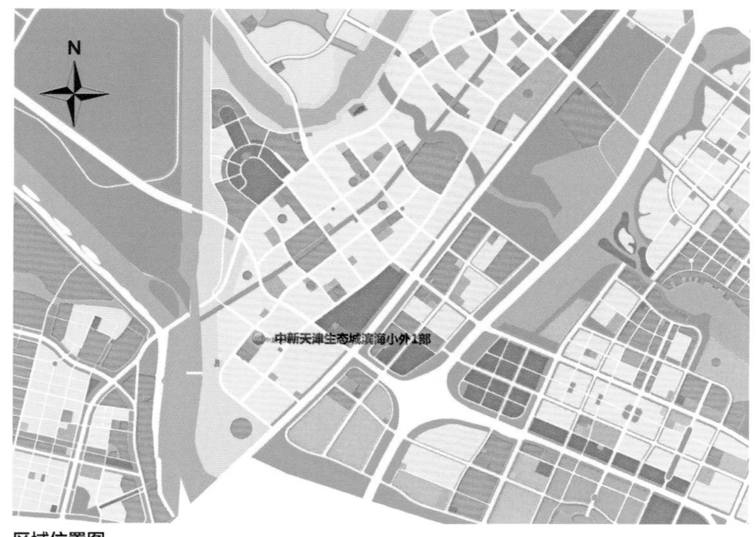

区域位置图

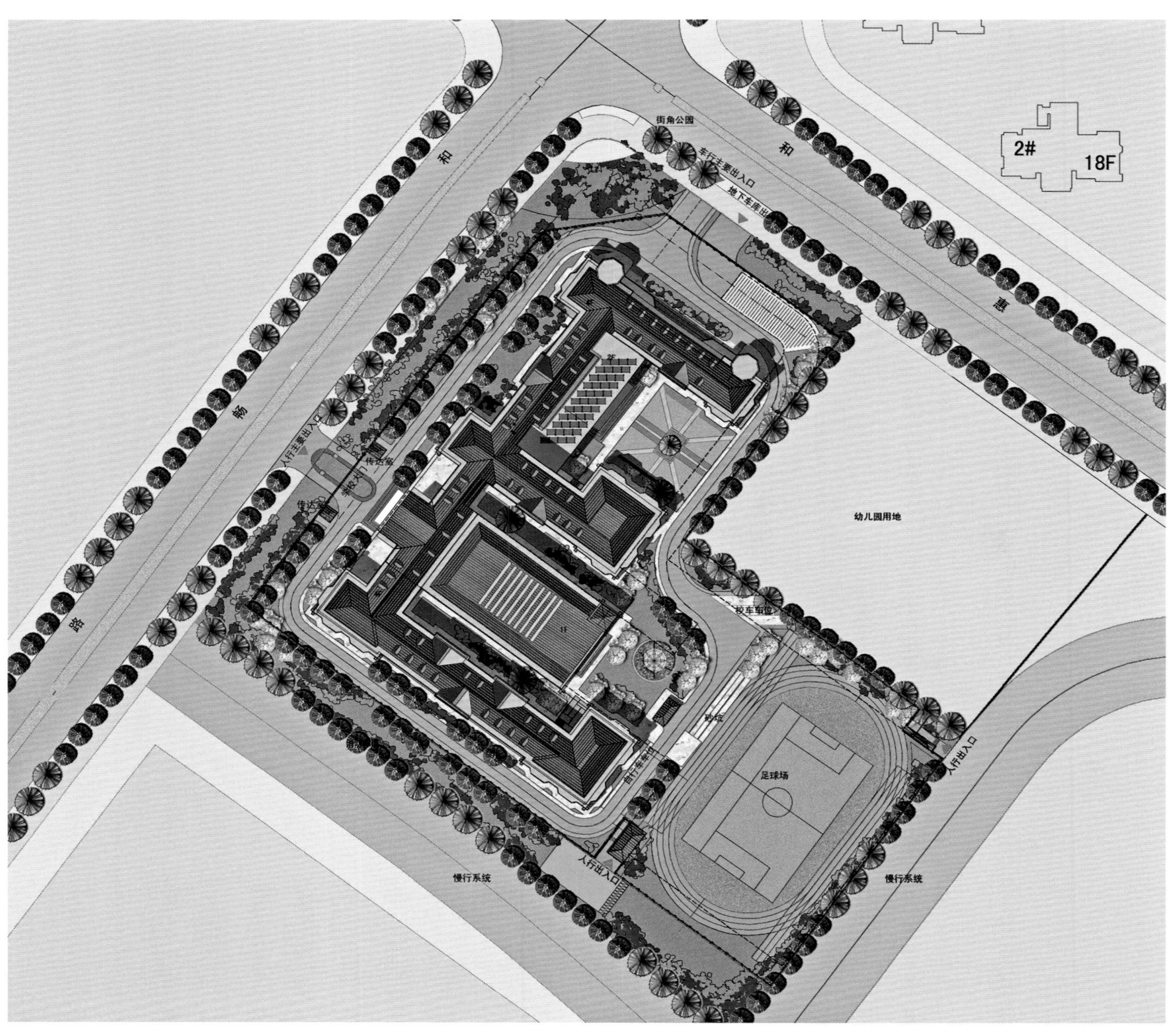

总平面图

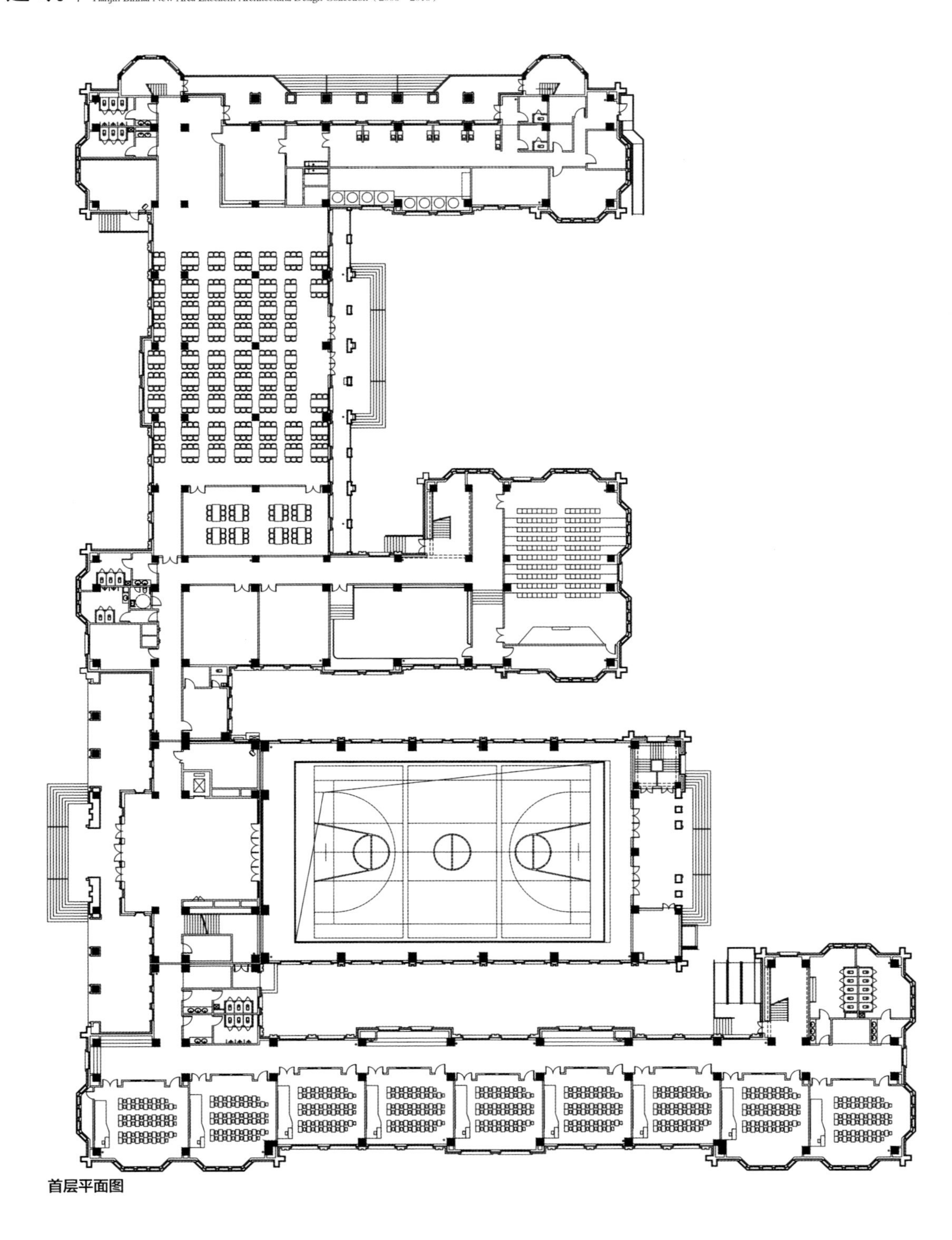

首层平面图

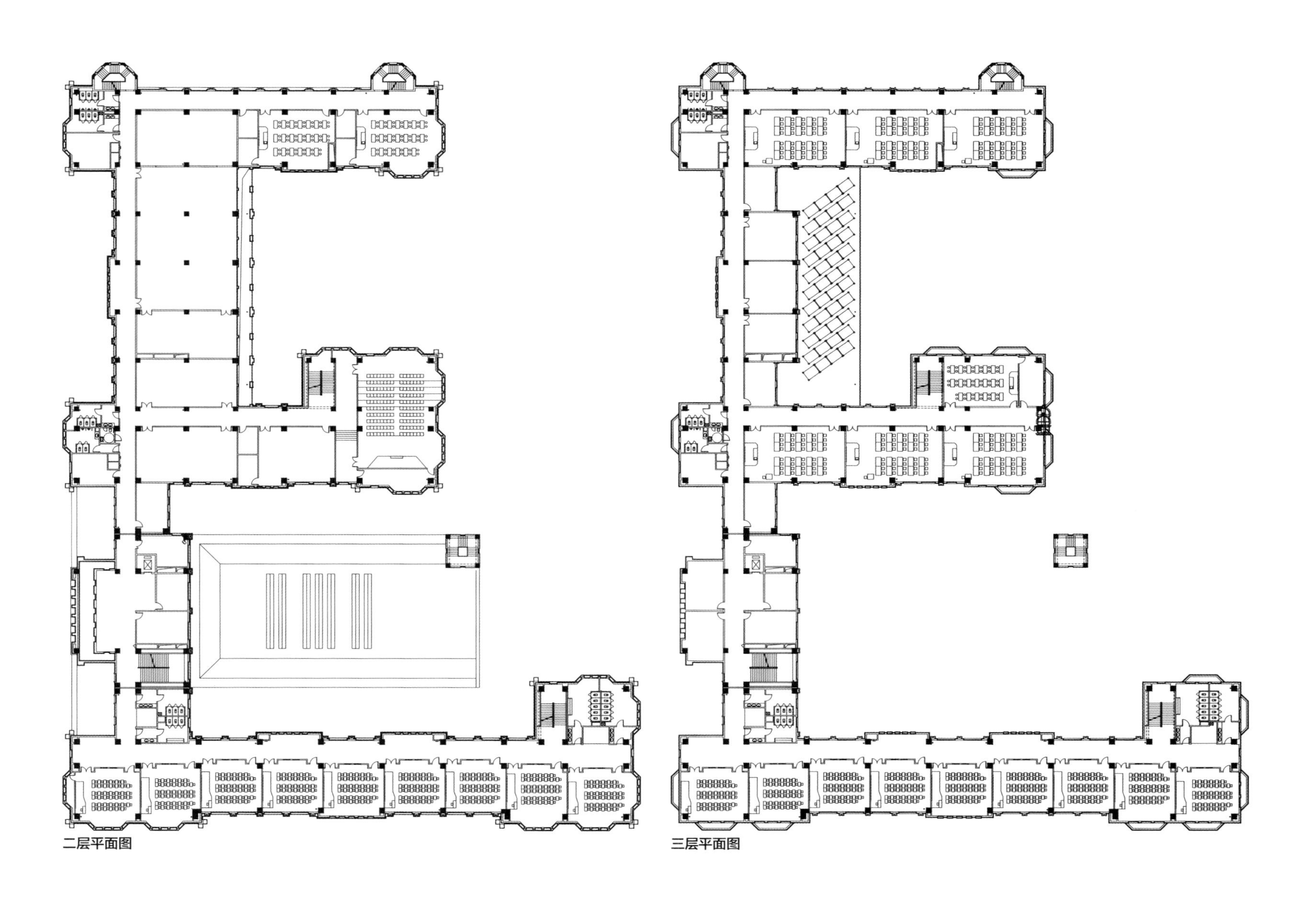

二层平面图

三层平面图

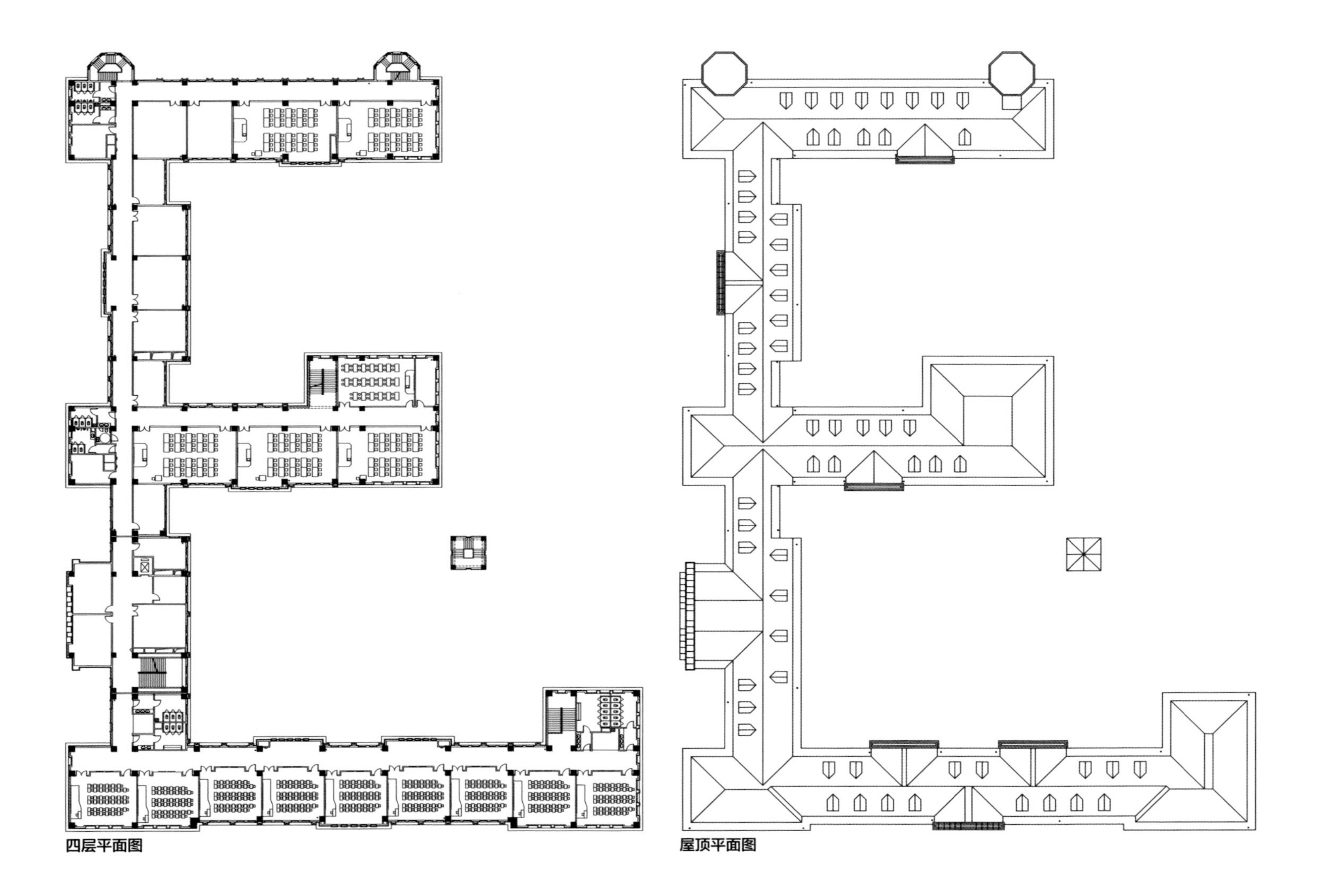

四层平面图

屋顶平面图

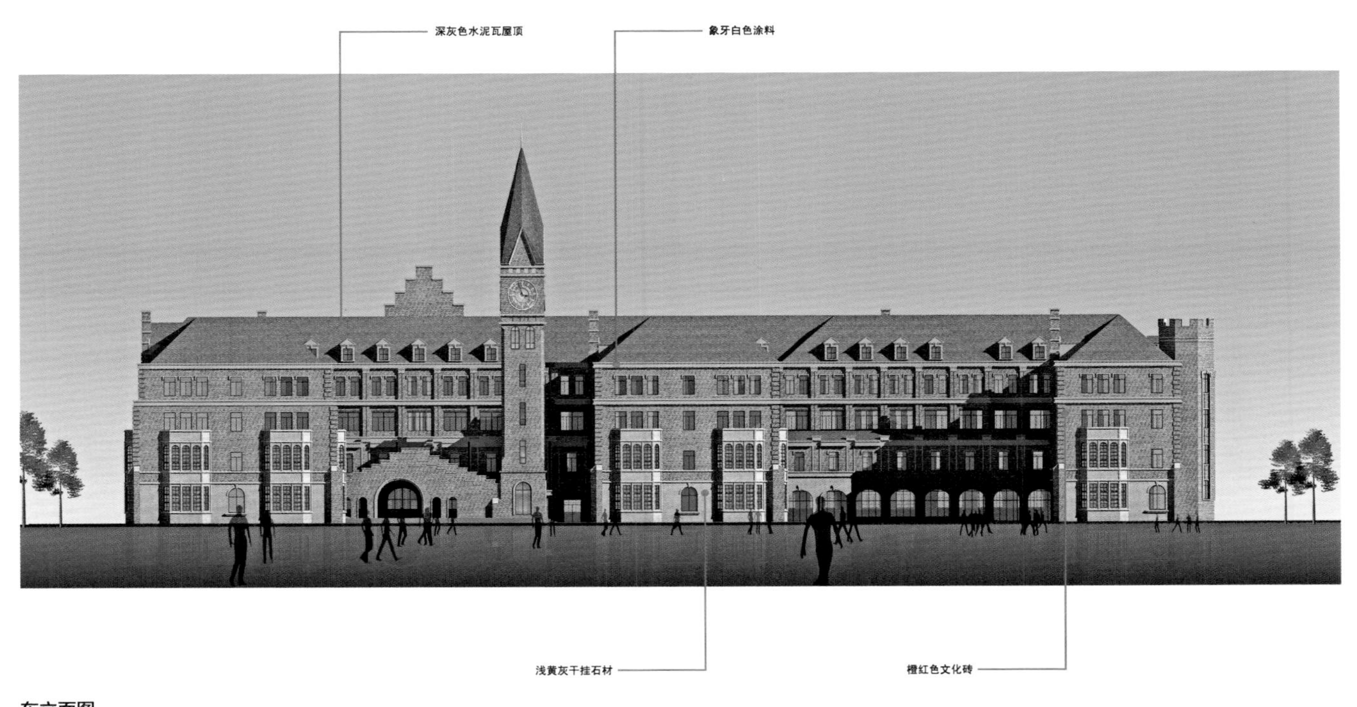
深灰色水泥瓦屋顶
象牙白色涂料
浅黄灰干挂石材
橙红色文化砖

东立面图

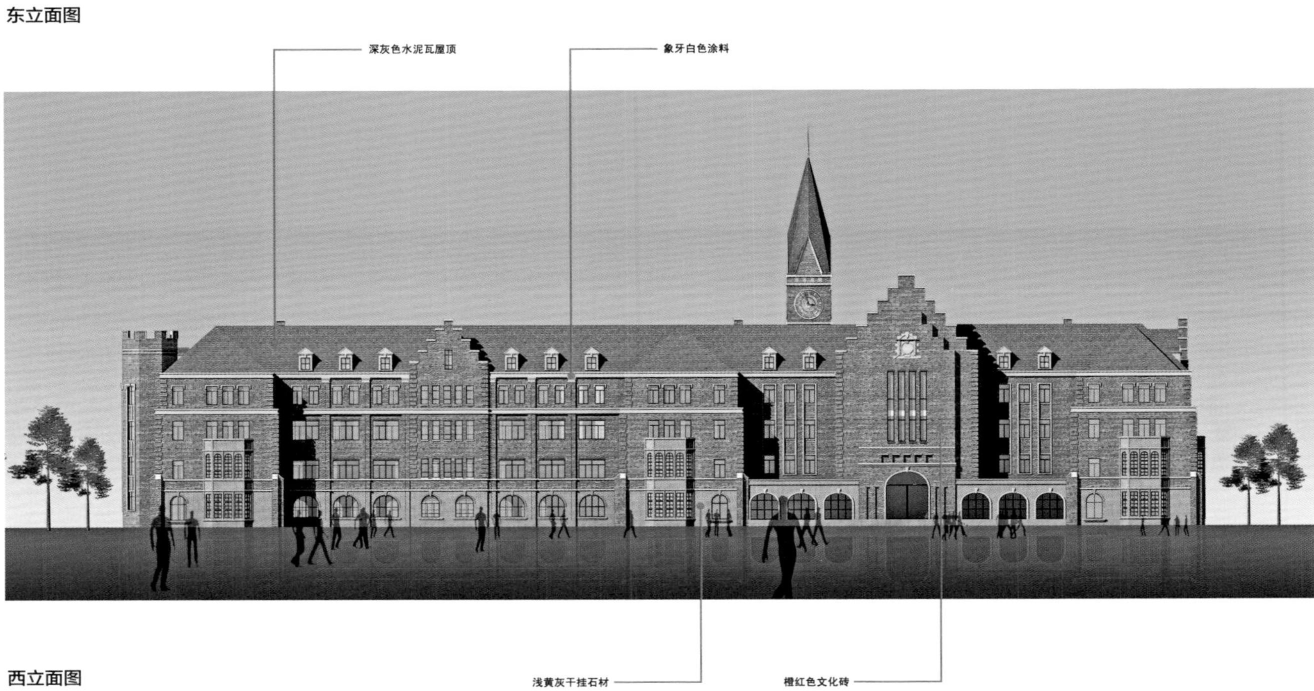
深灰色水泥瓦屋顶
象牙白色涂料
浅黄灰干挂石材
橙红色文化砖

西立面图

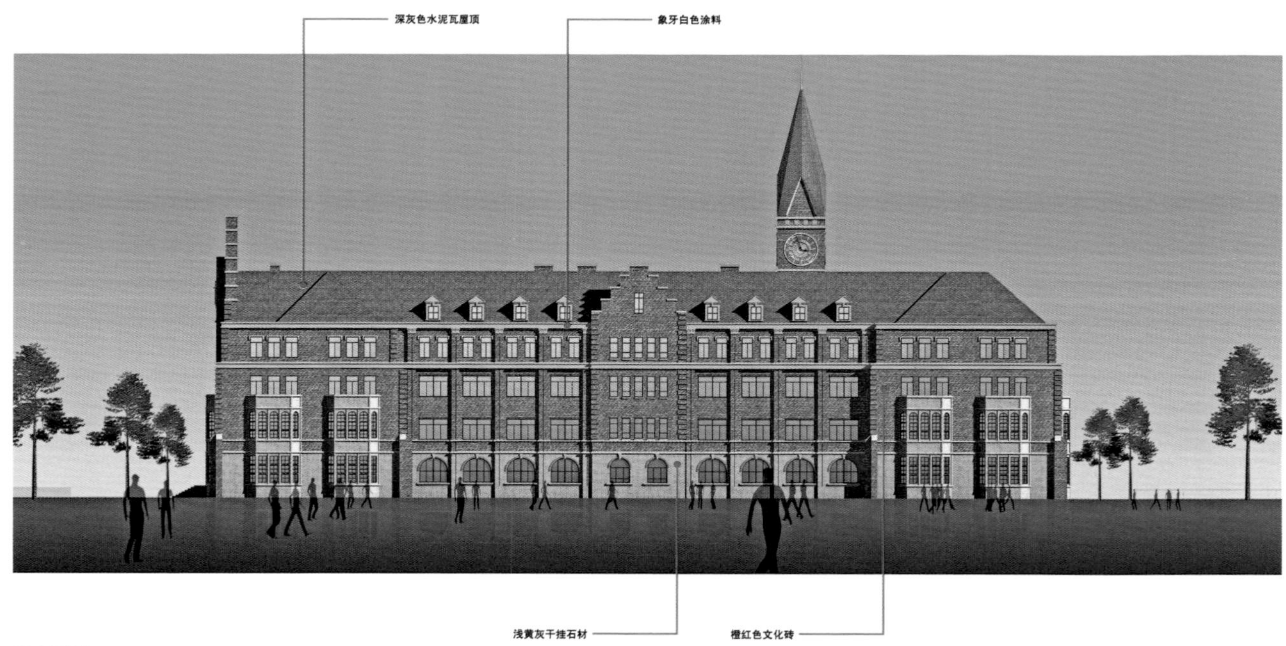
深灰色水泥瓦屋顶
象牙白色涂料
浅黄灰干挂石材
橙红色文化砖

南立面图

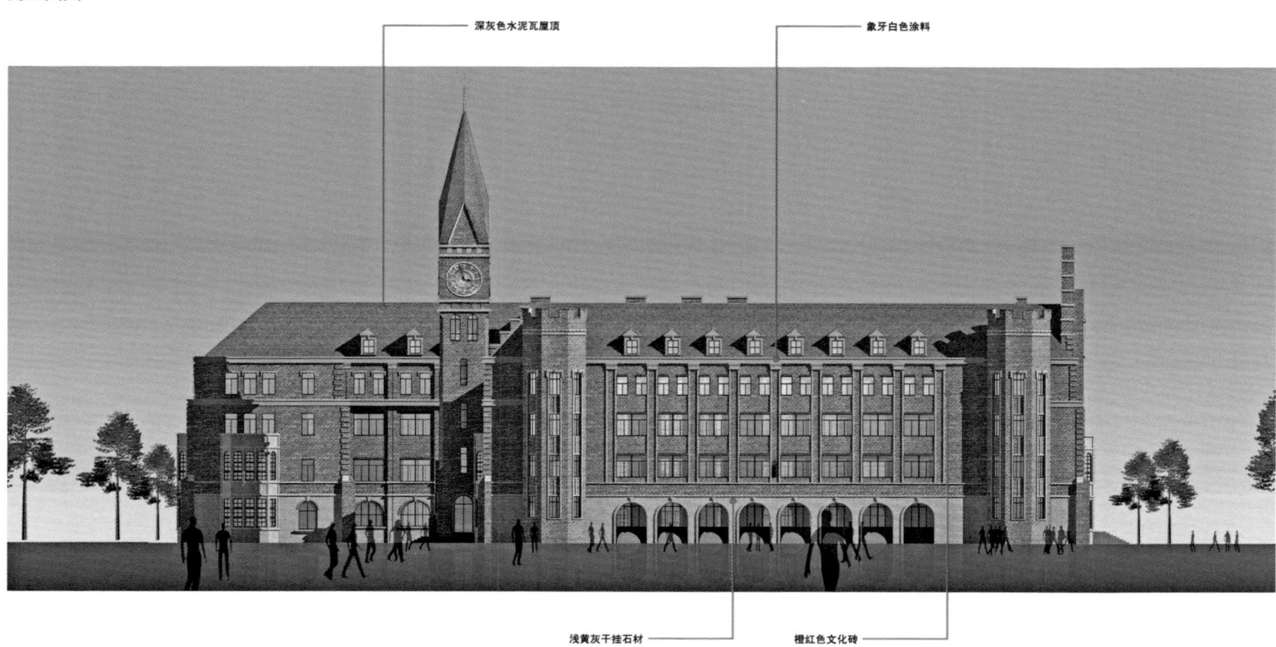
深灰色水泥瓦屋顶
象牙白色涂料
浅黄灰干挂石材
橙红色文化砖

北立面图

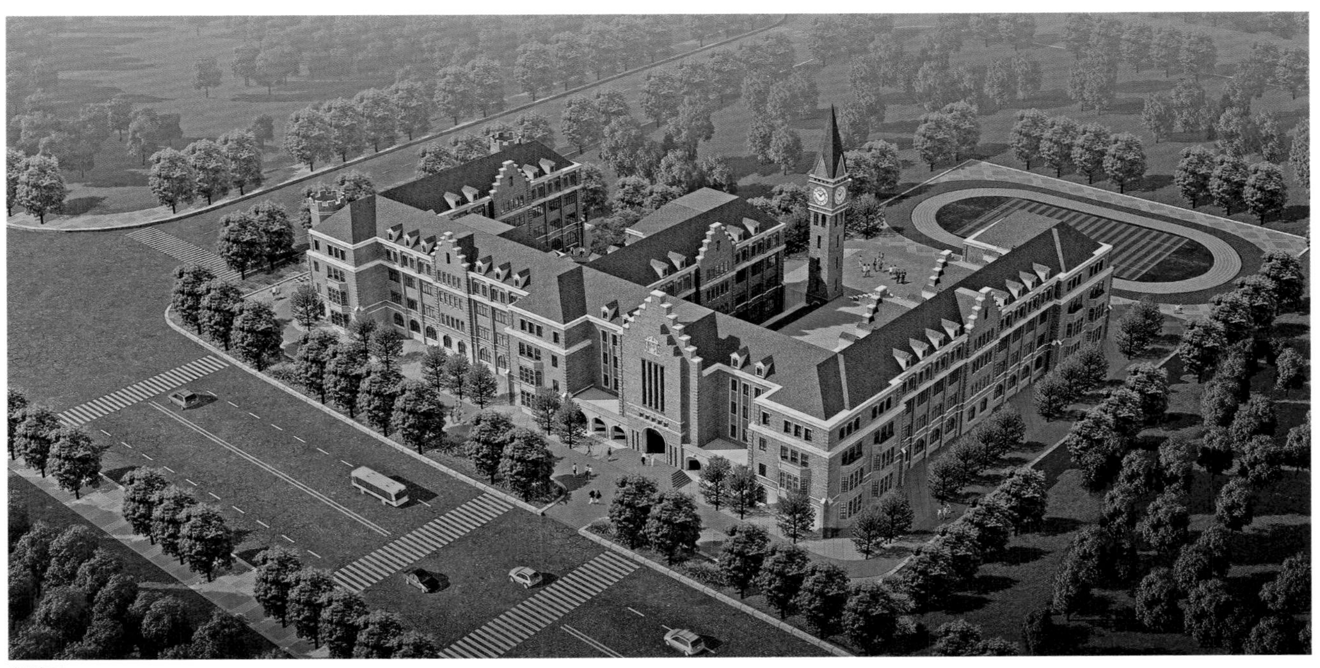

鸟瞰图

效果图

天津外国语大学附属滨海外国语学校
TIANJIN BINHAI FOREIGN LANGUAGES SCHOOL

实体图（一）

实体图（二）

6. 中新天津生态城滨海小外二部

项目地点： 中新天津生态城和韵路与和顺路交口西侧

用地面积： 14 040平方米

建筑面积： 20 740平方米，其中地上14 500平方米，容积率1.03；建筑层数地上4层，地下1层

设计单位： 天津市天友建筑设计股份有限公司

开发单位： 天津生态城公屋建设有限公司

项目简介： 中新天津生态城滨海小外2部是天津外国语大学附属外国语学校与中新天津生态城合作开办的义务教育学校，位于生态城起步区。考虑延续天津外国语大学校园古典建筑特征，本项目建筑设计采用了古典红砖风格，主体结构为钢筋混凝土框架结构，屋顶为钢结构。

本项目是绿色建筑，采暖方式是以地源热泵为能源的中央空调系统，门厅部位采用地板辐射方式供热，热水系统利用太阳能集中供热，电辅助加热系统。地下室为地下停车场、管理室、风机房、工具间、消防泵房、变电室、弱电机房、太阳能设备间、中水泵房、生活水泵房、制冷机房、地下篮球场。教学区包括活动室、教室、舞蹈教室、音乐教师、陶艺教室、书法教室、网络机房、阅览室、会议室、办公室、厨房、餐厅等。

实体图

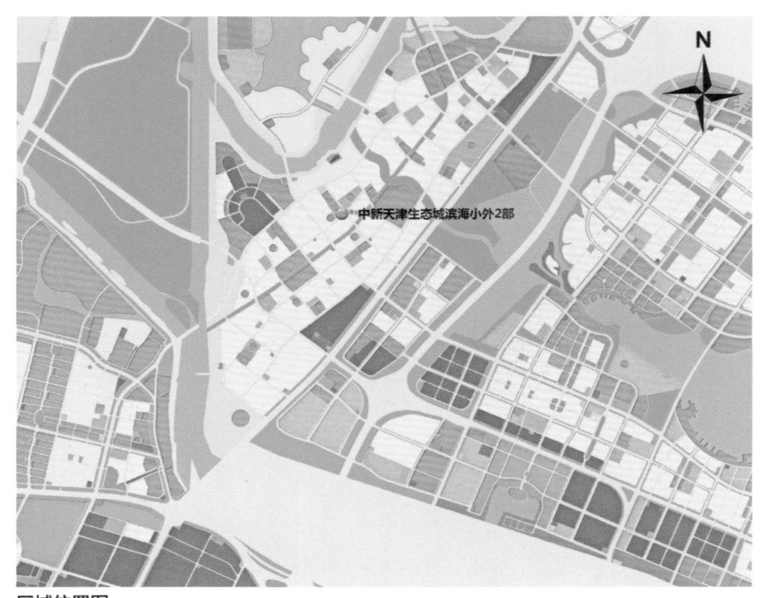

区域位置图

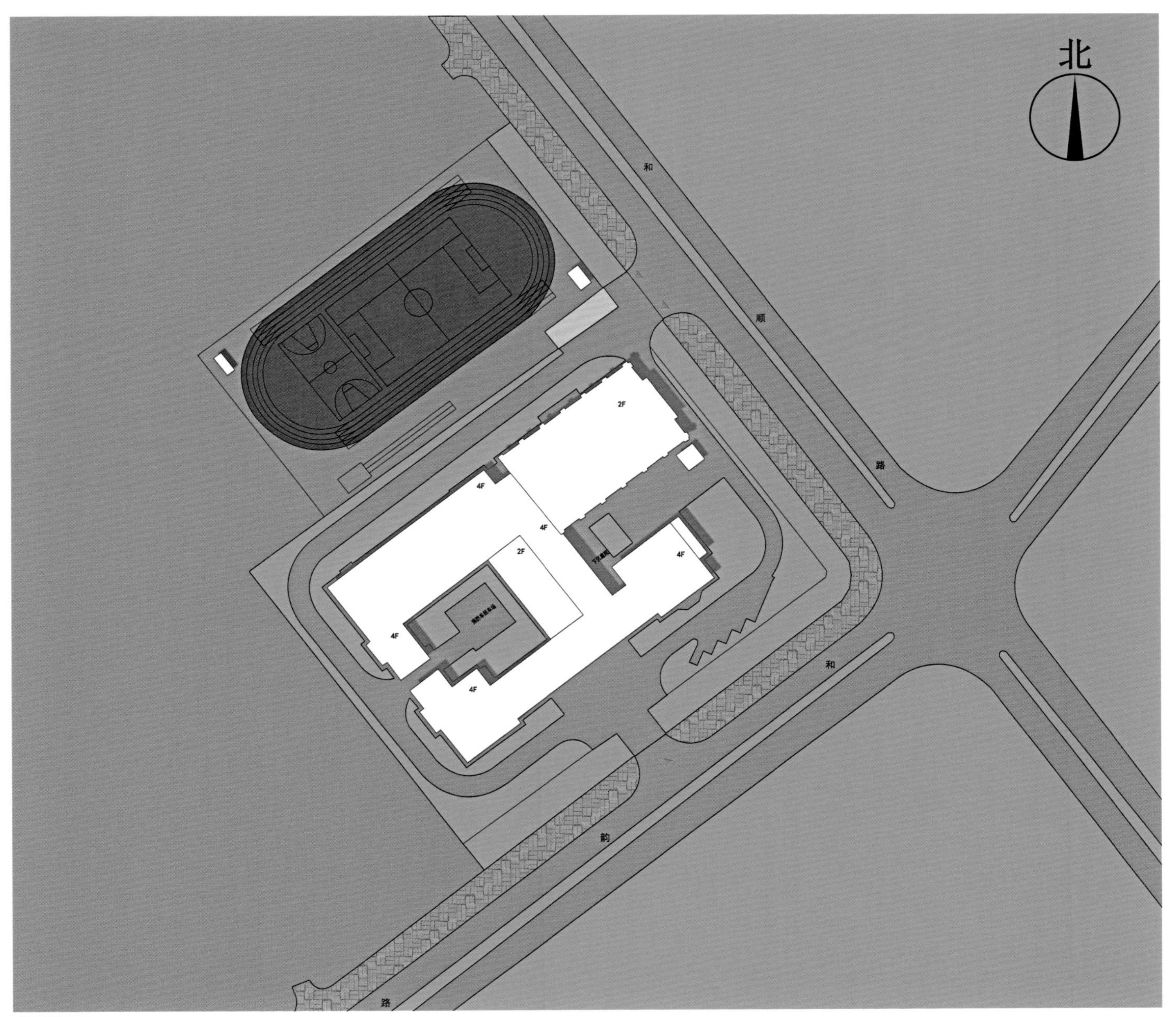

总平面图

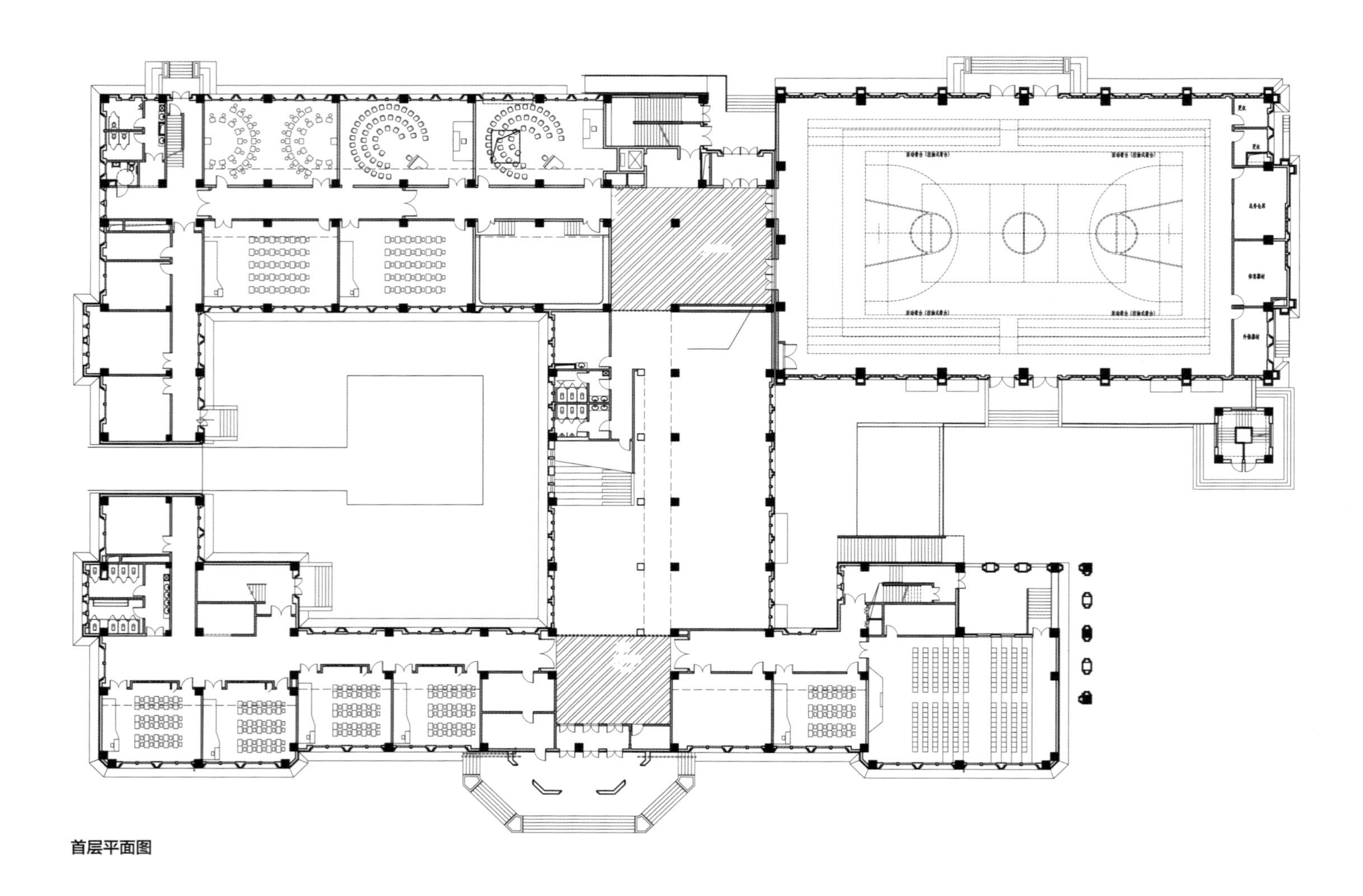

首层平面图

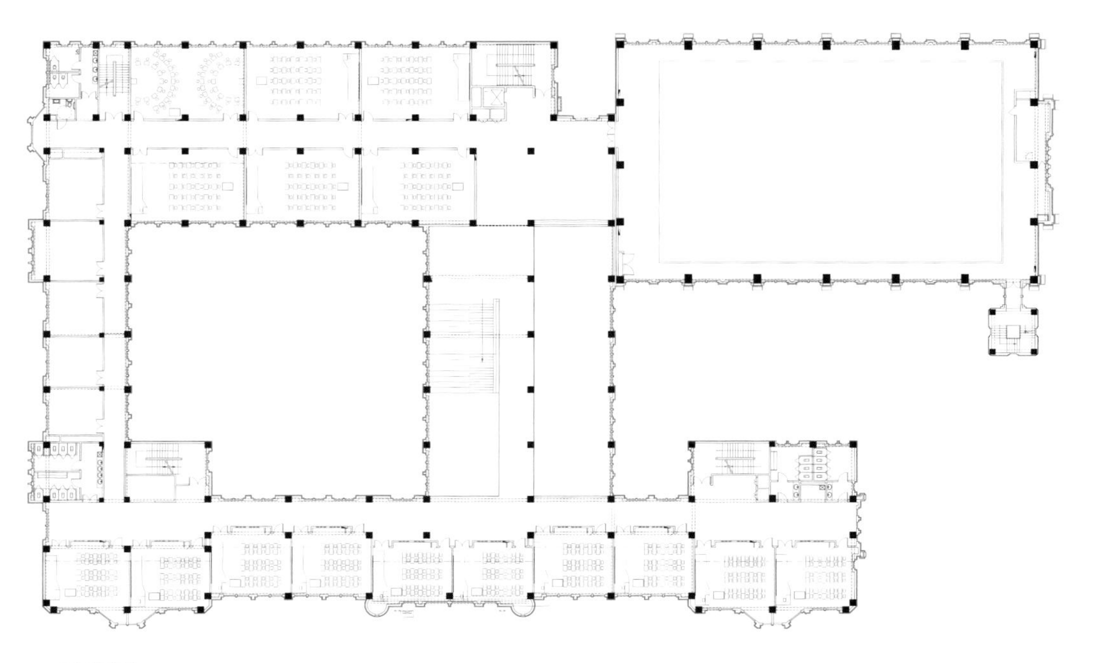

二层平面图

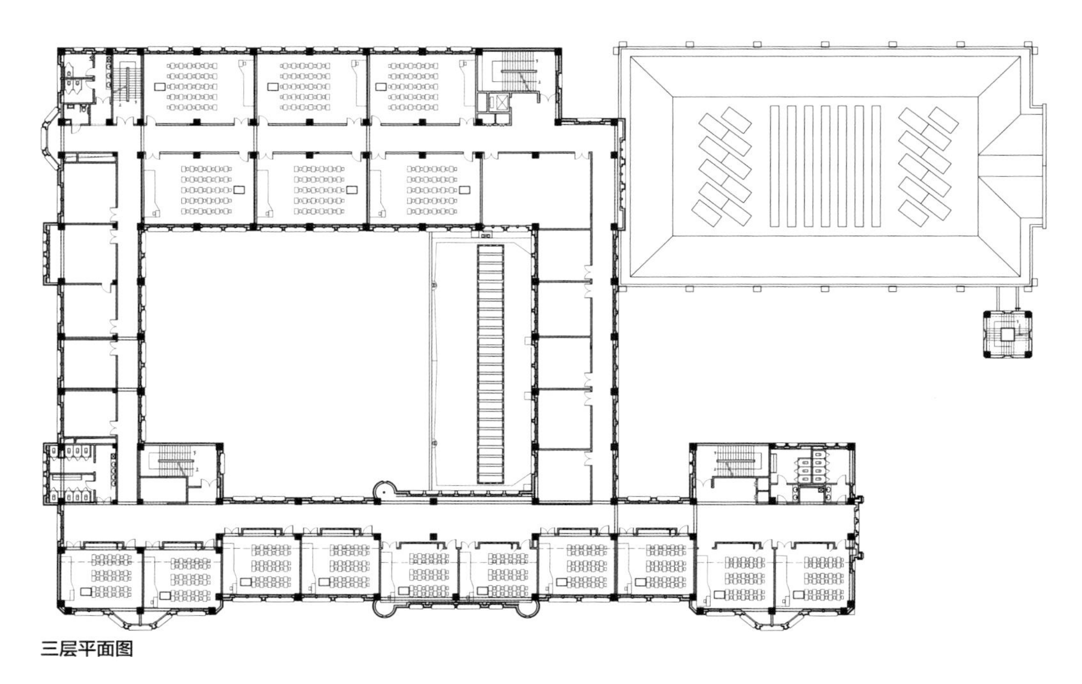

三层平面图

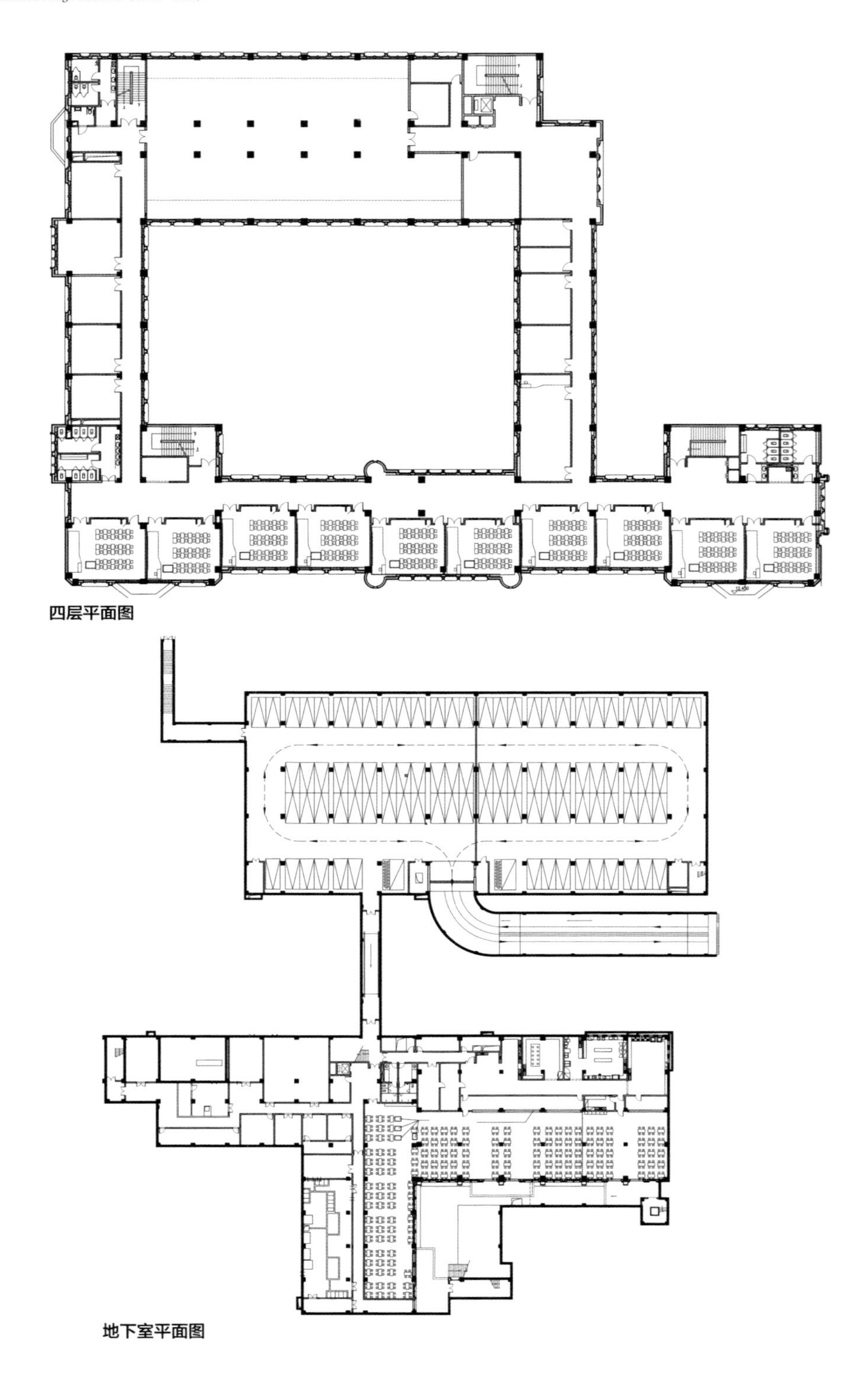

四层平面图

地下室平面图

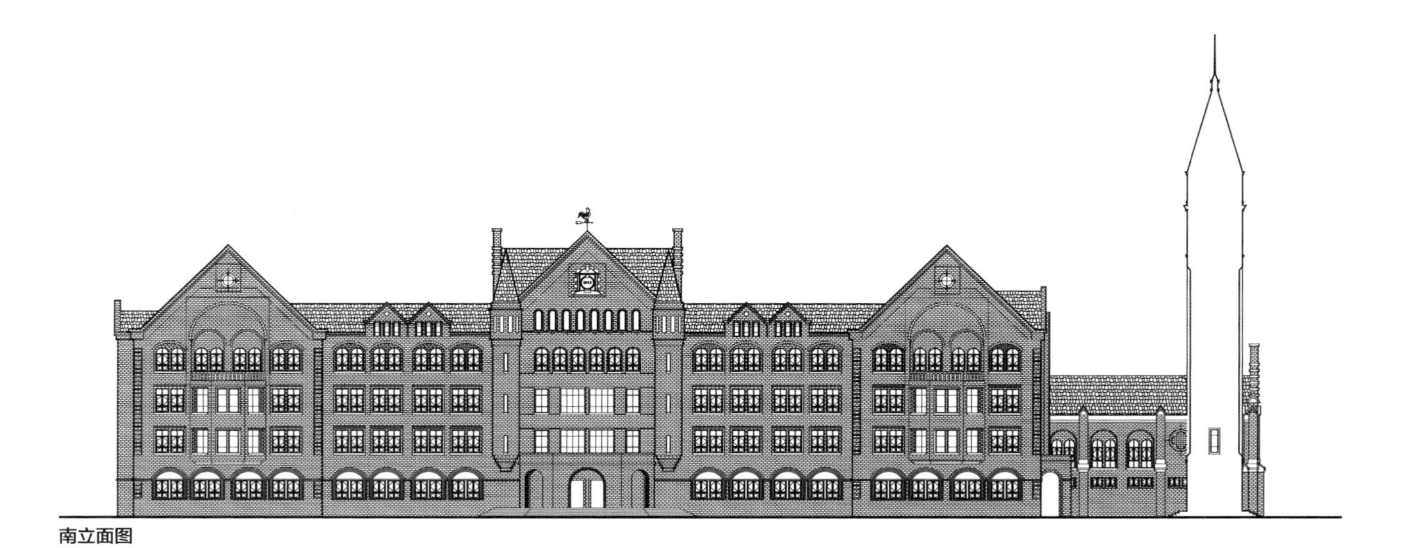

南立面图

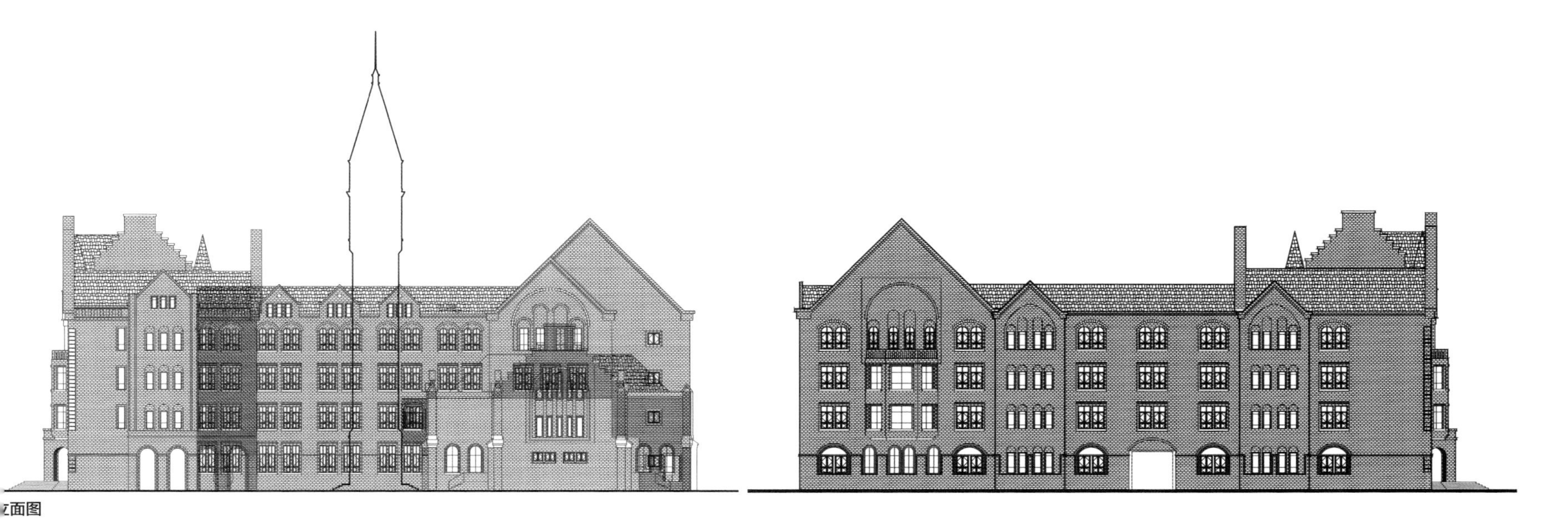

立面图

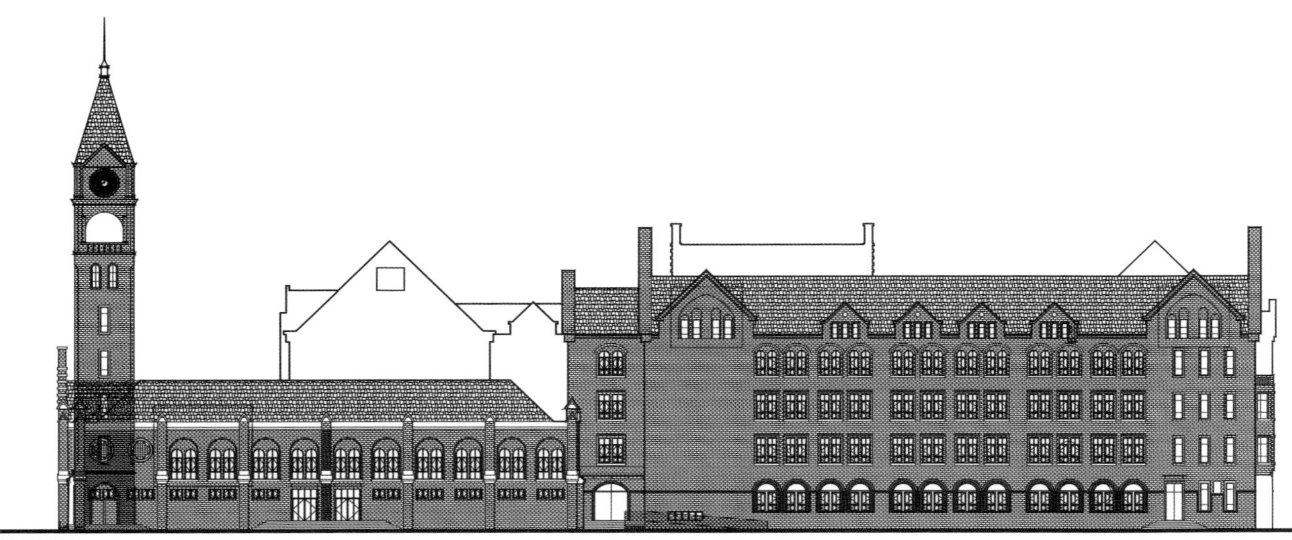
北立面图

2-2剖立面图

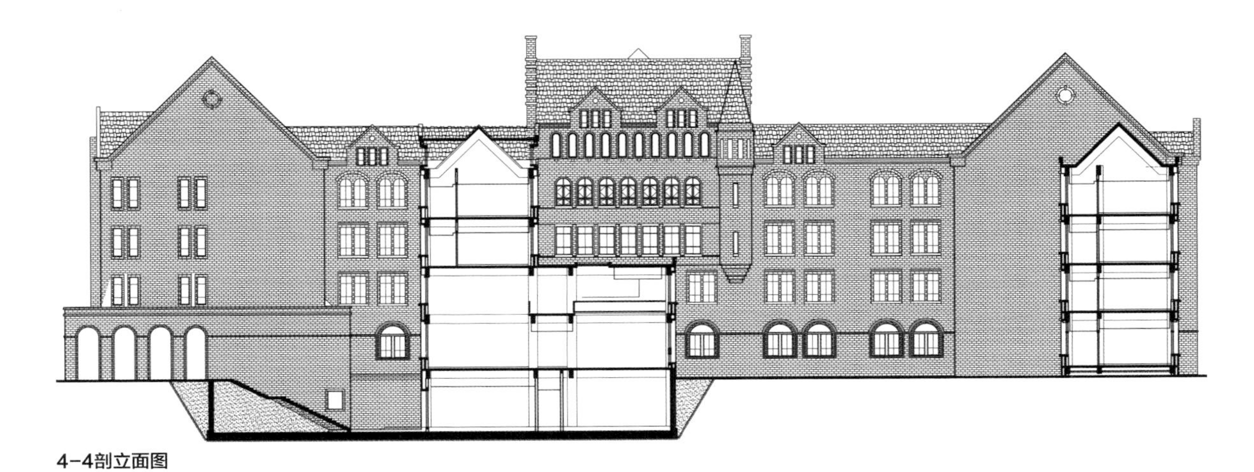

4-4剖立面图

5-5剖立面图

鸟瞰图

效果图（一）

效果图（二）

实体图（一）

实体图（二）

7. 中新天津生态城艾毅幼儿园

项目地点： 中新天津生态城和韵路与和顺路交口西侧

用地面积： 5978平方米

建筑面积： 7032平方米，其中地上3980平方米，容积率0.67；建筑高度20.75米，建筑层数地上2层，地下1层

设计单位： 天津市建筑设计院

开发单位： 天津生态城公屋建设有限公司

项目简介： 本项目着重体现“将建筑与外部使用空间融为一体”，一方面，在建筑体量的推敲上有了很大的创新，力求为幼儿营造更多活动场所，使之和谐统一。另一方面，在环境的设计和外部空间的形成上也突出了“建筑形式与为幼儿提供场地的融合”。

主庭院中布置了幼儿集中活动场地和各班活动场地，由绿化种植和塑胶铺地组成，教师可以组织幼儿在此做操、游戏和进行体育锻炼。此外，这里也可为规模较大的教育及娱乐活动提供广阔的室外场所。同时，针对幼儿园建筑的自身特点，引用了一些色彩柔和的色块，以黄色面砖为主色调，自然清新。城堡一样的造型迎合幼儿的心理，启发其想象力，创造出一个梦幻的童真世界。

实体图

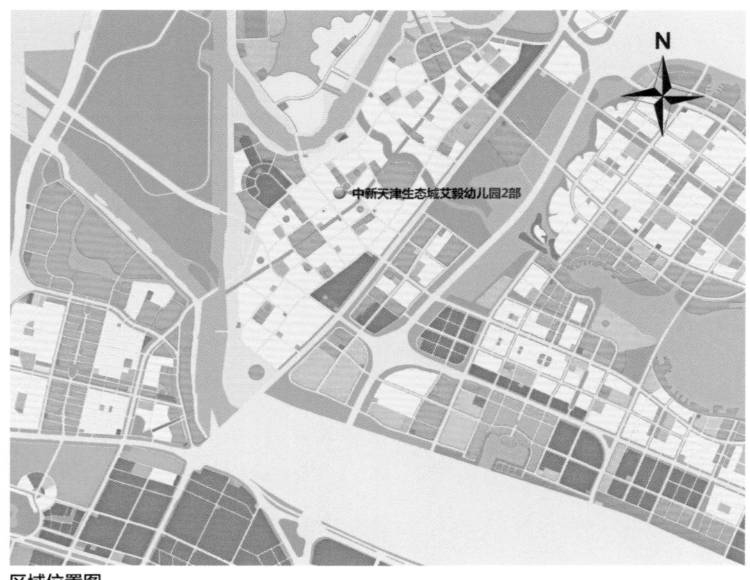

区域位置图

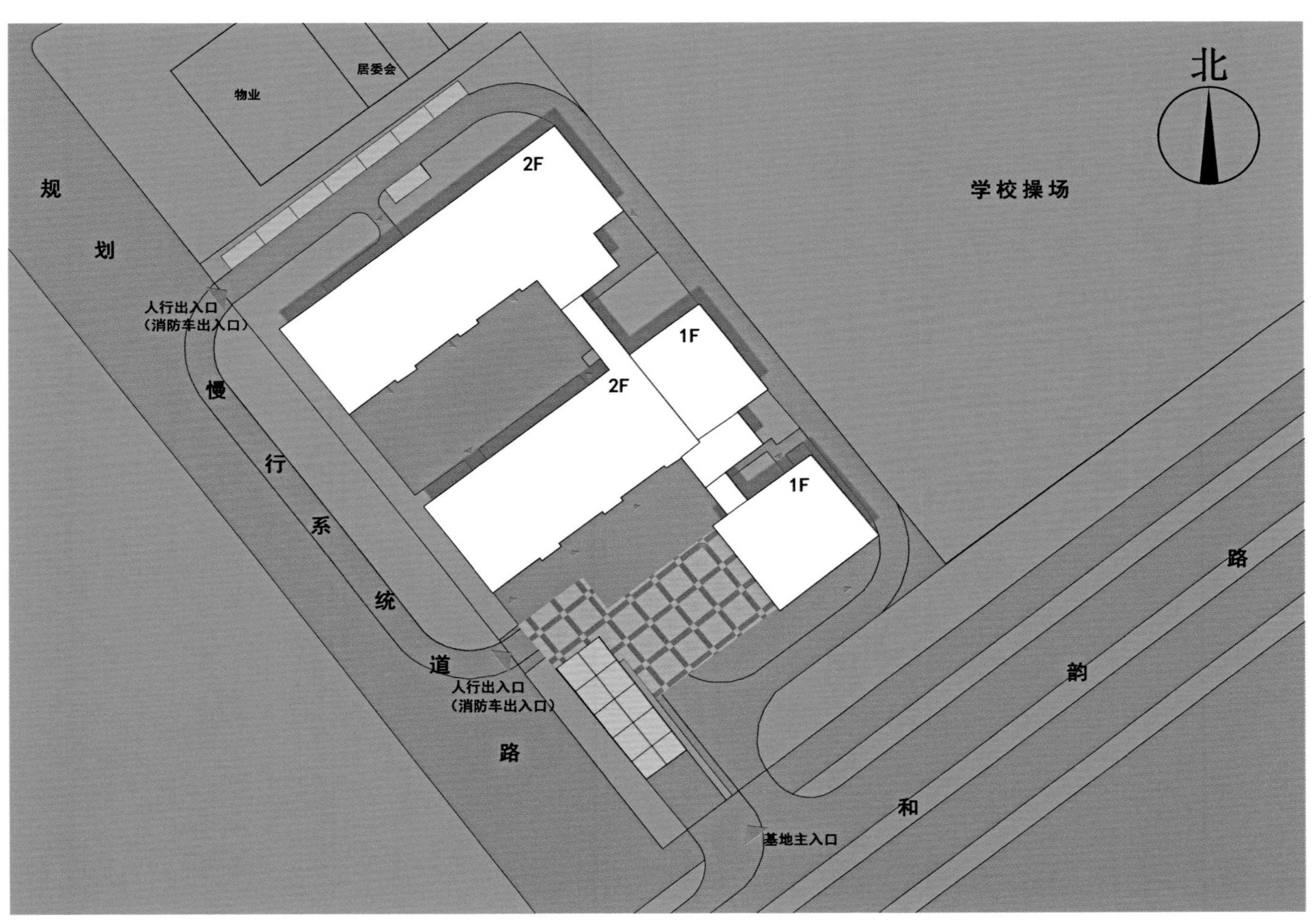
物业
居委会
2F
北
学校操场
规
划
人行出入口
（消防车出入口）
1F
慢
2F
行
1F
系
路
统
道
韵
人行出入口
（消防车出入口）
路
和
基地主入口

总平面图

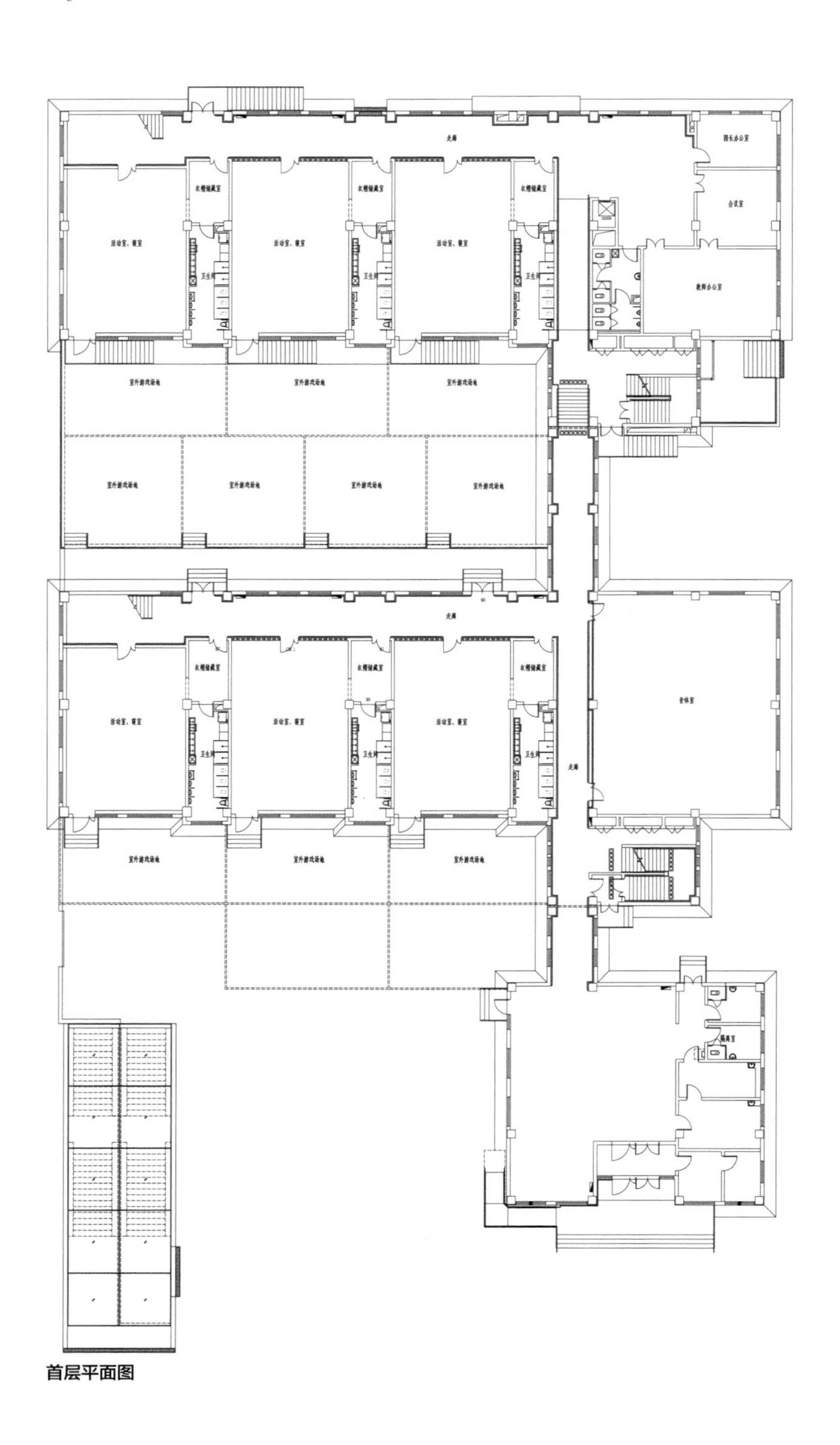

首层平面图

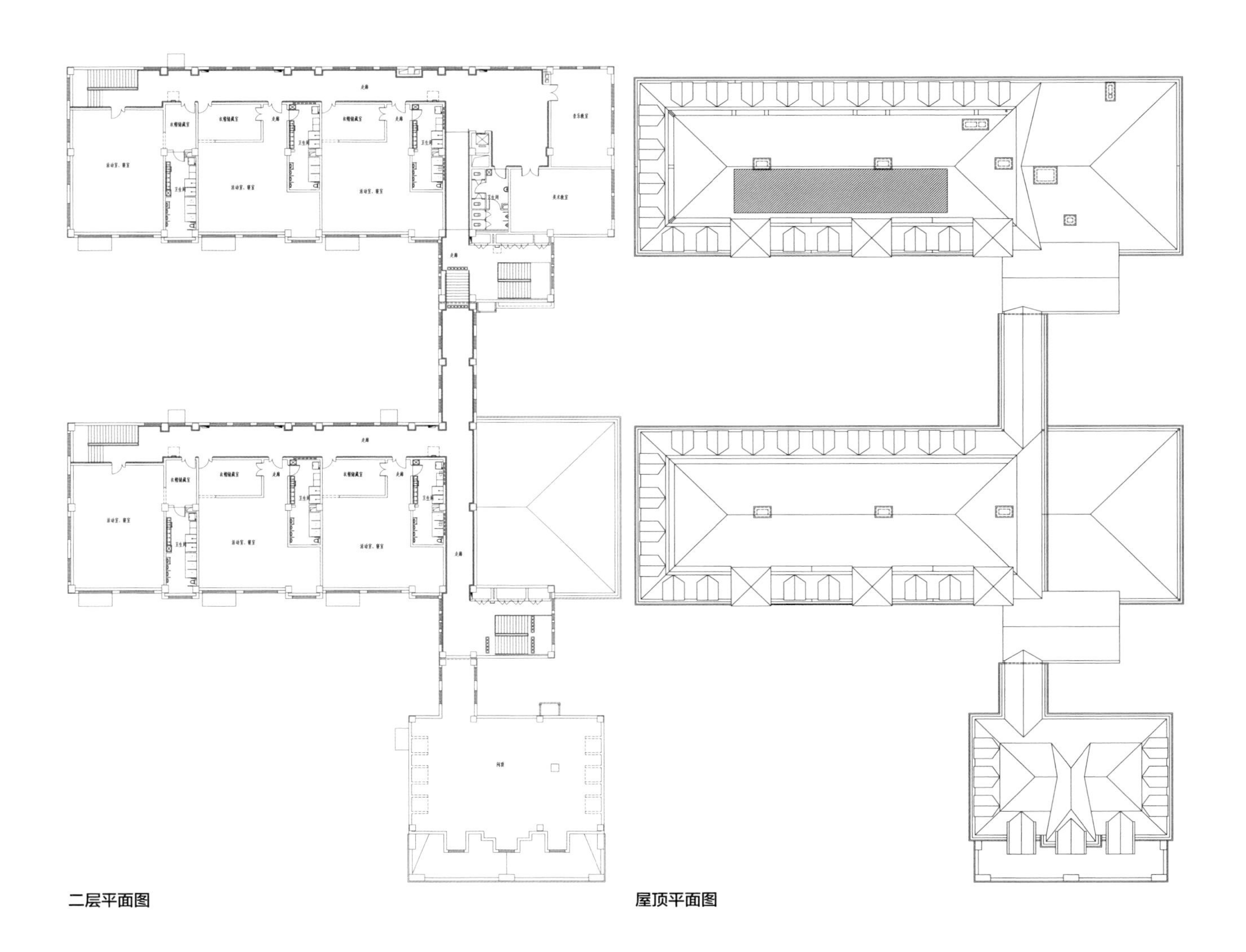

二层平面图

屋顶平面图

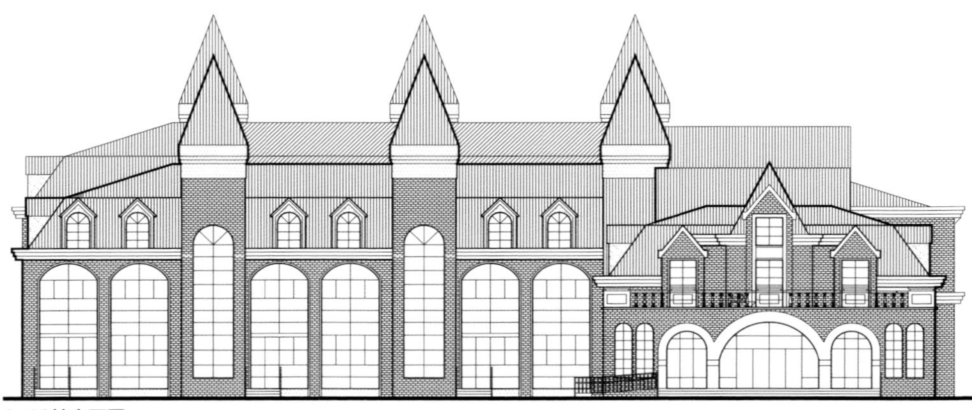

1-10轴立面图

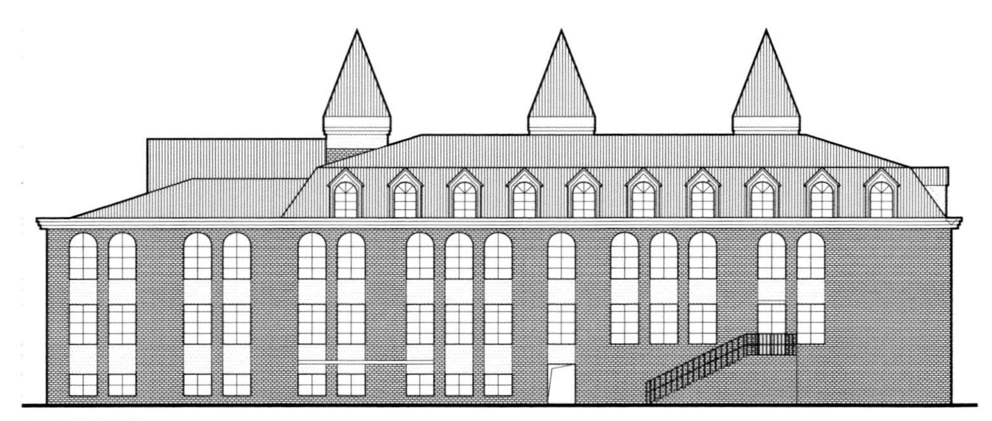

10-1轴立面图

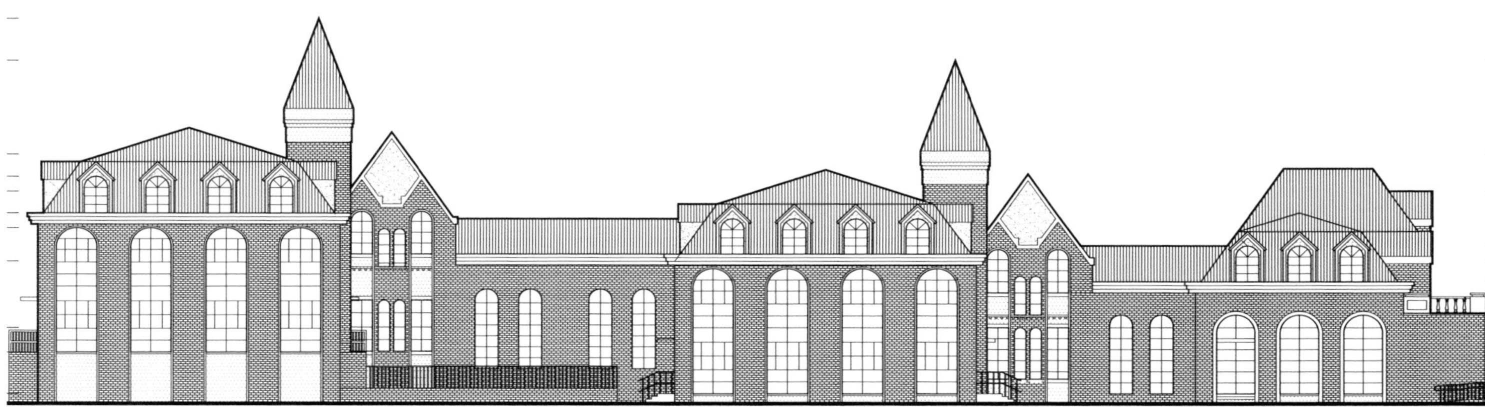

P-A轴立面图

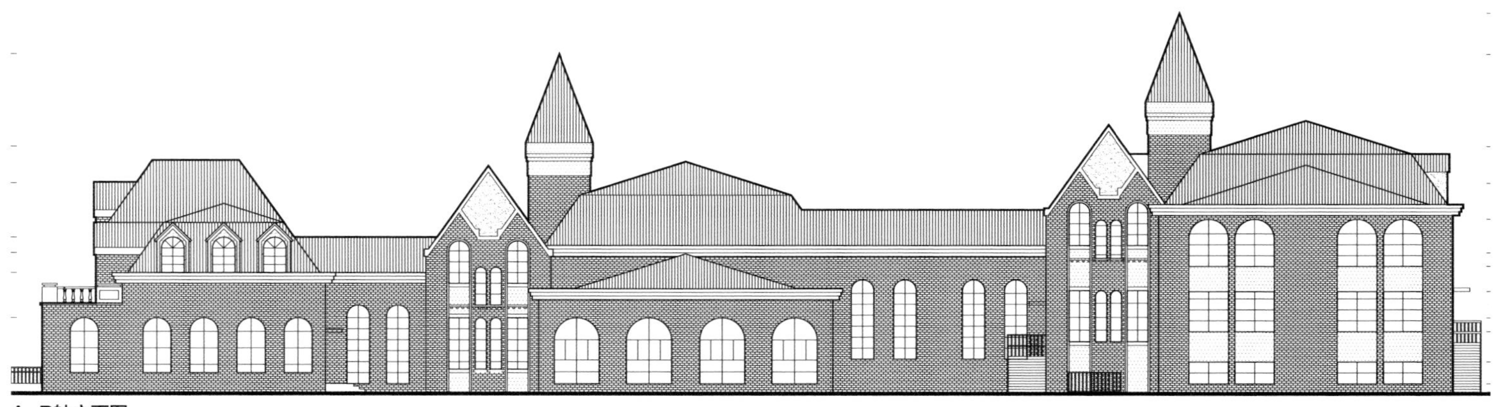

A-P轴立面图

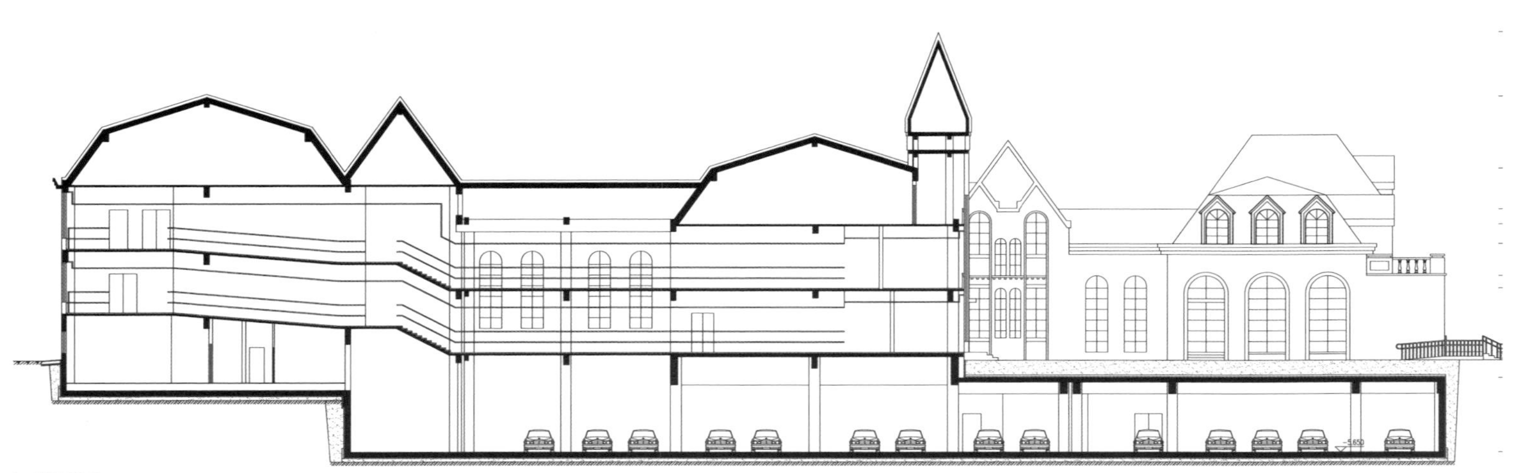

1-1剖面图

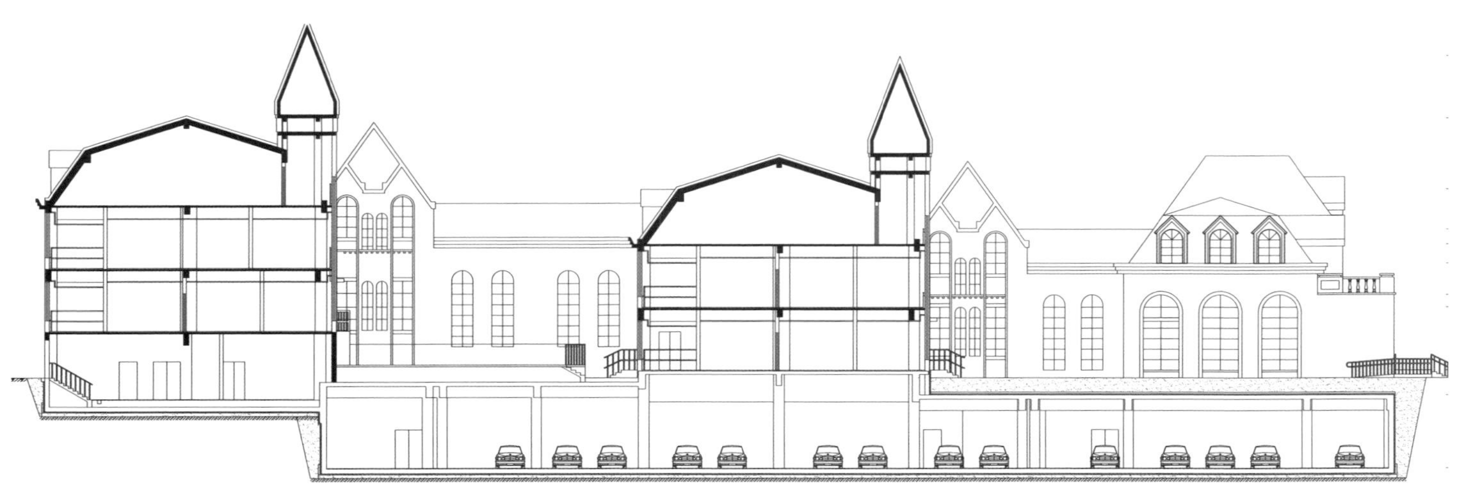

4-4剖面图

鸟瞰图

效果图

现状航拍图

实体图

8. 远洋城塘沽一幼分园

项目地点： 滨海新区远洋城

用地面积： 5055平方米

建筑面积： 4308平方米，容积率0.85；建筑高度13.4，建筑层数地上3层

设计单位： SAKO建筑设计工社

开发单位： 天津普利达房地产建设开发有限公司

项目简介： 本项目把幼儿园设计成既没有死角也没有里外感之分，并且中心部分是几个自由曲线般的建筑，这样既便于管理，又不限制孩子们自由活动的天性。为了减少三层的高度给孩子们增加的高层意识感，也为了使整个建筑更具一体感，在二层设置了一个开阔的中庭，也是幼儿园的主要庭院。以该庭院为基准，在上下层设置了一些房间，通往中庭的入口处大阶梯是幼儿园的标志之一，同时也是活动场所。在中庭层的下面散落着带有小庭院的多功能教室，可以作为室内庭院来自由举行各种活动。

各活动室主要面向南方，并且还可以直接进入能够进行室外活动的园林、中庭、露台，窗户及露台上使用了一些柔软且可爱的曲线，并且露台使用显眼的颜色增加了变化感。

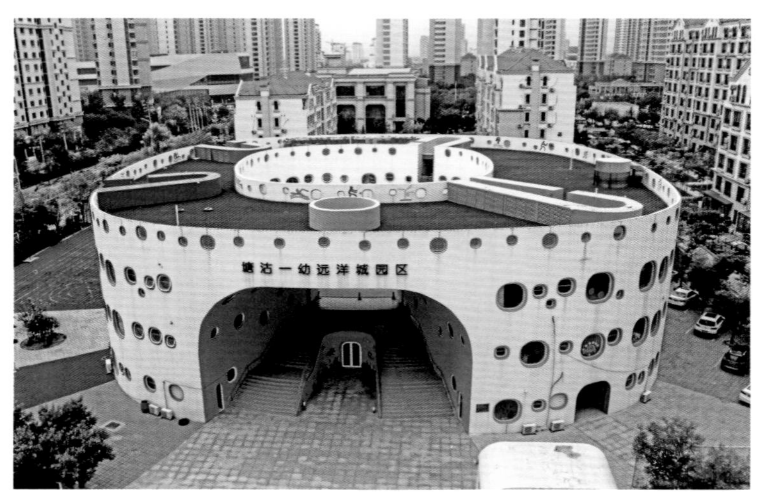

实体图

区域位置图

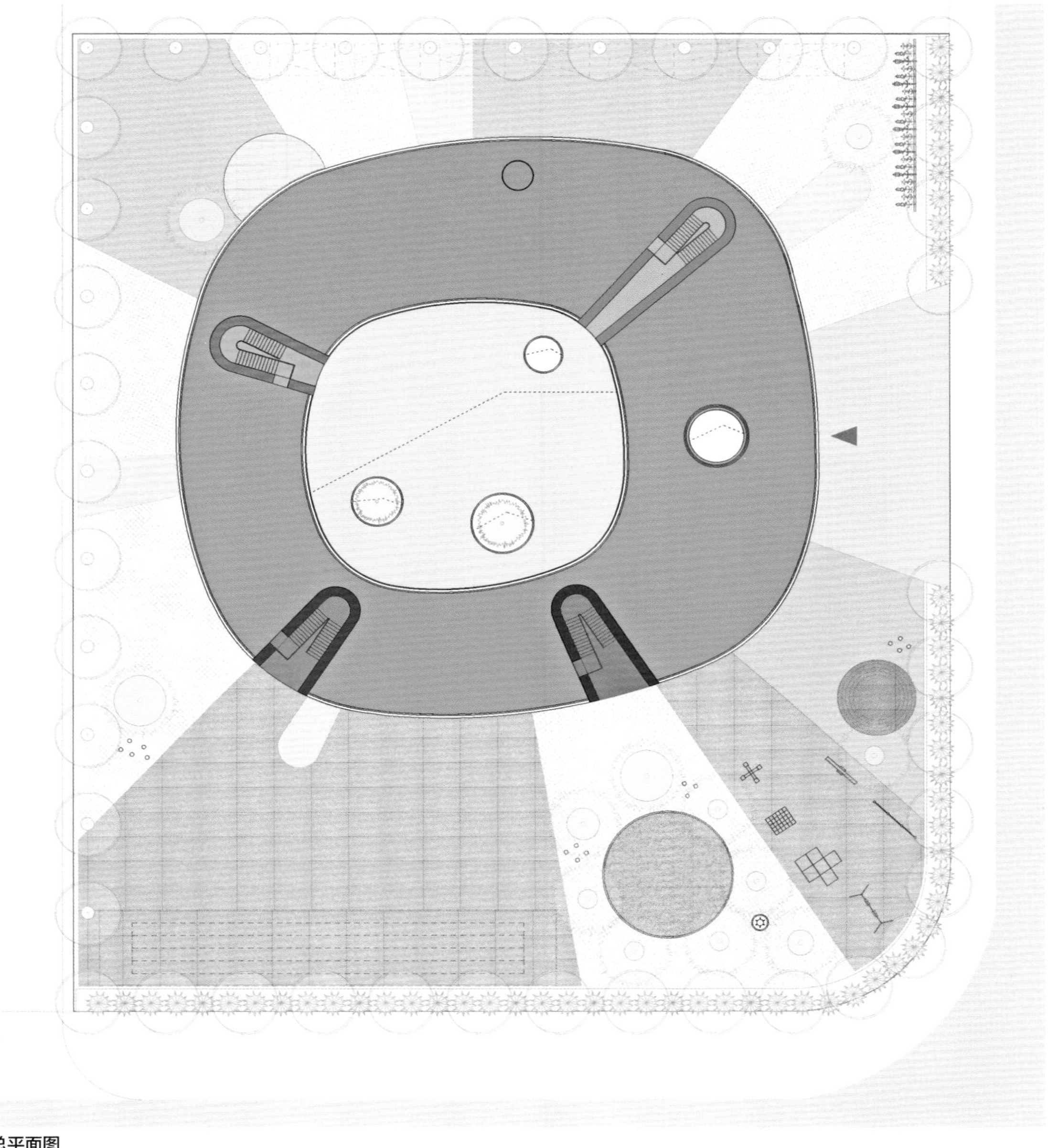

总平面图

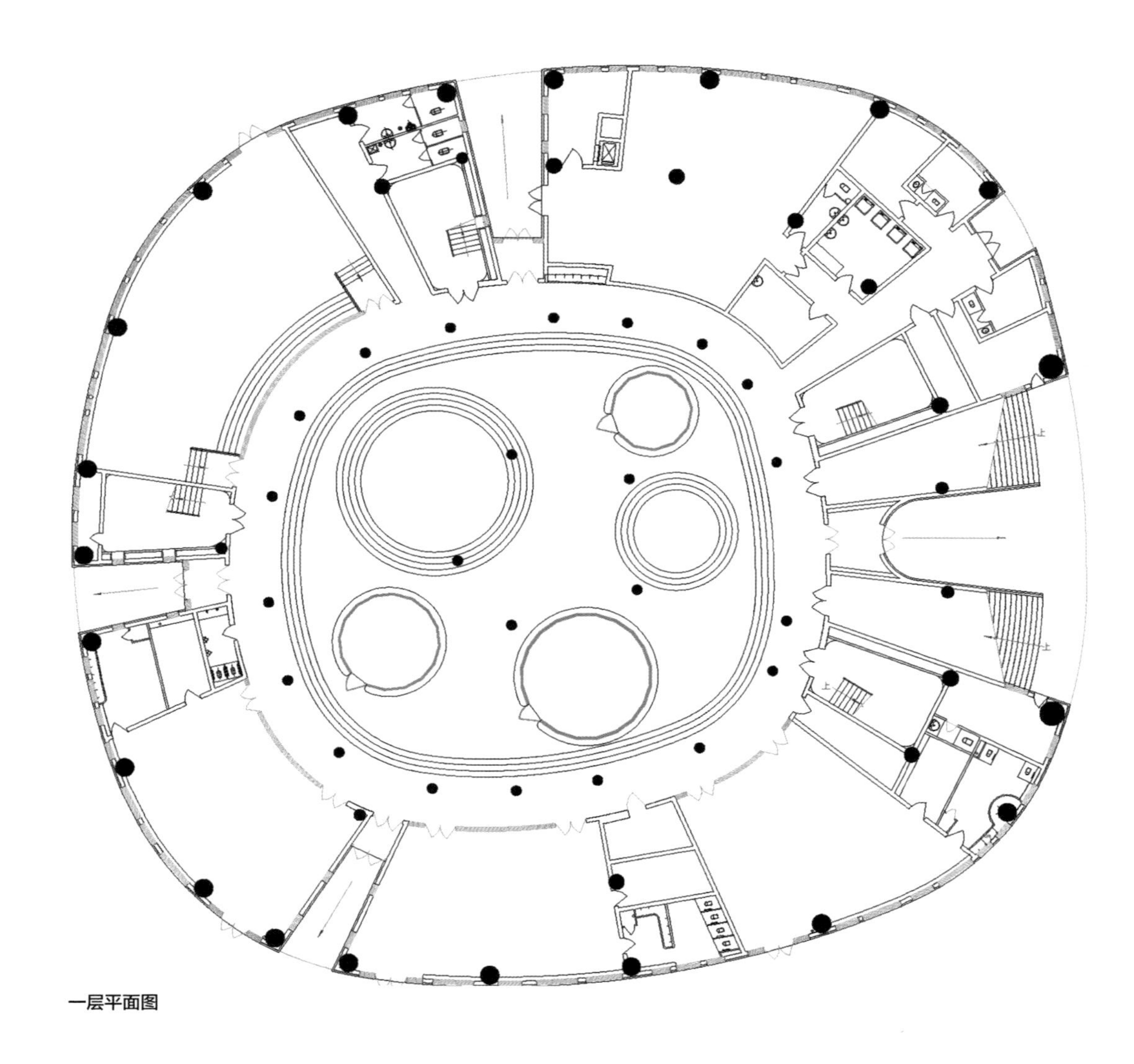

一层平面图

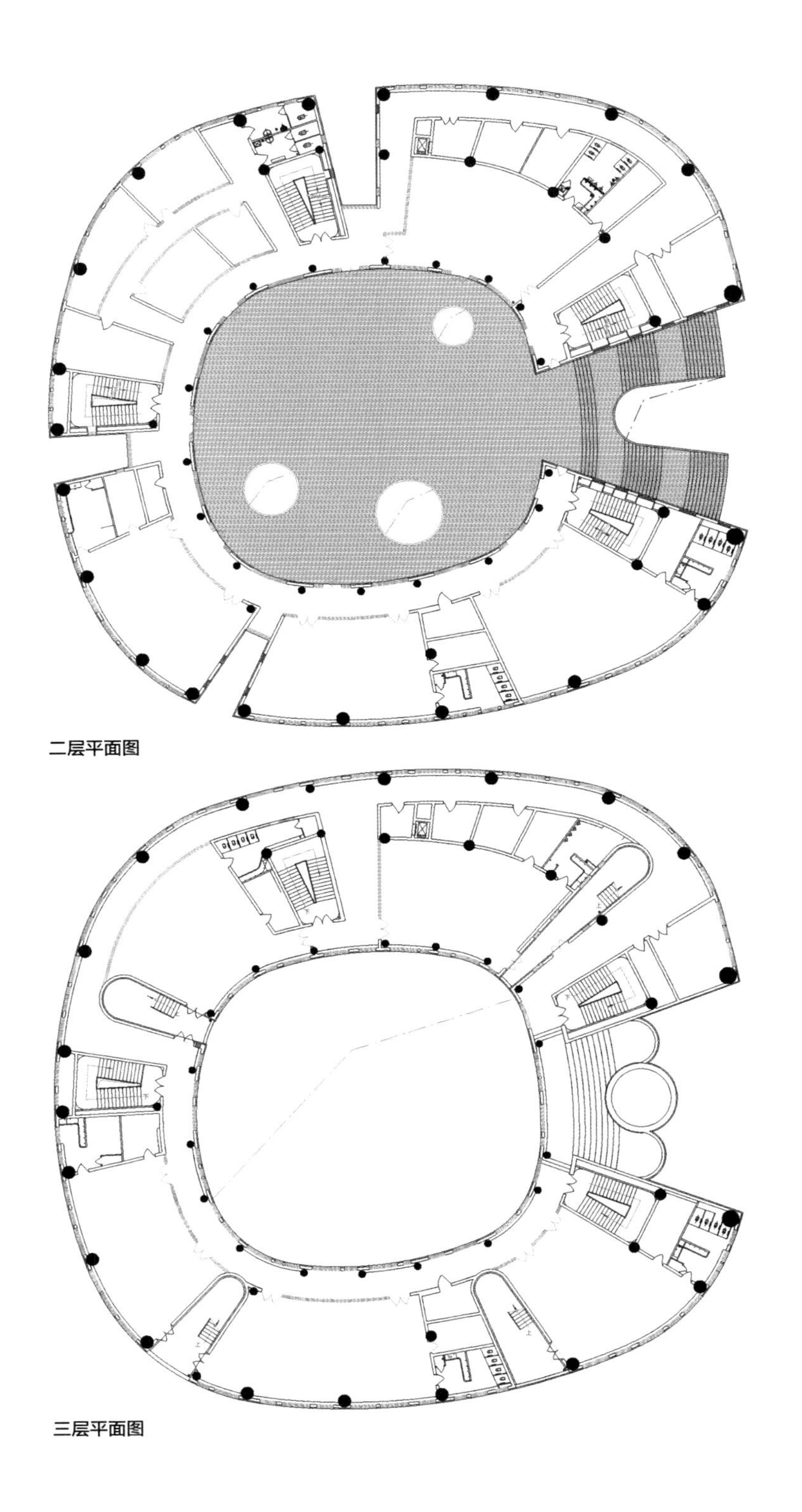

二层平面图

三层平面图

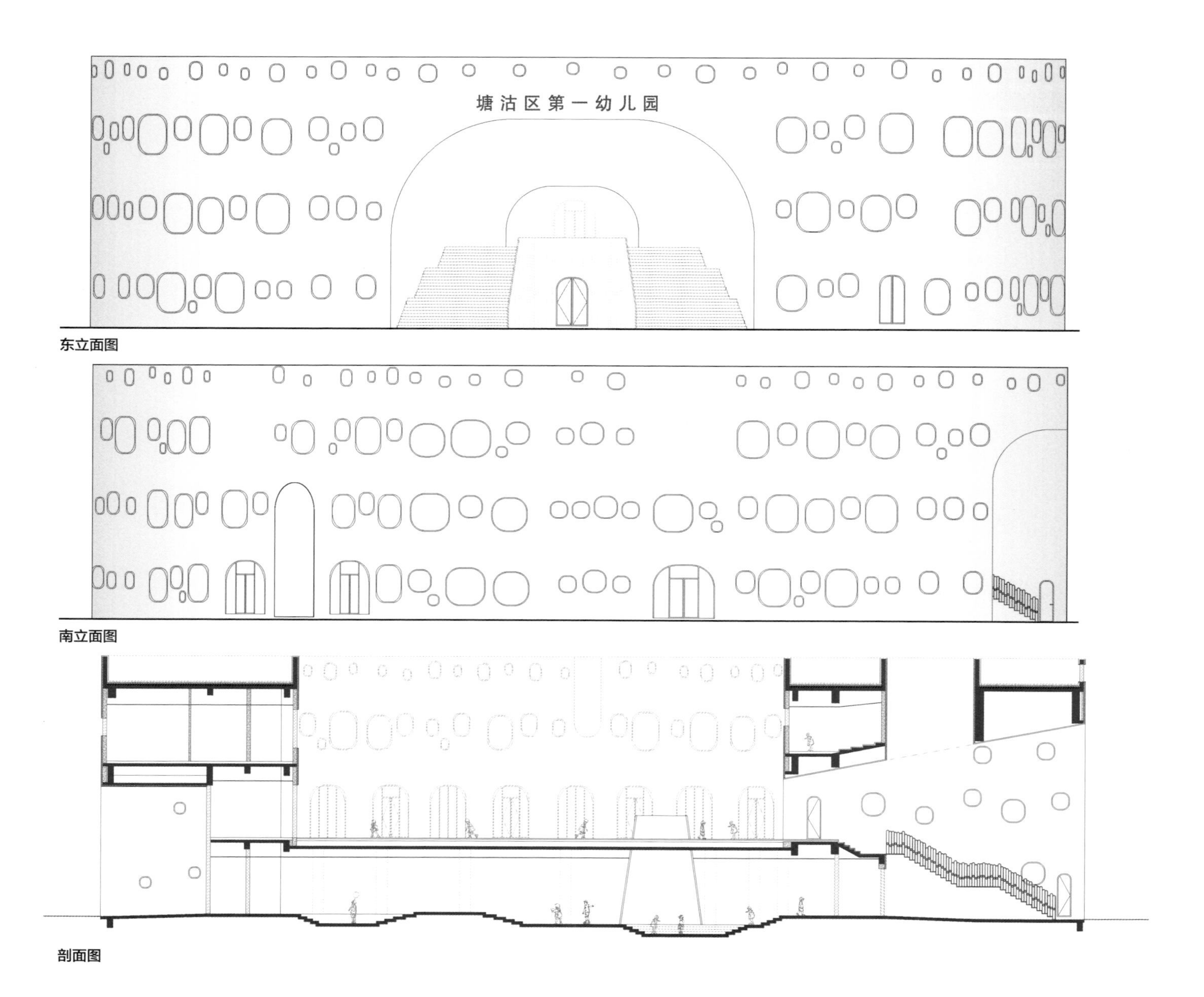

东立面图

南立面图

剖面图

鸟瞰图

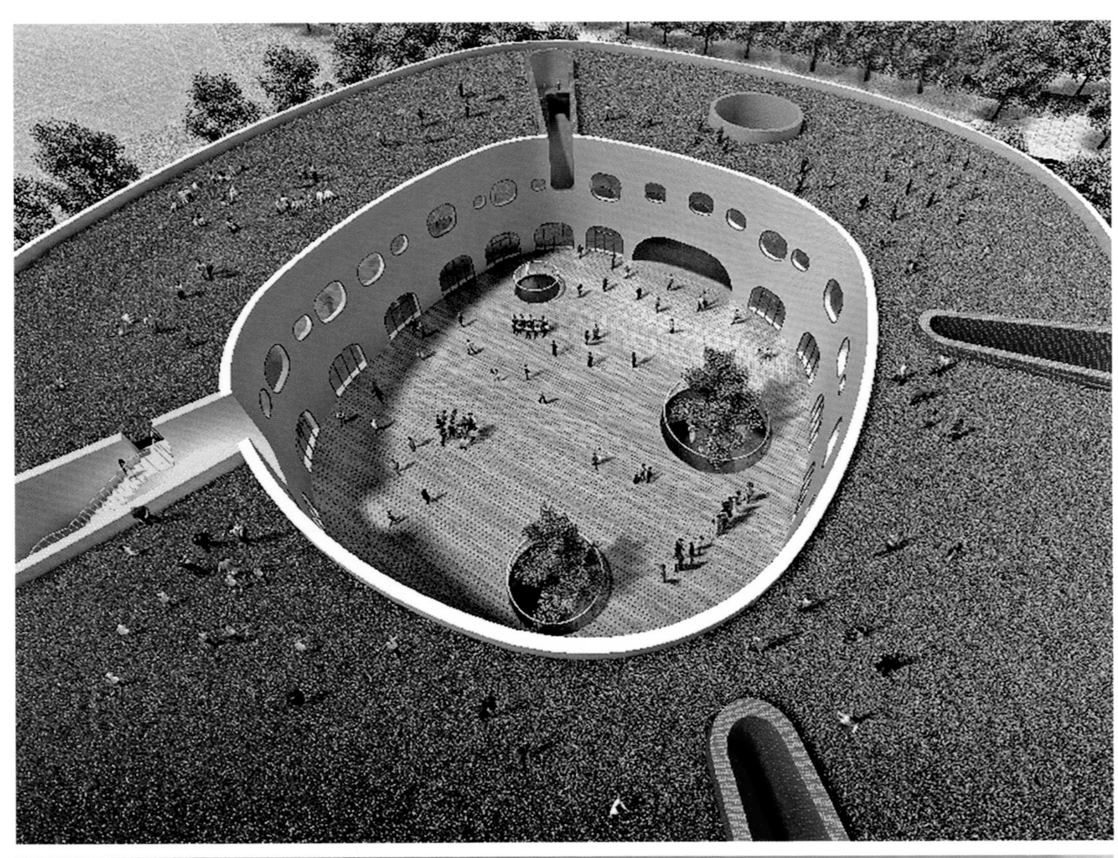

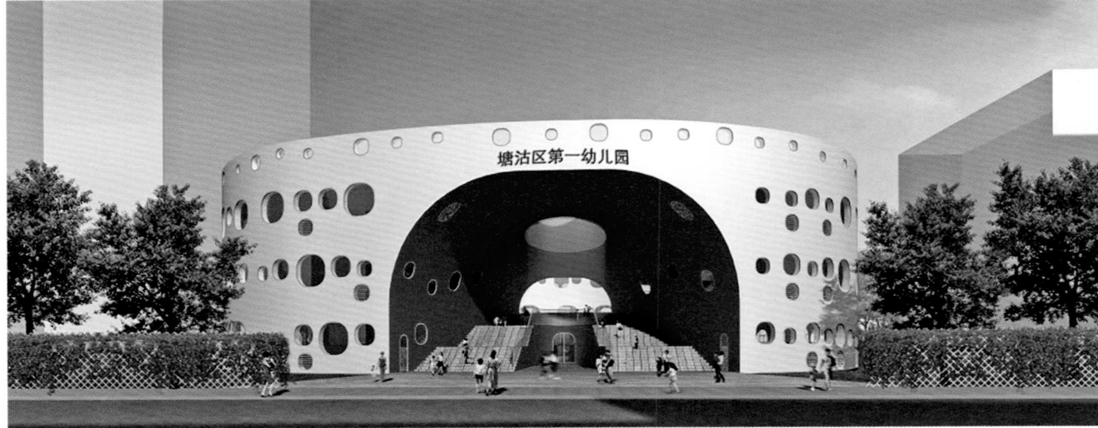

效果图

实体图

居住建筑

RESIDENTIAL BUIDING

RESIDENTIAL BUIDING

一、住宅建筑

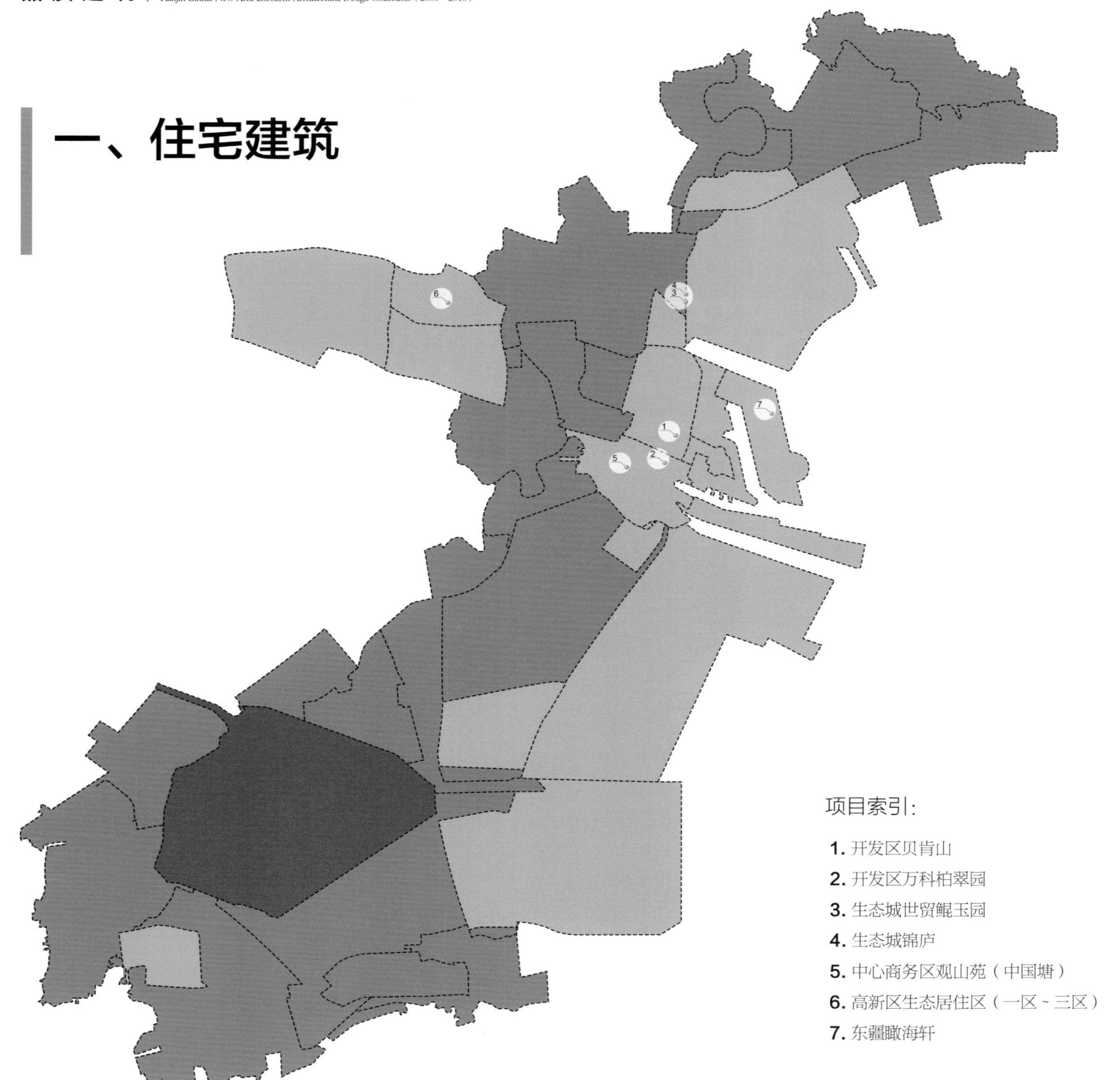

项目索引：

1. 开发区贝肯山
2. 开发区万科柏翠园
3. 生态城世贸鲲玉园
4. 生态城锦庐
5. 中心商务区观山苑（中国塘）
6. 高新区生态居住区（一区～三区）
7. 东疆瞰海轩

1. 开发区贝肯山

项目地点： 天津经济技术开发区

用地面积： 约25万平方米

建筑面积： 约38.2万平方米（不包括地下建筑面积）

设计单位： 天津市金厦规划建筑设计有限公司

开发单位： 天津招商泰达投资有限公司

项目简介： 项目用地由八块用地组成，定位于为外籍人士提供出租物业为主，为高端人群提供出售物业为辅的高尚住区。按照城市设计，规划窄路密网，采用新英格兰生活小镇的设计理念，结合其恒久而优美的独特社区特色，使该住区能随时间流逝日渐成熟，并保持恒久不变的高尚社区。规划设计中有几个重点，一是多功能的混合社区，即除居住以外，还有商业、办公、娱乐等功能，把单一功能的住宅区建成有吸引力、有活力的综合社区；二是营造社区中心，这是创造有活力的社区的最重要的手法，社区中心集中了商业、办公、娱乐设施和开敞空间等公共功能，是人们生活、工作、娱乐、旅游的中心，营造能够创造社区感、地域感、标志感以及安全感等社区特性，它是一个社区的标志，是社区外的人们了解、感受并享受地区的地点；三是建设有活力的街道，街道的形式影响着整个社区的特点和质量，强调街的多功能效应，即它是人们进行社会交往的场所，是儿童玩耍的地方，是步行和自行车交通的通道，还是各类住宅的出入口；四是协调的建筑风格，建筑风格设计的目的是创造整体上和谐融合而格局独具特色的社区，应用细部精美、比例尺度非常和谐的建筑形式，现代和历史传统相互融合，随着时间的推移，体现出成熟社区的印象。

鸟瞰图（一）

建筑设计的另一个重点是突出社区中心的重要公共建筑，创造具有城镇和社区特点及能够起到焦点作用的建筑。这样的建筑还必须要有各自的特点和个性，特别是有重要意义的建筑，例如教堂、影剧场、重点的市政建筑和商业建筑，这些重点的建筑物还要单独形成有意义的经典，并且相互协调，同时与公共开敞空间以及公共绿化组成有机整体。

鸟瞰图（二）

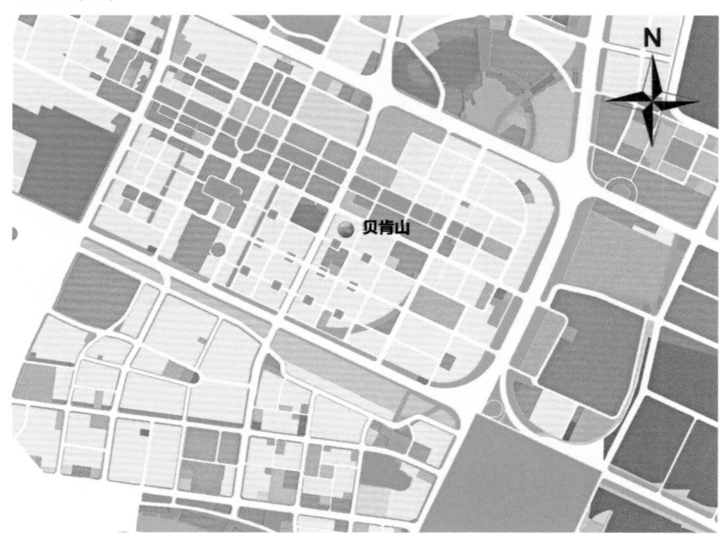

区域位置图

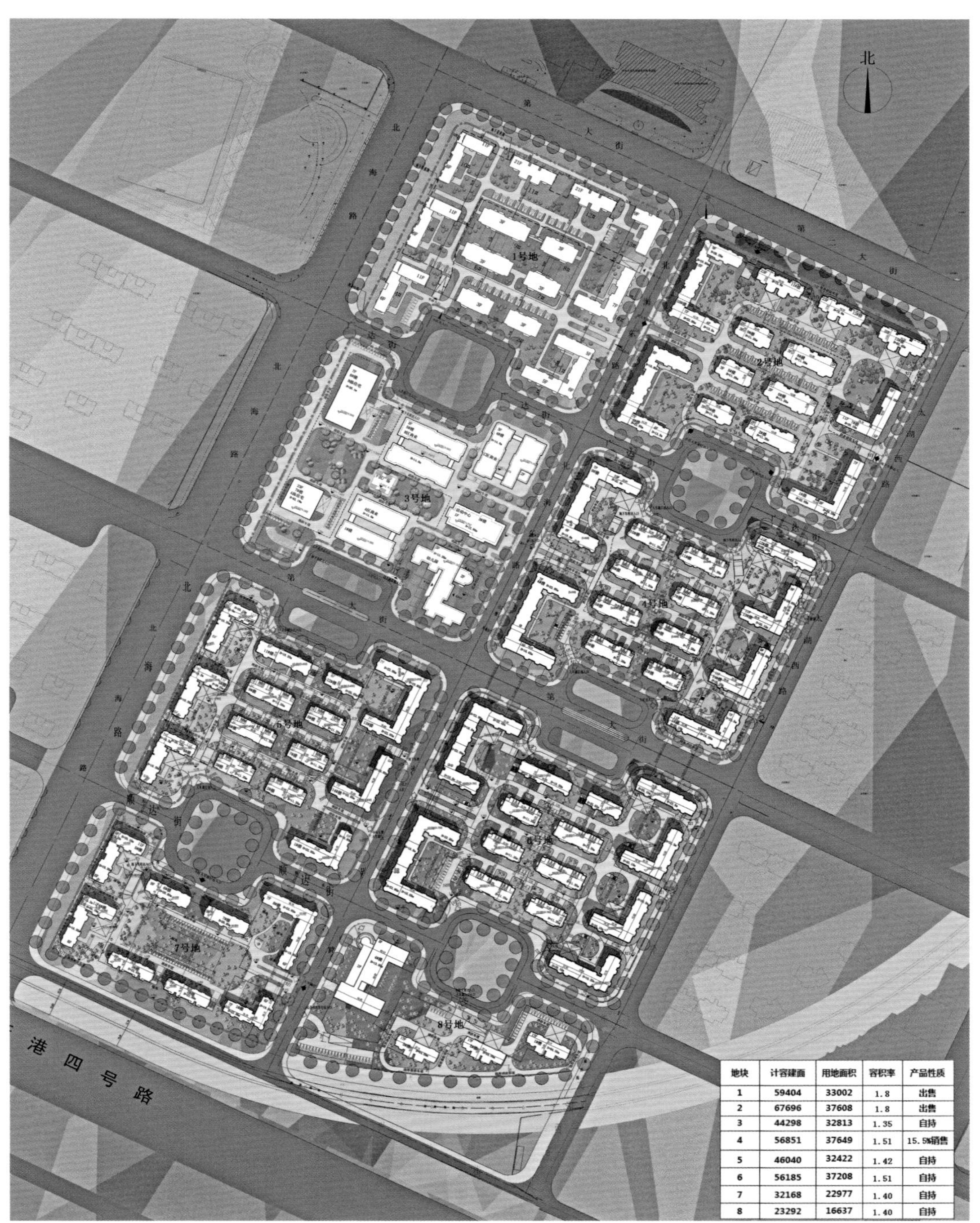

地块	计容建面	用地面积	容积率	产品性质
1	59404	33002	1.8	出售
2	67696	37608	1.8	出售
3	44298	32813	1.35	自持
4	56851	37649	1.51	15.5%销售
5	46040	32422	1.42	自持
6	56185	37208	1.51	自持
7	32168	22977	1.40	自持
8	23292	16637	1.40	自持

总平面图

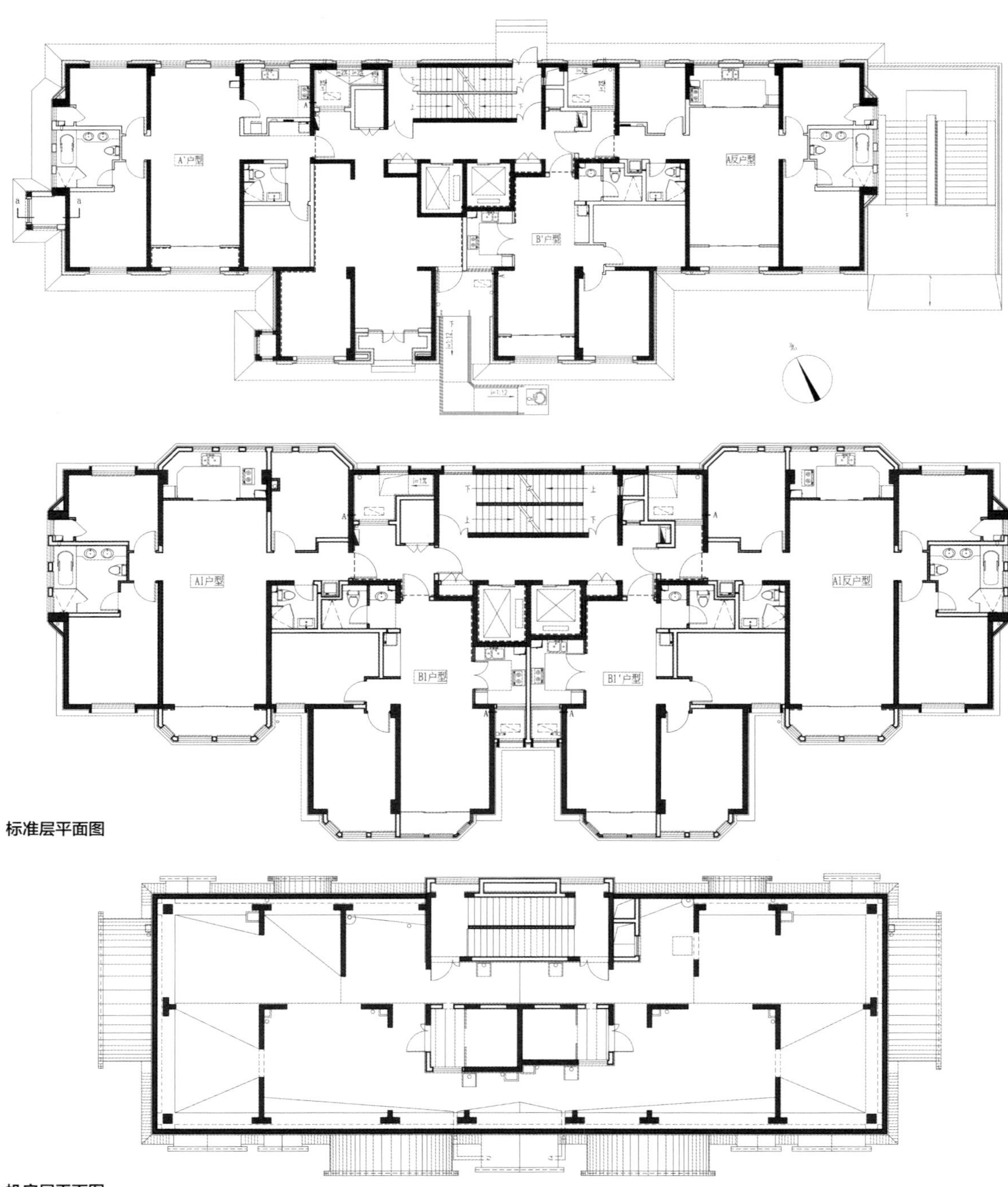

标准层平面图

机房层平面图

警卫
走道
社区服务站
物业
经营性配套公建
居委会
卫生间
主卧
卧室
厨房
起居厅 餐厅
卫生间
卫生间
厨房
卧室
起居厅、餐厅
起居厅、餐厅
厨房
卧室
卫生间
主卧
书房
厨房
客卫
主卧
主卫
起居厅、餐厅
厨房
起居厅、餐厅
书房
卫生间
主卧
厨房
卫生间
主卧
起居厅
厨房
起居厅、餐厅
卧室
卫生间
主卧

1号楼首层平面图

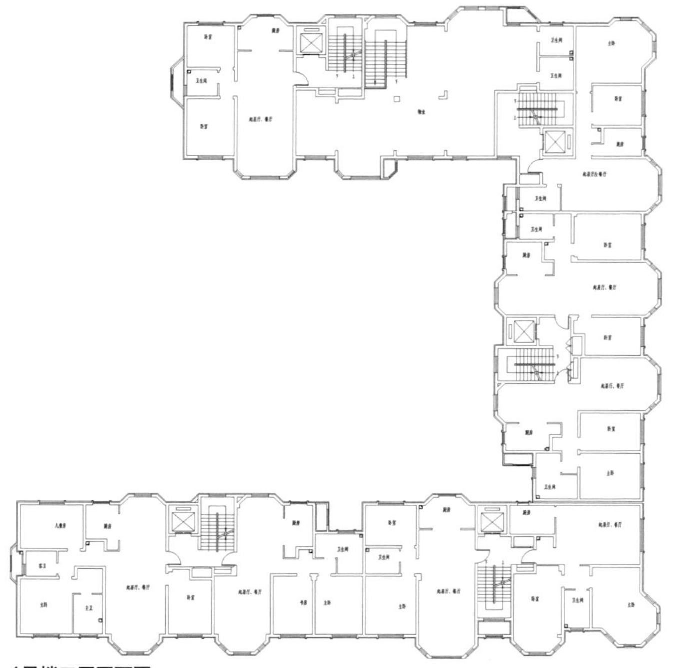

1号楼二层平面图

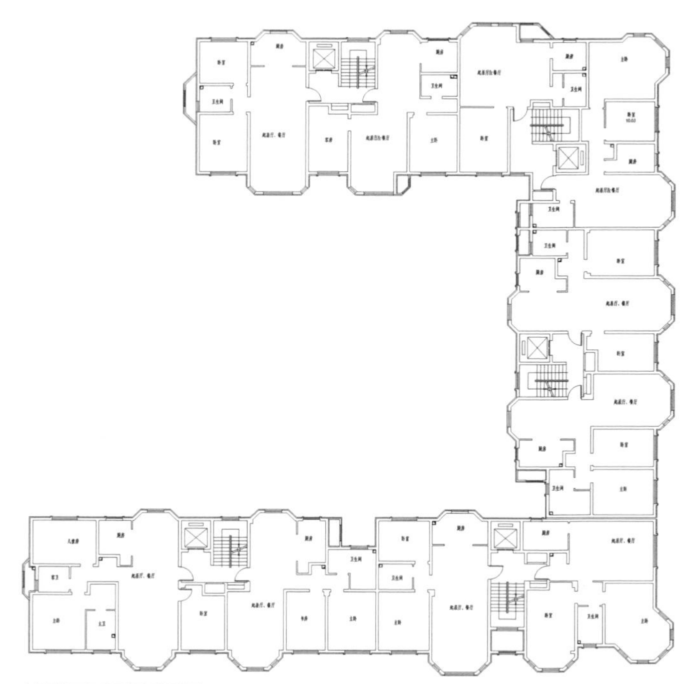

1号楼三至四层平面图

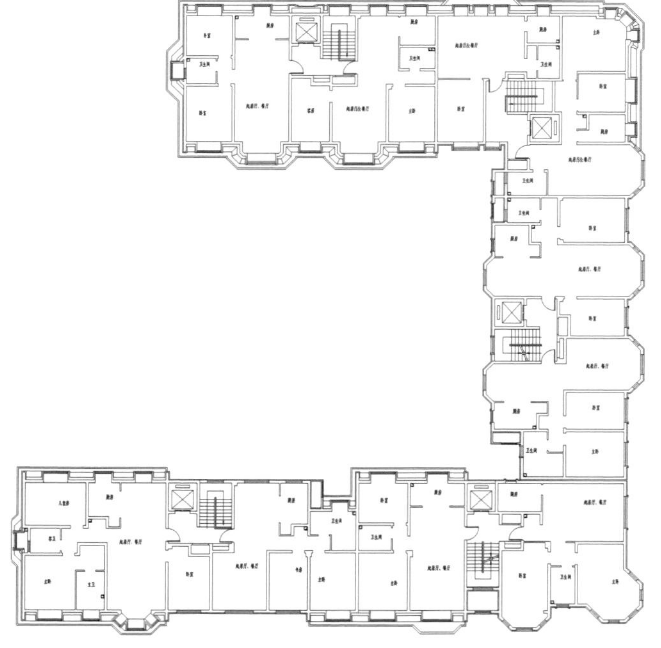

1号楼五层平面图

1号楼六层平面图

1号地块效果图

3号地块效果图

2号地块效果图

4号地块效果图

5号地块效果图

6号地块效果图

7号地块效果图

8号地块效果图

实体图（一）

实体图（二）

2. 开发区万科柏翠园

项目地点：天津滨海新区开发区生活区

用地面积：32 270平方米

建筑面积：61 570.88平方米，其中地上48 731平方米，容积率1.51；建筑高度62.7米，地上20层，地下2层

设计单位：上海原构设计咨询有限公司

开发单位：天津万滨房地产开发有限公司

项目简介：项目位于天津经济技术开发区生活区四号路北侧、第一大街南侧、泰祥路西侧、市民广场和东湖的东面，紧邻市民广场，用地南北向长359米，东西向长91米，规则而狭长。项目由4座20层高层住宅及1座2层的配套公建组成。

在建筑风格上，柏翠园采用了Art Deco古典建筑风格，将古典设计理念与现代工艺巧妙结合，营造典雅舒适的居住环境；在室内空间打造上，柏翠园注重空间序列感与和谐感的营造，大尺度空间最大化体现了生活的舒适度；在精装方面，秉着以居住功能为主，兼具美学风格的设计要求，从装修材质的精挑细选到顶级品牌材料的广泛应用，每一处细节都彰显了柏翠园对于高品质生活的追求；在物业管理上，人性化的管家式服务体现豪宅生活高度；在园林规划上，柏翠园追求丰富的层次感，将植物、景致、建筑巧妙融合，勾勒出东方禅意之境，成熟灌木的广泛应用，营造舒适、宁静的生活环境，将项目整体文化运用到设计元素中，体现寓意丰富的独特意境。

实体图

区域位置图

总平面图

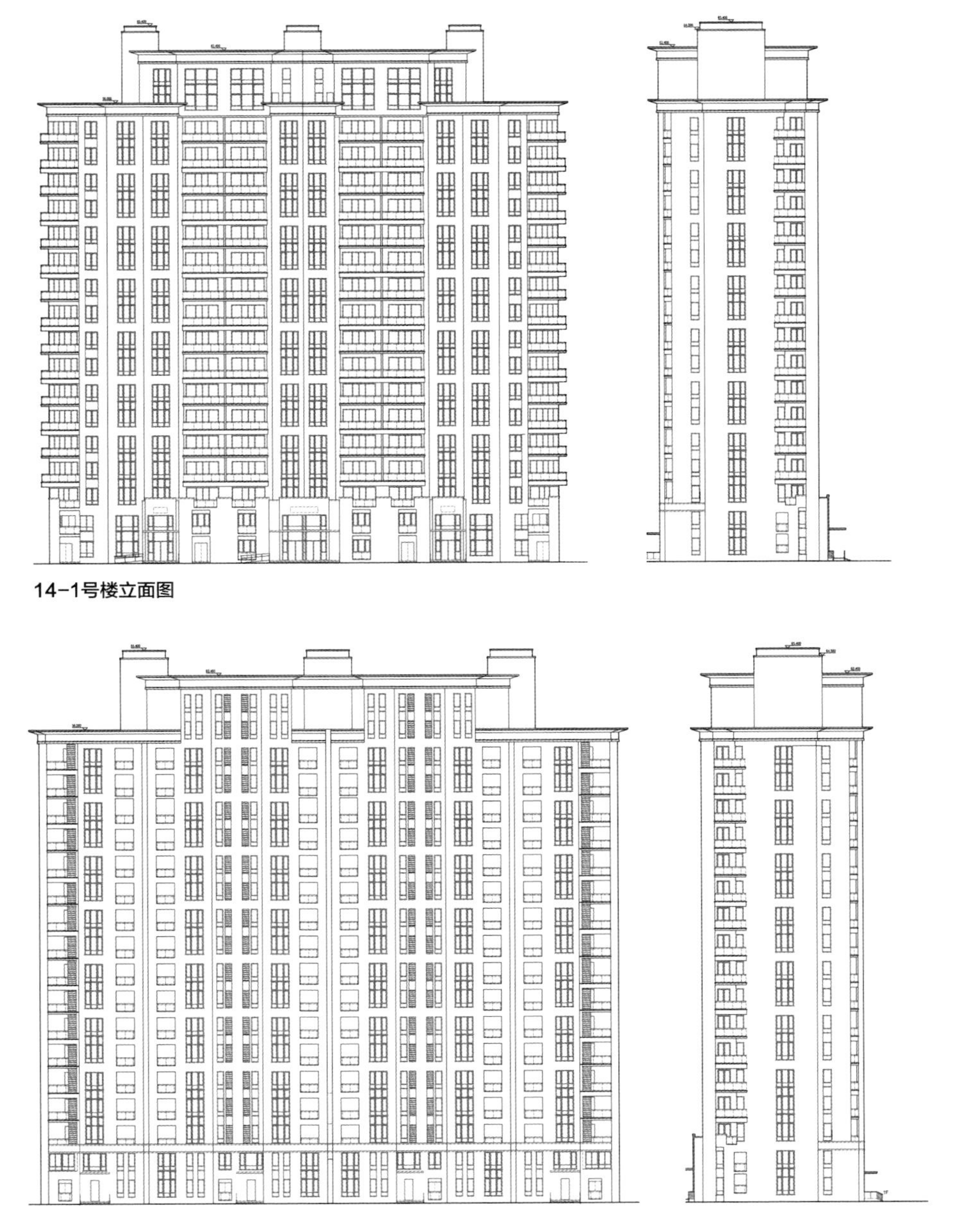

14-1号楼立面图

15-1号楼立面图

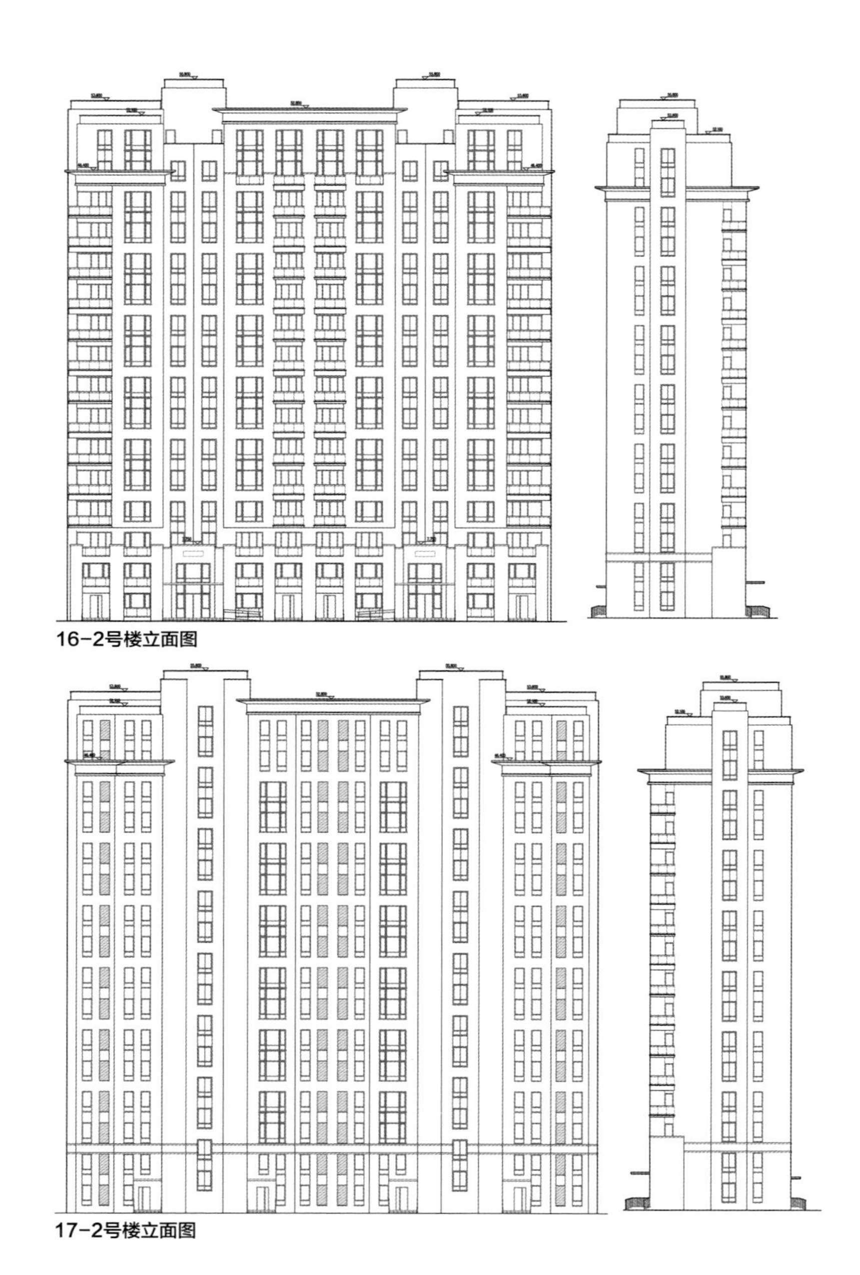

16-2号楼立面图

17-2号楼立面图

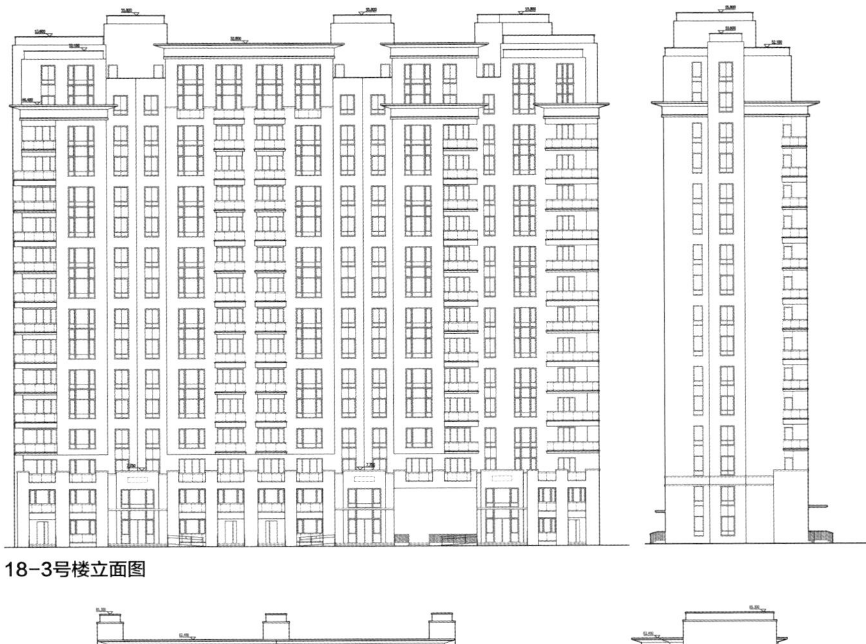

18-3号楼立面图

20-4号楼立面图

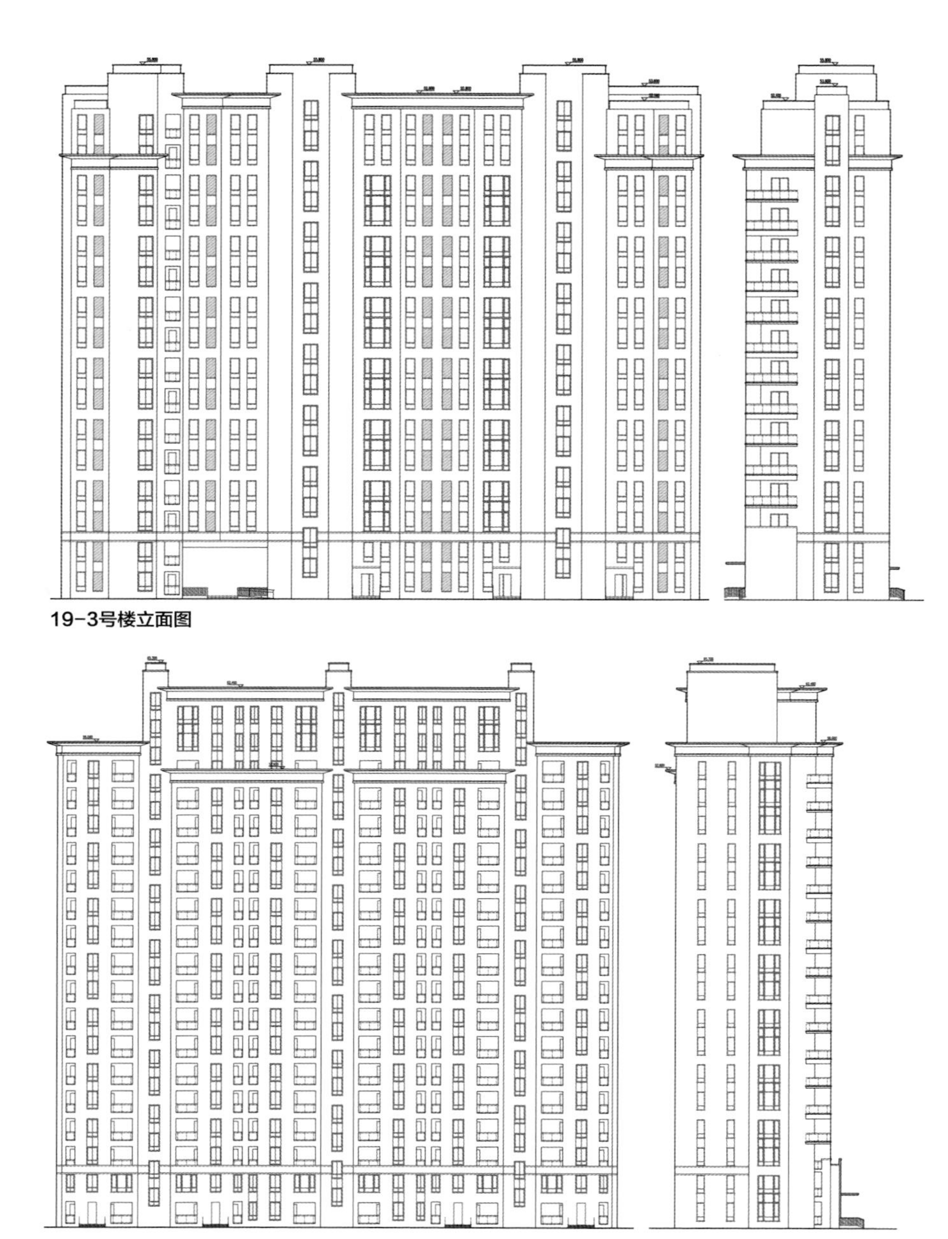

19-3号楼立面图

21-4号楼立面图

鸟瞰图

效果图

实体图

小区内实景图

3. 生态城世贸鲲玉园

项目地点： 生态城南部片区中津大道与生态谷交口西侧

用地面积： 100 286.70平方米

建筑面积： 179 943平方米，其中地上132 878.8平方米，容积率1.4；建筑高度74.5米，建筑层数地上11层

设计单位： 天津市天友建筑设计股份有限公司

开发单位： 天津生态城世茂新纪元投资开发有限公司

项目简介： 世茂鲲玉园项目共有住宅19栋及配套公建2座，位于生态城起步区。按照城市设计导则要求，地块中部布置了十字形的道路，中心造型生动，小区环境优美。地块东部为配套建筑和幼儿园，配套完善，绿地率达44.17%。地下人行，人车分流，小区建筑达到生态城绿色建筑标准。立面建筑材料以暖黄褐色真石漆、暖黄灰色仿面砖涂料、浅黄灰仿面砖涂料及橙红色瓦屋顶为主。

实体图

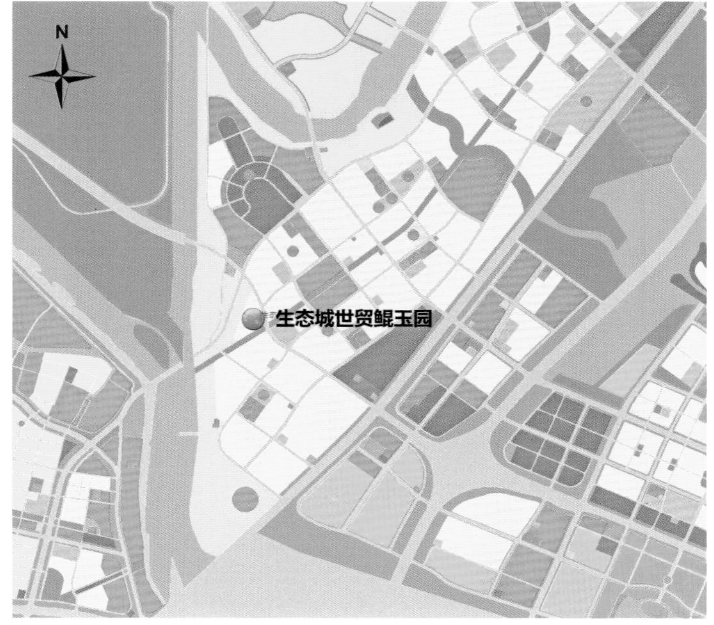

区域位置图

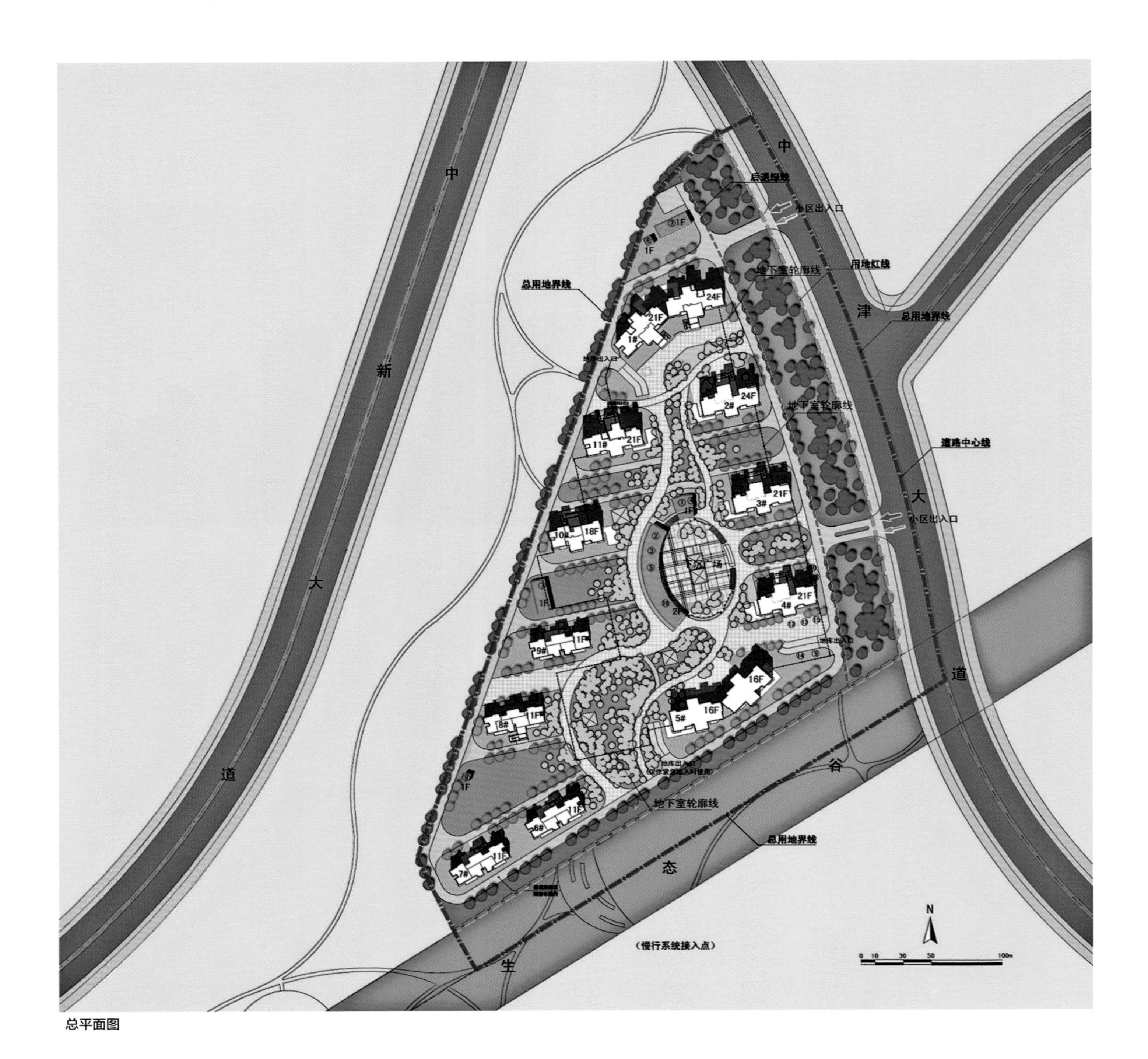
中新大道
中津大道
生态谷
后退绿线
小区出入口
地下室轮廓线
用地红线
总用地界线
道路中心线
小区出入口
地下室轮廓线
总用地界线
地下室轮廓线
总用地界线
1# 21F 24F
2# 24F
3# 21F
4# 21F
5# 16F 16F
6# 11F
7# 11F
8# 11F
9# 11F
10# 18F
11# 21F
(慢行系统接入点)
N
0 10 30 50 100m

总平面图

1号楼标准层平面图

1号楼四层、六层组合平面图

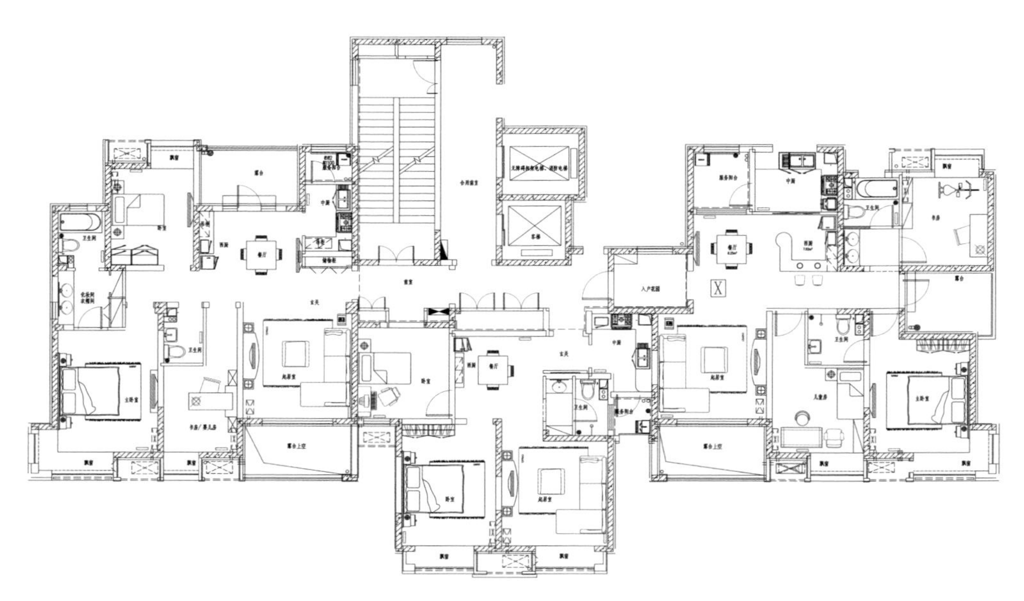

2号楼标准层平面图

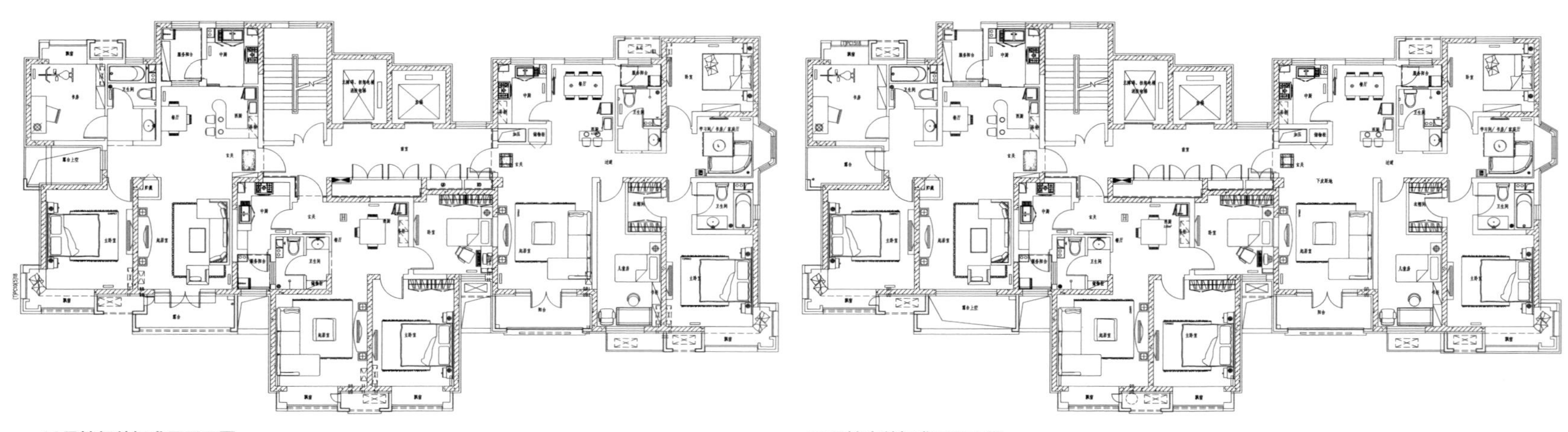

10号楼偶数标准层平面图

10号楼奇数标准层平面图

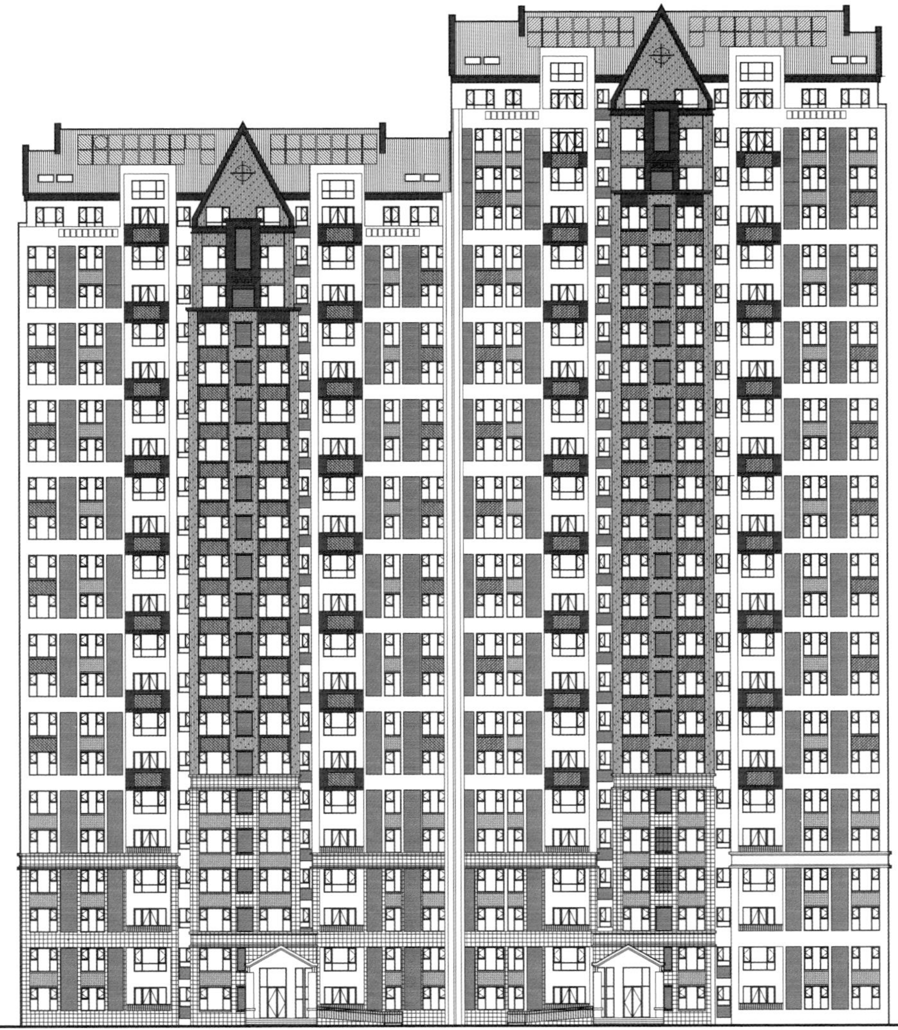

1号楼1-1至1-46立面图

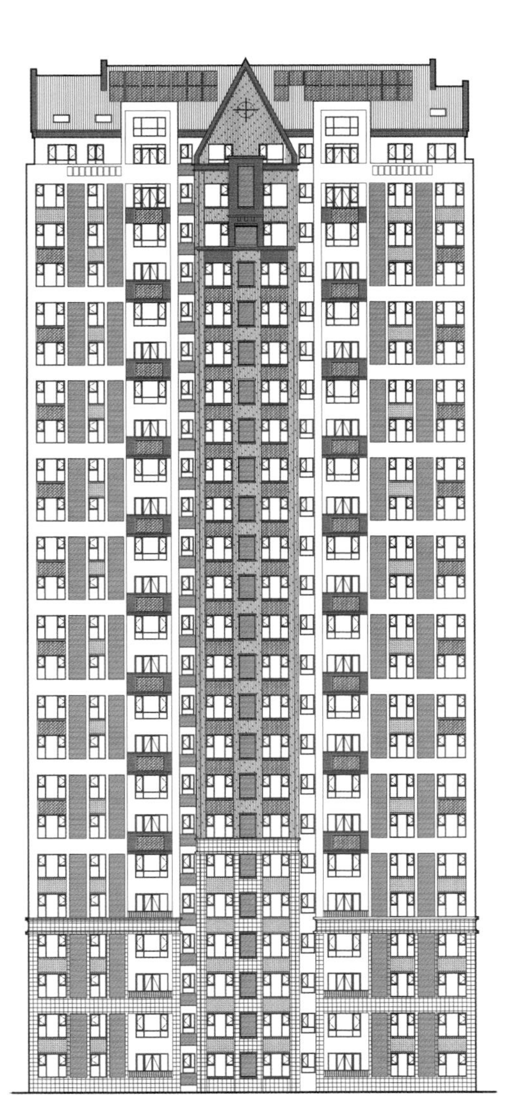

2号楼2-1至2-23立面图

1号楼1-1剖面图　　2号楼剖面图　　10号楼剖面图

鸟瞰图

效果图

实体图

4. 生态城锦庐

项目地点： 中新天津生态城起步区动漫产业园南侧

用地面积： 106 290.63平方米

建筑面积： 171 231.63平方米，其中地上127 185.21平方米，容积率1.40；建筑高度最高53米

设计单位： 天津华汇工程建筑设计有限公司

开发单位： 万科集团

项目简介： 小区由东西向慢行系统自然分为南北两区，与项目用地地形相适应。区内建筑呈正南和南偏东43度角布局，保证了每个单元良好的采光和通风，使南北两区在空间上形成良好的对话和沟通，也保证了在中新大道及和韵路两侧形成良好的城市建筑界面。区内16层至18层高层沿用地西侧错落布置，并从北到南渐次升高，利用建筑本身的错动和与洋房之间的间距，形成小区的集中绿化和景观绿轴，建筑自然融入公园景观和小区大片绿化之中，使高层户型获得最大的小区内部景观视野，也成为多层洋房的极佳背景。

整个小区体现了新古典主义美学建筑思想精髓，无论是西班牙风格还是英式风格，均追求简约、安详、和谐。大面积的米黄色墙、屋顶的红瓦、层次鲜明的起伏屋面、非常优美的变化曲线，营造出温馨、典雅而又充满质感的“家园式”生活氛围。太阳能技术与屋面的合理结合，突出项目的“生态”品牌特征。

小区西侧主入口局部透视图

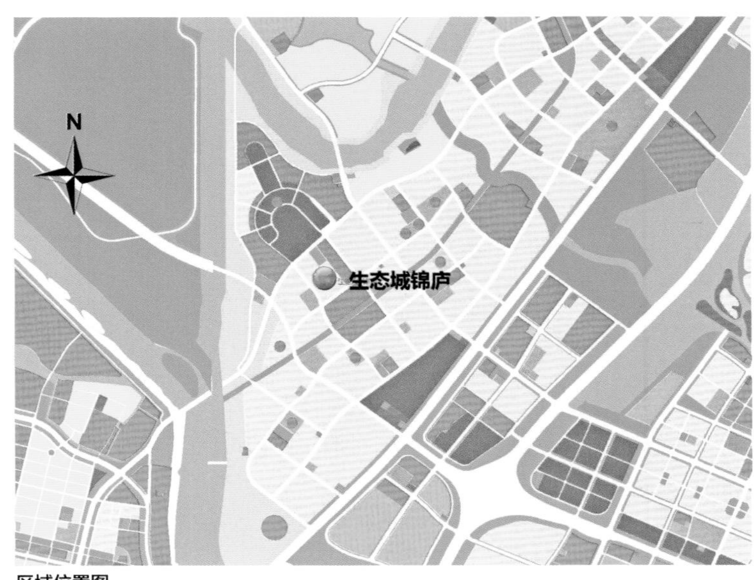

区域位置图

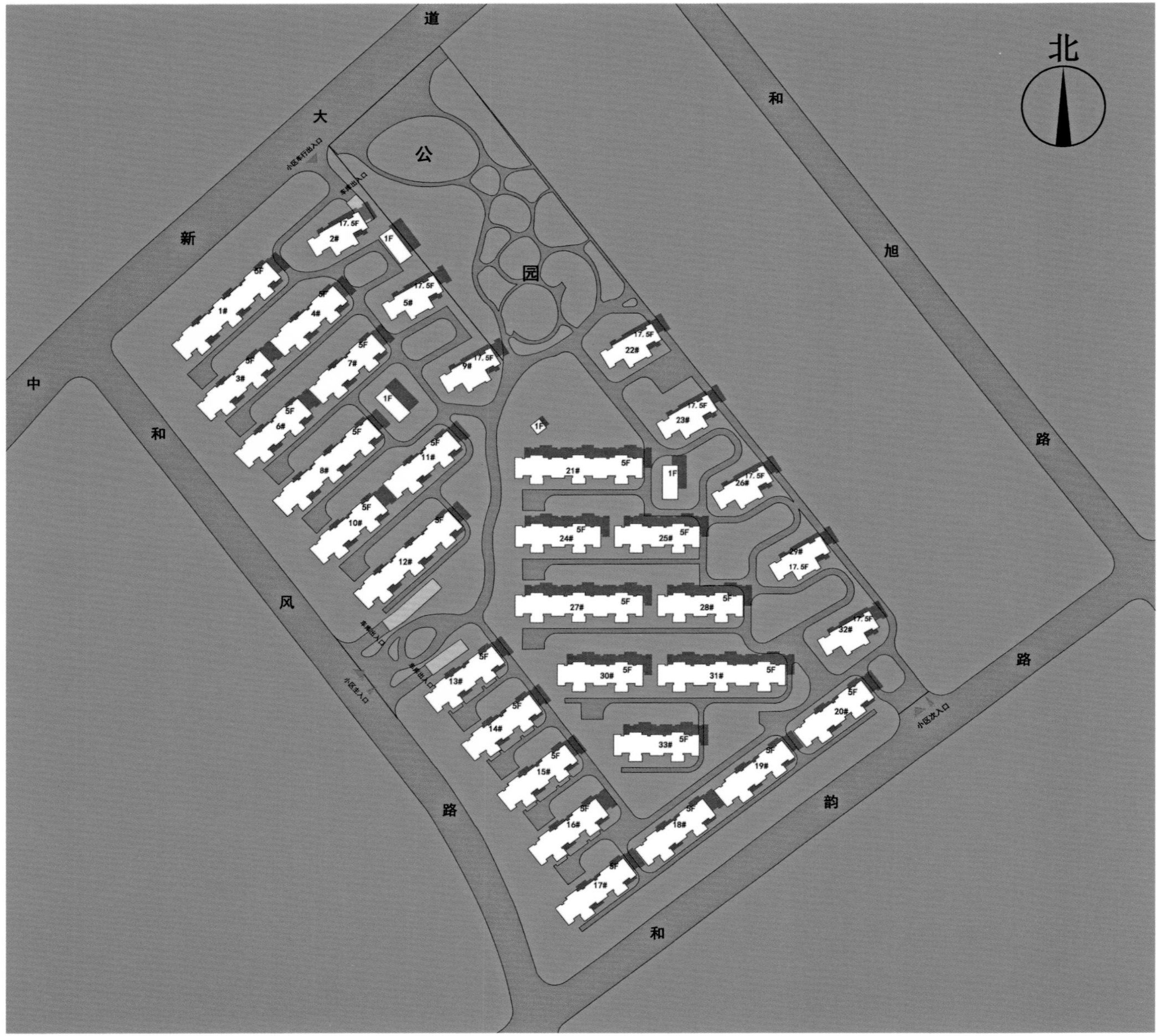
北
道
大
新
中
公
园
和
旭
路
和
风
路
和
韵
路
小区主入口
小区次入口
1#
2#
3#
4#
5#
6#
7#
8#
9#
10#
11#
12#
13#
14#
15#
16#
17#
18#
19#
20#
21#
22#
23#
24#
25#
26#
27#
28#
29#
30#
31#
32#
33#
5F
17.5F
1F

总平面图

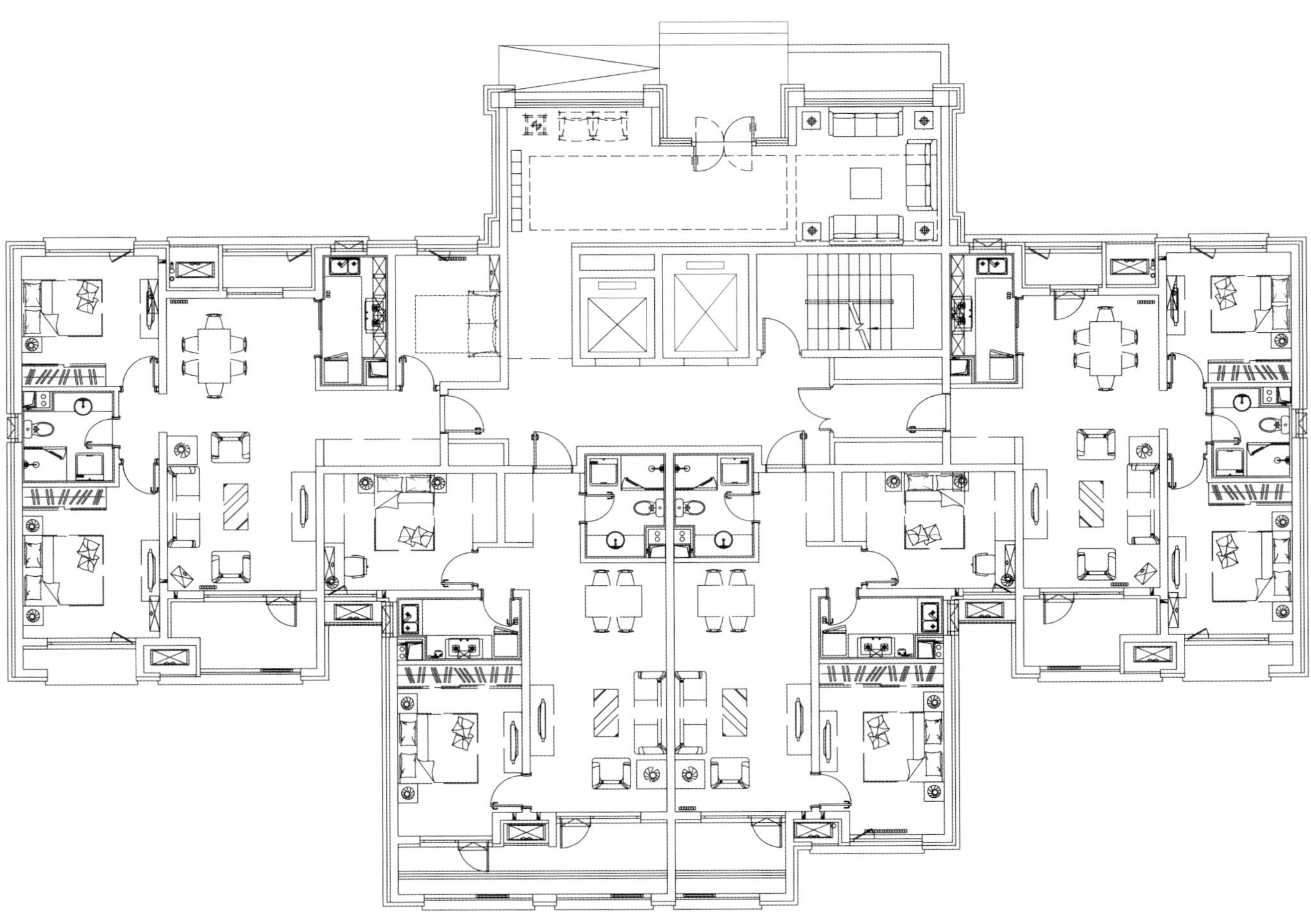

一层平面图

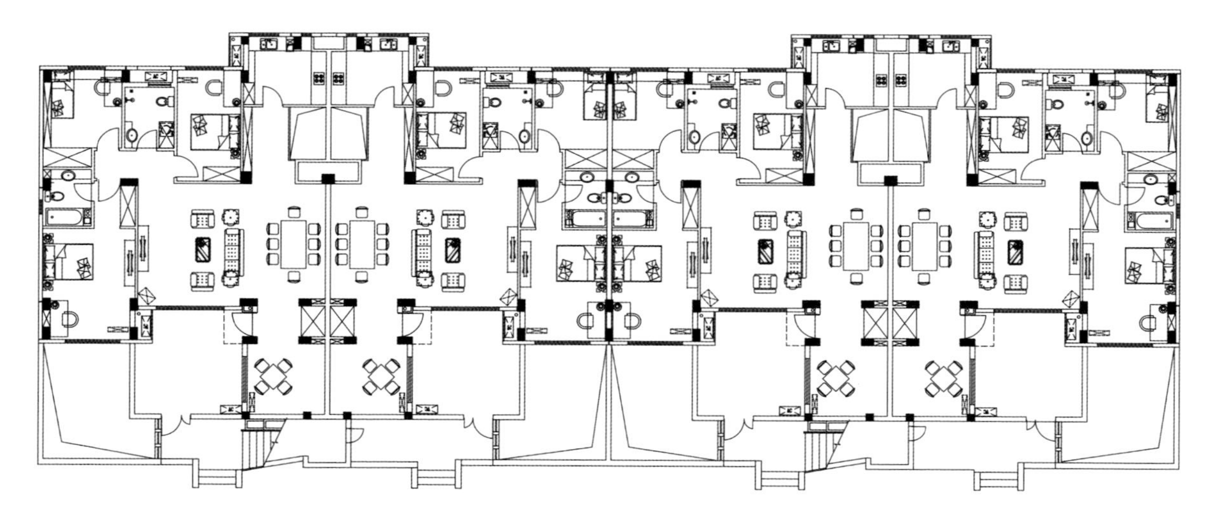

洋房二联拼一层平面图

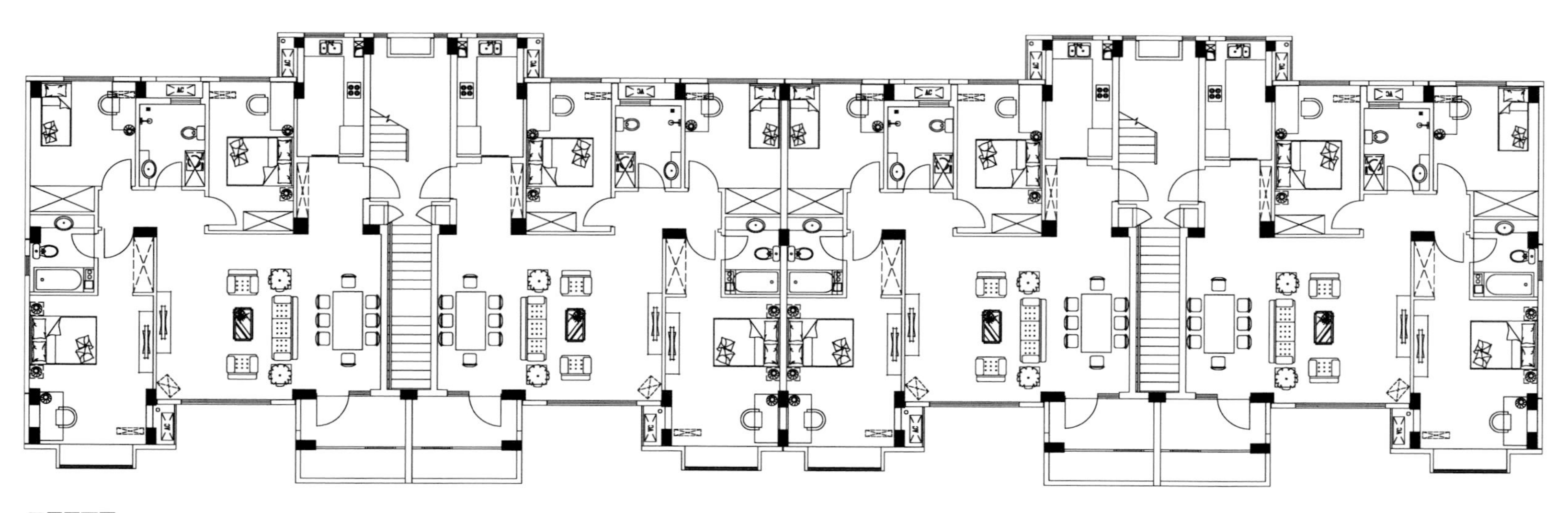

三层平面图

高层南立面图

高层北立面图

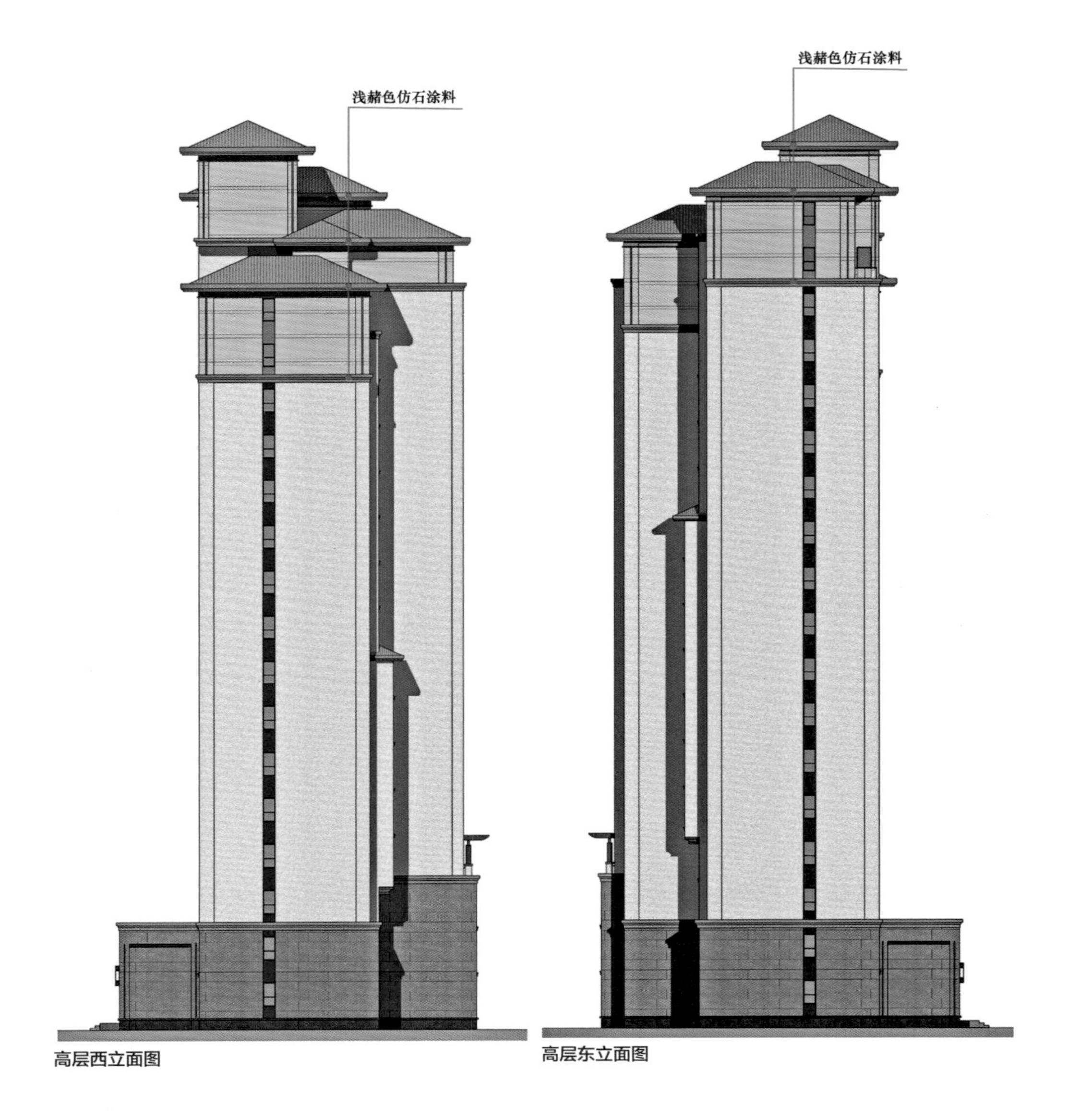

高层西立面图

高层东立面图

洋房二拼南立面图

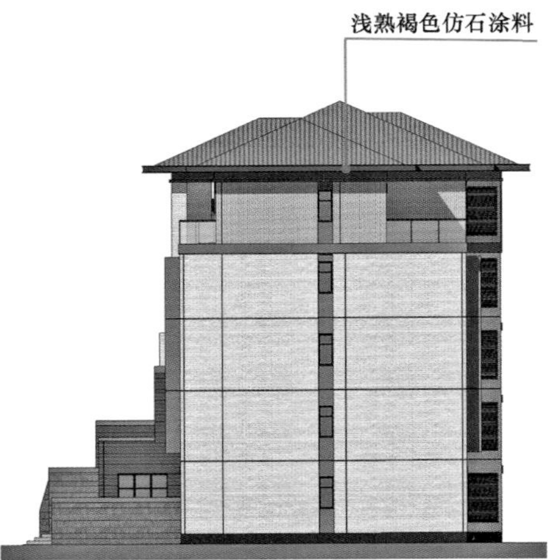

洋房二拼东立面图

洋房二拼北立面图

洋房二拼西立面图

洋房三拼南立面图

洋房三拼北立面图

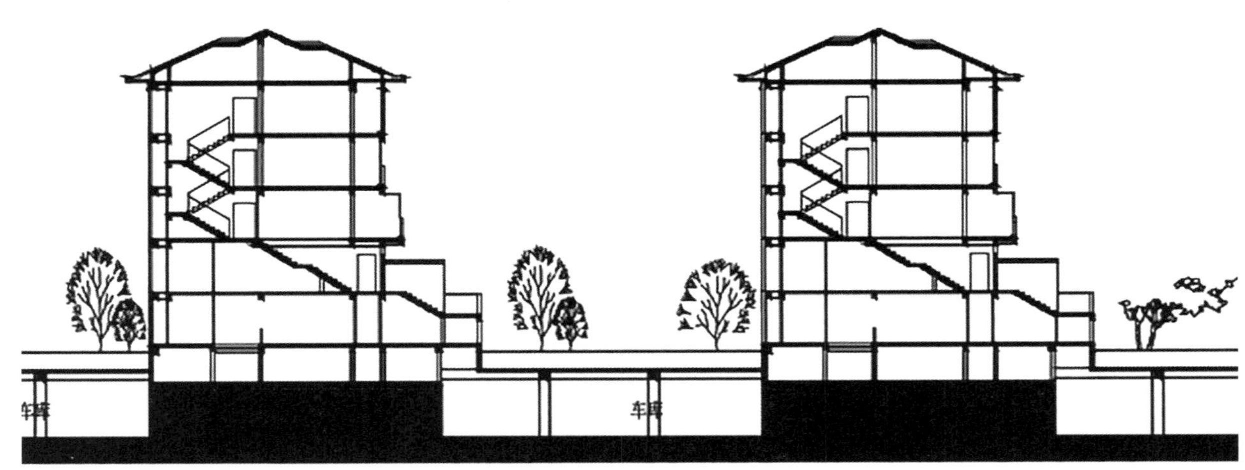

1–1杨地剖面图

2–2杨地剖面图

鸟瞰图

洋房二拼透视图

洋房三拼透视图

高层透视图

实体图

5. 中心商务区观山苑（中国塘）

项目地点：滨海新区上海道南侧

用地面积：31 253.9平方米

建筑面积：137 508.48平方米，其中地上100 012.48平方米，容积率3.2；建筑层数16～30层

设计单位：中外建工程设计与顾问有限公司

开发单位：天津宁瀚房地产开发有限公司

项目简介：本项目位于中心商务区，毗邻紫云公园、新区文化中心和于家堡高铁站，是新区的中高档住区。项目由8栋16～30层塔楼组成，沿城市街道为4层商业建筑。规划设计中始终追求的是营建一种高品质住区特有的活力和内涵，以及温馨、宁静、幽雅的生活氛围。本项目按照滨海新区城市设计导则要求，充分尊重城市界面，做到均好性、整体性、匀质性和丰富性，提高了社区整体品质。同时以人为本，通过关注生活的需求和细节，从使用（功能配置）与空间（视觉感受和体验）两个层面提升社区的整体品质。

实体图

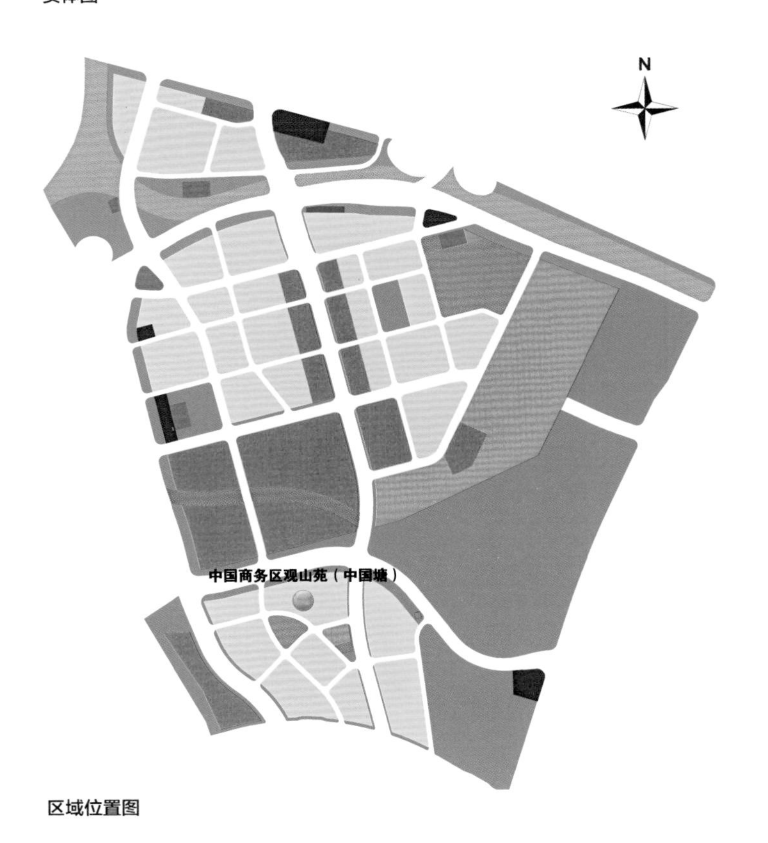

区域位置图

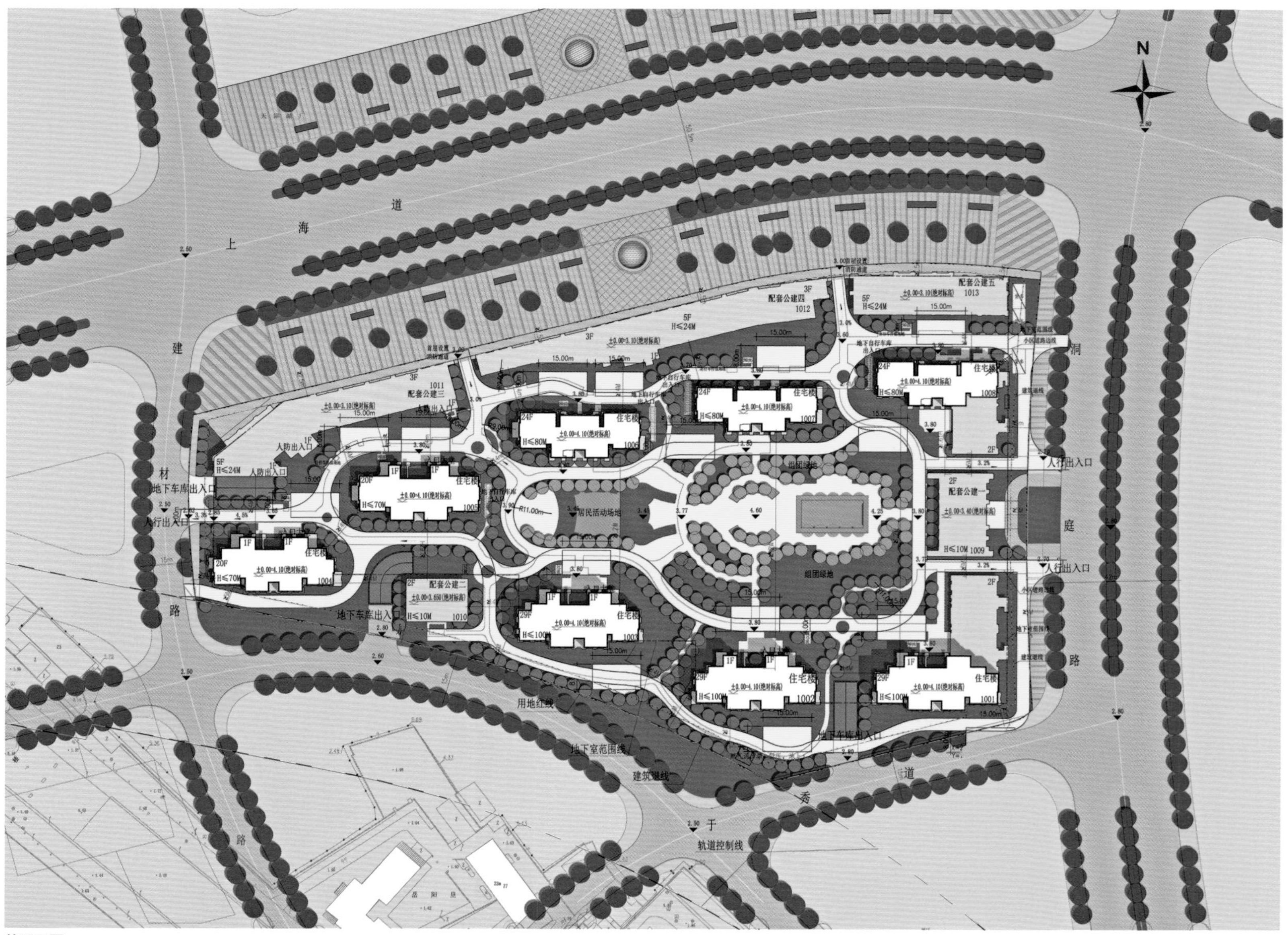
N
上
海
道
建
材
路
洞
庭
路
于
秀
道
配套公建四
1012
配套公建五
1013
配套公建三
1011
配套公建一
配套公建二
1010
住宅楼
人防出入口
地下车库出入口
人行出入口
居民活动场地
组团绿地
用地红线
地下室范围线
建筑退线
轨道控制线

总平面图

东侧透视图

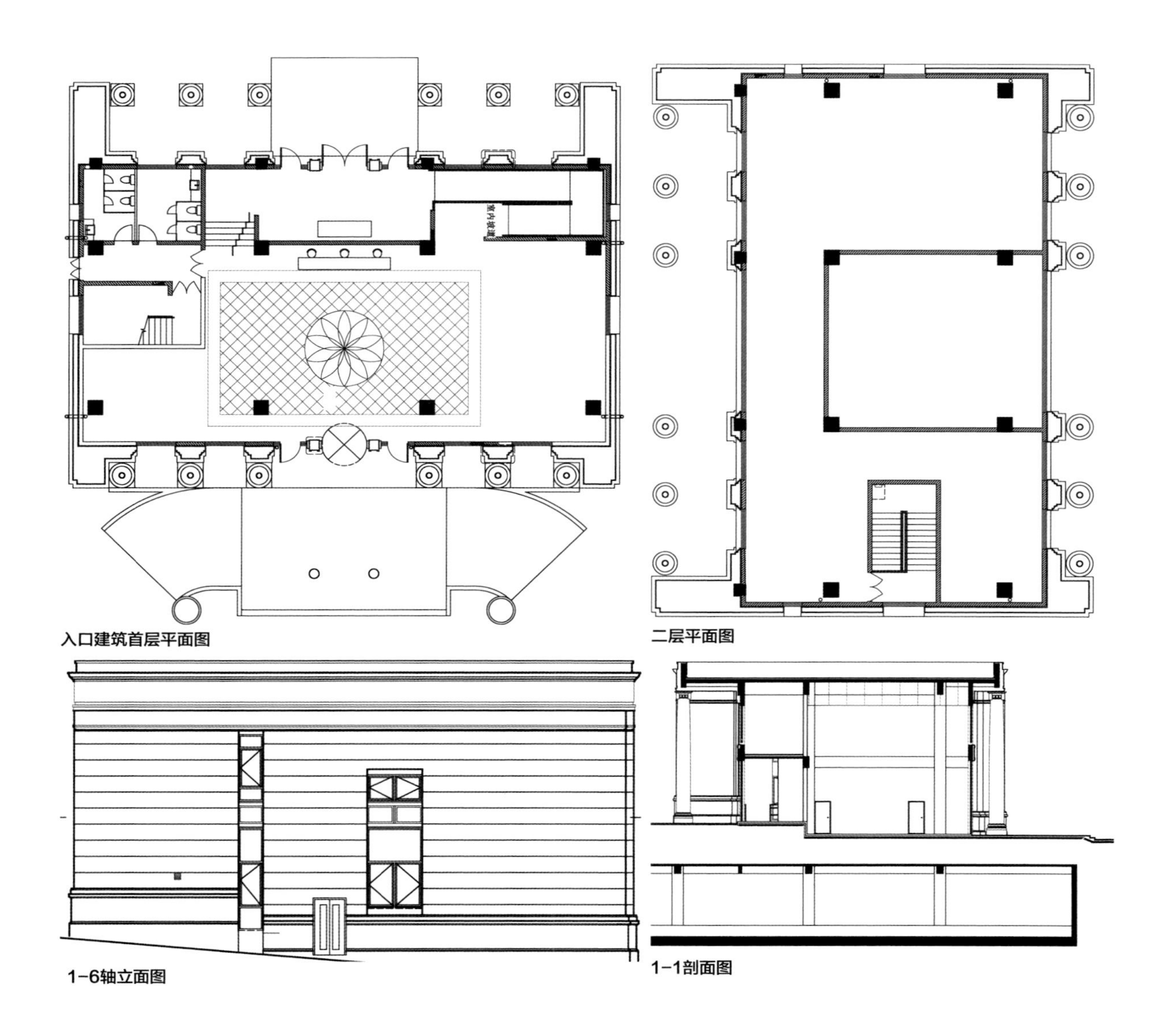

入口建筑首层平面图

二层平面图

1-6轴立面图

1-1剖面图

鸟瞰图

远景效果图

步行道近景效果图

现状航拍图

鸟瞰图

实体图（一）

实体图（二）

6. 高新区生态居住区（一区～三区）

项目地点： 未来科技城南区渤龙湖地区

用地面积： 223 665.8平方米，其中一区145 336.8平方米，二区46 061.7平方米，三区32 267.3平方米

建筑面积： 274 998平方米，其中一区188 810平方米，二区46 769平方米，三区39 419平方米

设计单位： 北京市建筑设计研究院有限公司（一区）
清华大学建筑设计研究院（二区、三区）

开发单位： 天津海泰博爱投资有限公司

项目简介： 渤龙湖生态居住一区定位为高档住宅项目，多种物业类型组合社区，配套齐全，交通便利。充分利用滨湖条件，尽可能降低建筑覆盖率，以提供充分的室外空间，同时尽可能利用外部景观，内外景观相互融合，最大限度地取得户型的朝向、景观、通风的均好性。基地内部由点式高层住宅、点式小高层住宅及低层住宅组成。点式高层住宅、点式小高层住宅位于小区内北侧与东侧，低层联排及双拼住宅位于小区中心区，环抱渤龙湖，形成水乡聚落的环境氛围，私密内敛的生活空间。渤龙湖生态居住二、三区中布置集中商业，沿渤龙湖一侧形成滨湖商业带。小区内部定位为低密度洋房式住宅，采用三种楼型自由组合的方式，以提供不同的住宅形式，更多的户型选择，同时4层与8层高低错落布置的方式使每户都可以享受到自然景色，临湖临水，环境安静，采光充足，交通便捷。小区西侧为7000平方米体育用地，为周边居民提供更好的休闲娱乐场所。

区域位置图

一区区域图

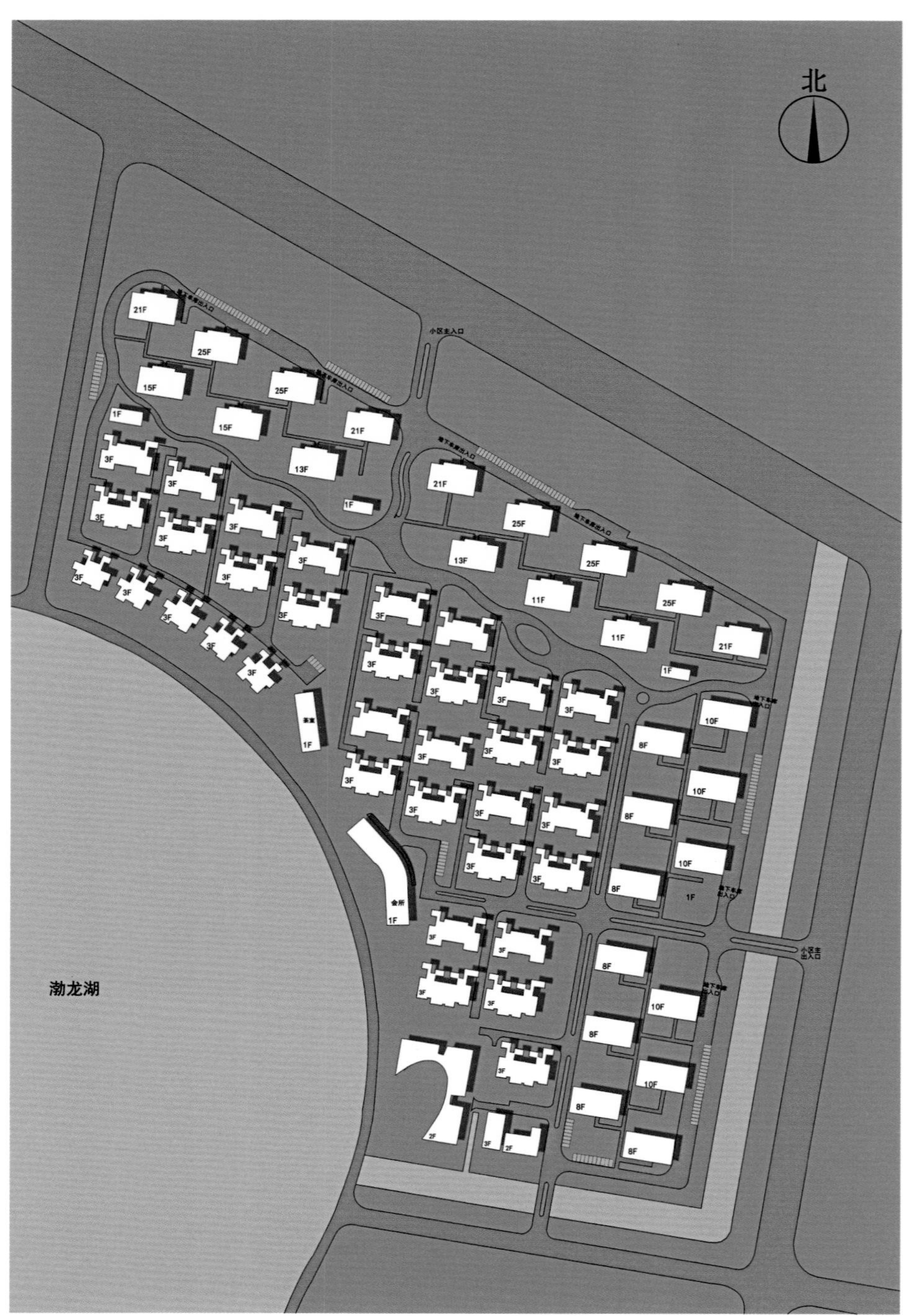

一区总平面图

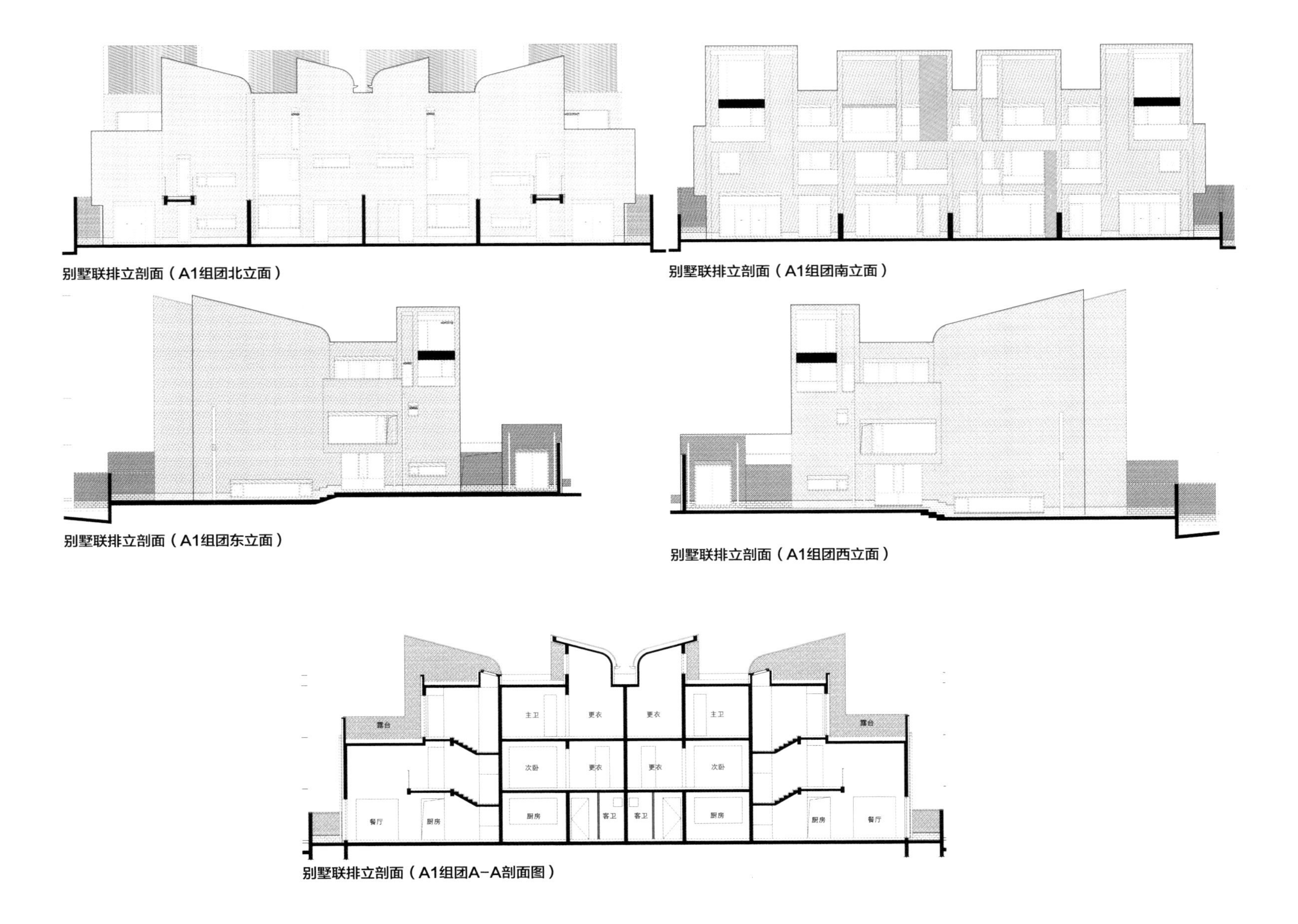

别墅联排立剖面（A1组团北立面）

别墅联排立剖面（A1组团南立面）

别墅联排立剖面（A1组团东立面）

别墅联排立剖面（A1组团西立面）

别墅联排立剖面（A1组团A–A剖面图）

鸟瞰图

效果图（一区）

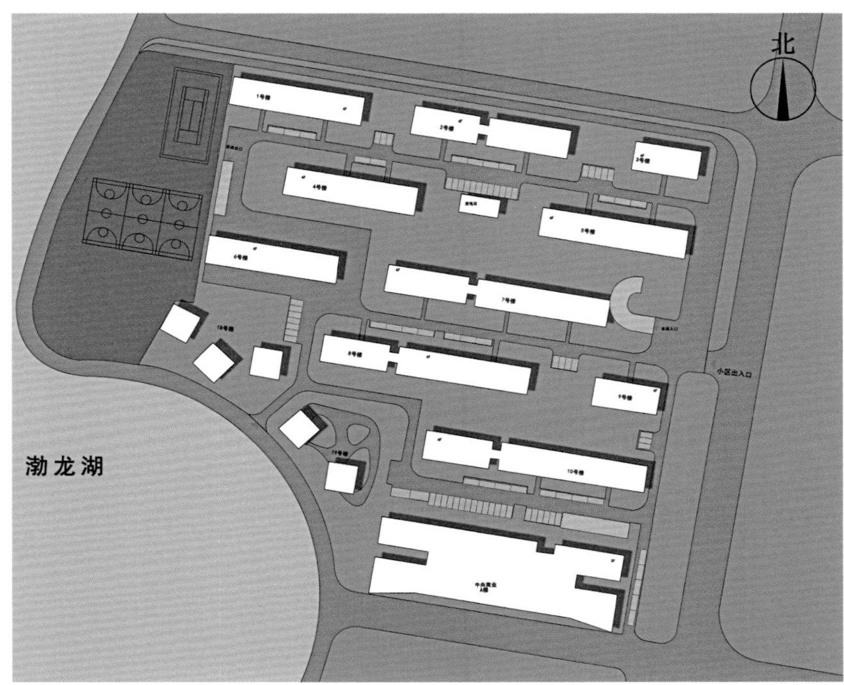

二区总平面图

三区总平面图

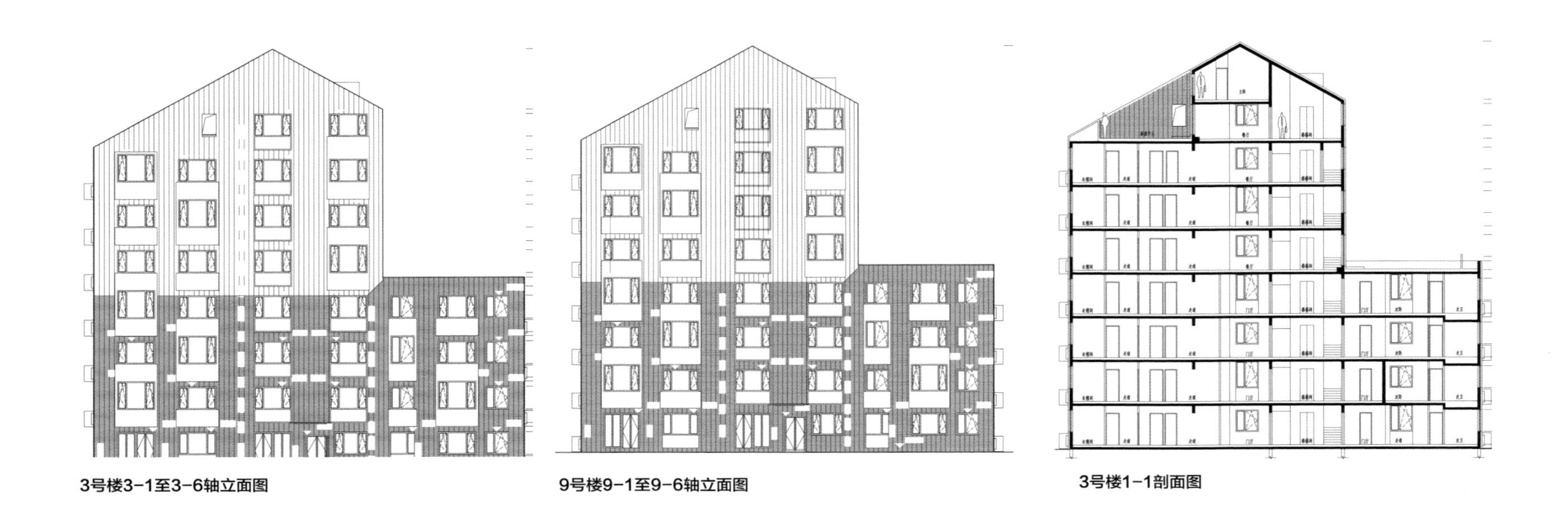

3号楼3-1至3-6轴立面图

9号楼9-1至9-6轴立面图

3号楼1-1剖面图

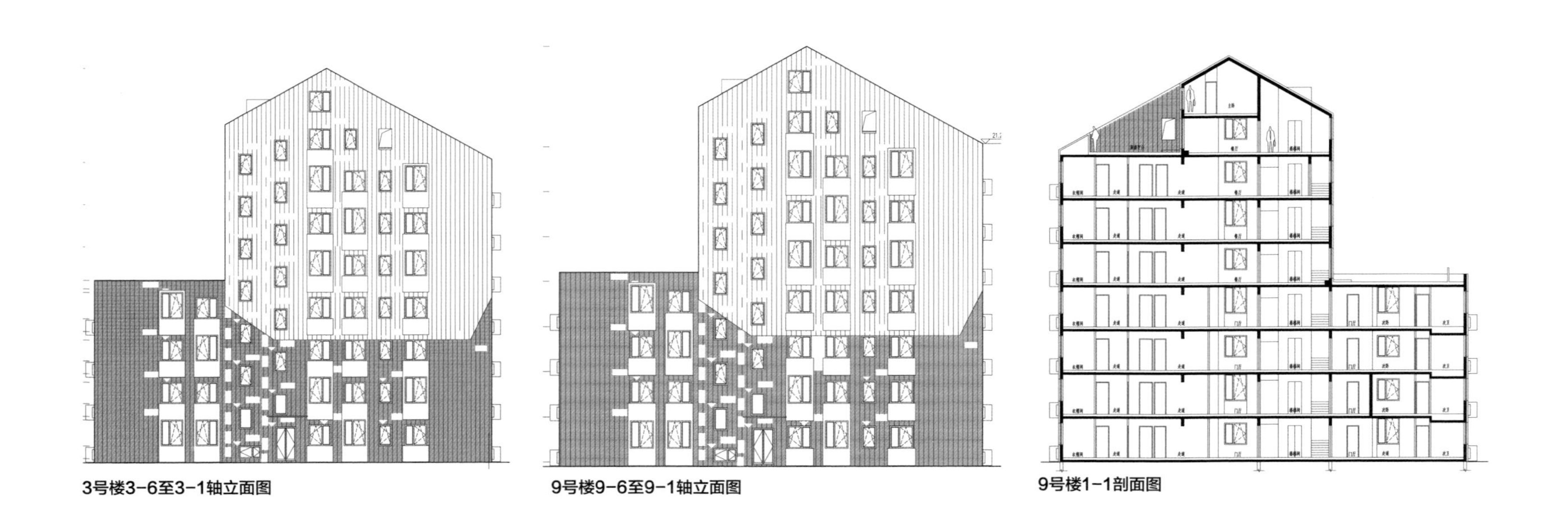

3号楼3-6至3-1轴立面图

9号楼9-6至9-1轴立面图

9号楼1-1剖面图

立面图（三区）

12号楼12-1至12-14轴立面图

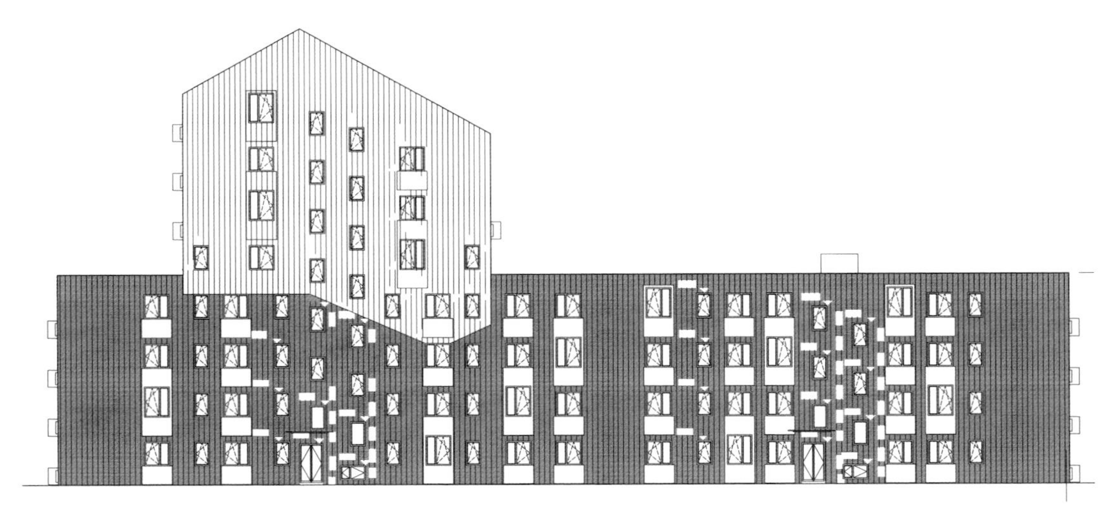

12号楼12-4至12-1轴立面图

16号楼16-1至16-19轴立面图

16号楼16-19至16-1轴立面图

剖面图（三区）

12号楼1-1剖面图

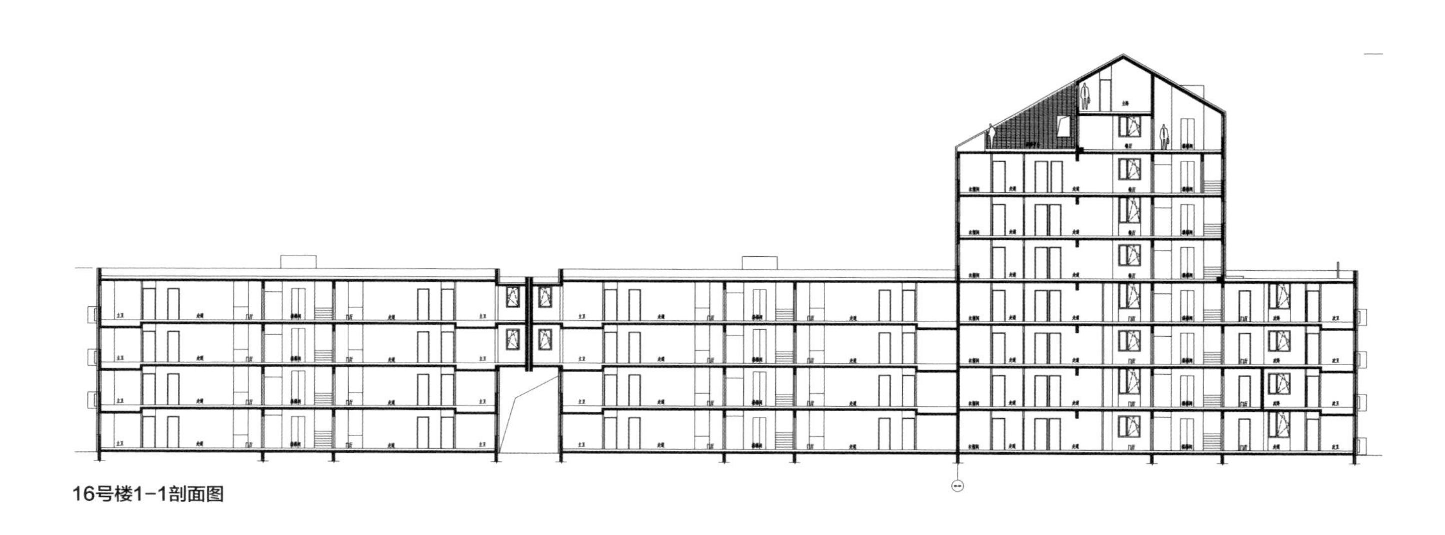

16号楼1-1剖面图

鸟瞰图

效果图（二区）

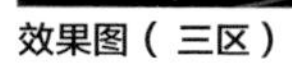

效果图（三区）

实体图（一）

实体图（二）

7. 东疆瞰海轩

项目地点：东疆综合配套服务区

用地面积：90 469.1平方米

建筑面积：224 216平方米

设计单位：北京中联环建文建筑设计有限公司

开发单位：天津港地产发展有限公司

项目简介：瞰海轩住宅定位为中大户型普通住宅产品，借用海景、城市绿地、道路和景观，既创造出了丰富的立体景观，又保障了幽静舒适的居住环境，实现花园小区的理念。

用地分为东西两区，拟布置21座高层住宅，最高层数为33层，位于用地东侧，中间为27层，西侧沿亚洲路为18层住宅，整体东高西低的态势。东部海景条件优越，以大户型为主；西区以中小户型为主。

外檐色彩以白色为主基调，以深灰色涂料及金属百叶为补充，采用大块面的灰白对比，整体表现为简洁明快、极具海滨特色的现代主义立面风格。

实体图

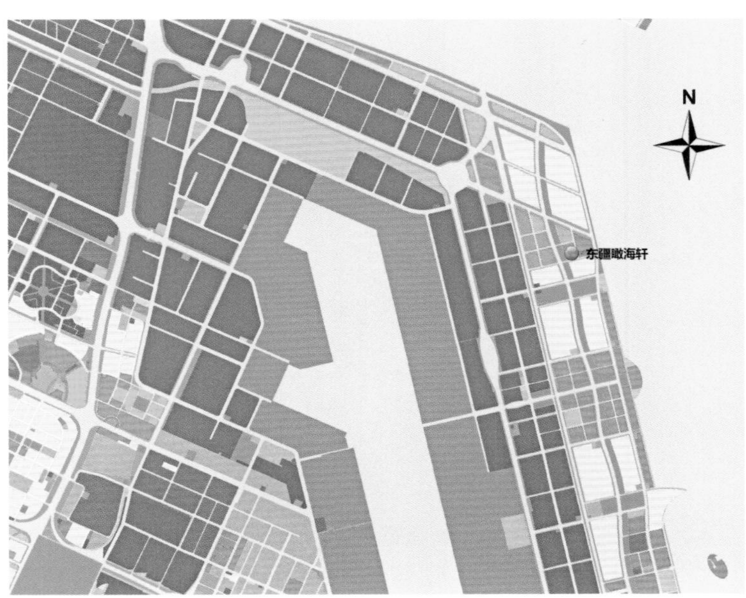

区域位置图

总平面图

A户型高层住宅南立面图

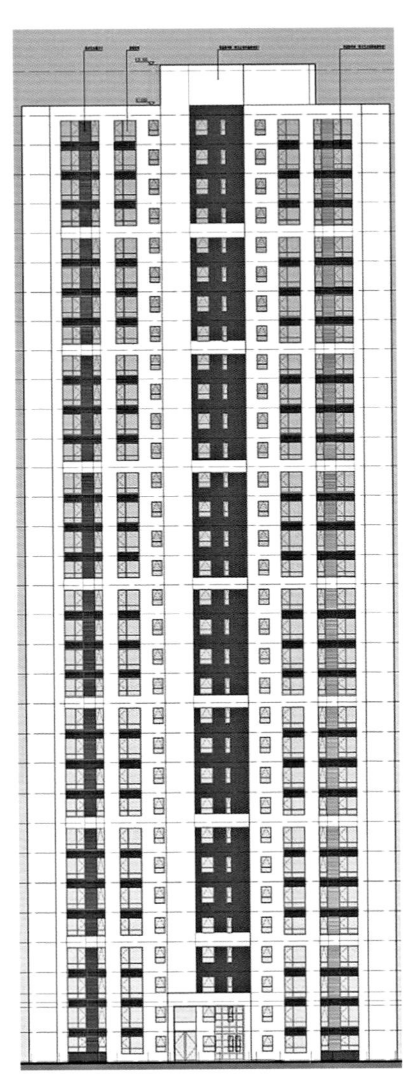
A户型高层住宅北立面图

B户型高层住宅南立面图

B户型高层住宅北立面图

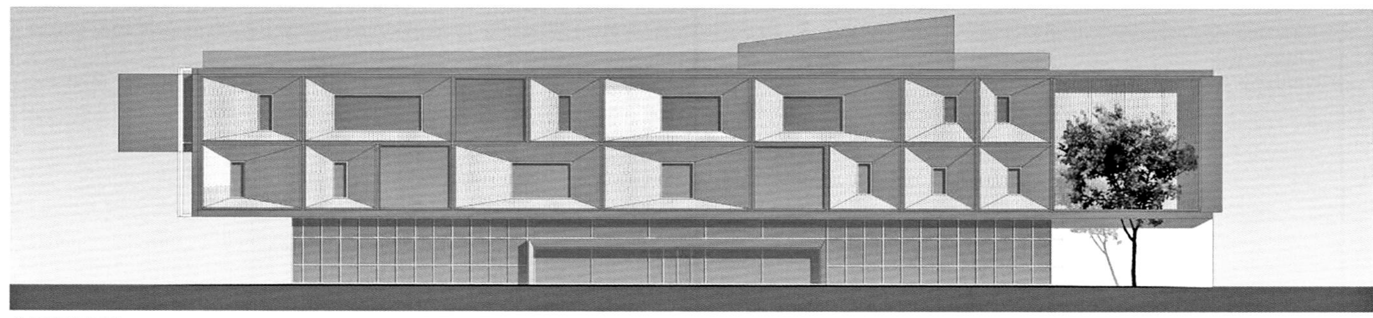

会所南立面图

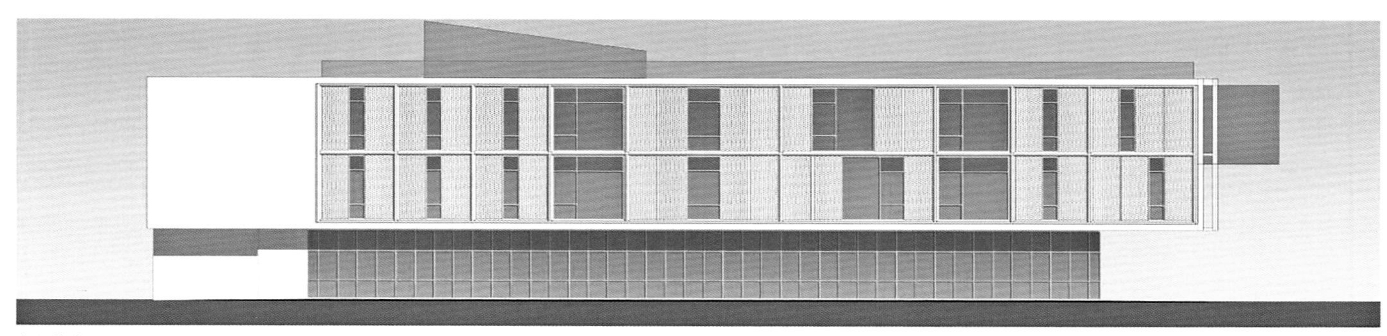

会所北立面图

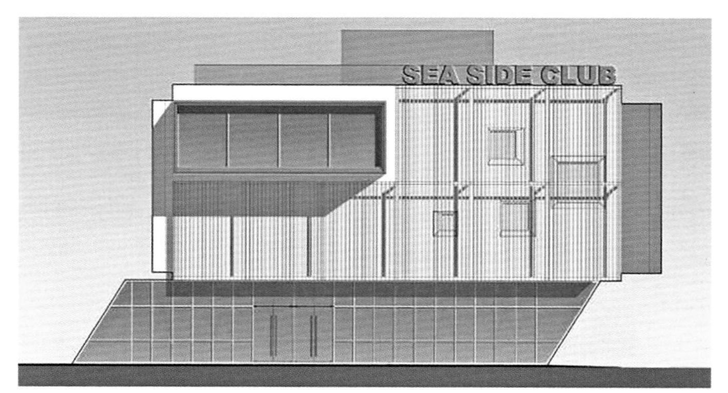

会所西立面图

会所东立面图

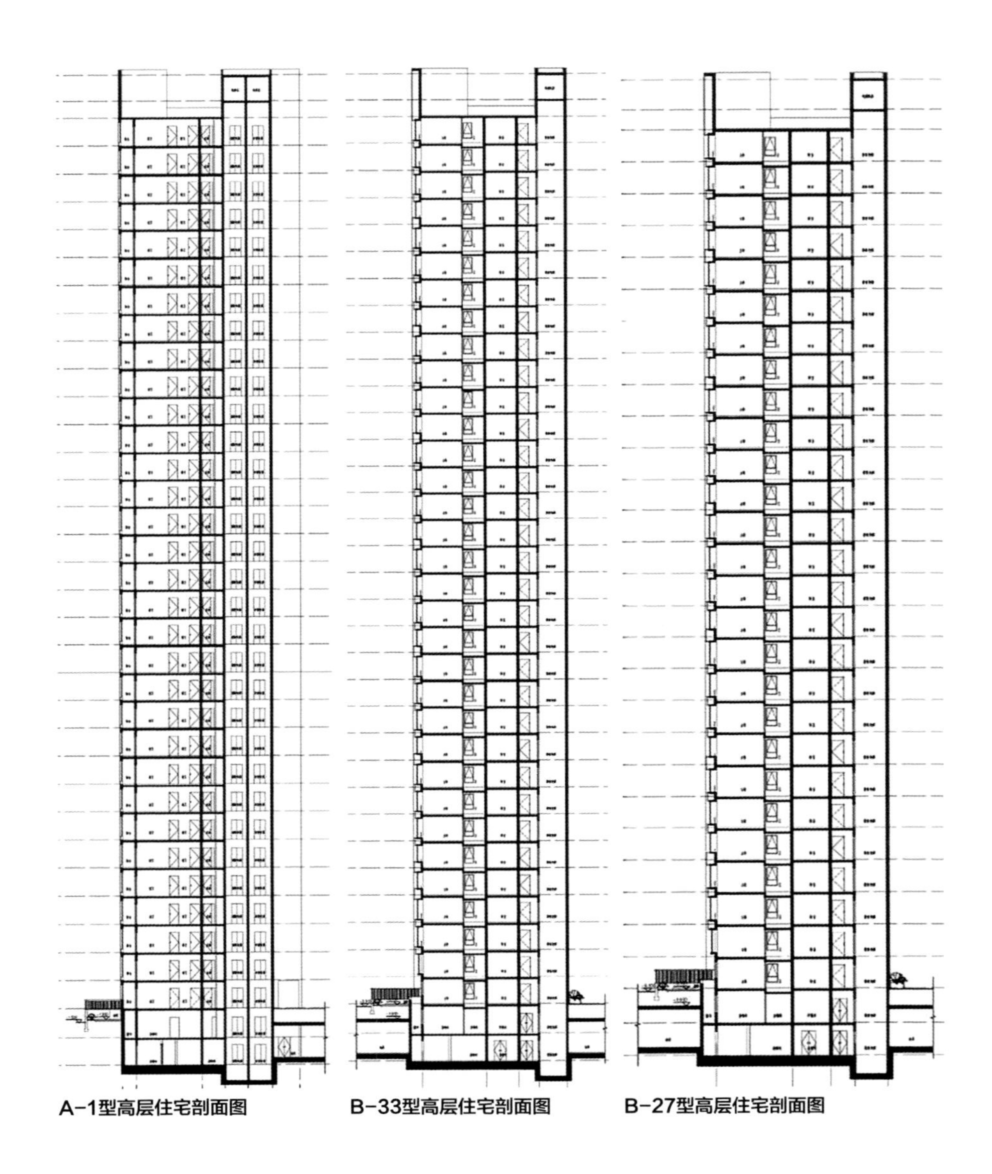

A-1型高层住宅剖面图　B-33型高层住宅剖面图　B-27型高层住宅剖面图

鸟瞰图

效果图

二、社区中心建筑

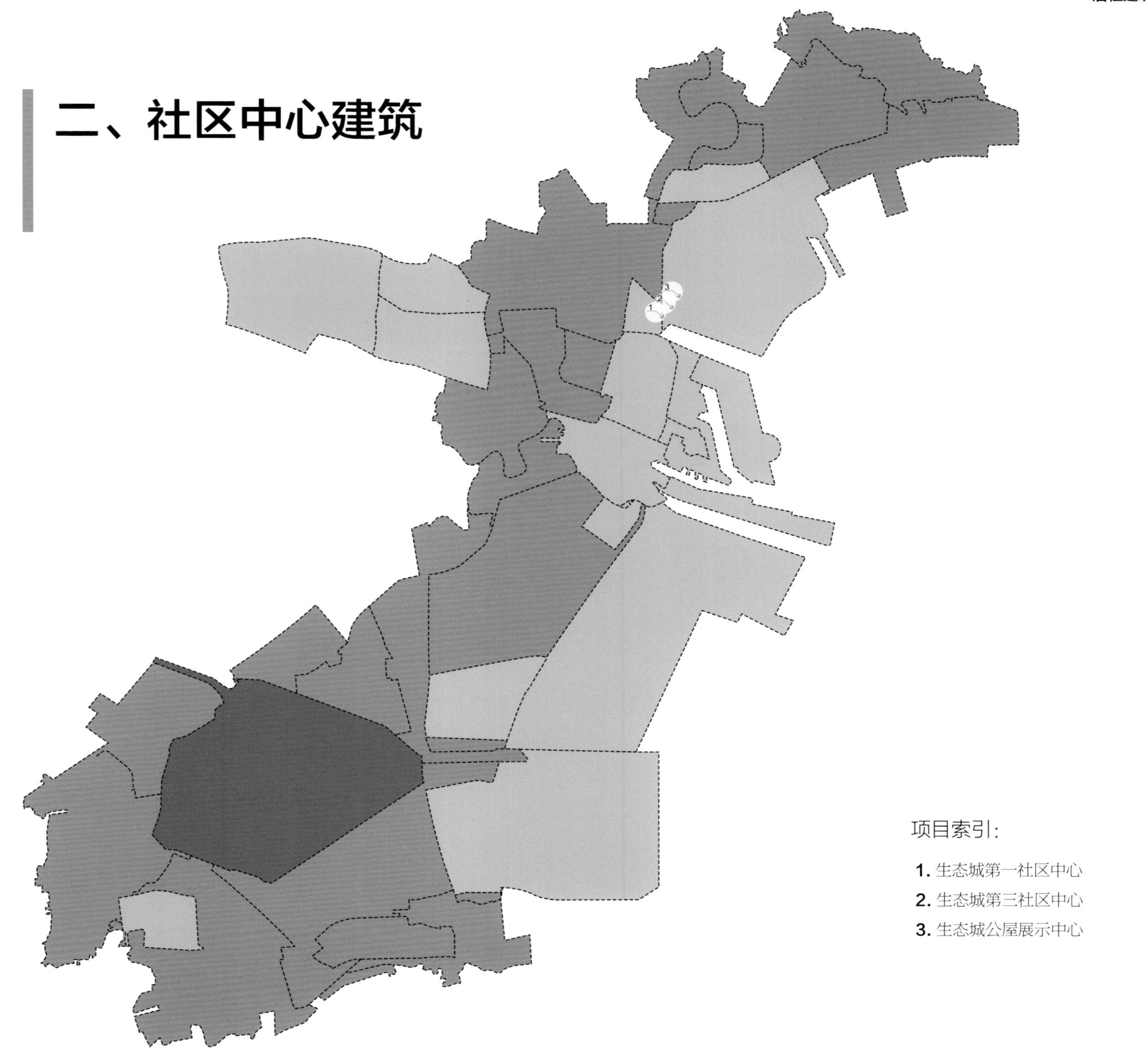

项目索引：

1. 生态城第一社区中心
2. 生态城第三社区中心
3. 生态城公屋展示中心

1. 生态城第一社区中心

项目地点： 中新生态城和畅路与和定路交口

用地面积： 15 084.10平方米

建筑面积： 24 149平方米，其中地上14 900平方米，容积率1.0；建筑主体3层，局部2层或4层，地下1层

设计单位： 天津大学建筑设计研究院

开发单位： 天津生态城投资开发有限公司

项目简介： 项目地下一层主要作为地下停车库使用，地上一层包括商业店铺、菜市场、蔬果超市及社区健康中心等，二层包括商业店铺、体育活动室及办公室等，三层包括体育活动室、阅览室等。

本建筑立面设计采用坡屋顶，设计成英式风格，外檐整体以暖色调为主，外墙为砖红色和白色，坡屋顶采用蓝灰色，整体使人感觉亲切、温馨。

第一社区中心于2016年4月正式投入使用。

鸟瞰图

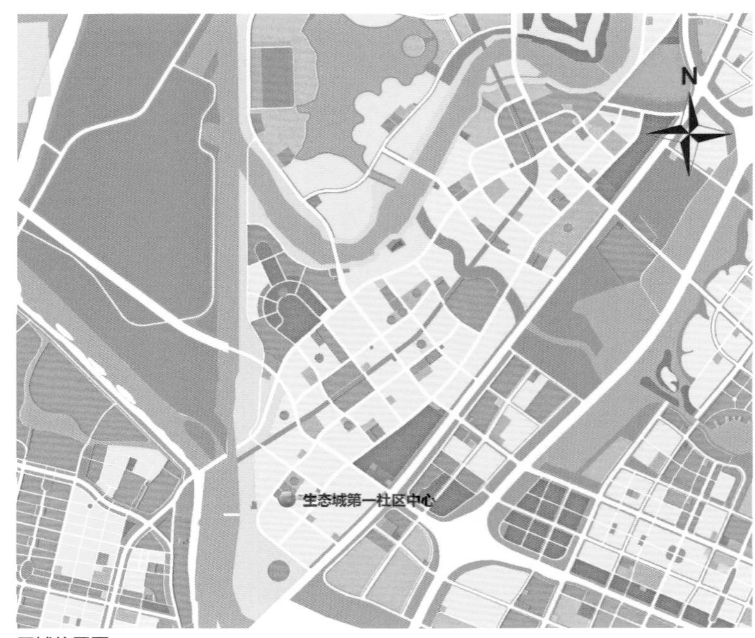

区域位置图

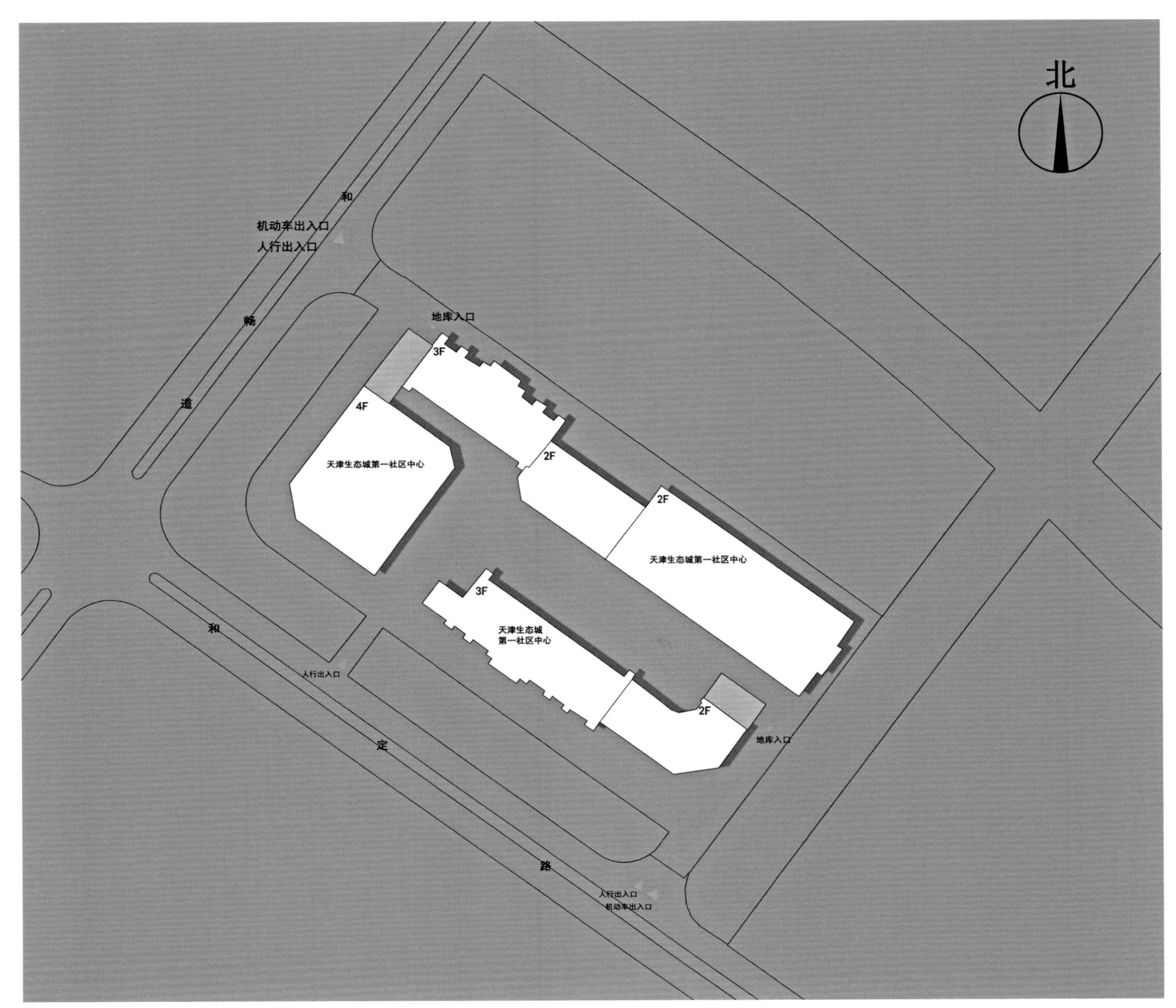
北
和
机动车出入口
人行出入口
畅
道
地库入口
3F
4F
2F
2F
天津生态城第一社区中心
天津生态城第一社区中心
3F
天津生态城
第一社区中心
2F
地库入口
和
人行出入口
定
路
人行出入口
机动车出入口

总平面图

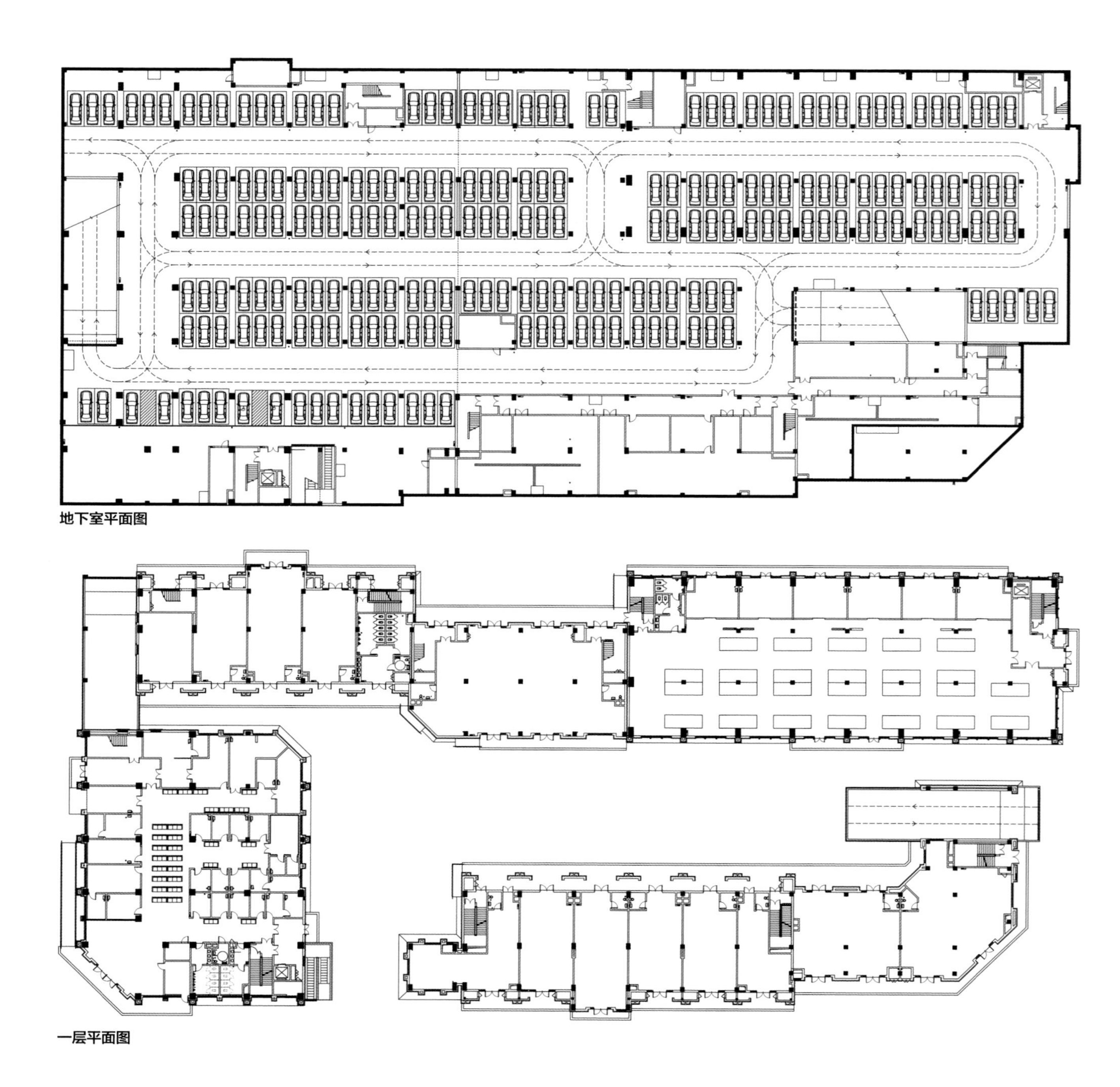

地下室平面图

一层平面图

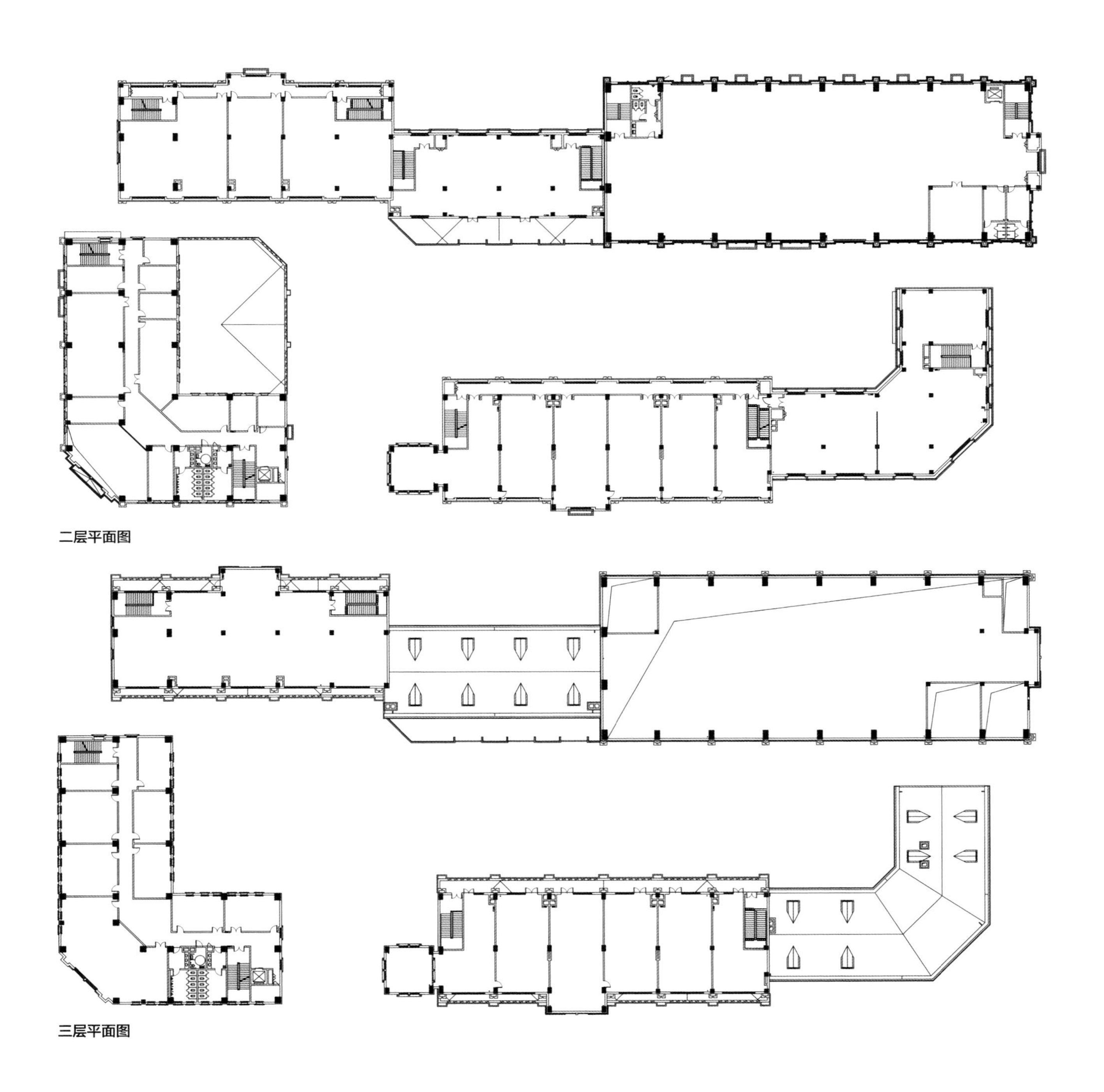

二层平面图

三层平面图

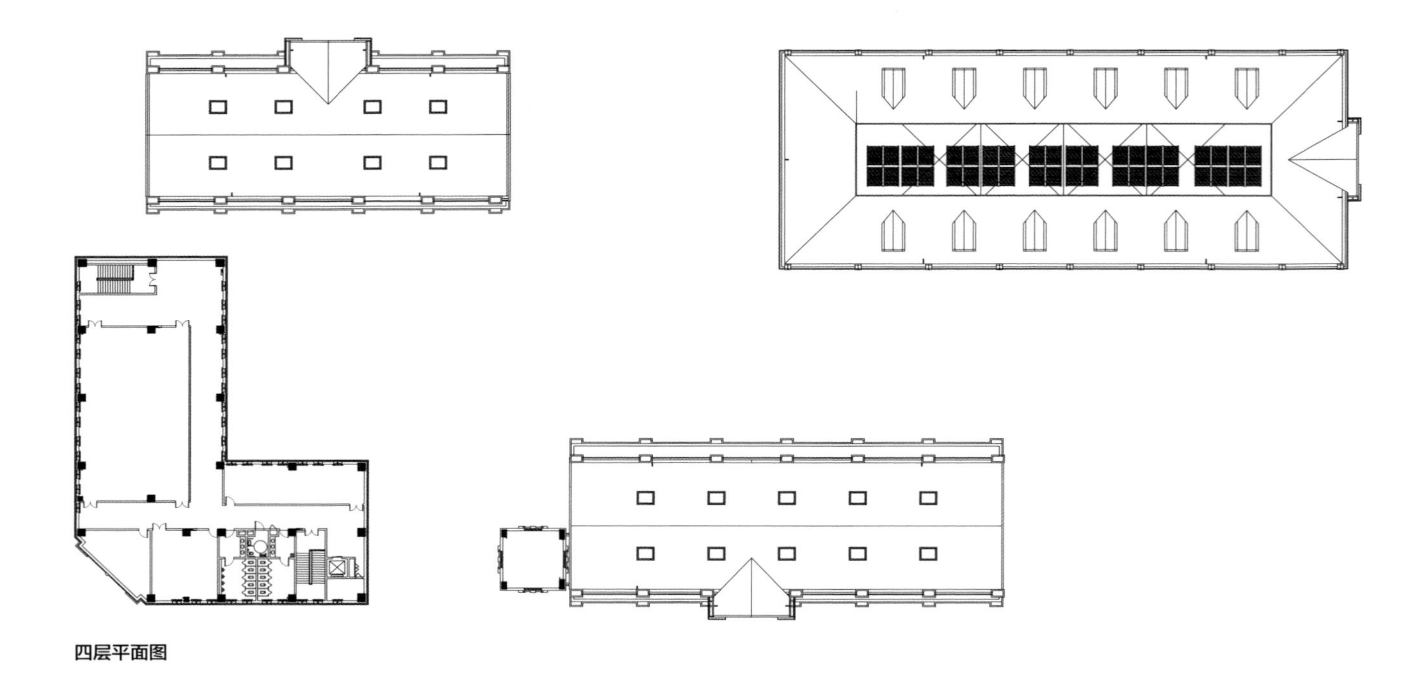

四层平面图

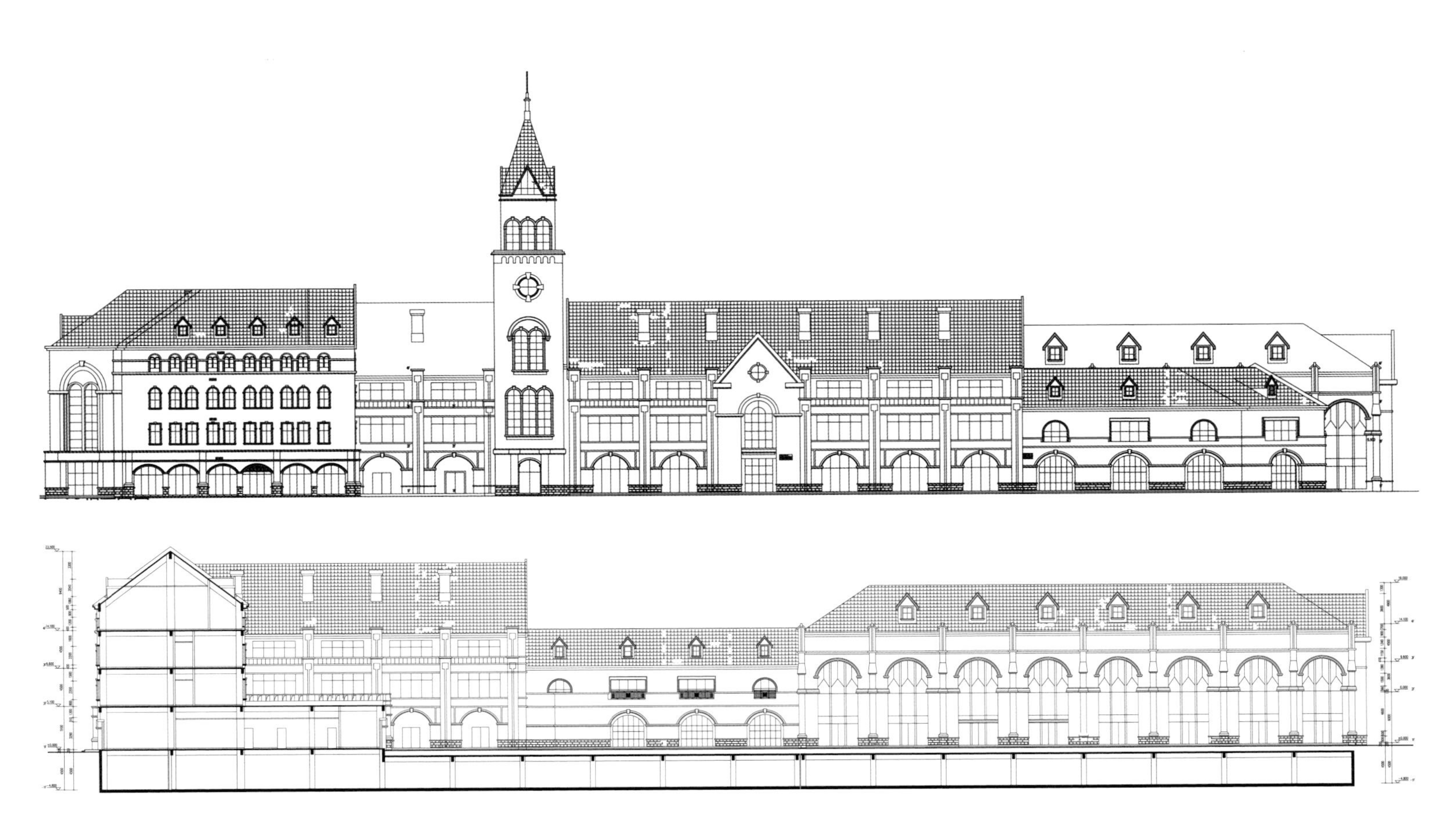

3-3剖面图

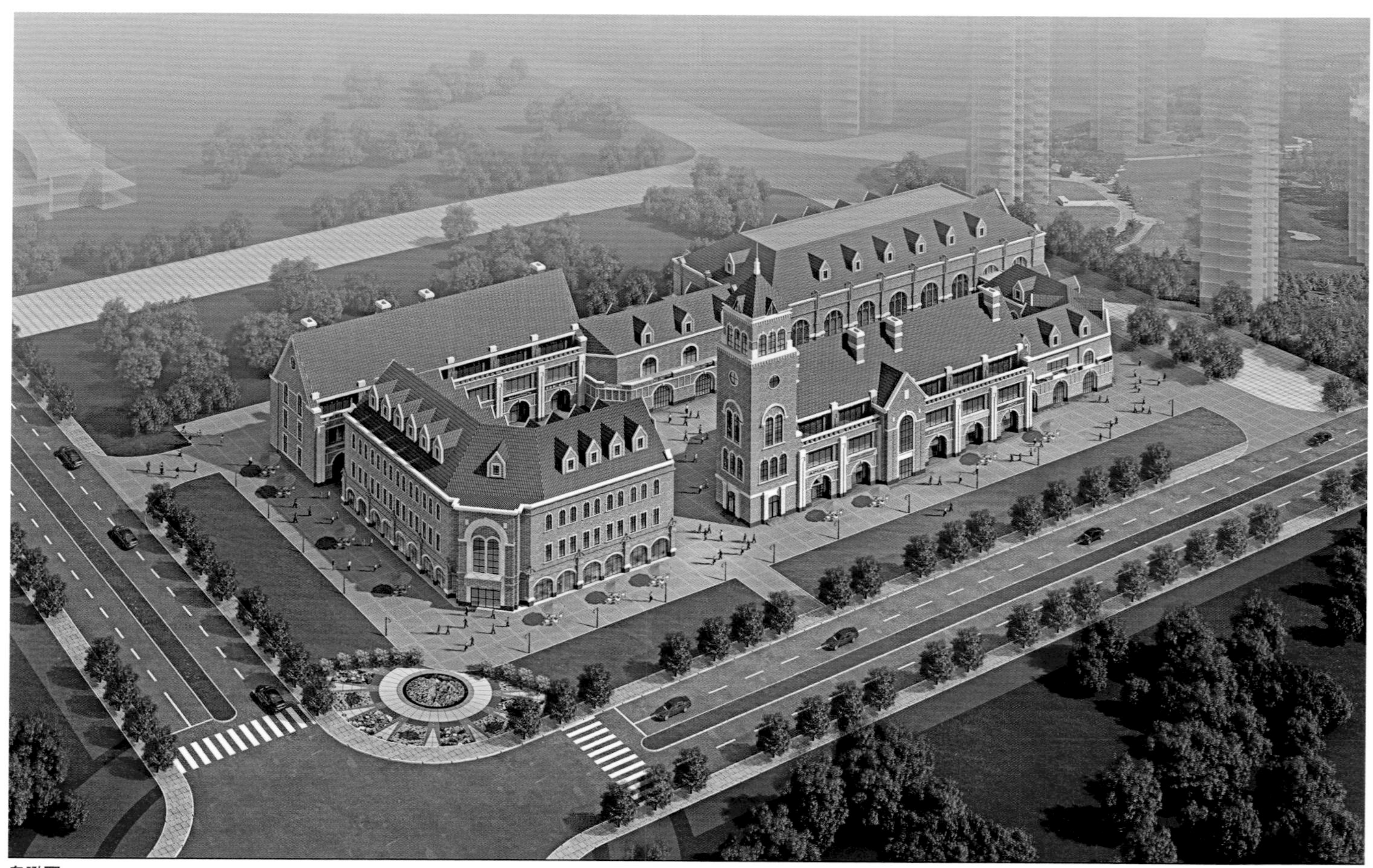

鸟瞰图

效果图

实体图

2. 生态城第三社区中心

项目地点： 中新生态城和畅路与和顺路交口

用地面积： 15 000平方米

建筑面积： 29 410.65平方米，其中地上19 973.9平方米，容积率1.33；建筑主体3层，地下1层

设计单位： 天津市建筑设计院

开发单位： 天津生态城投资开发有限公司

项目简介： 作为天津生态城最早规划建设的第一批社区中心，项目突出“社区客厅、办事大厅、服务大厅”三大功能版块，打造生态城社区商业及服务管理的典范。

项目主要由5000平方米综合菜市场、2000平方米的社区文化体育设施、3000平方米的社区综合服务设施和10 000平方米的社区商业配套设施构成，并结合景观规划，设置1000平方米内围合庭院，为居民提供休闲聚会、社区活动功能。

项目外檐为欧式风格，简洁、线条分明、讲究对称，运用色彩的明暗、鲜淡形成视觉冲击力。在意态上则使人感到亲民近民、典雅，富有浪漫主义色彩。

第三社区中心于2013年正式投入使用。

实体图

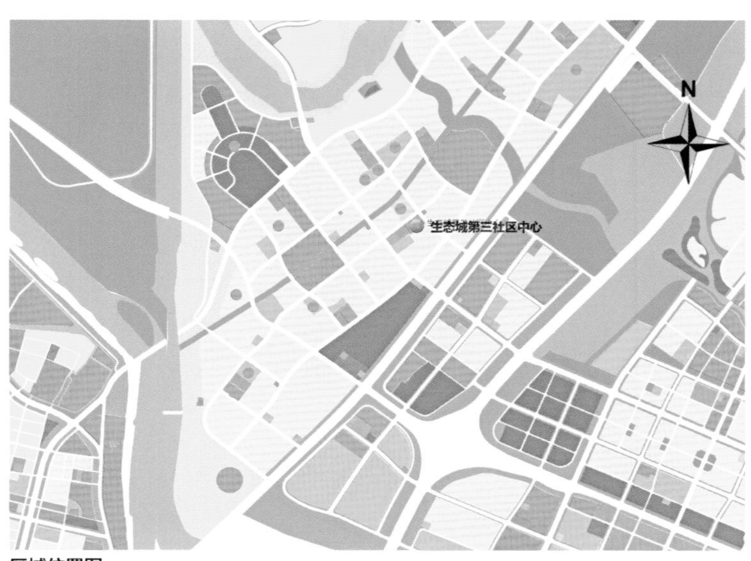

区域位置图

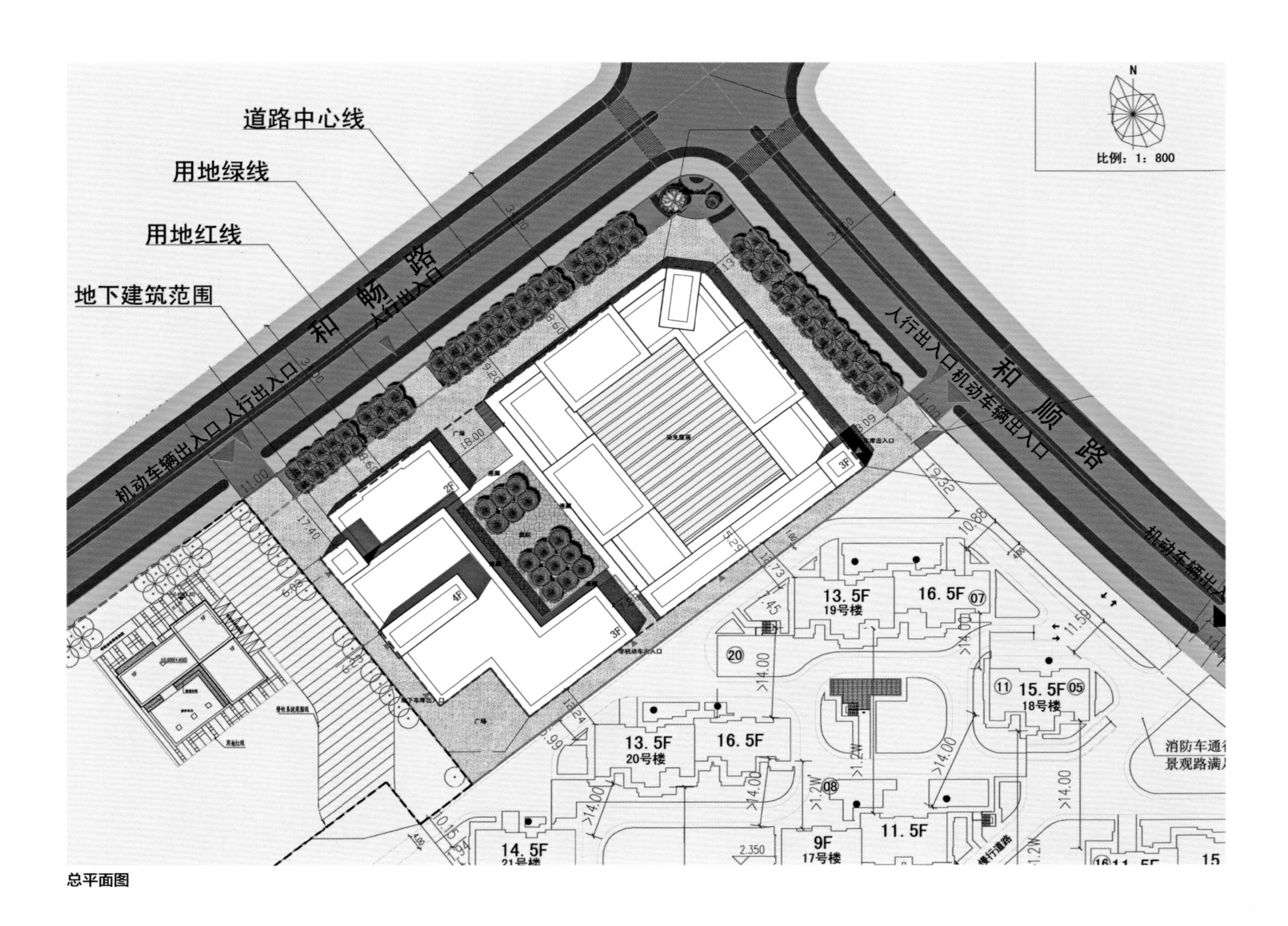
道路中心线
用地绿线
用地红线
地下建筑范围
和 畅 路
和 顺 路
机动车辆出入口
人行出入口
比例：1：800
N
13.5F
19号楼
16.5F
15.5F
18号楼
13.5F
20号楼
16.5F
11.5F
9F
17号楼
14.5F
消防车通行
景观路满

总平面图

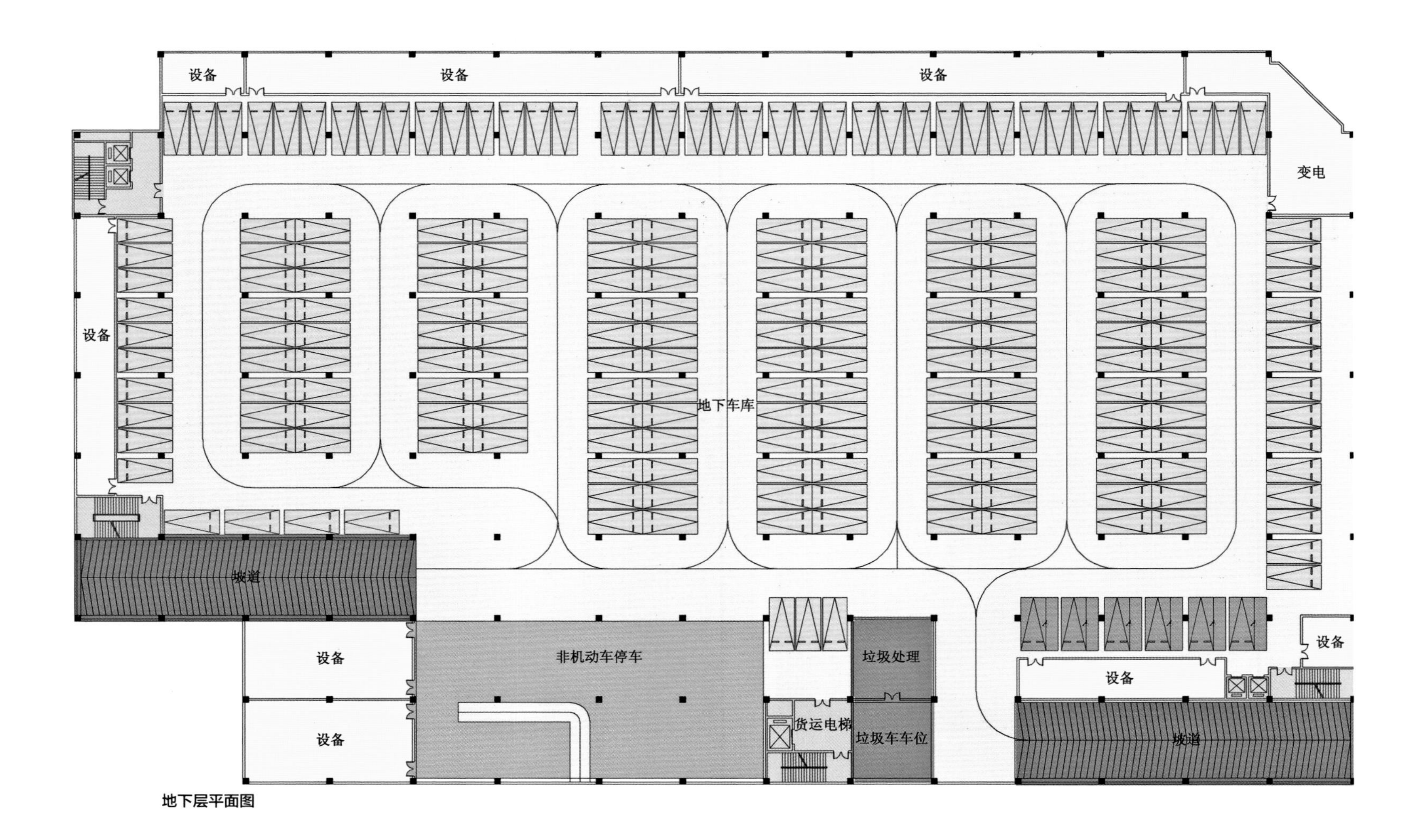
设备
设备
设备
变电
设备
地下车库
坡道
设备
非机动车停车
垃圾处理
设备
设备
设备
货运电梯
垃圾车车位
坡道

地下层平面图

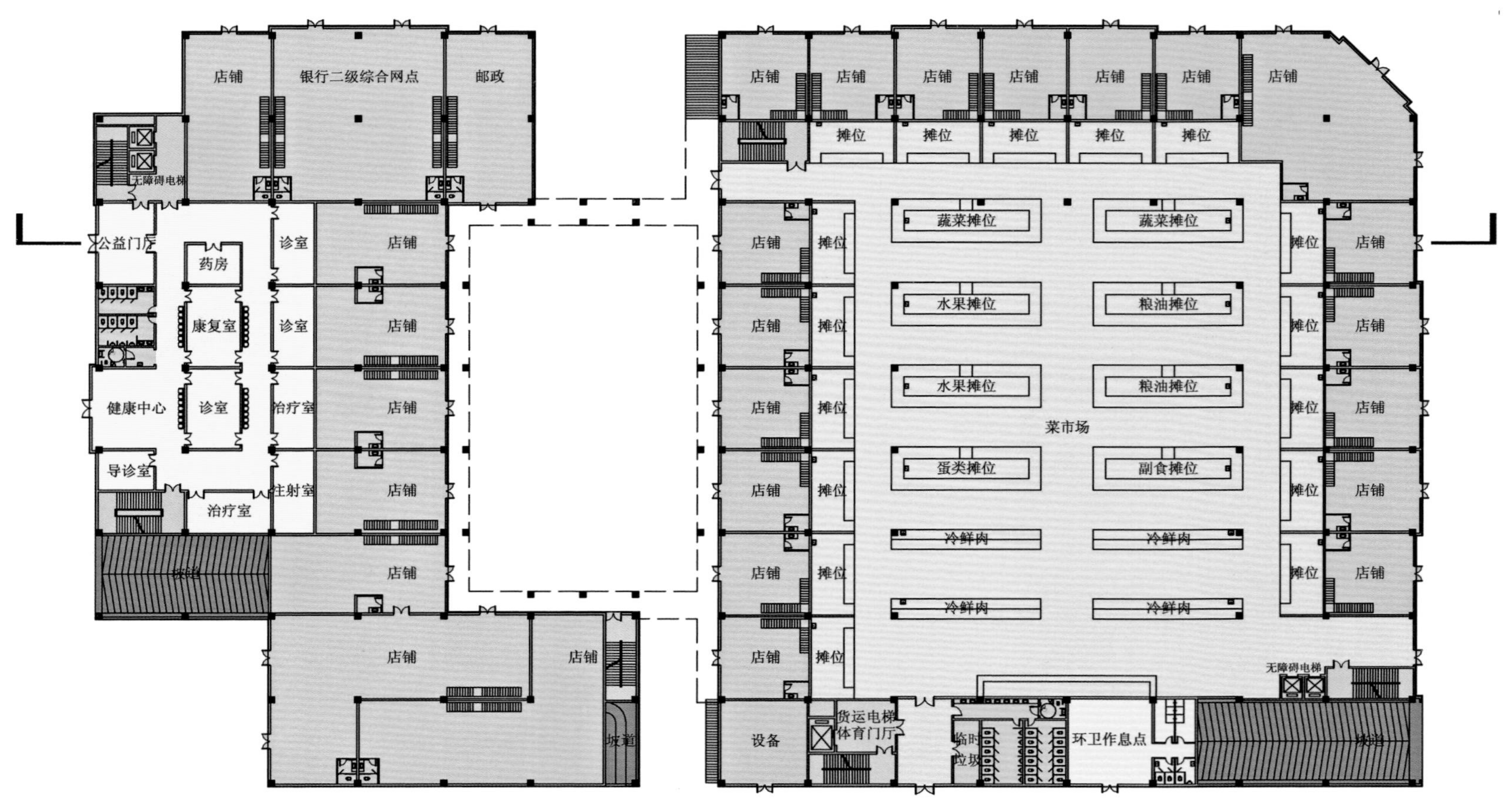
店铺
银行二级综合网点
邮政
无障碍电梯
公益门厅
药房
诊室
康复室
健康中心
治疗室
导诊室
注射室
坡道
设备
货运电梯
体育门厅
摊位
蔬菜摊位
水果摊位
粮油摊位
蛋类摊位
副食摊位
冷鲜肉
菜市场
环卫作息点
临时垃圾

一层平面图

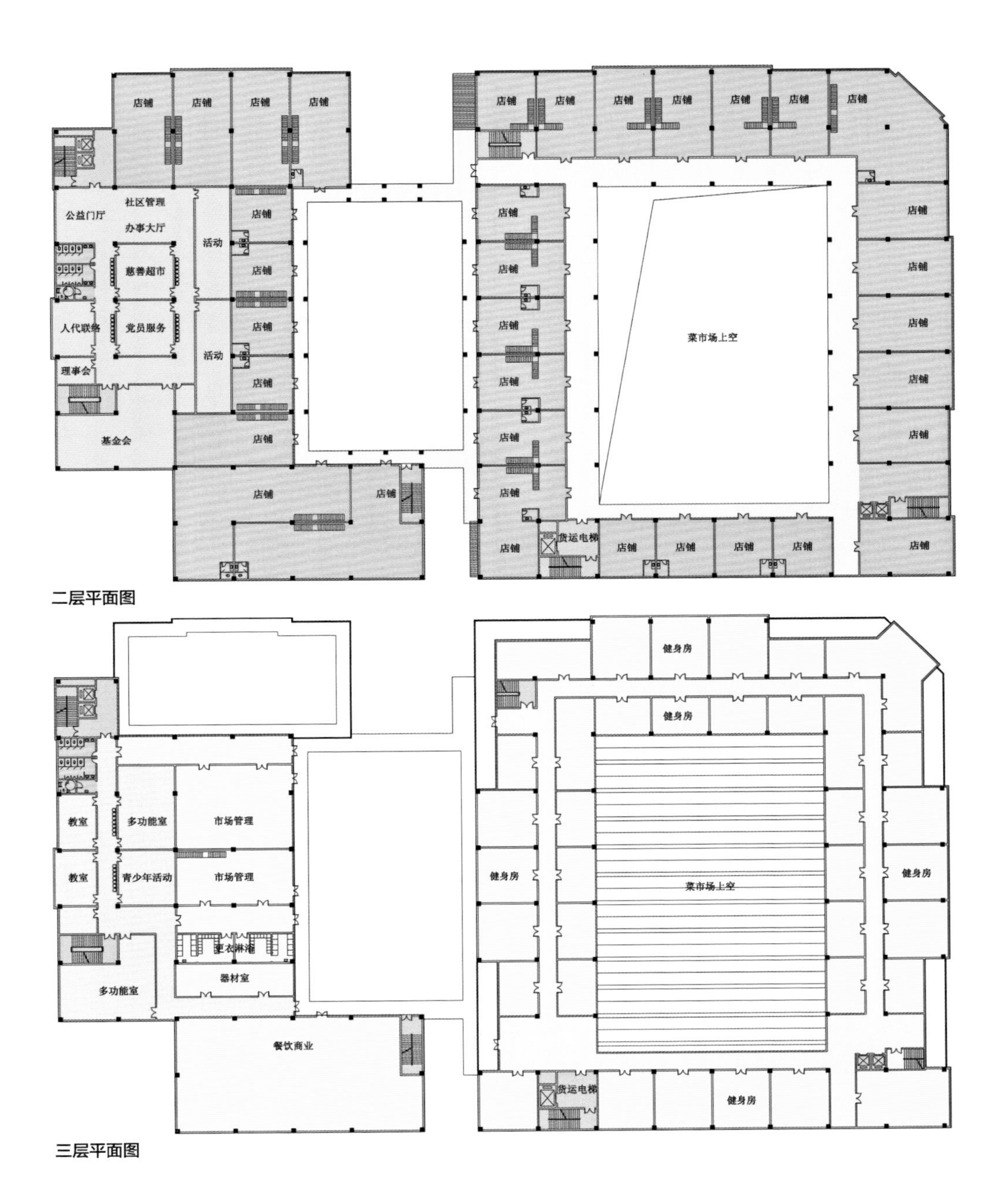
店铺
公益门厅
社区管理
办事大厅
活动
慈善超市
人代联络
党员服务
理事会
基金会
菜市场上空
货运电梯
健身房
教室
多功能室
市场管理
青少年活动
更衣淋浴
器材室
餐饮商业

二层平面图

三层平面图

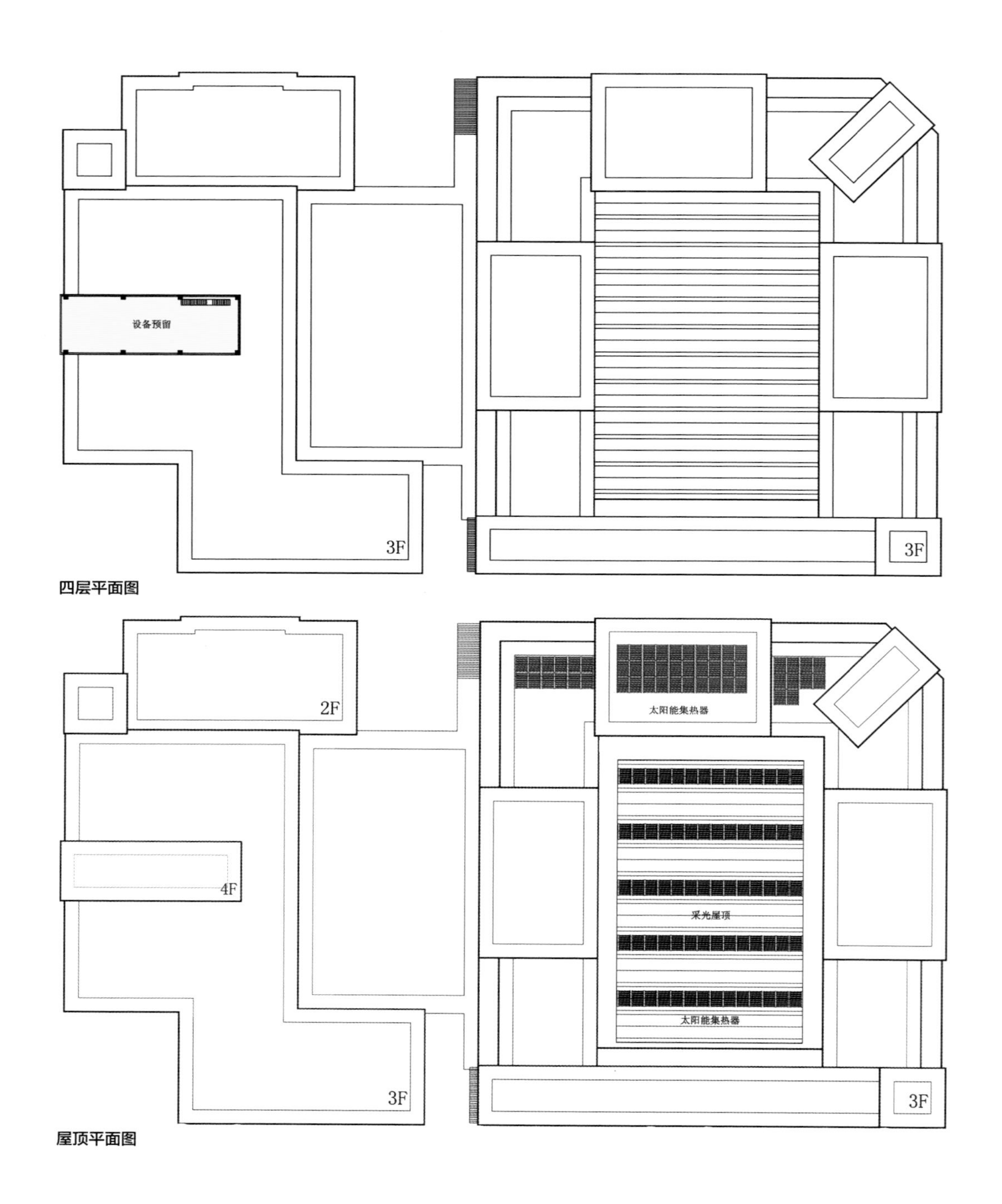
设备预留
3F
3F
2F
4F
太阳能集热器
采光屋顶
太阳能集热器
3F
3F

四层平面图

屋顶平面图

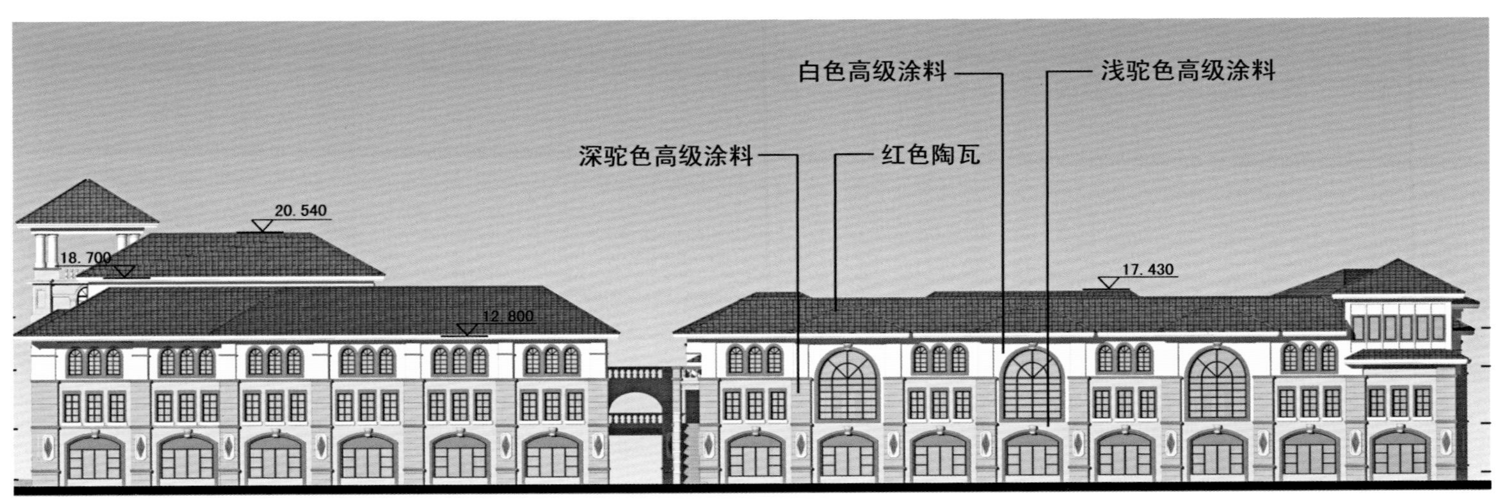
白色高级涂料
浅驼色高级涂料
深驼色高级涂料
红色陶瓦
20. 540
18. 700
12. 800
17. 430
南立面图

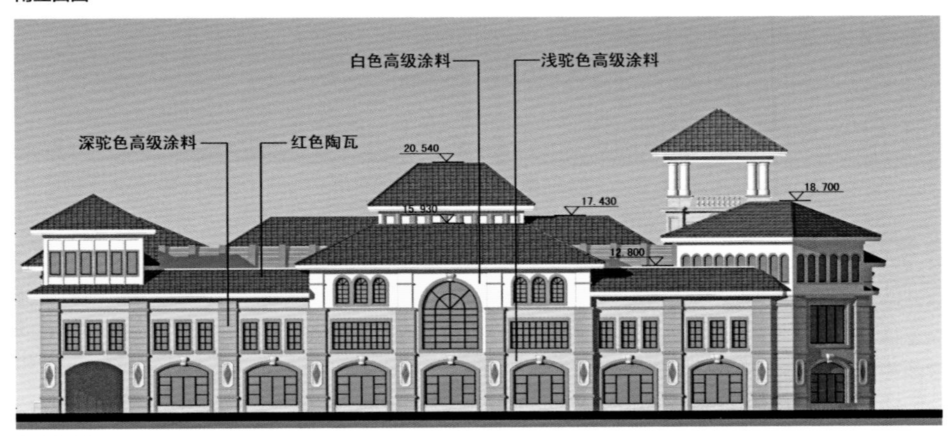
白色高级涂料
浅驼色高级涂料
深驼色高级涂料
红色陶瓦
20. 540
17. 430
18. 700
12. 800
东立面图

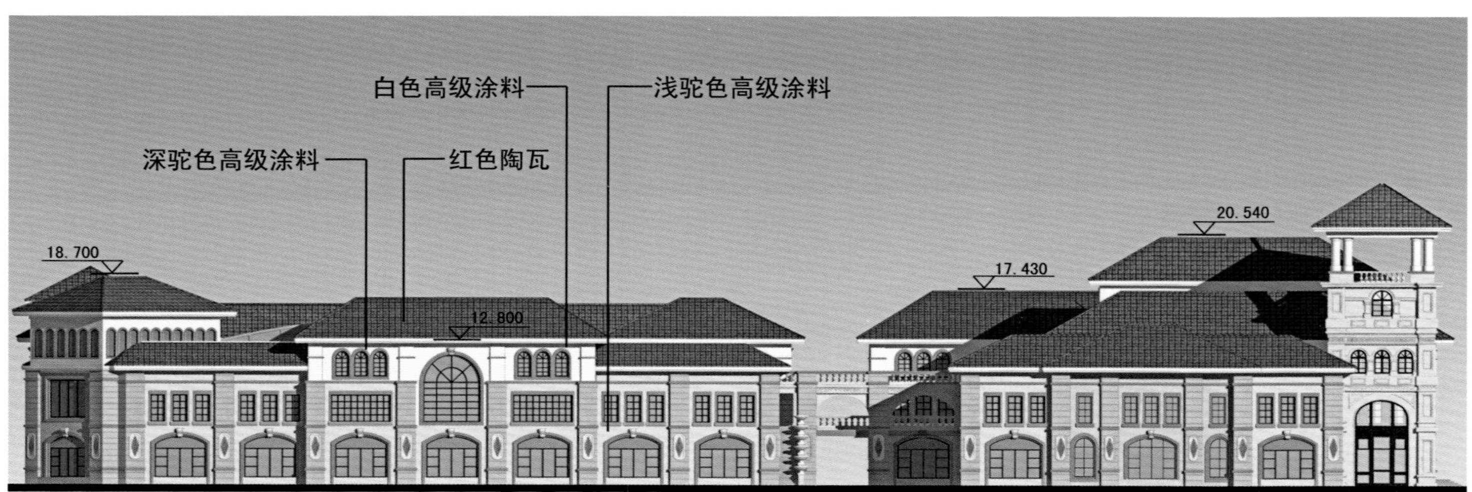
白色高级涂料
浅驼色高级涂料
深驼色高级涂料
红色陶瓦
18.700
12.800
17.430
20.540
北立面图

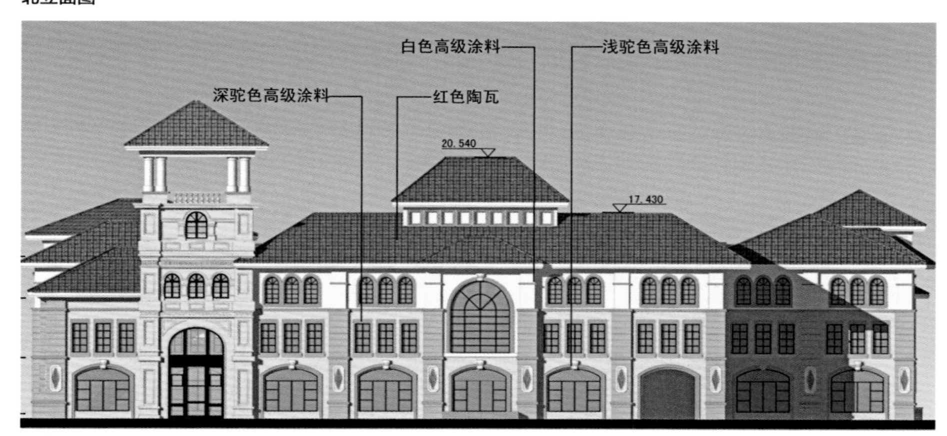
白色高级涂料
浅驼色高级涂料
深驼色高级涂料
红色陶瓦
20.540
17.430
西立面图

鸟瞰图

效果图

实体图

3. 生态城公屋展示中心

项目地点： 中新天津生态城起步区

用地面积： 8000平方米

建筑面积： 3467平方米，其中地上3013平方米，容积率0.37；地上建筑层数3层，地下1层

设计单位： 天津市建筑设计院滨海分院

开发单位： 中新天津生态城

项目简介： 公屋展示中心按照零能耗的标准进行设计，即建筑全年能耗能够由场地所产生的可再生能源全部提供。目前该项目已经获得国家绿色建筑三星级设计标识。建筑总平面为六边形，主要朝向为南北向。在建筑功能布局上，将主要功能区布置在南向，将附属用房设置在北向，良好的建筑朝向和内部功能布局有利于天然采光和自然通风。本项目绿色建筑技术措施包括①通过被动式节能技术降低建筑能耗；②通过主动式节能技术提高设备效率并进一步降低能耗。同时，项目可再生能源主要包括光伏发电系统、智能微电网系统、地源热泵和建筑能耗监测系统等。

效果图

区域位置图

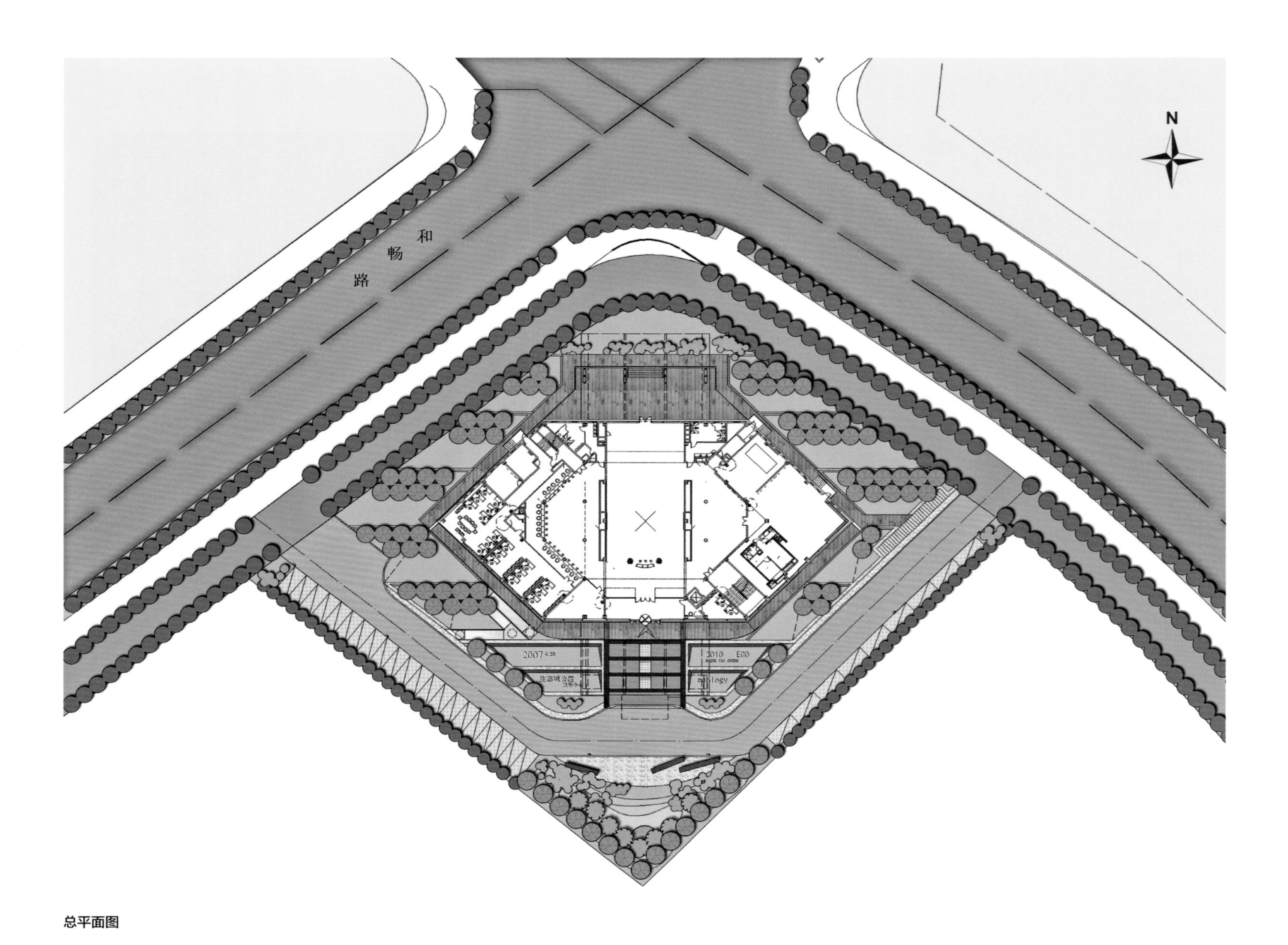

总平面图

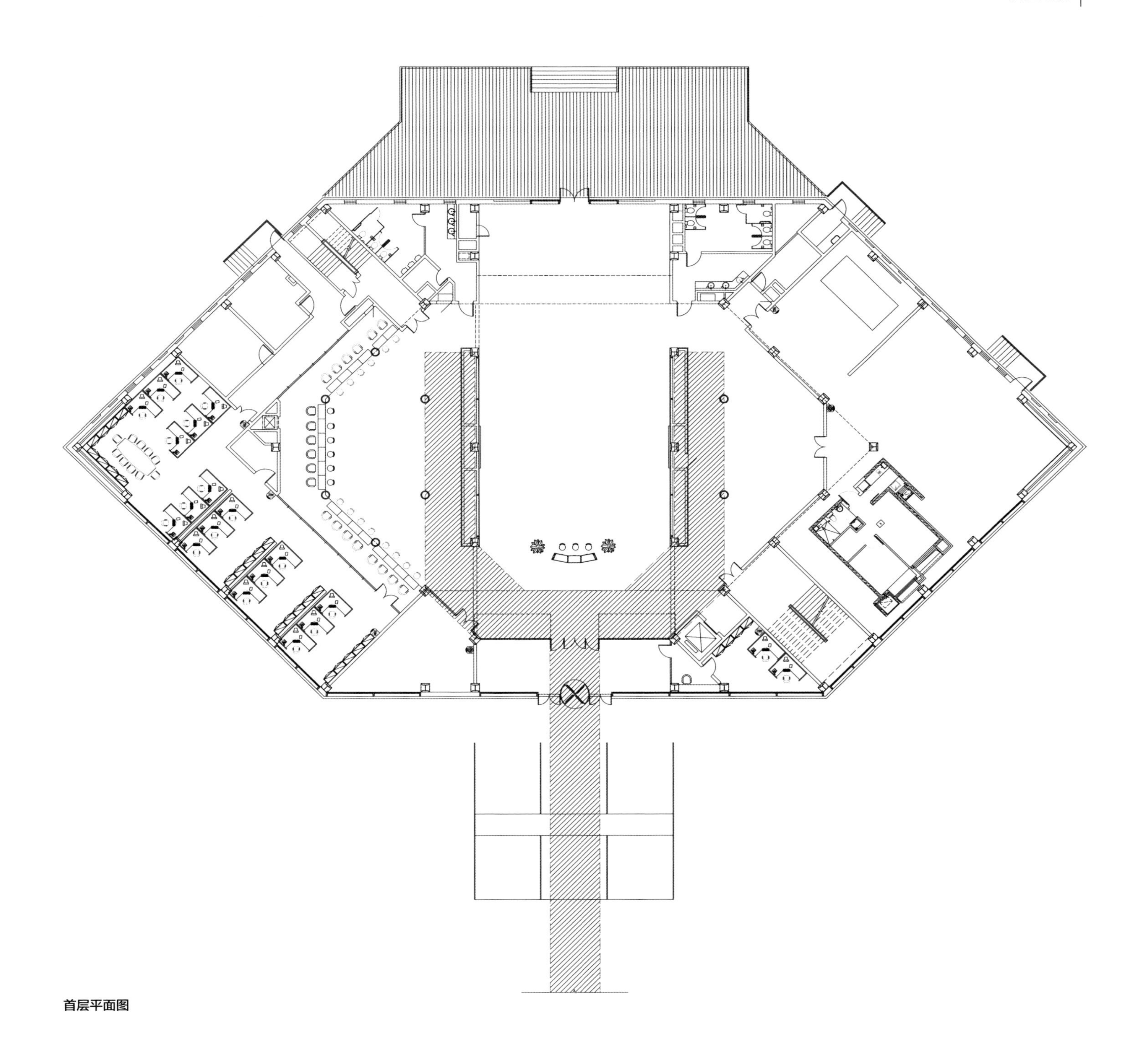

首层平面图

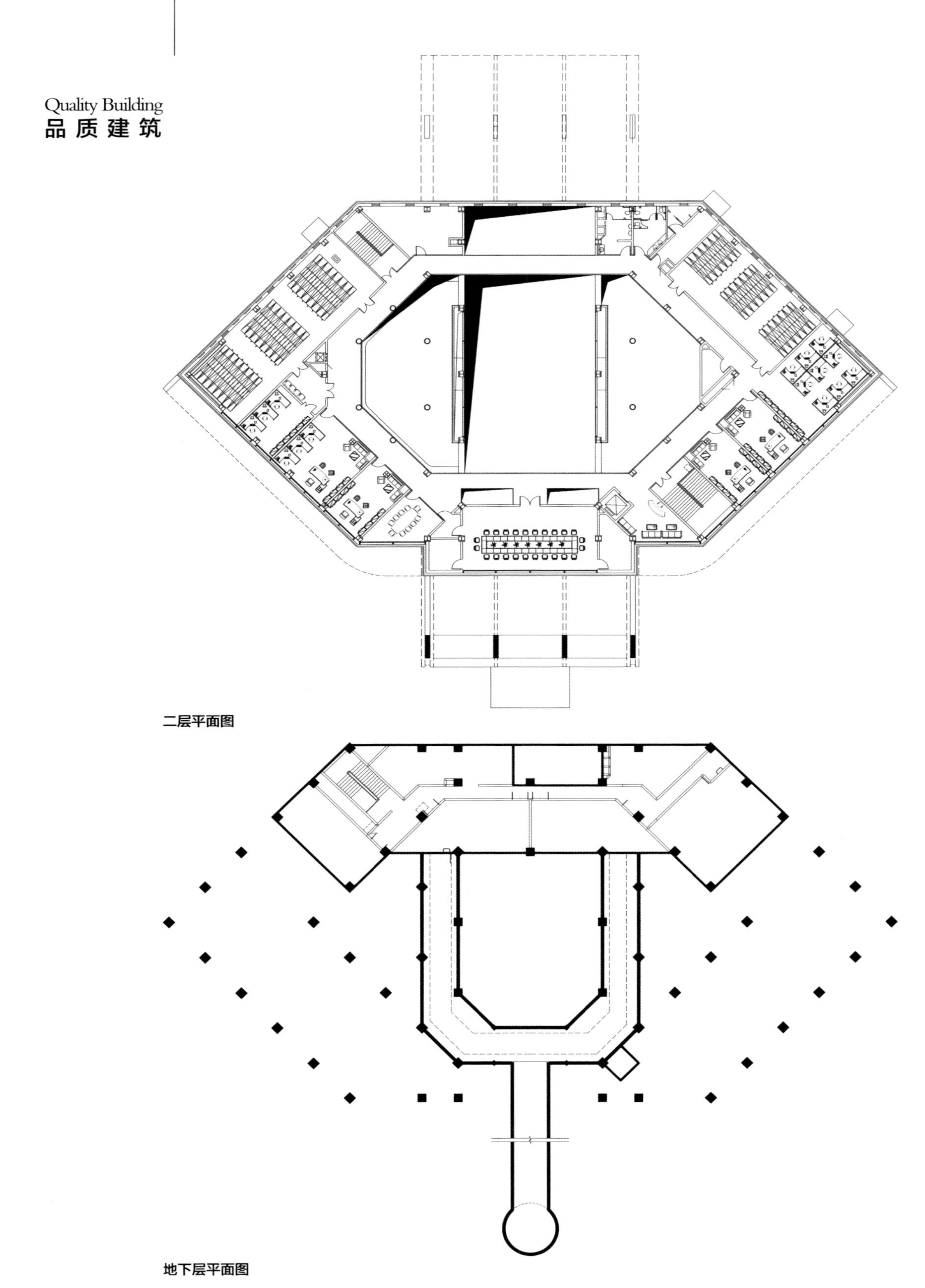

二层平面图

地下层平面图

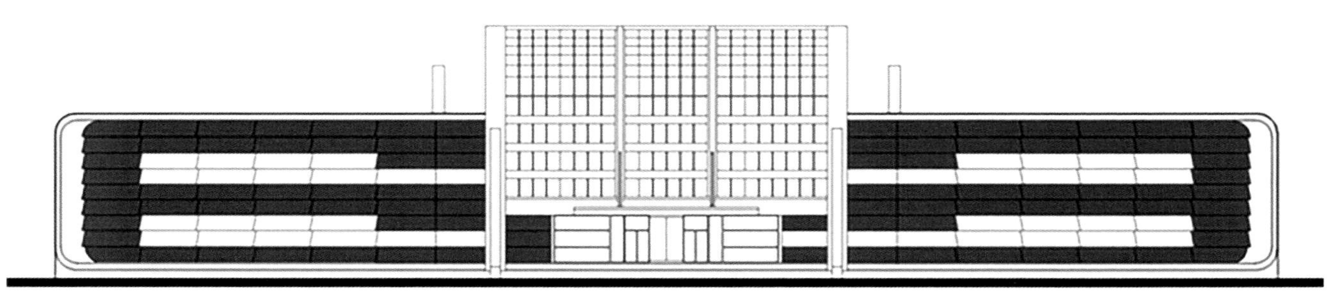

南立面图（外）

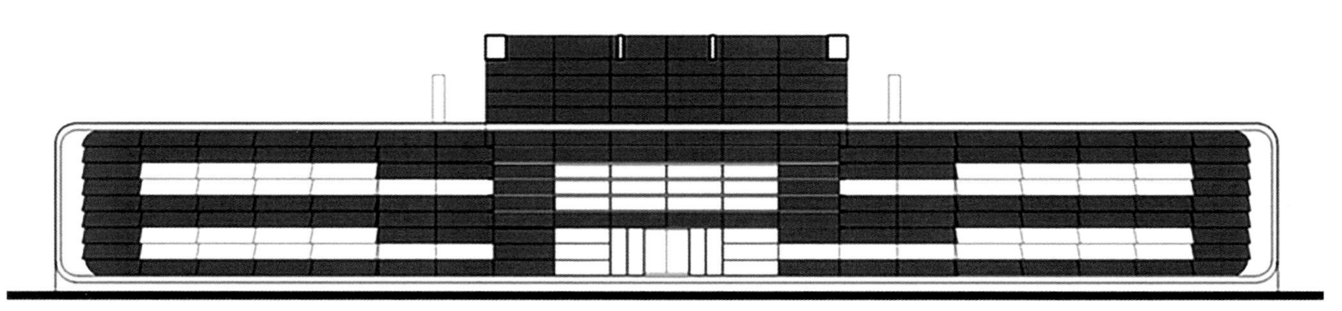

南立面图（内）

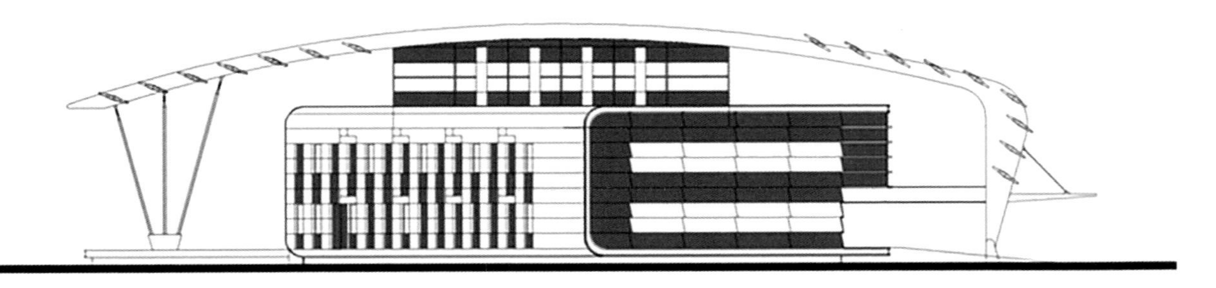

西立面图

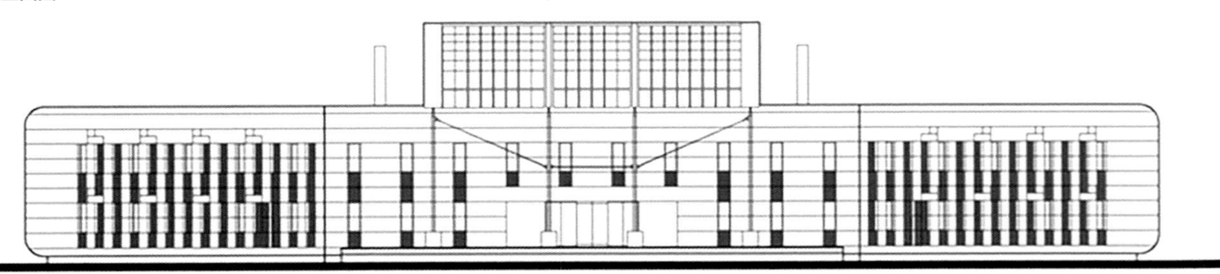

北立面图

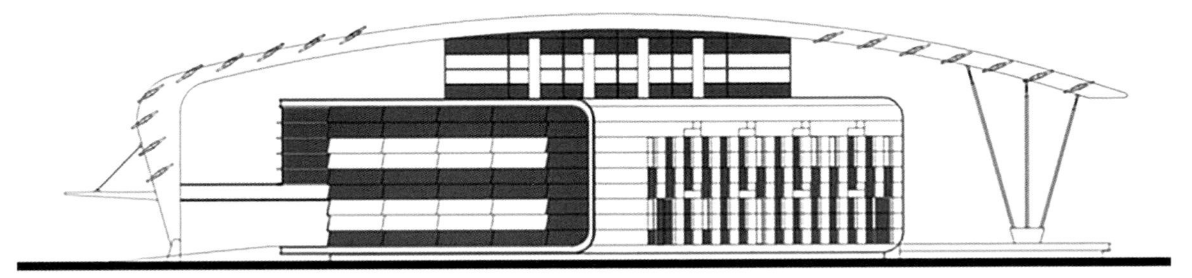

东立面图

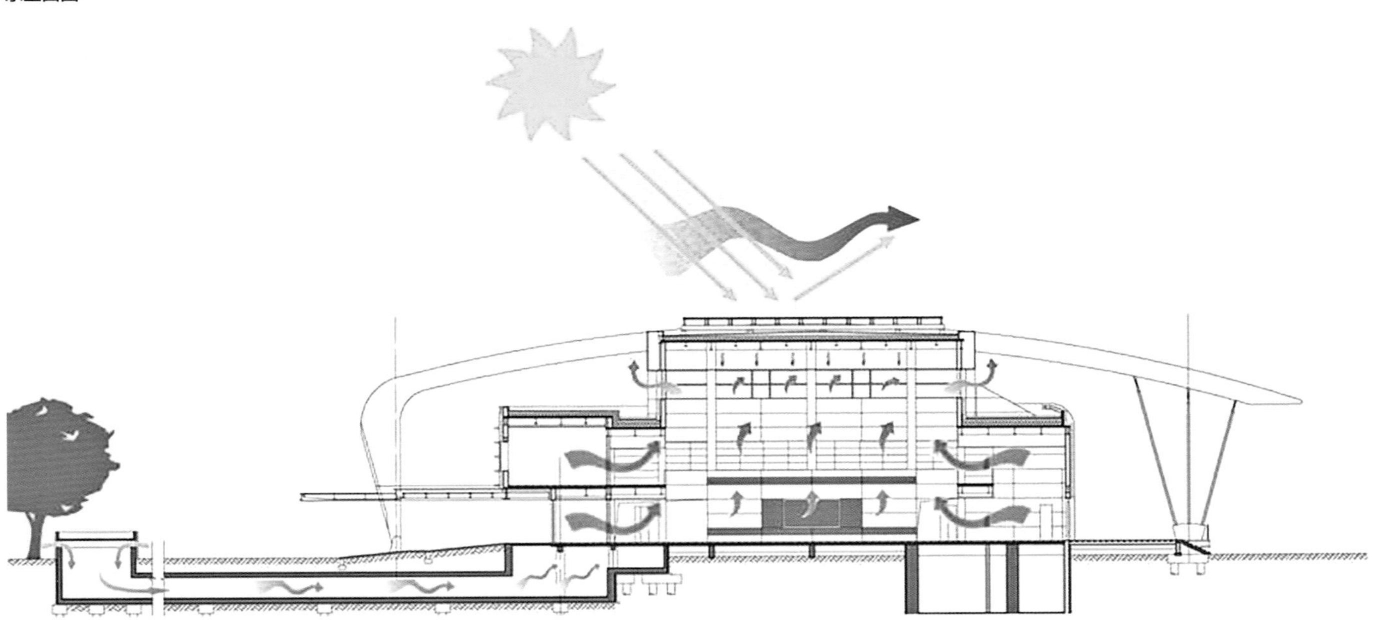

剖面图

鸟瞰图

效果图

实体图

现状航拍图

室内实景图

工业研发建筑
INDUSTRIAL R&D BUILDING

INDUSTRIAL BUILDING

一、工业建筑

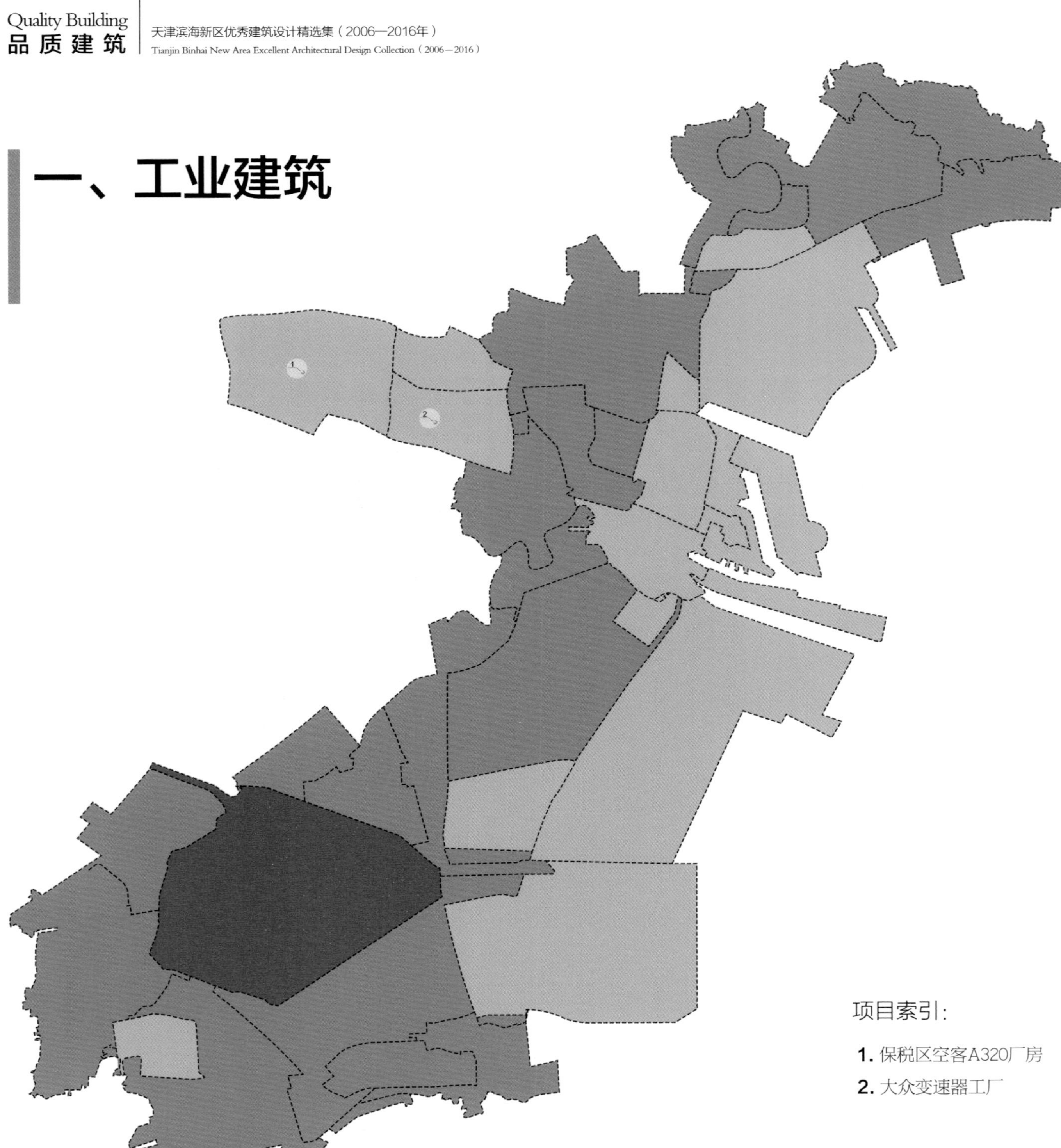

项目索引：

1. 保税区空客A320厂房
2. 大众变速器工厂

1. 保税区空客A320厂房

项目地点：滨海国际机场旁

用地面积：549 603.1平方米

建筑面积：126 172.99平方米

设计单位：中国航空工业规划设计研究院

开发单位：天津保税区投资有限公司

项目简介：落户天津滨海新区的空客A320飞机总装线项目是空客在欧洲以外唯一一条飞机总装线，能有力地推动天津滨海新区现代制造业和研发转化基地的建设，充分发挥天津滨海新区开发开放战略的带动作用，促进环渤海地区经济的发展。

航空工业涉及70多个学科和工业领域大部分产业，每一架大型飞机有上百万个部件，需要庞大的配套产业群支撑，具有关联度高、科技辐射和技术带动性强的特点，对上下游产业有决定性作用，有效带动飞机研发、零部件制造、销售和服务在周边地区的快速起飞。天津“十一五”规划纲要明确将航空科技工业作为天津优先发展高新技术产业的战略，给予重点扶持。滨海新区“十一五”规划将临空产业区航空城作为重要产业功能区，重点发展民用航空配套产业。

实体图

区域位置图

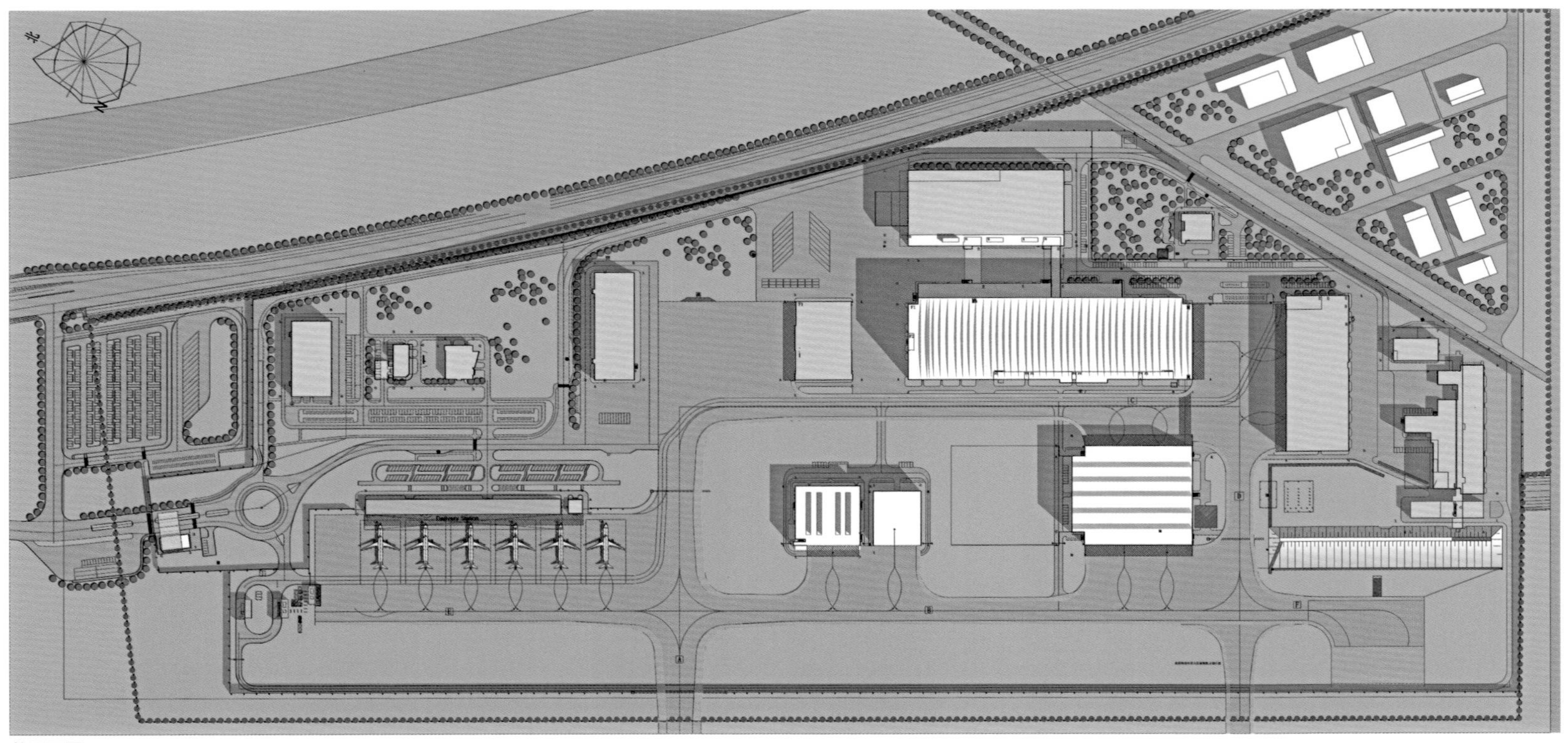

总平面图

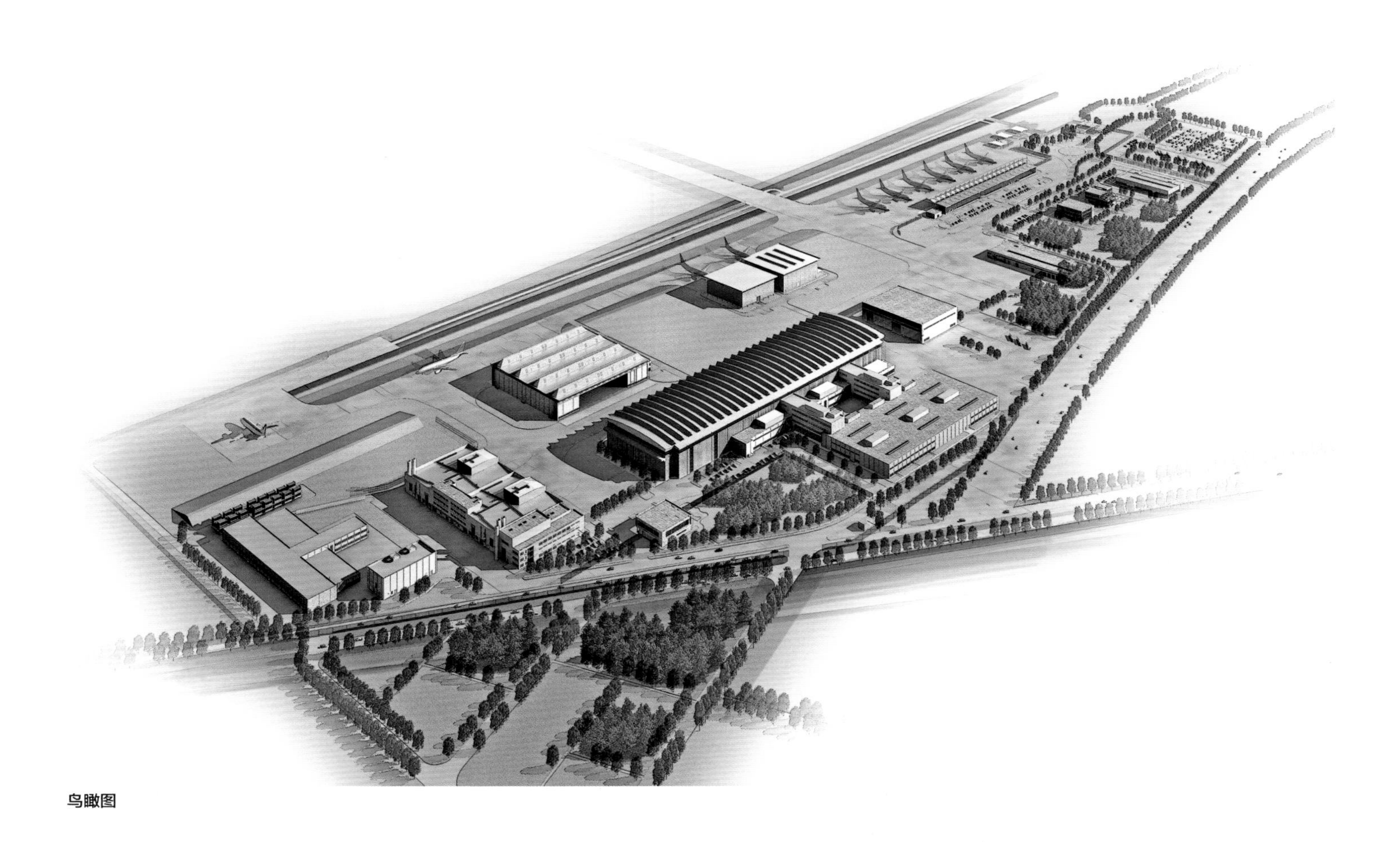

鸟瞰图

效果图

实体图

天津空客A320工厂内部

2. 大众变速器工厂

项目地点：滨海新区开发区西区

用地面积：424 883.90平方米

建筑面积：200 976.13平方米

设计单位：

DL382双离合自动变速器项目 沈阳铝镁设计研究院有限公司

DQ400e油电混合动力双离合自动变速器项目 机械工业第六设计研究院有限公司（SIPPR）

30万台DQ380双离合自动变速器项目 信息产业电子第十一设计研究院科技工程股份有限公司

30万台DQ500双离合自动变速器项目 信息产业电子第十一设计研究院科技工程股份有限公司

DQ380-Ⅱ双离合自动变速器项目 沈阳铝镁设计研究院有限公司

项目简介：大众汽车自动变速器（天津）有限公司含DL382双离合自动变速器项目、DQ380-Ⅱ双离合自动变速器项目、DQ400e油电混合动力双离合自动变速器项目、30万台DQ380双离合自动变速器项目、30万台DQ500双离合自动变速器项目五个项目，指导思想是最大限度、充分全面地满足生产工艺的要求及顾客对厂房的使用要求，有效利用厂区内的土地资源，并与建设场地的地形地貌特征和周围环境相适应。设计的建筑风格简洁、清新、淡雅、朴实，遵循"以人为本""功能决定空间"的设计理念，既力求建筑经济适用，又力求建筑造型丰富新颖，使其在满足生产工艺要求的同时，立面、造型又富于变化。建筑每个单体在平面设计上力求舒适、精细，平面功能分区明确，结构布置合理，动静分离，面积指标合理，在有限的面积中创造出更加丰富的空间。立面设计上主要强调现代化工业园区的特点，饰面色彩主要以浅灰色为主，设计风格简洁明快，充分体现现代化厂区的特点。

效果图

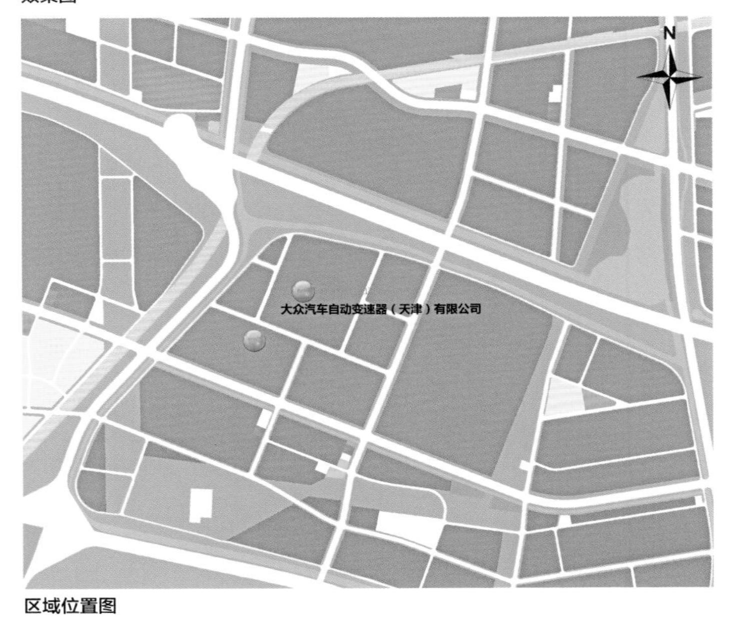

区域位置图

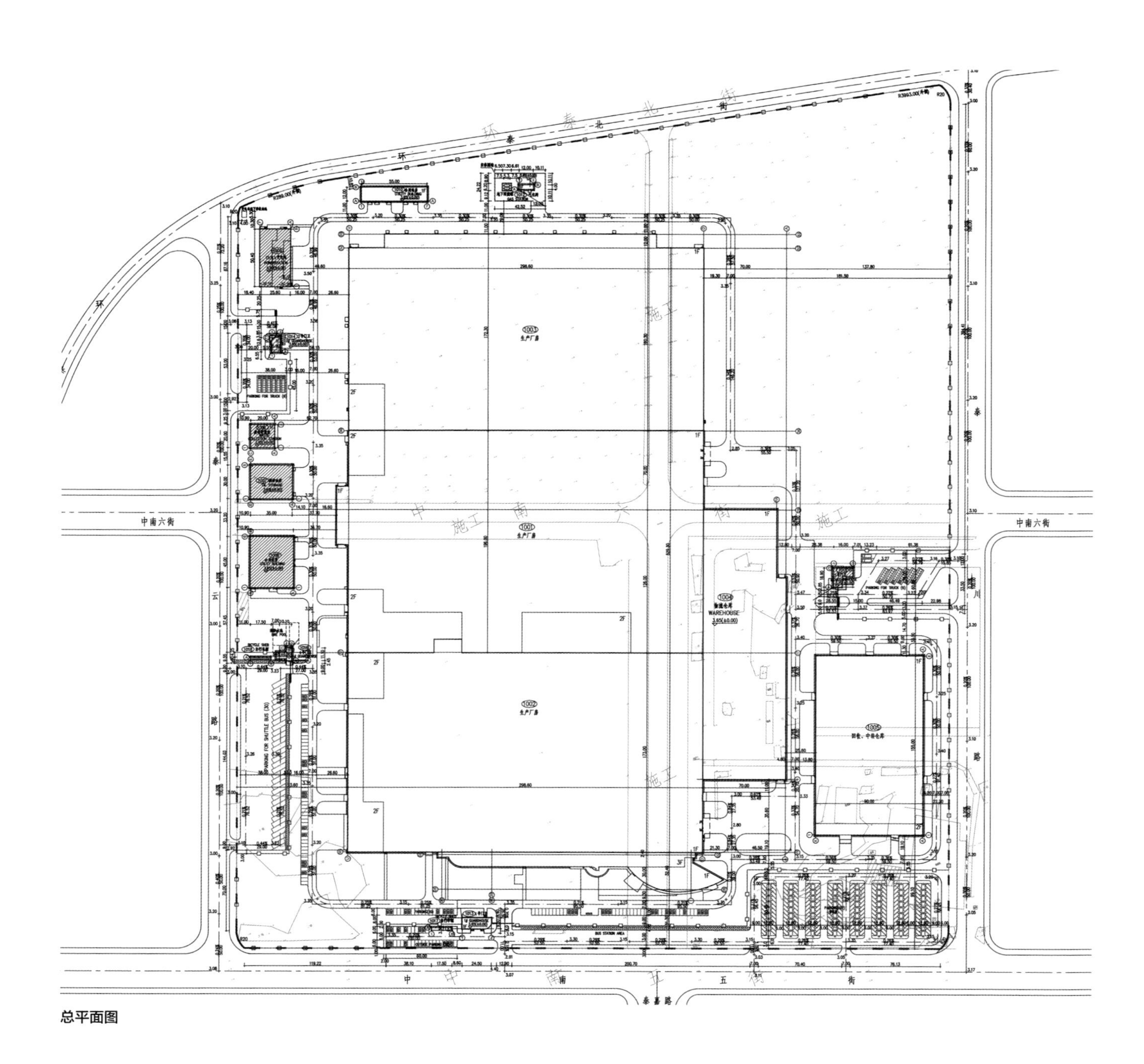
中南六街
中南六街
WAREHOUSE
PARKING FOR TRUCK
PARKING FOR SHUTTLE BUS
BUS STATION AREA
中 南 五 街
泰嘉路

总平面图

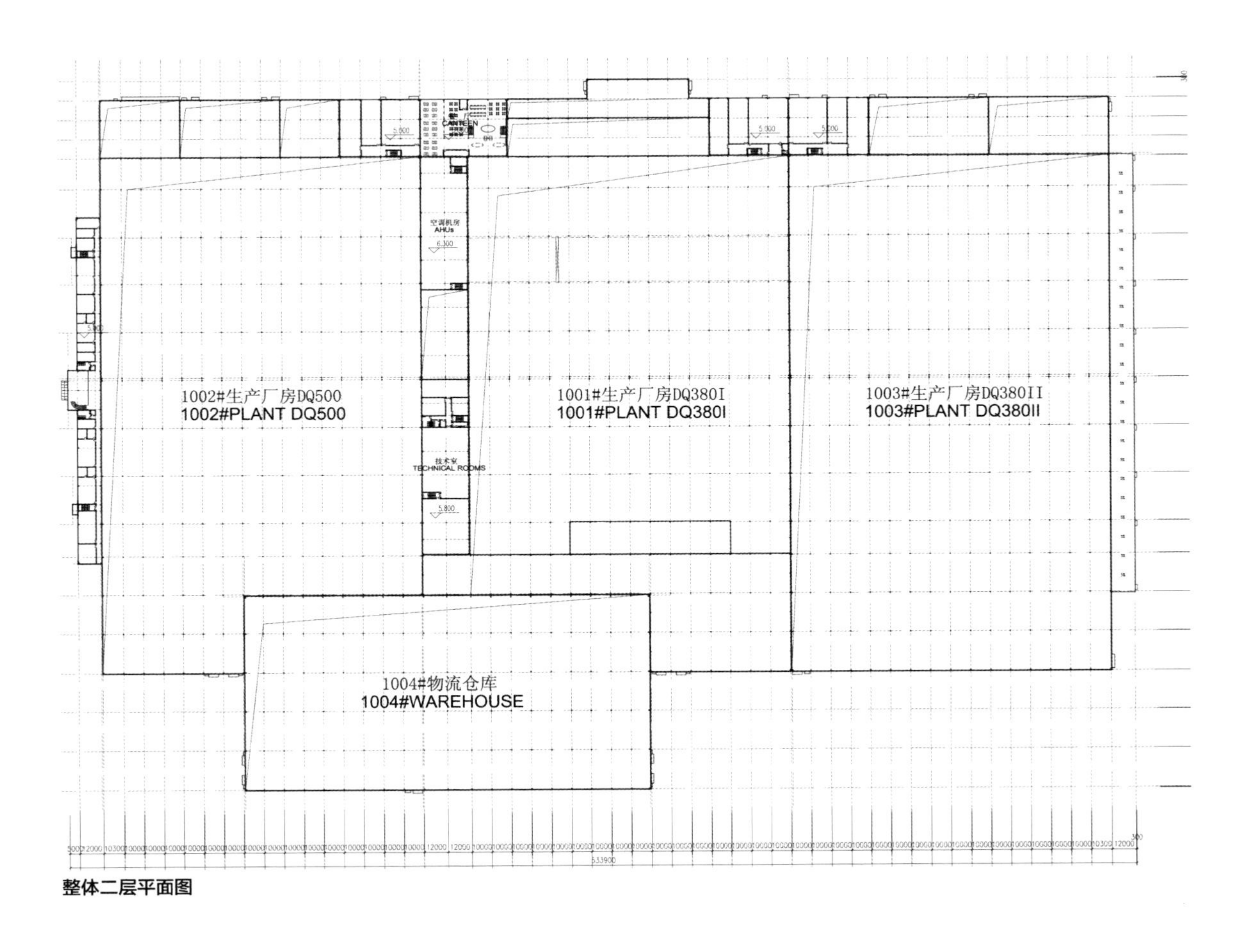
1002#生产厂房DQ500
1002#PLANT DQ500
1001#生产厂房DQ380I
1001#PLANT DQ380I
1003#生产厂房DQ380II
1003#PLANT DQ380II
1004#物流仓库
1004#WAREHOUSE

整体二层平面图

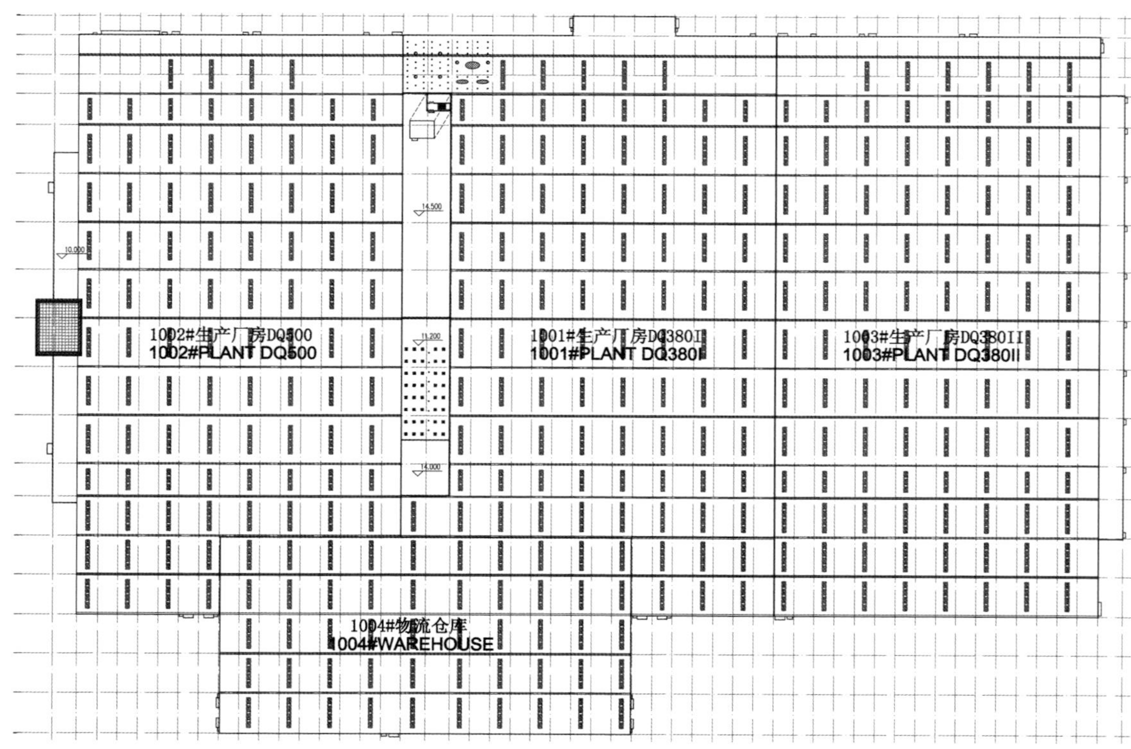
1002#生产厂房DQ500
1002#PLANT DQ500
1001#生产厂房DQ380II
1001#PLANT DQ380II
1003#生产厂房DQ380II
1003#PLANT DQ380II
1004#物流仓库
1004#WAREHOUSE

整体屋顶平面图

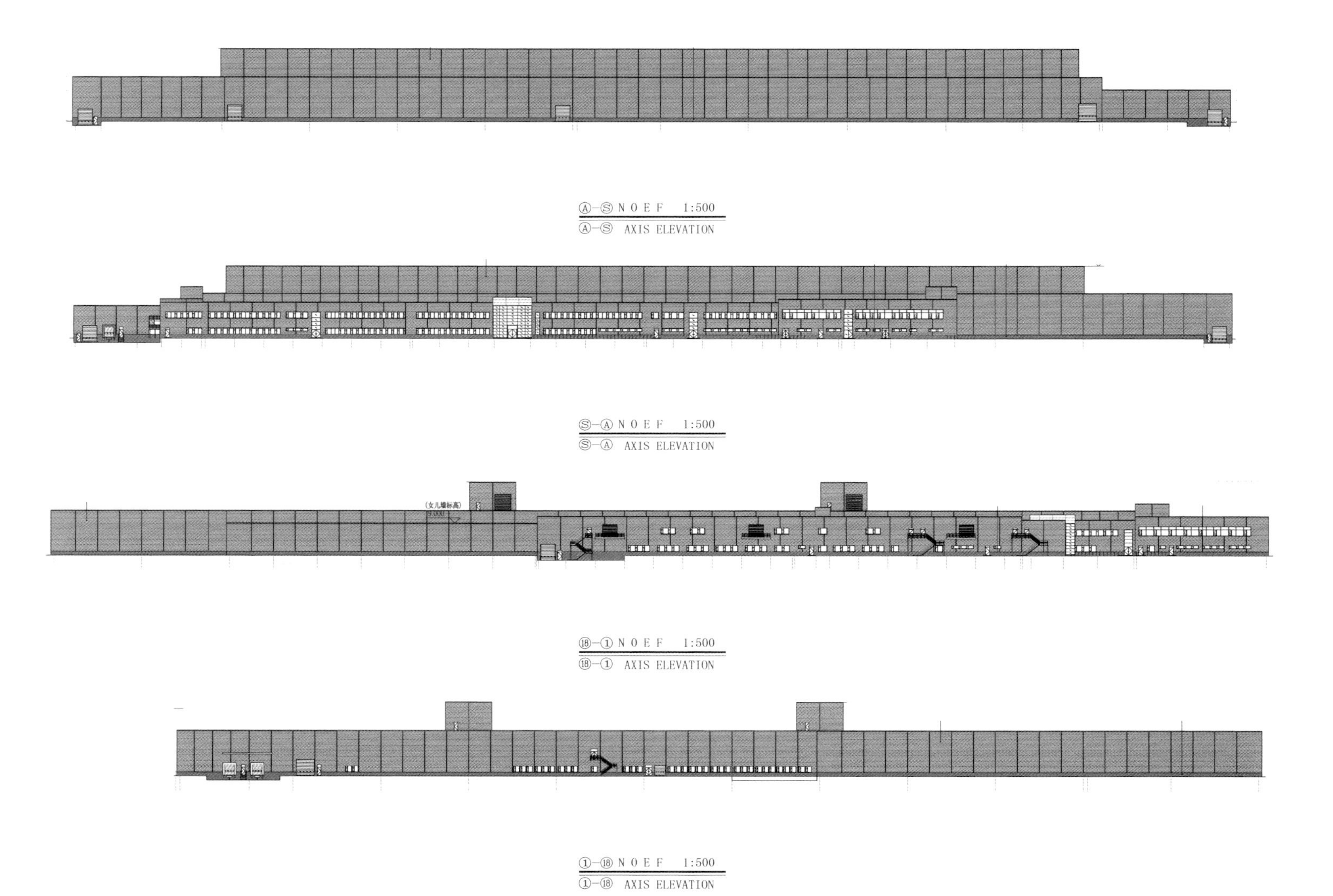
Ⓐ-Ⓢ N O E F 1:500
Ⓐ-Ⓢ AXIS ELEVATION
Ⓢ-Ⓐ N O E F 1:500
Ⓢ-Ⓐ AXIS ELEVATION
⑱-① N O E F 1:500
⑱-① AXIS ELEVATION
①-⑱ N O E F 1:500
①-⑱ AXIS ELEVATION

立面图（一）

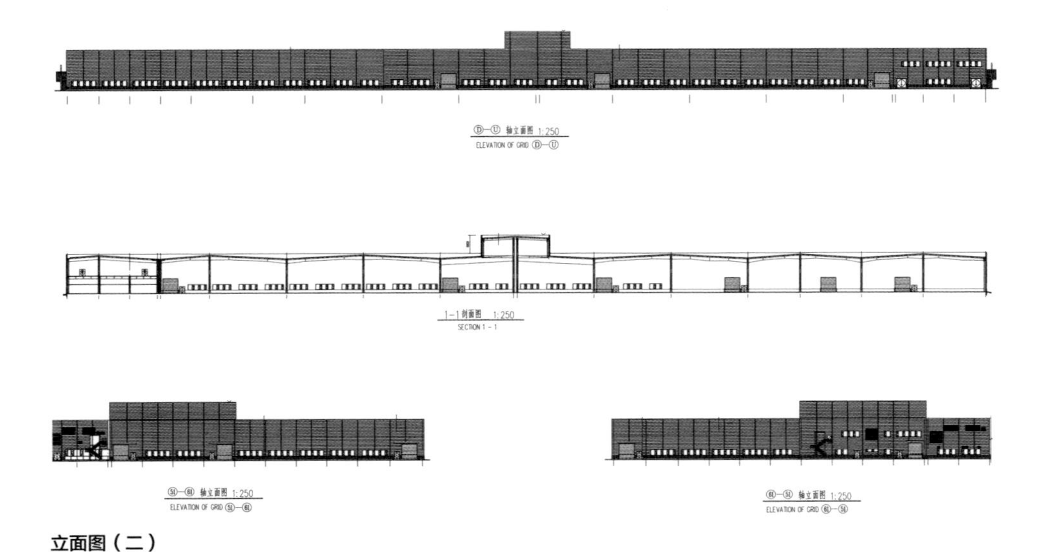
Ⓓ—Ⓤ 轴立面图 1:250
ELEVATION OF GRID Ⓓ—Ⓤ
1-1 剖面图 1:250
SECTION 1-1
(51)—(61) 轴立面图 1:250
ELEVATION OF GRID (51)—(61)
(61)—(51) 轴立面图 1:250
ELEVATION OF GRID (61)—(51)

立面图（二）

鸟瞰图

浅灰色高级外墙涂料
LIGHT GRAY COATING
镀铝锌基色波纹钢板
ALUMINUM CORRUGATED PANEL
深灰色镀铝锌泛水件
ALUMINUM CORRUGATED PANEL
镀铝锌基色波纹钢板
ALUMINUM CORRUGATED PANEL
干挂浅灰色花岗岩
LIGHT GREY GRANIT

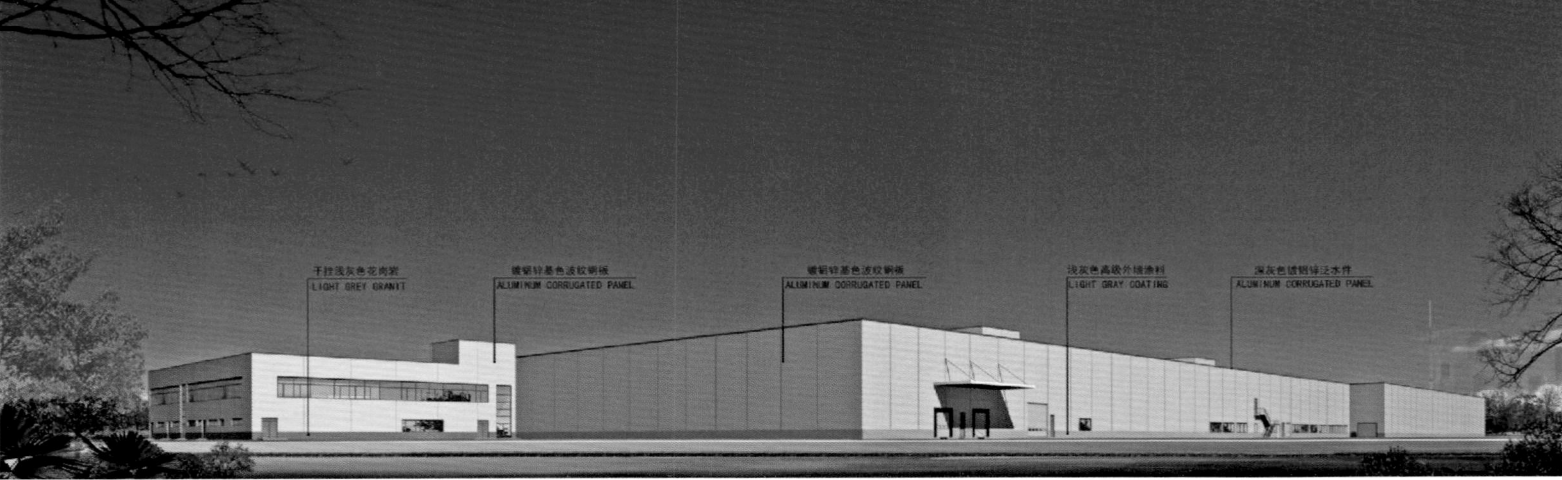
LIGHT GREY GRANIT
ALUMINUM CORRUGATED PANEL
ALUMINUM CORRUGATED PANEL
LIGHT GRAY COATING
ALUMINUM CORRUGATED PANEL

效果图（一）

效果图（二）

大众汽车自动变速器（天津）有限公司（1号厂房）
信息产业电子第十一设计研究院科技工程股份有限公司
干挂浅灰色花岗岩
镀铝锌基色波纹钢板
无色中空玻璃

大众汽车自动变速器（天津）有限公司（2号回收、中转仓库）
信息产业电子第十一设计研究院科技工程股份有限公司
干挂浅灰色花岗岩
镀铝锌基色波纹钢板
无色中空玻璃

干挂浅灰色花岗岩
LIGHT GREY GRANIT
镀铝锌基色波纹钢板
ALUMINUM CORRUGATED PANEL
1003生产厂房DQ380-II透视图

效果图（三）

大众变速器厂房内部

二、研发建筑（工业研发用地）

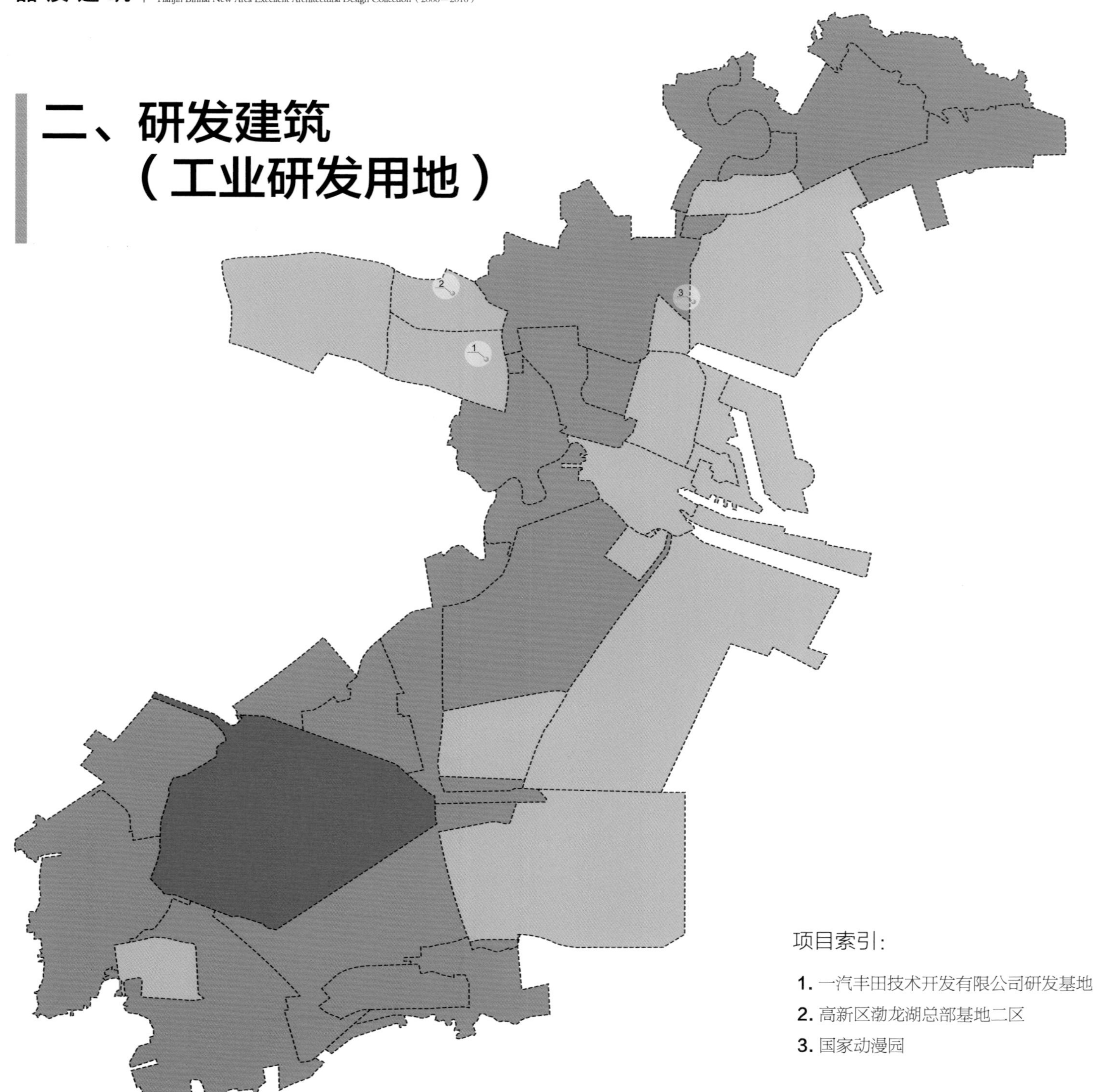

项目索引：

1. 一汽丰田技术开发有限公司研发基地
2. 高新区渤龙湖总部基地二区
3. 国家动漫园

1. 一汽丰田技术开发有限公司研发基地

项目地点：天津开发区西区新业二街77号

用地面积：112 000平方米

建筑面积：75 320平方米

设计单位：天津市建筑设计院

开发单位：一汽丰田技术开发有限公司

项目简介：整个园区新建行政设计楼35 765平方米、造型楼7245平方米、综合试验楼17 565平方米、试制车间13 392平方米以及门卫室、供油站及污水站等其他附属设施。

新建行政设计楼（含造型楼）主要承担新车型的设计开发任务，包含车型的构思、设计、模型制作、检测、评审及最后样车成型以及相关各部门办公等业务；综合试验楼承担引进各种大型先进设备，满足电池试验、电机试验、环境及耐久试验、整车性能环境试验、新能源试验等研发试验要求；试制车间包括焊装工段、涂装工段、总装工段等，承担丰田各平台各车型产品试制生产工作、验证任务，为大批量生产提供可靠的实践数据。

整个项目集中处理一汽丰田各事业体的设计开发业务，使一汽丰田每个事业体均能满足国家要求，整合、提升一汽丰田体系的设计、试制、试验能力，以满足市场对新车型的需求。

鸟瞰图

区域位置图

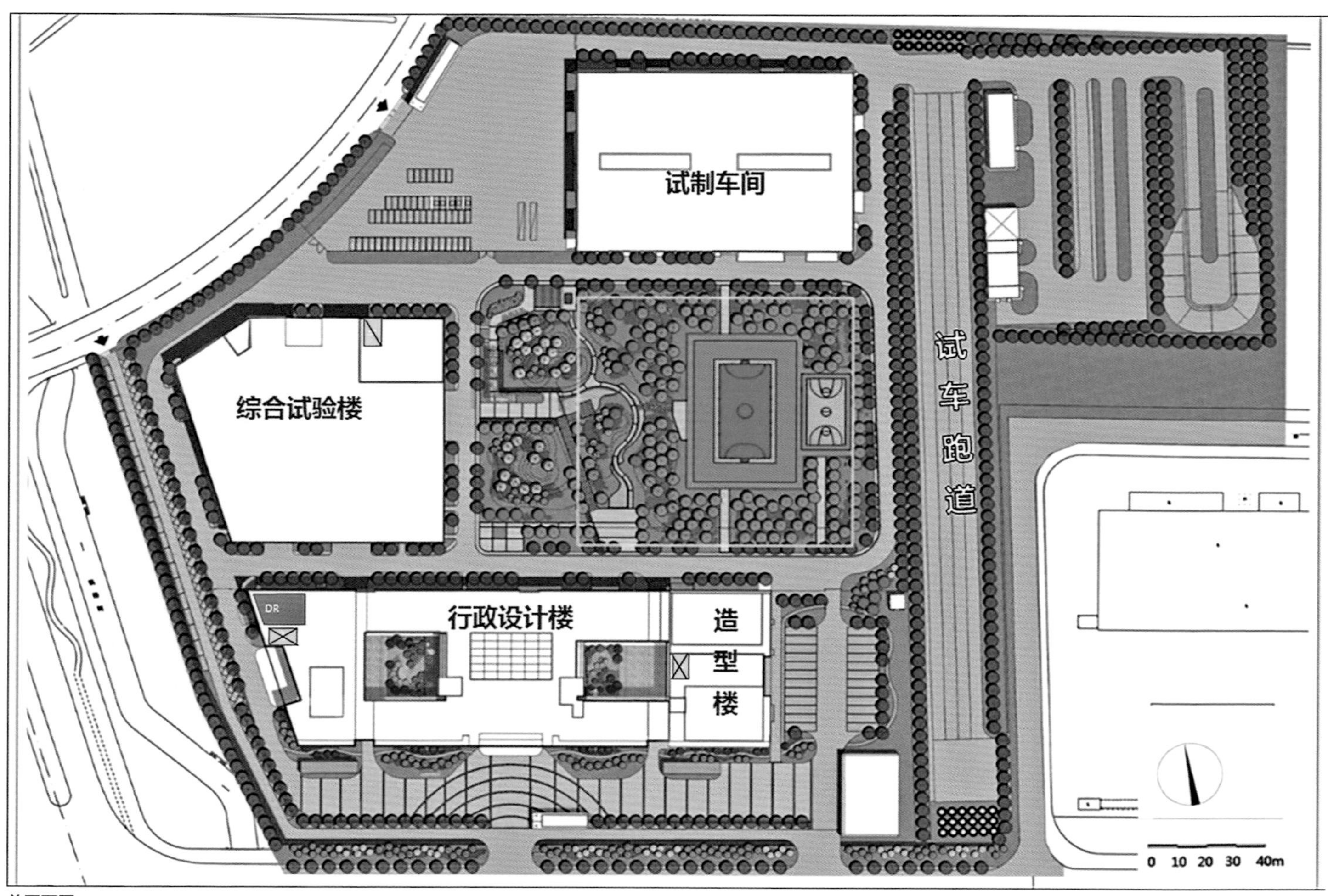
试制车间
综合试验楼
行政设计楼
造型楼
DR
试车跑道
0 10 20 30 40m

总平面图

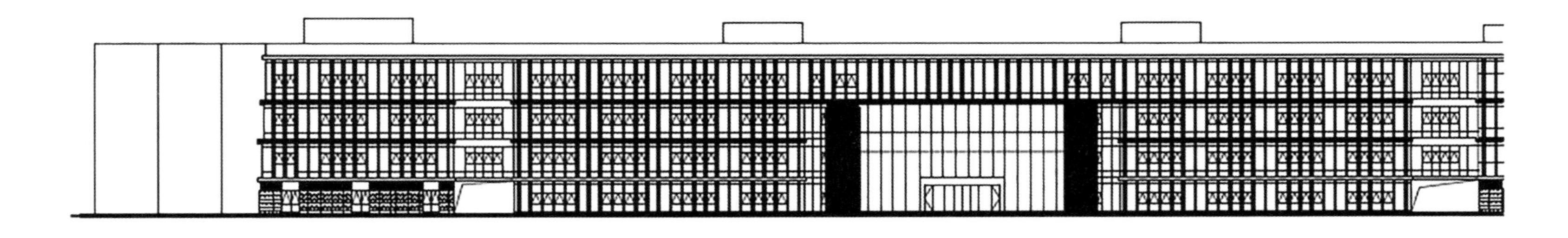

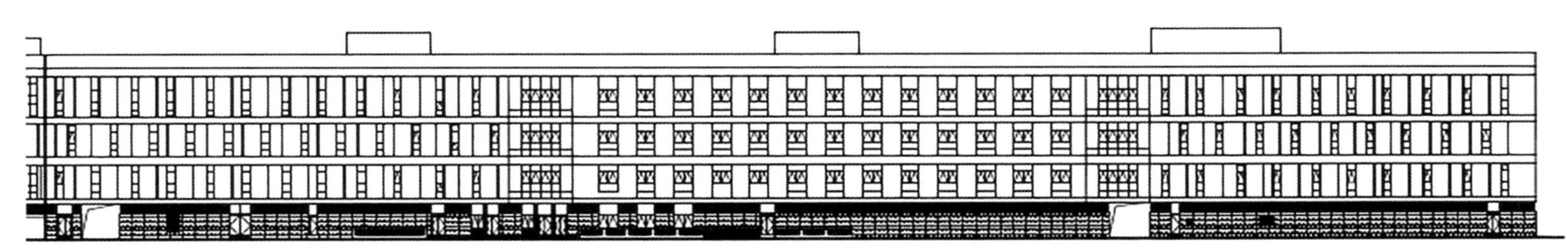

行政设计楼立面图

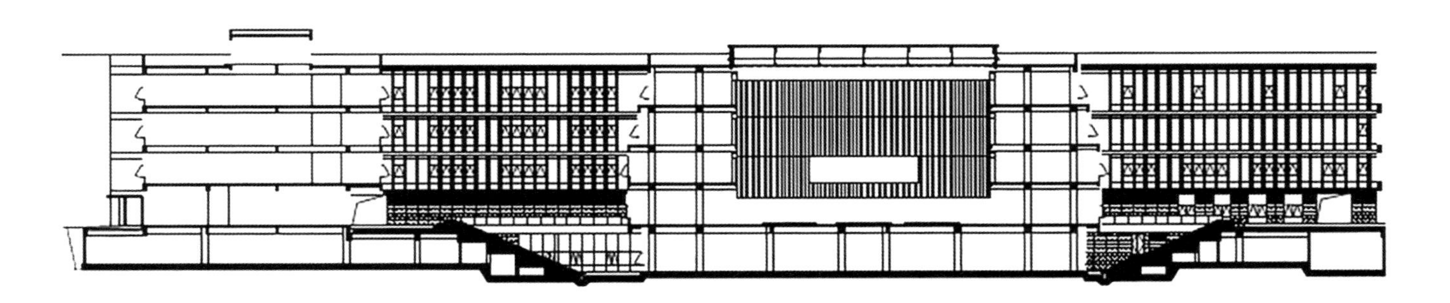

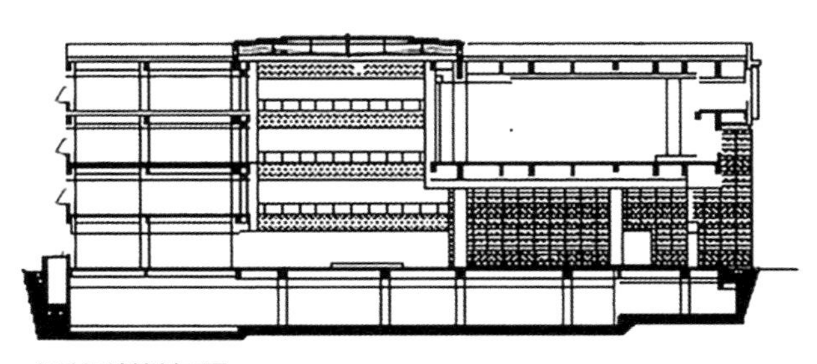

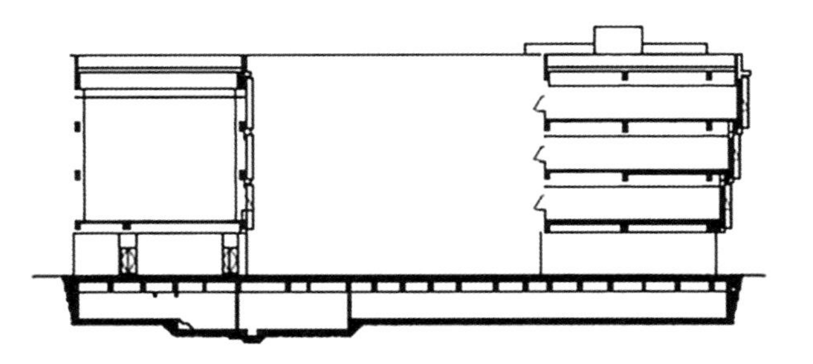

行政设计楼剖面图

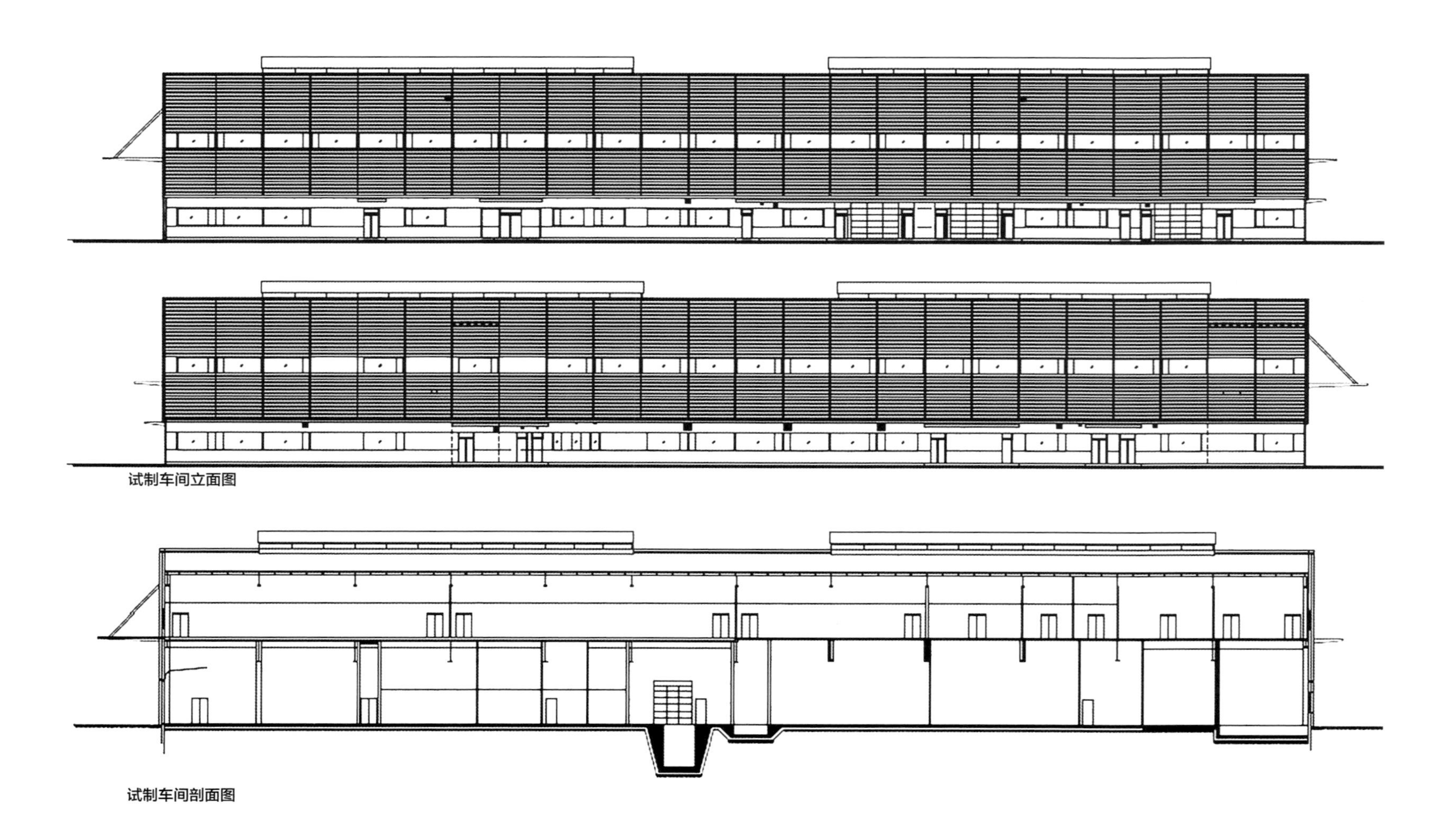

试制车间立面图

试制车间剖面图

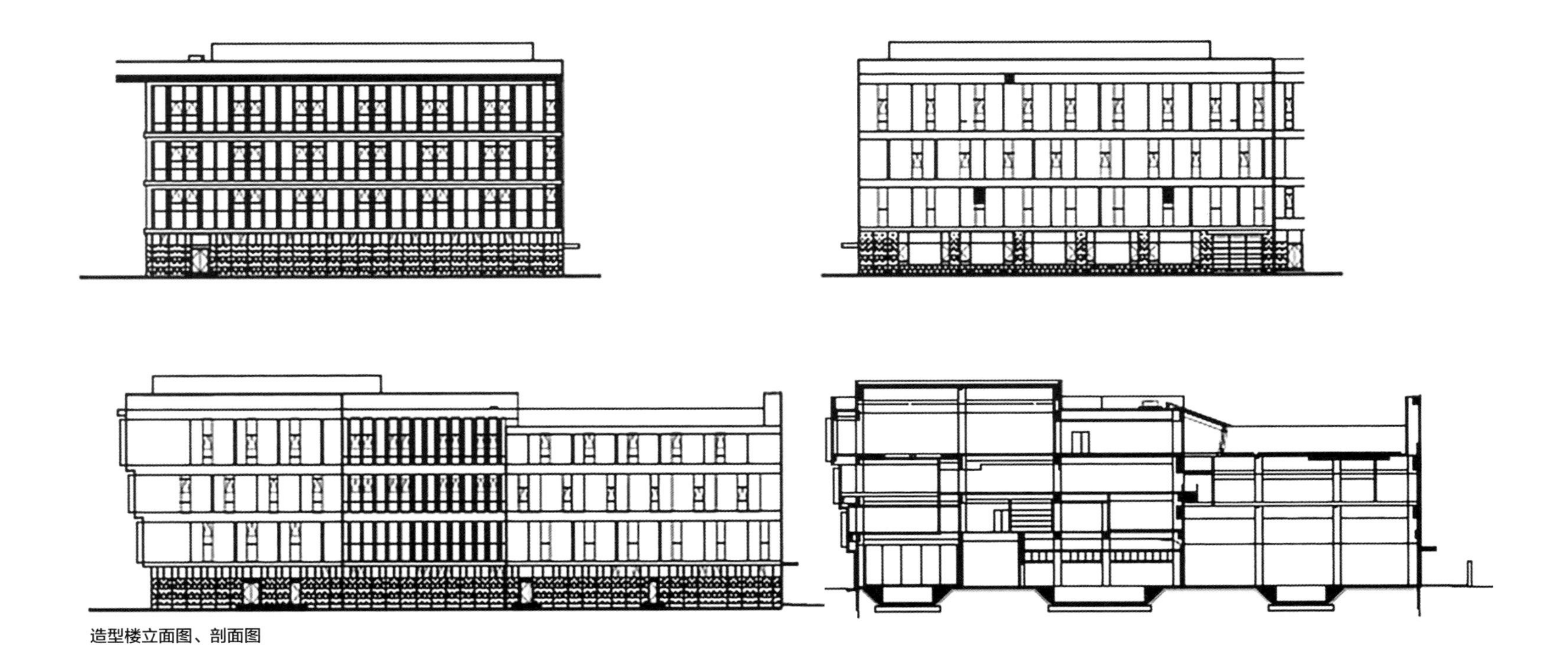

造型楼立面图、剖面图

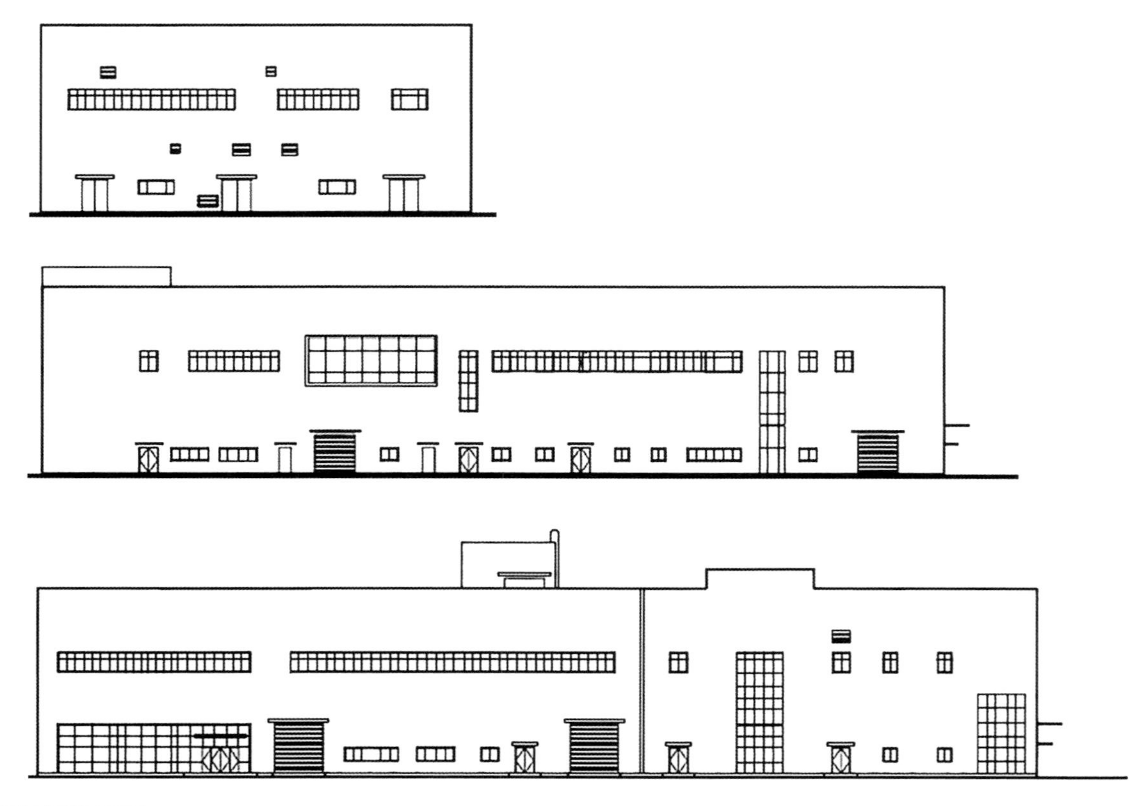

综合试验楼立面图

效果图

实体图（一）

实体图（二）

风洞实验室

油泥模型制作室

综合实验楼

2. 高新区渤龙湖总部基地二区

项目地点： 未来科技城南区渤龙湖地区

用地面积： 192 725.7平方米

建筑面积： 295 555平方米，其中地上206 189平方米，容积率1.1；建筑高度43米，建筑地上11层，地下1层

设计单位： 中国建筑设计研究院

开发单位： 天津海泰明智投资有限公司

项目简介： 渤龙湖总部基地二区位于天津市滨海高新区未来科技城南区，其东南侧紧邻区内景观中心——渤龙湖，北侧为北环铁路，西侧是交通性主干路。总部基地二区的设计是以正方形为形体语言，结合小区内景观湖的自由形态，通过对建筑材料质感的追求，表达对建筑空间的理解和阐述。建筑群环绕渤龙湖布置，在靠近湖区布置独栋低层建筑，沿道路主干线布置联排多、高层建筑。空间上，以围合的组团形成相对封闭的空间，同时单体建筑的内庭园也体现了对总部基地空间的独立性和私密性。浅水湖畔的步道成为人员休憩和交往的空间，并延伸至水边，形成临水的休息场所。内部的湖面与外部的渤龙湖面形成呼应，也使各建筑获得尽可能好的景观。

实体图

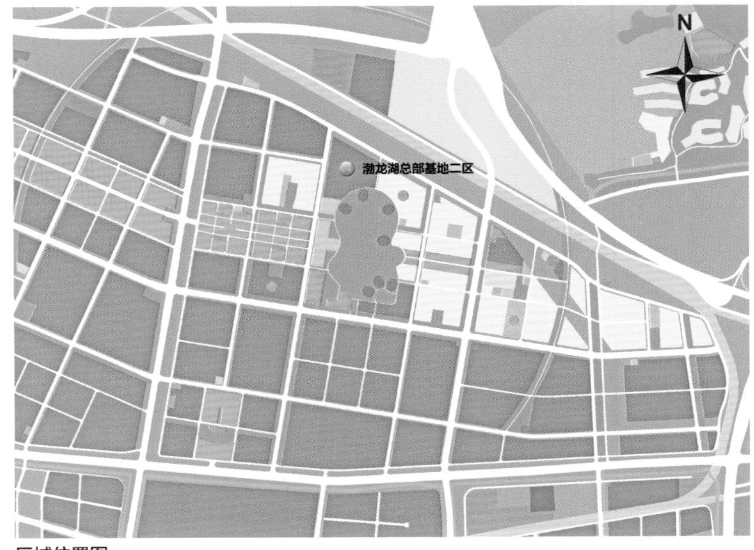

区域位置图

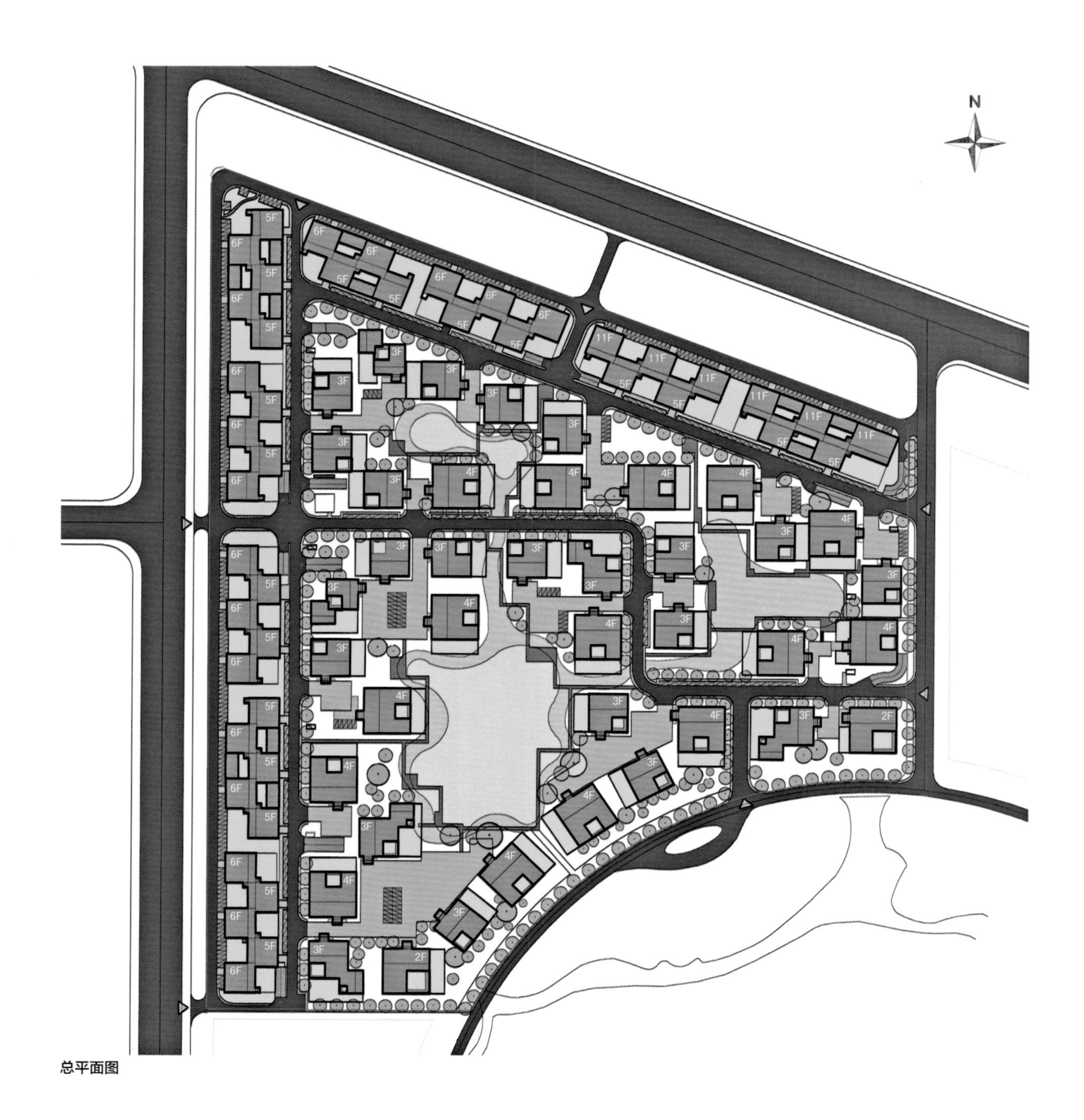
N
5F
6F
5F
6F
5F
6F
6F
5F
5F
6F
6F
5F
5F
6F
6F
6F
5F
5F
6F
11F
11F
5F
11F
5F
11F
11F
5F
11F
5F
3F
3F
3F
3F
3F
3F
3F
4F
4F
4F
4F
3F
4F
3F
6F
5F
6F
5F
6F
5F
6F
3F
3F
3F
3F
3F
3F
4F
4F
3F
3F
4F
4F
4F
3F
3F
4F
3F
2F
5F
6F
5F
6F
5F
4F
3F
4F
4F
3F
6F
5F
6F
5F
6F
4F
3F
3F
2F
总平面图

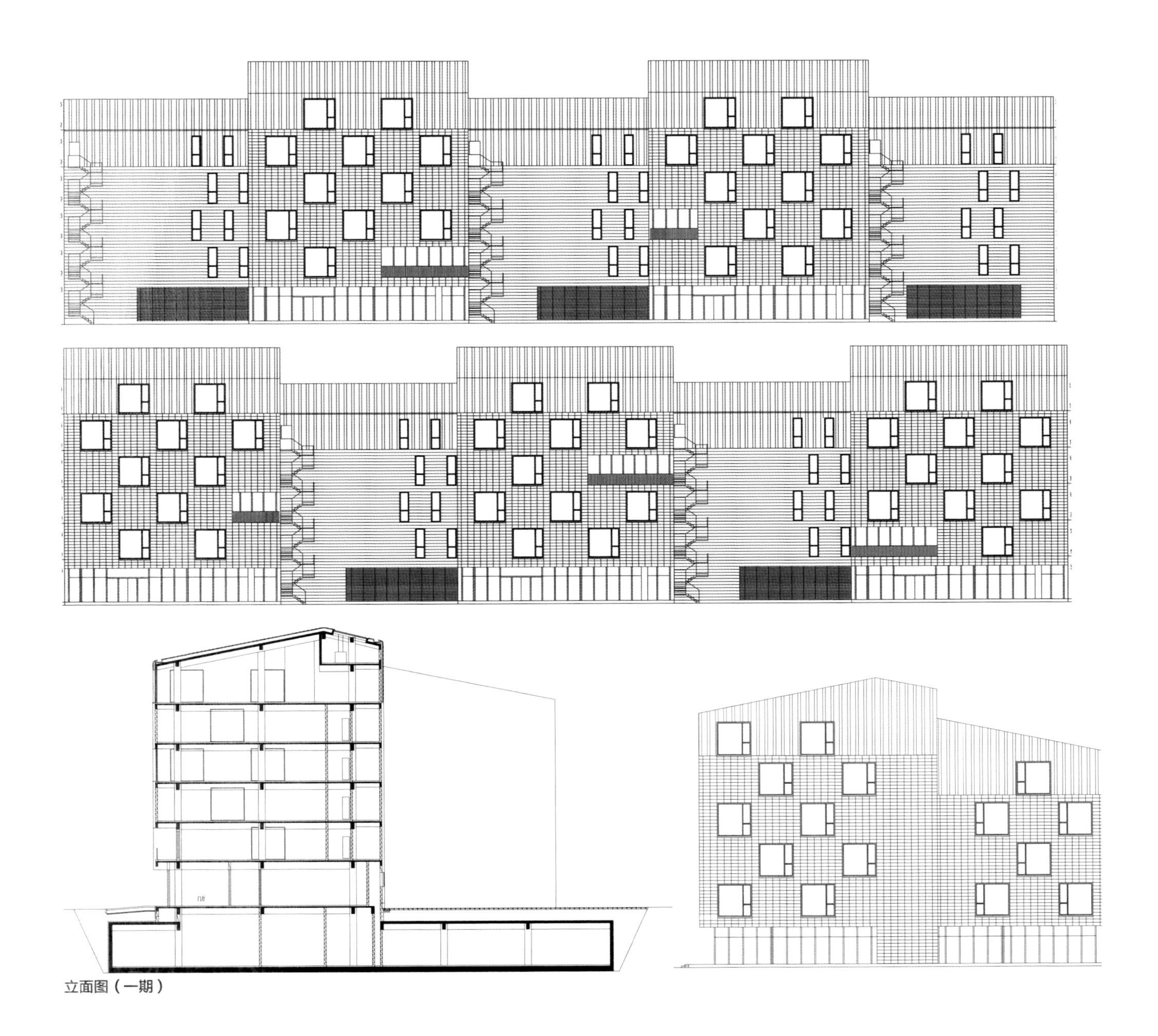

立面图（一期）

一层组合平面图

二层组合平面图

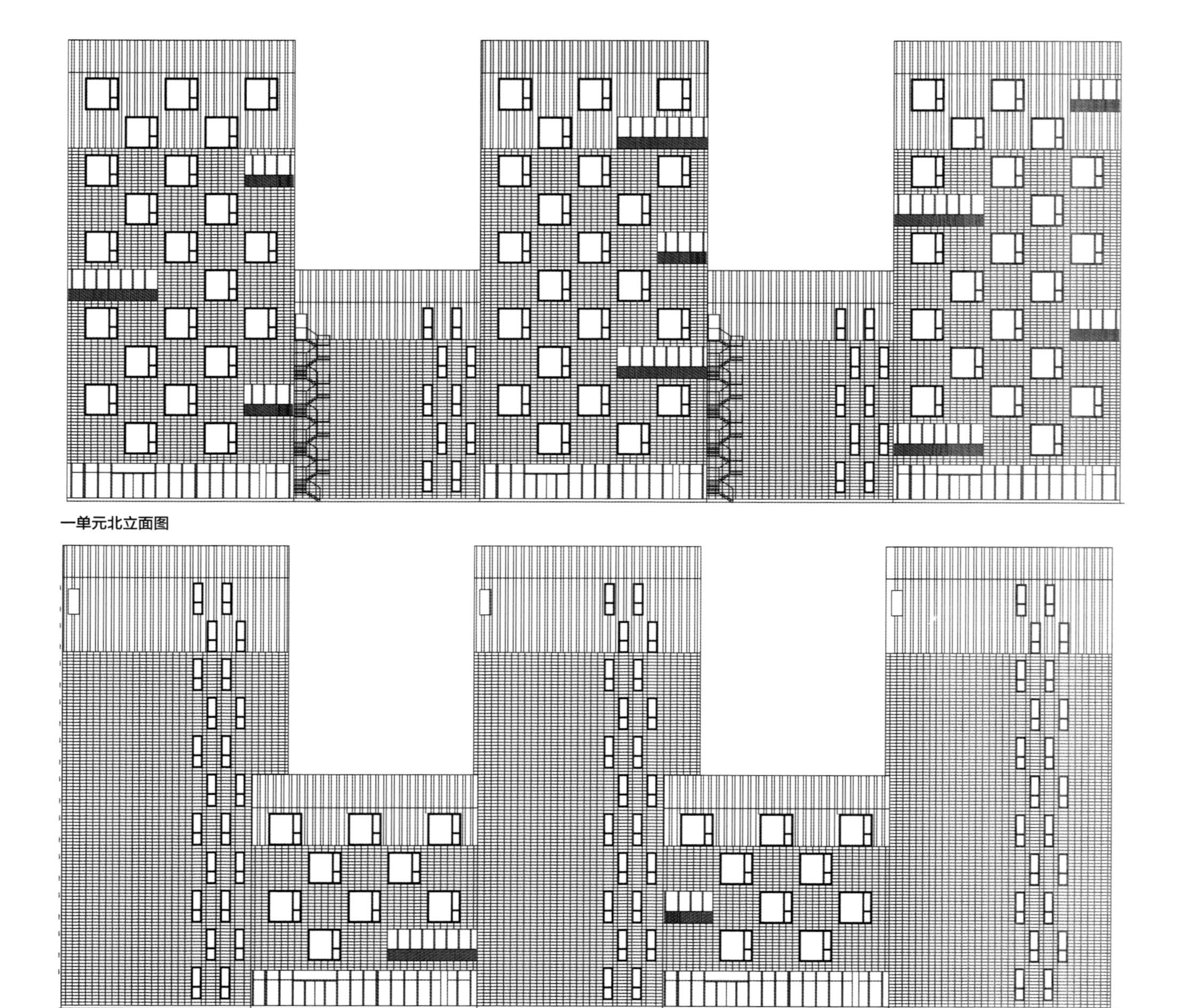

一单元北立面图

一单元南立面图

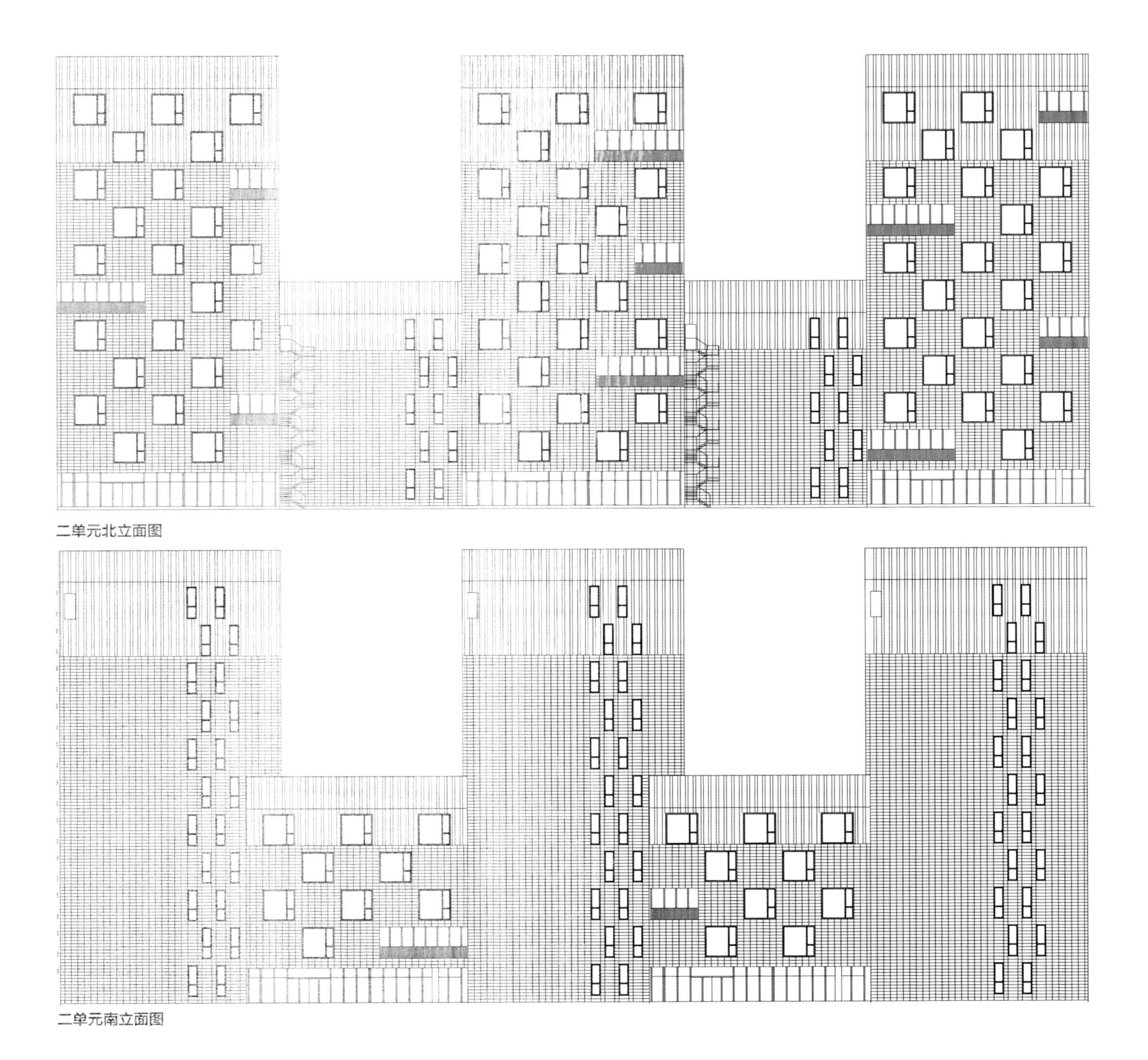

二单元北立面图

二单元南立面图

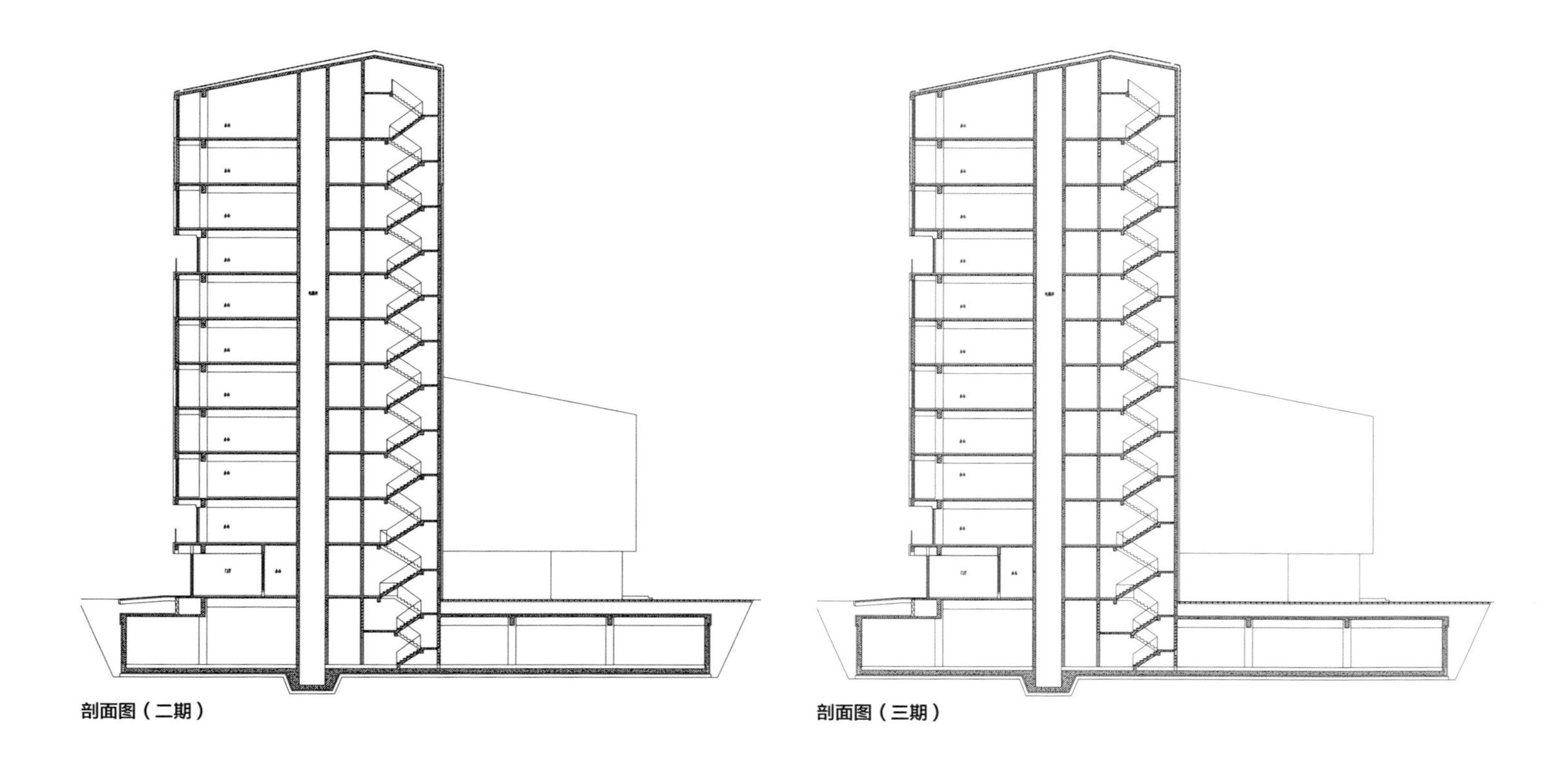

剖面图（二期）

剖面图（三期）

鸟瞰图

效果图（一）

效果图（二）

实体图

3. 国家动漫园

项目地点： 中新天津生态城起步区

用地面积： 126.26万平方米

建筑面积： 771 000平方米，其中地上89 000平方米，容积率0.9

设计单位： 天津市建筑设计院

开发单位： 天津生态城动漫园投资开发有限公司（现更名为天津生态城产业园运营管理有限公司）

项目简介： 国家动漫园是国家文化部与天津市政府共建的动漫产业综合示范园，也是国内首个国家文化部挂牌的国家级动漫产业园。

园区位于中新天津生态城的起步区，蓟运河和蓟运河故道环绕，两面环水，拥有生态城中最长的天然水岸线，总长3.5千米，风景优美；自彩虹桥向北1千米即可到达园区，交通极为便利。园区中央是5万平方米的水景公园，绿树掩映，湖水潋滟，犹如"公园中的产业园、产业园中的主题公园"，是"可以浏览的产业园区"。

鸟瞰图

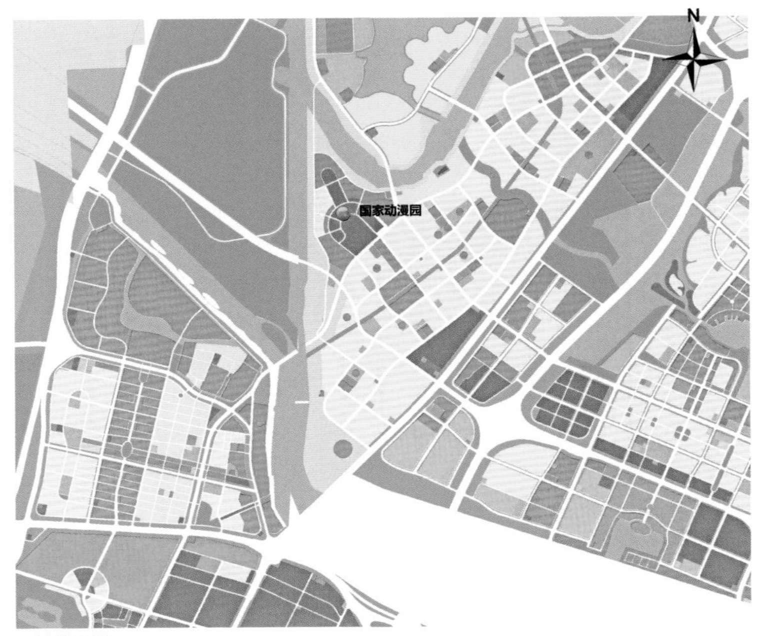

区域位置图

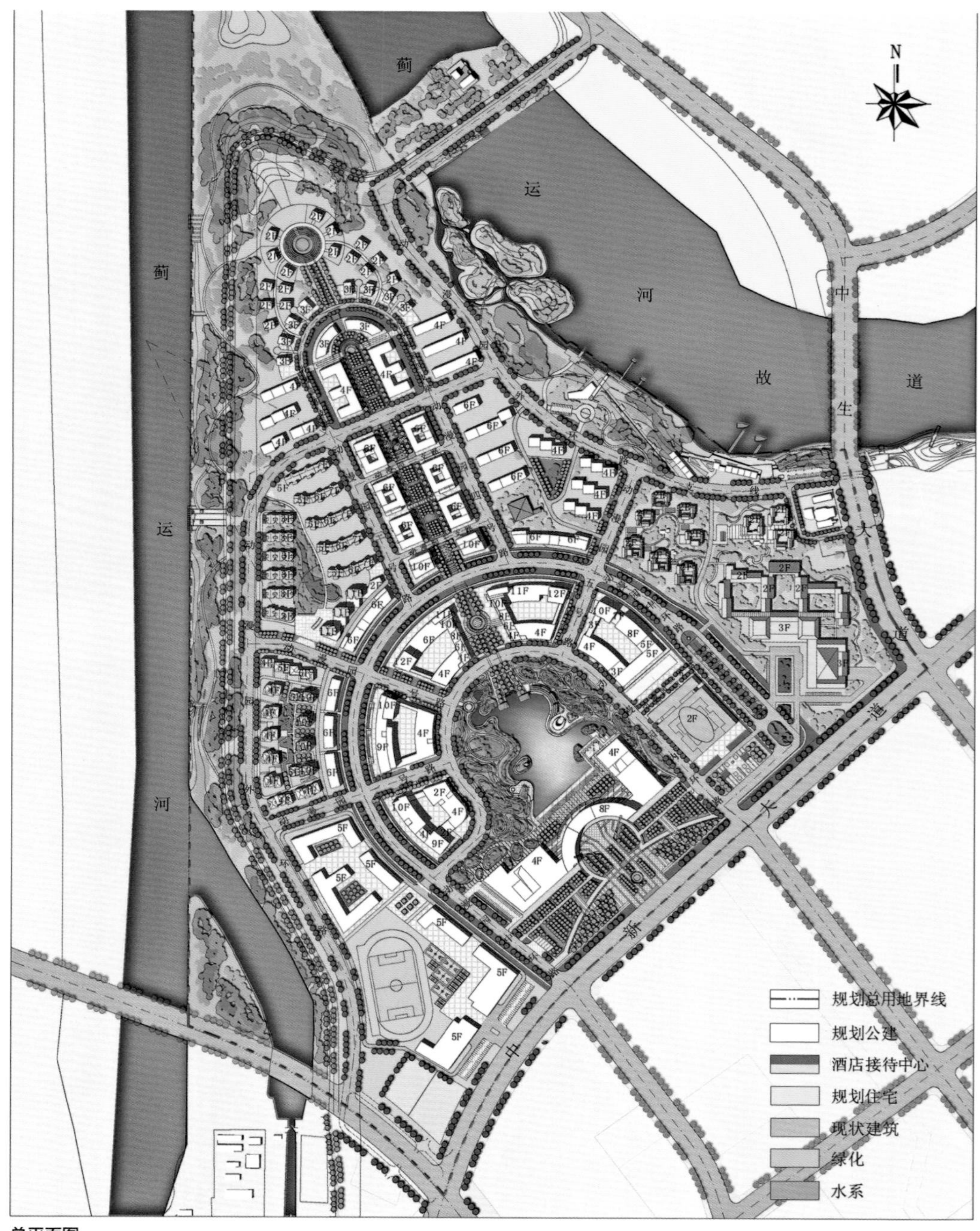
N
蓟
运
河
故
道
中
生
大
道
蓟
运
河
中
新
大
道
规划总用地界线
规划公建
酒店接待中心
规划住宅
现状建筑
绿化
水系

总平面图

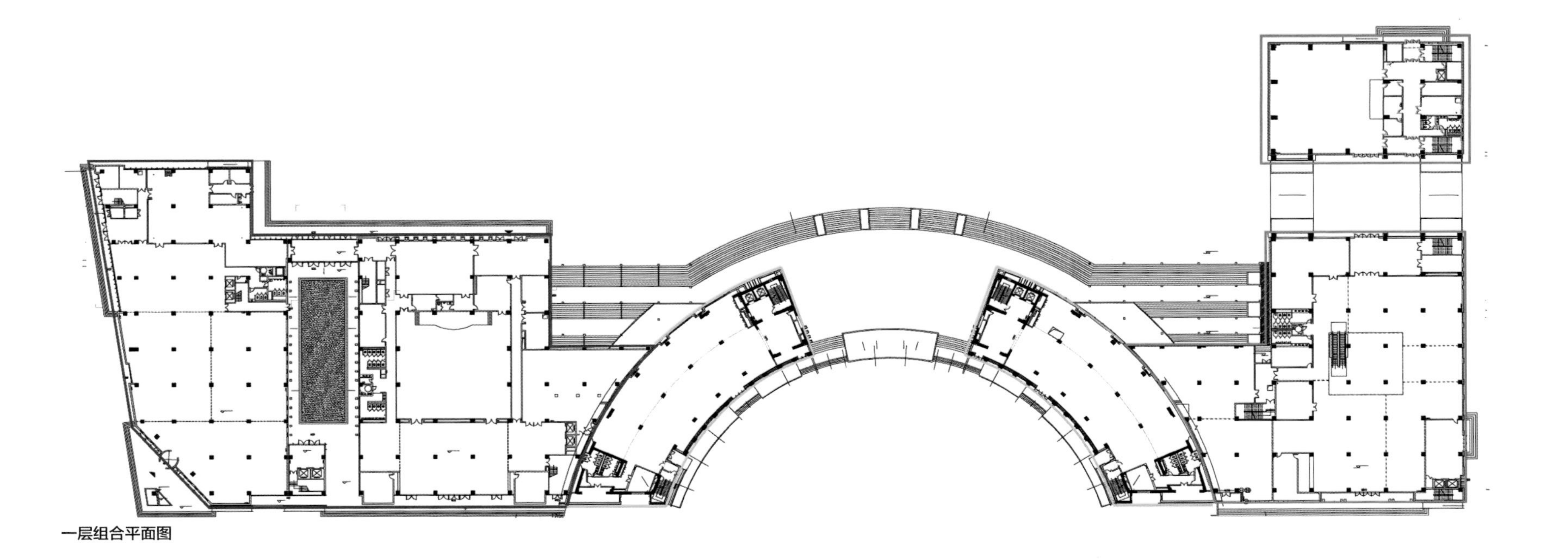

一层组合平面图

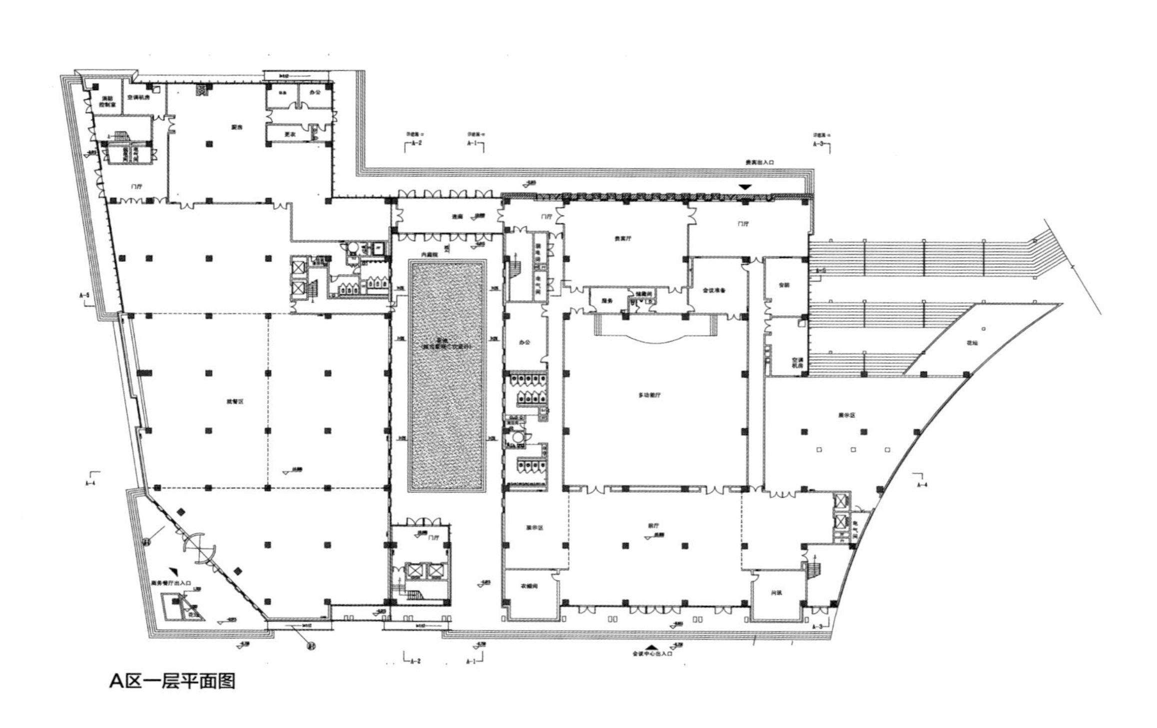

A区一层平面图

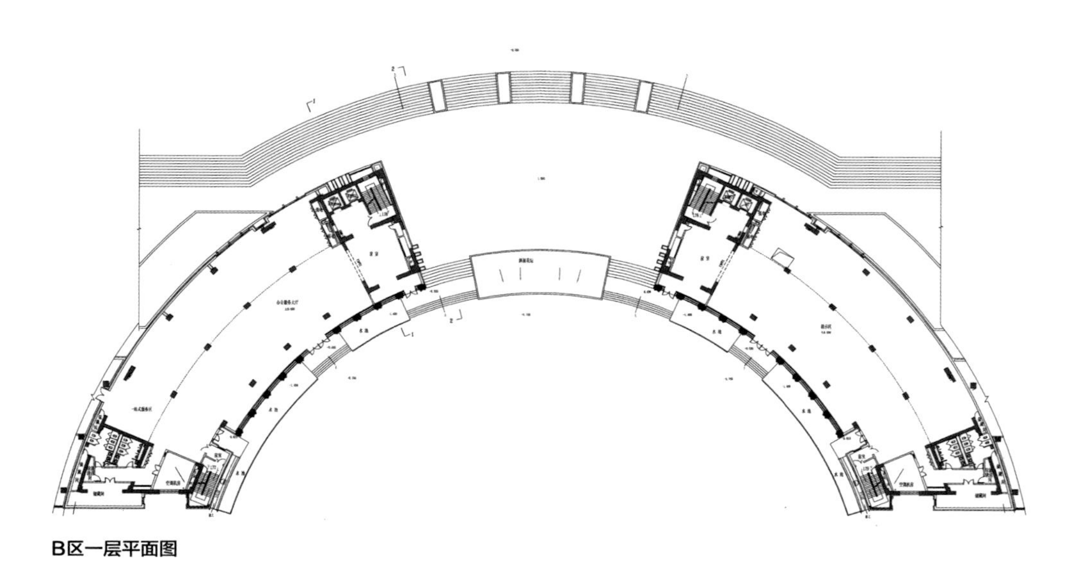

B区一层平面图

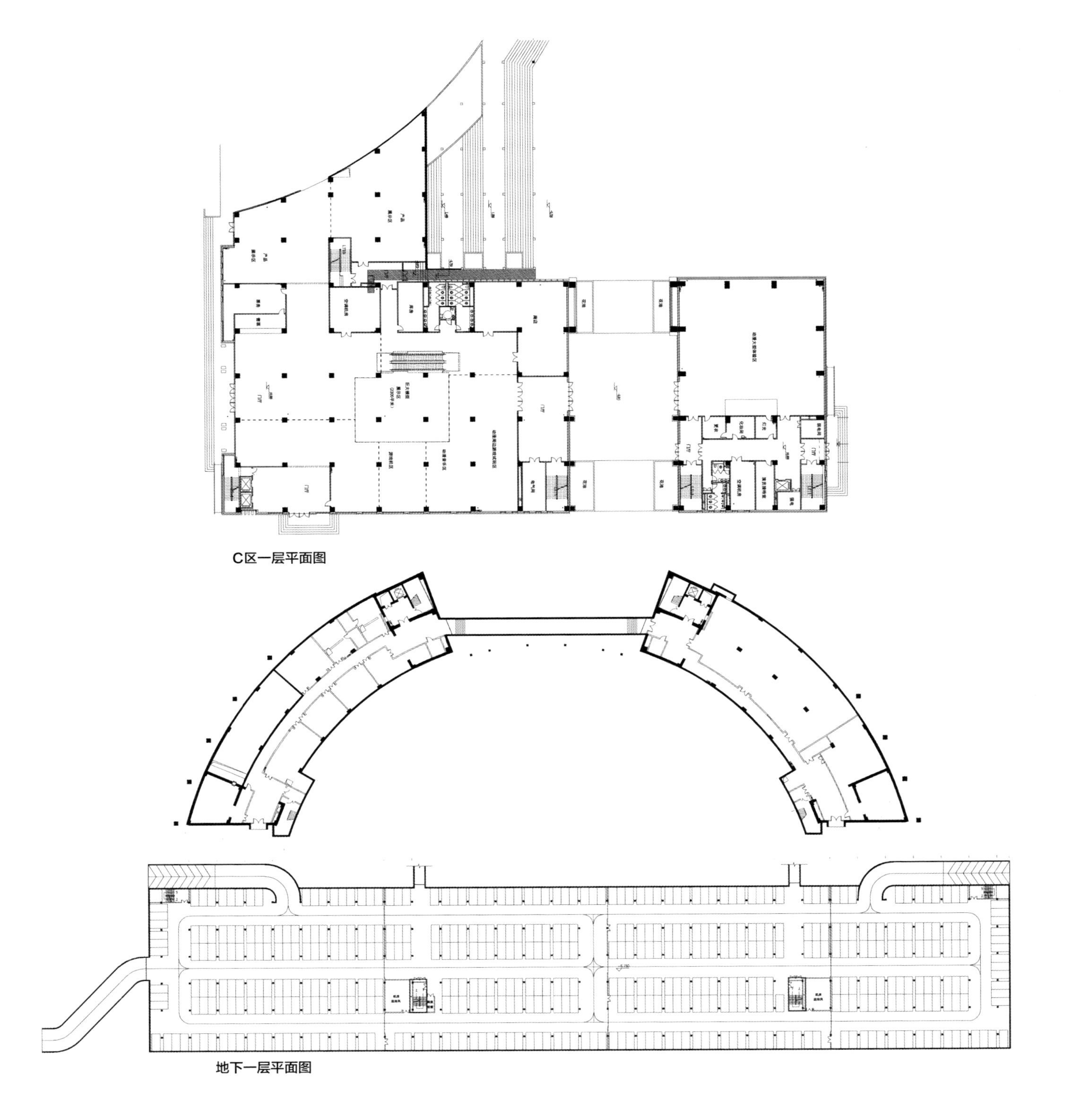

C区一层平面图

地下一层平面图

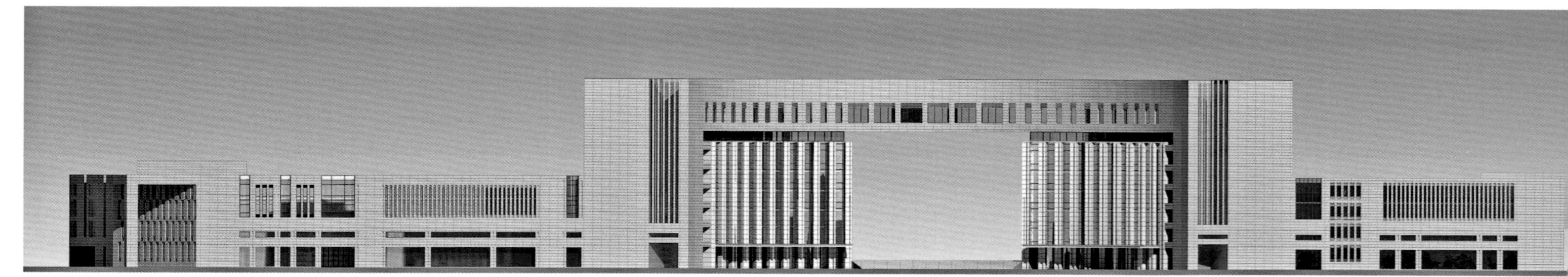
南立面图

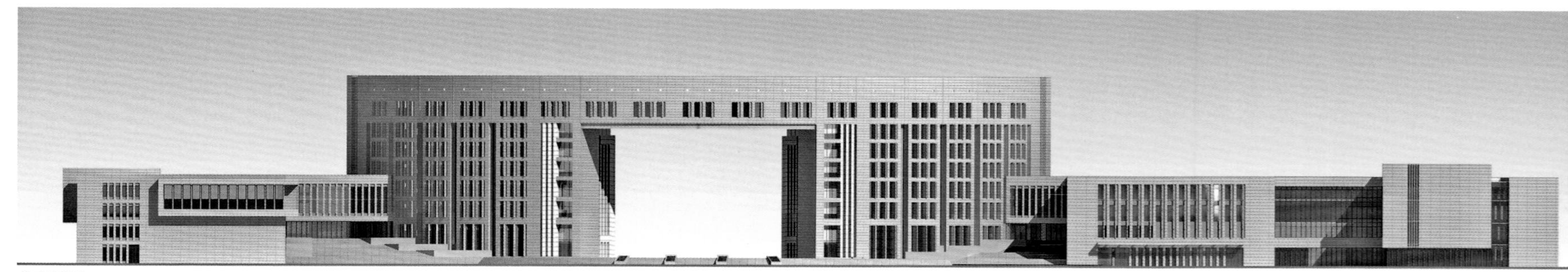
北立面图

东立面图

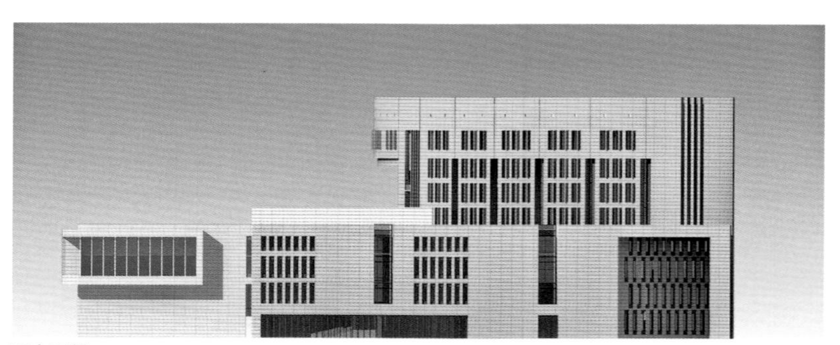
西立面图

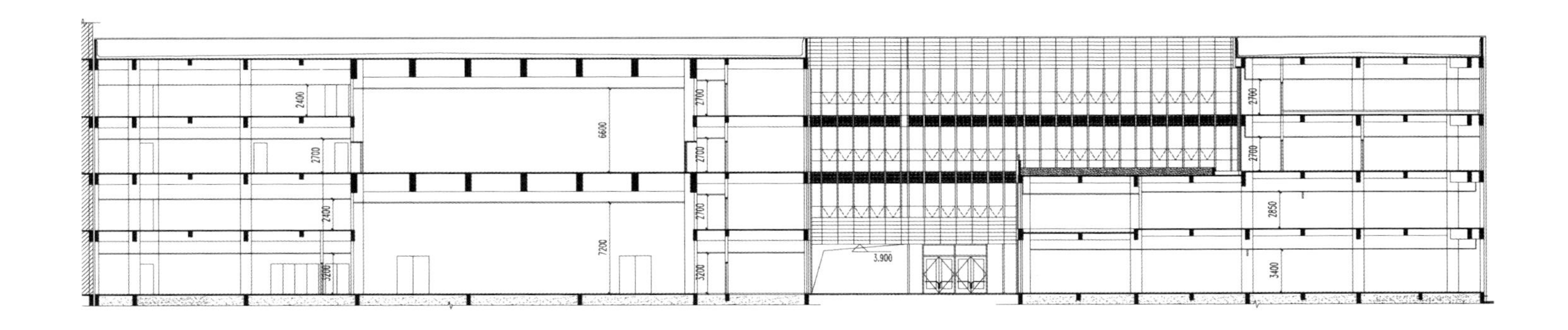
2700
6600
7200
3200
3.900
2850
3400

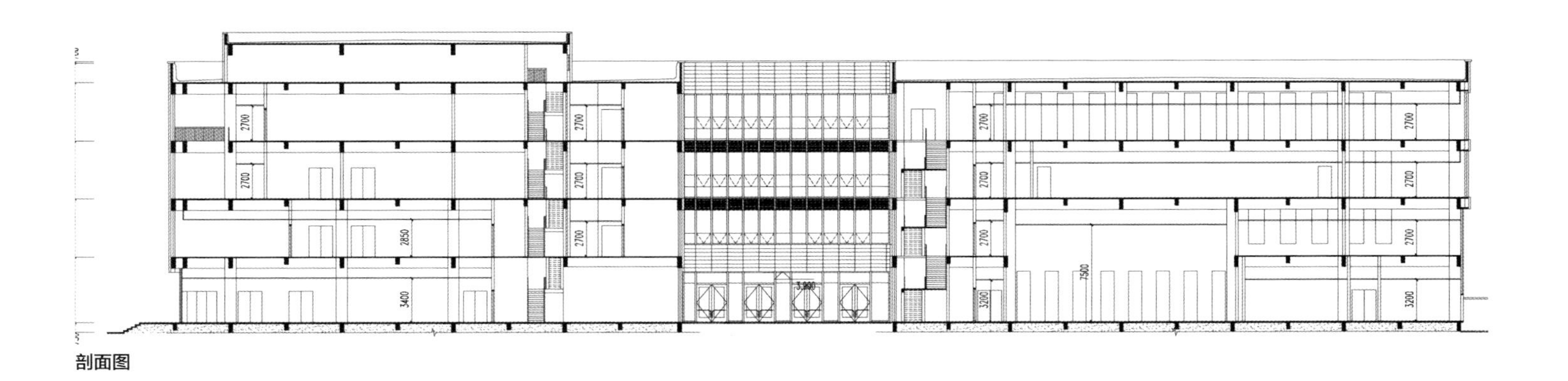
2700
2850
3400
3.900
7500
3200

剖面图

鸟瞰图

乌瞰效果图

背面效果图

实体图（一）

实体图（二）

航拍图

图书在版编目（CIP）数据

品质建筑 ：天津滨海新区优秀建筑设计精选集 ：2006—2016年 / 霍兵主编 ；《天津滨海新区规划设计丛书》编委会编. —— 南京 ：江苏凤凰科学技术出版社，2018.7

（天津滨海新区规划设计丛书）

ISBN 978-7-5537-9117-3

Ⅰ. ①品… Ⅱ. ①霍… ②天… Ⅲ. ①建筑设计－作品集－中国－现代 Ⅳ. ①TU206

中国版本图书馆CIP数据核字(2018)第063893号

品质建筑——天津滨海新区优秀建筑设计精选集（2006—2016年）

编　　者　《天津滨海新区规划设计丛书》编委会
主　　编　霍　兵
项目策划　凤凰空间/陈　景
责任编辑　刘屹立　赵　研
特约编辑　陈丽新

出版发行　江苏凤凰科学技术出版社
出版社地址　南京市湖南路1号A楼，邮编：210009
出版社网址　http://www.pspress.cn
总　经　销　天津凤凰空间文化传媒有限公司
总经销网址　http://www.ifengspace.cn
印　　刷　上海雅昌艺术印刷有限公司

开　　本　787 mm×1 092 mm　1 / 12
印　　张　61
版　　次　2018年7月第1版
印　　次　2018年7月第1次印刷

标准书号　ISBN 978-7-5537-9117-3
定　　价　738.00元